AF494847

NATURA RERUM

LA CONSTITUTION DU MONDE

DYNAMIQUE DES ATOMES

NOUVEAUX PRINCIPES DE PHILOSOPHIE NATURELLE

PAR

Madame CLÉMENCE ROYER

Avec 92 figures dans le texte et 4 planches hors texte

La Vérité est au fond d'un puits.
DÉMOCRITE

Qu'on l'y cherche.
L'AUTEUR.

PARIS

LIBRAIRIE C. REINWALD

SCHLEICHER FRÈRES, ÉDITEURS

15, RUE DES SAINTS-PÈRES, 15

1900

LA CONSTITUTION DU MONDE

L'ATOME LUMINEUX

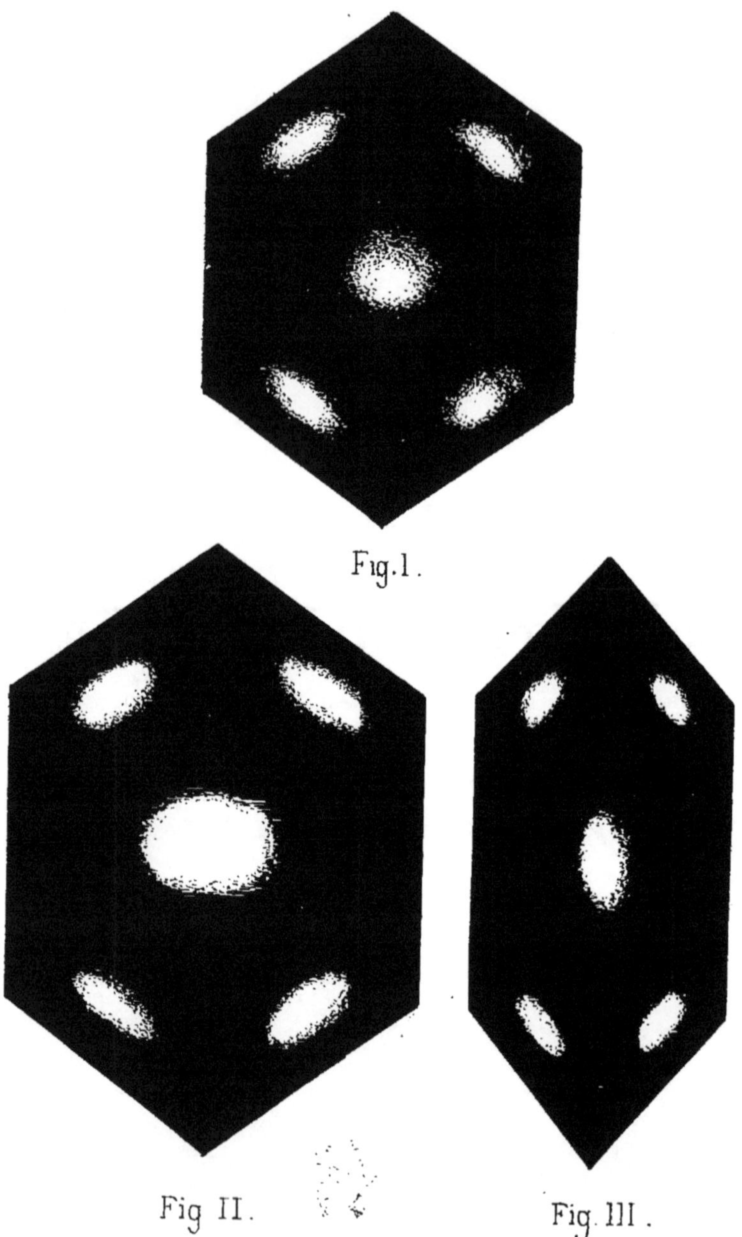

Fig. I.

Fig II.

Fig. III.

I. Dodécaèdre atomique obscur sous pression symétrique moyenne.

II. Dodécaèdre atomique rendu lumineux sous pression maximum perpendiculaire au plan.

III. Dodécaèdre atomique rendu lumineux sous pression maximum parrallèle au plan.

NATURA RERUM

LA CONSTITUTION DU MONDE

DYNAMIQUE DES ATOMES

NOUVEAUX PRINCIPES DE PHILOSOPHIE NATURELLE

PAR

Madame CLÉMENCE ROYER

Avec 92 figures dans le texte et 4 planches hors texte

La Vérité est au fond d'un puits.
DÉMOCRITE.

Qu'on l'y cherche.
L'AUTEUR.

PARIS
LIBRAIRIE C. REINWALD
SCHLEICHER FRÈRES, ÉDITEURS
15, RUE DES SAINTS-PÈRES, 15

1900

A Madame Valentine Barrier

Madame et Amie,

C'est grâce à vous que ce livre a pu naître au jour,
Soyez sa marraine,
Comme une bonne fée, vous lui porterez bonheur.

CLÉMENCE ROYER

8 Janvier 1900

PRÉFACE

L'INCONNAISSABLE

L'étoffe dont le monde est fait est-elle inconnaissable, comme certains philosophes le prétendent? La nature des choses est-elle impénétrable à jamais? La force motrice de l'Univers est-elle une inconnue qui ne sera jamais résolue, un X éternel placé à perpétuité devant la curiosité de l'homme? Existe-t-il réellement des choses inconnaissables, des modes de l'être inaccessibles à la raison, qui la dépassent de telle sorte qu'elle ne puisse les concevoir, les comprendre, sinon les imaginer? Y aurait-il réellement contradiction entre la loi logique de l'entendement et la loi physique qui gouverne le monde?

Auguste Comte, qui l'a prétendu, et qui a le premier vulgarisé, sinon émis, ce dogme négatif de toute science complète, a déclaré inconnaissable tout ce qu'il n'a pas connu, et même des choses que de son temps on pouvait connaître.

Il déclarait oiseux de s'occuper de la nature du son, qui n'a plus de secrets pour nous; de la nature de la lumière et de la chaleur, dont la théorie n'est pas entièrement définitive, mais dont la nature dynamique ne peut plus être mise en doute par personne.

Par haine pour Arago, Auguste Comte déclarait vaines toutes les spéculations sur la nature des étoiles. Cependant Herschell vivait, jaugeait le ciel, constatait la constitution de la voie lactée et le mouvement du soleil vers un point déterminé de l'espace. Argelander supputait déjà la durée probable de sa révolution. Tous les astronomes, ses contemporains, reconnaissaient l'identité de nature des étoiles les plus lointaines et de notre soleil. Aujourd'hui, grâce à l'analyse spectrale, nous pouvons dire quelle est la constitution chimique de leur enveloppe lumineuse et son état physique, solide ou gazeux. Nous avons reconnu entre elles des systèmes, obéissant, comme le nôtre, à la loi de la gravitation; nous avons mesuré l'étendue de leur mouvement propre, ou tout au moins sa projection sur la sphère sidérale. Nous savons enfin avec quelle vitesse notre soleil se déplace sur la tangente d'une courbe dont nous n'ignorons plus que le plan et le rayon.

Grâce à la photographie, une carte du ciel est en ce moment dressée où, de siècle en siècle, les étoiles les plus lointaines inscriront elles-mêmes les projections de leurs mouvements. Elles nous révéleront ainsi leurs groupements, les courbes qu'elles décrivent, soit les unes autour des autres, soit, par troupes, autour d'un centre commun, sous un angle donné relativement à l'équateur de notre univers visible, c'est-à-dire au plan moyen de cet immense anneau lactaire dont les blancheurs confuses sont pavées d'étoiles, qui toutes sont des soleils autour desquels gravitent des mondes obscurs.

Au delà de cet univers, vers ses pôles, l'esprit humain pénètre jusque dans d'autres univers, non moins vastes, dont les reflets ne sont plus que des nuées lumineuses, et dont les moindres parcelles, comme les masses totales, obéissent aux mêmes lois que la poussière cométaire ou que nos planètes autour de leur soleil.

Tout cela Auguste Comte le déclarait inconnaissable. Il déclarait oiseux de s'occuper de ce qui dépassait les limites de notre système solaire.

De même, il déclarait inconnaissables les origines de l'homme, celles de toutes les formes de la vie. Cependant il était contemporain de Lamarck, dont Darwin n'a fait que confirmer la théorie évolutive.

Il déclarait à jamais inconnaissable la formation des races humaines et insoluble le dilemme du polygénisme ou du monogénisme de leur origine; de même que l'origine des langues qu'elles parlent. Aujourd'hui nous pouvons ajouter à l'histoire légendaire de l'humanité tous les chapitres d'histoire révélés par l'épigraphie. Nous savons mieux l'histoire de l'Egypte, celle des empires de l'Euphrate, celle des Grecs et des Romains que ne la surent jamais Hérodote et Tite-Live; nous suivons l'évolution de l'humanité à travers les trois âges archéologiques du fer, du bronze, de la pierre polie, jusqu'au temps où furent trouvés les premiers procédés métallurgiques, où fut créé le premier troupeau, où la sélection intelligente de l'homme transforma en blé une herbe folle des prairies.

Guidés par les affinités des langues, nous suivons pas à pas à travers l'Europe et l'Asie les migrations et l'expansion des premières races pastorales et agricoles; nous pouvons énumérer le nombre des centres distincts d'où ont rayonné tous les systèmes linguistiques irréductibles et affirmer le polygénisme des langues.

Remontant plus haut encore, nous pouvons décrire les mœurs, les coutumes et l'organisation anatomique d'une humanité, déjà industrieuse et artiste, qui, sur ses instruments, ses outils, ses armes de corne, d'ivoire ou de pierre, s'exerçait déjà, dans les cavernes où elle vivait, à reproduire les formes du renne, de l'aurochs, de l'élan, du mammouth qu'elle chassait avec l'arc, le javelot, le harpon, la hache de pierre et dont elle cousait la peau avec des aiguilles d'os pour s'en faire des vêtements.

Nous retrouvons les ancêtres ou les rivaux de ces familles sédentaires campés, par troupes nombreuses, dans nos vallées fluviales, alors élargies, avec trois espèces, aujourd'hui éteintes, d'éléphants, autant de rhinocéros, deux espèces d'hippopotames, dont ils ont fait leur nourriture; avec l'hyène, l'ours et le grand tigre quaternaire contre lesquels ils ont dû se défendre avec leurs coups de poing de silex taillés.

Nous constatons la présence de cette humanité quaternaire, non pas seulement en Europe, mais en Asie, en Afrique, en Amérique. Partout nous la retrouvons identique à elle-même, avec les mêmes mœurs, les mêmes outils, au milieu de la même faune, comme si elle avait eu le temps de faire le tour du globe, comme le fait aujourd'hui notre civilisation moderne, armée de ses machines à vapeur et de ses engins électriques.

Nous suivons l'homme bien plus loin encore, jusque dans la période tertiaire, où, faible et encore de petite taille, il habitait par troupes au bord des lacs, connaissant déjà le feu, sachant l'entretenir, sinon l'allumer, et s'en servant pour faire éclater les silex qu'il s'exerçait déjà maladroitement à tailler.

L'induction logique aidant l'observation des faits, et l'embryologie éclairant l'anatomie, nous pouvons affirmer, avec certitude, que l'homme tertiaire et les autres anthropoïdes, ses contemporains et alors ses rivaux, procèdent d'une ou plusieurs formes de mammifères amphibies, à trente-deux dents, trente-deux vertèbres et sans queue, dont les quatre membres, inégalement allongés et grêles, étaient terminés par quatre extrémités palmées et déjà préhensiles ; que ces êtres ambigus, grands nageurs, vivaient par troupes sur les côtes de la mer, comme les phoques, dont ils avaient presque la tête, rampant sur les grèves sur leurs quatre pieds, comme nos jeunes enfants marchent, ou grimpant sur les rochers, à l'aide de leurs doigts onguiculés et préhensiles. Ils y vivaient de mollusques, de crustacés, d'oursins, de poissons, faisant leur grand régal des œufs de reptiles enfouis dans le sable ou des œufs des premiers oiseaux nichés dans les crevasses des falaises.

Nous pouvons même affirmer que, si ce mammifère amphibie, ayant déjà presque forme humaine, n'était plus hermaphrodite, comme l'ont été ses ancêtres, du moins le mâle contribuait-il encore, avec la femelle, à la lactation des petits, comme l'atteste l'existence des mamelles, actuellement atrophiées, de l'homme.

Enfin, dans l'évolution de l'embryon humain nous suivons l'évolution ancestrale de cet amphibie, déjà semi-humain, à travers une suite de types organiques de plus en plus inférieurs, jusqu'à la cellule germinative de l'œuf, commencement identique et prototype de toutes les organisations vivantes, animales et végétales. De cette forme élémentaire toutes les autres sont issues, par une suite de transformations successives, qui font du monde vivant un seul arbre, immensément ramifié, dont les branches ascendantes représentent le règne animal et dont les racines souterraines figurent le règne végétal.

Tout cela, nous le savons avec toute certitude. Quelles que puissent être les lacunes de détail que nous présentent les séries diverses des deux règnes, nous sommes aussi certains qu'elles ont été reliées entre elles par d'autres séries disparues, qu'en regardant le feuillage d'un grand chêne nous le sommes que chaque feuille est portée par un rameau, qui se rattache à une branche, elle-même reliée au tronc, bien que dans l'enchevêtrement des feuilles, des rameaux et des branches, notre œil n'en puisse suivre les bifurcations successives.

Voilà les origines humaines qu'Auguste Comte a ignorées et a déclarées inconnaissables. Il est à croire que, de même, tous les autres problèmes qu'on prétend insolubles seront résolus.

Il n'y a d'inconnaissable pour la raison que ce qui n'existe pas. Il n'y a rien d'incompréhensible que le contradictoire qui est impossible.

Ce qui n'a pas d'existence, ne peut être objet de science. Ce que la science ne saura jamais, ce sont toutes les folles visions de l'imagination humaine, cherchant à se représenter ce qu'elle ne sait pas encore ; ce sont les rêves fantastiques du sommeil pris durant le jour pour des réalités ; ce sont toutes les erreurs enfantées par le mensonge, exploiteur de la crédulité.

D'où viennent ces doutes qu'on entretient sur la puissance géniale de l'esprit humain? Pourquoi serait-il donc condamné à ne jamais appréhender et connaître la nature des choses et l'enchaînement de leurs causes, jusqu'à la cause perpétuelle et permanente qui est leur *substratum?* Chacun des progrès de la science la simplifie en classant les faits sous des lois de plus en plus larges. N'y a-t-il pas lieu de croire que la loi de ces lois, celle qui sera leur principe commun, sera aussi la simplification suprême de la science ; puisqu'elle montrera tous les faits se déduisant d'un fait premier universel, évident comme un axiome ?

Ces doutes sur la puissance de la raison, ces limites négatives qu'on lui suppose, tout cela repose sur une argumentation fausse de Kant, sur le système factice de son idéalisme subjectif qui, mettant en doute la réalité objective et existentielle, bien qu'insubstantielle de l'espace et du temps, comme lois et conditions de l'être, pour en faire seulement les conditions et les lois de la connaissance, a ébranlé par là, d'un coup, toutes les bases de la certitude rationnelle.

Si le temps et l'espace ne sont que de pures formes de notre sensibilité, si leurs concepts ne répondent pas à des réalités hors de nous, c'est tout l'édifice des évidences mathématiques qui s'écroule, entraînant l'irréalité, non seulement phénoménale, mais substantielle et nouménale du monde.

Si le temps et l'espace ne sont que des formes de notre entendement et non les formes premières, nécessaires et réelles des choses ; si la connaissance que nous en avons, comme coexistantes dans l'espace et successives dans la durée, n'est pas adéquate à leur réalité ; si nous ne sommes pas nous-mêmes dans le temps et l'espace et conditionnés par eux, nous ne sommes pas et rien n'existe. Avec la réalité de l'espace et de ses lois toute extériorité synchronique disparaît ; toute pluralité d'êtres devient impossible ; toute idée de mouvement est contradictoire ; tout se confond dans un néant inétendu et immobile. Et si, avec la réalité de l'espace, disparaît la réalité de la durée, ce néant immobile et inétendu n'est jamais, puisqu'il ne dure pas. Nous devenons quelque chose de moins qu'un rêve qui se rêve ; car le rêve exige encore une succession d'images dans le temps. Tout s'écroule, tout s'anéantit dans l'absurdité des contradictions logiques enchaînées où la raison sombre dans la folie. L'existence humaine devient ce cauchemar affreux dont le disciple logique de Kant, Schopenhauer, cherchait le moyen de nous délivrer par *le non vouloir être*, qui ne serait encore qu'un rêve du néant substitué au rêve de l'être.

Telle est l'impasse ontologique où Kant a engagé l'esprit moderne, en croyant supprimer la métaphysique. Toute la philosophie allemande s'y est enfermée après lui, à sa suite, sans trouver la porte pour en sortir. Les idées de Kant, importées chez nous par Cousin, Tissot, Renouvier, Barni et tant d'autres, sont venues obscurcir, pendant tout le dernier siècle, la clarté de l'esprit français.

Quel a été le but de Kant qui, en somme, n'a fait que développer l'idéalisme de Berkeley et le scepticisme de Hume? Son but, comme le leur, c'était de sauver Dieu, dont le concept, comme cause première, était devenu non seulement inutile, mais contradictoire à la notion objective du monde, tel qu'il était déjà connu. « Je n'ai pas eu besoin de cette hypothèse », disait Laplace, venant d'écrire le système du monde. Galilée, en déplaçant le centre du monde, avait détruit le point de vue anthropocentrique de l'école socratique. Newton, en formulant la loi de la gravitation universelle et la loi d'égalité entre l'action et la réaction; Leibnitz, en démontrant la perpétuité de la force vive, avaient fait du monde une machine se suffisant à elle-même, où un Dieu ne pouvait plus que jeter le désordre par son action personnelle.

Pour que ce Dieu restât possible, que son existence fût compatible avec le monde, il fallait réduire le monde à l'état d'apparence phénoménale, de *natura naturata* sans réalité; en faire le rêve de Dieu en *Dieu*, seule réalité, seule substance, seule entité, seule *natura naturans*, se donnant à lui-même le spectacle d'un monde n'existant qu'en lui-même, comme une récréation de sa solitude, comme un drame éternel joué pour lui, par lui, devant lui par des acteurs qui n'existent que dans sa pensée. C'était revenir à la vision en Dieu de Malebranche.

Voilà pourquoi l'idéalisme de Kant a été adopté avec tant d'enthousiasme et défendu avec tant de ferveur, non seulement par toutes les Églises, dont l'orthodoxie menacée était forcée de faire des concessions, mais par tous les déistes, amateurs d'à-peu-près, qui des anciens dogmes ne conservent plus que le concept métaphysique d'un Dieu, cause première et providence du monde. Voilà comment les idées de Kant devinrent le fondement de toute la nouvelle théologie allemande, comme la dernière ressource des théologiens catholiques, pour ébranler dans les esprits, séduits par les évidences de la science, la certitude de ses bases rationnelles et mathématiques. Car, l'espace enlevé, il n'y a plus de géométrie, plus de science de l'étendue, plus de multiplicité numérique ; et le temps supprimé, il n'y a plus de mouvement, il n'y a plus de mécanique. Il ne peut plus être réellement vrai qu'un corps tombe sur un autre corps en raison inverse de leur rapport et du carré de leurs distances, puisqu'il n'y a plus ni distance ni durée et que toute vitesse devient le rapport d'un zéro d'espace à un zéro de temps.

La certitude, l'évidence des relations mathématiques, voilà la grande pierre d'achoppement des vieux dogmes religieux. Aussi leurs défenseurs font-ils leur possible pour ébranler ces piliers solides de la science moderne. Encore aujourd'hui, des Allemands, imbus d'idéalisme kantiste, s'efforcent d'ébranler les principes de la géométrie d'Euclide par des sophismes captieux. A l'espace euclidien, à trois dimensions qui, à les entendre, serait plat, ils veulent substituer un espace à *n* dimensions, rond ou courbe.

Toutes ces nouveautés, fondées sur des généralisations sophistiques de l'analyse, et sur la confusion des lois de l'espace objectif avec les lois de la perspective, ont pour résultat et pour but de jeter le trouble dans les esprits, en sapant les fondements de la certitude rationnelle, au profit de ceux qui tentent de ramener l'homme, par le scepticisme, au *credo quia absurdum* de la foi aveugle et docile.

Il faut le reconnaître et le dire hautement, toute cette campagne entreprise et menée sourdement, mais avec persévérance, pour faire croire à l'infirmité radicale de l'esprit humain, à l'impuissance de la raison pour découvrir la vérité, à l'inconnaissabilité de l'essence des choses, est une tactique nouvelle de la vieille théocratie pour ressaisir le monde qui lui échappe. N'ayant plus le pouvoir d'obliger personne à croire ses prétendus dogmes révélés, elle travaille à ruiner la foi dans la raison, à détruire les bases de l'évidence, à ébranler les conditions et les lois de la certitude.

Comme à toute époque Dieu a été la somme des ignorances de l'homme, qu'il a constamment diminué de tout ce que celui-ci a appris; que chez les esprits cultivés, son domaine est réduit de nos jours aux dernières inconnues de l'induction scientifique, aux hypothèses explicatives, non confirmées encore, des lois déjà démontrées; ceux qui, en tous temps, ont vécu aux dépens des dieux, du respect et de la crainte qu'ils inspiraient, ceux qui ont profité des holocaustes qu'on leur offrait et qui ont gouverné le monde en leur nom, s'efforcent de diminuer la quantité à soustraire de ces Dieux, primitivement égaux au tout, pour en augmenter le reste. Ils proclament ce reste inconnaissable, pour l'empêcher d'être connu. S'ils accusent la science de faire banqueroute, c'est comme ces escrocs qui crient au voleur pour dépister la police.

Comment ose-t-on accuser la science de faire banqueroute à la fin d'un siècle où elle a renouvelé la face du monde et créé une humanité nouvelle; où elle a élargi l'astronomie jusqu'à l'infini, créé la géologie, refait l'histoire, ressuscité les humanités disparues; où elle a donné à l'homme ces esclaves puissants et dociles qui sont la vapeur, l'air comprimé, l'électricité; où elle est arrivée à transmettre la pensée par le télégraphe, la parole par le téléphone, à enregistrer le chant par le phonographe?

On l'accuse de faire banqueroute parce qu'elle ignore encore quelque chose, qu'il lui reste quelques découvertes à faire, et qu'elle n'a pu se débarrasser de quelques erreurs antiques qui obstruent sa route. Mais la science est toute jeune. Née en Grèce, où elle a balbutié ses premières lois, elle a été aussitôt emmaillotée dans les langes de l'Église où elle a dormi quinze siècles, paralysée, anesthésiée, en état de somnambulisme cataleptique, sous l'étreinte d'une théocratie qui prétendait en faire sa servante : *Ancilla theologiæ.* Elle s'est réveillée, il y a à peine trois siècles, avec Bacon, Kopernic,

Galilée, Newton, Leibnitz et, depuis ce temps, elle a grandi comme une géante, brisant ou usant tous les obstacles mis à sa croissance, bravant les bûchers des Giordano Bruno et des Vanini, dont les cendres étaient à peine froides, ou s'exilant dans les pays où elle trouvait un peu plus de liberté.

On est frappé du rôle effacé des nations restées catholiques à cette époque de la renaissance de la science. Bacon et Newton étaient Anglais, Leibnitz Allemand.

Le Polonais Kopernik n'osa publier ses idées pendant sa vie. Le livre qui les contenait ne parut qu'après sa mort, et la première édition en fut détruite par ordre de l'Inquisition.

Galilée a osé parler en Italie et on sait ce qu'il lui en a coûté. Gassendi n'a pu traduire Epicure qu'en l'accommodant à la sauce théologique. Descartes et Spinoza ont été demander la sécurité à la Hollande et à la Suède ; au siècle suivant nos savants cherchèrent un asile en Prusse et Voltaire se faisait horloger au pays de Gex, en dehors de la frontière française, pour pouvoir écrire son dictionnaire philosophique et prendre la défense des Calas et du chevalier de la Barre. L'Encyclopédie enfin devait chercher des éditeurs en Suisse pour éviter d'être brûlée par la main du bourreau.

Et ce sont aujourd'hui ceux-là qui ont tout fait pour étouffer la science dans l'œuf et pour l'empêcher de grandir qui l'accusent de faire banqueroute.

D'où est partie cette thèse de la banqueroute de la science? M. Brunetière l'a rapportée de Rome ; mais depuis longtemps elle est enseignée dans les séminaires, elle est la base de l'enseignement dans les universités catholiques. C'est un des lieux communs de la littérature des sacristies, le fonds des librairies du quartier Saint-Sulpice, la thèse des prédicateurs dans leurs chaires. On citerait des kyrielles d'auteurs, inconnus des profanes, mais qui ont un public parmi les lecteurs de *l'Univers* ou de *la Croix*, qui ne font que la commenter. Ce sont les bacheliers sortis des universités catholiques qui la répandent parmi nos jeunes générations, la soutiennent dans les petits cénacles littéraires, parmi les étudiants de lettres et ceux du droit; car elle n'a point de chances de succès près des étudiants en sciences. Ceux-là savent bien que ce n'est pas la science qui fait faillite à l'homme.

Les vrais banqueroutiers sont ceux-là qui, toujours ennemis de la vérité et de la lumière intellectuelle, inquiets de tous les progrès de l'esprit qui rendent l'homme plus libre, exploitant l'ignorance humaine, ont de tous temps mis le Paradis en action et signé des lettres de change payables dans l'éternité aux égoïstes, crédules et effrayés, qui croient faire de bons placements en prêtant aux dieux à fonds perdus en ce monde pour en être remboursés au centuple dans l'autre.

C'est là l'éternelle banque du Mississipi, le *Panamone* énorme dont la banqueroute, perpétuellement frauduleuse, a pu, à l'abri des lois, pomper, aspirer, engloutir sans cesse les économies de l'humanité, escompter ses vices et trafiquer de ses vertus.

Elle est bien commode aussi cette doctrine de l'inconnaissable pour les gens qui n'aiment point à se compromettre; qui ne veulent contredire et contrarier personne; qui veulent garder des amis dans tous les partis, toutes les Églises: pouvoir dire aux uns: « Je suis oiseau, voyez mes ailes », aux autres: « Je suis souris, voyez mes pieds ».

Cette doctrine de l'inconnaissable, appelée en France *positivisme*, parce qu'elle ne veut rien dire de positif sur toutes les questions compromettantes, a reçu, en Angleterre, le joli nom grec d'*agnosticisme*: ceux qui avouent ou prétendent ne pas savoir. Ce sont pourtant des savants qui l'ont mise à la mode et dont plus d'un a été hardi; car un de ses promoteurs fut Lyell, le premier des savants anglais qui osa se déclarer en faveur de la doctrine de Darwin. Mais, justement, cet agnosticisme le mettait à même d'échapper aux dernières conséquences logiques du système, d'arrêter le fil de ses déductions juste au point où il se serait brouillé avec le *kant* anglais. C'est grâce à cet agnosticisme de son ami Lyell, que Darwin lui-même, tout en finissant par confesser explicitement dans sa *Généalogie de l'homme* (*Descent of man*) sa conviction de l'origine animale de notre espèce, a pu cependant continuer à se dire croyant en Dieu, et même chrétien, et, sans scandaliser l'Église anglicane, être solennellement enterré à Westminster Abbey dans le Panthéon anglais. Pourtant, si l'on eût serré de près les doctrines du savant, il n'eût pas éte difficile d'en montrer les contradictions avec les actes de foi du gentleman qui voulait rester *a respectable man* pour ses compatriotes de la Chambre haute et pour la *gentry* anglicane.

J'ai connu aussi, en Suisse, comme en France du reste, et il y en a peut-être un peu partout, de ces savants qui, mettant leur science dans un des hémisphères de leur cerveau et leur foi chrétienne dans l'autre, élevaient entre les deux une cloison étanche qui, rompant entre eux toute communication, devait ainsi empêcher toute conscience des importunes contradictions qui pouvaient naître de cette dualité cérébrale. Le professeur dans sa chaire, ou quand il écrivait dans son cabinet de travail, n'était que savant; l'homme, rentré dans la famille ou devenu citoyen dans la cité, prêchait la religion d'État et soutenait ses représentants comme la sauvegarde de l'ordre public.

Toutefois la communication entre le cerveau du savant et le cerveau de l'homme politique pratique n'était pas si bien fermée, que l'un ne pût arrêter l'autre, juste au point où il aurait pu le compromettre. Le savant, au delà de certaines déductions logiques, au delà de certaines lois de fait, aux conséquences en apparence indifférentes, devenait agnostique, déclarait ne pas savoir, et se taisait. Lorsqu'un fait trop éloquent, trop clair se produisait dans le domaine scientifique, il le tournait, le retournait, le pétrissait en tous sens pour lui trouver des côtés douteux, susceptibles d'interprétations diverses. Que d'encre a été ainsi versée dans les quarante dernières années par les savants officiels et religieux de tous les pays pour trouver des objections à la théorie darwinienne ! Que d'hypothèses ingénieuses et biscornues ils ont imaginées pour expliquer le mélange des silex taillés de main d'homme avec les ossements des animaux de l'époque quaternaire, qui, défonçant la chronologie biblique, enfonçait l'origine de l'homme à travers la succession des âges géologiques dans une antiquité se chiffrant par des milliers de siècles.

Presque tous aujourd'hui ont dû rendre les armes. L'hémisphère scientifique de leur cerveau a dû s'avouer convaincu que toutes les races vivantes ne descendent pas des trois fils de Noé ; qu'aucun déluge total n'a détruit la vie sur la terre, à l'exception de ceux qui étaient enfermés dans un coffre (Arche veut dire coffre, c'est le mot *nàos* des Égyptiens) ; qu'Adam et Eve ont appartenu à une espèce de mammifère ou même de reptile hermaphrodite, peu différent de la grenouille ou du crapaud, qui l'un et l'autre n'ont point de queue ; et que si tous les hommes en sont descendus, c'est concurremment avec les grands singes, également dépourvus d'appendice caudal. C'est toutefois une consolation pour eux de pouvoir constater ce fait que l'appendice caudal qui existe chez l'embryon humain a été résorbé de très bonne heure chez les ancêtres de l'homme qui doit peut-être à cette résorption le développement hâtif de son cerveau, en vertu de la loi darwinienne du balancement de croissance.

Maintenant la plupart des savants, anglais, suisses, allemands et même français, de la génération actuelle, ne songent plus à contester tout cela, et à rejeter l'origine de l'homme dans l'incognoscible. Les Églises mêmes en prennent leur parti, sauf le pape, qui, récemment, caressait la science de sa blanche main, trouvant que celle de M. Brunetière avait été trop rude et qu'en voulant défendre le plat, il avait mis les pieds dedans. Mais il réservait la question des origines, celles des causes premières comme matières essentiellement religieuses dont les conciles seuls ont le droit de connaître et de décider. En effet, l'Église ne peut abandonner le terrain du paradis terrestre aux savants, sans compromettre tout l'édifice de ses dogmes. Sans paradis terrestre, point de chute, sans chute point de rédemption. Toute la révélation s'écroule comme un château de cartes. L'Église catholique tiendra donc bon là-dessus tant qu'elle le pourra. C'est une question pour elle de vie ou de mort. Même chez les protestants, individuellement plus libres d'interpréter la Bible à leur guise, la parcelle de christianisme qui peut survivre au dogme de la chute originelle, est réduite par la doctrine de l'évolution à une dose homœopathique de foi, diluée dans une rivière de science.

Si les dogmes chrétiens sont emportés logiquement par le nouveau dogme de l'origine de l'homme, la foi déiste y résiste. A condition de ne pas y regarder de trop près et de ne pas soulever la question de l'origine du mal et de la loi de souffrance qui régit toute l'animalité, elle peut s'accommoder avec Darwin. Mais le déisme, pour conserver son Dieu, cause première et premier moteur immobile d'Aristote, se défend sur le terrain de l'inconnaissabilité de la matière et de la force, ces dernières inconnues de la science physique.

Ces derniers problèmes seront résolus comme les autres. A l'étonnement des agnostiques et pour la confusion des positivistes, la solution sera simple, accessible à toutes les intelligences : la génération prochaine verra des écoliers de dix ans bien rire de la naïveté de leurs pères, qui, d'un air si grave et si profond, ont déclaré le mystère insondable.

S'il reste encore quelques inconnues sur les derniers sommets de la science, s'il y a encore des hypothèses douteuses, d'autres certainement fausses ; si sur certaines questions de détail la discussion reste ouverte, il n'en existe pas moins dès aujourd'hui une catholicité de la science où, d'un bout du monde à l'autre bout, de Chicago à Paris, de Londres au Japon et du Thibet à Rome, en dépit des papes et des Lamas, tout le monde est d'accord sur certains groupes de faits et sur les lois qui les régissent. Cette magnifique unité mentale qui a été l'idéal de toutes les orthodoxies, mais qu'elles n'ont jamais pu réaliser, s'est établie d'elle-même en vertu de l'identité des lois qui régissent le monde physique et intellectuel. Elle s'est établie sans violence ni coercition, sans conciles ni papes, par l'adhésion libre des esprits convaincus par l'évidence des choses.

Evidemment, il reste des problèmes à résoudre. Et des vérités d'hier sont des erreurs aujourd'hui. Personne ne croit plus, parmi les physiciens, à l'attraction à distance de la matière pour la matière, que Newton lui-même a reconnue impossible; mais personne ne doute de l'universalité de la loi de gravitation, dont l'attraction n'est qu'une explication hypothétique. Qu'importe que l'hypothèse de Laplace sur la formation de notre système solaire ne soit pas vraie ; ce qui reste certain, c'est que les systèmes stellaires se forment et se détruisent, commencent et finissent, dans un Univers qui reste éternellement équilibré, et dans lequel la quantité de substance et de force reste constante. Nos théories chimiques, nos théories sur la lumière et la chaleur sont incomplètes ou fausses ; la théorie cinétique des gaz est certainement un roman conçu par l'imagination d'un mathématicien allemand ; cela n'empêche pas que les lois expérimentales de la chimie et de la physique soient des vérités désormais acquises à l'humanité, qu'elles soient vraies dans tous les mondes, comme dans le nôtre, et que toutes les thèses contradictoires à ces vérités acquises soient des erreurs également démontrées, qui seraient des erreurs dans la Lune ou dans Jupiter, dans Sirius ou dans Wega comme chez nous.

A côté du système logique de ses affirmations, la science a donc un système logique de négations également évidentes et démontrées. C'est ce système de vérités négatives qui tue les anciens dogmes, renverse les vieilles croyances traditionnelles, démontre que l'esprit humain a été de tous temps la dupe docile de tous les sacerdoces qui se sont attribué le droit de le gouverner au nom des dieux.

Dès aujourd'hui il existe un ensemble de vérités certaines, un système de la science, révélé à l'homme par le lent travail de sa raison s'exerçant librement, qui détruit par leur base toutes les orthodoxies théocratiques et n'en laisse rien subsister.

Dès aujourd'hui il n'est donc pas vrai que l'esprit de l'homme n'ait à choisir qu'entre le « peut-être ! » de Rabelais et le « que sais-je ? » de Montaigne. Ce sont là désormais des raisons de lettrés qui, ayant perdu le meilleur de leur jeunesse à étudier le grec et le latin, à pâlir sur Virgile et à rougir sur Ovide ou Properce, sans avoir jamais réussi à lire Tacite ou à traduire Homère, se croient le droit de parler de la faillite de la science qu'ils n'ont connue que dans ces guide-ânes qu'on nomme les manuels du baccalauréat.

Il est certain que ni les discours de Platon, le furieux ennemi de Démocrite qui voulait brûler ses ouvrages ; ni les enseignements de Socrate, qui trouvait Anaxagore impertinent de s'occuper des causes physiques du monde et de ne rien dire de ces causes finales ; ni les entretiens de Cicéron à Tusculum sur les dieux, l'âme et le reste, n'apprendront jamais rien à personne sur le *substratum* de l'univers.

Si les Ioniens, de Thalès à Démocrite, semblent avoir eu à ce sujet des notions plus claires, leurs écrits sont malheureusement perdus et nous n'en savons quelque chose que par ces mêmes Athéniens qui ne les ont pas compris, et surtout par Aristote qui eut le malheur d'avoir Platon pour maître. Si le hasard des choses eût voulu faire naître Démocrite à Athènes et lui donner Aristote pour disciple au lieu d'en faire son adversaire, depuis plus de vingt siècles nous saurions peut-être ce que c'est que la matière ou, du moins, aurions-nous à cet égard des notions vagues mais exactes.

Au contraire, la Providence qui, dit-on, conduit le monde, et qui semble si souvent s'amuser à l'égarer, a fait gâter par Epicure les conceptions géniales de Démocrite. Comme Epicure, vulgarisé par Lucrèce, a seul été transmis intact à nos savants de la renaissance, Bacon, Galilée, Gassendi, Newton, l'atome épicurien embarrasse aujourd'hui encore nos sciences physiques en des contradictions insolubles ; de sorte que pour en sortir il faudra retourner l'hypothèse d'Epicure, comme Kopernic a retourné le système de Ptolémée.

Du reste, tous les progrès de la science moderne ont consisté à retourner des hypothèses anciennes, nées les premières dans l'esprit humain, condamné à ne voir jamais les choses que du point de vue anthropocentrique, naturellement toujours faux par quelque endroit, en vertu d'illusions optiques inévitables. Nos sensations, sources de nos concepts, ne nous trompent point, elles sont vraies, toujours vraies, mais leur complexité défie l'analyse du jugement. Nos sens se sont perfectionnés pour répondre à nos besoins physiologiques, aux conditions de notre vie animale ou sociale ; ils ne sont nullement des instruments d'observation scientifique. Les premières hypothèses, les premières inductions que l'esprit humain a tirées de ses observations sensibles ont dû fatalement être fausses. Elles nous ont montré l'envers des choses. Il faut les retourner pour en voir l'endroit. « Quand une chose est susceptible de deux explications, disait Fontenelle, c'est toujours la fausse qu'on adopte la première, parce qu'elle semble la plus naturelle. »

En effet, ne semblait-il pas plus naturel de supposer le mouvement des planètes et du soleil autour de la terre que celui de la terre et des planètes autour du soleil ? Toutes les sensations directes de l'homme le conduisaient fatalement à cette erreur dont il n'est sorti que tout récemment et lentement. Il voyait chaque jour les astres se déplacer dans le ciel autour de lui ; il ne sentait pas le mouvement qui l'emportait lui-même, avec la terre, dans l'espace. Il croyait la terre très grande, et Anaxagore pensait exagérer en disant le soleil « grand comme le Péloponèse ».

De même, l'homme primitif, qui se sentait automoteur, n'a pu d'abord comprendre les mouvements des corps qu'en les attribuant à des volontés motrices, à des esprits identiques au sien, et son fétichisme a tout humanisé dans la nature. De tous les êtres il a fait des démons ou des dieux.

Voyant tous les êtres s'engendrer les uns les autres, il a cru à l'universalité de la loi de génération. Il a supposé le monde engendré par des dieux qui s'engendraient de même les uns les autres par couples sexuels superposés.

Comme sur la terre tous les êtres vivants procréaient leurs semblables, jusqu'à une époque toute récente, l'humanité pensante et ses générations de savants ont cru à la fixité des races végétales et animales, à la création extra-naturelle ou divine de leurs prototypes. Bien des gens répugnent encore à admettre la théorie d'évolution des formes organiques, parce qu'en effet la courte expérience de chaque génération ne lui montre jamais que des types relativement constants.

En géologie, lorsque déjà l'idée d'une histoire évolutive du monde terrestre, sous l'action constante des forces actuelles, s'imposait aux esprits observateurs, comme celui de Lyell, on s'est attardé, avec Cuvier, à l'hypothèse des révolutions violentes et totales. On a supposé que toutes les montagnes étaient le produit de soulèvements brusques, de cataclysmes soudains ; qu'elles pouvaient pousser en une nuit comme des taupinières, soulevant sur leurs flancs des centaines de kilomètres de roches stratifiées, antérieurement horizontales. Il est bien démontré aujourd'hui que ce sont, au contraire, les plaines qui s'affaissent lentement sur les flancs des crêtes orographiques, véritables lignes de plissements de l'écorce terrestre, constamment contractée et rétrécie.

C'est de même qu'à l'hypothèse de l'attraction à distance de la matière pour la matière, admise déjà en principe par les Grecs, mais contre laquelle Newton lui-même a protesté, on est amené à substituer celle des pressions ou impulsions centripètes au contact, pour expliquer la loi de la gravitation.

Tout le progrès des sciences ne s'est ainsi accompli qu'en retournant les premières explications des faits qui d'abord ont paru les plus probables.

Pour acquérir une idée de la matière conforme à sa nature, il suffit de retourner celle que nous en avons eu jusqu'ici.

S'il a d'abord paru plus naturel d'expliquer l'existence des fluides au moyen d'éléments ayant les propriétés contraires des solides, c'est que sous l'état solide seulement la matière frappe directement les sens par la visibilité de ses formes et de ses couleurs, par son impénétrabilité au toucher, sa résistance au mouvement, sa chaleur, sa sonorité. C'est sous l'état solide, presque exclusivement, que l'homme a acquis la notion de matière et que les idées de ses propriétés ou modes se sont fixées et comme incrustées dans son esprit. C'est encore sous l'état solide que chaque enfant apprend à constater son existence et à expérimenter ses manières d'être. Toutes les langues se sont développées sous l'influence de cette notion d'une matière essentiellement solide, dure et pesante, ayant des formes et figures relativement fixes et des contours nettement limités. L'eau elle-même, qui est presque le seul liquide naturel, se solidifie par le froid, et semble participer de la rigidité impénétrable des autres corps matériels et pesants.

En fait de fluide gazeux, les anciens ne connaissaient guère que l'air, la vapeur d'eau et le feu à l'état de flammes ou de fumée. Ils en ont fait leurs trois éléments supérieurs, mais ils ont, en général, réservé le nom de matière à l'élément terrestre, seul solide et rigide, et à l'élément liquide qui participait de sa nature pesante et de son inertie. L'air et le feu, au contraire, leur semblaient d'une nature plutôt céleste et divine : ils paraissaient monter au lieu de tomber.

Toutes ces erreurs sont d'hier. Le moyen âge en a hérité, comme d'une part de la culture latine. La physique d'Aristote n'a pu que les renforcer et les enraciner dans l'intellect des peuples modernes. Les alchimistes, jusqu'à une époque toute récente, expliquaient encore les transformations de l'état physique des corps par des mélanges, en proportions variables de terre, d'eau, d'air et de feu, dans lesquels chaque élément gardait sa nature essentielle. La vulgarisation du poème de Lucrèce les amenait seulement à concevoir chaque élément comme constitué d'atomes, différents de forme et de grandeur, mais tous également solides et de figures constantes.

Il semblait ainsi naturel d'expliquer les propriétés mal connues des fluides par celles des solides qu'on croyait connaître, que l'on connaissait mieux, du moins empiriquement, d'après leurs apparences sensibles, qui n'étonnaient pas, parce qu'on avait l'habitude de les constater.

Aujourd'hui, toute la physique et toute la chimie montrent, au contraire, que l'état solide est pour toute la matière, et même pour les corps les plus denses, un état de contrainte dont elle cherche constamment à sortir; que ce sont des pressions extérieures qui l'y maintiennent, comme elles empêchent l'eau de bouillir au zéro du thermomètre, et qu'à toutes les températures non seulement les liquides mais les solides tendent à émettre des vapeurs. (Comp. *Mémoire sur la constitution moléculaire de l'eau.* Association française pour l'avancement des sciences. Paris, 1889.)

C'est en Suisse, en 1858, à la suite d'une étude comparée de tous les systèmes philosophiques, que, pour la première fois, je conçus l'idée de la fluidité essentielle des éléments premiers de la substance cosmique. Deux ans après, j'en faisais la base logique d'une Philosophie de la Nature que je développai dans un cours public à Lausanne.

Mais cette nouvelle théorie de la fluidité des atomes, supposant leur répulsion mutuelle, se heurtait à l'hypothèse de l'attraction, qu'avec la grande majorité de mes contemporains, je croyais encore scientifiquement démontrée. L'objection me paraissait si forte qu'après avoir cherché en vain les moyens de concilier deux faits aussi contradictoires, et trop respectueuse de l'autorité de Newton pour oser émettre un doute sur sa doctrine, je pensai avoir été dupe d'une illusion séduisante, et j'abandonnai à regret mes études commencées.

Cependant, j'étais comme hantée par mon hypothèse qui me paraissait devoir résoudre les problèmes restés les plus obscurs dans le domaine des sciences physiques, aussi bien que dans leur systématisation métaphysique. J'étais en cet état d'esprit quand, vers 1872, un mot de Quatrefages, dans une discussion sur la valeur des hypothèses, fût pour moi un trait de lumière. Il disait, citant Newton : « Tout se passe comme si les corps s'attiraient en raison directe de leurs masses et inverse des carrés de leurs distances, mais rien ne nous prouve qu'ils s'attirent. » J'apprenais ainsi que Newton, lui-même, n'avait donné à la formule de sa loi fondamentale qu'une forme dubitative.

Vers le même temps, je constatais que Secchi, dans son ouvrage sur l'*Unité des forces physiques*, confessant que l'hypothèse de l'attraction était contraire à tous les principes de la mécanique, essayait de donner de la gravitation une explication nouvelle qui se rapprochait des tourbillons cartésiens. Enfin, dans un opuscule très remarquable du savant abbé Moigno (*La matière et la force.* Deux conférences du professeur Tyndall, traduites en français et suivies d'une *Dissertation sur l'essence de la matière*, par l'abbé Moigno; Paris, Gauthier-Villars, 1873), je rencontrai cette négation si nettement catégorique : « Ce qui est certain, c'est que les corps ne s'attirent pas... Si l'attraction existait, ce serait un miracle perpétuel. » Et il rappelait les objections écrasantes contre l'hypothèse de l'attraction qu'Euler a résumées dans ses *Lettres à une princesse d'Allemagne*.

Ces lettres d'Euler je les avais lues, ainsi que celles de Leibnitz. Mais le souvenir des objections de ces deux grands mathématiciens contre une force attractive agissant à distance s'était effacé sous l'espèce de *Consentement universel* que les hommes de ma génération donnaient à l'hypothèse de l'attraction. Surtout en France, alors, il ne paraissait pas plus possible de mettre en doute la formule de Newton, qu'une affirmation de Cuvier. Cependant les ouvrages de Secchi, de Tyndall et de Moigno m'avaient ramenée au doute.

Jusque-là, je n'avais jamais lu le grand ouvrage de Newton, *Les nouveaux principes de la philosophie naturelle*. Aucune édition en petit format n'en a été faite, et les exemplaires *in-quarto* sont rares. Ils sont accaparés depuis longtemps par les bibliothèques publiques et nous n'avons pas en France de bibliothèques publiques circulantes. Les seuls professeurs officiels peuvent leur emprunter des livres. Or un tel ouvrage n'est pas de ceux qu'on peut aller feuilleter durant quelques heures ; il faut les avoir chez soi. Grâce à l'obligeance d'un professeur qui l'emprunta pour moi, je pus avoir enfin la traduction de Mme de Chatelet, sur la troisième édition de Newton. Quel ne fut pas mon étonnement d'y voir Newton lui-même y répéter, sans se lasser, que pour lui le mot d'*attraction* n'est qu'une métaphore dont il se sert pour désigner *la force inconnue* qui fait graviter les corps les uns vers les autres.

Jamais, dans toute ma vie, je n'éprouvai une pareille joie. Mon hypothèse pouvait donc être vraie, car les apparentes attractions de la matière pour la matière pouvaient résulter des différences de forces répulsives, et n'être que des répulsions en moins.

Avec une nouvelle ardeur, je repris dès lors mes travaux abandonnés, et j'eus la satisfaction de constater avec quelle facilité et quelle simplicité mon hypothèse de la fluidité des éléments matériels expliquait les phénomènes de la nature les plus importants, les plus généraux et jusque-là aussi restés les plus mystérieux dans leur processus.

C'est le résultat de ces travaux, continués depuis vingt-cinq ans, avec une persévérance inlassable, et malgré toutes les rebuffades et tous les dédains de nos professeurs officiels, que je résume dans ce livre que je puis aujourd'hui présenter au public, grâce à la femme de cœur et d'esprit qui, presque sans me connaître, est venue m'offrir de faire les frais de sa publication. Je veux publiquement lui en dire : Merci !

Je n'ai certes pas la prétention d'avoir dans cet ouvrage dit le dernier mot de la science sur tous les problèmes qu'il soulève, mais j'ai l'espoir et la ferme conviction qu'il la fera rapidement progresser parmi les jeunes générations dont l'esprit se sera affranchi des habitudes d'esprit traditionnelles, contractées dans les écoles, et des préformations cérébrales héréditaires qui en résultent à la longue dans la race.

INTRODUCTION

L'ÉVOLUTION HISTORIQUE DE L'IDÉE DE MATIÈRE

I

LES DYADES ET TRIADES MYTHIQUES

A l'époque de Thalès, six siècles avant notre ère, le monde antique tout entier était arrivé au concept d'une matière ou substance primordiale du monde, au sein de laquelle tous les êtres s'étaient organisés. Cette matière première universelle était l'élément liquide, les grandes eaux primitives, fécondées par un principe actif.

Tel est le rôle de ces grandes dyades divines qu'on trouve au sommet de tous les panthéons antiques, chez les nations où des sacerdoces, puissamment constitués, avaient développé, sous formes de mythes symboliques, leurs premières spéculations sur l'ordre cosmique.

Ces dyades qui, à l'origine, n'avaient été que la divinisation du couple céleste, soleil et lune, en vinrent à symboliser les deux principes générateurs du monde : le principe mâle actif : ciel, air, éther, feu céleste ou terrestre ; le principe passif : eau, terre ou nature.

En somme, c'était toujours la matière s'organisant elle-même en vertu de ses activités propres.

En Égypte, c'était la vieille Isis, d'abord lune, puis terre ou matière, dans la dyade cosmique, qui, dans les grandes triades de Memphis, de Thèbes ou de Saïs, devenait Nou, Nout ou Athor, les grandes eaux primitives au sein desquelles flottaient les germes des choses.

C'est le même concept qu'on retrouve en Chaldée sous les noms d'Anaïtis et parfois sous les formes masculines d'Anou et de Noah.

Dans l'Inde védique c'est Prakriti ou Maïa; en Lycie et dans le sanctuaire de Samothrace c'est Κυβέλη (Cybèle); à Eleusis Δημήτηρ (Cérès); à Sparte, comme dans les îles de Cypre et de Cythère, c'est Ἀφροδίτη (Vénus), qu'on retrouve en Phénicie sous le nom d'Astarté; à Ephèse, à Délos, c'est Ἄρτεμις (Diane), identique à Φοίβη (Phœbé); à Argos Ἥρα (Junon), et dans le Latium Dijana (Diane) ou Ἑκάτη (la triple Hécate), qui régnait à la fois au ciel, sur la terre et dans les enfers.

Sous des noms divers, c'était partout la grande, la bonne déesse, la mère des dieux et des hommes, la farouche divinité des mystères. On la suit dans les panthéons barbares du nord sous les noms, à peine altérés, de Hertha (analogue de Ἥρα, d'Isis et d'Artemis), ou de Frigga (analogue d'Ἀφροδίτη, de Vénus).

Partout, aussi, à côté de la déesse mère, de la grande femelle primordiale, à la fois ou successivement lune, terre, nature et matière, se retrouvait le principe mâle, actif et fécondant, soleil, ciel, feu terrestre ou céleste, air ou éther impondérable et fulgurant.

En Égypte, c'était le vieil Osiris, d'abord dieu solaire, dont Οὐρανός (Uranus) chez les Grecs, Varouna ou Dyaus chez les Aryas védiques, sont des formes peu altérées. Sur l'Euphrate, c'était Ea ou Bel; en Lycie Ἄτυς (Atys); en Cilicie, en Syrie Ἄδωνις (Adonis ou Adonaï, le Seigneur), en Phénicie Chamos ou Moloch, qui dans la trinité memphite devenait Phtah, type du grec Ἥφαιστος (Vulcain), qu'on retrouve dans les panthéons du nord sous les formes de Thor, Thoth, Teut, Tuiston ou Teutatès. Devenu femelle chez les Etrusques sous le nom de Vesta, il est en outre le type de l'Ἔρως d'Hésiode, devenu méconnaissable chez le petit Cupido des Latins. Ceux-ci, à côté de leur Dijana, déesse à la fois céleste et chthonienne, avaient le mâle Dijanus, soleil, mesureur des jours et du temps, et qui regardait à la fois le passé et l'avenir. C'était à la fois Jovis et Véjovis. Comme tel, il était analogue aux deux Harmachis d'Égypte, soleil levant et soleil couchant, aux deux jumeaux célestes de Sparte, Castor et Pollux, et aux cabires de Samothrace.

Le Diespiter antique, père des jours, devenu plus tard Jupiter et identifié au Ζεύς-Διός des Grecs, devenu lui-même fils de

Κρόνος et petit-fils d'Οὐρανός, se substitua à ceux-ci comme chef du Panthéon olympien dans le culte national des Hellènes.

Mais primitivement, Argos, à côté de Ἥρα, avait Ἡρακλῆς. Sparte, à côté de Ἀφροδίτη, avait Ἄρης. Ἄρτεμις-Φοίβη à Délos avait pour frère jumeau Φοῖβος-Ἀπόλλων. Tous deux avaient pour mère Λητώ (Latone), qui fut évidemment, au principe, une grande divinité femelle, une Isis-mère des Deliens.

Ce sont toutes ces grandes dyades locales primitives que tendit à hiérarchiser en une seule famille de divinités, nées les unes des autres, le travail synchrétique des aèdes vers l'époque, peu antérieure à la guerre de Troie, où de petites tribus indépendantes de Pélasges, d'Achéens, d'Ioniens et de Doriens, parlant des langues proche alliées, préparèrent la fédération ou amphictyonie hellénique.

La dyade primitive était le symbole d'un concept dualiste de la nature. Les deux principes dont il faisait dériver le monde étaient à l'origine les deux forces génératrices, la dyade sexuelle; deux modes d'action plutôt que deux entités distinctes.

On peut même saisir une tentative d'unification des deux principes chez les vieilles déesses qui, comme Μαῖα ou Δημήτηρ, furent à l'origine des vierges mères, enfantant par leur propre énergie les premiers êtres et les premiers dieux, et ayant pour premier époux leur propre fils, comme Κυβέλη, mère de Ἄτυς.

Cependant la tendance à identifier le principe femelle à la matière passive et l'élément mâle à la force motrice ou à l'esprit, s'accusa de plus en plus avec la subordination de l'un à l'autre.

Dans la triade égyptienne ce travail d'abstraction est accompli. Isis reste le principe féminin fécondé par Osiris, dieu soleil, devenu juge des morts, un dieu moral; tandis que son fils Horus hérite de son rôle, comme soleil vivant et principe fécondant, ayant pour symbole le jeune taureau Apis, toujours renaissant plutôt qu'éternel.

Dans la triade memphite le symbole se développe encore. Athor ou Nou n'est plus que la matière passive; Phtah est le principe dynamique qui répand la vie, et au-dessus de la dyade physico-physiologique s'élève une troisième entité, l'esprit ou l'intelligence, Im-ho-tep.

Partout où se sont développés ces mythes cosmogoniques,

la terre est représentée comme couverte d'eau à l'origine, quand elle engendre dans son sein les dieux et les mortels, les êtres et les choses.

Une cosmogonie de la Chaldée représente la terre comme une barque renversée flottant sur l'océan universel, au-dessus duquel le ciel s'étend comme une voûte. Une autre fait apporter la civilisation aux hommes par le poisson Oannès, sorti de la mer. C'est là évidemment la forme légendaire d'une ancienne tradition concernant l'immigration par mer d'une race civilisatrice amenée sur un vaisseau dans le bas Euphrate. Dans la version chaldéenne du déluge, gravée sur des briques en caractères cunéiformes, il est causé par le dieu Noah, qui rappelle les noms de l'Anou chaldéen et du Nou égyptien, aussi bien que le Noé de la Genèse.

Les traditions védiques parlent d'un barattement de la mer, comme étant l'origine des êtres et le commencement de l'ère kali-yuga, l'âge de fer.

Sanchoniathon montre au principe des choses l'oiseau Chamos, couvant sous ses ailes l'œuf cosmique. Le premier chapitre de la Genèse hébraïque représente l'esprit, Adonaï, la colombe mystique, flottant sur les eaux de l'abîme. De même, selon Hésiode, c'est Eros qui féconde le chaos informe, et qui fait naître de l'écume des flots Vénus elle-même.

II

LES DYNAMISTES IONIENS

Déjà à cette époque l'industrie était assez avancée pour avoir permis de constater que tous les corps entrent en fusion par l'action de la chaleur. Depuis de longs siècles déjà on coulait l'or, l'argent, le cuivre, le bronze ; on travaillait même le fer. Les arts du verrier, de l'émailleur étaient connus et portés à une haute perfection dès l'époque des premières dynasties égyptiennes. Celui du potier était pratiqué bien longtemps avant l'usage des métaux, par tous les peuples qui savaient polir la pierre. Il était donc naturel que des esprits observateurs en vinssent à conclure que l'état solide ou terrestre n'était pas l'état primordial des corps.

Nos géologues modernes n'ont certes pas été les premiers

à découvrir dans les roches sédimentaires qui forment la plupart des montagnes, les débris des faunes disparues des divers âges. Les squelettes et les coquillages pétrifiés ont dû attirer l'attention des carriers d'Égypte, quand ils éventraient les montagnes pour y tracer les galeries des tombeaux hypogées ou pour y enlever les pierres qui ont servi à ériger les pyramides memphites ou les temples thébains. Ces débris organiques, qui sont l'origine des légendes sur les géants primitifs et sur les animaux fabuleux, n'ont point échappé aux terrassiers qui creusaient les bancs d'argile pour en faire des briques dont les tours de Babilou et de Borsippa ou les palais des rois de Ninive ont été construits. L'aspect de ces dépôts stratifiés, si analogues à ceux qui se forment sur les rivages des mers, dans les estuaires des fleuves ou dans les lacs, devait éveiller l'idée que le relief terrestre avait été modelé par les eaux, et que d'une mer primitive étaient sortis tous les germes de la vie.

La première hypothèse qui dut se présenter à l'esprit, c'est que l'état liquide était l'état primordial, que l'élément primitif était l'élément aqueux dont l'action fécondante et régénératrice semble partout si évidente et dont la mobilité plastique paraît si bien se prêter à toutes les métamorphoses.

Thalès, en présentant l'état primordial de la matière cosmique sous la forme de l'élément liquide, ne fit donc que dépouiller de ses formes mythiques une croyance déjà depuis longtemps régnante chez tous les peuples civilisés de l'antiquité.

La grande idée de Thalès, c'est d'avoir ramené à l'unité les dyades et triades mythiques, nées de cet abus de l'abstraction qui tend à multiplier les entités ; c'est d'avoir conçu la substance primordiale du monde, comme identique en essence, sous ses diverses manifestions phénoménales, et comme capable de s'organiser elle-même par ses virtualités automotrices.

Cédant toutefois à la tendance générale qui sollicitait alors l'esprit humain, abusé par les formes mêmes du langage qui substantifie des abstractions, à séparer la matière des forces qui la meuvent et à admettre une collaboration de l'esprit à l'œuvre créatrice de la matière, identifiée à celle d'un artiste modelant une statue, Thalès disait que ce monde, sorti des eaux primitives, était « plein de démons ».

L'eau, en vertu de son inertie pesante, semble, en effet,

manquer d'un principe actif. Pour le monde entier d'alors, elle n'était que la matière universelle, la grande femelle divine qui ne pouvait concevoir sans un mâle qui la féconde et qui, participant de l'air ou du feu, donne aux êtres vivants les ailes de l'esprit.

La conception moniste de Thalès restait donc incomplète. Elle retombait dans le dualisme mythique.

Anaximène, le premier, conçut la substance primordiale unique sous la forme de l'élément aérien, représenté dans la dyade par le principe mâle ou spirituel, actif et fécond, Osiris Ouranos, Eros, mais en le dépouillant des attributs anthropomorphiques que lui donnait la mythologie. Pour le philosophe ionien, qui sans doute savait que tous les corps, liquéfiés par la chaleur, prennent la forme aérienne sous une chaleur plus forte, tous les êtres étaient formés par des condensations successives du fluide aériforme qui de lui-même tend au ciel. C'était spiritualiser l'univers.

Diogène d'Apollonie développa ingénieusement la doctrine d'Anaximène. Héraclite devait franchir un pas de plus en faisant de l'élément igné, l'élément créateur, la substance primitive, active et organisatrice, Phtah, Héphaïstos, Phoïbos, Eros, Chamos, principe moteur organisant la matière à laquelle il est inhérent, avec laquelle il se confond et qui entretient en elle le mouvement et la vie. Pour Héraclite, il n'y avait point d'état primordial, point de création; le monde était *un devenir perpétuel*, un perpétuel écoulement. La substance première d'Héraclite, c'était la matière en mouvement, animée de la force vive, de l'énergie cinétique, source inépuisable de ses transformations perpétuelles.

On ne peut qu'être frappé de la grandeur de cette conception d'Héraclite si bien d'accord avec la science moderne. Vers le même temps, Démocrite conçut l'idée de la nature vibratoire de la chaleur, de la lumière et de tous les autres phénomènes sensibles. Kapila, dans l'Inde, n'a probablement été que son plagiaire.

III

LES ATOMISTES

De la mobilité relative des corps il résultait évidemment que la substance cosmique ne pouvait être continue; que si elle pouvait être unique et identique en essence, elle devait être numériquement multiple et, par conséquent, constituée de parties élémentaires, indépendantes et individualisées, pouvant se mouvoir dans l'espace les unes relativement aux autres. L'atomisme était ainsi inclus logiquement dans le monisme dynamique des Ioniens.

C'est sur ce problème que la philosophie ionienne se divisa en deux écoles dont les tendances divergeantes devaient s'accentuer successivement jusqu'à devenir irréductibles.

Tandis que de l'école d'Ionie sortait légitimement l'atomisme de Moschus et de Leucippe, développé par Démocrite, qui accordait à l'atome la force motrice, Anaximandre faisait dévier le monisme d'Anaximène vers le mécanisme et devait aboutir au dualisme d'Anaxagore.

Dans l'infini, Ἄπειρον, qui n'était que l'espace vide, Anaximandre concevait des substances élémentaires, multiples et diverses, dont les assemblages donnaient naissance à la diversité des êtres. C'étaient déjà les *homéoméries* d'Anaxagore; spécifiquement différentes par essence, mais qui, pour Anaximandre, restaient actives et capables de s'assembler, se choisir, se mouvoir d'elles-mêmes pour donner naissance aux formes diverses des êtres. C'était un atomisme polysubstantialiste qui, en restant dynamique, devenait inconséquent. Car des éléments préformés dont les formes constantes ne peuvent être altérées ni par leur mouvement, ni par leur juxtaposition, étant incapables de contact absolu, ne peuvent se mouvoir les uns les autres, et encore moins se mouvoir eux-mêmes sans points d'appui.

Le dualisme mécaniste était donc en germe chez Anaximandre. Anaxagore le développa à Athènes, où il eut la fortune de répondre aux conceptions de Socrate et de Platon. Il reçut sa forme classique définitive d'Aristote qui, peut-être par antipathie pour Démocrite, ne semble pas avoir compris que le dualisme platonicien tendait naturellement à un mécanisme atomique.

Epicure qui, d'après tous les témoignages contemporains, a gâté la doctrine de Démocrite, fut de son côté inconséquent en ne voyant pas que ses atomes solides, préformés, inertes et passifs, comme les *homéoméries* d'Anaxagore, exigeaient, aussi bien qu'elles, l'intervention d'une force extérieure, d'un νοῦς qui leur distribuât le mouvement et la vie.

La doctrine de Démocrite paraît avoir été assez mal comprise des anciens. Ses livres ont toujours été rares et paraissent avoir disparu de bonne heure. Les auteurs qui en parlent d'après une lecture directe sont peu nombreux. Presque tous lui sont postérieurs et le jugent sous l'influence des écoles plus récentes. Presque tout ce que nous en savons vient directement ou médiatement d'Aristote qui était son adversaire, en qualité de disciple de Platon. Celui-ci haïssait Démocrite qui a pu être son contemporain. Il ne le nomme jamais, même lorsqu'il le critique. On prétend qu'il voulut un jour brûler tous ces livres. Il en fut empêché par un disciple qui lui représenta qu'il en existait d'autres exemplaires à Athènes.

Epicure les a certainement connus; mais Epicure, qui était un trop mince esprit pour les bien comprendre, a rétréci et stérilisé la doctrine du maître abdéritain, qui avait su allier à la physique ionienne la dialectique puissante de l'école d'Eléc dont il avait emprunté les arguments au sujet de l'irréalité des phénomènes sensibles, tels qu'ils sont donnés dans la conscience organique. C'était le germe de l'idéalisme subjectif de Kant, mais poussé à l'excès par celui-ci, jusqu'à nier la réalité du temps et de l'espace, c'est-à-dire des conditions mêmes de toute existence.

Pour Démocrite, comme pour Thalès et tous les Ioniens, toute la matière était vivante, animée, divine.

Un témoignage précieux à ce sujet est celui de Plutarque. « Démocrite, dit-il, met que toutes choses sont participantes de quelque sorte d'âme, jusques aux corps morts; d'autant que manifestement ils sont participants de quelque chaleur et quelque sentiment, la plupart en étant déjà éventés. (Plutarque, traduit par Amyot, *De Plac. Philos.*, lib. IV, cap. IV. ὁ δὲ Δημόκριτος πάντα μετέχειν φυσι ψυχῆς, ποίας κα' τα νεκρά τῶν σωμάτων, διότι δεὶ διαφανῶς τινος θερμοῦ καὶ, αισθητικοῦ μετεχει τοῦ πλείονος διαπνεομένου.)

Un des interlocuteurs du dialogue de Cicéron sur la nature des Dieux, prête à Démocrite des opinions analogues sur la nature divine des atomes et des images que les corps envoient à l'âme par l'intermédiaire des sens. Saint Augustin, qui a lu Cicéron, mais qui a peut-être connu directement le passage du livre de Démocrite que Cicéron critique, combat naturellement son hypothèse comme contraire à la nature de Dieu, et par là confirme ce qu'en disent Cicéron et Plutarque (1).

Dans les images animées et vivantes, participant de la nature divine ou spirituelle que, selon Démocrite, tous les corps envoient à l'âme, il faut bien reconnaitre une analogie vraiment géniale avec la doctrine moderne des vibrations thermiques, lumineuses, sonores et mêmes olfactives, gustatives et tactiles, qui sont la cause de toutes nos sensations. Il s'en suit que tous les phénomènes psychiques sont ainsi directement déterminés par les activités des éléments matériels. Or, il répugne absolument d'accorder ces activités à des particules rigides, n'ayant d'autres propriétés que celles des mobiles mécaniques. Pour que les éléments matériels soient actifs, automoteurs et en même temps perceptibles pour l'esprit, il faut qu'ils participent eux-mêmes de sa nature. Ils doivent être matière pour mouvoir la matière. Ils doivent être âme pour modifier et intéresser l'âme.

Entre la doctrine de Démocrite et celle d'Epicure il n'y a de

(1) Democritus... tum censet imagines divinitati prœditas inesse universitati rerum; tum principia mentesque quæ sint in eodem, quæ sint in eodem universo Deos esse dicit : tum animantes imagines, quæ vel prodesse nobis solent, vel nocere; tum ingentes quasdam imagines, tantasque ut universum mundum complectantur extrinsecus. Quæ quidem omnia sunt patriâ Democriti quàm Democrito digniora. (Cicéron, *De nat. déorum*, lib. I. cap xxxviii.)

Democritus hoc distare in naturalibus quœstionibus ab Epicuro dicitur, quod iste sentit, inesse concursioni otomorum vim quamdam animalum et spiritualem : quâ vi eum, credo, et imagines ipsas divinitate prœditas dicere, non omnes omnium rerum, sed deorum, et principia mentis esse in universis, quibus divinitatem tribuit; et animantes imagines, quæ vel prodesse nobis soleant, vel nocere : Epicurus vero neque aliquid in principiis rerum ponit, præter atomos. (Augustinus, Epist. LVI.)

Quanto melius ne audissem quidem nomen Democriti, quam cum dolore cogitarem, nescio quem, suis temporibus magnum putatum, qui Deos esse arbitraretur imagines, quæ de solidis corporibus fluerint, solidæque ipsæ non essent, easque hàc atque hàc motu proprio circumeundo atque illabendo in animas hominum facere, ut vis divina cogitetur; cùm profecto illud corpus, undè imago flueret, quanto solidius est, tanto præstantius quoque esse judicetur? Ideoque fluctuavi, sicut isti dicunt, nutavitque sententiâ, ut aliquando naturam quandam, de quâ fluerent imagines, *Deum* esse diceret; qui tamen cogitare non posset ; nisi per eas imagines, quas fundit ac emittit, id est, quæ de illâ naturâ, quam, nescio quam, corpoream et sempiternam ac etiam per hoc divinam, putat; quasis vaporis similitudine continuâ velut emanatione ferrentur, et venirent atque intrarent in animas nostras, ut Deum vel deo cogitare possemus. (Augustinus, Epist. LVI.)

commun que la notion de l'atome, élément individualisé de la substance

Pour Epicure cet atome, solide, fixe de grandeur et de figure, s'agite dans le vide, ou plutôt y est agité par des forces extérieures dont il ne possède pas le principe en lui-même. Cet atome, dont l'équilibre dans l'espace est ainsi inintelligible, ne peut être qu'un élément physique, étendu, impénétrable, mais inerte, incapable de conscience, de volonté, de liberté et d'intelligence. Sans contact absolu avec ses voisins, dépourvu d'élasticité, puisqu'il est indéformable, il n'est capable d'aucune sensation physique et, par conséquent, n'a aucune occasion de perception ni de réaction réflexe ou volontaire. Ne pouvant avoir la notion du monde extérieur, du non-soi, il ne peut avoir conscience de lui-même.

Dans la doctrine abdéritaine, qui procède des dynamistes ioniens, l'atome, possédant les propriétés des fluides, l'élasticité, l'extensibilité, la compressibilité, peut être automoteur, vivant et conscient. Sa figure, au lieu d'être déterminée et fixe, variant avec sa distribution dans l'espace, et son volume avec les pressions qu'il y subit de la part de ses voisins, il peut avoir perpétuellement, avec la sensation de leur contact qui modifie ses propres limites, et celle des réactions qu'il leur oppose, une aperception du monde extérieur qui agit sur lui et contre lequel il réagit, en défendant sa part d'espace impénétrable. Prenant ainsi conscience du monde objectif, il peut avoir conscience de sa propre existence et des variations de ses relations spatiales avec ce qui n'est pas lui.

Si le monde d'Epicure se composait d'atomes étendus et rigides et du vide que leur grandeur et leur figure fixe laissaient entre eux, le monde de Démocrite devait être absolument plein, c'est-à-dire se composer d'espace contenant, égal en étendue à la substance contenue, constituée d'éléments fluides indéfiniment expansibles et compressibles, se limitant entre eux par des contacts absolus.

Si l'un et l'autre ont employé le même couple de vocables Ατομος et κενον, ces deux termes se rapportaient à deux couples de concepts différents par leur contenu. Les seuls attributs communs à l'atome d'Epicure et à celui de Démocrite ne pourraient être que l'individualité et l'indivisibilité ou insécabilité substantielle; bien que leur étendue, à tous les deux, fût mathématiquement divisible à l'infini, quelle qu'elle fût d'ailleurs.

Un grand nombre des sophismes anciens et modernes qui se sont produits au sujet de la prétendue incapacité pour la pensée des corps étendus, sont venus de la confusion qui a si souvent été faite entre ces deux notions, essentiellement différentes : la divisibilité mécanique, ou sécabilité des substances, et la divisibilité géométrique de leur étendue abstraite, c'est-à-dire de l'espace occupé par le volume substantiel insécable, de chaque individu élémentaire.

Quant au terme κενόν, il n'a pu aussi avoir le même sens pour Epicure et pour Démocrite. Pour Epicure κενόν (latin *inane*) n'était que l'espace vide de substance entre des atomes solides et rigides, de grandeur et de figure fixes, incapables de contacts absolus. Pour Démocrite τὸ κενόν (latin *spatium*) devait signifier l'espace métaphysique, insubstantiel en soi, le vide absolu, condition de la possibilité du plein, et qui, en effet, devait être, comme grandeur totale, égal au plein, étant rempli d'éléments substantiels fluides, élastiques, expansibles à l'infini et se limitant les uns les autres (1).

Le vide relatif et limité (*inane*), ou parties d'espaces vides, κένωμα, πόρος, qui peuvent se trouver entre des éléments pleins d'une substance rigide non extensible serait celui d'Epicure et de Lucrèce, puisque, entre des atomes solides, de grandeur et de figures fixes, le mouvement n'est possible que s'ils sont maintenus à distance, laissant du vide entre eux.

Au contraire, les atomes automoteurs de Démocrite, étant nécessairement fluides et expansibles et se repoussant les uns les autres, devaient se limiter réciproquement par des contacts absolus n'admettant pas de lacunes. Dans la doctrine de Démo-

(1) Ce terme κενόν ou κείνον, anciennement κενεόν, est évidemment composé du participe du verbe εἰμι (être), ον, ουσα, et de la particule privative εκ ou εκε, avec le sens d'exclusion, de séparation (comme dans εκάς, loin, ou dans εκεῖ, là-bas), avec le sens de *non-existant*, de *non-être*, de *rien*, de vide, par opposition à la substance, ουσια, à l'être, τὸ ον, au plein, το πλέον, πληθειν.

Synonyme du terme négatif ανουσια, dérivé moins usé du privatif αν et du mot ουσια, substance, le terme κενον serait ainsi l'équivalent de l'allemand *kein* (hollandais *geen*, contracté dans l'anglais en *any*), qui dans les langues néo-latines se retrouve sous les formes négatives, *aucun* (français, du XIe siècle, *alquens*, *alcon*), *alcuno* (italien), *alguno*, *alguna* (espagnol et portugais).

crite le monde devait être plein de substance, sans aucun vide. Son vide, το κενον, n'était que la condition de la possibilité du plein réalisé par des éléments mobiles. S'il n'existait que les atomes et le vide, le vide était rempli par les atomes, et Démocrite devançait Descartes qui, croyant le réfuter, ne réfutait qu'Epicure.

Le vide de Démocrite aurait été ainsi identique à l'infini, Ἄπειρον, d'Anaximandre, terme également négatif de toute limite, περας (1).

Toute étendue limitée est relative. L'espace en soi dépasse toujours d'une quantité infinie la somme de toutes les étendues dont il est le contenant nécessaire. La confusion entre les notions d'étendue relative, limitée et figurée, et la notion d'espace absolu, sans limites ni figure, est la source de tous les sophismes grecs ou allemands sur l'irréalité de l'espace en soi, comme lieu et contenant des choses, tel qu'il est donné dans l'intuition géométrique *a priori*.

L'expression τὸ κενόν était en grec la seule qui pût rendre le concept métaphysique de l'espace avec le sens de non-être substantiel, ou du vide, condition d'existence et contenant du plein.

Plutarque assure (*De Placitis philos.*, lib. II, cap. XVIII, v. Bayle, Leucippe ; note *g*) que depuis Thalès jusques à Platon on nia le vide. Les stoïciens enseignaient que tout est plein dans le monde et que hors du monde il y a un vide infini. Aristote subtilisa et varia à cet égard. Il y a donc lieu de croire que Démocrite, sous le terme τὸ κενὸν, désignait le vide absolu, l'espace métaphysique, infini en soi, le contenant universel des choses, l'απειρον d'Anaximandre.

(1) Le grec n'a pas de mot répondant a notre terme d'espace, dans le sens général et abstrait du latin *spatium*, qui se retrouve dans toutes les langues néo-latines : en espagnol *espazio*; en italien *spazio*; en français *espace*. L'anglais lui-même, a pris le normand *space*. L'équivalent manque aux Allemands, qui n'ont adopté *spatium*, qu'en termes d'imprimerie. Kant a employé *raum*; mais *raumen*, signifie faire place, déloger, vider; *strekken* a le sens d'étendre, étirer, allonger. Les mots *raum* (place ou vide) ou *strekke* (extension) ne rendent nullement l'idée d'espace métaphysique. *Weite* a le sens d'ampleur, d'étendue, de capacité. Le mot composé *Ausdehnung* a celui d'extension, de dilatation (*extendo* et *extensia* des Latins). C'est notre mot *étendue*.

De même en grec on trouve Σπιδὴς, Σπιδεος (ample) ; Σπέος, Σπήλαιον (caverne), et Απληθὴς (non rempli), avec μῆκος (étendue, longueur), πλατύς (large, abondant), et enfin le verbe τεινω (tendre ou étendre), d'où ἐκτενὴς (étendu).

Mais quand la conception ionienne de la substance s'est altérée chez les Athéniens dualistes, et que, de fluide et vivante la matière, ὕλη, opposée à l'esprit, νοῦς, fût devenue solide, inerte et préformée avec les homéoméries mécaniques d'Anaxagore, le concept de l'espace, comme vide, infini et absolu, s'est altéré pour devenir le vide relatif interatomique, et l'expression τὸ κενόν a pris chez les contemporains et les successeurs d'Epicure un sens plus étroit que celui qu'il avait eu pour l'abdéritain Démocrite.

IV

LE DUALISME

Les deux branches de la philosophie grecque, sorties du tronc commun du monisme dynamique des Ioniens, aboutissaient donc toutes deux à l'atomisme. Mais tandis que l'atome automoteur et vivant de Démocrite se suffisait à lui-même et pouvait à lui seul expliquer le monde par ses activités dynamiques; l'atome épicurien, comme les homéoméries anaxagoriennes, ne pouvait se passer d'un dualisme de substance. Il conduisait fatalement à un mécanisme où le principe actif, seul moteur, étant aussi seul conscient, tous les éléments passivement mobiles de la matière ne peuvent être, sous son impulsion, que des marionnettes sans initiative et sans liberté dont il tient les fils et dirige les ressorts.

Car le νοῦς d'Anaxagore n'est point une pluralité de substance, il est unique. De lui seul vient tout le mouvement de l'univers. C'est un individu, une personne. C'est un ouvrier qui travaille la matière du monde, et en dispose les éléments dans l'ordre qui lui convient.

Socrate et Platon s'efforcèrent, sans y réussir, de briser cette unité de l'entité spirituelle; d'en faire des êtres individualisés, des âmes, ψυχή, sans voir que cette multiplicité de forces libres anéantirait tout ordre dans le monde; puisque deux ou plusieurs âmes pouvant solliciter en sens différent les mêmes éléments passifs, leurs impulsions divergentes ne pourraient donner que des résultantes indéfiniment variables, et souvent nulles.

Aristote, qui a multiplié les âmes et qui, à l'exemple des Egyptiens, auxquels il a peut-être beaucoup emprunté sans le dire, en a donné trois à l'homme, ne semble pas avoir eu conscience des conséquences d'une doctrine qui, subordonnant le monde physique aux caprices des esprits individuels, en ferait un chaos.

Epicure, qui concevait le monde comme exclusivement formé d'atomes et de vide, a imaginé des âmes formées d'atomes arrondis pour être plus mobiles. Cela ne résolvait pas le problème et n'en supprimait pas les difficultés.

Tous ces atomes étant également assujétis à la fatalité du *clinamen*, quand tous, ayant achevé leur course oblique, étaient tombés à leur point le plus bas, rien ne pouvait leur rendre leur énergie potentielle épuisée; ils devaient s'arrêter immobiles.

Les atomes d'Epicure ne pouvaient donc, pas plus que les homéoméries, se passer d'un principe extérieur de mouvement, d'une source de force extérieure inépuisable, dans le temps et dans l'espace, et sans laquelle le monde finirait par s'arrêter.

La supposition d'une matière réduite à l'état passif et formée d'éléments solides et préformés, dépouillés de toute activité propre, exigeait celle d'une seconde substance active qui dut, comme la substance unique des Ioniens, être conçue avec les attributs de la fluidité.

Aussi cette seconde substance prend-elle des noms empruntés aux concepts d'air, de souffle, de respiration : πνεῦμα (souffle, vapeur, âme, respiration, esprit); ψυχὴ (respiration, souffle, âme, vie, esprit, cœur, individu); identique au *spiritus* latin. Le mot *âme*, *anima* dérive lui-même du sanscrit *asma* (souffle, respiration). Le terme νοῦς ou νοός n'est également qu'un terme négatif de la réalité ontologique : c'est une négation de la substance matérielle, ανόυσιος (sans substance, non matériel) ou de l'existence même : αν ὄντος (non existant, non réel).

Les attributs de la matérialité étant laissés à l'élément étendu, considéré comme solide et figuré, mais passif, il ne restait à la substance spirituelle qu'une activité incorporelle, une fluidité immatérielle qui la dépouillait de toute action physique sur la matière étendue, réduite à son inertie. L'esprit, *spiritus*, νοῦς, ψυχὴ, ne pouvait que commander, et la matière inintelligente était incapable d'obéir, étant incapable de conscience.

Pour les dualistes grecs, la matière n'était plus la substance des choses, ἡ οὐσία, ou le substratum intelligible des phénomènes sensibles, mais seulement une matière amorphe, ἡ ὕλη; quelque chose comme le marbre ou le bois pour le sculpteur : *materia rerum.* Considérée comme solide et pesante, ou « tendant en bas », elle ne se distinguait que par ce caractère de l'esprit, *spiritus*, ψυχή, νοῦς, qui « tendait en haut », n'était pas pesant. Leur concept de l'esprit ou de l'âme était en cela identique à celui qu'ils se faisaient des gaz ou des vapeurs, que la science moderne considère, au contraire, comme tout aussi matériels que les corps solides les plus pesants, quoique d'une densité bien inférieure, mais qui sont en réalité pourvus d'une activité physique et d'une énergie dynamique beaucoup plus grandes.

Pour continuer à distinguer l'esprit de la matière et le spiritualiser davantage, les dualistes modernes ont été conduits à en faire une substance, non seulement sans poids et sans masse, mais sans étendue, c'est-à-dire un néant de substance, une abstraction absolue, comme le point géométrique.

C'est ainsi qu'à force de subtiliser la substance spirituelle, elle se résout en un zéro inintelligible dont les activités ne se comprennent plus. Dépourvues de tout substratum étendu, ces activités ne sauraient agir sur la matière étendue et ne peuvent exister nulle part.

D'un autre côté, pour nos chimistes, la matière pesante elle-même s'est diluée, s'est faite de plus en plus ténue, tendant sans cesse à la dispersion dans l'espace, en dépit même de la pesanteur, comme si la fluidité lui était seule naturelle et que l'état solide fut pour elle un état de gêne. Cette tendance à la dispersion, constatée de nos jours chez tous les corps, même les plus pesants, est en contradiction flagrante avec le vieux concept de l'attraction, comme avec ceux de solidité et d'inertie. En somme, pour la science moderne, la matière, même pesante, et l'éther, bien plus encore, dont pourtant la nature matérielle et étendue n'est pas douteuse, tendent à prendre les propriétés accordées par les anciens à l'esprit; tandis que celui-ci, d'abstraction en abstraction, se réduit à un pur néant substantiel, à un non-être véritable. Pour les modernes, il n'est plus que l'intelligence, l'entendement, νοῦς;

c'est-à-dire une faculté, un mode actif. Il cesse d'être entité et substance (*non-ens*, ανοὺσιά).

Les organismes vivants peuvent même fonctionner intégralement sans qu'il intervienne en aucune façon dans toute la série de leurs actes spontanés et réflexes, indispensables à leur vie.

Seuls les actes réfléchis, délibérés, voulus restent soumis à l'âme. Un être vivant serait une marionnette dont les fils moteurs seraient tenus par un machiniste, mais qui penserait d'elle-même, d'accord avec les gestes qu'elle exécute et les paroles qu'elle dit malgré elle.

Cette conception fantastique, qui rappelle l'harmonie préétablie de Leibnitz ou la vision en Dieu de Malebranche, ne peut plus être acceptée par la science.

V

LA MATIÈRE MOULUE DE DESCARTES. — L'ATOME ÉPICURIEN DE NEWTON. — LA MONADE DE LEIBNITZ. — LE CENTRE DE FORCES DE BOSCOWICH.

Suivant le dualisme cartésien, qui remonte jusqu'à Anaxagore et, au delà, jusqu'à la dyade mythique, la matière est passive dans le mouvement que lui impriment des forces dont la source reste inconnue; leur agent, resté mystérieux, n'a aucune place dans l'ontologie cartésienne où Dieu lui-même semble occupé à mouvoir une substance dont le seul attribut est l'étendue, comme le νοῦς d'Anaxagore était occupé à trier, disposer et mouvoir les homéoméries. Pour l'un, comme pour l'autre, cette matière est solide par essence. De plus, Descartes la considère comme mathématiquement sécable, c'est-à-dire divisible par sectionnement mécanique à l'infini. Le métal, la pierre, le bois en sont les types : ce n'est pas la substance des Latins (*substantia*, *substratum*) ni celle des Grecs, η ουσιά; c'est la matière industrielle de ces derniers, η ὕλη; le *materia rerum* des premiers : ce sont de simples matériaux.

Cette matière cartésienne peut être *grossière* ou *subtile*, c'est-à-dire « moulue » plus ou moins fin. Comme du sable ou de la farine, on peut la bluter dans des cribles successifs.

Pour Descartes, comme pour Epicure, la matière la plus subtile est celle dont les particules sont le plus ténues. Mais chacun de ses éléments reste conçu avec tous les attributs de la solidité, comme rigide, impénétrable, de figure inaltérable, entre des limites définies et fixes de grandeur et de proportion. De sorte que, si le volume des corps ainsi formés augmente ou diminue, c'est par le rapprochement ou l'éloignement de leurs parties ultimes, non par une variation du volume de ces parties elles-mêmes, dilatées en vertu de leurs forces internes ou contractées sous des forces externes supérieures.

Descartes n'a pas aperçu que ce concept de la matière impliquait l'existence du vide qu'il niait et sans lequel tout mouvement d'éléments solides de formes définies serait impossible, puisque, sauf dans l'hypothèse d'un mouvement circulaire local, comme celui d'une roue pleine, tout mouvement de translation d'un corps ou d'un ensemble de corps supposerait la mise en mouvement de tous les autres à l'infini.

Le nombre des solides qui peuvent s'agencer entre eux sans laisser de vides, est très restreint. Parmi les solides réguliers, il n'y a que le cube et le dodécaèdre rhomboïdal qui remplissent ces conditions, avec leurs pyramides composantes. Mais si un espace est rempli de cubes ou de dodécaèdres solides, il est impossible de mouvoir l'un d'entre eux sans déplacer tous les autres.

Epicure, en admettant du vide entre ses atomes, variables de figure, échappait à cette difficulté ; mais c'est alors leur équilibre dans le vide qui devenait inintelligible.

Le *clinamen* ne pouvait résoudre le problème. Car si tous les atomes tombent sans cesse, que ce soit en ligne droite ou oblique, le temps doit arriver où, chacun d'eux étant aussi bas que possible, tout mouvement nouveau lui devient impossible. Toute énergie cinétique disparait avec l'énergie potentielle qui est sa source.

La matière « cannelée » de Descartes, qui a tant égayé Voltaire, n'était donc pas plus irrationnelle que le petit atome perpétuellement déclinant dans le vide, emprunté par Newton à Epicure, par l'intermédiaire de Gassendi, et encore accepté de nos jours par nos mathématiciens mécanistes.

Seul, à son époque, Leibnitz a protesté avec énergie contre

le concept passif de l'atome, auquel il a tenté de restituer ses forces actives. Mais en refusant l'étendue à ses monades pour leur conserver la pensée, il leur a refusé les conditions de l'action et même celles de l'existence. Un être qui n'est nulle part n'est pas ; un être sans étendue n'est rien. C'est un point de l'espace.

C'est un concept encore plus abstrait qu'en 1759 (1) l'Italien Boscowich tenta de substituer à l'atome épicurien, adopté par Newton, et à la monade de Leibnitz, dont il fit un simple *centre de forces* attractives et répulsives a la fois.

Or, deux systèmes de forces, rayonnant du même centre, mais agissant en sens contraire, devraient s'entre-détruire et s'annuler s'ils étaient égaux. De sorte qu'il n'y aurait plus ni attraction, ni répulsion. S'ils étaient inégaux, ils donneraient des résultantes plus petites que leur somme, ne laissant subsister que leur différence. Ou l'attraction annulerait la répulsion, ou celle-ci annulerait celle-là, ne laissant possible qu'un mouvement de sens attractif ou répulsif.

La substance des corps deviendrait par là un système de points géométriques sans étendue d'où rayonneraient, en s'annulant, deux systèmes de forces de sens contraire, sans agent ou sans substratum, auxquels il manquerait à la fois le sujet substantiel actif et l'objet substantiel passif ; ce serait un rien agissant sur rien, par l'intermédiaire de rien.

Cette conception a été reprise par Faraday. Si, sur le papier, elle peut fournir des données pour la résolution analytique de certains problèmes mécaniques, dans la réalité elle ne se soutient plus. Un monde constitué par de simples centres de force ne se distingue pas du vide. La matière, le substratum des choses, ayant limite, contour, forme et résistance impénétrable, fait défaut. On y peut concevoir le mouvement, mais c'est le mobile qui manque.

Ni la monade sans étendue de Leibnitz, ni les centres de forces sans substance de Boscowich et de Faraday ne peuvent donc résoudre le problème. Leibnitz, de son coté, a montré que le monde ne peut être expliqué par l'atome solide d'Epicure qui est une substance sans force.

Le concept des dualistes cartésiens, épicuriens malgré eux,

(1) Peu après la publication posthume de la monadologie de Leibnitz.

qui représentent les atomes comme de petits fragments figurés d'une matière solide, absolument dure, réalisant, sous des limites fixes, toutes les propriétés absolues de la masse théoriquement inerte des mécaniciens, et s'agitant au sein d'un espace vide sous l'impulsion de forces sans substance, qui leur seraient extérieures, ne peut davantage être défendu.

Si les atomes, ainsi construits, étaient doués d'une force interne d'attraction, contradictoire à la passivité qu'on leur suppose d'ailleurs, il en devrait résulter fatalement qu'au bout d'un laps de temps donné, toute la matière pesante de l'univers finirait par être agglomérée en une masse unique.

Newton, du reste, à plusieurs reprises, non seulement dans ses lettres à Clarke et à Bentley, mais dans la dernière édition de ses *Principes mathématiques* (traduite en français par Mme du Chatelet, t. I, pages 3 et 6. Définition VII, t. II, prop. V, théor. V, Scolie général. Préface p. 16 et *Optique*; liv. III, question XXXI) a protesté contre l'interprétation littérale et étroite que, déjà de son vivant, ses disciples ont donnée de ce terme d'*attraction* qui n'était pour lui qu'une expression métaphorique pour désigner « la force inconnue » qui sollicite les corps pesants les uns vers les autres en raison directe de leur masse et inverse des carrés de leurs distances.

L'hypothèse d'une attraction de la matière pour la matière, s'exerçant à distance à travers le vide, ayant, avec raison, soulevé les critiques de tous les mathématiciens contemporains et, entre autres, celles de Leibnitz, Newton employa le reste de sa vie à se défendre de l'avoir jamais soutenue. En effet, le système de Newton c'est celui de la *gravitation universelle* et non point de l'attraction. Son disciple Clarke surtout a été cause de la confusion que Voltaire a propagée en France.

Dans la troisième édition de ses *Principes mathématiques*, Newton déclare ne vouloir faire « aucune hypothèse ((*hypothesim non fingo*) ni sur la cause de la pesanteur ni sur la manière dont elle peut se produire. Nous avons appelé *force centripète* la force qui retient les corps célestes dans leurs orbites. On a prouvé que cette force était la même que la gravité, ainsi dans la suite, nous l'appellerons *gravité* ». (*Principes*, trad. du Chatelet, 1759, t. II, p. 17, propos. V, théor. V, Scolie.)

Autre part (*loc. cit.*, p. 3) il dit : « La force centripète est celle qui fait tendre les corps vers quelque point, comme vers un centre, qu'ils soient *tirés* ou *poussés* vers ce point ou qu'ils y tendent d'une façon quelconque. »

Il ajoute plus loin (*loc. cit.*, t. I, p. 6, définition VIII) : « La quantité motrice de la force centripète est la force totale avec laquelle le corps tend vers le centre et proprement son poids. J'ai appelé ces différentes quantités de la force centripète *motrices*, *accélératrices* et *absolues*, afin d'être plus court... On peut rapporter cette force au corps, la considérant comme l'effort qu'il fait pour s'approcher du centre... ou bien on la rapporte au centre, comme à une certaine cause sans laquelle les forces motrices ne se propageraient point dans tous les lieux qui entourent le centre, que cette cause soit un corps central quelconque ou quelque autre cause que l'on n'aperçoit pas. Cette façon de considérer la force centripète est purement mathématique et je ne prétends point en donner la cause physique. »

« Je prends dans le même sens les attractions et les impulsions accélératrices et motrices, continue-t-il (*loc. cit.*, liv. I, p. 7, défin. VIII) et je me sers indifféremment des mots d'*impulsion*, d'*attraction* ou de *propension* quelconque vers un centre, car je considère ces forces mathématiquement et non physiquement. Ainsi le lecteur doit bien se garder de croire que j'ai voulu désigner par ces mots une espèce d'action, de cause ou de raison physique ; et lorsque je dis que les centres s'attirent, lorsque je parle de leurs forces, il ne doit pas penser que j'ai voulu attribuer une force réelle à ces centres, que je considère comme des points mathématiques. »

Dans la préface de la dernière édition de ses *Principes* (p. 16) il écrivait encore : « Nous traitons principalement des puissances que la nature emploie dans ses opérations ; la pesanteur, la légèreté, les forces électriques, la résistance des fluides et les autres forces de cette espèce, soit *attractives*, soit *répulsives*... Toute la difficulté de la Philosophie parait consister à trouver les forces qu'emploie la nature par les phénomènes de mouvement que nous connaissons, et à démontrer ensuite par là les autres phénomènes.... Plusieurs raisons me portent à soupçonner qu'ils dépendent tous de quelques forces dont les causes sont inconnues et par lesquelles les particules des corps sont *poussées* les unes vers les autres et s'unissent en figures régulières, ou sont *repoussées* et se fixent mutuellement. C'est l'ignorance où l'on a été jusqu'ici d'une telle force, qui a empêché la Philosophie de tenter l'explication de la nature avec succès. »

« Je n'examine point ici, dit-il, dans son *Optique* (liv. III, question XXXI), quelle est la cause de ces attractions. *Ce que j'appelle attraction peut être produit par impulsion* ou par d'autres moyens qui me sont inconnus. Je n'emploie ici ces termes que pour désigner une force en vertu de laquelle les corps tendent réciproquement à s'approcher, quel qu'en soit le principe. Car il importe d'apprendre à connaître les corps qui s'attirent mutuellement et la loi suivant laquelle ils s'attirent, avant de rechercher la cause de leur attraction. »

Plus catégoriquement encore, dans une lettre à Bentley, Newton déclare « *impossible, au point de vue mécanique, une attraction à distance,* s'exerçant entre deux corps sans aucun milieu matériel intermédiaire ».

Si donc la *loi de la gravitation* formulée par Newton est démontrée vraie, par l'observation comme par le calcul, *l'hypothèse de l'attraction*, comme cause de la gravitation, est certainement erronée. Newton, qui ne l'a point inventée, l'a empruntée des Grecs. Ceux-ci avaient constaté que tous les corps tendaient vers le centre de la terre. Newton n'a fait que généraliser cette tendance ou attraction centripète, en l'étendant à tous les corps sidéraux et en formulant sa loi quantitative. Aujourd'hui, tous les physiciens sont d'accord, pour considérer comme certain que les corps tombent, mais ne s'attirent pas. « Il est impossible de concevoir une force attractive... agissant sans intermédiaire à travers le vide absolu », dit le père Secchi (*Unité des forces physiques*, p. 620). « S'il est quelque chose de certain, dit l'abbé Moigno (*Matière et force*, p. 57), c'est que les corps ne s'attirent pas. »

Cette matière qui gravite ainsi, était, pour Newton, constituée de petites particules figurées, sur la nature desquelles il ne s'explique pas. Ce sont les atomes d'Epicure, adoptés par Gassendi, que Newton s'est appropriés sans modification, comme une hypothèse acquise.

Deux hommes seulement, deux esprits de haute portée, ont conçu une notion de l'étoffe du monde plus adéquate à celle qui peut s'induire des réalités phénoménales. Ces deux génies de large envergure sont Huyghens et Spinoza, tous les deux Hollandais.

Tandis que Newton, s'égarant, à la suite de Gassendi, dans l'atomisme épicurien, adoptait l'hypothèse des petits atomes solides déclinant dans le vide, et en tirait son hypothèse de l'émission de la lumière, Huyghens, renouvelant l'idée de Démocrite, qu'Epicure a prise de celui-ci sans la comprendre, représentait la lumière comme un phénomène vibratoire s'accomplissant dans un milieu plein d'un fluide élastique, au sein duquel se formaient des ondes ou vagues successives de compression et de dilatation.

C'était l'application de la théorie du son à l'explication de la lumière.

Cette ingénieuse conception, adoptée de nos jours, mais encore si mal comprise, était inconciliable avec le vide interplanétaire et intermoléculaire de Newton, et avec la solidité rigide et indéformable de l'atome épicurien.

Pour Spinoza, l'univers était constitué d'une substance unique, homogène et sans vide, mais de plus indivisible dans son unité absolue. Elle était tout, comme l'élément igné d'Héraclite. C'était le *natura naturans*, principe créateur du monde phénoménal, *natura naturata*, qu'il animait de sa propre force, et dont il variait les formes et les mouvements dans un perpétuel devenir.

Seulement dans cette conception grandiose du monisme absolu, toute multiplicité devenait purement phénoménale. Toute individualité réelle disparaissait dans l'unité indivisible du *natura naturans*, être unique, dans sa solitude éternelle, réalisant en lui l'apparence d'un monde qui n'était que pour lui, mais n'existait ni en soi, ni pour soi. Cet être, ce Dieu unique étant tout, toute autre existence devenait impossible. Pour Spinoza, comme plus tard pour Kant, le monde devenait un rêve divin, une fantasmagorie pure de l'intellect unique qui le créait en le pensant et seul pouvait en avoir conscience.

Si l'hypothèse logique et grandiose de Spinoza a pu séduire certains esprits spéculatifs, elle a toujours paru contraire à la réalité vivante de la nature, si évidemment multiple, où tout mouvement résulte de l'action et de la réaction de forces opposées en direction, dont les résultantes toujours variables, et si évidemment aveugles et inconscientes de toute finalité, ne peuvent se concilier avec l'action continue d'une volonté libre, intelligente et constante en ses desseins, mais porte au contraire l'empreinte de faisceaux de forces et de volontés divergeantes quant à leur but.

La science moderne, au contraire, a adopté l'hypothèse vibratoire de Huygens, mais en essayant de la concilier, tant bien que mal, avec celle du vide et des atomes épicuriens adoptés par Newton.

Ainsi comprise, elle devient une contradiction.

Depuis vingt-cinq siècles les sciences physiques sont donc restées enfermées dans l'hypothèse des atomes inertes, solides, de volume et de figure fixes, d'Épicure, vulgarisée chez les Latins par Lucrèce et transmise par lui aux modernes. Nos érudits et nos savants ont malheureusement laissé tomber en oubli la conception bien plus large et plus féconde de Démocrite : l'atome automoteur et vivant auquel Leibnitz n'est revenu que timidement et maladroitement par sa conception de la monade.

Grâce à l'autorité d'Aristote, les mécanistes Athéniens ont fait délaisser les grands dynamistes ioniens, et nos mathématiciens modernes sont exclusivement mécanistes.

La théorie de Clausius et de son école n'est qu'un développement de l'épicuréisme, concluant à considérer les fluides, liquides ou gazeux, comme formés d'éléments rigides. Comme l'a fait remarquer sir William Thomson, « c'est expliquer l'élasticité des gaz par l'élasticité des solides, beaucoup plus difficiles à concevoir (1) ».

Il n'y a cependant que deux hypothèses possibles : Ou les fluides sont formés d'éléments solides, ou les solides sont formés d'éléments fluides. Il est impossible d'imaginer une troisième solution. L'état liquide n'est qu'une transition, d'une durée généralement courte, entre la solidité et la fluidité. Il ne peut subsister entre ces deux états extrêmes que sous des conditions déterminées de température et de pressions qui changent et modifient successivement les propriétés des corps,

(1) *Presidential address to the opening of the section of physical and mathematical sciences to the meeting of the British association for the advancement of science, kept at Montréal 1884.* Comparez *Critique des travaux de Clausius*, par Mme Clémence Royer (*Revue britannique*, Paris, novembre 1888); *l'Étoffe du Monde* (même auteur, même recueil, juin 1889), et les *Notions de matière, de force et d'esprit devant la science moderne* (*Bulletin de la Société d'études philosophiques et morales*, juillet 1888).

en leur faisant parcourir une série de phases intermédiaires, quels que soient leur point de départ et leur point d'arrivée.

Entre l'état solide et l'état fluide, quel est l'état primitif? C'est toute la question à résoudre.

VI

HYPOTHÈSES DES MÉCANISTES MODERNES

Quels sont les hypothèses des savants modernes sur la nature de la matière ?

Dans son beau livre sur *La Matière dans la Physique moderne*, l'américain Stallo en a fait une exposition magistrale et une pénétrante critique (1).

Il y démontre les impossibilités des plus savantes spéculations des chimistes et des physiciens sur la constitution des corps, et sur la nature et les propriétés supposées des atomes; les lacunes de leurs théories sur la chaleur et la lumière, l'inanité de leurs essais d'explication de la pesanteur, et enfin comment toutes les hypothèses des uns et des autres sont en contradiction avec les principes de la théorie mécanique de l'Univers adoptée par les mathématiciens.

M. Stallo résume ainsi les principes des mécanistes modernes :

I. Les éléments primaires de tous les phénomènes sont la masse et le mouvement.

II. La masse et le mouvement sont distincts. La masse est indépendante du mouvement, qui peut lui être donné ou retiré par une transmission de mouvement d'une masse à une autre.

La masse reste la même, qu'elle soit en repos ou en mouvement.

III. La masse et le mouvement sont constants en quantité.

De ces propositions se déduisent l'inertie et l'homogénéité de la masse.

La masse et le mouvement étant radicalement différents, la masse ne peut être mouvement ou cause de mouvement. Elle est inerte.

La masse ne peut être hétérogène, car toute hétérogénéité

(1) In-8, Bibliothèque scientifique internationale. Alcan, Paris.

est une différence phénoménale, et, d'après la première proposition, tout phénomène est le résultat d'un mouvement.

Ces propositions, ajoute M. Stallo, sont considérées par les mathématiciens comme les axiomes fondamentaux des sciences modernes. Il faut y ajouter l'hypothèse, aussi très généralement admise, de la constitution atomique des corps. D'après cette hypothèse, la masse n'est pas continue. C'est un agrégat d'éléments inaltérables, considérés comme de simples unités.

Il s'en déduit quatre propositions qui, jointes au principe de la conservation de la masse et du mouvement, constituent les fondements de la théorie atomo-mécanique.

Voici ces propositions :

I. *Les unités élémentaires de masse, étant simples, sont égales sous tous les rapports.* — Cette proposition n'est que l'affirmation de l'homogénéité de la masse considérée comme formée d'atomes nécessairement égaux.

II. *Les unités élémentaires de masse sont absolument dures et inélastiques.* — C'est la conséquence de leur simplicité qui exclut tout mouvement de parties et, par suite, tout changement de forme.

III. *Les unités élémentaires de masse sont absolument inertes.* — Elles sont, par suite, purement passives, ce qui implique qu'il ne saurait y avoir d'action mutuelle entre elles, autres que les déplacements des unes par les autres, causés par une impulsion externe.

IV. *Toute énergie potentielle ou de position est en réalité cynétique ou motrice.* — Le terme *énergie* employé par les mécanistes modernes, qui l'ont pris des Anglais à la place du mot *force*, pour désigner la cause active du mouvement, n'est qu'un mot substitué à un autre mot synonyme. L'*énergie motrice* est identique à ce qu'on appelle la force vive, *vis viva* de Leibnitz. C'est le produit de la masse d'un mobile en mouvement par le carré de sa vitesse. L'énergie potentielle n'est que la force en puissance, qui tend au mouvement d'une masse, sans le produire, comme l'action de la pesanteur sur un corps équilibré.

Le vrai sens de cette quatrième proposition, c'est que le mouvement ne peut venir que d'un mouvement, et ne se convertir qu'en mouvement. C'est nier, *a priori*, toute force motrice virtuelle, c'est-à-dire toute force équilibrée par d'autres forces.

En quatre chapitres d'une argumentation très serrée, M. Stallo a montré que toutes ces propositions sont inconciliables avec les faits les mieux constatés de la physique moderne et avec les théories acceptées le plus généralement par les maîtres de la science. En sorte que toute la science expérimentale serait en contradiction avec les principes *a priori* des mécanistes.

En effet, l'égalité et l'identité des unités élémentaires de la matière, nommées atomes, affirmées par Descartes, par Newton, par des modernes tels que Graham et Wright, et vers laquelle penchait Dumas, sont absolument contredites par les chimistes de l'école atomique et même par les autres, quand ils consentent à sortir des faits pour en conclure des lois. Tous ont renoncé à l'hypothèse, certainement séduisante, que les molécules de tous les corps seraient formées des mêmes atomes élémentaires et ne diffèrent que par leur nombre. Il est bien constaté que les équivalents de tous les corps ne sont, en poids, les multiples d'aucun d'entre eux. Il y a d'ailleurs des corps dont les équivalents sont égaux et qui cependant ont des propriétés bien distinctes. Tels sont, par exemple, l'or et le platine, le nickel et le cobalt (1).

La dureté et l'inélasticité absolue des éléments matériels, sont absolument contraires aux théories modernes sur la chaleur, la lumière et le son, qui supposent, logiquement, l'élasticité parfaite de ces mêmes éléments, et contraires au principe de la conservation des forces vives, puisque, dans chacun des chocs supposés de ces corps durs, il y aurait perte de force (Stallo, p. 21).

« La théorie de la conservation de l'énergie, a écrit sir William Thomson (*Phil. magas.*, vol. XLV, p. 321 ; Stallo, p. 24), nous défend de supposer soit l'inélasticité, soit un degré quelconque d'élasticité imparfaite dans les molécules ultimes de la matière. »

L'inertie absolue des éléments matériels, c'est-à-dire leur

(1) Dans les anciennes nomenclatures chimiques, c'étaient les équivalents du platine et de l'iridium qui étaient égaux. C'est d'après une révision toute récente, que l'on admet 197 pour les poids atomiques de l'or et du platine et 198 pour celui de l'iridium...

incapacité d'agir les uns sur les autres, autrement que par des chocs résultant de leurs mouvements, contredit non seulement l'action de la pesanteur, comme force agissant à distance, mais toute action de contact exercée par les atomes les uns sur les autres, indépendamment de leurs chocs.

Nous verrons que c'est là l'erreur capitale des mécanistes. Elle est liée, du reste, à la négation de toute énergie potentielle. C'est d'elle que dépendent nos erreurs théoriques sur la nature et le processus des vibrations thermiques et lumineuses, comme nous le verrons.

La dernière proposition, enfin, affirmant que toute énergie potentielle est, en réalité, cynétique, c'est-à-dire a pour source une masse animée de vitesse, tendrait inévitablement, dans un univers formé de corps imparfaitement élastiques, à la destruction de tout mouvement.

Même dans un monde formé de corps parfaitement élastiques, elle aboutirait à la transformation de tous les grands mouvements de masses cohérentes en petits mouvements moléculaires et atomiques, c'est-à-dire à la diffusion partout égale de la force vive entre tous les éléments cosmiques primaires d'où ne pourrait plus sortir aucun mouvement des masses, comme les mécanistes l'ont reconnu.

Les principes des mécanistes se détruisent ainsi d'eux-mêmes.

VII

LE MOUVEMENT ET LA FORCE

Au fond de cette querelle, il y a des sophismes verbaux. C'est une dispute grammairienne, comme disait Montaigne, sur des mots pris les uns pour les autres.

Qu'est-ce que le mouvement?

C'est le changement de lieu d'un point matériel dans l'espace. S'il n'y a pas changement de lieu, il n'y a pas de mouvement réel.

Entre le bateau qui marche et la rive qui paraît fuir en sens contraire, il y a changement de situations relatives; mais le bateau seul est en mouvement parce qu'il obéit à une force qui le pousse, que cette force soit celle du vent, celle des rames, celle de la vapeur, ou simplement celle du courant.

On pourrait objecter qu'un mobile se mouvant à la surface terrestre, en sens contraire de sa rotation et avec une vitesse égale, resterait en repos dans l'espace. C'est, en réalité, qu'il serait animé de deux vitesses égales, de sens contraire, se détruisant l'une l'autre. De sorte que la somme des deux forces motrices qui le pousseraient se trouverait transformée en énergie potentielle, puisque l'une de ces forces, cessant d'agir, le mobile obéirait à l'autre. C'est une application du principe de l'indépendance des forces. Mais le mobile, vu de la surface de la terre, et relativement à elle, n'en paraîtrait pas moins en mouvement, bien qu'en sens opposé; partageant son propre mouvement, il serait, en réalité, immobile relativement à l'espace.

Supposons un boulet, animé au sortir de la bouche du canon d'une vitesse égale à celle de la surface terrestre à la latitude du lieu, mais en sens contraire. Il serait, en réalité, animé de deux mouvements égaux, de sens opposés, et, pour un œil situé dans l'espace, il demeurerait immobile. Venant à heurter en avant de son mouvement balistique, un obstacle, entraîné dans la rotation de la terre, il n'en manifesterait pas moins contre lui sa force vive; mais c'est le boulet qui serait choqué par l'obstacle en mouvement et non l'obstacle par le boulet immobile.

Lorsqu'un aérolithe traverse notre atmosphère, son mouvement apparent, par rapport à nous, est toujours une résultante de son mouvement propre et de la vitesse locale de rotation de la surface terrestre qui nous entraîne. Si les deux mouvements sont de même sens, le mouvement apparent de l'aérolithe est égal à leur différence dans le sens de la vitesse de rotation si celle-ci est la plus petite, dans le sens contraire, si elle est la plus grande. Si les deux mouvements sont de sens contraire, le mouvement apparent est égal à leur somme, toujours à condition qu'ils soient parallèles.

La force vive déployée dans le choc de l'aérolithe contre un obstacle entraîné dans le mouvement de la terre, serait, dans ce dernier cas, égale à la somme des forces vives de l'aérolithe et de l'obstacle, et si l'obstacle et l'aérolithe n'en étaient brisés, ce dernier reviendrait sur lui-même; son mouvement changerait de sens.

Si, les mouvements étant de même sens, celui de l'aérolithe est le plus petit, celui-ci paraît être de sens contraire. Tout obstacle, lié au mouvement de rotation, situé dans la direction de son mouvement réel, fuit devant lui et ne peut en être choqué ; mais il peut paraître choquer, dans la direction de son mouvement apparent un obstacle dont, en réalité, il serait choqué ; parce que se mouvant dans le sens de son mouvement réel, mais plus vite, il l'aurait rejoint. En ce cas le choc ne pourrait que précipiter son mouvement réel, tout en paraissant détruire son mouvement apparent. Mais la force vive déployée dans le choc, ne pourrait être que l'excès de la force vive de l'obstacle sur la force vive de l'aérolithe. Les effets mécaniques du choc seraient donc beaucoup moins considérables. Pour que la force vive se manifeste dans un choc entre deux corps qui paraissent se mouvoir l'un vers l'autre, il faut donc qu'au moins l'un des deux mouvements soit réel ; mais ce n'est pas toujours celui qui est apparent.

La force et le mouvement ne sont donc pas des notions identiques qui puissent être prises l'une pour l'autre. C'est parce que nos mécanistes, qui ne sont pas toujours bons logiciens, les identifient, que leur théorie est sophistique. Ils confondent l'effet avec la cause et affirment de l'effet ce qui ne peut l'être que de la cause.

La cause, c'est la force, qui peut rester virtuelle. C'est l'énergie potentielle. Le mouvement, c'est l'effet, qui peut redevenir force, c'est-à-dire cause de mouvement, à son tour; mais à condition d'être détruit comme mouvement, juste dans la mesure où il reproduit un autre mouvement. La force et le mouvement s'excluent ; ils ne peuvent subsister à la fois dans la masse ; dans la mesure où le mouvement commence, la force diminue. Les astres peuvent se mouvoir éternellement dans l'espace, sans déployer la moindre force, jusqu'au moment ou une force étrangère diminuant leur quantité de mouvement, la transformera en force vive.

Si les forces s'annulent par couples opposés, leur transformation en mouvement ne peut se produire; mais la somme des forces dont les effets s'annulent n'en existe pas moins. Un effet non effectué n'existe pas, mais sa cause n'est pas pour cela détruite. Sa puissance de causalité n'a pas été épuisée ; elle subsiste virtuellement.

En réalité il n'y a pas de corps pesants immobiles dans l'espace. Tous y sont en perpétuel mouvement. Mais leur mouvement réel est toujours une résultante de plusieurs mouvements différents de sens et de vitesse. Ils ne peuvent être en repos que les uns relativement aux autres, dans le même agrégat composé qui les entraîne dans l'espace d'un mouvement commun sur des droites ou des courbes parallèles, ou concentriques, dans le cas de mouvements circulaires.

Le mouvement réel est donc toujours déterminé, comme direction et vitesse, par des forces infiniment complexes et suivant leur résultante, toujours infiniment plus petite que leur somme. Et toutes ses forces, non efficaces, restent potentielles. Leur résultante seule est cynétique, relativement aux corps qui ne partagent pas les mêmes conditions de mouvement.

Toute l'énergie cynétique du monde est donc une part infiniment petite de toutes les forces qui tendent à y produire du mouvement et qui, se détruisant réciproquement, n'y produisent que l'équilibre statique. C'est à cette prédominance si énorme des forces statiques que l'Univers doit son équilibre.

Confondre la force avec le mouvement, c'est donc confondre le cheval avec la charrette.

Ces confusions viennent de la tendance des mathématiciens à trop vouloir généraliser; ils prennent des analogies pour des identités. Il faut parfois leur rappeler que comparaison n'est pas toujours raison.

Il faut dépenser une énergie cynétique considérable pour briser une masse cohérente telle qu'un bloc de métal ou un banc de rocher. Dira-t-on que cette force énorme qui maintient les molécules dans un repos relatif si stable, qui les lie si énergiquement les unes aux autres, est de l'énergie cynétique? Il en est pour le prétendre. Ils soutiennent que ce repos apparent est illusoire; que cette stabilité est un équilibre mobile entre de très petites masses animées de mouvements immensément rapides qui les lient en les faisant passer toujours par les mêmes chemins. On se représente difficilement de tels mouvements. D'ailleurs une très petite masse, même multipliée par une grande vitesse, ne peut jamais donner qu'un petit produit. A la limite on trouve qu'une masse infiniment petite, multipliée par une vitesse infiniment grande, donne le rapport d'égalité entre deux infinis, c'est-à dire l'unité indéterminée.

S'il n'y a pas nécessairement de limite à la petitesse d'une masse, il y en a à la grandeur d'une vitesse ; elle ne peut pas être infinie.

La notion de vitesse infinie est contradictoire : ce serait le rapport de l'infini de l'espace au zéro du temps ; un mouvement sans durée, fini avant d'être commencé. Quand surtout on songe que ces mouvements si rapides devraient s'accomplir dans des espaces infiniment petits, pour que toutes ces masses infiniment petites donnent une densité telle que celles des roches ou des métaux, on se sent perdu, affolé par de pareilles hypothèses.

Au fond d'une mer, sous une pression de plusieurs centaines d'atmosphères, des sédiments sont en train de se cimenter au dessus des débris enfouis d'une forêt des temps géologiques. Pas un des atomes de ces masses ne remue depuis des milliers de siècles. Pourtant tous pressent autant qu'ils sont pressés.

Est-ce un phénomène de mouvement ? Non, certes ! Cependant la cohésion acquise par ces roches est telle que, si elles apparaissent un jour à la surface d'un continent, il faudra dépenser, sous forme de dynamite, une somme de force motrice considérable pour en désagréger les assises. Les couches de houille, au contraire, qui se sont formées, au dessous, juste dans les mêmes conditions de repos, de stabilité, et sous des pressions seulement plus fortes, mais de tout autres conditions chimiques, avec des substances différentes, fourniront la force nécessaire pour la destruction mécanique des roches formées en même temps qu'elles. par les mêmes forces agissant sur des matériaux différents.

Que devient devant ce fait l'affirmation des mécaniciens sur l'identité des masses, si, par masse, ils entendent le substratum des corps ? Que devient leur prétention que toute différence phénoménale est une différence de mouvement, et le produit exclusif de masses en mouvement ?

Une énorme somme de travail a pourtant été effectuée dans ce fond de mer, bien au-dessous de la limite de l'agitation des vagues, par la seule pression des masses en repos, sous l'action de la pesanteur, il est vrai, c'est-à-dire par une certaine somme d'énergie potentielle, mais sans aucune participation d'énergie cinétique ; sans qu'un seul point matériel ait changé de lieu durant des cycles de temps énormes, sauf la très petite diminution de volume de toute la masse, due à sa compression, qui n'a jamais pu lui donner une vitesse sensible.

Tout à l'heure, c'était la masse qui manquait à la production de la force vive, ici c'est la vitesse qui fait défaut.

Les *forces mortes* ont été appelées ainsi par opposition aux *forces vives*, et ce terme valait bien le mot prétentieux et barbare d'*énergie potentielle*. Ces forces qu'on prétend aujourd'hui complètement impuissantes, travaillent donc aussi ; elles travaillent seulement plus lentement, et la grandeur des masses y doit remplacer leur vitesse. Il n'est pas douteux que sous la pression de leur propre masse, les corps sidéraux n'acquièrent une chaleur centrale qui est fonction de cette masse, et qui reste constante, tant que cette masse subsiste, pourvu que la quantité de chaleur qu'elle produit, dans un temps donné, fasse équilibre à la perte par rayonnement dans l'espace. S'il en est ainsi, les menaces des mathématiciens qui ont calculé dans combien de temps le Soleil doit s'éteindre ne sauraient nous inquiéter : notre terre ne périra jamais par le froid, comme ils nous le prédisent.

Cette confusion qui s'est faite chez les mathématiciens, entre la force et le mouvement, vient de ce que la force étant un fait qui n'est pas directement observable et dont la grandeur, comme intensité, ne peut se mesurer qu'à ses effets, c'est-à-dire aux mouvements qu'elle détermine, ils ont pris l'habitude de représenter, dans leurs équations, les forces par les vitesses qu'elles peuvent produire. Faisant ainsi abstraction de la force, ils ont nié la nécessité de son existence, qui s'impose à la raison.

Ce n'est donc point le mouvement qui est le fait primitif, indestructible en quantité, c'est la force.

Les deux faits primaires ne sont pas la masse et le mouvement, c'est la force et son substratum étendu, généralement appelé matière et qu'il ne faut pas confondre avec la masse.

S'il n'existait que la masse et le mouvement et que la masse ne puisse être cause du mouvement, d'où viendrait le mouvement?

D'un autre mouvement, dira-t-on, et celui-ci d'un mouvement antérieur ; et toute quantité de mouvement détruite ne pourrait jamais être reproduite.

Or, si, en effet, l'essence de tout mouvement est de pouvoir se communiquer d'un corps à d'autres, il y a aussi des mouvements qui s'anéantissent les uns les autres.

Cette thèse de la constance de la quantité de mouvement a donné lieu au siècle dernier à une longue dispute entre les mathématiciens. Descartes et Newton l'ont soutenue. Leibnitz a montré que ce qui est constant ce n'est pas la quantité de mouvement $m v$, c'est la force vive $m v^2$.

Dans les chocs entre des corps parfaitement durs, il y aurait certainement conservation de la quantité de mouvement, mais aussi certainement perte de force vive, tout au moins comme mouvement de masse. En ce cas Descartes et Newton avaient raison contre Leibnitz.

Si les deux corps sont parfaitement élastiques, ils rebondissent l'un contre l'autre ; c'est la force vive $m v^2$ qui devient constante et la quantité du mouvement $m v$ peut varier. C'est alors Leibnitz qui a raison.

Mais il y a une objection à l'une et l'autre thèse ; c'est que, dans la nature, il n'y a pas de corps pesants qui soient ni absolument durs ni absolument élastiques. Il y aurait donc toujours variation de mouvement et perte de force vive.

Ce qui est, en réalité, constant dans le choc de tous les corps, quelle que soit leur élasticité, c'est le mouvement de leur centre de gravité commun.

Il n'y a pas de corps si durs qu'un choc d'énergie suffisante ne puisse en briser la cohésion ; et, dans ce cas, les parties brisées sont projetées avec des vitesses et dans des directions très variables. Il n'y a pas de corps si élastiques que, dans un choc, ils puissent conserver intacte toute leur vitesse en sens contraire et recommencer à parcourir toute la trajectoire qu'ils ont parcourue. Il y a enfin des corps plus ou moins mous qui se déforment dans le choc sans se briser, mais aussi sans réagir contre leur déformation.

Leibnitz soutenait que toutes les fois qu'une partie de la force vive disparaît, comme mouvement de masse, elle se transforme en mouvement moléculaire. « Il en est du mouvement comme de la monnaie, disait-il, quand on échange ses grosses pièces contre des petites. »

Mais en dynamique l'échange inverse n'a pas lieu. On ne peut échanger ses petites pièces contre des grosses. Une grande somme de mouvement de masse, diluée en mouvements moléculaires, devient incapable de redonner à la masse primitive une quantité de mouvements égale à celle qu'elle a perdue. Supposant donc la constance du mouvement, celui-ci tend à se diluer sans cesse, à s'égaliser entre les masses. C'est un niveau qui tend à s'établir, comme celui de l'eau dans des vases communicants.

Si, par exemple, une pierre lancée contre un mur le fait crouler et s'y brise elle-même en poussière, les fragments dissociés de cette poussière et ceux du mur ne sauraient, ni renouveler le choc qui l'a produite, ni, bien moins encore, en détruire les effets et reconstruire le mur et la pierre. Il n'y a pas réciprocité. Cependant toute force capable de produire un mouvement devrait pouvoir détruire ce mouvement en agissant en sens contraire. Carnot a démontré que dans ces transformations beaucoup de phénomènes ne sont pas réversibles.

C'est que, dans ce cas, il y a autre chose que du mouvement communiqué ; il y a des états statiques modifiés, ce qui tend à montrer qu'il y a autre chose encore que la masse et le mouvement qui s'appelle la cohésion des corps et qui n'est ni masse, ni mouvement.

Si les grands mouvements se transforment toujours en partie en petits mouvements qui ne peuvent les reproduire, il en résulterait que, si leur somme est constante, la quantité des petits mouvements augmentant toujours, relativement aux grands, il devrait arriver un moment où, dans le monde, il y aurait partout égalité de petits mouvements moléculaires et pas un seul mouvement de masse, s'il n'y existait des forces pour reconstituer de grandes masses capables de grands mouvements. Ces forces sont justement les forces statiques, les énergies potentielles agissant comme simple pression. Mais comme ces forces sont essentiellement chimiques, agissant dans l'infiniment petit des masses, parfois pendant des temps considérables avec une grande lenteur, les mécanistes, préoccupés des phénomènes sensibles et bien apparents de la physique, veulent tout expliquer par des processus analogues aux processus visibles de la mécanique. C'est un des nombreux exemples du danger des analogies en Philosophie naturelle.

Si la thèse de Leibnitz sur la transformation des mouvements moléculaires est aujourd'hui généralement adoptée, et avec raison, c'est à condition que par *mouvement moléculaire* on ne sous-entende pas nécessairement un mouvement de translation des centres de gravité des masses.

Si dans le choc de deux masses un mouvement moléculaire réel est produit, c'est plutôt dans le cas d'un choc entre deux corps élastiques, dont la forme ne peut être altérée sans que les relations spatiales de leurs éléments constituants soient troublées, au moins momentanément ; tandis que dans le choc des corps durs et cohérents, aucun changement de forme ou de positions relatives de leurs éléments ne peut se produire, à moins qu'ils ne se brisent. Mais si les vitesses ne sont pas trop grandes, et si la communication du mouvement n'est pas gênée, il n'y a pas d'échauffement sensible et la quantité de mouvement reste constante entre eux.

L'erreur actuelle de nos mécanistes est de considérer la chaleur comme résultant de mouvements de translation des centres de gravité des molécules ou de leurs atomes. Nous verrons que ces mouvements de translation n'existent pas ; que les vibrations thermiques sont des mouvements oscillatoires des surfaces des éléments individuels du substratum étendu, des mouvements pendulaires de leurs plans de mutuel contact, sans aucun déplacement de leurs centres de figure et, par conséquent, de leurs centres de gravité. Ce ne sont donc pas, à proprement parler, des mouvements de masse, ce sont des variations alternatives de volumes entre des pressions égales et opposées dont l'équilibre, troublé par le choc des corps, tend à se rétablir. C'est l'énergie de ces oscillations qui, dans les corps durs, tend à en dissocier les parties en diminuant leur cohésion, comme dans le choc des corps plus élastiques elle tend à rétablir leur forme primitive. En sorte que la variation d'élasticité des corps proviendrait de la variation de l'élasticité des atomes qui, par conséquent, n'auraient pas tous des propriétés identiques.

En un mot, les éléments premiers de la matière ou du substratum de la masse ne seraient pas homogènes, comme l'affirment les mécanistes.

Nous verrons plus loin que cette différence d'élasticité des atomes n'est que la conséquence de la différence de leur quantité de substance étendue ou de force d'impénétrabilité expansive. Par conséquent, les atomes ne seraient égaux ni en force ni en volume. Toutes leurs propriétés différeraient quantitativement, bien que leur substratum étendu soit qualitativement identique.

Dans cette nouvelle dyade créatrice de la masse et du mouvement qu'on veut imposer à notre croyance, d'où vient la force motrice? Nos mécanistes prétendent s'en passer avec leur mouvement régénérateur du mouvement.

Voici un train en gare. Pour le mouvoir, faut-il faire arriver un autre train de poids égal, pour le pousser, et qui ne pourrait que lui donner au plus la moitié de sa vitesse? Nullement. On amène une locomotive, très lourde, il est vrai, mais qui pèse au plus comme une partie des wagons. Cette locomotive mettra d'abord en mouvement un wagon, qui continuera de se mouvoir ensuite en vertu de sa vitesse acquise; puis de même un second et un troisième, et ainsi tous successivement. Une fois le train en marche, la locomotive n'aura à fournir d'autre force que celle qui est équivalente à la quantité de mouvement que perd le train par les frottements, en vertu de sa pesanteur, c'est-à-dire en vertu de l'énergie toute potentielle qui fait presser les roues de chaque wagon sur les rails. Et tout le train peut ainsi continuer indéfiniment de marcher de la même vitesse, tant que la machine fonctionnera bien, et ne manquera ni d'eau ni de charbon, avec une dépense relativement très petite de force vive. Son mouvement lui a été communiqué par la machine, mais où la machine a-t-elle pris son mouvement?

C'est la vapeur produite par l'ébullition de l'eau à son foyer qui le lui a donné. C'est la tension et la distension alternatives des molécules de la vapeur qui, en produisant un mouvement alternatif de deux masses métalliques, vont se transformer en mouvement de la locomotive et du train.

Supposons le train d'un poids total de 400 tonnes et seulement une vitesse de 40 kilomètres à l'heure. La force vive de ce mobile, pour la vitesse de 11,111 mètres à la seconde, serait de 49,381,728 unités, les longueurs étant exprimées en mètres, les poids en kilogrammes et le temps en secondes.

Si toute la force vive du train en mouvement doit être supposée produite par quelques kilogrammes d'eau réduits en vapeur, et n'est qu'une transformation du mouvement de leurs molécules, sur des trajectoires presque infiniment petites, avec quelles vitesses prodigieuses devraient-elles se mouvoir?

Quelles que soient les vitesses qu'on leur suppose, comment tous ces petits corps, librement agités dans le vide, peuvent-ils s'y rencontrer toujours de façon à produire tout leur effet utile sur le piston que la plupart d'entre eux ne touchent jamais dans leurs chocs réciproques? On ne peut se faire aucune représentation nette d'un semblable processus.

Toute cette force vive devrait être supposée incarnée en quelques centaines de kilogrammes de charbon qui, depuis l'âge primaire des temps géologiques, sont restés sans mouvement enterrés sous la pression de montagnes entières.

Ce ne sont pourtant pas les efforts de quelques hommes qui, en remplissant la chaudière d'eau et le foyer de charbon, ont produit cette accumulation d'énergie motrice. Leur rôle s'est borné à mettre en présence des forces préexistantes et à les placer en des conditions qui les mettent en liberté. Mais certainement ces forces, jusque-là immobilisées, ne sont pas des mouvements.

Il faut avouer qu'il y a eu utilisation de forces latentes, d'énergies potentielles, à l'état statique depuis des myriades de siècles, et qui, mises en liberté par la combinaison du carbone et de l'oxygène de l'air, ont produit tout ce mouvement.

Quant à prétendre que tout ce mouvement préexistait à l'état de mouvement dans le charbon, c'est une hypothèse toute gratuite, contraire à toutes les analogies, puisqu'il faudrait admettre que ce mouvement s'est conservé sans perte dans ce charbon, c'est-à-dire dans un corps très dur et très peu élastique, pendant toute la série des temps géologiques.

Voilà un corps lourd, un poids de cent kilogrammes sur une planche équilibrée. Il n'est pas en mouvement, pourtant il tend à se mouvoir et à tomber en vertu d'une force : la pesanteur. Mais il ne se meut pas. Rien ne bouge, ni en lui, ni dans la planche qui le soutient. Si, du bout du doigt, je fais basculer la planche qui le supporte, en enlevant un de ses appuis, le corps tombe et l'accélération de sa vitesse, pendant toute la durée de sa chute, lui communique, au moment où il touche le sol et s'arrête, une force vive proportionnelle à la hauteur de sa chute ou au carré de sa durée.

Faut-il admettre que pendant cette chute, accélérée à chaque moment infinitésimal du temps, un esprit ou un microbe spécial a donné un coup de tête ou de queue à ce poids de fer de cent kilogs, pour faire ainsi varier sa vitesse en dépit de son inertie qui tend à la lui conserver?

La force qui a déterminé puis précipité son mouvement était donc déjà en lui; elle préexistait à sa chute à l'état latent d'équilibre statique. Ou si ce mouvement lui a été communiqué par une force externe, comme il est probable, puisque l'attraction est reconnue impossible, cette force préexistait à l'état statique de pression et non de mouvement.

Elle préexistait à l'état d'énergie potentielle, préfère-t-on dire : soit! On a beau substituer le mot *énergie* au mot *force*, la notion est la même. On a tout simplement traduit en anglais un mot de la langue du XVIIe siècle; rien n'est changé pour cela dans la pensée.

Ce qu'il y avait dans le poids en repos sur la planche, c'était de la force et non du mouvement, comme c'est de la force et non du mouvement qui est accumulée dans un ressort tendu ou dans un morceau de charbon qui se combine avec de l'oxygène. Appeler cette force *énergie* ce n'est que traduire un mot par un synonyme qui remplit le même rôle logique. Mais si l'on dit que cette force c'est du mouvement, on fait confusion des termes, on embrouille ce qui était clair, et on ouvre la porte à tous les sophismes en conduisant l'esprit à affirmer du mouvement ce qui n'est vrai que de la force et, réciproquement, à dire de la force ce qui n'est vrai que du mouvement.

Ce n'est donc pas la quantité de mouvement qui est constante, mais celle de la force qui le produit et qui tendrait ainsi à se diluer à l'infini, à s'épuiser, de mouvements en mouvements de plus en plus petits, si aucune source ne la renouvelait et ne l'accumulait sans cesse.

VIII

LA MASSE

On affirme la constance des masses; qu'en sait-on?

A quoi mesure-t-on la grandeur d'une masse? A son inertie ou à son poids.

Le poids varie avec les lieux, avec les relations de masse et de distance.

Reste l'inertie qui n'est qu'un autre nom de la masse elle-même.

Si l'inertie n'est pas le substratum étendu, mais une de ses propriétés, si cette propriété ne lui est pas essentielle ; si elle peut être acquise ou perdue, communiquée ou détruite ; si l'éther, sans inertie, peut être transformé en substratum inerte et pesant, ou réciproquement, la quantité d'inertie peut varier dans le monde, c'est-à-dire la somme des masses.

Il est évident que cette thèse de la constance des masses dépasse l'expérience. Elle va au-delà des inductions légitimes de l'observation. Elle est la conséquence de la confusion que nous faisons entre la masse qui n'est que l'inertie, c'est-à-dire une condition de mouvement de la matière pesante, et le substratum étendu des corps qui peut n'être pas inerte, n'avoir pas de masse, et n'acquérir inertie et masse que dans des conditions déterminées d'étendue, de force ou de pression.

Du moment que la masse d'un corps n'est que sa quantité d'inertie, elle n'est autre chose que la condition de la conservation de son état de repos ou de mouvement. S'il n'y avait dans le monde que de la masse et du mouvement, il n'y aurait en réalité que du mouvement et la condition de sa conservation, sans rien qui se meuve.

C'est donc sans droit que nous affirmons la constance de la masse en quantité dans l'univers.

Ce qui est vrai seulement, c'est que, sur la terre, dans les conditions actuelles de notre expérience, nous n'avons constaté, ni la création, ni la destruction d'aucune masse pesante, d'aucune quantité d'inertie. Aller au-delà est téméraire.

Mais si la masse est phénomène et non noumène, si elle est mode, état et non substance, il est de toute improbabilité que dans le monde où tout phénomène varie, est passager, transitoire, commence et finit, il n'existe pas un processus qui transforme l'impondérable en pondérable, et qui crée ou détruise ainsi de l'inertie.

La seule chose que nous puissions affirmer *à priori*, c'est qu'il ne se crée pas de substance, c'est qu'il ne sort pas d'être du non-être ; que si la substance du monde est la source et le substratum de toute la force qui le meut, nous en pouvons aussi conclure qu'il ne se crée pas de force, bien qu'il se crée et se détruise constamment du mouvement ; parce que, dans l'univers, la plus grande somme des forces est toujours équilibrée; à l'état statique, c'est-à-dire en puissance et non en acte ; et que la quantité de mouvement y est toujours une fraction très petite de la somme des forces qui tendent à le produire, mais qui restent sans effet, parce qu'elles s'opposent à elles-mêmes.

Cette affirmation que tous les éléments primaires du monde se réduisent à la masse et au mouvement, n'est donc pas légitime, puisque, en outre du mouvement et de l'inertie qui le conserve, il y a de la force en réserve, à l'état statique et latent; et qu'il y a de plus de la substance sans pesanteur, sans inertie et sans masse, qui, remplissant tous les espaces intercosmiques, est infiniment plus grande en quantité que toutes masses pesantes qui s'y meuvent.

S'il est vrai que toute la substance pesante de l'Univers doive être considérée comme en état de mouvement, puisque son état statique ne se comprendrait pas dans un milieu non résistant, ce mouvement absolu des corps sidéraux dans l'espace éthéré n'empêche pas leurs éléments d'être, soit en repos, soit en mouvement relatif réciproque au sein de ces corps. Si, dans chaque masse sidérale, la quantité de mouvement relatif de ses éléments varie constamment, la quantité totale de force qu'elle possède peut rester constante, aussi longtemps, du moins, qu'elle se maintient dans l'espace dans les mêmes conditions moyennes de température et de pression. Cette condition exige que la quantité de chaleur qu'elle produit ou qu'elle reçoit des autres astres, fasse équilibre à celle qu'elle rayonne dans l'espace vers les autres corps. Il faut enfin supposer que dans tous les lieux de l'espace où ces corps sont entraînés par leur mouvement, la pression de l'éther ambiant sur eux reste constante. Or, c'est là un fait dont nous ne pouvons juger, ne pouvant mesurer toutes les grandeurs phénoménales de la partie du monde où nous sommes situés que par des mesures relatives, dont tous les étalons seraient également modifiés par une variation de la pression générale ambiante. Mais nous constaterions une augmentation générale de toutes les températures proportionnelle à l'accroissement des pressions et directement corrélative à la diminution des volumes ; par suite un accroissement de la somme des forces relativement à celle des masses.

C'est donc faire abus des mots que d'identifier le mouvement et la force, et de considérer une pression statique comme un mouvement, ou une somme de mouvements de sens inverses. C'est donner aux termes de la langue un sens contraire à celui qui leur appartient par définition; c'est faire une tautologie, affirmer des contraires qui s'excluent, jeter de l'ombre dans l'esprit, y obscurcir les représentations des phénomènes, embrouiller la science, au lieu d'y mettre de la clarté.

La science est faite par les savants, elle ne doit pas être faite pour eux; elle doit être accessible à tous les esprits moyens. Les mathématiques surtout sont un puissant procédé d'investigation. Elles seules peuvent permettre de formuler les lois des phénomènes. Mais ces lois doivent éclairer les phénomènes et non les obscurcir et les compliquer. Les mathématiques sont, avant tout, choses de bon sens et de logique; et les plus savants ne peuvent prétendre qu'à chercher des chemins plus courts et des procédés simplifiés pour la solution des problèmes ou des façons plus claires de les poser. Il arrive que, lorsqu'il s'agit des faits les plus élémentaires, les plus simples et les plus généraux, les savantes formules des algébristes sont souvent des grimoires de magiciens pour exprimer des vérités de la Palisse.

Habitués à tout réduire à des points, des lignes et des lettres, dont la valeur arbitraire est convenue entre eux, ils ne savent plus traduire ce volapuk à leur usage dans la langue commune, sans modifier arbitrairement le sens de ses mots. Égarés dans les abstractions de l'arithmétique, de la géométrie, de l'algèbre, ils perdent, avec la notion claire des choses concrètes, seules réelles, la faculté de les décrire de façon intelligible pour tous les esprits.

Aux lois particulières de chaque espèce de phénomènes, ils s'efforcent de substituer des formules de plus en plus générales, embrassant un plus grand nombre de phénomènes différents, dont les relations, bien que réelles, échappent à l'esprit et à sa faculté de représentation, qui devient d'autant plus impuissante, que toutes les différences particulières supprimées ne laissent subsister que les ressemblances les plus abstraites.

Est-il vrai que la masse soit nécessairement homogène?

Si, en effet, la masse n'est pas le substratum étendu et impénétrable des corps, mais seulement leur inertie, c'est-à-dire la condition de la conservation de leur état de repos ou de mouvement, la masse ne saurait pas plus être conçue comme hétérogène que l'inertie. Son homogénéité ressort de sa notion, comme celle de la force qui ne peut, en elle-même, et comme cause de mouvement, varier en qualité, mais seulement en quantité. La masse d'un kilogramme de fer est absolument identique, à celle d'un kilogramme d'eau et d'air. Toutefois, le kilogramme d'air, le kilogramme d'eau et le kilogramme d'or ne se prêteront pas aux mêmes conditions mécaniques de mouvement, parce que leur état de cohésion diffère, ainsi que leurs propriétés physiques.

Le substratum étendu des corps est lui-même, en soi, qualitativement homogène, et ses différences phénoménales, ou apparentes, dérivent uniquement de différences de quantité, parce que ce sont des différences quantitatives, qui rendent ses éléments, impondérables ou pesants, plus ou moins élastiques, et qui déterminent leur quantité de masse ou d'inertie, comme nous le verrons.

Ce qui est donc hétérogène, comme qualités secondaires ou phénoménales, ce sont les éléments pesants des corps, les atomes doués d'inertie ou de masse variable, et qui sont les foyers producteurs de la force, les agents dont cette force est l'acte, mais qui possèdent des quantités très inégales de cette force.

La force, aussi, en elle-même, est homogène en qualité, comme l'inertie ou la masse qui la conserve et l'emmagasine.

Les unités élémentaires de masse sont-elles égales entre elles, comme le veulent les mécanistes? Oui, comme unités d'inertie, comme aptitude à conserver le repos ou le mouvement. Elles sont égales, tout comme les unités de force, ou comme les unités de volume qui servent à mesurer le substratum étendu des corps. Toutes ces grandeurs étant continues, et abstraites, en tant que modalités du substratum, elles ne peuvent être mesurées, c'est-à-dire comparées entre elles, quant à leur quantité, que relativement à des unités choisies et déterminées arbitrairement, mais autant que possible, corrélatives entre elles, et résultant de leurs rapports naturels nécessaires.

Mais une fois ces unités de volume, de force, de masse ou

d'inertie choisies, chaque élément substantiel peut représenter plusieurs de ces unités ou fractions d'unité ; comme il en est de toutes les grandeurs modales ou abstraites, dont les valeurs, comparées entre elles, ne sont susceptibles que de rapports et échappent à toute évaluation absolue.

Ainsi, quand nous aurons à dire d'un atome que sa force ou son volume est 1/8, 1/27 ou 1/64, ce sera relativement à la force ou à la grandeur de l'atome d'éther pris pour unité ou terme commun de comparaison. De même, quand nous donnerons aux masses de ces mêmes atomes les valeurs 2, 3, 4, c'est qu'elles seront égales à deux, trois ou quatre fois l'unité que nous aurons choisie, de sorte que le rayon d'un atome pesant soit toujours en raison inverse de sa masse ou égal à l'unité divisée par sa masse.

Dire après cela que les unités élémentaires de masses sont égales, c'est dire que nos mètres et nos grammes sont des quantités égales. Ce serait une simple tautologie, puisque en tant qu'unités relatives abstraites, elles sont égales par définition. Mais si l'on affirme que tous les éléments atomiques des corps sont égaux en masse, et représentent tous l'unité de masse, on fait une hypothèse démentie par tous les faits.

Si la masse n'est que l'inertie, elle est mode et attribut ; elle n'est pas substance ; elle n'est pas sujet, ni individu. Comme telle, elle échappe à la loi des nombres entiers. C'est pourquoi elle peut varier indéfiniment en quantité, non en nature, pour chaque unité substantielle. Un atome peut avoir plus ou moins d'inertie ou de masse, mais il ne saurait exister plusieurs qualités de masse.

La quantité d'inertie d'un atome n'est donc pas proportionnelle à la grandeur de son substratum étendu.

Nous verrons, au contraire, comment la masse inerte est en raison inverse de la racine cubique de ce substratum, et que ce substratum est proportionnel à son volume, sous les mêmes conditions de pression, de température, de mouvement et d'agrégation moléculaire.

Toute la chimie, d'ailleurs, proteste contre cette affirmation de l'égalité et de l'identité des atomes élémentaires. Si par le terme de masse on entend leur quantité de substance, leur substratum étendu et impénétrable, les atomes à cet égard sont inégaux ; et si, par ce mot, on entend seulement le facteur

m de leur poids mg, même sous ce rapport les atomes sont inégaux.

Ce sont là, en tous cas, deux notions bien distinctes qu'on a eu tort de confondre jusqu ici. C'est de cette confusion que sont venues toutes nos erreurs sur la vraie nature de la matière, parce qu'avec des atomes dont l'inertie serait proportionnelle au volume, tous les faits de la physique et de la chimie sont inexplicables et contradictoires.

Les unités élémentaires de masse sont-elles absolument dures et inélastiques ?

Cette affirmation, comme la précédente, est déduite d'un vieux sophisme scolastique sur la simplicité des corps réputés indivisibles. Cette indivisibilité excluant, d'après la vieille école, l'existence de parties, exclurait, par conséquence, tout mouvement relatif de ces parties entraînant un changement de formes.

Mais il n'est pas vrai qu'un être cesse d'être simple parce qu'il est étendu et que son volume change de forme. Sa forme peut varier à l'infini, avec toutes ces modalités actives ou passives, sans qu'il cesse par cela même d'être un individu, une unité discrète, insecable. Sans détruire son insecabilité, son indivisibilité mécanique, son étendue peut être mathématiquement divisible à l'infini, comme toute étendue.

Le sophisme vient de la confusion qui a été faite entre les deux sens du terme de divisibilité, l'un purement géométrique, l'autre mécanique.

Descartes lui-même a été dupe de ce vieux sophisme verbal, qui a traîné dans toutes les écoles du moyen-âge et que les écoles dualistes ont toujours invoqué pour prouver l'indivisibilité et l'incorruptibilité de l'âme. Elles auraient pourtant pu se passer d'un argument qui ne prouvait rien, ou prouvait contre eux.

Car si, pour être indivisible, un être doit être simple, c'est-à-dire sans parties variables, sans modalités différentielles, la pensée était la plus haute, la plus complexe et la plus variable des modalités spécifiques, l'être pensant serait essentiellement corruptible, variable et caduc. Et si, après lui avoir refusé l'étendue, comme Descartes et tous les dualistes, on considérait cet être comme pouvant être dépouillé de la pensée, il ne serait plus rien du tout, un pur néant.

L'histoire de la philosophie est pleine de ces contradictions et de ces non-sens.

Si un être étendu était, par ce seul fait, complexe, seccable et caduc, l'espace étendu et mathématiquement divisible à l'infini ne serait pas simple ; il pourrait cesser d'exister, être coupé en morceaux discontinus. Or, existe-t-il une homogénéité plus parfaite, une éternité et une inaltérabilité plus évidentes que celle de l'espace, considéré en soi, indépendamment de tout contenu ? Toutes ces vieilles querelles de mots ont fait leur temps ; il faut en sortir. Il est étonnant de les retrouver encore au fond des idées et des théories des mécanistes modernes, au courant des progrès de la science. C'est ce que Bacon appelait « des fantômes d'école ».

Pourquoi la masse, avec le sens de substance, serait-elle simple, puisque toutes les substances ne se différencient les unes des autres que par leurs modalités plus ou moins complexes ? Comment serait-elle homogène, si l'univers qu'elle constitue ne l'est pas ?

Seulement au point de vue mécanique et avec le sens d'inertie, la masse peut être dite homogène ; puisqu'en effet un boulet de canon ne se comporte pas différemment, qu'il soit fait d'un métal chimiquement homogène ou d'un alliage de même densité, pourvu que sa quantité d'inertie et sa cohésion restent les mêmes, qu'il ne se fonde pas aux températures qu'il supporte et, si c'est un obus, qu'il n'éclate que dans des conditions déterminées ; c'est-à-dire pourvu qu'il échappe à toutes les conditions d'hétérogénéité mécanique, quelle que puisse être son hétérogénéité chimique.

Si d'ailleurs la masse est dite inerte, n'est-ce pas que les mécanistes lui ont retiré d'abord, par abstraction, les forces qui la meuvent ? Je veux bien qu'un obus soit une masse inerte, comme mobile, devant décrire une certaine trajectoire déterminée ; mais quand son contenu éclate de lui-même, est-il inerte ? Est-elle inerte, la poudre qui l'a lancé ?

En réalité le mot inertie a encore été pris dans deux sens très différents. Comme inertie passive, c'est une résistance à la communication du mouvement qui n'est vaincue que successivement, sous la condition du temps, et proportionnellement à la quantité qu'on appelle la masse. Comme condition de la conservation du mouvement en direction et vitesse, l'inertie est une force active, une transformation de la force qui a donné au mobile son mouvement et qui résiste aux forces qui tendent à le détruire.

Nous étudierons autre part ce mécanisme de l'inertie et nous verrons qu'elle n'est nullement une propriété primaire, mais un phénomène enchaîné dans la succession des causes secondes et de leurs effets.

Toutes ces vieilles choses sentent encore la scolastique du moyen-âge. Ce sont les mêmes procédés dialectiques appliqués à d'autres thèses également sophistiquées par l'emploi de termes mal définis. Ce sont de fausses déductions de faux axiômes *a priori*, dans lesquels se sont résumées toutes les illusions, les erreurs de la pensée antique et qui, se perpétuant de siècle en siècle, à travers les écoles, par une tradition que nul, si ce n'est Bacon, n'a tenté de détruire, sont devenues des habitudes d'esprit héréditaires dans la race.

IX

LA THÉORIE CHIMIQUE

D'un autre côté que disent les chimistes atomistes?

Stallo résume ainsi leurs théories en trois thèses.

I. — Les atomes sont absolument simples, inaltérables, indestructibles. Ils sont physiquement, sinon mathématiquement, indivisibles.

II. — La matière est composée de parties discrètes. Les atomes étant séparés par des intervalles vides, à la continuité de l'espace s'oppose la discontinuité de la matière. L'expansion d'un corps est simplement un accroissement et sa contraction une diminution des espaces vides qui séparent les atomes.

III. — Les atomes composant les divers éléments chimiques ont des poids spécifiques déterminés, correspondant à leurs équivalents de combinaison.

La première thèse s'accorde avec celles des mécanistes.

La seconde ne les contredit pas, en rendant possibles les mouvements des atomes, considérés comme corps absolument durs. Cependant il est difficile de l'accorder avec le principe de l'homogénéité de la masse, puisque la masse d'un corps, considérée comme son substratum, pourrait ainsi renfermer plus ou moins de vide; qu'elle varierait de densité moyenne, et que ses éléments seraient essentiellement variables comme distances, distribution et, généralement, toutes relations spatiales. La masse des corps n'aurait donc pas l'homogénéité physique.

Quant à la troisième proposition, elle est en opposition absolue avec le principe des mécanistes, quant à l'égalité absolue des éléments de la masse, comme quantité, et quant à leur homogénéité et leur identité qualitatives.

Il est vrai que les atomistes corrigent cette contradiction en supposant, généralement, que le volume réel et invariable de leurs atomes est proportionnel à leur poids. Il en résulterait que leur densité de masse serait constante; ce qui est faux, comme nous le verrons.

De quels faits l'hypothèse atomique prétend-elle rendre compte et jusqu'à quel point y réussit-elle?

Par la première proposition sur l'intégrité persistante des atomes et leur inaltérabilité en poids et en volume, elle prétend rendre compte de l'indestructibilité et de l'impénétrabilité de la matière. Ils considèrent la seconde, sur la discontinuité de ses éléments, comme un postulat indispensable pour expliquer les changements de volume des corps et leur pénétrabilité mutuelle, sans variation de volume de leurs éléments; leurs changements d'état physique, les variations de distribution des atomes dans l'espace, et enfin les phénomènes vibratoires et lumineux.

Quant à la troisième, elle n'est que l'explication *idem per idem* de la constitution des combinaisons chimiques par équivalents proportionnels déterminés en poids pour les corps solides, en poids et en volume pour les gaz.

Dans cette théorie, où la notion de masse est considérée comme identique à celle de matière, c'est-à-dire comme le substratum étendu des corps, l'indestructibilité de la matière est conclue de celle de la masse, comme sa quantité.

La constance de la masse est constatée par la balance, ce qui résulte de sa proportionnalité au poids, mais sous des volumes très variables du substratum étendu.

Cette constance du poids, en effet, toujours proportionnel à la masse dans le même lieu, dans chaque lieu différent reste constatée par la balance dont les deux plateaux ne mesurent cependant réellement que les rapports des masses, c'est-à-dire des quantités d'inertie et non les rapports des poids.

Car cette constance des poids disparaît dans des lieux différents. Si, au lieu d'employer la balance, on emploie le peson à ressort, à des altitudes différentes on constate que les poids d'une même masse varient, que la même masse ne fait pas tourner l'aiguille d'un même angle : mais que cette variation du poids est proportionnelle pour tous les corps.

Les poids des corps ne sont donc pas constants en tous lieux, et le poids ne peut être invoqué, ni comme une preuve de l'inaltérabilité de la matière, ni comme mesure de sa quantité absolue.

Ce qui reste invariable, en effet, dans la limite de nos observations, jusqu'ici, ce n'est pas le poids, c'est la masse, ou plutôt l'inertie ; c'est-à-dire qu'une même force donnera toujours à la même masse ou à des masses égales la même vitesse, et, si cette force est constante, la même accélération dans le même temps.

Renversant la proposition, on conclut que des corps auxquels des forces égales donnent les mêmes accélérations dans l'unité de temps, sont aussi égaux en masse. On tourne ainsi en cercle vicieux. Ce qui résulte de l'observation, c'est que les corps qui prennent les mêmes accélérations sous les mêmes forces ont la même quantité d'inertie ; c'est de cette inertie qu'on conclut à la masse, en donnant, à ce terme, inconsciemment ou non, le sens de matière, de substratum étendu. C'est cette identification de la masse et du substratum qui n'est nullement démontrée par l'observation et qui ne résulte pas du raisonnement.

Quant à l'impénétrabilité de la matière, on s'en fait également une fausse idée.

L'impénétrabilité ontologique du substratum étendu, trop souvent confondue, et par M. Stallo lui-même, avec la pénétrabilité, toujours plus ou moins grande, des agrégats matériels, est l'impossibilité que deux volumes de ce substratum occupent en même temps les mêmes points de l'espace. Il faut que l'un chasse l'autre pour prendre sa place. Mais ce même volume d'espace, les deux éléments matériels peuvent se le partager, en diminuant eux-mêmes de volume ; et c'est l'affirmation de l'invariabilité en volume des unités élémentaires étendues qui est gratuite. Elle est au contraire démontie par toutes les observations.

Par exemple lorsque l'eau absorbe plusieurs fois son volume d'un gaz, il est bien évident que le volume de ce gaz ne préexiste pas dans l'eau à l'état de vide. Si l'on prétend résoudre la difficulté en disant qu'il y a beaucoup plus de vide dans le gaz que dans l'eau, encore faut-il que le vide existant dans l'eau soit au moins égal à l'espace qui dans le gaz est plein. Or s'il était vrai, comme le prétendent les chimistes, que le volume des atomes fut proportionnel à leur poids, le volume d'une molécule d'acide carbonique serait au volume d'une molécule d'eau, comme 44 est à 18. Un seul atome de chlore, de 35,5 aurait presque exactement le volume de deux molécules d'eau. Le volume d'un atome de brome égalerait celui de cinq atomes d'oxygène ; celui d'un atome d'iode en vaudrait huit ; une molécule de vapeur de mercure prendrait la place de six. Même un atome de soufre ou de phosphore en déplacerait deux ; et chacun de ces atomes déplacerait un nombre seize fois plus grand d'atomes d'hydrogène. Il faut bien reconnaître que toutes ces suppositions, qui sont impliquées dans la théorie des atomes, sont en contradiction avec le simple sens commun.

On sait avec quelle avidité le platine chauffé absorbe l'hydrogène. Or, d'après les atomistes, l'atome d'hydrogène serait, il est vrai, 198 fois plus petit que l'atome de platine. Mais si les atomes de platine sont si gros, ils doivent laisser bien peu de place entre eux, dans un corps ayant d'ailleurs une des plus hautes densités connues ; tandis que celle de l'hydrogène, même dans ses combinaisons solides, est très faible. Comment donc une si grande quantité d'hydrogène trouve-t-elle à se placer dans cette parcelle de platine dont le volume apparent ne change pas, si au moins l'un des deux corps ne comprime pas les éléments de l'autre ? Mais si cette compression de l'un d'eux ou de l'un et l'autre se produit, toute la théorie est renversée ; les atomes ne sont plus inaltérables et invariables en volumes.

Lors donc que les mécanistes sont d'accord avec les chimistes pour affirmer cette invariabilité, ils énoncent une affirmation non démontrée que les faits chimiques de réduction de volume, non-seulement dans les combinaisons, mais dans les simples mélanges des corps, démentent constamment.

Nous verrons, en effet, comment le volume du substratum étendu des atomes, loin d'être proportionnel à leur masse, est en raison inverse du cube de cette masse, toutes choses égales d'ailleurs ; c'est-à-dire virtuellement et comme volume initial, abstraction faite des variations de volume dues à l'agrégation moléculaire, aux variations de l'état thermique et à celles des pressions ; et que dans toutes les variations de volume des corps, à l'exception du passage à l'état gazeux, les changements de volume des molécules ne sont que la somme des variations de volume de leurs atomes. C'est le renversement complet des hypothèses des chimistes et des atomistes.

Car il s'en suit que les éléments premiers de la matière ne sont pas des corps durs, inaltérables en volume et en forme, mais des éléments fluides, plastiques, expansibles, compressibles sous certaines conditions, et ne laissant jamais de vide entre eux.

Nous verrons enfin comment les poids, équivalents des chimistes, ne représentent pas un atome unique, comme ils le supposent, mais des molécules formées par des nombres d'atomes, variables pour chaque corps, et dont les masses, et par conséquent aussi les poids, sont invariables et spécifiquement distincts. De sorte que, s'il y a des corps dont les équivalents ont le même poids, les poids de leurs atomes sont différents, parce que les poids égaux de leur équivalents représentent des nombres différents d'atomes.

La matière, ou substratum étendu des corps, est donc bien discontinue et formée de parties discrètes nommées atomes, monades, particules, éléments indivisibles ; le nom n'y fait rien.

Là-dessus, tout le monde est d'accord.

C'est cette discontinuité des éléments matériels qui permet leurs mouvements relatifs, leurs mélanges, leurs combinaisons, la variabilité de leurs juxta-position, de leur distribution dans l'espace, et qui fait que, en dépit de l'impénétrabilité ontologique de leurs éléments, les corps qu'ils forment peuvent se pénétrer mutuellement ; les éléments des uns se faisant un chemin à travers les éléments des autres, avec ou sans variation du volume total. Ils se frayent d'autant plus facilement ce chemin que non seulement leur volume, mais leurs formes sont variables. Si au contraire les atomes élémentaires étaient durs et invariables en forme et en volume, cette faculté de pénétration mutuelle des corps qu'ils constituent serait inexplicable.

Si, enfin, le fait des vibrations thermiques et lumineuses, les lois du rayonnement, de la réflexion et de la réfraction de la lumière et de la chaleur exigent que les corps soient constitués d'éléments discontinus, ces mêmes faits sont bien plus faciles à expliquer si les volumes et les formes de ces éléments sont variables.

Si, enfin, il est bien démontré que les éléments chimiques se combinent par proportion définie de poids, ou plus exactement de masse, et, pour les gaz, en proportion définie de volume, cette constance des proportions chimiques, ainsi que les modalités nouvelles manifestées par les corps combinés, dont les densités varient, comme l'aspect extérieur, la couleur, la cohésion, la fusibilité et toutes les propriétés physiques en général, tout cela est inexplicable si les volumes de ces équivalents sont invariables et sont proportionnels à leurs masses.

X

LE VOLUME ABSOLU DES CORPS ET LE VIDE

La thèse épicurienne de la simplicité, de la dureté, de l'inélasticité des atomes, qui suppose leur figure déterminée et leur volume constant, conduit à de singulières hypothèses sur la constitution des corps solides.

En effet, tous les corps changent de volume selon la variation des pressions et des températures. Si l'on suppose le volume des atomes constant, il faut que la variation du volume total des corps soit égale à la variation du vide entre leurs parties, c'est-à-dire à leur écartement plus ou moins grand. On s'est par là, refusé, *a priori*, le droit de supposer un changement de volume des parties elles-mêmes, ce qui, cependant, est l'hypothèse la plus simple.

Puis certains corps en absorbent d'autres. Comme nous l'avons vu, la platine absorbe 370 fois son volume d'hydrogène. Les métaux, chauffés au rouge, se laissent traverser par les gaz. Il faut donc qu'ils soient poreux. Il est pourtant si simple de supposer que les éléments du corps qui passe se déforment un peu, en déformant proportionnellement les éléments entre lesquels ils s'ouvrent un passage. Mais le dogme métaphysique de l'inaltérabilité des atomes, renouvelé d'Epicure, serait sacrifié. On aime mieux supposer qu'entre les molécules de ces métaux, et même entre leurs atomes, la porte reste toujours ouverte, même lorsqu'il n'y passe rien. En ce cas, il reste pourtant à expliquer pourquoi il n'y passe pas toujours quelque chose, et pourquoi certains corps passent plutôt que les autres.

Quand on fait le compte de toute la somme d'espace vide que devrait ainsi contenir un corps, même à l'état solide, on trouve que ses atomes ne pourraient se toucher par aucun point, qu'ils doivent rester en l'air, en équilibre, à des distances énormes les uns des autres, relativement à leur volume. Il en est même qui parlent de distances planétaires.

Mais alors comment ces corps peuvent-ils rester cohérents, résister aux tractions, aux pressions, aux chocs de toute nature qu'ils subissent, sans se déformer, sans se rompre, s'écraser, tomber en poussière ?

Si tous les corps solides sont faits ainsi d'éléments dispersés, incohérents, qu'ils soient, du reste, en repos ou en mouvement, comment se fait-il qu'un clou ne s'écrase pas sous le premier coup de marteau ; que clou et marteau ne s'enfoncent pas dans la planche ou le mur qu'ils percent et frappent ? Une clef tournant dans une serrure devrait la faire voler en éclats, et une porte en se fermant se réduire en poudre.

On se demande comment nos maisons ne s'écroulent pas sous leur propre poids ; comment la terre porte ses montagnes ; comment l'eau des mers reste dans leurs bassins dont l'imperméabilité ne s'explique plus ; comment nous-mêmes pouvons porter notre corps et mouvoir nos membres, puisque la force d'un levier ne se comprend que par sa résistance à la rupture, à la flexion, à la pression ? Comment, enfin, tout dans l'univers n'est-il pas un mélange confus de poudres et de vapeurs, et comment y a-t-il des limites à quelque chose ?

Comment cette théorie des atomes, maintenus à distance, explique-t-elle qu'un cheval ne rompe pas ses traits ; que les chaînes qui relient les wagons d'un train ne se dissolvent pas en limaille de fer, quand il se met en marche ; que la corde d'un puits ne cède pas sous le poids du seau ; que celles d'un piano ou d'un violon ne se brisent pas toujours sous la pression du marteau ou de l'archet, au point où elles sont touchées, au lieu de se tendre et de se rétracter alternativement dans leur mouvements vibratoires?

Dans l'hypothèse des petits atomes solides, maintenus à distance sans jamais se toucher, tous ces faits restent inexplicables.

On dit que ces atomes sont animés de mouvements rapides, qu'ils sont unis par la communauté de ces mouvements.

On comprend assez bien que des corps en mouvement se repoussent, quand ils se choquent. C'est là un fait d'expérience universelle. Mais que leurs mouvements les lient, c'est là un mystère insondable, un miracle auquel nul n'a jamais assisté.

On a invoqué l'analogie des mouvements planétaires. Mais si quelque géant céleste s'asseyait sur notre globe et de là donnait un coup de pied dans la lune, il modifierait certainement le mouvement des deux astres, et s'il pouvait couvrir de son pied tout le système, comme nous couvrons du nôtre des myriades de molécules, quand nous marchons, est-ce que, toutes proportions gardées, il ne troublerait pas pour jamais tous les mouvements des planètes?

Si tous les corps sont formés de petits corps solides et durs, d'étendue limitée, de figure fixe et presque infiniment petits, relativement aux espaces qui les séparent; si ces petits corps se choquent seulement pour se fuir, sans qu'aucun contact durable puisse s'établir entre eux; si, selon l'expression de Crookes, chaque corps est le théâtre d'un *bombardement moléculaire* perpétuel et réciproque, quelles que soient les vitesses dont ses molécules seraient animées, et d'autant même que ces vitesses seraient plus grandes, il est impossible de concevoir comment ces corps conservent l'apparence d'un volume constant et défini, celle de surfaces plus ou moins résistantes et impénétrables. Il est impossible de comprendre comment ces molécules en mouvement persistent dans leurs relations spatiales moyennes; et que, dans la plus petite parcelle d'un corps, comme dans le corps entier, les proportions chimiques restent constantes, soit en poids, soit en volume, entre des molécules formées de points, mobiles dans le vide, qui doivent s'enchevêtrer sans cesse et ne peuvent représenter ni aucun volume défini, ni aucune surface réelle constante.

Ni Clausius, en tant que physicien, ni M. Crookes, en tant que chimiste, n'ont expliqué, par exemple, comment, dans des minéraux constitués de granulations hétérogènes, tels que les granits, les gneiss, et de nombreuses roches complexes, ou dans les nodules cristallins qu'ils contiennent, chacune de ces granulations de matière peut persister durant des myriades de siècles dans les mêmes situations relatives, au milieu de toutes ses voisines, sans subir aucune altération de grandeur, de forme, de position, si chacune de ces granulations est le siège d'un bombardement continuel de ses parties élémentaires et subit réciproquement les chocs en retour du bombardement identique dont ses voisines sont le théâtre. Que dans ce conflit perpétuel d'une myriade de projectiles, lancés dans toutes les directions et dont les vitesses doivent varier avec la température ambiante, aucun d'eux ne s'égare, ne manque son but, ou le dépasse, pour tomber dans le camp voisin, cela semble un problème bien plus difficile à comprendre que celui qu'on prétend expliquer.

Qu'un pareil bombardement d'atomes ait lieu dans la patte filiforme d'un insecte, dans l'œil à facette d'une mouche, dans les tissus si délicats des organes internes de tous les animaux, voilà ce que l'imagination la plus hardie se refuse à concevoir ; car nulle part, autant que dans les détails microscopiques des organismes vivants, ne s'impose la nécessité d'un équilibre stable de leurs éléments matériels et de contacts absolus et permanents entre les parties des fines membranes qui enveloppent chacun de leurs appareils et jusqu'à leurs dernières cellules constituantes.

Cependant, ces fines membranes sont au moins aussi poreuses que les métaux. Elles sont constamment le théâtre de phénomènes d'osmose qui seuls entretiennent la vie des tissus organisés. S'il est nécessaire de tenir les molécules du platine à des distances planétaires pour expliquer qu'il se laisse traverser par l'hydrogène, à plus forte raison faudrait-il l'admettre pour les tissus vivants qui se renouvellent constamment par l'absorption, non seulement de gaz, mais de liquides colloïdes et d'éléments cristalloïdes.

Non, la matière pesante n'existe pas ainsi à l'état de tourbillons perpétuels de points agités dans le vide. La cohésion des atomes dans la molécule ne peut exister que si toutes leurs surfaces sont en contact immédiat, absolu et total, sans aucun vide ou interposition ni d'autres corps, ni même d'éther.

Si la cohésion inter-moléculaire est moins forte, si elle cède à nos forces mécaniques, c'est justement que les contacts sont moins étroits, que les molécules, en contact mutuel, ne le sont pas également sur tous les points, que leurs tensions superficielles réciproques sont inégales et variables.

S'il est vrai que les molécules des liquides et des gaz sont en perpétuelle rotation, comme on le dit et comme il y a lieu de le croire, c'est que leurs éléments atomiques, en contact mutuel absolu, sont entre eux en équilibre statique, comme ceux de roues pleines en rotation, dont tous les éléments, animés d'une même vitesse angulaire, se poussent les uns les autres, chacun, en vertu de sa vitesse acquise, entretenue par celle de tous les autres.

XI

LA THÉORIE CINÉTIQUE DES GAZ DE CLAUSIUS

La théorie cinétique des gaz n'est donc pas nécessaire pour expliquer leurs propriétés. Comme l'a remarqué, avec toute raison, M. Stallo, c'est une explication beaucoup plus difficile à comprendre que le fait qu'elle prétend expliquer.

« La théorie cinétique des gaz, dit sir William Thomson, a pour but principal d'expliquer l'élasticité des gaz, mais ce but n'est atteint qu'en supposant une autre élasticité plus difficile à expliquer : c'est celle d'un solide. Tel est le vice fatal de cette théorie, fondée sur la collision des molécules élastiques, qu'au delà il reste à trouver une autre théorie supérieure pour expliquer l'élasticité des atomes.

« Toutes les propriétés de la matière sont si étroitement liées, ajoutait-il, qu'on ne peut imaginer l'explication de l'une d'entr'elles, en dehors de ses relations avec toutes les autres et sans qu'elles soient toutes expliquées par le fait.

« La théorie cinétique des gaz s'arrête court à la molécule et à l'atome ; elle n'offre pas même une suggestion, quant aux propriétés en vertu desquelles les atomes ou molécules s'influencent mutuellement. »

Avec droit, sir William Thomson reproche, en outre, à l'hypothèse de Clausius de ne rendre aucun compte des phénomènes de la lumière et de n'expliquer certaines propriétés des corps qu'en les attribuant à leurs éléments, ce qui n'explique rien et déplace seulement la difficulté sans la résoudre.

Le fait fondamental dont la théorie cinétique s'efforce de rendre compte, c'est la constance du volume moléculaire des gaz sous les mêmes pressions et à la même température et l'égalité de leurs coefficients de dilatation pour les mêmes accroissements de température, c'est-à-dire qu'elle explique les lois de Gay-Lussac et celle de Boyle ou de Mariotte, en même temps que celle d'Ampère et d'Avogadro.

Quelle est la solution que Clausius donne du problème?

Il s'appuie sur trois hypothèses, dont aucune n'est donnée par l'expérience et dont la première n'est que la répétition du fait même qu'il veut expliquer.

I. — Un gaz est composé de particules solides, indestructibles, ayant une masse et un volume constants.

II. — Ces particules sont absolument élastiques.

III. — Elles sont en mouvement perpétuel, et, si ce n'est à très petites distances, n'agissent en aucune façon les unes sur les autres; de sorte que leurs mouvements sont absolument libres.

Or, la première de ces propositions contredit la seconde; des particules solides, d'un volume constant, ne peuvent pas être élastiques, puisque l'élasticité comporte, ou une variation de volume, ou au moins une déformation, ce qui est une négation de la solidité absolue.

La seconde proposition est en contradiction avec la théorie atomique, selon laquelle les unités élémentaires de masses sont absolument dures et inélastiques. (*Comp.*, p. 25, II, et 46, I à III.)

Quant à la troisième proposition de l'hypothèse cinétique, observe M. Stallo, elle vient accroître la complication théorique du phénomène d'élasticité par la substitution de la réaction d'un solide contre la variation de volume et de forme à la réaction d'un gaz. Pour mettre l'hypothèse d'accord avec le fait à expliquer, il devient nécessaire de douer toutes les particules d'un mouvement rectiligne incessant, dans toutes les directions... « Une telle supposition est tout à fait gratuite, et tout à fait dépourvue, non seulement de garantie expérimentale, mais aussi de toute analogie avec l'expérience. » Des corps qui... « se meuvent indépendamment les uns des autres sans attraction, sans répulsion, ni aucune espèce d'action mutuelle, et présentent ainsi la réalisation parfaite du concept abstrait du mouvement rectiligne, libre et incessant, ces corps sont des étrangers, inconnus dans le large domaine de l'expérience sensible. » (*La matière*, etc., pp. 89 et 90.)

M. Stallo conclut ainsi : « L'explication offerte par l'hypothèse cinétique, nous ramenant au phénomène dont elle part, celui de l'élasticité, est simplement l'explication *idem per idem*. C'est le contraire d'un procédé scientifique. C'est un pur *versatio in loco*. Elle est complètement vaine, ou plutôt elle complique le phénomène qu'elle prétend expliquer ; elle est pire que vaine ; elle intervertit l'ordre de l'intelligence ; elle résout l'unité en diversité ; elle disperse l'un en multiple ; elle embrouille le simple en complexe ; elle interprète le connu par l'inconnu ; elle élucide l'évident par le mystérieux ; elle réduit un fait ostensible et réel à un fantôme obscur et chimérique. » « On échange un mot par un autre mot et souvent plus chimérique, disait Montaigne, à propos des obscurités scolastiques... Pour satisfaire à un double, ils m'en donnent trois, c'est la tête d'Hydra... Nous communiquons une question, on nous en redonne une ruchée. » (*Essais*, III, 13.)

L'hypothèse de Clausius soulève ce dilemme : Si ces petits systèmes de corps en mouvement entrent en contact, leurs mouvements doivent se troubler et s'entre-détruire ; s'ils sont maintenus, on ne sait par quelle merveille d'équilibre, à des distances assez grandes pour ne jamais se heurter, on ne s'explique plus la tension totale qu'ils peuvent exercer les uns contre les autres et contre les parois des récipients qui les enferment ; toute pression, si faible qu'elle soit, devrait les ramener au contact.

Si les mouvements des molécules sont rectilignes et oscillatoires sur une droite, qu'à chaque oscillation pendulaire ils entrent en conflit mutuel, et si la chaleur est l'effet de ces chocs périodiques, la difficulté est plus grande encore. Pour que la périodicité de ces choses fût assurée, il faudrait qu'ils eussent toujours lieu entre les deux mêmes molécules, et que tous leurs mouvements fussent parallèles, pour ne jamais se rencontrer. Comment ce parallélisme et cette périodicité ne seraient-ils pas altérés à tout moment par l'agitation incessante des gaz, par les variations angulaires des situations réciproques des molécules qui en résultent? Toutes les fois qu'au lieu de se rencontrer, deux atomes passeraient l'un à côté de l'autre, chacun d'eux, continuant son chemin en ligne droite, irait porter le désordre dans les systèmes oscillatoires voisins. De sorte que les corps gazeux, au lieu de conserver des propriétés constantes et une composition chimique invariable, ne seraient qu'un chaos désordonné d'atomes de toutes sortes, en toutes proportions, dont tout choc nouveau, tout changement d'équilibre, comme toute variation de pression ou de température, ferait varier la composition et les propriétés.

Le vol d'un oiseau, celui d'une mouche, l'oscillation de l'appendice cilié d'un microzoaire devrait changer tout l'équilibre de l'atmosphère et, de proche en proche, sa composition chimique et sa densité. Car toutes ses molécules tendraient toujours à s'agglomérer sur les points où elles seraient déjà le plus denses, par suite de la diminution successive de leur quantité de mouvement.

Il reste à chercher d'où viendrait la force qui les ferait mouvoir ainsi ; comment, avec ce chassé-croisé perpétuel de molécules en mouvement libre et rectiligne, la stabilité de la masse atmosphérique se maintient à toutes les altitudes, comme à toutes les latitudes, par conséquent, dans les conditions les plus variables de température, de pression, de pesanteur, de mouvement de rotation et de force centrifuge ; malgré l'agitation perpétuelle des vents, les condensations locales, les courants directs ou tourbillonnants, les cyclones, les trombes, les décharges électriques, etc.

Clausius, en se bornant à calculer quelles masses, quelles vitesses et quels volumes devaient avoir, dans un espace supposé vide, ses petits atomes épicuriens, pour expliquer le fait unique de leur tension élastique, et la constance du volume des molécules des gaz aux mêmes températures, a négligé tous les autres faits qui pouvaient contrarier son hypothèse. Toute sa théorie repose sur un cercle vicieux, puisqu'en élevant plus ou moins les données du problème, tel qu'il l'a posé, il devait arriver à ce que le résultat concordât avec le fait unique qu'il prétendait expliquer, mais fût aussi en contradiction avec toutes les autres séries de faits constatés par l'observation.

Toutes les tentatives pour expliquer, soit l'équilibre mobile et dynamique des corps gazeux, soit l'équilibre statique des liquides et des solides, en partant de l'hypothèse des atomes solides agités dans le vide, sont donc vaines. C'est une hypothèse qu'il faut retourner pour trouver l'explication de la vraie nature des choses.

XII

LA MATIÈRE ET LA FORCE

En réalité, nous ne connaissons expérimentalement de la matière que les forces par lesquelles elle se manifeste. La matière *en soi*, comme entité ou substratum, reste une induction de l'esprit, un postulat de notre raison, tout aussi bien que notre substance pensante elle-même. Elle ne tombe pas plus sous notre expérience que ce que nous appelons notre âme. Nos sens ne la perçoivent jamais directement.

Par le toucher nous expérimentons sa force d'impénétrabilité, sa force de cohésion, son poids ou son inertie. Nous constatons sa résistance au mouvement ou au changement de mouvement; sa tendance à la chute verticale; les pressions qu'elle exerce en vertu de sa pesanteur; les chocs produits par l'arrêt brusque de son mouvement; ses variations de température relativement à notre température propre. Par la vue nous distinguons les formes des corps, c'est-à-dire les limites réciproques des masses hétérogènes; les couleurs de leurs surfaces, c'est-à-dire leurs différentes réactions sous l'action de la lumière; leurs déplacements dans l'espace, c'est-à-dire leurs mouvements relatifs; car leurs mouvements absolus, résultantes de leurs mouvements divers en direction et vitesse, nous échappent toujours. Par l'ouïe, ce sont encore les mouvements vibratoires des masses élémentaires que nous saisissons. Tout cela n'est jamais que les résultats variables de l'action des forces.

Quant à la matière, sujet ou agent de tous ces phénomènes, elle demeure insaisissable, inobservée, inconnue, même des chimistes, qui n'ont sur elle que des données hypothétiques, incertaines, contradictoires et certainement fausses.

Si jamais le noumène intelligible de tous les phénomènes physiques, dits matériels, est appréhendé, il ne le sera que par une induction de l'esprit. Il se déduira mathématiquement des phénomènes, par des démonstrations géométriques, par axiomes et corollaires ; ce sera le triomphe du calcul, non le résultat de l'observation. Jamais un microscope ne nous fera voir l'atome ; mais nous ne l'en connaîtrons que mieux, en vertu de lois nécessaires, comme nous connaissons par la géométrie les propriétés d'un cercle qui, dans une figure sensible, ne se réalisent jamais.

Dès aujourd'hui, on peut affirmer avec certitude que si, comme nos physiciens et nos chimistes l'admettent généralement, le substratum des corps est formé d'éléments étendus, individualisés, mobiles les uns relativement aux autres, mais insécables et dont le nombre ne peut être réduit, ni augmenté, ces unités élémentaires ne sont point de petits grains imperceptibles de sable ou de farine moulue plus ou moins fin ; ils ne sont point passifs, mais actifs et leur inertie elle-même est une force.

De quel droit sépare-t-on la matière des forces qui seules la rendent sensible, qui seules permettent de constater son existence et de déterminer sa quantité ? De quel droit refusons-nous à cette matière-substance, dont nous ne savons rien que ses effets actifs sur notre sensibilité, telle virtualité, tel attribut psychique, que nous présumons être contradictoire à sa nature, bien qu'il ne s'observe que chez les corps qu'elle constitue et jamais autrement ? Pourquoi sommes-nous disposés à attribuer à la force, phénomène ou manifestation de la matière, ces mêmes virtualités que nous refusons à son agent, à son substratum, en dehors duquel nous ne connaissons aucune substance, aucune entité dont l'existence nous soit démontrée par les inductions rationnelles que nous révèle la science ? Il est très possible que la matière-substance pense, mais il est certain que la force-phénomène ne pense pas. Une substance en mouvement peut sentir son mouvement, mais un mouvement ne se sent pas lui-même. Si jamais absurdité ontologique a été dite, c'est quand on a assimilé la pensée à un mouvement de la matière.

Le concept vulgaire de la matière, comme distincte de la force, est contradictoire en soi, puisqu'il conduit à supposer d'un côté un sujet sans attribut, un agent sans activité ; de l'autre, une activité sans agent, un attribut sans sujet.

Il est mécaniquement certain que la force ne peut être distincte de la matière ; qu'elle n'en peut être séparée, qu'elle ne peut lui être extérieure ; qu'elle ne lui est pas attelée comme des chevaux à un carrosse.

La force et la matière ne peuvent avoir deux substrats indépendants, opposés, antithétiques, comme le pensent les spiritualistes modernes. La force, au point de vue physique, ne peut être conçue que comme l'activité essentielle d'une matière étendue. Elle ne peut pas plus en être séparée qu'un attribut de son sujet, une activité de son agent, un effet de sa cause. Tout dualisme de substance est en réalité un retour vers le concept antique des dyades divines. La multiplication des entités est le fondement de tous les polythéismes. Tout spiritualisme est une forme du dualisme mazdéen. La force c'est le bien, le *bon Dieu* créateur, Aoura Mazda ; la matière, c'est le mauvais principe, le diable, Angra Mainyu qui s'oppose au bien.

Cette fausse notion de la matière, qui la sépare de ses activités, provient encore de cet abus de la faculté d'abstraction qui se produit surtout chez les races intellectuellement les plus cultivées, parce que chez elles surtout le mot tend à prendre la place de l'idée, aboutissant ainsi aux sophismes verbaux, inconnus des esprits incultes qui raisonnent plus spontanément avec les faits, comme les animaux dont la logique, moins active que celle de l'homme, est plus infaillible. De là vient la sûreté de ce qu'on appelle l'instinct et sa supériorité à certains égards sur l'intelligence ; parce que l'instinct est une raison que les mots n'égarent pas.

Les mathématiciens, pour mesurer les forces, ont dû faire abstraction de leur agent ou substratum, et, par conséquent, considérer ce substratum comme en étant dépourvu. Ils dépouillent même les corps pesants de leur *inertie* pour mesurer celle-ci comme une force à vaincre, et après leur avoir ôté l'*inertie-force*, ils la leur restituent sous le nom de *masse*, en confondant cette *masse* avec leur substance.

Par là s'est trouvé modifié le sens même du terme d'inertie, qui n'est pas une passivité pure, une indifférence des corps au mouvement ou au repos, mais une véritable résistance au mouvement qu'une force tend à leur imprimer, ou au changement de ce mouvement quand une fois il est commencé. Du fait que toute masse matérielle pesante, pour acquérir un mouvement d'une vitesse double, exige une force double, il résulte que la masse n'est pas indifférente à l'accroissement de la vitesse ; et, du fait que pour donner une même vitesse à une masse double, il faut également doubler la force, il résulte que la résistance au mouvement varie comme la quantité de masse. Si, enfin, pour arrêter une masse en mouvement il faut une force égale à celle qui lui a communiqué ce mouvement, c'est que cette dernière s'est en quelque sorte emmagasinée dans la matière pour lui conserver son mouvement, jusqu'à ce qu'elle y soit annulée par une force égale de sens contraire.

Il ressort de tout cela que la matière n'est pas seulement passive sous les forces externes qui la sollicitent, mais qu'elle possède elle-même des forces internes qui peuvent en annuler les effets.

En réalité, un corps passif sous la force serait un corps sans inertie et sans masse, tel que l'éther impondérable qui ne résiste pas au mouvement, même à celui des masses animées de vitesses planétaires, et qui cependant doit en être déplacé par volumes égaux et vitesses égales.

Des abstractions théoriques des mécaniciens, qui sont seulement des procédés de calcul, permettant d'étudier séparément les composantes d'un mouvement, des métaphysiciens trop subtils ont conclu à la distinction des essences, à la pluralité des substances, à la diversité et à l'opposition des entités. Après avoir séparé la matière de ses forces, ils ont conclu qu'il y avait une substance de la force et une autre de la matière.

De l'inertie relative de celle-ci, supposée absolue par une abstraction de géomètre, ils ont fait l'attribut spécial de cette entité qu'ils ont nommée la masse. De sorte que si l'inertie est égale à la masse, c'est qu'elle n'est que la masse elle-même. Par une pétition de principe, ils ont inféré que la masse était la mesure de la quantité de matière, parce qu'ils ont présumé, *a priori*, que la quantité de matière était égale à la quantité d'inertie. Ils ont admis de plus, en dépit des variations énormes de la densité des corps, que la somme d'inertie d'un corps était la mesure du volume réel total de ses éléments étendus, aboutissant par là à supposer presque vide de matière le volume apparent des corps les plus actifs, qui sont les moins denses.

C'est du divorce accompli entre la matière et ses forces que le réalisme scolastique a conclu à la multiplicité des entités. Où il n'y avait qu'une substance et divers phénomènes, il a créé pour chaque phénomène une substance. Non seulement la force, en général, considérée comme cause du mouvement, mais chaque mode de mouvement qu'elle détermine est devenu une entité. En dépit de Bacon, qui a si éloquemment protesté contre ces *fantômes de l'esprit*, on a eu, encore en ce siècle-ci, l'entité chaleur, l'entité lumière, l'entité électricité, où il n'y a, en somme, qu'une seule substance animée d'une seule force, mais dont les éléments sont réciproquement mus et moteurs, en vertu de leurs activités propres. Soit que cette substance s'appelle *matière*, quand elle a une masse ; soit qu'elle s'appelle *éther* quand elle est impondérable et sans masse ; soit qu'elle se manifeste par des activités mentales, et s'appelle *esprit*, le substratum reste identique, avec des modes d'activité différents.

XIII

CONFUSION ENTRE LA MASSE ET LA MATIÈRE

Si, d'après la loi formulée par Newton, la pesanteur des corps est proportionnelle à leur masse, c'est-à-dire à leur quantité d'inertie, avec toute l'école épicurienne Newton s'est trompé en présumant que leur quantité d'inertie ou de masse est la mesure de la quantité de matière ou de substance qu'ils renferment. (*Principes*, t. II, p. 21, prop. VII, théor. VII.)

C'est l'erreur capitale de tous les mécanistes. Elle a fatalement pour conséquence une fausse notion de la substance cosmique aboutissant logiquement à une conception dualiste de l'univers.

Comment cette fausse notion a-t-elle été acquise ? Comment s'est-elle imposée d'une façon générale à l'esprit humain ?

Toutes nos idées premières, dérivant de nos sensations, ont été acquises sous l'influence des habitudes contractées dans la pratique de la vie sociale et des relations économiques.

Or, le principal obstacle que doit surmonter l'homme pour mouvoir à son gré les corps matériels, c'est celui de leur pesanteur, ou tout au moins celui de leur inertie. La plus ancienne est la plus générale de toutes les observations physiques a été la constatation de la première loi de la mécanique : c'est que l'effort nécessaire pour mouvoir des corps de même nature augmente ou diminue proportionnellement à leur quantité, soit comme volume, pourvu que leur densité reste constante, soit comme nombre, s'ils sont de même poids. Au contraire, l'effort nécessaire pour mouvoir des corps de différentes densités, varie comme leur poids et non comme leur volume.

De là s'est établie naturellement la conviction commune, qui semblait évidente, que la quantité d'une matière quelconque était mesurable par son poids. En réalité, c'était une pétition de principe. Si l'effort est bien proportionnel au poids, il n'en résulte pas que le poids soit égal ou même proportionnel à la quantité de substance.

Le poids n'en restait pas moins pratiquement le seul élément important. N'était-ce pas son poids, et non son volume, qui déterminait les limites de la charge que pouvaient porter, soit un homme, soit un cheval ou un chameau, soit un chariot ou un navire?

De là tout naturellement devait sortir l'usage de mesurer à leur poids les diverses marchandises dans les échanges commerciaux. Car si ce poids n'était la mesure de leur quantité et de leur valeur, que pour des corps de nature identique, entre des corps divers, c'était encore la seule mesure commune qui fût possible.

D'un usage aussi universel devait fatalement naître, s'établir, se généraliser la conviction profonde et invétérée que le poids des corps, qui resta confondu avec leur masse jusqu'à Newton, était la mesure de la quantité de matière qu'ils contenaient, abstraction faite de ses qualités; parce que ce poids variait, en effet, proportionnellement à la quantité de chaque espèce de corps, ou à la somme de leur inertie.

Ce ne sera pas aisément qu'on détruira dans les esprits contemporains cette confusion inévitable entre la notion de masse ou d'inertie et la notion de matière ou de substratum. Toutes les formes du langage s'en sont imprégnées. Une longue accoutumance héréditaire et ethnique en a, pour ainsi dire, fait une sorte d'idée innée. Longtemps encore on dira le poids égal à la quantité de matière, comme on dit encore, à chaque instant, et comme on écrit encore dans les almanachs que le soleil se lève ou se couche.

Cependant, si on analyse cette notion, on en découvre aisément l'erreur. Pourquoi un litre de mercure liquide, qui pèse 13,59 fois plus qu'un litre d'eau, renfermerait-il 13,59 fois plus de matière, sous le même volume et dans le même état physique, sous la même pression et à la même température de la glace fondante ? Si la température s'élève, cette proportion s'altère, parce que le mercure se dilate davantage. A l'état gazeux elle est encore bien plus différente. A température et pression égales, le poids d'un litre de vapeur mercurielle est au poids d'un litre de vapeur d'eau comme 100 : 9. Il n'est plus que 11 fois plus lourd sous le même volume.

A la température zéro et sous la pression d'une atmosphère, le poids d'un litre de vapeur mercurielle est de 8 gr. 99 ; sous la même pression, à la même température, le poids d'un litre de mercure liquide serait de 13 k. 590 gr.

D'où lui est venue cette énorme augmentation de volume, de plus de 1,494 fois? Comment admettre que dans la vapeur d'eau il y ait 1.240 fois plus de vide que dans l'eau liquide, et que dans le mercure gazeux l'augmentation du vide soit encore plus grande ? N'est-il pas plus naturel de penser qu'une substance, étendue, mais impondérable et sans masse, remplit une partie de ces vides?

Tant qu'on a considéré le feu comme un élément matériel, on a pu attribuer à sa présence dans les corps leur augmentation de volume? C'est le fondement très logique de la vieille théorie phlogistique. Aujourd'hui nous savons que la chaleur n'est qu'un mouvement vibratoire des corps plus ou moins accéléré ; et nos mathématiciens exécutent des tours de force pour expliquer dans le vide l'équilibre mobile des atomes des gaz dispersés à des distances planétaires, relativement aux volumes qu'ils sont amenés à leur attribuer par l'erreur épicurienne.

Si ce n'est pas certainement la substance du feu qui remplit ces énormes vides, n'y a-t-il pas des raisons d'admettre que cette substance impondérable d'un si grand volume est l'éther qui, existant en très grande proportion entre les atomes pesants, les maintient écartés les uns des autres, et qui, sans rien ajouter à leur masse, augmente néanmoins leur quantité totale de substance active, au point de voiler et diminuer, sinon annuler, le poids de la vapeur d'eau qui, devenue moins dense que l'air, y monte au lieu d'y tomber.

Tous les faits physiques ou chimiques pourraient fournir des démonstrations analogues de l'erreur universelle et séculaire qui consiste à prendre l'inertie, la masse ou la pesanteur pour mesures de la quantité de matière ou de substance épandue dans un volume donné.

C'est sur cette erreur séculaire, dont le dualisme a été la conséquence, qu'est fondée la théorie mécanique des gaz, ce tour de force de nos analystes qui tend à s'imposer à toutes nos doctrines atomiques et s'oppose à une conception plus simple et plus vraie de la structure de l'univers.

Une conception vraie et adéquate de la constitution des corps sous leurs divers états physiques n'est possible qu'à la condition de partir de la thèse opposée, c'est-à-dire de considérer, d'une façon générale, le volume des corps comme la mesure de leur quantité de substance expansive, toutes choses égales d'ailleurs. Leur densité d'inertie serait au contraire une fonction directement proportionnelle au double carré de leurs masses atomiques. Contrairement à l'opinion régnante, les atomes les plus lourds sont les plus petits, et les plus grands sont les plus légers.

XIV

LA MATIÈRE : CE QU'ELLE N'EST PAS ET CE QU'ELLE EST

Qu'est-ce donc que la matière ? Qu'est-ce que cette étoffe de l'univers que chacun sait exister et croit d'autant mieux connaître qu'il ignore plus complètement les conditions d'un problème toujours posé et toujours irrésolu par les plus forts penseurs de tous les temps?

La science moderne est acculée à cette question. Il faut qu'elle y réponde pour achever de se constituer, en reliant entre elles les diverses branches du savoir qui convergent toutes vers cette unique inconnue.

Si de nos jours on a une tendance fâcheuse à déserter les sciences théoriques, c'est qu'elles sont enfermées dans cette impasse : nul ne cherche plus le *pourquoi?* des choses ; on sait qu'elles n'en ont pas. Mais pour connaître leur *comment?* il faudrait savoir *de quoi?* elles sont faites.

On croit en vain pouvoir négliger toutes recherches à ce sujet. D'aucuns prétendent qu'elles resteront toujours vaines. On oublie trop que les progrès de la technique ne sont jamais que les conséquences plus ou moins lointaines et médiates des progrès de la théorie. Si Ampère et Oersted, dans des vues toutes théoriques dont ils étaient bien loin de prévoir les fécondes applications, n'avaient pas étudié les actions réciproques des courants et des aimants, nous ne verrions pas aujourd'hui les merveilles de l'industrie électrique.

La science pratique, en dépassant la théorie, démontre la nécessité de nouveaux progrès de celle-ci pour éclairer la route des praticiens. « On ne commande à la nature, a dit Bacon, qu'en obéissant à ses lois. » On ne peut maîtriser ses forces que dans la mesure où on connaît les faits premiers dont elles dépendent. Autrement, on va à l'aveugle. Les découvertes sont souvent le fruit de hasards heureux. Mal comprises, parce qu'elles sont inexpliquées, on ne peut en déduire toutes les conséquences qu'elles contiennent.

C'est dans l'étude des faits les plus simples et les mieux connus qu'il y a chance de trouver des lumières sur les faits si complexes qui préoccupent aujourd'hui le monde savant, comme le monde industriel, avec lequel il tend trop à se confondre. Le meilleur moyen d'avancer serait peut-être de savoir revenir en arrière pour reviser nos notions élémentaires, grosses d'antiques erreurs qui nous rendent aveugles pour la vérité, parce qu'en les acceptant *a priori*, nous tenons pour démontré justement ce qui est en question.

Si nous connaissions bien la constitution d'une molécule d'air ou d'une molécule d'eau, si nous pouvions suivre leurs éléments dans toutes les phases de leurs transformations, sous leurs divers états physiques; si nous connaissions mieux le mécanisme de la vibration thermique qui rend ces transformations possibles et les détermine, il en résulterait certainement de grandes clartés sur les phénomènes, d'ordre plus complexe, attribués à l'intervention d'un éther dont on ne sait rien, et à son action sur une matière pesante que l'on connaît moins encore.

Ce sont ces faits premiers qu'il importe d'éclaircir à l'aide de nouvelles hypothèses. Celles qui ont cours parmi les contemporains, héritage traditionnel d'un long passé fatalement voué à toutes les erreurs, sont insuffisantes ou contradictoires entre elles, comme l'a si bien démontré M. Stallo (1).

Nos notions courantes sur la matière sont, en effet, un ensemble d'hypothèses que de vieilles habitudes d'esprit nous font prendre pour des axiomes.

Elles peuvent se résumer par les thèses suivantes, qui sont autant de contre-vérités :

1° On se représente les premiers éléments de la matière comme des corps rigides, de volume et de figures fixes, doués des propriétés des solides absolus.

C'est avec ces éléments solides que l'on est réduit à expliquer l'existence des corps fluides, beaucoup plus répandus, et leurs propriétés toutes contraires.

2° Les éléments de la matière sont supposés inertes et passifs, parce qu'en vertu d'une abstraction nécessaire de la mécanique on les sépare des forces qui les meuvent pour mesurer celles-ci.

3° On confond la masse des corps pesants, qui n'est que leur inertie, c'est-à-dire une condition de leur mouvement, avec le substratum étendu de leur impénétrabilité.

4° On suppose gratuitement que le volume des éléments matériels est proportionnel à leur masse : c'est-à-dire qu'on affirme *a priori* la constance de leur densité d'inertie.

5° On est conduit par cette hypothèse à considérer les variations de volume des corps comme résultant de l'écartement ou du rapprochement de leurs parties étendues élémentaires, au lieu de l'attribuer aux variations proportionnelles du volume de ces parties.

6° Il s'ensuit que nous devons supposer dans l'univers la somme d'étendue du vide presque infiniment supérieure à la somme d'étendue du plein.

La première de ces thèses étant accordée, les autres s'en déduisent logiquement.

A ces thèses nous opposerons leurs contradictoires :

1° Les éléments premiers de la matière cosmique sont des volumes fluides, impénétrables, mais expansibles et élastiques,

(1) La *Matière dans la physique moderne.* (1 vol. in-8°, Bibliothèque internat.)

dont l'étendue varie en raison directe de la quantité de force substantielle active qui les constitue et en raison inverse des pressions qu'ils subissent. Tous tendent à réaliser des sphères et, en vertu de leurs pressions mutuelles, ne réalisent que des polyèdres.

Leurs figures polyédriques, sans cesse variables, toujours dérivées de la sphère virtuelle qui leur est circonscrite, dépendent de leur juxtaposition dans l'espace où ils se limitent les uns les autres par des contacts absolus.

Les corps complexes, solides et rigides, sont formés d'éléments fluides sous pression.

2° Les éléments cosmiques, constitués par les centres d'émission d'une substance indéfiniment expansive, sont actifs. Ils se limitent mutuellement et se meuvent réciproquement, en se repoussant les uns les autres, en vertu de leurs forces élastiques expansives rayonnantes, dont l'intensité varie en raison inverse du carré des distances à leurs centres d'émission.

3° Les corps pesants sont constitués par des éléments dont les forces expansives sont atténuées et dont l'inertie varie en raison inverse du rayon de leur sphère virtuelle.

4° La masse des corps pesants, égale à la somme d'inertie de leurs éléments, est une fonction directe de leur nombre et inverse des racines cubiques de leurs forces expansives rayonnantes ou du substratum étendu de leur impénétrabilité.

Leur densité de masse ou d'inertie est donc une fonction inverse de la quatrième puissance des rayons sphériques virtuels de leurs éléments. Elle est égale au double carré de la masse de leurs atomes. Leur *densité substantielle* reste constante, pour des éléments de volumes variables, toutes conditions égales d'ailleurs.

5° Les variations du volume des corps complexes, sous les variations de pression et de température, sont le résultat des variations corrélatives des volumes de leurs éléments, qui restent toujours en contact absolu en se limitant les uns les autres par des plans de mutuelle intersection. Ces plans réduisent leurs sphères virtuelles d'expansion à des volumes polyédriques, constamment variables, dont le centre de figure se confond avec le centre d'émission de leur force substantielle, expansive et impénétrable.

6° Il s'ensuit que l'univers est absolument plein, SOUS PRESSION

MOYENNE CONSTANTE, avec des variations de pressions, locales et temporaires, qui sont l'origine de tout mouvement.

Des deux séries de thèses que nous venons de formuler, si l'une est vraie, l'autre est nécessairement fausse, parce qu'elles sont logiquement contradictoires, et l'une d'elles doit être vraie, si l'on ne peut en concevoir une troisième.

XV

L'ATOME FLUIDE

Si avec les dynamistes ioniens on considère les éléments premiers de la substance cosmique, non comme des centres de force sans substance, mais comme les centres d'une substance douée d'une force d'expansion indéfinie et jouissant de toutes les propriétés absolues des fluides parfaits, la grandeur relative de ces atomes sera, sous les mêmes pressions, proportionnelle à leur quantité de substance, ou à la somme de leurs forces expansives. Ils seront d'autant plus grands qu'ils seront plus actifs. Leur inertie ou leur masse deviendra une fonction inverse de leur force et de leur volume, constamment modifié lui-même par la variation des pressions qu'ils exercent les uns sur les autres, en vertu de leur force d'expansion qui les fait lutter pour s'approprier chacun leur part proportionnelle d'espace, sans qu'il y ait jamais de vide entre eux.

A cet égard seulement Descartes, en niant l'existence du vide, aurait eu raison contre Leibnitz qui a beaucoup tergiversé à ce sujet.

Quant à la pesanteur et à l'inertie, loin d'être des propriétés primaires et essentielles, inhérentes à tous les atomes, elles seraient, au contraire, des propriétés secondaires, acquises seulement par certaines catégories d'entre eux et proportionnelles pour chacun d'eux à leur perte de substance ou à l'affaiblissement de leur force expansive.

La pesanteur, l'inertie et la masse seraient ainsi trois termes corrélatifs exprimant les propriétés des seuls corps pesants; propriétés résultant de la diminution du volume qu'ils peuvent défendre dans l'espace contre les forces expansives supérieures des atomes impondérables, sans masse et sans inertie, de l'éther, restés en possession de leur force d'expansion indéfinie et du volume d'espace que leur substance peut remplir et défendre sous la pression moyenne de tous les autres.

L'éther impondérable serait donc l'état virtuel et primordial de la substance cosmique. La matière pesante serait constituée d'atomes d'éther plus ou moins affaiblis par une perte variable de leur substance; leur volume serait virtuellement en raison inverse du cube de leur inertie ou de leur masse, proportionnelle à leur poids. Mais ce volume serait variable sous certaines conditions de pression.

Tous les atomes, pesants ou impondérables, se repoussant les uns les autres au contact, en vertu de leur force d'expansion, variable en intensité, proportionnellement à leur volume, les plus faibles, les plus petits, dont l'énergie expansive est diminuée, *poussés* les uns vers les autres en raison directe de leur inertie ou de leur masse acquise, doivent sembler *s'attirer* réciproquement.

Cette *attraction* apparente serait donc *une moindre répulsion réelle* et le résultat des répulsions supérieures des atomes de l'éther impondérable entre eux.

La prétendue force d'attraction, la seule que les métaphysiciens dualistes consentent à laisser à la matière, serait ainsi une force toute négative, une force en moins, une réelle diminution de son énergie répulsive propre. La vraie force active et positive qui fait graviter les uns vers les autres les atomes pesants serait celle des atomes éthérés ou impondérables, plus actifs et plus grands, en vertu de leur quantité plus grande de force expansive, et qui, sans inertie, ni masse, et, conséquemment d'une densité égale à zéro, peuvent se mouvoir réciproquement en se repoussant mutuellement, sans aucune dépense d'énergie cinétique et sans opposer aucune résistance au mouvement des corps pesants qui se meuvent au milieu d'eux, en les déplaçant.

Cette théorie de la gravitation par moindre répulsion exige que les éléments premiers de toute la substance cosmique, matérielle et pesante, ou éthérée et impondérable, soient à l'état de fluidité et réalisent d'une façon plus ou moins absolue toutes les propriétés des gaz parfaits : l'expansibilité, la compressibilité, l'élasticité plastique, qui, tout en permettant leur déformation mutuelle momentanée, tend constamment à leur rendre la forme sphérique qui doit résulter naturellement de l'action de leur force expansive rayonnante autour de son centre d'émission.

En sorte que tous les atomes, tendant ainsi perpétuellement à réaliser, sous les mêmes pressions, des sphères de rayons variables en raison inverse simple de leur masse, en vertu de leur juxtaposition dans l'espace et de leur pression mutuelle, ne réalisent jamais que des polyèdres plus ou moins irréguliers. La constitution du monde serait celle des bulles de savon.

Seuls les corps d'une homogénéité parfaite, comme l'éther, peuvent réaliser des polyèdres réguliers, inscriptibles dans une sphère.

Il s'ensuivrait que les éléments de la matière, par leur distribution dans l'espace et les formes qui résultent de leur pressions mutuelles, réaliseraient à l'absolu tous les théorèmes de la géométrie. Ses axiomes seraient, non des thèses *a priori* résultant de la forme de notre entendement, mais des vérités objectives, réalisées dans les choses.

Car les sommets communs des polyèdres atomiques seraient des points géométriques ; leurs arêtes mutuelles des lignes étendues dans une seule dimension ; leurs plans de contact réciproques des surfaces à deux dimensions ; enfin leur solidité, faisant varier leur volume en raison des cubes de leurs dimensions linéaires, fournirait une démonstration éclatante de la vérité objective de la géométrie euclidienne, contre les rêveurs allemands qui prétendent fonder, sur des sophismes inconscients, une géométrie nouvelle à N dimensions, aboutissant au concept saugrenu d'une courbure de l'espace en soi.

Dans cette conception de la matière, elle n'est point passive. Il n'y a pas dans l'univers d'autre entité qu'elle-même. Elle seule est substance et comprend toute la substance du monde, celle des corps pesants et de leurs forces physiques, comme celle des âmes conscientes. Les éléments en sont indestructibles et il n'existe pas d'autres forces que la force perpétuellement active dont elle est douée.

L'unité et l'identité de cette force est aujourd'hui reconnue, à travers ses manifestations les plus diverses qui, toutes, se transforment les unes dans les autres par quantité équivalentes. Cette unité, cette identité de la force est la plus grande découverte du siècle. Elle doit transformer la science.

En vertu de cette force unique et protéiforme qui n'est que

l'activité dont la matière est l'agent, que le phénomène dont l'atome est le noumène, tous les éléments substantiels, tant pondérables ou matériels qu'impondérables ou éthérés, se meuvent réciproquement, se font réciproquement obstacle, se limitent mutuellement; de sorte que tous leurs mouvements de masse sont en réalité spontanés et exclusivement dus à leurs activités propres qui diffèrent seulement de mesure ou d'intensité, mais non d'essence et de qualité : c'est-à-dire qu'il n'existe dans le monde, entre les divers éléments individuels constituant des êtres, que des différences apparentes de qualité qui sont, en réalité, des différences de quantité.

Ces différences entre l'éther impondérable et la matière pesante, réellement identique en substance, sont des différences d'état et de mode. Ce sont des différences de quantité toutes relatives ; toutes les activités de leurs éléments étant susceptibles de plus ou de moins sans changer de nature. Ces différences résultent uniquement de l'inégalité de leurs forces répulsives, qui peuvent défendre une étendue d'espace d'autant plus grande, que leur force d'impénétrabilité expansive est plus considérable ; les plus forts repoussant les plus faibles plus qu'ils n'en sont repoussés.

Ainsi toujours poussés les uns vers les autres par les grands atomes éthérés, les atomes pesants semblent s'attirer les uns les autres parce qu'ils sont seulement plus passifs et que leur inertie est d'autant plus grande qu'ils sont plus petits, étant plus faibles; tandis qu'entre eux, et vis-à-vis d'autres plus faibles, les plus forts, à leur tour, sont relativement plus actifs et peuvent sembler capables de mouvements spontanés, d'actes libres et réfléchis.

XVI

L'ATOME-MONADE, MOTEUR ET CENTRE CONSCIENT DU MONDE

Si tous les éléments de la substance du monde peuvent être conçus comme identiques en puissance, ils doivent être capables de différenciation. Chacun de ces éléments, devant être automoteur, est nécessairement individualisé. On ne peut concevoir des forces flottant dans le vague de l'indétermination locale. Chaque force doit agir suivant une direction et, par conséquent, émaner d'un point vers un autre point. On peut soutenir que toute force a un but plus ou moins vaguement conscient. Le but des forces atomiques, c'est d'occuper le plus grand espace possible, c'est de s'y étendre à l'exclusion de toutes les autres forces. L'atome est essentiellement égoïste; c'est un des centres multiples de l'espace infini.

La substance du monde, conçue comme un tout continu, est inintelligible. Incapable de toute différenciation, elle ne se distinguerait pas de l'espace pur. Des individualités distinctes seules peuvent être capables de mouvement. On peut même dire que si ces individualités n'étaient pas conscientes, elles n'auraient aucun motif de se mouvoir et d'agir. C'est de l'opposition des forces, de leur lutte que peut naître l'action et la réaction mutuelles.

Chaque atome est un moi qui ne prend conscience de lui-même que par la rencontre des non-moi qui le déterminent en le limitant.

Toutes les hypothèses qu'on a pu faire pour se représenter la substance cosmique dans l'indivision, sont contradictoires à la notion du mouvement de ses parties. Cette unité indivise, n'ayant aucun motif d'action, serait un pur néant d'existence.

On ne peut même admettre l'hypothèse d'une coalescence de ses parties ; d'atomes multiples qui se fondraient en un seul, ou, au contraire, d'atomes simples pouvant se subdiviser. On ne peut admettre entre eux que des associations plus ou moins hiérarchiques, plus ou moins étroitement centralisées ; mais les individualités primaires n'admettent pas plus le partage que l'anéantissement total. Les unités primaires de la substance du monde sont nécessairement irréductibles en nombre, et ce nombre, quelque innombrable qu'il soit, est fini. Tout ce qu'on peut admettre, c'est qu'elles se cèdent ou s'empruntent de la force.

Mais il ne peut exister dans le monde d'autre source de force que la substance elle-même ; ou plutôt, c'est elle-même qui est la force. C'est cette force qui émane perpétuellement des centres substantiels dont elle constitue la sphère d'action.

L'unité et l'identité de nature de cette force qui meut l'univers est aujourd'hui reconnue, à travers ses manifestations les plus diverses. Toutes se transforment les unes dans les autres par quantités équivalentes. Cette unité, cette transmutabilité de la force cosmique est la plus grande découverte d'un siècle cependant si fécond en progrès scientifiques. Elle doit transformer la Philosophie.

En vertu de cette force unique et protéiforme, qui n'est que l'activité dont la substance est l'agent, tous les éléments substantiels tant pondérables qu'impondérables se meuvent réciproquement, se font réciproquement obstacle, se limitent mutuellement. Tous leurs mouvements sont dus, soit à leurs actions, soit à leurs réactions, mais dérivent, dans tous les cas, de leurs activités propres qui diffèrent seulement de quantité ou d'intensité, mais non d'essence et de qualité.

De sorte qu'entre les divers éléments constituants des corps, toutes les différences qualitatives en apparence, sont quantitatives en réalité.

Les individualités distinctes, qui sont les éléments premiers de l'être, en possèdent toutes les virtualités. Chaque atome est un moi vivant, conscient de son existence, et conscient des actions et réactions spontanées qu'il exerce, ayant la sensation passive, plus ou moins intense, des limites variables qui résultent pour lui des pressions de tous ses voisins et des mouvements qu'il accomplit en défendant contre eux sa part d'espace.

Toute la substance cosmique est donc vivante, d'une vie virtuelle élémentaire. Chacun de ses éléments individualisés sent et veut spontanément, d'après des motifs perçus, comme excitations motrices réflexes, qui déterminent ses mouvements. Tout élément substantiel du monde est ainsi, à la fois, esprit, force et matière, c'est-à-dire sensibilité passive, volonté spontanée et activité motrice.

Comme l'a dit si heureusement Schopenhauer, le monde n'est *qu'une volonté d'être*. La volonté et la force sont les deux attributs essentiels de l'entité substantielle.

Toute substance est donc esprit et tout esprit est substance, avec des degrés divers d'activité mentale et physique.

Cette substance nous l'appelons *matière* quand elle est pesante, *éther* quand elle est impondérable. Sous ces deux formes elle ne diffère que par une activité physique ou psychique plus ou moins grande, par des réactions dynamiques plus ou moins énergiques, comme aussi par une sensibilité plus vive ou plus rudimentaire, et une conscience plus ou moins nette de ses états successifs et de ses motifs d'action.

Tandis que les atomes pesants, enchaînés dans les agrégats moléculaires, perdent quelque chose de leur individualité, les atomes de l'éther impondérable, restés libres et indépendants, conservent cette individualité inaltérée.

Ces différences entre l'éther impondérable et la matière pesante ne sont encore que des différences de quantité, toute relatives, résultant de l'inégalité des forces d'impénétrabilité expansive qui leur permettent de défendre une plus ou moins grande étendue dans l'espace.

Ainsi, poussés les uns vers les autres, par les grands atomes éthérés, les atomes pesants semblent s'attirer les uns les autres ; parce qu'ils sont seulement plus inertes, qu'ils sont plus petits étant plus faibles ; tandis qu'entre eux, vis-à vis d'autres plus faibles, les plus forts, à leur tour plus actifs, peuvent sembler capables de mouvements spontanés.

Mais l'atome éthéré n'est lui-même que le terme moyen d'une série. Sa force peut-être augmentée par une addition de force ou de substance, cédée par d'autres atomes dans certaines conditions. Il devient ainsi auto-moteur et actif relativement aux atomes éthérés eux-mêmes. Il devient l'éthéroïde vitalifère.

Si, chez les êtres vivants, la spontanéité des mouvements, la sensibilité, la liberté des volitions s'affirme davantage, c'est que chacune de leurs cellules organiques a pour âme un de ces éthéroïdes, supérieurs en force, dont les activités déterminent ses réactions motrices avec une apparence de liberté plus complète et un degré supérieur de sensibilité et de conscience.

Dans les organismes supérieurs, la coordination hiérarchique de ces molécules vivantes et conscientes, les fait sentir, penser, vouloir à l'unisson; leur donnant l'illusion de leur unité ontologique. Les excitations psychiques, survivant à leurs causes, dans des organes spéciaux d'enregistrement construits de façon à en perpétuer les ébranlements, ou à en emmagasiner les impressions, deviennent des souvenirs, qui donnent à l'être complexe l'illusion de son identité et de sa permanence dans le temps. Le développement de cette mémoire, qui lui permet de comparer les excitations présentes aux excitations passées et de prévoir les excitations à venir analogues, offre de nouveaux éléments à son activité psychique qui, s'exerçant dès lors sous la forme de raisonnements logiques enchaînés, conduit sa volonté à des déterminations plus réfléchies, et plus libres en apparence, parce qu'au lieu d'être déterminées physiquement, elles le sont par des résultantes psychiques. Corrélativement à l'évolution psychique de l'être vivant, résultat mille fois séculaire d'une accumulation d'hérédités qui, de génération en génération, ont modifié et perfectionné son type organique et l'ont de mieux en mieux adapté à ses fonctions vitales, l'évolution de ses organes physiques a perfectionné ses activités spontanées et inconscientes, tendant à maintenir l'intégrité de son organisme total et à le défendre contre les causes de destruction qui peuvent le menacer.

C'est ainsi que la sélection naturelle, intervenant avec ses sévères fatalités, pour détruire toutes les ébauches manquées de l'organisation, tous les sujets dont les aptitudes ne correspondent pas assez exactement à leurs conditions de vie, et ne laissant survivre que ceux qui sont suffisamment adaptés à leur milieu, a successivement fait apparaître sur notre globe des formes vivantes de plus en plus complexes, de plus en plus élevées, chez lesquelles les facultés mentales sont devenues de plus en plus prédominantes sur les appétits et les instincts physiologiques réflexes et inconscients. C'est ainsi que de la cellule rudimentaire, premier essai de l'organisme vital et germe primitif de tous les êtres vivants, après des myriades de siècles et des myriades d'ébauches, a pu sortir enfin l'homme capable d'étudier sa loi et de découvrir, avec ses humbles origines, les procédés qui peuvent lui soumettre la nature et lui permettre de se perfectionner lui-même.

Ainsi conçu, l'univers apparaît dans sa merveilleuse unité, où la complexité des résultats et la variété des effets sont réalisés par un petit nombre de causes constantes et de lois nécessaires, régissant une seule force, animant une substance unique, toujours identique à elle-même, incréée et indestructible.

PREMIÈRE PARTIE

LES FAITS PRINCIPES DE L'ORDRE COSMIQUE

CHAPITRE PREMIER

LA LOI LOGIQUE

L'être est le fait primitif universel.

Il contient toute la réalité et lui est identique.

L'irréel n'est que le non-être, le néant.

L'être n'est point une unité : c'est une multiplicité irréductible.

La multiplicité des êtres constitue l'univers ou cosmos.

Les existences se conditionnent et se déterminent réciproquement suivant la loi de causalité.

Les seules existences réelles sont celles dont les causes et les conditions se sont réalisées.

Tout le possible est réel, car le réel seul est possible à tous égards.

Toute existence à laquelle manque une de ses conditions de réalisation est impossible actuellement.

Elle reste dans le non-être ou dans le devenir possible.

De la multiplicité des existences, de leurs actions et réactions réciproques, en vertu desquelles elles se conditionnent et se déterminent, il suit qu'à tout instant de la durée, leurs modes et conditions d'existence varient.

De la variation perpétuelle des modes et conditions d'existence des êtres résulte à chaque instant un nouveau cosmos, en quelque chose différent dans son présent et son devenir du cosmos qui lui est antérieur. De la multiplicité infinie de cosmos différents qui pourraient à chaque instant devenir possibles, un seul peut se réaliser, étant seul possible à tous égards et déterminé dans toutes ses conditions.

Quelles que soient les variations de la multiplicité des existences dans le perpétuel devenir du cosmos, elles restent assujetties aux lois nécessaires de la raison, *logos* éternel, *Fatum* aveugle et impersonnel qui gouverne l'univers sans le connaître.

La catégorie primordiale de l'être comprend deux sous-classes :

1° Les *êtres* proprement dits, ou *sujets* individualisés, simples ou composés, existant en soi, par soi et pour soi, conscients de leur unité, de leur identité et de leur perpétuité, noumènes permanents sous les phénomènes variables du cosmos externe ou physique dont ils sont les substrats internes et psychiques ;

2° Les *choses*, ou existences pures et substantielles, *modes* variables externes des êtres ou sujets, réalisés en eux, par eux, pour eux et reflétés dans leur conscience, constituent le cosmos physique ou univers phénoménal.

Chaque être, ou sujet individualisé, n'acquiert la conscience de sa propre existence qu'à la rencontre des autres êtres qui le limitent.

C'est le non-soi qui détermine le soi.

Les êtres ou sujets individuels s'ignorent entre eux, comme consciences.

Ils ne connaissent réciproquement leur existence que par ses modes physiques externes dont les variations les distinguent, les limitent et les modifient les uns les autres.

Tout être individualisé ou sujet psychique est un foyer optique de connaissance. C'est un miroir plus ou moins fidèle où se reflète une image plus ou moins complète du cosmos vu d'un point de l'espace et du temps.

Les images de la réalité physique, émanant de chacun des rayons indéfinis de la sphère ambiante, s'y altèrent en s'y superposant.

Leur complexité fait leur confusion.

La condensation d'une image infinie en un point la rend obscure.

L'activité mentale du sujet, qui perçoit en lui-même cette image complexe et perpétuellement changeante, consiste à en faire l'analyse, à établir des rapports entre les images élémentaires, à les grouper, à les classer par leurs ressemblances et leur différences

Telle est l'œuvre du jugement.

L'activité mentale du sujet individuel, passive dans la sensation externe et impuissante à en créer les images, ne peut qu'en combiner diversement les éléments. C'est la combinaison fausse de sensations vraies et leur analyse incomplète qui rend les faux jugements possibles.

Tout jugement, sous une forme affirmative ou négative, impliquant la possibilité logique de son contraire, forme un couple inséparable de notions contradictoires, qui s'enregistrent dans la mémoire et dont l'une seulement peut être vraie.

C'est le principe de contradiction.

L'esprit possède donc à la fois et simultanément la notion plus ou moins complète d'un monde vrai et celle d'un monde faux, qu'un simple trouble de la mémoire suffit pour faire confondre, et qui s'emmêlent le plus souvent inextricablement dans les mémoires organiques, héréditaires ou traditionnelles.

Les animaux ne possédant qu'un langage passionnel pour exprimer leurs émotions immédiates et actuelles, les jugements spontanés qu'ils tirent de leurs états de conscience sont toujours vrais par rapport à eux. Leur fausseté ne devient possible que par la formation d'un langage idéologique et descriptif, qui, analysant les éléments du jugement, en classe les sujets et les attributs sous des vocables qui sont des définitions par analogie, toujours incomplètes et flottantes, et qui n'éveillent jamais des images identiques dans des esprits divers.

La plupart des erreurs humaines viennent moins de la complexité de nos sensations directes que de la confusion des jugements que l'esprit en tire, de l'imperfection du langage qui les exprime et de l'abus sophistique des mots dont le sens s'altère sans cesse par la transmission traditionnelle, sous l'influence des passions ou instincts spécifiques, héréditairement développés chez des êtres vivants, complexes et toujours sollicités à affirmer ce qu'ils désirent.

Par toutes ces causes, les jugements affirmatifs ou négatifs, tirés de la sensation directe et transformés dans la tradition en leurs contradictoires, passent à l'état de mensonges collectifs, affirmés par habitude instinctive, de génération en génération.

Ainsi l'homme est arrivé à se faire du cosmos une notion totalement fausse. C'est à la corriger que travaille la science moderne.

CHAPITRE II

LA LOI MATHÉMATIQUE

Le cosmos est permanent, incréé et indestructible, dans sa totalité infinie.

Il est régi par les lois mathématiques du nombre et de la mesure.

Le nombre, ou arithmétique, régit les grandeurs discontinues ou quantités; les unités concrètes ou êtres individualisés, simples ou complexes, multiples par essence et seuls réels par leur substratum.

L'analyse de la notion de pluralité excluant l'idée d'infinité, tout nombre d'unités réalisées est nécessairement fini.

Les nombres sont absolus. Ils n'admettent pas de fractionnement. Un demi-être n'est plus un être ; c'est une chose. Un demi-homme n'est plus un homme, mais un demi-cadavre. Une demi-pomme n'est plus une pomme, c'est une certaine quantité de tissu végétal. Toute fraction ou nombre fractionnaire n'est qu'un rapport.

Les propriétés géométriques des nombres, dont les trois premières puissances symbolisent les trois dimensions de l'espace, régissent les groupements des unités substantielles concrètes en corps figurés. Il y a non-seulement des nombres carrés et cubiques, mais des nombres tétraèdres, octaèdres, prismatiques, etc., pouvant composer d'unités individuelles égales des corps complexes symétriques.

La mesure, ou métrique, gouverne les grandeurs continues, infinies par essence, qui constituent les modes ou conditions d'existence des êtres. L'analyse de leur notion, excluant toutes limites définies, toute détermination précise de grandeur, ne permet entre elles que des rapports quantitatifs.

L'application des nombres aux grandeurs continues, infinies par essence, en grandeur comme en petitesse, ou de l'arithmétique à la métrique, n'est qu'une convention du langage, nécessaire à l'art du calcul.

L'emploi des nombres en pareil cas est purement symbolique.

La mesure absolue des grandeurs continues, susceptibles à l'infini d'augmentation et de diminution, échappant à notre connaissance, nous n'avons la notion des rapports de ces grandeurs qu'en les comparant à des unités conventionnelles arbitraires, qui nous permettent de leur appliquer dans le langage, l'écriture et la technique les relations arithmétiques auxquelles elles échappent par leur nature.

L'expression de ces rapports ne peut nous renseigner sur les valeurs absolues qu'ils expriment par des nombres d'unités conventionnelles ou imaginaires.

CHAPITRE III

LES TROIS ENTITÉS COSMIQUES

Trois entités primordiales constituent l'univers en se conditionnant réciproquement.

Ce sont : l'Espace, le Temps et la Substance ou Force active.

L'espace, lieu ou contenant des êtres, immobile et continu, est infini dans une infinité de dimensions, perpendiculaires trois à trois, qui sont des droites infinies.

Les points où trois de ces droites perpendiculaires se croisent sont tous des centres de l'espace.

Toutes les relations spatiales, qui constituent la kénométrie (1), sont données *à priori* par la seule analyse de la notion d'espace infini.

Le temps, ou l'infini en durée, peut être considéré comme une quatrième dimension de l'espace, la dimension en durée.

On peut concevoir l'espace vide de toute substance, nous ne pouvons le concevoir, non existant, ni, par conséquent, sans durée perpétuelle.

C'est pourquoi le temps conditionne l'espace.

Réciproquement, la durée suppose une existence qui dure, et l'espace éternel conditionne le temps.

Le temps et l'espace sont les deux entités nécessaires.

Etant vides de substratum, elles sont purement *existentielles*.

(1) *Kénométrie* ou *mesure du vide*. Ce terme est préférable à celui de géométrie qui signifie *mesure de la terre*.

Elles sont les conditions d'existence, d'identité, de succession, de variation et de mouvement de toute substance active, qui ne peut exister et agir qu'en eux, en certain lieu et certain moment sous des modalités, permanentes ou variables, également conditionnées par l'espace ou la durée

Le temps est un infini de premier degré, à une dimension. Perpétuellement présent, entre le passé et l'avenir, également illimités, il a pour symbole le mouvement d'un point sur une droite infinie.

Cette droite infinie est l'espace du premier degré.

(1) $$E = \Theta = T \text{ (1)}$$

Toute distance finie est symbolisée par une droite finie menée entre deux points

La ligne courbe n'existe pas dans la nature des choses. Toute ligne courbe n'est que l'enveloppe circonscrite à une ligne brisée, formée de droites finies, qui se coupent deux à deux.

Un plan est déterminé par deux droites qui se coupent en un point.

Le produit de deux droites infinies, perpendiculaires entre elles, détermine le plan infini, ou l'espace de second degré :

(2) $$E^2 = \Theta^2$$

Tout espace de second degré ou plan fini est limité par des droites finies qui se coupent deux à deux, en trois points au moins.

La surface courbe n'existe dans la nature que comme enveloppe circonscrite à un système de surfaces planes contiguës, diversement inclinées les unes aux autres.

Tout volume fini ou espace de troisième degré est limité au moins par quatre plans qui se coupent deux à deux.

L'espace à trois dimensions infinies, perpendiculaires entre elles, est un infini du troisième degré.

(3) $$E^3 = \Theta^3$$

(1) Comme nous aurons souvent à distinguer les grandeurs infinies des quantités indéfinies, également représentées jusqu'ici, par le même symbole : ∞ : pour éviter la confusion j'ai adopté pour signe de l'indéfini l'*oméga* majuscule Ω, et pour signe de l'infini, le *théta* majuscule Θ ; l'omicron étant déjà adopté pour le zéro.

Chacune de ses trois dimensions linéaires est un infini de premier degré.

Ce concept de l'espace cubique à trois dimensions infinies, est le plus simple et le plus rationel.

Selon la définition de Pascal, l'espace infini est une sphère infinie dont le centre est partout et la circonférence nulle part.

Tout point de l'espace, en effet, en est un centre; et nous verrons que tout atome est un centre du monde, un foyer optique où s'en reflètent les images mouvantes, où s'en répercutent tous les ébranlements.

Le volume de la sphère de diamètre infini,

(4) $$V = \frac{4}{3}\pi \left(\frac{\Theta}{2}\right)^3 = \frac{\pi}{6}\Theta^3$$

dont le rayon $R = \frac{\Theta}{2}$, serait seulement un peu plus de la moitié de l'infini cubique.

Du reste, le concept de l'espace infini est une notion directe de l'entendement qu'il n'atteint que par déduction logique de l'analyse de la notion générale d'espace et qui échappe à la faculté représentative ; parce qu'elle dépasse le domaine de l'expérience sensible. La notion d'étendue infinie, étant exclusive de toute limite, est, par cela même, exclusive de toute forme et, par conséquent, de toute description. Notion essentiellement abstraite, la dernière atteinte dans la série des regressions analytiques, elle n'est susceptible d'être exprimée que par des symboles analogiques, excluant toute exactitude rigoureuse.

Parmi les divers symboles que les rapports finis offrent à notre choix, celui du cube infini, orienté suivant toutes les directions de l'espace, est le plus exact.

Nous l'adopterons avec cette restriction que l'image est inadéquate à l'idée qu'elle exprime.

Tout langage, écrit ou parlé, est toujours conventionnel.

Chaque droite ou portion de droite finie, tirée dans l'espace, étant divisible à l'infini, renferme une infinité de points possibles sans étendue. Le nombre des points possibles sur une droite infinie serait donc égal à la seconde puissance de l'infini.

Un plan fini, comprenant une infinité de droites finies parallèles, le plan infini contiendrait un nombre de droites parallèles égal à la seconde puissance de l'infini, et un nombre de points possibles égal à sa quatrième puissance.

Enfin, un volume fini, contenant une infinité de plans parallèles finis, l'espace ou volume, infini dans sa totalité, peut contenir un nombre de points égal à la sixième puissance de l'infini.

Le point géométrique n'existant dans la nature que comme limite de droites étendues, à une dimension, celles-ci n'ayant d'existence que comme limites des surfaces, et le plan comme limite des volumes, la multiplication du point mathématique jusqu'à la sixième puissance de l'infini est une pure possibilité logique, tout idéelle ; c'est une propriété virtuelle de l'espace, donnée par l'analyse de sa notion, mais qui n'a pas sa réalisation dans la nature des choses, où tous les modes physiques des êtres sont des grandeurs limitées, relatives, divisibles à l'infini par la pensée, quoique insécables en fait.

Le rapport de l'espace linéaire, de premier degré, au temps est la mesure du mouvement, c'est-à-dire de la vitesse du déplacement d'un point dans l'espace, sous la condition du temps.

La notion de rapport excluant celle d'infinité, il ne saurait exister, ni de mouvement infini en vitesse, dont l'expression serait le rapport de l'espace infini au zéro du temps, ni de mouvement infini en lenteur, qui serait symbolisé par le rapport du zéro de l'espace à l'infini du temps.

Le rapport de l'infini linéaire au temps infini étant un rapport d'égalité, donne l'unité indéterminée de la vitesse,

(5) soit : $\frac{E}{T} = \frac{\Theta}{\Theta} = 1.$

L'espace et le temps, contenants nécessaires des êtres, et existences pures sans substratum, pourraient être vides de substance sans cesser d'exister nécessairement, comme conditions de la possibilité d'un substratum qui les remplisse. Le monde n'existerait pas et ne pourrait commencer d'exister. Logiquement possible, il ne serait pas réellement. Car si le temps et l'espace sont les conditions de l'existence de quelque chose et de toutes choses, ils ne peuvent en être les *causes* et ne sauraient les produire.

La substance du cosmos est donc une existence contingente.

Elle pourrait ne pas exister sans impliquer contradiction ; mais toute substance existante, ne pouvant avoir de cause en dehors d'elle-même et ne pouvant se produire elle-même, n'a pu commencer d'être. Du moment qu'elle existe, elle a toujours existé. Elle existera toujours, identique à elle-même en essence, invariable en quantité ; avec des modes, propriétés et activités essentielles, permanentes en moyenne, bien que pouvant être périodiquement variables, en vertu de la mobilité de ses unités élémentaires.

La substance éternelle, sujet et agent de la force active, constitue l'étoffe du monde, le substratum des êtres ou leur en soi (1).

En elle et par elle se réalisent leurs modalités physiques et psychiques.

L'hypothèse des subjectivistes, supposant que les notions d'espace, de temps, de cause ou de substance sont de pures formes de l'esprit et n'ont pas d'existence en dehors de la conscience qui les crée, est purement gratuite. Rien ne la justifie. Il est absurde de supposer que l'être pensant, produit éphémère du cosmos, soit le créateur des formes sans lesquelles il n'aurait pas d'existence extérieure. L'idéalisme subjectif est l'impasse dans laquelle s'est enfermée la métaphysique des théologiens, pour échapper à la connaissance des rapports réels des choses qui détruisent leurs postulats. La science cosmique doit en sortir pour s'affranchir des erreurs du passé.

CHAPITRE IV

LES ATOMES OU MONADES

La substance cosmique est constituée d'éléments distincts, individualisés, réciproquement indépendants, irréductibles en nombre, sans coalescence possible, coéternels à l'espace qu'ils remplissent en entier, et au temps qui est leur durée infinie.

Ce sont les unités d'existence nommées *monades* ou *atomes*.

Les atomes ou monades ne sont pas des êtres simples, invariables et homogènes ; ce sont des organismes complexes,

(1) Nous employons le terme de *substance* et non celui de *matière*, la matière n'étant qu'un mode déterminé d'une partie de la substance cosmique.

riches en modalités essentielles, susceptibles de variations quantitatives, et dont les variations de quantité deviennent des variations qualitatives.

L'atome est le foyer d'émission d'une force expansive d'impénétrabilité rayonnante qui tend à lui approprier l'espace illimité en tous sens, à l'exclusion de tous les autres.

Cette force constitue le substratum de son étendue.

Le substratum des atomes possède toutes les propriétés des fluides, réalisées à l'absolu : L'expansibilité et la compressibilité infinies ; la plasticité et l'élasticité parfaites.

Leur force expansive, infinie à son foyer d'émission, décroît en raison inverse des carrés des distances à ce foyer. Elle ne devient nulle qu'à l'infini.

Les atomes sont essentiellement impénétrables. Leurs centres ne sauraient coïncider en un même point de l'espace en un même temps. Les portions d'espace occupées par chacun d'eux ne peuvent l'être simultanément par d'autres.

Leur étendue, constamment variable, dépend de leurs pressions mutuelles. De leurs variations d'étendue résulte la variation en sens inverse de leur densité substantielle ou dynamique.

Il en résulte que les atomes, quel que soit leur nombre, se partagent la totalité de l'espace, en se limitant réciproquement par des plans de contact absolus, perpendiculaires aux droites menées entre leurs centres.

Le vide absolu n'existe pas dans le cosmos, dont l'étendue totale est celle de l'espace infini.

Les atomes, cherchant constamment à réaliser des sphères, par leur limitation mutuelle ne peuvent réaliser que des polyèdres.

CHAPITRE V

LES TROIS ÉTATS DE L'ATOME

Si tous les atomes étaient égaux en force expansive, tous réaliseraient des polyèdres égaux et semblables. Leurs propriétés seraient identiques comme leurs formes.

Dans le monde, absolument homogène, il n'y aurait aucune variété sensible, aucun corps distinct, aucune limite tactile ou visible. L'équilibre de densité serait général, comme l'égalité des pressions.

Le monde phénoménal n'existerait pas. Tout resterait confondu dans l'indétermination.

Il n'y aurait dans l'espace aucune force disponible pouvant produire un mouvement, puisque toute force serait opposée à une force égale de sens contraire, lui faisant équilibre. Toute l'énergie du monde serait potentielle ou à l'état latent.

Dans l'espace, partout également plein, sous pression constante, il y aurait une égalité permanente de densité en même temps qu'une homogénéité universelle de propriétés, ou plutôt toutes les propriétés différentielles seraient nulles.

Il n'existerait aucune cause de mouvement ni de changement.

Il n'y aurait ni masse ni inertie, puisqu'il n'y aurait ni mouvement ni résistance au mouvement.

L'espace plein, même trop plein, puisque tout y existerait en substance, dans un état général d'équilibre statique, ne se distinguerait pas du vide.

Tel est réellement l'état de l'éther intercosmique, qui constitue la très grande partie de la substance de l'univers et le réservoir inépuisable de ses forces latentes.

Encore ce milieu intercosmique homogène est-il traversé par les ébranlements que lui communiquent incessamment tous les corps sidéraux différenciés qui s'y meuvent et qui en altèrent l'homogénéité en troublant son repos statique.

Pour que l'hétérogénéité, la diversité et le mouvement apparaissent dans le monde, avec toutes les lois qui régissent ses phénomènes physiques et psychiques, il suffit que cette égalité universelle des forces opposées par couples soit rompue. Il faut que les atomes soient inégaux en force expansive, c'est-à-dire en quantité de substance : puisqu'on peut considérer leur substance comme le substratum de leur force ou comme l'agent dont cette force est l'acte (1).

Il faut donc admettre, par hypothèse, que la plupart du nombre indéfini des atomes possédant l'intégralité de leur force expansive infinie, un nombre fini d'entre eux ont été privés de portions définies variables du substratum dyna-

(1) Comparez les *Notions de matière, de force et d'esprit devant la science moderne* dans le *Bulletin de la Société d'études philosophiques et sociales*, juillet 1888.

mique de leur étendue, qui ont été récupérées par d'autres.

Le processus de cette différenciation des atomes paraît être de l'ordre vital.

De là trois sortes d'atomes ou, plus exactement, trois états de la substance cosmique (1) : un état initial : l'état éthéré, et deux états dérivés ou secondaires : l'état matériel et l'état vitalifère.

1° A l'état initial ou *état éthéré*, impondérable, les atomes conservent leur unité intégrale de force substantielle et toutes les propriétés des fluides parfaits.

Ces atomes éthérés constituent le substratum étendu et actif du milieu interstellaire. Ils enveloppent toutes les agrégations d'atomes, qui constituent les corps pondérables, solides et liquides, et forment les atmosphères de leurs molécules gazeuses.

Sans masse, les atomes éthérés échappent aux lois de l'inertie et de la pesanteur.

2° A l'état dérivé, *matériel* ou pondérable, les atomes, en nombre fini, ne possèdent plus qu'une portion définie variable de leur substance expansive initiale et toutes les propriétés fluides en sont atténuées. Leur compressibilité et leur plasticité diminuent, comme leur élasticité et leur expansibilité.

Comme conséquence, ils acquièrent une masse qui les soumet à la loi de l'inertie et à celle de la pesanteur.

Ils constituent seuls tous les agrégats moléculaires des corps pesants. La matière pesante ne serait donc point de l'éther condensé, mais de l'éther affaibli, privé d'une partie de sa substance et de ses propriétés et réduit à une fraction de sa force et de son étendue initiale.

3° A l'état dérivé *vitalifère* ou suréthéré, les atomes, en nombre fini beaucoup plus petit, ayant récupéré une ou plusieurs des portions de force substantielle perdues par les atomes éthérés, devenus matériels, ont toutes leurs propriétés exaltées.

Non seulement ils sont soustraits aux lois de l'inertie et de la pesanteur, mais ils peuvent, en certaine mesure, réagir contre l'inertie et la pesanteur des atomes matériels et devenir

(1) Comparez mon mémoire sur la *Constitution moléculaire de l'eau sous ses trois états physiques* dans les *Mémoires de l'Association française pour l'avancement des sciences*, Paris 1889, l'*Étoffe du monde* (*Revue britannique*, 1889), et *Le Bien et la loi morale* (1 vol. in-18, Paris, Guillaumin, 1881).

la cause déterminante de mouvements autonomes en vitesse et direction.

Unis aux atomes matériels dont ils ont récupéré la substance perdue, ils constituent les corps vivants et leur communiquent des propriétés spéciales.

Ce sont les *âmes de cellules* de Haeckel, la matière vitale de Hirn, les monades de Leibnitz, la force vitale des anciens physiologistes, la matière subtile ou substance spirituelle de Descartes; mais cette substance reste étendue, et son étendue est proportionnelle à sa quantité de force.

La cellule organique serait ainsi à la fois la fabrique de la substance vivante et de la matière pesante aux dépens de l'éther neutre et impondérable.

Toute la matière pesante du monde serait le résidu de la vie.

Le processus de la production des atomes vitalifères et leur rôle cosmique étant limités à la production, à la conservation et à la prolifération des êtres vivants, nous n'avons pas à aborder ce problème à l'occasion de la constitution du monde physique (1).

D'ailleurs, comme la molécule gazeuse est l'instrument de leur production, il nous faudra préalablement étudier la constitution de celle-ci avant d'aborder le problème de sa transformation en cellule organique vivante.

CHAPITRE VI

ACTIVITÉS PSYCHIQUES DES ATOMES

Les atomes, éléments individualisés de la substance cosmique, éternelle et incréée, ne sont donc point des éléments simples, homogènes, inertes et passifs. Ce sont des organismes complexes, d'une énorme puissance, pourvus de riches modalités, dont l'incessante et inépuisable activité externe réalise, par leur action réciproque, l'ensemble des phénomènes physiques du monde.

Ils sont également pourvus d'activités internes ou psychiques.

Le foyer d'émission de leur substance expansive est, en

(1) Voyez *Le Bien et la Loi morale*, par Mme CLÉMENCE ROYER (1 vol. in-18, Paris, 1881, Guillaumin), chapitre *Formule algébrique du bien absolu*.

même temps, un foyer optique de connaissance où viennent converger les sensations de leurs contacts immédiats et des variations de pressions de leurs plans, qui déterminent leurs réactions motrices internes, en vertu d'un mécanisme réflexe automoteur.

Tendant sans cesse à s'épandre, à se diluer dans l'espace, à y réaliser des sphères de rayons de plus en plus étendus, ils ont la sensation des obstacles qui limitent leur expansion et des forces qu'ils leur opposent.

Tous les atomes sont donc des âmes élémentaires, ayant conscience et volonté d'être, qui existent par eux-mêmes et pour eux-mêmes. Ils ont la conscience vague du milieu où ils agissent et pâtissent, où ils se meuvent et sont mus par des forces opposées aux leurs.

Tout état de conscience réalisé chez les êtres vivants n'est qu'une évolution plus complexe de l'état de conscience élémentaire des atomes éthérés, qui s'atténue chez les atomes matériels, mais s'exalte chez les atomes vitalifères devenus *âmes de cellules organiques*.

Sous ses trois états, l'activité psychique de l'atome évolue avec l'aire de sa surface sphérique virtuelle qui, le mettant en contact avec des nombres proportionnels d'atomes éthérés ou pesants, transmet simultanément à son foyer optique un plus grand nombre de sensations plus variées, qui lui sont communiquées de tous les points de la sphère ambiante par chacun de ses voisins.

Par là, son horizon de conscience, devenant de plus en plus étendu, lui permet la comparaison des sensations simultanées qu'il reçoit par toutes ces portes qui lui sont ouvertes sur le cosmos dont il est un des centres.

CHAPITRE VII

VARIATION DES MODALITÉS PHYSIQUES DES ATOMES

Sous leurs trois états, le substratum des atomes conserve les propriétés des fluides. Il reste identique en essence et varie seulement en quantité.

Les variations en quantité du substratum des atomes déterminent la variation proportionnelle de leur volume sphérique virtuel.

Sous les mêmes conditions thermiques, et les mêmes conditions de liberté ou d'agrégation moléculaire, leur densité substantielle moyenne reste constante, mais varie, dans chaque sphère, en raison inverse du carré des distances à son centre.

Sous leurs trois états, les atomes étant doués d'une force indéfiniment expansive, chacun d'eux suffirait seul à occuper l'infini de l'espace dans l'infini du temps, par la dilution progressivement retardée de sa substance, dont la densité moyenne diminuerait ainsi indéfiniment, sans jamais arriver à zéro, tout en continuant de décroître dans chaque atome en raison inverse du carré des distances à son centre.

C'est-à-dire qu'à tous les instants de sa dilution, une somme égale de substance étant répartie sur chacune de ses circonférences sphériques concentriques, elle diminue à la fois sur chacun de leurs points, à mesure de l'accroissement de leur rayon.

Les atomes existant de toute éternité en nombre indéfini, cette dilution à l'infini de chacun d'eux est une pure possibilité d'ordre logique qui ne peut se réaliser.

Seulement, comme il peut résulter des mouvements cosmiques que les atomes soient inégalement distribués dans l'espace, quelles que puissent être les variations de densité de leur distribution, on peut être certain que leur raréfaction locale ne peut laisser entre eux aucun vide.

La substance perdue par les atomes éthérés, devenus matériels, étant récupérée par les atomes suréthérés ou vitaux, l'étendue de la totalité des trois sortes d'atomes reste constante, et la densité substantielle moyenne de l'univers dépend seulement de leur nombre invariable.

Quel que soit ce nombre, le milieu plein qu'ils constituent reste sous une pression moyenne constante qui a pour mesure leur tension aux centres de leurs plans de contact.

Toutes les variations locales de densité et de pression du milieu cosmique sont dues, soit aux mouvements de ses parties, soit à l'inertie et à la pesanteur des atomes matériels, soit enfin aux dilatations thermiques, résultant des vibrations des plans de contact des atomes.

En vertu de leur plasticité, les atomes prennent, sans résistance et instantanément, sous les pressions qu'ils exercent et qu'ils subissent réciproquement sur leurs plans de contact mutuel, les formes polyédriques qui sont compatibles avec leurs distribution dans l'espace.

Réciproquement, en vertu de leur élasticité, ils tendent spontanément à réagir et à se distribuer également dans l'espace, de façon à subir sur les points diamétralement opposés de leurs surfaces des pressions résultantes, égales et symétriques, et à prendre ainsi les formes polyédriques les plus régulièrement inscriptibles à leur sphère virtuelle.

Leur distribution dans l'espace et leur forme sont donc mutuellement déterminées et résultent de la distribution symétrique des pressions qu'ils échangent avec leurs voisins.

De la distribution des atomes dans l'espace, de leur agrégation en molécules et de leurs pressions mutuelles dépendent les variations de leurs propriétés physiques et chimiques.

CHAPITRE VIII

L'ÉNERGIE COSMIQUE

La pression mutuelle des atomes est maximum aux centres de leurs plans de contact et minimum sur les arêtes et aux sommets des polyèdres qu'ils réalisent.

Chaque atome, ou élément cosmique individuel, étant capable de remplir de sa substance, infiniment diluée, l'infini de l'espace dans l'infini du temps, en vertu de sa vitesse d'expansion, progressivement décroissante, comme sa densité substantielle, il résulte de leur multiplicité, quel que soit leur nombre, que chacun d'eux est *un ressort toujours tendu* qui, même dans sa détente, ne peut jamais se détendre complètement : puisqu'il reste toujours comprimé par tous les autres.

Cette force expansive infinie des atomes, en vertu de laquelle ils se limitent, se compriment et se repoussent mutuellement et perpétuellement, au contact, constitue UN MONDE SOUS PRESSION MOYENNE CONSTANTE.

Le nombre des atomes, incréés et indestructibles, restant constant, ainsi que la somme des forces expansives qui constituent l'activité de leur substratum étendu, l'espace entier est plein d'une substance unique, identique en essence.

La variété de ses manifestations résultantes dépend principalement des variations locales de sa densité.

Celle-ci décroît dans chaque atome, comme sa force d'expansion, en raison inverse des carrés des distances à son foyer d'émission.

Elle subit, de plus, des variations locales, par suite des mouvements relatifs des atomes et des variations de leur distribution dans l'espace qui résultent de ces mouvements.

La compression mutuelle des éléments individualisés de la substance cosmique, et la tension perpétuelle qui en résulte sur leurs plans de contact, sont les causes actives du cosmos phénoménal, physique et psychique.

Telle est la source de toute l'énergie motrice déployée dans l'Univers.

Constante en quantité, elle est inépuisable.

Mais si cette force est inépuisable, virtuellement et en puissance, elle n'est pas toujours disponible actuellement. Elle ne peut agir, comme énergie cinétique, que sur les points où elle ne s'oppose pas à elle-même, par couples, en équilibre statique, à l'état d'énergie potentielle.

Pour la rendre libre et la faire passer à l'état de force motrice, il faut d'abord rompre son équilibre et dépenser autant de force vive qu'on en met en liberté, selon la loi, désormais indiscutable, de la conservation de l'énergie.

Dans le monde, la somme des forces motrices ou de l'énergie cinétique, n'est donc jamais qu'une fraction de la totalité de ses énergies potentielles, manifestées sous la forme de pressions statiques où l'action est équilibrée par la réaction.

En vertu des pressions égales qu'il exerce et qu'il supporte, chaque polyèdre atomique tend à mouvoir tous les autres dans toutes les directions; puisque dans toutes les directions rayonnantes autour de son centre il tend à les repousser, comme ils le repoussent eux-mêmes.

Tous exerçant en tous sens la même pulsion motrice, de ces pulsions, égales et opposées, ne peut résulter que l'immobilité, tant que l'équilibre des forces n'est pas rompu et que sur tous les plans de contact les pressions restent égales.

Dès que se produit sur l'un de ces plans une diminution de pression, *état négatif*, aussitôt les atomes voisins se meuvent d'eux-mêmes, automatiquement, *dans le sens de la moindre résistance*.

Ils sont comme *aspirés* par le vide relatif qui s'est produit.

Les causes qui déterminent ces variations locales des pressions sont d'ordre cinétique, thermique et chimique.

CHAPITRE IX

NOMBRE ET VOLUME DES ATOMES

Quel que soit le nombre des atomes et leurs variations de substance et de volume, ils se partagent l'espace et l'épuisent.

Si on les suppose tous égaux, tous à l'état éthéré primordial, le volume de chacun d'eux est une partie aliquote indéterminée de l'espace infini spacial qui échappe à toute détermination numérique absolue, mais qui peut être prise pour unité métrique de toutes les grandeurs spaciales (1).

La notion d'infinité répugnant à celle de nombre, puisque quelque grand que soit un nombre, on peut toujours y ajouter d'autres nombres, nous dirons le nombre des atomes *indéfini* ou plus grand que tous les nombres exprimables.

Pour symbole de l'indéfini, nous prendrons l'*oméga majuscule* Ω.

Conventionnellement, nous pouvons considérer l'indéfini et son symbole comme la racine imaginaire de l'infini, symbolisé par le *théta majuscule* Θ, et dont la notion n'est compatible qu'avec les trois grandeurs continues : le temps, l'espace et la force.

Nous pourrons donc considérer comme légitime ces deux identités :

$$(6) \qquad \Omega = \Theta^{1/2} \text{ et } \Omega^2 = \Theta$$

(1) *Spacial* est un néologisme. J'ai hésité entre l'orthographe étymologique du latin *spatiosus* et l'orthographe française, comme dans *spacieux*. Je crois celle-ci préférable.

Le nombre des atomes est nécessairement un indéfini du troisième degré.

En effet, sur une droite infinie, il y a place pour un nombre indéfini de centres atomiques, quelle que soit leur distance. Or, tout plan de l'espace, passant par cette droite, renferme, quelle que soit leur distance, un nombre indéfini de droites parallèles, sur lesquelles peuvent prendre place un nombre indéfini d'atomes également distancés. Tout plan de l'espace renferme donc un nombre de centres atomiques égal au carré de l'indéfini.

Comme dans l'espace existe un nombre indéfini de plans parallèles au premier, et également distancés, le nombre des atomes qui occupent l'espace est nécessairement un indéfini du troisième degré.

$$N = \Omega^3 \tag{7}$$

Le rapport de l'espace infini cubique au cube de l'indéfini donne

$$V = \frac{\Theta^3}{\Omega^3} = \Omega^3 = \Theta^{3/2} \tag{8}$$

Telle serait la limite du volume des atomes ou l'unité volumétrique naturelle indéterminée.

Sur une droite infinie donnée, le nombre des centres atomiques étant indéfini, la distance de ces centres a pour expression indéfinie

$$d = \frac{\Theta}{\Omega} = \Omega \tag{9}$$

Quelle que soit cette distance, elle est égale au diamètre des atomes et divisible à l'infini. Par conséquent elle peut être considérée comme une racine imaginaire de l'infini linéaire.

Nous verrons plus tard quelle valeur relative on peut donner à cette distance.

Puisqu'un atome remplirait à lui seul l'espace de sa substance infiniment diluée, cette substance est également infinie en quantité ou en force expansive.

C'est un infini de troisième degré.

Si la quantité de cette substance était égale à la sphère de diamètre infini, $\frac{\pi}{6}\Theta^3$, et de rayon $\frac{\Theta}{2}$ elle ne remplirait qu'environ une moitié de l'espace dans sa dilution infinie.

D'ailleurs, sa densité, sur chaque point, décroissant, de son centre d'émission à sa circonférence, en raison inverse des carrés des distances à ce centre, suivant la loi des forces rayonnantes, sur chaque circonférence, quel qu'en soit le rayon, sa quantité doit rester constante.

Par conséquent, la somme totale de la substance expansive Σ de chaque atome primordial doit avoir pour mesure

$$\text{(10)} \qquad \Sigma = 4\pi\left(\frac{\Theta}{2}\right)^3$$

Supposons cette substance diluée dans une sphère de diamètre infini, sa densité moyenne sera

$$\text{(11)} \qquad \Delta = \frac{\Sigma}{V} = \frac{4\pi\left(\frac{\Theta}{2}\right)^3}{\frac{4\pi}{3}\left(\frac{\Theta}{2}\right)^3} = 3$$

Sa quantité de substance sera égale à 3 fois son volume.

La force rayonnante centrale, Φ, ou la quantité constante de force rayonnée sur chacune de ses circonférences concentriques, quel qu'en soit le rayon, sera :

$$\text{(12)} \qquad \Phi = \frac{\Sigma}{R} = \frac{4\pi\left(\frac{\Theta}{2}\right)^3}{\left(\frac{\Theta}{2}\right)} = 4\pi\left(\frac{\Theta}{2}\right)^2$$

Ce ne sera donc plus qu'un infini de second degré.

Cette force, diluée jusqu'à une surface sphérique imaginaire de diamètre infini donnera l'unité de tension

$$\text{(13)} \qquad T = \frac{4\pi\left(\frac{\Theta}{2}\right)^2}{4\pi\left(\frac{\Theta}{2}\right)^2} = 1$$

Mais nous avons vu précédemment que la limite du volume des atomes est le rapport de l'infini cubique à leur nombre,

$$\text{(V.8)} \qquad \text{soit : } V = \frac{E^3}{N} = \frac{\Theta^3}{\Omega^3} = \Omega^3 = \Theta^{3/2}$$

et que sur une droite infinie leur distance, c'est-à-dire leur diamètre, a pour limite

$$\text{(14)} \qquad d = \frac{E}{N} = \frac{\Theta}{\Omega} = \Omega$$

Leur rayon ne peut donc être que $\frac{\Omega}{2}$ et leur volume

$$\text{(15)} \qquad V = \frac{4\pi}{3}\left(\frac{\Omega}{2}\right)^3 = \frac{\pi}{6}\Omega^3$$

Du fait de leur nombre ils subissent donc une compression dans le rapport

$$\text{(16)} \qquad K = \frac{\frac{\pi}{6}\Theta^3}{\frac{\pi}{6}\Omega^3} = \Omega^3$$

Leur densité dynamique devient

$$\text{(17)} \qquad \Delta = \frac{4\pi\left(\frac{\Theta}{2}\right)^3}{\frac{4\pi}{3}\left(\frac{\Omega}{2}\right)^3} = 3\,\Omega$$

On a pour la tension à la surface de la sphère.

$$\text{(18)} \qquad T = \frac{4\pi\left(\frac{\Theta}{2}\right)^2}{4\pi\left(\frac{\Omega}{2}\right)^2} = \Omega^2$$

Nous pouvons, après cela, évaluer la densité dynamique moyenne du cosmos, égale au produit du nombre des atomes et de leur substance expansive, divisé par l'infini spacial.

(19)

$$\text{soit } \Delta = \frac{N\Sigma}{E^3} = \frac{\Omega^3 4\pi\left(\frac{\Theta}{2}\right)^3}{\Theta^3} = \frac{\pi}{2}\Omega^3$$

Cette densité dynamique moyenne du cosmos peut être prise pour l'unité moyenne de pression.

Sous cette pression, et en vertu de la tension égale aux centres des plans de contact des atomes, se produit la phénoménalisation physique de l'univers.

Telle serait la source universelle et unique de la force qui met tous les corps en mouvement.

CHAPITRE X

FORME DES ATOMES ÉTHÉRÉS

Les atomes, supposés tous infinis en force et indéfiniment nombreux, en se partageant l'espace, tendent tous à réaliser des sphères. Mais des sphères tangentes, ne pouvant constituer un espace plein, doivent, sous leur pression mutuelle, devenir mutuellement sécantes. La forme des atomes ne peut donc être que polyédrique.

Nous pouvons ainsi affirmer qu'il n'existe pas de sphère parfaite dans l'univers, aucun assemblage de polyèdres, en commun contact, ne pouvant réaliser une sphère parfaite.

Il s'ensuit que toutes les surfaces sont formées de plans diversement inclinés les uns sur les autres.

Nous en déduisons même qu'il n'existe aucun mouvement réellement rectiligne ou curviligne, mais seulement des mouvements suivant des lignes brisées, s'infléchissant en divers sens.

Il en résulte encore qu'il n'existe pas de mouvement réellement uniforme, ni d'accélération constante, mais seulement des mouvements, toujours variables, résultants de petites impulsions successives, accumulées à travers les résistances, à chaque instant variables, d'un milieu hétérogène, constitué de surfaces inégalement résistantes.

Supposons que la forme des atomes soit cubique et qu'ils aient pour côté $d = \Omega$.

Si nous prenions cette valeur pour unité linéaire fondamentale, le volume du cube dont elle est le côté serait l'unité de volume.

La sphère circonscrite à ce cube aurait pour rayon sa demi-grande diagonale $\frac{3^{1/2}}{2}$.

Son volume serait $\frac{\pi}{6}\,3^{3/2}$.

La sphère inscrite à ce même cube aurait pour rayon $\frac{1}{2}$, et pour volume

$$(20)\qquad V = \frac{4\pi}{3}\left(\frac{1}{2}\right)^3 = \frac{\pi}{6} > \frac{1}{2}$$

On aurait ainsi pour unité linéaire fondamentale le diamètre de la sphère inscrite au cube ; le diamètre de la sphère circonscrite serait le nombre fractionnaire irréductible $3^{1/2}$.

Mais nous avons vu que la forme des atomes ne peut être cubique. Le cube étant le polyèdre régulier inscriptible qui, après le tétraèdre et l'octaèdre, s'écarte le plus du volume de la sphère circonscrite, la variation des pressions à la surface des plans de contact serait trop grande, du centre de ces plans à leurs arêtes et à leurs sommets.

La forme générale et normale des atomes, sous des pressions symétriques, ne peut être non plus celle du dodécaèdre régulier, à douze faces pentagonales, parce que, comme tous les autres polyèdres réguliers inscriptibles, sauf le cube, des dodécaèdres réguliers ne peuvent réaliser le plein par leur contiguïté.

La seule forme symétrique que des atomes, égaux en force et en volume, puissent prendre, sous l'effort de leur pression mutuelle, est celle du dodécaèdre à douce faces rhombes, égales et symétriques, à 24 arêtes égales et à 14 sommets pyramidaux, dont 6 tétraèdres et 8 trièdres. C'est la seule forme qui, avec le cube, puisse réaliser le plein absolu en s'ajoutant indéfiniment à elle-même. C'est aussi celle qui permet l'équilibre le plus symétrique des pressions expansives entre 12 plans parallèles et opposés deux à deux, suivant six axes inclinés entre eux de 60° et 90°.

Le dodécaèdre rhomboïdal est construit sur un cube central (fig. 1 et 2), dont les huit angles forment les huit petits sommets trièdres c, c, c, c, et dont les six faces, réciproquement perpendiculaires, trois à trois, et parallèles deux à deux, sont les bases de six pyramides tétraèdres, s. s. s. s. de hauteur égale à la moitié du diamètre du cube fondamental. Le volume total de ces six pyramides, égales et semblables aux six pyramides constituantes de ce cube, est donc égal à son volume.

Six de ces pyramides, appartenant à six dodécaèdres contigus, convergeant vers un même point, comme sommet commun, constituent ainsi un cube égal et semblable au cube fon-

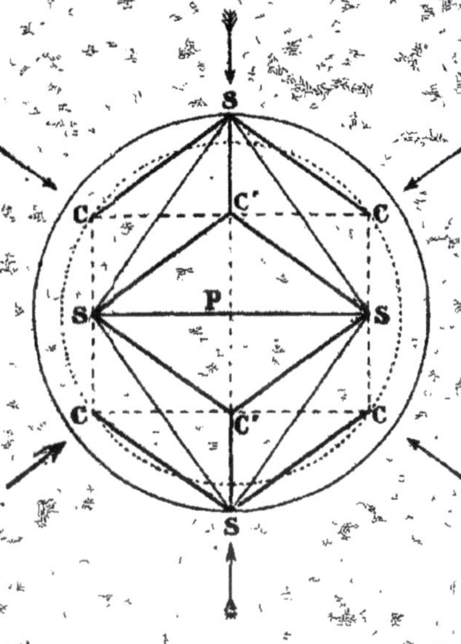

Figure 1.

damental et ayant pour centre le sommet commun de ces six pyramides.

La subdivision de l'espace en dodécaèdres contigus est donc une symétrie cubique et rectangulaire, suivant deux systèmes de plans perpendiculaires entre eux, et dans laquelle des cubes entiers alternent, sur chaque plan, avec des cubes égaux, divisés en leurs six pyramides constituantes.

Ces plans de clivage rectangulaires sont croisés d'autres plans inclinés à 45° et 60°.

Le cube central étant supposé de côté et de volume égal à l'unité, le volume de chacune des 12 pyramides du dodécaèdre,

$\frac{h}{3}\beta = \frac{1}{3}\,\frac{1}{2^{1/2}}\,2\,\frac{1}{2}\,\frac{1}{2^{1/2}} = \frac{1}{6}$, et son volume total $V = \frac{1}{6}\,12 = 2$.

Le dodécaèdre rhomboïdal est inscriptible par ses six sommets tétraèdres à la sphère ayant pour rayon l'unité, c'est-à-dire le côté du cube fondamental. (C″ C″ = S P, fig. 1 et S S = C″ C, fig. 2.)

Le rayon de cette sphère, égal à la demi-distance moyenne des atomes sur chaque droite $= \frac{\Omega}{2}$ est donc une base métrique naturelle sur laquelle on peut édifier un système de mesures théoriques permettant de sortir des grandeurs indéterminées pour établir entre les volumes des atomes des rapports définis. La détermination du rapport de cette unité linéaire avec nos unités métriques ressortira d'études ultérieures.

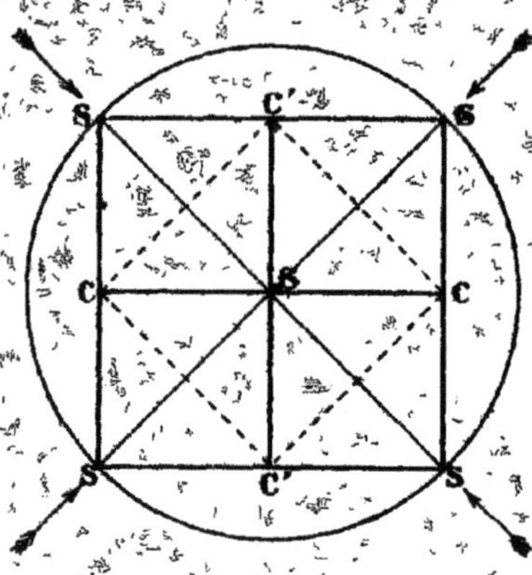

Figure 2.

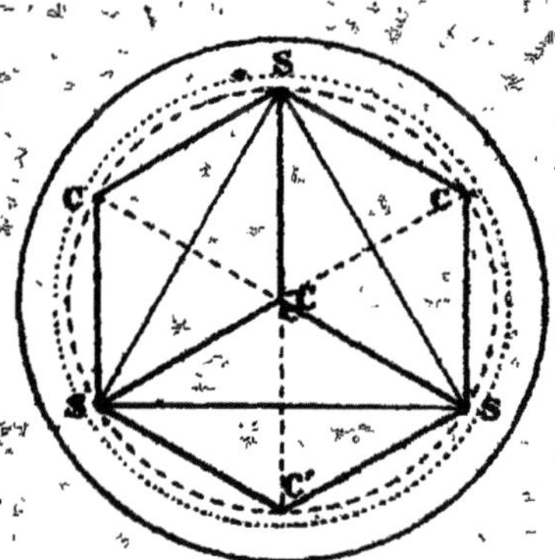

Figure 3.

La sphère circonscrite aux six pyramides tétraèdres du dodécaèdre qui a pour rayon l'unité, a pour volume $V = \frac{4\,\pi}{3}$

Il se trouve ainsi que la distance $d = \Omega$ des centres atomiques sur chaque droite, égale au diamètre de la sphère, circonscrite au dodécaèdre, est représentée par 2 unités.

Cette même distance $d = 2$ est la mesure des grands axes du dodécaèdre. Ses petits axes ont pour mesure la racine de 3, qui est la grande diagonale du cube fondamental, et qui équivaut à deux fois l'une quelconque des arêtes S C″. (Fig. 1.)

Le cercle circonscrit aux 6 arêtes, perpendiculaires au plan de la coupe hexagonale du dodécaèdre (Fig. 3) a pour rayon $\frac{2^{1/2}}{3^{1/2}}$. Ce rayon est la distance de chacun des 4 petits axes aux 6 arêtes S C, S C S C, qui lui sont parallèles. Conséquemment, la distance des petits axes aux faces du dodédaèdre qui leur sont parallèles est $= \frac{1}{2^{1/2}}$.

La longueur de ses 24 arêtes S C″ (fig. 1) $= \frac{3^{1/2}}{2}$, comme la distance au centre de ses 8 sommets trièdres.

Toutes ses faces sont inclinées entre elles de 120°; en sorte que trois des angles dièdres, formés par ses arêtes, fermant une circonférence plane, chaque dodécaèdre peut être, par ses douze faces, en contact absolu avec douze autres, sans vide ni déformation.

Il s'ensuit que sur un système de droites parallèles entre elles et perpendiculaires trois à trois, les centres des dodécaèdres atomiques sont distribués à des distances égales à deux unités, et que, sur un autre système de droites, parallèles entre elles et perpendiculaires trois à trois, inclinées de 45° sur les premières, ces centres sont distribués à des distances égales à la racine de 2.

Les atomes de même rayon réunis en molécules homogènes, tendent constamment à réaliser des dodécaèdres semblables. Ils ne sont en équilibre stable que lorsque toutes les pressions qui les sollicitent sont distribuées symétriquement sur leurs plans de contact parallèles opposés.

Mais si, dans l'intérieur de la molécule homogène, cette symétrie est généralement possible, dans les contacts intermoléculaires, dans les corps hétérogènes, ou dans les corps en mouvement, cette symétrie est toujours plus ou moins altérée et les formes des polyèdres atomiques plus ou moins irrégulières.

Ces irrégularités sont la source des modifications des propriétés des corps et des ruptures de leur équilibre statique.

CHAPITRE XI

DENSITÉ DYNAMIQUE DES ATOMES ET TENSION AUX PLANS DE CONTACT

La tendance de la substance expansive des atomes est de leur approprier le plus grand espace possible et le plus voisin d'une sphère comme forme, avec la moindre pression possible au centre de leurs plans de contact avec leurs voisins.

Dans le dodécaèdre de rayon 1 et de volume 2, la distance du foyer d'émission aux centres des plans de contact est aussi petite que possible et égale à $\frac{1}{2^{1/2}}$.

C'est surtout à l'agrandissement de cette distance que tendent les forces expansives des atomes, puisque c'est d'elles que dépendent les pressions qu'ils subissent.

C'est là une des premières conditions des affinités chimiques.

En effet, nous verrons que dans le contact mutuel d'atomes inégaux en rayon, le ménisque sphérique enlevé par les grands atomes aux petits est toujours plus petit, comme volume et hauteur, que le volume et la hauteur du ménisque qu'enlèvent les petits atomes aux grands. Par conséquent, les grands atomes sont moins comprimés que les petits dans le contact.

C'est ce qui peut expliquer l'avidité avec laquelle de gros atomes, tels que ceux de l'oxygène et de l'hydrogène, se jettent sur les petits atomes des métaux.

Il paraît toutefois y avoir une limite de disproportion. La plus grande affinité paraît se manifester quand le rapport des rayons est de 2 à 1. Quand le rapport devient plus grand ou plus petit, l'affinité diminue.

La pression au centre des plans de contact varie en raison inverse du carré des distances au centre d'émission de la force.

Si dans l'atome, supposé sphérique, la force centrale est égale à la somme des forces expansives de l'atome, divisée par son rayon, il en résulte que, sur chaque circonférence concentrique de l'atome, la somme des forces est constante, et que sur chacun des points de ces circonférences, l'intensité de la force et la densité de son substratum varient en raison inverse du carré de la distance au centre.

Lorsque l'atome devient polyédrique, sous les pressions exercées par ses voisins, il se produit sur tous les faisceaux de rayons comprimés un refoulement de la substance expansive vers le centre, et, par conséquent, un accroissement de densité substantielle sur chaque point de ces rayons, considérés comme individualisés.

L'atome ne suit donc pas, sous la pression, la loi des volumes gazeux complexes, dont les densités de masse croissent comme les pressions, sur tous les points de leur volume, et exercent des réactions égales contre tous les points des parois de leurs contenants.

Il est cependant des cas où il y a échange de force et reflux des pressions entre les rayons. Mais ce reflux se produit sous des conditions d'asymétrie et généralement entre les axes réciproquement perpendiculaires des atomes. Il ne semble pas pouvoir se produire entre les centres des plans de contact et leurs sommets ou leurs arêtes.

Sur les plans de contact symétriques des dodécaèdres, chaque rayon comprimé se replie, se refoule sur lui-même, comme les tubes d'une lunette ou plutôt comme les tours d'hélice d'un ressort à boudin.

On peut, en effet, se représenter l'atome comme constitué par une infinité de petits ressorts, tous convergents vers son centre, et dont les hélices ne seraient complètement déroulées qu'à l'infini. Plus les ressorts sont tendus, plus le diamètre de leur hélice tend à augmenter. Leur résistance à la pression augmente donc, non seulement en raison de l'accroissement de leur densité vers le centre, mais aussi en raison de l'obstacle que leur compression mutuelle apporte à l'élargissement du diamètre de leur hélice. La tension des plans de contact du dodécaèdre atomique augmente ainsi, non seulement en raison inverse des carrés des distances de chacun de leurs points au centre de l'atome, mais, en outre, en raison directe de sa densité dynamique moyenne.

Dans le dodécaèdre de volume 2, la densité dynamique moyenne de l'atome augmente en raison inverse du rapport de son volume au volume de sa sphère virtuelle circonscrite, par conséquent dans le rapport

(21) $$\frac{\Delta_1}{\Delta} = \frac{V}{V_1} = \frac{\left(\frac{4\pi}{3}\right)}{2} \cdot \frac{2\pi}{3}$$

A l'intérieur de l'atome sphérique, supposé isolé, les couches d'égale densité dynamique, ou d'égale tension, sont régulièrement concentriques. Leur densité augmente en raison inverse du carré des distances au centre.

Dans le polyèdre, non seulement elles augmentent de densité suivant la même loi, mais, de plus, les portions de ses couches de moindre densité les plus extérieures, qui constituaient le substratum étendu des segments sphériques enlevés au volume de l'atome, sont refoulées par les plans de contact et vont augmenter la densité et la tension des couches centrales, déjà plus denses.

Au centre de chaque plan de contact du dodécaèdre, la tension a pour mesure la somme de substance de l'atome, divisée par son rayon et par la surface sphérique qui a pour rayon la distance de son centre aux centres de ses plans de contact.

(22) $$\text{Soit } T = \frac{\left(\frac{\Sigma}{R}\right)}{4\pi d^2}. \text{ Or } \frac{\Sigma}{R} = 4\pi \left(\frac{R^3}{R}\right)$$

La distance *d*, du centre de l'atome aux centres de ses plans de contact est égale au cosinus de l'angle sous-tendu du centre du polyèdre par la demi-grande diagonale de ses faces multipliant le rayon de l'atome,

$$\text{Soit } d = (R \cos. 45^\circ)^2.$$

Ce qui donne pour la tension au centre du plan :

(23) $$T = \frac{1}{(\cos 45)^2} = 2$$

La tension aux centres des plans de contact est donc constante pour tous les atomes de même forme polyédrique.

CHAPITRE XII

RELATIONS MÉTRIQUES DES ATOMES ÉTHÉRÉS

Nous avons vu qu'en prenant pour unité linéaire le rayon de l'atome éthéré, ou le côté du cube fondamental, de son dodécaèdre inscrit, qui est aussi la petite diagonale de ses plans de contact rhomboïdaux, cette unité linéaire est, à la distance indéfinie des atomes sur une même droite du dodécaèdre, dans le rapport de 1 à 2, et que le volume du dodécaèdre égale 2 fois celui du cube fondamental de côté $= 1$.

Le volume de la sphère circonscrite au dodécaèdre est donc $\frac{4\pi}{3}$; son rayon étant 1

De même, nous pouvons prendre pour unité de substance ou de force expansive la valeur indéterminée $\left(\frac{\Theta^3}{2}\right)$. Voyez page 98, formule 10.)

La quantité relative de substance ou de force de l'atome éthéré sera représentée par 4π $(R^3 = 1)$ comme sa force centrale rayonnante $= 4\pi$ $(R^2 = 1)$. Le rapport entre ces deux quantités étant celui du rayon, $R = 1$.

La surface de la sphère virtuelle circonscrite au dodécaèdre, ayant également pour mesure 4π $(R^2 = 1)$, la tension à la surface de cette sphère, ou le rapport de la force centrale rayonnante à la surface de la sphère virtuelle devient

$$(24) \qquad T = \frac{4\pi}{4\pi} \cdot \frac{R^2}{R^2} = 1$$

C'est l'unité de pression moyenne, telle qu'elle s'exerce aux six sommets tétraèdre du dodécaèdre inscrit.

Sur tous les autres points de la surface du dodécaèdre, la pression est plus forte.

Aux huit sommets trièdres, qui sont les sommets du cube fondamental, la pression $= \frac{4}{3}$

Aux centres des plans de contact, cette pression $= 2$

Sur tous les autres points de la surface du dodécaèdre, elle a pour mesure $\rho = \frac{4\pi R^2}{4\pi d^2}$

La densité dynamique ou substantielle de la sphère virtuelle étant $\Delta = \frac{4\pi}{\frac{4\pi}{3}} = 3$; dans le dodécaèdre, cette densité devient

$\Delta_\theta = \frac{4\pi}{2} = 2\pi$. Et le rapport $\frac{2\pi}{3}$ multiplie la tension sur chacun des points de la surface du dodécaèdre.

Nous verrons que chez les atomes pesants isolés, quel que soit leur rayon, la densité dynamique reste constante, soit dans leur sphère virtuelle soit dans leur dodécaèdre inscrit.

Cette densité n'est modifiée que par l'agrégation moléculaire où elle devient variable et spécifique pour chaque corps. (Voyez chap. XXXVI, du Volume Moléculaire.)

CHAPITRE XIII

RELATIONS MÉTRIQUES DES ATOMES PESANTS

Supposons que, par un processus à discuter, la somme des forces des atomes éthérés, devienne

(25)
$$\Sigma = \frac{4\pi \left(\frac{\Theta}{2}\right)^3}{n}$$

Les forces de l'atome éthéré étant prises pour unité, le volume de la sphère virtuelle des atomes, ainsi affaiblis, sera proportionnellement diminué. Il deviendra

(26)
$$\Upsilon = \frac{\frac{4\pi}{3}}{n}$$

Le rayon de cette sphère sera $\rho = \frac{1}{n^{1/3}}$

Le volume du dodécaèdre inscrit sera réduit à $\frac{2}{n}$ mais sa densité dynamique restera constante.

Elle sera pour la sphère $\Delta = \dfrac{\left(\dfrac{4\pi}{n}\right)}{\dfrac{\left(\dfrac{4\pi}{3}\right)}{n}} = 3.$

Et pour le dodécaèdre $\Delta_1 = \dfrac{\left(\dfrac{4\pi}{n}\right)}{\left(\dfrac{2}{n}\right)} = 2\pi.$

Leur force centrale rayonnante sera toujours égale à leur force totale divisée par leur rayon

(27)
$$\varphi = \frac{\dfrac{4\pi}{n}}{\dfrac{1}{n^{1/3}}} = \frac{4\pi}{n^{2/3}}$$

La tension à la surface de leur sphère virtuelle restera également constante et égale à l'unité ; car pour toutes les valeurs on aura

(28)
$$T = \frac{\dfrac{4\pi}{n^{2/3}}}{4\pi\,\dfrac{1}{n^{2/3}}} = 1$$

Elle sera constante également aux centres des plans de contact

(29)
$$t = \frac{\dfrac{4\pi}{n^{2/3}}}{4\pi\,\dfrac{1}{n^{2/3}}\,(\cos.\ 45)^2} = 2$$

Mais l'élasticité ε, et la plasticité ψ, parfaites chez l'éthéroide intégral, chez l'atome pesant, diminué en force et en volume, diminueront comme le rayon de sa sphère virtuelle, ou comme les demi-grands axes de son dodécaèdre.

On aura $\varepsilon = \psi = \rho = \dfrac{1}{n^{1/3}}$

En vertu de leur perte de force, d'élasticité et de plasticité les atomes pesants acquièrent une *masse* $m = n^{1/3}$; c'est-à-dire une certaine somme d'inertie ι, qui varie en raison inverse de leur élasticité, de leur plasticité, et, par conséquent, en raison inverse de leur rayon virtuel.

On a donc les relations :

$$\frac{\varepsilon}{\varepsilon_I} = \frac{\psi}{\psi_I} = \frac{\rho}{\rho_I} = \frac{m_I}{m} = \frac{\iota_I}{\iota}$$

d'où il suit que $m\rho = m\varepsilon = m\psi = 1$.

Si la valeur de m devient successivement 2, 3, 4.

Les masses, ou les quantités d'inertie, seront représentées par les mêmes nombres 2, 3, 4...

Prenant la somme des forces de l'atome éthéré pour unité, cette somme deviendra chez les atomes pesants :

$$\frac{1}{8},\ \frac{1}{27},\ \frac{1}{64};$$

Les volumes varieront proportionnellement aux forces; les rayons, les élasticités, les plasticités varieront comme les fractions

$$\frac{1}{2},\ \frac{1}{3},\ \frac{1}{4};$$

c'est-à-dire comme les rayons de la sphère circonscrite.

Nous pourrons après cela simplifier toutes les relations métriques des atomes pesants en les exprimant en fonction de leur masse m, égale à la racine cubique du diviseur n de leur force totale.

Nous arriverons ainsi à des valeurs définies, comparables aux données expérimentales.

Ainsi que le montre le tableau suivant :

CHAPITRE XIV

TABLEAU DES RELATIONS MÉTRIQUES DES TROIS CATÉGORIES D'ATOMES

Atome éthéré.

Quantité de substance.................. $\Sigma = 4\pi \ (\rho^3 = 1)$

Force centrale .... $\Phi = 4\pi \ (\rho^2 = 1)$

Volume de la sphère virtuelle........	$\Upsilon = \frac{4\pi}{3}$ $(\rho^3 = 1)$
Rayon de la sphère virtuelle........	$\rho = 1$
Densité dynamique de la sphère virtuelle	$\Delta = 3$
Volume du dodécaèdre inscrit.........	$\Upsilon_\theta = 2$
Diamètre du dodécaèdre inscrit........	$d = 2^{1/2}$
Densité dynamique du dodécaèdre insc.	$\Delta_\theta = 2\pi$
Tension aux sommets tétraèd. du d. insc.	$T = 1$
Tension aux petits sommets...........	$T_\theta = \frac{4}{3}$
Tension au centre des plans..........	$\tau = 2$

Rapports métriques des atomes pesants en fonction de leur masse.

Masse ou inertie...........................	$m = \frac{1}{r}$
Quantité de substance	$\Sigma = \frac{4\pi}{m^3}$
Force centrale.............................	$\Phi = \frac{4\pi}{m^2}$
Volume de la sphère virtuelle	$V = \frac{4\pi}{3m^3}$
Rayon de la sphère virtuelle..................	$r = \frac{1}{m}$
Densité dynamique de la sphère virtuelle.......	$\Delta = 3$
Densité de masse de la sphère virtuelle........	$\delta = \frac{m^4}{\frac{4\pi}{3}}$
Volume du dodécaèdre inscrit.............. ..	$V_\theta = \frac{2}{m^3}$
Diamètre du dodécaèdre inscrit...............	$d = \frac{2^{1/2}}{m}$
Densité dynamique du dodécaèdre inscrit......	$\Delta_\theta = 2\pi$
Densité de masse du dodécaèdre inscrit...	$\delta = \frac{m^4}{2}$
Tension aux sommets tétraèdres.............	$T = 1$
Tension aux sommets trièdres...............	$T = \frac{4}{3}$
Tension au centre des plans de contact........	$\tau = 2$

Rapports métriques des atomes vitalifères ou monades psychiques.

Substance totale. .	$\Sigma = 4\pi\left(1 + n\frac{1}{x}\right)$
Force au centre . .	$\Phi = \frac{\Sigma}{R}$
Volume sphérique.	$\Upsilon = \frac{4\pi}{3}\left(1 + n\frac{1}{x}\right)$
Rayon.	$R = \left(1 + n\frac{1}{x}\right)^{1/3}$
Densité dynamique (sous pression 1)	$\Delta = 3$
Tension à la surface	$T = 1$

La forme du polyèdre inscrit dépend du nombre des atomes pesants qui limitent la surface de la monade : ce nombre est toujours plus grand que 12 et peut être considérable.

CHAPITRE XV

PLASTICITÉ DES ATOMES

Tous les atomes, étant constitués par une substance qui possède les propriétés des fluides, sont plastiques. Sous des pressions symétriques, ils prennent des formes symétriques, et, sous des pressions asymétriques, ces formes s'altèrent et se modifient, de façon à occuper toujours le plus grand espace possible et à rétablir, dans la mesure possible, l'équilibre de leurs tensions intérieures.

Sous la pression normale moyenne = 1, la coupe carrée du dodécaèdre éthéré (fig. 4), entre ses plans de contact, opposés et parallèles, deux à deux, C et C'', C' et C', a pour diamètre $2\frac{1}{2^{1/2}}$. La tension aux centres de ces quatre plans de contact = 2. Le volume de chacune des 12 pyramides constitutives du dodécaèdre $= \frac{1}{6}$, et le volume total du polyèdre = 2.

Si la pression devient double sur le diamètre C C'', ce diamètre diminue et devient $2\frac{1}{2}$. La tension aux centres des deux plans de contact opposés et parallèles, C C'', qui sont

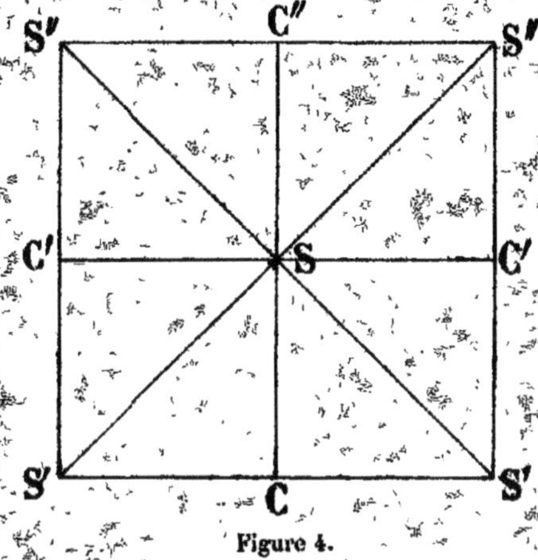

Figure 4.

perpendiculaires au plan de la figure 4 et que la figure 5 montre relevés, à gauche, devient 4 en P. Le diamètre S' S' se dilate

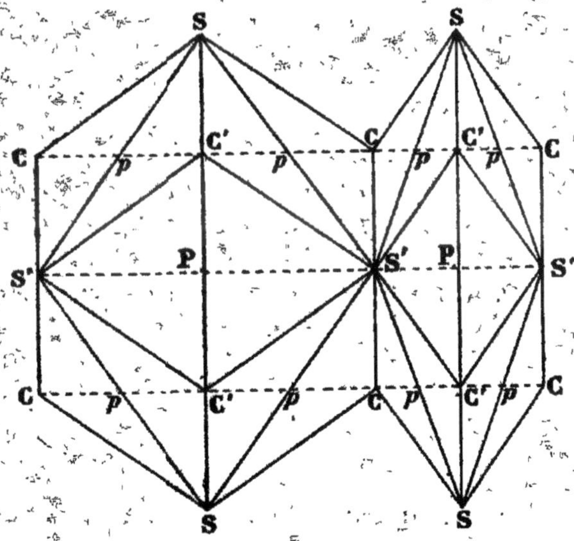

Figure 5.

et devient $2\frac{1}{2^{1/4}}$. La tension aux centres P des plans de contact rétrécis S' S', que la figure 5 montre dans le plan, descend à $2^{1/2}$, et le grand axe S S, dans le plan de la figure, s'allonge et devient $\frac{1}{2^{3/4}}$.

Les deux plans de contact, opposés et parallèles, perpendiculaires au plan de la figure 4, se sont donc élargis dans leurs deux dimensions rectangulaires, mais la hauteur S C des pyramides dont ils sont les bases, étant réduite à 1/2, P S" (fig. 5), leur volume reste constant, ou $\frac{1^2}{6}$

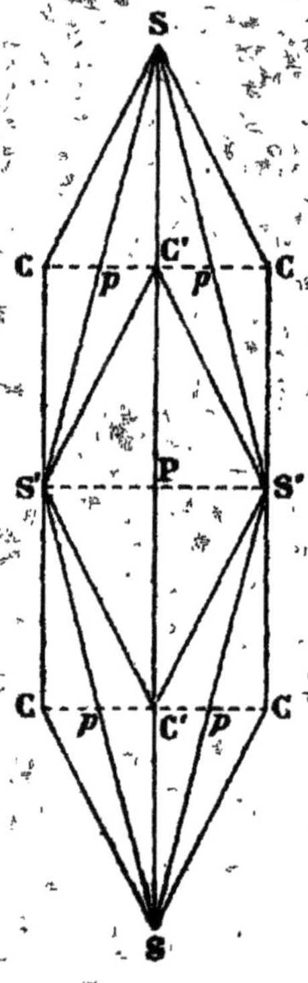

Figure 6.

Par contre, les deux plans de contact S' P S", parallèles au plan de la figure 5 (à droite), s'étant rétrécis, tandis que la hauteur des pyramides dont ils sont les bases augmente, leur volume reste constant ou de 1/6.

De même les huit autres plans de contact *p*, *p*, *p*, *p*, du dodécaèdre se sont allongés et rétrécis. Leur aire $= \frac{2}{3}$, et la hauteur de chacune des pyramides dont ils sont les bases étant de $\frac{3}{4}$, le volume de ces pyramides est encore de $\frac{1}{6}$.

Le dodécaèdre, sous pressions symétriques inégales, a donc deux coupes verticales différentes (fig. 5) ; sa coupe diamétrale est toujours rectangle, mais elle n'est plus carrée. Un des diamètres s'est élargi, S' S', et l'autre s'est rétréci, S' S".

Si la pression, au lieude n'augmenter que sur le diamètre CC" (fig. 4) et SS" (fig. 5), augmente de même sur C' C', les quatre plans de contact, parallèles et opposés deux à deux, qui sont perpendiculaires au plan de la figure, sont également rétrécis dans le sens des pressions et allongés d'autant plus, suivant la troisième dimension qui est celle du grand axe S S. Celui-ci est devenu double, soit : $2 \times 2 = 4$ (fig. 6). La hauteur des quatre pyramides dontla base a pour diamètre 1 et 2, devient $\frac{1}{2}$.

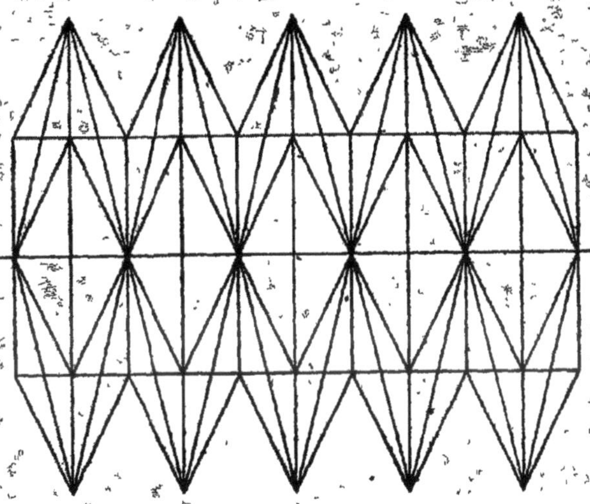

Figure 7.

Leur volume est donc encore égal au produit

$$2 \ \frac{1}{2} \cdot 1 \times \frac{1}{2.3} = \frac{1}{6}$$

Et, en ce cas, toutes les faces du dodécaèdre sont égales et semblables. Sa coupe diamétrale redevient carrée comme la figure 4 et il est inscriptible dans un ellipsoïde dont les deux axes sont dans le rapport de 4 : 1.

La figure 6 montre le dodécaèdre atomique latéralement comprimé sur ses deux diamètres et dilaté suivant son grand axe S S.

La figure 7 montre, en coupe verticale, une série de dodécaèdres dilatés suivant leur grand axe et justaposés suivant un de leurs diamètres comprimés.

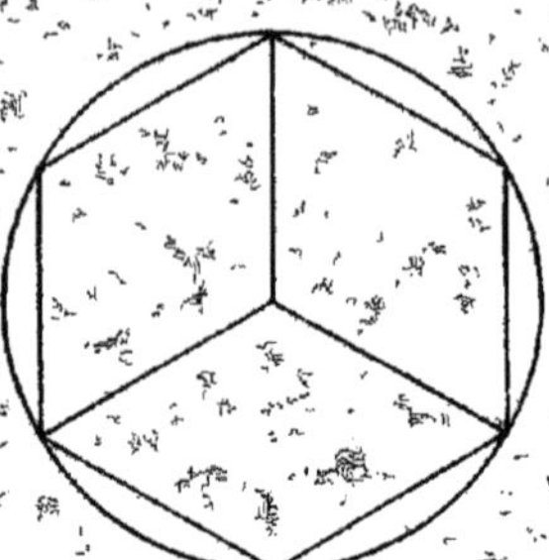

Figure 8.

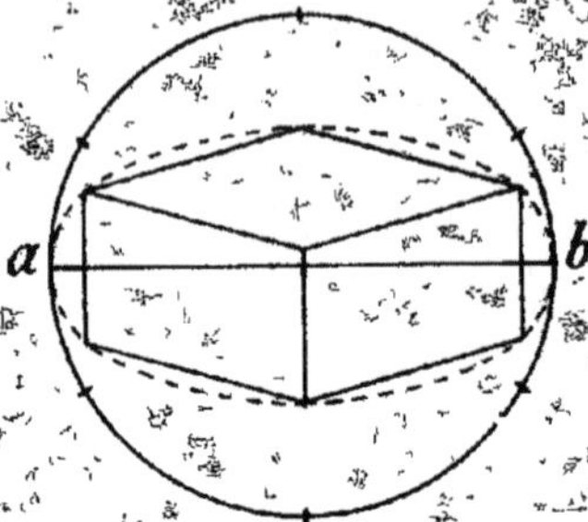

Figure 9.

On conçoit du reste que des compressions asymétriques puissent se manifester suivant tous les axes des polyédres, amenant ainsi des variations très diverses de leurs formes.

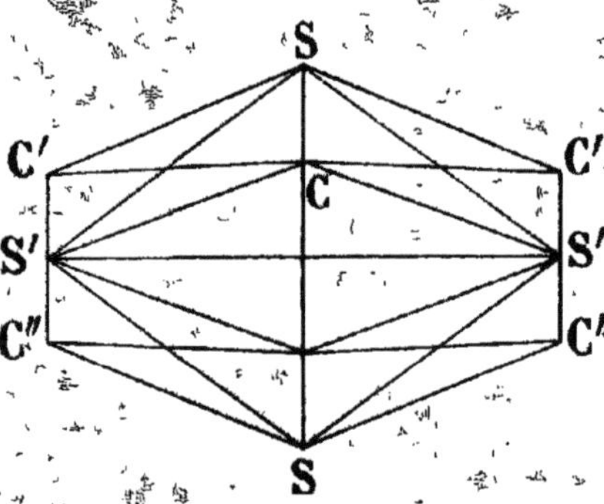

Figure 10.

La figure 8 montre la vue en plan d'un dodécaèdre dont l'un des petits axes est perpendiculaire au plan de la figure, et la figure 9 montre ce dodécaèdre comprimé, en élévation, suivant ce même petit axe.

La figure 10 montre en élévation un dodécaèdre comprimé suivant son grand axe S S.

La figure 11 montre une molécule composée de 13 atomes,

sous pression normale, et la figure 12 la même molécule comprimée latéralement selon ses deux diamètres rectangulaires et dilatée suivant les grands axes de ses polyèdres.

On voit ainsi que sous des pressions asymétriques, les polyèdres atomiques se déforment, mais ils gardent le volume qu'ils auraient sous la plus faible de ces pressions, et seulement sous des compressions concentriques, croissantes ou décroissantes, ce volume total varie.

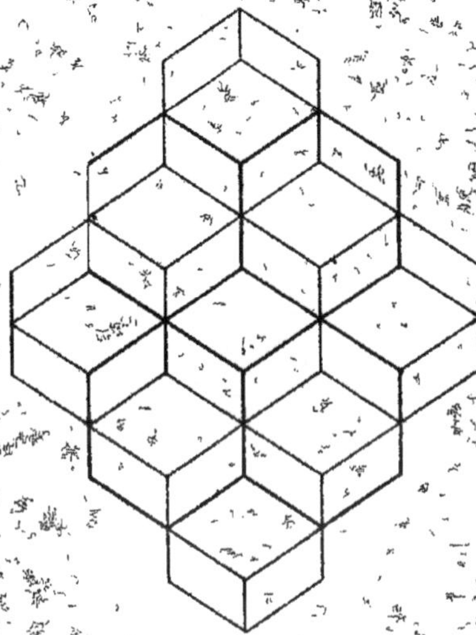

Figure 11.

Ces variations de forme des polyèdres atomiques et de leurs agrégats moléculaires expliquent comment certains corps peuvent fuser à travers d'autres, sans désagréger réciproquement leurs molécules, et comment il peut y avoir ainsi substitution d'un corps à un autre dans les mêmes espaces.

Ainsi s'expliquent aussi les phénomènes de fossilisation où des minéraux anorganiques se substituent à des substances organiques, en gardant exactement les mêmes formes.

On verra, du reste, au chapitre sur la Constitution Moléculaire des Corps Solides, comment, en outre de la déformation de leurs atomes, ceux-ci peuvent changer de place dans la molécule, de façon à lui donner des formes très variables selon les pressions qui la sollicitent.

Quels que soient les rayons des atomes, sous les mêmes

pressions asymétriques leurs déformations plastiques sont toujours proportionnelles. Mais en vertu même de cette proportionnalité, leur déformation absolue ou la variation de leurs axes augmente avec leur rayon.

Il semble donc que, pour des corps égaux en volume, mais constitués d'atomes de différents rayons, la variation des axes doive être égale et par conséquent leur plasticité égale. Ainsi

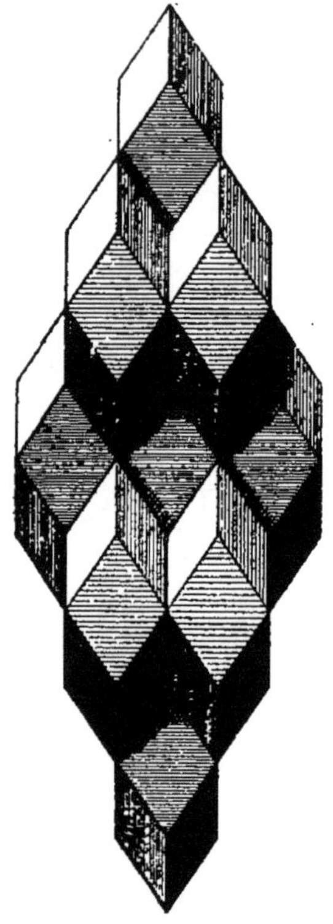

Figure 12.

sur une même droite, la variation totale de longueur de 8 atomes de rayon 1/2 serait égale à celle de 4 atomes de rayon 1, et ainsi de tous les autres, pourvu que le nombre des atomes sur chaque axe soit en raison inverse de leur rayon.

Mais il y a un obstacle à cette proportionnalité exacte dans le développement des énergies thermiques des atomes, justement proportionnelle à la compression de leurs axes, et qui réagit contre cette compression.

Nous ne pourrons aborder cette question qu'après avoir étudié le processus de la vibration thermique, car tous les phénomènes se lient et s'enchaînent dans la nature, et pour comprendre les uns, il faudrait préalablement connaître tous les autres.

Nous ne pouvons donc que poser ici ce fait qu'en vertu des réactions thermiques des atomes contre leur compression, leur plasticité diminue avec leur rayon, celle de l'éther restant la plus parfaite.

Par le fait même que la variation absolue de longueur des axes de l'atome éthéré, sous des pressions asymétriques, est plus grande que celle de tous les autres atomes, elle lui permet mieux qu'aux autres de se déformer individuellement, pour se mouler dans tous les espaces libres qui s'offrent à son expansion, et de filtrer à travers les réseaux moléculaires ou même entre les arêtes des atomes pesants en les tronquant, sous des différences de pressions suffisantes.

D'ailleurs, l'éther échappant à toute cohésion moléculaire, chacun de ses atomes reste libre de se déformer individuellement, sans imposer ses déformations à des voisins, liés à lui par une communauté de mouvements et de pression. Chacun de ses atomes restant mobile, relativement aux autres, la plasticité de l'ensemble s'augmente de la mobilité relative des parties élémentaires.

Toutefois, si la plasticité de l'éther est ainsi rendue presque parfaite, les atomes pesants y participent plus ou moins, en raison directe de leur rayon. Elle est, par conséquent, plus parfaite chez les gros atomes, tels que ceux de l'hydrogène, de rayon 1/2, du carbone, de rayon 1/3, de ceux de l'oxygène, de rayon 1/4, que chez les petits atomes des métaux, dont les rayons varient jusqu'à n'être plus que 1/10 du rayon atomique de l'éther.

Cette variation de la plasticité des atomes tient à ce fait général de leur constitution que, chez tous, l'accroissement de leur densité substantielle, ou de leur tension intérieure, varie de la surface de leur sphère virtuelle à son centre en raison inverse des carrés des distances à ce centre. Cette variation, qui, chez tous, va de l'unité à l'infini, est, par conséquent, d'autant plus rapide que leur rayon est plus petit.

Ainsi (fig. 13) sur les diamètres des deux atomes A et

B, dont les rayons sont dans le rapport de 2 à 1, la tension à la surface étant égale à l'unité, devient 16/9 aux 3/4 de leur rayon, à partir du centre; elle devient 4 à moitié du rayon, 16 à 1/4, 64 à 1/8, 256 à 1/16. Elle augmente ainsi progressivement et indéfiniment.

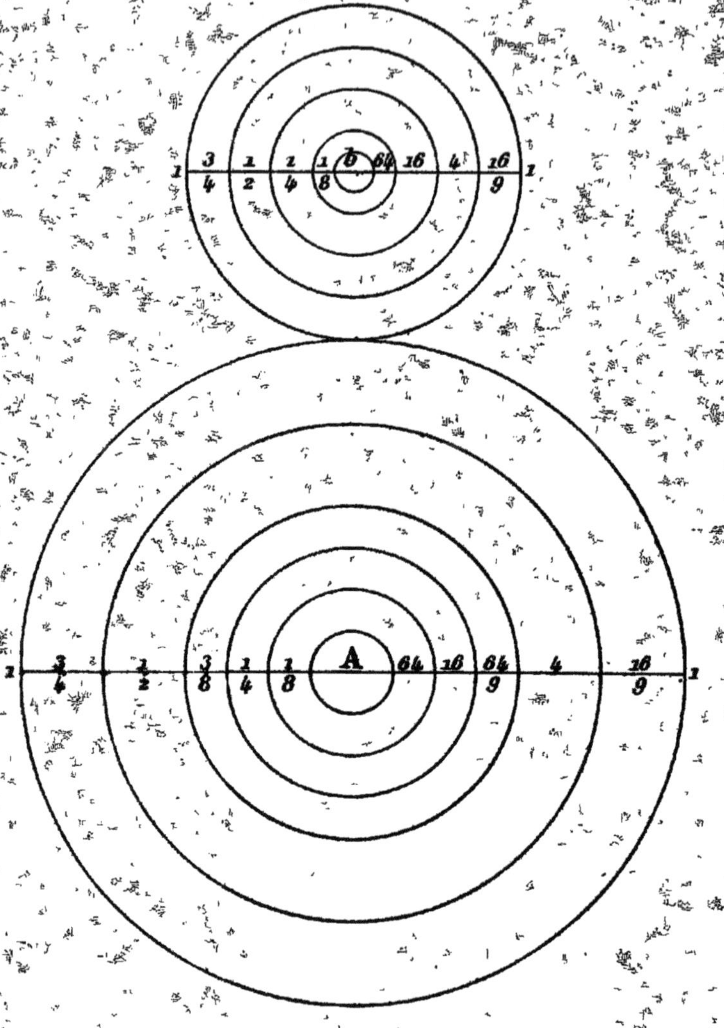

Figure 13.

C'est en vertu de ce rapide accroissement de la densité substantielle au centre des atomes, que le volume d'aucun d'entre eux ne peut être réduit à 0.

Mais cet accroissement de tension est d'autant plus rapide chez les atomes que leur rayon est plus petit. Ainsi il est deux fois plus rapide dans l'atome de rayon 1/2 que dans l'atome éthéré de rayon 1, comme le montre la figure 9; c'est-à-dire que les points du diamètre où les tensions sont égales sont deux fois plus éloignés les uns des autres dans l'atome de rayon double.

On conçoit ainsi comment une même pression enlevant aux deux atomes des parties proportionnelles de leur rayon, il faut, au contraire, des pressions très inégales pour leur en enlever des parties égales, la résistance augmentant d'autant plus vite que le rayon est plus petit.

Ainsi la pression 4 suffit à réduire de moitié les diamètres des atomes. Mais la moitié du diamètre de l'atome éthéré est juste égale au diamètre de l'atome d'hydrogène et à deux fois le diamètre de l'atome d'oxygène. Nous verrons comment, grâce aux réactions thermiques, ces compressions, chez les solides, ne dépassent jamais une très petite puissance fractionnaire de la pression.

Cela n'empêche nullement que, sous des pressions suffisantes, les atomes pesants ne soient susceptibles d'une très grande plasticité, en vertu de laquelle ils peuvent traverser aussi les réseaux moléculaires des corps pesants et filtrer à travers les solides, sinon avec la même facilité que l'éther, du moins en certaine mesure et sous certaines conditions.

Certains faits de minéralisation, de fossilisation, de métamorphisme, et même de simple hydratation ou oxydation ne peuvent s'expliquer que par cette plasticité de tous les atomes, même les plus lourds. Les phénomènes d'osmose, surtout, impliquent que cette propriété existe dans une très large mesure, surtout chez les métalloïdes et principalement chez ceux qui constituent, presque exclusivement, les corps vivants.

D'ailleurs si les atomes pesants se déforment moins absolument que les atomes éthérés, si leurs réactions thermiques, plus vives, opposent à leur compression plus d'obstacles, ils ont, par contre, l'avantage d'être plus petits et de pouvoir ainsi passer, presque sans se déformer, par des chemins où l'éther doit subir des déformations considérables.

C'est surtout dans ce qu'on nomme les *courants électriques* que la plasticité de l'éther est mise à l'épreuve. La résistance à ces courants provient uniquement des chemins trop étroits par lesquels nous forçons l'éther à passer pour rétablir, à longue distance, l'équilibre troublé de ses pressions. Tout courant électrique est donc une sorte de phénomène d'osmose éthérée. En général, tous les phénomènes électriques sont des phénomènes de rupture et de rétablissement d'équilibre des pressions de l'éther, qui sont rendues possibles par sa mobilité, sa plasticité et son élasticité.

Car si l'éther se déforme mieux que tous les corps, en vertu de sa plasticité, c'est en vertu de son élasticité qu'il réagit contre les pressions asymétriques qui l'ont déformé et qu'il reprend ses formes symétriques de polyèdres inscrits à une sphère.

CHAPITRE XVI

L'ÉLASTICITÉ DES ATOMES

Parmi les propriétés de la matière, il n'en est point qui soit restée plus mystérieuse que son élasticité, il n'en est aucune qui ait donné lieu à plus de contradictions théoriques. Tandis que les uns se bornent à transporter l'élasticité des corps à leurs éléments, d'autres la leur refusent et ne trouvent plus moyen de l'expliquer. Personne, jusqu'ici, n'a tenté d'en découvrir le processus mécanique. On n'a su rien inventer de mieux, pour rendre compte de la déformation élastique des corps, que de faire encore danser leurs atomes dans le vide. Mais les atomes ont beau danser, s'ils ne sont pas eux-mêmes élastiques, les corps ne peuvent reprendre leur forme. Or pour être élastiques, les atomes eux-mêmes doivent se déformer; et c'est ce que nul ne voulait entendre dans l'antique école d'Epicure, et même parmi nos mécanistes modernes, pour lesquels l'atome serait indéformable.

L'élasticité, en effet, supposant la plasticité des éléments cosmiques, c'est-à-dire la possibilité de leur variation de forme, en même temps que leur tendance à revenir à une forme déterminée, est en contradiction avec le dogme séculaire de leur solidité et de ce qu'on a nommé leur simplicité. Nous verrons, au contraire, comment l'hypothèse de la fluidité des atomes rend aisée et simple la solution du problème.

Si deux atomes d'éther sont projetés l'un contre l'autre, sous la condition qu'un vide existe entre eux, par suite du déplacement d'un corps, sous la pression des autres atomes qui les entourent, ces deux atomes s'aplatissent l'un contre l'autre, en s'enlevant l'un à l'autre des segments sphériques égaux. La hauteur de ces segments, ou calottes sphériques, et par suite l'angle sous-tendu de leurs deux centres par le demi-diamètre de leur plan de mutuel contact, varient en raison directe de la vitesse avec laquelle ils se rencontrent. Le temps qu'ils mettent à se déformer varie en raison inverse (fig. 14).

Quand leur déformation maximum est réalisée et leur mouvement détruit par leur tension mutuelle sur leur plan de contact, ils rebondiraient l'un contre l'autre avec la même vitesse et reprendraient leur forme sphérique dans le même temps qu'ils se sont déformés, si les autres atomes éthérés, qui les entourent, et qui ont suivi leur mouvement, ne mettaient obstacle à leur recul.

C'est pourquoi l'éther, ne pouvant se mouvoir que dans un milieu plein, homogène avec lui, n'y peut avoir de réaction élastique contre lui-même.

Ne pouvant rebondir, par une réaction égale à l'action, les deux atomes oscillent pendulairement, décrivant des deux côtés de leur plan de contact des vibrations isochrones, d'amplitude décroissante, jusqu'à ce que, sur le centre de ce plan, leur tension soit égale à celle qu'ils exercent et subissent sur leurs plans de contact avec les autres atomes qui les entourent.

Entre deux atomes pesants, de rayon quelconque, les faits se passent de même. L'angle sous-tendu par le demi-diamètre du plan de contact varie en raison directe de la force vive des atomes au moment du choc ; le temps de la déformation varie en raison inverse. De plus, les deux atomes rebondissent l'un contre l'autre avec la même vitesse qui les animait au moment du choc, et reprennent leur forme dans le même temps qu'ils ont mis à se déformer.

Ainsi (fig. 14), l'atome A ayant mis un temps t à transporter son centre de a en A, pendant que B transportait le sien de b en B, de sorte que leurs sphères virtuelles, d'abord tangentes en t, devinrent sécantes sur le plan $s\,t\,s_1$, les centres A et B reviennent dans le même temps aux points *a* et *b*. Si la rencontre a eu lieu dans un milieu impondérable, les deux atomes continueront à s'éloigner l'un de l'autre à travers ce milieu en vertu de leur vitesse acquise, avec d'autant plus de facilité qu'ils seront plus petits et par conséquent de plus grande masse.

En réalité, c'est à cette plus grande facilité de conserver leur vitesse, dans un milieu éthéré, qu'ils doivent cette inertie qu'on appelle leur masse.

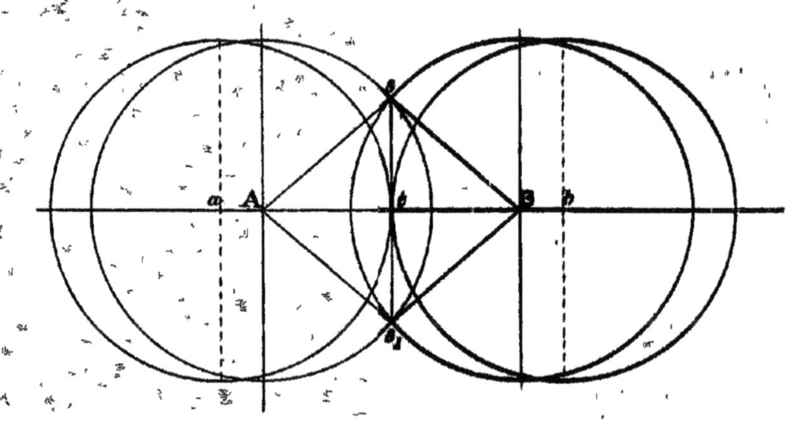

Figure 14.

Bien qu'en principe général, l'élasticité des atomes soit proportionnelle à leur rayon, c'est-à-dire à la hauteur absolue du segment sphérique qu'ils peuvent s'enlever dans un choc d'une vitesse donnée, on voit toutefois que la réaction de cette élasticité, après le choc, varie en sens inverse de leur rayon et direct de leur masse, que multiplie, dans ce cas, le carré de leur vitesse.

Les choses se passent différemment dans le choc de deux atomes inégaux. Soit A et B (fig. 15), deux atomes dont les rayons sont entre eux dans le rapport de 1/2 à 1, qui se rencontrent avec une vitesse *v*. Ils se déforment l'un contre l'autre, mais la hauteur du segment sphérique enlevé par le grand atome au petit est plus que double de la hauteur du segment enlevé par le petit au grand. Il en est de même des angles sous-tendus des deux centres A et B par le demi-diamètre de leur plan de mutuel contact, $s\,s_1$.

Supposons que cet angle soit pour le petit atome de 45°,

dont le sinus $= \frac{2^{1/2}}{2}$. L'angle sous-tendu du centre, B, aura pour sinus $\frac{2^{1/2}}{4}$.. Cet angle sera donc seulement de 20° 42' 27".32. Son cosinus sera par conséquent 0,937553.

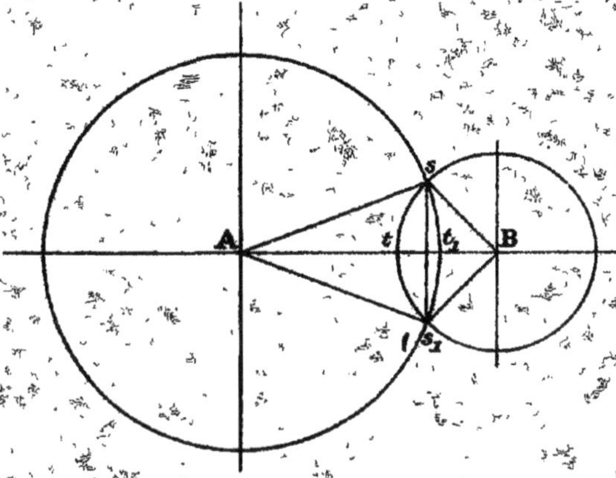

Figure 15.

La hauteur du segment sphérique que le petit atome lui enlève sera donc :

$$h = 1 - 0{,}937553 = 0{,}062447.$$

La hauteur du segment enlevé au petit atome par le grand, sera

$$h = \frac{1 - 0{,}7071}{2} = 0{,}14645$$

C'est-à-dire plus du double.

De même, au centre du plan de contact, du côté du petit atome, la tension $\tau = \left(\frac{1}{\cos. 45}\right)^2 = 2.$

La tension en ce même point, du côté du grand atome, sera $\tau_1 = \left(\frac{1}{\cos. 20^\circ 42' 27'' 33}\right) = 1.15765.$

Enfin les tensions aux points t et t_0 sont exactement dans le rapport inverse des rayons des deux atomes, soit de 2 à 1.

Les deux produits de la tension au centre du plan de contact et de la hauteur du ménisque enlevé au voisin, sont dans le rapport de 4 à 1, et les produits des trois facteurs seraient dans le rapport de 8 à 1.

Ces rapports persistent proportionnellement pour tous les rayons.

C'est en vertu de ces rapports que le plus petit atome, en reprenant son segment sphérique, repousse le plus grand, ou plutôt, le fait fuir devant lui, avec une force proportionnelle au rapport direct des masses ou inverse des rayons.

C'est cette propriété des atomes qui constitue leur inertie ou ce qu'on appelle leur masse.

Si un grand atome A tombe sur un plan solide (fig. 16) il

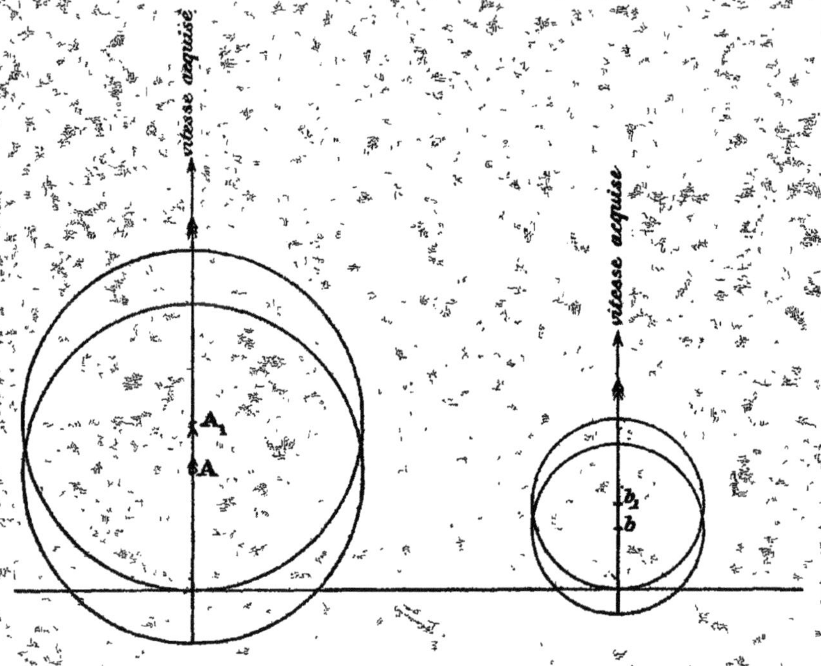

Figure 16.

s'y aplatit d'autant plus que sa vitesse était plus grande au moment du contact. Dans le même temps qu'il aura mis à se déformer, de la hauteur $1 - \cos. 45^\circ = 0{,}2929$, par exemple, il reprendra ce segment et continuera de rebondir, en vertu de sa vitesse acquise, dans le milieu impondérable, ou au moins gazeux, qui l'entoure.

Si c'est le petit atome *b* qui tombe de la même hauteur, avec la même vitesse, il se déforme suivant le même angle, de 45°; mais la hauteur du segment qu'il perd dans le choc est juste moitié moins grande que celle du segment enlevé à l'atome *A* dont le rayon était double.

Cependant le petit atome *b* mettra le même temps à se déformer, car ses tensions intérieures, que la réaction du plan solide doit vaincre, seront absolument égales dans ce petit segment de hauteur moitié moindre. Et il mettra à reprendre sa forme le même temps qu'à se déformer.

Par conséquent, mettant le même temps à parcourir un espace moitié plus petit, le petit atome se relèvera avec une vitesse moitié plus petite. Sa réaction élastique aura été moitié moins forte, sur le même plan solide, supposé lui-même homogène. Car si la nature de ce plan variait, les phénomènes d'élasticité varieraient aussi.

Des corps constitués d'atomes différents, de rayons et de masses, auront donc des élasticités bien différentes.

En général, les corps les moins denses et surtout les plus homogènes ont l'élasticité la plus parfaite ; mais la structure moléculaire, qui modifie toutes les relations métriques des atomes, ainsi que nous le verrons plus tard en traitant des corps solides, modifie aussi profondément toutes les propriétés de leurs atomes constituants, en modifiant diversement leurs volumes et leurs formes polyédriques. D'où il suit que tout agrégat moléculaire d'atomes pesants et tous les corps qu'ils constituent n'ont jamais qu'une élasticité imparfaite, variable, non seulement pour tous les corps, mais aussi selon leur état moléculaire.

CHAPITRE XVII

CONDITIONS DE MOUVEMENT DES ATOMES

Nous venons de considérer les atomes, à l'état statique ou de repos, équilibrés entre des pressions symétriquement distribuées par couples de forces égales et opposées et, par conséquent, de forme définie et régulière.

Mais cet état statique est l'exception.

Dès qu'en vertu de la rupture de cet équilibre des forces qui les sollicitent, les atomes entrent en mouvement, ils se meuvent automatiquement dans la direction de la plus forte pression vers la moindre résistance.

Mais pour se mouvoir, il faut qu'ils se déforment et déforment leurs voisins. Entre l'atome en mouvement et ceux entre lesquels il se meut, en tendant à les mouvoir, il se produit des *plans instantanés de glissement*, de toutes les figures et selon toutes les orientations, qui donnent ainsi aux atomes des formes plus ou moins asymétriques et constamment variables.

C'est en vertu de leur plasticité que les atomes en mouvement relatif se déforment, prenant ainsi, en toute occasion, toute la place que leur laissent les pressions opposées de leurs voisins.

C'est en vertu de leur élasticité qu'après avoir été déformés, ils tendent sans cesse à reprendre la forme polyédrique la mieux équilibrée symétriquement et la plus voisine de la sphère.

L'équilibre de leurs forces est donc un équilibre mobile; puisqu'à tout instant ils changent d'orientation. Ceux de leurs rayons qui aboutissaient à leurs sommets ou à leurs arêtes, prennent la place de ceux qui aboutissaient aux divers points de leurs plans de contact.

La plasticité parfaite de l'éthéroïde lui permet de se mouler sur toutes les surfaces, tout en les comprimant et les déformant autant qu'elles le déforment et le compriment. Il peut ainsi circuler dans les réseaux moléculaires et *filer* à travers les arêtes communes de trois polyèdres contigus, en les tronquant.

C'est ainsi que, sous des pressions asymétriques, le polyèdre éthéré peut être inscrit à une ellipse au lieu d'une sphère. Dans ce cas, les perpendiculaires à ses plans de contact ne convergent plus vers son centre de figure, mais viennent aboutir entre les deux foyers, sur la droite qui les unit.

L'excentricité de cette ellipse peut être considérable et atteindre à la limite où l'ellipse devient une droite, mais cette droite serait infinie.

La continuité de la substance atomique lui permet ainsi toutes les transformations. C'est en vertu de ces transformations que l'éther, passant partout, à travers tout, sous l'effort de ses tensions intérieures, dès que la différence des pressions qui le sollicitent est assez forte, est absolument incoercible pour nous.

Mais si les atomes éthérés se déforment, en vertu de leur

plasticité, ils ne se compriment pas. Sous toutes les formes leur volume reste constant. Ils ne sont compressibles que sous des pressions concentriques et égales de tous côtés, qui les enveloppent, en s'ajoutant à la pression générale qu'ils exercent les uns sur les autres en vertu de leur nombre.

Nous avons vu que cette pression a pour mesure $P = \frac{\pi}{2} \Omega^3$ (formule 19, ch. IX, p. 100).

Cette pression moyenne de la machine cosmique est donc proportionnelle au nombre de ses éléments atomiques, et nous avons vu que ce nombre est indéfini (page 96).

Les forces mécaniques dont nous disposons, et qui sont toutes empruntées à l'activité thermique des atomes pesants ou à leurs mouvements, ne peuvent ajouter à cette pression moyenne que des fractions infinitésimales.

C'est pourquoi la compressibilité des corps solides et liquides est si petite. Arrivés déjà, sous les pressions éthérées qui déterminent leur cohésion, à leur compressibilité maximum, nous ne pouvons presque plus rien y ajouter.

Si, au contraire, les gaz obéissent à la loi de Mariotte, et se compriment proportionnellement aux pressions mécaniques exercées sur eux, c'est que les gaz sont des corps très dilatés. La loi de Mariotte a justement sa limite dans ces dilatations d'origine thermique ou mécanique des molécules gazeuses, dues, en grande partie, aux forces centrifuges développées par leurs rapides mouvements de rotation.

C'est quand la limite de ces dilatations est atteinte, que se manifeste *l'état critique*, et que les corps gazeux, au lieu de se comprimer davantage, changent d'état.

CHAPITRE XVIII

LA COMMUNICATION DU MOUVEMENT ET LA LOI D'INERTIE

Cédant à toute rupture d'équilibre des pressions qui les sollicitent, tous les atomes se meuvent automatiquement dans le sens de la moindre résistance. Poussant eux-mêmes tous leurs voisins, ils déplacent ceux qui les repoussent le moins en se déplaçant eux-mêmes.

Entre des atomes de même rayon virtuel, en mutuel contact,

sous la pression moyenne du cosmos, la communication du mouvement ou du changement de mouvement s'opère en un temps qui varie en raison inverse de leur rayon.

Elle est d'autant plus rapide que leur pression mutuelle est plus grande. Elle est ralentie par leur dilatation thermique.

Entre atomes de rayons différents elle exige un temps qui varie en raison inverse du rapport de leurs rayons virtuels.

Le ralentissement de la communication du mouvement entre les atomes hétérogènes vient du fait que, lorsque leurs sphères virtuelles cessent d'être tangentes et que les polyèdres qu'ils réalisent, au lieu de leur être circonscrits, leur sont inscrits, l'équilibre des tensions au centre de leurs plans de contact devenant impossible, leur force motrice réciproque a pour mesure la tension de chacun d'eux au centre de ce plan.

Elle est ainsi directement proportionnelle au volume du ménisque enlevé à chacun d'eux par leur mutuel plan sécant, et qui varie en raison inverse de leur rayon (1).

Les atomes pesants poussent donc l'éther plus énergiquement qu'ils n'en sont poussés. Ils en écartent ainsi les atomes pour s'ouvrir un chemin entre eux, dans la mesure inverse du rapport de leur rayon virtuel au rayon virtuel des atomes éthérés, pris pour unité fondamentale.

Pour se mettre en mouvement dans un milieu plein d'éther impondérable les agrégations d'atomes pesants, qui constituent les corps matériels, doivent déplacer un volume d'éther égal à leur propre volume.

Ce déplacement d'éther par les atomes pesants est d'autant plus rapide que les rayons de ceux-ci sont plus petits sous les mêmes pressions.

Par conséquent, les corps pesants meuvent et déplacent l'éther plus aisément que l'éther ne déplace les corps pesants.

La résistance que les atomes pesants opposent au mouvement ou au changement de mouvement que l'éther tend à leur

(1) Plus exactement, le volume de ce ménisque varie comme sa hauteur, c'est-à-dire comme la différence du rayon de la sphère virtuelle de l'atome au demi-diamètre du dodécaèdre inscrit.

Entre des atomes de même rayon cette hauteur a toujours pour mesure $r - r \cos. 45°$.

Entre des atomes de rayons différents, cette hauteur varie un peu plus vite que le rapport de leurs rayons, quand ils sont mutuellements sécants, et un peu moins vite quand ils sont tangents.

communiquer, constitue leur inertie ou leur masse, inversement proportionnelle à leur rayon.

Par la même raison, les petits atomes pesants résistent au mouvement des grands dans le rapport inverse de leurs rayons ou direct de leur masse (1).

De cette résistance des atomes pesants, dont les rayons sont toujours une fraction définie du rayon des atomes éthérés, résulte dans les corps matériels qu'ils constituent une accumulation de la force motrice, ayant pour effet l'accélération progressive de leur vitesse, proportionnelle au temps pendant lequel cette force agit sur eux.

Quand la force a cessé d'agir, si le corps pesant en mouvement continue à se mouvoir avec une vitesse et dans une direction constantes, c'est que pour détruire progressivement son mouvement, il faut une accumulation de force motrice égale à celle qui le lui a communiqué.

Une fois que le corps pesant, mis en mouvement, a déplacé

(1) Un atome d'hydrogène de rayon $\frac{1}{2}$ et de masse 2, donne moins de mouvement à un atome d'oxygène de rayon $\frac{1}{4}$ et de masse 4, que celui-ci n'en donne à celui-là.

Supposons un atome d'oxygène de masse 4, ayant une vitesse = 5 qui rencontre un atome d'hydrogène de masse 2; leur mouvement commun sera $\frac{4 \times 5}{2 + 4} = 3{,}33$.

Si, réciproquement, un atome d'hydrogène de masse 2 et de rayon $\frac{1}{2}$ se meut avec la vitesse = 5 et rencontre un atome d'oxygène de masse 4 et de rayon $\frac{1}{4}$, la vitesse commune des deux atomes sera $\frac{2 \times 5}{2 + 4} = 1{,}66$.

Un atome d'éther en mouvement, qui rencontre un atome pesant, s'arrête à son contact sans lui donner de mouvement, étant lui-même sans inertie. Au contraire, l'atome pesant en mouvement, qui rencontre un atome d'éther immobile, l'entraîne dans son mouvement sans rien perdre de sa vitesse. Un courant d'atomes éthérés, déterminé par une différence de pression, peut écarter les uns des autres, en les comprimant, les atomes pesants entre lesquels il passe, mais sans leur donner de vitesse. S'ils acquièrent une vitesse de déplacement, c'est, par une conséquence médiate, en vertu des énergies thermiques développées en eux-mêmes par suite de leur compression. Mais le déplacement d'un certain volume d'éther, en créant une dépression locale, peut déterminer le mouvement de masses pesantes, aspirées et comme *attirées* par le vide relatif qui s'est produit et où elles se précipitent en vertu de leurs propres forces expansives qui les sollicitent dans le sens de la moindre résistance.

son volume d'éther, dans un temps donné qui dépend de sa vitesse, ce volume d'éther déplacé, se mouvant lui-même dans le sens de la moindre résistance, chasse devant lui, de proche en proche, un volume d'éther égal, qui, dans le même temps, revient derrière le corps mobile combler le vide relatif ouvert dans le lieu que ce corps vient de quitter. Ce volume d'éther déplacé avec une vitesse égale à celle que possède le mobile, lui restitue ainsi constamment en arrière la force qu'il dépense en avant pour le mouvoir.

Si une roue pesante, solide, mise en mouvement, continue de se mouvoir en vertu de son inertie, tant que le frottement sur son axe ou contre le milieu ambiant n'a pas détruit son mouvement, c'est qu'en vertu de la cohésion de ses molécules, solidement enchaînées dans leurs juxtapositions, la matière de cette roue constitue un milieu plein comme l'éther. Chaque rangée de molécules en mouvement poussant la rangée de molécules qu'elle précède, la poussée de celles-ci se transmet à la suivante, qui la transmet aux autres. En sorte que la pression exercée en avant par chacune d'elles, ainsi transmise par l'intermédiaire de toutes les autres dans le sens de la moindre résistance, lui est instantanément et intégralement rendue en arrière, où son déplacement spacial a ouvert un vide, instantanément comblé par celle qui la suit.

On conçoit donc qu'aucune d'elles ne puisse s'arrêter et que leur vitesse ne puisse diminuer que par l'effet de forces retardatrices agissant extérieurement au système, par frottements contre ses plans superficiels.

Si par suite d'un accroissement considérable et rapide de sa vitesse, on voit une telle roue se briser, en dépit de sa cohésion, sous l'action de la force centrifuge exagérée, c'est que la poussée de chaque rangée de molécules en mouvement, s'exerçant dans le sens de ce mouvement, s'applique toujours obliquement sur les molécules qui les suivent, et d'autant plus que le rayon de leur rotation est plus petit. Chaque molécule est ainsi poussée par celles qui la précèdent, à élargir son cercle de rotation. Si la poussée augmente rapidement et par à-coups, la cohésion de la roue peut être rompue par les poussées obliques de ses molécules, qui tendent à se dissocier en s'écartant sur des circonférences que chacune d'elles tend à grandir d'une façon constante.

Au contraire, dans le mouvement en ligne droite, rien ne tend à la rupture de la cohésion des corps dont toutes les molécules se meuvent d'une même vitesse, à la suite les unes des autres, se poussant également et constamment les unes les autres, sous l'action constante de l'éther ambiant qui entretient leur mouvement.

Si dans les milieux gazeux la loi d'inertie se vérifie encore, et si les corps pesants en mouvement y continuent leurs mouvements, en vitesse comme en direction, avec une perte de mouvement très faible, c'est que les gaz sont en majeure partie constitués par des atomes d'éther, unis à leurs atomes pesants spécifiques. C'est l'inertie de ces derniers qui fait obstacle au mobile et tend à ralentir son mouvement dont il leur communique une part proportionnelle à leur masse et à la vitesse qu'il leur imprime.

Quant à la part de ce mouvement qu'il communique à l'éther, constituant l'atmosphère des molécules gazeuses, elle est intégralement restituée au mobile dont elle tend ainsi à entretenir la vitesse.

Par ce sillage de l'éther, d'avant en arrière du mobile, s'explique cette mystérieuse loi de l'inertie, constatée comme fait universel, sans qu'elle ait jamais reçu d'explication théorique.

Dans le vide absolu, au contraire, il est impossible de concevoir l'équilibre d'un corps, soit en repos, soit en mouvement. On n'y peut concevoir davantage cette force de résistance qui s'appelle la masse, mais qui n'est en réalité que l'inertie sous un autre nom. C'est pourquoi la masse et l'inertie ne sont pas seulement proportionnelles, mais égales en quantité. Si la pesanteur des corps est proportionnelle à leur masse, c'est qu'elle est proportionnelle à leur inertie.

Auguste Comte a fait remarquer, avec raison, que la loi d'inertie ou de conservation du mouvement est un fait d'observation que nul ne pourrait prévoir *à priori*. « Si l'on conçoit très bien, ajoute-t-il, qu'un corps en repos persévère dans son repos, tant qu'aucune force ne le sollicite à en sortir, on ne conçoit nullement pourquoi il doit continuer de se mouvoir, quand la force a cessé d'agir ». En effet, en vertu de quelle magie, un corps, par le seul fait qu'il est *lancé*, continue-t-il ainsi son mouvement à perpétuité, comme direction et vitesse ? Comment, surtout, pour modifier ce mouvement en direction faut-il l'obstacle d'une masse matérielle, immobile ou animée d'un mouvement différent? Comment pour arrêter ce mouvement faut-il une force égale à celle qui l'a produit?

Ce qu'on ne conçoit pas surtout, c'est la persistance du mouvement des corps dans un vide absolu de toute substance étendue et comment il se fait que, dans ce vide, tous les corps célestes, soumis à la pesanteur, qu'on nous représente comme une attraction réciproque des masses, ne tombent pas verticalement les uns sur les autres.

Il en est autrement, si tout mouvement a lieu dans un milieu absolument plein, mais fluide, plastique, élastique, impondérable et sans inertie, mais surtout incompressible par le fait de son incoercibilité.

La loi d'inertie ne peut se concevoir que par la réaction sur les corps mobiles d'un milieu, dans lequel ils se meuvent, et au sein duquel ils restent constamment équilibrés entre une action égale à sa réaction.

Dans ces conditions, en effet, un corps qui se meut ne peut changer de lieu sans déplacer un volume égal du fluide ambiant, qui, pour se déplacer, doit déplacer un autre volume égal.

Et ainsi à l'infini.

Le terme d'inertie comprend deux notions distinctes entre lesquelles on fait confusion par le soin même qu'on prend de les résumer dans une même formule.

C'est d'abord cette espèce de paresse des corps pesants qui les fait résister au mouvement ou au changement de mouvement.

C'est ensuite la propriété de ces mêmes corps, une fois mis en mouvement, de continuer à se mouvoir avec une vitesse et une direction constantes.

C'est ce qu'on résume en définissant l'inertie, comme propriété de conservation des conditions de mouvement des corps.

Pourtant autre chose est la conservation d'un état de repos, et autre chose la conservation d'un état de mouvement.

Si, dans un milieu absolument vide, l'immobilité absolue est encore plus inintelligible que le mouvement perpétuel, dans un milieu plein, au contraire, le repos absolu se conçoit aisément ; c'est le mouvement et sa perpétuité qui ont besoin d'explication.

Il est naturel que dans un milieu fluide, absolument plein et sous pression, les corps qui, pour se mouvoir, doivent déplacer la substance de ce milieu, éprouvent de sa part une résistance, même s'il est parfaitement fluide, c'est-à-dire constitué d'éléments parfaitement mobiles, très petits par rapport au volume du corps qui les déplace.

Si, une fois en mouvement, ces corps ont une tendance à persévérer dans leur mouvement, c'est que, pour le commencer dans un milieu plein, ils ont dû déterminer dans ce milieu un courant de déplacement continu, c'est-à-dire circulaire et périodique qui tend à se perpétuer en vitesse et direction en entretenant le mouvement du mobile qui en a déterminé l'établissement.

Ainsi, sous ses deux formes d'obstacle à l'établissement du mouvement et d'obstacle à la modification du mouvement déjà existant, l'inertie serait due à une action du milieu et non à une propriété du mobile.

CHAPITRE XIX

PARADOXES DE LA LOI D'INERTIE

La loi d'inertie, telle qu'on l'entend, en général, implique de singulières contradictions.

Il peut encore sembler aisé de concevoir qu'un mobile en mouvement conserve sa vitesse acquise et sa direction, après que toute force a cessé d'agir sur lui ; mais le problème est loin d'être aussi simple qu'il le paraît d'abord.

Tous les corps de l'univers sont en mouvement, non pas seulement relatif, mais absolu.

De deux corps qui se meuvent, l'un relativement à l'autre, il en est au moins un dont le déplacement est absolu dans l'espace.

Très généralement, les deux mouvements sont absolus, pour une part, mais non pas toujours dans leur sens apparent.

Deux mouvements relatifs parallèles, dont la différence est très petite, peuvent être l'un et l'autre très rapides absolument.

Si la vitesse acquise des corps se conserve en vertu d'une propriété qui leur est inhérente, ce ne peut être que leur vitesse absolue de déplacement dans l'espace. La conservation d'une vitesse apparente est une évidente absurdité; puisqu'en réalité cette vitesse n'existe pas, elle ne peut pas se conserver. (Comp. Introduction, ch. VII, p. 27.)

Tous les corps, en repos relatif à la surface d'une planète en rotation, se déplacent absolument dans l'espace, en vertu de cette rotation. De plus ils se déplacent, avec elle, en vertu de sa translation autour du soleil. Les planètes et leur contenu se déplacent dans l'espace avec le soleil qui se meut dans une orbite inconnue; et le soleil peut faire partie d'un groupe d'étoiles animé d'un mouvement de translation dans une orbite plus vaste encore. Enfin, ce système d'étoiles auquel il appartient peut se mouvoir avec tout l'anneau lactaire; et ainsi à l'infini.

Un même corps peut donc avoir à la fois plusieurs mouvements très différents de vitesse et de direction. On peut dire même qu'il n'existe pas de mouvements simples. Tout mouvement réel d'un corps est une résultante, toujours très complexe, et à chaque moment variable, de mouvements très divers comme vitesse et direction, qui tantôt s'ajoutent et tantôt se retranchent; si bien que le mouvement apparent le plus rapide peut être un mouvement réel de sens opposé.

Chaque corps en repos relatif à la surface de la terre a-t-il autour d'elle, ou plutôt sur chacune des tangentes instantanées du parallèle sur lequel il est placé, une vitesse acquise de rotation, variable de l'équateur au pôle, où elle serait nulle? A-t-il, de plus, une vitesse acquise de translation sur chaque tangente instantanée à l'orbite de la planète? Aura-t-il enfin une vitesse acquise sur la tangente à l'orbite du soleil? Et ainsi de suite.

Arrêtons-nous aux deux premières.

Toutes ces vitesses acquises sont différentes en grandeur et sans cesse variables en direction. Leur résultante varie sans cesse en direction et en grandeur. La vitesse de translation de la terre dans son orbite est environ soixante-quatre fois plus grande que la vitesse de rotation d'un point de son équateur.

Pour tout corps, même situé sur l'équateur, la vitesse de translation de la planète l'emporte donc toujours considérablement sur la vitesse de rotation; mais la relation entre elles varie sans cesse, selon que ces vitesses sont de même sens ou de sens contraire.

Quand nous regardons le soleil, à son passage au méridien, la rotation de la terre s'effectue de notre droite à notre gauche, ou d'occident en orient. Notre mouvement apparent, celui que nous pensons avoir le droit de croire réel, sachant le soleil immobile, relativement à la terre, s'accomplit donc vers l'est.

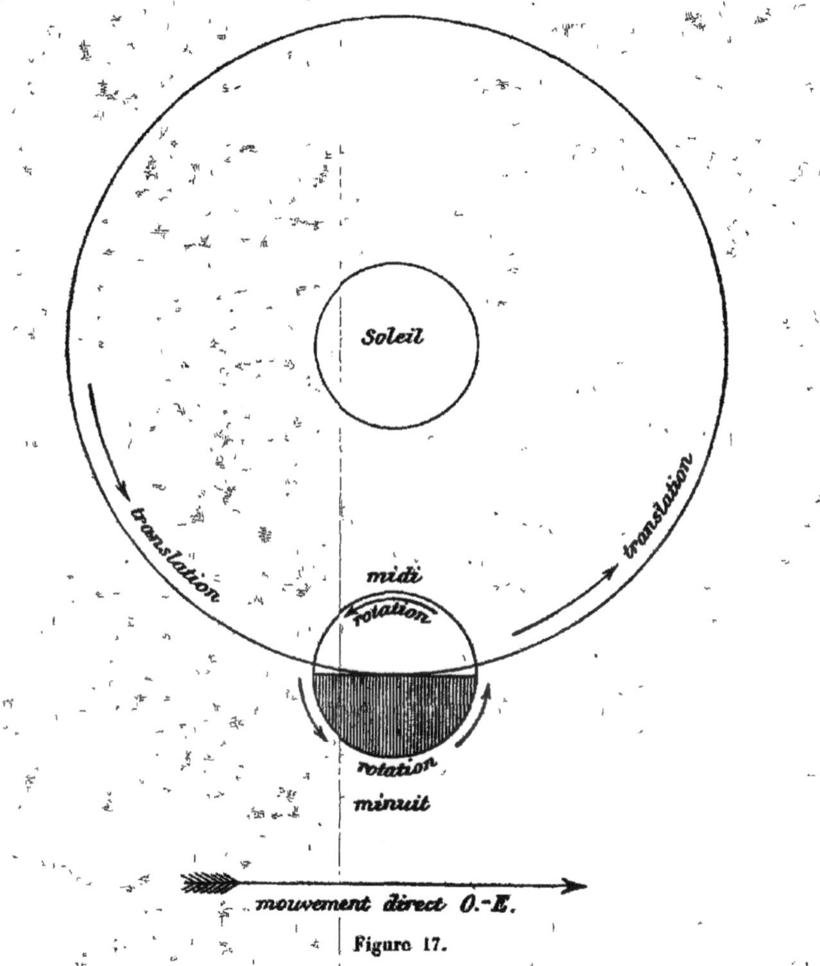

Figure 17.

Cependant nous nous trompons. Tandis que, regardant le soleil, nous sommes tournés vers le centre de l'orbite terrestre, le mouvement du centre de la terre, sous nos pieds, s'effectue en sens contraire, de notre gauche à notre droite, ou d'orient en occident. (Fig. 17.)

Si à minuit nous nous plaçons dans le même lieu et la même

position, c'est-à-dire en regardant le midi, avec l'occident à notre droite et l'orient à notre gauche, nous avons devant nous, non plus le centre de l'orbite terrestre, auquel nous tournons le dos, mais au contraire la constellation opposée à celle sur laquelle se projette le soleil, alors sous nos pieds. A ce moment là nous sommes entraînés d'occident en orient, à la fois par la rotation de la terre et par son mouvement de translation autour du soleil qui, pendant la nuit, et sur l'hémisphère nocturne seulement, sont de même sens et s'ajoutent. De sorte que, sans que nous en ayons la moindre sensation, la vitesse de notre mouvement absolu dans l'espace s'est augmentée d'environ un kilomètre à la seconde. C'est-à-dire du double de la vitesse de rotation de la terre : soit de 2 × 452 mètres à l'équateur.

De six heures du matin à six heures du soir, sur tout l'hémisphère éclairé, la vitesse de translation étant de sens contraire à la vitesse de rotation, celle-ci se retranche plus ou moins complètement de celle-là. La vitesse de translation est seulement diminuée pour tous les corps situés à l'équateur, et, de moins en moins, sous les latitudes de plus en plus élevées. Surtout entre dix heures du matin et deux heures de l'après-midi, la vitesse de rotation se retranche presque complètement.

Tous les corps situés entre les tropiques, jusqu'à environ 30° de chaque côté du méridien, n'ont plus dans l'espace qu'un mouvement absolu de translation rétrograde, relativement à la rotation. Nous croyons avancer vers l'orient et nous reculons vers l'occident avec une vitesse de 29.476 — 452 = 29.024 mètres à la seconde.

La diminution de la vitesse de translation est donc de plus de 1/64.

De six heures à dix heures du matin et de deux heures à six heures après-midi, la vitesse de rotation tendant à devenir perpendiculaire à la vitesse de translation, il se fait des deux mouvements une résultante un peu oblique suivant l'hypothénuse d'un angle droit dont les deux côtés perpendiculaires sont à peu près de 64 à 1.

La vitesse de rotation est ainsi absolument masquée, anéantie par une vitesse, en sens perpendiculaire, qui nous emporte.

Que devient alors la vitesse acquise de rotation?

Comment cette vitesse rétrograde va-t-elle, à son tour, diminuer peu à peu, de façon à ce que la vitesse de rotation perdue se retrouve, pour nous rapprocher obliquement de l'orbite terrestre, à partir de deux heures après-midi, nous le faire dépasser à six heures, et nous en éloigner ensuite, à mesure que nous avançons dans l'hémisphère nocturne?

Dès que nous entrons dans cet hémisphère nocturne, notre vitesse acquise de rotation change de direction. Elle redevient directe, c'est-à-dire parallèle à la vitesse de translation à laquelle elle s'ajoute, d'occident en orient. De dix heures du soir à deux heures du matin, notre vitesse acquise est à peu près égale à leur somme, soit de 29.467 + 452 = 29.919 mètres à la seconde (à l'équateur).

Puis, à partir de ce moment, cette résultante diminue de nouveau, par suite de l'inflexion en sens contraire de notre vitesse de rotation sur notre vitesse de translation.

De sorte qu'à six heures du matin, traversant de nouveau l'orbite terrestre, de dehors en dedans, en vertu de notre vitesse acquise de rotation, seule, nous revenons dans l'hémisphère diurne où cette vitesse de rotation va disparaître encore et se retrancher de notre vitesse de translation.

Peut-on concevoir qu'un même corps puisse ainsi conserver deux vitesses si différentes, que l'une soit périodiquement détruite par l'autre et se retrouve ensuite intacte pour s'ajouter à elle?

Quand nous avons voyagé dans l'espace pendant quatre heures dans un sens, avec une vitesse donnée, comment cette vitesse, si bien acquise en direction, sinon en grandeur, va-t-elle peu à peu devenir, d'abord une vitesse moindre, dans une direction variée, puis une vitesse beaucoup plus grande en sens opposé?

Conçoit-on que sous l'effet de ces variations quotidiennes du mouvement absolu de tous les corps, individuellement, comme vitesse et direction, les océans ne sortent pas de leur lit et que les sommets de nos édifices ne s'écroulent pas, si chacun de leurs éléments pesants subit ces variations de leur vitesse acquise?

Est-ce la pesanteur qui fait équilibre à ces variations? Mais la pesanteur est une quantité constante, ou à peu près, sur tous les points de la surface terrestre de même altitude absolue.

Elle reste constante sur chaque parallèle à l'équateur, et ses variations diurnes et nocturnes, qui existent, sont presque insensibles. C'est bien elle, nous le savons, qui infléchit constamment la direction de notre vitesse acquise de rotation vers le cercle équatorial ou ses parallèles. Mais la pesanteur terrestre n'agit nullement sur notre vitesse acquise de translation dont la direction n'est infléchie que par la pesanteur vers le soleil, laquelle n'agit pas sur notre vitesse de rotation.

On ne voit donc pas quelle force peut agir pour équilibrer également, en des moments différents, tantôt la somme de deux forces constantes et tantôt leurs différences variables.

Si la pesanteur infléchit à tout moment la direction de notre vitesse de rotation sur toutes les tangentes instantanées de chaque parallèle décrit par les corps, ce n'est pas elle qui cause cette vitesse. La rotation de la terre lui est absolument étrangère. Si le mouvement de rotation diminuait ou s'arrêtait, la pesanteur ne le renouvellerait pas.

Quand la vitesse de translation a ainsi voilé, suspendu notre vitesse acquise de rotation, en nous donnant dans l'espace un mouvement absolu de sens contraire, quelle puissance vient nous la rendre pour l'ajouter à cette même force de translation qui, douze heures auparavant, l'a détruite.

Cependant, nous savons que lorsque cette vitesse acquise de rotation disparaît, semble annihilée, elle subsiste entière à l'état latent. Si le mouvement de la terre s'arrêtait, cette vitesse acquise des masses libres qui sont à sa surface, les lancerait dans l'espace, et cela le jour comme la nuit, quand elle s'ajoute à la vitesse de translation aussi bien que lorsqu'elle s'en retranche. Les mers seraient jetées hors de leur lit contre toutes leurs côtes occidentales; tous les édifices, arrachés de leurs fondements, s'écrouleraient à l'est, et leurs débris seraient projetés bien loin, vers l'orient, sur des trajectoires paraboliques. Nous-mêmes serions projetés dans la même direction, comme des boulets de canon.

Et, de même, si la vitesse de translation de notre globe était tout à coup détruite, les corps libres qui sont à sa surface seraient projetés loin de lui dans le sens de son mouvement détruit. La pesanteur ralentirait leur mouvement, sans doute, mais n'aurait probablement pas la puissance de l'arrêter et d'imposer aux corps, ainsi projetés, des routes paraboliques les ramenant vers la terre.

Les deux vitesses acquises subsistent donc, constantes, inaltérées à travers les variations de leurs résultantes, et les éclipses périodiques de l'une d'elles.

Comment expliquer ce mystère?

Nous pouvons prendre des exemples plus facilement observables de l'indépendance des deux vitesses.

Un train de chemin de fer, marchant dans le sens de la rotation de la terre et dont la vitesse s'ajoute à celle-ci, possède en réalité une vitesse absolue plus considérable que lorsqu'il marche en sens contraire. Sa force vive absolue devrait être égale au produit de sa masse et du carré de sa vitesse de rotation sur le parallèle qu'il parcourt, augmentée de sa vitesse relative.

Cependant le même frein suffit à l'arrêter, avec la même dépense d'énergie mécanique.

On peut objecter, il est vrai, que le frein, animé de la même vitesse de rotation que le train, n'arrête que son mouvement relatif. Mais comment ce frein choisit-il ainsi dans la vitesse totale la part du mouvement relatif, et cela dans l'un et l'autre sens, quand cette vitesse relative s'ajoute à la vitesse de rotation, comme lorsqu'elle s'en retranche, et avec un même effort?

Comment peut-on concevoir qu'un corps perde ainsi sa vitesse en un sens, en acquière une de sens contraire, puis les ajoute l'une à l'autre; tout cela sans l'intervention de forces extérieures nouvelles?

Peut-on imaginer qu'il y ait ainsi deux vitesses acquises de sens, tantôt parallèle, tantôt opposé, sans qu'il se fasse entre elles une résultante définitive, qui lui soit véritablement *acquise* et qui demeure invariable, tant qu'elle n'est pas modifiée par de nouvelles forces extérieures.

L'alternance de ces deux vitesses, la variation perpétuelle en direction de leurs résultantes sont en contradiction absolue avec le principe même de la loi d'inertie. C'est la négation de son énoncé.

Il est impossible que cette *vertu d'inertie*, conçue comme conservatrice des vitesses acquises, soit une propriété des corps eux-mêmes. Chacun de ces corps ne pouvant avoir à la fois qu'une vitesse acquise de grandeur et de direction définie, ils ne pourraient ainsi perdre ou retrouver, partiellement ou totalement, cette vitesse, sans que des forces extérieures nouvelles intervinssent.

Il faut donc chercher au dehors des corps pesants la cause de la conservation de leur mouvement en vitesse et en direction.

Il faut admettre qu'elle est due à une action du milieu ambiant, de ce milieu cosmique fluide, impondérable et mobile, mais plein, dont on a méconnu jusqu'à ce jour l'action et la coopération dans tous les mouvements de la matière.

C'est ce milieu actif qui seul peut conserver ainsi, à chaque corps en particulier, par un processus local et toujours instantané, sa vitesse instantanée locale, acquise, au moment où cesse sur lui l'action de toutes les autres forces.

Il faut admettre que ce même milieu, partout semblable à lui-même, conserve spécialement et indépendamment, à chaque groupe de corps, liés par un mouvement commun, la vitesse et la direction de ce mouvement.

Ainsi tout corps, en mouvement relatif sur la surface de la terre, aurait son tourbillon, son sillage éthéré, mis en mouvement par son mouvement même et entretenant ce mouvement.

On conçoit que la vitesse de rotation des sphères sidérales s'entretienne d'elle-même, comme celle des roues pleines, solides, formées de matériaux cohérents, où chaque molécule poussant celle qui la précède sur le même cercle, est poussée par celle qui la suit, et reçoit autant de mouvement qu'elle en donne, sans qu'il puisse y avoir un arrêt dans cet échange, si aucune partie de la force ne se perd à l'extérieur. Or les roues planétaires étant libres et sans moyeu, dans l'éther intercosmique, infiniment mobile et plastique, leur rotation s'accomplit sans frottements. Elles peuvent donc réaliser cet idéal de la perpétuité du mouvement, inaccessible pour nos mécaniciens.

L'inertie, comme conservatrice de la vitesse acquise, est donc, en ce cas, non une propriété des masses élémentaires, mais du corps complexe qu'elles constituent. Ce qui le prouve, c'est que la distribution de ces masses élémentaires dans le corps n'est pas indifférente à la conservation de leur mouvement collectif, dont la stabilité augmente avec leur moment d'inertie ; c'est-à-dire avec l'accroissement, en raison inverse des distances à l'axe de rotation, de la densité des enveloppes sphériques concentriques extérieures, où la force centrifuge, qui n'est qu'un effet de l'inertie, tend naturellement à accumuler les masses les plus denses.

On peut même inférer, *a priori*, de cette loi, que les couches concentriques des corps sidéraux sont plus denses vers leur équateur que vers leurs pôles de rotation, et que l'accroissement de leur densité de la surface au centre, qui devrait résulter de l'accroissement des pressions, est combattue, jusqu'à certain degré, par la force centrifuge.

Mais sur les surfaces libres de ces sphères sidérales, pour que des corps pesants puissent subsister en équilibre stable, il faut que leur atmosphère gazeuse, intimement mêlée et pénétrée d'éther et entraînée dans leur rotation, entretienne leur vitesse de rotation, en maintenant leur centre de gravité dans la verticale du lieu.

Ce serait donc l'action de notre atmosphère qui, exerçant sur nous une pression de 10333 kilogrammes par mètre carré, maintiendrait notre équilibre et qui, tournant avec nous, entretiendrait également notre vitesse acquise de rotation.

C'est ce qui pourrait expliquer, au moins en partie, ce vertige des hautes montagnes, où la pression atmosphérique est déjà considérablement affaiblie.

Mais au-dessus de cette atmosphère de gaz pesants, pénétrée et en grande partie constituée d'éther, il faut supposer, pressant sur elle, un autre tourbillon ou sillage éthéré, sans cesse refoulé en avant de la terre par son mouvement de translation dans son orbite, et glissant constamment sur elle, suivant tous ses grands cercles, de son *apex*, ou pôle positif de son mouvement, vers son pôle négatif, pour aller lui rendre en arrière le mouvement qu'elle lui a communiqué en avant, par son déplacement dans son orbite. On concevrait ainsi la conservation de sa vitesse de translation, indépendamment de la conservation de sa vitesse de rotation, et comment les variations perpétuelles de la résultante de ses deux vitesses, dans un seul mouvement réel absolu, leur permettent de subsister inaltérées, et de se retrouver intégralement conservées, l'une et l'autre, pour manifester leur action contre les forces étrangères qui tendent à troubler leur équilibre périodique et leurs résultantes instantanées.

C'est de même qu'on peut expliquer l'indépendance de la vitesse acquise des corps en mouvement sur la terre. Tous, provoquant dans un milieu absolument plein le déplacement d'un volume égal au leur, y déterminent la formation d'un sillage, tourbillon ou courant fermé, qui entretient, plus ou moins intégralement, leur vitesse. Si, dans l'air, il y a perte constante de vitesse, c'est non seulement que l'air contient une forte proportion d'atomes pesants, dont le déplacement exige une dépense d'énergie mécanique, mais aussi que tous les gaz étant des corps très dilatés, leur densité dynamique est affaiblie et que, dans la mesure de leur dilatation, ils sont devenus compressibles, et ne restituent ainsi qu'en partie aux mobiles qui les déplacent, le travail de leur déplacement.

Dans tous les cas, la perpétuité du mouvement des corps ne dépendrait nullement d'une propriété qui serait inhérente à leurs éléments constituants primaires, ou à ce qu'on nomme leur masse; ce serait une réaction mécanique du milieu dans lequel ils se meuvent; c'est-à-dire une action réciproque des corps et de leur milieu, s'exerçant sous certaines conditions données, avec des intensités variables sur chaque corps, selon sa constitution atomique, et, généralement proportionnelle à la somme des masses de chaque corps, ou à ce qu'on appelle véritablement et dans ce sens restreint leur *somme d'inertie.*

En ce sens restreint, en effet, l'inertie des atomes pesants est passivité pure. Une force extérieure les a mis en mouvement; c'est le milieu ambiant, qui leur conserve ce mouvement, que d'autres forces extérieures pourront seules modifier.

Cette inertie se mesure par les vitesses qu'une même force peut, soit leur communiquer, s'ils sont en repos, soit ajouter ou retrancher à leur mouvement.

Cette inertie est donc identique à leur masse; la synonymie des deux termes est complète.

On peut même considérer la force nécessaire pour modifier les conditions de mouvement d'un corps pesant comme employée à déterminer ou à modifier le sillage, remous, tourbillon ou courant fermé du milieu plein, pesant ou impondérable, qui entretient l'état dynamique actuel du corps. Mais comme le volume déplacé, égal au volume du corps, n'est point proportionnel à son inertie, comme les forces capables de lui donner une même vitesse, il faut admettre que cette inertie, ou *adynamie* passive des corps pondérables, dépend, non seulement de leur quantité en volume, mais aussi de leur densité de masse ; qu'elle est, en quelque chose, inhérente à leur état de matérialité, qui d'ailleurs n'est encore, comme leur pondérabilité qui lui est proportionnelle, qu'une propriété secondaire dérivée, et non pas une propriété primaire de toute la substance cosmique.

L'inertie propre des corps, enfin, distinguée de l'effort nécessaire, pour déplacer dans leur milieu un volume égal au leur, et, par conséquent, proportionnel à leur densité de masse, tiendrait à la diminution du rayon de leurs atomes constituants, en raison inverse de leur inertie acquise, et à l'inégalité de leurs réactions contre les atomes éthérés avec lesquels ils entrent en conflit dans leurs mouvements,

C'est cette inertie particulière que multiplie la pesanteur dans le produit $mg = p$, qui mesure le poids d'un corps, ou la pression statique exercée par lui sur les surfaces qui s'opposent à sa chute.

Cette pression on peut l'écrire également $p = Vdg$, ou le produit du volume V et de la densité d, multipliant l'accélération locale, g.

C'est également ce produit Vd qui multiplie la vitesse v, dans le produit mv qui mesure la quantité de mouvement, et que l'on peut écrire $Vdgt$, ou $Vdg\sqrt{h}$, dans le cas d'une chute verticale.

Dans l'expression de la force vive, mv^2, où la vitesse est facteur deux fois, c'est mv, la quantité de mouvement, que multiplie v, la vitesse acquise, c'est-à-dire l'action du milieu ou l'énergie du courant que le mouvement du corps y détermine et qui tend à l'entretenir.

Si le poids mort p, d'un corps, ou la pression qu'il exerce sur la surface qui s'oppose à sa chute, est mg, ou Vdg, l'accélération g, multipliée, soit par la hauteur de la chute h, ou les espaces parcourus par le corps dans sa chute, soit par le carré du temps t employé à les parcourir, est une force vive, supposant une vitesse acquise, dépendante de l'action du milieu. Quelle que soit la hauteur dont un corps tombe, et la vitesse acquise dans sa chute, proportionnellement au temps, sa force vive, à tout instant de cette chute, supposée interrompue, est toujours $mv^2 = Vd \times v^2 = Vd\,gh = Vd \times gt^2$.

Mais aussi longtemps que le corps est en équilibre statique, qu'il *presse* les surfaces sous-jacentes, sans se mouvoir, n'ayant plus lui-même de vitesse, le milieu ne peut la lui conserver ; ou plutôt l'action du milieu consiste alors à lui conserver son repos relatif, et son énergie potentielle a pour mesure son inertie statique, c'est-à-dire sa masse m, qui multiplie l'intensité de la pesanteur g, c'est-à-dire la force qui tend à lui communiquée un mouvement accéléré par des impulsions successives égales, agissant à des intervalles de temps égaux.

Cette collaboration active du milieu qui entretient, soit l'état statique des corps, soit leurs vitesses, mérite donc un autre nom que celui d'*inertie*, synonyme de passivité ou d'*adynamie* ; nous lui substituerons celui de *synergie*.

Nous verrons que la pesanteur elle-même est entièrement due aux pressions centripètes de l'éther autour des corps matériels, et que les accélérations qu'ils reçoivent dans leur chute sont l'effet des impulsions successives du milieu éthéré, produites par un procédé identique à celui qui leur conserve leur vitesse acquise en tous sens.

CHAPITRE XX

LE MOUVEMENT DE L'ÉTHER

Quant à l'éther lui-même, il n'a ni masse ni inertie. Celle qu'on lui suppose vient uniquement de celle des corps pesants qu'il doit mouvoir ou écarter pour se mouvoir lui-même, soit à travers leur réseaux intermoléculaires, soit entre les surfaces de contact des divers agrégats pondérables qu'il enveloppe d'une couche plus ou moins condensée.

Quand il est sollicité au mouvement par la rupture soudaine de l'équilibre statique de ses pressions sur un point de ces canaux où il circule sans cesse, le rétablissement de cet équilibre se manifeste sous la forme de courants instantanés ou de décharges statiques, et si la rupture de son équilibre se reproduit avec continuité, son déplacement donne lieu à un courant continu.

Dans l'un et l'autre cas les courants éthérés, dits électriques, se manifestent par leur action sensible sur les corps pesants, sous la forme de phénomènes thermiques, lumineux, chimiques ou mécaniques.

Mais dans un milieu éthéré indéfini, comme l'espace interstellaire, ou même dans le vide matériel que nous pouvons réaliser, les déplacements de l'éther, se produisant librement, sans obstacle, sans mettre en mouvement aucune masse pondérable et sans rien changer à l'équilibre statique ou dynamique des corps pesants voisins, restent, souvent, insensibles pour nous.

L'éther est absolument sans cohésion, tous ses atomes restent libres d'obéir individuellement chacun aux pressions qui le sollicitent.

Si dans leurs déplacements ils se poussent les uns les autres et aspirent derrière eux, par dépression, ceux qui les suivent, c'est aussi longtemps qu'il reste quelque part une rupture d'équilibre à rétablir.

Latéralement ils repoussent et écartent tous ceux entre lesquels ils passent en déformant leur polyèdres par des plans instantanés de glissement et en se déformant eux-mêmes, en vertu de leur plasticité.

Quand l'éther est en mouvement dans un conducteur ou dans un milieu éthéré continu, les polyèdres de ses atomes, au lieu d'être inscrits dans des sphères, peuvent l'être dans des ellipsoïdes.

Le grand axe de ces ellipsoïdes est parallèle à la direction du mouvement, quand celui-ci est déterminé par aspiration vers une dépression locale négative à combler; alors le mouvement se manifeste comme courant; il est perpendiculaire à cette direction, quand le mouvement est déterminé par un excès de pression ou un état local positif, et alors il y a décharge.

Dès que la résultante motrice qui a mis en mouvement une certaine quantité d'éther cesse d'agir, ou est annulée par une force contraire, chacun de ses atomes s'arrête instantanément.

L'éther n'a pas de vitesse acquise, survivant à la force motrice qui la lui a communiquée.

Il se meut quand son équilibre statique est détruit; dès qu'il est rétabli, il s'arrête.

L'éther n'accumule pas la force motrice que lui transmettent les atomes pesants, parce qu'il ne lui résiste pas. Il n'emmagasine pas le mouvement, comme les corps pesants. Il ne peut donc être sujet à aucune accélération de vitesse, proportionnelle au temps. Des forces constantes lui donnent des vitesses qui leur restent égales et tant qu'elles continuent d'agir sur lui par contact immédiat, soit positivement, soit négativement.

L'éther se meut quand il est poussé dans un sens plus que dans l'autre. On peut aussi bien dire qu'il est aspiré dans le sens où il est le moins repoussé. Il se meut, tant que cette différence des pulsions se maintient : il s'arrête quand elle devient nulle. Son mouvement ne se perpétue ni en direction ni en vitesse. C'est parce qu'il est absolument passif sous les résultantes des pressions extérieures qui le sollicitent et qu'il ne leur résiste pas, qu'il ne peut être dit inerte, du moins dans ce sens où l'inertie des corps pesants est encore une force.

En revanche, le rétablissement de son équilibre est, à toute distance, presque instantané, si des corps doués d'inertie ne lui font pas obstacle.

En ce cas, la vitesse de rétablissement de son équilibre est inversement proportionnelle aux résistances qu'il doit vaincre.

Il en est ainsi quand les canaux de son écoulement entre les corps pesants sont trop étroits, ou coupés d'étranglements et d'écluses.

Le rôle de nos conducteurs métalliques est d'ouvrir devant lui des chemins faciles et réguliers, à travers leurs réseaux intermoléculaires et surtout le long de leurs surfaces.

Si la résistance que les fils métalliques opposent à son écoulement est en raison inverse de leur section, c'est que pour passer il ne lui faut que de l'espace.

Plus le conduit qui lui est ouvert est large, moins ses atomes sont déformés dans leur passage et plus son écoulement peut être rapide.

Ce qui détermine la vitesse de son mouvement, c'est la différence des tensions aux deux extrémités des conducteurs.

Le vide relatif, ou dépression locale produite en Amérique, fût-elle d'un seul volume atomique, est aussitôt comblé par le déplacement d'un seul diamètre éthéré sur toute la série des atomes situés sur la ligne, en vertu du déplacement d'un seul atome à son point de départ en Europe.

Le déplacement d'une série d'éthéroïdes, en contact mutuel et en équilibre statique dans leurs conducteurs, c'est, à toute distance, celui d'un corps cohérent, comme serait une verge de fer. Seulement cette verge, malgré sa cohérence, est absolument souple. Elle se prête à toutes les inflexions que lui imposent les pressions latérales. Le mouvement d'un bout se communique instantanément à l'autre bout, comme celui d'un bâton.

C'est ainsi qu'à chaque oscillation d'une plaque téléphonique, toute la série linéaire des atomes, situés sur la ligne, oscillent d'une même quantité, dans le même temps, s'il n'y a aucune solution de continuité dans le conducteur, ni aucune perte d'atomes sur toute la ligne.

Car si un courant parti de France et appelé à New-York par une dépression locale trouve en chemin une route plus courte ou plus large vers une dépression de même valeur produite en Angleterre, ou aux Açores, c'est cette route que le courant suivra de préférence parce qu'elle sera celle de la moindre résistance.

Dans ce transfert qui peut n'être que de quelques diamètres atomiques, sur plusieurs centaines de kilomètres, et qui n'est pas plus un courant que le remplissage alternatif des écluses d'un canal n'est le courant d'une rivière, le travail moteur est presque nul, sauf celui qui est employé à déséquilibrer les pressions aux deux extrémités du conducteur, et à vaincre la résistance des corps pesants sur la route, c'est-à-dire l'élasticité des conducteurs eux-mêmes et les pressions latérales qu'ils exercent sur les atomes éthérés en mouvement.

En pareil cas, de grands effets peuvent donc être produits par de très petits déplacements d'éther, et l'intensité de ces effets diminue plus lentement qu'en raison simple de la distance.

Il en est autrement des courants à haute tension circulant dans de gros conducteurs et destinés à produire de la lumière ou du travail moteur. Encore, dans les courants d'induction alternatifs, et polyphasés, la rapidité des alternances peut compenser la petite quantité d'éther transportée.

Mais il en est autrement, surtout dans les décharges statiques où de grandes quantités d'éther sont accumulées sur les conducteurs chargés positivement. Entre ceux-ci et les corps chargés négativement, c'est-à-dire, seulement moins chargés, étant enveloppés d'une couche d'éther à une moindre tension, la décharge est rapide et d'une grande puissance, l'équilibre statique des pressions se rétablissant instantanément, quelle que soit la différence de charge. C'est pourquoi les effets de la décharge statique ne sont, en aucune façon, comparables aux oscillations vibratoires des courants d'induction alternatifs, et que ceux-ci n'amènent le plus souvent qu'une syncope, ou mort apparente, chez les animaux qui en sont traversés, tandis que le moindre coup de foudre les tue subitement par une désorganisation complète de leurs tissus.

Dans les décharges statiques, telles que les coups de foudre, un grand volume d'éther est mis simultanément en mouvement. Quand elles se produisent entre les nuages, sous forme d'éclairs, l'étincelle est, non seulement très longue, mais d'une grande puissance. Le trait de feu paraît très large. Il ne ressemble en rien aux fines aigrettes ramifiées qui se produisent dans nos machines. Dès que la résistance de l'air, assez mauvais conducteur, est vaincue, ses molécules ouvrent un large passage au flux éthéré. Et quand le coup de foudre se produit à travers un corps meilleur conducteur, tel qu'un arbre, celui-ci en est, en quelque sorte, enveloppé et pénétré dans ses fibrilles, calcinées sur son passage.

Les décharges statiques, ou coups de foudre, ont cela de commun avec les courants d'induction alternatifs, que les uns et les autres agissent par influence, sur les atmosphères éthérées des corps voisins et modifient leur équilibre à distance, de façon à leur imprimer des mouvements d'apparentes attractions ou répulsions, qui sont le produit de pulsions ou d'aspirations réelles, transmises, de contact en contact, par l'intermédiaire du milieu ambiant.

Du moment que dans un milieu plein il y a déplacement d'un corps étendu, ce déplacement ne peut se produire sans changer en quelque chose l'équilibre de toutes ses parties. Si ce milieu est rempli d'éléments étendus, compressibles et expansibles, plastiques mais élastiques, qui, susceptibles de prendre momentanément toutes les formes, réagissent néanmoins instantanément pour reprendre leur forme symétrique, il est évident que tout mouvement de l'un d'entre eux agit pour mouvoir, déformer, comprimer ou dilater les autres. Tout déplacement en un sens direct d'une série d'éthéroïdes tendra donc à produire dans le milieu ambiant un déplacement égal d'autres éthéroïdes en sens inverse. Ce déplacement rétrograde, à son tour, produira, par influence, d'autres mouvements de sens direct, et ainsi à l'infini.

Mais l'ébranlement primitif, ayant pour forme ou symbole une droite, les déplacements induits de divers sens, et à diverses distances, autour de cette droite, auront pour forme ou symbole l'aire du cylindre dont elle est l'axe. Ceux-ci exerceront leur influence sur l'aire d'un cylindre de plus grand rayon, et ainsi indéfiniment. En sorte que l'énergie motrice déployée dans le déplacement inducteur primitif se trouvera affaiblie dans les courants induits successifs en raison inverse de la distance à la droite qui forme l'axe du cylindre dont ils représentent les aires, ou enveloppes successives.

Quand le phénomène a lieu dans un milieu éthéré continu et homogène, c'est-à-dire dans ce que nous appelons le vide, le rétablissement d'équilibre entre les courants inducteurs et induits se faisant librement entre les diverses enveloppes du cylindre, le phénomène cesse d'être sensible. L'étincelle ne passe pas, ou du moins ne paraît pas se produire. Mais quand le courant initial ou inducteur se produit dans un conducteur qui lui ouvre un passage plus facile, les courants successifs d'induction, s'ils se produisent dans le milieu ambiant, y restent inaperçus, en s'annulant les uns les autres, et ne deviennent manifestes que dans les autres conducteurs placés à des distances variables, autour du courant initial.

En somme, les déplacements des masses éthérées ont une grande analogie avec ceux des masses liquides, dans des vases communiquants. La tendance du liquide qui remplit un de ces vases à passer dans les vases voisins ne dépend nullement de sa quantité absolue, mais seulement de l'élévation relative de son niveau au-dessus du niveau du liquide dans les autres. De même, la tension de l'éther à la surface d'un corps ne dépend pas de sa quantité absolue, mais de sa tension, relativement à la tension de l'éther à la surface des corps voisins.

L'analogie est encore plus étroite avec les mouvements déterminés dans la masse atmosphérique par la différence de ses pressions locales. Si le vent souffle en tempête, au lieu d'être une simple brise en certain lieu, c'est qu'aux deux extrémités d'une droite passant par ce lieu, la différence des pressions aériennes est considérable au lieu d'être faible. La force du vent sera donc la même, qu'elle soit déterminée par une variation de hauteur barométrique de 77 à 76 centimètres, ou de 75 à 74 centimètres ; mais si elle est l'effet d'une différence de 77 à 74, ou de 3 centimètres au lieu de 1, la force du vent croîtra comme le cube des différences, ou de 1 à 27.

Des rapports numériques analogues s'observent dans le rétablissement d'équilibre de l'éther, et tous sont loin d'être exactement déterminés.

Il résulte des expériences de Hertz que, dans le milieu aérien, la décharge éthérée produit des ondulations, ou vagues résultantes, très analogues aux ondes sonores, et qui sont certainement des effets complexes résultant de décharges d'induction très petites et très nombreuses entre les molécules de l'air.

On peut formuler cette loi générale : pour qu'un mouvement se produise dans l'éther, il faut qu'une rupture de l'équilibre de ses pressions se soit produite, tout d'abord, soit sous la forme positive d'un accroissement de ces pressions, sur un point donné, soit sous la forme négative d'une dépression relative, également locale sur un autre point.

Très généralement, c'est cette dépression qui se produit d'abord ; un vide relatif paraissant plus facile à réaliser que l'accroissement d'une pression déjà énorme et supérieure, en moyenne, à toutes celles que nous pouvons produire par les moyens dont nous disposons.

Naturellement, tout état négatif ou dépression, sur un point, engendre, par différence, un état de pression positive sur un autre point, et réciproquement.

Du reste, qu'une augmentation ou une diminution locale de pression se produise, c'est vers le point où la différence de pression est maximum que se manifestera le courant, à égalité de distance et égalité dans les conditions de conductibilité.

En tous cas, cette rupture d'équilibre dans les pressions de l'éther ne peut provenir de l'éther lui-même, homogène et incoercible dans sa masse continue, et qui, par lui-même, rétablit toujours instantanément cet équilibre, quand il est détruit.

La cause de cette rupture d'équilibre statique doit donc résider dans les déplacements des corps pesants résultant, soit de leurs changements d'état moléculaire, soit, enfin, de leur mouvement balistique dans l'espace. Ces causes peuvent donc être d'ordre thermique, chimique ou mécanique.

Soit la rupture, soit le rétablissement de l'équilibre éthéré paraissent n'exercer une action sensible sur les corps pesants que sous la condition que le courant ou la décharge soient en quelque sorte localisés par des corps isolants, ou canalisés par des corps conducteurs, à travers un milieu non conducteur qui s'oppose à leur passage.

DEUXIÈME PARTIE

LES PHÉNOMÈNES VIBRATOIRES SENSIBLES

Première Section. — CHALEUR

CHAPITRE XXI

THÉORIE DE LA VIBRATION THERMIQUE DANS L'ÉTHER

Dans cette hypothèse d'un monde constitué d'atomes fluides, expansibles, plastiques et élastiques, mais de rayons différents, se limitant les uns les autres, sans vides, par leurs plans de contact immédiats, la vibration thermique ne peut être conçue comme un mouvement de translation ou d'oscillation des centres atomiques, mais comme une *vibration oscillatoire* de leurs plans de contact.

Sur chacune des faces du dodécaèdre qu'il réalise, ou cherche à réaliser, chaque atome s'efforçant de reprendre à son voisin le segment sphérique que celui-ci lui enlève, le reprenant et le reperdant tour à tour (fig. 18) chaque vibration, positive, sur un de ses plans de contact, répond à une vibration négative sur le plan de contact parallèle, diamètralement opposé, du dodécaèdre atomique, dès que son système vibratoire a pu s'ordonner symétriquement.

Ainsi, étant donné un groupe d'atomes dans un même plan, selon leur coupe hexagonale, une source de chaleur, située au-dessous et agissant dans le sens des trois flèches extérieures, déterminera leurs vibrations positives directes sur les trois plans de contact situés dans la direction des grandes flèches intérieures. Ces vibrations, produites d'abord dans les trois atomes en contact avec la source de chaleur, se transmettront, instantanément et en même sens, aux plans de contact des atomes situés sur ces mêmes droites indiquées par les petites flèches.

Sur les six plans de contact de chaque atome, il y aura donc trois vibrations positives augmentant son volume et, synchroniquement, trois vibrations négatives qui le diminueront dans la même mesure.

Il en résulte que le volume de l'atome reste constant, ainsi que sa forme.

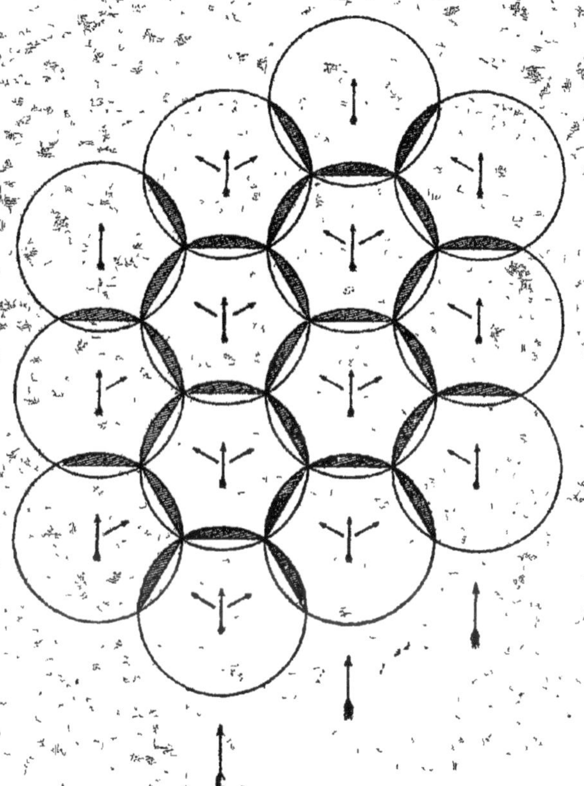

Figure 18. — Source de chaleur, ⇛⟶; vibration directe, ⟶; vibration dérivée, ⟶.

L'énergie thermique des atomes, en général, est proportionnelle au produit du rapport $\frac{\Delta_1}{\Delta}$ de la densité dynamique Δ_1 du polyèdre à la densité Δ de sa sphère virtuelle circonscrite, que multiplient la tension τ au centre de ses plans de contact, la vitesse vibratoire spécifique W de ce plan, ou le nombre de vibrations qu'il accomplit dans l'unité de temps, et l'amplitude α de ces vibrations.

(1) Soit : $E = \frac{\Delta_I}{\Delta} \tau W \alpha$

Nous avons vu déjà (1) que, sous les mêmes pressions, et pour des polyèdres de même forme, la densité dynamique du dodécaèdre est constante et égale à 2π ; et qu'elle est égale à 3 pour la sphère virtuelle circonscrite.

Nous avons vu aussi que, sous les mêmes conditions, la tension aux centres des plans de contact est également constante, et pour tous les atomes de forme régulière, sous pression normale, égale à

(2) $$\frac{1}{\cos. 45^o} = 2$$

Ces relations sont altérées par l'agrégation moléculaire.

En vertu de la loi qui régit les vibrations des membranes, le nombre des vibrations, dans l'unité de temps, ou ce que j'appellerai la vitesse vibratoire W, varie en sens inverse des aires des plans vibrants, toutes choses égales d'ailleurs.

Par conséquent, cette vitesse, pour les plans de contact du dodécaèdre éthéré, inscrit à sa sphère virtuelle de rayon 1, sera

(3) $$W = \frac{1}{\frac{2^{1/2}}{2}} = \frac{1}{\sin. 45^o\ (r^2 = 1)} = 2^{1/2}.$$

Si les calottes sphériques que les atomes voisins enlèvent mutuellement à leurs sphères virtuelles, n'étaient pas mutuellement sécantes ; c'est-à-dire si leurs plans de contact, au lieu de devenir des polygones, étaient des cercles, l'amplitude de chaque vibration de ces plans circulaires serait égale à la hauteur du segment sphérique dont ces plans représentent les bases.

Il résulte, au contraire, de l'intersection mutuelle de ces cercles, que jamais la vibration thermique ne peut restituer à un atome sa forme sphérique intégrale, bien qu'elle puisse augmenter parfois considérablement son volume virtuel primitif par les dilatations qu'elle produit.

(1) Chapitre XIV. Des relations métriques des atomes, p. 111.

Si le dodécaèdre que réalisent les atomes homogènes, par leur compression mutuelle, était régulièrement inscriptible à la même sphère par tous ses sommets, comme le dodécaèdre pentagonal, leurs ménisques vibrants seraient, plus ou moins exactement, des segments de sphères. Il en est autrement du dodécaèdre rhomboïdal dont les faces ont des diagonales inégales qui ne sont pas des cordes du même cercle.

Par leurs grandes diagonales, ces rhombes s'inscrivent dans des cercles de rayon 1, c'est-à-dire dans des grands cercles de la sphère circonscrite virtuelle, et l'angle sous-tendu par leurs

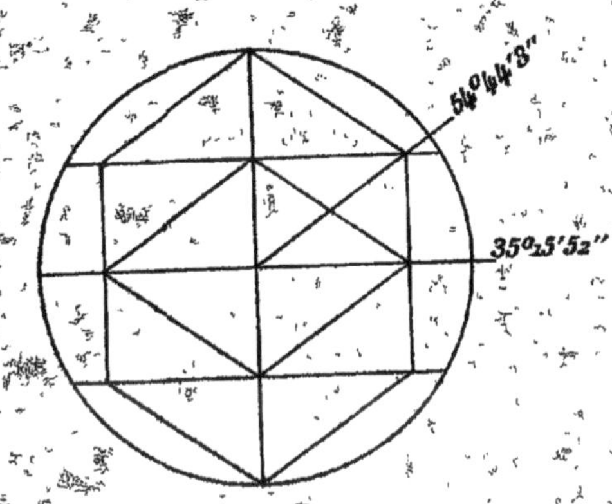

Figure 19.

demi-diagonales étant de 45°, la hauteur des segments sphérique enlevés (fig. 19) serait

$$(4)\qquad h = (1 - \cos. 45) = \left(1 - \frac{2^{1/2}}{2}\right) = 0{,}29289.$$

C'est l'amplitude maximum de la vibration.

Les petites diagonales, aboutissant aux sommets trièdres du dodécaèdre, sont les cordes de cercles dont les rayons $r = \frac{3^{1/2}}{2}$ seulement ; et leurs moitiés sous-tendent des angles de 35° 15′ 52″ (fig. 19).

La flèche de l'arc double, ou de 70° 31′ 44″ qu'elles sous-tendent de ce cercle, est

$$(5)\qquad h_{,} = \frac{3^{1/2}}{2} - \frac{2^{1/2}}{2} = 0{,}15892$$

Selon la coupe hexagonale du dodécaèdre (fig. 3, p. 103)

inscrite à un cercle de rayon, $r = \frac{2^{1/2}}{3^{1/2}}$, circonscrit à ses arêtes, la corde de l'arc sous-tendu est le diamètre oblique minimum des rhombes. Cet arc est de 60°, et sa flèche

$$(6) \qquad h_{,,} = \frac{2^{1/2}}{3^{1/2}} - \frac{2^{1/2}}{2} = 0,10939$$

C'est l'amplitude minimum de la vibration.

Selon l'intensité de cette vibration, son amplitude peut varier dans ces limites, mais en aucun cas le ménisque vibrant ne peut être identique au segment sphérique enlevé. Il ne sera jamais qu'un segment d'ellipsoïde dont les deux axes peuvent changer d'orientation par une rotation de 90°, puisque le plus grand peut devenir le plus petit.

L'amplitude moyenne de la vibration sera donc la hauteur moyenne des flèches des trois arcs différents sous-tendus par chacun des diamètres des rhombes du polyèdre, sur trois cercles différents.

Si l'on fait la somme des flèches des deux courbes circonscrites aux grands et aux petits sommets et qu'on y ajoute deux fois la flèche de la courbe circonscrite aux arêtes, on trouve pour l'amplitude moyenne

$$\alpha = 0,16765.$$

Cette moyenne diffère peu de la flèche de la courbe soustendue par la petite diagonale du rhombe, $h = 0.15892$.

Si nous élevons cette moyenne à la valeur de

$$(7) \qquad 0.16885 \ (\text{Log. } 1,2273964)$$

nous trouvons pour l'énergie thermique moyenne de l'éther

$$(8) \qquad \varepsilon = \frac{\Delta_0}{\Delta} \tau \text{w} \alpha = \frac{2\pi}{3} \frac{1}{(\cos. 45)^2} \frac{2}{2^{1/2}} 0,16885 = 1$$

Nous avons vu que $\frac{\Delta_0}{\Delta}$ est le rapport de la densité dynamique du polyèdre à la densité dynamique de sa sphère virtuelle, c'est-à-dire l'accroissement de densité résultant de la diminution de volume subie par l'atome, par suite de la pression de ses voisins.

C'est cet accroissement de densité qui, non seulement,

augmente son énergie thermique, mais qui la détermine; puisque si les atomes n'étaient pas sécants entre eux, il n'y aurait pas de plans de contact pouvant vibrer.

On voit par là que tout accroissement de pression, ayant pour conséquence un accroissement de densité et une diminution de volume des atomes, augmente leur énergie thermique.

Corrélativement, toute diminution de pression, ayant pour conséquence un accroissement de volume, diminue cette énergie. De même toute dilatation, causée par une élévation de la température, a ce même effet de diminuer la vitesse vibratoire des atomes, en augmentant toutefois l'amplitude de leurs vibrations.

La chaleur tend ainsi à se limiter elle-même, puisque, dilatant les corps, proportionnellement aux amplitudes de leurs vibrations, elle diminue, d'un autre côté, la vitesse vibratoire de leurs plans de contact, la tension au centre de ces plans et la densité dynamique de l'atome.

On comprend ainsi pourquoi la dilatation ne peut être proportionnelle qu'à une puissance très petite des élévations de température ou de l'énergie thermique totale.

L'énergie thermique moyenne des atomes éthérés est un minimum. C'est l'unité des températures. Si l'éther s'échauffe davantage, ce ne peut être qu'au contact des corps pesants, ou plutôt par leur rayonnement. Mais il paraît démontré que, soit par rayonnement, soit par conductibilité, il s'échauffe peu, peut-être justement parce qu'il se dilate davantage. Ainsi les gaz, dont le volume est en grande partie formé d'éther dilaté, s'échauffent très peu, se laissent traverser par la chaleur sans l'absorber, mais se dilatent aussi beaucoup plus que les solides pour les mêmes accroissements de température.

CHAPITRE XXII

LA VIBRATION THERMIQUE DANS LES CORPS HÉTÉROGÈNES

Si les conditions de variabilité de l'activité thermique des corps homogènes peuvent ainsi se formuler par des rapports généraux d'une grande simplicité, il en est tout autrement pour les corps hétérogènes. Entre des atomes de rayons différents cette constance des données du problème disparaît pour faire place à une complexité presque indéfinie de conditions variables excluant les formules générales.

Comme nous l'avons vu déjà (p. 125), à propos de l'élasticité, entre deux atomes de rayons égaux le plan de mutuel contact sous-tend des deux centres des angles égaux (fig. 14). Si leurs rayons deviennent inégaux, non seulement ces angles deviennent inégaux, mais leurs variations ne sont dans aucun rapport constant avec les rayons (fig. 20 et 15).

Entre deux atomes dont les rayons sont dans le rapport de 2 à 1, ou, ce qui revient au même, comme 1 à 1/2, l'angle sous-tendu du centre du petit atome *b* par le demi-diamètre du plan de contact mutuel n'est pas exactement double de l'angle sous-tendu du centre A du plus grand.

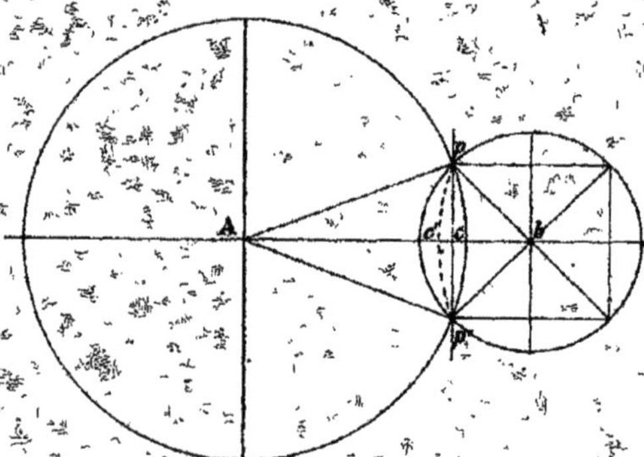

Figure 20.

Si, par exemple (fig. 20), l'angle sous-tendu du centre *b* du petit atome est de 45°, l'angle-tendu du centre A du grand atome est seulement de 20°42'17",3.

Par le fait que les angles sont différents, tout diffère des deux côtés du plan de contact.

La hauteur du segment vibrant du grand atome A est seulement 0,06459, moins de la moitié de la hauteur du segment vibrant du petit atome *b*, qui est de 0,146445, ou dans le rapport 2.267.

Tandis que la tension au centre du plan de contact est 2 du côté du petit atome, elle est seulement 1,13765 du côté du grand ; soit, dans le rapport 1.75. (Comp. p. 126.)

Le grand segment vibrant du petit atome, en pénétrant dans le grand, pour réaliser sa courbe sphérique, n'y rencontre qu'une résistance de 1,6065 ; et le grand atome pour projeter son petit segment chez son petit voisin se heurte à une résistance de 2,4222, ou dans le rapport de 3/2.

Il y a donc une déséquilibration absolue entre les deux systèmes de forces.

Leur équilibre ne devient possible que si les deux atomes, ou l'un d'eux, reculant, leurs sphères virtuelles deviennent tangentes (fig. 21).

Alors seulement tout redevient symétrique. Sur le plan de contact les tensions sont égales, et des deux côtés égales à l'unité. Elles sont donc réduites de moitié, et, par cette diminution de la tension, l'énergie thermique est réduite dans la même proportion. Mais le corps aura, par le fait, augmenté de volume.

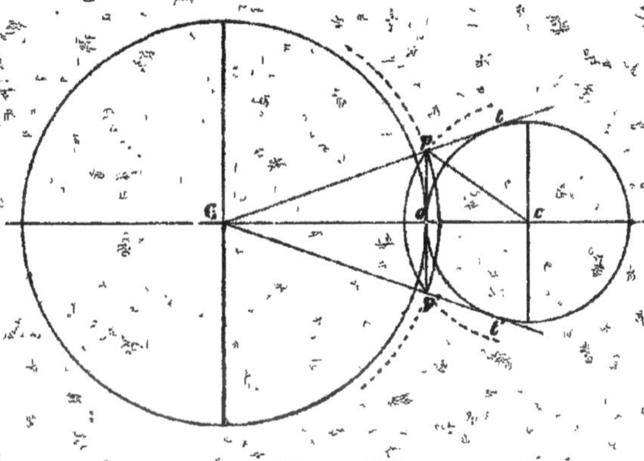

Figure 21.

Supposons les deux atomes tangents de rayon 1 et 1/2, soit un atome éthéré en contact avec un atome d'hydrogène.

La distance des deux centres sera 3/2 (fig. 21).

Si ces deux atomes étaient isolés de tous autres, leur plan de contact *p p* serait un cercle ayant pour limites toutes les tangentes *t t* menées du centre de l'atome éthéré à la surface sphérique virtuelle de l'atome d'hydrogène. Or, entre deux cercles tangents, de rayon 2 et 1, ou 1 et 1/2, la tangente menée de la circonférence du petit cercle au centre du grand, fait avec la droite menée entre les deux centres, un angle de 19°28'16",486 ou à peu près 20°, en no mbres ronds.

La tangente de cet angle sera donc le rayon du plan de contact circulaire *pp*, entre les deux atomes tangents.

L'angle sous-tendu du centre du petit atome, de rayon 1/2, par le rayon de ce plan de contact circulaire sera de 35°15'52 c'est-à-dire de moins du double.

L'énergie vibratoire, déjà diminuée de moitié, comme la tension au plan de contact, diminuera encore en sens inverse de la surface de ce plan, c'est-à-dire dans le rapport du carré de sinus au carré de la tangente de l'angle sous-tendu. Comme il y aura eu augmentation de volume, il y aura aussi diminution de densité, et, de ce chef, une nouvelle diminution de l'énergie thermique, dont trois facteurs, sur quatre, auront ainsi été diminués.

Le quatrième, l'amplitude, a également diminué. La hauteur du segment vibrant du petit atome, qui était de 0,146445, n'est plus que de 0,11237. La hauteur du segment du grand atome est descendue de 0,06457 à 0,05730. Le rapport des deux hauteurs reste de 2 à 1.

Mais ces segments vibrants sont des ressorts déjà détendus car leur surface appartient à des sphères de plus grands rayons. Ces rayons ont augmenté justement de toute la hauteur des segments vibrants actuels. A la surface de ces sphères, la tension a diminué en raison inverse du carré des rayons sphériques. Elle est à la surface du segment du grand atome éthéré 0,8955, et à la surface du segment du petit atome d'hydrogène, elle n'est plus que 0,66671.

Il est vrai que les tensions intérieures, qui s'opposent à leur détente, ont diminué plus rapidement; elles sont devenues plus égales. Dans le grand atome, le grand segment du petit rencontre une résistance de 1,269, et dans le petit atome le petit segment du grand rencontre une force de 1,376.

De toutes façons l'énergie thermique des deux atomes est considérablement affaiblie sur ce plan de contact qui leur est commun, et l'on peut prévoir que ce plan de contact mettra un obstacle presque infranchissable à la prop agation des vibrations sur le chemin desquelles il se trouvera placé.

Il constituera une barrière thermique.

L'existence de telles barrières, plus ou moins infranchissables, nous explique la moindre conductibilité des corps hétérogènes, en général, et l'obstacle que la chaleur rencontre toujours, plus ou moins, pour passer d'un corps dans un autre, constitué d'atomes de densité différente, surtout quand les deux corps sont séparés par une couche d'air ou d'un autre gaz, ou même par une couche d'éther. En effet, dans ce cas, l'obstacle est double, puisqu'à la barrière de sortie d'un des corps pesants se joint la barrière d'entrée dans l'autre.

Dans cette double transformation du rythme vibratoire il y a toujours perte d'énergie totale.

Pour que deux atomes deviennent mutuellement tangents, il faut qu'ils puissent se mouvoir, que l'un d'eux, tout au moins, puisse reculer. Or, si de tous les côtés, aux centres de tous leurs plans de contact, la pression est moyenne et la tension intérieure égale à 2, l'un et l'autre sont forcés de subir l'état de déséquilibre de leurs tensions. En ce cas, le plan de contact *se gonflera* sous la poussée supérieure du petit atome, jusqu'à ce que le sommet de sa courbe soit à des distances des deux centres proportionnelles aux rayons des deux atomes. (Comme l'indique la ligne ponctuée de la figure 20.)

Alors l'équilibre sera rétabli, car cette distance des deux centres est justement placée vers le milieu de la hauteur du grand segment, double de celle du petit; en sorte que la hauteur de la vibration, aller et retour, sera redevenue égale des deux côtés de son parcours pendulaire, et que les deux demi-oscillations pourront se faire dans le même temps en vertu de forces égales.

Il n'en résulte pas moins un certain état instable dans l'équilibre des deux atomes qui tendent à en sortir, dès qu'une diminution de pression, sur l'un quelconque de leurs axes, leur permet de se mouvoir.

On conçoit combien ces luttes des forces atomiques internes peuvent jeter de lumière sur les faits, si complexes et si mystérieux, de la thermochimie.

Entre les atomes pesants de tous les rayons, comme entre ceux-ci et les atomes éthérés, les mêmes rapports subsistent, toujours proportionnellement aux variations de leurs rayons.

Mais les rapports de ces rayons sont loin d'être toujours simples. Variant en raison inverse des masses atomiques, le plus souvent représentées, chez les corps pesants très denses, par des nombres fractionnaires irréductibles, la variation corrélative des rayons est parfois infinitésimale. Les variations d'énergie thermique qui résultent des contacts de ces divers atomes sont donc elles-mêmes infinies, et d'autant plus que les corps deviennent plus complexes et les polyèdres atomiques de formes plus irrégulières.

Il y a là pour longtemps du travail pour les chimistes qui tenteront de déterminer ces variations et d'en extraire les lois générales, et pour les géomètres auxquels incombera la tâche de déterminer, dans tous les cas, les formes des polyèdres atomiques et les relations angulaires de leurs plans de mutuel contact.

L'établissement d'un système vibratoire, défini et régulier, n'est possible qu'entre un certain nombre d'atomes semblables ou homogènes, vibrant à l'unisson, ou entre des atomes de rayons différents, mais en rapports assez simples pour que leurs vibrations soient elles-mêmes en de certains rapports harmoniques, de façon à ne pas se détruire les unes les autres par leurs interférences.

Un mélange hétérogène et désordonné d'atomes de toutes les grandeurs, outre qu'il ne permettrait entre eux aucune symétrie des formes et des pressions, ne pourrait avoir aucun rythme vibratoire défini et régulier.

Déjà nous voyons par là qu'une des causes de l'affinité, et la principale, est dans les rapports simples des rayons atomiques, entraînant des rapports également simples, entre les nombres de leurs vibrations dans l'unité de temps.

CHAPITRE XXIII

VARIATIONS THERMIQUES DES CORPS PESANTS

Il est certain que la plupart des propriétés spécifiques des corps dérivent des variations de leur énergie thermique.

Il y a lieu de croire que leurs réactions, acides ou alcalines, proviennent de ce seul fait que, chez les uns, de gros atomes constituent le centre des molécules qu'entourent des atomes plus petits et que, chez les autres, les petits atomes occupent le centre et les gros la périphérie.

Entre atomes d'égal rayon, chacun d'eux est régulièrement entouré par douze autres, et c'est justement par une conséquence de ce fait qu'ils prennent la forme de dodécaèdres (fig. 22).

La coupe équatoriale de ce groupe sphérique de 13 atomes homogènes montre l'atome central entouré par six autres sur le même plan central : les six autres sont disposés, 3 par 3, sur deux autres plans.

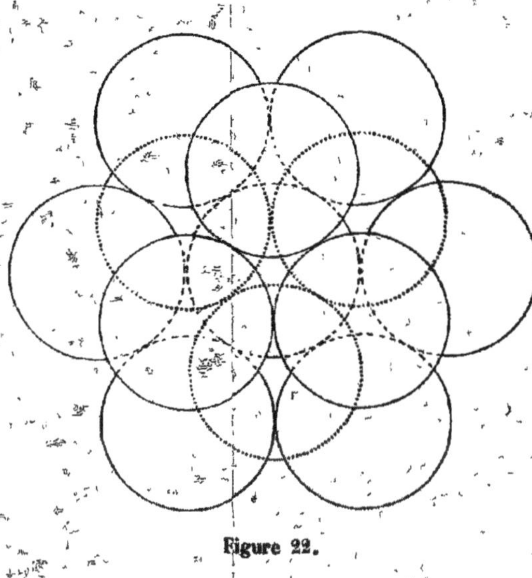

Figure 22.

Entre atomes dont les rayons sont dans le rapport 2 à 1, si le grand atome occupe le centre, il faut, pour l'enclore, 36 atomes de rayons moitié plus petits. Dans la coupe plane, 9 petits atomes sécants entourent le grand cercle de rayon double (fig. 23). Qu'ils soient, du reste, tangents ou sécants, les 9 plans de contact sous-tendent de centre du grand atome des angles égaux de $\frac{360}{9} = 40^\circ$.

Le demi-diamètre de ces plans sous-tend donc un angle de 20°.

Si les atomes restent sécants (fig. 23), le rayon du plan de contact a pour mesure : Sin. 20° R qui, du centre du petit atome, sous-tend un angle de 43°9'36"65 ou de plus du double.

Les hauteurs des deux segments vibrants seront 0,06031 et 0,135275.

Les tensions aux plans de contact seront 1,8794 et 1.1325. Par conséquent, si les petits atomes, ne pouvant reculer pour s'éloigner du grand, restent sécants, leurs plans de contact avec celui-ci se bomberont suivant une courbure elliptique, de façon à ce que le sommet de cette courbe occupe, entre les centres, des distances proportionnelles aux deux rayons (c'est-à-dire, de 2 à 1, dans l'hypothèse donnée par la figure 20).

Figure 23.

Si, au contraire, les petits atomes de la périphérie peuvent reculer et devenir tangents, l'angle sous-tendu du centre du grand atome sera toujours de 20° ; mais c'est la tangente de 20° qui sera la mesure du rayon du plan de contact, et qui sous-tendra des centres des petits atomes des angles de 36° 3′8″,60 (fig. 24).

Sur le plan de contact, mutuellement tangent, et qui, par suite, se trouve placé à des distances des centres égales aux rayons, les tensions des deux côtés seront égales à l'unité.

Les hauteurs des segments vibrants seront 0,0642 et 0,11844 soit dans un rapport plus petit que 2.

Toute l'énergie thermique aura diminué ; car, en outre, le corps aura diminué de densité, ayant augmenté de volume. Son accroissement linéaire ayant été de 11/10 environ, son accroissement en volume est de 1331/1000. Son énergie thermique a donc varié en sens inverse.

Au lieu de 9 atomes de rayon 1/2 autour d'un atome central de rayon 1, il en faudrait 18 de rayon 1/4 (fig. 25) pour entourer son grand cercle. Il en faudrait 104 pour l'envelopper complètement.

Figure 24.

Sous cette condition de reculer plus ou moins leurs centres ou de rester plus ou moins sécants autour d'un atome central de rayon double, le nombre des atomes qui peuvent trouver place sur sa périphérie n'est pas invariable.

10 de ces atomes peuvent trouver place, au lieu de 9, autour de son grand cercle virtuel. Ils y sous-tendent alors des angles de $\frac{360^\circ}{10^\circ} = 36^\circ$, et l'angle sous-tendu par le rayon de leurs plans de contact est de 18°. Ces 10 atomes, sécants autour d'un même cercle, donnent une figure très régulière (fig. 26), très symétrique, et en ceci remarquable que les angles qu'ils sous-

tendent entre eux, latéralement, sont presque égaux à celui que sous-tend de leur centre leur plan de contact avec l'atome central. Pour le demi-diamètre de leurs plans de contact latéraux, ces angles sont de 38°10' 21' 75, au lieu de 36°.

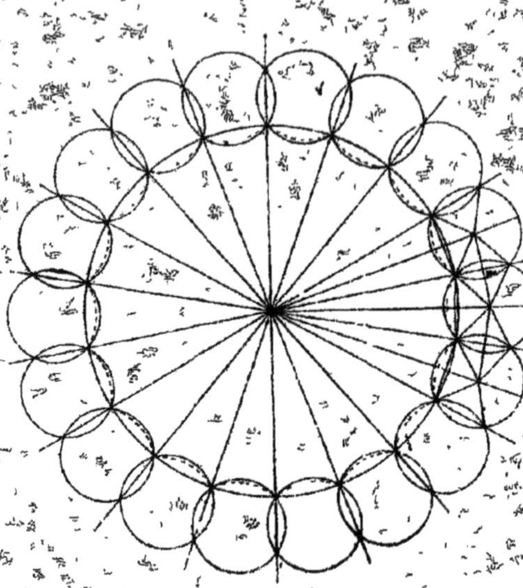

Figure 25.

S'ils deviennent tangents, au contraire, l'angle sous-tendu de leurs centres par le demi-diamètre de leurs plans de contact latéraux n'est plus que de 33°3', 2",62 (fig. 27).

A mesure que le nombre des petits atomes situés sur la périphérie d'un grand cercle augmente, la hauteur de leurs segments vibrants augmente tant qu'ils restent sécants et diminue quand ils deviennent tangents.

La limite minimun du nombre des atomes qui peuvent être sécants autour d'un autre de plus grand rayon, résulte de cette condition d'équilibre que leur tension sur leur plan de contact avec l'atome central soit à peu près équivalente aux pressions latérales qu'ils exercent les uns sur les autres sur leurs plans de contact mutuels.

Cette condition est à peu près réalisée par 10 atomes, autour du grand cercle d'un atome de rayon double, comme nous venons de le voir (fig. 26). 9 atomes sécants dans les mêmes conditions n'exercent entre eux qu'une pression latérale inférieure (fig. 23 et 24).

Par contre, quand les 10 atomes deviennent tangents (fig. 27) leurs pressions latérales sont sensiblement supérieures à leur pression contre l'atome central.

Ainsi, sous de fortes pressions extérieures, 8 atomes sécants pourraient entourer le grand cercle d'un atome de rayon double (fig. 28), bien que leurs pressions latérales fussent alors très faibles, et sous la condition de se déformer en ellipsoïdes sous la presssion extérieure ; mais ces huit atomes ne pourraient devenir tangents que sous la condition d'une dé-

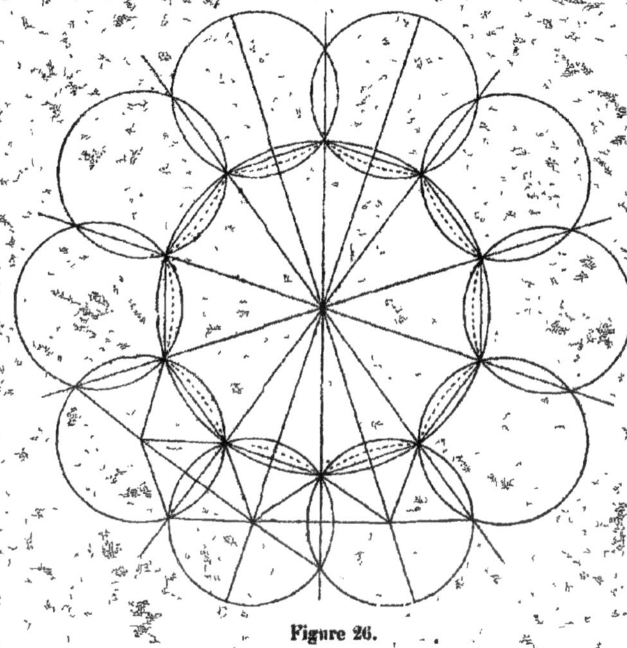

Figure 26.

pression considérable du milieu ambiant, comme on peut le voir à la seule inspection de la figure 28.

Le nombre maximum d'atomes qui peuvent entourer le grand cercle, et par suite la surface d'un autre atome de rayon double, est également limité par cette même condition d'équilibre des pressions en tous sens ; mais le maximum est moins étroitement limité que le minimum. En effet, si ce nombre est insuffisant, les atomes ont une tendance à rester sécants, en bombant leur plan de contact, puisque leurs pressions latérales, déjà insuffisantes, le deviendraient encore davantage s'ils étaient tangents.

Si, au contraire, leur nombre est trop grand, leur pression latérale augmentant, tandis que leur pression sur l'atome central diminue, ils tendent à devenir tangents. En cet état, ils peuvent supporter des pressions extérieures d'autant plus fortes qu'ils sont plus nombreux et plus fortement appuyés les uns contre les autres; car, dans ce cas, *ils font voûte* autour

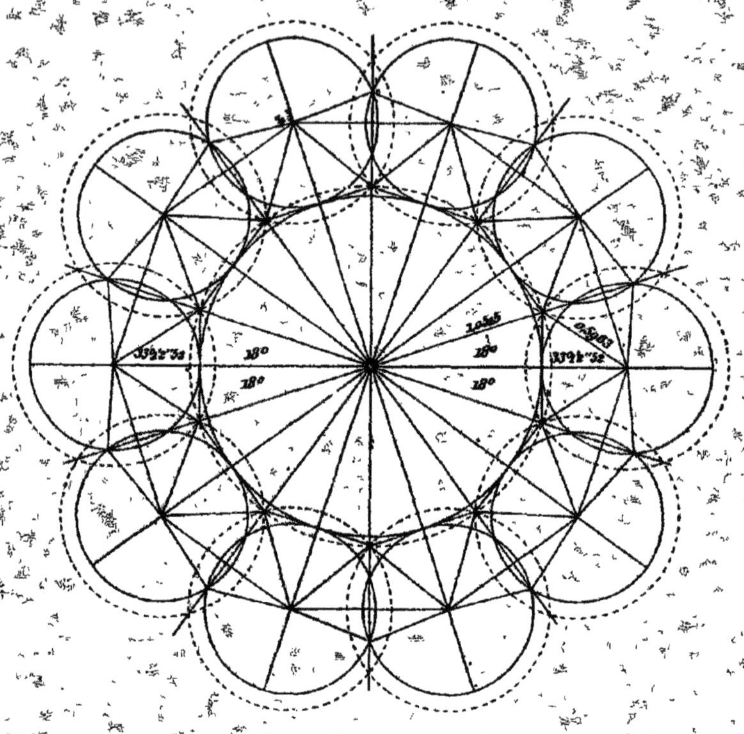

Figure 27.

de l'atome central qui, sous cet abri, peut conserver son volume virtuel sous de très fortes pressions (fig. 29).

C'est sur cette propriété des voûtes que nous pourrons établir le processus de la transformation des atomes éthérés en atomes vitalifères et en atomes pesants, sous des conditions déterminées de pression et de constitution moléculaire.

Mais ce qui apparaît ici avec toute évidence, c'est le lien intime qui existe entre les propriétés thermiques des corps et leur constitution moléculaire, de sorte que celle-ci est avec celles-là dans une dépendance réciproque.

Si c'est un cas si fréquent, dans la constitution des molécules complexes, que de gros atomes soient entourés de plus petits, et tels sont en général les corps hydrogénés, dont l'eau est le type, le plus souvent, au contraire, ce sont les petits atomes métalliques qui occupent le centre de la molécule, comme nous le verrons en traitant de la constitution des oxydes.

D'ailleurs, tous les corps sont entourés par les gros atomes

Figure 28.

de l'éther qui constituent le milieu ambiant commun où tous sont plongés. (Fig. 29.)

Naturellement, les contacts réciproques entre les grands atomes éthérés et les petits atomes pesants suivent les mêmes lois au point de vue thermique. Seulement, comme les atomes du milieu éthéré ambiant sont libres de toute agrégation moléculaire, qu'en conséquence ils sont parfaitement mobiles et plastiques, dans leurs contacts extérieurs avec les atomes pesants, ils reculent librement devant ceux-ci, jusqu'à devenir tangents, afin de rétablir sur leurs plans de mutuel contact l'équilibre des tensions, autrement impossible. C'est seulement dans les cas où cette fuite leur est impossible que les petits atomes comprimés rétablissent cet équilibre détruit en gonflant leurs plans de contact et en creusant ainsi des cuvettes dans la substance refoulée des atomes plastiques de l'éther.

D'ailleurs ces cuvettes ne sont que l'empreinte partielle, mais persistante, de la cuvette plus profonde que chaque

Figure 20.

atome, alternativement, creuse chez ses voisins, en lui reprenant momentanément les segments qu'il lui enlève. C'est-à-dire que, lorsque les pressions sont inégales des deux côtés des plans vibrants, la vibration reste incomplète ; le plus petit atome, après avoir poussé son segment chez son voisin, ne revient pas complètement sur lui-même, ou plutôt ne permet pas au grand atome de lui reprendre à son tour la part intégrale de volume qui lui appartient. La vibration, aller et retour, est égale des deux côtés, mais moins ample, et se produit des deux côtés d'une surface courbe, au lieu de se produire sur les deux faces d'une aire plane. Mais elle a moins de vigueur. Le plus gros des atomes en contact ne reprend jamais son ménisque sphérique complet et la vibration de ses plans de contact le fait osciller entre une forme polyédrique à faces presque exactement planes et cette même forme polyédrique, mais à faces sensiblement déprimées et creusés, comme le montre la courbe pointée de la figure 20.

Figure 30.

Supposons une molécule sphérique (figure 30) de treize atomes, dont sept sur un même plan, entourée de douze atomes d'éther, dont six dans le plan de la figure. Chacun des petits atomes, supposés d'hydrogène, puisque leur rayon est la moitié du rayon des atomes d'éther qui les entourent, est en contact avec six autres par six plans perpendiculaires au plan de la figure.

Seul, l'atome central est entouré de ses égaux. Chacun des six autres est en contact, par deux de ses plans, avec deux atomes d'éther, et sur ces plans l'équilibre des tensions est instable. En pareil cas, les atomes éthérés reculeront un peu et deviendront tangents. Le volume de la molécule augmentera d'autant, et, sur toute sa surface, il y aura diminution d'énergie thermique et diminution de conductibilité. La chaleur passera moins de la molécule à l'éther qu'elle ne passerait à un autre corps moins différent de densité. Mais toute la quantité d'énergie thermique qui aura passé dans les atomes éthérés en contact immédiat avec la molécule, sera transmise intégralement au milieu éthéré ambiant. C'est-à-dire que toute cette chaleur transmise par la molécule pesante aux atomes éthérés en contact sera ensuite rayonnée par eux dans l'espace à des distances indéfinies, tant que le milieu gardera son homogénéité (planche II).

Seulement, comme à mesure du rayonnement dans l'espace en tous sens, l'énergie thermique, ou la quantité de mouvement vibratoire, se transmet à des nombres d'atomes qui croissent en raison directe des carrés des distances, naturellement, par suite de cette division progressive de la même quantité d'énergie par des facteurs croissant, comme les carrés des distances, la part de cette énergie, récupérée par chaque atome, diminuera en raison inverse du carré de sa distance au foyer initial du rayonnement.

CHAPITRE XXIV

RAYONNEMENT ET CONDUCTIBILITÉ

On sait que la chaleur, émanant par rayonnement d'un foyer à travers des corps diathermanes, diminue d'intensité en raison inverse des carrés des distances à la source de chaleur. En pareil cas, ce n'est nullement la vitesse des vibrations qui diminue, c'est leur amplitude. Le rythme vibratoire établi, au départ du rayon, au foyer de chaleur, est le même qu'à son arrivée au corps qu'il échauffe, quelle qu'en soit la distance, si la nature du milieu reste la même sur tout le trajet du rayon ; mais l'énergie vibratoire en se répandant autour du foyer diminue naturellement d'intensité en vertu de son expansion même dans un espace plus étendu et de sa communication à des nombres d'atomes qui croissent eux-mêmes comme les carrés des distances.

L'amplitude de l'onde, ou la hauteur du segment vibrant, diminue progressivement, à mesure qu'elle se propage sur des surfaces concentriques de plus grands rayons.

Comme le trajet parcouru dans le même temps par la surface sphérique virtuelle des atomes est moins grand, c'est la vitesse pendulaire elle-même qui diminue, avec l'intensité calorifique, dépendante de la tension intérieure de l'onde. Or le segment vibrant, diminuant de hauteur, la tension à son sommet diminue comme le carré et ne rend plus qu'une réaction affaiblie.

Il en est de la vibration thermique comme des vibrations du pendule, qui restent isochrones, quelle que soit leur amplitude, et qui, par conséquent, décrivent, dans des temps égaux, des courbes de moins en moins amples, avec des vitesses de plus en plus petites. La chaleur d'un foyer, reçue à une distance donnée, n'est donc pas identique en nature et qualité à celle d'un autre foyer d'intensité quadruple, mais situé à une distance double.

Dans le premier cas, l'amplitude est plus grande, avec une vitesse moindre ; dans le second, une plus grande vitesse compense une diminution d'amplitude. Si l'effet thermométrique est équivalent, les effets chimiques et physiologiques pourront différer et différer aussi selon les milieux traversés.

La somme du mouvement vibratoire sur chaque surface concentrique au foyer du rayonnement reste constante à toute distance, comme on l'admet dans la théorie actuelle. De sorte que si la chaleur rayonnante d'un foyer est concentrée au foyer d'un miroir parabolique comme ceux de nos phares, elle traverse l'espace sans affaiblissement.

Dans le rayonnement de la chaleur à travers l'éther deux cas peuvent se présenter.

Dans un milieu éthéré équilibré, en repos et homogène, suivant certaines directions, correspondant aux diamètres des dodécaèdres, perpendiculaires à deux de leurs plans de contact parallèles, dans le plan, soit de leur coupe carrée (fig. 2, p. 111), soit de leur coupe hexagone (fig. 3, p. 112), le rayon calorifique suit autant de droites rayonnantes autour du corps chaud qu'il y a de contacts avec les atomes de l'éther ambiant.

En ce cas, les vibrations calorifiques initiales se transmettent identiques et sans pertes à travers tous les plans de contact parallèles qui sont perpendiculaires à la direction du rayon.

L'affaiblissement de la chaleur, en raison inverse du carré de la distance, résulte alors naturellement de ce fait qu'un même nombre de rayons calorifiques vont s'écartant sans cesse, en divergeant à travers des surfaces concentriques dont les aires augmentent en raison directe du carré des distances à la source de chaleur.

C'est ce que présente la planche II où, autour d'une molécule centrale, rayonnent seulement six rayons de chaleur dans le même plan. Dans tous les autres plans les rayons seraient au moins de 12.

Autour d'une molécule pesante, plus nombreuse en atomes ou d'un corps constitué d'un grand nombre de molécules, le nombre des rayons divergeant dans toutes les directions serait égal au nombre des atomes d'éther en contact avec la superficie du corps.

Mais l'éther lui-même n'est jamais dans cet état de repos et d'équilibre théorique qui permet la constance du parallélisme de ses plans de contact. Il résulte du déplacement des corps qui s'y meuvent et des vibrations thermiques ou lumineuses qui le traversent en tous sens que ses atomes sont toujours en mouvement et en état perpétuel de déformation. Le parallélisme des plans de contact est donc toujours plus ou moins troublé aussitôt que rétabli.

Dans les milieux gazeux, bien plus encore, le mouvement de rotation des molécules altère incessamment et périodiquement la forme des polyèdres atomiques et les inclinaisons de leurs plans de contact entre les molécules se transforment en plans instantanés de glissement.

D'ailleurs, même dans l'éther pur, il y a plusieurs directions selon lesquelles le parallélisme des plans de contact n'existe pas. Quand le rayon calorifique, au lieu d'être dirigé suivant les petits diamètres des atomes, suit la direction de leurs axes, de sommets en sommets, chaque fois qu'il rencontre un de ces sommets il se partage en autant de faisceaux que ce sommet compte d'angles plans ou de côtés. Le nombre des rayons se trouve augmenté d'autant, mais chacun d'eux est proportionnellement affaibli.

La chaleur alors se polarise, comme nous le verrons pour la lumière.

Ainsi (fig. 31), sept vibrations, parties des sept atomes pesants A,B,C,D,E,F,G, sont recueillies et concentrées d'abord par trois atomes d'éther.

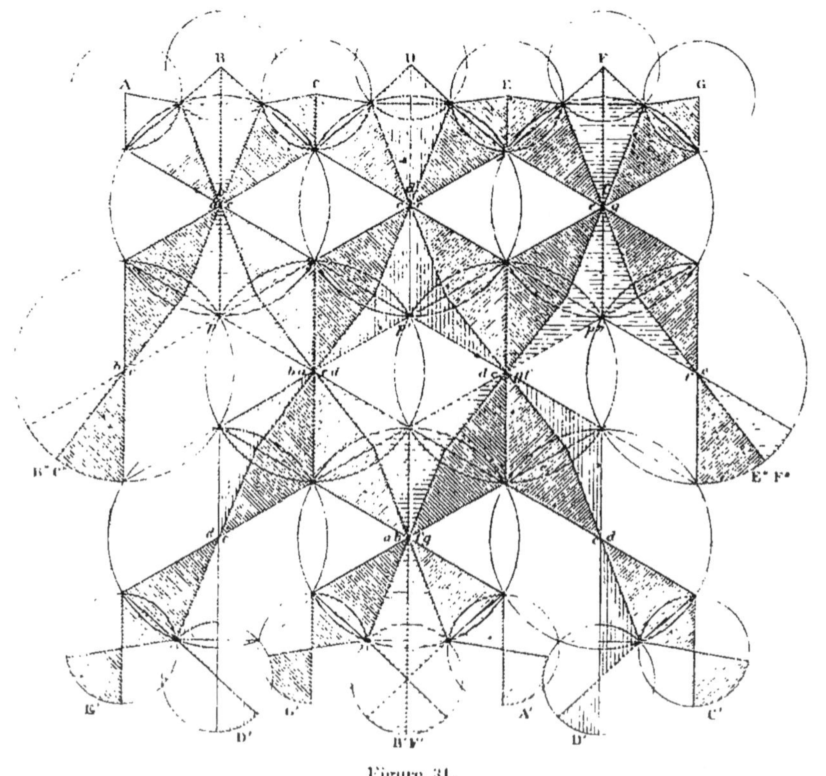

Figure 31.

Les trois vibrations A,B,C, sont recueillies et concentrées en *abc*; les trois vibrations C,D,E, sont recueillies et concentrées en *cde*; et les trois vibrations E,F,G, sont recueillies et concentrées en *efg*.

De ces trois centres de convergence les faisceaux de rayons divergent de nouveau, traversant chacun diamétralement les atomes qui les ont recueillis, et se propagent aux quatre atomes avec lesquels ils sont en contact dans le même plan, suivant leur coupe hexagonale.

La vibration C, du centre *abc*, se propage au centre *bc*, et la vibration A se propage du centre *abc* au centre *baed*. Mais la vibration B, rencontrant, en *p*, une arête du polyèdre, s'y brise et la pyramide vibrante s'y divise en deux moitiés, dont l'une est renvoyée en *bc* et l'autre en *baed*.

De même, une des deux vibrations C et une des deux vibrations E, concentrées d'abord en *cde*, s'y séparent ensuite et vont, divergeant de nouveau, se condenser, E en *baed*, et C en *dcgf*; tandis que la vibration D, après avoir traversé le centre *edc*, va rencontrer l'arête *p'*, où elle se divise. L'une de ses moitiés diverge vers *baed* et l'autre vers *dcgf*.

La seconde vibration E va rencontrer, en *efg*, la vibration G, où l'une et l'autre croisent la vibration entière F, puis elles vont, en lignes droites, E en *fe* et G en *dcgf*.

Ces trois rayons calorifiques, ou pyramides vibrantes, B,D,F, ont donc été polarisées en se divisant en deux moitiés de pyramides qui n'auront plus ni les mêmes formes ni les mêmes propriétés.

Ces sept rayons, ainsi divisés et recondensés dans les quatre centres *bc*, *baed*, *degf* et *fe*, y divergent de nouveau et sont renvoyés aux trois centres atomiques *de*, *abfg* et *cd*.

Le rayon C recueilli, avec une moitié du rayon polarisé B, par le centre *bc*, va de là diverger dans l'espace en B"C". Le centre *ed* recueille et concentre le rayon E, avec une moitié du rayon polarisé D. Le centre *abfg* recueille et concentre les rayons A et G, avec une moitié du rayon polarisé B et une moitié du rayon polarisé F, qui reconstituent un rayon entier dépolarisé, c'est-à-dire ayant recouvré les mêmes propriétés que les rayons B et F aux deux centres *abc* et *cfg*, avant leur division.

Enfin, au centre *cd* convergent le rayon C, avec une moitié du rayon polarisé D, symétriquement avec ce qui s'est passé au centre *de* où se rencontre un rayon C et un demi-rayon D.

De même, en *fc*, symétrique de *bc*, convergent le rayon E et une moitié polarisée du rayon F qui, de là, divergent dans l'espace, en E" F", à travers les autres atomes du milieu.

Les sept atomes pesants, E',D',G',B'F',A',D" et C', en contact avec les trois derniers atomes d'éther, ne recevront donc pas en lignes droites les rayons partis des sept atomes A,B,C,D,E,F,G.

Car le rayon A viendra, entièrement et seul, se condenser en A'. Une moitié du rayon B est allée diverger en B',C', de même qu'une moitié du rayon F est allée diverger en E',F';

tandis que les deux autres moitiés de B et de F ont convergé en B',F' où elles se sont réunies pour former un rayon entier. Un des rayons C est allé diverger en B'',C'' ; l'autre en C'. De même un des rayons E s'est perdu en E',F' et l'autre est arrivé en E', à l'autre extrémité de la série. Le rayon G est arrivé tout entier en G' symétriquement avec le rayon A venu en A'. Quant au rayon D, ses deux moitiés ont divergé en D' et D''.

Naturellement, si la figure était plus étendue, embrassant une plus vaste série d'atomes pesants, et une série plus profonde d'atomes éthérés, les divergences seraient bien plus grandes et les reconstitutions de rayons bien plus nombreuses. Mais la figure deviendrait d'une complication extrême. Si, au lieu de deux sortes d'atomes, de rayons 1 et 1/2, on supposait des atomes de rayons très variés et très petits, comme cela se produit à l'occasion de la marche de la chaleur à travers les gaz complexes, il en résulterait des subdivisions de rayons véritablement inextricables, des variations considérables dans les phénomènes de polarisation et, enfin, une diffusion générale des vibrations thermiques dans tout le milieu traversé dont l'effet serait une absorption plus ou moins considérable du rayonnement direct.

Ce que la figure représente sur un seul plan, suivant la coupe hexagonale du dodécaèdre atomique, se réalise suivant ses autres coupes, orientées suivant tous les autres plans. Seulement, dans le plan de sa coupe carrée (fig. 1, p. 111), la polarisation n'a pas lieu de se produire, tant que le rayon traverse diamétralement, et sans se diviser, les deux côtés opposés et parallèles du polyèdre. En ce cas, tous les rayons cheminent en lignes droites.

Nous aurons d'ailleurs à signaler des faits absolument analogues dans les phénomènes du rayonnement de la lumière, et nous verrons comment en résulte la production des couleurs.

Si les gaz, et surtout l'éther, transmettent intégralement la chaleur rayonnante, c'est que leurs grands atomes transforment les vibrations calorifiques des corps chauds pesants, en changeant leurs petites vibrations rapides et courtes en grandes ondes plus lentes, qui diminuent moins rapidement d'intensité.

Quant aux rayons émanant des gaz chauds, à l'état de flammes, les grands atomes éthérés les transmettent sans les dénaturer, ni changer leurs vitesses; de sorte que la perte de chaleur par absorption à travers l'éther est nulle.

C'est aux limites mutuelles des corps hétérogènes, où s'opère la transformation des rythmes vibratoires, que se produisent aussi les pertes d'énergie calorifique. A travers les milieux homogènes la transmission est presque instantanée à toute distance.

C'est sans droit que nous concluons de la vitesse de la lumière à travers notre atmosphère pesante, ou même à travers notre système solaire, où l'éther est sans cesse parcouru par des parcelles hétérogènes de matière, à sa vitesse à travers les espaces interstellaires, et que nous prenons cette vitesse pour mesure de la distance des étoiles.

Autour de notre soleil et des planètes qui lui font cortège, dans leur sphère de compression et à travers les remous de l'éther déterminés par leur présence et leurs mouvements, la transmission des vibrations thermiques et lumineuses ne peut suivre les mêmes lois que dans les océans éthérés interstellaires, où l'éther est, sans doute, en équilibre stable, à son minimum de température, mais à son maximum de compression.

Il devient ainsi aisé de comprendre que le rayonnement de la chaleur suive des lois contraires à celle de sa propagation par conductibilité. C'est à travers les gros atomes éthérés que le rayonnement est le plus facile, le plus rapide et le plus complet, et d'autant plus que l'amplitude de leurs vibrations est plus grande, que leurs plans de contact sont plus larges, que, sur la succession de leurs rayons plus grands, l'onde vibrante, qu'ils se transmettent les uns aux autres, chemine plus vite, et que leur élasticité, plus parfaite, transmet plus intégralement et plus instantanément les vibrations, sans atténuer ni leur énergie ni leur amplitude.

De sorte que le milieu éthéré, qui ne s'échauffe pas lui-même, ou très peu, et n'a qu'une vitesse vibratoire propre très lente, ne conduit pas la chaleur, c'est-à-dire ne la prend pas, mais la laisse passer intégralement par rayonnement.

A travers les petits atomes pesants, au contraire, ce rayonnement est d'autant plus incomplet qu'ils sont meilleurs conducteurs ou plutôt meilleurs *accapareurs* de la chaleur, et qu'ils l'interceptent plus complètement à son passage, en brisant les longues et lentes vibrations de l'éther en vibrations courtes et rapides qui se dispersent et se répercutent dans leur propre substance, sans en sortir de nouveau.

L'athermanie est donc une condition de la conductibilité et réciproquement.

Nous pouvons aussi prévoir que la chaleur se propagera moins aisément à travers les corps hétérogènes que dans les corps homogènes, et d'autant moins que leurs atomes constituants sont de rayons plus différents ; que sa propagation sera plus rapide dans les corps constitués de petits atomes, vibrant très vite, comme ceux des métaux, qui sont réunis par groupes moléculaires plus nombreux, qu'à travers des corps moins denses, constitués d'atomes plus gros qui vibrent plus lentement

Nous pouvons prévoir également que la conductibilité des solides et des liquides sera beaucoup plus grande que celle des gaz, toujours hétérogènes, étant en grande partie constitués d'atomes éthérés, entre lesquels sont logés les atomes pesants dissociés, et dont les vitesses vibratoires spécifiques sont petites

Par contre, les gros atomes gazeux laisseront passer, par rayonnement, toute la chaleur qu'ils n'interceptent pas par absorption.

De même, il devient évident que, dans les corps hétérogènes surtout, mais aussi, quoique à moindre degré, dans tous les corps solides, même homogènes, la chaleur ne se propagera pas également vite suivant tous les axes des corps, mais d'autant plus vite, sur chacun de ces axes que leurs plans de contact sont plus égaux, plus symétriques et plus exactement parallèles.

CHAPITRE XXV

INTERFÉRENCES, DILATATION, CHALEUR SPÉCIFIQUE, EFFETS PHYSIOLOGIQUES DE LA CHALEUR

Il est encore un ordre de faits dont cette théorie offre une explication très simple, c'est celui des interférences thermiques.

Il est évident que sur tout plan de contact interatomique, sollicité simultanément à vibrer en deux sens opposés, la vibration négative positive étant anéantie par la vibration négative, ni l'une ni l'autre ne peuvent s'effectuer. Elles s'entredétruisent.

Mais la double quantité d'énergie motrice représentée par la somme de ces deux vibrations anéanties ne peut être perdue. Elle se manifeste comme force de dilatation sur le même axe du corps. Les centres des deux atomes, entre lesquels s'est produite l'interférence, reculent, s'éloignent l'un de l'autre d'une quantité proportionnelle à l'amplitude de la double vibration anéantie, s'ils sont libres d'obéir l'un et l'autre à cette poussée mutuelle. Autrement, s'ils sont gênés dans leurs mouvements, soit par la cohésion, soit par la résistance d'inertie des corps voisins, c'est le plus libre qui fait le plus de chemin, poussant les autres devant lui, ou les faisant vibrer avec plus d'énergie, s'il ne peut les déplacer. L'amplitude du déplacement total est donc en raison inverse des résistances à vaincre.

Mais on sait qu'elle est la puissance de la force de dilatation qui dépasse la mesure des forces que nous avons à lui opposer.

Si un corps ne dépense aucune énergie pour s'échauffer, c'est-à-dire pour vibrer plus vite, il en dépense pour se dilater. Comme tout échauffement amène une dilatation, tout échauffement d'un corps exige une dépense de travail dans la mesure de cette dilatation et des résistances à vaincre pour qu'elle s'effectue : résistances qui sont considérables.

De plus, tout corps qui se dilate tend à se refroidir, en vertu même de la proportionnalité inverse des énergies thermiques aux rayons.

Pour maintenir l'équilibre de température dans un corps qui se dilate, le milieu ambiant doit lui fournir une addition de vitesse vibratoire qui ne peut être produite qu'avec une dépense de travail. Comme cet échauffement ou cette surexcitation extérieure des vitesses vibratoires amène de nouvelles dilatations, il faut, pour entretenir ce corps à une température constante, supérieure à celle du milieu ambiant, lui apporter constamment un nouvel appoint d'énergie thermique

Il devient aisé maintenant de comprendre comment toute action mécanique peut être une source de chaleur; comment le choc, le frottement, la compression des corps et, généralement, tout ce qui trouble l'équilibre de leurs pressions, la forme de leurs atomes et surexcite d'une façon quelconque les vibrations de leurs plans de contact, élève leur température dans une proportion définie avec l'énergie mécanique dépensée.

Il devient également facile de concevoir comment la chaleur développée dans les corps peut devenir une source d'énergie mécanique ; mais cette transformation est possible seulement par l'intermédiaire des changements de volume que tout changement de température leur fait subir.

On voit, dès lors, pourquoi aussi les processus de transformation d'énergie mécanique en chaleur ou de chaleur en énergie mécanique ne sont pas toujours réversibles et donnent toujours lieu à un déchet quantitatif plus ou moins considérable, à chaque transformation nouvelle d'une forme de la force en l'autre.

Les variations des vitesses vibratoires, proportionnellement à l'inertie des atomes, expliquent toutefois comment, avec des dépenses égales d'énergie mécanique, sous forme de pressions, de chocs élastiques, de frottements, etc., les divers corps pesants peuvent prendre des énergies thermiques très inégales, c'est-à-dire comment des poids égaux de corps différents peuvent s'échauffer très inégalement pour les mêmes dépenses d'énergie mécanique, ou également pour des dépenses inégales.

C'est ce que démontrent les variations des chaleurs spécifiques et la loi de Dulong et Petit sur la constance de la chaleur spécifique moléculaire, pour des masses variables, en de larges proportions, qui représentent certainement des nombres d'atomes très différents.

Entre des atomes égaux, c'est-à-dire dans les corps homogènes, dont les plans de contact vibrent à l'unisson, la vitesse vibratoire communiquée à l'un quelconque de leurs plans de contact extérieurs, tend à se transmettre instantanément et intégralement, à tous leurs plans de contact intérieurs parallèles, sur chacun des axes de symétrie de la molécule.

La vibration thermique, ainsi comprise, n'entraînant aucun déplacement des centres atomiques et, par conséquent, aucun mouvement de masse, n'exige, de ce chef, aucune dépense d'énergie mécanique.

Le travail intérieur est nul, tant qu'il n'y a pas dilatation;

c'est-à-dire déplacement des centres sur un chemin parcouru avec une certaine vitesse.

On peut prévoir, d'après cela, que la chaleur spécifique moléculaire, égale au produit de la chaleur spécifique, par unité de poids, par le poids moléculaire, à tort dit atomique, sera indépendante du nombre des atomes constituants de la molécule homogène ; à condition toutefois, que tous ces atomes constituants soient régulièrement dodécaédriques, au moins sur toutes les parties de leurs surfaces engagées dans l'agrégat, qui sont en contact mutuel, sans interposition d'éther ni d'autres corps pesants, et, par ce fait, vibrant à l'unisson dès que l'un d'eux entre en vibration.

Il doit en résulter, en effet, que la quantité d'énergie nécessaire pour accroître d'une quantité donnée la vitesse vibratoire d'une molécule solide, est constante, pour tous les corps, comme l'établit la loi expérimentale de Dulong et Petit. Du moins ne doit-elle varier que dans la mesure du travail employé à la dilatation, et, par conséquent, elle doit augmenter avec la température.

Il est un problème rarement abordé : c'est celui des effets physiologiques de la chaleur.

S'il est vrai que nos degrés thermométriques, ou les dilatations qui les mesurent, soient en un rapport numérique réel, mais inconnu, avec les produits des vitesses vibratoires et des amplitudes, il semble démontré que des degrés de chaleur égaux ne produisent pas, sur les divers corps, les mêmes effets chimiques et qu'ils agissent très diversement sur nos organes, selon les corps dans lesquels ils se produisent.

Il est bien connu, par exemple, que nous supportons plus aisément une chaleur sèche qu'une chaleur humide ; que l'eau bouillante, à 100°, cause des brûlures plus profondes que le contact d'un fer à une température plus élevée ; que le souffre liquide produit des désorganisations plus douloureuses, et plus persistantes, que le fer rouge à la même température. Nos organes paraissent donc plus sensibles à l'amplitude des vibrations qu'à leur vitesse, et l'état de rotation des molécules liquides surtout semble nous rendre leur contact particulièrement douloureux et nocif.

Il y a là un ordre de faits à étudier qui ne l'ont jamais été, sans doute parce que nos théories actuelles de la chaleur ne pouvaient en donner aucune explication.

La variation d'amplitude des vibrations calorifiques, plus que la variation des vitesses vibratoires, semble également jouer un rôle considérable en chimie, soit pour désagréger les agrégats, soit pour en déterminer de nouveaux.

Jusqu'ici la chimie tâtonne au milieu de séries de faits inexpliqués. Elle ne cessera de marcher à l'aveugle que lorsqu'elle sera guidée par des notions précises sur la nature même des éléments qu'elle combine empiriquement, et sur leurs activités et énergies spécifiques.

Dans la thermochimie, surtout, tous les faits enregistrés sont inexpliqués. Dès à présent, à la lumière de principes nouveaux, d'un caractère précis et concret, on peut entrevoir pourquoi, à mesure que la molécule s'enrichit et se condense, sa formation dégage une plus grande quantité de chaleur; puisque toutes les fois que le volume des atomes diminue, leurs vitesses vibratoires spécifiques augmentent, en raison inverse des carrés de leurs rayons. Si, par contre, l'amplitude de la vibration diminue, c'est en raison simple.

Au contraire, quand des atomes de petit rayon, dont les vibrations sont rapides, comme ceux de l'iode, du tellure, du sélénium ou même de l'azote, sont combinés, en certaines proportions avec les grands atomes de l'hydrogène et avec les atomes éthérés, dont les vibrations sont lentes et amples, il peut se faire qu'en résultante il y ait une perte de chaleur, comme on l'observe dans la formation des acides iodhydrique, sélenhydrique, tellurhydrique et même de l'ammoniaque. Il suffit pour cela que, sous des pressions insuffisantes, les éléments atomiques, en vertu de leur hétérogénéité, au lieu de rester sécants, deviennent tangents, puisque, dans ce cas, leur énergie thermique s'affaiblit.

D'ailleurs l'effet thermique produit par la combinaison de plusieurs corps peut dépendre de l'ordre dans lequel ils sont agrégés, les plus gros au centre et les petits à la surface, ou réciproquement

Dans les propriétés thermogènes des corps, il faut distinguer :

1° Celles qui sont spécifiques et dependent, soit de la nature des corps et du degré de force de leurs atomes, c'est-à dire de leur masse ou quantité d'inertie qui les distingue de tous les autres corps, soit de leur constitution moléculaire et des variations qui en résultent, quant au volume des atomes, à leur densité dynamique, à la forme de leurs polyèdres, au nombre et à la figure de leurs plans de contact, aux tensions exercées aux centres de ces plans et quant à leurs vitesses et à leurs amplitudes vibratoires.

2° Celles qu'ils doivent à la communication, par le milieu ambiant, soit par conductibilité, soit par rayonnement, des rythmes vibratoires des autres corps qui tantôt précipitent et tantôt ralentissent leurs vibrations spécifiques, mais qui n'atteignent leurs autres propriétés thermogènes propres qu'indirectement, par les dilatations ou les contractions qu'ils déterminent dans leur volume.

On peut donc agir sur l'état thermique des corps de plusieurs façons :

Soit en les mettant en contact avec d'autres corps plus chauds ou plus froids; soit en modifiant d'une façon plus ou moins constante leur équilibre thermique par la compression de leur volume; soit en troublant momentanément cet équilibre par des chocs ou des frictions, qui ne sont que des chocs plus ou moins rapidement réitérés.

Les accélérations ou les ralentissements de leurs rythmes vibratoires par le contact ou la présence à distance d'autres corps plus chauds ou plus froids, ou même d'autre nature, de même que les chocs ou les frictions, ne troublent que momentanément l'équilibre thermique spécifique des molécules qui tend de lui-même à se rétablir, après un certain nombre d'oscillations, quand la cause qui l'a troublé cesse d'agir. La compression, au contraire, modifie cet équilibre d'une façon permanente, aussi longtemps qu'elle se perpétue elle-même.

De là, entre les corps voisins et entre ces corps et leurs milieux communs, des actions et réactions continuelles et un équilibre toujours mobile de leurs températures et de leurs énergies thermiques.

Nous mesurons les variations calorifiques par les dilatations qu'elles produisent dans de certains corps choisis comme étalons. Prenant la valeur de leur dilatation entre deux températures données, nous divisons cette valeur en un certain nombre de parties égales : ce sont nos degrés.

Des dilatations égales répondent-elles à des accroissements égaux de la vitesse vibratoire ? C'est ce que nous ne savons. Etant déjà donné que l'énergie thermique varie comme le produit de la vitesse et de l'amplitude, l'hypothèse la plus probable c'est que nos degrés thermométriques répondent à des vitesses vibratoires croissant comme leurs carrés, et que, par conséquent, les dilatations croissent comme les racines carrées des vitesses vibratoires.

Nos degrés sont purement arbitraires, du reste comme toutes nos mesures. Notre 0 n'est pas une unité thermique. Nous ignorons quel accroissement de vitesse vibratoire nos 100 degrés représentent entre la température de la glace fondante et l'ébullition de l'eau.

Même nos calories ne sont pas une unité thermique indépendante, puisque dans leur mesure nous faisons intervenir le degré thermométrique dont nous ignorons la valeur; si cette valeur n'est pas la même à toutes les températures, nos calories ont des valeurs également variables.

Tout ce que nous savons, c'est que nos calories, déterminées empiriquement entre certaines limites de température, ont un équivalent mécanique sensiblement égal. Mais cet équivalent mécanique est lui-même la mesure d'une certaine quantité de force vive, c'est-à-dire qu'il exprime *le carré d'une vitesse*, mv^2.

Il semble naturel, après cela, qu'il y ait une loi de proportionnalité entre nos kilogrammètres, nos calories et nos degrés thermométriques, si chacun de ceux-ci représente une certaine subdivision d'une échelle progressive des vitesses vibratoires, et, en somme, des accroissements équivalents d'énergie thermique proportionnels aux racines carrées des accroissements réels des vitesses vibratoires.

Nous ignorons jusqu'ici de quel nombre de degrés thermométriques il faut élever la température d'un corps pour doubler le nombre de ses vibrations dans l'unité de temps. Il paraît certain que le doublement des vitesses vibratoires correspond à des variations thermométriques considérables et qui vont en augmentant à mesure que s'élèvent les températures.

Nous pourrons trouver dans les faits observés quelques

lumières sur ces problèmes, mais nous ne pouvons les aborder qu'après avoir traité de la constitution moléculaire des corps pesants, à l'état solide et à l'état gazeux.

Deuxième Section. — LUMIÈRE.

CHAPITRE XXVI

IDENTITÉS ET DIFFÉRENCES DE LA CHALEUR ET DE LA LUMIÈRE.

Dès qu'il est admis que la chaleur est un phénomène vibratoire, on doit aussi l'admettre pour la lumière.

Les rapports qui unissent les phénomènes lumineux aux phénomènes thermiques sont si évidents qu'ils ont frappé tous les esprits depuis l'origine des sciences. Bacon a écrit à ce sujet un de ses plus remarquables chapitres.

Les lois de la réflexion, de la réfraction, de la polarisation sont identiques pour la lumière et pour la chaleur. L'une et l'autre donnent lieu aux mêmes interférences.

La transmission, par rayonnement, de la lumière et de la chaleur, se produit dans des conditions générales identiques.

Seulement, les divers corps manifestent pour cette transmission des propriétés spécifiques différentes. Les uns laissent mieux passer la chaleur, d'autres la lumière.

L'éther transmet aussi intégralement la lumière que la chaleur.

La plupart des corps solides ou même la plupart des liquides qui, sous une certaine épaisseur, laissent plus ou moins passer la chaleur, interceptent presque intégralement la lumière. En couches minces, au contraire, tous la laissent plus ou moins passer.

Des faits récemment observés, et qui ont profondément surpris le monde savant et ému l'opinion publique, tendent à démontrer que l'opacité de certains corps pour la lumière est bien moins absolue qu'on ne le pensait jusqu'alors. Certains rayons, sous certains états, montrent une puissance de pénétration que l'on ne soupçonnait pas. On se demande si l'on est en face de phénomènes réellement lumineux, ou de phénomènes vibratoires d'un ordre spécial.

On savait pourtant déjà que des métaux, très denses, étaient translucides, sous une mince épaisseur ; qu'ils filtraient la lumière en la diffusant, et en altérant plus ou moins sa couleur, en quelque sorte électivement, laissant passer certains rayons et absorbant ou interceptant les autres. L'or, en feuilles, laisse passer de la lumière verte ; par des réflexions multiples, au contraire, sa couleur jaune passe au rouge au fond d'un vase creux, même dans un dé.

L'air et tous les gaz atténuent, plus ou moins, la lumière, l'absorbent ou la transforment.

Il n'y a pas de corps, en somme, qui soit ni complètement diaphane ni complètement opaque. L'une et l'autre de ces propriétés restent essentiellement relatives, aussi bien que l'intensité de la lumière elle-même. Une lumière assez intense traverse des corps qui arrêtent totalement une lumière plus faible, et il y a des qualités de lumière plus pénétrantes que d'autres, bien que de même intensité apparente, de même qu'il y a des chaleurs qui se transmettent mieux que les autres, soit par rayonnement, soit par conductibilité. Ni la lumière, ni la chaleur ne sont donc des faits simples, mais, au contraire, extrêmement complexes, susceptibles de variations qu'on peut appeler spécifiques.

Il ne peut plus être question d'un milieu vibrant unique, sans relation avec les corps pesants ; d'un certain fluide impondérable circulant dans le cosmos à travers les corps, sans dépendre d'eux et sans être modifié par eux.

Les phénomènes lumineux et les phénomènes thermiques ne sont pas corrélatifs comme quantité. Il n'y a pas proportionnalité entre eux, ils ne se montrent pas toujours ensemble et nécessairement. Certains corps arrivent à de très hautes températures, sans devenir lumineux. Il y a des sources de lumière très vives qui n'émettent presque pas de chaleur.

Par réflexion et par rayonnement la chaleur paraît diminuer plus vite que la lumière, et ce n'est pas seulement pour nos sens. La lumière réfléchie de la lune, les rayons lointains des étoiles, si sensibles pour nos yeux, le sont aussi pour la plaque photographique ; comme chaleur, ils ne sont pas plus sensibles au thermomètre que pour nos organes. La lune semble avoir dépouillé électivement les rayons du soleil de leur chaleur et ne nous envoyer que sa lumière, plus ou moins transformée.

Il y a certainement de la chaleur, sans lumière visible pour nos yeux, qui est sensible au thermomètre ou à la pile thermo-électrique, et qui dilate les gaz dans une obscurité profonde où la plaque photographique atteste l'absence de lumière.

Cependant, s'il y a de la chaleur partout, dans tous les corps, n'existe-t-il pas aussi de la lumière partout? Le noir absolu est-il plus réalisé que le blanc absolu ou que le froid absolu? N'y a-t-il pas partout des rayons lumineux qui voyagent, qui se mêlent, se rencontrent, se renforcent en s'ajoutant ou s'entredétruisent?

Si la lumière et la chaleur se transmettent à travers le milieu éthéré, vide de toute matière pesante et même mieux qu'en toute autre condition, la condition essentielle de la production initiale, soit de la chaleur, soit de la lumière, c'est, au contraire, la présence de matière pondérable. En l'absence de tous corps pesants, il n'y a ni lumière, ni chaleur. Aucun rayon initial n'est produit pour commencer ses voyages à travers le milieu cosmique. Sans matière pesante, il n'y a ni réflexion, ni réfraction.

Si, dans l'espace, existait un seul corps chaud et lumineux, ses rayons iraient se perdre dans l'infini, sans jamais dévier de leur route rectiligne, qui, ainsi que nous le verrons, est en réalité la résultante d'un nombre infini de petites droites inclinées les unes sur les autres suivant des périodes régulières.

Lumière et chaleur sont donc des phénomènes matériels, et non des phénomènes purement éthérés. Ils ne prennent pas naissance dans l'éther, ils le traversent, sans altération. Ils y meurent s'ils n'y rencontrent pas de corps pesants.

Le monde, sans corps pesants, serait donc absolument noir et absolument froid. Les bienfaits de la chaleur et la magique décoration de la lumière sont exclusivement dus à cette matière qu'il est d'usage d'invectiver dans les cénacles spiritualistes.

Chaleur et couleur croissent même avec la densité et, par conséquent, la matérialité des corps. L'arc électrique ne doit sa puissance lumineuse qu'aux particules de matière qu'il entraîne dans son courant. Sans elles, sa lumière serait plus invisible que la flamme incolore de l'hydrogène, et nos lampes à incandescence ne doivent leur éclat qu'au fil de charbon, si léger et si ténu, que le courant rend lumineux par son passage.

Lors donc que les poètes nous parlent de lumière éthérée, ils glissent dans une de ces erreurs qui leur sont chères, parce qu'elles font partie du vieux bagage de contre-vérités dont les siècles passés nous ont légué l'encombrant héritage, et que les générations, les unes après les autres, se transmettent comme un précieux trésor qu'il faut défendre contre les impertinences de la science.

CHAPITRE XXVII

THÉORIE DE LA LUMIÈRE ET DE LA COULEUR

Si la théorie actuelle de la lumière rend assez bien compte de sa transmission, par divers modes, elle n'aborde pas même le problème de sa production initiale.

C'est une lacune que notre nouvelle hypothèse atomique permet de combler en montrant pourquoi la lumière et la chaleur, malgré leurs frappantes analogies, sont cependant des phénomènes indépendants, dont l'un n'entraîne pas nécessairement la présence de l'autre.

Si la lumière et la couleur sont des phénomènes matériels qui ne se produisent que dans les corps pesants, quelles sont les conditions de leur production ?

Nous avons vu comment la chaleur naissait de la compression mutuelle des atomes dont les sphères virtuelles, en se limitant les unes les autres, se déforment et s'aplatissent mutuellement par des plans de contact absolu, qui en font des polyèdres, et comment de la vibration oscillatoire de ces plans de contact naissait la chaleur et, avec elle, la possibilité du mouvement.

Mais aussi longtemps que cette compression des atomes reste symétrique, par rapport à leurs axes, la chaleur reste obscure Quelle que soit la vitesse des vibrations thermiques, il n'y a pas de lumière. Pour que la lumière apparaisse, il faut que les polyèdres atomiques subissent une compression asymétrique, les aplatissant suivant l'un de leurs diamètres, relativement aux autres, comme nous l'avons vu en étudiant la plasticité des atomes. (Chap. IV, fig. 5 et suivantes.)

Les polyèdres atomiques, ainsi comprimés, ne sont plus inscriptibles dans des sphères mais seulement dans des ellipsoïdes de révolution. Certaines de leurs faces sont agrandies ; les autres sont diminuées (fig. 5 à 12).

C'est pour les atomes un état de gêne et d'équilibre instable contre lequel ils réagissent plus ou moins énergiquement.

Cet effort intérieur, proportionnel à l'intensité de la lumière, suppose un effort extérieur de valeur égale qui maintient cet équilibre asymétrique. L'énergie dépensée pour produire de la lumière est donc beaucoup plus considérable que pour produire de la chaleur.

Cette quantité d'énergie n'est pas dépensée comme force motrice, elle n'a pas à produire de mouvement, elle est dépensée sous forme de pression statique, et ce n'est que par une série de transformations de la force que du mouvement peut produire de la lumière.

Dès que l'égalité des pressions cesse sur les divers plans de contact d'un atome, il devient, non seulement lumineux, mais coloré. Son intensité lumineuse augmente avec la différence de ses axes. Pendant cet accroissement de son intensité lumineuse sa coloration aussi s'accentue et, en même temps, se diversifie.

Est-ce la lumière qui produit la couleur ou la couleur la lumière ?

La couleur est virtuellement dans l'atome ou plutôt à sa surface. C'est la lumière qui, en naissant sous la pression, la fait apparaître.

Lumière et couleur sont des phénomènes de surface, tandis que la chaleur est un phénomène interne ; mais il existe un lien intime de cause à effet entre le phénomène interne et le phénomène externe, et c'est la vibration calorifique qui prête son intensité à la lumière et la manifeste.

Sous leur forme sphérifique virtuelle, tous les atomes seraient également noirs, du noir absolu. Comme aucun d'eux ne peut conserver sa forme sphérique en présence des autres, tous, sous l'unité de pression moyenne, et sous leur forme symétrique de dodécaèdres réguliers, sont également nuancés de toutes les nuances du noir, qui, absolu vers leurs sommets, se dégrade doucement, dans la gamme neutre, du violet sombre au gris métallique, vers le centre de leurs plans de contact. (Voir Planche 1, *frontispice*.) La nuance de la surface des atomes devient d'autant plus claire que leur tension interne devient plus forte, c'est-à-dire que la distance de leur centre aux centres de leurs plans de contact est plus petite.

C'est au milieu même des plans de contact, au point où ils sont tangents à la sphère inscrite, que se produit le maximum de lumière.

Tant que les pressions restent égales sur tous les axes et que tous les plans de contact sont égaux, il n'y a pas, à proprement parler, de couleur, mais seulement un commencement de lumière blanche, ou plutôt grise, qu'on pourrait appeler du blanc foncé, du blanc dans lequel il reste plus ou moins de noir.

Dès que l'égalité des pressions est altérée, avec celle des faces du polyèdre, la lumière se colore sur ses divers plans de contact, mais se colore diversement.

Sur ses faces agrandies, perpendiculairement à l'axe de compression maximum, de leurs angles et de leurs arêtes à leur centre, la couleur se dégrade du noir au rouge sombre, puis au rouge cerise, passe à l'orangé et enfin à toutes les nuances du jaune, jusqu'au plus pâle, sans arriver au blanc pur. Au contraire, sur les faces du polyèdre qui sont rétrécies et comprimées latéralement, suivant des angles variables avec l'axe de compression maximum, et sont les bases de pyramides dont la hauteur est augmentée, le noir, qui persiste près des sommets, se dégrade dans la gamme bleue, de l'indigo le plus sombre, jusqu'au bleu le plus clair, aux points tangents avec l'ellipsoïde inscrit aux centres des plans de contact, où la tension est son maximum relatif. (Planche I, fig. 2 et 3.)

Sur un seul atome sont donc réunies toutes les nuances du spectre qui, en réalité, ne comprend que deux couleurs primitives : le bleu et le rouge, ou plutôt deux gammes : la gamme chaude, du noir au blanc par le rouge et le jaune, et la gamme froide, du noir ou blanc par l'indigo et le bleu. C'est qu'en somme le jaune est du rouge clair, ou le rouge du jaune foncé ; l'indigo n'est que du bleu foncé.

Quant au violet, ce n'est jamais qu'un mélange et une superposition de rayons rouges et de rayons bleus ; de même que le vert est une superposition de rayons bleus et de rayons jaunes.

Mais la superposition ou le mélange de tous ces rayons des

deux gammes donne le blanc, et ce blanc est d'autant plus parfait et plus éclatant que les couleurs composantes sont elles-mêmes plus claires, qu'elles sont le produit de compressions asymétriques plus puissantes et d'un aplatissement plus considérable du polyèdre atomique.

Car, à mesure que diminue le rapport des diamètres, et que les plans de contact reprennent leurs proportions et leur inclinaison normale, leurs couleurs s'affaiblissent, leur éclat disparaît. Ils reprennent leur tonalité neutre uniforme, dans les gris sombres, et enfin retournent au noir à mesure que la pression totale diminue ou que les faces du polyèdre se multiplient. Un gros atome d'éther ou d'hydrogène, entouré de nombreux atomes très petits, serait presque uniformément noir.

A cette coloration, qu'on peut dire naturelle, des plans de contact des atomes, considérés dans leur état d'équilibre instantané, la vibration de ces plans ajoute l'éclat, l'intensité lumineuse. Car, si chacun des deux plans en contact mutuel est également coloré, si les deux polyèdres sont également comprimés, chaque fois que l'un d'eux reprend à son voisin le segment sphérique qu'il lui enlève, et creuse dans sa substance une sorte de cuvette hémisphérique, il ajoute à sa compression et avive encore d'autant l'éclat de ses couleurs, en refoulant sa substance plus près de son foyer d'émission. Dans ce court moment, l'éclat du plan comprimé et creusé atteint son maximum de clarté ; il arrive presque au blanc pur. Puis, en rendant à son tour sa réaction pendulaire, il s'obscurcit, et c'est au tour de son voisin d'atteindre son maximum d'éclat.

La lumière n'est donc jamais continue. Elle se produit comme une succession d'éclairs d'une périodicité plus ou moins rapide De là cette sensation de mouvement qu'elle donne et qui a fait soupçonner, sinon reconnaître, depuis de si longs âges, sa nature vibratoire, enseignée déjà par Démocrite, bien avant le philosophe hindou Kapila.

Tandis que la surface de l'atome s'éclaire ainsi de toutes les nuances du prisme, que se passe-t-il dans son intérieur ?

Nous ne pouvons que le supposer, car ceci est au delà du domaine de la sensation. Mais il est évident que l'équilibre interne de l'atome est considérablement modifié

S'il est vrai, comme on est en droit de le supposer, que

l'atome ait une conscience vague et sourde des modifications qu'il subit, celle qui le fait passer de l'état obscur à l'état lumineux est une des plus profondes. La sensation qu'il doit en ressentir doit être des plus vives. Toute sa substance en est troublée. Refoulée par la pression, suivant l'axe de son aplatissement, elle tend à s'écouler suivant les axes perpendiculaires.

Si c'est la pression qui rend cette substance colorée et lumineuse sur ces plans de contact externes, à l'intérieur de l'atome, où sa condensation s'accroît en raison inverse du carré des distances à son centre, qui est son foyer d'émission, cette substance doit être perpétuellement lumineuse, d'une lumière absolument blanche. L'atome enfin, et l'atome éthéré surtout, serait un foyer perpétuel de lumière absolue, mais d'une lumière cachée, resplendissant pour lui seul; quelque chose comme une lampe voilée d'un globe opaque, qui ne se laisse traverser par les rayons du foyer que sous certaines conditions momentanées.

Ce serait cette lumière intérieure que la compression manifesterait extérieurement.

On peut aller plus loin dans la série des inductions et admettre que c'est la compression mutuelle du nombre indéfini des atomes dans un espace infini, que chacun d'entre eux, s'il était seul, remplirait tout entier de sa substance, qui en fait un foyer permanent de lumière et aussi de chaleur, de mouvement et de vie.

Toutes les énergies de la création phénoménale découleraient de cette limitation et de cette compression de sa substance dans une étendue déterminée, dont la vraie grandeur nous échappe, puisque nous ne pouvons la juger que par comparaison avec les grandeurs qui tombent sous notre expérience sensible, considérablement agrandie par notre état d'être complexes, hiérarchiquement organisés.

Si, enfin, la lumière éthérée, chère aux poètes, existe quelque part dans le Cosmos, ce ne peut être qu'à l'intérieur des atomes, c'est-à-dire à l'intérieur de nous-mêmes, qui sommes aussi des composés d'atomes, pourvus de virtualités supérieures.

On voit que si notre théorie détruit quelques rêves chers aux poètes des âges passés, elle ouvre la porte à des rêves nouveaux sur lesquels les imaginations pourront longtemps s'exercer.

Ce qui résulte évidemment de tout ceci, c'est que la couleur et la lumière ne sont point des créations subjectives de notre organisme sensitif, comme les philosophes ont été amenés à le supposer par nos théories actuelles. La couleur est dans les choses; elle y existe objectivement, indépendamment de tout œil pour la voir. N'y eut-il dans le monde que des animaux aveugles, elle n'en existerait pas moins. Ce n'est pas nous qui rêvons et créons par la pensée l'azur du ciel et le vert des feuillages. Le ciel est azuré, parce que les atomes des molécules de l'air subissent une certaine compression générale qui tourne vers la terre les faces de leurs polyèdres qui rayonnent surtout de la lumière bleue. Les arbres sont verts, et de tous les verts, parce que leurs tissus sont constitués de cellules qui renvoient dans l'espace des rayons bleus et des rayons jaunes en proportions variables. De même, le coloris des fleurs, les nuances chatoyantes, aux reflets métalliques, des oiseaux, et de certains poissons, qui semblent vêtus d'or, d'opale, ou de lapis, tout cela est bien réel, extérieurement à nous, indépendamment de notre sensibilité, qui en constate seulement l'existence, comme un miroir constate celle des objets dont il reflète les images.

Les couleurs, en un mot, sont aussi réellement objectives que les formes. Elles sont la conséquence des variations de forme des atomes, modifiés par leur agrégation moléculaire, par leur état de pression, de chaleur et de mouvement.

C'est la lumière émanée de certains atomes, devenus lumineux, qui éclaire les couleurs et les formes de ceux qui sont restés obscurs; qui met en valeur et rend visibles leurs couleurs propres. Quand cette lumière d'emprunt disparaît, ces couleurs rentrent dans la nuit, dans cette gamme neutre du gris où tout redevient indistinct, mais qui, cependant, reste encore sensible pour les yeux des animaux nyctalopes, quand elle cesse de l'être pour nous.

La théorie actuelle de la lumière laissait tout cela inexpliqué et inexplicable. Comment, disait-on, avec raison, des mouvements oscillatoires de points matériels incolores donnent-ils la sensation de la couleur? Comment les allées et venues de petits corpuscules, dansant de perpétuelles sarabandes, à des distances planétaires, donnent-elle une sensation de clarté, et, plus encore, cette sensation si précise de la continuité des surfaces, si, en réalité, aucune surface réellement continue n'existe, et si tout dans le monde n'est qu'une fumée toujours mobile ?

Dans notre nouvelle hypothèse, au contraire, les surfaces existent; elles sont continues, elles sont même impénétrables. Des atomes passent sans cesse entre d'autres atomes, mais ils ne les traversent jamais. Quand il en est qui sont écartés par d'autres, c'est pour se refermer derrière eux et reconstituer la continuité des corps matériels, avec leur coloration, spécifiquement distincte, qui permet à l'œil de les reconnaître avec une sûreté qui défie toute description ; tant les différences de leurs nuances, de leurs reflets sont fugitives, et cependant inaltérablement fixes pour les mêmes corps, dans les mêmes conditions.

C'est que la double gamme des couleurs est rigoureusement continue, d'une continuité infinie, qui ne laisse aucune limite distincte entre les nuances voisines de la palette naturelle. Ni l'arc-en-ciel, ni surtout les spectres obtenus par nos physiciens ne donnent la série complète des irisations atomiques. Nous aurons occasion de voir pourquoi cette série continue des deux gammes de la couleur est toujours interrompue ou modifiée, soit par la suppression de certaines nuances, soit par la superposition des autres.

Tout spectre, d'ailleurs, est spécifiquement distinct. Non seulement la vivacité des couleurs, mais leur étendue proportionnelle dépend à la fois de la qualité du corps lumineux, de celle du milieu traversé et de celle du corps réfringent qui sert à la dispersion des rayons. Sur tout cela, il faut bien avouer que tout reste à faire pour nos opticiens.

Ce qui est acquis, c'est qu'il ne peut plus être question aujourd'hui de la théorie de l'émission de Newton, et que la théorie vibratoire doit être elle-même profondément modifiée. Il ne peut plus être question des sept rayons colorés partant ensemble du soleil, comme sept chevaux de course, et arrivant ensemble à la terre, les uns en faisant un grand nombre de très petits pas, les autres des pas très grands en moins grand nombre. Tout cela n'était que de l'enfantillage scientifique.

Naturellement l'abandon de ces vieilles hypothèses emporte celui de toutes les conséquences qu'on en a déduites.

Nos spéculations sur les longueurs relatives et même absolues des ondes de différentes couleurs sont donc entachées d'erreurs ; ce sont des faits vrais mal interprétés.

Il y a deux choses bien distinctes dans ce qu'on peut encore appeler l'onde lumineuse. Il y a son trajet de centre atomique en centre atomique, et, dans ce sens, l'onde à la longueur des diamètres des atomes qui se la transmettent. Puis il y a la vibration des atomes lumineux, dont le segment vibrant peut être considéré au point de vue de sa hauteur ou de son amplitude, et au point de vue de la grandeur relative ou absolue de sa base.

Or, il est certain que, pour des atomes de même rayon, la hauteur de ce segment et la grandeur de sa base augmentent considérablement sur les plans de contact élargis, perpendiculairement aux axes de compression maximum, et, par conséquent, pour les rayons de la gamme chaude, du rouge au jaune ; mais c'est dans la partie jaune du spectre, et non dans le rouge, que l'amplitude de la vibration atteint son maximum. Il est vrai, par contre, que l'amplitude du segment vibrant de la gamme froide est beaucoup plus petite, de même que sa base.

La base du segment vibrant et sa hauteur varient avec l'angle qu'il sous-tend du centre de l'atome.

L'aire du plan de contact varie comme le carré du sinus du 1/2 angle sous-tendu du centre de l'atome que multiplie son rayon. Le nombre de vibrations dans l'unité de temps, variant en raison inverse, il se trouve vrai que les vibrations les plus amples sont aussi les plus lentes ; que les segments vibrants de la gamme bleue vibrent relativement plus vite que ceux qui donnent les rayons rouges et jaunes, et qu'en compensation ils sont moins amples (1).

La vibration lumineuse, à son point de départ, sur les faces élargies des atomes comprimés et aplatis, a donc à la fois une

(1) Comme la tension au centre des plans varie en raison inverse du carré du cosinus de l'angle sous-tendu par le demi diamètre des bases vibrantes, les amples et larges vibrations de la gamme chaude, retrouvent, comme accroissement de tension, la part d'énergie qu'elles perdent comme vitesse vibratoire. Réciproquement, les petites vibrations bleues perdent comme tension au centre des plans ce qu'elles gagnent en vitesse.

grande amplitude et une grande énergie de tension, mais une moindre vitesse; tandis que sur les faces rétrécies des polyèdres l'amplitude diminue avec la tension et la vitesse vibratoire augmente. C'est-à-dire que, comme dans la vibration thermique obscure des atomes non comprimés asymétriquement, l'amplitude varie en raison inverse de la racine carrée de la vitesse et directe de la racine carrée de la tension.

Les mêmes lois régissent donc les deux ordres de phénomènes, mais les phénomènes lumineux exigent une condition de plus. En sorte que, sous de fortes pressions asymétriques, il peut se produire une vive lumière avec une faible chaleur, tandis que, sous de fortes pressions concentriques, égales de tous côtés, il peut se produire beaucoup de chaleur et pas de lumière.

Tout cela n'est vrai que pour les corps lumineux par eux-mêmes, pour les sources de lumière. Une fois le rayon en route, soit à travers l'éther, soit à travers des gaz pesants, la longueur de tous les rayons de toutes les couleurs est égale, et c'est celle des diamètres des atomes qui les transmettent successivement. De même dans cette transmission, l'amplitude vibratoire dépend des atomes traversés et diminue à mesure que la distance à la source lumineuse augmente.

La vitesse vibratoire, au contraire, du moins dans l'éther, semble devoir conserver le rythme de la vibration lumineuse initiale, dont il conserve aussi la couleur.

Le processus du rayonnement de la lumière est donc identique à celui de la chaleur, tel que le représentent les figures 30 et 31 et la planche II.

La planche III montre une portion de surface lumineuse dont les 7 atomes, A, B, C, D, E, F, G, sont comprimés dans le plan de la figure.

Ces polyèdres constituent des prismes héxagones, terminés par deux pyramides à 6 faces.

Ce sont des polyèdres à 18 faces dont les 6 côtés, perpendiculaires au plan de la figure, émettent seuls, dans le même plan, les rayons dont nous allons suivre la marche.

Les grandes faces comprimées émettent seules des rayons de la gamme jaune-rouge; les petits côtés obliques, émettent des rayons bleus qui traversent d'abord les 6 petits atomes de forme cubique, intercalés entre les premiers, avant d'aller deux par deux, obliquement, converger aux centres des 7 atomes d'éther tangents qui, directement, recueillent les faisceaux jaunes-rouges des faces élargies qui subissent la compression.

La concentration des rayons des deux gammes se fait donc aux cinq centres de la première rangée d'atomes éthérés tangents à la surface lumineuse.

De ces centres, les rayons bleus continuent, de centre en centre, leur course oblique, inclinée à 30° sur le plan de la surface lumineuse. Quant aux rayons jaunes-rouges, rencontrant les arêtes communes des deux polyèdres en traversant diamétralement les atomes éthérés qui les recueillent, ils s'y polarisent en s'y divisant et en retournant la série de leurs nuances, le jaune-clair, la nuance la plus lumineuse du faisceau, prenant toujours le plus court chemin, par le plus court diamètre, où la tension est au maximum.

Ainsi, de centre en centre, les rayons continuent leur route oblique en reconstituant de la lumière blanche à chaque centre où les rayons bleus croisent les rayons jaunes.

Ainsi un demi-faisceau de l'atome A vient aboutir en A (en haut de la figure, à gauche), au centre d'un atome éthéré de second rang, dont la figure ne représente qu'une moitié. L'autre demi-faisceau vient aboutir au bas de la figure, en A, après avoir traversé cinq centres, en ligne oblique, le jaune clair suivant les droites diamétrales, c'est-à-dire le plus court chemin, tandis que les rayons rouges suivent, au contraire, des lignes brisées, selon les diagonales de chaque rangée d'atomes, et alternativement inclinées dans les deux sens, sur la droite tracée par le rayon jaune-clair.

De même, par des routes parallèles, un demi-rayon B va sortir à gauche de la figure, en B, et l'autre vient aboutir, en bas, en B.

Les deux moitiés du rayon C vont de même sortir en C, à gauche, et, en bas, en C.

Seuls les deux demi-rayons D viennent tous les deux aboutir aux deux extrémités du bas de la figure, en D et en D.

Symétriquement, dans la seconde moitié droite de la figure, un demi-rayon E, venant aboutir en bas, à droite, en E, l'autre demi-rayon va sortir, en E, en bas du côté droit. De même, des deux demi-rayons F, l'un vient en bas, en F, l'autre sort en F, du côté droit, vers le milieu de la hauteur. Enfin une moitié de G arrive en bas, en G, vers le milieu, et l'autre moitié, en G, du côté droit, vers le haut.

Tous les rayons jaunes polarisés aux sept centres de la première rangée d'atomes éthérés qui les a reçus, se sont donc divisés en deux demi-faisceaux divergents qui, dans leurs routes obliques, se sont entrecroisés deux à deux, à chacun des centres atomiques qu'ils ont traversés, y reconstituant des faisceaux entiers, identiques à ceux qui sont émis directement par les atomes lumineux, mais en réalité formés de deux moitiés différentes par leur origine.

Ces croisements se sont opérés aux six centres sous-jacents aux sept atomes polarisateurs, puis aux cinq centres du troisième rang, puis aux quatre centres du quatrième rang, aux trois centres du cinquième et enfin aux centres des deux atomes qui occupent le milieu du sixième rang, au bas de la figure où viennent se rencontrer les deux demi-rayons A et G.

Quant aux rayons bleus, leurs routes ont été différentes. Tous ont suivi également des droites obliques, faisant entre elles des angles de 60°.

Les rayons bleus *a*, *b*, *c*, après avoir traversé diagonalement les atomes A, B, C, et diamétralement les petits atomes cubiques situés entre et au-dessous d'eux, sont venus aboutir en bas, vers la droite en a, b, c. Mais les rayons bleus *d*, *e*, *f*, *g*, après avoir suivi des routes parallèles, viennent sortir de la figure, à droite, en *d*, en *a*, en *f* et en *g*, de bas en haut.

L'autre système de rayons bleus, émanant des mêmes atomes lumineux, mais les traversant obliquement, en sens contraire, ainsi que les petits cubes sous-jacents, suivent des routes parallèles, inclinées de 60° sur les précédents. Les rayons bleus *a'*, *b'*, *c'*, *d'*, vont sortir de la figure à gauche en *a'*, *b'*, *c'*, *d'*, symétriquement avec les rayons bleus *d*, *e*, *f*, *g*, après avoir suivi des routes parallèles obliques en sens contraire ; tandis que les rayons bleus *e'*, *f'*, *g'*, descendent, en *e'*, *f'*, *g'*, symétriquement avec les rayons bleus *a*, *b*, *c*, après les avoir croisés aux centres des atomes qu'ils ont traversés en sens inverse.

Dans ce cheminement des rayons bleus, le bleu clair a suivi, comme le jaune clair de la gamme chaude, la route la plus courte de compression maximum et l'indigo a suivi, comme les rayons rouges, une ligne brisée, formée de droites obliques inclinées alternativement dans les deux sens sur la droite parcourue par le bleu clair.

Si la surface lumineuse était limitée aux sept atomes A, B, C, D, E, F, G, il n'y aurait donc reconstitution de faisceaux lumineux complets, possédant toutes les nuances du jaune et du bleu, que dans les cinq centres polarisateurs, sous-jacents aux cinq atomes lumineux du centre de la figure ; puis dans les centres des quatre atomes du second rang, dans les trois centres du troisième rang, les deux centres du quatrième et enfin dans un seul centre du cinquième.

C'est, en tout, en comptant les cinq centres polarisateurs, 15 faisceaux complets qui seraient reconstitués aux centres de 15 atomes éthérés qui dessinent, dans un même plan, au milieu de la figure, un triangle équilatéral dont la base, de 5 atomes, est appuyée aux atomes lumineux et dont le sommet est dirigé en bas de la figure, au centre de la cinquième rangée d'atomes d'éthers.

Dans chacun des cinq atomes des côtés obliques de ce triangle, les faisceaux complets se subdivisent de nouveau. Leurs deux moitiés, comprenant un rayon bleu et un demi-rayon jaune, continuent à diverger, cinq vers la droite et cinq vers la gauche. Les moitiés des rayons jaunes A, B, C sortent de la figure à gauche, avec les rayons bleus *a'*, *b'*, *c'*, *d'*, et les autres moitiés des rayons jaunes E, F, G, vont sortir du côté droit avec les rayons bleus *d'*, *e'*, *f'*, *g'* (de bas en haut).

Il n'arrive donc aux centres de la sixième rangée d'atomes que les demi-rayons jaunes D et D (aux deux extrémités), puis, en allant vers le milieu de la rangée, les deux rayons jaunes E et C, B et F et enfin A et G (au milieu).

D et D arrivent joints aux rayons bleus *e'* et *c*. Aux rayons jaunes E et C sont joints les rayons *f'* et *b*. Aux deux rayons B et F sont joints les rayons bleus *g'* et *a*. Mais les deux demi-rayons jaunes A et G arrivent sans rayons bleus, si la surface lumineuse ne comprend que les sept atomes lumineux comprimés représentés sur la figure, puisque les deux rayons bleus *a'* et *g*, partis des deux angles du haut de la figure, ne peuvent émaner que de deux atomes qui n'y sont pas compris.

La planche III, pour être aisément intelligible, n'aurait pas dû contenir d'autres faisceaux colorés que ceux qui émanent des sept atomes A, B, C, D, E, F, G, et dont on aurait pu ainsi suivre, du premier coup d'œil, le cheminement oblique. Mais le graveur, sans doute par amour de la symétrie, a cru mieux faire de remplir sa planche qui représente ainsi, vers ses deux angles inférieurs, des faisceaux de rayons dont l'origine est en dehors de ses limites, et qui viennent ainsi compléter des faisceaux qui devraient rester incomplets dans l'hypothèse d'une surface lumineuse limitée aux sept atomes qui occupent le haut de la planche.

Tels sont les rayons jaunes H, I, J, qui aboutissent en bas, à gauche de la série, et qui prennent naissance sur le côté gauche de la figure, en H, en I et en J, où ils sont complétés par les rayons bleus, *h i j*, qui proviennent des mêmes lettres placées à gauche. Tels sont, symétriquement, en bas, à droite, les rayons jaunes K, L, M, qui émanent des points, situés à droite, indiqués par les mêmes lettres. Ces rayons jaunes arrivent en bas de la figure complétés par les rayons bleus *k', l', m'*, partis du côté droit et des mêmes points que les jaunes qu'ils complètent. Ces six couples de rayons ne pourraient venir que de six atomes placés trois à droite et trois à gauche des sept que contient la figure.

La surface lumineuse contiendrait, en ce cas, treize atomes comprimés dont les demi-rayons jaunes et les rayons bleus extrêmes ne se rencontreraient qu'au sommet d'un triangle équilatéral ayant pour côté les diamètres de onze atomes.

En dehors des limites de ce triangle il n'y aurait de même que des demi-faisceaux jaunes cheminant avec des faisceaux bleus dans des directions divergentes.

Il résulte de cette théorie que la quantité de lumière reçue, d'une portion limitée de surface lumineuse, par un observateur placé à distance, diminue quand cette distance augmente, puisque même tous les rayons qui d'abord ont convergé vers lui, après s'être croisés en un point plus ou moins rapproché, divergent ensuite indéfiniment. Il y a donc pour cet observateur une limite de visibilité déterminée par le fait qu'aucun rayon lumineux ne passe plus par le point qu'il occupe, mais va se perdre, en divergeant, à sa droite et à sa gauche.

Un instrument optique d'une ouverture égale à la largeur de la figure (Planche III), à la distance de 6 diamètres atomiques ne recueille plus que les demi-faisceaux jaunes D, E, F, A, C, B, B, C, D, ou 8 unités de lumière sur 14 qui émanent des sept atomes lumineux dans un seul plan. Il ne recueille également que les faisceaux bleus e', f', g', et a, b, c, soit six unités sur quatorze qui sont rayonnées dans ce même plan.

Si cet instrument était reculé à la distance double de 12 diamètres atomiques, la surface lumineuse restant toujours de 7 diamètres et l'ouverture de l'instrument restant la même, tous les rayons jaunes, d'abord convergents vers le milieu du bas de la figure, en sortiraient : D, E, F, G, divergeant à gauche et A, B, C, D, divergeant à droite, et emportant chacun les rayons bleus qui les accompagnent.

Pour que l'objet restât visible, il faudrait un instrument de plus grande ouverture pour recueillir ces rayons dispersés sur une grande surface.

Ce qui est vrai en ces proportions microscopiques de quelques diamètres atomiques, resterait vrai dans des proportions télescopiques. Certaines étoiles deviendraient ainsi invisibles pour l'œil quand la divergence des rayons émis par la totalité de leur surface dépasse le champ de la vision.

Telle est au fond la raison de plusieurs lois de l'optique modifiées par celles de la perspective géométrique.

Si la surface lumineuse était courbe, au lieu d'être plane, comme serait celle d'une sphère, la proportion des rayons bleus augmenterait, relativement à celle des rayons jaunes, sur toutes les parties fuyantes de cette surface ; et ces rayons bleus convergeraient vers un observateur placé dans la direction de la normale à son centre. C'est ainsi qu'on observe que les bords du soleil envoient beaucoup plus de lumière bleue que son centre.

Comme les rayons bleus, ainsi émanés des bords d'un astre lumineux, ont des directions convergeantes, tandis que les rayons jaunes de son centre sont divergents, il doit en résulter, comme on le constate, et comme on l'a déduit d'autres théories, que la quantité de lumière bleue, relativement à la quantité de lumière jaune, doit augmenter quand un astre s'éloigne de la terre et que, réciproquement, c'est la quantité relative de lumière jaune qui doit augmenter quand cet astre s'approche.

Ces lois sont exclusivement propres aux rayons polarisés qui traversent les dodécaèdres atomiques suivant leur coupe hexagonale (fig. 3, p. 112). Quand ils traversent leur coupe carrée (fig. 2, p. 111), tous les rayons des deux gammes cheminent en lignes droites et parallèles, normalement aux surfaces lumineuses. Si les polyèdres traversés reçoivent les rayons des faces élargies des polyèdres lumineux, tous les rayons sont dans la gamme jaune-rouge; s'ils reçoivent, au contraire, les rayons des faces rétrécies par compression latérale, tous ces rayons sont bleus et ces rayons bleus cheminent, comme les jaunes, en lignes droites et parallèles, normalement aux surfaces lumineuses qui les produisent.

Pour les rayons qui traversent normalement les atomes d'éther suivant leur coupe carrée, il n'y a plus de limite de visibilité.

Mais, en ce cas, jamais les rayons bleus et jaunes ne peuvent se mouvoir dans un même plan, sauf dans la supposition que les atomes voisins fussent alternativement comprimés suivant les directions perpendiculaires, ce qui présente des difficultés géométriques et mécaniques rendant l'hypothèse malaisément réalisable.

Quand un rayon bleu ou jaune traverse un dodécaèdre atomique suivant l'un de ses grands ou de ses petits axes, il doit encore y avoir polarisation. Si le rayon, suivant un des petits axes, rencontre un sommet trièdre, il est divisé, non plus en deux faisceaux, mais en trois, qui prennent trois routes divergentes sous des angles de 60° et qui ne peuvent être dans le même plan. Si le rayon suit un des grands axes du polyèdre et rencontre un sommet tétraèdre, il se divise en quatre faisceaux divergents, qui font entre eux des angles de 45° et dont les deux opposés sont dans un même plan.

La régularité de ces lois mathématiques est d'ailleurs fort atténuée par la plasticité des atomes qui émettent ou transmettent les rayons et par les déformations perpétuelles qui résultent de leurs mouvements relatifs. Cette altération constante de la direction des rayons, qui les fait traverser successivement les dodécaèdres atomiques suivant toutes leurs coupes, est considérable, surtout dans les gaz dont les molécules en rotation sont dans un état constant d'agitation qui modifie sans cesse la forme de leurs plans de contact; de sorte que, successivement, l'œil ou un instrument optique quelconque peut recevoir des rayons émanés des mêmes surfaces lumineuses suivant les conditions les plus diverses, qui, de rapides éclairs successifs des couleurs les plus différentes, compose une résultante de coloration moyenne très variable.

Mais ces mêmes lois de la transmission de la lumière suivant divers plans de l'espace doivent avoir plus de constance dans les espaces intercosmiques où l'éther est relativement en repos.

En tous cas, lorsqu'un rayon, après avoir traversé l'éther intercosmique en repos, pénètre dans l'atmosphère agitée d'une planète, sa route est toujours plus ou moins modifiée, et il doit en résulter des combinaisons variées de la direction des rayons bleus et jaunes.

Il résulte aussi de ces faits que le cheminement de la lumière à travers les corps solides diaphanes a plus de constance qu'à travers les corps gazeux mais diffère spécifiquement pour chaque corps qui jouit ainsi de propriétés optiques essentiellement distinctives.

Chaque atome comprimé d'une même surface lumineuse ayant plusieurs plans de contact orientés suivant divers plans, et chaque atome éthéré recevant les vibrations de plusieurs atomes lumineux qu'il transmet suivant diverses coupes, est le centre de dispersion d'autant de rayons, diversement orientés suivant certains angles. Seules les faces aplaties et élargies de chaque atome lumineux envoient dans l'espace des rayons de la gamme rouge; toutes les autres n'envoyant que des rayons bleus.

La quantité de rayons bleus en voyage dans le milieu aérien est donc toujours beaucoup plus considérable que celle des rayons rouges, du moins comme nombre ; aussi la région bleue du spectre est-elle toujours beaucoup plus développée que celle du rouge. Mais, l'intensité lumineuse des rayons bleus étant moindre, la région du spectre qui les rassemble est beaucoup moins lumineuse (1).

Une surface lumineuse est toujours composée d'un nombre immense d'atomes, plus ou moins comprimés et plus ou moins déformés, dont toutes les faces dodécaédriques sont d'ailleurs

(1) Il peut se faire, toutefois, que le dodécaèdre atomique se trouve aplati suivant un de ses grands axes passant par deux sommets : en ce cas, il peut avoir 6 ou 8 faces élargies, donnant de la lumière rouge, et 6 ou 4 faces seulement donnant de la lumière bleue (fig. 9 et 10). Comme un atome comprimé n'est jamais isolé, mais fait toujours partie d'une molécule (fig. 12 et pl. II), qui

altérées par leur contact avec les atomes éthérés, plus grands, du milieu gazeux; et chaque face donne une résultante de coloration un peu différente.

Toutes ces variations de couleur partielle contribuent à diversifier la tonalité et l'intensité de la couleur et de la lumière totale.

Le nombre de rayons qu'une surface lumineuse peut envoyer dans l'espace est égal à celui des plans de contact de ses atomes avec les atomes du milieu diaphane ambiant, toujours constitué d'éther en totalité, ou, au moins, en partie. Comme aux surfaces des corps solides, les molécules gazeuses ou les atomes d'éther sont toujours tangents, le nombre des contacts mutuels est toujours beaucoup moindre qu'entre solides; mais ces contacts sont plus larges.

Ainsi une molécule de 13 atomes pesants, qui est, il est vrai, exceptionnellement petite, comme nous le verrons ailleurs, n'a avec l'éther ambiant que 24 plans de contact, exactement le double qu'un seul atome avec ses voisins, supposés d'égal rayon, et encore, par suite de la différence des rayons, plusieurs de ces contacts sont-ils avec le même atome éthéré.

C'est ce que montrent la figure 30 et la planche II où une molécule de 13 atomes, dont 6 dans un même plan, est entourée, dans ce plan, de 6 atomes d'éther, ce qui en suppose 3 autres au-dessus et 3 autres au-dessous.

Ces 12 atomes éthérés, recueillant les 24 rayons lumineux émanés des 12 atomes externes de la molécule, les dispersent dans l'espace suivant 12 directions, réciproquement inclinées selon des angles de 60°, et suivant 6 plans contenant chacun 6 rayons, parce que les mêmes rayons se trouvent à la fois dans plusieurs plans.

Dans leur transmission à travers l'espace, ces 12 rayons iraient s'écartant en lignes droites, à l'infini, à moins que, sur leur chemin, une asymétrie locale dans la distribution et la forme des atomes, ne divise les rayons en les polarisant et, par suite, les disperse dans des directions nouvelles.

fait elle-même partie d'un corps auquel elle s'adosse, la moitié seulement, au plus, des faces du dodécaèdre peuvent rayonner leur lumière colorée dans le milieu éthéré ou gazeux. Du même atome ne peuvent donc émaner que 1, 3 ou 4 rayons rouges, au plus, et, réciproquement, 4 3 ou 1 seul rayons bleus, suivant des angles toujours divergents, dont deux seulement peuvent être dans le même plan.

Or, ce cas de polarisation partielle et de diffusion se présente toujours, ne fût-ce que par suite de l'agitation perpétuelle du milieu éthéré, et, plus encore, par suite de la rotation rapide des molécules gazeuses sur elles-mêmes.

Supposant que notre unité de longueur, le rayon de l'atome éthéré, soit de l'ordre des millionièmes de millimètre, la flamme d'une lampe représentant une sphère d'un centimètre de rayon, et une surface lumineuse de 12cc,5664, cette surface émettrait dans l'espace 1.771.768.000.000.000 rayons divergents. A la surface d'une sphère de 10 mètres de rayon, chaque centimètre carré de surface en recevrait 14.170.000. Pourvu que la diffusion par polarisation en ait décuplé le nombre, ce serait cent quarante millions de rayons par centimètre carré de surface, dans une unité de temps qui est certainement une fraction très petite de notre seconde. Cela est certainement suffisant pour expliquer la continuité de la sensation lumineuse, telle que la donne une lampe placée à dix mètres de distance.

CHAPITRE XXVIII

ABSORPTION, RÉFLEXION, RÉFRACTION ET DISPERSION DE LA LUMIÈRE

Quand les rayons qui traversent un espace plein d'éther ou d'un gaz diaphane, en s'entrecroisant à tous les centres atomiques qui les renvoient et les diffusent, sous des angles différents, rencontrent une surface constituée de molécules solides et cohérentes, composées de petits atomes, selon la grandeur et la disposition de ces derniers et l'angle que font, avec les rayons, les droites qui unissent leurs centres aux centres des atomes gazeux, ils se laissent traverser par ces rayons, les absorbent, les réfractent ou les réfléchissent, en changeant leur direction dans les trois cas. Le plus généralement, une partie de ces rayons est réfléchie; une autre partie est absorbée, le reste traverse le nouveau milieu plus dense, mais en se divisant en rayons partiels diversement colorés.

C'est ce que montre la fig. 32.

Les rayons incidents I et I', composés des sept couleurs du

prisme, c'est-à-dire d'un faisceau bleu et d'un faisceau jaune polarisé, dont les deux nuances les plus claires occupent la droite qui traverse diamétralement les atomes d'éther suivant leur coupe hexagone, viennent rencontrer en p et p', la surface d'un corps solide dont les petits atomes sont tangents à ceux de l'éther.

Par le fait de la cohésion moléculaire du corps solide, la

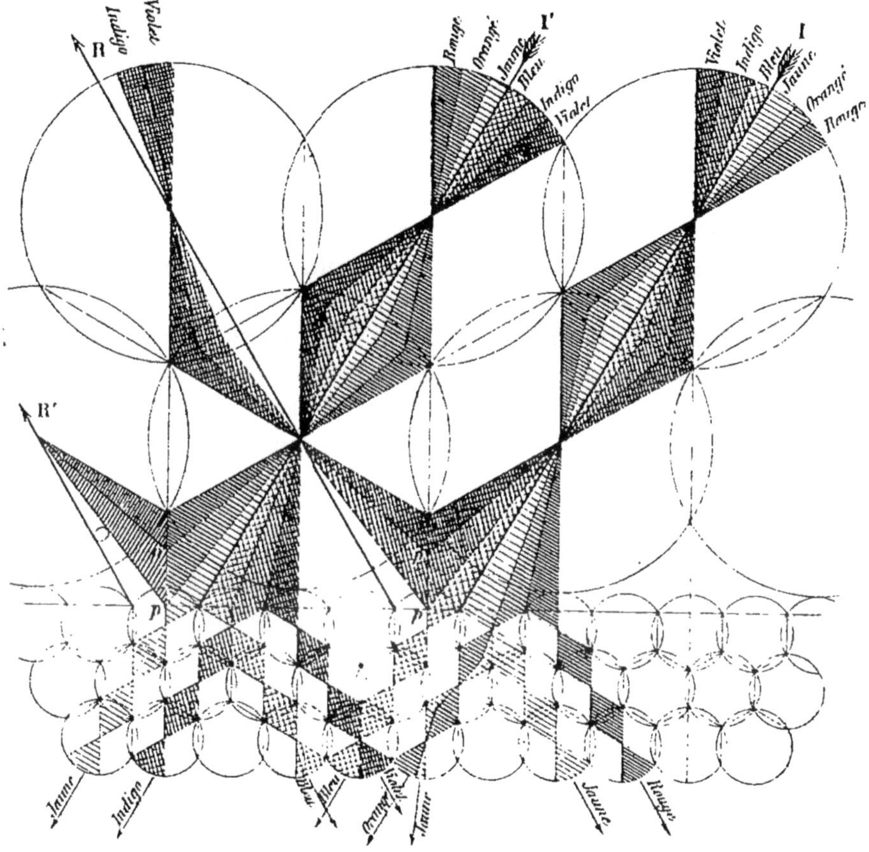

Figure 32.

coupe hexagone des atomes d'éther se trouve modifiée. Leurs plans de contact latéraux se prolongent en p et p', où ils rencontrent perpendiculairement la droite p, p, des plans de contact entre les gros atomes éthérés et les petits atomes solides.

Le rayon incident I, arrivant en p, sous un angle de 30°, avec la normale au point p, s'y divise. Ses rayons bleus les plus foncés, heurtant le plan de contact latéral élargi des deux atomes éthérés, sont renvoyés du centre de l'un au centre de l'autre, en faisant avec la normale en *p* deux angles égaux de 30°. De là, traversant diamétralement l'atome qui l'a ainsi dévié et recueilli, il est transmis à ceux qui le suivent, en s'infléchissant en sens inverse à chaque plan de contact qu'il traverse. Il vient ainsi se réfléchir en R, symétriquement avec le point d'incidence I.

Il en est de même du rayon incident I'. Seulement, il résulte du retournement des couleurs, supposé sur la figure, et qui peut se produire par suite de circonstances spéciales, qu'en *p'* ce sont les rayons rouges et orangés qui sont réfléchis, en R'.

Il en résulte qu'un corps recevant les deux rayons réfléchis R et R', formés des mêmes couleurs, soit bleues, soit rouges, paraîtrait de ces mêmes couleurs; tandis que s'il recevait des rayons bleus et des rayons rouges, comme le suppose le cas représenté par la figure, la couleur résultante serait violette. Elle ne serait pas blanche parce qu'il y manquerait du bleu clair et du jaune clair.

Les autres rayons colorés des deux faisceaux complets I et I', de la figure 32, ont suivi des routes toutes différentes. Ils ont pénétré dans le corps solide en traversant ses petits atomes.

Le bleu clair du rayon incident I a traversé sans s'infléchir l'atome qui l'a recueilli, en *p*, et l'a transmis à ceux qui le suivent. Le rayon orangé a pris une route parallèle à travers la rangée voisine de petits atomes.

Dans le rayon incident I, c'est le jaune clair qui a été recueilli en *p'* et a continué sa route directe. Le bleu moyen l'a suivi parallèlement à travers la rangée d'atomes voisins.

Au contraire, le jaune clair et le rouge du rayon incident I ont été déviés de leur route et sont entrés dans le corps solide en faisant chacun au point *p* le même angle de 30° avec la normale, mais en sens contraire, et sont allés sortir du corps solide vers la droite. Le bleu foncé et le bleu clair du rayon incident I' ont pris aussi des routes parallèles aux précédentes en faisant avec la normale les mêmes angles.

Il en résulte que le faisceau lumineux sorti du corps qui représente une lame mince, contiendra à l'extrême droite un faisceau rouge, suivi d'un faisceau jaune, à l'extrême gauche un faisceau jaune et un faisceau indigo, et, entre eux, un entrecroisement de trois faisceaux bleus et d'un faisceau orangé.

La couleur résultant de ce rayon complexe s'approchera du blanc, puisque tous les rayons du spectre y sont représentés et sa direction résultante l'aura rapproché de la normale au point d'incidence.

Si au lieu de supposer une simple lame solide, on suppose les rayons incidents reçus par un prisme à base trigone équilatérale ayant son sommet dirigé en bas de la figure, les rayons jaunes, indigo, bleu-foncé et orange, conservant la direction des rayons incidents, iront sortir du prisme par sa face inférieure gauche; tandis que les rayons bleu-clair, bleu-foncé, jaunes et rouges, inclinés à droite, iront en sortir par sa face inférieure droite.

Si en sortant de ce prisme ces rayons rencontrent de nouveau les gros atomes de l'éther, ils feront en y pénétrant, mais en sens inverse, le même chemin qu'ils ont fait pour en sortir.

Naturellement tout serait changé dans l'ordre des couleurs et dans leur résultante si les couleurs des deux faisceaux incidents I et I', étaient supposées rangées dans le même ordre, au lieu de l'être en ordre contraire, en pénétrant dans la surface réfringente.

Dans cette supposition des rayons rouges et jaunes seulement s'inclineraient vers la droite du prisme, les rayons bleu-clair et indigo vers la gauche. Le faisceau complexe sortant de la lame à faces parallèles, dessiné sur la figure, contiendrait à droite un rayon jaune, au centre un enchevêtrement de rayons rouges et jaunes et de rayons bleus et orange; à l'extrême gauche encore de l'orange et du bleu.

Une succession de rayons semblables, suivant des routes parallèles, donnerait de la lumière à peu près blanche, mais cependant où dominerait le jaune, puisque des rayons bleus seulement en auraient été soustraits par réflexion à l'entrée du corps réfringent.

Naturellement, la direction de tous les rayons à travers le corps solide serait profondément modifiée si ce corps, au lieu d'être parfaitement homogène et constitué d'atomes de même rayon, était, au contraire, un corps complexe, formé d'atomes de rayons différents, comme le sont tous nos corps diaphanes ou réfringents, à l'exception du diamant. Mais nous aurons à constater qu'en général parmi les substances qui constituent ces corps, il en est toujours au moins une, dont les atomes, très gros, laissent passer de larges faisceaux monochromes.

Cette subdivision de l'onde lumineuse éthérée, toujours complexe en rayons partiels, résulte donc du fait que les atomes du corps solide sont plus petits que ceux de l'éther. La dispersion analytique de leurs éléments colorés est d'autant plus complète que la direction, à la sortie du corps, de ceux qui l'ont traversé, fait un angle plus grand avec la direction du rayon incident à son entrée dans la couche réfringente. Quant à la partie de ces rayons qui est réfléchie, quelle que soit la nature du corps et la proportion de la lumière réfléchie à la lumière absorbée, les angles que le rayon réfléchi et le rayon incident font avec la normale, au point d'incidence, sont toujours égaux.

Cette loi, si générale, est une conséquence de ce fait, également général, que, au contact mutuel de l'éther et des corps pesants, surtout des corps solides de fortes densités, les atomes sont mutuellements tangents.

La fig. 32 montre comment, en ce cas, au lieu de pénétrer dans le corps solide, les rayons, au sortir des grands atomes éthérés, se trouvent renvoyés au centre des atomes éthérés voisins et de là dans le milieu gazeux, en faisant, en effet, avec la normale au point d'incidence, un angle égal et symétrique à l'angle d'incidence et dans le même plan.

Naturellement, si les rayons tombent normalement sur la surface du corps réfringent, ces rayons pénètrent dans les petits atomes sans subir de déviation. Il s'en suit aussi que la portion de la lumière réfléchie est à son minimum.

La proportion de la lumière reflèchie doit donc être d'autant plus considérable que l'angle d'incidence est plus grand, et pour certains angles la réflexion doit être totale, comme l'observation le constate.

Le cas de réflexion totale doit se produire quand les rayons, entrant trop obliquement dans les atomes du corps réfringent pour aller rencontrer les plans de ces atomes qui sont en contact avec des atomes plus intérieurs, vont se dévier sur leurs plans de contact latéraux qui les renvoient vers la surface. Mais la réflexion se produit surtout, comme on le voit sur la fig. 32, par ce fait qu'aux surfaces des corps très denses, les atomes de l'éther ambiant étant tangents, la plus grande partie des faisceaux lumineux ne pénètre pas dans le corps, mais, frappant les plans latéraux des atomes éthérés eux-mêmes, ils sont renvoyés dans l'espace suivant un angle égal à l'angle d'incidence.

La dispersion s'explique aussi naturellement par la division du rayon incident, complexe, transmis par chaque grand atome éthéré, entre les petits atomes pesants qui lui sont tangents. Chacun d'eux s'empare d'un certain faisceau de rayons d'une coloration résultante distincte, et le transmet à d'autres, parfois en continuant de le subdiviser en ses nuances composantes qui sont toujours voisines et font toujours partie de la même région du spectre (fig. 32). De sorte que la subdivision d'un rayon bleu ne donnera jamais que des bleus, mais des bleus nuancés, faisant partie du faisceau bleu résultant dont il ne fait ainsi qu'analyser plus complètement les nuances composantes.

Un faisceau formé, au sortir de l'atome éthéré, par des rayons bleus et des rayons jaunes, en certaines proportions et recueillis par le même atome pesant, donne, au sortir de ce dernier corps, des rayons verts intermédiaires entre la gamme chaude, du jaune au rouge, et la gamme froide, de l'indigo au bleu.

De même, si les rayons composés sont empruntés aux faisceaux des rayons rouges et bleus foncés, le rayon résultant réfracté sera violet. C'est pourquoi jamais dans le spectre on ne constate de violet clair ou de lilas cette nuance, ne pouvant se produire que par la superposition du rouge et du bleu clair qui, dans le spectre réfracté, ne sont jamais voisins.

Il résulte, en effet, du retournement périodique du spectre bleu et du spectre rouge, à chacune de leurs transmissions par les centres des atomes, que toujours, à chaque transmission et à chaque retournement du faisceau lumineux, c'est le bleu foncé qui vient en contact avec le rouge foncé ou le bleu clair en contact avec le jaune clair. Le bleu clair ne peut donc jamais se trouver à côté du rouge, ni le jaune à côté du bleu foncé.

Quand il se fait un mélange de ces deux couples de couleurs qui donnent, l'un du lilas, l'autre du vert foncé, ce ne peut être que par la superposition de faisceaux arrivés de sources différentes par des chemins différents.

Cette rencontre de couleurs ne peut pas s'obtenir dans un spectre régulièrement réfracté, selon les méthodes connues. On les obtiendrait par la superposition de spectres différents.

Si, dans la nature, ces deux couleurs et toutes leurs nuances se rencontrent fréquemment, c'est par la rencontre et le mélange intime de molécules qui donnent leurs composantes pures et qui, placées côte à côte, en donnent la sensation moyenne, par le même procédé que les peintres emploient en juxtaposant par points les composantes des couleurs dont ils veulent donner la sensation résultante.

Quant au blanc, on sait qu'on l'obtient par la superposition de certaines couleurs du prisme, dites à tort *complémentaires*, à cause de cette propriété qu'elles possèdent de s'entre détruire, comme couleurs, pour ne donner que la sensation de la lumière ou du blanc plus ou moins pur. Mais on sait aussi qu'il est difficile d'obtenir cette sensation du blanc avec des couleurs au repos. Il semble que le mouvement soit nécessaire et qu'il faille même un mouvement assez rapide pour dépasser la vitesse de transmission de la sensation visuelle au cerveau.

C'est qu'en effet, ce ne sont pas les couleurs complémentaires qui se superposent dans une même sensation complexe, ce sont les deux sensations colorées qui s'entre détruisent pour ne laisser comme résultante que la sensation lumineuse.

Il est très remarquable que les couples de couleurs complémentaires sont tous formés d'une couleur de la gamme froide et d'une couleur de la gamme chaude et du couple de couleurs qui dans les deux gammes sont d'ordre inverse.

Ainsi la complémentaire du rouge est le bleu vert très clair; car le vert foncé n'existe pas dans le spectre. Celle de l'orangé est le bleu du ciel; celle du jaune est l'indigo, tournant au violet. C'est toujours une nuance vive très chargée et une nuance pâle et légère. Ces faits semblent révéler l'existence de rapports quantitatifs, d'une loi fondée sur la constance du produit de deux facteurs variant en sens inverse ou peut-être seulement d'une somme de deux quantités complémentaires.

En effet, le rouge qui, dans le segment vibrant de la gamme chaude, en occupe les deux extrémités, où l'amplitude est minimum, correspond au vert qui, dans les petits segments vibrants, donnant la gamme froide, occupe le centre ou l'amplitude est maximum. L'orangé et le bleu occupent dans les deux segments la position moyenne, avec des amplitudes moyennes. Pour le couple indigo et jaune clair, les rapports sont justement inverses de ceux du couple rouge et vert. L'indigo occupe la situation extrême, et le jaune la position centrale; l'amplitude de la vibration jaune est maximum et celle de la vibration indigo est minimum.

Si l'on ajoute les amplitudes par couples on doit arriver à une somme sensiblement constante.

Cette part des rayons colorés que les atomes superficiels du corps réfringent reçoivent du milieu éthéré ou gazeux, ils la transmettent aux atomes sous-jacents qui la transmettent aux suivants, par de très diverses routes, selon que les molécules de ce corps sont formées d'éléments plus ou moins hétérogènes.

Il est à remarquer que presque tous nos corps, à la fois diaphanes et réfringents, sont constitués, au moins, par des corps ternaires et parfois par des corps d'une formule chimique très compliquée. Tous nos verres ou cristaux industriels sont dans ce cas. Le diamant est presque la seule exception connue d'un corps simple diaphane et réfringent et l'on arrive aujourd'hui à douter de son homogénéité chimique, si exceptionnelle.

On comprend comment des corps d'une si grande complication moléculaire doivent écarter très inégalement les rayons lumineux de leur direction incidente et rapprocher plus ou moins de la normale à la surface d'immersion du rayon, le chemin qu'il parcourt à travers le dédale atomique des corps.

La déviation que ce rayon subit en entrant dans un corps plus dense est toujours une diminution de l'angle d'incidence avec la normale, par ce fait seul que les rayons des atomes étant plus petits, répartissent entre eux les parties du faisceau lumineux total et font rétrograder certaines d'entre elles, de sorte que la direction moyenne de toutes ces fractions de rayons se rapproche toujours de la normale à la surface d'immersion. (Fig. 32.)

Quand les fractions dissociées du faisceau lumineux émergent du corps réfringent, des faits corrélatifs se passent, dans un ordre tout contraire. Ce sont alors les gros atomes éthérés qui recueillent les faisceaux lumineux partiels, en voyage à travers les petits atomes du corps réfringent, et les rassemblent en faisceaux complexes. Parfois, le plus souvent même, ces faisceaux n'ont plus l'homogénéité qu'ils avaient à leur entrée dans le corps réfringent, mais sont, au contraire, toujours plus ou moins hétérogènes et formés de rayons qui, loin de cheminer ensemble et parallèlement par des chemins capricieux suivant des lignes brisées, se sont diversement entre-croisés. De sorte que le même atome éthéré recueille des rayons de lumière qui n'étaient pas voisins dans les faisceaux incidents, qui même pouvaient ne pas faire partie du même faisceau, et se trouvent plus ou moins retournés en ordre inverse.

C'est pourquoi tout rayon réfracté donne, à son émersion, un spectre qui n'a pas la continuité parfaite du spectre atomique naturel et, au lieu de couleurs pures, régulièrement dégradées les unes dans les autres, il ne présente plus que les résultantes partielles de nuances plus ou moins voisines, entre lesquelles semblent exister des solutions de continuité et comme des dissonnances harmoniques Ce ne sont plus deux gammes complètes; il y manque des notes, et, de plus, il y a entre elles des mélanges discordants, des alliances de tons qui jurent (1).

On comprend ainsi pourquoi chaque corps réfringent donne un spectre qui lui est spécial; et que même nos cristaux industriels ne peuvent être si parfaitement homogènes qu'ils ne diffèrent les uns des autres par leur constitution moléculaire et ne présentent des variations qu'on peut dire individuelles, quant à leurs propriétés optiques. Chacun d'eux donne des spectres dont les nuances sont plus ou moins distinctes, plus ou moins continues, rangées dans un ordre particulier, et dont les régions rouges ou bleues sont plus ou moins développées, selon qu'il s'est produit dans le trajet intérieur des rayons plus ou moins de mélanges ou de superpositions.

On sait que le trajet des rayons à travers l'atmosphère fait subir au spectre certaines altérations.

Quand la lumière traverse un milieu plein d'un gaz pesant quelconque, tel que l'air, par exemple, c'est presque exclusi-

(1) Ici nous n'entendons pas parler des raies d'absorption, sur lesquelles nous reviendrons plus loin.

vement à travers les atomes éthérés qu'elle passe. Les atomes d'azote et d'oxygène qu'elle rencontre, en absorbent une partie, retenant au passage ou détournant de leur chemin quelques fractions des faisceaux colorés, et, par suite, rayent le spectre de bandes d'absorption, aujourd'hui bien étudiées et bien connues, quoiqu'on ne soit pas d'accord pour expliquer leur production.

D'autres raies sombres proviennent des poussières en suspension dans l'atmosphère ; d'autres de la vapeur d'eau et des autres gaz qu'elle contient, en proportion normale ou anormale. Enfin, certaines raies sont connues pour appartenir au spectre solaire lui-même, et pour dépendre de la constitution chimique du soleil et de son atmosphère.

Quand nous aurons étudié la constitution moléculaire des gaz, nous reviendrons sur ce sujet des raies spécifiques du spectre, et sur leur explication.

CHAPITRE XXIX

CONSTITUTION DES FLAMMES ET DES CORPS LUMINEUX

Nous pouvons, à présent, dire quelques mots de la constitution des flammes au point de vue de la lumière.

La zone lumineuse de toute flamme est son enveloppe. Entre la masse centrale de gaz vibrants à une haute température, qui constituent le foyer de chaleur d'un côté et, de l'autre, les pressions extérieures du milieu gazeux, plus froid, où se produit la flamme, et qui, chauffé lui-même par son contact, tend à se dilater également, et combat la force de dilatation intérieure de la masse chaude, les molécules extérieures de celle-ci s'aplatissent perpendiculairement aux normales à sa surface.

C'est par suite de cette compression que cette surface devient lumineuse.

Si l'on regarde une flamme normalement à sa surface, toute sa masse paraît également lumineuse, à l'exception d'un cône intérieur, plus obscur, qui semble vide, au moins dans la plupart des cas, mais qui est occupé par les gaz comburants qui n'ont pas achevé leur combustion.

Si, au contraire, on regarde la flamme de profil, comme par transparence sur un fond sombre, surtout à la lumière du jour, on aperçoit autour de la masse lumineuse, d'un blanc plus ou moins jaunâtre, une zone extérieure d'un bleu vif, se dégradant du noir au blanc par des transitions continues, mais rapides. C'est là l'enveloppe extérieure, en apparence toute lumineuse de la flamme, quand on la regarde normalement à sa surface, mais qui, vue obliquement, par sa tranche ou son épaisseur, n'émet que de la lumière bleue plus obscure. C'est qu'alors ses atomes, fortement comprimés, sont vus, par leur tranche aplatie qui n'émet plus que des rayons bleus, tandis que dans la direction perpendiculaire, leurs plans de contact élargis, vus de face, resplendissent d'une lumière où le jaune domine, et qui confine, de plus ou moins près, au blanc pur. La zone bleue et la zone éclairante ne forment donc qu'une seule et même enveloppe, c'est la flamme proprement dite, vue sous les deux aspects que lui donne son état de compression. Selon qu'on aperçoit les faces élargies ou les faces rétrécies des polyèdres atomiques, celles-ci n'émettent que des rayons bleus, celles-là seulement des rayons de la gamme chaude. Néanmoins, dans la flamme vue normalement à sa surface, assez de rayons bleus se mêlent et se superposent aux rayons jaunes et rouges pour donner la sensation générale du blanc, c'est-à-dire de la lumière, au lieu de la sensation de la couleur. Au contraire, les bords extrêmes de la flamme, qui se présentent obliquement, ne montrant que la succession de leurs plans comprimés, aucune lumière rouge ne se mêle à leur coloration bleue.

C'est pour la même raison que les bords du soleil nous envoient plus de lumière bleue que sa partie centrale. La preuve qu'ils sont aussi lumineux que le centre, c'est que, quelle que soit la face que le soleil nous montre dans sa rotation, la différence de couleur entre la lumière de ses bords et celle de son centre reste constante.

De même, une masse métallique chauffée tend à se dilater. Mais elle ne peut se dilater sans comprimer le milieu ambiant, qui résiste, tendant à se dilater lui-même sous l'influence de la chaleur qu'elle lui communique. Entre ces deux pressions de sens contraire, ses molécules superficielles s'aplatissent ; et, au fur et à mesure que grandit le rapport de leurs diamètres, elles se colorent. Leurs plans de contact extérieurs passent du noir au rouge sombre, puis au rouge cerise et, enfin, au jaune lumineux, dont l'éclat grandit avec la compression. Si elle passe à ce qu'on appelle le blanc, c'est que ses plans de contact latéraux rétrécis, rayonnent, à travers les atomes voisins, leur lumière bleue qui se mélange à leur lumière jaune.

CHAPITRE XXX

EFFETS CHIMIQUES DE LA LUMIÈRE

Il est un problème qui n'a jamais été résolu et n'a pas même été abordé, peut-être parce qu'il était sans solution possible dans nos théories actuelles, c'est celui des effets chimiques de la lumière.

Comment peut-il se faire que la seule influence de la lumière agisse sur les agrégations moléculaires des corps, tantôt de manière à les détruire, tantôt, au contraire, de façon à déterminer des associations nouvelles?

Comment se fait-il que la lumière provoque la combinaison violente du chlore et de l'hydrogène, et, au contraire, détruise celle du chlore et de l'argent?

Ce que la lumière a fait, la chaleur peut le défaire; sous certaines conditions, elle sépare de l'hydrogène ce même chlore auquel la lumière l'a réuni.

Comment un même mode de vibration pourrait-il avoir des effets si différents?

Il est maintenant reconnu que, dans l'action chimique de la lumière, les rayons rouges et les rayons bleus ont une part, non-seulement inégale, mais différente.

En effet, les rayons rouges, proviennent de vibrations plus amples et à plus haute tension, mais, de plus, leur direction est généralement différente. Emis normalement par les surfaces lumineuses, ils tombent normalement sur les surfaces des corps qu'ils rencontrent. Leur action sur les molécules de ces corps ne peut donc être que celle d'une pression normale aux surfaces, et cette pression, ainsi exercée du dehors au dedans, ne peut avoir d'autre effet que d'accroître et de fortifier la cohésion des molécules. L'ample vibration jaune ou rouge, en se communiquant à leurs atomes, loin de les solliciter à s'écarter les uns des autres, les comprime les uns contre les autres. Cette vibration, ils la répercutent sur leurs voisins qui la transmettent à d'autres et, si tous sont bien équilibrés entre eux, il n'y a aucune raison pour que cet équilibre soit détruit.

Mais si cet équilibre est instable, un ébranlement peut suffire pour le faire cesser et déterminer un équilibre nouveau. Telle est probablement l'explication de la combinaison détonnante du chlore et de l'hydrogène.

Nous verrons plus loin comment les molécules de ce dernier gaz sont les plus incomplètement saturées de toutes les molécules gazeuses, que c'est à cette saturation insuffisante que l'hydrogène doit ses puissantes affinités et l'impossibilité où il paraît être de rester librement à l'état de pureté dans la nature.

Il y a donc un vide relatif dans la molécule gazeuse de l'hydrogène.

Nous verrons que la molécule du chlore, est, au contraire, sursaturée. Sous l'influence des ébranlements que les grandes vibrations rouges communiquent aux deux sortes de molécules, il est aisé de comprendre qu'il se fasse entre elles un partage mutuel de leurs éléments pesants.

Il en résulte deux molécules d'acide chlorhydrique. Le volume total n'a pas changé.

Cette décomposition suivie d'une reconstitution a encore été favorisée par les petites vibrations des rayons bleus. Ceux-ci, toujours émis obliquement par les surfaces lumineuses, viennent obliquemment frapper les surfaces des corps qui les reçoivent. Leurs vibrations rapides, mais à faible tension en se partageant et se subdivisant entre les atomes des molécules que les grandes vibrations rouges ne font que comprimer suivant les normales aux surfaces, les ébranlent et tendent à les écarter les uns des autres. Naturellement, les atomes de chlore, gênés dans leur molécule, et qui ne demandent qu'à en sortir pour se mettre plus au large, tendent à pénétrer dans la molécule voisine d'hydrogène ou la pression est moindre ; les uns et les autres finissent par se partager l'espace, en réalisant ainsi une densité dynamique moyenne et un équilibre plus stable pour tous leurs éléments atomiques.

Cependant, si, ensuite, on chauffe, à une haute température, ces molécules d'acide chlorhydrique, en présence de certains métaux très denses, pour lesquels le chlore a des affinités particulières, il abandonne les molécules gazeuses de l'acide, dilatées et secouées par la chaleur, pour se fixer sur ces métaux. L'hydrogène, remis en liberté, reconstitue ses molécules homogènes, s'il ne trouve pas à proximité de quoi satisfaire mieux ses affinités et compléter sa saturation.

C'est surtout dans les opérations photographiques que l'action mécanique de la lumière est mise en évidence.

Quand une surface, couverte de chlorure, bromure ou iodure d'argent, en dissolution, est exposée à la lumière directe, les rayons émis normalement à la surface du corps lumineux, rencontrant normalement la surface du composé chimique, les larges vibrations de la gamme chaude exercent une pression sur les molécules et ne tendent ainsi qu'à maintenir et à consolider l'équilibre de la combinaison. Elles sont sans action, disent les chimistes. Au contraire, les rayons bleus, émis obliquement par le corps lumineux, agissant obliquement sur les molécules du composé, tendent à séparer et dissocier les atomes de chlore qui recouvrent extérieurement les molécules métalliques. Le chlore tend ainsi à se reconstituer à l'état gazeux ou à former d'autres combinaisons, mettant en liberté les molécules métalliques, sous la forme d'une poussière noire. On dit alors que le métal est réduit, en totalité. Toute la surface exposée à la lumière est devenue d'un noir uniforme plus ou moins profond.

Si on opère d'après les procédés photographiques, les choses se passent un peu différemment. Il est rare qu'on ait à photographier des objets lumineux par eux-mêmes. Les objets dont on veut fixer l'image, sont généralement éclairés par la lumière diffuse, toujours transmise plus ou moins obliquement à la lentille de l'objectif, après plusieurs réflexions, sous des angles les plus divers. Aucun de ces rayons n'est simple. Ce sont des faisceaux de rayons de toutes les couleurs, mélangés ou superposées, dont chaque élément a une tension, une amplitude, une énergie lumineuse ou thermique différentes, et qui tous agiront électivement et spécifiquement sur le composé chimique. Très peu de ces rayons sont émis normalement par les surfaces éclairées par réflexion. Un très petit nombre, seulement, rencontrent normalement la surface de la lentille, dont les propriétés réfringentes ne font encore qu'augmenter les angles d'incidence avec la surface à impressionner. C'est-à-dire que presque tous ces rayons agiront, comme des rayons obliques, sur les molécules chimiques, pour les dissocier plus ou moins complètement. Si l'on prolonge trop le temps de pose, presque toute l'image passe au noir. C'est à peine si les principaux contours restent distincts. La plus grande partie du métal est réduit, dissocié, revenu à l'état de corps homogène pulvérulent. Le métalloïde, mis en liberté, se reforme lui-même à l'état homogène ou forme d'autres combinaisons. Dans cette dissociation, la lumière a agi mécaniquement, au contact, pourrait-on dire. Les rayons ont exercé leur action, comme les doigts d'une main invisible, pour séparer les atomes en leur imprimant des vibrations plus ou moins obliques, en sens divers, et les écarter les uns des autres.

Si les rayons n'ont agi que sur les atomes du métalloïde, c'est que ceux-ci, beaucoup plus gros, donnent plus de prise à leur action; tandis que les très petits atomes du métal qui forment le centre cohérent et comme l'âme individuelle de la molécule du composé binaire, y échappent. Les rayons glissant sur leurs petites surfaces, sans pouvoir les pénétrer, se reployent, par des réflexions internes, dans la couche extérieure des gros atomes du métalloïde, qu'ils poussent les uns contre les autres. Ainsi les petites molécules denses et cohérentes du métal se trouvent mises à nu sur tous les points où ces rayons ont agi, et d'autant plus que leur action a été plus oblique, et plus étroitement condensée par le pouvoir réfringent de la lentille.

L'action de la chaleur doit du reste donner lieu à des faits analogues qui suffisent à expliquer sa puissante action chimique, avec cette différence, toutefois, que tous les rayons calorifiques étant de nature identique, leurs vibrations sont plus homogènes pour le même corps et plus spécifiques pour des corps différents; et que, sous les mêmes pressions, leur amplitude est plus rigoureusement proportionnelle au rayon virtuel des atomes, et en raison inverse de leur vitesse vibratoire.

Troisième section. — LES VIBRATIONS SONORES, OLFACTIVES ET GUSTATIVES.

CHAPITRE XXXI

LES VIBRATIONS SONORES

La chaleur et la lumière ne sont nullement les seuls phénomènes de nature vibratoire. On peut, dès à présent, tenir pour certain que tous les phénomènes sensibles sont produits également par les vibrations des plans de contact atomiques, ou par leurs résultantes moléculaires.

Les ondes sonores sont un exemple de ce dernier cas. Les lois qui les gouvernent sont trop bien connues pour qu'il y ait lieu de les résumer ici.

D'après les théories actuelles, les ondes sonores, dans l'air ou même dans tout autre milieu pesant, devraient être considérées comme résultant d'oscillations des molécules dans le vide, qui tantôt les rapprochent les unes des autres et tantôt les éloignent.

D'après notre hypothèse, au contraire, ces condensations et ces dilatations sont le résultat de déformations alternatives de ces molécules, et, par suite, de leurs atomes constituants, qui ne cessent jamais d'être en contact immédiat. Chaque molécule, étant tour à tour dilatée, puis contractée, selon ses deux axes perpendiculaires, tout en conservant la constance de son volume, comme l'indique la fig. 33. Il en résulte ces ondes, alternativement gonflées et condensées, en ventres et en nœuds, chaque ventre d'une onde répondant aux nœuds des deux ondes voisines et réciproquement.

Ainsi (fig. 33), étant donnée, sur une droite, une pile de 13 molécules gazeuses A, B, C, D, E, F, G, F', E', D', C', B', A', toutes symétriques, sous des pressions égales, la propagation d'une onde sonore dans le milieu gazeux venant comprimer, suivant leur axe transversal, les molécules A et A', B et B'; elles s'allongent en longueur, comme *a* et *a'*, *b* et *b'*, comprimant ainsi, latéralement, les molécules intermédiaires *c* et *c'*, D et D', E et E', F et F' et G; celles-ci s'élargissent, comme en *g*, *f* et *f'*, *e* et *e'*, *d* et *d'*, de façon à ce que chaque molécule, ainsi déformée, conserve son volume. Les deux molécules intermédiaires *c* et *c'*, également comprimées dans les deux sens, ont gardé leur forme symétrique, mais ont dû subir un déplacement longitudinal.

Il en résulte, pour chaque pile de molécules, de longueur variable, selon la hauteur du son, l'onde représentée sur la figure 33, dont la longueur totale est restée égale à celle de la pile de molécules égales qui lui a donné naissance et dont le volume est resté constant.

Le même fait se répétant sur les piles de molécules voisines, il en résulte des ondes complexes qui sont de véritables vagues aériennes, les ventres alternant avec les nœuds, c'est-à-dire les dilatations en épaisseur alternant avec les dilatations en longueur, dans un espace total resté constant.

A l'air libre, les ondes sonores prennent la forme de sphères concentriques autour du point d'ébranlement, les surfaces de ces sphères cheminent dans l'espace en élargissant sans cesse leurs rayons, sans que sur aucun point il y ait déplacement véritable des molécules, sauf dans la mesure nécessaire à

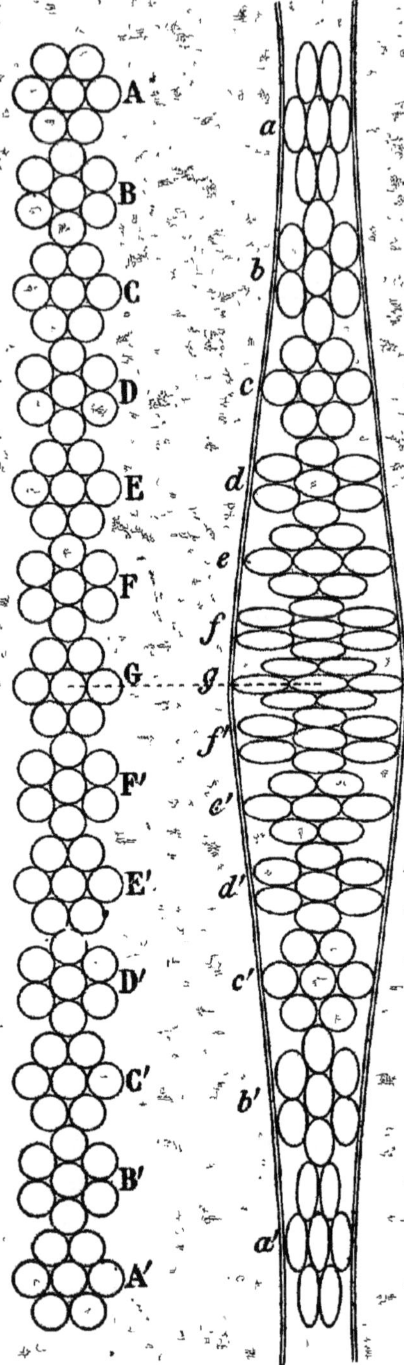

Figure 33.

l'élargissement de leurs ventres et à la contraction de leurs nœuds, qui se succèdent sur place. C'est de même que les vagues de la mer ou les rides formées en eau calme par la chute d'une pierre ne donnent aux molécules d'eau qu'un mouvement vertical d'oscillation, d'une amplitude égale à la hauteur de la vague, sans déplacement latéral.

Naturellement, quand l'onde sonore se produit dans un tuyau, elle doit prendre la forme d'un cylindre où les ventres et les nœuds alternatifs circulent de l'embouchure à l'orifice de sortie.

C'est de même encore que les vibrations des membranes sonores ou des plaques métalliques ne peuvent se produire que par des dilatations et des contractions alternatives de leurs molécules qui leur permettent d'osciller perpendiculairement au plan moyen de la membrane sans perdre leur cohésion mutuelle. De sorte qu'entre les ventres et les nœuds, toujours symétriquement distribués, existe ce réseau compliqué de lignes immobiles dont l'observation a constaté l'existence.

Quant aux cordes vibrantes, il faut bien admettre aussi que, pour osciller autour d'une droite qui, par définition, est le plus court chemin entre leurs deux extrémités, leurs molécules doivent également s'allonger et se raccourcir alternativement. Entre les ventres et les nœuds de leurs vibrations chaque partie de la corde doit repasser par la droite génératrice, où chaque molécule retrouve ses proportions symétriques normales.

On peut après cela prévoir *a priori* que la tension de ces cordes influera sur la durée ou la fréquence de leurs vibrations et sur la longueur des ondes, et que la hauteur du son qu'elles rendent doit dépendre de cette longueur. On peut prévoir également que leur diamètre aura une influence de sens contraire à celle de leur tension, et que leur densité, également, modifiera la hauteur du son et son timbre, c'est-à-dire les harmoniques du son principal.

On peut prévoir encore que, selon les milieux où se propage l'onde sonore, sa vitesse sera précipitée ou retardée, que le son ira plus vite dans des milieux plus denses, où la tension aux plans de contact des atomes est plus grande ; et que la température, diminuant la densité du milieu, agira en sens contraire.

Toutes les lois de l'acoustique se trouveront ainsi expliquées et démontrées nécessaires, comme conséquences de la constitution atomique des milieux et des propriétés générales des atomes.

CHAPITRE XXXII

SENSIBILITÉ TACTILE ET SENS THERMIQUE

Notre sensibilité tactile générale, dont le siège est dans notre système nerveux périphérique et dans des fines ramifications qui aboutissent aux papilles nerveuses du derme, nous donne la sensation, également générale, de l'impénétrabilité des corps solides, de leur résistance d'inertie aux efforts que nous faisons pour les mouvoir, les soulever, ou les briser.

Cette sensibilité tactile est surtout localisée dans notre main, par une adaptation spéciale à notre espèce, comme elle est localisée dans la trompe de l'éléphant, dans les antennes des insectes, dans les tentacules des mollusques et des zoophytes. Les nombreuses et délicates papilles de l'extrémité de nos doigts et de notre paume nous permettent de distinguer avec la forme des corps, l'état et les propriétés diverses de leurs surfaces plus ou moins rugueuses ou polies

Cette sensibilité tactile générale est trop obtuse pour nous donner une idée quelconque de la constitution moléculaire des corps. Mais nous ignorons s'il n'existe pas des êtres organisés mieux doués que nous sous ce rapport.

Il est certain que notre sensibilité tactile est susceptible d'éducation. Certaines professions développent le sens du tact, jusqu'à lui donner une merveilleuse finesse et l'ont sait à quel degré de perfection il arrive parfois chez les aveugles-nés.

C'est aussi notre sensibilité générale qui nous donne les sensations de la chaleur et du froid et nous permet ainsi d'acquérir une mesure, toute relative, des températures. A cet égard encore, les différences individuelles sont considérables, et l'habitude, l'exercice professionnel peuvent développer considérablement nos aptitudes naturelles.

Cependant notre sensibilité tactile n'a pu, jusqu'ici, nous révéler la vraie nature de la chaleur, que, si longtemps, même les plus savants des hommes ont considérée comme un élément, comme une substance. Tout le XVIIIe siècle croyait au phlogistique, et le nôtre, encore naguère, considérait la chaleur comme un fluide impondérable.

C'est qu'en somme nos sens sont des instruments adaptés à peu près suffisamment aux besoins de notre vie animale ; ils ne sont nullement des instruments d'investigation scientifique.

C'est notre nerf optique qui est adapté à nous donner la sensation de la lumière, à nous révéler sa présence et qui nous permet, dans une certaine mesure d'apprécier son intensité. Notre vue plonge à distance dans l'espace. Grâce à notre œil, cet instrument de dioptrique, dont les nombreuses imperfections sont aujourd'hui reconnues, mais qui, tel qu'il est, et avec ses défauts généraux et ses imperfections individuelles, est cependant une des plus merveilleuses adaptations de la nature et l'une des plus anciennement perfectionnées dans l'évolution animale. Grâce à cet instrument, tour à tour télescope et microscope, nous sommes rendus sensibles à la couleur, cette magie du monde qui en fait toute la beauté.

Enfin, notre oreille permet à notre nerf auditif de percevoir et de distinguer les sons à de grandes distances. Le péril que notre œil ne voit pas, notre oreille peut nous en avertir. L'ouïe a rendu possible la parole et le chant : c'est le sens social par excellence.

Aujourd'hui il n'est plus permis de douter que le sens visuel et le sens acoustique ne soient des modifications de la tactilité générale, successivement et localement adaptée à sentir et percevoir les ébranlements vibratoires de la lumière et du son, comme elle est adaptée généralement à percevoir les variations des vibrations calorifiques du milieu ambiant.

CHAPITRE XXXIII

VIBRATIONS OLFACTIVES ET GUSTATIVES. — PARFUMS

Deux de nos sens nous mettent en communication plus intime avec la nature des corps, nous permettent de les distinguer, de reconnaître jusqu'à un certain degré ceux qui nous sont utiles ou nuisibles : c'est le goût et l'odorat.

Rien n'est resté plus mystérieux, jusqu'ici, que les propriétés des corps révélées par ces deux sens.

Pourquoi certaines odeurs sont-elles si répugnantes, au point d'agir sur nous presque comme des poisons ? Pourquoi certains parfums sont-ils si doux ? Jusqu'ici il n'y a point eu de réponse à ces questions qui n'ont pas même été posées.

On dira bien que nous sommes adaptés à trouver agréables les odeurs qui nous sont saines et qui émanent des aliments qui nous conviennent ; qu'au contraire nous avons acquis, aux dépens des générations passées, l'habitude héréditaire de prendre en aversion l'odeur des choses dont l'ingestion ou la seule présence peut nous être nuisible. Cette thèse, séduisante, n'est pourtant pas exacte. Il y a des odeurs très saines qui sont très désagréables, d'autres, sans nous être désagréables, peuvent être nuisibles. De délicieux parfums peuvent nous asphyxier. Tels sont ceux de certaines fleurs. Des gaz absolument inodores sont mortels.

Cependant, à l'appui de cette thèse on peut dire qu'en général, ces odeurs agréables qui peuvent nous être si nuisibles, ne deviennent telles que par les transformations que leur a fait subir notre industrie et contre lesquelles nos instincts héréditaires ne nous ont pas prémunis.

Certains corps dont l'odeur nous est désagréable, sans nous être nuisible, sont des acquisitions toutes récentes de nos savants et n'existent pas dans la nature, qui n'a pu nous en donner l'accoutumance. Si les odeurs de ces corps de création humaine, nous affectent agréablement ou désagréablement, c'est par analogie avec les odeurs de corps naturels dont les autres propriétés ne sont pas identiques au point de vue de notre utilité ou de notre conservation. C'est-à-dire que notre odorat, ni notre tact, pas plus que notre vue ou notre oreille, ne sont pour nous des instruments de connaissance analytique, mais seulement des armes, des instruments de conservation, des outils qui nous aident à soutenir la lutte vitale. A cet égard ils sont suffisants, mais non parfaits.

Tout cela ne nous dit pas en quoi consiste l'odeur des choses, à quel phénomène interne il faut attribuer cette propriété, dont jouissent certains corps, d'affecter chez nous ce sens de l'odorat qui ne semble répondre à rien de tangible.

En étudiant les sensations du goût, comparativement avec

celle de l'odorat, peut-être trouverons-nous quelque lumière sur les unes et les autres.

L'explication subjective qu'on a donnée des odeurs, convient mieux encore aux saveurs. Ce serait le résultat d'une adaptation héréditaire de notre sensibilité, successivement acquise pour l'utilité de l'espèce. Il est certain que cette adaptation existe, et que des adaptations analogues existent évidemment pour les autres espèces organiques. Il est évident que les aliments qui plaisent à notre goût ne donnent pas des sensations identiques aux animaux dont le régime est différent du nôtre, comme les odeurs qui nous plaisent ou nous répugnent ne sont pas celles qui répugnent ou plaisent à d'autres animaux. Les chiens, les chats sont absolument insensibles au parfum des fleurs; leur odorat est, en revanche, développé d'une façon extraordinaire pour les émanations animales. D'un autre côté, les chiens adorent le sucre, ils mangent avec plaisir même quelques fruits sucrés, du raisin entre autres; les chats dédaignent absolument tout cela. En revanche, leur goût pour le poisson est extraordinaire chez des animaux si exclusivement terrestres et qui craignent tant l'eau; tandis que les chiens, si bons nageurs, ne montrent qu'un goût très modéré pour l'icthyophagie. Il est donc bien certain que dans les sensations du goût et de l'odorat, il y a un élément subjectif, résultant d'adaptations spécifiques héréditaires qui modifient profondément les sensations produites sur les divers êtres organisés par les mêmes phénomènes extérieurs. Puis il y a ces phénomènes eux-mêmes, d'ordre physique et mécanique, c'est-à-dire objectivement réels, et qui n'en subsisteraient pas moins, n'y eut-il dans le monde aucun animal pourvu d'un nerf olfactif ou de papilles nerveuses palatales ou linguales.

Quels sont ces faits? Voilà ce qu'il s'agit de déterminer.

Les sensations du goût sont évidemment des sensations de contact immédiat. Tant que les corps ne touchent pas notre épiderme buccal, nous ne sentons pas leur sapidité, qui s'accuse surtout par des pressions réitérées. Le goût est avant tout une sensation tactile, mais d'une nature spéciale, plus fine, plus analytique. Notre sensibilité générale constate des résistances, des qualités de surfaces étendues, des formes sous de grands volumes; notre sens du goût paraît affecté surtout par des variations de forme et de surfaces moléculaires ou même atomiques. Aussi, les seules matières qui semblent aptes à exciter ces sensations sont des corps à l'état de dissolution, et généralement d'une grande complexité chimique.

Tous les corps solides homogènes sont presque complètement insapides. Quand aux liquides, il n'y a parmi les corps simples que le mercure qui soit liquide aux températures que la bouche peut supporter, et le mercure, ne mouillant pas l'épiderme, n'entre pas en contact avec les papilles nerveuses. Quant aux liquides complexes, il n'y a guère que l'eau qui existe à l'état naturel.

L'eau chimiquement pure est insapide et inodore. Elle n'agit sur le goût et sur l'odorat que par les matières qu'elle tient en dissolution ou en suspension. On peut dire qu'elle est une condition nécessaire des sensations gustatives, mais elle ne suffit pas à les provoquer. L'eau pure qu'on goûte produit une sensation tactile, ou thermique ; le sens spécial du goût n'en est pas affecté. Cependant déjà la sensation de l'eau liquide sur la langue a quelque chose de plus complet, de plus analytique que la sensation qu'elle donne aux doigts et surtout aux autres parties du corps. Si, en effet, le goût est surtout une sensation tactile d'ordre supérieur, les papilles gustatives peuvent être affectées par la rotation des molécules de l'eau, que les papilles tactiles de nos doigts ne distinguent pas.

Comme nous le verrons ailleurs, les molécules d'eau ne sont mises en rotation que par leurs vibrations thermiques, et ces vibrations peuvent intéresser le sens du goût, considéré comme un sens tactile supérieur, capable d'apprécier les vibrations thermiques, non pas comme chaleur, mais comme sensation de mouvement, ainsi que les modifications des formes atomiques et des surfaces moléculaires.

Le sens du goût serait ainsi un vrai sens chimique, plus ou moins sensible aux différences constitutives et spécifiques des corps et aux modifications de leurs états moléculaires.

Les métaux qui peuvent se supporter sur la langue, parce qu'ils ne décomposent pas l'eau à la température de la bouche, sont insapides. Certains d'entre eux happent à la langue ; c'est évidemment une sensation de surface.

Tout autres sont les sensations que donnent les composés binaires ou ternaires solubles dans l'eau. Leurs molécules désagrégées sont naturellement entraînées dans les mouvements de rotation des molécules d'eau ; la sensation d'un mouvement de rotation est encore une sensation tactile.

Mais il y a plus.

Toutes les sensations gustatives peuvent se ramener à quelques sensations typiques. C'est l'acide ou l'aigre, le salé, le doux ou sucré, l'amer et enfin ce goût de fade qui n'est pas l'insipide, qui est pire et qui est le goût des matières organiques en décomposition. Mais dans chacune de ces catégories que de nuances, que de saveurs qui semblent complexes et participent de plusieurs types à la fois !

Nous sommes amené à conclure que chacune de ces saveurs est en relation avec la constitution moléculaire des corps, et qu'elle est, de plus, modifiée spécifiquement par la nature de leurs atomes ; c'est-à-dire par leur volume virtuel ou la grandeur de leur rayon, lui-même en relation directe avec l'amplitude de leurs vibrations thermiques, et inverse de la racine carrée de leur vitesse vibratoire.

Les formules chimiques qui se déduisent de nos théories peuvent rendre compte de ces différences de saveurs et des différences d'action physiologique des corps composés, dont les formules de la chimie actuelle ne peuvent nous fournir aucune explication.

L'école des chimistes atomistes, dont le principal dogme est de considérer le poids de l'équivalent, ou son double, comme étant le poids d'un seul atome, identifie par là des formules moléculaires qui sont en réalité très différentes et constituent des corps dont toutes les propriétés, comme sapidité, odeur et effets physiologiques sont absolument dissemblables.

Ainsi l'eau et l'acide sulfhydrique ont des formules chimiques identiques ; la quantité d'hydrogène est la même, seulement 32 de soufre en poids sont substitués à 16 d'oxygène. Cependant quelles différences de propriétés !

D'après les atomistes, le nombre des atomes serait exactement le même ; comment alors s'expliquer des actions si différentes sur l'organisme ?

D'après les formules moléculaires qui se déduisent de nos hypothèses, on verra (1) que la molécule de l'eau liquide est constituée par quatre atomes d'hydrogène (2 en poids $\times$ 4) et par

(1) Ch. Sur la constitution moléculaire de l'eau.

16 atomes d'oxygène (= 16 en poids × 4) et que la molécule de vapeur contient 2 fois ces mêmes éléments (2 × 4 × 18 en poids). La molécule liquide d'acide sulfhydrique contient bien les mêmes quatre atomes d'hydrogène, mais ils sont unis à 24 atomes de soufre (= 32 en poids × 4). La molécule gazeuse contient également le double de ces éléments ; c'est-à-dire, avec 8 atomes d'hydrogène, 48 atomes de soufre, beaucoup plus petits que les atomes de l'oxygène, dans la proportion de $\frac{1}{5.333^3}$ à $\frac{1}{4^3}$; leurs rayons étant dans le rapport de $\frac{1}{5.333}$ à $\frac{1}{4}$.

On voit par ces chiffres que si les rayons des atomes d'hydrogène et d'oxygène sont dans le rapport harmonique de $\frac{1}{2}$ à $\frac{1}{4}$, dans la molécule d'eau ; dans la molécule d'acide sulfhydrique, le rapport des rayons des atomes de l'hydrogène et du soufre est de $\frac{1}{2}$ à $\frac{1}{5.333}$, c'est-à-dire en un rapport irréductible et désharmonique.

En serait-il des goûts et des odeurs comme des sons qui, pour flatter notre oreille, doivent être en rapport simple ? Il est évident que si le nombre des vibrations dans l'unité de temps est inversement proportionnel au carré des rayons des atomes, la fréquence des vibrations de l'hydrogène sera à celle de l'oxygène dans le rapport simple de 4 à 16 ; tandis que, entre le nombre des vibrations de l'hydrogène et du soufre, il y aura le faux rapport irréductible de $\frac{4}{5.333^2}$ ou de 1 à 7,110197.

N'est-il pas naturel que les papilles nerveuses de la langue et le nerf olfactif soient aussi désagréablement impressionnés par ce rapport faux que le serait notre nerf auditif par deux sons aussi discordants ?

Bien plus encore, on comprend comment l'eau peut, avec ses vibrations harmoniques simples, accordées à la double octave, être, par excellence, le véhicule alimentaire de tous les organismes, le milieu dans lequel ils se développent et la première des conditions de la vie ; tandis que le dangereux hydrogène sulfuré est, dans certains cas, un poison foudroyant, en dépit de l'identité des formules moléculaires que leur prêtent les atomistes.

En général, les corps acides au goût, ont une odeur piquante souvent suffocante ; mais il ne faut pas confondre leur odeur avec les effets physiologiques, d'ordre chimique, qu'ils peuvent avoir sur les organes respiratoires, soit en modifiant la composition de l'air inspiré, soit en exerçant une action corrosive sur les tissus des organes et en altérant la composition de leurs liquides.

De même, certaines âcretés, sensibles au goût, semblent provenir plutôt d'une action corrosive des corps sur les tissus buccaux, que des sensations propres aux papilles nerveuses. Telles semblent être les sensations de brûlure des alcools et des éthers.

C'est toute une nouvelle branche de la science à cultiver, à la fois par les chimistes et par les physiologistes. Elle ne sera peut-être pas sans utilité pour la médecine, qui, en fait de thérapeutique chimique, va à l'aveugle, en est réduite à procéder empiriquement, sans savoir ce qu'elle fait et sans cesse est exposée à se laisser illusionner par le sophisme. *Post hoc, propter hoc.*

Il y aurait donc ce rapport entre le sens de l'odorat et le sens du goût que l'un et l'autre sont affectés par les rapports, plus ou moins simples, des vibrations thermiques des atomes constituants des molécules. Mais, tandis que le goût ne serait affecté que par les vibrations des molécules en dissolution dans l'eau, l'odorat ne percevrait surtout celles des molécules à l'état gazeux que par l'intermédiaire de l'air comme véhicule.

Naturellement, le goût doit être différemment affecté selon que, dans les molécules, ce sont les gros atomes des métalloïdes qui recouvrent ou enveloppent, plus ou moins complètement, les petits atomes des métaux, ou que ceux-ci enveloppent ou recouvrent ceux-là.

De là, sans doute, la différence des types principaux des sensations gustatives.

L'absence de saveur paraît caractériser les molécules dont l'oxygène occupe la surface, comme dans la molécule d'eau ; mais peut-être à condition que le rapport des rayons atomiques, soit un rapport simple, et peut-être exclusivement celui des multiples de 2. Tel serait l'oxyde d'argent, dont la vitesse est 4 fois celle de l'oxygène.

L'acidité serait peut-être caractéristique de l'alliance de deux métalloïdes de rayons différents, dont les vibrations seraient en rapports désharmoniques, comme dans les combinaisons de l'hydrogène avec le chlore ou l'azote, ou celle de ces deux corps avec l'oxygène.

La vitesse vibratoire de l'azote est à celle de l'hydrogène dans le rapport 7 : 2 ; celle du chlore, dans le rapport 11 : 2, et celle du chlore au sodium, dans un rapport un peu plus grand que 3 : 2.

Le goût salin qui a pour type si connu le chlorure de sodium, paraît caractériser assez généralement les alliances du chlore, du brome et de l'iode avec les métaux dont ces corps enveloppent les molécules, comme l'oxygène enveloppe les molécules des oxydes. Très rarement, dans ces alliances, les vibrations thermiques sont en rapports simples... Le plus souvent ces rapports sont irréductibles, autrement que par des fractions périodiques ou indéfinies.

Enfin le goût sucré, si caractéristique des tissus et des sécrétions des végétaux, serait dû surtout à la présence prédominante du carbone, allié à deux compagnons inséparables : l'oxygène et l'hydrogène.

Nous devons faire remarquer, ici, que tous les corps organisés et leurs éléments organisables, sont composés presque uniquement de ces trois corps : l'hydrogène, le carbone et l'oxygène. Or les rayons de leurs atomes sont dans le rapport $\frac{1}{2} : \frac{1}{3} : \frac{1}{4}$, et les rapports de leurs vibrations thermiques sont ceux des carrés inverses de ces nombres 4 : 9 et 16.

Il y a à ce sujet toute une série d'intéressantes recherches à entreprendre.

Nous y reviendrons quand nous traiterons de la constitution moléculaire des corps solides et gazeux.

En somme, il y a des probabilités pour que les deux sens du goût et de l'odorat soient réellement des instruments d'analyse chimique d'une grande précision, destinés à nous éclairer sur la nature intime des corps, quand nous aurons appris à comprendre et à interpréter leurs avertissements. Ils seraient pour les chimistes ce que la vue et l'ouïe sont pour les physiciens.

Comme la vue enregistre les vibrations lumineuses et l'ouïe les vibrations sonores plus complexes, le goût et l'odorat enregistrent, non peut-être les vitesses absolues des vibrations atomiques, mais surtout les rapports de ces vitesses, les rythmes complexes qui résultent dans l'intérieur des corps de l'alliance d'éléments hétérogènes.

Tandis que le goût exerce son action analytique sur les solides solubles et sur les liquides complexes, l'odorat analyse surtout les gaz. Bien qu'il soit souvent en défaut, lorsqu'il s'agit de nous signaler la présence de gaz dangereux, tel que l'oxyde de carbone, absolument inodore, en des cas bien plus fréquents, l'odorat suffit pour nous avertir de la présence dans l'atmosphère d'éléments hétérogènes, dans des proportions infinitésimales, qui échappent même aux procédés savants des chimistes.

Tel est le cas pour certains parfums.

Le volume d'air qu'une petite parcelle de musc suffit à imprégner, pendant un temps considérable, en dépit de son renouvellement par les fenêtres ouvertes et les courants d'air les plus actifs, écarte absolument l'hypothèse d'une émanation matérielle de ce corps. La seule supposition possible, c'est que la présence de parcelles de ce corps dans une masse d'air lui communique un rythme vibratoire spécial, qui se propage ensuite, de proche en proche, parmi des masses d'air renouvelées, dans lesquelles il ne reste pas trace du corps odorant lui-même.

Dans cette catégorie des parfums persistants, il faudrait placer l'ambre gris, le camphre, peut-être même certains goudrons ou leurs dérivés.

L'odeur des fleurs est généralement moins persistante. Si ce sont des rythmes vibratoires particuliers qu'elles communiquent à l'air ambiant, les ébranlements primitifs n'ont qu'une très petite force vive. Généralement, il faut respirer une fleur de près pour sentir tout son parfum. Entre elles, à cet égard, les différences sont grandes. Un petit bouquet de violettes ou de réséda parfume une chambre plus qu'un gros bouquet de roses. Il est vrai que, si l'on tient compte du nombre des fleurs, les violettes sont bien plus nombreuses.

Peut-être l'intensité du parfum croît-elle moins vite que le nombre des fleurs, au moins jusqu'à une certaine limite. C'est, du reste, une loi commune de nos sensations, qu'elles ne soient pas régulièrement proportionnelles à l'intensité des excitations. Il serait intéressant de savoir si c'est réellement notre sensibilité qui se refuse à répondre proportionnellement aux excitants externes, ou si les excitants externes, eux-mêmes, ne sont susceptibles que d'un maximum d'effet, impossible à dépasser, quel que soit l'accroissement de l'intensité des causes.

Les odeurs, les parfums spécifiques des fleurs pourraient être aux vibrations thermiques des atomes, ce que les harmoniques sont aux ondes sonores principales. Le parfum d'une fleur serait son timbre vibratoire spécifique. De même que certains métaux ont une plus longue période de résonnance, qu'une cloche vibre longtemps après avoir été frappée par son battant, de même certains rythmes vibratoires odoriférants pourraient se perpétuer plus ou moins longtemps dans la masse d'air à laquelle ils se sont communiqués et celle-ci pourrait les communiquer à son tour, non sans affaiblissements d'intensité, mais sans variation de ton ou de période, c'est-à-dire avec le même timbre, comme le téléphone reproduit à distance les modulations et le timbre de la voix.

Il y a encore ici tout un nouveau champ d'expériences à exploiter.

CHAPITRE XXXIV

TOUTES NOS SENSATIONS SONT TACTILES ET OBJECTIVES.

Il ressort de tout ceci que toutes nos sensations sont tactiles ; que toutes les excitations qui les produisent sont d'ordre mécanique et sont déterminées par des phénomènes tangibles, matériels, assujettis aux lois de l'espace et du temps ; le fait réel, objectif qui détermine chaque sensation élémentaire, c'est toujours une surface en mouvement, à un état de tension variable et heurtant une autre surface, pour la mouvoir.

Ce résultat général est conforme aux conclusions des biologistes qui considèrent tous nos sens spéciaux comme des adaptations et des perfectionnements localisés de la sensibilité tactile générale, permettant aux êtres organisés de distinguer, les unes des autres, les diverses séries de phénomènes physiques qui peuvent intéresser leurs besoins et leur permettre d'y satisfaire.

Toute sensation élémentaire est donc la sensation d'un mouvement d'atomes extérieurs actifs, qui tend à donner sa répercussion intérieure au centre d'un autre atome qui la subit passivement, et qui en prend connaissance directement par une sensation motrice de contact, qu'il peut transmettre à son tour, et qu'il transmet nécessairement, mais non sans la transformer en quelque manière.

Ce point de départ suffit à résoudre beaucoup de problèmes psychologiques.

Ces sensations de mouvement et de pression des surfaces sous tension, contre d'autres surfaces, également continues, sont perçues par la sensibilité générale, comme pressions, pulsions, résistances locales ou frottements divers, mais sont aussi perçues comme chaleur.

Cette sensation de chaleur est toute relative. Elle n'est perçue qu'autant qu'il existe une différence dans la vitesse, l'amplitude ou la tension des vibrations thermiques des corps extérieurs et des vibrations thermiques du corps qui subit leur contact. Tant que ces différences sont petites, ou du moins trop faibles pour menacer l'équilibre du corps passif, elles lui donnent plutôt une sensation agréable de changement et de variété ; elles lui donnent aussi sans doute une conscience plus vive de sa propre existence. Quand, au contraire, ces différences deviennent grandes et menacent de troubler l'équilibre des tissus de l'être sensitif, il les perçoit comme souffrance et par là est averti de réagir contre elles et de se dérober à des contacts devenus douloureux.

Cette sensation de souffrance, pour être spécifiquement subjective, n'en est pas moins réelle, puisqu'elle est en corrélation avec un changement interne d'équilibre pouvant devenir nuisible à l'agrégat organique qui le subit.

La sensation de chaleur ou de froid, également subjective, en vertu même de sa relativité, n'en correspond pas moins à des différences extérieures réelles de mouvements vibratoires. D'ailleurs, quand ces différences dépassent certaines limites, ce n'est plus, ni comme chaleur, ni comme froid qu'elles sont perçues, c'est, dans les deux cas, comme brûlure, c'est-à-dire comme une même espèce de souffrance.

En effet, la désorganisation des tissus organiques par le froid ne diffère pas de leur désorganisation par la chaleur.

Le seul élément spécifiquement subjectif de la sensibilité tactile générale, c'est donc sa perception comme froid ou chaleur, relativement à l'état thermique du corps qu'elle affecte. Encore cette modification subjective de la perception des sensations tactiles est si évidemment commune à tous les organismes pourvus de sensibilité générale, au moins sur notre globe, qu'il y a lieu de la croire en relation de causalité directe avec les phénomènes externes, bien que le processus de cette causalité nous échappe encore.

Nos quatre sens spéciaux sont adaptés à percevoir les vibrations des corps extérieurs, en faisant abstraction de leurs effets thermiques.

L'œil perçoit la lumière et la couleur ; il reste insensible, ou tout au moins aveugle par la chaleur. S'il la sent, c'est comme tout autre organe, et comme souffrance, quand elle est en excès ou en défaut.

Faut-il croire que c'est dans notre nerf optique que se fait la transformation de la sensation de mouvement en perception de lumière ? Cela semble improbable. Des animaux nombreux, sans aucune trace de système nerveux, sont certainement sensibles à la lumière ; les uns la recherchent et d'autres la fuient, indépendamment de la chaleur qui, le plus souvent, l'accompagne, mais non pas toujours, ni nécessairement, ni surtout proportionnellement. Des microzoaires sont sensibles aux lumières diversement colorées, fuient les unes et recherchent les autres.

Il y a donc quelque lieu de croire que la lumière est réelle objectivement, indépendamment de tout organe construit pour en concentrer les rayons, et de tout être constitué pour la percevoir. Le monde, en dehors des êtres organisés vivants, comme nous, n'est pas obscur, noyé dans le noir absolu. Les plantes sont sensibles à la lumière. Elles la recherchent. Si c'est comme force motrice qu'elle agit chimiquement sur leur végétation, leur coloration, leur respiration, les analogies permettent de croire que c'est comme lumière qu'elles en ont la *sensation* vague, mais totale ; qu'elles la perçoivent comme sensation de bien-être, qu'elle en jouissent comme d'une condition de leur vie.

Nous avons déjà vu comment la couleur est réelle, objectivement, dans les choses ; comment toutes les surfaces atomiques sont colorées à l'état latent, et qu'il suffit de la vibration thermique pour faire apparaître cette coloration latente, pour l'illuminer ; et comment des pressions asymétriques révèlent, à l'extérieur des atomes, la lumière colorée de leur substance intérieure en diversifiant cette couleur d'après leur état de compression interne.

Lumière et couleur doivent donc être considérées comme des phénomènes objectifs, existant en dehors de nous, comme des perceptions vraies, nous révélant l'état réel des choses, et non comme une illusion de nature organique et une adaptation de notre système nerveux, uniquement destinée à répondre à nos besoins comme êtres vivants.

Si la lumière et la couleur n'existaient pas, si elles ne résultaient pas réellement des mouvements vibratoires des surfaces atomiques, comment serions-nous arrivés à nous en créer l'illusion ? Comment cette illusion aurait-elle pu commencer de se produire ? Comment notre œil aurait-il pu se créer cette merveilleuse magie, cette révélation des formes par la couleur ?

Il y a des animaux nyctalopes. Loin d'être insensibles à la lumière, ils sont au contraire doués pour elle d'une sensibilité excessive. Leurs yeux possèdent une plus puissante faculté de concentration de ses rayons ; ils voient encore, où nous ne voyons plus. Peut-être seulement ne voient-ils que les formes, les contours, éclairés d'une lumière neutre, incolore, comme celle de nos dessins, ou de nos gravures. Mais cela n'en prouverait que mieux l'existence objective de la couleur latente des choses qui ne peut se révéler et apparaître que sous l'influence de la lumière, c'est-à-dire de certaines vibrations d'une amplitude spéciale, se produisant sous la condition de pressions asymétriques qui transforment en sources de lumière des surfaces colorées, mais obscures, et qui, rayonnant sur les autres objets, font éclater leurs couleurs.

Il y a d'ailleurs des animaux dont les yeux phosphorescents sont eux-mêmes une source de lumière, et projettent des rayons sur les objets situés dans leur champ visuel. Leur œil est à la fois une lampe et une lunette.

Évidemment de tels phénomènes ne peuvent être une création subjective de notre cerveau, qui reçoit des images, les conserve et les combine diversement, mais n'en crée aucune. Nous pouvons nous créer une sensation interne comme celle de la chaleur, non pas une perception externe comme celle de la lumière et de la couleur. De telles perceptions, nous ne pouvons évidemment que les refléter, les enregistrer, après les avoir reçues passivement de la réalité extérieure, de cette ambiance du monde qui nous enveloppe comme une de ses parties, mais dans lequel chaque atome est, avant tout, un centre optique où toutes les vibrations du Cosmos tendent à converger, où son image totale se reflète.

Il est bien évident que notre oreille ne peut pas plus créer le bruit que notre œil la lumière ; que le monde n'est pas plus condamné à un silence universel qu'à une obscurité perpétuelle. Si notre nerf auditif n'est adapté à recueillir que les grandes vibrations complexes de l'air et des corps sonores, il est évident que ces vibrations sont les sommes ou les résultantes des petites vibrations atomiques ; que celles-ci sont toutes sonores, mais d'une sonorité trop faible pour exciter notre appareil auditif.

Sans revenir aux harmonies des sphères célestes imaginées par Pythagore, il n'en est pas moins vrai que le monde entier doit être plein de bruit, comme il est plein de mouvements. Si tous ces bruits étaient perçus par nous, il n'en résulterait pour nous qu'une confusion infinie où aucun son ne serait distinct. C'est donc par une adaptation, d'une incontestable utilité pour notre vie organique, que notre oreille s'est faite sourde aux bruissements confus des atomes, pour ne percevoir que leurs résultantes moléculaires.

Celles-ci, que leur complexité même rend spécifiquement distinctes, peuvent du moins nous servir à distinguer les corps. C'est grâce à notre surdité pour les bruits atomiques, pour les sons, généralement discords, des vibrations thermiques élémentaires, que nous pouvons distinguer le bruit du vent du bruit de la mer, ou des chansons des ruisseaux qui ont guidé nos ancêtres dans leur recherche des sources rafraîchissantes. C'est parce que les bruissements confus de la forêt, ceux des eaux courantes ou ceux de la brise ne sont perçus par nous qu'avec une faible intensité, que nous pouvons distinguer à distance, soit les voix et les sifflements des animaux nuisibles, soit les cris de nos semblables.

Bien loin que notre oreille crée les bruits, elle les éteint, au contraire, en grande partie ; elle élimine les plus faibles pour nous permettre de mieux percevoir les plus forts, les plus distincts. Elle est devenue sensible aux accords musicaux, à leurs harmoniques pour nous mieux permettre de distinguer, dans la multitude des bruits indifférents, les bruits connus de nous, comme ayant pour nous une signification utile.

Donc nous devons conclure que si nous n'entendons pas tout, du moins tout ce que nous entendons est réel objectivement. Loin d'ajouter quelque chose aux bruits de la nature, nous restons sourds pour la plupart d'entre eux. Nous éliminons, nous ne créons rien.

Nous avons déjà vu qu'il peut en être autrement des témoignages de nos deux autres sens, l'odorat et le goût. Si, comme la vue et l'ouïe, ils sont excités par des mouvements, des vibrations de surfaces qui, comme telles, sont réelles objectivement, les perceptions de ces mouvements, sous les formes d'odeurs et de saveurs, sont très probablement toutes subjectives et de la même nature que les sensations internes de froid et de chaleur. Les vibrations des corps, enregistrées par nos organes, étant trop rapides pour rester distinctes, leur durée étant beaucoup plus courte que le temps nécessaire à la transmission de leur ébranlement à notre sensorium, ils produisent sur nous une certaine perception résultante, *sui generis*, qui ne ressemble en rien à la somme des sensations composantes. En ce cas, encore, notre organisme ne crée pas, mais transforme spécifiquement nos sensations rudimentaires.

La preuve que nos impressions olfactives et gustatives sont au moins partiellement subjectives, c'est, comme je l'ai déjà observé, qu'elles sont sensiblement différentes, non seulement chez les divers ordres d'êtres organisés, mais chez des espèces assez voisines des mêmes ordres, selon leur régime nutritif. Les sensations du goût et de l'odorat sont évidemment toutes contraires chez les carnivores et chez les herbivores, parmi les mammifères. Elles diffèrent certainement chez les petits oiseaux granivores et insectivores, et ne sont pas les mêmes chez l'aigle, qui ne vit que de chair vivante, et chez le vautour, qui ne se repaît que de charogne. Parmi les insectes, les sensations du goût et de l'odorat ne peuvent être identiques chez la larve, souvent aquatique, et chez l'adulte terrestre et aérien; chez le gros ver blanc qui se nourrit de racines profondément enfoncées dans le sol, et chez le hanneton qui dévore les feuilles des arbres; chez la chenille qui vit du même régime que le hanneton, et chez le papillon qui ne peut que sucer le nectar des fleurs. Chez tous ces êtres, si divers, les sensations du goût et de l'odorat sont évidemment très diverses et, par conséquent, chez tous, elles sont subjectives. Toutes sont des modifications organiques, héréditairement acquises et successivement adaptées aux régimes divers et aux conditions de vie variables des divers êtres vivants, dans leurs phases adultes ou embryonnaires, et qui ont dû se transformer par degrés chez les ancêtres successifs de l'espèce avec leurs conditions de vie.

Mais tous les animaux, quand ils ont des yeux, voient la même lumière et par les mêmes procédés optiques qui ne diffèrent point dans l'œil unique du mammifère et dans l'œil multiple de la mouche. De même, tous ceux qui ont un organe de l'ouïe distinguent certains bruits, au milieu du bruissement universel. Ils restent probablement sourds pour les autres. Le ver de terre entend distinctement la marche de la taupe dans ses galeries; il n'est pas certain qu'il entende le tonnerre.

Cependant le bruit du tonnerre est aussi objectivement réel que celui des pas de la taupe.

Si je me suis étendue sur ces questions, c'est qu'il faut en finir avec les sophismes de l'école subjectiviste, qui trouvait ses meilleurs arguments dans nos théories mécanistes de la lumière et de la chaleur, et prétendait réduire les phénomènes lumineux et sonores aux vibrations d'un milieu, non seulement impondérable, mais dépourvu de tous les attributs de la réalité substantielle; de sorte que tout se résumait en des points sans étendue, dansant dans le vide.

Les chefs de l'école contestant même la réalité de l'espace, par là était niée la réalité du mouvement et celle du vide tout à la fois. Tout se réduisait à des riens immobiles dans rien.

TROISIÈME PARTIE

LES CORPS SOLIDES

CHAPITRE XXXV

FORMES GÉOMÉTRIQUES DE LA MOLÉCULE SOLIDE

Les relations métriques des atomes établies précédemment (ch. XIV, p. 112) se rapportent exclusivement aux volumes virtuels des atomes pesants, supposés isolés entre les atomes éthérés. Leur volume $=\frac{2}{m^3}$ est leur volume moyen, abstraction faite de toute dilatation thermique et de toute condensation moléculaire, sous la pression moyenne de l'éther. Dans les agrégations moléculaires ce volume peut varier en plus ou en moins.

A mesure qu'ils se dilatent davantage, leur énergie thermique diminue et arrête leur dilatation. Si, au contraire, ils sont plus comprimés, elle s'exalte et met un obstacle croissant à leur diminution de volume.

Nous avons jusqu'ici considéré ce volume comme résultant uniquement de leur force expansive, sous la pression moyenne des forces expansives de l'éther.

C'est qu'en effet tout atome pesant, d'un rayon quelconque, isolé entre d'autres atomes de rayons différents, n'a plus de propriétés thermiques propres, ou du moins ne peut les manifester.

Il est évident qu'il doit vibrer à l'unisson de ses voisins immédiats, et que sa vitesse vibratoire, sur chacun de ses plans de contact, avec eux, dépend du rapport de son rayon avec le leur. Toutefois, dans un mélange d'atomes de rayons différents, ce sont les plus petits qui tendent à imposer leur rythme vibratoire à leurs voisins.

Mais dans un mélange chaotique d'éléments inégaux en volume, aucune forme symétrique n'est possible. Ce serait donc aussi une sorte de chaos thermique, sans rythme défini, quelque chose comme un bruit par rapport à un son.

Entre des atomes divers, ainsi juxtaposés au hasard, aucune cohésion ne serait possible. Les interférences, se multipliant sur leurs plans de contact, tendraient constamment à les écarter les uns des autres, à les dissocier, à les disperser en tous sens.

Pour que des atomes se constituent en molécules stables, ils doivent donc se choisir. Il faut, ou que leurs rayons soient égaux, ou que du moins leurs proportions permettent entre eux des arrangements symétriques, et que leurs vitesses vibratoires soient entre elles en certains rapports simples. Il faut que sur leurs divers plans de contact puisse s'établir un rythme vibratoire régulier et constant, d'une périodicité finie, entre des vibrations dont les durées soient égales ou, du moins, multiples les unes des autres.

C'est la condition de toute agrégation moléculaire et de sa stabilité ; si elle ne se réalise pas, l'agrégat tend à se dissoudre.

Si nous constatons en chimie de si fréquents échanges, et, entre les corps associés, de doubles dissociations, suivies de doubles réassociations, c'est que les associations nouvelles satisfont mieux que les précédentes à ces conditions de stabilité et d'eurythmie vibratoire.

La combinaison la plus simple est évidemment celle de la molécule homogène, vibrant à l'unisson.

Les corps que nous appelons simples ne sont que des corps homogènes. Les poids, dits atomiques, sont, en réalité, les poids de leurs molécules élémentaires ou de leurs agrégats constants qui satisfont à certaines conditions d'équilibre, comme masse, volume et propriétés thermiques (1).

(1) Observons ici que c'est absolument à tort que les chimistes parlent de poids équivalents, ou de poids atomiques, comme mesures invariables de leurs équivalents élémentaires, puisque des poids sont essentiellement variables avec les latitudes et les altitudes sur la terre et plus encore sans doute dans les autres globes.

Les valeurs dont leurs balances leur démontrent l'invariabilité sont celles

L'hypothèse des atomistes qui supposent que les poids équivalents, ou leurs premiers multiples, représentent un unique atome de volume proportionnel à leur poids, ne peut se soutenir, un rythme vibratoire défini et régulier ne pouvant s'établir que par le contact mutuel de plusieurs atomes de même rayon.

Si les corps complexes ne contenaient qu'un atome, deux ou trois au plus, tous ces assemblages manqueraient des conditions mécaniques élémentaires de la stabilité.

Pour supposer, par exemple, que la molécule d'eau est formée d'un atome unique d'oxygène A, entre deux atomes d'hydrogène *b* et *c*, supposés seize fois plus petits, il faut n'avoir pas une idée nette du problème, il faut n'avoir jamais cherché à se représenter les choses dont on parle (fig. 34).

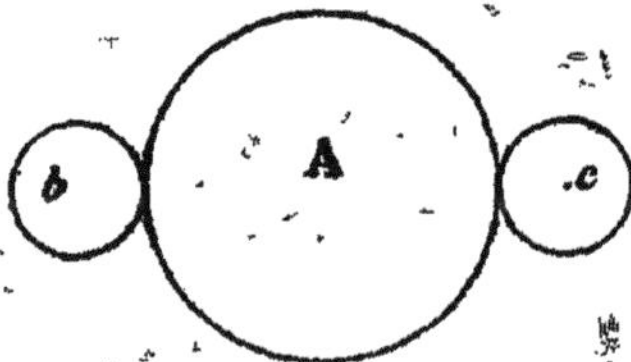

Figure 34.

La moindre force, le plus léger frottement suffirait pour faire tourner les deux petits atomes d'hydrogène autour de leur gros voisin, supposé seize fois plus grand, et l'on ne voit pas par quel miracle ils lui resteraient juxtaposés.

A chaque mouvement, à chaque choc, et à travers ce bombardement perpétuel, que nos chimistes théoriciens se complaisent à nous représenter, il y aurait dissociation. L'oxygène perdrait l'un ou l'autre de ses petits et légers compagnons, qui s'assembleraient entre eux pour former un agrégat stable, et les atomes d'oxygène s'assembleraient de leur côté.

Comme Ampère l'a fait remarquer dès longtemps, il faut au moins quatre atomes semblables, disposés sur deux plans, pour constituer un premier agrégat stable (fig. 35).

des masses, et les seules expressions logiques sont celles de *masses équivalentes* ou de *masses moléculaires*, et aussi de masses atomiques, en donnant à ce dernier terme un sens différent de celui de *poids atomiques*, jusqu'ici employé, puisque la *masse atomique* est celle d'un seul atome et non celle de l'agrégat équivalent.

En effet, deux atomes ont nécessairement leurs centres situés sur une même droite AB, que leur position détermine (fig. 36).

Toute force qui sollicitera l'un d'entre eux, obliquement à cette droite, dans le sens de l'une quelconque des petites

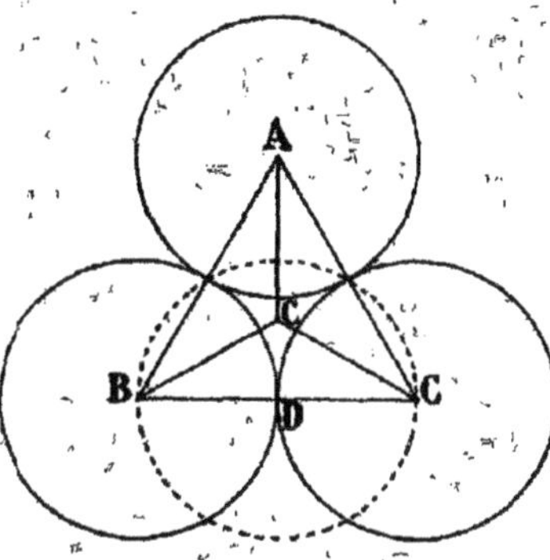

Figure 35.

flèches *c* et *c'*, le fera tourner autour de l'autre, si l'angle fait avec cette droite par la direction de la force est moindre de 90°. Si cet angle est de 90°, comme celui des flèches *a* et *a'*, ou s'il est plus grand, comme celui des flèches *b* et *b'*, *d* et *d'*, qui font un angle aigu avec la tangente commune aux deux sphères atomiques, l'atome que l'une de ces forces sollicitera se séparera de l'autre.

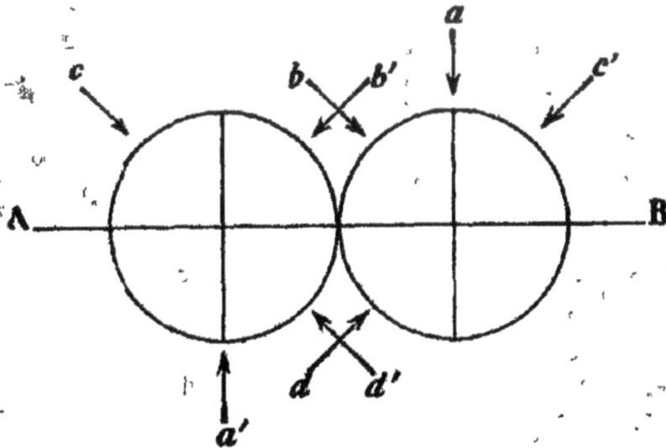

Figure 36.

Il n'y a aucune raison pour qu'ils se retrouvent.

De même trois atomes (fig. 37) ont nécessairement leurs centres dans un même plan A B C déterminé par eux. Les forces agissant dans le plan, comme les flèches *b b' b''*, feront tourner les trois atomes dans le plan, sans les séparer.

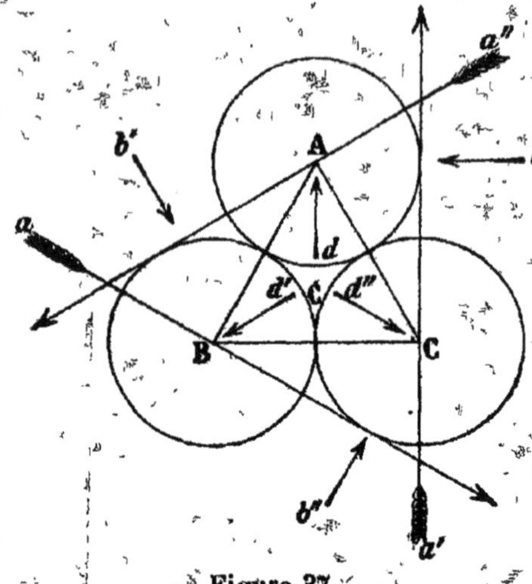

Figure 37.

Mais toute force *a a' a''*, sollicitant l'un d'eux obliquement à ce plan, le fera tourner autour des deux autres, c'est-à-dire changera leur plan commun. Elle le séparera d'eux, si, passant

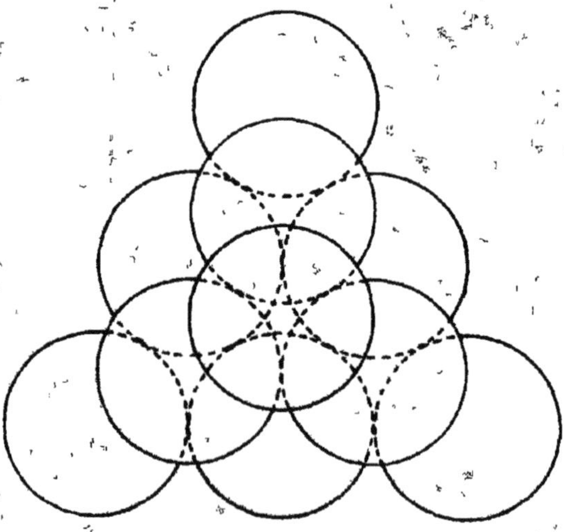

Figure 38.

par son centre, elle fait un angle aigu avec la normale au centre de leur plan commun en *c*, comme les flèches *d d' d''*.

Au contraire, quatre atomes sphériques, A B C D, mutuellement tangents (fig. 35, page 248), se disposent naturellement sur deux plans, suivant quatre droites concourant au même point, leur centre commun. Leur forme enveloppe est celle d'un tétraèdre et leurs quatre centres sont également les sommets d'un tétraèdre régulier. C'est le premier solide géométrique.

Il n'en peut exister de plus simple.

Toute force passant par l'un des centres des quatre sphères qui ne rencontrerait pas l'un quelconque des trois autres, ne peut mouvoir celui qu'elle sollicite sans mouvoir ou faire tourner toute la molécule. Elle ne peut la dissocier.

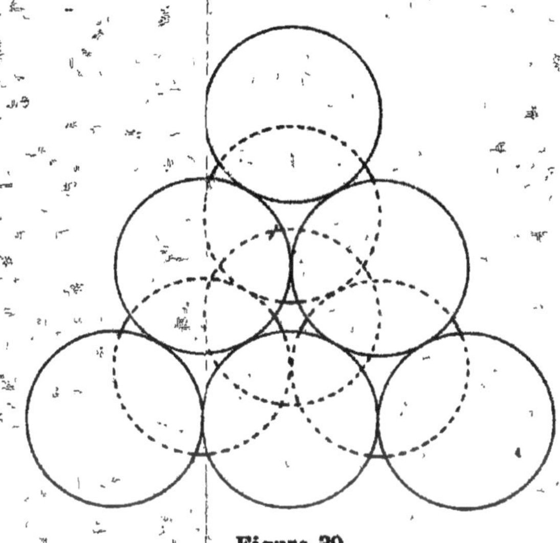

Figure 39.

Pour séparer l'un des atomes des trois autres, il faudrait non pas une force, mais un couple.

Plus le nombre des atomes augmente dans une molécule, plus sa stabilité est assurée, à condition, toutefois, que le nombre de ces atomes soit susceptible d'un arrangement symétrique.

Dix atomes forment une molécule tétraèdre très stable (fig. 38 et 39). Si l'on en ajoute un onzième, sur une de ses faces, cet atome se perdra en route à chaque frottement.

Quatorze atomes sur trois plans (fig. 40) constituent une pyramide à base carrée très stable, et 18 atomes sur trois plans (fig. 41) donnent un prisme trièdre également d'une parfaite stabilité.

Les formes moléculaires stables sont les prismes, les tétraèdres, les hexaèdres et les octaèdres, réguliers, ou tronqués, ou curvilignés et les sphéroïdes.

Les prismes se subdivisent en espèces par la forme de leur base.

1° Les prismes pentaèdres, à base trigone (fig. 42 : I, II, III, IV, V).

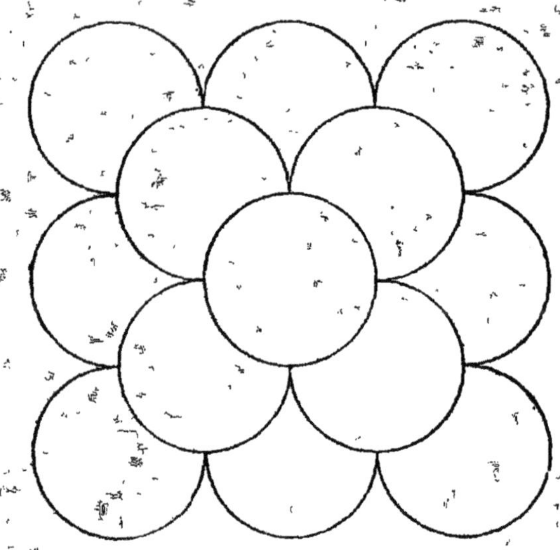

Figure 40.

Chaque terme de la série des nombres trigones surpasse le précédent d'un nombre qui augmente d'une unité. Ces trigones sont tous équilatéraux.

Tels sont les nombres $1 + 2$; $3 + 3$; $6 + 4$; $10 + 5$; $15 + 6$; $21 + 7$; $28 + 8$; $36 + 9$, etc.

Les prismes à base trigone les plus stables sont ceux dont la base trigone est multipliée par le nombre d'atomes qui forme le côté du triangle.

Tels sont les nombres 3×2, 6×3, 10×4, 15×5, 21×6, 28×7, 36×8, etc. (fig. 42 : I à IV).

2° Les prismes hexaèdres, à base carrée, sont constitués par n fois les nombres carrés, soit $n2^2$, $n3^2$, $n4^2$, $n5^2$, $n6^2$, etc. (fig. 42 : V, VI, VII, VIII).

3° Les prismes hexaèdres, à base rhombe ou rhomboèdres (fig. 42 : IX, X, XI, XII).

Tout nombre rhomboèdre est le produit de trois facteurs supérieurs à l'unité. Les rhomboèdres moléculaires sont d'autant plus stables que leurs trois facteurs sont plus égaux. Les plus stables sont donc, comme les prismes à base carrée, ceux qui sont constitués par les nombres cubiques 8, 27, 64, 125, etc.; tout au moins ceux qui ont pour base un nombre carré et sont de la formule $n2^2$, $n3^2$, $n4^2$, $n5^2$, etc.

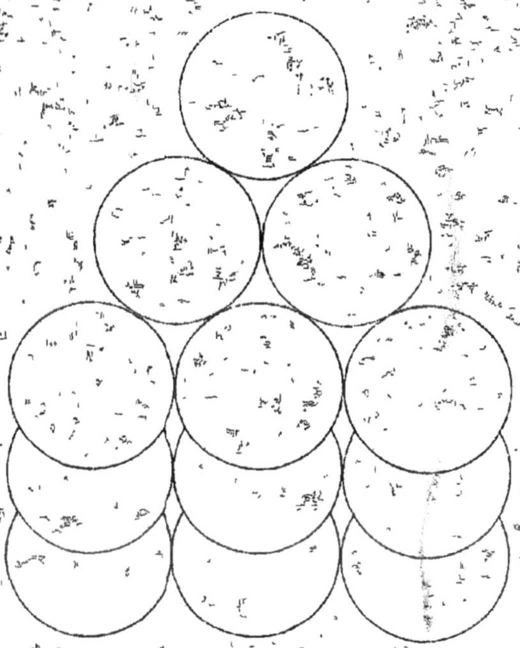

Figure 41.

4° Les prismes octaèdres, à base hexagone (fig. 43 : I, II, III, IV), sont constitués par n fois le nombre hexagone de leur base.

Les nombres hexagones sont 7, 12, 18, 19, 27, etc., et généralement toute la série des nombres trigones diminués de 3 ou de 9.

Les prismes à contour hexaèdre les plus stables sont ceux dont la base hexagone est multipliée par le nombre d'atomes qui constitue son diamètre. Les prismes constitués par des nombres égaux aux carrés de leurs bases, tels que 7^2, 12^2, sont moins stables, donnant des prismes trop allongés.

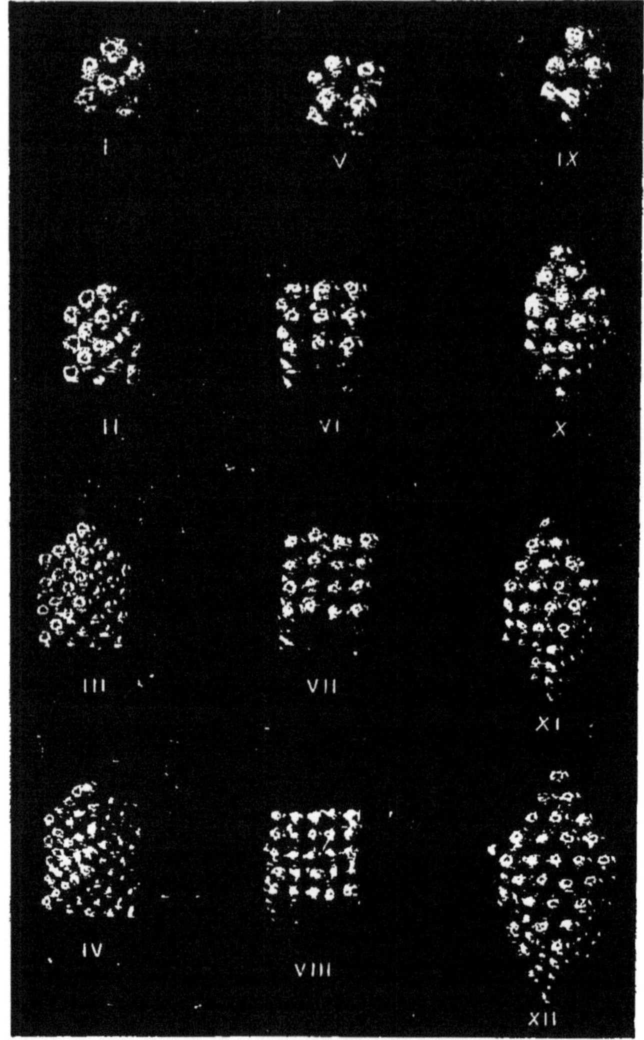

Figure 12.

I à IV. — Prismes obliques à base trigone. 3 *n* : 6 *n* : 10 *n* : 15 *n*.
V à VIII. — Prismes obliques à base carrée. 4 *n* : 9 *n* : 16 *n* : 25 *n*.
IX à XII. — Prismes obliques à base rhombe. 4 *n* : 9 *n* : 16 *n* : 25 *n*.

Tous les prismes moléculaires élémentaires, quelle que soit leur base, sont naturellement et régulièrement obliques pour être stables. Ces prismes étant appuyés horizontalement sur une de leurs bases, leurs arêtes parallèles forment des angles

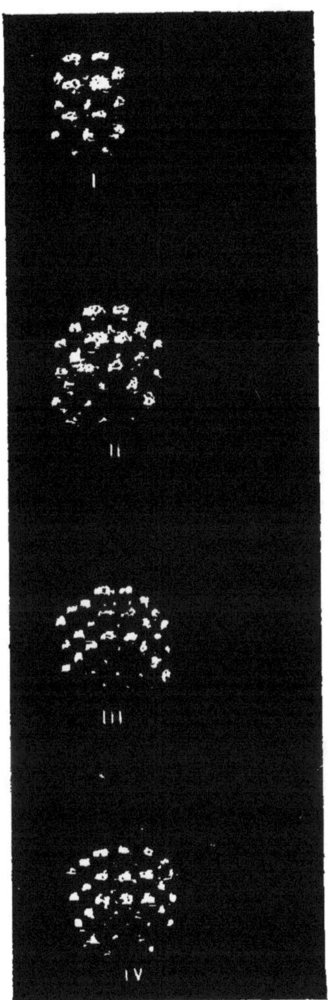

Figure 43.

Prismes obliques à base hexagone. 7 n : 12 n : 18 n ; 19 n.

de 54° 44′ 10″ $\left(\text{sinus } \frac{2^{1/2}}{3^{1/2}}\right)$ avec l'horizontale et de 35° 15′ 50″ $\left(\text{sinus } \frac{3^{1/2}}{3}\right)$ avec la verticale.

Leurs faces font entre elles, deux à deux, des angles aigus de 70° 31′ 40″ $\left(\text{sinus } \frac{2^{3/2}}{3}\right)$ et des angles obtus de 90° + 19° 28′ 20″ $\left(\text{sinus } \frac{1}{3}\right)$.

Tous les prismes peuvent être symétriquement *dextroclines* ou *sénestroclines*.

Les prismes à base trigone ont chacune de leurs arêtes parallèle à leur face opposée. Deux de ces faces sont des rhombes ; la troisième est un rectangle. Toutes sont des parallélogrammes.

Les prismes à base rhombe ont leurs six faces rhombes.

Les prismes à base hexagone ont leurs arêtes parallèles inclinées sur la verticale et sur l'horizontale suivant les mêmes angles que les autres. Ce sont des prismes à base trigone dont les trois arêtes obliques sont tronquées.

Les prismes à base rhombe sont formés de deux prismes à base trigone, égaux ou inégaux, accolés par leur face rectangle et inclinés en sens symétrique contraire, l'un étant dextrocline et l'autre sénestrocline.

Les formes moléculaires prismatiques étant les seules qui puissent par leur contiguïté mutuelle réaliser un plein continu, indéfini, sont généralement celles des corps solides à leur état métallique, et à leur maximum de densité. C'est par leur contiguïté qu'ils constituent les formes cristallines de ces corps.

Tous les prismes étant constitués de tranches prismatiques parallèles, en recul les unes sur les autres sur une de leurs faces et en surplomb sur la face opposée, et pouvant obliquer alternativement dans les deux sens, peuvent prendre l'apparence de prismes droits. Dans ce cas, des grossissements suffisants permettraient de constater que certains de leurs côtés opposés sont plus ou moins finement striés ; et, sur leurs plans striés, le clivage des corps qu'ils constituent serait plus difficile et moins net (fig. 44, 45, 46, 47).

Ainsi des prismes obliques, à base trigone, carrée ou rhombe, peuvent donner des profils résultants droits.

Dans la figure 44, trois molécules, constituées chacune de deux éléments prismatiques en surplomb l'un sur l'autre, mais placées en retrait l'une de l'autre, donnent une silhouette résultante droite. Dans la figure 45, deux molécules constituées de trois éléments prismatiques, alternativement dextroclines et sénestroclines, donnent par leur superposition la même résultante droite.

Dans la figure 46, les trois éléments prismatiques de chaque molécule sont superposés obliquement, mais l'obliquité de chaque molécule étant alternativement dextrocline et sénes-

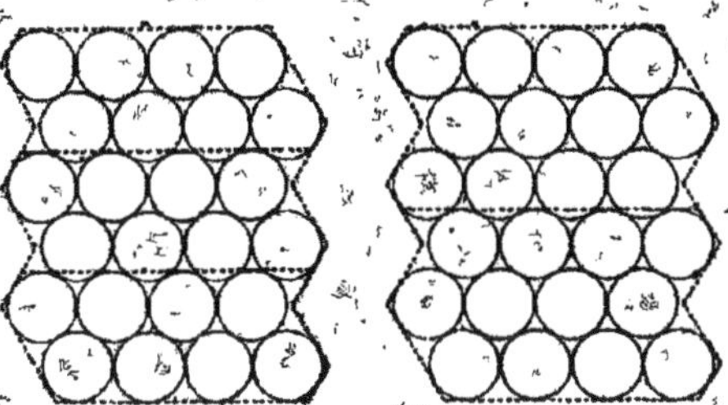

Figure 44. Figure 45.

trocline, le profil résultant de la colonne prismatique est toujours droit. Seulement il paraîtrait rayé de stries onduleuses plus larges. Dans la figure 47, où chaque élément moléculaire est oblique de même sens, mais posé d'un côté en retrait et de l'autre en surplomb sur la molécule sous-jacente, les stries des

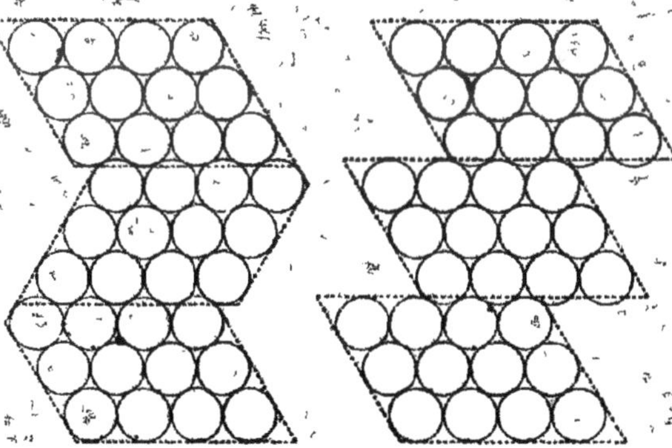

Figure 46. Figure 47.

profils verticaux seraient plus fines, mais plus creuses, plus rudes et plus happantes au toucher, bien que peut-être moins aisément visibles, et d'un clivage plus difficile que celui des trois premiers corps.

Des prismes à base carrée peuvent ainsi prendre l'apparence de cubes.

Des piles de prismes à base hexagone pourraient être contournées en tours de spire par l'obliquité alternative de leurs tranches prismatiques élémentaires en six directions différentes.

Cette variation dans l'obliquité des éléments prismatiques moléculaires est naturellement sous la dépendance des variations de pression latérale.

5° Les tétraèdres réguliers (fig. 48 : I, II, III, IV, V) sont constitués par les nombres 4, 10, 20, 35, 56, 84, 120, etc.

Dans la série des nombres tétraèdres, chacun d'eux est la somme d'un nombre croissant de nombres trigones, augmentée de l'unité (V. p. 251), soit $1 + 3$; $4 + 6$; $10 + 10$; $20 + 15$; $35 + 21$; $56 + 28$; $84 + 36$, etc.

6° Les hexaèdres réguliers (fig. 48 : VI, VII, VIII, IX, X) sont constitués par les nombres 5, 14, 30, 55, 91, 140, etc., et généralement toute somme de deux tétraèdres consécutifs, soit $1 + 4$; $4 + 10$; $10 + 20$; $20 + 35$; $35 + 56$, etc.

7° Les octaèdres : (fig. 48, XI, XII, XIII, XIV, XV) sont constitués par les nombres 6, 19, 44, 85, 146, etc.; et, en général, deux fois la somme des premiers carrés des nombres, y compris l'unité, et augmentée du carré consécutif, soit $2 \times 1 + 2^2$; $2(1 + 2^2) + 3^2$; $2(1 + 2^2 + 3^2) + 4^2$; $2(1 + 2^2 + 3^2 + 4^2) + 5^2$; $2(1 + 2^2 + 3^2 + 4^2 + 5^2) + 6^2$, etc.

Les tétraèdres réguliers ont leurs faces inclinées deux à deux de 70° 31′ 40″ $\left(\text{sinus } \frac{2^{3/2}}{3}\right)$ et leurs arêtes sont inclinées sur leur base horizontale de 54° 44′ 10″ $\left(\text{sinus } \frac{2^{1/2}}{3^{1/2}}\right)$.

Leur arête étant prise pour unité, leur hauteur $h = \frac{2^{1/2}}{3^{1/2}}$. La bissectrice de leurs côtés, $b = \frac{3^{1/2}}{2}$

Le nombre d'atomes de leurs arêtes étant n et leur rayon $\frac{1}{m}$, la longueur de leurs arêtes, $l = 2^{1/2} \frac{n}{m}$.

Les hexaèdres étant constitués par deux tétraèdres inégaux consécutifs, et la longueur des arêtes du plus grand étant

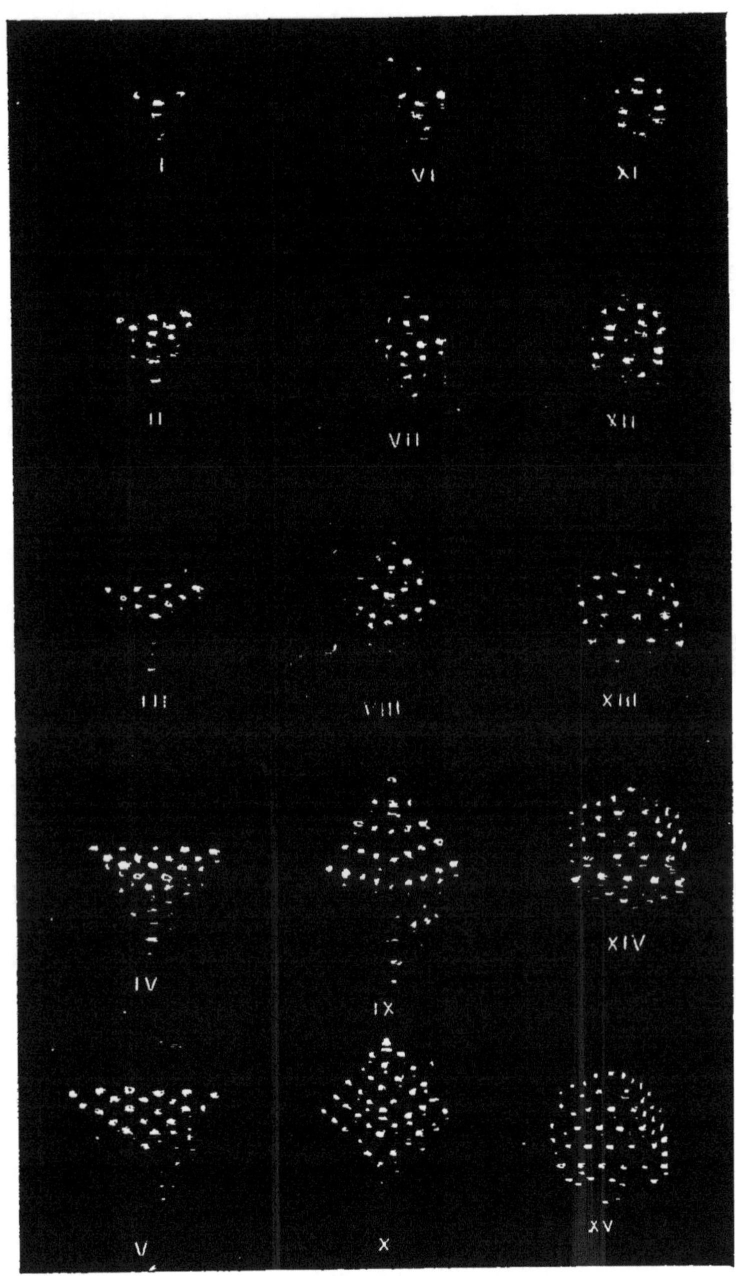

Figure 48.

I à V. — Tétraèdres réguliers de 4, 10, 20, 35 et 56 atomes.
VI à X. — Hexaèdres réguliers de 5, 14, 30, 55 et 90 atomes.
XI à XV. — Octaèdres réguliers de 6, 19, 44, 85 et 146 atomes.

$2^{1/2}\frac{n}{m}$, la longueur des arêtes du plus petit est $2^{1/2}\frac{n-1}{m}$ et leur hauteur totale $\frac{2^{3/2}}{3^{1/2}}\left(\frac{n}{m}+\frac{n-1}{m}\right)$.

Les arêtes des octaèdres réguliers ont pour mesure la racine de 2 que multiplie la racine carrée du nombre n d'atomes qui constitue leur base ou leur carré médian, et que divise leur masse m, soit : $2^{1/2}\frac{n^{1/2}}{m}$.

Leur hauteur totale, $h = 2\frac{n^{1/2}}{m}$, comme la diagonale de leur base. L'angle d'inclinaison de leurs arêtes contiguës, deux à deux, est de 60°. Celui de deux de leurs arêtes diamétralement opposées est de 90°.

Leurs faces contiguës sont inclinées entre elles deux à deux de 109° 28′ 20 ou 2 fois l'angle 54° 44′ 10″ $\left(\text{sinus}\ \frac{2^{1/2}}{3^{1/2}}\right)$.

Les tétraèdres, les hexaèdres et les octaèdres réguliers ne peuvent, ni les uns ni les autres, s'agencer entre eux de façon à constituer par leur contiguïté un milieu plein et indéfiniment continu. Mais ces octaèdres peuvent s'agencer avec des tétraèdres de certaine proportion pour réaliser cette continuité du plein. Des tétraèdres égaux ou inégaux de certaines proportions peuvent s'agencer de façon à constituer des agglomérations plus ou moins considérables sans vides, mais toujours rayonnantes autour d'un centre, d'après une symétrie trigonale, hexagonale et surtout pentagonale.

Les hexaèdres peuvent fournir des noyaux à des molécules complexes de symétrie hexagonale et les octaèdres des agglomérations tétragonales ou octogonales.

Les tétraèdres, hexaèdres et octaèdres réguliers constituent très généralement les noyaux basiques des oxydes métalliques ou autres composés binaires ou ternaires.

Les tétraèdres, hexaèdres et octaèdres peuvent être tronqués sur leurs sommets et sur leurs arêtes. Ils se rapprochent ainsi de la forme sphérique et peuvent être inscrits à des sphères de plus petits rayons (fig. 49).

8° Les tétraèdres tronqués d'un atome à chaque sommet (fig. 49 : I, II, III, IV, V) sont constitués par les nombres tétraèdres diminués de 4, soit 10 — 4 ; 20 — 4 ; 35 — 4 ; 56 — 4 ; 84 — 4 ; 120 — 4, etc.

Le tétraèdre tronqué 10 — 4 devient la première molécule sphérique constituée de 6 atomes.

9° Les hexaèdres réguliers peuvent également être tronqués d'un atome seulement à leurs deux sommets axillaires (fig. 49 : VI, VII, VIII). Ils sont constitués par les nombres hexaèdres diminués de 2, soit les nombres 14 — 2 ; 30 — 2 ; 55 — 2, etc.

Ils peuvent être tronqués d'un atome sur leurs 5 sommets (fig. 49 : IX et X). Ils sont alors constitués par les nombres hexaèdres, diminués de 5. Tels sont les nombres 14 — 5 ; 30 — 5 ; 55 — 5 ; 91 — 5.

10° Les octaèdres peuvent être de même tronqués d'un atome à leurs deux sommets axillaires. Ils sont constitués par les nombres octaèdres diminués de 2. Soit les nombres 19 — 2 et 44 — 2 (fig. 49 : XI et XII) ; 84 — 2 ; 146 — 2, etc.

Ils peuvent aussi être tronqués d'un atome sur leurs six sommets (fig. 49 : XIII, XIV, XV). Ils sont alors constitués par les nombres octaèdres diminués de 6. Soit par les nombres 19 — 6 ; 44 — 6 ; 85 — 6 ; 146 — 6. L'octaèdre 19 — 6 est identique à un sphéroïde de 13 atomes.

11° Les tétraèdres peuvent être tronqués sur leurs quatre sommets de deux rangs d'atomes. Ils sont constitués par les nombres tétraèdres diminués de 16 ; soit 20 — 16 ; 35 — 16 ; 56 — 16 ; 84 — 16 ; 120 — 16 (fig. 50 : I, II, III). Le tétraèdre 20 — 16 se réduit à la molécule élémentaire de quatre atomes sur deux plans (fig. 50 : I).

12° Les hexaèdres peuvent également être tronqués de deux rangs d'atomes sur leurs deux sommets axillaires. Ils sont formés par les nombres hexaèdres diminués de 8. Soit par les nombres 14 — 8 ; 30 — 8 ; 55 — 8 ; 91 — 8, etc. L'hexaèdre tronqué 14 — 8 se réduit à un trigone de six atomes dans un même plan, et cesse d'être une molécule stable. L'hexaèdre 30 — 8 se réduit à 22 atomes sur trois plans parallèles.

Ces mêmes hexaèdres peuvent, en outre, être tronqués d'un atome sur leurs trois sommets latéraux. Ils sont alors constitués par les mêmes nombres diminués de 11. Soit 30 — 11 ; 55 — 11 ; 91 — 11 (fig. 50 : IV, V, VI).

13° Les octaèdres peuvent être tronqués de deux rangs d'atomes à leurs deux sommets axillaires. Ils sont alors constitués par les nombres octaèdres diminués de 10. Soit par les nombres 44 — 10 ; 84 — 10 ; 146 — 10, etc.

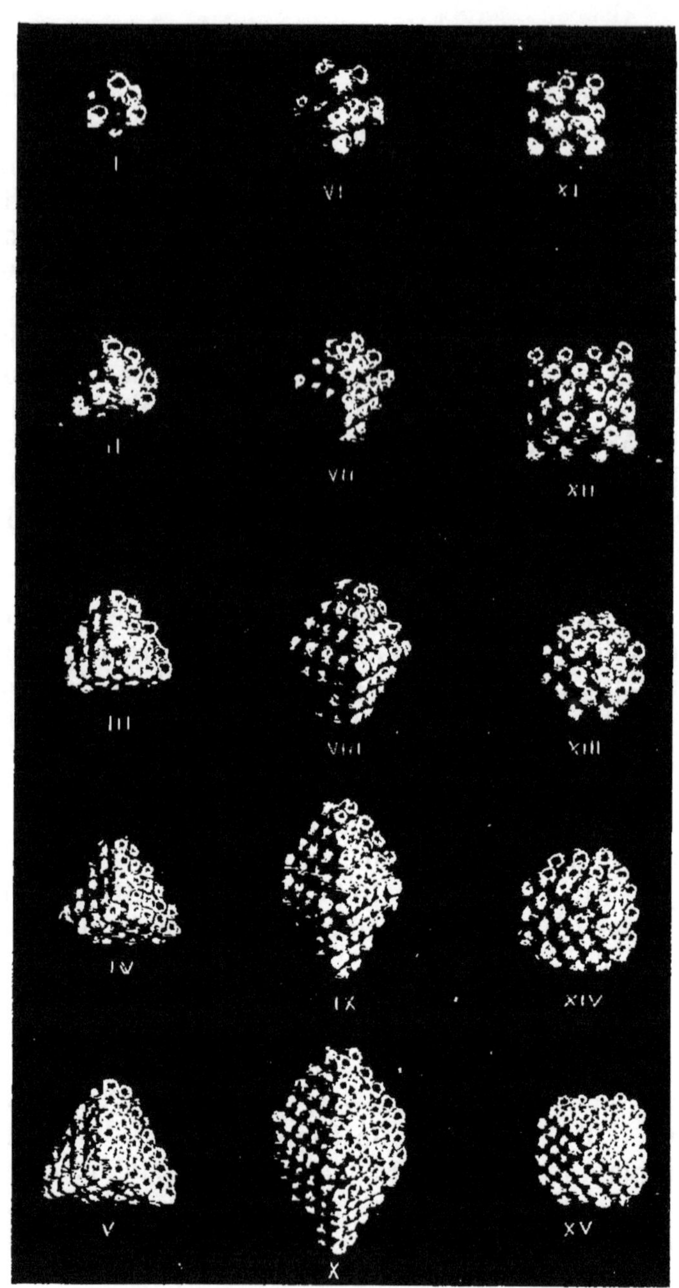

Figure 19.

I à V. — Tétraèdres tronqués d'un atome aux 4 sommets 10 — 4 ; 20 — 4 ; 35 — 4 ; 56 — 4 ; 84 — 4.
VI à X. — Hexaèdres tronqués d'un atome à 2 ou à 5 sommets 14 — 2 ; 30 — 2 ; 55 — 2 ; 139 — 5 ; 204 — 5.
XI à XV. — Octaèdres tronqués d'un atome à 2 ou à 6 sommets 19 — 2 ; 44 — 2 ; 85 — 6 ; 146 — 6 ; 231 — 6.

Ils peuvent, en outre, être tronqués d'un atome à leurs quatre sommets latéraux. Ils sont alors constitués par les mêmes nombres diminués de 14. Soit par les nombres 44 — 14 (fig. 50 : VII); 84 — 14; (fig. 50 : VIII) et 146 — 14, etc. Ils peuvent enfin être tronqués de 5 atomes sur leurs six sommets. Ils sont alors constitués par les mêmes nombres diminués de 30. Soit 84 — 30 et 146 — 30 (fig. 50 : IX).

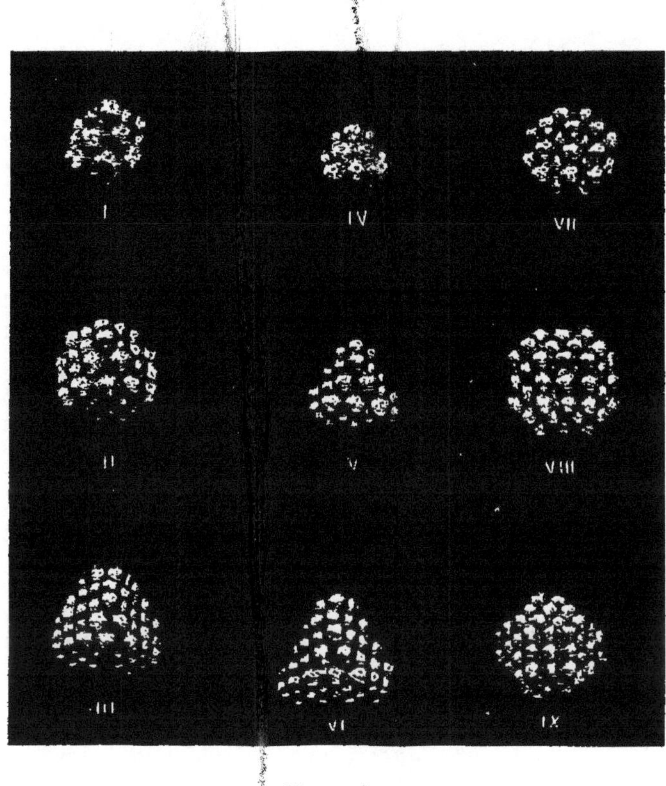

Figure 50.

I à III. — Tétraèdres tronqués de deux rangs d'atomes aux 4 sommets = 35 — 16 ; 56 — 16 ; 84 — 1.
IV à VI. — Hexaèdres tronqués de deux rangs d'atomes à 2 sommets et d'un atome à 3 sommets = 30 — 11 ; 55 — 11 ; 91 — 11.
VII à IX. — Octaèdres tronqués de deux rangs d'atomes à 2 sommets et d'un atome à 4 sommets = 44 — 14 ; 85 — 14 ; 146 — 14.

14°. Les tétraèdres tronqués sur leurs six arêtes sont constitués par les nombres tétraèdres diminués de $4 + 6(n - 2)$; n étant le nombre d'atomes situés sur le côté de leur base trigone. Soit $20 - (4 + 6 \times 2) = 4$; $35 - (4 + 6 \times 3) = 13$; 56 —

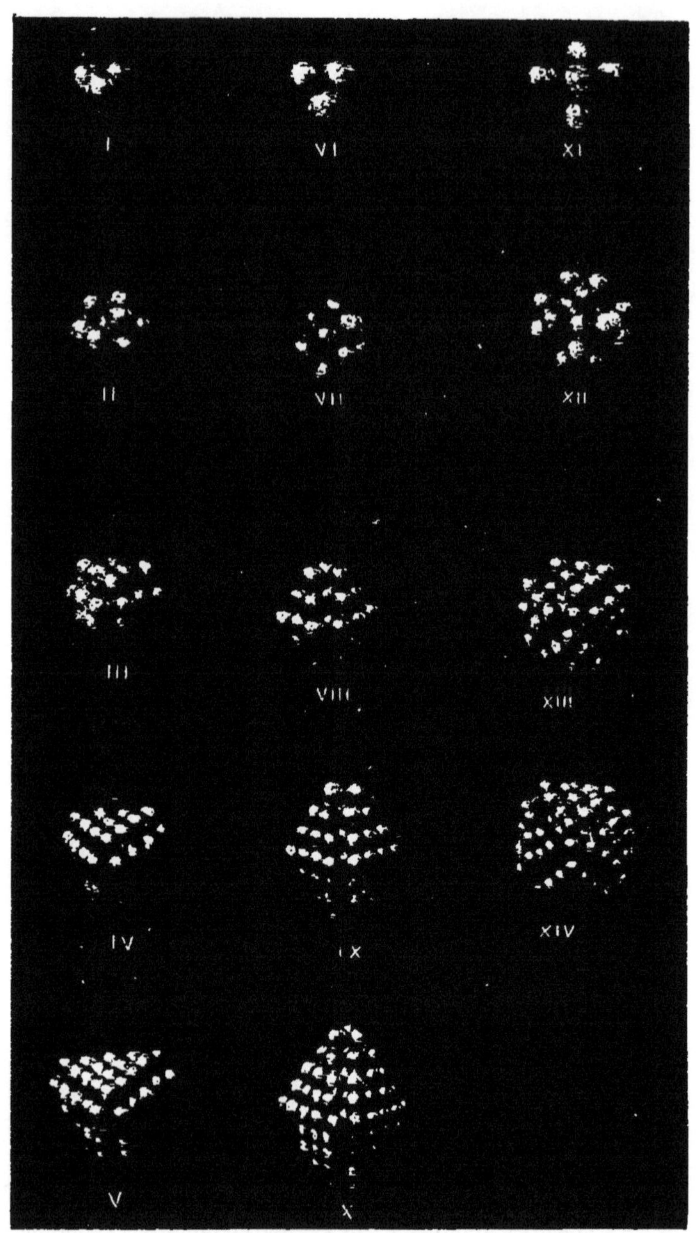

Figure 51.

I à V. — Tétraèdres tronqués des six arêtes : 20 — (4 + 6 × 2) : 35 — (4 + 6 × 3) : 56 — (4 + 6 × 4) ; 85 — (4 + 6 × 5) : 120 — (4 + 6 × 6).

VI à X. — Hexaèdres tronqués des six arêtes : 14 — (2 + 3 × 3) ; 30 — (2 + 3 × 5) ; 55 — (2 + 3 × 7) : 91 — (2 + 3 × 9) : 140 — (2 + 3 × 11).

XI à XIV. — Octaèdres tronqués de huit arêtes : 19 — (2 + 4 + 3) : 44 — (2 + 4 + 5) ; 85 — (2 + 4 + 7) : 146 — (2 + 4 × 9).

$(4+6\times4)=28$; $84-(4+6\times5)=50$; et $120-(4+6\times6)=80$ (fig. 51 : I, II, III, IV, V).

Le tétraèdre tronqué $20-(4+6\times2)$ se réduit au tétraèdre élémentaire de 4 atomes; celui de $35-(4+6\times3)$ devient un sphéroïde de 13 atomes. Les trois formes suivantes (fig. 51 : III, IV, V) sont de jolis tétraèdres tronqués des six arêtes qui sont des molécules très stables, représentées par les nombres 28, 50 et 80, qui jouissent de remarquables propriétés polymorphiques.

15° Les hexaèdres tronqués sur 6 arêtes sont constitués par les nombres hexaèdres diminués de $2+3(2n-3)$; n étant le nombre d'atomes de leurs arêtes. Tels sont les nombres $14-[2+3(2\times3-3)]=3$; $30-[2+3(2\times4-3)]=13$; $55-[2+3(2\times5-3)]=32$; $91-[2+3(2\times6-3)]=32$ (fig. 50 : VI à X).

Le premier de ces hexaèdres tronqués se réduit donc à 3 atomes, situés dans un même plan, molécule instable, et le second, qui se réduit à 13 atomes, se transforme en un sphéroïde.

16° Les octaèdres tronqués sur leurs huit arêtes ascendantes sont constitués par les nombres octaèdres diminués de $2+4(2n-3)$; n étant le nombre d'atomes situés sur leurs arêtes. Tels sont les nombres $19-[2+4(2\times3-3)]=5$; $44-[2+4[2\times4-3)]=22$; $85-[2+4(2\times5-3)]=55$; $120-[2+4(2\times6-3)]=82$ (fig. 51 : XI, XII, XIII, XIV).

On voit sur la figure 51 que l'octaèdre de 19 atomes se réduit à 5 dans un même plan et sans cohésion possible.

Mais la plupart des tétraèdres, hexaèdres et octaèdres tronqués, soit de leurs sommets, soit de leurs arêtes, sont des formes moléculaires régulières, élégantes et très stables, qui peuvent constituer les noyaux métalliques des molécules des composés binaires ou ternaires, dès que le nombre de leurs atomes reste suffisant pour en faire des solides à trois dimensions.

De plus, comme ces formes se rapprochent plus ou moins de celle de la sphère, et lui sont inscriptibles, elles peuvent constituer les molécules liquéfiables des métaux ou métalloïdes.

Les formes moléculaires les plus aisément liquéfiables étant en effet, comme nous le verrons, celles qui peuvent

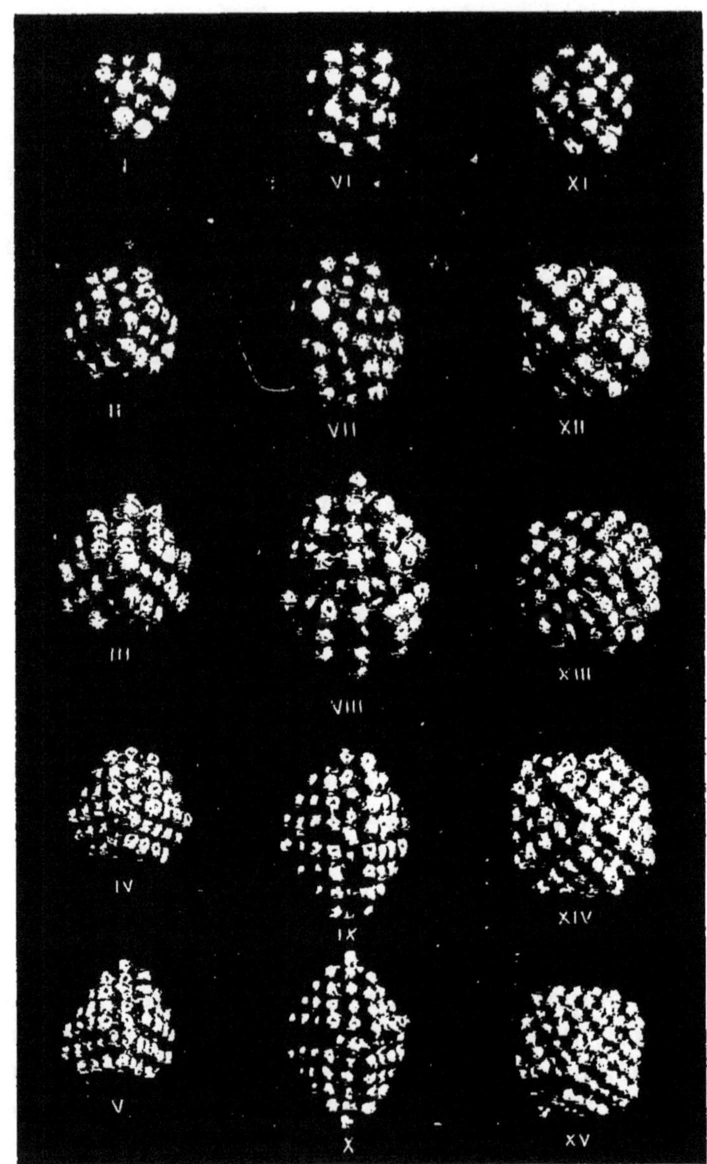

Figure 52.

I à V. — Tétraèdres curvilignés de quatre pyramides tronquées d'un rang d'atomes (10 = (4 × 3) ; 20 = (4 × 6) ; 35 = (4 × 6) ; 35 = (4 × 10) ; 56 = (4 × 10).

VI à X. — Hexaèdres curvilignes de six pyramides tronquées d'un rang d'atomes (14 = (6 × 3) ; 30 = (6 × 6) ; 55 = (6 × 6) ; 55 = (6 × 10) ; 91 = (6 × 10).

XI à XV. — Octaèdres curvilignes de huit pyramides tronquées d'un rang d'atomes (19 = (8 × 3) ; 44 = (8 × 6) ; 85 = (8 × 6) ; 85 = (8 × 10) ; 146 = (8 × 10)).

s'inscrire dans les sphères ou les ellipsoïdes de plus petits rayons, ce sont les tétraèdres, hexaèdres et octaèdres curvilignés qui remplissent le mieux ces conditions.

17° Les tétraèdres curvilignés sont constitués par les nombres tétraèdres, augmentés de $4n$; n étant le nombre d'atomes qui constituent les troncs de pyramides superposés à chacune des faces du tétraèdre.

Tels sont les nombres $10 + (4 \times 3) = 22$; $20 + (4 \times 6) = 44$; $35 + (4 \times 6) = 59$; $35 + (4 \times 10) = 75$; $56 + (4 \times 10) = 96$ (fig. 52: I, II, III, IV, V).

18° Les hexaèdres curvilignés sont de même constitués par les nombres hexaèdres, augmentés de $6n$: tels sont les nombres $14 + (6 \times 3) = 32$; $30 + (6 \times 6) = 66$; $30 + (6 \times 10) = 90$; $55 + (6 \times 10) = 115$; $91 + (6 \times 10) = 151$ (fig. 52 : VI, VII, VIII, IX, X).

19° Les octaèdres curvilignés sont constitués par les nombres octaèdres augmentés de $8n$. Tels sont les nombres $19 + (8 \times 3) = 43$; $44 + (8 \times 6) = 92$; $85 + (8 \times 6) = 133$; $85 + (8 \times 10) = 165$; $146 + (8 \times 10) = 226$ (fig. 52 : XI, XII, XIII, XIV, XV).

Les tétraèdres, hexaèdres et octaèdres moléculaires peuvent être à la fois tronqués de leurs sommets et curvilignés sur leurs faces (fig. 53).

20° Les tétraèdres tronqués de leurs quatre sommets et curvilignés sur leurs quatre faces sont constitués par les nombres tétraèdres diminués de 4 et augmentés de $4n$. Tels sont les nombres $(20 - 4) + (4 \times 3) = 28$; $(20 - 4) + (4 \times 6) = 40$; $(35 - 4) + (4 \times 7) = 59$; $(56 - 4) + (4 \times 12) = 100$ (fig. 53 : I à III).

21° Les hexaèdres tronqués des sommets et à faces curvilignées sont constitués par les nombres hexaèdres diminués de 5 et augmentés de $6n$.

Tels sont les nombres $(30 - 5) + (6 \times 3) = 43$; $(55 - 5) + (6 \times 7) = 92$; $(91 - 5) + (6 \times 12) = 158$ (fig. 53 : IV, V, VI).

22° Les octaèdres tronqués de leurs 6 sommets et curvilignés sur leurs 8 faces, sont constitués par les nombres octaèdres diminués de 6 et augmentés de $8n$. Tels sont les nombres $(44 - 6) + (8 \times 3) = 62$; $(85 - 6) + (8 \times 7) = 135$; $(146 - 6) + (8 \times 12) = 236$ (fig. 53 : VII, VIII, IX).

Tous ces types moléculaires se rapprochent plus ou moins

de la forme sphéroïde, mais il est un certain nombre de formes moléculaires symétriquement inscriptibles à des sphères.

23° Les sphéroïdes réguliers ne sont qu'au nombre de 4. Les nombres sphériques sont 6, 13, 33 et 45 (fig. 54 : V, VI, VII, VIII).

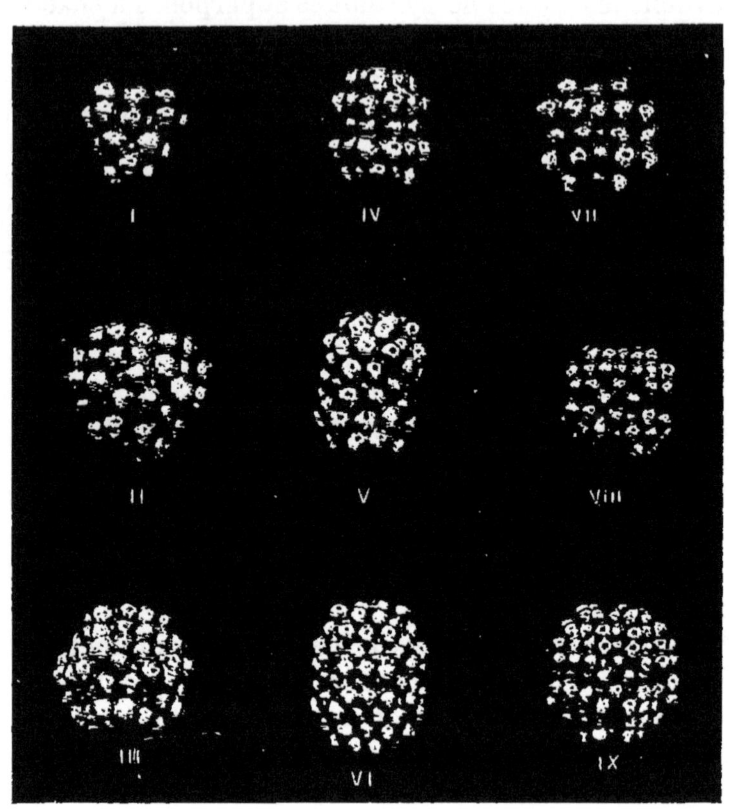

Figure 53.

I à III. — Tétraèdres tronqués des sommets, à côtés curvilignés (20 — 4) + 4 × 6 ; (35 — 4) + 4 × 7 ; (56 — 4) + 4 × 12.

IV à VI. — Hexaèdres tronqués des sommets, à côtés curvilignés (30 — 5) + 6 × 3 ; (55 — 5) + 6 × 7 ; (91 — 5) + 6 × 12.

VII à IX. — Octaèdres tronqués des sommets, à côtés curvilignés (41 — 6) + 8 × 3 ; (85 — 6) + 8 × 7 ; (146 — 6) + 8 × 12.

Ce sont de jolies molécules très propres à prendre l'état liquide. Il faut ajouter 60 atomes de plus pour atteindre le nombre sphérique suivant, ce qui donnerait une molécule de 105 atomes. Mais en supprimant les deux cercles polaires, de chacun 5 atomes, on aurait une molécule elliptique de

95 atomes, très propre à entrer en rotation, ayant un moment d'inertie maximum.

Les molécules sphériques sont toutes construites d'après la

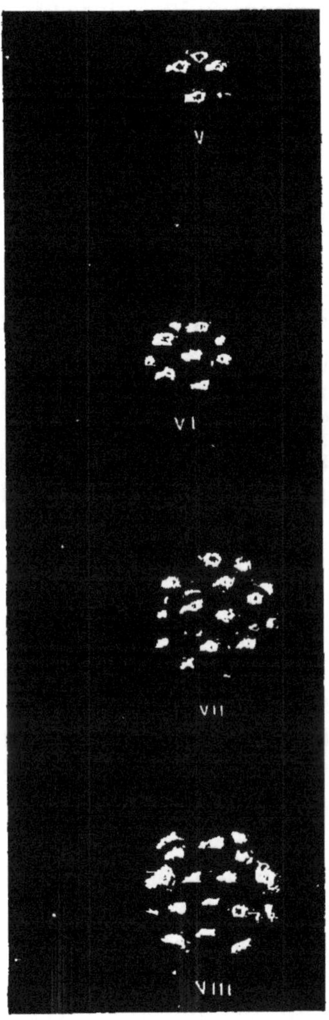

Figure 54.
Sphéroïdes de 9, 13, 33 et 45 atomes.

symétrie pentagonale, à l'exception de la petite molécule de 6 atomes (fig. 54 : V), construite d'après une symétrie hexagonale, et de la sphère de 13 atomes (fig. 54 : VI), qui peut être construite d'après les deux systèmes. Les atomes des molécules sphériques du système pentagonal ne sont donc pas des dodécaèdres rhomboïdaux, mais des dodécaèdres réguliers à douze faces pentagones. D'après cette symétrie peuvent être construites des molécules ellipsoïdes de la formule $n\,6 + 1$ dont le noyau est la sphère de 13 atomes augmentée de $n\,6$. La première de ces molécules contient, par conséquent, 19 atomes.

Cette molécule paraît être la forme liquide de l'octaèdre du même nombre d'atomes. Sa rotation aurait lieu dans un plan perpendiculaire à son grand axe, avec un moment d'inertie minimum (fig. 54 : VI).

Mais de la molécule sphérique de 13 atomes peut dériver une autre molécule elliptique : 10 atomes entourant son équateur, elle comprendrait 23 atomes. Sa rotation aurait lieu dans le plan de ses grands axes, avec un moment d'inertie maximum.

24° Des molécules sphériques ou elliptiques complexes peuvent résulter de la coalescence de plusieurs molécules tétraèdres, animées d'un mouvement de rotation commun, autour d'un même axe. Il est à croire que certains corps ne prennent l'état liquide que dans ces conditions.

Telle est la molécule pentagonale, formée de cinq tétraèdres, appelée *tonton*, qui est une double pyramide pentaèdre et qui se prêterait très bien à la rotation (fig. 55 : I).

Il en est de même de l'icosaèdre régulier, qui, sous de fortes pressions concentriques, peut résulter de la coalescence de 20 tétraèdres réguliers autour d'un sommet commun (fig. 55 : II).

Un icosaèdre de 20 tétraèdres, composés de 20 atomes, en renfermerait donc 400. Certains corps tels que le carbone, le bore et le silicium paraissent avoir encore des molécules plus riches en atomes.

25° Le cube ne paraît pas pouvoir être réalisé régulièrement par des molécules simples. Le nombre de sphères qui pourrait remplir un espace cubique serait nécessairement un nombre cubique, tel que 8, 27 ou 64; et il en résulterait que la forme des polyèdres atomiques serait elle-même un cube. Si le fait peut se réaliser, ce n'est que par exception, sous des conditions spéciales de pression concentrique. Mais nous avons vu que les prismes droits, et conséquemment des cubes, peuvent résulter d'une obliquité alternante de leurs éléments prismatiques (fig. 44, 45, 46 et 47, p. 256).

Une molécule cubique complexe semble aussi pouvoir résulter aisément de la coalescence de 6 molécules en forme de demi-octaèdres ou de pyramides à bases carrées. La série de ces pyramides à base carrée est représentée par les nombres 5, 14, 30, 55, 91, etc. Six de ces pyramides, conver-

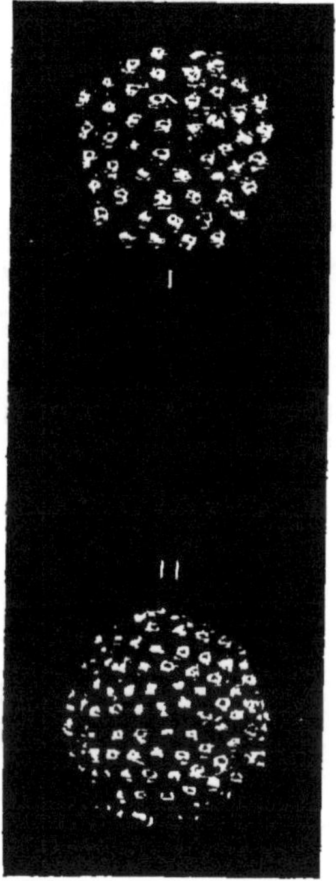

Figure 55.

I. Double pyramide à base pentagone formée de 5 tétraèdres de 20 atomes.
II. Icosaèdre formé de 20 tétraèdres de 20 atomes.

geant par leur sommet vers un point commun, réaliseraient un cube, sous des pressions assez fortes pour écraser un peu leurs angles, la hauteur de la pyramide à base carrée, formée par quatre triangles équilatéraux, étant plus grande que le demi-diamètre du cube dont la base de cette pyramide serait le côté.

Cette formation d'une molécule cubique par la réunion de

six pyramides carrées entraînerait donc une certaine déformation des dodécaèdres constituants. Formé de six pyramides de 30 atomes, un tel cube en contiendrait 180.

Il en serait de même du dodécaèdre rhomboïdal, qui pourrait se constituer avec 12 pyramides à base rhombe et dont la forme ne pourrait être régulière que sous de fortes pressions concentriques. Un tel dodécaèdre, formé de 12 pyramides de 30 atomes, en contiendrait 360.

Tous les parallélipipèdes rectangles, comme le cube, ne peuvent donc se réaliser par les formes moléculaires des corps simples, que sous certaines conditions de pressions redressant l'obliquité naturelle de la symétrie atomique qui ne comporte l'angle droit que dans un seul plan de clivage, faisant avec tous les autres des angles de 54°.

Tels sont les parallélipipèdes obliquangles de la figure 42, V à VIII, dont les deux bases et deux côtés sont carrés et deux côtés rhombes.

Pour les redresser sous la forme cubique, rigoureusement rectangle, il faudrait un système de pressions latérales suffisantes pour équilibrer l'accroissement de tension des atomes aux centres de leurs plans de contact, résultant de leur réduction à la forme cubique.

Un tel système de pressions peut se réaliser, surtout dans la constitution des formes cristallines.

Il ne s'agit toujours ici que des corps simples ; car dans les composés complexes la multitude des combinaisons semble permettre toutes les formes possibles, bien que certaines formes et certains angles se reproduisent avec une évidente prédominance.

Il y a donc une géométrie des nombres qui gouverne la constitution des molécules solides et rend impossibles certaines combinaisons numériques.

Cependant, les mêmes nombres peuvent être compatibles avec des formes très différentes (fig. 42, 43, 48, 49, 50 et 51).

Ainsi les nombres 35, 56, 84 et 120 peuvent donner à la fois des tétraèdres réguliers et des prismes à base hexagone, trigone ou rhombe.

Le tétraèdre de 20 atomes (fig. 48 : III) égale le prisme à base trigone 10×2 (fig. 42 : III) ; le sphéroïde $7 \times 2 + 3 \times 2$, et le prisme oblique à base rhombe 4×5.

Le tétraèdre de 35 atomes (fig. 48 : IV) égale le prisme oblique à base hexagone 7 × 5 (fig. 43 : I).

Le tétraèdre de 56 atomes (fig. 48 : V) est égal à un prisme oblique à base hexagone de 7 × 8 (fig. 43 : I). Il est égal au tétraèdre curviligné (fig. 54 : III) de 20 atomes augmenté de quatre troncs de pyramides 6 + 3 qui donne la molécule 20 + 4 (6 + 3) = 56.

Le tétraèdre de 84 atomes est égal aux deux prismes obliques à bases hexagones 7 × 12 et 12 × 7 (fig. 43 : I et II). Il est

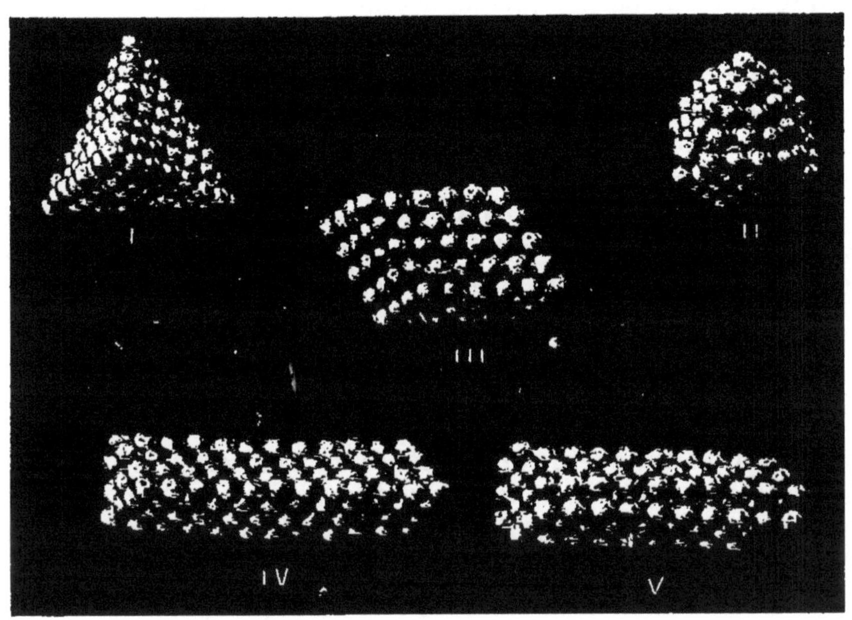

Figure 56.

I. Tétraèdre de 120 atomes.
II. Sphéroïde (120 — 4 × 10) + 4 × 10 = 120.
III. Rhomboèdre 5 × 6 × 4 = 120.
IV. Prisme à base trigone 10 × 12 = 120.
V. Prisme à base hexagone 12 × 10 = 120.

égal à un tétraèdre tronqué de deux rangs d'atomes, 56 — 16 et, ainsi réduit à un octaèdre irrégulier dont les grands côtés hexagones, de 12 atomes, supporteraient 4 pyramides de 1 + 3 + 6 = 10 atomes : au total : (56 — 16) + (4 × 10) = 84.

Le tétraèdre de 120 atomes (fig. 56 : I), qui peut se transformer dans le sphéroïde ou tétraèdre tronqué et curviligné (fig. 56 : II) de (120 — 4 × 10) + (4 × 10) = 120, peut également donner (fig. 42 : III) le rhomboèdre $4 \times 5 \times 6 = 120$; le prisme à base trigone $10 \times 12 = 120$, et le prisme à base hexagone $12 \times 10 = 120$ (fig. 43 : IV et V, et fig. 56).

L'hexaèdre régulier de 30 atomes (fig. 48 : VIII) peut se transformer en une pyramide à base carrée (fig. 42, p. 220), ou donner les quatre prismes obliques à base trigone : 15×2, 10×3, 6×5, et 3×10. Nous verrons que telles sont les diverses formes moléculaires du fer et du nickel.

L'hexaèdre régulier de 55 atomes (fig. 48 : IX) est égal au tétraèdre de 56 atomes, tronqué d'un seul sommet ; au prisme à base rhombe $5\ (4 \times 3)$ tronqué d'une arête de cinq atomes, ou de $5 \times 11 = 55$.

L'octaèdre régulier de 19 atomes (fig. 48 : XI) est égal à l'ellipsoïde $13 + 6$ et au prisme à base trigone tronqué d'un sommet $(10 \times 2) - 1$.

L'octaèdre régulier de 44 atomes peut devenir le tétraèdre curviligné $20 + 4 \times 6 = 44$, ou le prisme à base rhombe, tronqué d'une arête $4\ (4 \times 3) - 4 = 44$.

L'octaèdre régulier de 85 atomes est égal à un prisme à base rhombe, tronqué d'une arête $5\ (5 \times 4) - (5 \times 3) = 85$, ou de 5×17. Il peut se transformer en un prisme à base trigone 9×10, tronqué seulement de cinq sommets, et donnant $90 - 5$. Il peut devenir un hexaèdre de 30 atomes, tronqué de ses cinq sommets, et dont chaque face serait curvilignée d'une pyramide tronquée de $6 + 3 + 1 = 10$ atomes. Au total : $(30 - 5) + (6 \times 10) = 85$.

En général, les nombres qui peuvent se prêter à des formes multiples sont le produit de deux ou trois facteurs entiers. Un prisme à base trigone ou hexagone ne peut être construit que par un nombre entier de nombres trigones ou hexagones, et pour construire un rhomboèdre, il faut trois facteurs, qui peuvent, deux à deux, constituer sa base, et le troisième sa hauteur.

Ainsi le nombre 30 peut donner les prismes à base trigone 10×3, 6×5 et 15×2 (fig. 2 : I à V). Le nombre 42 peut donner le prisme à base hexagone 7×6 et le prisme à base trigone 6×7. Il peut encore constituer le prisme à base trigone, tronqué sur une de ses arêtes : 14×3. Il donne aussi le rhomboèdre aplati et allongé, $2 \times 3 \times 7$. Le nombre 40 donne un prisme à base trigone, 10×4, un tétraèdre tronqué de quatre sommets, et un octaèdre irrégulier, dont quatre faces sont des trigones et les quatre autres des hexagones. C'est, en réalité, le tétraèdre de 56 atomes, tronqué de quatre atomes à chacun de ses sommets. Le nombre 60 comporte les trois prismes à base trigone 6×10, 10×6, 15×4, et, de plus, le prisme à base hexagone 12×5.

Les mêmes molécules sont ainsi susceptibles d'affecter des formes cristallines très diverses à leur état d'homogénéité et de les communiquer à leurs dérivés complexes, selon la distribution des atomes des métalloïdes sur leurs diverses faces.

Le problème à résoudre maintenant, c'est de déterminer le nombre d'atomes qui représente le poids moléculaire dit, à tort, poids atomique. Le problème ne peut être résolu qu'après la solution d'un certain nombre de questions préalables.

CHAPITRE XXXVI

VOLUME MOLÉCULAIRE

Il résulte de l'identité de leurs vitesses vibratoires et de leur énergie thermique totale que les atomes de même rayon ont une tendance générale à s'agglomérer entre eux pour former des molécules homogènes, plus ou moins cohérentes et plus ou moins difficiles à dissocier.

C'est la masse de ces molécules qui constitue ce que, bien à tort, les chimistes de la nouvelle école nomment *le poids atomique*.

Quand un certain nombre d'atomes semblables, jouissant des mêmes propriétés thermiques, sont ainsi associés, le volume virtuel total de la molécule, V, semblerait devoir être la somme des volumes virtuels, w, de ses atomes constituants, ou

$$V = Nw \qquad (1)$$

Ce volume, w, étant celui du dodécaèdre inscrit à la sphère de rayon $\frac{1}{m}$, a pour mesure $\frac{2}{m^3}$, puisqu'il varie proportionnellement à la sphère de volume $\frac{4\pi}{3m^3}$ à laquelle il est inscrit.

(Voy. ch. XIV, p. 113. Des relations métriques des atomes.)

Le volume moléculaire virtuel serait donc :

$$V = \frac{2\,N}{m^3} \qquad (2)$$

Mais, par le fait de leur mutuel contact et de leurs vibrations thermiques à l'unisson, le volume de ces atomes agrégés tend à se dilater proportionnellement au cube de leur énergie thermique, celle-ci multipliant leur rayon.

Comme l'énergie thermique des atomes est le produit de leur tension, τ, aux centres de leurs plans de contact, de la vitesse et de l'amplitude de leurs vibrations, W α, et du rapport $\frac{\Delta_\theta}{\Delta}$ de leur densité dynamique, sous la forme de dodécaèdres, à leur densité dynamique virtuelle sous leur forme sphérique, et que ce produit est égal à leur masse, m, multipliant des constantes égales à l'unité (Voy. ch. XXI, p. 159), les atomes retrouveraient ainsi, en vertu de leurs énergies thermiques, exactement le volume du dodécaèdre éthéré, en dépit de l'affaiblissement de leurs forces expansives.

Mais tous les corps, homogènes et hétérogènes, agrégés en molécules harmoniques et cohérentes, tendant ainsi à augmenter de volume, et l'éther lui-même, qui vibre à l'unisson dans tout le milieu cosmique, ayant une tension de dilatation indéfinie, égale à l'unité, toutes ces forces expansives se combattent et s'entre-détruisent partiellement.

Chaque molécule homogène, en particulier, ne peut se dilater que dans le rapport de ses énergies thermiques aux pressions concentriques que l'éther exerce sur elle.

Prenant pour unité de pression la pression de l'éther sur l'unité de surface, c'est-à-dire sur l'élément carré de surface dont le rayon de l'atome éthéré est le côté, la pression exercée par l'éther sur une molécule sera égale à sa surface, rapportée à la même unité fondamentale.

Mais cette pression de l'éther s'exerçait déjà préalablement sur la surface virtuelle de chaque atome. Elle s'exercerait de même sur la surface totale de la molécule, sous son volume virtuel, considéré comme la somme des volumes virtuels de ses atomes. Par conséquent la pression concentrique de l'éther sur la molécule dilatée ne combattra sa force de dilatation que dans la mesure de l'accroissement de sa surface : c'est-à-dire dans la mesure du rapport de sa surface dilatée à sa surface virtuelle.

Étant donné que $\frac{\Delta_\theta}{\Delta} \tau \alpha \text{ w} = 1$, on a :

$$(3) \qquad P = \frac{\left[\frac{2\frac{N}{m^3}\left(\frac{\Delta_\theta}{\Delta}\tau \alpha \text{ w } m\right)^3}{\frac{4\pi}{3}}\right]^{2/3}}{\left(\frac{2\frac{N}{m^3}}{\frac{4\pi}{3}}\right)^{2/3}} = m^2$$

Cette pression est multipliée par la racine cubique de la masse moléculaire qui, sous cette pression concentrique de l'éther, presse sur elle-même.

En fin de compte le volume moléculaire deviendra

$$(4) \qquad V = \frac{2\frac{N}{m^3}m^3}{(N m)^{1/3}\frac{S}{S_1}} = \frac{2\frac{N}{m^3}\left(\frac{\Delta_\theta}{\Delta}\tau \alpha \text{ w } m\right)^3\left(\frac{2\frac{N}{m^3}}{\frac{4\pi}{3}}\right)^{2/3}}{(N m)^{1/3}\left[\frac{2\frac{N}{m^3}\left(\frac{\Delta_\theta}{\Delta}\tau \alpha \text{ w}.m\right)^3}{\frac{4\pi}{3}}\right]^{2/3}} = \frac{2 N^{2/3}}{m^{7/3}}$$

Ce volume aura ainsi pour mesure le dodécaèdre inscrit à la sphère de rayon 1, multiplié par la puissance 2/3 du nombre des atomes et divisé par la puissance 7/3 de leur masse.

Le volume moléculaire ne croîtra donc pas proportionnellement au nombre des atomes de la molécule, mais suivant une raison plus petite. Par contre, au lieu d'être inversement proportionnel au cube de la masse des atomes constituants, il variera en sens inverse de la septième puissance de la racine cubique de cette masse.

En sorte que, la masse des atomes restant la même, la densité moléculaire augmentera proportionnellement à la racine cubique du nombre des atomes de la molécule, et diminuera comme la puissance 2/3 de leur masse.

La densité d'inertie ou de masse de la molécule deviendra :

(5)
$$\delta = \frac{N\,m}{\left(\frac{2\,N^{2/3}}{m^{1/3}}\right)} = \frac{N^{1/3}\,m^{10/3}}{2}$$

Il s'ensuit que si le nombre des atomes est égal au carré de leur masse, la densité d'inertie de la molécule restera égale à la densité de l'atome isolé sous son volume dodécaédrique, et le volume moléculaire sera égal à la somme des volumes virtuels de ses atomes constituants.

De même, la densité dynamique Δ, qui, pour le dodécaèdre atomique isolé, est $= 2\,\pi$, devient dans la molécule

(6)
$$\Delta_0 = 2\,\pi \frac{N^{1/3}}{m^{2/3}}$$

Comme la densité d'inertie, la densité dynamique reste donc constante dans l'agrégation moléculaire, si le nombre des atomes est égal au carré de leur masse.

Il en résulte que la variation de volume des atomes agrégés en molécules homogènes peut être une augmentation, si le nombre des atomes réunis dans l'agrégation reste plus petit que le carré de leur masse, et devient une diminution, si, au contraire, ce nombre est plus grand.

On a en effet :

(7)
$$\frac{N\,v}{N\,w} = \frac{2\,\frac{N^{2/3}}{m^{7/3}}}{2\,\frac{N}{m^{4}}} = \frac{m^{2/3}}{N^{1/3}} \gtrless 1$$

Seulement dans le cas où $N = m^2$, on a

(8)
$$\frac{m^{2/3}}{N^{1/3}} = 1$$

Il en est de même, inversement, de la variation de la densité dynamique, et l'on a encore

(9)
$$\Delta_0 = 2\,\pi\,\frac{N^{1/3}}{m^{2/3}} \gtrless 2\,\pi$$

Si le volume de la molécule n'est pas toujours la somme des volumes de ses atomes constituants, la surface moléculaire est encore bien moins la somme des surfaces de ses atomes, puisque la surface de la molécule n'est que la somme des plans de contact de ses atomes qui ne sont pas engagés intérieurement dans leurs mutuels contacts et restent libres à sa surface. Or, ses plans de contact extérieurs sont toujours plus ou moins irrégulièrement déformés par leurs contacts avec les atomes plus grands de l'éther ou avec les surfaces des autres molécules pesantes, formées d'atomes de rayons différents. Même entre molécules homogènes, leur mode d'agrégation ne se prête pas toujours à la symétrie dodécaédrique. Il est donc impossible de donner une formule générale de la surface moléculaire qui soit exacte pour tous les cas.

En prenant pour surface moyenne la surface de la sphère de même volume que la molécule, nous n'avons donc fait qu'une approximation, la plus générale qui soit possible, en ceci tout au moins, qu'elle est toujours la surface moléculaire minimum, puisque la sphère est le solide qui a la surface la plus petite, relativement à son volume.

Du reste, cette variation de la valeur relative des surfaces moléculaires n'intéresse que les constantes de nos formules, sans atteindre les deux variables qui sont, dans tous les cas, la masse des atomes, *m*, et leur nombre, N.

La surface d'une sphère est environ les 2/3 de la surface d'un tétraèdre de même volume, la moitié de la surface d'un octaèdre et 4/5 de la surface d'un cube ou d'un parallélipipède. On peut donc corriger l'approximation de la surface des molécules en divisant par ces facteurs leur surface supposée sphérique. Mais cette correction ne peut se faire que lorsque la forme de la molécule est connue, et elle ne peut l'être que si l'on connaît préalablement le nombre de ses atomes, puisque de ce nombre dépend sa forme.

Cette correction est d'ailleurs peu importante.

En effet, toutes les pressions de l'éther s'exerçant normalement aux surfaces, seules les pressions qui s'exercent sur une sphère convergent vers son centre de figure où elles s'ajoutent. C'est cette somme totale des pressions extérieures subies par la molécule qui se divise par sa surface sphérique. Si la molécule n'est pas sphérique, les pressions normales à ses portions de surface planes viennent se rencontrer quelque part, sur des plans perpendiculaires à ses axes principaux, avec les pressions exercées sur les autres faces ou plan de contact symétriquement opposés. Ainsi, toutes les pressions exercées sur les quatre faces d'un tétraèdre convergent vers quatre plans perpendiculaires à ses quatre axes de symétrie, qui se coupent à son centre sous des angles de 120°.

Ces pressions qui se rencontrent ainsi sous des angles définis se composent d'après la loi du parallélogramme des forces, donnant des résultantes dont la somme, au centre, est exactement égale à la somme des pressions qui se seraient exercées normalement à la surface d'un corps sphérique de même volume. En effet, c'est vers le centre des corps que convergent en réalité toutes les pressions de l'éther ambiant, qui les enveloppe. Les portions planes de leur surface, en arrêtant ces pressions à des distances variables de leur centre de figure, les subdivisent en les affaiblissant, de sorte qu'elles perdent en intensité ce qu'elles gagnent en nombre ; si bien que, sur une surface plus étendue, ne se répartit cependant qu'une somme constante de pressions, justement proportionnelle à la surface minimum, c'est-à-dire à la surface sphérique d'un corps de même volume.

Naturellement, toute contraction du volume virtuel des atomes dans la molécule a pour conséquence un accroissement de leur énergie thermique. Leur vitesse vibratoire, leur tension aux centres de leurs plans de contact et le rapport de leur densité dodécaédrique à leur densité sphérique augmentent ; seule l'amplitude de leurs vibrations diminue.

Dans le cas contraire d'une dilatation, c'est cette amplitude de la vibration qui augmente et c'est la tension, la vitesse vibratoire et le rapport des densités qui diminuent. En tout cas, la qualité des vibrations est altérée ; elles n'auront plus des effets chimiques et physiologiques identiques.

On peut s'expliquer ainsi pourquoi les mêmes corps dans des états moléculaires différents, peuvent avoir des propriétés thermiques si diverses et parfois si opposées.

Le volume moléculaire étant :

$$V = 2\,\frac{N^{2/3}}{m^{1/3}} \qquad (10)$$

le volume de l'atome constituant devient :

(11) $$V = \frac{2}{N^{1/3}\ m^{7/3}}$$

Le rayon de cet atome est :

(12) $$r = \frac{1}{N^{1/9}\ m^{7/9}}$$

Le rapport de la densité dynamique des atomes réunis en molécule, à la densité dynamique de leurs sphères virtuelles, a pour expression :

(13) $$\frac{\Delta_\theta}{\Delta} = \frac{2\pi}{3}\ \frac{N^{1/3}}{m^{2/3}}$$

La tension aux centres des plans de contact τ, qui était constante pour tous les atomes, devient variable ; elle a pour mesure :

(14) $$\tau = \frac{\dfrac{4\pi}{m^2}}{4\pi\,(\cos 45)^2\left(\dfrac{1}{N^{1/9}\ m^{7/9}}\right)^2} = \frac{1}{(\cos 45)^2}\ \frac{N^{2/9}}{m^{4/9}}$$

L'amplitude de la vibration devient :

(15) $$\alpha_\theta = \frac{cte}{N^{1/9}\ m^{7/9}}$$

et la vitesse vibratoire :

(16) $$W_\theta = \frac{N^{2/9}\ m^{14/9}}{\sin\ 45}$$

en sorte que la variation du nombre des atomes dans la molécule, en faisant varier son rythme vibratoire, peut le rendre plus ou moins harmonique avec celui d'autres corps.

Il en est de même pour l'énergie thermique totale :

(17) $$\varepsilon = \frac{\Delta_\theta}{\Delta}\ \tau\ \alpha\ W = \frac{2\pi}{3}\ \frac{cte\ \dfrac{N^{2/3}}{m^{1/3}}}{\sin.45\,(\cos.45)^2}$$

Comme les constantes

$$(18) \qquad \frac{2\pi}{3}\,\frac{\text{cte.}}{\sin. 45\,(\cos. 45)^2} = 1$$

l'énergie thermique moléculaire se réduit à la variable :

$$(19) \qquad \varepsilon = \frac{N^{2/3}}{m^{1/3}}$$

en sorte que si le nombre des atomes dans la molécule est égal au carré de leur masse, l'énergie thermique des atomes réunis en molécule redevient, comme sous leur volume virtuel :

$$(20) \qquad \varepsilon = m$$

On peut induire de ces relations que l'égalité du nombre des atomes dans la molécule et du carré de leur masse doit jouer un rôle prépondérant dans leur agrégation moléculaire et être l'une des conditions de la stabilité de leurs agrégats.

Nous verrons, en effet, que, si cette condition n'est pas toujours exactement remplie, tous les corps ont une sorte de tendance à la réaliser.

Si elle ne l'est pas toujours exactement, c'est que la cohésion des molécules des corps à l'état solide paraît assujettie à une condition contraire, exigeant que le nombre des atomes dans la molécule, au lieu de croître suivant un rapport direct avec leur masse, varie, au contraire, en raison inverse.

Quel est le nombre des atomes dans la molécule ?

Nos formules nous fourniront-elles le facteur N, qui, divisant le poids moléculaire, déterminera la masse des atomes, ou inversement la valeur de cette masse qui nous permettrait d'en déduire leur nombre ?

De la formule du volume moléculaire nous avons tiré la densité d'inertie moyenne de la molécule :

$$(21) \qquad \delta = \frac{N^{1/3}\, m^{10/3}}{2}$$

Cette densité d'inertie est dans un certain rapport avec les densités des corps, déterminées par l'observation. Mais ces densités expérimentales sont relatives à celle de l'eau, prise pour unité.

Pour faire sortir de nos formules, soit le nombre des atomes de la molécule de chaque corps, soit les valeurs des masses de ces atomes, il nous manque un élément : *la valeur absolue de la densité de l'eau, exprimée dans notre système d'unités.*

Supposant que nous avons pu déterminer cette valeur χ, multipliée par les densités expérimentales, elle nous donne l'égalité :

$$\chi d = \delta = \frac{N^{1/3} \quad m^{10/3}}{2} \tag{22}$$

D'un autre côté nous connaissons le poids atomique ou plutôt la masse moléculaire Nm, d'où nous tirons la relation :

$$\frac{2 \chi d}{(N m)^{1/3}} = m^3 \tag{23}$$

ou :

$$\left(\frac{2 \chi d}{(N m)^{1/3}}\right)^{1/3} = m. \tag{24}$$

Comme

$$\frac{N m}{m} = N$$

on peut avoir directement

$$\frac{N m}{\left(\frac{2 \chi d}{(N m)^{1/3}}\right)^{1/3}} = N. \tag{25}$$

Il s'agit donc de trouver la valeur du facteur constant des densités χ.

C'est ce que nous allons tenter.

CHAPITRE XXXVII

CONSTITUTION MOLÉCULAIRE DE L'EAU A L'ÉTAT SOLIDE

Si la constitution de la molécule d'eau nous était connue, le problème serait résolu ; puisque c'est à ce corps que nous empruntons nos unités de masse, de volume et de densité, et que nous connaissons les relations en poids des deux corps qui la constituent.

Cette constitution atomique de la molécule d'eau, je l'ai cherchée bien longtemps, en vain. Vers 1878, un hasard, il est vrai provoqué, me la fit découvrir. En étudiant, avec des billes de différents diamètres, les conditions d'équilibre de leurs agrégats, je constatai qu'autour de quatre sphères d'un certain rayon, disposées en tétraèdres, seize autres sphères, de rayon moitié plus petit, pouvaient se loger, en équilibre stable, dans les dépressions, ou sinus rentrants, laissés libres autour des quatre grosses sphères, réciproquement tangentes.

La molécule d'eau était trouvée. Une lumière subite éclairait toute la constitution des corps (fig. 57).

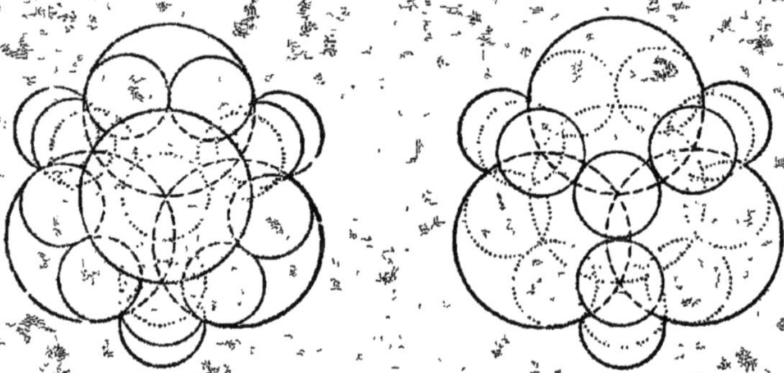

Figure 57.

Le poids moléculaire de l'eau, d'après le système d'unités adopté par les chimistes, étant $H^2O = 2 + 16 = 18$ et sa densité 1 ; si l'on multiplie par quatre son poids moléculaire, on obtient la valeur 72 pour la masse totale. Les poids relatifs, ou plutôt les masses de l'hydrogène et de l'oxygène deviennent 8 et 64.

Divisant cette masse 8 entre les quatre gros atomes de ma molécule, il venait pour chacun d'eux une masse 2. De même, chacun des petits atomes d'oxygène avait une masse de 4.

Il se trouvait ainsi que dans la molécule d'eau, le nombre des atomes de chacun de ses deux éléments était égal au carré de leur masse. Or, j'étais depuis longtemps arrivée, *à priori*, à considérer la *molécule carrée*, $N = m^2$, comme typique et comme devant présenter des conditions spéciales d'équilibre encore mieux réalisées par la molécule cubique, $N = m^3$.

Les rayons des atomes d'hydrogène et d'oxygène devenaient ainsi 1/2 et 1/4. Ils étaient en raison inverse simple des masses. Les densités, enfin, étaient en raison directe de la quatrième puissance des masses.

Dans un système d'unités théoriques, il venait pour le volume total de la molécule $\frac{4}{8}+\frac{16}{64}=\frac{3}{4}$, multipliant un volume sphérique virtuel de rayon supposé $= 1$, soit :

$$V=\frac{4\pi}{3}\frac{3}{4}=\pi \tag{26}$$

Ce point de départ très simple a suffi pour me guider à travers le dédale des inconnues.

Sous son volume sphérique virtuel, la densité moyenne de l'eau était ainsi de

$$\delta=\frac{72}{\pi} \tag{27}$$

et sous la forme dodécaédrique de ses atomes son volume moléculaire était

$$V_1=2\frac{3}{4}=\frac{3}{2} \tag{28}$$

avec une densité

$$\delta_1=\frac{72}{\left(\frac{3}{2}\right)}=48 \tag{29}$$

Mais ce volume était la somme des volumes virtuels de ses éléments constituants, non leur volume moléculaire total.

De plus, la grande quantité de chaleur dégagée par la constitution de la molécule d'eau, qui est, à l'état liquide, de 70,4 calories, atteste que c'est un corps très condensé.

Quel était donc le vrai volume moléculaire de l'eau ?

Ce problème m'a arrêté longtemps. Diverses hypothèses se présentaient à moi. Je les discuterai au chapitre L. J'arrivai à constater ce fait remarquable que toutes ces hypothèses, très différentes quant à leur expression algébrique, donnaient au calcul, en ce qui concerne la molécule d'eau, des résultats numériques presque identiques. Je pouvais donc prendre leur résultat commun et laisser la question en suspens. J'ai dû la trancher quand il s'est agi de donner une formule générale de la condensation des autres molécules complexes, qui prend des valeurs bien différentes selon les diverses hypothèses, comme on le verra au chapitre L où j'ai dû, au moins provisoirement, choisir entre elles.

Toutefois, même aujourd'hui, après de longs calculs, pour soumettre ces diverses hypothèses au contrôle des séries de faits connus, je ne me flatte pas d'avoir trouvé la solution définitive. Mais je crois m'en être approchée. Il y a sans doute des facteurs dont je n'ai pu tenir compte, des coefficients spécifiques dont des recherches expérimentales ultérieures pourront seules déterminer la valeur. Telle qu'elle est, la solution que je propose permet de se faire une idée assez nette de la constitution moléculaire des corps complexes à l'état solide. Car, pour l'état gazeux, le problème est tout autre, comme nous le verrons.

Il est évident que la formule du volume moléculaire des corps complexes ne peut être identique à celle que nous avons donnée pour les corps simples (ch. XXXVI, p. 232, formule 4). S'il est une loi bien établie, en chimie, c'est qu'à mesure que la complexité des molécules augmente, elles acquièrent un plus haut degré de condensation. La densité des corps composés solides est toujours plus forte que la densité moyenne de leurs éléments composants, sous le même état. Le volume de la molécule complexe n'est donc pas simplement la somme des volumes de ses éléments.

Après bien des tâtonnements et de patients calculs, j'ai dû m'arrêter à la formule suivante, pour le volume des molécules binaires, laissant de côté le problème, encore bien plus complexe, des molécules ternaires et quaternaires.

Les masses moléculaires des éléments composants étant M_M pour le métal, et M_O pour le métalloïde, et ces masses étant les produits des nombres des atomes N_M et N_O et de leurs masses m_M et m_O, pour chaque corps composant, la somme des volumes virtuels des deux éléments composants, $V_M + V_O$, serait soumise à une compression égale à la somme des racines carrées des deux rapports.

$$(30) \qquad \left(\frac{M_O}{N_M}\right)^{1/2} + \left(\frac{M_M}{N_O}\right)^{1/2}$$

Mais dans l'évaluation du volume de la molécule complexe,

il faut tenir compte du fait que des atomes de rayons différents doivent rester tangents à leurs sphères virtuelles, sous la pression locale donnée, et que, de ce fait, leur volume total augmente, en moyenne, et pour l'eau exactement, dans la proportion de la racine de 2, qui doit ainsi multiplier le numérateur de la formule. Il vient ainsi pour le volume condensé :

$$(31) \qquad V_\theta = \frac{(V_M + V_O)\, 2^{1/2}}{\left(\frac{M_O}{N_M}\right)^{1/2} + \left(\frac{M_M}{N_O}\right)^{1/2}}$$

La molécule d'eau étant supposée composée de 4 atomes d'hydrogène, de masse 2, et de 16 atomes d'oxygène, de masse 4, on trouve, pour son volume moléculaire,

$$(32) \qquad V_{H^2O} = \frac{2\left(\frac{4}{2^3} + \frac{16}{4^3}\right) 2^{1/2}}{\left(\frac{16 \times 4}{4}\right)^{1/2} + \left(\frac{4 \times 2}{16}\right)^{1/2}} = \frac{\frac{3}{2^{1/2}}}{4,7071} = 0,45064$$

ce qui donne pour la densité de l'eau, exprimée dans notre système d'unités théoriques,

$$(33) \qquad \delta_{H^2O} = \frac{72}{0,45064} = 159,77$$

On peut donc accepter pour cette densité la valeur, en nombre rond, de 160 (*log*. 2.20412), qui répond au volume de 0.45.

Nous pouvons après cela établir les rapports de nos unités théoriques avec les unités conventionnelles admises.

En multipliant par 4 les masses moléculaires, dites poids atomiques, tels que les admettent les chimistes, je n'ai point entendu changer leur valeur. Je n'ai multiplié que leur expression numérique. J'ai traduit par des nombres d'unités quatre fois plus grands des unités quatre fois plus petites. En sorte que la densité absolue de l'eau, exprimée en nos unités métriques de masse, serait seulement de $\frac{160}{4} = 40$.

Quant aux volumes, au contraire, mes unités théoriques se trouvent 40 fois plus grandes que nos unités métriques. Il en résulte ce rapport de $40 \times 4 = 160$ de mes densités théoriques et des densités observées.

En réalité, puisque des unités de masse 4 fois plus petites et plus nombreuses répondent à des volumes 40 fois plus grands, ces mêmes unités de masse prennent une valeur 10 fois plus grande et répondent à un ordre décimal plus élevé d'un degré; et l'on a le rapport $\frac{40}{40}$, au lieu d'un rapport $\frac{M}{V}$, qui nous donne notre unité de densité.

Cette transformation de nos unités métriques était nécessaire pour établir des rapports simples entre les rayons des atomes et leurs masses, qui se trouvent ainsi en raison exactement inverse. Il en résulte une simplification de toutes les relations numériques entre les masses, les unités de longueur, de surface et de volume qui, en abrégeant tous les calculs, donne à toutes mes formules une grande unité, une grande clarté, et permet d'exprimer toutes les relations atomiques ou moléculaires, soit en fonction de la masse, soit en fonction de la force, soit en fonction des rayons. J'ai préféré exprimer ces relations en fonction des masses, d'abord parce que les masses moléculaires sont tout ce que nous savons expérimentalement des corps, et aussi parce que la masse des atomes est *leur caractère spécifique distinctif;* que des atomes de masse identique sont homogènes et constituent des éléments du même corps. Ils appartiennent à la même espèce chimique, ainsi que nous le verrons bientôt.

CHAPITRE XXXVIII

DENSITÉ INTRAMOLÉCULAIRE ET DENSITÉ INTERMOLÉCULAIRE

Une fois supposée connue la valeur absolue de la densité de l'eau, pouvons-nous induire de nos formules 23, 24 et 25 (p. 282), le nombre des atomes représentés par les équivalents et la valeur de leurs masses? Il y a encore quelques difficultés.

Pour appliquer nos formules, nous devons multiplier la densité absolue de l'eau par les densités des corps, déterminées par l'observation. Nous ne pourrons donc appliquer notre formule qu'aux corps dont ces densités sont connues avec une certitude suffisante.

De plus, les densités observées sont des densités moyennes, des densités *intermoléculaires*, dans lesquelles il n'est tenu aucun compte des vacuoles que les molécules laissent évidemment entre elles, et où l'éther circule, de toutes les irrégularités de la constitution intime des corps et de leur défaut d'homogénéité.

Il est évident que les molécules ne sont pas entre elles en cohésion aussi parfaite que les atomes dans les molécules, et qu'il doit y avoir à cet égard de grandes différences entre les divers corps.

Notre formule de la densité $\delta = \frac{N^{1/3} m^{10/3}}{2}$, est une formule intramoléculaire. C'est de même la densité intramoléculaire de la glace que nous avons évaluée à 160 et dont la valeur est plus grande que la densité expérimentale, 0,91674.

C'est par une exception à la loi la plus générale que l'eau augmente de volume à l'état solide. Cette exception n'est pourtant pas unique. L'aluminium et, paraît-il, l'argent présenteraient des cas analogues.

Si les molécules liquides sont animées de rotation, soit isolément, soit par couples ou par groupes, il doit résulter de la force centrifuge développée par cette rotation que ces groupements doivent tendre vers des formes de sphéroïdes de révolution.

Lorsque des sphères égales sont groupées dans le plus petit espace possible, en piles de boulets, ce qui est une symétrie dodécaédrique, la proportion du vide au plein est de

$$(31) \qquad \frac{4\left(2^{1/2} - \frac{\pi}{3}\right)}{\frac{4\pi}{3}} = 0,35056$$

En pareil cas, le rapport $\frac{\delta}{d}$ de la densité intramoléculaire à la densité intermoléculaire serait de 1,3503.

Des polyèdres réguliers, tels que des tétraèdres, des hexaèdres et des octaèdres, donneraient encore une proportion de vide plus grande, et un rapport $\frac{\delta}{d}$ plus grand.

Au contraire, certaines formes moléculaires se prêtent mieux que d'autres à s'agencer les unes avec les autres, sans vides. Les métaux, sous le laminoir ou au martelage, prennent des formes prismatiques, comme nous le verrons plus loin (chap. LXIV), et doivent avoir alors des densités intermoléculaires très fortes qui diffèrent très peu de leurs densités intramoléculaires.

Aussi voit-on des corps, comme le fer, qui, à l'état solide, mais sous des formes moléculaires différentes, varient considérablement de densité, selon qu'ils sont fondus ou forgés. Cette variation, pour le fer, est de 7,2 à 7,79. C'est un rapport de 0,9243, un peu plus grand que celui de la densité de la glace à celle de l'eau.

Le cuivre, le nickel, l'or sont dans le même cas, mais avec de plus petites variations.

La densité intermoléculaire des corps augmente aussi, généralement, quand ils passent de l'état amorphe à l'état cristallin ; mais cela peut tenir à une augmentation réelle de leur densité intramoléculaire. Nous nous expliquerons autre part (ch. LXII, Des Carbonides), sur l'accroissement de densité qui peut résulter de la coalescence des molécules et de l'augmentation du nombre de leurs atomes.

Si, en général, les corps en fusion augmentent de volume et se contractent par le refroidissement, mais sans atteindre leur densité maximum, c'est que, surtout dans un refroidissement rapide, toutes les molécules ne peuvent s'agencer dans le meilleur ordre pour occuper le moindre espace total, et que plusieurs d'entre elles conservent à l'état solidifié leurs formes curvilignes de l'état liquide.

On peut aussi expliquer par là comment certains corps peuvent, au contraire, diminuer de volume par la fusion, lorsque leurs molécules passent des formes polyédriques, qu'elles affectent à l'état solide, à des formes curvilignes, plus ou moins voisines de la sphère, qui laissent entre elles de moindres vides. Tel serait le cas de la glace, dont les tétraèdres curvilignes, à l'état solide, en prenant l'état liquide s'uniraient par couples, en s'adossant base à base, pour former un sphéroïde de révolution presque parfait, sous l'action de la force centrifuge, comme nous le verrons (ch. LI).

Il est de toute évidence qu'à tous les états physiques, la densité intermoléculaire est plus faible que la densité intramoléculaire. Même entre les prismes, il subsiste des plans de clivage qui relâchent la cohésion des molécules, surtout sous l'influence des variations de température.

Mais il faut bien remarquer que ces vacuoles intermoléculaires ne sont jamais que relativement vides. Entre les molécules les joints se sont seulement relâchés ; les pressions mutuelles, sur les plans de contact de leurs atomes, dilatés par les vides relatifs offerts à leur expansibilité et qu'ils remplissent toujours, sont seulement moins fortes. Toujours en contact absolu par quelques-uns des points de leur surface, les molécules ne peuvent s'approcher davantage et leur plasticité, limitée par leur cohésion, ne leur permet pas des déformations telles qu'elles puissent rétablir, dans tout l'espace qu'elles occupent néanmoins totalement, l'équilibre de leur densité dynamique.

Le rapport entre les deux densités est donc variable. De l'étendue de ses variations nous pouvons conclure que sa grandeur moyenne dépasse leurs limites connues.

Des courants d'éther circulent dans les corps, à travers leurs réseaux moléculaires, et, quelle que soit la plasticité de l'éther, il ne peut les traverser que sous la condition d'y trouver des passages où la résistance soit relativement faible.

L'évaluation *a priori* du rapport des densités des corps est donc très difficile, du moins dans l'état actuel de la science à cet égard, parce que nous manquons d'un fait qui puisse nous servir de point de départ.

Il nous est permis de supposer que ce rapport est assez variable et qu'en général il doit varier en sens inverse du volume des molécules, parce qu'il doit augmenter avec la somme de leurs surfaces, et que celles-ci croissent relativement moins vite que leurs volumes.

Il y a donc lieu d'admettre que le rapport des deux densités sera plus grand pour les corps dont les molécules sont plus petites que celles de l'eau, toutes choses égales d'ailleurs ; mais il est évident que cette différence du rapport des surfaces aux volumes peut être compensée, et au delà, par des formes moléculaires se prêtant à un meilleur agencement et qu'en général, un corps hétérogène, comme l'eau, doit donner lieu à de plus vastes vacuoles qu'un corps homogène.

Les deux densités de l'eau qui font varier son volume d'environ 1/12, à des températures voisines ou même égales, mais sous deux états physiques différents, nous montre dans quelles limites peut varier la densité d'un corps composé. Cette variation de la densité de l'eau, passant à l'état solide, est un peu moins grande que celle du fer sous le martelage ; elle est beaucoup plus grande que celle du cuivre et de l'or, dans les mêmes conditions.

Il est une chose qui paraît certaine, c'est que, même à l'état liquide, l'eau (qui est certainement un des corps les plus condensés de la nature) ne réalise cependant pas sa densité absolue, dont la valeur nous est inconnue, bien qu'il y ait des raisons de croire qu'elle ne s'élève pas beaucoup au-dessus de sa densité maximum, telle qu'elle nous est connue à la température de $+ 4^{\circ}$.

Bien que l'eau liquide, à $+ 4^{\circ}$, soit à peu près incompressible, néanmoins cette densité expérimentale maximum n'est pas sa densité intramoléculaire absolue ; même sous cet état, elle contient certaines vacuoles intermoléculaires, incomplètement saturées.

Si l'on suppose que sous cet état, déjà très condensé, sa densité intramoléculaire diffère de sa densité intermoléculaire, comme celle-ci diffère de celle de la glace, on a trois termes proportionnels pouvant servir de base approximative à nos évaluations numériques.

La densité intermoléculaire de l'eau étant évaluée $1 = 160$, comme la densité intramoléculaire de la glace, nous aurons : pour la densité intermoléculaire de la glace $160 \times 0,91674 = 146,6784$; pour la densité intramoléculaire de l'eau $\frac{160}{0,91574} = 174,53$.

Le rapport des densités extrêmes de ce corps sous ses deux états serait $\left(\frac{1}{0,91674}\right)^2$, ou de 25 : 21.

La densité expérimentale de l'eau liquide à $+ 4^{\circ}$ représentant l'unité de nos densités expérimentales, ces densités, $\times 160$, nous donneraient seulement les densités, également intermoléculaires, seules observables, des corps ; et ces mêmes densités, $\times \frac{160}{0,91674}$, nous donneront leurs densités intramoléculaires probables et plutôt trop faibles, puisque leur rapport avec les densités intermoléculaires ne serait que la racine carrée de la variation des deux densités de l'eau sous ses deux états.

Si donc, au lieu de rapporter les densités observées des corps à la densité de l'eau liquide, nous les rapportons à celle de la glace ; en les divisant par la valeur de celle-ci, 0,91674, nous obtenons des densités qui diffèrent de leurs densités intermoléculaires, autant que la densité maximum de l'eau diffère de la densité de la glace, et qui se rapprochent certainement de leur densité absolue intramoléculaire. Elles pourront même être parfois trop fortes, aussi bien que trop faibles.

Notre formule 24, ainsi modifiée, devient :

$$\frac{N\,m}{\left(\dfrac{2\,\chi\,\dfrac{d}{0{,}91674}}{(N\,m)^{1/3}}\right)^{1/3}} = N \tag{35}$$

Le nombre des atomes dans la molécule est un nombre nécessairement entier ; et le nombre N, obtenu par notre formule, est très généralement un nombre fractionnaire. C'est la preuve qu'il n'est pas exact. A toutes les causes d'incertitudes que nous venons de discuter, se joignent les inexactitudes inévitables des densités observées et même celles des poids équivalents, et toutes les fractions négligées ou forcées dans leur expression numérique. Il serait vraiment merveilleux qu'on arrivât du premier coup à une évaluation juste.

Il y a donc toujours à choisir entre les nombres entiers au-dessus et au-dessous du nombre fractionnaire donné par le calcul. Parfois ce nombre est d'autant plus inexact qu'il est plus voisin d'un nombre entier, quand l'erreur dépasse la valeur d'une unité.

L'expérience m'a fait reconnaître que pour les équivalents élevés des grosses molécules, constituées de nombreux atomes, il faut parfois abaisser ce nombre de quelques unités pour que la rectification reste proportionnelle. Pour les corps de faible densité, dont les masses moléculaires sont petites, il faut au contraire élever ce nombre.

Quand on l'a déterminé, on peut en contrôler l'exactitude en évaluant la densité intramoléculaire qui en résulterait pour le corps, par la formule 5 (comp., p. 277).

$$\delta = \frac{N^{1/3}\, m^{10/3}}{2}$$

Divisant le résultat par d, on obtient un rapport $\frac{\delta}{d}$ qui doit être le rapport vrai des deux densités, intramoléculaire et intermoléculaire, du corps, si le calcul a été bien conduit et si nos données sont exactes.

Ce rapport $\frac{\delta}{d}$ est en général plus grand que l'unité.

Si on le multiplie par la densité de la glace, 0,91674, on obtient un rapport Z, qui est le rapport du rapport $\frac{\delta}{d}$ du corps au rapport de la densité de l'eau à la densité de la glace. Ce rapport Z peut être $\lesseqgtr 1$, mais toujours très près de l'unité.

CHAPITRE XXXIX

CLASSIFICATION DES CORPS SIMPLES

La valeur de ce rapport Z ne peut être que très approximative. En supposant qu'on ait réussi à déterminer exactement le nombre N des atomes, la valeur de la masse atomique, qui s'en déduit, dépend de l'exactitude du poids équivalent, sur la valeur duquel on n'est pas toujours bien fixé, puisque récemment on a remis en doute même celle de l'oxygène, qui est presque la base des autres. Or, dans le calcul de la densité, l'erreur de la masse atomique se trouve élevée à la puissance 10/3, plus grande que le cube, soit en plus, soit en moins. Il suffit d'avoir donné un atome de plus ou de moins à la molécule pour arriver à des différences de densité considérables.

Il peut se faire aussi que l'erreur sur la valeur de la masse atomique m soit compensée par une erreur en sens contraire dans l'appréciation de la densité expérimentale, qui se trouve multipliée par 160. Mais il se peut aussi que les deux erreurs s'ajoutent, étant absolument indépendantes l'une de l'autre dans leur genèse

Il y a encore, dans cette évaluation de la masse des atomes et de leur nombre dans la molécule, une autre cause d'erreur plus importante, c'est que toutes les densités expérimentales sont ramenées au zéro du thermomètre. Or, selon le rapport de la température de fusion des corps à cette température 0°, ils ont subi, soit des contractions, soit des dilatations très inégales. Ainsi le mercure s'est certainement dilaté, et sa densité est moindre qu'à — 39°, tandis que des métaux, comme le fer, le platine, sont évidemment plus denses qu'au moment où ils passent de l'état liquide à l'état solide, à des températures très élevées.

Pour avoir des densités comparables, il faudrait donc les prendre, non pas à une même température thermométrique, arbitrairement choisie, comme notre 0, mais à des distances égales de leur point de fusion.

Si je n'ai pas tenté de réduire ainsi les densités observées des corps au même point initial de leur solidification, c'est que le calcul présenterait des incertitudes et des causes diverses d'erreurs plus grandes que celles qui subsistent, en prenant toutes les températures à 0, et surtout parce que, pour le plus grand nombre des corps, les données du calcul manquent.

Ce sera une revision à faire dans l'avenir.

Il est certain, d'après tout cela, que nos calculs pour déterminer le nombre des atomes représenté par l'équivalent moléculaire sont provisoires et donneront certainement lieu à des revisions successives.

Toutefois, j'ai résumé les résultats de ces calculs provisoires pour tous les corps dont les densités à l'état solide sont déterminées avec une précision suffisante, dans un tableau général où ces corps sont classés selon la série croissante, et si extraordinairement serrée, de leurs masses atomiques.

Ce tableau, à double entrée, montre également la variation ordonnée des nombres d'atomes dans la molécule (V. pl. III).

Les valeurs de ce tableau sont calculées d'après les doubles équivalents donnés dans les annuaires du Bureau des Longitudes jusqu'à l'année 1896 inclusivement. Ces valeurs ont été modifiées dans l'annuaire de 1897 et suivants, où la notation en poids atomiques a été adoptée.

De plus la série de ces poids a subi certaines modifications. Celui de l'oxygène a été réduit à 15,88 et non pas à 15,95, comme il l'avait été déjà dans le tableau de Wurtz (*Théorie atomique*, publiée d'après Wurtz, par Alfred Naquet. *Bibliothèque internationale*). Les poids atomiques de divers corps, et notamment ceux de l'aluminium, de l'antimoine et de l'argent, ont été réduits à peu près proportionnellement à celui de l'oxygène.

Je n'ai pas cru devoir adopter ces modifications, parce que j'ai la conviction que dans la molécule d'eau, normalement constituée, le poids de l'oxygène est bien exactement 8 fois celui de l'hydrogène. La réduction de ce rapport, observée dans les expériences d'analyse de l'eau, doit provenir de ce que dans cette opération, soit par dialyse voltaïque, soit par d'autres méthodes, il y a toujours perte d'une certaine proportion variable d'oxygène.

Les deux valeurs 16 et 15,88 donnent une différence de $\frac{12}{1600}$ ou de $\frac{1}{133}$. Si, comme je le pense, la molécule d'eau, liquide ou solide, est constituée par 4 atomes d'hydrogène d'une masse totale de 8, et par 16 atomes d'oxygène d'une masse totale de 64, la masse de chacun d'eux étant 4, ce serait une perte de 1 atome sur 8 molécules d'eau environ, c'est-à-dire de moins d'un atome sur 128, ou exactement de 1 atome sur 133. On verra plus loin que sur l'eau en vapeur la perte serait de 1 atome sur quatre molécules de vapeur d'eau (IVe partie).

Rien n'est plus explicable que ce déchet, étant données la facilité de combinaison de l'oxygène avec tous les corps et ses puissantes propriétés osmotiques.

Or, si la réduction du poids atomique de l'oxygène de 16 à 15,88 est erronée, il y a lieu également de rejeter la réduction proportionnelle établie sur les autres corps. Cette réduction, du reste, ne changerait pas sensiblement les nombres d'atomes représentés par leurs poids atomiques, dans le tableau ci-dessus, mais seulement la masse de ces atomes qui, pour les quatre corps précités, deviendrait ainsi que suit (1) :

(1) Je n'ai adopté ces modifications que pour l'aluminium, parce que le poids atomique, $27 \times 4 = 108$, donnait pour la masse la valeur 6, que donne également le zirconium, avec le rapport $\frac{90 \times 4 = 6}{60}$. Mais le zirconium lui-même a une densité incertaine. Si le nombre de ses atomes était réduit à 56, sa masse s'élèverait à 6,429. Ne pourrait-on supposer que le zirconium est une forme plus condensée de l'aluminium ? De même la masse 120×4 de l'antimoine donne, pour 72 atomes, la même masse que l'arsenic.

	Au lieu de	On aurait
Aluminium......	109,4 : 18 = 6,077...	108 : 18 = 6
Antimoine.......	488 : 72 = 6,777...	480 : 72 = 6,666
Argent..........	432 : 54 = 8......	431,6 : 54 = 7,99
Bismuth.........	840 : 112 = 7,5.....	828 : 112 = 7,3929

Les modifications subies par les poids atomiques des autres corps sont des rectifications peu importantes. Je n'ai adopté que celles qui fixent définitivement les poids atomiques, jusqu'ici demeurés douteux, de certains corps, tels que ceux du zirconium, de l'uranium ou de quelques autres corps nouveaux.

Ce qui frappe d'abord à l'examen du tableau des éléments chimiques ordonnés d'après les masses croissantes de leurs atomes, c'est, avec le lent accroissement de ces masses et leur étroite variabilité, la variabilité excessive et presque désordonnée de leur nombre dans la molécule. Il n'y a évidemment aucun rapport constant, ni inverse ni direct, entre ces nombres et les masses.

Ce rapport, je croyais, *a priori*, à son existence, mais je l'ai cherché en vain. Aucun rapport constant de ce nombre aux masses ne s'accorde avec la variation des densités.

Si ce rapport se montre d'une façon très générale dans toute la série des corps, c'est plutôt en sens inverse qu'en sens direct; mais parfois entre deux corps de masses très voisines on constate des différences de nombre considérables.

Ainsi la masse du bismuth est de 7,5; celle du fer, qui précède le corps dans la série, est de 7,406; or, la molécule de fer ne compte que 30 atomes et celle du bismuth 112. Pourquoi cette différence? C'est ce que j'ai cherché en vain, durant des années. Quelque formule que j'aie essayée du volume moléculaire et du volume de la molécule d'eau, les résultats ont été sinon identiques, du moins analogues. Cette irrégularité capricieuse est liée à l'absence de tout rapport constant entre les densités et les poids équivalents.

Si le nombre des atomes contenus dans la masse moléculaire, dite poids atomique, n'est pas un simple résultat contingent de causes elles-mêmes variables, bien que se reproduisant toujours dans les mêmes conditions, et s'il est déterminé par une loi générale ou un fait constant, il faut chercher ce fait ailleurs qu'à l'état solide.

Nous constaterons qu'en effet dans la molécule gazeuse le nombre des atomes est assez étroitement limité par des conditions spaciales qui n'existent pas pour la molécule solide.

Nous constaterons que pour tous les corps connus sous leurs deux états, à des températures et sous des pressions moyennes, la molécule gazeuse contient au moins quatre fois la masse moléculaire solide, et huit fois, dans les deux cas connus du phosphore et de l'arsenic. Toutefois la vapeur de mercure contient seulement deux fois la masse moléculaire (IVe partie).

On en peut induire, avec quelque légitimité, que la molécule solide est toujours le produit de la subdivision de la molécule gazeuse en un certain nombre de parties égales, mais que le nombre de ces parties varie par des causes à déterminer.

Nous reviendrons sur cette question, avec plus de fruit, quand nous aurons traité de la constitution moléculaire des gaz (IVe partie).

Il est naturel, en effet, que les éléments pesants de la molécule gazeuse, qu'unit entre eux la communauté de mouvements au moment de sa dissociation et de sa désagrégation symétrique, se divisent en parties égales qui se groupent en molécules indépendantes, ou s'unissent à d'autres molécules qui sont elles-mêmes, au moins à l'origine, des parties définies de leurs molécules gazeuses qui ont existé antérieurement, parfois sous des conditions cosmiques toutes différentes.

Si le rapport du nombre des atomes à leurs masses dans la molécule est essentiellement variable, toutefois il semble osciller autour du carré de cette masse, sans s'élever jusqu'à son cube, comme limite supérieure, ni descendre jusqu'à l'égalité, comme limite inférieure.

Cette relation du nombre des atomes au carré de leur masse semble jouer un rôle fondamental dans les propriétés des corps, dont elle divise la série totale en deux groupes assez nettement tranchés.

L'un comprend, avec tous les métalloïdes, à l'exception peut-être des carbonides qu'il faut toujours mettre à part, la série des métaux alcalins et alcalino-terreux, celle des plombides et même des stannides. Dans la molécule de tous ces corps le nombre des atomes dépasse la limite du carré de leur masse atomique.

Le second groupe, où cette limite n'est pas atteinte, comprend exclusivement des métaux plus ou moins denses : c'est-à-dire toute la série des ferrides, des argentides et des aurides.

Il est de toute évidence, au contraire, que le lent accroissement des masses atomiques à travers toute la série des corps est presque parallèle à l'accroissement de leurs densités, mais moins rapide.

Tandis que l'amplitude des variations des densités va, sans tenir compte de l'hydrogène, de 0,59 pour le lithium, à 22,45 pour l'osmium, la variation des masses n'atteint pas 10 unités, puisque leur valeur commence avec 2 pour l'hydrogène, et ne dépasse pas 10 pour les corps les plus denses.

Encore les premiers degrés sont-ils les plus rapides.

Entre la masse 2 de l'hydrogène et la masse 3,5 du lithium, je n'ai pu placer que les masses douteuses du bore, du carbone et du silicium, sur lesquelles j'aurai à revenir.

Au delà, au contraire, on voit les échelons se serrer.

Entre la masse 3,5 du lithium et la masse 4 de l'oxygène, viennent successivement les trois métaux alcalins, avec la masse douteuse du fluor et une évaluation également douteuse de celle de l'azote.

Mais entre les valeurs 4 et 5 se placent 8 corps : ce sont, avec une autre évaluation douteuse du carbone, le métal alcalin le plus dense, le rubidium, puis les métaux alcalino-terreux, avec le chlore et le phosphore.

Entre les valeurs 5 et 6 viennent, avec deux autres évaluations douteuses du bore et du silicium, le soufre et le brome.

Le zirconium commence la série des masses entre 6 et 7 qui comprend le glucinium et l'aluminium, avec les quatre métalloïdes : sélénium, iode, arsenic et tellure; puis des métaux à grosses molécules, tels que l'antimoine, l'indium, l'étain, le gallium, le cérium. Le titane et le chrome y semblent un peu dépaysés.

C'est la série la plus serrée, elle comprend 15 corps.

La série des masses entre 7 et 8 renferme seulement 11 corps. Elle se déroule parallèlement en deux séries distinctes.

L'une, qui commence avec le zinc, se continue avec le cobalt, le manganèse, le nickel et le cuivre, dont les atomes sont peu nombreux. Cette série, très homogène, rassemble, en rangs serrés, des corps dont les atomistes font de simples variétés.

La seconde série, également très homogène, rapproche le bismuth, le plomb et le thallium, dont les atomes sont si nombreux. Le cadmium et le molybdène font le lien entre les deux séries.

La série des masses au-dessus de 8 débute par l'argent, qui commence le groupe des métaux nobles. Elle se continue par les trois frères jumeaux : le ruthénium, le palladium et le rhodium, que les chimistes s'efforcent en vain de séparer, et dont mes formules parviennent à distinguer les différences de masse, sous l'identité des poids moléculaires et l'analogie des densités.

Après eux vient le mercure isolé.

Le tungtène et l'uranium, avec leurs densités considérables et leurs grandes masses moléculaires, qui semblent les rattacher à la série des plombides, commencent la série de masses au-dessus de 9 qui rassemble le petit groupe, si homogène, de l'or, du platine, de l'iridium et de l'osmium.

Cette sériation par les masses atomiques donne donc une classification dont les groupes se dessinent encore plus nettement si l'on y fait intervenir les nombres des atomes. C'est ce que fait voir si évidemment notre tableau, qui montre les deux séries coordonnées.

Si le classement des corps par le nombre de leurs atomes, relativement à leurs masses, sépare nettement tous les corps en deux séries, de plus il distingue les métalloïdes des métaux par un ordre tout différent de sériation.

Les premiers sont ordonnés par courbes et les seconds par groupes.

Si, partant de l'hydrogène, comme d'un point commun, on joint par des droites les métalloïdes des quatre classes admises par les chimistes, d'après Dumas, on voit que, dans chaque groupe, sauf celui des carbonides, toujours exceptionnels, le nombre des atomes croît avec les densités et avec la masse atomique, en gardant à peu près des volumes équivalents. Ce qui explique très naturellement comment ces corps se remplacent ou se substituent les uns aux autres.

Ainsi, avec des masses lentement et assez régulièrement croissantes, le soufre a 24 atomes, le sélénium en compte

52 et le tellure 76, de plus en plus petits, puisque leurs rayons diminuent en raison inverse de leurs masses. Il en résulte la constance des volumes.

De même, dans la famille des azotides, l'azote n'aurait que 15 atomes, le phosphore 25 et l'arsenic 45. Si l'on y rattache l'antimoine et le bismuth, on trouve pour ces deux corps des nombres d'atomes de 72 et 112, avec des masses toujours croissantes, et des volumes peu différents.

De même, la série des chlorides montre, après le fluor, de faible densité et de petite masse, qui compte probablement 20 atomes, le chlore, plus dense, qui en compte 30, le brome 56 et l'iode 80, de masses régulièrement croissantes et sous de grands volumes à peu près équivalents.

Quant à la série des carbonides, elle présente des difficultés spéciales et nous aurons à y revenir. Car nous aurons à choisir entre deux hypothèses sur leur constitution atomique.

Quant aux métaux, ils s'ordonnent suivant un tout autre système.

Ils se classent, non plus en séries linéaires de densités croissantes et de volumes à peu près équivalents, mais en groupes analogues par les nombres de leurs atomes, la valeur de leurs masses et, par conséquent, aussi, par leurs volumes moléculaires.

Le premier groupe est constitué par les métaux alcalins, qui fait exception à cette dernière loi des volumes. Avec des masses très lentement croissantes, et qui, sauf pour le rubidium, restent au-dessous de la masse de l'oxygène, les nombres de leurs atomes croissent au contraire rapidement, à peu près dans les rapports 1, 3, 5, 10, et leurs volumes comme 1, 2, 4, 5. Ils se rapprochent des métalloïdes en cela qu'ils peuvent, comme eux, s'ordonner en série, leur groupement s'étendant surtout suivant l'axe des nombres atomiques et restant très serré suivant l'axe des masses.

C'est donc un groupe parfaitement homogène, reconnu dans toutes les classifications chimiques.

Le second groupe est celui des métaux alcalino-terreux, dont l'existence est également reconnue par tous.

Au premier rang, un peu à part, servant de lien avec le groupe précédent, c'est le calcium, dont les atomes nombreux ont une masse supérieure à celle de l'oxygène et à celle du rubidium. Le strontium, avec une masse encore supérieure, s'approche du rubidium et dépasse le potassium par le grand nombre de ses atomes.

Mais il est bon de faire quelques réserves sur ces classements fondés sur des différences de densités très petites, qui peuvent bien n'être pas exactes pour des corps si peu connus à leur état solide, et qui ont été plutôt déduites de vues théoriques, insuffisamment établies, que directement observées.

C'est l'insuffisance ou l'incertitude des données sur leur densité qui m'a interdit de donner place dans ce tableau à plusieurs corps nouveaux, qu'on classe généralement dans ces deux premiers groupes.

Tel est le cœsium, dont on n'indique pas la densité, dans le groupe alcalin et dans le groupe alcalino-terreux, à la suite du strontium, le baryum, auquel la densité 3,75 qu'on lui attribue, donnerait juste 100 atomes. Sa masse atomique serait ainsi de 4,8.

Il ne serait, du reste, pas impossible que la plupart des corps, dont la découverte est due à l'analyse spectrale, mais qui ne sont pas connus autrement, fussent des formes allotropiques d'autres corps déjà connus, et qui ne peuvent se manifester qu'à l'état de vapeurs complexes.

Nous aurons à revenir sur ce sujet.

Les analogies du strontium et du magnésium, qui vient ensuite dans la série des masses, ont été reconnues, bien qu'on les classe dans des groupes différents.

Les atomistes associent le magnésium au zinc, au cadmium et au plomb, en vertu de principes taxinomiques qui leur sont propres. Une autre école le rapproche du manganèse. Notre tableau le place comme intermédiaire entre le calcium et, à bonne distance, l'aluminium, que les atomistes rattachent au fer. Sur notre tableau, le magnésium touche d'un côté au groupe alcalino-terreux, et de l'autre au petit couple phosphore-soufre qui, bien que classés dans deux séries différentes de métalloïdes, ont cependant des analogies physiques évidentes et forment, avec le magnésium, un groupe très intéressant d'éléments particulièrement combustibles et producteurs de chaleur lumineuse.

Il est impossible de méconnaître l'analogie des rôles que la chaux, la magnésie, l'alumine, avec la silice, jouent dans la nature sur une si grande échelle. Or, notre tableau rapproche intimement ces quatre corps et surtout les trois derniers, qui ont également de 18 à 20 atomes, avec des masses peu différentes.

Il y a toutefois des réserves à faire pour le silicium qui soulève des doutes et dont la constitution paraît être tout autre. Aussi ai-je dû lui donner une double place dans le tableau, ainsi qu'aux autres carbonides : le bore et le carbone.

Ces premiers groupes de corps occupent toute une région du tableau parfaitement distincte des autres. C'est la grande classe des corps de petite densité et de masses relativement petites. Aucune d'entre elles ne dépasse 6 unités, à l'exception de l'aluminium qui se tient sur la limite avec le glucinium, si douteux et si étrange par la petitesse de sa molécule.

Le zirconium jette un trait d'union entre les premiers groupes alcalins et le groupe, très compact, des stannides dont les masses varient de 6,5 à 6,9, avec des nombres d'atomes qui vont de 40 à 72.

Ce groupe comprend, par ordre de masse, le cérium, l'antimoine, l'indium, l'étain, le chrome, le gallium, et, par le cadmium et le molybdène, se relie au groupe des argentides.

Au contraire, par ses formes les plus riches en atomes, l'étain et l'antimoine, le groupe des stannides, s'étend vers celui des plombides, dont les trois corps principaux, le plomb, le bismuth et le thallium, sont unis par toutes les analogies de la densité, de la masse atomique, du nombre des atomes et, par suite, du volume moléculaire. Si leurs affinités sont diverses, ce ne peut être que par suite de la diversité des formes moléculaires, si différentes, que peuvent prendre des nombres d'atomes très voisins.

A ce groupe, mais un peu à part, avec ses 90 atomes de masse 8,8°, se rattache le mercure, auquel ses curieuses propriétés physiques font une place à part.

Avec des masses régulièrement croissantes, un peu plus petites en moyenne, dont la série alterne avec celle du groupe précédent, le groupe des ferrides se distingue par une grande constance des volumes. Le nombre des atomes n'y varie que de 28 à 35 en y comprenant le zinc qui sert de passage au groupe voisin des stannides. Ce groupe, si homogène que les atomistes en ont fait de simples variétés (Einrich, *Principles of chemistry and molecular mechanic*, p. 39, New-York, 1874), comprend le chrome, le cobalt, le fer, le manganèse et le nickel.

Par le nombre de ses atomes comme par leur masse, le cuivre se place dans ce groupe. Il semble impossible de l'en séparer, bien qu'il se rapproche de l'argent, avec lequel on le classe d'ordinaire.

En réalité, le cuivre, qui forme l'extrémité de la série des ferrides, constitue aussi l'aile gauche des argentides, dont la série se déroule parallèlement, avec des masses plus fortes et des nombres d'atomes plus grands.

C'est l'argent qui sert de lien de passage avec le groupe des stannides, en se rapprochant du cadmium et du molybdène. De l'autre côté, il se lie au groupe des trois frères : ruthénium, palladium et rhodium. Le premier et le dernier de ces trois corps ont des masses moléculaires identiques. La densité plus forte du rhodium lui donne 49 atomes, au lieu de 50 que possèdent le ruthénium et le palladium, dont la masse moléculaire est un peu plus forte. Il s'ensuit que les masses croissent lentement comme les densités. Toutes les analogies de nombre, de masse et de volume rassemblent donc ces trois corps ; mais il suffit au rhodium d'un atome de moins pour que sa forme moléculaire soit complètement différente de celle de ses deux voisins. En effet, le ruthénium et le palladium, avec leurs 50 atomes, donneront des prismes à base trigone, tandis que le rhodium, avec 49, ne peut donner que des prismes à bases hexagones. Les affinités de ces corps seront donc différentes, et les chimistes peuvent être amenés à les classer dans différentes séries.

Un dernier groupe, enfin, paraît parfaitement isolé : c'est le petit groupe si serré des aurides, avec les densités maxima et les plus fortes masses atomiques de toute la série des corps connus, des nombres d'atomes très voisins et, par conséquent, des volumes presque égaux. Mais, comme pour les trois corps précédents, il suffit de l'étroite variation du nombre de leurs atomes pour que leurs formes moléculaires soient toutes différentes. L'or, avec ses 85 atomes, donnera des octaèdres ; le platine et l'iridium, avec 84, ne peuvent donner que des tétraèdres. Mais ceux-ci peuvent aussi donner des prismes hexaèdres, de la forme 12×7, tandis que le premier ne pourra réaliser que des rhomboèdres tronqués de la forme (20 — 3) × 5. L'identité des formes du platine et de l'iridium expliquerait l'alliage facile de ces deux métaux.

CHAPITRE XL

CLASSIFICATION ET LOIS CHIMIQUES

Notre tableau ne fait donc que reproduire à peu près la classification chimique de Thénard, restée la plus simple et la plus pratique ; mais elle en fournit à la fois la confirmation et l'explication théorique.

La classification des métalloïdes de Dumas se fonde exclusivement sur certaines de leurs analogies à l'état gazeux, qui disparaissent à l'état solide. C'est pourquoi les atomistes ont fait œuvre vaine de vouloir en appliquer les principes à tous les corps et à tous les cas.

La constitution moléculaire des corps est si différente à l'état solide et à l'état gazeux, qu'il y a en réalité deux chimies : celle des gaz et celle des solides, en dépit du fréquent passage des corps de l'un à l'autre état.

Il en est de la classification des métalloïdes de Dumas comme des premières classifications botaniques. Elle a le défaut d'être basée sur un caractère unique : la façon dont les corps se comportent vis-à-vis de l'hydrogène.

De même, la classification de Thénard les groupe d'après leur manière de se comporter vis-à-vis de l'eau et elle s'applique presque exclusivement aux métaux à l'état solide, comme celle de Dumas aux métalloïdes à l'état gazeux. C'est pourquoi l'une et l'autre sont incomplètes et systématiques.

Les phénomènes naturels sont toujours complexes ; pour les classer suivant leurs affinités véritables, il faut considérer l'ensemble de leurs caractères.

Il en est de même de la classification des atomistes qui rangent les corps en *monovalents*, *bivalents*, *trivalents*, etc. C'est le système Linné de la chimie. Il est pratique, mais insuffisant. Il n'explique rien, remplace les mystères naturels par des mystères artificiels, substitue aux inconnues à résoudre, d'autres inconnues plus obscures encore ; prétend expliquer des faits par des mots à expliquer; invoque de prétendues *valences*, des *polarités*, et autres qualités occultes qui sentent l'alchimie du moyen âge, et porte l'empreinte du temps où naquit la doctrine, quand l'enthousiasme soulevé par les découvertes récentes de l'électro-magnétisme faisait voir partout des pôles attirant ou repoussant les corps à tort et à travers.

J'ai longuement, patiemment, mais vainement cherché dans toutes les variations de propriétés des divers corps, les traces de ces prétendues *polarités*, de cette *valence* variable dont seraient doués les atomes. Elles ne m'ont apparu nulle part.

Le grand mystère de cette *valence* paraît être simplement une condition de volume, une condition spaciale, d'ordre nécessaire. Pour que plusieurs équivalents d'un corps s'unissent à un seul ou à plusieurs équivalents d'un autre, il faut que tous trouvent place les uns à côté des autres. S'ils trouvent la place libre, ils l'occupent nécessairement, en vertu de leur force d'expansibilité et du mouvement automatique qui les pousse dans le sens de la moindre résistance. Naturellement, si l'un d'eux s'en va d'un lieu, sa place sera prise par d'autres, volume pour volume, parce qu'aucune place ne peut rester vacante et que l'ancienne physique empirique était dans le vrai en attribuant à la nature l'horreur du vide.

Les chimistes ont eu dans leurs balances une foi trop exclusive : tout ce qui ne pesait pas n'existait pas pour eux, et ils ont ignoré l'éther, qui n'est pas pesant. Ne croyant qu'aux poids, ils n'ont rien compris aux volumes, dont les variations incessantes, brusques, inexpliquées, les déconcertaient. En dépit des constatations de Gay-Lussac sur les condensations des gaz, en dépit de l'hypothèse géniale d'Ampère et d'Avogadro sur la constance du volume de la molécule gazeuse, à laquelle ils n'ont rien voulu comprendre, ils ont rempli le monde de vide, faute de savoir qu'y mettre pour le remplir.

Persuadés, *à priori*, que le volume de leurs atomes était nécessairement proportionnel à leur poids, ils ne pouvaient expliquer l'existence des corps de faibles densités. On s'étonne qu'ils n'aient pas reconnu plutôt cette erreur fondamentale en voyant à l'état solide, aux mêmes températures et sous les mêmes pressions, 7 unités de masse de lithium occuper presque autant d'espace que 200 unités de masse de mercure et plus de volume que 200 unités d'or, de platine ou d'iridium.

Quelles polarités ou valences montaient donc la garde autour de chaque atome de lithium pour empêcher ainsi les autres de s'en approcher?

Le monde rêvé par les atomistes mérite un reproche fondamental : il n'est pas solide ; il manque des conditions mécaniques d'un équilibre stable. On y jetterait le désordre en soufflant dessus.

Il n'y a pas plus de mystère dans les rapports numériques des poids que dans ceux des volumes, puisque les uns sont liés aux autres. Quand un corps composé est en présence d'un corps simple ou d'un autre corps composé, quelles que soient les décompositions et recompositions qui en résultent, il faut toujours que tous les éléments en présence trouvent à se caser, et il y aura toujours équation entre les éléments des composés détruits et les éléments des composés reconstruits. C'est le plus grand résultat acquis par la chimie d'avoir affirmé la nécessité de cette équation, qui a mis fin aux rêves des alchimistes, créationnistes et faiseurs de miracles. Rien ne se détruit, rien ne se perd : ce principe, affirmé déjà par l'école d'Elée, est le premier dogme scientifique.

Tout ce qu'on y peut ajouter, c'est que dans ces transformations perpétuelles d'éléments éternels, chacun d'eux agit automatiquement, de façon à réaliser toujours les meilleures conditions d'équilibre de ses forces. Si chaque atome trouve son avantage à changer de partenaire, ce changement s'opère nécessairement, par chassé-croisé. Il suffit même que le changement soit profitable à deux de ces corps, pour que les autres soient forcés de le subir et de se combiner entre eux, de leur côté, de la façon la plus avantageuse ou la moins gênante pour eux, soit comme étendue totale ou équilibre des forces, soit comme harmonie rythmique de leurs vibrations.

La constance des poids équivalents, où l'on a voulu voir un grand mystère et de profondes harmonies préétablies, n'est donc qu'une conséquence de ce truisme : qu'on ne retire jamais d'un panier que ce qu'il contient, et qu'on y peut mettre seulement ce qu'il peut contenir.

Il est vrai que dans l'hypothèse d'un vide absolu dans lequel s'agiteraient des atomes inertes, de grandeurs et de formes définies et incommutables, les choses ne semblaient pas pouvoir s'arranger si naturellement. Ce grand vide, toujours disponible, ne limitait plus la place. Il y en avait toujours de reste. Rien n'y tenait à rien, rien ne poussait ni ne repoussait rien; et, s'il y avait toujours de l'espace pour le mouvement, le changement, on pouvait se demander pourquoi quelque chose changeait et se mouvait, et comment il se faisait que du mouvement fût possible, puisque nulle part on n'apercevait la source d'une force.

Le complément nécessaire de l'atomisme épicurien, c'était un petit dieu complaisant, un νοῦς opérateur, éternellement voué à la tâche ennuyeuse de classer, pousser, diriger du doigt, dans sa place, chaque petite homœomérie, incapable de se mouvoir par elle-même.

En réalité, on arrivera à reconnaître que toutes les lois qui régissent la constitution des corps, leurs associations et leurs dissociations, sont d'une évidence aussi axiomale que celles de l'arithmétique et de la géométrie élémentaires, dont elles ne sont que des applications constantes.

Toute la mécanique de l'univers est d'une magnifique simplicité. Elle n'a de merveilleux que cette simplicité même. La grande merveille, c'est le temps que l'homme a mis à en découvrir les procédés. C'est notre ignorance qui complique la science. Plus elle avancera, plus elle sera claire et accessible à tous. Nos enfants, qui apprendront à dix ans, dans les écoles de l'avenir, ce qui paraît aujourd'hui innaccessible aux plus forts esprits, s'étonneront de la naïveté de leurs aïeux, qui ont déclaré impénétrables des truismes de La Palisse.

Si l'on n'a pas déjà depuis longtemps résolu des problèmes déclarés insolubles par nos savants, armés de tous leurs théorèmes mathématiques, c'est peut-être qu'au fond l'homme aime à croire au merveilleux; il tient à en garder une part. Si toute la science était claire et accessible à tout, où serait le mérite d'être savant? « Ils ont pris la clef de la science et ils n'y sont point entrés », disait Jésus des savants de son temps. On pourrait encore souvent le dire de ceux du nôtre.

Toutes les écoles philosophiques ou religieuses ont été intéressées à conserver une part de merveilleux ou seulement d'inconnu, comme base de leurs échafaudages métaphysiques, toujours fondés sur les lacunes de la science. Elles tiennent à pouvoir proclamer son impuissance à atteindre les principes des choses et leurs lois fondamentales.

C'est ce qu'elles appellent « la faillite de la science », parce que depuis trois siècles à peine que l'esprit humain a repris son libre mouvement en avant, suspendu durant mille ans par l'effacement de la science grecque, il n'a pas encore réussi à satisfaire toutes ses curiosités.

« La vérité est au fond d'un puits », disait Démocrite. Il ne faut pas l'appeler seulement du bord de la margelle, il faut savoir y descendre pour la forcer d'en sortir. Il faut déchirer le voile derrière lequel se cache la vieille Isis.

Nos sens, qui nous ont été donnés pour satisfaire nos besoins physiologiques et nullement pour pénétrer les lois de la nature, nous ont trompés d'abord, en nous imposant de fausses hypothèses qui semblaient déduites de l'observation et qui, étant, en réalité, l'envers de vérités réelles, devaient être retournées pour devenir conformes aux rapports des choses. Tout le progrès des sciences a consisté jusqu'ici à retourner des erreurs séculaires.

CHAPITRE XLI

LES MASSES ATOMIQUES

Dans la série totale des valeurs des masses on est frappé surtout du grand nombre de fractions continues ou périodiques qui les représentent. Les nombres des atomes dans la molécule étant nécessairement des nombres entiers, il est naturel que les valeurs des masses soient exprimées par des nombres fractionnaires souvent irréductibles. On en peut d'ailleurs trouver la raison dans le fait que les forces atomiques étant, par leur nature, le substratum volumétrique de sphères virtuelles, leur masse ou quantité d'inertie, étant en raison inverse des rayons de ces sphères, doivent, comme ces rayons, être sans rapport fini avec leurs volumes. Puisque, d'ailleurs, il s'agit de grandeurs continues, susceptibles seulement de rapports, l'expression numérique de ces rapports est fatalement artificielle, relative à des unités arbitraires, et dépend du choix de ces unités.

C'est pourquoi aussi il peut se rencontrer que les masses des atomes soient exprimées par des nombres entiers. Il se trouve justement qu'il en est ainsi pour les principaux métalloïdes, l'hydrogène et l'oxygène, dont les masses sont 2 et 4. Il y a lieu d'adopter la valeur 3 pour la masse du carbone. Au-dessus, les masses du zirconium et de l'argent seraient 6 et 8. Mais les nombres entiers 7 et 9 ne sont pas représentés dans la série.

Il faut aussi tenir compte de la tendance si naturelle des chimistes et physiciens à arrondir les valeurs numériques qui expriment soit les densités, soit les équivalents. Il peut suffire des approximations logarithmiques pour changer une fraction périodique, soit en fraction irréductible, soit en nombre entier, ou réciproquement.

Les forces qui constituent le substratum des atomes étant des quantités continues, divisibles à l'infini par leur nature, on ne voit pas de raison pour que leurs fractionnements soient des quantités finies.

Si cette raison existe, il faudrait la chercher dans le processus qui a changé les atomes éthérés en atomes pesants privés d'une partie de leur substance.

Il est probable que ce processus permet tous les fractionnements possibles.

Toutefois, il semble présumable que, sous l'action de forces symétriquement distribuées, les fractionnements, suivant des rapports simples, aient dû être plus fréquents. On expliquerait ainsi que les deux corps les plus répandus de la nature soient l'hydrogène et l'oxygène, dont les masses 2 et 4 et les rayons 1/2 et 1/4 répondent à des fractionnements finis de l'atome éthéré.

Il n'était possible de saisir ces rapports qu'en prenant pour unité fondamentale le rayon de l'atome éthéré lui-même. C'est donc seulement le choix de cette unité de mesure qui rend possible l'expression numérique des rapports simples et harmoniques qui peuvent exister entre les vibrations thermiques de certains corps, et qui expliquent leurs affinités en apparence si capricieuses.

L'affaiblissement des forces expansives des atomes ne provient point d'une division mécanique de leur substance, comme si elle eût été sciée ou brisée. Le foyer d'émission de cette substance est une unité insecable.

Les atomes pesants ne sont donc pas des moitiés, ni des

tiers d'atomes; ce sont les foyers d'émission d'une force qui a perdu une partie de son énergie et cette perte, ayant eu lieu sous des conditions de temps et d'espace divisibles à l'infini, peut avoir comporté toutes les proportions, comme celle d'un ballon gonflé qui perd une partie de son hydrogène. Le ballon n'est pas pour cela divisé en deux ballons plus petits; mais le gaz qu'il a perdu peut en gonfler un plus grand.

Les atomes les plus petits et les plus lourds peuvent avoir été réduits à leur état actuel d'affaiblissement et d'inertie par des pertes successives de leur substance, subies dans des conditions variables. La somme de ces pertes peut n'être pas une fraction définie de leur unité de force primordiale. Les atomes égaux, ceux qui constituent les molécules homogènes de nos corps, dits simples, seraient ceux qui auraient subi les mêmes pertes successives, sous les mêmes conditions, incessamment reproduites dans les mêmes circonstances.

En ce cas, certains atomes, déjà pesants, pourraient le devenir de plus en plus, sous certaines conditions déterminées, qui dans la succession des temps et l'infini de l'espace peuvent toujours se reproduire identiques.

Ce serait réellement une transmutation dont nous ignorons les procédés, d'ailleurs irréalisables pour nous.

Il est possible que cette transmutation ne puisse s'accomplir que sous les pressions et aux températures énormes réalisées dans les grandes fournaises des masses cosmiques.

Les molécules des métaux, une fois échappées à ces creusets, deviendraient réellement inaltérables pour nos moyens d'action si limités.

Mais toutes les molécules de tous les corps peuvent ne pas être également indissociables. Il y a même lieu de croire que la différence, jusqu'ici en vain cherchée, entre les métalloïdes et les métaux, vient justement de ce que les molécules des premiers se prêtent, mieux que celles des seconds, à des dissociations, au moins partielles, qui leur permettent de distribuer leurs atomes sur les diverses faces des agrégations moléculaires plus stables des métaux.

La différence entre les métalloïdes et les métaux serait donc encore toute relative. Elle dépendrait du plus ou moins de cohésion de leurs molécules; et tout corps pourrait jouer le rôle de métalloïde vis-à-vis d'un autre dont les molécules résistent davantage à la dissociation. Ce serait une simple différence de cohésion.

S'il est à peu près prouvé, dans les limites actuelles de nos expériences, et en faisant toute réserve pour l'avenir, que sous nos yeux, sous les conditions de température et de pression qui nous sont connues, les transmutations de nos espèces chimiques sont impossibles, il est moins démontré que, dans notre monde et sous les conditions normales qui nous sont accoutumées, ne se fabriquent pas, tous les jours, à notre insu, aux dépens de l'éther, les atomes de petite masse et de grands volumes qui constituent seuls les corps organiques.

Il nous est impossible de peser le monde pour constater que son poids reste constant. Quand il se fabriquerait annuellement sur la terre quelques millions de tonnes de matière pesante, cela ne changerait pas sensiblement son équilibre, pas plus que l'équilibre du système solaire n'est sensiblement changé, depuis deux mille ans, par la quantité des météorites que cet astre a absorbés dans sa fournaise.

Si d'ailleurs le mouvement de la terre n'en a pas été précipité, c'est peut-être que, de son côté, sa masse a grossi proportionnellement. En sorte que, les rapports des forces aux masses restant constants, il n'y aurait rien de changé dans les mouvements.

Il peut donc constamment se créer de la matière pesante autour de nous, à notre insu, sous ses formes les moins denses. Notre atmosphère peut se renouveler ainsi, de même que la provision d'eau de notre globe qui, autrement, finirait par s'épuiser. La vie pourrait être, en même temps, le moyen et le résultat de cette transmutation de l'éther impondérable en matière pesante, d'un côté, et de l'autre, en atomes vitalifères, capables de devenir les points de départ, les foyers, les germes de toute organisation.

CHAPITRE XLII

LES CARBONIDES

Dans notre tableau de la constitution moléculaire des corps et de leur classement par le nombre et la masse des atomes de leurs molécules, j'ai dû donner des indications doubles pour certains corps qui soulèvent des doutes.

Je ne pourrai, avec fruit, examiner les diverses solutions qui se présentent pour l'azote et le fluor que lorsque j'aborderai la question de la constitution moléculaire des gaz. Mais je dois discuter ici la question, bien plus complexe, des carbonides que leurs propriétés *sui generis* distinguent si nettement, soit des métaux, soit même, et plus encore, des autres familles de métalloïdes, en leur faisant une place à part dans la série, si variée, des éléments chimiques.

Au point de vue des propriétés physiques, le carbone, le bore et le silicium se distinguent d'abord par leur tendance générale et persistante à prendre et à conserver l'état solide, par leur infusibilité aux plus hautes températures et la presque impossibilité de les faire passer à l'état gazeux, bien que la plupart de leurs combinaisons oxygénées et hydrogénées prennent cet état naturellement aux températures normales, ou tout au moins facilement dans des limites moyennes de température et de pression. Il est vrai que récemment M. Moissan a réussi à triompher de cette résistance du carbone à la fusion et à la vaporisation, mais c'est en employant des foyers électriques à leur plus haute puissance.

Quel obstacle s'oppose donc à ce que ces corps se liquéfient et prennent l'état gazeux ?

De plus, à l'état solide, ils montrent tous, plus ou moins, une grande variabilité dans leurs densités, qui dépasse celle de tous les corps aux mêmes températures. Cette variation de densité à l'état solide dépasse de beaucoup celle dont les métaux sont susceptibles, soit par la fusion, soit par le martelage ou le laminage.

Ainsi, pour base du calcul du nombre d'atomes de la molécule du fer et du cuivre, j'ai pris les densités de ces métaux fondus, 7,2 et 8,85. Pour élever ces densités à 7,79 et 8,95, qui sont celles de ces métaux forgés ou martelés, leur molécule devrait renfermer 36 et 40 atomes, au lieu de 30 et 32. Pour le fer ce serait 1/5 en sus et pour le cuivre 1/4. Le poids moléculaire s'élèverait ainsi pour le fer à 268,8 : $4 \times 67,2$, et pour le cuivre à 318 : $4 \times 79,5$.

C'est qu'en effet nous ne sommes pas du tout certains que le poids moléculaire soit toujours et nécessairement identique à l'équivalent de combinaison, ni même à l'un de ses multiples. J'ai accepté cette hypothèse, parce qu'elle s'impose au calcul, et qu'en dehors d'elle nous manquons de base pour établir nos relations. Nous avons vu que pour toute la série des corps cette hypothèse donne des résultats satisfaisants, qui paraissent probables, et semblent rendre compte d'un grand nombre de faits chimiques. Mais si ces résultats sont probables pour les équivalents élevés, au contraire, pour les petits équivalents, tels que ceux du glucinium, par exemple, ils perdent toute vraisemblance. Il en est de même pour le bore, pour le carbone, à un moindre degré pour le silicium et, en général, pour tous les corps qui ne se conforment pas à la loi Dulong et Petit sur la constance de la chaleur moléculaire.

D'ailleurs, les densités si différentes affectées par ces trois derniers corps, soit à l'état amorphe, soit à l'état cristallin, indiquent clairement leur polymorphisme. A quelle densité, à quelle forme correspondrait l'équivalent ?

Si on applique la formule

$$\frac{\mathrm{N}\,m}{\left(\dfrac{2\,\chi\,\dfrac{d}{0{,}91674}}{(\mathrm{N}\,m)^{1/3}}\right)^{1/3}} = \mathrm{N} \tag{37}$$

à la densité 2,49 du silicium amorphe, on trouve, pour le poids moléculaire, $28 \times 4 = 112$, le nombre de 20 atomes, de masse 5,6. C'est un chiffre élevé pour un métalloïde ; mais enfin il serait admissible, s'il n'était d'autres raisons de le modifier, quand nous aurons reconnu les difficultés que présentent le bore et le carbone.

Si, en effet, on applique la même formule au bore, sous sa densité cristalline, 2,69, plus forte encore que celle du silicium, et au poids équivalent $11 \times 4 = 44$, on trouve un chiffre inférieur à 7 pour le nombre des atomes, ce qui donne une valeur supérieure à 6 pour la masse. Si nous élevons le nombre des atomes à 8, nous trouvons la valeur 5,5 pour la masse qui est supérieure à celle du soufre, mais inférieure à celle que nous avons trouvée pour le silicium.

Si nous appliquons la formule au carbone, sous la forme d'anthracite, avec la densité minimum 1,34, et l'équivalent double, $12 \times 4 = 48$, nous trouvons pour le nombre des atomes une valeur intermédiaire entre 9 et 10 ; ce qui donnerait pour la masse des valeurs 5,333 ou 4,8. Mais nous avons déjà trouvé 5,333 pour la masse du soufre. Il est impossible d'admettre que le soufre ne soit qu'une variété allotropique du carbone.

Adopterions-nous donc la valeur 10 pour le nombre des atomes du carbone et celle de 4,8 pour leur masse ?

Ces valeurs n'ont rien d'impossible ; elles ont même une analogie vraisemblable avec celles que nous venons de trouver pour le bore et le silicium.

Mais le poids moléculaire 48, qui nous donne 10 atomes, de masse 4,8, ne nous donne qu'une densité intramoléculaire de 1,25, inférieure à la densité minimum de l'anthracite, qui est une densité intermoléculaire, relative à celle de l'eau. Relativement à la densité de la glace, cette densité minimum de l'anthracite s'élève à 1,36. Par conséquent, il faudrait admettre que, sous cette forme, l'anthracite n'est pas du carbone pur, qu'il renferme une forte proportion d'un corps minéral plus dense. Cela n'est pas impossible.

Mais si, pour cette forme de l'anthracite léger, un poids moléculaire de $12 \times 4 = 48$ nous a donné déjà une densité trop faible, il faudra élever beaucoup ce poids moléculaire pour atteindre à la densité maximum de ce même anthracite, 1,46, qui, relativement à la glace, s'élève à 1,50.

Si nous doublons le poids moléculaire, ou quadruple équivalent, $24 \times 4 = 96$, nous avons 20 atomes dans la molécule et la formule de la densité intramoléculaire nous donne, comme résultat, en effet, 1,5825.

Mais pour atteindre aux densités du graphite, de 2,09 à 2,24, il nous faudra encore élever ce poids moléculaire, la valeur de la masse atomique ne pouvant pas changer. Si nous prenons 10 équivalents, ou 5 fois le poids atomique, soit $60 \times 4 = 240$, qui nous donnent 50 atomes, nous obtenons une densité de 2,115, très comparable à 2,09, et avec 60 atomes (ou 12 équivalents), le poids moléculaire 288 nous fera atteindre la densité 2,28, comparable à celle du graphite lourd, 2,24.

Pour arriver aux densités du diamant, 3,5 et 3,53, le calcul montre qu'il faudrait multiplier l'équivalent double (12×4) par 28 et 29, pour 280 à 290 atomes.

Cela n'est point impossible.

Mais il y a une objection. Les combinaisons si nombreuses du carbone avec l'oxygène et avec l'hydrogène, surtout dans toute la série organique, sous les trois états, solide, liquide et gazeux, tendent à faire admettre que les trois corps sont en rapports simples et harmoniques, comme proportions volumétriques aussi bien que comme rythme vibratoire. Il serait donc bien étonnant que la masse du carbone ne soit pas exprimée par un nombre entier. Or l'équivalent double, $12 \times 4 = 48$, est divisible par 3, 4, 6, 8, 12 et 16. La masse 3 donne 16 atomes; la masse 6 donne 8 atomes. Quant à la masse 4, elle doit être écartée, puisque c'est la masse de l'oxygène. La masse 6 donnerait des densités trop fortes pour les formes peu denses du carbone, et de trop petits volumes moléculaires pour tous les corps où le carbone entre en combinaison.

Faudrait-il donc s'arrêter à l'hypothèse d'une masse de 3, avec 16 atomes dans le double équivalent?

Pourquoi pas?

Il faudra, il est vrai, grossir considérablement les molécules, en multiplier les atomes et les équivalents par des facteurs très élevés. Mais qu'importe? Les multiplier pour accroître les densités est toujours possible, jusqu'à toute limite; en diminuer le nombre ne l'est pas.

Avec une masse 3 et 16 atomes, au double équivalent, il faudrait pour la molécule de l'anthracite léger de densité 1,34, 108 équivalents et 1.728 atomes; pour la molécule de l'anthracite lourd de densité 1,46, 140 équivalents et 2.241 atomes; pour la molécule du graphite léger de densité 2,00, 410 équivalents et 6.560 atomes; pour le graphite lourd de densité 2,24, 506 équivalents et 8.095 atomes; pour le diamant de densité 3,5, 1.930 équivalents et 30.880 atomes; et pour la densité 3,53, 980 équivalents et 31.680 atomes.

Ce sont là des nombres considérables; mais si l'on considère que le carbone, si abondant dans la nature, se montre accumulé par nombreux équivalents dans les composés organiques; qu'il constitue la base principale des tissus des végétaux et qu'il ne se rencontre isolé dans la nature qu'avec une origine évidemment organique, dans les débris transformés des générations végétales accumulées dans les dépôts stratifiés d'anciennes périodes géologiques, ne semble-t-il pas naturel qu'il s'y présente dans des conditions moléculaires spéciales? Les diamants eux-mêmes, qui sont des nodules de carbone, fondus et cristallisés dans des conditions particulières, au sein des roches métamorphiques qui les recèlent, sont aussi évidemment d'origine organique. Les pressions énormes auxquelles doit être due leur formation expliquent très suffisamment la condensation excessive de leurs molécules dont cette condensation fait plus que doubler la densité, relativement aux densités de l'anthracite, bien que les molécules de ce corps soient déjà très condensées, relativement à celles du charbon de bois ou du bois lui-même.

Mais si nous adoptons la valeur 3 pour la masse de l'atome de carbone, il paraît peu logique de conserver les valeurs 5,5 et 5,6 pour les masses des atomes du bore et du silicium. Évidemment nous devons appliquer aux trois corps des règles analogues.

Si les variétés, amorphes ou cristallines, du bore et du silicium, dont nous connaissons les densités, sont celles de formes moléculaires déjà très condensées, nous ignorons la mesure de cette condensation, et manquons de moyens pour l'évaluer. Toutefois il en est un peut-être.

Il est très surprenant que la série des masses atomiques soit si serrée au-dessus de 4, et tout à coup ne montre plus, au-dessous de cette limite, que des anneaux lâches et interrompus de lacunes. Au-dessous de la masse de l'oxygène, jusqu'à celle de l'hydrogène, nous n'avons trouvé à placer que les trois métaux alcalins, de densité inférieure à celle de l'eau, en outre de l'azote et peut-être du fluor. Il est absolument étonnant que cette lacune ne soit pas remplie. Il est à croire que la série des carbonides comble ce hiatus. Si, comme d'autres raisons nous le font supposer, la masse de l'atome de carbone est 3, celle du bore peut être inférieure encore, à peu près dans la proportion de la densité du bore cristallin à celle du diamant. Celle du silicium pourrait être, soit plus forte, soit plus faible.

Les analogies physiques et chimiques du bore et du silicium avec le carbone sont si nombreuses, si frappantes, qu'on est amené à leur supposer un rôle très analogue dans la nature et à leur supposer aussi une origine organique. Beaucoup de végétaux contiennent de la silice, notamment les graminées.

Or nos petites graminées actuelles sont certainement les représentants, dégénérés et diminués, d'autres types primitifs, de proportions peut-être colossales, qui ont pu vivre dans l'atmosphère encore brûlante des époques primitives. Des familles entières de coraux, de polypiers, d'éponges et d'infusoires ont eu et ont encore un test siliceux. Si des montagnes calcaires ont été depuis construites aux dépens des débris d'animaux à test calcaire, des animalcules siliceux peuvent avoir joué antérieurement le même rôle dans la constitution de nos roches siliceuses où l'eau a certainement coopéré avec le feu.

Il peut en avoir été de même pour le bore, bien que sur une moindre échelle.

D'ailleurs nous ne sommes nullement certains que la longue succession des êtres qui ont vécu sans interruption sur la terre, depuis la formation des roches stratifiées les plus anciennes qui en gardent les traces, soit la seule et unique création vivante qui ait peuplé notre globe, beaucoup plus ancien qu'on ne le suppose.

Elle en est peut-être seulement la dernière.

D'autres peuvent y avoir vécu antérieurement et avoir été détruites par des cataclysmes généraux. Notre terre, plusieurs fois éteinte, a pu se rallumer plusieurs fois. Les masses siliceuses sont peut-être les seuls témoins de ces créations détruites, où le bore et le silicium peuvent avoir joué le rôle du carbone chez les organismes actuellement vivants.

Supposons que l'équivalent du bore, $11 \times 4 = 44$, contienne, comme celui du carbone, 16 atomes : leur masse sera 2,75. Pour atteindre à la densité du bore cristallin, 2,69, la molécule devra contenir 2.091 équivalents, et 33.456 atomes. A l'état amorphe, elle ne contiendrait que 1.700 à 1.800 équivalents.

Si nous supposons que l'équivalent du silicium, $28 \times 4 = 112$, contient 35 atomes, de masse 3,2, la molécule du silicium graphitoïde, pour atteindre la densité 2,49, devrait contenir seulement 128 équivalents ou 4.680 atomes, et pour réaliser la densité 2,65 du silicium cristallin, il faudrait 150 équivalents, ou 5.250 atomes.

Mais si l'on suppose la masse de l'atome du silicium plus petite que celle du carbone, c'est-à-dire plus petite que 3 ; si on suppose, par exemple, que l'équivalent $28 \times 4 = 112$ contient 42 atomes, ou 6×7, valeurs qui se prêtent également à la symétrie hexagonale du silicium graphitoïde, à la constitution des octaèdres du silicium cristallin et à celle des prismes pyramidés du cristal de roche, la masse de l'atome sera seulement de 2.666. Elle serait ainsi à peu près intermédiaire entre celle de l'hydrogène et celle de l'oxygène. Mais pour réaliser la densité graphitoïde 2,49 il faudrait 860 équivalents ou 36.120 atomes. Pour atteindre à la densité 2,65 du silicium cristallin, il faudrait 1.036 équivalents et 43.512 atomes. Rappelons que pour la molécule du diamant le plus dense, nous n'avons trouvé qu'un nombre de 31.680 atomes. Mais les deux valeurs sont du même ordre d'unités et il n'y a pas de raison pour que la masse du carbone soit plus faible que celle du silicium avec une densité cristalline plus forte.

Dans cette dernière hypothèse, le bore et le silicium combleraient la lacune surprenante que nous constatons dans notre série des masses, entre celle de l'hydrogène et celle de l'oxygène. Tandis que le bore serait, avec ces deux corps, dans les rapports peu harmoniques de 8 : 11 et de 11 : 16, ceux-ci seraient, avec le silicium, dans les rapports simples de 3 : 4 et de 4 : 6. Le rapport du silicium au fluor, supposé de masse 3,8, avec 20 atomes à l'équivalent, serait à peu près de 2 : 3.

Il y a encore un motif de supposer que les masses des carbonides sont plus petites que celle de l'oxygène : ce sont les réactions acides des composés oxygénés de ces corps qui les distinguent si nettement des oxydes des métaux à petits atomes.

Quand nous traiterons de la constitution moléculaire des gaz, nous aurons occasion de remarquer que justement ce serait le volume des atomes des trois carbonides, intermédiaire entre celui de l'hydrogène et celui de l'oxygène, qui mettrait obstacle à ce qu'ils prissent l'état gazeux à des températures réalisables pour nous, parce que leurs atomes seraient trop petits pour remplir seuls, comme l'hydrogène, les vacuoles interatomiques de l'éther, et trop grands pour y pouvoir entrer en nombre suffisant pour constituer des molécules symétriques, comme les autres métalloïdes plus denses.

Telle aussi serait la cause de la résistance du fluor à prendre l'état gazeux. Si M. Moissan l'a vaincue, c'est grâce aux moyens d'action énergiques que l'électricité lui a fournis, et qui lui ont également permis de triompher de celle du carbone.

Toutefois, comme l'hypothèse qui suppose au silicium 35 atomes et une masse de 3.2, donne, entre cette masse et celle de l'hydrogène et de l'oxygène, des rapports 2 : 3.2 et 3.2 : 4, qui diffèrent peu des rapports simples 2 : 3 et 3 : 4, qui seraient ceux du carbone avec ces deux corps, j'ai adopté pour les trois carbonides les masses 2,75, 3 et 3.2 dont les carrés donnent des vitesses vibratoires qui sont à celles de l'oxygène dans les rapports 7.5, 9 et 10 à 16.

CHAPITRE XLIII

DENSITÉ DYNAMIQUE ET COHÉSION MOLÉCULAIRE

Il ne paraît donc pas y avoir de limite précise au nombre des atomes de la molécule, sinon dans les conditions de leur cohésion. Naturellement, celle-ci doit dépendre du rapport des pressions extérieures aux forces expansives intérieures.

Sous l'unité de pression normale, les pressions extérieures sont proportionnelles à la surface des molécules ou à la surface d'une sphère de même volume.

Les forces expansives internes sont égales à la somme des forces expansives des atomes agrégés.

Mais l'inertie de la molécule, c'est-à-dire sa masse moléculaire qui s'oppose au mouvement relatif de ses parties constituantes, tend à maintenir leurs relations spaciales et, par conséquent, à maintenir leur cohésion, quand celle-ci est établie.

D'un autre côté l'énergie thermique des atomes, tendant à les disjoindre, multiplie les forces expansives internes.

Nous avons donc, pour mesure de la cohésion moléculaire, le produit de la surface et de la masse moléculaires, divisé par le produit de la somme des forces de la molécule multipliée par son énergie thermique virtuelle.

Comme toutes les constantes de l'énergie thermique sont

égales à l'unité, il n'y a plus à tenir compte que de leur variable, égale à la masse atomique m. (Comp. chap. XXI, p. 159)

Nous avons ainsi pour mesure de la cohésion moléculaire,

$$(38)\qquad Co = \frac{S\,M}{F\,N\,m} = \frac{4\,\pi\left(\dfrac{2}{\dfrac{4\,\pi}{3}}\right)^{2/3}\dfrac{N^{4/9}}{m^{14/9}}\,N\,m}{4\,\pi\,\dfrac{N}{m^3}\,m} = \frac{N^{4/9}\,m^{13/9}}{\left(\dfrac{4\,\pi}{3}\right)^{2/3}}$$

Je donne ici le tableau de la cohésion des corps :

TABLEAU A

$$\textit{Cohésion intramoléculaire des corps solides} = \frac{N^{4/9}\,m^{13/9}}{\left(\dfrac{2\,\pi}{3}\right)^{2/3}}$$

Noms des corps.	Cohésion	Masse atomique	Nombre d'atomes	Masse moléculaire
1 Hydrogène	3.0787	2	4	8
2 Bore ($m=2.75$; $N=16$)	9.0306	2.75	16	44
3 Lithium	9.4018	3.5	8	28
4 Carbone ($m=3$; $N=16$)	10.2400	3	16	48
5 Azote (m 3.733 ; $N=15$)	13.647	3.733	15	56
6 Oxygène	15 515	4	16	64
7 Fluor ($m=3.8$; $N=20$)	15.910	3.8	20	76
8 Silicium ($m=3.2$; $N=35$)	15.917	3.2	35	112
9 Carbone *bis* ($m=4.8$; $N=10$)	16.384	4.8	10	48
10 Sodium	17.472	3.833	24	92
11 Bore *bis* ($m=5.5$; $N=8$)	18.067	5.5	8	44
12 Glucinium	18.591	6.133	6	36.8
13 Potassium	20.434	3.5454	44	156
14 Carbone *ter* ($m=6$; $N=8$)	20.475	6	8	48
15 Magnésium	22.295	4 8	20	96
16 Phosphore	25.814	4.96	25	124
17 Calcium	25.905	4.444	36	160
18 Chlore	26.164	4.733	30	142
19 Silicium *bis* ($m=5.6$. $N=20$)	27.856	5.6	20	112
20 Soufre prismat. ($N=24$)	28.151	5.333	24	128
21 Aluminium ($m=6.$)	29.367	6	18	108
Aluminium *bis* ($m=6.066$)	29.840	6.0666	18	109
22 Soufre octaèdr. ($N=30$)	31.115	5.333	30	160
23 Rubidium	34.630	4.25	80	340
24 Strontium	40.189	4.866	72	350.4
25 Titane	41.675	6·533	30	196

	Noms des corps	Cohésion	Masse atomique	Nombre d'atomes	Masse moléculaire
	—	—	—	—	—
26	Brome	45.325	5.714	56	320
27	Chrome	45.535	6.9466	30	208.4
28	Sélénium	48.194	6.11	52	317.7
29	Zirconium	50.136	6 (?)	60	360
30	Fer	50.541	7.466	30	224
31	Arsenic	51.382	6.666	45	300
32	Gallium	52.214	6.99	40	279.6
33	Cobalt	52.739	7.613	31	236
34	Manganèse	52.760	7.857	28	220
35	Zinc	53.726	7.4286	35	260
36	Nickel	54.497	7.866	30	236
37	Cérium	55.462	6 574	56	368
38	Cuivre	56.565	7.9125	32	253.2
39	Iode	61.850	6.35	80	508
40	Indium	63.656	6.872	66	453.6
41	Antimoine	64.849	6.777	72	488
42	Etain	65.435	6.941	68	472
43	Tellure	65.862	6.737	76	512
44	Molybdène	66.056	7.68	50	384
45	Cadmium	69.906	7.593	59	448
46	Argent	72.506	8	54	432
47	Ruthénium	74 565	8.352	50	417.6
48	Rhodium	76.086	8.523	49	417.6
49	Palladium	76.637	8.512	50	425.6
50	Bismuth	91.349	7.5	112	840
51	Plomb	92.783	7.666	108	828
52	Thallium	93.674	7.808	104	812
53	Tungstène	104.36	9.086	81	736
54	Mercure	105.91	8.888	90	800
55	Or	109.47	9.253	85	786.6
56	Platine	111.02	9.381	84	788
57	Iridium	111.87	9.429	84	792
58	Osmium	118.36	9.95	80	796
59	Uranium	119.30	9.23	104	960

Ce tableau, en série ascendante, de la cohésion des corps solides, est celui de leur cohésion intramoléculaire ; c'est-à-dire de la force qui unit entre eux les atomes d'une même molécule et résiste aux forces qui tendraient à les disjoindre.

Il montre éloquemment que la cohésion intramoléculaire augmente parallèlement, sinon proportionnellement, avec les masses moléculaires, mais surtout avec les masses atomiques, et que la valeur de celles-ci peut compenser une diminution du nombre des atomes et, conséquemment, de la masse moléculaire.

C'est d'ailleurs ce qui ressort de la formule précédente (nº 38, p. 320).

Il est remarquable que les vingt-huit premiers numéros de la série comprennent tous les métalloïdes, y compris les trois carbonides, et à l'exception de l'arsenic, de l'iode et du tellure, dont les fortes masses atomiques et les atomes nombreux accroissent la cohésion. Mais l'arsenic reste au-dessous de la moyenne qu'atteint l'iode et que seul dépasse le tellure. Or, il me reste des doutes sur la valeur du nombre des atomes de ces deux derniers corps, que j'ai diminué de plusieurs unités, peut-être à tort; ce qui en augmente considérablement la cohésion en augmentant leur masse atomique.

La force intérieure qui combat la cohésion intramoléculaire, et tend à la relâcher, en livrant les atomes au jeu de leurs affinités, est d'abord la densité dynamique, dont nous avons déjà donné la formule (nº 9, IIIᵉ partie).

Notre grand tableau de la classification des corps par leurs masses atomiques et le nombre de leurs atomes nous permet également d'établir la série de ces densités dynamiques, qu'on trouvera dans le tableau suivant, en série descendante.

Tableau B

Densités dynamiques et volumes moléculaires.

NOMS DES CORPS	Densité dynamique variables $\frac{N\,1/3}{m\,2/3}$ l'éther étant 1	Nombre d'atomes	Masse atomique	Masse moléculaire	Volume moléculaire variables $\frac{N\,2/3}{m\,1/3}$ le volume de l'atome éthéré = 1
Eau	3.333	»	»	»	»
1 Rubidium	1.6422	80	4.25	340	0.63452
2 Potassium	1.5183	44	3.5454	156	0.65033
3 Silicium ($m=3.2$; $N=35$)	1.5063	35	3.2	112	0.70908
4 Strontium	1.4484	72	4.866	350.4	0.42317
5 Bore ($m=2.75$; $N=16$)	1.3860	16	2.75	44	0.59419
6 Bismuth	1.2580	112	7.5	840	0.21054
7 Iode	1.2565	80	6.35	508	0.24865
8 Plomb	1.2248	108	7.666	828	0.19567
9 Calcium	1.2215	40	4.444	160	0.33571
10 Carbone ($m=3$; $N=16$)	1.2114	16	3	48	0.49193
11 Brome	1.1969	56	5.714	320	0.25073
12 Thallium	1.1949	104	7.808	812	0.17598

NOMS DES CORPS	Densité dynamique variables $\frac{N^{1/3}}{m^{2/3}}$ l'éther étant 1	Nombre d'atomes	Masse atomique	Masse moléculaire	Volume moléculaire variables $\frac{N^{2/3}}{m^{1/3}}$ le volume de l'atome éthéré = 1
13 Tellure	1.1875	76	6.737	512	0.15061
14 Zirconium	1.1856	60	6	360	0.37204
15 Sodium	1.1776	24	3.833	92	0.36180
16 Antimoine	1.1616	72	6.777	488	0.19908
17 Etain	1.1243	68	6.941	472	0.18185
18 Indium	1.1179	66	6.872	453.6	0.18185
19 Sélénium	1.1168	52	6.11	317.7	0.20413
20 Fluor ($m = 3.8$. $N = 20$)	1.1147	20	3.8	76	0.22698
21 Chlore ($m = 4.733$; $N = 30$)	1.1022	30	4.733	142	0.25666
22 Cérium	1.0905	56	6.574	368	0.17096
23 Uranium	1.0687	104	9.23	960	0.12516
24 Mercure	1.0443	90	8.888	800	0.12277
25 Azote ($m = 3.733$: $N = 15$)	1.0248	15	3.733	56	0.26130
26 Soufre octaéd. ($N = 30$)	1.0179	30	5.333	160	0.19427
27 Cadmium	1.0077	59	7.593	448	0.13333
28 Phosphore	1.0056	25	4.96	124	0.20318
29 Arsenic	1.0041	45	6.666	300	0.15125
30 Hydrogène	1	4	2	8	0.5
31 Oxygène	1	16	4	64	0.25
32 Or	0.99747	85	9.253	786.6	0.10783
33 Tungstène	0.99540	81	9.086	736	0.10300
34 Platine	0.98451	84	9.381	788	0.10320
35 Iridium	0.98129	84	9.425	792	0.10213
36 Magnésium	0.95393	20	4.8	96	0.18958
37 Molybdène	0.94642	50	7.68	384	0.11663
38 Argent	0.94494	54	8	432	0.11161
39 Soufre prismat. ($N = 24$)	0.94494	24	5.333	128	0.16742
40 Gallium	0.93548	40	6.99	279.6	0.12520
41 Osmium	0.93142	80	9.95	796	0.08711
42 Ruthénium	0.89495	50	8.352	417.6	0.09590
43 Titane	0.88910	30	6.533	196	0.12099
44 Palladium	0.88370	50	8.512	425.6	0.09274
45 Rhodium	0.87705	49	8.523	417.6	0.090257
46 Lithium	0.86760	8	3.5	28	0.21505
47 Silicium *bis* ($m = 5.6$: $N = 20$)	0.86076	20	5.6	112	0.13230
48 Zinc	0.85918	35	7.429	260	0.09937
49 Chrome	0.85349	30	6.946	208.4	0.10486
50 Fer	0.81325	30	7.466	224	0.088604
51 Cobalt	0.81175	31	7.613	236	0.086575
52 Cuivre	0.79954	32	7.9125	253.2	0.080792
53 Aluminium ($m = 6$)	0.79334	18	6	108	0.10122

NOMS DES CORPS	Densité dynamique variables $\frac{N^{1/3}}{m^{2/3}}$ l'éther étant 1	Nombre d'atomes	Masse atomique	Masse moléculaire	Volume moléculaire variables $\frac{N^{2/3}}{m^{1/3}}$ le volume de l'atome éthéré = 1
Aluminium ($m = 6.066$)....	0.78572	18	6.066	109.2	0.10120
54 Nickel........................	0,78566	30	7.866	236	0.07845
55 Manganèse	0.76833	28	7.857	220	0.075131
56 Carbone *bis* ($m = 4.8$; $N = 10$)	0.75713	10	4.8	48	0.075354
57 Bore *bis* ($m = 5.5$; $N = 8$)...	0.64188	8	5.5	44	0.07411
58 Carbone *ter* ($m = 6$; $N = 8$).	0.60571	8	6	48	0.06114
59 Glucinium	0.54448	6	6.133	36.8	0.044952

Ce tableau des densités dynamiques rangées en série descendante, montre un parallélisme général avec celui des cohésions, en série ascendante. En effet, il résulte de la formule de la cohésion (n° 38) que celle-ci augmentant surtout en raison directe des masses atomiques, les densités dynamiques croissent en raison inverse de ces mêmes masses, bien que beaucoup plus lentement. Les irrégularités du parallélisme des deux séries viennent de ce que l'une et l'autre croissent, au contraire, en sens direct du nombre des atomes dans les molécules.

C'est pourquoi on constate de remarquables déplacements. Ainsi, les gaz permanents, tels que l'hydrogène, l'oxygène et l'azote, qui occupent les degrés inférieurs de l'échelle des cohésions, se trouvent juste vers la moyenne des densités dynamiques. Cela résulte du fait que lorsque le nombre des atomes de la molécule est égal au carré de la masse atomique, leur densité dynamique devient égale à celle de l'éther, soit 2π; et par conséquent, égale à l'unité, relativement à celle de l'éther.

Les deux corps qui seuls réalisent cette condition sont l'hydrogène et l'oxygène, dont la variable $\frac{N^{1/3}}{m^{2/3}} = 1$. La masse atomique de l'hydrogène ayant 4 atomes de masse 2, et l'oxygène 16 atomes de masse 4.

Les 29 corps dont la densité dynamique dépasse cette moyenne de l'unité comprennent tous les métalloïdes, sans exception, y compris les trois carbonides, à condition d'abaisser leurs masses atomiques à 2,75, 3 et 3,2. Dans l'hypothèse qui leur donnerait des masses = 5,5 et 5,6 pour le bore, et le silicium, et 4,8 ou 6 pour le carbone, ces corps seraient au contraire rejetés à la fin de la série des métaux lourds, à poids atomiques relativement petits, qui occupent les 30 derniers degrés de la série, au-dessous de la moyenne = 1.

Dans les 28 premiers numéros, sont compris, avec tous les métalloïdes, tous les métaux alcalins (à l'exception du lithium) et tous les métaux dont le poids atomique est considérable, relativement à leur densité : tels sont les stannides et les plombides, y compris le mercure. Tous ces corps sont d'une liquéfaction facile.

Le classement des corps en deux séries par leurs densités dynamiques n'est donc pas moins net que par la série de leur cohésion.

De la série des densités dynamiques ce tableau rapproche la série de leurs volumes moléculaires, dont la décroissance est généralement parallèle. Cependant, même sous de petits volumes, des densités dynamiques peuvent être relativement fortes, avec des atomes nombreux de très grosse masse, comme dans la série des aurides.

Les trois carbonides, avec des atomes peu nombreux mais de très petite masse, et, par conséquent, très gros, ont des densités dynamiques considérables sous de gros volumes. En ces conditions, leurs densités d'inertie seraient très faibles. Nous avons déjà vu (ch. XLII, p. 313) que pour atteindre aux densités des corps, constitués de carbone, que nous connaissons, le nombre des atomes de leurs molécules devrait être considérablement augmenté. En cet état, leurs volumes moléculaires et leurs densités dynamiques seraient plus considérables que chez tous les autres corps.

Pour les trois carbonides, supposés de masses 2,75, 3 et 3,2, on aurait les densités dynamiques suivantes (celle de l'éther étant = 1) :

Tableau C

Densités dynamiques des carbonides.

Noms des corps.	Densité dynamique $\Delta = \frac{N\ 1/3}{m\ 2/3}$	Masse atomique m	Nombre d'atomes N	Nombre d'équivalents	Densités observées d
Bore amorphe....	15.615	2.75	28.800	1.800	2.52
Bore cristallin ...	16.416	id.	33.456	2.091	2.69
Anthracite léger..	5.769	3	1.728	108	1.34
Anthracite lourd .	6.2902	id.	2.240	140	1.46
Graphite léger ...	8.9995	id.	6.560	410	2.09
Graphite lourd ...	9.6432	id.	8.096	506	2.24
Diamant léger....	15.047	id.	30.880	1.930	3.50
Diamant lourd ...	15.212	id.	31.680	1.980	3.53
Silicium amorphe.	7.5916	3.2	4.480	128	2.49
Silicium cristallin	8.0036	id.	5.250	150	2.65

Bien que l'augmentation du nombre des atomes, en accroissant la densité dynamique des corps, semble devoir combattre leur cohésion intramoléculaire, comme la cohésion augmente encore plus vite avec le nombre des atomes, c'est la cohésion qui tend à s'affermir de plus en plus, par suite de la condensation moléculaire croissante, le volume n'augmentant pas en proportion directe simple du nombre des atomes, mais seulement comme sa puissance $N^{2/3}$. D'un autre côté, si la densité dynamique augmente seulement comme la racine cubique du nombre des atomes, la cohésion augmente comme la puissance $N^{4/9}$.

Il y a donc toujours un bénéfice de $N^{1/9}$ pour la cohésion dans tout accroissement de ce même nombre, la masse atomique m restant constante.

Quant aux volumes moléculaires, il est remarquable que, pour tous les corps, ils restent tous inférieurs au volume d'un seul atome d'éther $= 2$. Le plus grand des volumes moléculaires est celui de l'hydrogène, et il est juste de la moitié $= 2 \times 0,5$. Les volumes de tous les autres corps deviennent de plus en plus petits à mesure que leurs masses atomiques et leurs densités d'inertie grandissent. Nous avons vu (ch. XXXVII, p. 286) que même le volume de la molécule d'eau, bien que composé de deux corps très peu denses isolément, n'est que de 0,45, plus petit, par conséquent, qu'une molécule de quatre atomes d'hydrogène et que le quart d'un atome d'éther. La molécule d'eau est donc très condensée et sa densité dynamique, supérieure à celle de tous les corps simples, les carbonides exceptés, atteint à la valeur

$$(39) \qquad \frac{4\,\pi\left(\frac{3}{4}\right)}{0.45} = 3.333 \times 2\,\pi$$

Néanmoins si le rapport de la densité d'inertie intramoléculaire de l'eau à sa densité d'inertie intermoléculaire est un peu considérable, les petites molécules des métaux denses peuvent se loger dans ses vacuoles intermoléculaires sans augmenter son volume total. Ce volume pourrait même diminuer par le fait de la pression exercée par les lourdes molécules métalliques sur les molécules d'eau qui les tiennent en dissolution. On aurait ainsi la solution d'un des problèmes les plus mystérieux de la chimie qui semble contredire toutes les lois spaciales.

Si la densité dynamique tend, en une certaine mesure, à relâcher les liens intramoléculaires des atomes, et les prédispose à se séparer pour entrer dans d'autres combinaisons, sauf dans des cas exceptionnels, elle ne suffit pas pour déterminer leur séparation.

Pour que la cohésion intermoléculaire soit rompue, il faut donc le concours d'une autre force, celle de la chaleur, qui, seule aussi, peut vaincre la cohésion intermoléculaire.

Celle-ci, qui dépend surtout de la masse moléculaire, n'est qu'un cas particulier de la pesanteur, sur laquelle nous aurons à nous expliquer plus tard. Elle est le résultat des pressions concentriques de l'éther ambiant sur tous les corps pesants qu'il entoure et qui agissent, proportionnellement aux masses que ces pressions sollicitent, sur tous les agrégats des corps pesants dont les molécules sont en contact immédiat et réciproque, au moins par quelque partie de leurs surfaces.

C'est pourquoi la cohésion s'exerce entre les molécules des masses métalliques ou cristallines, mais reste nulle entre leurs granulations pulvérulentes. Des couches de sable resteront à la surface du sol, durant des siècles, sans s'agréger en masses compactes; mais que ces couches sableuses soient recouvertes par des mers profondes, sous leur pression elles se prendront en couches rocheuses, parce que les atmosphères d'éther qui entouraient chacune de leurs granulations auront été chassées par la pression. Ainsi des couches de sable deviennent des bancs de grès ou de schistes ; ainsi des dépôts limoneux calcaires se transforment en roches crayeuses, en moellons.

La force principale qui non seulement triomphe de la cohésion intramoléculaire, mais aussi tend à désagréger les molécules entre elles et à relâcher la cohésion intermoléculaire, c'est d'abord la vibration thermique spécifique qui croît, comme nous l'avons vu (IIIe partie, formule 19, p. 281), pour chaque corps, selon le rapport $\frac{N^{2/3}}{m^{1/3}}$ et dont la densité dynamique $2\pi \frac{N^{1/3}}{m^{2/3}}$ est le principal facteur (comp. ch XXXVI, formule 9, p. 277).

Mais il faut surtout tenir compte de l'élévation de la température ambiante qui multiplie par un même facteur l'énergie thermique spécifique de tous les corps dans un même milieu, du moins dans la mesure de leur conductibilité.

Tous les corps tendant à se mettre plus ou moins vite en équilibre de température avec le milieu ambiant, leur énergie thermique spécifique est multipliée par le rapport $\frac{t}{m}$, de la température ambiante t à leur inertie spécifique m.

Quelle sera la mesure de la température ambiante ? Sous quelle forme peut-elle entrer dans nos formules ?

Nous verrons plus loin (IVe partie, ch. LXXIII) qu'on peut admettre, par hypothèse, tout au moins, que notre échelle thermométrique, du 0° jusqu'au 0 absolu —272°, est divisée seulement en 17 degrés.

Mais cette limite du 0 absolu, où la vitesse vibratoire ne serait que d'une seule vibration complète dans l'unité de temps, n'a jamais été réalisée expérimentalement. On n'est guère arrivé plus loin que 220 ou 240° au-dessous de 0°. Il y a lieu de croire que le —272° ne peut être atteint, puisque, d'après la loi de dilatation des gaz, le volume de leurs molécules y serait réduit à 0, ou du moins à $\frac{1}{272}$. Cette supposition, qui supprimerait presque totalement l'étendue des corps matériels, est absurde, et se réfute d'elle-même.

Par hypothèse, au moins provisoire, on peut admettre pour la température normale de l'éther, au-dessous de laquelle on ne saurait descendre, le degré 256.

A cette température, l'éther accomplirait une double vibration, aller et retour, dans une unité de temps à déterminer, qui serait l'unité de temps naturelle.

Ce ne serait pas le zéro, mais l'unité de température.

Cette énergie thermique de l'éther étant prise pour unité, nous aurions une échelle thermique naturelle dont chaque degré représenterait 16° de notre échelle thermométrique.

Notre 0° ne représenterait que $\frac{272}{16} = 17°$ de cette échelle, dont nous pourrions ainsi faire entrer la valeur dans nos formules.

Cette température de 17° représenterait un nombre de vibrations de 17^2 dans l'unité de temps. La température de 100°, ou de l'eau bouillante, répondrait à seulement $\frac{372}{16} = 23{,}25°$, avec une vitesse vibratoire de $23{,}25^2$.

Si la température du zéro thermométrique représente 17° de cette échelle naturelle, tous les corps dont la cohésion est inférieure au produit de leur énergie thermique moléculaire, multipliée par le rapport $\frac{17}{m}$ de la température ambiante à leur énergie thermique spécifique, devront rester cohérents à cette température.

Nous pouvons, d'après ces données, dresser la série des différences des forces de dissociation et de la force de cohésion pour tous les corps, au zéro thermométrique, répondant à 17° de l'échelle thermique naturelle.

Nous la donnons dans le tableau ci-contre, colonnes III, IV et V.

Cette série des différences de la force de dissociation et de la force de cohésion des corps au zéro thermométrique, les sépare encore nettement en deux classes, toujours les mêmes. Dans la première, la différence est positive, la force de dissociation l'emportant plus ou moins sur la force de cohésion, et un état de solidité stable ne peut s'établir pour les corps au zéro thermométrique. répondant à 17° de l'échelle naturelle. Dans

TABLEAU D.

Différences de force de la dissociation et de la force de cohésion des corps à la température 0° = 17° naturels.

I	II	III		IV			V		VI		VII	VIII
N°s	Noms des Corps	Force de dissociation		Force de cohésion			Différences $\varphi - Co$		Masse atomique		Différence	N°s
		$\varphi = \frac{t}{m} \frac{N^{2/3}}{m^{1/3}}$	$-$	$Co = \frac{N^{4/9}\ m^{13/9}}{\left(\frac{2\pi}{3}\right)^{2/3}}$	$=$		$N^{4/9} \left(\frac{t\ N^{2/9}}{m^{4/9}} - \frac{m^{13/9}}{\left(\frac{2\pi}{3}\right)^{2/3}} \right)$	$\times$	m	$=$	$(\varphi - Co)\ m$	
—	—	—		—			—		—		—	—
1	Silicium	38.948	—	15.917	=	+	22.657	×	3.2	=	72.5024	1
2	Potassium	39.191	—	20.434	=	+	18.757	×	3.5454	=	66.502	2
3	Bore	27.404	—	9.0306	=	+	18.3734	×	2.75	=	50.52685	3
4	Carbone	24.948	—	10.240	=	+	14.708	×	3	=	44.124	5
5	Hydrogène	17.000	—	3.0708	=	+	13.9292	×	2	=	27.8584	6
6	Rubidium	45.648	—	34.630	=	+	11.018	×	4.25	=	46.8265	4
7	Sodium	13.580	—	17.470	=	+	6.108	×	3.833	=	23.412	7
8	Fluor	21.133	—	15.910	=	+	4.223	×	3.8	=	16.0474	8
9	Azote	17.853	—	13.647	=	+	4.206	×	3.733	=	15.701	9
10	Lithium	12.796	—	9.402	=	+	3.394	×	3.5	=	11.8447	10
11	Oxygène	17.000	—	15.515	=	+	1.485	×	4	=	5.940	11
12	Calcium	25.364	—	25.905	=	—	4.541	×	4.444	=	2.404	12
13	Strontium	35.675	—	40.189	=	—	0.514	×	4.866	=	21.968	13
14	Chlore	20.653	—	26.164	=	—	5.511	×	4.733	=	26.084	14
15	Magnésium	15.469	—	23.295	=	—	6.826	×	4.8	=	32.765	15
16	Phosphore	17.183	—	25.814	=	—	8.831	×	4.96	=	43.810	16
17	Soufre prismat	15.179	—	28.151	=	—	12.972	×	5.333	=	69.184	17
18	Soufre octaéd.	17.614	—	31.086	=	—	[illegible]	×	[illegible]	=	[illegible]	[illegible]

19	Aluminium M = 108........	10.792	—	29.367	=	—	18.575	×	6	=	111.46	19
20	Aluminium M = 109.2.....	10.553	—	29.916	=	—	19.363	×	6.066	=	117.47	20
21	Brome....................	24.357	—	45.325	=	—	20.363	×	5.714	=	119.811	21
22	Sélénium	22.944	—	48.194	=	—	25.250	×	6.1	=	153.92	22
23	Zirconium................	23.817	—	50.136	=	—	26.239	×	6 (?)	=	157.44	23
24	Titane	13.439	—	40.675	=	—	28.236	×	6.533	=	184.47	24
25	Chrome...................	18.413	—	45.536	=	—	33.123	×	6.946	=	230.095	27
26	Arsenic..................	17.141	—	51.382	=	—	34.241	×	6.666	=	228.270	26
27	Iode.....................	26.842	—	61.850	=	—	35.108	×	6.35875	=	222.30	25
28	Cerium...................	20.2145	—	55.462	=	—	35.247	×	6.571	=	231.62	28
29	Gallium..................	14.876	—	52.214	=	—	37.338	×	6.886	=	260.99	29
30	Fer......................	11.247	—	50.541	=	—	39.294	×	7.466	=	293.395	33
31	Zinc	12.549	—	53.726	=	—	41.177	×	7.443	=	305.89	35
32	Cobalt...................	11.202	—	52.739	=	—	41.537	×	7.613	=	315.87	36
33	Tellure.	23.972	—	65.862	=	—	41.890	×	6.736	=	282.20	30
34	Antimoine................	22.938	—	64.840	=	—	41.902	×	6.777	=	281.66	31
35	Indium...................	21.247	—	63.656	=	—	42.409	×	6.872	=	291.46	32
36	Manganèse................	10.035	—	52.760	=	—	42.735	×	7.857	=	335.77	37
37	Nickel	12.491	—	54.497	=	—	44.006	×	7.866	=	346.18	38
38	Étain....................	21.390	—	65.435	=	—	44.045	×	6.941	=	305.72	34
39	Cuivre...................	10.868	—	56.565	=	—	45.697	×	7.912	=	361.58	39
40	Molybdène................	15.225	—	66.056	=	—	51.819	×	7.68	=	398.05	40
41	Cadmium	17.250	—	69.906	=	—	52.656	×	7.593	=	399.83	41
42	Argent...................	15.179	—	72.506	=	—	52.656	×	8	=	458.61	42
43	Ruthénium................	13.616	—	76.565	=	—	60.949	×	8.352	=	509.05	44
44	Palladium................	14.335	—	76.637	=	—	62.303	×	8.512	=	530.44	46
45	Rhodium..................	13.169	—	76.086	=	—	62 917	×	8.5224	=	536.21	47
46	Bismuth	26.900	—	91.349	=	—	64.443	×	7.5	=	483.33	43
47	Plomb	25.508	—	92.783	=	—	67.280	×	7.391	=	515.81	45
48	Thallium.................	24.272	—	93.674	=	—	69.402	×	7.8076	=	541.87	48
49	Tungstène	16.785	—	104.36	=	—	87.575	×	9.0864	=	795.76	50
50	Mercure..................	17.9865	—	105.85	=	—	87.864	×	8.888	=	780.90	49
51	Or.......................	16.915	—	109.47	=	—	92.555	×	9.254	=	856.51	51
52	Platine..................	16.478	—	111.02	=	—	94.542	×	9.381	=	886.98	53
53	Iridium..................	10.370	—	111.87	=	—	95.50	×	9.438	=	900.42	54
54	Uranium..................	23.3425	—	119.30	=	—	95.9575	×	9.423	=	885.76	52
55	Osmium...................	14.745	—	118.36	=	—	103.615	×	9.95	=	1031.2	55

la seconde, au contraire, à cette même température, les corps restent cohérents et échappent aux forces qui tendent à les désagréger.

La première de ces divisions ne contient que 11 corps comprenant, avec nos gaz les plus permanents, les métaux alcalins qui décomposent l'eau à froid, ou, plus exactement, qui sont décomposés par elle, comme nous le verrons.

Les trois carbonides qui font exception par leur permanence à l'état solide aux basses températures, sont supposés dans cette série sous des états moléculaires très différents de ceux qui leur appartiennent sous les formes d'anthracite, de graphite et de diamant, et avec des densités beaucoup moins fortes que celles de ces corps. Leurs molécules, égales en masse à leurs poids atomiques, seraient dans l'état où les met la chaleur au moment de leur combustion et de la formation de leurs composés gazeux.

Tout le reste de la série comprend 46 corps, dont l'état solide est stable au zéro thermométrique et qui, en général, n'entrent en activité chimique qu'à des températures supérieures.

Si l'on multiplie les différences de la colonne v par les masses atomiques (colonne vi), ce qui revient à supprimer le facteur *m*, commun aux dénominateurs des deux termes Φ et Co, on obtient une série de différences de même signe, mais beaucoup plus élevées (colonne vii), dont l'ordre sériaire est un peu différent et donne un classement des corps encore mieux d'accord avec leur nature.

Dans le premier groupe des onze corps qui donnent des différences positives au zéro thermométrique, le rubidium vient se placer entre le bore et le carbone, plus près du potassium ; le sodium reste entre l'hydrogène et le fluor, et le lithium entre l'azote et l'oxygène qui garde le dernier rang.

Dans le groupe des corps qui donnent des différences négatives, les 13 premiers conservent leur rang, mais, au delà, l'iode et l'arsenic viennent se placer après le titane, et avant le chrome qui se range immédiatement avant le cérium et le gallium, suivis de l'antimoine et de l'indium. Le fer, reculé de deux rangs, est suivi de l'étain qui précède le zinc et le cobalt. Le manganèse, le nickel et le cuivre viennent ensuite. Puis on retrouve la série du molybdène, du cadmium, de l'argent, que suit le bismuth. Le ruthénium se trouve séparé par le plomb du palladium et du rhodium que suivent le thallium, le mercure et le tungstène. L'uranium se place entre l'or et le platine que suivent, comme partout, l'iridium et l'osmium.

En somme, dans le second classement prévaut surtout l'influence des masses atomiques qui, sauf de rares exceptions, se déroule parallèlement. Les nombres d'atomes élevés se rapprochent sensiblement en tête de la série. Cela résulte naturellement de ce que la force de dissociation comprend le facteur N à une puissance un peu plus élevée que la force de cohésion qui la combat; en sorte que si la cohésion, abstraction faite des variations de température, varie lentement dans le sens du nombre des atomes, quand la température intervient, elle agit dans le même sens et plus activement pour la détruire.

Si cette même série des différences entre les forces de dissociation et la force de cohésion était établie pour la température de 112°, répondant à 24° de l'échelle naturelle, l'ordre des corps resterait le même; mais la séparation des deux séries se ferait un peu plus loin. Le calcium, le strontium et le chlore, qui restent à zéro au delà de la limite des différences positives, seraient compris dans la série des corps dont la cohésion est instable. Pour tous les autres, la cohésion l'emporterait encore sur la force de dissociation.

De même, le calcul fait pour la température —112° cent. ou de 10° de l'échelle naturelle, ferait rentrer dans la série des corps cohérents à cette température le rubidium, le sodium, le lithium et même le fluor, l'azote et l'oxygène; mais sous la condition seulement qu'ils fussent préalablement à l'état solide, c'est-à-dire qu'à cette température leur activité chimique de dissociation serait annulée.

L'équilibre essentiellement mobile que nous venons d'établir par cette sériation des corps entre la force de cohésion et les forces qui la combattent, dépend essentiellement, on le voit, du nombre des atomes de la molécule. Tout accroissement de ce nombre aurait pour effet d'accroître la cohésion mais moins vite que les forces qui tendent à la détruire, puisque celles-ci croissant comme la puissance $N^{2/3}$ du nombre des atomes, la cohésion varie seulement comme la puissance $N^{4/9}$.

Lorsque dans la molécule le nombre des atomes est égal au carré de leur masse, leur énergie thermique

$$\varepsilon = \frac{N^{2/3}}{m^{1/3}} = m, \text{ et l'on a } \varphi = \frac{N^{2/3}}{m^{1/3}} \cdot \frac{t}{m} = t \tag{39}$$

La force de dissociation devenant égale à la température ambiante t, la cohésion persiste si elle est supérieure à cette température.

Si le nombre des atomes est plus petit que m^2, la cohésion se maintient encore, si elle est plus petite que $\frac{t}{m}$ dans le rapport $\frac{N^{2/3}}{m^{1/3}} < 1$.

C'est ce qui explique la persistance, si remarquable, même à de hautes températures, de la cohésion des métaux de fortes densités, tels que les ferrides, les plombides et surtout les aurides, pour lesquels le rapport $\frac{t}{m}$ est minimum. La persistance de la cohésion chez les ferrides est due surtout au petit nombre de leurs atomes ; chez les aurides, à leur inertie considérable.

La cohésion du fer, avec sa masse atomique de 7.466 et sa molécule de 30 atomes, doit rester inébranlée jusqu'à + 950° cent. Avec une molécule double, de 60 atomes, elle ne résisterait que jusqu'à 675° cent. Pour devenir instable à 0° cent., elle devrait contenir plus de 82.830 atomes ou 2.761 équivalents.

La molécule d'or, avec 85 atomes, mais une masse plus grande, de 9.253, doit conserver sa cohésion jusqu'à + 1.535° cent.

Dans l'eau, ou dans tout liquide, en général, et d'autant plus que ses éléments composants sont plus mobiles, les métaux, surtout à l'état pulvérulent, ont leurs molécules dissociées à des températures relativement basses ; la force vive des molécules liquides en rotation ébranlant la stabilité des atomes dans les molécules solides qu'elles agitent.

Ce pouvoir dissolvant des liquides n'a jamais été expliqué jusqu'ici.

On voit ici pourquoi les métalloïdes, avec des atomes plus nombreux et des masses atomiques relativement plus petites, peuvent se dissocier à de plus basses températures, de façon à envelopper les molécules des métaux plus cohérents, auxquels ils s'associent.

Pour tous les corps, il est donc possible de concevoir une molécule assez riche en atomes pour être dissociée à une température donnée, et une température assez élevée pour la dissocier, quel que soit le nombre de ses atomes.

Il s'agit toujours ici de la cohésion intramoléculaire qui s'oppose à la dissociation de la molécule. La cohésion intermoléculaire, due à la pesanteur, doit s'y ajouter et la fortifier. De l'or en feuilles ou en fils, du fer en fils ou en limaille se dissocient à des températures plus basses qu'en barres ou en lingots, et sont bien plus énergiquement attaqués par les acides.

On peut s'expliquer ainsi que dans de grosses agglomérations moléculaires, la cohésion intramoléculaire persiste à des températures qui la détruiraient dans des molécules à l'état pulvérulent.

Il faut attribuer à la cohésion intramoléculaire la stabilité des carbonides, aux températures voisines du 0° cent., malgré la forte condensation de leurs molécules, qui exalte leurs énergies thermiques.

Il doit y avoir encore une autre cause à cette persistance des agrégats moléculaires des carbonides à des températures relativement élevées.

Dans la formule de la cohésion, donnée ci-dessus, et dans les calculs des valeurs des tableaux où elle intervient, nous avons considéré les corps sous la pression moyenne de l'éther, égale à l'unité sur l'unité de surface.

Il est à croire que des pressions plus fortes multiplieraient la cohésion et, dans les différences φ — Co, pourraient équilibrer les variations de la température ambiante, qui, elle-même, multiplie l'énergie thermique des corps.

On aurait ainsi :

$$\varphi - \mathrm{Co} = \frac{N^{2/3}}{m^{1/3}} \frac{t}{m} - \frac{N^{4/9} m^{13/9}}{\left(\frac{2\pi}{3}\right)^{2/3}} p. \tag{40}$$

Pour que la cohésion égale les forces de dissociation et donne pour différence O, il faut

$$\frac{\varphi}{\mathrm{Co}} = \frac{\dfrac{N^{13/9}\ m^{13/9}}{\left(\frac{2\pi}{3}\right)^{2/3}} p.}{\dfrac{N^{2/4}}{m^{4/3}} \qquad t.} = 1 \tag{41}$$

Même au cas où la pression ne multiplierait la cohésion que par une puissance fractionnaire, il peut toujours exister un certain rapport $\frac{p^{1/n}}{t}$, qui rende stable une molécule d'un nombre donné d'atomes d'une masse donnée, et à une température donnée.

Ainsi les molécules de carbone, sous ses trois formes d'anthracite, de graphite et de diamant, dont la cohésion paraît devoir être rompue à la température 0° cent. (= 17° de l'échelle naturelle), resteraient cohérentes aux basses températures de — 230° à — 272°. Mais à la température de 0° cent. (= 17° de l'échelle naturelle), elles garderaient également leur cohésion sous des pressions qui sont fréquemment réalisées dans la nature sous des mers de petite et de moyenne profondeur.

Même en supposant que la pression n'agisse sur les solides que proportionnellement à sa racine carrée, ce qui semble probable, comme nous le verrons ailleurs, si l'on prend pour l'unité de pression le poids d'un mètre d'eau, les molécules d'anthracite pourraient s'être formées sous des pressions de 48 à 50 mètres d'eau, ou de 4 à 5 atmosphères. Celles du graphite auraient exigé des pressions de 85 à 145 mètres d'eau, ou de 8 à 15 atmosphères. Pour le diamant, la pression aurait dû s'élever à environ 1.750 mètres d'eau ou à 175 atmosphères.

Si l'on supposait l'unité de pression égale à une atmosphère, ces nombres devraient s'élever, pour l'anthracite, de 48 à 50 atmosphères, supposant des mers de 480 à 450 mètres de profondeur; pour le graphite de 80 à 145 atmosphères, ou de 800 à 1.450 mètres d'eau, et pour le diamant de 169 à 170 atmosphères, supposant de 170 à 1.800 mètres d'eau. De telles profondeurs ne sont pas rares dans les océans.

Il devient donc supposable qu'en effet tous nos dépôts charbonneux et leurs transformations en anthracite, en graphite et en diamant, ont pu prendre naissance, non pas à des températures très basses, mais sous les fortes pressions de mers profondes, à des températures moyennes et même élevées.

Une fois leurs agrégats moléculaires ainsi formés, sous de hautes pressions, ils se maintiendraient sous des pressions plus faibles et des températures moyennes, grâce à la cohésion intermoléculaire de leurs conglomérats qui met obstacle à la dissociation intramoléculaire, jusqu'à des températures de + 200° à + 300° cent.

Cette limite atteinte, la cohésion intermoléculaire se trouvant vaincue, les molécules elles-mêmes se dissocieraient à leur tour, par une suite de déflagrations violentes.

On s'expliquerait ainsi que le diamant, avant de brûler, éclate, et que les poussières charbonneuses soient cause de fréquentes explosions. La grande chaleur de combustion du carbone, sous toutes ses formes, et la vive lumière qu'elle produit seraient les résultats, tout particuliers pour ce corps, des explosions successives de ses molécules dont les éléments composants, dès lors solidement combinés avec ceux de l'oxygène, ne pourraient plus exister que sous les formes gazeuses de l'oxyde de carbone et de l'acide carbonique, à moins d'entrer dans la composition des corps ternaires nommés carbonates.

Malheureusement, toutes les supputations qui précèdent sur la valeur possible des pressions sous lesquelles les molécules du carbone deviennent stables, pèchent par leur base, en ce que nous n'avons aucune notion précise sur la valeur de la pression éthérée, relativement à notre unité de pression qui est celle d'une atmosphère, égale au poids d'une colonne d'eau de 10 m. 33 ou d'une hauteur de mercure de 0 m. 76.

C'est là une unité arbitraire, d'une valeur toute locale.

Si l'on divise cette valeur de la pression atmosphérique par celle de la pesanteur, $g = 9{,}8$, on a pour quotient

$$\frac{10{,}33}{9{,}8} = 1{,}0541$$

qui représenterait ainsi la part de la masse dans la pression atmosphérique et qui équivaudrait à une hauteur de mercure

$$\text{de } \frac{0{,}76}{9{,}8} = 0{,}077$$

Mais cette valeur 9,8, adoptée pour la pesanteur g, est encore une unité arbitraire locale. Elle représente, non pas une pression, mais la vitesse acquise par les corps pesants après une seconde de chute libre ou l'accélération que reçoit le corps à chaque seconde. Elle est donc relative à notre unité de temps, arbitrairement choisie, et ne représente en aucune façon la pression exercée par les corps contre l'obstacle qui s'oppose à leur chute, quand ils ne sont encore animés d'aucune vitesse, et qui semble indépendante du temps.

Si notre unité de temps était 10 fois plus petite, la vitesse acquise par les corps graves après $\frac{1}{10}$ de seconde serait 100 fois plus petite, ou de $\frac{2 \times 4{,}9}{100} = 0{,}098$.

Ainsi, de suite, elle deviendrait 100 fois plus petite pour chaque unité de temps 10 fois plus petite.

Il doit pourtant exister un terme à cette progression.

Ce terme, c'est la constante de la pesanteur qu'on n'est pas encore parvenu à déterminer et qui doit être en relation avec la pression moyenne de l'éther.

Cette force accélératrice de la pesanteur, que nous représentons par l'expression 9,8, est essentiellement variable, même sur la terre, puisqu'elle varie avec les altitudes et les latitudes. Aux mêmes latitudes et à des altitudes équivalentes, elle présente même des variations locales qu'on n'est pas encore parvenu à expliquer. Elle semble augmenter sur les mers profondes et diminuer sur les plateaux des grands continents.

Il est faux d'ailleurs que la pesanteur soit une force constante. Il est à croire qu'aucune force motrice réellement constante n'existe dans le monde et que toutes les forces que nous disons telles ne sont progressivement accélératrices que parce qu'elles agissent comme la somme de petites impulsions successives, de valeur égale, et se reproduisant à des intervalles de temps égaux dont les effets s'ajoutent sur les corps qu'elles sollicitent et qui sont libres de leur obéir. Car si les corps ne leur obéissent pas, si chacune de ces impulsions successives est détruite par une résistance supérieure, constante, leurs effets ne s'ajoutent pas. La pression d'un poids d'un kilog. sur une table reste la même, tant que ce corps y demeure en repos relatif. Les forces qui le sollicitent restent virtuelles ou, comme on dit aujourd'hui, à l'état d'énergie potentielle.

La valeur de cette pression constante n'en varie pas moins avec les lieux dans les mêmes relations que l'accélération en chute libre, c'est-à-dire qu'elle doit être représentée par une variable locale multipliant une constante inconnue.

La valeur de cette constante doit être l'unité de pression de l'éther ; mais quelle est sa mesure ?

Ce qui paraît démontré, c'est que l'unité de pression éthérée est une fraction très petite de la pression de notre atmosphère. Cela résulte du fait que lorsqu'on fait le vide d'air dans les récipients de nos machines pneumatiques, la pression diminue considérablement, bien qu'il y ait toutes raisons de croire que l'éther y afflue et vient y occuper à peu près volume pour volume la place de l'air qui en a été chassé. Mais la pression n'y est jamais nulle et l'on sait avec quelle difficulté on y fait descendre la hauteur barométrique à quelques millimètres. Cette pression résiduelle est sans doute dans un certain rapport avec la constante éthérée.

Nous reviendrons sur cette question dans la Ve partie, en traitant de la pesanteur.

Quel que soit le caractère hypothétique de ces supputations, elles donnent néanmoins l'explication de nombreux faits physiques ou chimiques, jusqu'à ce jour restés mystérieux, et projettent un jour nouveau sur les propriétés si différentes dont jouissent nos divers corps élémentaires.

Je dois faire remarquer ici que toutes sériations des corps sont dépendantes de nos premières évaluations sur la relation de la masse des atomes à leur nombre dans les molécules. Si ces évaluations sont inexactes pour certains corps, il en résulterait un déplacement de ces corps dans toutes les séries. Ce sera l'œuvre de l'avenir de corriger nos calculs. Je ne prétends ici que poser les jalons provisoires de nouvelles routes vers la vérité.

CHAPITRE XLIV

POLYMORPHISME MOLÉCULAIRE, ÉCLAT MÉTALLIQUE ET COULEUR DES CORPS.

Nous avons vu (chap. XXXV) que les nombres des atomes qui constituent les molécules se prêtent, le plus souvent, à des formes géométriques différentes, qui nous semblent actuellement incompatibles. Ainsi s'explique très naturellement le polymorphisme de divers corps simples, tels que le soufre, ou complexes, comme les divers composés du calcium. Nous avons vu comment les mêmes nombres, qui peuvent donner un tétraèdre ou un octaèdre, peuvent se modifier en prismes ou en rhomboèdres.

Grâce à la plasticité des atomes, qui leur permet de rouler, presque sans frottement, les uns autour des autres, toute molécule d'un nombre donné d'atomes peut passer successivement de l'une à l'autre des formes compatibles avec ce même nombre.

C'est ce qui nous explique les cas si nombreux de polymorphisme que nos théories actuelles sont incapables d'expliquer.

Il peut aussi y avoir coalescence ou subdivision de certaines molécules, quand leur cohésion n'est pas trop forte. Tel semble être le cas des métalloïdes. Ce serait même ce caractère qui les distinguerait des métaux.

Nous verrons que la molécule des métaux alcalins se subdivise dans leurs hydrates, dont la molécule contient quatre demi molécules du métal, associées, chacune, à l'un des 4 atomes d'hydrogène d'une molécule d'eau.

Très rarement la forme de la molécule liquide peut être celle de la molécule solide. La remarquable inégalité des points de fusion vient en grande partie de cette nécessité d'une transformation de la molécule solide pour rendre la liquéfaction possible.

En effet, la molécule solide doit remplir surtout des conditions de stabilité, et ses formes anguleuses doivent pouvoir, en s'ajoutant à elles-mêmes, remplir un espace donné sans vide, comme le peuvent faire des prismes ou des rhomboèdres.

La molécule liquide, au contraire, doit remplir des conditions de mobilité ; elle doit avoir des formes sphériques, lui permettant de rouler, à frottements doux, sur ses voisines, et de conserver son plan de rotation autour de l'un de ses axes principaux de symétrie.

C'est sans doute pour satisfaire à ces multiples conditions contradictoires que la molécule liquide semble souvent être un multiple de la molécule solide.

Il y aurait là une raison des fréquentes dissociations qui résultent de la fusion des corps ou seulement de leur élévation de température.

Ainsi la molécule du bismuth, de 112 atomes (fig. 58), peut donner quatre formes sphéroïdes. L'une a pour noyau le tétraèdre tronqué de 84 — 16 (fig. 58 : I) qui reçoit sur trois de ses faces 12 atomes et sur la quatrième 8. C'est une forme irrégulière. Un second sphéroïde est l'octaèdre de 44 atomes, dont chaque face reçoit une rosette de 7 atomes, avec trois atomes sur chacune des arêtes horizontales (fig. 58 : II). Un troisième

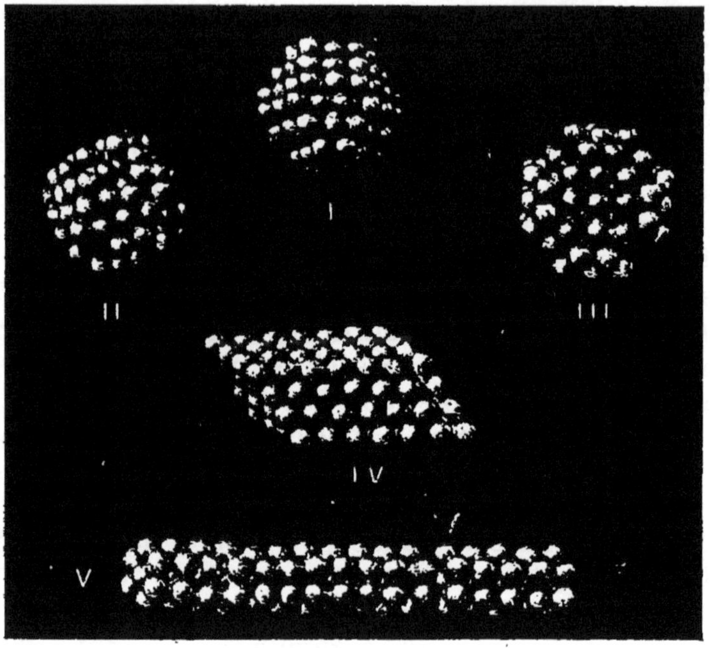

Figure 58. — Formes moléculaires du bismuth, 112 atomes.
I. — Molécule liquide : tétraèdre tronqué et curviligné.
II et III. — Molécules liquides : octaèdres tronqués et curvilignés.
IV. — Métal solide : prisme à base rhombe.
V. — Métal de la filière : prisme à base hexagone.

sphéroïde résulte de l'octaèdre de 85 atomes, tronqué de cinq atomes à chacun de ses deux sommets axillaires et d'un seul à ses quatre autres sommets. De plus chacune de ses faces reçoit cinq atomes : le total est donc $(85 - 14) + (5 \times 8) = 111$ seulement ; mais l'atome surnuméraire peut trouver place sur l'un quelconque des côtés (fig. 58 : III).

Il est une forme régulière qui n'est pas indiquée sur la figure. C'est le tétraèdre de 120 atomes tronqué, de 20 atomes à chaque sommet, et qui devient ainsi un octaèdre irrégulier de 40 atomes dont les quatre grandes faces reçoivent des rosettes hexagones de 7 atomes, pyramidées d'un petit tétraèdre de quatre atomes. Les quatre petites faces ne reçoivent que la rosette de sept atomes. C'est au total $(120 - 80) + (4 \times 11) + (4 \times 7) = 112$.

Ce même nombre de 112 atomes donne à la fusion et au laminoir un beau prisme à base rhombe de $4 \times 4 \times 7 = 112$, et à la filière un prisme allongé, à base hexagone, de 7×16 atomes.

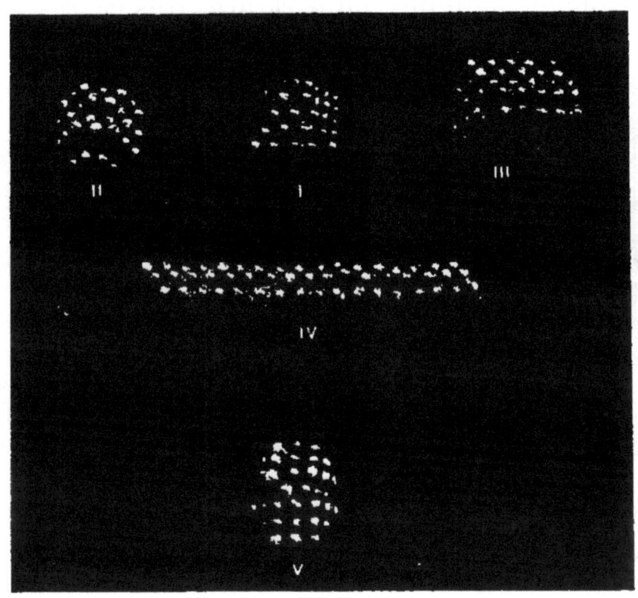

Figure 59. — Forme moléculaire de l'or, 85 atomes.

I. — Type géométrique : octaèdre régulier.
II. — Molécule liquide : octaèdre tronqué et curviligné (en plan).
III. — Métal solide : prisme à base hexagone.
IV. — Métal à la filière : prisme à base trapézoïde.
V. — Élévation de la molécule II.

La molécule du mercure, de 90 atomes, peut donner, comme type géométrique, une molécule elliptique (fig. 56 : I) constituée par 5 tétraèdres, tronqués de deux sommets, de 18 atomes. Cette molécule, en raison du poids de ses atomes et de sa forme, aurait un moment d'inertie maximum qui expliquerait, comme nous le verrons, la basse température de liquéfaction et de volatilisation du mercure, relativement aux autres corps de même densité.

A l'état solide ses 90 atomes donnent un beau prisme, à base trigone, de 10 × 9, un second, de même base, de 15 × 6, et un prisme à base rhombe de 9 × 10. Au martelage ou au laminoir, ils donneraient, en outre, un prisme à base hexagone, de 18 × 5, qui semble préparer le passage des formes solides précédentes à la forme elliptique liquéfiable. A l'étirage, le même nombre de 90 peut encore donner un long prisme à base trigone de 6 × 15, ou enfin un long fil de 3 × 30, exigeant probablement des températures très basses.

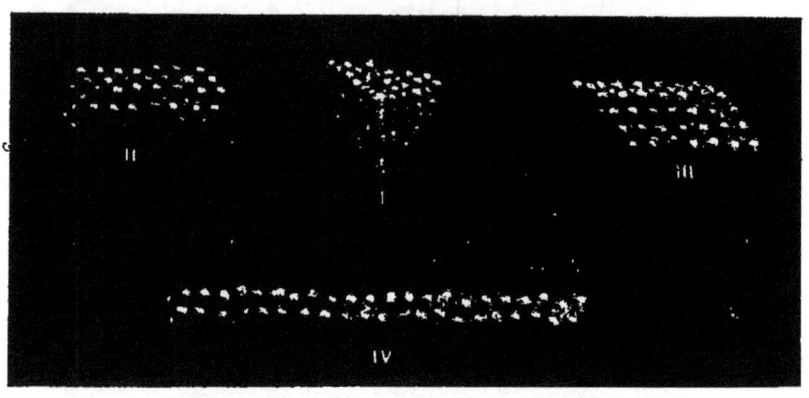

Figure 60. — Forme moléculaire du platine et de l'iridium, 84 atomes.
I. — Type géométrique : tétraèdre régulier.
II. — Métal solide : prisme à base hexagone.
III. — Métal laminé : prisme à base rhombe.
IV. — Métal à la filière : prisme à base rhombe.

La molécule de l'or, de 85 atomes, donne un octaèdre régulier de 85 atomes (fig. 59 : I) comme type géométrique.

Elle donne, comme molécule liquide, un joli sphéroïde ayant pour noyau l'octaèdre de 44 atomes, tronqué de ses six sommets et curviligne de 6 atomes sur chacune de ses faces, sauf une qui n'en recevrait que cinq.

On aurait ainsi (fig. 59 : II) (44 — 6) + (6 × 8, — 1) = 85.

Ce même nombre donne un prisme à base trigone tronquée et irrégulière de 17 = 5 (fig. 59 : III). Il donnerait encore un prisme à base rhombe, tronquée d'un angle, de (20 — 3) × 5, qui n'est pas sur la figure; et, enfin, à la filière, il donne les prismes allongés de 5 = 17 (fig. 59 : IV) de (4 = 21) + 1.

Les molécules du platine et de l'iridium, qui sont semblables, ne diffèrent de celle de l'or que par un atome de moins, mais donnent des formes de type tout différent. Elles constituent des tétraèdres réguliers de 84 atomes (fig. 60 : I) qui peuvent se transformer au laminoir en prismes à bases hexagones, de 12×7 (fig. 60 : II) ou en larges prismes à bases rhombes, de 3×4×7 (fig. 60 : III) et donner à la filière le prisme allongé 4×21 (fig. 60 : IV).

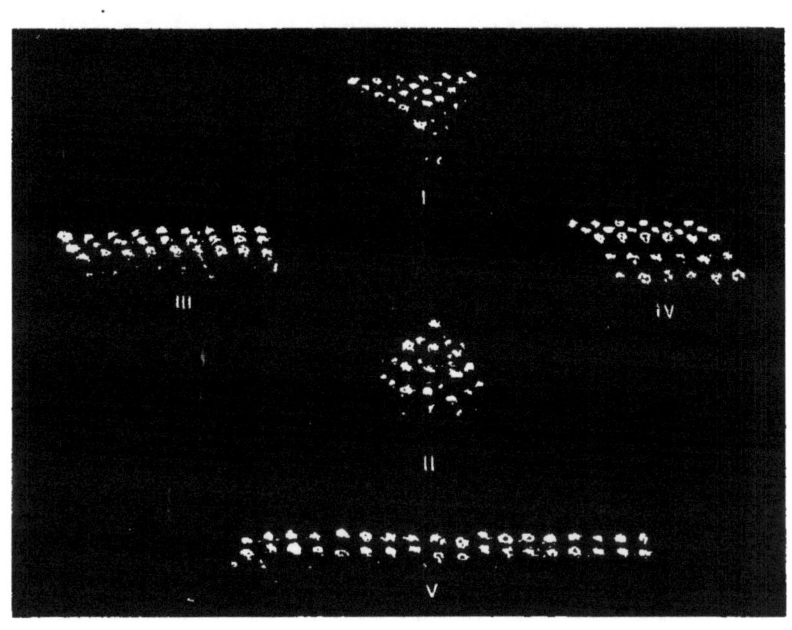

Figure 61. — Forme moléculaire de l'argent, 51 atomes.

I. — Type géométrique : tétraèdre tronqué de 2 sommets.
II. — Molécule liquide : hexaèdre tronqué de 3 sommets et curviligné.
III. — Métal fondu : prisme oblique à base trigone.
IV. — Métal laminé : prisme à base rhombe.
V. — Métal à la filière : prisme oblique à base trigone.

Mais elles peuvent encore donner une molécule curviligne ayant pour noyau le tétraèdre, tronqué en octaèdre, 56 — 4×4, recevant, sur ses quatre grandes faces, des rosettes de 7 atomes, servant de bases à de petits tétraèdres de 4 atomes. On a ainsi des molécules étoilées de (56 — 16) + (11 × 4) = 84. Cette forme n'est pas sur la figure.

La molécule de l'argent, de 54 atomes, est aussi un tétraèdre, mais tronqué de deux sommets : 56 — 2 = 54 (fig. 61 : I). Elle peut se transformer en hexaèdre tronqué et curviligné de (30 — 3) + (9 × 3) = 54 (fig. 61 : II). Elle peut donner, à l'état solide, le prisme à base trigone 6 × 9 (fig. 61 : III) et le prisme à base rhombe 9 × 6 (fig. 61 : IV) ; puis, à la filière, donner le prisme allongé 3 × 18 (fig. 61 : V).

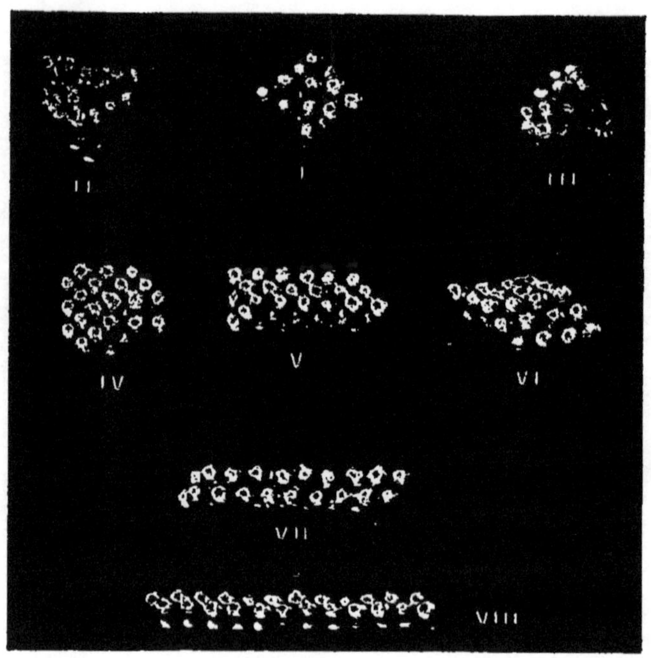

Figure 62. — Formes moléculaires du calcium, 36 atomes.

I. — Type géométrique : tétraèdre pyramidé, étoile à 8 pointes.
II. — Type géométrique : tétraèdre tronqué pyramidé.
III. — Molécule sphéroïde.
IV. — Métal solide : prisme à base hexagone.
V. — Métal solide : prisme à base trigone.
VI. — Métal solide : prisme à base rhombe.
VII. — Métal à la filière : prisme à base rhombe.
VIII. — Métal à la filière : prisme à base trigone.

La molécule du calcium, de 36 atomes, donne des formes très variées. C'est d'abord une étoile à 8 pointes de 20 + 4 × 4

$= 36$ (fig. 62 : I). Puis un tétraèdre tronqué et pyramidé de $(20-4)+5\times4=36$ (fig. 62 : II) ; une double pyramide irrégulière à base trigone, de $3+10+12+7+3+1=36$ qui n'est pas sur la figure I et une forme globuleuse de $10+6\times2+7-2=36$ (fig. 62 : III). Le même nombre 36 donne, à l'état solide, un prisme à base hexagone de 12×3 (fig. 62 : IV) ; un prisme à base trigone de 6×6 (fig. 62 : V), un prisme à base rhombe de 9×4 (fig. VI) ; enfin deux prismes allongés à la filière : 4×9 et 3×12 (fig. 62 : VII et VIII).

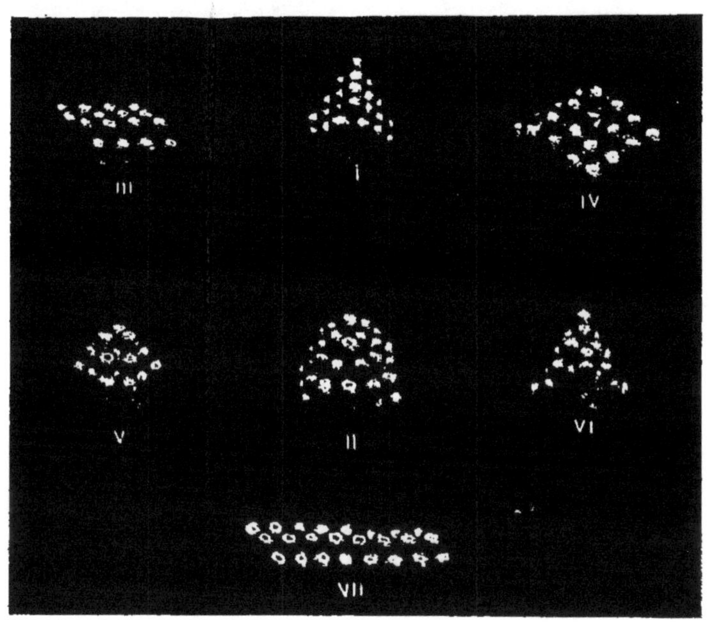

Figure 63. — Formes moléculaires du cuivre, 32 atomes.

I. — Type géométrique : tétraèdre tronqué de 3 sommets.
II. — Double molécule (Cu^2) : tétraèdre tronqué de 4 sommets et curviligné de 4 faces.
III. — Métal fondu : prisme oblique à base rhombe, tronquée d'une arête.
IV. — Métal martelé : prisme oblique à base rhombe.
V. — Molécule liquide : hexaèdre tronqué des arêtes.
VI. — Molécule liquide : tétraèdre curviligné.
VII. — Métal à la filière : prisme à base rhombe.

La molécule du cuivre, de 32 atomes, est un petit tétraèdre, tronqué de trois sommets $=35-3$ (fig. 63 : I) qui peut se transformer à la fusion en un hexaèdre tronqué des arêtes $=12+$

$6 \times 2 + 3 \times 2 + 2 = 32$ (fig. 63 : V). Elle peut donner un tétraèdre étoilé et tronqué de $20 - 4 + 4 \times 4 = 32$ (fig. 63 : VI). Ces molécules liquéfiables peuvent se transformer, à l'état solide, en un prisme oblique à base rhombe, tronqué d'une arête $= 4(9-1)$ (fig. 63 : III), et, sous le martelage, devenir un prisme à base rhombe de $4 \times 4 \times 2$ (fig. 63 : IV).

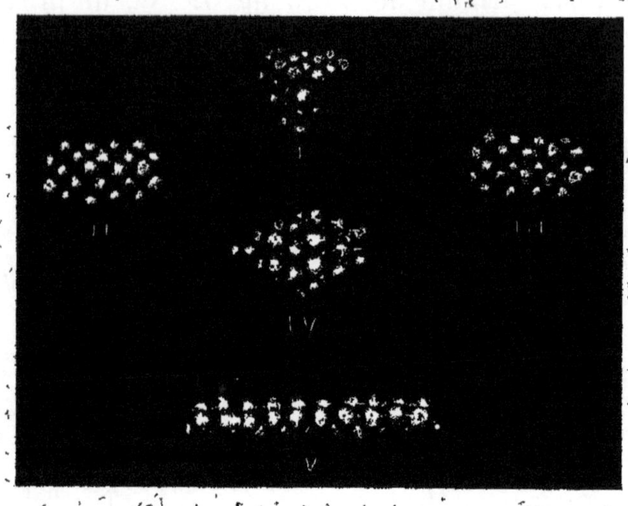

Figure 64. — Forme moléculaire du cobalt, 31 atomes.

I. — Type géométrique et molécule liquide : tétraèdre tronqué des quatre sommets.
II. — Métal fondu : prisme oblique à base pentagone tronqué d'un sommet.
III. — Métal fondu : prisme oblique à base hexagone pyramidée.
IV. — Métal laminé : prisme oblique à base rhombe.
V. — Métal laminé : prisme oblique à base trigone.

La molécule double Cu^2 donnerait une très belle forme liquéfiable, dérivée du tétraèdre de 56 atomes, tronqué en octaèdre irrégulier et curviligné de troncs de pyramides sur ses grandes faces, de la forme $(56 - 4 \times 4) + 6 \times 4 = 64$ (fig. 63 : II).

A la filière la molécule simple donnerait le prisme allongé à base rhombe 4×8 (fig. 63 : VII).

La molécule du cobalt est un joli petit tétraèdre tronqué des quatre sommets $= 35 - 4 = 31$ (fig. 64 : I) ; mais qui ne donne que des prismes irréguliers, comme formes métalliques solides. Tel est le prisme à base irrégulièrement pentagone, tronqué d'un sommet $8 \times 4 - 1$ (fig. 64 : II) et le prisme à base hexagone, pyramidé de $7 \times 4 + 3 = 31$ (fig. 64 : III). De même, au laminoir on ne peut obtenir que le prisme à base rhombe, tronqué d'un sommet $= 16 \times 2 - 1 = 31$ (fig. 64 : IV).

A la filière on n'aurait aussi que le prisme irrégulier à base trigone, de $3 \times 10 + 1 = 31$ (fig. 64 : V).

La molécule du fer peut aussi affecter de très différentes formes. Comme type géométrique, elle peut être une pyramide, à base carrée, de 30 atomes ou l'hexaèdre de 30 atomes (fig. 65 : I et II).

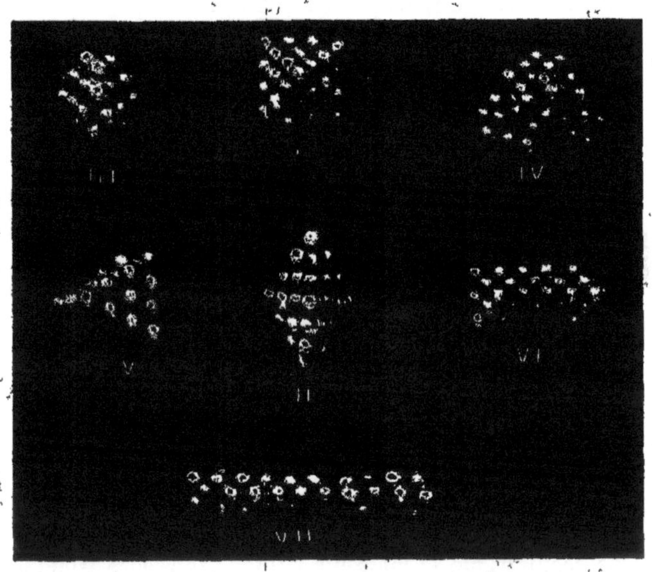

Figure 65. — Forme moléculaire du fer, 30 atomes.

I. — Type géométrique : pyramidé à base carrée.
II. — Type géométrique : hexaèdre régulier.
III. — Molécule liquide : hexaèdre tronqué.
IV. — Double molécule : Fe^2, tétraèdre curviligné.
V. — Métal martelé : prisme oblique à base trigone.
VI. — Métal martelé : prisme oblique à base trigone.
VII. — Métal à la filière : prisme oblique à base trigone.

Comme molécule liquéfiable, on ne trouve qu'un petit hexaèdre tronqué de $12 + 6 \times 2 + 3 \times 2 = 30$ (fig. 65 : III).

La double molécule Fe^2 donne un tétraèdre étoilé $= 20 + (7 + 3) \times 4 = 2 \times 30$ (fig. 65 : IV).

Mais elle donne, à l'état solide, le prisme à base trigone 6×5, et, au martelage, le prisme à base encore trigone 10×3 (fig. 65 : V et VI).

A la filière, un prisme allongé, très régulier, de 3×10 (fig. 65 : VII).

La molécule du manganèse, de 28 atomes, aurait aussi des formes très régulières et très variées. C'est d'abord le joli petit tétraèdre, tronqué de ses 6 arêtes (56 — 4) — (4 × 6) = 28 (fig. 66 : I). Elle peut donner en outre, à l'état solide, un prisme à base hexagone, de 7×4 (fig. 66 : II) ; au laminoir, un prisme à base rhombe, tronqué de deux arêtes, qui devient un prisme à base hexagone, de 14×2 (fig. 66 : III), et à la filière, un prisme à base carrée, de 4×7 (fig. 66 : IV).

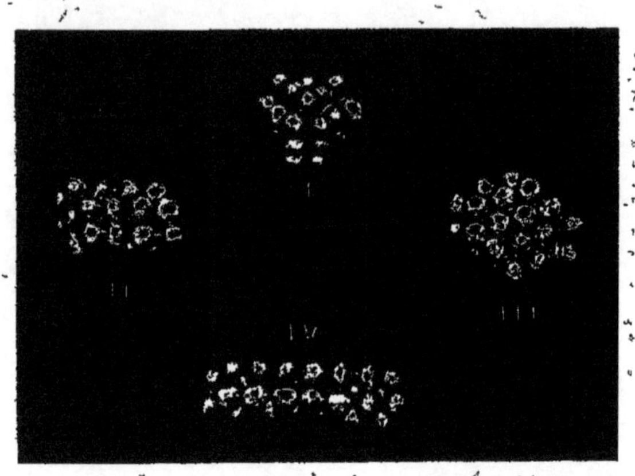

Figure 66. — Formes moléculaires du manganèse, 28 atomes.

I. — Type géométrique et molécule liquide : tétraèdre tronqué des arêtes.
II. — Métal fondu : prisme oblique à base hexagone.
III. — Métal laminé : prisme oblique à base rhombe.
VI. — Métal à la filière : prisme oblique à base rhombe.

La molécule du magnésium n'aurait que 20 atomes qui donnent un tétraèdre régulier (fig. 67 : I). Elle peut donner aussi un ellipsoïde oblique de 7×2+3×2 (fig. 67 : II) ; puis, à l'état solide, le prisme, à base trigone, 10×2 (fig. 67 : III), et, enfin, le prisme à base carrée ou rhombe, selon les pressions, de 4×5 (fig. 67 : IV). Ce serait la forme moléculaire du magnésium en fil.

L'aluminium, avec deux atomes de moins que le magnésium, aurait des formes moléculaires différentes. Son type géométrique serait encore un tétraèdre, mais tronqué de deux sommets, et pourrait prendre la forme d'un hexaèdre oblique tronqué, de 6×2+3×2=18.

A l'état solide sa molécule peut donner le prisme à base trigone 6×3, qui, au laminoir, peut devenir un prisme à base rhombe de 9×2, et à la filière, un prisme allongé de 3×6.

Figure 67. — Formes moléculaires du magnésium, 20 atomes.
I. — Type géométrique : tétraèdre régulier.
II. — Molécule liquide : sphéroïde.
III. — Métal laminé : prisme oblique à base trigone.
IV. — Métal à la filière : prisme oblique à base rhombe.

Plusieurs formes moléculaires sont capables de constituer un plein continu, sans lacunes, par leur agrégation régulière en tranches superposées ou en colonnes. La texture du corps est alors lamellaire ou fibreuse. Il semble que ce soit là essentiellement la constitution des métaux homogènes; constitution à laquelle semble attachée la remarquable propriété de réfléchir la lumière qui constitue l'éclat métallique.

Quand cet éclat fait défaut, comme dans le soufre, il y a lieu de croire que la structure du corps est plus ou moins irrégulière et que les facettes moléculaires, plus ou moins rugueuses, ne correspondent pas aux plans naturels de clivage des dodécaèdres superposés, suivant des angles constants de 60 et 120.

La structure métallique ne peut donc se réaliser que par des prismes à base trigone ou hexagone (fig. 43 et 44) ou par des rhomboèdres bien réguliers (fig. 43), les uns et les autres obliquangles.

C'est ce qui expliquerait pourquoi les métaux affectent moins souvent des formes cristallines définies que leurs dérivés complexes. La régularité continue de leur structure, qui permet aux molécules de s'agencer entre elles, comme les atomes entre eux, sans laisser plus de vides entre elles qu'entre leurs atomes, diminue l'importance des plans de clivage intermoléculaires. De sorte que lorsqu'une de ces masses métalliques est brisée mécaniquement, sa cassure irrégulière montre partout la même homogénéité de constitution et la même structure granuleuse, fibreuse ou lamellaire, sans apparence de formes cristallines définies.

Le polissage des surfaces métalliques consisterait donc uniquement à rétablir la continuité des plans de clivage moléculaires et à les débarrasser des molécules faisant saillie sur ces plans ; mais aussi, quelquefois, aurait-il pour effet de modifier la forme des molécules superficielles et d'en ordonner les surfaces suivant d'autres angles. Les procédés de la ciselure auraient pour effet de modifier ainsi les formes des molécules des surfaces métalliques, et d'agir à la façon du laminoir sur certaines d'entre elles.

Quand les métaux sortent de la fonte, et même quand ils proviennent de la dialyse voltaïque, ils n'ont jamais l'éclat métallique des métaux polis. Leurs surfaces rugueuses diffusent la lumière et ne la réfléchissent pas. Les molécules sont évidemment distribuées sur leurs surfaces dans une certaine confusion. Pour les ordonner, les aplanir, il faut l'action du brunissoir, qui leur donne, soit une orientation régulière, soit des formes qui les aplanissent. Et l'on sait que tous les corps, et même tous les métaux ne sont pas susceptibles de prendre le même poli.

Quand les métaux s'oxydent, le premier effet de cette oxydation est de détruire le poli de leurs surfaces, de les rendre rugueux au toucher. Les molécules superficielles ont été évidemment soulevées, détachées du métal, par le métalloïde qui les entoure et change plus ou moins leurs formes, en rompant leur cohésion mutuelle. Un morceau de fer ainsi attaqué par la rouille, qui le pénètre de proche en proche, et molécule après molécule, finit ainsi par n'être plus qu'un amas plus ou moins informe de minerai.

Les mêmes formes moléculaires ont, en général, d'autant plus d'éclat que leurs atomes sont plus petits et leurs molécules plus denses. Tels sont l'or, le platine, l'argent. Même le plomb et l'étain, le fer, le nickel et le cuivre ont un éclat égal, mais le perdent plus facilement, sous l'attaque des métalloïdes, avec lesquels ils sont mis en contact dans certaines conditions déterminées.

Toutes ces actions et réactions chimiques, qui s'accomplissent ainsi, par le seul jeu des forces naturelles, s'expliquent avec clarté par la théorie que j'expose ici ; elles restent mystérieuses et incompréhensibles dans l'hypothèse des atomistes qui ne veulent voir dans l'équivalent qu'un seul atome isolé. Elles sont plus incompréhensibles encore dans la doctrine des dualistes spiritualisants qui refusent toute activité, toute spontanéité à la matière pour la transférer à l'esprit.

Notre nouvelle hypothèse peut seule expliquer comment les surfaces des divers corps réagissent différemment sur les vibrations lumineuses, les réfléchissent ou les absorbent, et, par suite de ces différences de réaction, prennent une couleur qui leur est propre et qui distingue spécifiquement chaque corps, simple ou complexe, aussi nettement que peuvent le faire sa densité et toutes ses autres propriétés.

CHAPITRE XLV.

PLASTICITÉ MOLÉCULAIRE MALLÉABILITÉ ET DUCTILITÉ

L'atome est plastique, mais il l'est très inégalement. Parfaite chez l'atome éthéré, cette plasticité diminue chez l'atome pesant, avec son rayon, ou en raison inverse de sa masse. Mais nous venons de voir (chap. XLIV) que les molécules, dont les atomes peuvent rouler les uns sur les autres, sans que leur cohésion soit rompue, jouissent d'une plasticité spéciale, en ce que, sous les pressions symétriques qui les sollicitent, elles peuvent changer de forme.

Elles peuvent s'aplatir sous les cylindres du laminoir, ou sous le marteau du forgeron et du chaudronnier; elles peuvent s'étirer en fils plus ou moins ténus à la filière. Les corps réduits ainsi en fils ou en lames montrent plus ou moins de ténacité ou de résistance à la rupture. Sous toutes leurs formes, ils sont plus ou moins durs : c'est-à-dire qu'ils se laissent réciproquement entamer ou rayer les uns par les autres.

A tous ces points de vue, ils se divisent encore en deux séries bien distinctes. Les métaux seuls, c'est-à-dire les corps dont la cohésion moléculaire est relativement forte, sont seuls susceptibles d'une certaine ténacité, d'une certaine malléabilité et surtout d'un certain degré de ductilité.

Parmi ces métaux, chacun d'eux possède ces diverses propriétés à des degrés différents.

Par leur malléabilité et leur ductilité, les métaux cohérents se classent en deux séries sensiblement parallèles. Ce sont :

Pour la malléabilité :	*Pour la ductilité :*
L'or,	L'or,
L'argent,	L'argent,
L'aluminium,	Le platine,
Le cuivre,	L'aluminium,
L'étain,	Le fer,
Le platine,	Le nickel,
Le plomb,	Le cuivre,
Le zinc,	Le zinc,
Le fer,	L'étain,
Le nickel.	Le plomb.

Le parallélisme de ces deux séries n'est pas complet; c'est que les deux propriétés exigent des conditions complexes différentes, avec d'autres qui leur sont communes.

Dans la malléabilité des corps au laminoir, il faut distinguer divers cas : la minceur des lames, leur rigidité ou leur souplesse, leur ténacité ou résistance à la rupture.

La minceur, expérimentalement, dépend du laminoir; on peut l'augmenter ou la diminuer. Comme au laminoir les molécules se déforment, cette déformation, ou le degré d'aplatissement des molécules, dépend de la pression sous laquelle passe le métal.

Mais la déformation des molécules dépend d'abord de leur

formule moléculaire. En s'aplatissant elles restent symétriques. Or leur symétrie résulte des facteurs premiers du nombre de leurs atomes.

Sous le laminoir ou le martelage, comme à la filière, toutes les molécules, portées à leur densité maximum, prennent une forme prismatique, permettant de réduire à son minimum le rapport de leur densité intramoléculaire à leur densité intermoléculaire.

Au point de vue de la malléabilité, il y a pour chaque corps un degré d'aplatissement maximum des prismes élémentaires, c'est-à-dire une limite au rapport de l'aire de la base du prisme à sa hauteur, qui ne pourrait être dépassée sans rompre la cohésion de ses éléments.

Aucun prisme moléculaire ne peut être réduit à une seule tranche prismatique qui ramènerait tous ses atomes sur le même plan.

Il y a donc pour chaque corps une épaisseur minimum de ses molécules qui a pour mesure le nombre de ses tranches prismatiques superposées ou le nombre d'atomes de ses arêtes obliques. Ce nombre, multiplié par le diamètre de ses atomes, mesure sa hauteur relative.

En réalité, la valeur $2\,r\,n$, qui mesure en unités théoriques (le rayon de l'atome d'éther étant cette unité) la longueur des arêtes du prisme, devrait être multipliée par la constante $\frac{3^{1/2}}{2}$ pour avoir la hauteur réelle exprimée en rayons de l'atome d'éther.

Comme cette opération ne change pas les rapports des valeurs ainsi obtenues, on peut en faire l'économie et, de même, exprimer ces rapports en rayons, au lieu de les exprimer en diamètres.

On a donc, pour la mesure relative des hauteurs ou épaisseurs des prismes moléculaires, l'expression

$$\varepsilon = \mathrm{N}r = \frac{n}{m} \tag{42}$$

Car le rayon étant en raison inverse de la masse, nous pouvons substituer, ici comme partout, la masse au rayon, mais en sens inverse.

Il est supposable que cette limite extrême de l'aplatissement des prismes moléculaires n'est jamais atteinte par l'expérience, mais que les épaisseurs minima réalisées par les lames de chaque métal lui sont sensiblement proportionnelles.

Les feuilles métalliques, réduites à cette épaisseur minimum des prismes moléculaires, seraient sans aucune solidité et, sous le moindre ébranlement, se réduiraient en poudre impalpable.

Sous l'épaisseur d'une unité d'ordre quelconque, le nombre des tranches prismatiques augmente en raison inverse de leur épaisseur.

A égalité d'épaisseur, les lames métalliques sont donc d'autant plus tenaces, c'est-à-dire résistantes à la traction et même à la flexion, que leurs lames, étant plus minces, deviennent plus nombreuses et contiennent en hauteur un plus grand nombre de prismes aplatis, superposés et imbriqués.

Leur résistance à la rupture dépend donc aussi de l'aire de la base du prisme élémentaire et de son rapport avec sa hauteur. Car plus ces prismes sont larges, plus ils peuvent être imbriqués les uns sur les autres, dans les lames superposées; en sorte que leurs plans de clivage intermoléculaires ne se correspondant plus entre eux sur les mêmes droites, chaque lame est à la fois plus solide et plus souple.

La souplesse élastique σ sera donc pour les molécules aplaties une condition de leur résistance à la rupture. Elle aura pour mesure le rapport du nombre N des atomes de leur grande base prismatique, multipliant le carré du rayon de ces atomes, à la hauteur $n\,r$ du prisme.

(43) $$\text{Soit : } \sigma = \frac{Nr^2}{nr} = \frac{Nr}{n} = \frac{N}{nm}$$

La ténacité ou résistance à la rupture d'une lame métallique, sous l'épaisseur d'une unité, aura ainsi pour mesure proportionnelle :

(44) $$\rho = \frac{1}{nr}\,\frac{Nr^2}{nr} = \frac{N}{n^2}$$

Le rayon sort ainsi de la formule et la solidité ou ténacité des lames métalliques des divers corps, sous une épaisseur constante, varie en raison directe du nombre d'atomes de la base des prismes constituants et en raison inverse des carrés des nombres d'atomes de leurs arêtes obliques, ou des tranches prismatiques superposées de chaque prisme moléculaire.

Je donne ici un tableau de la malléabilité des métaux classés en série décroissante, d'après les données expérimentales, en regard des valeurs théoriques des hauteurs des prismes élémentaires, correspondant à l'épaisseur minimum des lames métalliques (colonne III); du nombre de ces lames contenues dans l'unité d'épaisseur (colonne IV); de la souplesse ou élasticité de ces lames élémentaires (colonne V); et enfin (colonne VI) de la ténacité ou résistance à la rupture des lames métalliques complexes, sous l'unité d'épaisseur. Les valeurs de cette dernière colonne sont les produits des valeurs correspondantes des deux colonnes IV et V. (Voir ci-contre.)

Ce tableau montre que l'ordre sériaire expérimental de la malléabilité des métaux, donné dans la première colonne, est, d'une façon générale, en raison inverse de l'épaisseur des lames élémentaires, ou de la hauteur des prismes donnée dans la troisième colonne, et directe des nombres de ces prismes sous l'unité d'épaisseur donnés dans la colonne IV.

Il y a, toutefois, un petit déplacement de l'argent qui vient après l'aluminium et avant le cuivre. De même le zinc, le fer et le nickel remontent avant l'étain, le platine et le plomb, qui termine la série des épaisseurs.

Mais dans la pratique expérimentale, la souplesse élastique des lames élémentaires, considérable chez le plomb et l'étain, peut concourir à diminuer l'épaisseur minimum des lames métalliques obtenues ; ce qui expliquerait le déplacement de ces corps dans la série.

Les valeurs de la résistance à la rupture de la sixième colonne, qui sont le produit de la souplesse des lames élémentaires et de leur nombre sous l'unité d'épaisseur, montrent un maximum très élevé pour l'or, après lequel vient l'étain, dont chacun peut constater journellement les propriétés de souplesse et de ténacité dans les minces feuilles qui enveloppent certains comestibles.

La ductilité des mêmes métaux suit des lois fort analogues, mais non pas identiques.

A la filière les molécules se déforment, comme sous le laminoir, mais les prismes s'allongent au lieu de se raccourcir, et c'est leur base qui diminue.

Tableau E.

Malléabilité des Métaux

I Noms des corps. Série décroissante de la malléabilité expérimentale	II Formules prismatiques Hauteur n	Base N	III Épaisseur des lames élémentaires ou hauteur des prismes $n r = \frac{n}{m}$	IV Nombre des lames élémentaires sous l'unité d'épaisseur $\frac{1}{n r} = \frac{m}{n}$	$\times$	V Souplesse élastique des termes élémentaires $\frac{N r^2}{n r} = \frac{N}{n m}$	=	VI Ténacité ou r tance à la ru des lames sou nité d'épaiss $\frac{1}{n r} \frac{N r^2}{n r} =$
—	—		—	—		—		—
Or	3 (6 × 5) — 5		0,32422	3.0843	×	1,0037	=	3.0957
Argent...........	3 × 18		0,37500	2.06668	×	0,7500	=	2.0000
Alluminium.........	2 × 9		0,33333	3.0000	×	0,7500	=	2.2500
Cuivre.............	2 (4 × 4)		0,37914	3.6375	×	0,66597	=	1.4222
Étain..............	3 (6 × 4) — 4		0,43221	2.3137	×	1,15520	=	2.6727
Platine...........	4 × 21		0,42640	2.3452	×	0,55964	=	1.3125
Iridium............	4 × 21		0,42431	2.3561	×	0,55691	=	1.3125
Plomb..........	4 × 27		0,52174	1.9066	×	0,8[illegible]04[illegible]	=	1.6787
Zinc...............	3 (3 × 4) — 1		0,40745	2.4756	×	0,5[illegible]846	=	1.3335
Fer...............	3 × 10		0,40179	2.4890	×	0,44643	=	1.2111
Nickel.............	3 × 10		0,38180	2.6192	×	0,42422	=	1.1111

Cette base, qui est la mesure de la section des fils élémentaires, a pour limite le nombre de trois atomes dans un même plan, qui ne saurait être réduit sans compromettre la cohésion de la molécule.

Selon les facteurs premiers de la formule moléculaire, cette base du prisme peut s'élever à trois, quatre, six ou sept atomes, plus rarement cinq, selon la force d'étirage.

La section ou grosseur minimum des filaments élémentaires, ou aire de leur base prismatique, est :

$$(45) \qquad \beta = n\, r^2 = \frac{n}{m^2}$$

La hauteur du prisme, ou longueur des filaments prismatiques, est proportionnelle au rayon des atomes r, multiplié par leur nombre sur les arêtes obliques des prismes, c'est-à-dire par le nombre des tranches prismatiques superposées.

$$(46) \qquad h = \mathrm{N}\, r = \frac{\mathrm{N}}{m}$$

Conséquemment, le nombre de filaments élémentaires contenus dans un fil métallique, ayant pour section l'unité, est justement en raison inverse de leur base β, soit :

$$(47) \qquad \nu = \frac{1}{n\, r^2} = \frac{m^2}{n}$$

La souplesse de chaque filament élémentaire a pour mesure le rapport de sa longueur à sa section.

$$(48) \qquad \sigma = \frac{h}{\beta} = \frac{\mathrm{N}r}{n\, r^2} = \frac{\mathrm{N}m}{n}$$

Comme nous l'avons vu pour la malléabilité, la ténacité des fils complexes, sous l'unité de section, sera proportionnelle au produit de la souplesse des filaments élémentaires et de leur nombre sous l'unité de section, soit :

$$(49) \qquad \tau = \frac{1}{n\, r^2}\,\frac{\mathrm{N}\, r}{n\, r} = \frac{\mathrm{N}}{n^2 r^3} = \frac{\mathrm{N}m^3}{n^2}$$

Le tableau F montre les séries de toutes ces propriétés des fils métalliques, en regard de la série décroissante de leur ductilité expérimentale.

Tableau F — *Ductilité des corps*

I Noms des corps. Série décroissante de leur ductilité expérimentale	II Formules prismatiques Base — Hauteur	III Épaisseur minimum des lames élémentaires ou base des prismes $n r^2 = \frac{m^2}{n}$	IV Nombre des filaments moléculaires sous l'unité de section $\frac{1}{n r^2} = \frac{m^2}{n}$		V Souplesse élastique des filaments moléculaires $\frac{N r}{n r^2} = \frac{N m}{n}$		VI Tenacité ou résistance à la rupture des fils sous l'unité de section. $\frac{1}{n r^2} \frac{N r}{n r^2} = \frac{N m^3}{n^2}$
—	—	—	—		—		—
Or (fig. 59)..........	(3 × 28) × 1	0,035039	28.539	×	86.459	=	2461.1
Argent (fig. 61)......	3 × 18	0,046875	21.333	×	60.425	=	1289.1
Platine (fig. 60).....	4 × 21	0,045453	22.000	×	62.031	=	1364.0
Iridium (fig. 60).....	4 × 21	0,045011	22.217	×	49.492	=	1097.0
Aluminium.........	3 × 6	0,083333	12.600	×	12.000	=	144.00
Fer (fig. 65).........	3 × 10	0,053811	14.543	×	24.889	=	462.51
Nickel (fig. 65)......	3 × 10	0,04559	20.580	×	26.192	=	539.03
Cuivre (fig. 63)......	(3 × 10) — 1	0,047917	20.869	×	29.012	=	605.47
Zinc...............	(3 × 12) — 1	0,054365	18.390	×	29.714	=	546.58
Etain..............	(4 × 18) — 4	0,083026	12.044	×	31.234	=	376.58
Plomb.............	4 × 18	0,10208	9.7961	×	23.000	=	225.3

Ce tableau montre que l'ordre sériaire expérimental de la ductilité des métaux, donné dans la première colonne, est aussi, d'une façon très générale, inverse de celui des épaisseurs théoriques minima des filaments prismatiques élémentaires. Il y a un très petit déplacement de l'argent qui vient après le platine. Mais l'aluminium paraît tout à fait hors du rang et recule entre l'étain et le plomb pour la grosseur de ses fils élémentaires.

Naturellement le même déplacement s'opère, en sens inverse, dans la colonne IV ; les fils de l'aluminium, étant plus gros, sont moins nombreux sous l'unité de section.

Ce métal se trouve également hors du rang quant à la souplesse de ses filaments élémentaires, gros et courts.

De l'égalité de ces deux valeurs (colonnes IV et V), il suit que celle de la ténacité est égale à leur carré et constitue également un minimum surprenant au milieu de la série.

Je ne puis expliquer cette discordance toute spéciale des données théoriques et de celles de l'expérience.

Celles-ci sont-elles bien établies? Tous les corps les plus ductiles sont des corps denses et tenaces. Il est étonnant de voir un corps aussi léger et aussi cassant que l'aluminium occuper le cinquième rang au point de vue de la ductilité, avant le fer, le nickel et le cuivre dont les fils de toutes les grosseurs nous sont si familiers.

Si l'aluminium occupe le second rang dans la série des métaux malléables, et descend au cinquième dans la série des métaux ductiles, donnés dans les traités de physique, il est à croire qu'il descendra de quelques degrés encore, au moins jusqu'à l'étain. Ses gros atomes, si peu nombreux, sous un poids moléculaire très petit, ne sauraient donner des fils élémentaires très fins, sans que leur cohésion fût très affaiblie (1).

Si un certain parallélisme doit exister entre la série des malléabilités et celle des ductilités, c'est que les molécules, riches en atomes comme celles de l'or, du platine, de l'étain et du plomb, qui au laminoir donnent des prismes à bases très larges, et de faible hauteur à la filière, conséquemment, donneront aussi des prismes très longs à base étroite. De même

(1) Cette contradiction entre les faits et la théorie appuierait la supposition que la molécule solide de l'aluminium est un multiple de l'équivalent.

des corps, dont le poids atomique moyen, avec des densités fortes, contient peu d'atomes, donneront à la fois, au laminoir et à la filière, des prismes peu aplatis ou peu allongés. Toutefois ce parallélisme ne peut être parfait par cette raison que l'aplatissement des prismes au laminoir n'est limité qu'à 2 rangs d'atomes sur le même plan, ou deux tranches prismatiques superposées; tandis que la diminution de leur base à la filière est limitée à 3 atomes sur le même plan.

C'est ainsi que sous le laminoir la formule limite du prisme de l'aluminium est 2×9, tandis qu'à la filière elle devient 3×6.

La formule du platine est, au laminoir comme à la filière, 4×21 et 21×4; mais celle de l'or au laminoir est $3(6 \times 5) - 5$, tandis qu'elle est à la filière $(28 \times 3) + 1$.

Au laminoir et à la filière les formules prismatiques du fer et du nickel sont indiquées dans les deux tableaux 3×10 et 10×3. Ce sont des prismes à base trigone. Mais au laminoir ces deux molécules pourraient atteindre un plus haut degré d'aplatissement et devenir 2×15; comme le cuivre au laminoir donne la forme 2×16, mais à la filière ne peut donner que la forme $(3 \times 11) - 1$.

Dans les calculs de ces deux tables, je n'ai donc pas toujours adopté les formules prismatiques données dans les figures 59 à 65 du chapitre *sur le Polymorphisme moléculaire*. J'ai parfois adopté des formes prismatiques plus aplaties ou plus allongées et, en général, les plus allongées ou les plus aplaties. Ainsi pour l'or, la figure 59 donne pour le métal au laminoir la forme $5(4 \times 5) - 15$, qui est celle d'un rhomboèdre tronqué de trois rangées d'atomes sur une de ses arêtes obliques. Dans la table de la malléabilité, j'ai donné la formule plus aplatie $3(6 \times 5) - 5$ qui est celle d'un rhomboèdre tronqué d'une de ses arêtes horizontales, c'est-à-dire parallèles à sa base.

De même pour l'or à la filière, la figure indique la forme 5×17, qui est la seule forme exacte que comporte le nombre 85; dans le tableau des ductilités, j'ai pris une forme irrégulière, mais plus extrême de $(3 \times 28) + 1$.

Ces formes de prismes tronqués doivent donner, au laminoir, des lames relativement plus cassantes, moins tenaces et moins souples que des formes prismatiques pleines, pouvant s'emboîter exactement les unes dans les autres par une imbrication régulière. En effet, toute arête ou tout sommet tronqué laisse entre les molécules un vide relatif, qui trouble l'égalité des pressions et tend à déformer les atomes; ces vides produisent des solutions de continuité dans la cohésion intermoléculaire, et peuvent déterminer la rupture d'un feuillet métallique.

Les mêmes effets se produisent dans les fils métalliques, non seulement par l'absence d'un ou deux atomes à l'une des tranches extrêmes des prismes, mais plus encore par la présence d'atomes surnuméraires, comme dans la formule de la ductilité de l'or $(3 \times 28) + 1 = 85$.

3×28 est une forme parfaitement régulière et solide, formée de 28 tranches de 3 atomes pouvant s'entre-croiser et s'imbriquer les uns avec les autres, sans aucun vide. Un atome surnuméraire trouble cet ordre. En s'intercalant entre chaque fibre prismatique, il empêche leur soudure exacte et, de plus, tend à renverser à chaque soudure moléculaire le sens de l'obliquité des prismes successifs. Un fil métallique ainsi construit sera toujours moins cohérent, moins tenace que celui qui serait construit avec les mêmes atomes, mais en nombre exact de 3×28, à égalité de section, et d'autant plus que la section sera plus petite.

Mais comme tout atome doit, en fin de compte, trouver toujours sa place, si une molécule contenant au martelage, sous pression moyenne, 85 atomes qui forment le prisme très solide $7 \times 17 = 85$, est soumise, soit à la filière, soit au laminoir, à des forces qui l'aplatissent ou l'allongent davantage, jusqu'aux formes $(3 \times 28) + 1$ ou $3\,(6 \times 5) - 5$, ces formes irrégulières s'imposeront d'elles-mêmes aux molécules.

La série des métaux classés d'après la ténacité ou résistance à la traction de leurs fils de même diamètre présente un ordre bien différent de celui de leur ductilité, c'est-à-dire de leur aptitude à se laisser étirer en fils plus ou moins fins.

Voici cette série telle qu'on la donne pour des fils de 2 millimètres de diamètre.

Cobalt	432	kilogs.
Nickel	326	—
Fer	250	—
Cuivre	137	—
Platine	125	—
Argent	85	—

Or.	68 kilogs.
Zinc.	50 —
Étain.	16 —
Plomb.	10 —

Cette série semble, sur plusieurs points, en contradiction avec la colonne VI de notre tableau.

Mais il faut tenir compte des conditions de l'expérience faite sur des fils de diamètre uniforme de 2 millimètres.

C'est un diamètre considérable relativement à celui des molécules, surtout pour les métaux très denses, tels que l'or et le platine, qui, dans cette série, se trouvent descendus, non pas aux derniers rangs, mais aux rangs moyens, au lieu des premiers qu'ils occupent par leur ductilité. Dans la production de ces fils a-t-il été tenu compte de la pression ?

Sous de faibles pressions, en effet, les petites molécules du platine, de l'or, même celles de l'argent et du cuivre, peuvent s'engager dans les trous de filière sans se déformer, sans *filer*, en gardant les formes, plus ou moins sphériques et ramassées, qu'elles prendraient au laminoir ou même à la fusion.

Il s'ensuivrait que, sous des diamètres un peu grands, la structure de ces fils, au lieu d'être fibreuse, serait granuleuse, comme celle des métaux simplement fondus. De là, naturellement, le manque de ténacité, relativement au nickel et au fer, dont les atomes, plus gros, diminuent le nombre des molécules qui peuvent passer à la fois par la même filière.

Ces deux corps sous les mêmes pressions, insuffisantes pour déformer celles du platine et de l'or, déformeraient leurs molécules.

Il est donc à croire que, pour des fils de plus petit diamètre, l'ordre serait changé, sous des pressions proportionnelles à la densité des corps.

Sous les mêmes pressions et par des trous de filière de même diamètre, les molécules, riches en petits atomes comme l'or et le platine, se déforment et s'allongent relativement beaucoup moins que celles du fer ou du nickel, formées d'atomes plus gros et peu nombreux. 30 atomes ne peuvent donner à la filière que les formes 3×10 ou 5×6, selon la pression et le diamètre des trous. Au contraire, 84 atomes peuvent donner non seulement les formes 3×28 et 4×21, mais aussi les formes plus ramassées 6×14 et 7×12, constituant des fils plus gros, moins longs et moins souples, donnant, par leur imbrication moins enchevêtrée, des fils complexes moins tenaces. En sorte que sous le diamètre égal de 2 millimètres, très fin pour le fer et le nickel, mais très gros pour l'or et le platine, les fils de ces deux derniers métaux auraient moins de ténacité que ceux du nickel et du fer.

Il est encore une autre explication de la faible ténacité de l'or dont la formule prismatique $3 \times 28 + 1$ est irrégulière. Les 85 atomes de sa molécule n'ayant pas d'autres facteurs premiers que 5 et 17, à égalité de section, sont loin d'avoir la ténacité du platine dont la formule régulière est 3×28 ou au moins 4×21. Sous ces formes, le platine serait plus tenace que l'or, à égalité de section.

De même, le cuivre, avec sa formule irrégulière $3 \times 11 - 1$, doit avoir une ténacité inférieure à celle du fer et du nickel dont les formules très régulières sont également de 3×10.

Le zinc aurait aussi sa ténacité affaiblie par l'irrégularité de sa formule $3 \times 12 - 1$.

Il est remarquable que l'étain et le plomb occupent tous les deux les derniers rangs dans la série des ténacités expérimentales, comme dans la colonne VI de notre tableau des ductilités.

Pour l'étain, sa faible ténacité s'explique particulièrement par sa formule irrégulière de $4 \times 18 - 4$ ou $3 \times 24 - 4 = 68$. Cette cause d'affaiblissement de sa cohésion intermoléculaire l'emporterait sur la richesse en atomes de sa molécule et la longueur relative de ses filaments prismatiques.

Quant au plomb, sa grosse molécule ne semble pouvoir s'allonger que dans la même proportion que celle des corps de densité analogue sous les mêmes pressions 108 : 6 : : 72 : 4. La longueur 18 est donc un rapport d'allongement identique pour les deux molécules du plomb et de l'étain. Comme le plomb est plus dense, et ses atomes plus petits, la fibre du plomb est en réalité plus courte que celle de l'étain, mais moins souple, étant plus grosse dans le rapport de 6 : 4.

En sortant de la filière, les fils métalliques sont reçus sur des dévidoirs qui leur font subir une certaine torsion.

En général, cette torsion, en comprimant les fibres les unes contre les autres, augmente leur cohésion latérale, affaiblie par leur étirement en longueur, et ajoute à leur ténacité.

Les fils deviennent ainsi de véritables câbles métalliques dont la force de résistance augmente par la torsion.

Mais le degré de torsion maximum que chaque métal peut supporter doit être très variable.

Les tours de spire doivent toujours rester plus longs que la longueur des molécules; mais, s'ils sont trop longs, ils n'ajoutent rien à la ténacité.

Si la torsion ne fait que courber légèrement des fibres moléculaires, nombreuses et formées de très petits atomes, n'en trouble pas l'agencement symétrique et ne déforme pas sensiblement leurs dodécaèdres, cette même torsion, au contraire, altérera notablement les formes polyédriques de fibres plus grosses formées d'atomes de plus grands rayons, compromettra leur équilibre et en provoquera la rupture.

La ténacité des métaux, comme leur ductilité et leur malléabilité, résulte donc de conditions très complexes et de rapports multiples entre-croisés, dont il est malaisé d'analyser l'enchaînement dans chaque cas particulier pour en déterminer *à priori* les résultantes.

CHAPITRE XLVI

DURETÉ DES CORPS SOLIDES

Les métaux dans l'ordre de leur dureté sont :

I. Le chrome, le plus dur des métaux connus, aussi dur que le corindon et qui raye le verre.

II. Les ferridés : nickel, cobalt et fer, puis l'antimoine et le zinc, tous métaux rayés par le verre.

III. Le cuivre, le platine, l'or et l'argent; auridés et argentidés; puis le groupe du bismuth, du cadmium et de l'étain. Tous sont assez mous pour être rayés par le carbonate de chaux cristallisé, ou spath d'Islande.

IV. Le plomb vient ensuite, isolé, qui est rayé par l'ongle.

V. Le potassium et le sodium sont mous comme de la cire.

VI. Le mercure, liquide aux températures ordinaires, ne se solidifie qu'à — 40°. En cet état, c'est un métal également très mou.

Que conclure de cette sériation?

Il en ressort avec évidence que les corps les plus mous ont des molécules composées d'atomes nombreux, relativement à leur masse atomique. Leur densité dynamique est élevée, ainsi que leur volume moléculaire. Fait remarquable : leur température de fusion est très basse.

Le tableau suivant montre le parallélisme frappant de la dureté des corps en sens inverse de leurs densités dynamiques et de leurs volumes et en sens direct de leurs températures de fusion.

TABLEAU G.

Dureté des corps, série décroissante.

I Dureté des corps	II Noms des corps	III Volume moléculaire	IV Densité dynamique	V Température de fusion
I. Liquide à 0° Mou à — 40°	Mercure..	0.12277	1.0443	— 40
II. Mous comme la cire.....	Potassium	0.65023	1.5183	+ 55
	Sodium...	0.36189	1.1776	+ 90
III. Rayé par l'ongle.....	Plomb....	0.19567	1.2248	+ 325
IV. Rayé par le carbonate de chaux..	Bismuth..	0.21054	1.2580	+ 265
	Etain.....	0.18185	1.1243	+ 235
	Cadmium.	0.13333	1.0077	+ 500
	Or...... ..	0.10783	0.99747	+ 1240
	Platine....	0.10310	0.98451	+ 1775
	Argent...	0.11161	0.94494	+ 955
	Cuivre....	0.080792	0.79954	+ 1054
V. Rayé par le verre......	Antimoine	0.19908	1.1616	+ 440
	Zinc......	0.09372	0.85018	+ 431
	Cobalt....	0.086575	0.81175	+ 1500
	Nickel.. .	0.078455	0.78556	+ 1500
	Fer.......	0.088604	0.81325	+ 1500
VI. Raye le verre	Chrome...	0.10486	0.85349	?

Les données expérimentales de ce tableau (les deux premières colonnes) sont empruntées à la *Chimie* de M. Troost, p. 333.

Dans chaque groupe, la série des densités dynamiques et des volumes suit une progression descendante dont la moyenne est inférieure à celle du groupe précédent, bien que les derniers termes de l'un descendent au-dessous des premiers termes de l'autre.

Encore n'est-ce que le potassium, le bismuth et l'antimoine, premiers termes des groupes II, IV et V, qui chevauchent ainsi, d'une manière sensible, sur les groupes précédents par leurs volumes et leurs densités dynamiques.

Il en ressort évidemment que les corps les plus mous ont les plus grosses molécules, en général formées des plus gros atomes.

Toutefois, ce terme de mollesse paraît mal choisi pour exprimer la propriété des corps d'être rayés, c'est-à-dire partiellement désagrégés par d'autres. Le terme de *seccabilité* serait plus exact. Le qualificatif de *mou* devrait être réservé pour exprimer la malléabilité plastique des corps, tels que le potassium et le sodium, qui changent de forme sous la pression, comme la cire.

Un corps qui se laisse rayer est déjà un corps dur, qui se laisse pénétrer et désagréger par un corps non plus dur mais plus tranchant.

On conçoit, en effet, que les surfaces des corps constitués de petites molécules formées de petits atomes, étant plus lisses, se laissent moins aisément pénétrer que ceux dont les grosses molécules, formées de gros atomes, ont des surfaces plus ondulées, que celles-ci offrent plus de prise aux aspérités aiguës des autres corps pour pénétrer dans leurs interstices et leurs sinus rentrants.

Le diamant, le verre, le spath d'Islande, employés pour essayer la dureté des corps, n'agissent sur eux que par leurs arêtes cristallines tranchantes, et non par leurs facettes planes. Les angles dièdres de ces arêtes, ou mieux encore les sommets aigus de leurs angles polyèdres, peuvent s'insinuer entre de grosses molécules et les déplacer ou les enlever. Ils sont trop mousses pour s'introduire entre les petites.

Les molécules du diamant seraient énormes, d'après ce que nous en avons vu, et leur densité dynamique serait plus forte que celle de tous les autres corps. Mais il résulterait justement de leur condensation, que leurs atomes, très gros sous la pression normale, dans la molécule du diamant subissent une augmentation de compression centripète, qui diminue leur volume dans la mesure du rapport inverse des densités 3 : 0,3; c'est-à-dire que leurs atomes deviennent 10 fois plus petits que le volume qu'ils auraient dans l'équivalent de

16 atomes et environ 12 fois plus petits que leur volume virtuel.

Cette densité dynamique considérable rend donc leurs agrégats moléculaires très durs, en ce sens qu'ils sont peu plastiques sous la pression, en même temps que leur masse moléculaire énorme leur donne une grande cohésion. Toutes ces conditions tendent à rendre les arêtes de leurs polyèdres très tranchantes et propres à attaquer les surfaces de tous les autres corps.

Le verre, en grande partie constitué de silice, peut être dans le même cas, bien qu'à un moindre degré, et ses arêtes vives peuvent mordre sur les petites molécules des ferridés, les déplacer ou les enlever.

Le spath d'Islande, ou carbonate de chaux cristallisé, ne possède les mêmes propriétés qu'à un moindre degré. Ses arêtes plus mousses et moins dures, par suite de sa moindre condensation, ne peuvent mordre que sur des surfaces formées des affleurements de plus grosses molécules, que les atomes en soient plus ou moins grands.

En tout cas, c'est la cohésion intermoléculaire, exclusivement, que rompt l'essayage de la dureté des corps par les angles des cristaux ou les pointes métalliques ; la cohésion interatomique, au sein des molécules, n'en est pas atteinte ; celle-là ne peut être modifiée que chimiquement et non mécaniquement.

Cette mollesse ou seccabilité est toute relative à certains corps, agissant de certaine façon. Ainsi le diamant se laisse polir par sa propre poussière, mais non par un autre diamant déjà poli.

Ce n'est donc pas directement, par suite d'un affaiblissement de leur densité dynamique, que les corps deviennent durs ou plutôt insecables ; ce serait plutôt malgré cet affaiblissement, qui est en corrélation avec leur diminution de volume moléculaire, par la diminution du nombre de leurs atomes.

Une certaine densité dynamique est d'ailleurs loin de nuire à la seccabilité d'un corps, sous l'action d'un corps plus dur ; car il faut qu'un corps résiste sous la pression pour être entamé, et la scie, la lime ne mordent que sur les corps où elles n'enfoncent pas. La mollesse plastique des corps réellement mous ou malléables, comme le potassium et le sodium, est donc un phénomène d'un autre ordre que la dureté relative des corps des autres groupes qui se laissent rayer par les arêtes vives des corps cristallins.

C'est à la grosseur de leurs atomes surtout que les métaux alcalins doivent leur plasticité, qui fait défaut aux petits atomes des ferridés et des auridés ; c'est à la petitesse de leurs atomes et à celle de leurs molécules que les ferridés doivent leur insécabilité mécanique, qui diminue chez les auridés, parce que leurs molécules sont plus grosses, bien que leurs atomes soient plus petits. Mais elle diminue encore davantage chez les stannidés, parce que leurs grosses molécules sont constituées d'atomes plus gros, donnant plus de prise à l'attaque, avec une densité dynamique assez forte pour laisser à l'action mécanique toute sa puissance.

D'où peut provenir le parallélisme, si évident, de la dureté des corps avec leur infusibilité ? Comment l'expliquer ? Aucune relation directe ne semble d'abord pouvoir exister entre les deux phénomènes.

Aussi n'est-ce point directement la dureté des corps qui est la condition de leur infusibilité ; c'est leur volume moléculaire et leur grande densité dynamique qui les rendent à la fois plus mous et plus fusibles, comme nous le verrons ci-après.

CHAPITRE XLVII

TEMPÉRATURES DE FUSION DES CORPS SOLIDES

Jusqu'ici nous avons considéré les corps à leur état solide, en équilibre statique ; les molécules étant, comme les atomes, enchaînées les unes aux autres par la cohésion qui résulte des pressions de l'éther ambiant sur leurs surfaces.

Nous avons maintenant à étudier ces corps à leurs états d'équilibre dynamique et leur passage de l'un de ces états à l'autre ; c'est-à-dire à chercher quel est le processus de leur fusion et de leur vaporisation.

Il est assez généralement admis aujourd'hui que la liquéfaction des corps résulte de la mise en rotation de leurs molécules ; mais si cette thèse est devenue vulgaire, je crois avoir été une des premières à la soutenir. Je l'ai enseignée, comme évidente, dès l'année 1859, dans le cours de Philosophie naturelle que je fis alors à Lausanne.

Dès lors, il me paraissait démontré, par la nécessité même des choses, que cette rotation des molécules devait se produire autour d'un axe parallèle à la direction de la pesanteur ; que la force centrifuge développée par cette rotation est celle qui tend à les repousser les unes loin des autres, et à étendre ainsi les couches liquides dans une direction perpendiculaire à celle de la pesanteur, jusqu'à la rencontre des parois qui limitent leur expansion en ce sens.

Pour que les molécules entrent en rotation autour d'un axe passant par leur centre de gravité, il faut d'abord que leur cohésion mutuelle soit rompue et qu'elles soient devenues libres de se mouvoir individuellement.

On trouve donc dans cette rupture de leur cohésion la raison d'une intervention de leur densité dynamique. Plus les molécules sont condensées, plus est énergique la réaction répulsive qu'elles exercent les unes contre les autres et contre les pressions extérieures qui les lient. Par conséquent leur grande densité dynamique coopère à leur dissociation, en rendant plus énergique l'action répulsive de leurs vibrations thermiques.

D'un autre côté, leur mise en rotation ne pouvant être déterminée que par l'action de forces extérieures, agissant comme un couple, ces forces sont d'autant plus puissantes qu'elles agissent sur des bras de levier plus longs. Ces bras de levier sont les rayons des molécules, en relation avec leur volume, mais qui dépendent surtout de leurs formes.

Il s'ensuit que les molécules qui entrent le plus aisément en rotation étant à la fois les plus grosses et les plus condensées, sont celles qui sont formées des atomes les plus nombreux et les plus grands, relativement à leur masse totale, puisque la vitesse de leur mouvement de rotation doit dépendre du rapport de leur moment d'inertie à la masse à mouvoir.

La mise en rotation des molécules solides exige donc certaines conditions complexes, qui expliquent la facilité plus ou moins grande des corps pour prendre l'état liquide et les variations si considérables de la température à laquelle cette fusion commence et qui reste constante jusqu'à ce qu'elle soit complète.

Les conditions de masse, bien que jouant certainement un rôle dans la détermination de cette température de fusion des corps, et plus encore de leur chaleur de fusion, paraissent toutefois secondaires auprès des conditions de forme. Les molécules dont les formes se prêtent le mieux à leur mise en rotation doivent prendre l'état liquide aux températures les plus basses.

Naturellement, les molécules sphériques ou elliptiques sont les plus propres à entrer en rotation. Les corps dont les molécules peuvent prendre ces formes doivent avoir les températures de fusion les moins élevées; bien que leur chaleur de fusion, ou chaleur latente, puisse être, comme celle de l'eau, très considérable. Les deux phénomènes ne sont pas corrélatifs.

Si la molécule du mercure, avec ses 90 atomes, de masse 8,888, peut prendre l'état liquide à la température de — 40°, c'est que sa forme moléculaire se prête tout particulièrement à sa mise en rotation.

A l'état solide, la molécule du mercure peut prendre de très diverses formes. Elle peut donner un rhomboèdre régulier de la forme 10 (3×3) ; un prisme à base trigone de la forme 9×10, un autre de la forme 6×15. Elle peut donner un prisme à base hexaèdre 5×18. Toutes ces formes sont remarquablement stables. Ce sont celles que ce corps prend sans doute aux températures très basses, quand il devient solide.

Quand sa température s'élève et prépare sa fusion, il peut affecter la forme d'un octaèdre tronqué et curviligné de la forme $(44 - 2) + (6 \times 8) = 90$. En cet état, c'est un corps mou, déjà plastique, tendant à s'agglomérer en masses plus ou moins sphériques.

Mais il y a lieu de penser que la vraie molécule du mercure, à l'état de liquéfaction complète, est la double pyramide pentagonale (fig. 56 : I), formée de 5 tétraèdres accolés, convergents par une de leurs arêtes, comme axe commun de rotation.

La molécule du mercure n'ayant que 90 atomes, chaque tétraèdre n'en compterait que 18 et ne réaliserait que le tétraèdre de 20 atomes (fig. 49 : III), tronqué des deux sommets terminaux de celle de ses arêtes qui converge au centre vers l'axe de rotation commun. Ainsi réduit à la moitié de sa hauteur, cet axe serait donc un axe d'inertie maximum, assurant à la rotation une grande stabilité.

Sous l'influence de la force centrifuge, développée par la rotation, le périmètre pentagone de cette roue renflée aurait une tendance à devenir plus ou moins régulièrement circulaire et à faire de la molécule un sphéroïde de révolution presque parfait, avec un moment d'inertie considérable. Car, en réalité, son axe serait vide, correspondant au point de convergence des cinq arêtes tronquées des cinq tétraèdres constituants qui, en vertu de la force centrifuge, auraient une tendance à diverger du centre, d'autant plus que la rotation serait plus rapide.

Sous cette forme, le mercure peut être d'une mobilité extrême, et ses molécules doivent avoir une tendance à s'agglomérer en gouttelettes sphériques. Une telle molécule doit entrer en rotation avec une facilité toute particulière. Étant formée de très petits atomes, de rayon $\frac{1}{8,8888}$ dont la vitesse vibratoire spécifique, proportionnelle au carré de leur masse, 8,888, multiplie les vitesses vibratoires du milieu ambiant, l'inertie de la masse moléculaire, aisément vaincue, développe une force vive considérable, qui, une fois la rotation commencée, entretient son mouvement.

C'est pourquoi, en général, la masse de la molécule n'est pas un obstacle à sa mise en rotation. Car si la valeur de cette masse augmente, comme le nombre de ses atomes constituants, pour des nombres d'atomes égaux, la vitesse vibratoire augmentant comme le carré de la masse atomique, la force motrice se trouve augmenter comme le carré de la masse à mouvoir.

Si c'est au contraire le nombre des atomes qui augmente, la masse de chaque atome restant constante, c'est le rayon moléculaire qui augmente et, avec lui, le moment d'inertie.

Les conditions de la liquéfaction du brome, à de basses températures, sont un peu différentes de celles du mercure. La masse moléculaire est moins pesante, et son volume est plus grand.

Le brome a une molécule de 56 atomes dont le type géométrique est un tétraèdre régulier, mais qui, à l'état solide, peut donner les deux prismes à base trigone 8×7 et 4×14. Elle peut même donner le prisme à base trigone, très aplati, 2×28. Le brome solide doit donc être très malléable, mais peu ductile, puisque la section minimum de ses fils serait de 4 gros atomes.

Il y a plus de difficulté à déterminer la forme de sa molécule liquide. 56 atomes peuvent donner le tétraèdre tronqué et curviligné $(20 - 4) + (10 \times 4)$, dont les quatre faces régulières, en rosettes de 7 atomes (fig. 50 : II) servent de base à quatre tétraèdres de dix atomes. Ce n'est pas un sphéroïde, mais un polyèdre étoilé, à quatre branches. Le même nombre d'atomes peut aussi donner un tétraèdre tronqué des arêtes et curviligné de la forme $(56 - 28) + 4 \times 7$ (fig. 52 : III). Il peut donner une double pyramide, à base hexagone irrégulière, ou un solide, sur cinq plans superposés de $7 + 12 + 19 + 12 + 6 = 56$.

Toutes ces formes sont plus ou moins susceptibles d'entrer en rotation ; elles n'expliqueraient pas la tendance du brome à prendre et conserver l'état liquide à de si basses températures. Mais il est une autre forme complexe, analogue à celle du mercure, résultant de la coalescence, sur un même plan, de 5 tétraèdres moléculaires convergeant par une de leurs arêtes autour d'un axe de rotation commun (fig. 56 : I). Une telle molécule aurait une masse considérable de 5×320, par conséquent presque du double de celle du mercure qui est de 800 ; mais elle aurait aussi un moment d'inertie bien supérieur à celui de la molécule de mercure, son volume étant plus de 9 fois plus grand, et ses proportions restant sensiblement égales, sous une forme presque identique. La seule différence, c'est que son axe de rotation serait relativement plus long, les arêtes centrales de ses cinq tétraèdres n'étant pas tronquées, comme dans la molécule de mercure de 5×18 atomes.

Sous cette forme, la molécule du brome entrerait donc facilement en rotation, sans acquérir toutefois la même vitesse angulaire que celle du mercure, aux mêmes températures, la vitesse vibratoire spécifique de ses atomes ne multipliant celle du milieu ambiant que par 5,7143[1].

On s'expliquerait ainsi que la fusion du brome ne persiste que jusqu'à — 7°,3, tandis que celle du mercure se maintient jusqu'à — 40°.

Les métalloïdes peuvent donc, soit à l'état liquide, soit à

l'état solide, prendre des formes moléculaires variées, analogues à celles des métaux (fig. 58 à 67, ch. XLVI).

Il en est de même des légers métaux alcalins. De leurs formes moléculaires dépendent principalement leurs températures de fusion.

Le type géométrique de la molécule du potassium est l'octaèdre régulier, de 44 atomes (fig. 48 : XIII). A l'état solide on ne peut lui concevoir que la forme prismatique irrégulière 4×11, qui peut tendre à se dédoubler, comme nous le verrons, en deux molécules sphériques de la forme $10 + 4 \times 3 = 22$ (fig. 52 : I). Sous cette forme, le potassium pourrait prendre l'état liquide. Mais la molécule peut encore prendre la forme d'un tétraèdre curviligné, $20 + (4 \times 6) = 44$ (fig. 52 : II).

La molécule du sodium, de 24 atomes, n'a d'autre type géométrique régulier que le prisme à base trigone, 4×6 (fig. 42 : II). Elle peut, toutefois, affecter la forme du prisme irrégulier, tronqué, 3×8, et s'aplatir en prisme à base hexagone 2×12. On ne peut lui concevoir d'autre molécule sphérique qu'une forme de double pyramide tronquée, à base hexaèdre, sur trois plans, de $6 + 12 + 6 = 24$ atomes.

La coalescence de deux molécules donnerait un hexaèdre régulier, curviligné de $30 + (6 \times 3) = 48$ atomes (fig. 52 : VII), ou le tétraèdre curviligné $20 + (4 \times 7) = 48$ qui présente un équilibre instable.

Le type géométrique de la petite molécule du lithium est un petit rhomboèdre régulier de $2 \times 2 \times 2 = 8$. On ne peut lui concevoir une forme liquide, sans la coalescence de deux molécules, qui donneraient le petit tétraèdre tronqué, très stable, de $20 - 4 = 16$ (fig. 49 : II).

Parmi les métalloïdes, le phosphore ne compte que 25 atomes dans sa molécule. C'est un type géométrique à symétrie pentagonale de la forme $6 \times 4 + 1$ (fig. 54 : VI), qui donne une sorte de solide cylindrique ou de prisme à 10 pans, bipyramidé. C'est une forme peu stable, mais on ne saurait lui en concevoir une autre mieux équilibrée, même à l'état solide. Elle se prête aussi mal à l'état liquide, ne pouvant entrer en rotation qu'autour de son grand axe. Mais la coalescence de deux molécules donnerait le joli tétraèdre tronqué des arêtes, $84 - 34 = 50$ (fig. 51 : IV). De tels tétraèdres, opposés par couples, base à base, peuvent aisément entrer en rotation.

La molécule de l'arsenic, de 45 atomes, à l'état solide, donne un beau rhomboèdre de 5 (3 × 3) = 45. C'est une forme unique. A l'état liquide, elle peut prendre la plus complète des formes sphériques, de symétrie pentagonale (fig. 54 : VIII), d'une mise en rotation facile, bien qu'ayant un moment d'inertie assez faible, en vertu de sa sphéricité même.

L'antimoine, avec 72 atomes, a des formes solides très variées qui donnent à ce corps une très grande plasticité. Sa molécule peut donner le rhombe, très aplati, de 2 (6 × 6) = 72; le rhombe 3 (4 × 6) = 72; les deux prismes à base hexaèdre 4 × 18 = 72, et 6 × 12 = 72; et enfin, à la filière, les prismes, plus ou moins fins, 12 × 6; 18 × 4; 24 × 3. Mais, à l'état liquide, ses formes sont assez irrégulières. Cependant, elle peut donner un tétraèdre de 35 atomes, tronqué de trois sommets et curviligné de quatre pyramides hexaèdres, de 10 atomes; soit (35 — 3) + 4 (7 + 3) = 72. Elle peut donner l'hexaèdre de 30 atomes, curvilignés de 6 rosettes; soit 30 + (6 × 7) = 72, d'un équilibre instable.

La molécule du soufre, avec ses 24 atomes, ne peut avoir que les formes de la molécule du sodium (voir p. 374).

Telle est du moins la molécule du soufre prismatique, dont la densité varie de 3,96 à 1,99. Il y a lieu de supposer que la molécule du soufre octaédrique, de densité 2,07, compte six atomes de plus, soit 30 atomes. Son type géométrique serait alors celui du fer (fig. 65), dont elle aurait aussi les formes prismatiques à l'état solide.

La molécule du sélénium compte 54 atomes. C'est un tétraèdre tronqué de deux sommets, qui donne le rhomboèdre 6 (3 × 3) = 54. Elle peut donner également le prisme aplati à base hexagone 3 (3 × 6) = 54 ou, au contraire, les prismes allongés à base trigone 18 × 3 et 9 × 6 = 54. Comme forme liquéfiable, elle ne peut guère donner que le tétraèdre de 35 atomes (fig. 48 : IV), tronqué des 4 sommets, curviligné de 6 atomes sur trois faces et seulement de 5 sur la quatrième. Soit : la forme (35 — 4) + (4 × 6) — 1 (fig. 53 : III). Il pourrait donner aussi l'hexaèdre de 30 atomes, portant sur ses six faces des petits tétraèdres de 4 atomes, soit 30 + 6 × 4 = 54 (fig. 52 : VIII), mais ce serait une étoile à 6 rayons, et non une forme sphéroïde.

La molécule double du sélénium donnerait une très belle

forme liquéfiable de 103 atomes, provenant du tétraèdre $(84-16)+4\times10$ (fig. 53 : III). Enfin 5 tétraèdres tronqués, de 54 atomes, coalescents par une de leurs arêtes, donneraient une molécule liquéfiable analogue à celle du mercure, mais d'une masse considérable de 5×317 et, par cette masse, analogue à celle du brome (fig. 55).

Le tellure, avec 76 atomes, n'a pour type géométrique que le prisme à base hexagone 4×19, par conséquent large et court, et qu'on peut concevoir en rotation sur son axe. Mais le même nombre 76 peut donner une très belle forme sphéroïde, engendrée par le tétraèdre de 56 atomes, tronqué en octaèdre de 40 (fig. 50 : II) et curviligné sur ses grandes faces de pyramides tronquées de $6+3$; au total $(56-4\times4)+4\,(6+3)=76$.

Quant aux carbonides, on sait quelles résistances ils montrent à la liquéfaction. Celle du carbone, notamment, n'a pu être vaincue que tout récemment par le four électrique de M. Moissan. C'est une des raisons, et l'une des plus importantes, qui m'ont sollicitée à leur faire une place à part et à ne pas leur appliquer les mêmes lois constitutives qu'aux autres métalloïdes. Une des causes de leur résistance à la fusion doit être dans l'extrême complication de leur molécule solide, et dans le rapport considérable qui en résulte entre leur masse moléculaire et leur faible vitesse vibratoire spécifique.

Nous constatons, en effet, les mêmes résistances chez les autres métalloïdes de faible masse, l'oxygène et l'hydrogène. Il doit exister à ces faits analogues une cause commune.

Supposons que la température de fusion augmente en raison directe de la masse moléculaire et en raison inverse du rayon de la molécule, supposée sphérique, multipliant le nombre des atomes, leur vitesse vibratoire et leur densité dynamique, on aura entre les températures de fusion t et t_θ la relation.

$$(50)\qquad \frac{t}{t_\theta}=\frac{\left(\dfrac{m^{4/9}}{N^{5/9}}\right)}{\left(\dfrac{m_\theta^{4/9}}{N_\theta^{5/9}}\right)}=\frac{m^{4/9}}{m_\theta^{4/9}}\,\frac{N_\theta^{5/9}}{N^{5/9}}$$

Mais cette formule ne sera que très approximative, car le moment d'inertie varie surtout selon la forme de la molécule et non selon le rayon d'une sphère supposée de même volume.

Il faut donc s'attendre à ce que la formule ci-dessus ne donne que des résultats approximatifs, quant à l'explication des faits. La forme de la molécule et la distribution de ses masses restera le facteur prépondérant et il est impossible d'en déterminer la valeur *a priori* d'une façon générale, puisqu'elle doit varier dans chaque cas particulier.

Toutefois, la série des températures de fusion les plus connues, en regard des valeurs données par la formule ci-dessus, ne sera pas sans intérêt.

On en trouve les calculs résumés dans le tableau suivant, en regard des valeurs variables des volumes moléculaires et des densités dynamiques des mêmes corps.

TABLEAU H

Température de fusion; série ascendante.

I	II		III	IV	V
Noms des corps	Température de fusion		Volume moléculaire	Densité dynamique	Valeur des variables $\frac{m^{4/9}}{N^{5/9}}$
Mercure	—	39,5	0,12277	1,0444	0,010187
Brome	—	7,3	0,25073	1,1969	0,012463
Phosphore	+	44,2	0,20318	1,0056	0,039574
Potassium	+	55	0,65033	1,5183	0,0095813
Sodium	+	90	0,36180	1,1776	0,041451
Iode	+	107	0,24865	1,2565	0,007916
Soufre	+	113,4	0,16741	0,94494	0,046556
Lithium	+	180	0,21565	0,86760	0,165947
Id. mol. double	+				0,052258
Arsenic	+	210	0,15125	1,0041	0,022039
Sélénium	+	217	0,20413	1,1168	0,014479
Étain	+	235	0,18185	1,1243	0,011676
Bismuth	+	265	0,21054	1,2580	0,0056414
Plomb	+	325	0,19567	1,2248	0,0061721
Zinc	+	431	0,09937	0,85919	0,38705
Antimoine	+	450	0,19908	1,1483	0,01301
Cadmium	+	500	0,13333	1,0077	0,016688
Tellure	+	525	0,15061	1,1875	0,0093308
Aluminium	+	600	0,10120	0,78595	0,091721
Argent	+	945	0,11161	0,94494	0,020740
Cuivre	+	1054	0,080792	0,79954	0,04973
Or	+	1245	0,10783	0,99747	0,053307
Fer doux	+	1500	0,088604	0,81325	0,050385

Le premier coup d'œil jeté sur ces séries de rapports montre que les valeurs de la cinquième colonne, qui s'éloignent de la proportionnalité avec celles des températures de fusion de la seconde, concernent des corps dont les molécules sont formées d'atomes très nombreux et relativement gros. Telles sont les molécules du potassium, de l'iode, du bismuth, du plomb, du tellure ; et, à un moindre degré, celles du sélénium, de l'étain, de l'antimoine et de l'argent. Toutes ces valeurs sont sensiblement trop petites.

Au contraire, la molécule du lithium, avec son minimum de 8 atomes, s'écarte en sens contraire : la valeur relative donnée pour sa température de fusion est trop élevée. Mais si, au lieu de la molécule simple, on fait le calcul pour sa molécule double, le résultat est moins disproportionné.

Il est naturel que lorsque la molécule est très grosse, sa vitesse absolue sur son cercle équatorial de rotation augmente pour la même vitesse angulaire, et les frottements doivent augmenter comme le carré de cette vitesse. De plus, lorsque les atomes sont gros, leurs plans de mutuel contact, plus étendus, augmentent les surfaces de frottements.

Il y a donc là une raison pour que notre formule, qui ne tient pas compte de ces frottements mutuels des molécules, soit insuffisante ; mais il y a là encore un problème qui n'est susceptible d'aucune solution générale.

Ce problème de la température de fusion des divers corps est donc infiniment complexe et il doit nous suffire, pour le moment, d'avoir analysé les conditions les plus générales de sa solution.

Nous avons eu déjà l'occasion de faire remarquer que la molécule liquide n'est pas nécessairement identique à la molécule solide, que celle-ci peut être doublée ou même quintuplée dans la liquéfaction, quand elle ne réalise pas les conditions mécaniques d'une mise en rotation facile.

Il n'est pas impossible que, dans d'autres cas, au contraire, cette molécule se divise. Or cette subdivision de la molécule, comme son doublement, exigent une dépense de travail qui suppose une plus grande élévation de la température.

On a des preuves expérimentales que les modifications de l'état moléculaire influent sur la température de fusion.

Elle est de 1500° pour le fer doux français, elle s'élève à 1600 pour le fer martelé anglais. Le travail du martelage ayant aplati les prismes moléculaires, leur réorganisation sous des formes sphériques liquéfiables exige une plus grande dépense de force. Au contraire, la température de fusion de l'acier descend entre 1300° et 1400°. Or la présence des gros atomes de carbone entre les molécules du fer relâche les liens de leur cohésion et leur permet peut-être de conserver leur type géométrique, toujours moins différent de la sphère que leurs formes prismatiques. La température de fusion de la fonte acier descend encore et s'abaisse à 1250°. C'est à peu près celle de l'or pur. Dans ce cas encore, l'intervention du carbone, par molécules plus grosses, est évidente, et ce corps, lui-même si rebelle à la fusion, quand il est à l'état de pureté, agit sur le fer comme un fondant énergique.

Il en est de même des minerais de fer à l'état d'oxydes qui fondent à des températures beaucoup plus basses que le fer pur. C'est de même encore que la silice est moins réfractaire que le silicium. Par contre, l'alumine résiste davantage à la fusion que son métal pur, l'aluminium. Tout est à étudier dans ces problèmes.

Nous avons vu déjà (chapitre XLIII : *De la cohésion moléculaire*) que la seule différence entre les métaux et les métalloïdes consiste dans la moindre cohésion intramoléculaire de ces derniers, et dans la facilité plus grande dont jouit leur molécule de se subdiviser en moléculines.

C'est aussi en vertu de cette propriété que ces mêmes corps se liquéfient généralement avec plus de facilité et à de plus basses températures, parce que leur molécule, plus plastique, peut passer plus aisément des formes compatibles seulement avec la stabilité de l'état solide aux formes qui se prêtent à la mobilité de l'état liquide.

Nous verrons que cette plasticité rend également les corps plus aptes à prendre l'état gazeux qui exige encore d'autres conditions d'équilibre et d'autres transformations des molécules.

Au milieu de toutes ces transformations moléculaires, de forme et de nombre, une chose reste constante pour chaque corps : c'est la masse de ses atomes et leur rayon virtuel, en raison inverse de cette masse, quelles que soient les variations de leur rayon réel et celles de leur forme polyédrique, sans cesse variable avec la distribution des pressions locales. La masse de l'atome est donc ce qui le distingue spécifiquement, ce qui constitue son essence, et ce qui reste invariable dans les limites de notre expérience, toutefois, car il est à croire, il est même logiquement nécessaire que, dans le cours éternel du temps et le perpétuel changement des choses, cette masse, qui a commencé d'être, se modifie et finisse.

CHAPITRE XLVIII

LA CHALEUR MOLÉCULAIRE ET LA LOI DULONG ET PETIT

J'ai compris, il y a longtemps, que cette nouvelle théorie atomique ne pourrait triompher des idées régnantes dans les opinions des savants que si elle pouvait rendre compte de la loi Dulong et Petit, jusqu'à présent restée à l'état de fait constaté, sans aucune explication théorique. C'est sur elle que les atomistes se sont surtout appuyés pour soutenir l'unité indivisible des équivalents.

D'après eux, chaque atome, quelle que soit sa masse, exigerait une même quantité de chaleur pour s'élever aux mêmes températures.

Il y a toutefois dans cette doctrine un aveu : c'est que la chaleur spécifique est indépendante de la masse moléculaire ; ce qui est en opposition avec les doctrines soutenues par les physiciens.

Le produit Mc de la chaleur spécifique, par unité de masse et par degré thermique, multiplié par l'équivalent, est constant, non toutefois sans quelques variations. Cette loi Dulong et Petit est considérée, même par les atomistes, comme s'évanouissant vers le bas de la série des poids équivalents, et comme trouvant sa limite vers les métalloïdes les plus légers, le sélénium, le soufre, le phosphore, et surtout chez les trois carbonides. Chez le bore et chez le carbone, le produit Mc est réduit à moins de moitié de sa valeur, quand on expérimente aux mêmes températures.

Même l'aluminium et le magnésium restent au-dessous de la moyenne générale.

Aussi, pour grandir ce produit, a-t-on élevé les températures d'observation; la chaleur spécifique par unité de masse s'élevant, plus ou moins rapidement, pour tous les corps, avec la température, suivant une progression très analogue à celle des coefficients de dilatation, ce qui fait supposer un lien entre les deux phénomènes.

De ce fait même il ressort que la somme moléculaire de la chaleur spécifique augmente moins avec la masse qu'avec le volume des corps.

Elle a le caractère d'une loi dépendant surtout des relations spaciales.

De la constance de sa somme moléculaire pour des masses variables de 7 à 210 (ou, selon mon système d'unités, de 28 à 840) et, par conséquent, pour des nombres très différents d'atomes de masses différentes, il ressort, avec évidence, que sa valeur est indépendante du nombre des atomes, comme de leur masse totale, et que si elle varie avec leur masse spécifique, celle-ci ne peut intervenir qu'à une très faible puissance.

La chaleur moléculaire représente la somme d'énergie mécanique, exprimée en calories, qui doit être communiquée à chaque molécule pour élever d'une quantité donnée sa température, c'est-à-dire pour multiplier ses énergies thermiques propres par des facteurs croissants.

Mais toute molécule homogène tendant à vibrer à l'unisson, il suffit d'augmenter la vitesse vibratoire de l'un de ses atomes pour accroître celle de tous les autres.

De même, lorsqu'une corde sonore est mise en vibration, c'est la force vive qui l'a mise en mouvement qui, par sa dilution dans la masse, produit les harmoniques.

Si la vitesse vibratoire spécifique d'un corps est double de celle d'un autre, ou comme 8 à 4, et s'il s'agit de doubler ces vitesses, elles devront devenir 16 et 8. La première aura augmenté de 8 unités ; la seconde n'aura augmenté que de 4, bien que toutes deux aient doublé et que leurs rapports soient restés constants.

La masse des atomes dont la vitesse aura augmenté de 8 unités est à la masse de ceux dont la vitesse a augmenté seulement de 4, dans le rapport des racines carrées de ces nombres, ou comme $8^{1/2}$ à 2. Il y a donc eu une plus grande augmentation de vitesse à communiquer à une masse plus considérable et pourtant avec une moindre dépense de force.

Mais n'est-ce pas de même qu'il faut moins de force pour

faire vibrer les cordes courtes de la sixième octave que les longues cordes de la première, bien que leurs vibrations soient 64 fois plus rapides?

Si la somme d'énergie dépensée pour communiquer la même accélération de vitesse vibratoire à des molécules de masses différentes, constituées par des nombres différents d'atomes, reste néanmoins constante, c'est qu'elle ne dépend, ni du nombre, ni de la masse, ou qu'elle trouve dans cette masse une source d'énergies propres, qui seconde son action.

Enfin cette somme d'énergie adjuvante, qu'il faut communiquer aux molécules et qui est la même pour toutes, aux mêmes températures, ne peut dépendre des volumes, puisque ces volumes sont variables.

Elle en dépend cependant, mais comme condition d'une variation de densité dynamique.

Nous avons déjà vu, en effet, que la variation des énergies thermiques propres des atomes dépend surtout de leur état de dilatation ou de contraction, et, par conséquent, surtout de leur densité dynamique, la plus importante de toutes des conditions de leur équilibre.

Il est donc naturel que la quantité d'énergie à communiquer aux molécules pour augmenter leur vitesse vibratoire, d'une quantité donnée, soit proportionnelle, d'abord, au rapport de leur volume moléculaire à la somme de leurs forces expansives, c'est-à-dire en raison inverse de leur densité dynamique.

Nous aurons donc d'abord

(51)
$$C = \frac{V}{F} = \frac{2\,\dfrac{N^{2/3}}{m^{7/3}}}{4\,\pi\,\dfrac{N}{m^3}} = \frac{m^{2/3}}{2\,\pi\,N^{1/3}} = \frac{1}{\Delta}$$

Or, dans la série des densités dynamiques que nous avons donnée (p. 322), on a vu qu'elles ne varient que dans d'étroites limites, au-dessus et au-dessous de l'unité. Cela résulte du fait que le nombre des atomes dans les molécules tend généralement vers le carré de leur masse, mais tantôt le dépasse et tantôt ne l'atteint pas.

Cependant, si la chaleur moléculaire était en raison inverse simple de la densité dynamique, sa variation dans toute la série serait environ de 3 à 1.

Mais il y a un autre facteur, lui-même complexe.

En effet, l'échauffement de la molécule a pour conséquence sa dilatation. Cette dilatation ne peut s'effectuer sans un déplacement des centres atomiques, du centre de la molécule vers sa surface, dans des directions centrifuges ou rayonnantes. Ce déplacement des centres atomiques entraîne une dépense d'énergie mécanique, puisqu'il y a un travail effectué contre les forces, de sens contraire, qui s'exercent sur la molécule sous forme de pressions concentriques ou centripètes et qui déterminent la cohésion de ses atomes. Cette quantité d'énergie mécanique ou de force vive est donc proportionnelle à la masse de ses atomes et à la somme des chemins qu'ils parcourent dans la dilatation totale de l'agrégat moléculaire. Cette somme est proportionnelle au volume de la molécule, puisque le travail qu'elle représente s'effectue suivant tous ses rayons, ou proportionnellement à leur troisième puissance. La somme d'énergie mécanique dépensée sera donc encore proportionnelle au volume moléculaire, multipliant la masse atomique.

Mais cette force, qui aide à la dilatation de la molécule, trouve de l'aide dans ses forces expansives intérieures, et d'autant plus que ces forces sont plus comprimées. La somme d'énergie mécanique à fournir à la molécule pour lui permettre de se dilater sans qu'il en résulte un abaissement corrélatif de sa vitesse vibratoire (v. chap. XXXVI), doit donc diminuer proportionnellement à sa densité dynamique. Nous avons ainsi un second facteur complexe

$$(52) \qquad \frac{V}{\Delta} = \frac{2\,\dfrac{N^{2/3}}{m^{7/3}}\,m}{2\,\pi\,\dfrac{N^{1/3}}{m^{2/3}}} = \frac{1}{\pi}\;\frac{N^{1/3}}{m^{2/3}}$$

dont la valeur s'ajoute à celui que nous avons trouvé précédemment. Ce facteur est exactement proportionnel à la densité dynamique dont la constante $2\,\pi$ est seule modifiée. La mesure de la chaleur moléculaire est donc un binôme, dont les deux termes varient exactement en sens inverse.

La formule devient ainsi :

$$(53)\qquad C = \frac{V}{F} + \frac{V}{\Delta} = \frac{1}{2\pi}\frac{m^{2/3}}{N^{1/3}} + \frac{1}{\pi}\frac{N^{1/3}}{m^{2/3}}$$

Aussi longtemps que le nombre des atomes dans la molécule ne s'éloigne pas considérablement du carré de leur masse, les deux variables du binôme s'éloignant très peu de l'unité, la somme des deux termes est à peu près constante. Mais si, la masse atomique restant constante, le nombre des atomes augmente dans des molécules plus complexes, les deux termes deviennent de plus en plus inégaux; et, tandis que le second augmente, le premier tend à devenir négligeable. Alors, la somme moléculaire de la chaleur spécifique, par unité de masse, augmente, mais elle augmente seulement proportionnellement à la racine cubique du nombre des atomes.

En sorte que si la chaleur moléculaire augmente, par contre, la chaleur spécifique, par unité de masse, c'est-à-dire le quotient de la chaleur moléculaire, divisée par la masse totale de la molécule, diminue rapidement.

C'est ce qui nous donnerait l'explication de l'évanouissement de la loi Dulong et Petit pour les corps à petits équivalents, dont les molécules solides, à l'état métallique homogène, sont probablement des multiples.

Il doit en être ainsi, surtout des corps polymorphes, tels que le soufre et le carbone sous leurs diverses formes allotropiques, qui ont des densités différentes.

Ainsi, supposant que la molécule du soufre prismatique, dont la densité varie de 1,96 à 1,99, soit identique à l'équivalent, avec 24 atomes, et que la molécule du soufre octaédrique, dont la densité est 2,07, compte 30 atomes, c'est-à-dire une masse plus forte, dans la proportion de 6/5, les chaleurs moléculaires des deux corps seront respectivement 0,46922 pour la molécule prismatique et 0,51187 pour la molécule octaédrique. Mais, par unité de masse, la chaleur spécifique du soufre prismatique sera, pour une masse totale de 32, de 0,01466, et pour le soufre octaédrique, pour une masse totale de 40 seulement, de 0,012797.

Si on traduit ces nombres dans le système d'unités adoptées pour les calories, on trouve, pour les valeurs correspondantes aux deux valeurs qui précèdent, 0,1776 pour la chaleur spécifique du soufre prismatique à 24 atomes, ce qui donne seulement une somme de 5,6832 pour une masse de 32. Mais pour une masse de 40, représentant 30 atomes, elle donnerait, au contraire, pour le soufre octaédrique, la chaleur moléculaire 7,1040, bien au-dessus de la constante moyenne 6,4.

Pour la chaleur spécifique du soufre prismatique, par unité de masse, on trouve, au contraire, la valeur plus forte de 0,2034, qui, multipliée par 32, donne pour la chaleur moléculaire de 24 atomes la valeur 6,5088, qui dépasse de très peu la moyenne. Il est donc légitime d'admettre comme probable, tout au moins, que le soufre qui a donné à l'expérience la chaleur spécifique 0,1776, était du soufre dont la molécule était plus riche en atomes que l'équivalent et d'une masse plus considérable.

Le fait devient d'autant plus probable que d'autres expériences ont donné des résultats différents pour la chaleur spécifique du soufre, à laquelle Hinrichs, en Amérique, attribue la valeur 0,203, qui justement est celle qui résulte des calculs qui précèdent, pour le soufre prismatique.

Ainsi seraient justifiées les objections, élevées maintes fois, contre la loi Dulong et Petit, et fondées sur le fait de la très grande variabilité de la chaleur spécifique, non pas seulement aux diverses températures, mais aussi selon les divers états moléculaires des corps. C'est que l'interprétation de la loi était fausse ; on attribuait à l'équivalent l'unité, l'individualité qui appartient à la molécule, unité et individualité qui peuvent se réaliser avec des nombres très variables d'atomes.

Mais on comprend aussi qu'il existe une relation générale nécessaire entre les deux phénomènes ; qu'il y ait une tendance très générale des molécules à devenir les équivalents de combinaison, surtout parmi les corps où la cohésion moléculaire est très forte et où, par conséquent, la molécule peut être regardée comme indissoluble. Réciproquement, il y a toutes chances pour que les équivalents de combinaison deviennent à leur tour les molécules des corps homogènes ; puisque lorsqu'elles sortent d'une molécule complexe, où elles étaient en combinaison, elles sont toutes rassemblées, *in situ*, pour s'agréger ensemble et constituer une unité réellement organique ayant son individualité.

Il y a une autre condition contingente de cette identité générale, mais non sans exception, de la molécule et de l'équivalent ; c'est l'inégale dilatation des corps.

Si nos architectes en doivent tenir grand compte pour la stabilité de leurs constructions, elle ne menace pas moins l'équilibre des constructions naturelles. Les roches gélives se désagrègent aussi bien dans les montagnes que dans nos maisons, et peuvent aussi bien, à la longue, ronger les barrages d'un lac ou l'isthme d'une presqu'île, que les digues d'une rivière ou d'un réservoir. Pour que dans un corps moléculaire les dilatations de chaque élément soient égales, de sorte que toute la masse subisse à la fois la même variation de densité, il faut que chaque agrégat individualisé se dilate en même proportion pour une même quantité de chaleur absorbée ; autrement il y aurait désagrégation de ces éléments. C'est peut-être cette désagrégation même qui, par une sorte de clivage naturel des corps homogènes, détermine les limites du nombre des atomes de la molécule de chaque corps, de façon à ce que, dans l'échauffement total de la masse, chaque molécule, avec une part égale d'énergie thermique empruntée au milieu, s'échauffe justement à la température où son coefficient de dilatation sera égal à celui de ses voisines.

Dans les molécules complexes il n'est pas moins nécessaire à leur stabilité que chacun de leurs éléments composants absorbe une égale part de chaleur et subisse une dilatation proportionnelle.

Il doit donc y avoir une relation entre la chaleur moléculaire et les coefficients de dilatation, qui résulte justement du nombre des atomes dans la molécule et qui, sans doute, contribue à limiter ce nombre.

En effet, si on divise la constante de la chaleur moléculaire par le nombre des atomes de la molécule, on constate une relation très générale, de sens direct, entre les coefficients de dilatation et les *chaleurs atomiques*.

Cette relation, cependant, n'est pas exacte. Elle doit dépendre d'un autre facteur, et peut-être du volume des atomes, qui croissent dans le même sens, avec des irrégularités de même ordre, qui pourraient bien être complémentaires.

La nécessité où je suis de ne pas allonger outre mesure cet

ouvrage et de terminer mon travail, sans entreprendre de nouveaux calculs, me fait une loi de laisser de côté cet intéressant problème, avec tant d'autres.

Je me borne donc à signaler à mes successeurs ce fait général, que les corps qui se dilatent le plus, pour une même élévation de température, sont ceux dont les atomes ont, individuellement, les chaleurs spécifiques les plus élevées.

Je n'en donnerai que quelques exemples :

Le soufre, dont le coefficient de dilatation est 0,00006413, a une chaleur atomique de $\frac{5,6}{24} = 0,2333$.

Le sélénium, avec un coefficient de dilatation de 0,00003680, a une chaleur atomique de $\frac{5,9}{54} = 0,11$.

Le zinc a pour coefficient de dilatation 0,00002918, et pour chaleur atomique 0,172.

L'argent a pour coefficient de dilatation 0,00001921, et pour chaleur atomique $\frac{6,1}{56} = 0,108$.

L'or a pour coefficient de dilatation 0,00001443 et pour chaleur atomique $\frac{6,4}{85} = 0,075$.

Certaines familles de corps échappent au parallélisme. Tels sont les ferrides, dont les chaleurs atomiques sont très fortes, puisque leurs atomes sont peu nombreux, et dont les dilatations sont très petites. Les plombides, au contraire, ont des chaleurs atomiques très faibles et des dilatations très grandes. Il faut donc chercher d'autres facteurs du coefficient de dilatation. L'un d'eux, tout au moins, me paraît être le volume des atomes. On comprendrait ainsi comment l'accroissement du nombre des atomes dans la molécule limite à la fois, par une condensation plus grande et une plus forte cohésion, le volume des atomes et leur coefficient de dilatation, tout en leur donnant une chaleur atomique plus faible.

Il résulterait des mêmes conditions d'équilibre que les molécules des corps, dont les équivalents de combinaison sont très petits, parce que leurs atomes, très grands, ne peuvent trouver place dans les molécules complexes qu'en petit nombre, sont toujours des multiples de ces équivalents et, par conséquent, ont des chaleurs spécifiques, sinon absolument faibles par unité de masse, du moins trop faibles pour que leur multiplication par l'équivalent atteigne la constante, bien qu'en réalité leur chaleur moléculaire dépasse de beaucoup cette constante.

TABLEAU I. — *Des chaleurs spécifiques moléculaires.*

$$C = \frac{V}{F} + \frac{V}{\Delta} = \frac{1}{2\pi}\frac{m^{2/3}}{N^{1/3}} + \frac{1}{\pi}\frac{N^{1/3}}{m^{2/3}}$$

Noms des corps	Chaleur moléculaire variable $\frac{1}{2}\frac{m^{2/3}}{N^{1/3}} + \frac{N^{1/3}}{m^{2/3}}$	Chaleur moléculaire observée	Rapport
—	—	—	—
Rubidium..........	0,56865	?	?
Potassium..........	0,58813	6,4	0,091
Strontium..........	0,57098	?	?
Iode..............	0,56266	6,87	0,082
Brome.............	0,55218	6,74	0,082
Bismuth...........	0,54713	6,4	0,085
Zirconium.........	0,53135	?	?
Plomb.............	0,52961	6,5	0,082
Thallium..........	0,52322	6,8	0,077
Calcium...........	0,51907	?	?
Antimoine.........	0,51668	6,38	0,081
Tellure...........	0,51435	6,13	0,083
Sodium............	0,51001	6,4	0,080
Mercure...........	0,50653	6,45	0,079
Sélénium..........	0,50615	6,06	0,083
Étain.............	0,50538	6,47	0,078
Indium............	0,49267	6,28	0,078
Soufre oct. (N = 30).	0,48037	?	?
Carmium...........	0,47870	6,35	0,075
Phosphore.........	0,47830	5,86	0,081
Arsenic...........	0.47814	6.38	0,075
Or................	0,47710	6,37	0,075
Tungstène.........	0,47666	6,25	0,076
Platine...........	0,47495	6,39	0,074
Argent............	0,47433	6,46	0,077
Iridium...........	0,46978	6,43	0,073
Molybdène.........	0,46951	6,47	0,068
Soufre pris. (N = 24)	0,46921	6,68	0,082
Magnésium.........	0,46901	6,097	0,077
Gallium...........	0,46790	?	?
Osmium............	0,46735	6,3	0,074
Ruthénium.........	0,44523	6,4	0,070

Noms des corps.	Chaleur moléculaire variable $\frac{1}{2}\left(\frac{m^{2/3}}{N^{1/3}}+\frac{N^{1/3}}{m^{2/3}}\right)$	Chaleur moléculaire observée	Rapport
Palladium	0,46139	6,29	0,073
Zinc	0,46098	6,25	0,074
Rhodium	0,46129	6,00	0,076
Aluminium	0,46022	5,87	0,078
Lithium	0,45960	6,6	0,070
Titane	0,45876	?	?
Silicium (m 5,6)	0,45833	5,7 (Wurtz, à 232°) 5 (Hinrichs)	0,084 0,092
Cobalt	0,45667	6,3	0,073
Chrome	0,45526	?	?
Fer	0,45451	6,4	0,071
Cuivre	0,45338	6,06	0,074
Nickel	0,45338	6,3	0,072
Manganèse	0,44303	6,7	0,066
Uranium	0,44994	?	?
Bore ? (m 5,5)	0,45227	4 (Wurtz, à 383°) 2,8 (Hinrichs)	0,113 0,161
Carbone (m 4,8)	0,45121	5,5 (Wurtz, à 985°) 2,8 (Hinrichs)	0,082 0,161
Glucinium	0,46609	?	?

Dans ce tableau de la série des chaleurs moléculaires, calculées d'après la formule théorique ci-dessus (p. 384), on peut voir qu'elle est très sensiblement parallèle à celle des densités dynamiques, donnée précédemment (p. 322). Cette série montre un accroissement très lent où l'on constate un évident parallélisme avec la série des chaleurs moléculaires observées, mais un peu plus rapide, comme le montre la série des rapports qui forme la troisième colonne du tableau.

De la diminution assez irrégulière de ces rapports, on pourrait inférer, comme déjà les autres séries de valeurs me le font croire, que la série des masses, déduites de la formule 24 (ch. XXXVI, p. 243) est trop serrée; que les variations de ces masses doivent être plus amples ; que, corrélativement, les nombres d'atomes dans les molécules croissent trop rapidement, et que par conséquent ma formule du volume moléculaire n'est pas exacte, ou que celle que j'ai adoptée pour le volume contracté de la molécule d'eau donne encore à celle-ci une densité trop petite.

Il serait vraiment merveilleux que, manquant de toute base

expérimentale pour établir ces rapports fondamentaux, j'eusse, par induction, rencontré absolument juste, tenu compte de tous les facteurs et de tous les coefficients spécifiques qui doivent les affecter.

C'est donc un travail préparatoire que je livre ici aux méditations des savants de l'avenir qui achèveront l'œuvre dont je ne puis que tracer les lignes principales. C'est seulement une direction nouvelle que j'indique aux chercheurs du XXe siècle.

Dans la formule de la chaleur moléculaire il y a certainement un autre facteur dont il faudrait tenir compte ; c'est ce rapport $\frac{\delta}{d}$ de la densité intramoléculaire à la densité intermoléculaire qui implique l'existence d'un rapport inverse $\frac{V}{V_0}$ entre le volume moléculaire théorique réel et le volume moyen des molécules, tel qu'il résulterait de la division du volume du corps par leur nombre, si ce nombre pouvait être connu.

Mais ce rapport $\frac{\delta}{d}$, nous l'avons vu, est fort incertain, puisqu'il résume toutes les causes d'erreurs, théoriques ou expérimentales, qui peuvent affecter les résultats de la formule 24 (ch. XXXVI) et, par suite, le calcul des densités. C'est pourquoi j'ai cru dangereux de le faire intervenir. Mais il semble certain que le rapport du volume moyen apparent des molécules à leur volume réel doit concourir à augmenter la chaleur moléculaire et causer en partie ses variations irrégulières, en diminuant plus ou moins, mais sensiblement, la conductibilité des corps. En tout cas, l'influence de ce facteur est dans le sens d'une augmentation, qui peut être considérable pour les corps dont les formes moléculaires ne sont pas bien régulières et impliquent l'existence de vacuoles plus ou moins nombreuses.

Dans les molécules complexes, l'accroissement de la chaleur moléculaire qui peut provenir de cette cause, peut être considérable. Il en faudra tenir compte dans la théorie des chaleurs moléculaires des corps composés.

Tout est à faire à ce sujet et les chimistes ou physiciens ont du travail sur la planche pour quelques siècles encore.

CHAPITRE XLIX

DES MOLÉCULES COMPLEXES

Entre des atomes de rayons différents, il y a deux sortes de symétries possibles : ou les plus gros sont à l'intérieur de la molécule et constituent son noyau, sa base, autour de laquelle se rangent et se distribuent les plus petits, comme dans la molécule d'eau; ou, au contraire, le noyau est formé d'une molécule métallique, à forte cohésion, de petits atomes, plus ou moins nombreux, et formant un solide de forme polyédrique, sur les faces duquel s'ordonnent symétriquement, par nombres définis, les atomes plus gros des métalloïdes, aux molécules plus aisément dissociables.

Si l'hydrogène occupe une place à part dans la série des corps, c'est que, dans tous les composés à l'état solide, il joue le rôle de métal, occupant toujours, comme les molécules métalliques, le centre de l'agrégat complexe, la grosseur de ses atomes ne leur permettant aucun équilibre stable sur les faces trop lisses des polyèdres constitués de petits atomes nombreux.

Quand ces atomes deviennent très petits, dans les métaux très denses, les atomes de l'oxygène sont aussi relativement trop gros pour se fixer sur les faces de leurs molécules. Celles-ci ne peuvent s'unir qu'aux atomes plus petits du chlore, du brome, de l'iode, ou des autres métalloïdes de grande densité, tels que l'arsenic, le sélénium et le tellure.

Mais l'oxygène, justement parce que ses atomes ont un rayon moyen entre les rayons des atomes de tous les autres corps, occupe le plus souvent l'extérieur des molécules dans lesquelles il entre en composition. Il constitue ainsi l'enveloppe générale des oxydes et des hydrates, enfermant les molécules des métaux dans les mailles serrées d'un réseau presque continu.

De là son rôle si prépondérant dans la nature. Il sert, en quelque sorte, de tampon élastique entre tous les corps, établissant entre eux un rythme vibratoire moyen. Présent, en proportion double ou triple, ou même plus, dans tous les sels ternaires, il établit entre les grandes masses des corps naturels les plus communs l'égalité des pressions et cette eurythmie générale des vibrations thermiques sans laquelle tous ces corps se combattraient sans cesse et tendraient à se dissoudre et à s'égrener en masses pulvérulentes, en vertu de leurs dilatations inégales.

Quand l'oxygène est remplacé, dans ce rôle d'enveloppe commune des molécules métalliques, par les atomes plus petits d'autres métalloïdes plus denses, comme dans les chlorures, les bromures, les iodures, les arséniures, etc., ces corps ont une tendance très générale à s'agréger entre eux, l'enveloppe métalloïde formant une sorte de milieu commun entre des molécules métalliques différentes, mais appartenant en général aux mêmes familles. Ainsi se trouvent intimement mélangés dans les mêmes minerais des chlorures d'or, de platine, d'iridium ou d'argent; des sulfures de plomb et d'argent, de cuivre et de fer, et les carbonates de ces mêmes corps; comme on trouve réunis leurs oxydes, souvent, le plus souvent même, à l'état d'hydrates.

Les éléments de l'eau, l'hydrogène et l'oxygène, fournissent ainsi, l'un le support et l'autre l'enveloppe des agrégats moléculaires qui constituent la plus grande partie de l'écorce solide du globe, isolant les uns des autres les corps hétérogènes et les enveloppant dans un milieu commun.

Nos chimistes sont disposés à donner à leurs opérations de laboratoire plus d'importance qu'elles n'en ont. Leur grande utilité, en dehors de leurs résultats industriels, c'est de nous révéler peu à peu les procédés de la nature. Car ce qu'il importe de savoir, au point de vue de la science pure, c'est ce qui se passe le plus communément dans le grand laboratoire de l'univers, entre les éléments matériels livrés à l'action réciproque de leurs forces naturelles.

Or la nature nous montre surtout les corps à l'état complexe et d'une complexité très grande. Elle fuit l'homogénéité plutôt qu'elle ne la cherche.

Les métaux qu'elle nous livre à l'état natif sont peu nombreux; elle ne nous les donne que par quantités très petites, comme à l'état de résidus en excès.

Ce sont d'ailleurs, en général, des métaux très denses, dont les molécules, formées de petits atomes très nombreux, sont très cohérentes et ne donnent que des oxydes instables.

Les parois, relativement lisses, de leurs molécules, de formes polyédriques bien définies, ne peuvent offrir que des affinités très lâches aux gros atomes des métalloïdes qui ne peuvent les envelopper que dans un équilibre toujours facile à troubler par les modifications incessantes des résultantes de forces extérieures.

Aussi, des molécules métalliques, formées d'atomes plus gros, déplacent-elles aisément ces métalloïdes auxquels elles offrent, autour d'elles, dans les sinus rentrants, plus profonds et plus larges de leurs faces, un équilibre plus solide et des pressions moins asymétriques.

Si nous trouvons parfois dans la nature l'un de ces corps très denses à l'état d'oxyde, de sulfure ou de chlorure, c'est que, lorsqu'il s'est constitué en cet état, n'existait pas dans son voisinage immédiat d'autres métaux, constitués d'atomes plus grands, en quantité suffisante pour absorber et fixer les métalloïdes en présence dans des composés plus stables.

Aussi ces métaux, qui semblent fuir les alliances hétérogènes et affecter de préférence l'état natif, sont-ils rares. Ayant de tous temps attiré l'attention des hommes par leurs propriétés spéciales, ils ont reçu le nom de métaux précieux ou nobles. Ils ont dû être les premiers connus, puisque, par exception, on pouvait faire usage de leurs propriétés avant de posséder aucune connaissance métallurgique.

Mais, en dehors de ces exceptions qui, jusqu'ici, étaient restées inexplicables, l'état d'homogénéité est rare.

Il n'est donc point vrai que cet état soit un état natif ou primitif et que ce soit surtout l'état le plus naturel. Il est, au contraire, évident qu'entre des sphères virtuelles de même rayon, pressées les unes contre les autres, et réduites ainsi à l'état de polyèdres, ces polyèdres, nécessairement dodécaédriques, s'éloignent considérablement de la forme sphérique, subissant ainsi sur leurs plans de mutuel contact des différences de pression maximum entre les centres de ces plans de contact et les arêtes ou les sommets qui les limitent.

Une grosse sphère entourée de sphères plus petites est beaucoup moins déformée par elles que par des sphères égales. Le polyèdre qu'elle réalise à leur contact reste d'autant plus voisin de la forme sphérique que ses voisines sont moins grandes et plus nombreuses. Les gros atomes doivent donc chercher le voisinage des petits. De là cette affinité générale des métalloïdes pour les métaux.

Ceux-ci ne sont pas moins intéressés à ce voisinage inégal, car les vibrations positives de leurs plans de contact entrant plus avant dans les grosses sphères que les vibrations de leurs grandes voisines dans les petites, il y a recul de part et d'autre, jusqu'à ce que les sphères diverses, devenant tangentes, il y ait égalité de tension au centre du plan de mutuel contact. Nous avons déjà vu (fig. 20 et 21, p. 161-162) qu'il en résulte un agrandissement beaucoup plus considérable, relativement, pour la petite sphère que pour la grande.

L'hétérogénéité amènerait donc de grandes dilatations, si, en vertu de ces dilatations mêmes, l'énergie thermique diminuée pouvait les maintenir contre les pressions extérieures qui augmentent comme les surfaces.

Nous verrons, en étudiant la constitution des molécules gazeuses, comment c'est la distribution symétrique de petits atomes pesants entre les gros atomes éthérés, qui, profitant aux uns et aux autres, est le principe même de la prédisposition des corps à prendre l'état gazeux, quand la cohésion rompue de leurs molécules met leurs atomes en liberté.

Il n'est donc probablement pas vrai, comme on le croit généralement, et comme M. Herbert Spencer le soutient en principe, que l'état d'homogénéité soit naturel, primitif et antérieur à celui d'hétérogénéité. Même les métaux les plus denses, qui semblent fuir l'alliance des métalloïdes, se combinent, à l'état d'alliages et d'amalgames naturels, soit entre eux, soit quelquefois avec des métaux dont les atomes sont plus gros.

Il est, en somme, presque impossible de trouver dans la nature un métalloïde quelconque à l'état de pureté absolue.

Il n'y a donc pas lieu de supposer que ces corps existent en cet état à l'intérieur des globes cosmiques, où on pourrait les supposer disposés par couches concentriques, de densités croissantes de la surface au centre. Les corps d'origine éruptive, qui viennent certainement des couches profondes de l'écorce terrestre, sont d'une très grande complexité. La plupart sont plus ou moins oxygénés et même hydratés. Rien n'autorise à supposer que leur oxydation et leur hydratation s'accomplissent dans le moment de leur expulsion ou lui soient consécutives, puisqu'il résulterait de ces combinaisons plus stables et plus denses de leurs éléments une diminution générale des volumes, tendant à diminuer les pressions qui les expulsent.

Si la plupart des corps complexes qui constituent l'écorce terrestre sont, en général, très réfractaires à la liquéfaction, ils trouvent néanmoins, dans les couches profondes de cette écorce, des températures auxquelles ils ne peuvent certainement résister et qui les réduisent pour le moins à un état pâteux, absolument plastique. Si tout à coup cette pâte plastique, hydratée et oxygénée, réfractaire aux chaleurs de nos fourneaux, entre en éruption, c'est plutôt que, sous l'effet des températures élevées qu'elle subit, elle se décompose, au moins partiellement, avec des augmentations corrélatives de volume qui, dans des espaces limités, produisent des pressions formidables.

Une somme énorme d'énergie mécanique est alors développée, sous cette forme de pression, faisant jaillir au dehors la pâte liquide, comme sous le piston d'une pompe foulante.

Là encore se retrouve donc l'influence prépondérante des conditions spaciales dans la chimie naturelle : tout changement de lieu ou de volume dans un milieu absolument plein étant corrélatif d'autres changements de volume et de lieu par quantités proportionnelles.

L'équation entre l'espace gagné et l'espace perdu est aussi nécessaire que celle des nombres d'atomes et de leurs masses. Elle est aussi instantanément reproduite qu'elle est troublée.

Nous avons déjà vu que les molécules de plusieurs corps sont constituées par les mêmes nombres d'atomes. Ainsi, le soufre et le sodium ont l'un et l'autre 24 atomes; l'osmium 80 comme l'iode; le fer et le nickel 30.

Les molécules formées du même nombre d'atomes devant avoir les mêmes formes, ne peuvent différer qu'en volume. Si cette différence de volume est considérable, elle peut les empêcher d'avoir les mêmes affinités chimiques. Si, au contraire, leurs volumes sont peu différents et leurs surfaces sensiblement égales, elles peuvent recevoir les mêmes groupes de métalloïdes.

Si même, leurs formes étant différentes, leurs surfaces sont équivalentes, elles peuvent s'entourer des atomes des mêmes corps, en même nombre, autrement disposés.

Naturellement, les conditions spaciales ne sont plus les mêmes pour les corps, lorsqu'ils jouent le rôle de métalloïdes, c'est-à-dire lorsque leurs atomes sont distribués à la surface des autres molécules et lorsqu'ils agissent comme métaux, c'est-à-dire comme noyaux moléculaires. C'est pourquoi les corps qui jouent le rôle de métalloïdes ont généralement des atomes dont le nombre dépasse la limite du carré de leurs masses, tandis que dans les molécules des métaux, le nombre des atomes reste, le plus souvent, sensiblement au-dessous de cette limite.

Telle est même probablement la raison déterminante de cette frappante inégalité.

La plupart des métalloïdes ne se rencontrent pas dans la nature à l'état natif ou de pureté, mais toujours en combinaison avec d'autres métalloïdes ou avec des métaux. Leur tendance générale est même de s'entasser par équivalents multiples sur les mêmes molécules. Quand les chimistes provoquent la dissociation de ces agrégats pour réduire le métal à l'homogénéité, il est naturel que ces atomes, dispersés autour d'une même agrégation complexe, constituent une seule et même molécule, homogène.

Ce serait, en ce cas, l'agrégat complexe qui serait primitif et qui déterminerait les conditions de formation de l'agrégat simple.

Mais il résulte de ces conditions que les seuls corps qui puissent agir comme métalloïdes sont ceux dont les molécules sont assez facilement dissociables en un certain nombre de moléculines élémentaires, et, par conséquent, que leurs atomes sont moins étroitement enchaînés les uns aux autres par la cohésion que les atomes des molécules des métaux, qui semblent, pour la plupart, indissociables, au moins par les forces et les moyens dont nous disposons.

Toutefois, ce n'est pas une loi sans exception que des métalloïdes occupent la surface des agrégats moléculaires complexes. Les métaux alcalins paraissent agir en cela comme les métalloïdes, tout au moins dans leurs hydrates. Cela tient au volume de leur atomes, plus grands que ceux de la plupart des métalloïdes, y compris l'oxygène. Par suite de ce fait, ils subissent une subdivision de leur molécule comme les métalloïdes.

La potasse et la soude n'existent dans la nature qu'à l'état d'hydrates. C'est donc la constitution moléculaire de l'hydrate et les conditions de sa formation que nous devons surtout étudier.

La base de l'hydrate alcalin est une molécule d'eau (fig. 68 : I) qui s'enveloppe de deux équivalents de métal et d'un équivalent d'oxygène.

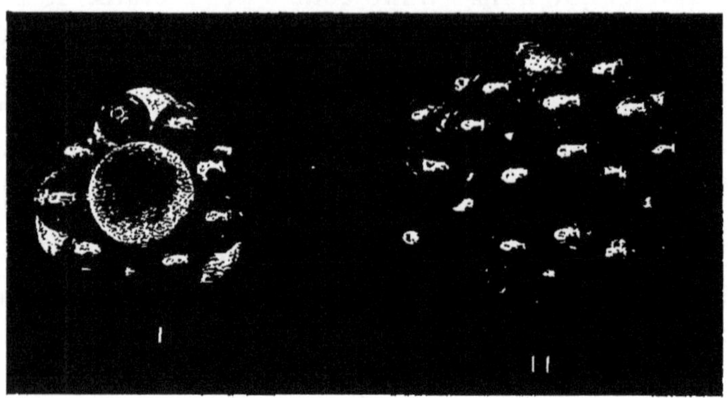

Figure 68.

I. — Molécule d'eau (solide).
II. — Molécule d'acide carbonique (solide).

Sa formule est donc $2\ (HOM) = H^2O + O\ 2M$ = en poids, $34 + 2M$, que notre théorie multiplie par 4.

Quand un morceau de sodium ou de potassium est jeté dans l'eau sur laquelle il surnage en vertu de sa faible densité, ce n'est pas d'abord le métal qui décompose l'eau : c'est l'eau qui, par la rotation de ses molécules, désagrège celles du métal. Dans la molécule d'eau, telle que la représente la figure 68 : I, les quatre gros atomes d'hydrogène affleurent entre les seize atomes d'oxygène qui ne les recouvrent pas complètement.

Une molécule d'eau s'empare donc de deux molécules de métal qui se trouvent entraînées dans sa rotation. Elle les triture, les subdivise en quatre moitiés. Chacune de ces moitiés de molécule métallique se fixe sur la partie libre de la surface d'un des atomes d'hydrogène d'une molécule d'eau, entre un cercle complet de neuf atomes d'oxygène, qui consolident l'agrégation. Mais, en cet état, l'agrégat ternaire $H^2O + 2M$ est instable. Animé de rotation, il décompose à son tour une molécule d'eau voisine, dont un équivalent d'oxy-

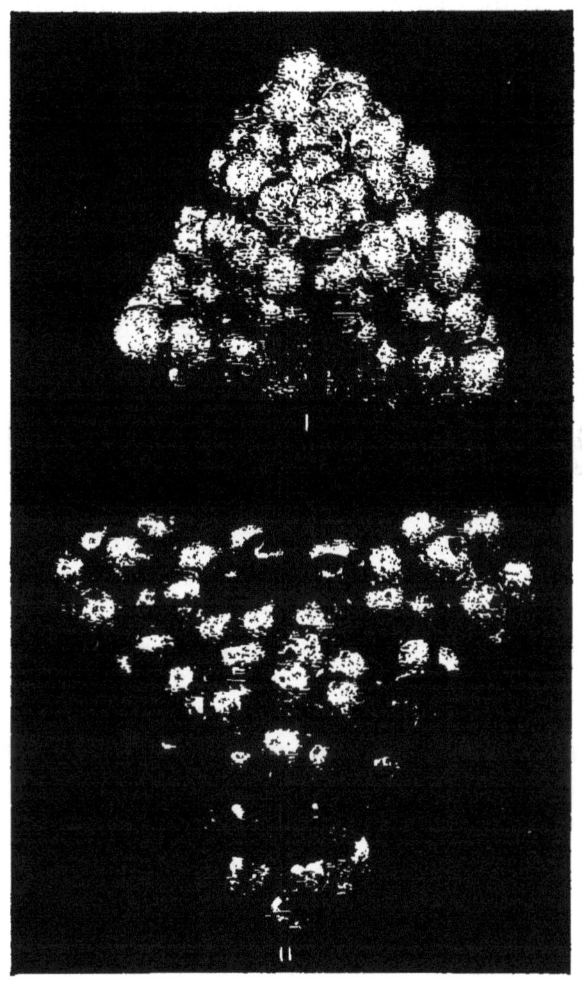

Figure 69.

I. — Potasse = K^2O.
II. — Hydrate de potassium 2 (K H O).

gène s'ajoute à l'agrégat, distribuant ses 16 atomes, 4 par 4, aux quatre faces du tétraèdre, et complétant ainsi l'hydrate 2.(HOM) (fig. 69). De sorte que l'hydrogène d'une molécule d'eau sur deux est mis en liberté. On a l'équation en poids :

$$2\,(H^2O) + 2M = 2\,(HOM) + 2H.$$

Cette formule est identique pour un grand nombre d'hydrates métalliques.

Pour les trois hydrates du potassium, du sodium et du lithium, elle se traduit théoriquement, soit en nombre d'atomes, soit en masses atomiques et moléculaires. On a ainsi :

Hydrate de potassium (fig. 69 : II) $= 2\,(KHO) =$ en poids $2\,(39.14 + 1 + 16) = 112.28$. Cette valeur $112.28 \times 4 =$ la masse moléculaire 449.12, qui se décompose ainsi que suit :

Masse théorique $= 2\,(44^K \times 3.558 + 2^H \times 2 + 16^O \times 4) = 449.12 : 4 = 112.28$.

Nombre d'atomes : $2\,(44^K + 2^H + 16^O) = 124$.

Hydrate de sodium (fig. 70 : II) $= 2\,(NaHO) =$ en poids $2\,(23 + 1 + 16) = 80$. Cette valeur $80 \times 4 =$ la masse moléculaire 320 qui se décompose ainsi que suit :

Masse théorique $= 2\,(23^{Na} \times 3.833 + 2^H \times 2 + 16^O \times 4) = 320 : 4 = 80$.

Nombre d'atomes $= 2\,(24^{Na} + 2^H + 16^O) = 84$.

Hydrate de lithium (fig. 71 : II) $= 2\,(LiHO) =$ en poids $2\,(7 + 1 + 16) = 48$. Cette valeur $48 \times 4 =$ la masse moléculaire 192 qui se décompose ainsi que suit :

Masse théorique $= 2\,(8^{Li} \times 3.5 + 2^H \times 2 + 16^O \times 4) = 192 : 4 = 48$.

Nombre d'atomes $= 2\,(8^{Li} + 2^H + 16^O) = 52$.

Pour chaque molécule d'hydrate, quatre atomes d'hydrogène sont mis en liberté, aux dépens des deux molécules d'eau décomposées, dont l'une tout entière et tout l'oxygène de l'autre se sont unis aux deux molécules de métal.

Ces 4 atomes d'hydrogène, mis en liberté, s'élèvent, en vertu de leur légèreté spécifique, et, s'unissant par groupes de 8, constituent des molécules gazeuses, comme nous le verrons plus tard (chap. De la constitution moléculaire des gaz).

Les oxydes anhydres de ces métaux ont donc pour formule générale M^2O.

L'oxyde anhydre de potassium ou la potasse (fig. 69 : I) a pour formule : $K^2O =$ en poids $2 \times 39.14 + 16 = 94.28$.

Cette valeur $94.28 \times 4 = 377.12$ qui se décompose ainsi que suit :

Masse théorique $= 2\,(44^K \times 3.558) + (16^O \times 4) = 377.12 : 4 = 94.18$.

Nombre d'atomes $= 88^{K} + 16^{O}) = 104$.

L'oxyde anhydre de sodium (fig. 70 : I) donne de même Na^2O = en poids $2 \times 23 + 16) = 62$. Cette valeur $= 62 \times 4 = 248$ qui donne comme suit :

Masse théorique $= 2\,(24^{Na} \times 3.833) + (16^{O} \times 4) = 248 : 4 = 62$.

Nombre d'atomes $= 48^{Na} + 16^{O} = 64$.

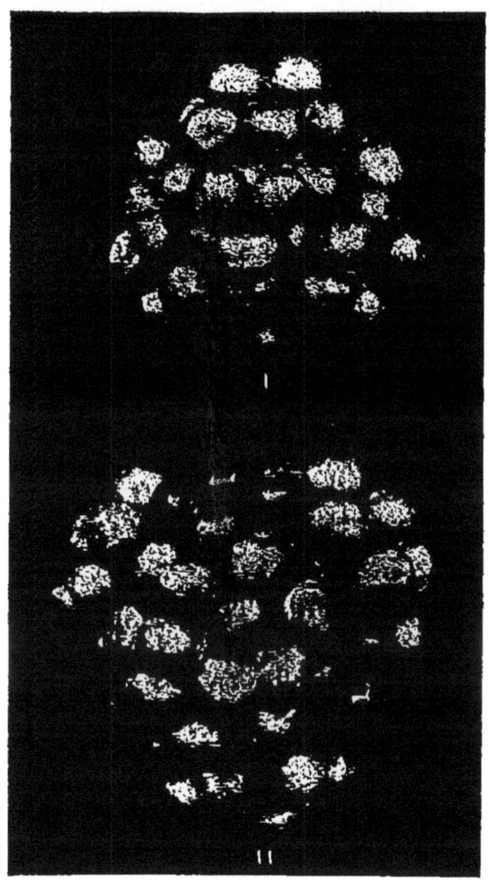

Figure 70.

I. — Soude $= Na^2O$.

II. — Hydrate de sodium $= 2\,(Na\,HO)$.

L'oxyde anhydre de lithium (fig. 71 : I) donne Li^2O = en poids $2 \times 7 + 16 = 30$ qui, multipliés par 4, donne $4 \times 30 = 120$.

Masse moléculaire $= 2\,(8^{Li} \times 3.5) + (16^{O} \times 4) = 120 : 4 = 30$.

Nombre d'atomes $= 16^{Li} + 16^{O} = 32$.

Les oxydes anhydres sont donc des hydrates déshydratés qui ont perdu leur molécule d'eau, généralement sous l'influence d'une température qui les calcine.

Cette molécule d'eau peut leur être rendue. Ils en sont avides. L'oxyde anhydre n'est pas un corps stable.

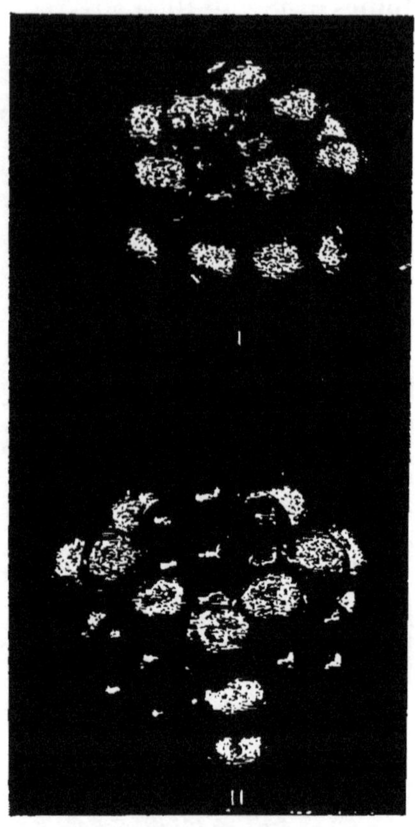

Figure 71.

I. — Lithine = $Li^{2}O$.
II. — Hydrate de lithium = $2(LiHO)$.

Les hydrates des métaux alcalins se produisent donc directement par la décomposition de l'eau avec laquelle ils entrent en contact et dont ils prennent tout l'oxygène avec la moitié de son hydrogène.

Ces hydrates sont très stables, leur formation dégage beaucoup de chaleur, résultat d'une grande condensation. Pour les transformer en oxydes anhydres, il faut violenter la nature, annuler de fortes pressions. Il faut arriver à dissocier le composé en surexcitant ses activités thermiques ; c'est-à-dire lui fournir de la chaleur et présenter au noyau d'hydrogène de la molécule des conditions d'équilibre supérieures à celles qui lui sont faites dans l'agrégat.

Les trois figures 69, 70 et 71 montrent, sous les numéros I, les formes moléculaires des trois oxydes anhydres, dont le centre est occupé par les 16 atomes d'oxygène, disposés en tétraèdre tronqué (fig. 49 : II) et dont les quatre faces reçoivent chacune une demi-molécule du métal, soit 22 atomes de potassium, 12 atomes de sodium ou 4 atomes de lithium.

Dans les trois hydrates, la molécule d'eau qui en occupe le centre conserve sa forme inaltérée, et une demi-molécule de métal se groupe sur les surfaces libres de ses quatre atomes d'hydrogène. Les 16 atomes d'oxygène de l'oxyde, devenus libres, se joignent, quatre par quatre, aux quatre atomes de ce corps qui occupent les quatre faces du tétraèdre d'hydrogène.

Il peut donc y avoir un échange réciproque et alternatif entre ces deux formes moléculaires. En présence d'une molécule d'eau l'oxyde anhydre se décompose, perd d'abord son métal, et le tétraèdre tronqué d'oxygène, mis à nu, sous une pression insuffisante, se dissociant à son tour, suit son métal qui l'abandonne.

Ce n'est donc point l'oxyde anhydre qui s'empare de l'eau ; c'est l'eau qui s'empare successivement des éléments de l'oxyde anhydre ; ceux qui sont à la surface sont saisis les premiers, ceux du noyau le sont ensuite.

Nous aurons donc probablement à modifier les idées que nous exprimons aujourd'hui sous le nom, parfois impropre, de *base métallique*.

Réciproquement, si une forte chaleur, dissociant l'hydrate, vaporise à l'intérieur sa molécule d'eau, les quatre demi-molécules du métal se séparent des quatre atomes d'hydrogène qui les supportent, entraînant avec elles les quatre moléculines surnuméraires d'oxygène qui, se reformant en tétraèdre, sur ses quatre faces reprend son métal pour reconstituer l'oxyde anhydre. Mais on comprend que cette opération exige plus d'efforts mécaniques que la première et qu'il en résulte, avec une augmentation du volume total, une perte de chaleur.

L'oxyde anhydre de calcium et son hydrate suivent des lois identiques sous des formes très analogues. Seulement une seule molécule de calcium, de 36 atomes, s'unit dans l'oxyde anhydre (fig. 72 : I) aux 16 atomes d'oxygène, qui dans l'hydrate se joignent à une molécule d'eau (fig. 72 : II).

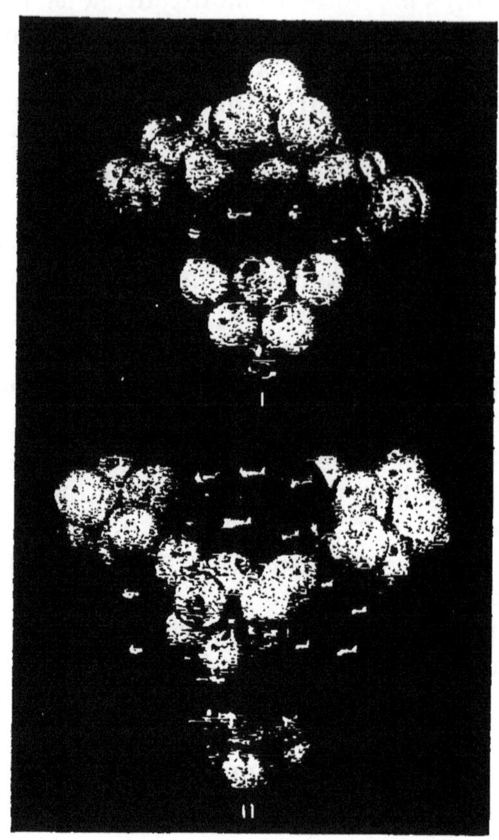

Figure 72.

I. — Chaux : CaO.
II. Hydrate de calcium $CaO + H^2O$.

Dans les carbonates, en général, le tétraèdre central d'hydrogène, de volume

$$V_6 = \frac{2 . 1^{2+1}}{2} = 1 \qquad (54)$$

est remplacé par un tétraèdre tronqué de 16 atomes de carbone de volume

(55) $$V = 2\,\frac{16^{2/3}}{3^{7/3}} = 0{,}97835$$

c'est-à-dire presque égal, et qui, à l'état d'acide carbonique (fig. 68 : II), s'enveloppe de 32 atomes d'oxygène, en équilibre un peu instable.

Cette molécule d'acide carbonique, en s'unissant aux oxydes anhydres, donne les carbonates correspondants.

On a ainsi pour le carbonate de chaux (fig. 73) :

$$Ca + O + CO^2 = 40 + 16 + 12 + 32 = 100 \times 4 = 400.$$
$$= (36^{Ca} \times 4{,}444) + (48^{O} \times 4) + (16^{C} \times 4) = 400 : 4 = 100.$$
$$\text{Nombre d'atomes : } 36^{Ca} + 48^{O} + 16^{C} = 100.$$

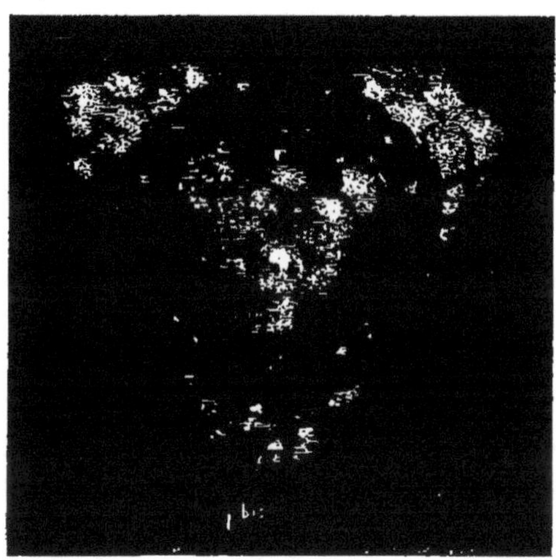

Figure 73. — Carbonate de chaux. $CaO + CO^2$

L'acide carbonique joue donc dans la formation des carbonates un rôle absolument analogue à celui de l'eau dans la formation des hydrates ; leurs molécules ont des formes très analogues et une stabilité de même ordre. Les uns et les autres se constituent avec une condensation de volume et, par suite, avec un dégagement de chaleur, les énergies thermiques de leurs atomes étant surexcitées par la diminution de leurs rayons et de l'aire de leurs plans de contact.

Si les oxydes anhydres ne peuvent s'emparer directement du carbone, c'est que ce corps ne se présente dans la nature, à l'état de pureté, que sous la forme d'agglomérations moléculaires énormes dont une très haute température ne peut rompre la cohésion qu'en présence de l'oxygène. Les affinités du carbone pour ce corps résultent des rapports harmoniques de 4 : 3 de leurs rayons et de 16 : 9 de leurs vitesses vibratoires spécifiques.

Les grosses molécules du carbone, à des températures élevées, en présence de l'oxygène, éclatent en fragments, par une série d'explosions lumineuses, et s'unissent avec lui pour former l'acide carbonique à l'état gazeux, dont la molécule, ainsi que nous le verrons bientôt, contient 2 (CO^2), ou 64 atomes d'oxygène et 32 atomes de carbone.

Chaque molécule d'acide carbonique gazeux peut donc saturer deux molécules d'oxyde anhydre. Mais il est plus probable que, dans le grand laboratoire de la nature, la constitution des carbonates se fait, en général, non pas aux dépens du gaz, mais au contact de ses molécules en dissolution dans l'eau, et, comme telles, déjà constituées à l'état de noyau moléculaire (CO^2) de forme tétraédrique, et tout prêt à recevoir sur ses quatre faces les éléments dissociés de l'oxyde anhydre, ou ces mêmes éléments arrachés de la surface libre de l'hydrate, dont la molécule d'eau est ainsi mise en liberté.

L'hydrate s'est alors transformé en carbonate et de l'eau est mise en liberté. Dans la transformation reversive, de l'eau serait absorbée et de l'acide carbonique mis en liberté.

Les oxydes des métaux de forte densité et forte cohésion se constituent différemment. Leur molécule indissociable doit former le noyau du composé. Il en serait de même de leurs sulfures et chlorures.

La figure 74 : I, montre une molécule de protoxyde de fer où, sur chacune des quatre faces de la pyramide du fer (fig. 65 : I), sont groupés 4 atomes d'oxygène.

Ce qui donne en poids :

$$\text{Fe O} = (56 + 16) \times 4 = 288.$$
$$= (30^{\text{Fe}} \times 7{,}466) + (16^{\text{O}} \times 4) = 288.$$
$$\text{Nombre d'atomes : } 30^{\text{Fe}} + 16^{\text{O}} = 46.$$

Deux molécules semblables peuvent s'accoler l'une à l'autre, par leur base, et donner une molécule double = 2 (Fe O).

La figure 74 : II, montre une demi-molécule de peroxyde ou sesquioxyde de fer :

(56) $$\frac{Fe^2\ O^3}{2} = Fe + \frac{3}{2}\ O = (56 + 24) \times 4 = 320.$$
$$= (30 \times 7,466) + (24^{O} \times 4) = 320.$$
Nombre d'atomes : $30^{Fe} + 24^{O} = 54$.

Deux molécules semblables peuvent s'accoler l'une à l'autre et donner $Fe^2\ O^3 = 160 \times 4 = 640$.

La figure 74 : III, donne la molécule de protosulfure de fer :

$$Fe\ S = 56 + 32 = 88 \times 4 = 352.$$
$$= (30^{Fe} \times 7,466) + (24^{S} \times 5,333) = 352 : 4 = 88.$$
Nombre d'atomes : $30^{Fe} + 24^{S} = 54$.

Le nombre d'atomes du protosulfure de fer est donc absolument le même que dans le sesquioxyde ; la constitution des deux molécules est semblable, et deux de ces molécules peuvent également s'accoler l'une à l'autre pour constituer une molécule symétrique, de forme globuleuse. La molécule de l'oxyde est seulement un peu plus grosse, parce que les atomes d'oxygène sont plus gros que ceux du soufre dans la proportion de $\frac{5,333^3}{4^3}$.

La figure 74 : IV, donne la molécule de la pyrite martiale, ou pyrite jaune, et 74 : V, montre la molécule de la pyrite blanche, qui ne diffèrent que par la forme moléculaire.

L'une et l'autre ont pour formule :

$$Fe\ S^2 = 56 + 64 = 120 \times 4 = 480.$$
$$= (30^{Fe} \times 7,466) + (48^{S} \times 5,333) = 480 : 4 = 120.$$
Nombre d'atomes : $30^{Fe} + 48^{S} = 78$.

La figure 74 : VI, représente la molécule du chlorure de fer :

$$Fe\ Cl = 56 + 35,5 = 91,5 \times 4 = 366.$$
$$= (30^{Fe} \times 7,466) + (30^{Cl} \times 4,733) = 366 : 4 = 91,5.$$
Nombre d'atomes : $30^{Fe} + 30^{Cl} = 60$.

Ce n'est aussi qu'une demi-molécule à laquelle peut s'accoler, en sens contraire, une molécule symétrique.

Les oxydes, sulfures et chlorures de nickel seraient identiques, ainsi que ceux du chrome. Ceux du cuivre en diffèreraient par la forme, les métalloïdes se distribuant sur les quatre faces d'un tétraèdre au lieu de se distribuer sur les

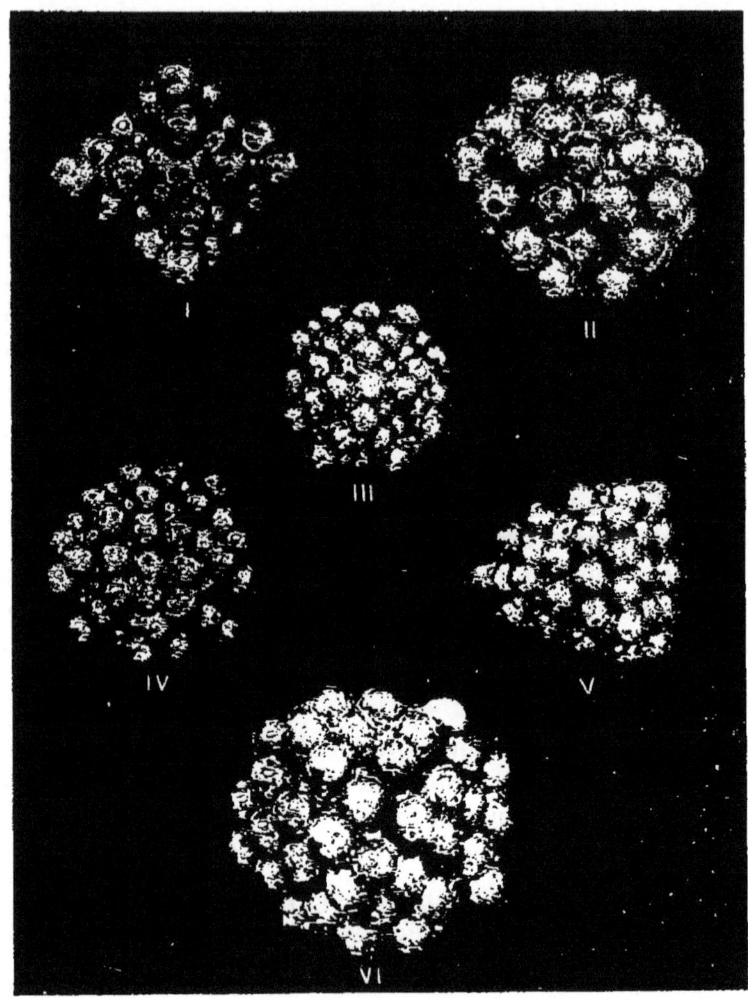

Figure 71.

I. — $Fe\,O$: protoxyde de fer.
II. — $Fe^2\,O^3$: sesquioxyde de fer.
III. — $Fe\,S$: protosulfure de fer.
IV. — $Fe\,S^2$: pyrite martiale.
V. — $Fe\,S^2$: pyrite blanche.
VI. — Chlorure de fer.

quatre faces d'une pyramide, à base carrée; mais les molécules ne seraient pas doublées.

Le protoxyde d'argent (Ag^2O) peut se concevoir sous la forme d'un prisme à base rhombe, 9×6, terminé à ses deux extrémités par quatre atomes d'oxygène. Sa vraie formule serait alors

$$Ag \frac{1}{2} O.$$

Le protoxyde Ag^2O peut encore prendre une autre forme. Le tétraèdre tronqué des quatre sommets $56 - 16$ peut recevoir sur ses huit faces 8 rosettes de 7 atomes, surmontées de 3 atomes sur ses quatre petites faces. Ce qui donne $40 + 7 \times 8 + 3 \times 4 = 108$ Ag. Les 4 rosettes des grandes faces recevraient chacune 4 atomes d'oxygène, soit $4 \times 4 = 16^o$.

L'oxyde ($Ag\,O$) serait le rhomboèdre de 54 atomes, recevant, sur quatre faces, 4 atomes d'oxygène, et, dans le peroxyde ($Ag\,O^2$), quatre faces du rhomboèdre recevant six atomes du métalloïde, il en resterait quatre pour chacune des deux autres faces parallèles.

Mais on peut concevoir encore une autre structure à ces trois oxydes. 5 tétraèdres de 56 atomes, tronqués de deux sommets, peuvent constituer une molécule liquéfiable en forme de double pyramide à base pentagone, inscriptible à un ellipsoïde. Chacun des 10 côtés trigones de cette double pyramide peut recevoir seulement quatre atomes; soit, pour les 5 tétraèdres moléculaires, $4 \times 10 = 40$ atomes d'oxygène pour $5 \times 54 = 270$ d'argent.

La formule totale du protoxyde serait ainsi :

$$(57) \qquad \frac{1}{2}(Ag^{10}\ O^5) = Ag^5 \frac{5}{2} O$$

On pourrait même concevoir le protoxyde construit sur ce plan et la demi-molécule d'oxygène occupant seulement les cinq faces supérieures de la pyramide pentagone, que les 40 atomes d'oxygène couvriraient ainsi tout entière, mais d'un seul côté. Tel pourrait être l'état moléculaire du protoxyde d'argent à l'état naissant, sur les surfaces argentées exposées à l'humidité, et dont la couche superficielle seule est ternie par l'oxydation.

De même, avec un degré d'oxydation de plus, le métalloïde, pénétrant la couche superficielle du métal, couvrirait les deux faces libres des pyramides, et la formule totale deviendrait 5

(Ag O) avec 5×54 atomes d'argent et 5×16 atomes d'oxygène.

Le peroxyde pourrait être alors 5 (Ag O^2), chaque face de la pyramide recevant 16 atomes d'oxygène, soit en forme de tétraèdre tronqué (fig. 49 : II), soit sur deux plans, en pyramide tronquée $= 10 + 6$.

Mais on peut supposer que ce degré extrême d'oxydation désagrégerait les cinq tétraèdres constituants de la double pyramide et les entourerait d'oxygène sur chacune de leurs faces, en revenant ainsi à la formule Ag O^2.

Le protoxyde d'or (Au^2 O), ou plutôt Au $\frac{1}{2}$O, n'aurait qu'un atome à distribuer sur les huit faces de l'octaèdre de 85 atomes de ce métal (fig. 59 : I). Mais si l'on suppose la molécule sous sa forme de prisme allongé $= 7 \times 12$, chacune des bases libres du prisme peut recevoir un petit tétraèdre de 4 atomes d'oxygène. Tous ces prismes obliques, à base hexagone, pouvant s'agencer parallèlement entre eux, de façon à former une lame à deux surfaces parallèles, ces deux surfaces seraient ainsi complètement couvertes par une couche peu profonde, mais continue, du métalloïde. La lame d'or serait ternie, c'est-à-dire oxydée.

Le protoxyde d'or est du reste un corps éminemment instable, aucune alliance solide n'étant possible entre des atomes de rayons trop différents, dans un rapport aussi désharmonique que celui de 9,25 : 4, et dont les vitesses vibratoires seraient entre elles comme les carrés de ces nombres.

Cependant, le sesquioxyde d'or paraît avoir de meilleures conditions de stabilité. Sa formule Au^2 O^3 serait en réalité Au $\frac{3}{2}$O, donnant 24 atomes d'oxygène à distribuer sur les 8 faces de l'octaèdre, soit 3 sur chaque face, et réalisant ainsi une parfaite symétrie.

Mais l'or, de même que le platine, l'iridium et même l'argent, montrent des affinités bien plus fortes pour des métalloïdes de plus grandes densités, dont les rayons atomiques sont en rapports moins disproportionnés avec leurs propres rayons. Tels sont le chlore, le brome et l'iode ou même le soufre, le sélénium, le tellure et l'arsenic.

On voit alors les 30 atomes du chlore, les 56 atomes du brome et les 80 atomes de l'iode se presser et s'entasser sur les 4 faces des tétraèdres de l'argent ou du platine et sur les 8 facettes de l'octaèdre de l'or.

Dans le sesquiiodure d'or : $Au^2\ I^3$, qu'il faut traduire par $Au\ \frac{3}{2}I$, 120 atomes d'iode devraient trouver place sur les 8 faces de l'octaèdre de 85 atomes (fig. 59 : I). Ce serait 15 atomes sur chaque face, elle-même formée de 15 atomes plus petits, dans la proportion de $6{,}35^3$ à $9{,}25^3$. C'est à peu près la proportion de 1 : 3.

Tous les problèmes de la constitution moléculaire des corps complexes, à l'état solide, peuvent se résoudre par des combinaisons analogues, qui ne laissent plus rien, sinon d'inconnu, du moins d'inconnaissable, dans les mystères de la chimie.

CHAPITRE L

CONDENSATION ET CHALEUR DE COMBINAISON

La diminution de volume des corps qui entrent en combinaison chimique pour former des molécules hétérogènes et l'accroissement corrélatif de leurs densités, relativement à la densité moyenne de leurs composants ; la chaleur qui se dégage dans ces combinaisons et qui paraît être corrélative à leur condensation, sont parmi les faits les mieux établis de la chimie, mais sont aussi restés les plus inexpliqués.

Je ne puis me flatter d'apporter la solution définitive d'un problème, très complexe ; mais je crois pouvoir proposer pour sa recherche quelques indications nouvelles, ne serait-ce que pour démontrer pourquoi, par sa complexité même, il échappera à jamais à toute formule générale exacte.

J'ai pourtant été obligée de lui supposer une solution provisoire, du moins, quant au cas spécial de la contraction de la molécule d'eau, afin d'en établir la densité absolue, exprimée dans le système d'unités qui découle des principes de ma théorie.

Toutes les séries numériques relatives aux masses des atomes et à leurs nombres dans les molécules ou équivalents de ces corps reposent sur cette solution hypothétique du problème de la contraction.

J'avais à opter entre plusieurs hypothèses équivalentes, qui donnaient, pour le volume de la molécule d'eau, des valeurs identiques. Cela résulte du fait que tous les facteurs des deux éléments de l'eau, l'hydrogène et l'oxygène, sont des puissances de 2, et sont, conséquemment, multiples les uns des autres.

Ainsi, pour le numérateur de la formule de ce volume (nº 32, ch. XXXVII), la somme des volumes virtuels des 4 dodécaèdres de l'hydrogène et des 16 dodécaèdres de l'oxygène est égale à la somme des volumes moléculaires de ces deux corps.

On a l'égalité :

$$(58) \qquad 2\left(\frac{N_O}{m_O^3} + \frac{N_H}{m_H^3}\right) = 2\left(\frac{N_O^{2/3}}{m_O^{7/3}} + \frac{N_H^{2/3}}{m_H^{7/3}}\right);$$

car, en remplaçant par les valeurs, on trouve :

$$(59) \qquad 2\left(\frac{4}{8} + \frac{16}{64}\right) = 2\left(\frac{4^{2/3}}{2^{7/3}} + \frac{16^{2/3}}{4^{7/3}}\right) = \frac{3}{2}.$$

Cette identité de résultats se réaliserait également pour toutes les molécules complexes dont les deux molécules composantes ont des nombres d'atomes égaux aux carrés de leur masse atomique. Ce cas se rencontre exactement, par exception, pour les deux composants de l'eau; mais pour tous les corps dont la densité dynamique a une variable qui s'éloigne peu de l'unité, la valeur des deux formules resterait très sensiblement égale. Il peut donc paraître indifférent de prendre l'une ou l'autre dans le plus grand nombre des cas. Mais la différence peut devenir sensible entre les métaux lourds, à petites masses moléculaires, de la série du fer et les métaux, moins denses, mais plus riches en atomes, de la série de l'étain.

Dans l'évaluation du volume d'une molécule complexe, il est un autre facteur dont il faut tenir compte. Des atomes de rayons différents tendent à devenir tangents; il en résulte un accroissement du rayon moléculaire, égal à la somme des hauteurs des deux ménisques vibrants; celui du petit atome étant double de celui du grand, si leurs rayons sont entre eux dans le rapport de 2 : 1. (Comp. ch. XXII, p. 161, fig. 20 et 21.) Cet accroissement du rayon moléculaire est pour l'oxygène d'environ $\frac{0,292}{4}$, et pour l'hydrogène de $\frac{0,073}{2}$. Ce qui donne la somme de 0,1095. C'est environ 11 p. 100 d'un rayon moléculaire supposé égal à l'unité. Mais le rayon de la molécule d'eau n'est en réalité que de $\frac{3^{1/2}}{2} = 0,86603$, qui, augmenté de 0,1095 donne 0,97553. Si l'on élève ces deux rayons au cube, on arrive à un rapport des volumes un peu supérieur à 2 1/2.

Cette variation du volume moléculaire resterait constante pour tous les atomes disposés de même et en même nombre dans la molécule et dont les rayons seraient dans le même rapport. Elle diminue très lentement, quand le rayon moléculaire augmente relativement, par le fait qu'il est la somme d'un plus grand nombre de rayons atomiques. Ces cas sont peu nombreux.

L'octaèdre de 19 atomes et le tétraèdre de 35 sont les premières molécules centrées d'un atome. L'octaèdre de 44 a au centre un petit octaèdre de 6 atomes et le tétraèdre de 56 est centré d'un tétraèdre de 4 atomes.

Dans ces diverses molécules, le rayon moléculaire est la somme de 3 ou 4 rayons atomiques, au maximum; mais comme ce sont des atomes métalliques beaucoup plus petits que ceux de l'oxygène, ils n'égalent pas même le rayon moyen du tétraèdre d'hydrogène, qui centre la molécule d'eau. Par conséquent, la dilatation moléculaire résultant de la tangence des atomes reste à peu près égale.

Tant que l'accroissement du rayon moléculaire ne descend pas au-dessous de 7/10, on peut considérer celui des volumes comme sensiblement égal à la racine de 2.

Même quand cet accroissement du rayon descend à 15/14, celui du volume est encore de 5/4 à 6/5.

Dans la plupart des cas, on peut donc maintenir au numérateur de la formule du volume le facteur $2^{1/2}$ comme représentant la variation moyenne.

De même, pour le dénominateur de la formule du volume de l'eau j'avais à opter entre quatre hypothèses :

1° La condensation pouvait être proportionnelle à la racine cubique de la masse de l'oxygène, considérée comme distribuant sa pression sur chaque rayon moléculaire.

Dans cette hypothèse, la valeur de la condensation était $64^{1/3}=4$.

2° Si cette condensation avait pour mesure la racine carrée du rapport de la masse de l'oxygène au nombre des atomes de l'hydrogène, sur lesquels se distribue la pression, on avait encore la solution identique :

$$(60) \qquad \left(\frac{M_O}{N_H}\right)^{1/2} = \left(\frac{64}{4}\right)^{1/2} = 4$$

3° On peut supposer aussi que la masse de l'oxygène pressant sur les quatre atomes d'hydrogène, ceux-ci exercent une réaction, égale à leur masse, sur les atomes de l'oxygène qui les compriment. En cette hypothèse, la condensation aurait pour mesure la somme des racines carrées du rapport de la masse de l'oxygène au nombre des atomes de l'hydrogène et du rapport de la masse de l'hydrogène au nombre des atomes de l'oxygène. Soit encore

$$(61) \qquad \left(\frac{M_O}{N_H}\right)^{1/2} + \left(\frac{M_H}{N_O}\right)^{1/2} = \left(\frac{4\times 16}{4}\right)^{1/2} + \left(\frac{4\times 2}{16}\right)^{1/2} = 4{,}7071$$

On obtient ainsi une valeur un peu plus grande.

Mais on peut encore admettre que la condensation est égale, non pas à la somme des racines carrées des deux rapports, mais à la racine carrée de leur somme ; ce qui donne

$$(62) \qquad \left(\frac{M_O}{N_H} + \frac{M_H}{N_O}\right)^{1/2} = \left(\frac{4\times 16}{4} + \frac{4\times 2}{16}\right)^{1/2} = 4{,}062 ;$$

valeur un peu plus faible que la précédente, mais presque égale aux trois premières.

Il fallait choisir entre ces quatre hypothèses.

Les deux premières donnent des résultats identiques. On a

$$(63) \qquad V = \frac{\frac{3}{2}\,2^{1/2}}{64^{1/3}} = \frac{\frac{3}{2}\,2^{1/2}}{\left(\frac{64}{4}\right)^{1/2}} = \frac{3}{8}\,2^{1/2} = 0{,}5308$$

Ce qui donne pour la densité Δ, avec une masse moléculaire de $64+8=72$,

$$(64) \qquad \Delta = \frac{72}{2^{1/2}\,\frac{3}{8}} = 135{,}76$$

La troisième hypothèse donne

(65)
$$V = \frac{\frac{3}{2}\, 2^{1/2}}{4,707} = 0,45066$$

qui donne la densité $\chi = \frac{0,45066}{72} = 159,76$, ou 160 en nombres ronds.

La quatrième hypothèse donne

(66)
$$V = \frac{\frac{3}{2}\, 2^{1/2}}{4,062} = 0,5222$$

et pour la densité, $\frac{72}{0,52222} = 137.8$

Il s'agissait de chercher laquelle de ces quatre formules s'accordait le mieux avec les faits observés. Non seulement elle devait rendre compte des phénomènes de condensation; mais la valeur donnée à la densité absolue de l'eau devait surtout déterminer, pour les molécules de tous les corps, des nombres d'atomes possibles, probables, conformes à leurs caractères minéralogiques comme à leurs propriétés chimiques et des masses répondant à leurs caractères physiques.

Toutes ces considérations, patiemment discutées, durant des années, m'ont déterminée à choisir la troisième solution, bien que la quatrième ne soit pas impossible avec quelques modifications.

Les quatre hypothèses de la loi de condensation se prêtent très inégalement à rendre compte des faits observés. On constate que cette condensation est très variable, même pour des composés très analogues. Mais s'il y a certaines analogies entre les rapports de condensation des métaux, combinés avec les mêmes métalloïdes, en même proportion, cette analogie générale comporte de grandes différences.

Or, de l'hypothèse d'une condensation proportionnelle à la racine cubique du métalloïde, sans intervention aucune du métal, il résultait que cette condensation devrait être égale pour tous les oxydes, mais augmenter pour tous les peroxydes.

La première hypothèse donnerait, en effet, pour les divers métalloïdes, les condensations suivantes $= _0{}^{1/3}$:

Oxydes (protoxydes)........	$64^{1/3} = 4$
Bioxydes..................	$128^{1/3} = 5{,}0397$
Sulfures..................	$128^{1/3} = 5{,}0397$
Bisulfures	$256^{1/3} = 6{,}3496$
Chlorures	$142^{1/3} = 5{,}2117$
Bichlorures................	$284^{1/3} = 6{,}5731$
Tétrachlorures.............	$568^{1/3} = 8{,}281$
Bromures...................	$320^{1/3} = 6{,}84$
Iodures....................	$508^{1/3} = 7{,}9791$
Biiodures	$1016^{1/3} = 10{,}6658$
Arséniures	$300^{1/3} = 6{,}6943$

Les faits ne répondent nullement à cette régularité des rapports de condensation dans les composés des mêmes métalloïdes. De plus, il est de toute évidence que beaucoup de ces rapports sont trop élevés.

L'hypothèse d'une condensation proportionnelle à la racine cubique de la masse du métalloïde doit donc être écartée.

La seconde hypothèse, d'abord plus séduisante, soulève également de graves objections.

$\frac{M_O{}^{1/2}}{N_M}$ donnerait pour les divers métalloïdes, avec un métal quelconque M :

$$\text{Oxydes } \frac{64^{1/2}}{N_M{}^{1/2}} = \frac{8}{N_M{}^{1/2}} \text{ ; Bioxydes } \frac{128^{1/2}}{N_M{}^{1/2}} = \frac{11{,}31}{N_M{}^{1/2}}$$

$$\text{Sulfures } \frac{128^{1/2}}{N_M{}^{1/2}} = \frac{11{,}31}{N_M{}^{1/2}} \text{ Bisulfures } \frac{256^{1/2}}{N_M{}^{1/2}} = \frac{16}{N_M{}^{1/2}}$$

$$\text{Chlorures } \frac{142^{1/2}}{N_M{}^{1/2}} \frac{11{,}914}{N_M{}^{1/2}} \text{ Bichlorures } \frac{284^{1/2}}{N_M{}^{1/2}} = \frac{16{,}85}{N_M{}^{1/2}}$$

$$\text{Bromures } \frac{320^{1/2}}{N_M{}^{1/2}} = \frac{17{,}88}{N_M{}^{1/2}}$$

$$\text{Iodures } \frac{508^{1/2}}{N_M{}^{1/2}} = \frac{22{,}53}{N_M{}^{1/2}}$$

$$\text{Arséniures } \frac{300^{1/2}}{N_M{}^{1/2}} = \frac{17{,}32}{N_M{}^{1/2}}$$

Le nombre des atomes des molécules métalliques variant

TABLEAU J	Hypothèse $\left(\frac{M_O}{N_M}\right)^{1/2} + \left(\frac{M_M}{N_O}\right)^{1/2}$	Hypothèse $\left(\frac{M_O}{N_M} + \frac{M_M}{N_O}\right)^{1/2}$
Oxydes		
Eau H^2O	$\left(\frac{64}{4}\right)^{1/2} + \left(\frac{8}{16}\right)^{1/2} = 4,7071$	$\left(\frac{64}{4} + \frac{8}{16}\right)^{1/2} = 4,062$
Ziguéline Cu^2O	$\left(\frac{64}{64}\right)^{1/2} + \left(\frac{507,2}{16}\right)^{1/2} = 6,6302$	$\left(\frac{64}{64} + \frac{507,2}{16}\right)^{1/2} = 5,7184$
Mélacosine CuO	$\left(\frac{64}{32}\right)^{1/2} + \left(\frac{253,6}{16}\right)^{1/2} = 5,3954$	$\left(\frac{64}{32} + \frac{253,6}{16}\right)^{1/2} = 4,2249$
Litharge PbO	$\left(\frac{64}{108}\right)^{1/2} + \left(\frac{828}{16}\right)^{1/2} = 7,9635$	$\left(\frac{64}{108} + \frac{828}{16}\right)^{1/2} = 7,3350$
Zincite ZnO	$\left(\frac{64}{35}\right)^{1/2} + \left(\frac{260}{16}\right)^{1/2} = 5,3834$	$\left(\frac{64}{35} + \frac{260}{16}\right)^{1/2} = 4,2509$
Cassitérite	$\left(\frac{128}{68}\right)^{1/2} + \left(\frac{472}{32}\right)^{1/2} = 5,2214$	$\left(\frac{128}{68} + \frac{472}{32}\right)^{1/2} = 4,0783$
Sulfures		
Argyrose AgS	$\left(\frac{128}{54}\right)^{1/2} + \left(\frac{432}{24}\right)^{1/2} = 5,7816$	$\left(\frac{128}{54} + \frac{432}{24}\right)^{1/2} = 4,7816$
Blende ZnS	$\left(\frac{128}{35}\right)^{1/2} + \left(\frac{260}{24}\right)^{1/2} = 5,3038$	$\left(\frac{128}{35} + \frac{260}{24}\right)^{1/2} = 3,8062$
Arséniures		
Fer arsenié $FeAs$	$\left(\frac{300}{30}\right)^{1/2} + \left(\frac{224}{45}\right)^{1/2} = 5,3954$	$\left(\frac{300}{30} + \frac{224}{45}\right)^{1/2} = 3,8572$

dans de larges limites, de 8 à 112, on aurait ainsi, avec les mêmes métalloïdes, des condensations tantôt très fortes et tantôt très faibles, et même des condensations nulles ou négatives.

Tels seraient les composés Cu^2O, qui donnerait la condensation nulle $\left(\frac{64}{64}\right)^{1/3}$; et le protoxyde de plomb, PbO, qui donnerait la dilatation réelle $\left(\frac{108}{64}\right)^{1/3}$ au lieu d'une condensation. Le protoxyde d'or donnerait de même la condensation négative $\left(\frac{64}{84}\right)^{1/3}$.

Or tous ces corps donnent lieu à des condensations évidentes.

Cette seconde hypothèse ne résiste donc pas à la critique.

Les deux dernières hypothèses, au contraire, semblent ne contredire aucun fait général et présenter dans la plupart des cas des caractères de probabilité.

Elles donnent pour divers composés les résultats suivants, exprimés en unités théoriques, les masses atomiques ou moléculaires des chimistes étant multipliées par 4 (tableau J, p. 416).

On constate dans ces deux séries que les valeurs les plus grandes appartiennent aux protoxydes, dont le métalloïde a des atomes peu nombreux et dont la masse métallique est forte.

L'adoption de l'une ou l'autre de ces quatre hypothèses entraînant des variations assez considérables dans la valeur de la densité absolue de l'eau, c'est-à-dire dans le coefficient général des densités relatives de tous les corps (l'eau étant = 1), après des essais multiples, j'ai été amenée à choisir la troisième, qui donne à ce coefficient la valeur, en nombres ronds, de 160, et au volume de la molécule d'eau la valeur 0,45. Ces valeurs sont celles qui m'ont donné les meilleurs résultats par leur introduction dans la formule 24, IIIe partie (ch. XXXVI, p. 242), qui détermine le nombre des atomes de la molécule des corps simples et leur masse.

Seulement, j'ai dû introduire dans la formule ce rapport 0,92 de la densité de la glace à la densité maximum de l'eau liquide. Ce rapport, multipliant les volumes ou divisant les densités, porte le coefficient 160 à 174, en nombres ronds (exactement 173,54).

Telles sont les bases sur lesquelles j'ai établi les calculs de la table des classifications des corps simples d'après les nombres de leurs atomes et leurs masses (ch. XXXIX, IIIe partie, planche IV).

Ces valeurs de 160 pour la densité de la glace et de 174 pour celle de l'eau liquide, sont des densités supposées *intramoléculaires*, la valeur 160 restant comme expression de la densité *intermoléculaire* de celle-ci.

Il s'ensuit une formule de conversion très simple entre mes unités théoriques et le système de nos unités métriques. Les masses étant divisées par 4, c'est seulement leur expression numérique qui devient quatre fois plus grande. Au contraire, mes volumes théoriques valent 40 fois plus que les unités métriques correspondantes.

Ainsi le volume intermoléculaire de la molécule d'eau étant 0,45 en unités théoriques, devient en unités métriques $0,45 \times 40 = 18$.

De même, sa masse, de $16 \times 4 + 2 \times 4 = 72$, devient $72 : 4 = 18$.

Si ces bases de mes calculs sont exactes, les mêmes formules de condensation doivent s'appliquer également aux autres corps complexes et leur accorder des densités en certaines relations constantes avec leurs densités observées.

Toutefois, il faut tenir compte de ce fait que des molécules complexes, formées d'atomes de rayons différents juxtaposés, ne sauraient s'agencer de la même façon que les molécules homogènes des corps simples. Elles doivent présenter des vacuoles intermoléculaires relativement plus grandes et beaucoup plus variables. Presque toutes les molécules complexes ont des formes plus ou moins globuleuses et souvent étoilées, qui ne sauraient se grouper qu'en amas amorphes. On s'explique ainsi que beaucoup de corps binaires et surtout ternaires, tels que les carbonates, se présentent le plus souvent dans la nature à l'état pulvérulent. Quand ces corps cristallisent régulièrement, c'est grâce à l'interposition, entre leurs molécules, d'un certain nombre de molécules d'eau, qui peuvent être remplacées par des atomes d'éther; auquel cas, ces corps tendent, en général, à se déliter.

Il est donc inévitable que le rapport entre leur densité intramoléculaire et leur densité intermoléculaire soit beaucoup plus considérable que chez les corps simples et qu'il soit beaucoup plus variable.

Ce développement capricieux des vacuoles intermoléculaires doit aussi nous dissimuler en grande partie leur condensation intramoléculaire, beaucoup plus considérable que celle qui paraît résulter de la comparaison de la densité du composé et de la densité moyenne des composants. Nous devons donc nous attendre à ce que les densités que donneront nos formules théoriques de condensation soient toujours beaucoup plus élevées que les densités observées, et, avec celles-ci, dans des rapports très variables.

Un des obstacles qui se sont opposés jusqu'ici à l'étude de la loi de condensation, c'est l'ignorance où l'on est resté du volume des métalloïdes, considérés comme à l'état solide; ces corps étant surtout, et pour certains exclusivement, manipulés à l'état gazeux. Cette lacune est comblée par ma théorie. Il suit, des principes déjà précédemment établis, que le volume de l'équivalent d'hydrogène, considéré comme corps solide, est 20. Sa densité est ainsi $\frac{1}{20} = 0{,}05$, exprimée en unités métriques, le volume de l'eau étant 18.

Car en unités théoriques le volume de l'équivalent d'hydrogène, ou de deux atomes, de masse 2, devient $\frac{20}{40} = 0{,}5$; ce qui résulte d'ailleurs de la formule de son volume virtuel $2\,\frac{2}{8}$; soit deux atomes de volume $\frac{2}{8}$; ce qui lui donne une densité théorique de $\frac{4}{\left(2\,\frac{2}{8}\right)} = 8$. On constate ainsi que $\frac{8}{0{,}05} = 160$.

De même le volume de l'équivalent d'oxygène exprimé en unités métriques $= 20$; et sa densité $\frac{16}{20} = 0{,}8$, son volume théorique virtuel $= 2\,\frac{16}{64} = 0{,}5$, et sa densité $\frac{64}{2\left(\frac{16}{64}\right)} = 128$.

On trouve encore entre cette densité théorique et la densité métrique le rapport $\frac{128}{0{,}8} = 160$, qui est égal à la densité théorique de l'eau et à notre coefficient γ.

Je donne ici, pour quelques oxydes, d'après les données expérimentales, les séries de leurs densités, de leurs volumes, des volumes de leurs éléments composants, des différences de volumes des composants et des composés, et leurs rapports, suivis, dans la dernière colonne, de leurs calories de combinaisons, exprimées en unités métriques (*cgs*), le volume de l'équivalent d'hydrogène étant 20, comme celui de l'équivalent d'oxygène. J'y joins les densités et les volumes des corps simples composants.

Tableau K

Chaleur de combinaison en unités métriques CGS.

I Noms des Corps	II. Densités observées des composants et des composés.	III Volumes des composants $V_O + V_M$	IV Volumes des composés V_θ	V Différences $V_O + V_M - V_\theta$	VI Rapports $\frac{V_O + V_M}{V_\theta}$	VII Calories dégagées C
Hydrogène.	0.05	20				
Oxygène...	0.8	20				
Eau .... $H^{2}O$	1	(2 × 20) + 20 = 60.	— 18	= 42	3.333	70.4
Cuivre	8.85 8.95	7.164 7.08				
Ziguéline .. $Cu^{2}O$	5.99	20 + 2 (7.164) = 34.328	— 23.83	= 10.498	1.44	43.8
Mélacosine. Cu O	1.14 5.39	20 + 7.164 = 27,164	— 15.447 14.73	= 11.717	1.758	39.7
Plomb	11.35	18.238				
Litharge... Pb O	7.9	20 + 18.238 = 38.238	— 28.228	= 10.01	1.354	50.8
Zinc.......	7.19	9.0403				
Zincite .... Zu O	5.57	20 + 9.0403 = 29.0403	— 14.543	= 14.973	2	84.3
Étain......	7.29	16.1866.				
Cassitérite. Su O^{2}	6.3 7.6	20 + 23.81 = 43.81	— 23.81 21.126	= 20.00	1.84	141.3

Ce qui frappe, au premier coup d'œil, dans ce tableau, c'est qu'il n'existe aucun rapport constant, soit entre les volumes composés et les volumes des composants, soit entre leurs rapports ou leurs différences, avec la chaleur dégagée par la combinaison.

Toutes ces quantités semblent varier d'une façon capricieuse et être indépendantes les unes des autres.

TABLEAU L

Loi des condensations théoriques exprimées en unités métriques.

I Noms des Corps	II Densités virtuelles moyennes des composants	III Condensation $\dfrac{\left(\frac{M_O}{N_M}\right)^{1/2} + \left(\frac{M_M}{N_O}\right)^{1/2}}{2^{1/2}}$	IV Densité intramoléculaire δ	V Dilatation vacuolaire $\frac{\delta}{d}$	VI Densités observées intermoléculaires d	VII Contraction totale depuis le volume virtuel jusqu'au volume observé	VIII Calories dégagées C	IX Racine carrée des calories $C^{1/2}$
Zigueline...... $Cu^2 O$	4.716 ×	4.66883 =	22.105 :	3.6842 =	6	1.27255	43.8	6.6182
Mélacosine.... Cu O	3.1579 ×	3.8284 =	12.090 :	2.2472 =	5.38	1.7037	39.7	6.3008
Litharge ...... Pb O	5.6927 ×	5.5336 =	32.070 :	4.0595 =	7.9	1.3878	50.8	7.1256
Zincite........ Zn O	3.0190 ×	4.1522 =	12.512 :	2.2542 =	5.57	1.8428	84.3	9.2087
Cassitérite.....	2.6666 ×	3.6859 =	9.8266 :	1.5595 =	6.3	2.3630	141.3	11.887

Au tableau K des données expérimentales, nous opposerons celui des condensations théoriques pour les mêmes corps. Sauf une valeur irrégulièrement variable, qui est le rapport de la densité intramoléculaire à la densité intermoléculaire du corps, et qui dépend de la valeur relative des interstices vacuolaires, nous verrons l'ordre s'établir entre toutes les autres.

Les séries de valeurs du tableau L montrent (colonnes VII et VIII) un parallélisme général entre les contractions totales, depuis les volumes virtuels des composants, jusqu'à la densité observée du composé et les calories dégagées dans la contraction. Ce parallélisme est loin de la proportionnalité simple, mais il est presque exact entre les contractions et les racines carrées des calories dégagées qui occupent la colonne IX. La seule irrégularité est celle que présente la mélacosine, dont la très faible chaleur de combinaison ne s'explique pas. Nous la retrouverons, tout à l'heure, comme exceptionnelle dans d'autres séries.

Les chaleurs de combinaison, qui semblent ainsi vaguement proportionnelles aux carrés de la contraction totale, ne sont proportionnelles ni aux masses, ni aux volumes.

Les séries suivantes donnent pour les mêmes oxydes les chaleurs de combinaison par unité de volume perdu (différences $V_0 + V_M - V_\theta$), par unité du volume contracté du composé V_θ et par unité de masse.

TABLEAU M

NOMS DES CORPS	$\frac{C}{V_0+V_M-V_\theta}$	$\frac{C}{V_\theta}$	$\frac{C}{M_0+M_M}$	$\left(\frac{C^{1/2}}{\frac{V_0+V_M}{V_\theta}}\right)$
Ziguéline.. Cu^2O	4.2	1.183	0.3	6.0182 : 1.44 = 4.6
Mélacosine CuO	3.4	2.7	0.5	6.3008 : 1.758 = 3.6
Litharge.. PbO	5.0	1.8	0.2277	7.1256 : 1.354 = 5.2
Zincite.... ZnO	5.8	5.797	1.035	9.2087 : 2 = 4.6
Cassitérite. SnO^2	7.0	6.6	1.0542	11.886 : 1.84 = 6.4

La chaleur dégagée n'est donc proportionnelle ni au volume perdu, comme différence (colonne I), ni au volume contracté définitif (colonne II). Elle est encore moins exactement proportionnelle aux masses moléculaires du composé (colonne III).

Parviendrons-nous à découvrir la loi ?

La chaleur de combinaison trouve dans les principes de ma théorie de la chaleur son explication logique. (Partie II, chap. XXI, p. 156 et *seq.*)

Toute diminution du rayon des atomes entraînant un accroissement de vitesse vibratoire inversement proportionnel à son carré, et une diminution en raison directe simple de l'amplitude des vibrations, la température spécifique du corps se trouve ainsi augmentée en raison inverse simple du rayon de ses atomes.

Il est donc naturel que lorsqu'une molécule complexe diminue de volume sous la pression mutuelle de ses éléments composants, chacun de ses atomes subissant une diminution proportionnelle de volume, sa température spécifique s'élève comme la moyenne des températures spécifiques de ses composants.

Si le corps subit une diminution de volume que nous représenterons par ι, le rayon de chaque atome subit une diminution $= \iota^{1/3}$, l'accroissement en raison inverse de l'énergie thermique sera donc

$$\text{(67)} \qquad \frac{1}{r}\iota^{1/3} - \frac{1}{r} = \frac{1}{r}(\iota^{1/3} - 1)$$

Remplaçant les rayons par leur valeur, il vient $m(\iota^{1/3} - 1)$ pour l'accroissement d'énergie thermique de chaque composant.

On aura donc pour l'accroissement moyen de l'énergie thermique des deux corps :

$$\text{(68)} \qquad a = [m_O(\iota^{1/3} - 1) \times m_M(\iota^{1/3} - 1)]^{1/2}$$

La moyenne proportionnelle semble ici préférable à la moyenne arithmétique, parce qu'entre les atomes tangents des deux corps en contact, l'energie thermique est elle-même une moyenne proportionnelle.

Pour les cinq oxydes déjà cités, le calcul donne les résultats suivants :

TABLEAU N

Accroissement de l'énergie thermique.

I	II	III		IV	V	VI
Noms des corps				Moy. propor.		
	$(a_M$	$\times\ a_O)^{1/2}$	=	a_H	$\frac{C}{(M_M+M_O)}$	$\frac{a_H}{\left(\frac{C}{M_M+M_O}\right)}$
—	—	—		—	—	—
Ziguéline.. Cu^2O	(0.64354	× 0.32180)$^{1/2}$	=	0.45718	0.3	1.524
Mélacosine CuO	(0.13972	× 0.32480)$^{1/2}$	=	0.99261	0.5	1.9852
Litharge... PbO	(0.88474	× 0.46160)$^{1/2}$	=	0.63905	0.2277	2.8065
Zincite.... ZnO	(1.6789	× 0.90400)$^{1/2}$	=	1.2320	1.037	1.188
Cassitérite. SnO^2	(2.3045	× 1.3280)$^{1/2}$	=	1.7493	1.009	1.733

Bien que la variation par unité de masse $\frac{C}{M_M + M_0}$ (colonne V) ne soit pas rigoureusement proportionnelle à l'accroissement théorique d'énergie thermique *a* (colonne IV), ainsi que le démontrent les valeurs de la colonne VI, néanmoins le parallélisme des deux séries IV et V est évident au premier coup d'œil, et confirme d'une façon générale les relations que nous venons d'établir, en dépit des causes multiples de variations qui tendent à les troubler.

En effet, on conçoit qu'entre des atomes de rayons différents, et en nombres variables, qui deviennent réciproquement tangents, la variation de forme des plans de mutuel contact soit presque indéfinie, et défie tout calcul *a priori*. Chacune de leurs variations de forme entraînant une variation de leurs aires, fait varier leur vitesse vibratoire et l'amplitude de leurs vibrations.

De plus, entre des molécules de formes irrégulières, qui ne peuvent s'agencer sans laisser entre elles des vacuoles plus ou moins considérables, la dilatation des atomes pour arriver en contact mutuel doit produire une perte toujours considérable, mais très *variable*, d'énergie thermique. En sorte que les valeurs de la colonne IV sont des *maxima* théoriques qui ne sont jamais atteints, tandis que les valeurs de la colonne V sont des *minima* réalisés.

L'écart maximum des séries est sensible pour la litharge où 16 atomes d'oxygène sont groupés autour d'une grosse molécule de plomb, de 108 atomes. L'écart minimum se produit au contraire, dans la zincite où le même nombre d'atomes d'oxygène sont distribués sur une très petite molécule de zinc de 35 atomes seulement. La mélacosine, Cu O, et la cassitérite, SnO^2, qui donnent des rapports sensiblement égaux, sont composées, la première de 32 petits atomes de cuivre entourés de 16 atomes d'oxygène, et la seconde de 68 atomes d'étain et de 32 d'oxygène, ce qui donne les deux proportions sensiblement égales de $\frac{16}{32}$ et $\frac{32}{68}$.

En somme, si l'on tient compte de la complexité du phénomène et de ses causes, infiniment variables, de variations quantitatives, on doit reconnaître que ma théorie de la chaleur en apporte une explication suffisante, au moins provisoirement, et que l'avenir pourra rectifier par des lois secondaires.

De la variabilité du nombre des atomes dans la molécule, des formes moléculaires, ainsi que des formes polyédriques des atomes et de leurs plans de contact, résultent, pour chaque corps, des variations d'énergie thermique, entraînant des variations corrélatives de son volume, de sa densité dynamique, de sa densité d'inertie et de toutes ses propriétés physiques. Toutes les formules générales que je viens de proposer à l'examen des phycisiens sont donc affectées, en chaque cas particulier, de coefficients spécifiques qu'il est impossible de déterminer *a priori*, mais dont la valeur pourra ressortir de la comparaison du calcul théorique et des résultats de l'observation.

QUATRIÈME PARTIE

LES CORPS LIQUIDES ET GAZEUX

CHAPITRE LI

THÉORIE DE LA FUSION

La première condition du passage de l'état solide à l'état liquide est la rupture de la cohésion intermoléculaire. Les molécules doivent être mises en état de se mouvoir librement, les unes indépendamment des autres.

Cette condition ne peut se réaliser que par un accroissement des vitesses vibratoires des atomes, en vertu duquel leurs énergies thermiques l'emportent sur les pressions exercées sur leurs surfaces par le milieu ambiant.

Tout accroissement de la température de ce milieu tendant à se communiquer aux molécules solides, qui multiplient ces vibrations par leur énergie thermique propre, tend donc à relâcher d'abord, puis, peu à peu, à détruire leur cohésion

Toute source de chaleur, tout foyer existant à proximité, dont l'énergie thermique se transmet par conductibilité ou par rayonnement à une masse solide, tend à en desagréger les molécules et à les rendre libres de se mouvoir, en ajoutant de nouveaux rythmes vibratoires à ceux qui sont déjà établis sur les plans interatomiques.

Un accroissement uniforme de la température du milieu ambiant suffit rarement seul à ébranler l'équilibre statique des molécules. En ce cas les corps s'échauffent sans changer d'état. Ils peuvent souvent conserver leur état solide à des températures bien supérieures à celle de leur fusion. Les molécules, bien que leurs liens soient relâchés, conservent leurs relations spaciales et leur immobilité relative dans une sorte d'état visqueux.

Ainsi j'ai vu souvent, à la fin de l'hiver, par des journées déjà chaudes, où toute la neige et la glace en contact avec le sol échauffé étaient fondues, des fragments de glace demeurer isolés et comme suspendus par des brindilles d'herbes ou d'arbustes au milieu de l'air chauffé par le soleil.

Ce fait, on le constate sur de plus grandes proportions dans les montagnes, où de larges plaques de glace persistent, à une température déjà très douce, sur les flancs inclinés au nord des rochers abrupts, dans les anfractuosités desquels elles sont retenues en équilibre. La couche de neige ou de glace sous-jacente, en contact avec le sol, a fondu, en les laissant ainsi suspendues à l'état de croûtes isolées, cependant baignées de tous côtés par l'air chaud, sans qu'elles se liquéfient.

Il semble donc que pour amener la fusion d'un corps solide, il doive se produire en divers points de sa surface des différences de température. Il faut qu'il existe, à proximité, dans une direction déterminée, un foyer circonscrit de chaleur, à une température beaucoup plus élevée que celle du milieu ambiant et qui, par conduction ou rayonnement, sollicite inégalement et asymétriquement les divers axes de symétrie du corps, de façon à orienter les vibrations de ses atomes constituants dans certaines directions et selon certains rythmes périodiques (fig. 18, p. 156).

Comme nous l'avons déjà vu (chap. XXI, *De la vibration thermique*, IIe partie), il faut que les vibrations, positives et négatives, de même sens, soient synchroniques sur tous les axes parallèles des molécules et successives sur leurs divers axes de symétrie, de façon que sur tous ces axes les vibrations des plans parallèles s'exécutent successivement, dans le temps qu'une seule d'entre elles met à s'achever sur l'un d'eux.

Une onde positive circule ainsi autour des plans de symétrie de chaque molécule, en l'écartant de ses voisines, tandis qu'une onde négative tourne en même sens sur chacun des plans diamétralement opposés. Il en résulte un couple de forces tangentielles tendant à faire tourner la molécule dans un plan déterminé. Chaque molécule entre ainsi en rotation autour d'un de ses axes de symétrie, dans le sens et dans le plan de la moindre résistance.

Cette rotation de la molécule sur elle-même, qui rompt sa cohésion avec les molécules voisines, c'est l'état liquide qui commence, et qui commence toujours par les surfaces les plus directement exposées aux contacts ou aux rayonnements directs des sources de chaleur en présence.

Dès que la fusion a commencé, chaque molécule, devenue libre, à la surface du solide, roule sur elle-même dans le sens où la pesanteur la sollicite, jusqu'à ce qu'elle tombe, en équilibre, sur un plan résistant, où elle continue à tourner d'un mouvement de toupie autour d'un axe parallèle à la direction de la pesanteur, et qui tend sans cesse à reprendre cette direction quand il en est écarté.

La conservation du plan de rotation des molécules est la condition première de l'équilibre des liquides.

La vitesse de rotation de la molécule tend vers l'égalité rythmique avec la vitesse vibratoire de ses plans de contact extérieurs, c'est-à-dire qu'elle décrit un tour entier pendant la durée d'une vibration complète, aller et retour, de chacun de ses plans.

Sous des pressions croissantes, augmentant les frottements, mais tendant, d'un autre côté, à diminuer le volume des atomes, la vitesse vibratoire de ceux-ci, étant accélérée en raison inverse de la diminution de leur rayon, précipite la rotation dans la même mesure où l'augmentation de pression tend à la ralentir. Celle-ci oscille donc autour d'une vitesse constante pour chaque température et augmente avec celle-ci.

La diminution de volume des atomes par la pression amenant celle du rayon moléculaire, et, par conséquent, du rayon des cercles de rotation décrits par les centres atomiques autour de leur axe de rotation commun, en vertu de la loi de conservation des aires, la vitesse angulaire de rotation tend à se précipiter, en raison inverse du carré du rayon du cercle de rotation de chaque atome. La conséquence est une augmentation de la tension centrifuge de tous les éléments moléculaires, tendant à augmenter le volume total de la molécule, juste dans la même mesure où la pression tend à le diminuer.

C'est pourquoi les liquides sont à peu près incompressibles, dès que leur liquéfaction est complète.

Mais on conçoit aussi comment tout accroissement de pression tend à retarder la fusion, sauf pourtant dans le cas où il résulte de la forme des molécules qu'à l'état solide stable le volume des corps est plus grand qu'à l'état liquide. L'eau en est un exemple.

La diminution de volume à l'état liquide peut provenir d'un meilleur agencement des molécules et du changement de leurs formes sous leurs pressions et leurs chocs réciproques ; mais il peut aussi être le résultat d'une coalescence de plusieurs molécules solides en une molécule double, triple, quadruple ou même quintuple, d'une forme toute différente, comme nous l'avons déjà vu (chap. XXXV et XLIV, p. 271 et 340) et dont la densité se trouve ainsi augmentée.

Si, au contraire, la molécule solide est formée d'un nombre d'atomes pouvant prendre une forme sphéroïdale, susceptible d'entrer en rotation, cette coalescence de plusieurs molécules n'ayant pas besoin de se produire, la densité diminue à l'état liquide, au lieu d'augmenter, en vertu de l'augmentation de volume des molécules sous l'effet de la force centrifuge développée par leur rotation, qui tend, d'un côté, à augmenter leur rayon équatorial et, de l'autre, à les écarter les unes des autres dans le plan de cette rotation, qui est toujours le plan horizontal pour des nappes liquides en équilibre.

En somme, il y a toujours dilatation par la fusion, mais cette dilatation peut être voilée par des causes de contraction d'une valeur supérieure.

Quand la forme de la molécule, simple ou composée, au lieu d'être sphéroïdale, est un tétraèdre plus ou moins curviligne, comme celui de la molécule d'eau et comme beaucoup de molécules de métalloïdes (ainsi que nous l'avons vu ch. XXXVII et XLIV), deux de ces tétraèdres, opposés par leur base, forment un solide de type hexaèdre qui tourne, d'un mouvement commun, autour de son axe de symétrie.

Toutes les molécules, simples ou multiples, qui ont leurs centres sur un même plan horizontal, tournent alternativement en sens opposés, comme des roues engrenées, et les molécules superposées obliquement tournent en même sens.

Cet agencement est sans difficultés pour des molécules disposées par rangées parallèles, se croisant à angles droits, en piles de boulets.

Des molécules à coupe hexagone, disposées en quinconce, peuvent former sur chaque plan superposé des groupes hexagonaux, de sept molécules, dont la molécule centrale tourne dans un sens et les six autres en sens opposé. Celles-ci seraient exposées à des frottements ; mais la résultante des forces serait en faveur de la régularité de leur mouvement, si les six molécules extérieures faisant partie des groupes hexagonaux voisins, les molécules entraînées dans un sens formaient sur chaque plan un réseau hexagonal autour des molécules entraînées en sens contraire.

Des groupes hexagonaux ou sphéroïdaux peuvent, en outre du mouvement de rotation de chaque molécule sur son axe, être animés de mouvements de rotation communs qui, pour les molécules extrêmes, deviennent des mouvements de translation.

Sans cesse dans une nappe liquide agitée il se produit de ces remous circulaires localisés, et sans cesse il y a transformation de mouvements de rotation en mouvements de translation, les molécules déplacées tournant autour des autres, en tournant sur elles-mêmes.

Toute la masse liquide, enfin, peut être animée d'un mouvement commun de rotation autour de centres instantanés qui se déplacent, comme on le voit dans un vase dont on remue le liquide en cercle avec un corps solide.

Chaque molécule déplacée poussant les autres dans le sens de la moindre résistance, il se fait sur chaque plan un échange circulaire entre les molécules déplacées et celles qui viennent prendre leur place en arrière, avec une vitesse égale. C'est le même mouvement de remous qui, dans l'éther, entretient la vitesse acquise des mobiles (chap. XVII et XVIII, Ire partie).

Pour que l'état liquide s'établisse, il faut que la vitesse vibratoire de chaque atome fournisse une énergie motrice suffisante pour vaincre l'inertie de sa propre masse. Si cette condition est remplie, le nombre des atomes de la molécule est indifférent. Or cette condition est toujours remplie, puisque l'énergie totale de l'atome est toujours proportionnelle à sa masse et que sa vitesse vibratoire spécifique augmente comme son carré, du moins si l'atome possède son volume virtuel ou est plus petit, puisque, dans ce dernier cas, son énergie thermique augmente encore.

L'énergie thermique des atomes ne peut donc devenir insuffisante pour mouvoir sa masse que dans le cas où, le nombre des atomes de la molécule étant plus petit que le carré de leur masse, la molécule, au lieu d'être contractée, est dilatée; ce qui, en augmentant le rayon de ses atomes, ralentit leur vitesse vibratoire.

C'est là ce qui nous explique pourquoi nous avons constaté un rapport général inverse entre les températures de fusion et les densités dynamiques.

A mesure que le nombre des atomes augmente, le volume de la molécule n'augmente que dans la proportion $N^{2/3}$. Le rayon moléculaire n'augmente donc que dans la proportion $N^{2/9}$, de sorte que le moment d'inertie de la molécule n'augmente pas aussi vite que sa masse totale. Mais comme l'énergie thermique augmente avec la condensation moléculaire, justement dans la même mesure où le rayon moléculaire diminuant, diminue celui des atomes, il y a une compensation exacte entre les variations des deux quantités. Chaque atome fournit donc à la molécule juste autant de force que sa masse en dépense pour se mettre en rotation ou, du moins, pour maintenir cette rotation, une fois qu'elle est commencée, excepté dans le cas où la molécule étant dilatée au-dessus de son volume virtuel, sa densité dynamique devient plus petite que l'unité.

Il est vrai que lorsque la molécule est dilatée, si la vitesse vibratoire de ses atomes diminue en raison inverse du carré de leur rayon, par contre, l'amplitude de leurs vibrations augmente en raison directe simple de ce rayon, ce qui réduit la diminution d'énergie totale à un rapport inverse simple.

Mais, de plus, l'augmentation d'amplitude de la vibration agit comme addition au bras de levier de la force sur les divers axes moléculaires. Elle augmente les forces appliquées par couples sur les deux extrémités de chacun des diamètres de la molécule et qui sont fournies par les vibrations des plans superficiels de la molécule en contact avec les molécules voisines, puisque ce sont ces vibrations, organisées en circuits périodiques autour de l'axe de rotation, qui lui impriment son mouvement.

La somme d'énergie motrice que la molécule doit emprunter au milieu ambiant ou à une source extérieure de chaleur pour entrer en rotation, dépend donc bien moins de la masse de ses atomes, toujours en relation avec leur énergie thermique, que de leur nombre et du rapport de ce nombre à leur volume. Mais il dépend surtout de la forme de la molécule et du rapport de son énergie thermique à son moment d'inertie : c'est-à-dire à la longueur du bras de levier auquel ses forces s'appliquent.

C'est donc surtout de ces rapports complexes, et impossibles à déterminer *a priori* par des formules générales, que dépendent les variations si amples de la température de fusion des corps et celles non moins considérables de leur *chaleur de fusion*.

Celle-ci, naturellement, augmente pour le même corps avec le nombre des atomes et, par conséquent, avec la somme de leurs masses; mais entre des corps divers, de masses et de densités bien différentes, la chaleur de fusion n'est nullement proportionnelle aux masses. On sait que la chaleur de fusion de la glace est plus considérable que celle de métaux très denses. Si au lieu de rapporter la chaleur de fusion aux masses, on la rapportait aux volumes, on serait plus près de la proportionnalité.

Comme le mouvement de rotation tend à se communiquer d'une molécule à ses voisines et doit toujours être uniforme entre elles, tant que toutes les molécules d'un corps solide ne sont pas en mouvement, c'est-à-dire tant que la liquéfaction n'est pas complète, la vitesse de rotation, restant à son minimum dans toute la masse, la vitesse vibratoire reste également constante et la température de la masse liquide ne s'élève pas.

Au contraire, quand toutes les molécules sont entraînées dans la rotation, le mouvement des unes entretenant celui des autres avec une vitesse acquise commune, toute nouvelle quantité de force motrice fournie à la masse précipite le mouvement de rotation de toutes les molécules, en précipitant leurs vibrations. La température de toute la masse s'élève, en même temps que celle-ci se dilate, par l'accroissement de la force centrifuge développée entre les molécules et qui tend à les écarter les unes des autres sur chaque plan horizontal.

La tension du liquide augmente, avec ses pressions latérales contre les parois qui le contiennent, pressions qui, se transmettant également dans tous les sens, développent une force ascensionnelle qui, en élevant les molécules chassées de chaque plan horizontal, élève le niveau général supérieur du liquide dans son récipient.

Quand par le refroidissement, c'est-à-dire le ralentissement des vibrations thermiques ambiantes, les vibrations propres du corps en fusion, diminuées proportionnellement de vitesse, ne suffisent plus à équilibrer les frottements des molécules entre elles, leur rotation d'abord se ralentit, puis s'arrête. Le corps se fige, d'abord par sa surface libre, de plus grand rayonnement, et la couche superficielle solidifiée tend à ralentir et arrêter la rotation des molécules sous-jacentes.

Les molécules devenues immobiles peuvent encore conserver quelque temps leur forme liquéfiable, et leurs positions relatives qui laissent, généralement, mais non sans exception, entre elles plus de lacunes que les molécules solides, prismatiques ou rhomboédriques. Alors le corps n'est encore qu'à l'état pâteux.

A mesure que le refroidissement augmente, que les vibrations atomiques se ralentissent, les molécules se contractent; elles tendent à revenir à leur volume minimum, et à reprendre leur forme et leur équilibre solide, sous les pressions extérieures du milieu ambiant qui les sollicitent à s'agglomérer sous un minimum d'espace.

Les corps qui font exception à cette loi de condensation en reprenant l'état solide et qui, au contraire, ont, comme l'eau, leur maximum de densité à l'état liquide, doivent, comme ce corps, avoir, même à l'état solide, des molécules de forme irrégulière, ne se prêtant pas à une juxtaposition réciproque exacte et sans lacunes. En ce cas, les pressions qu'elles subissent à l'état liquide par suite de leurs frottements et de leurs chocs réciproques, peuvent, sous cet état, diminuer leur volume; d'autant plus que la force centrifuge développée par la rotation, en les rapprochant le plus possible de la forme sphérique, tend à diminuer leur volume par le tassement de leurs sommets et de leurs arêtes polyédriques, et à les agencer, les unes par rapport aux autres, sous le moindre espace possible.

A l'état solide, au contraire, ces mêmes corps peuvent persévérer dans un équilibre suffisamment statique, si leurs molécules s'appuient entre elles seulement par leurs points saillants, laissant entre elles de vastes lacunes de moindre pression. Elles peuvent ainsi prendre d'autant mieux des formes cristallines symétriques.

Telles sont les arborescences de la neige et de la glace naissante, dans lesquelles les molécules, très lâchement agrégées, dessinent de si merveilleux étoilements dans une symétrie hexagonale qui résulte de la forme tétraédrique des molécules de l'eau solide, sans doute plus ou moins altérée à l'état liquide. (Fig. 57, p. 283, et 68, p. 397.)

Cette théorie de la fusion rend compte de toutes les lois de l'équilibre des liquides.

Elle explique pourquoi, en vertu des forces centrifuges, développées par la rotation de leurs molécules, les liquides tendent toujours à s'épandre en nappes horizontales, parallèles à leur plan de rotation, perpendiculairement à la direction de la pesanteur, jusqu'à ce que des parois solides s'opposent à leur expansion.

Les vitesses de rotation de toutes les molécules devant être égales et leurs vitesses vibratoires à l'unisson, la pression sur tous les points de chaque plan horizontal est égale, et la pression sur chaque plan ne dépend que du nombre des plans moléculaires qui lui sont superposés, c'est-à-dire de la hauteur de la colonne liquide sur chaque point.

L'effort mécanique des molécules, étant toujours horizontal, ne peut rien ajouter à la pression verticale, due à la pesanteur, exercée par le liquide sur le fond du vase qui le contient.

L'accélération de la vitesse de rotation des molécules sous des pressions croissantes, en vertu de la loi de conservation des aires, rendant les liquides incompressibles, il résulte de leur incompressibilité qu'ils transmettent également en tous sens les pressions exercées sur un point quelconque de leur surface, quand leur masse est enfermée entre des parois closes, elles-mêmes inextensibles.

Cette théorie rend aussi le phénomène de la surfusion facilement intelligible.

Fahrenheit et Blagden avaient déjà constaté que de l'eau, bien purgée d'air, contenue dans des tubes de petit diamètre, fermés à la lampe, peut conserver l'état liquide jusqu'à des températures de — 13° et — 20°. Dans un vase quelconque, une masse d'eau liquide peut être amenée à une température inférieure à 0°, sans se solidifier, pourvu qu'on la maintienne dans une immobilité parfaite. L'expérience réussit mieux, si on la couvre d'une couche d'huile qui la protège contre les mouvements de l'air.

De même, le soufre et le phosphore, l'acide phénique et la benzine peuvent éprouver la surfusion.

Dans les corps en cet état, dès que la solidification se produit, c'est brusquement et à la fois dans toute la masse liquide. En ce cas, la température remonte au point de fusion et s'y maintient, l'énergie motrice, qui entretenait le mouvement des molécules, se manifestant comme chaleur au moment où elles s'arrêtent.

Si, dans un liquide cristallisable, à l'état de surfusion, on projette un corps solide, et surtout une parcelle de cristal de ce même corps, ou d'un corps isomorphe, la solidification commence et se poursuit rapidement.

L'explication de ces faits est simple.

Dans tout corps à l'état liquide, les molécules en rotation ont une certaine vitesse acquise, qu'elles tendent à conserver, même quand leur vitesse vibratoire descend au-dessous du degré d'énergie nécessaire pour entretenir cette rotation contre les frottements. Il en est d'elles comme des rouages d'une machine qui, engrenés ou entraînés par frottement, continuent à tourner longtemps après que le moteur ne les actionne plus, et d'autant plus longtemps que les frottements sont plus doux et les résistances plus faibles, dès que le travail effectif est suspendu.

Or, les molécules en rotation d'une masse liquide n'accomplissent d'autre travail que l'entretien de leur rotation, qui se continue d'elle-même, tant qu'elle ne rencontre pas d'obstacle à sa perpétuité.

Les frottements sont extrêmement doux, entre des molécules formées d'atomes, plus ou moins plastiques, qui se prêtent à toutes les déformations et dont les réactions élastiques, pour reprendre leur forme sphérique, quand elle a été altérée, font ressort pour rendre à la molécule dont elles ont diminué la vitesse acquise, juste la quantité de force vive qu'elles lui ont enlevée par le frottement.

Cet entretien de la constance de la force vive entre les diverses molécules d'un liquide doit être d'autant plus parfait que les atomes du corps, et surtout ceux qui affleurent à la surface des molécules, sont de plus petite masse et de plus grand rayon, parce qu'ils sont à la fois plus plastiques et plus élastiques, que leurs frottements se réduisent à des glissements plus doux entre des plans de contact instantanés qui changent constamment d'orientation. C'est là surtout ce qui explique comment, toutes choses égales d'ailleurs, les corps peu denses, formés de gros atomes, ont des températures de fusion généralement moins élevées que les corps plus denses, dont les petits atomes sont moins plastiques, parce que leur tension dynamique interne augmente plus rapidement, de leur surface à leur centre.

Ainsi, à des distances égales de leur surface virtuelle, entre un atome d'hydrogène et un atome d'oxygène, frottant l'un contre l'autre et se déformant mutuellement, le frottement subi par l'atome d'hydrogène de la part de l'atome d'oxygène sera quatre fois plus fort que celui que subit l'atome d'oxygène de la part de l'atome d'hydrogène ; et, si le frottement se produit entre deux atomes homogènes, les frottements, pour des distances égales de leurs surfaces virtuelles, seront en raison inverse des carrés de leurs rayons. C'est là certainement un des grands obstacles à la fusion des corps très denses. Il ne peut être surmonté que par le grand rayon de la molécule, c'est-à-dire par le très grand nombre de ses atomes, et surtout par une forme moléculaire se prêtant mieux à la mise en rotation.

On conçoit donc qu'un corps solide, jeté entre les molécules en rotation d'un liquide à l'état de surfusion, tende à retarder, d'abord et de proche en proche, leur mouvement et finalement à l'arrêter dans un temps plus ou moins court, en usant, peu à peu, leur vitesse acquise qui n'est plus suffisamment entretenue par leur vitesse vibratoire, ralentie au-dessous de la limite nécessaire à l'entretien du mouvement et à la récupération de la perte de vitesse causée par les frottements, quelque doux qu'ils puissent être.

A mesure que la force vive s'épuise contre ce nouvel obstacle, les molécules s'arrêtant successivement et se faisant mutuellement obstacle, toute la masse liquide revient à l'équilibre statique de l'état solide, et, sous les pressions extérieures dont leur vitesse de rotation avait triomphé, les molécules retrouvent leur cohésion.

De même, toute agitation de la masse liquide, en créant de nouveaux frottements irréguliers et asymétriques qui troublent son équilibre dynamique, en produisant des remous, des courants, qui se heurtent et s'entre-croisent, en multipliant les chocs entre les molécules et en altérant la constance de leur plan de rotation, doit *a fortiori* arrêter leur rotation, dès que la force motrice qui l'entretenait est devenue insuffisante.

Dans toute autre hypothèse que celle que je propose, et surtout dans la vieille hypothèse des atomes solides, mais tenus à des distances énormes les uns des autres dans un milieu vide, les phénomènes de la surfusion sont inexplicables et même inintelligibles.

Il reste certainement bien des inconnues et bien des incertitudes encore sur les formes moléculaires des corps solides, sur leur décomposition et leur recomposition incessante, et sur la loi qui leur impose toujours les mêmes formes dans les mêmes circonstances. Leur rotation soulève des problèmes mécaniques qui restent à résoudre par les mathématiciens de l'avenir. Ces premiers aperçus n'ont que la prétention d'attirer leur attention sur des solutions nouvelles de certains problèmes restés irrésolus et d'ouvrir devant les esprits chercheurs une voie nouvelle.

Toutes les hypothèses actuelles sont des impasses où la science est enfermée sans en pouvoir sortir. Celle que je propose éclaire d'un jour nouveau de nombreuses séries phénoménales dont les variations sont restées jusqu'ici absolument mystérieuses. Elle relie entre eux des faits qui semblaient sans aucun lien et elle établit entre toutes les parties de la physique et de la chimie des corrélations logiques, des rapports de cause à effet qui tendent à faire de toute la science de la nature un système coordonné géométriquement et dérivant d'un seul fait premier : la force expansive des atomes.

CHAPITRE LII

ÉVAPORATION LENTE DE L'EAU

Quand la température d'une masse d'eau liquide s'élève, on

sait que la tension de sa vapeur à la surface augmente avec la température, suivant une certaine loi, encore mal définie, et mesurée par la hauteur de la colonne de mercure à laquelle cette tension fait équilibre.

Cette tension existe jusque dans la glace, à — 32°, où elle est encore de 0,32 millimètres de mercure. Elle devient double, ou de 0,64 millimètres, à —24°. Elle est environ quatre fois plus forte à — 16°; huit fois plus forte à — 8°. A 0°, elle n'est encore que de 4 mill. 6 et continue de monter assez irrégulièrement. Elle est à + 8° de 8 mill. 02; à + 16° de 13 mill. 54; à + 24° de 22 mill. 20; à + 32° de 35 mill. 41; à + 48° elle est de 83 mill. 20; à + 64° elle n'atteint que la tension de 178 mill. 71 et à + 80° de 354 mill. 64. Enfin à + 100° elle est de 760 mill., ou d'une atmosphère. Sa tension a ainsi plus que doublé pour un échauffement de 20° seulement.

A toutes les températures l'eau a donc une tendance à se transformer en vapeur. Aussi à toutes les températures, en toutes les saisons, et sous tous les climats, l'eau se vaporise toujours, plus ou moins lentement, sur toutes ses surfaces libres, jusqu'à un certain point de saturation qui s'élève rapidement avec la température.

Cette vaporisation lente de l'eau est considérablement activée par l'agitation de l'air à sa surface qui, emportant au loin les couches saturées, lui en apporte à saturer de nouvelles.

Sur ces surfaces libres, les molécules liquides (fig. 57, p. 283) ébranlées par les mouvements et les frottements de l'air, ou de la couche d'éther qui enveloppe toutes les surfaces de contact, tendent à s'élever au-dessus de leur niveau commun. La force centrifuge, développée par leur rotation, et qui n'est plus équilibrée par les pressions latérales des autres molécules, suffit alors à les dilater horizontalement et à les entr'ouvrir. Trouvant toujours à proximité les éléments éthérés nécessaires à leur constitution gazeuse, elles passent le plus souvent directement à l'état de gaz parfaits.

Il résulte des lois de l'équilibre des liquides que les molécules d'eau les plus chaudes montent toujours à leur surface de niveau. D'ailleurs, lorsque les nappes liquides superficielles sont en contact avec l'atmosphère, échauffée par le soleil, ce sont les molécules de la surface qui, recevant directement les rayons solaires, s'échauffent le plus.

Sans cesse sollicitées par les frottements de l'air, plus ou moins agité, qui ride la nappe liquide de petites vagues, les molécules les plus chaudes qui forment les crêtes de ces vagues imperceptibles sont les premières emportées. Il en résulte toujours un refroidissement de la nappe liquide sous-jacente.

Deux molécules superposées, unies par la communauté de leur mouvement de rotation en une seule molécule hexaèdre, arrivant au sommet de ces vagues ou étant isolées à la surface de quelque corps solide, se dilatent selon leur plan équatorial commun, en vertu de leur force centrifuge que n'équilibre plus celle d'autres molécules voisines sur le même plan. A mesure que leur rayon équatorial grandit, elles s'entr'ouvrent, enveloppent de leurs éléments dissociés le premier atome éthéré qu'elles trouvent à proximité et se transforment ainsi en vésicules. C'est-à-dire qu'elles prennent un état intermédiaire entre l'état liquide et l'état gazeux, d'une densité bien inférieure à celle de l'eau liquide, mais bien supérieure à la densité de l'eau réellement gazeuse.

Dans la couche continue d'éther qui enveloppe le sol, chacune de ces vésicules, constituée des éléments pesants de deux molécules d'eau, s'enveloppe d'une atmosphère de 12 atomes d'éther qui achève sa constitution gazeuse (fig. 75, p. 446).

Le travail de vaporisation de l'eau, constant partout où l'eau existe, en contact avec l'atmosphère, se fait sans bruit, sans mouvement apparent. C'est lui qui emporte de la surface des océans, des lacs, des fleuves et du sol, humecté par des pluies récentes ou par les rosées nocturnes, toute la vapeur d'eau contenue dans l'atmosphère et qui, dans ses hautes régions, se condense en nuages pour se résoudre en pluies.

L'évaporation quotidienne sur la surface de la terre est ainsi considérable.

Sur les rivages septentrionaux de la Méditerranée, de Gênes à Perpignan, la hauteur de la nappe liquide évaporée par jour dépasse 1 centimètre dans les grandes chaleurs. Elle atteint 60 centimètres dans les trois mois d'été. Pour toute l'année, la Méditerranée perd par évaporation une nappe d'eau d'environ un mètre et demi en sus de ce qui lui est restitué par les pluies. En dépit des masses d'eau que lui apportent les fleuves, cette mer serait bientôt changée en une immense plaine couverte de sel, si le courant de Gibraltar ne lui apportait les eaux plus douces de l'Océan, et si un autre courant inférieur n'y déversait ses eaux trop salées.

La mer Rouge n'est aussi qu'un vaste bassin d'évaporation. C'est à 20 millimètres par vingt-quatre heures, ou à plus de 7 mètres par an, qu'on évalue la tranche liquide transformée en vapeur à sa surface. On peut, d'après cela, se faire une idée de la masse d'eau transformée chaque jour en vapeur sur toute la surface des océans.

Mais l'évaporation est surtout active sur les grèves que le flux couvre deux fois par jour et que le soleil ou le vent dessèchent pendant l'intervalle des deux marées, l'eau dans le sable étant amenée à un état de division qui favorise son évaporation.

A — 20°, un mètre cube d'air peut encore contenir 1 gramme de vapeur d'eau ; à la température de la glace fondante il peut en contenir 5 grammes. La capacité de saturation augmente lentement jusqu'à 30°, et ensuite très rapidement.

Cependant, l'air contient rarement toute la vapeur d'eau qu'il peut absorber. L'hygromètre descend rarement au-dessous de 40°. La moyenne annuelle est de 72° qui correspond à un degré d'humidité de 0,506.

La proportion de vapeur d'eau diminue dans les hautes régions de l'air. Gay-Lussac, à 7.000 mètres de hauteur, a vu l'hygromètre marquer seulement 26°, et bien que la température fût très inférieure à zéro, l'air ne contenait que la huitième partie de la vapeur nécessaire pour le saturer (1).

Sauf dans les cas où, localement, la vapeur d'eau, ainsi produite par évaporation, reste près du sol, à l'état de brumes flottantes au-dessus des bassins des rivières, la vapeur d'eau invisible, contenue dans l'air, et qui augmente même sa transparence, est constituée de molécules gazeuses parfaites, pouvant être refroidies à des températures très basses sans revenir à l'état liquide, tant que sa proportion dans l'air, ou dans tout autre milieu gazeux, ne dépasse pas une certaine limite qui est la capacité de saturation de ce milieu.

Quand cette limite est atteinte, la vapeur d'eau revient à

(1) J'ai emprunté la plupart de ces données au bel ouvrage d'Elisée Reclus : *L'Océan*.

l'état vésiculaire. Elle perd son atmosphère éthérée. Elle ne se laisse plus traverser par la lumière, mais, la réfléchissant en grande partie, elle devient visible.

Elle est alors à l'état de brouillard, plus ou moins opaque ou translucide. Son opacité semble plus grande dans le sens horizontal que dans la direction verticale.

C'est qu'en effet, tandis que les 8 gros atomes d'hydrogène, très diaphanes, occupent les deux régions polaires des vésicules, leurs 32 atomes d'oxygène, plus petits, plus lourds, et plus réfléchissants, sont répartis dans leur zone équatoriale.

C'est ainsi que dans les régions montagneuses, le matin, quand la chaleur solaire élève les brumes des vallées, du haut des sommets on les voit au-dessous de soi sous un certain angle, comme une mer floconneuse de nuées blanches opaques. Quand on en est entouré, quelques moments plus tard, elles forment un épais brouillard qui cache tous les objets autour de l'observateur, mais qui lui laisse voir parfaitement le sol à ses pieds, comme ils lui laissent voir verticalement le ciel au-dessus de sa tête.

De même, s'il arrive qu'en passant sur le pont d'un chemin de fer, nous soyons tout à coup enveloppés de la vapeur d'une locomotive, cette vapeur, qui semble opaque autour de nous, laisse voir le ciel au-dessus de notre tête. On peut également constater souvent qu'un brouillard qui nous cache tous les objets à une petite distance horizontale, laisse apercevoir, non seulement le soleil, mais le ciel et ses nuages.

C'est à cet état vésiculaire que l'eau forme les nuages assez épais pour voiler le soleil et même ces légers cirrus qui flottent sur l'azur en flocons blancs.

A cet état intermédiaire entre l'état gazeux et l'état liquide, la vésicule est également prête à repasser, soit à l'un, soit à l'autre état : à se vaporiser complètement, devenant ainsi diaphane et invisible, ou à se résoudre en pluie, en givre, en neige ou en grêle, selon l'état hygrométrique ou la température de l'air.

C'est ainsi que, par des matinées d'abord brumeuses, on voit les brouillards s'élever dans l'atmosphère, à mesure que le soleil monte à l'horizon, et s'agglomérer en *cumuli ;* puis peu à peu les nuages eux-mêmes se dissipent. On peut les voir se fondre pour ainsi dire dans l'air, comme du sucre dans l'eau : c'est que, molécule après molécule, ils passent de l'état vésiculaire à l'état de vapeur, ou plutôt de gaz parfait.

Cet état intermédiaire entre l'état liquide et l'état gazeux n'existe pas seulement pour l'eau ; il se produit également pour des corps plus denses, chez des corps simples, tels que le soufre, le mercure, et chez des corps composés. Pour presque tous les corps, c'est un état intermédiaire obligatoire ; mais il peut durer plus ou moins longtemps, être plus ou moins stable. Ce n'est guère en réalité que l'état vésiculaire qu'on obtient dans la liquéfaction des gaz dits parfaits.

L'évaporation lente, normale et si abondante pour l'eau à nos températures moyennes, se produit également chez beaucoup d'autres corps, mais à des températures très diverses. Chez tous les corps elle est favorisée par la diminution des pressions ambiantes, qui joue dans la production du phénomène un rôle plus actif même que la variation des températures. Il en est ainsi pour la vaporisation lente du mercure, qui, peu active à la pression atmosphérique moyenne, devient abondante dans le vide. C'est sa production surtout qui s'oppose à ce qu'on puisse obtenir un vide barométrique parfait.

Dans le vide, tous les corps, presque sans exception, émettent des vapeurs, non seulement à l'état liquide, mais même à l'état solide.

CHAPITRE LIII

VAPORISATION PAR ÉBULLITION

Le passage de l'état liquide à l'état gazeux se produit aussi d'une façon moins calme, bien que moins constante et moins générale, qui attire d'autant plus notre attention qu'elle a plus d'importance dans notre vie domestique, mais qui est très rare dans la nature. La première fois que des hommes, déjà en possession de l'art de faire du feu, assistèrent au phénomène de l'ébullition de l'eau, ils dûrent en être surpris et effrayés. Rarement, même les sources thermales arrivent au sol à la température d'ébullition, et le fait ne se produit guère que dans le voisinage de volcans en activité.

Pourtant, si la pression de l'atmosphère ne s'exerçait pas sur les océans, toute l'eau qu'ils contiennent se réduirait en vapeurs ; mais ces vapeurs finiraient elles-mêmes par exercer une pression sur le reste de la masse à vaporiser, qui retarderait, tout au moins, son point d'ébullition.

Si l'on supposait l'atmosphère terrestre subitement supprimée, aussitôt sur toute la surface des mers le passage de leurs eaux à l'état gazeux, au lieu d'être lent et calme, se ferait presque instantanément, par ébullition violente, comme on le constate sous le récipient de la machine pneumatique, où on la voit bouillir à la température de la glace fondante.

C'est pourquoi on ne peut considérer l'état liquide comme l'état naturel de ce protoxyde d'hydrogène qui constitue l'eau. S'il en existe dans les corps sidéraux, privés d'atmosphère, elle y existe à l'état gazeux, quelle que soit la température ambiante. Sur ceux de ces corps de très petite masse, où la pesanteur est très faible, l'eau ne doit pas pouvoir exister à l'état liquide.

Plus la pression s'accroît, plus la température d'ébullition s'élève ; et bien que la tension de vapeur croisse en réalité comme la pression à laquelle elle doit faire équilibre, l'évaporation lente elle-même diminue pour des températures égales.

A Quito, la ville la plus élevée du monde, l'eau bout à 90°. Dans certaines villes du Jura, ou certains postes des Alpes, son point d'ébullition s'abaisse plus ou moins, en raison inverse de l'altitude.

Au niveau de la mer il est fixé à 100°, en vertu de ce cercle vicieux qu'on a choisi le point d'ébullition de l'eau au niveau de la mer pour établir la graduation de nos thermomètres ; mais puisque nous ne pouvons avoir, en cela comme en toutes choses, que des valeurs relatives, la relation n'en est pas moins exacte.

Dans l'ébullition violente, la vapeur d'eau ne se constitue pas aussi facilement et aussi instantanément à l'état gazeux parfait que dans l'évaporation lente. Ses molécules, exposées à de hautes températures, très différentes de celle du milieu ambiant, dans des vases en contact avec une source ardente de chaleur, s'élèvent, d'abord lentement, puis de plus en plus vite, du fond du vase à la nappe superficielle, où, partageant leur vitesse de rotation avec des molécules plus froides, elles restent à l'état liquide ou s'évaporent doucement, tandis que des molécules plus froides de la surface redescendent au fond du vase.

Durant ces remous circulaires dans le plan vertical, l'eau frémit, *elle chante*. Ses rythmes vibratoires réguliers et de plus en plus rapides se communiquent à l'air ambiant. Le chant de l'eau devient plus fort et plus aigu, jusqu'à ce que toute la masse ait à peu près atteint la température d'ébullition.

Alors, à travers les couches liquides, on voit des bulles gazeuses se former au fond du vase et sur ses parois, puis s'en détacher et monter à la surface d'un mouvement accéléré, comme sollicitées par une force constante.

Ces bulles sont formées des premières vésicules qui ont pu se constituer autour des atomes d'éther fournis, soit par la petite portion d'air que l'eau renferme toujours, soit par l'agitation même du liquide qui entraîne dans ses remous l'éther de sa surface.

C'est à cette surface que ces bulles viennent crever, lançant dans l'air ambiant, par bouffées, leurs vésicules de vapeur, animées de mouvements de rotation rapides.

Alors l'eau fume. Elle ne chante plus. La vapeur qu'elle produit est visible. Sa tension est égale à celle de l'atmosphère et l'air peut en renfermer un volume égal au sien. Mais cette vapeur n'est pas encore un gaz, tant qu'on peut suivre dans l'air sa trace, grâce à son pouvoir réfléchissant.

La vapeur dans les chaudières de nos machines, même sous les pressions les plus fortes et à cause même de ces pressions, n'est encore qu'à l'état vésiculaire. Quand le mécanicien lâche dans l'air ses épais flocons blancs, ses vésicules réfléchissantes et opaques ne sont pas à l'état gazeux. On peut suivre longtemps des yeux leurs spirales, à tours de plus en plus larges, qui, peu à peu, se diluent dans l'air, à mesure qu'elles empruntent à l'éther libre qu'il contient les éléments de leur état gazeux qui leur donnent un plus grand volume, bien qu'avec une moindre tension et des vitesses de rotation bien moins rapides.

La grande force mécanique de la vapeur à l'état vésiculaire, sous pression, vient de la rotation rapide de ses éléments pesants qui développe en eux des forces centrifuges énormes. Leur tension n'étant pas adoucie par les atomes plastiques de l'éther, interposés entre les molécules gazeuses, les vésicules se choquent mutuellement, avec des forces vives considérables que ne pourraient fournir également des gaz constitués à l'état parfait. En cet état il doit se produire des cas nombreux de transformations du mouvement de rotation des molécules en mouvements de translation et réciproquement.

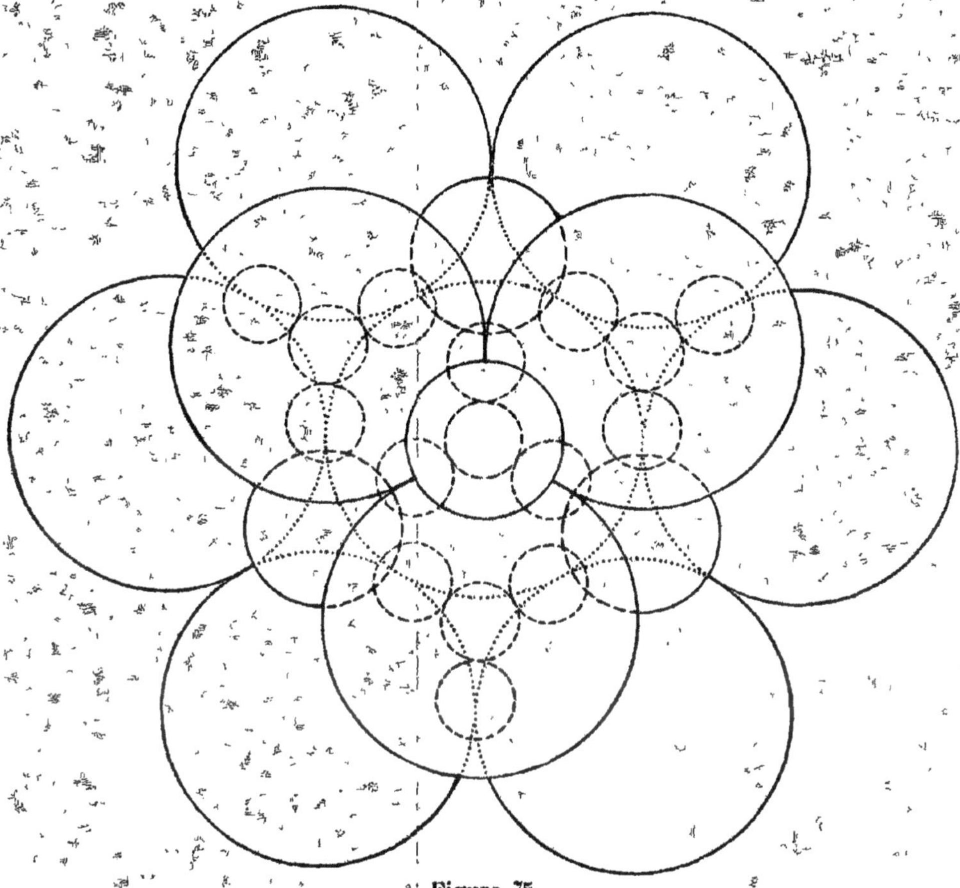

Figure 75.

Dans l'air, où l'éther est toujours en excès, les flocons de vésicules ne tardent pas à s'envelopper des 12 atomes d'éther qui les constituent à l'état de gaz diaphanes, invisibles et soumis à toutes les lois qui, dans certaines limites, régissent les gaz parfaits.

Alors la molécule d'eau gazeuse est constituée. (Fig. 75.)

En outre de ses 13 atomes d'éther, elle renferme, comme la vésicule, les éléments de deux molécules d'eau solide. (Fig. 57.)

$2\,(H^2O)$

Soit un poids de 2 (2 × 4) = 16 hydrogène
+ 2 (16 × 4) = 128 oxygène

Poids total = 144

Ce poids est représenté par 32 atomes d'oxygène
+ 8 — d'hydrogène

= 40 atomes pesants
+ 13 éther impondérable

Total = 53 atomes

CHAPITRE LIV

THÉORIE GÉNÉRALE DE LA VAPORISATION ÉTAT VÉSICULAIRE

Maintenant que nous avons étudié en particulier le processus de la vaporisation de l'eau et que nous l'avons suivi à travers toutes ses phases, nous allons pouvoir formuler la loi générale de la vaporisation des corps, préalablement liquéfiés.

Si, par une cause quelconque, mais surtout par suite de la proximité d'un foyer de chaleur, et très généralement d'une combustion, la température d'une masse liquide s'élève, la vitesse de rotation de ses molécules s'accélère, avec la vitesse vibratoire de ses atomes.

A mesure que la vitesse de rotation augmente, elle développe dans la molécule une force centrifuge proportionnelle, qui, pour chacun de ses atomes pesants, est

$$\rho = \frac{m\,V^2}{R} \tag{1}$$

m étant la masse de chaque atome, V sa vitesse sur son cercle de rotation, R le rayon de ce cercle.

Pour des vitesses angulaires égales, la force centrifuge croît donc, pour chaque atome, comme le produit de sa masse, multiplié par le rayon de son cercle de rotation, par conséquent comme la distance de son centre au centre de rotation de la molécule.

Dans la molécule d'eau, les atomes d'hydrogène qui sont

plus près de ce centre et qui sont moitié moins lourds, sont moins sollicités à s'écarter sur la tangente à leur mouvement que les atomes d'oxygène, deux fois plus lourds, et placés sur la zone équatoriale de la molécule, dont le moment d'inertie est maximum.

Celle-ci doit tendre à se dissocier, à s'élargir, à se gonfler, à lancer chacun de ses atomes équatoriaux sur la tangente de son cercle de rotation et à devenir ainsi de plus en plus elliptique.

Deux molécules d'eau superposées étant, comme nous l'avons vu (ch. LII, p. 440), animées d'une rotation commune, leur plan de rotation commun est le plan de contact mutuel de leurs deux tétraèdres superposés. Six atomes d'hydrogène sur 8, que renferment les deux molécules, et 24 atomes d'oxygène, sur 32, seront donc plus ou moins éloignés du centre de rotation. Les deux atomes d'hydrogène et les huit atomes d'oxygène restant, continuent à demeurer dans l'axe du mouvement, sous des pressions affaiblies, puisque toute la force centrifuge dont les autres atomes sont animés est enlevée à la pression qu'ils exerçaient sur eux.

Le résultat est d'entr'ouvrir les deux molécules et de produire à leur centre commun un vide relatif. Une action d'appel se produit donc sur ce point de moindre pression, dans lequel sont attirés ou aspirés les atomes d'éther libre qui se trouvent à proximité, soit dans la masse même du liquide, entre ses molécules, qui en vertu de leur rotation se repoussent les unes les autres, soit dans le milieu ambiant et principalement entre les surfaces de mutuel contact des corps hétérogènes, surtout quand ils sont dans des états physiques différents.

Ces atomes d'éther libre peuvent être appelés dans le liquide, soit à travers sa surface de niveau, soit même à travers les parois solides qui le contiennent, surtout si ces parois sont métalliques. Ils peuvent d'ailleurs être fournis par la source de chaleur, quand elle résulte d'une combustion d'éléments gazeux, avec diminution de volume, qui met de l'éther en liberté, comme nous le verrons bientôt.

Dès que la force centrifuge est devenue suffisante pour entr'ouvrir les molécules les plus chaudes et les plus dilatées, celles-ci, en vertu de leur moindre densité, montent vers la surface, entraînant dans leur sillage ascendant d'autres molécules également surchauffées, dilatées et déjà entr'ouvertes.

En arrivant à la surface les atomes dissociés des molécules auxquelles un atome d'éther a prêté sa force ascensionnelle, s'étalent à la surface de cet atome, l'enveloppent et constituent la vésicule. Ainsi, les 8 atomes d'hydrogène, plus légers, de la vésicule d'eau, entourent les deux pôles de l'atome central, et les 32 atomes d'oxygène, plus lourds, se distribuent symétriquement des deux côtés de la zone équatoriale.

La vésicule d'eau se constitue ainsi, comme la molécule gazeuse, des éléments de deux molécules liquides. Il en est de même pour un grand nombre de corps composés.

La vésicule des corps simples, au contraire, se constitue, au moins très généralement, des éléments de quatre molécules solides. C'est, en somme, le même nombre d'équivalents, puisque chaque molécule des corps composés binaires vaporisables comprend elle-même au moins un équivalent de chaque corps.

Dans la molécule d'eau liquide l'équivalent d'hydrogène est double, d'après la manière de compter des chimistes, mais en réalité, ces deux équivalents constituent une seule molécule, aucune molécule stable ne pouvant se constituer à moins de quatre atomes. (Comp. IIIe partie, chap. XXXV, p. 247 et suiv.)

Dans tous les corps de la série de l'oxygène et du chlore, la vésicule comporterait quatre équivalents, de même que l'azote. Le phosphore et l'arsenic semblent faire exception à cette loi. Leur molécule gazeuse serait constituée de 8 équivalents qui devraient aussi exister dans leur vésicule; mais le fait est contestable, comme nous le verrons.

Pour le mercure et le cadmium la loi se modifierait en sens contraire. La molécule gazeuse de ces corps ne contiendrait plus que deux équivalents.

Ces exceptions étant déduites de l'hypothèse d'Ampère et d'Avogadro, sur la constance du volume de la molécule gazeuse, nous devons d'abord nous expliquer sur cette loi, aujourd'hui généralement admise.

Si le volume de la molécule gazeuze est constant, sa densité varie comme sa masse. On constate, en effet, que, sauf de légères variations négligeables, les densités des gaz sont toujours des multiples exacts de leurs équivalents chimiques.

Mais, à tort, les chimistes en ont conclu l'identité de la molécule et de l'atome. Par cette identification, ils ont été conduits à supposer, soit des demi-atomes, ce qui serait absurde, soit des molécules monoatomiques et des molécules diatomiques.

En effet, lorsqu'un de leurs atomes d'oxygène, sous deux volumes, se combine avec deux de leurs atomes d'hydrogène, chacun d'eux sous deux volumes, pour former une molécule de vapeur d'eau sous quatre volumes, six volumes sont ainsi réduits à quatre. Leur grande hypothèse fondamentale de l'invariabilité du volume des atomes se trouve ainsi contredite. Sous ce volume réduit, leur molécule de vapeur d'eau contiendrait trois atomes entiers : un d'oxygène et deux d'hydrogène.

D'autres combinaisons ne peuvent s'expliquer aussi simplement.

Quand, par exemple, un de leurs atomes d'hydrogène, sous deux volumes, se combine avec un de leurs atomes de chlore, sous deux volumes, et qu'il en résulte deux molécules d'acide chlorhydrique, chacune de deux volumes, par conséquent, sans condensation, il faudrait supposer que les deux atomes d'hydrogène et de chlore se sont dédoublés et que chaque molécule d'acide chlorhydrique est faite de deux moitiés d'atomes; supposition qui répugne au bon sens, et à leur propre principe de l'indivisibilité des atomes.

Ils ont été amenés ainsi à considérer les molécules de chlore et d'hydrogène comme elles-mêmes formées de deux atomes, chaque atome représentant un volume. Avec cette hypothèse on pouvait s'en tirer. Les deux atomes de chlore et les deux atomes d'hydrogène constituaient, en se divisant par moitié, les deux molécules d'acide chlorhydrique de volume égal, chacune d'elles contenant deux atomes, un de chaque corps.

Mais il en résultait que dans la molécule d'eau il devait y avoir aussi quatre atomes d'hydrogène au lieu de deux, pour un seul atome d'oxygène, avec une diminution de deux volumes, qui restait à expliquer, et qui ne l'a jamais été.

Si on supposait la molécule d'oxygène comme formée aussi de deux atomes, alors on pouvait supposer que, chaque atome représentant un volume, chaque molécule de vapeur d'eau était formée de trois atomes, deux d'hydrogène et un d'oxygène, dont le poids total n'aurait plus été de 2+16=18, mais seulement $1+8=9$, avec perte d'un volume par chaque molécule. On était ainsi amené logiquement à supposer chaque molécule gazeuse formée de deux atomes.

Cette impossibilité de concevoir la molécule gazeuse, constante en volume, comme formée d'un atome unique, conduit à la considérer comme un composé d'éléments multiples, susceptibles d'ailleurs de conditions d'équilibre beaucoup plus stables.

Après avoir été amenée, par d'autres considérations, à multiplier par quatre l'expression numérique des poids atomiques, d'autres faits m'ont fait admettre que toutes les densités gazeuses devaient être multipliées par $4 \times 4 = 16$, et que presque toutes les molécules gazeuses contenaient quatre fois plus d'éléments pesants que ne le supposaient les chimistes.

L'hypothèse de la constance du volume de la molécule gazeuse est un des faits les mieux vérifiés de la chimie. Mais il est soumis à certaines conditions, spécifiquement variables pour chaque corps, qui doit être élevé à une certaine température suffisamment éloignée de celle de l'ébullition et que détermine l'expérience. Réduit à la température 0°, selon la formule de Gay-Lussac, sur les dilatations des gaz, et à la pression d'une atmosphère, selon la loi de Mariotte, le volume moléculaire devient constant pour tous les corps gazeux, avec des densités proportionnelles à un même multiple de leur poids atomique.

Le volume moléculaire de la vésicule, ou volume moléculaire des vapeurs saturantes, est, au contraire, variable dans de larges proportions. Il est difficile d'en déterminer la loi.

Il se peut que dans certains cas exceptionnels le volume de plusieurs vésicules ait été confondu avec celui de la molécule gazeuse, ce qui, en vertu d'un cercle vicieux, a pu faire attribuer à certains poids atomiques des valeurs trop fortes.

En d'autres cas, tels que celui du phosphore et de l'arsenic, dont les poids atomiques peuvent avoir été déterminés directement d'après d'autres faits, les densités de vapeur, doubles des poids atomiques, que l'on a constatées chez ces corps gazeux, à des températures pourtant élevées, devraient peut-être être attribuées aux vésicules, sous des volumes moitié plus petits, et non aux molécules gazeuses dont le volume ne deviendrait constant qu'à des températures encore plus hautes, avec des densités moitié plus faibles que celles qu'on a constatées.

C'est probablement de même que l'on a attribué au soufre vaporisé à 500° une densité triple de son poids atomique. En cet état le soufre serait simplement à l'état vésiculaire et le volume de ses vésicules serait un tiers seulement du volume de la molécule gazeuse à la température de 1040°, où il rentre sous la loi générale avec une densité égale à son poids atomique (la densité de l'hydrogène étant prise pour unité).

On commet peut-être la même erreur, en sens contraire, pour le mercure, le cadmium et probablement d'autres corps, de fortes densités à l'état solide, dont les vésicules se diviseraient pour saturer deux molécules gazeuses.

Il peut exister une cause de diminution de la densité gazeuse des corps très denses à l'état solide. Ce serait leur densité elle-même, qui, en augmentant le poids de la molécule au delà de sa force ascensionnelle, amènerait la subdivision de la vésicule en deux molécules gazeuses.

Il n'est pas impossible que des confusions analogues aient fait attribuer à de certains métalloïdes, tels que le tellure et l'iode, des poids atomiques doubles de leur valeur réelle.

Partant de l'hypothèse de la constance du volume de la molécule gazeuse, on aurait attribué à une seule molécule gazeuse les masses moléculaires de deux vésicules, de volume moitié plus petit. Supposant, par analogie, que cette densité double répondait au poids d'un atome, on aurait ainsi attribué à cet atome un poids double en vertu d'un cercle vicieux.

Cet état vésiculaire, qui semble avoir échappé jusqu'ici à l'attention des physiciens, est nettement distinct de l'état gazeux; il ne suit pas les mêmes lois et il a de tout autres propriétés. La vésicule suit les lois des vapeurs saturantes, différentes de celles des gaz.

Tous les corps qui passent de l'état liquide à l'état gazeux traversent-ils la phase vésiculaire? Il est à croire qu'ils la traversent tous, mais plus ou moins rapidement. Elle peut être assez courte pour échapper à l'observation, mais elle n'en existe pas moins comme un état de transition nécessaire.

Une des conditions de l'état vésiculaire, c'est que l'atome d'éther qui occupe le centre de la vésicule soit suffisamment entouré et emprisonné par ses éléments pesants.

Les éléments pesants de deux molécules d'eau liquide, qui

constituent la molécule gazeuse, peuvent à peu près entourer un atome d'éther.

Il faudrait de 36 à 44 atomes d'hydrogène pour entourer un atome de rayon double du leur et nous verrons que, dans la molécule gazeuse normale, il n'y a place que pour 8; moins parce que le volume total des vacuoles interatomiques est insuffisant, que parce que la plupart de ces vacuoles sont trop petites pour y loger un atome d'hydrogène sous des pressions normales, comme nous le verrons bientôt. La vésicule d'hydrogène, si elle arrive à se former, ne peut donc être que très instable, si elle ne renferme que les éléments de la molécule gazeuse; et si elle est constituée par un plus grand nombre d'atomes, il faut alors qu'elle se subdivise.

De même, les 64 atomes d'oxygène qui constituent, comme on le verra (chap. LX), la molécule gazeuse de ce corps, sont d'un volume insuffisant pour entourer une sphère de rayon quatre fois plus grand. Il s'en faut environ de 2/5. La vésicule d'oxygène serait donc aussi très instable si elle ne renfermait que les éléments d'une seule molécule gazeuse.

Si l'existence durable de ces deux vésicules est possible, c'est seulement sous de très fortes pressions, et nous sommes conduit à considérer que l'état des molécules de ces deux gaz, amenés par compression et refroidissement à ce qu'on nomme leur état *critique*, est justement cet état vésiculaire qui n'est ni l'état gazeux ni l'état liquide.

Comme d'ailleurs ces deux corps ne paraissent pas pouvoir exister naturellement, dans nos conditions terrestres, ni à l'état liquide, ni, *a fortiori*, à l'état solide, ils ne peuvent avoir occasion de traverser l'état vésiculaire pour prendre l'état gazeux. C'est donc seulement dans la transformation de sens inverse que nous leur faisons subir, par l'emploi des forces les plus puissantes dont nous puissions disposer, qu'ils peuvent être amenés à traverser cette phase.

Mais ces deux gaz existent fréquemment à l'état de dissolution dans l'eau ou d'autres liquides. Ils sont même absorbés par des corps solides. Dans l'un ou l'autre cas, ils ne peuvent exister à l'état gazeux parfait à l'intérieur d'autres corps dont le volume change à peine, par suite de leur absorption. Il en faut conclure que, perdant leur atmosphère éthérée, ils sont réduits, par cette absorption ou cette dissolution, à l'état vésiculaire, sous un volume beaucoup plus petit. Leur stabilité est ainsi assurée par les pressions concentriques exercées sur eux par le liquide dans lequel ils sont dissous ou par le solide qui les emprisonne dans ses vacuoles intermoléculaires. Comme en ce cas la vésicule n'est pas animée de rotation propre, son volume est beaucoup plus petit et diffère peu de son volume virtuel $\frac{4\,\pi}{3}\left(1+\frac{N}{m^3}\right)$.

Mais dans un milieu gazeux quelconque, ou dans le vide éthéré plus encore, l'état vésiculaire ne peut exister d'une façon stable, sous des pressions moyennes, qu'à la condition que les éléments pesants de la vésicule entourent suffisamment son atome éthéré central.

Supposant les atomes pesants tangents entre eux et tangents à l'atome éthéré central, en sorte que l'aire du polygone équatorial de chaque atome soit égale à celle de son grand cercle virtuel, le nombre d'atomes nécessaire pour envelopper un atome d'éther est

$$(2) \qquad N = 4\,\pi.\frac{(R+r)^2}{\pi\,r^2} = 4\,\frac{\left(R+\frac{1}{m}\right)^2}{\left(\frac{1}{m}\right)^2}$$

En ce cas, N est un nombre minimum. Si les atomes pesants étaient tangents à l'atome d'éther et sécants entre eux, en sorte que leur coupe sécante fût un hexagone inscrit à leur grand cercle virtuel, leur nombre serait

$$(3) \qquad N = \frac{4\,\pi\,(R+r)^2}{6\ \mathrm{cos.}\ 30.\ \mathrm{sin.}\ 30\,r^2}$$

N serait alors un nombre maximum.

Peut-être avons-nous là une des lois qui limitent le nombre des atomes de la molécule gazeuse dont les molécules solides sont des démembrements fractionnaires. Comme ces lois semblent être multiples et même contradictoires, elles se limitent mutuellement quant à leurs effets résultants.

La molécule gazeuse, en général, ne peut se constituer qu'à la surface de la nappe liquide de niveau. La vésicule y est amenée par la force ascensionnelle de l'atome éthéré qui s'est introduit à son centre. Cette force ascensionnelle augmente, il est vrai, relativement avec la densité du liquide où la vésicule prend naissance, mais le poids des atomes qui la recouvrent est toujours proportionnel à cette même densité.

Il doit exister pour chaque corps une limite où la vésicule, surchargée d'un trop grand nombre d'atomes, trop pesants, ne s'élevant que lentement à travers la masse liquide, manque de vitesse acquise pour la dépasser et se lancer dans le milieu ambiant gazeux. Cette limite est déterminée, non par son poids, mais par sa densité, qui dépend de sa température.

Cette limite serait atteinte par les masses du tellure et de l'arsenic qui s'élèvent à 2048 et 2400, avec des densités de 128 et 150, relativement à l'hydrogène pris pour unité.

Au delà se trouvent le cadmium et le mercure dont les masses descendent subitement à 896 et 1600, avec des densités de 56 et 100 seulement.

Les vésicules de ces deux corps doivent subir un dédoublement, sinon pendant leur ascension à travers la masse liquide, du moins à leur arrivée à sa surface de niveau.

Pour les autres corps de fortes densités gazeuses, tels que le sélénium, le tellure, le brome, l'arsenic, il n'y aurait pas dédoublement de la masse vésiculaire. On aurait, au contraire, doublé le poids de celle-ci pour l'attribuer à une molécule gazeuse unique. Il en résulterait que la masse de la molécule de mercure serait à peu près le maximum de la charge que peut soulever la molécule gazeuse de volume constant, puisque cette masse se trouverait réduite à 1200 pour l'arsenic, à 1016 pour l'iode, à 1024 pour le tellure, à 640 pour le brome, à 634 pour le sélénium et enfin à 496 pour le phosphore.

La densité gazeuse de ce dernier corps se trouverait ainsi descendue au-dessous de celle du soufre, avec sa masse de 512, et de celle du chlore qui est de 568, à moins que celle-ci ne doive aussi être dédoublée.

Il y a lieu de croire, en effet, que toute vapeur qui réfléchit la lumière, l'intercepte ou la colore, est encore à l'état vésiculaire et ne constitue pas un véritable gaz.

Cependant il est possible que dans les molécules à l'état gazeux parfait qui renferment des atomes pesants très nombreux et, conséquemment, très petits et très denses, ceux-ci absorbant électivement une partie des rayons lumineux qu'ils reçoivent, les rayons que laissent passer les gros atomes d'éther soient diversement colorés des couleurs complémentaires.

Quant à l'hydrogène, il présente un cas particulier. La molécule gazeuse ne contient que les éléments de deux molécules, mais quatre fois le poids dit atomique $= 1 \times 4$. C'est qu'il y a là une détermination arbitraire d'unité. Cette unité, que ma théorie multiplie par 4, représente deux atomes. Mais une molécule de deux atomes est impossible ; elle manquerait de stabilité (Voy. ch. XXX). Toutes les formules des chimistes qui contiennent seulement un équivalent d'hydrogène doivent donc être doublées.

La molécule basique de l'hydrogène ne peut renfermer moins de quatre atomes pour offrir un point d'appui solide aux atomes des autres corps qui viennent se fixer sur les quatre faces creuses de son tétraèdre-enveloppe. C'est en cet état que la molécule d'hydrogène peut former la base de la molécule d'eau et de celle des acides sulfhydrique, sélenhydrique et tellurhydrique, ainsi que des hydrates alcalins. (Voy. ch. XLIX, p. 397 à 403.)

La molécule basique de l'hydrogène peut, il est vrai, être constituée de six atomes, comme dans les molécules solides ou liquides de l'ammoniaque et de l'hydrogène phosphoré ou arsénié. Sa forme est alors celle d'un octaèdre régulier à huit faces creuses où se fixent les atomes des autres corps, en nombres plus ou moins grands, et d'autant plus grands que ces atomes sont plus petits.

Dans les composés organiques la molécule basique d'hydrogène peut se compliquer encore, mais toujours suivant un nombre pair d'atomes et, très généralement, par nombres quadruples, ce qui implique des nombres pairs d'équivalents.

Dans la nature, ou du moins sur notre terre, l'hydrogène n'existe jamais pur. C'est à l'état de base de la molécule d'eau qu'il existe le plus fréquemment. C'est de là qu'il part le plus souvent pour entrer dans d'autres combinaisons. C'est là qu'on le prend pour l'avoir chimiquement pur. On peut dire que, sur la terre, c'est son état naturel. Pour l'obtenir à l'état de pureté, on enlève à la molécule d'eau son oxygène ; la molécule d'hydrogène reste constituée de ses quatre atomes, et deux de ces molécules constituent une molécule gazeuse qui ne peut en contenir davantage, nous verrons tout à l'heure pourquoi.

La molécule basique d'oxygène comprend, au contraire, 16 atomes, comme nous le verrons à propos des oxydes alcalins (ch. LVIII). Cette molécule, qui a la forme d'un tétraèdre tronqué, dans les oxydes se dédouble souvent en moléculines de 4 atomes, qui sont aussi de petits tétraèdres. Ce sont quatre de ces petits tétraèdres qui, pour former la molécule d'eau, se fixent sur les quatre faces creuses du tétraèdre de l'hydrogène.

Huit de ces petits tétraèdres forment la vésicule en se fixant sur l'équateur de rotation de son atome éthéré central, entre les huit gros atomes d'hydrogène qui en occupent les pôles. Ce sont encore ces petits tétraèdres qui se glissent dans les petites vacuoles de la molécule d'eau gazeuse, où ne peuvent se loger les gros atomes d'hydrogène ; et ce seront eux encore qui, en nombre double, rempliront les seize vacuoles de la molécule d'oxygène pur, qui, par conséquent, contiendra 64 atomes, c'est-à-dire les éléments de quatre molécules basiques (ou quatre fois le poids atomique sous 8 volumes).

Les deux molécules basiques de l'hydrogène et de l'oxygène ont ensemble cette propriété d'être des molécules à la fois carrées et cubiques. Le nombre de leurs atomes est égal au carré de leur masse ; par conséquent, leur masse moléculaire est le cube de leur masse atomique. Il se trouve enfin que la masse totale de leur molécule gazeuse est la quatrième puissance ou double carré de leur masse atomique.

Ces rapports semblent expliquer plusieurs des propriétés particulières de ces deux corps et le rôle si important qu'ils jouent dans la nature. Dans leur exactitude rigoureuse, ils leur sont particuliers, mais tous les autres corps gazeux montrent une tendance à les reproduire de plus ou moins près.

Nous verrons qu'il s'agit encore ici d'une loi volumétrique.

En effet, 8 atomes d'hydrogène de masse 2 donnent, comme volume virtuel total,

$$V = \frac{N}{m^3} = \frac{8}{2^3} = 1 \tag{4}$$

De même 64 atomes de masse 4 donnent

$$V = \frac{N}{m^3} = \frac{64}{4^3} = 1 \tag{5}$$

Les éléments pesants de ces deux molécules gazeuses représentent donc un volume équivalent à celui d'un atome d'éther, et peuvent le remplacer partout sous la même pression.

Voici la valeur de $\frac{N}{m^3}$ pour les principaux corps gazeux homogènes des trois familles :

Hydrogène	=	1	=	4	équivalents
Oxygène	=	1	=	4	—
Soufre.	=	0.6329	=	4	—
Sélénium.	=	0.9177	=	4	—
Tellure.	=	1.2211	=	4	—
Azote	=	1.153	=	4	—
Phosphore	=	1.639	=	8	—
Arsenic.	=	1.215	=	8	—
Chlore.	=	1.1316	=	4	—
Brome.	=	1.3756	=	4	—
Iode.	=	1.2584	=	4	—
Cadmium.	=	0.2695	=	2	—
Mercure	=	0.2563	=	2	—

Cette valeur $\frac{N}{m^3}$ doit être multipliée par $\frac{4\pi}{3}$ pour représenter le volume virtuel des éléments pesants de la vésicule de vapeur, tous supposés mutuellement tangents, autour de l'atome éthéré central, et que dilate la force centrifuge développée par la rotation.

Nous constatons ici de notables différences entre les volumes virtuels des éléments pesants des divers corps. Les volumes du tellure, du brome, de l'iode, de l'arsenic et même du chlore sont presque doubles de celui du soufre. Celui du phosphore est encore plus grand, et dans le rapport 16/10 avec ceux de l'hydrogène et de l'oxygène qui représentent la moyenne normale, que le volume du sélénium n'atteint pas et dont les volumes du cadmium et du mercure sont environ 1/4.

Le volume virtuel des éléments pesants de la vésicule de vapeur d'eau, comme ceux de la molécule gazeuse, dépasse cette moyenne. Il s'élève à $\frac{4\pi}{3}\,2\,\frac{3}{4}$ qui, s'ajoutant au volume d'un atome d'éther, donnent $\frac{4\pi}{3}\left(1+\frac{3}{2}\right)$. C'est encore un peu moins que le volume des éléments de la molécule du phosphore.

CHAPITRE LV

TRANSFORMATION DE LA VÉSICULE EN MOLÉCULE GAZEUSE

Quand la vésicule, ainsi constituée, soulevée par son atome éthéré central qui lui sert de flotteur, arrive à la surface liquide, elle s'y enveloppe de 12 autres atomes d'éther qu'elle puise dans le milieu ambiant, éthéré ou gazeux. On comprend ainsi pourquoi la vaporisation parfaite peut être si rapide dans le vide de matière pesante, puisque, en outre de la diminution de pression, la vésicule trouve en surabondance, à l'état libre dans ce milieu, des éléments éthérés nécessaires à sa transformation en molécule gazeuse.

Ce nombre de 12 atomes d'éther n'est point arbitraire, mais dépend encore d'une loi volumétrique nécessaire. Il résulte du fait que pour entourer une sphère d'un rayon donné, il faut 12 autres sphères de même rayon, tangentes à la première et tangentes entre elles. (Voy. fig. 76.)

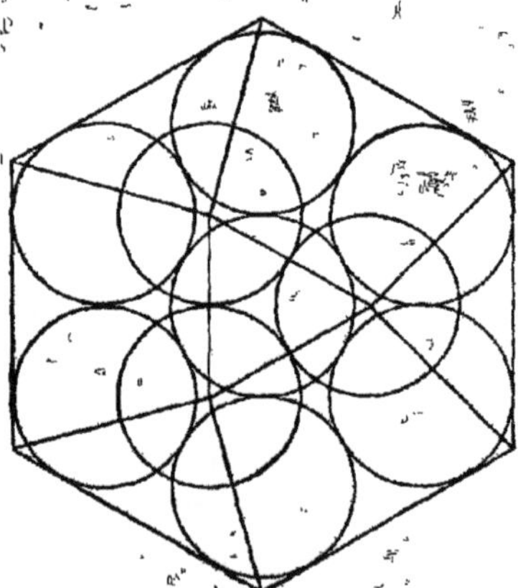

Figure 76.

C'est en vertu de ces rapports géométriques que les atomes éthérés de la molécule prennent la forme de dodécaèdres.

Quant à la forme-enveloppe totale de la molécule, c'est celle d'un polyèdre, inscriptible à une sphère, de rayon 3 formé de 14 facettes, dont 6 carrés et 8 triangles équilatéraux, tous symétriquement opposés, deux à deux, suivant 7 diamètres, dans deux hémisphères coupés par un plan équatorial à périmètre hexagone. Le volume de la sphère circonscrite au polyèdre $= \frac{4\pi}{3} 3^3 = 113,1$.

La molécule gazeuse est ainsi constituée par cette enveloppe éthérée qui consolide à la surface de son atome d'éther central l'équilibre, jusque-là instable, des atomes pesants qui l'entourent, souvent très incomplètement, et qui se distribuent alors symétriquement dans les vacuoles interatomiques, relativement vides, de la molécule.

Les atomes pesants de la molécule gazeuse ne peuvent donc occuper que l'espace compris entre la surface virtuelle des 13 sphères éthérées et leurs dodécaèdres circonscrits. Pour toute la molécule, c'est un espace égal à la différence du volume des 13 sphères éthérées virtuelles (de rayon 1) et la somme des volumes de leurs 13 dodécaèdres circonscrits, soit :

$$(6) \qquad 13.\left(4.2^{1/2} - \frac{4\pi}{3}\right) = 19,085$$

Mais tout cet excédent de volume n'est pas situé intérieurement. Les vacuoles, relativement vides, entre l'atome éthéré central et les 12 autres qui l'entourent, ne sont qu'au nombre de 14, comme les sommets du dodécaèdre circonscrit central.

Huit de ces vacuoles sont constituées par quatre sommets trièdres convergents de quatre dodécaèdres en contact : ce sont les 8 petites vacuoles.

Six autres sont constituées par 5 sommets tétraèdres de 5 dodécaèdres contigus, un sixième côté restant vacant. Chacune de ces 6 grandes vacuoles ne serait, en effet, complètement close que par la présence d'un sixième atome, étranger à la molécule. De sorte que les 6 grandes vacuoles de la molécule gazeuse, construite sur le type rhomboïdal, sont illimitées chacune par un de ses six côtés.

Les sommets tétraèdres du dodécaèdre se projetant au dehors de la sphère inscrite beaucoup plus loin que les sommets trièdres, dans la proportion de $2^{1/2} - 1$ à $\frac{3^{1/2}}{2^{1/2}} - 1$, le volumes des 6 pyramides tétraèdres, dont la réunion constitue les grandes vacuoles, est à celui des pyramides trièdres, qui, quatre par quatre, constituent les petites, dans le rapport de 3 : 1 en nombres ronds.

Le volume total des 6 grandes vacuoles est donc au volume des petites dans le rapport 9 : 4.

C'est un volume total d'environ 7,5 unités, ou seulement de 1,8 volumes sphériques de rayon = 1, équivalant au volume de 3.75 ou 15/4 du dodécaèdre de volume 2, inscrit à la sphère de rayon = 1.

Ce vide relatif intérieur de la molécule n'est donc environ que 2/5 de la différence du volume de 13 dodécaèdres circonscrits et du volume de leurs 13 sphères inscrites.

Mais dans l'axe de rotation de la molécule gazeuse existent deux vacuoles polaires externes, où des atomes pesants peuvent trouver place, ce qui porte à 8,18 unités de volume l'espace qu'ils peuvent occuper et qui représente par conséquent deux fois le volume de la sphère de rayon = 1 ou quatre fois celui de son dodécaèdre inscrit.

Telle paraît être la mesure maximum du volume virtuel total des éléments pesants de la molécule gazeuse, dans les limites de la loi de Mariotte. Elle n'est donc pas atteinte par les gaz parfaits, dits permanents; tandis qu'elle est dépassée par les composés des séries organiques, comme nous le verrons.

Cette limite n'est pas atteinte par la molécule d'eau dont les éléments pesants ne représentent qu'un volume virtuel de $\frac{4\pi}{3}\left(\frac{8}{8}+\frac{32}{64}\right)=4{,}1888 \times \frac{3}{2}= 6{,}283.$

On a vu précédemment (ch. LIV, p. 458) que la variable $\frac{N}{m^3}$ du volume virtuel des éléments pesants attribués aux molécules gazeuses, ne dépasse cette limite de $\frac{3}{2}$ unités que pour le phosphore, où elle atteint 1,6, et varie seulement de 1,15 à 1,36 pour l'azote, le chlore, l'arsenic, le tellure, l'iode et le brome. Pour le soufre cette variable descend à 0,63, et à 0,92 pour le sélénium.

Ces valeurs, multipliées par la constante $\frac{4\pi}{3}$, restent ainsi inférieures au volume virtuel des éléments pesants de la molécule de vapeur d'eau et peuvent trouver place dans les vacuoles internes d'une molécule gazeuse.

L'hypothèse que ces divers gaz ne sont que des vapeurs vésiculaires s'appuie donc surtout sur l'objection de leur poids.

Toutefois, comme les températures de vaporisation de ces divers corps sont sensiblement plus élevées que celles des gaz parfaits : l'hydrogène et l'oxygène, l'azote et même le chlore, puisque celles-ci sont toutes bien au-dessous du zéro thermométrique, et toutes les autres au-dessus ; et que ces températures de vaporisation, multipliant des énergies thermiques, qui sont proportionnelles aux masses atomiques, également plus fortes, donnent des produits beaucoup plus élevés, on peut admettre qu'à ces mêmes températures de vaporisation la dilatation des molécules leur donne une force ascensionnelle suffisante pour leur permettre de prendre l'état gazeux et de s'y maintenir.

C'est en vertu d'une induction calculée d'après les formules de Gay-Lussac et de Mariotte que les volumes de certains gaz très denses sont réduits au 0 thermométrique sous la pression d'une atmosphère ; mais la plupart de ces gaz ne peuvent être réellement abaissés à cette température sans repasser à l'état liquide ou même à l'état solide. Il en est autrement des gaz parfaits, et même de la vapeur d'eau, qui peuvent conserver leur état gazeux à des températures très basses, surtout quand ils sont mélangés à l'air ou à d'autres gaz également parfaits. Toute vapeur vésiculaire, ou saturante, au contraire, revient à l'état liquide quand on abaisse sa température au-dessous de son point de vaporisation, sous la pression d'une atmosphère.

La température de vaporisation comptée à partir du 0° absolu — 272°, divisée par 16 et multipliée par l'énergie thermique *m* de chaque corps, donne la série de valeurs suivantes :

TABLEAU O

Noms des corps	I Température absolue $\frac{272 \pm t^{\circ}}{16} = t_0$	II Masse atomique m	III Produit $t_0\, m$	IV Densité d	V Volume virtuel $\frac{N}{m^3}$
Hydrogène....	$\frac{272 - 200^{\circ}}{16}$	$\times 2$	$= 9$	1	1
Azote........	$\frac{272 - 194.4}{16}$	$\times 3.733$	$= 17.95$	14	1.153
Oxygène......	$\frac{272 + 181.5}{16}$	$\times 4$	$= 22.63$	16	1
Eau..........	$\frac{272 + 100^{\circ}}{16}$	$\times \frac{2 \times 4}{2}$	$= 69.75$	9	1.5
Chlore.......	$\frac{272 - 33^{\circ}}{16}$	$\times 4.733$	$= 70.53$	35.5	1.1316
Brome	$\frac{272 + 59^{\circ}.7}{16}$	$\times 5.7$	$= 117.70$	80	1.3776
Phosphore	$\frac{172 + 287^{\circ}}{16}$	$\times 4.96$	$= 173.29$	62	1.639
Soufre........	$\frac{272 + 448}{16}$	$\times 5.333$	$= 240.$	32	0.6329
Iode..........	$\frac{272 + 176}{16}$	$\times 6.35$	$= 193.8$	127	0.2584
Arsenic	$\frac{272 + 300}{16}$	$\times 6.666$	$= 238.3$	150	1.215
Sélénium	$\frac{272 + 665^{\circ}}{16}$	$\times 6.1$	$= 357.2$	79.2	0.9770
Mercure..	$\frac{272 + 357^{\circ}}{16}$	$\times 8.888$	$= 349$	100	0.2563

Dans cette série de valeurs les températures de vaporisation du sélénium et du soufre sont exceptionnellement élevées. Ces valeurs sont d'ailleurs assez douteuses pour admettre la possibilité d'erreurs. La température d'ébullition de l'hydrogène et de l'arsenic sont très incertaines. Ce dernier corps sublime à 300° sans fondre. Nous manquons de données exactes pour le tellure qui fond à 500° et se vaporise au rouge.

D'ailleurs il faut tenir compte du fait que notre détermination des masses atomiques est encore hypothétique.

Le tableau O montre que les produits $t\,m$ (colonne III) des températures absolues de vaporisation (colonne I) et des masses atomiques (colonne II) qui représentent l'énergie thermique des corps au moment de leur ébullition, sont loin d'être proportionnels aux densités gazeuses (colonne IV), c'est-à-dire aux masses moléculaires, ainsi qu'on le voit dans les valeurs variables de la première colonne du tableau P ; néanmoins ils varient parallèlement.

Si l'on multiplie ces rapports $\frac{t_0\, m}{d}$ par les volumes virtuels (colonne II du tableau P et V du tableau O), on obtient une série de valeurs plus régulièrement décroissantes (colonne III, tableau P).

TABLEAU P

	I	II	III
	$\frac{t_0\, m}{d}$	$w = \frac{N}{m^3}$ =	$\frac{t_0\, m\, w}{d}$
Eau.	7.75	1.5000	11.625
Hydrogène. . . .	9	1.0000	9.000
Soufre	7.5	0.6329	4.74675
Phosphore. . . .	2.79	1.6390	4.67281
Sélénium.	4 5	0.9177	4.02965
Chlore	2	1.1316	2.26320
Brome.	1.47	1.3756	2.02211
Iode.	1.52	1.2584	1.92177
Arsenic.	1.58	1.215	1.91970
Azote.	1.28	1.153	1.47815
Oxygène.	1.41	1.000	1.41406
Mercure	3.49	0.2563	0.89449

Sauf pour l'hydrogène, l'oxygène et l'azote, les températures absolues données ici sont celles de la vaporisation vésiculaire et non celles de la vaporisation gazeuse parfaite, beaucoup plus élevée en général et qui donnerait des rapports très différents.

On aurait pour le soufre	à 1040°. . . .	8.649
— — sélénium	—	5.084
— — phosphore	—	10.75
— — arsenic	—	4.4275

Ces valeurs se rapprochent du rapport 9 donné pour l'hydrogène (tableau P, colonne III).

D'ailleurs, il peut toujours exister pour chaque corps une température telle que le rapport $\frac{t_0 m w}{d}$ soit constant.

Supposons que ce rapport soit 10, les températures de vaporisation seraient en degrés centigrades :

Pour l'hydrogène.	272 — 80	= —	192°
— l'azote.	524 — 272	= +	252
— l'oxygène.	640 — 272	= +	368
— le chlore.	960 — 272	= +	688
— le phosphore.	1220 — 272	= +	948
— le soufre.	1516 — 272	= +	1244
— le brome.	1632 — 272	= +	1360
— le sélénium.	2263 — 272	= +	1991
— l'iode.	2542 — 272	= +	2270
— l'arsenic	3160 — 272	= +	2881
— le mercure.	7032 — 272	= +	6760

Dans cette hypothèse, ce serait seulement à des températures de plus en plus élevées que les corps très denses atteindraient l'état gazeux parfait.

Ces tableaux appuient la supposition que tous les corps de cette série ne sont pas au même état gazeux et que la plupart d'entre eux ne seraient que des vapeurs vésiculaires.

La question doit donc rester ouverte, et il suffit de la poser.

S'il se présente des cas fréquents où le corps passant de l'état liquide à l'état gazeux, traverse la phase vésiculaire, il faut tenir compte aussi des cas où s'opère la transformation inverse, où c'est la molécule gazeuse qui perd son atmosphère d'éther et redevient vésicule, puis molécule liquide.

Sans cette transformation de sens inverse on ne comprendrait pas pourquoi le nombre des atomes de la vésicule est tantôt plus grand qu'il n'est nécessaire pour envelopper l'atome d'éther central, et tantôt, le plus souvent même, beaucoup trop petit.

Il faut admettre que dans l'ordre cosmique général, les corps se formant surtout au sein de masses sidérales en fusion à d'énormes températures, l'état gazeux doit toujours être l'état primitif ou du moins antérieur des composés moléculaires. Ce sont donc les espaces vacuolaires de la molécule gazeuse qui forcément limitent le nombre des atomes de la molécule gazeuse de chaque corps. Ce nombre une fois déterminé, se trouve perpétué dans la vésicule, et se subdivise ensuite par fractions égales dans la molécule liquide ou solide.

Naturellement, lorsque celle-ci repasse à l'état liquide, puis vésiculaire, ce même nombre d'atomes se retrouve intégralement et reprend sa place dans les vacuoles de la molécule gazeuse.

Mais on comprend que l'état vésiculaire intermédiaire puisse se produire d'autant plus aisément et persister d'autant plus longtemps que les atomes de la molécule gazeuse parfaite constituent à l'atome éthéré central une enveloppe plus continue et plus stable, formant en quelque sorte autour de lui une voûte protectrice, dont la pression extérieure ne fait que consolider la stabilité.

CHAPITRE LVI

LA PRÉSENCE DE L'ÉTHER EST UNE CONDITION DE L'ÉBULLITION DES LIQUIDES

Des expériences déjà classiques, mais qui au début ont surpris les savants, en paraissant détruire des résultats acquis sur la constance des températures d'ébullition, ont mis hors de doute que cette ébullition des liquides ne peut se produire qu'en présence de corps gazeux en de certaines proportions.

Telles sont les belles expériences de MM. Dufour et Gernex, et celles de M. Donny, de Gand. Elles sont trop connues pour que je les rapporte ici en détail. J'en discuterai seulement l'interprétation.

Dans l'expérience de M. Donny, de l'eau distillée, purgée d'air par une ébullition préalable, dans un tube qui n'en contient pas de traces, peut, sous une pression très faible, être amenée à une température de 135°, bien supérieure à celle de l'ébullition, sans que celle-ci se produise.

Cette haute température étant atteinte, il se forme soudain, dans un point du liquide, une bulle volumineuse de vapeur qui, en se dégageant, exerce sa pression sur le liquide et le projette vivement hors de son contenant.

Que signifie cette expérience, sinon qu'en l'absence de tout élément gazeux la production de la vapeur d'eau, même à l'état vésiculaire, est impossible?

Mais si dans l'appareil, maintenu à une pression bien inférieure à la pression extérieure, et constituant ainsi un *centre d'appel*, tandis qu'une haute température dilate ses parois en diminuant la cohésion de ses molécules, l'éther s'infiltre en certaine quantité, aussitôt la vaporisation commence par la formation de vésicules animées de mouvements de rotation très rapides et, par conséquent, à une très haute tension.

Une expérience de M. Dufour est aussi concluante.

Des gouttes d'eau introduites dans un mélange convenable d'huile de lin et d'essence de girofle, s'y tiennent en équilibre de densité dans le liquide sans se mélanger avec lui. On peut élever leur température jusqu'à 178° sans qu'il y ait ébullition, c'est-à-dire à un degré de chaleur où la tension de la vapeur d'eau serait de 9 atmosphères. Mais si l'on touche l'une de ces gouttes d'eau avec une baguette de verre ou de bois, l'ébullition s'y produit aussitôt et la goutte est projetée bien loin du corps qui l'a touchée.

Qu'a donc apporté avec lui ce corps solide, mis en contact avec la goutte d'eau jusque-là réfractaire à l'ébullition, sinon l'atmosphère d'éther libre et sous pression qui enveloppe les surfaces de tous les corps? N'est-ce point cet éther dont les atomes ont fourni chacun le noyau d'une vésicule de vapeur, sinon l'atmosphère complète des molécules gazeuses?

Une expérience bien connue de MM. Dufour et Gernex met ce point hors de doute : l'ébullition n'est possible qu'en présence, non pas seulement d'un corps déjà gazeux, mais d'une certaine quantité d'éther.

De l'eau bien purgée d'air, dans une cornue, est amenée sous une pression très faible. L'on peut, sans amener l'ébullition, élever sa température. Mais si on met en communication avec les pôles d'une pile deux fils métalliques plongés dans le liquide, l'ébullition se produit avec vivacité.

Qu'a donc apporté le courant de la pile, sinon des atomes d'éther qui ont permis la formation de la vapeur d'eau?

Dans un ballon M. Gernex introduit du sulfure de carbone,

privé d'air et recouvert d'une couche d'eau. C'est vers 48° que devrait se produire l'ébullition de ce liquide. On peut échauffer tout l'appareil jusqu'à 60°, sans qu'elle se produise. Mais si on descend dans le liquide une petite cloche qui apporte avec elle un peu d'air, soudain il se produit une ébullition tumultueuse.

Si la cloche, soulevée par les vapeurs du sulfure de carbone, remonte dans la couche d'eau, l'ébullition du sulfure de carbone s'arrête. Elle recommence dès que la cloche retombe. L'eau du ballon ayant une grande masse, et ne se refroidissant que lentement, le phénomène peut ainsi se continuer longtemps avec les mêmes alternances.

Il est de toute évidence que ce sont, non pas seulement les molécules d'air contenues dans la cloche, mais surtout la couche d'éther libre qui entoure la surface de celle-ci qui fournissent aux molécules d'eau les éléments éthérés qui leur sont nécessaires pour passer à l'état au moins vésiculaire.

Chaque molécule d'air pourrait, en effet, fournir leurs atomes éthérés à 12 vésicules, ses éléments pesants passant dans le liquide à l'état dissous. Mais le phénomène s'arrêterait vite. S'il continue longtemps de se produire avec une très petite quantité d'air, c'est que cet air apporte avec lui une certaine proportion d'éther libre.

Dans un ballon à moitié plein d'eau bien purgée d'air et chauffée sous faible pression, M. Gernex a introduit un tube terminé par une petite cloche étranglée à la lampe. On voit les bulles de vapeur se former exclusivement à l'orifice de la petite cloche, et cela pendant un temps à peu près indéfini. Une bulle d'air, primitivement grosse comme une tête d'épingle, aurait pu ainsi entretenir l'ébullition pendant 24 heures. Il est vrai que l'eau vaporisée se condensant sur les parois du ballon et retombant dans le liquide, pouvait, en effet, prolonger indéfiniment l'expérience, puisque chaque molécule de vapeur condensée rapportait au liquide l'atome éthéré qui avait servi à sa formation. Mais, en outre de l'air contenu dans la cloche, les parois de cette cloche et le tube qui la supportait constituaient un circuit de surfaces par lequel l'éther, appelé par la dépression intérieure, pouvait fournir les éléments de la vaporisation de l'eau en nombres indéfinis.

Le doute sur la signification de toutes ces expériences n'est donc pas possible. C'est la présence de l'éther libre qui est indispensable à la vaporisation des liquides.

Il en est de même de celle de Cagniard de Latour, établissant que si on élève successivement la température d'un liquide enfermé dans un tube à parois très résistantes, il arrive un moment où tout le liquide se réduit en vapeur, mais sans entrer en ébullition.

Ce phénomène de vaporisation totale peut se produire dans un tube dont la capacité n'est que de deux ou trois fois le volume initial du liquide.

Cette température de vaporisation totale s'est trouvée de 201° pour l'éther sulfurique, qui bout vers 35° 5, et de 259° pour l'alcool ; de 184° pour l'éther chlorhydrique et de 157° pour l'acide sulfureux dont l'ébullition se fait à — 8° ou — 10°.

Que signifient ces phénomènes de vaporisation totale sous un petit volume, sinon qu'à des températures élevées et des pressions intérieures très fortes, dilatant les parois des vases qui contiennent les liquides en expérience, à défaut d'éther intérieur, l'éther extérieur peut s'introduire dans un récipient fermé. Il peut y fournir au liquide les éléments de sa vaporisation vésiculaire, qui n'amène qu'une petite augmentation de volume, mais non pas les atmosphères éthérées complètes des molécules gazeuses, dont les volumes sont environ un millier de fois plus grands que ceux des molécules liquides, à égalité de température.

C'est à un état identique, dit *état critique*, que sont réduits les gaz sous des pressions croissantes. Cet état correspond pour chacun d'eux à une température déterminée, sous une pression déterminée, appelées leur température et leur pression critiques.

Le corps est alors à un état intermédiaire entre l'état gazeux et l'état liquide, et parfaitement homogène en toute sa masse, sans qu'il soit possible de distinguer une limite entre la vapeur saturée et le liquide saturant. Cet état est évidemment l'état vésiculaire généralisé. La température est trop haute pour l'état liquide, la pression est trop forte pour l'état gazeux vrai, dont les éléments éthérés font défaut aux vésicules pour achever leur vaporisation.

Ce point critique se manifeste pour l'eau à la température de

+ 370°, sous une pression de 145,5 atmosphères. Pour l'acide chlorhydrique la température s'abaisse à + 51° ou + 52° et la pression à 86 ou 96 atmosphères. Pour l'ammoniaque, la température critique remonte à + 130° ou 131°, la pression variant entre 113 et 115 atmosphères. La température critique de l'acide carbonique descend à 30° ou 31°, sous une pression de 77 atmosphères.

Les points critiques des gaz homogènes sont en général plus bas, comme température, sous des pressions plus fortes. Celui de l'iode pourtant ne se produit qu'à + 400°, celui du brome à + 302° ; mais la température critique du chlore n'est que de + 141°, sous une pression de 89,9 atmosphères. L'état critique de l'oxygène se produit aux températures de — 113° à —118° sous des pressions de 50 atmosphères seulement. Pour l'hydrogène, il faut abaisser la température jusqu'à — 220°, sous les pressions les plus fortes qu'on ait pu produire. Récemment on a pu obtenir l'air en cet état.

La loi qui gouverne ces faits n'est pas même soupçonnée ; je ne doute pas qu'un jour mes principes théoriques ne jettent quelque lumière sur ces mystères.

CHAPITRE LVII

MÉLANGE DES VAPEURS ET DES GAZ

Lorsque, à une température et sous une pression données, en présence du liquide saturant, une vapeur arrive dans l'air à son point de saturation, cette vapeur occupe entre les molécules de l'air les vacuoles intermoléculaires qui, sans elle, seraient occupées par des atomes d'éther libre, en nombre déterminé par le volume de ces vacuoles, et qui ont pu fournir à chaque vésicule son atome d'éther, ou qui sont remplacés par les vésicules déjà formées aux dépens de l'éther contenu dans le liquide ou, sous pression, à sa surface.

Si, la température restant constante, la pression diminue, par suite de l'augmentation de l'espace livré à la masse gazeuse, molécules et vésicules se dilatent d'abord proportionnellement pour occuper cet espace, sous une pression moyenne moindre. Les vésicules dans les vacuoles gazeuses sont moins pressées et, la pression générale exercée sur le liquide étant diminuée, de nouvelles vésicules se forment à sa surface et viennent remplir les vides relatifs des vacuoles intermoléculaires agrandies. Si bien que, l'équilibre de pression se rétablissant, la pression générale du mélange reste constante dans un espace agrandi. La proportion de la quantité de vapeur à la quantité de gaz a seule augmenté.

Cette augmentation a sa limite dans la capacité de saturation du gaz à cette même température et à cette même pression.

Quelles conditions déterminent la capacité de saturation d'un gaz? C'est évidemment le poids que peut supporter sa force ascensionnelle.

A la température de 100°, sous la pression atmosphérique, on dit que le volume de la vapeur est égal à celui de l'air. Il y a là une erreur. C'est le nombre des vésicules qui est égal à celui des molécules d'air, mais tant que les vésicules de vapeur sont en contact avec leur liquide saturant, leur volume reste beaucoup plus petit que celui de la molécule d'air. Le volume de la vésicule d'eau est sensiblement égal à celui d'un atome d'éther et peut, par conséquent, le remplacer. La molécule d'air étant inscriptible dans une sphère, ces sphères, distribuées et agencées sous le plus petit volume possible, laissent entre elles un nombre égal de vacuoles dont le volume est à peu près celui d'un atome d'éther, et où peuvent se loger les vésicules de vapeur.

En effet, chaque molécule gazeuse étant constituée de 13 atomes d'éther, disposés sur trois plans, dont 7 sur le plan moyen et 3 sur chaque plan extrême, si l'on suppose tous leurs plans moyens dans un même plan, ce plan contiendra n 7 atomes; et si l'on suppose les trois atomes du plan supérieur des mêmes molécules sur le même plan que les trois atomes du plan inférieur d'une autre rangée de molécules, ce plan ne contiendra que n 6 atomes, par conséquent il manquera un atome par molécule dont la place sera vide et qui sera occupée, soit par un atome d'éther libre, soit par une vésicule de vapeur.

Le nombre des vésicules sera donc égal à celui des molécules du gaz, quand celui-ci sera saturé.

Naturellement, si la température augmente, dilatant le volume des molécules, les vacuoles entre elles, subissant une dilatation proportionnelle, pourront renfermer chacune plusieurs vésicules, et la capacité de saturation se trouve relevée.

Ces phénomènes, constatés sur le mélange des gaz et des vapeurs en présence de leur liquide saturant, dans des espaces clos, sont profondément modifiés à l'air libre.

Dans un milieu gazeux illimité, en effet, les vésicules de vapeur, tendant à se répandre indéfiniment à travers les molécules d'air, en vertu du mouvement de vrille qui résulte de leur rotation et de leur forme, se distribuent symétriquement entre les molécules gazeuses, de proche en proche, en tous les sens. A mesure que leur nombre diminue dans chaque vacuole, leur volume augmente et leur tension s'affaiblit. Dans les vacuoles intermoléculaires où elles se répandent, trouvant des atomes d'éther libre, elles complètent leur atmosphère éthérée et passent à l'état de gaz parfaits.

Aussi les vapeurs ne prennent-elles les propriétés des gaz que lorsqu'elles sont très éloignées de leur point de saturation.

Le mélange de la vapeur d'eau et de l'air est alors identique au mélange de deux gaz parfaits.

Les molécules de vapeur d'eau, beaucoup plus légères que celles de l'air, tendent à s'élever; mais en s'élevant elles se distribuent symétriquement entre les molécules d'air, plus pesantes, de façon à ce que la densité du mélange devienne moyenne entre les densités des deux gaz.

Quand cette densité moyenne est atteinte, et cette distribution symétrique réalisée, la vapeur ne s'étend plus, si l'air est calme. La limite de la diffusion de la vapeur d'eau dans l'air, en hauteur, est marquée par l'égalité de densité moyenne du mélange d'air et de vapeur, sous la pression des couches d'air supérieures et la densité de celles-ci sous leur pression propre qui diminue avec l'altitude.

On comprend ainsi que Gay-Lussac n'ait trouvé, à 7.000 mètres d'altitude, qu'une très faible proportion de vapeur d'eau. Dans des récipients clos, la tension des mélanges d'air et de vapeur, ou plutôt d'eau gazeuse, est égale à la somme des tensions de chacun d'eux, sous une pression donnée. Il s'ensuit que le volume du mélange est égal à la somme des volumes des deux gaz composants et que sa densité est moyenne entre leurs densités.

C'est que le volume des molécules de tous les gaz étant constant sous les mêmes pressions, sous chaque pression donnée leur volume total est inversement proportionnel à leur nombre.

CHAPITRE LVIII

VOLUME CONSTANT DE LA MOLÉCULE GAZEUSE

Les densités des gaz étant proportionnelles à des multiples exacts de leurs masses moléculaires (ou poids dits atomiques), on en conclut qu'un même volume de tous les gaz contient le même nombre de molécules, ou autrement dit, que le volume de leurs molécules est constant.

C'est l'hypothèse d'Avogadro, confirmée par Gay-Lussac. Aucune loi chimique ne paraît mieux établie.

Par quelles combinaisons de forces peut se réaliser cette constance du volume de la molécule gazeuse, qui tranche si étonnamment sur la variabilité des volumes moléculaires à l'état solide, liquide ou vésiculaire ?

Nous avons déjà vu que l'élément principal du volume de la molécule gazeuse est fourni par 13 sphères virtuelles d'atomes éthérés, de rayons $= 1$, dont 12 entourent la treizième.

Les vacuoles, relativement vides, entre les sphères virtuelles, étant occupées et plus ou moins remplies par des atomes pesants, de rayons variables, il s'ensuit que les 13 sphères éthérées deviennent tangentes aux sphères virtuelles de ces atomes pesants et en même temps tangentes entre elles, même lorsque les atomes pesants ne remplissent qu'incomplètement leurs vacuoles intersphériques.

Le volume virtuel initial de la molécule gazeuse, abstraction faite de toute variation de température et de pression, est donc constitué par les 13 dodécaèdres circonscrits à ses treize sphères éthérées.

Il est donc égal à $13 \times 4 \times 2^{1/2} = 73{,}539$ unités de volume.

Les 13 sphères virtuelles inscrites à ces dodécaèdres ne donnent qu'un volume total de $13 \frac{4\pi}{3} = 54{,}454$.

C'est une différence de 19 unités de volume (19,085) entre le volume des 13 dodécaèdres et celui de leurs 13 sphères inscrites.

C'est cet excédent de volume des dodécaèdres circonscrits sur leurs sphères inscrites, mutuellement tangentes, de la molécule gazeuse qui peut être plus ou moins complètement rempli par ses éléments pesants, sans augmenter son volume total constant, sous les mêmes conditions de température et de pression.

Il en résulte un polyèdre sphéroïdal inscriptible à une sphère dont le rayon est égal à 3 rayons éthérés.

Ce polyèdre est limité par 14 facettes inégales, dont 8 triangulaires et 6 tétragonales, symétriquement distribuées relativement à un plan équatorial de périmètre hexagone (fig. 76, p. 459, ch. LV).

Ces polyèdres constitués de 13 sphères tangentes, situées sur trois plans superposés, s'ordonnent eux-mêmes en files, sur leur même plan moyen qui contient *n*, 7 sphères atomiques; tandis que les plans intermédiaires n'en contiennent que *n* (2×3).

Sur ces plans intermédiaires existent donc des vacuoles intermoléculaires, en nombre égal à celui des molécules, et dont le volume est égal à celui des dodécaèdres constituants des molécules.

Ces polyèdres moléculaires, de volume $13 (4 \times 1/2)$, entrant en rotation sur leur axe principal, décrivent des sphères-enveloppes circonscrites dont le rayon est égal à 3 rayons des sphères virtuelles constituantes, ou 3 unités linéaires.

Le volume de cette sphère-enveloppe est ainsi de $\frac{4\pi}{3} 3^3 = 113$ unités de volume (113,1).

Tel est le volume constant de la molécule dès le premier moment où elle entre en rotation, abstraction faite de sa dilatation thermique et de celle qui résulte des forces centrifuges développées par sa rotation.

Mais entre ces sphères subsistent, en nombre égal, des vacuoles dont le volume est de 1/13 de leur volume ou de 8,7.

Le volume total moyen occupé par une molécule, est donc de $113{,}1 \times \frac{14}{13} = 121{,}8$.

Tous les éléments volumétriques de la molécule étant liés entre eux, de telle sorte que toute force qui agit pour dilater certains d'entre eux agit pour dilater proportionnellement les autres, la dilatation des éléments pesants dans les vacuoles moléculaires, entraînant celle des sphères éthérées inscrites ou, réciproquement, la dilatation des molécules et celle de leur sphère-enveloppe entraînent celle des vacuoles intermoléculaires.

Ce volume sphérique initial de la molécule gazeuse en rotation, augmenté de 1/13, est multiplié par le produit du nombre de ses atomes pesants, N, de leur volume virtuel w, de leur énergie thermique ε et de leur force centrifuge ρ. Le tout est divisé par la masse moléculaire $M = Nm$, qui, par son inertie, divise les forces qui mettent la molécule en mouvement et règlent sa vitesse de rotation.

Or, le produit du nombre N des atomes et de leur volume virtuel w est

$$N w = \frac{N}{m^3} \tag{7}$$

Leur énergie thermique :

$$\varepsilon = \frac{m^2}{\sin. 45} \cdot \frac{1 - \cos. \alpha}{m} \quad \frac{\frac{2\pi}{3}}{\cos. 45^2} = m, \tag{8}$$

puisque $\frac{1 - \cos. \alpha}{\sin. 45} \frac{\frac{2\pi}{3}}{\cos. 45^2} = 1$. (Voyez Ire part., form. 8, ch. XXI, p. 159.)

Leur force centrifuge :

$$\rho = \frac{m\,v^2}{R} = \frac{m\,4\,\pi^2\,R}{t^2} \tag{9}$$

R est le grand rayon du dodécaèdre circonscrit $= 2^{1/2}$, qui mesure le moment d'inertie de la molécule. Et t^2 est en raison inverse de la vitesse vibratoire m^2, divisée par 6, parce que chaque vibration thermique des atomes de la molécule lui fait accomplir seulement 1/6 de tour.

Le tout étant naturellement divisé par la masse moléculaire Nm à mouvoir, on a pour le volume d'une molécule gazeuse, abstraction faite de la température du milieu ambiant et de la pression locale :

$$(10) \qquad V = \frac{\frac{4\,\pi}{3} R^3 \frac{14}{13} \frac{N.\,w.\,\varepsilon\,\rho.}{6}}{M}$$

Ce qui, en remplaçant par la valeur, donne :

$$(11) \qquad V = \frac{\frac{4\,\pi}{3} 3^3 \frac{14}{13} \frac{N}{m^3}\, m \;\frac{m\,4\,\pi^2\,2^{1/2}}{6\,\frac{1}{m^2}}}{N\,m} = \frac{4\,\pi}{3} 3^3 \frac{14.4\,\pi^2\,2^{1/2}}{13 \quad 6} = 1133.3$$

Le volume des deux molécules liquides qui composent les éléments pesants d'une seule molécule de vapeur d'eau, ou d'eau gazeuse, étant de $2 \times 0{,}45 = 0{,}90$, on trouve pour le passage à l'état gazeux de ces deux molécules liquides une dilatation de $\frac{1133{,}3}{0{,}90} = 1259$.

Or, l'observation donne pour le rapport des densités de la vapeur d'eau à l'eau liquide, à la température 0° et sous la pression 0,76 de mercure, une dilatation de

$$\frac{773{,}28 \times 14{,}44}{9} = 1240{,}7$$

si on prend pour base les densités théoriques de l'air et de la vapeur d'eau (1).

Or la valeur 1259 est aussi exacte qu'on peut l'attendre d'une détermination théorique *a priori*, renfermant des éléments incertains et des coefficients spécifiques ignorés.

Nous pouvons donc accepter comme suffisamment exactes nos formules du volume moléculaire de l'eau liquide et gazeuse.

(1) D'après les *Annuaires du bureau des longitudes* postérieurs à 1898, le poids d'un litre de vapeur d'eau à 0°, est de 0 g. 809, ce qui donne une dilatation sur l'eau liquide, à la même température, de $\frac{1000}{0{,}809} = 1236$. D'après les *Annuaires* antérieurs, qui donnaient pour le poids du litre 0 g. 806, la dilatation serait de 1240,7, d'accord avec la densité théorique 9 (l'hydrogène étant 1).

CHAPITRE LIX

LES DEUX TYPES DE MOLÉCULES GAZEUSES ET LEURS VACUOLES INTERMOLÉCULAIRES

Toutes les molécules gazeuses ne semblent pas constituées sur le même type.

Ce que nous venons d'en dire s'applique exclusivement aux molécules construites d'après la symétrie rhomboïdale, et dont les 13 atomes éthérés constituants sont des dodécaèdres à faces rhombes, circonscrits aux treize sphères éthérées virtuelles.

Certaines molécules gazeuses paraissent construites sur le type pentagonal, c'est-à-dire que leurs 13 dodécaèdres circonscrits sont des dodécaèdres réguliers à 12 faces pentagonales.

Les volumes des deux types de dodécaèdres ne sont pas égaux.

Le volume du dodécaèdre rhomboïdal circonscrit à la sphère de rayon 1 est

(12) $$V = 4{,}2^{1/2} = 5{,}6568$$

ou quatre fois la racine de 2.

Le volume du dodécaèdre pentagonal circonscrit à la même sphère a pour mesure

(13) $$V = 20\,\frac{\cos.\ 36^{0}\ \sin.\ 36^{0}}{1{,}71327} = 5{,}55112 \quad (1)$$

(1) Le volume du dodécaèdre pentagonal est assez difficile à déterminer, ni la hauteur de ses douze pyramides constituantes, ni leur génératrice n'étant en rapports simples avec le rayon de l'apothème de leur base pentagonale. L'aire de celle-ci étant 5 cos. 36 sin. 36, si l'on suppose la génératrice des pyramides = 2 cos. 36, évaluation trop petite, on obtient pour le volume du dodécaèdre circonscrit à la sphère de rayon :

$$\frac{12}{3}\cdot 5\ \frac{\sin.\ 36\ \cos.\ 36}{2\ \cos.\ 36} = 10\ \cos.\ 36 = 5.8778.$$

Cette valeur est trop grande, car la somme des angles plans qu'elle donne pour un quart de circonférence = 91° 55.

Ce volume de 5,8778 doit être multiplié par la fraction 0,94442 qui donne V = 5,55112.

Cette dernière valeur est encore imparfaite, car elle donne une somme d'angle plan de 18″ de trop pour le quart de circonférence.

Elle suppose une génératrice des pyramides de 1,6473 au lieu de 1,618017 = 2 cos. 36.

Il est donc un peu plus petit.

Il en résulte que le volume des vacuoles intersphériques n'est pas égal dans les molécules des deux types et qu'il est très différemment distribué.

Nous avons vu (chap. LV, p. 460) que le volume total des vacuoles intersphériques est $13\left(5{,}6568-\frac{4\pi}{3}\right)=19$ dans la molécule rhomboïdale. Il n'est que de $13\left(5{,}55112-\frac{4\pi}{3}\right)$ $=17{,}71$ dans la molécule pentagonale.

Mais de ce volume vacuolaire total, dans l'un et l'autre type moléculaire, les atomes pesants n'occupent que les vacuoles internes de la molécule, du moins dans les gaz homogènes, et le volume de ces vacuoles internes varie dans les deux types moléculaires. Il devient plus petit dans la molécule du type pentagonal.

La différence 1,36232 du volume du dodécaèdre pentagonal circonscrit et du volume de sa sphère inscrite, représente 20 pyramides semblables ou pointements égaux dont le volume est, par conséquent,

$$V=\frac{1{,}36232}{20}=0{,}068116. \tag{14}$$

Ces pyramides, étant jointes par leurs sommets communs à trois autres pyramides égales, représentent des vacuoles tétraèdres dont le volume total est

$$V^{o}=0{,}068116\times 4=0{,}272464. \tag{15}$$

Comme la molécule renferme 20 de ces vacuoles, complètement closes, entre ses 13 sphères éthérées, le volume vacuolaire interne total de la molécule est

$$V_{v}=0{,}272464\times 20=5{,}44928. \tag{16}$$

Ce volume vacuolaire représente à peu près 5/4 de sphère de rayon $=1$ et un peu moins que le volume d'un dodécaèdre pentagonal circonscrit à cette sphère. Mais il dépasse trois fois le volume du dodécaèdre rhomboïdal inscrit, qui est seulement de 2 unités.

Le volume des vacuoles internes de la molécule de type rhomboïdal est moins aisé à déterminer, parce que ces vacuoles ne sont pas toutes égales. Il peut l'être néanmoins, très approximativement, par déduction du précédent. (Comp. chap. LV.)

La différence du volume du dodécaèdre rhomboïdal circonscrit et du volume de sa sphère inscrite, de rayon 1, est

$$(17) \qquad 4{,}2^{1/2} - \frac{4\,\pi}{3} = 1{,}468,$$

qui représente 8 petites pyramides trièdres et 6 grandes pyramides tétraèdres, à bases curvilignes.

Le volume des petites pyramides trièdres du dodécaèdre rhomboïdal est sensiblement égal à celui des pyramides trièdres du dodécaèdre pentagonal. Leur hauteur est un peu moindre, dans le rapport de $\frac{3^{1/2}}{2^{1/2}} - 1$ à $2 \cos. 36^{\circ\,1/2} - 1$; mais leur base est un peu plus large, par ce fait que les faces du dodécaèdre rhomboïdal sont inclinées les unes sur les autres de 120°, tandis que l'inclinaison mutuelle des faces du dodécaèdre pentagonal n'est que de 116°.

On peut donc tenir les volumes comme proportionnels, et retrancher pour les 8 petites pyramides $\frac{8}{20}$ de la différence 1,468. Le reste $= 0{,}8808$ représentera le volume des 6 grandes pyramides du dodécaèdre rhomboïdal. Le volume de chacune d'elles devient $\frac{0{,}8808}{6} = 0{,}1468$.

C'est juste 1/10 de l'espace vacuolaire, et 6/10 pour les grandes pyramides. Il reste 4/10 pour les 8 petites, dont le volume est ainsi de 1/20 ou de 6,0734.

Le volume des grandes pyramides est donc double du volume des petites, et le volume des 6 grandes pyramides est au volume des 8 petites comme 3 : 2.

Comme les grandes pyramides convergent, 6 par 6, vers un sommet commun, pour constituer une grande vacuole, le volume de ces grandes vacuoles est de $6 \times 0{,}1468 = 0{,}8808$.

De même, 4 petites pyramides convergent vers un commun sommet pour former une petite vacuole, dont le volume est $= 4 \times 0{,}0734 = 0{,}2936$.

Le volume des 8 petites vacuoles est donc à celui des 6 grandes comme 1 : 3.

On arrive ainsi à un volume vacuolaire interne total de :

6 grandes vacuoles hexaèdres de $v := 0,8808 = 5,2848$
8 petites vacuoles tétraèdres de $v := 0,2936 = 2,3488$

Total... 7,6336

Ce volume vacuolaire interne est donc beaucoup plus grand que celui de la molécule pentagonale qui n'est que de 5,44928.

C'est moins du tiers du volume vacuolaire total, interne et externe, qui pour la molécule pentagonale est de 17,71, tandis que le volume vacuolaire interne de la molécule rhomboïdale, 7,6336, est presque les 2/5 du volume vacuolaire total qui est de 19.

Selon le nombre et le volume virtuel des atomes pesants qui ont à se loger dans les vacuoles intersphériques de la molécule, celle-ci prend l'un ou l'autre type. C'est leur poussée interne qui détermine sa constitution.

Quand les atomes pesants sont tous égaux, comme dans les gaz homogènes, il semble tout d'abord qu'ils dussent mieux s'agencer dans les vacuoles égales de la molécule pentagonale; mais pour s'y grouper symétriquement, de façon à subir ou exercer de tous côtés des pressions égales, il faut que leur nombre soit un multiple de 20, c'est-à-dire du nombre des vacuoles de la molécule.

En tout autre cas, ils trouvent mieux à se distribuer symétriquement dans les deux sortes de vacuoles de la molécule rhomboïdale, dont le volume total est plus grand, dont les six grandes vacuoles sont illimitées par un de leurs 6 côtés et qui, par conséquent, se prêtent à un plus grand nombre de combinaisons géométriques diverses.

De plus, la molécule rhomboïdale a deux vacuoles polaires, qui peuvent être occupées symétriquement. Comme elles sont situées sur l'axe de rotation, les atomes qui les occupent ne sont pas sollicités à en sortir par la force centrifuge qui tend à lancer les autres sur les tangentes au mouvement de rotation. Ils y sont donc dans un équilibre particulièrement stable, bien que n'y étant pas retenus par la pression centripète des atomes éthérés qui enferment ceux des vacuoles internes.

Bien que ces deux vacuoles polaires ne soient que de petites vacuoles tétraèdres, comme elles sont illimitées du côté de leur base, elles peuvent loger des atomes de même grosseur ou en même nombre que les grandes vacuoles.

Le volume vacuolaire de la molécule rhomboïdale se trouve ainsi élevé à

$$7,6336 + 2 \times 0,8808 = 9,3952; \tag{18}$$

soit plus de 9/4 de sphère de rayon = 1.

Sauf un petit nombre de corps dont les atomes pesants, tous égaux, sont des multiples de 20, la plupart des gaz homogènes et tous les gaz hétérogènes paraissent avoir leurs molécules constituées d'après le type rhomboïdal. Il en est ainsi forcément de tous les composés hydrogénés ; les atomes de l'hydrogène étant trop gros pour être contenus dans les petites vacuoles tétraèdres de la molécule pentagonale.

Mais celle-ci se prête particulièrement à loger des atomes trop petits pour saturer isolément les grandes vacuoles rhomboïdales, ou trop gros pour se loger dans les petites. Tels sont peut-être certains corps rares, nouvellement découverts dont les densités sont très faibles.

D'ailleurs la molécule pentagonale a une souplesse particulière de déformation due à ce fait que ses douze atomes d'éther externes, bien que mutuellement tangents, laissent du jeu entre leurs dodécaèdres circonscrits. Trois de ces atomes ayant une arête commune ne donnent qu'une somme angulaire de $3 \times 116^{\circ} = 348^{\circ}$, au lieu d'une circonférence complète.

Comme des atomes en mutuel contact ne peuvent laisser de vide entre eux, les douze dodécaèdres extérieurs de la molécule pentagonale doivent être légèrement irréguliers. Des atomes pesants, en plus grand nombre, peuvent ainsi se loger dans leurs vacuoles internes en refoulant leur substance vers la périphérie, aux dépens des vacuoles externes diminuées. En sorte que, la surface de la molécule en deviendrait plus régulièrement sphérique. Mais cette modification du type symétrique est encore assujettie à cette condition que les atomes pesants soient en nombre égal, ou du moins de volume virtuel égal dans toutes les vacuoles ; ce qui suppose que leur nombre soit un multiple de 20.

CHAPITRE LX

CONSTITUTION MOLÉCULAIRE DES GAZ HOMOGÈNES

Nous pouvons maintenant déterminer spécialement quelle est la constitution moléculaire des gaz homogènes.

PREMIÈRE SECTION. — Les gaz dits parfaits (type rhomboïdal).

Les gaz parfaits sont ceux dont le volume, du moins dans de certaines limites, varie en raison inverse des pressions qu'ils subissent, suivant la loi de Mariotte, et qui, selon la loi de Gay-Lussac, se dilatent environ de 1/272 par chaque degré d'élévation de leur température. Leur état gazeux est stable et leur liquéfaction ne peut être obtenue que par des abaissements de température et des augmentations de pression considérables.

Nous considérerons d'abord ceux de ces gaz qui sont homogènes.

Ils semblent assujettis à cette loi que leur masse moléculaire est la quatrième puissance de la masse de leurs atomes. Il s'ensuit, comme corollaire, que le nombre de leurs atomes est le cube de leur masse.

Le volume moléculaire devient :

$$(17) \quad V = \frac{4\pi}{3} 3^3.14/13 \left(\frac{8}{2^3} \frac{2^4}{8\,2}\right) \frac{4\pi^2\,2^{1/2}}{6} = 1133{,}3,$$

abstraction faite des variations de la pression et de la température ambiantes.

La molécule gazeuse se trouve constituée ainsi que suit :

CONSTITUTION MOLÉCULAIRE DE L'HYDROGÈNE GAZEUX

Notation usuelle : H^4 = 8 volumes.................. *Notation théorique* : $8_H + 13_E$....................	=	1 molécule
Masse moléculaire 4 (4 × 1)........................	=	16
Masse atomique $16^{1/4}$............................	=	2
Nombre des atomes H = $16^{3/4}$ = 4 × 2..............	=	8
Volume virtuel d'un atome H..........................	=	$\frac{4\pi}{3}\ \frac{1}{2^3}$
Volume virtuel total des atomes H....................	=	$\frac{4\pi}{3}\ 1$
Variables du volume total $\frac{2^3}{2^3}\ \frac{2^4}{2^3\,2}$	=	1
Constantes du volume total $\frac{4\pi}{3}.\ 3^3.\ \frac{14}{13}\ \frac{4\pi^2\,2^{1/2}}{6}$...	=	1133,3

Sous pression normale moyenne les 13 atomes d'éther, étant mutuellement tangents, sont des dodécaèdres rhomboïdaux, circonscrits à la sphère de rayon 1. En présence des atomes d'hydrogène qui occupent leurs 6 grandes vacuoles intermoléculaires, les dodécaèdres éthérés sont tronqués de leurs sommets tétraèdres communs, laissant entre eux des vacuoles cubiques occupées par 6 atomes d'hydrogène. A chacune de leurs deux vacuoles polaires occupée par deux atomes d'hydrogène, trois de leurs petits sommets trièdres sont également tronqués.

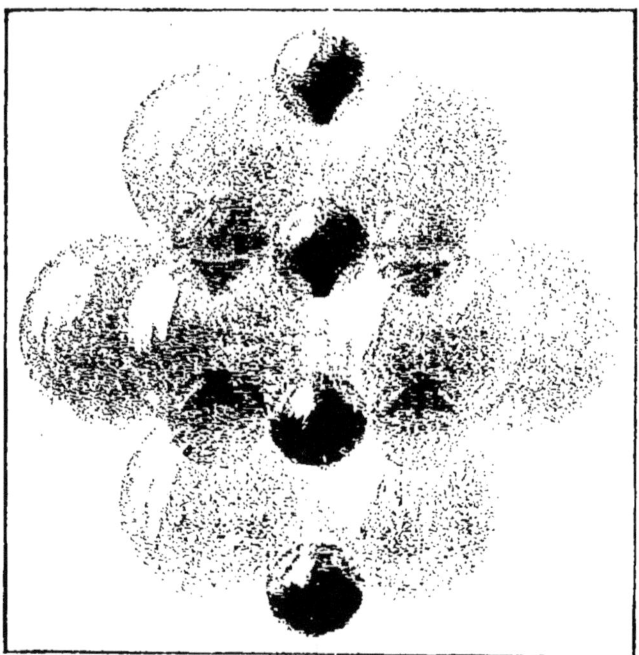

Figure 77. — Molécule d'hydrogène (gaz). Élévation.

La molécule d'hydrogène est le type le plus parfait des gaz. Elle est cependant incomplètement saturée, puisque le volume total de ses vacuoles internes étant de 7.6556 et même de 9.3852, en comptant ses deux polaires, le volume virtuel de ses 8 atomes pesants représente seulement celui d'une sphère de rayon 1 au maximum ; c'est-à-dire le même volume qu'un seul atome d'éther. De ce fait, tous ses éléments constituants doivent subir une certaine dilatation, sans que le volume total de la molécule puisse varier : la nécessité d'équilibre des pressions maintenant la tangence mutuelle de ses atomes constituants, ainsi que nous l'avons montré au chapitre XVII (première partie, p. 161-164).

Si les grandes vacuoles de volume 0,8808 sont incomplètement remplies par les atomes d'hydrogène, de volume $\frac{1}{8}\frac{4\pi}{3} = 0,5236$, en revanche ces derniers débordent les petites vacuoles polaires par leur côté externe illimité.

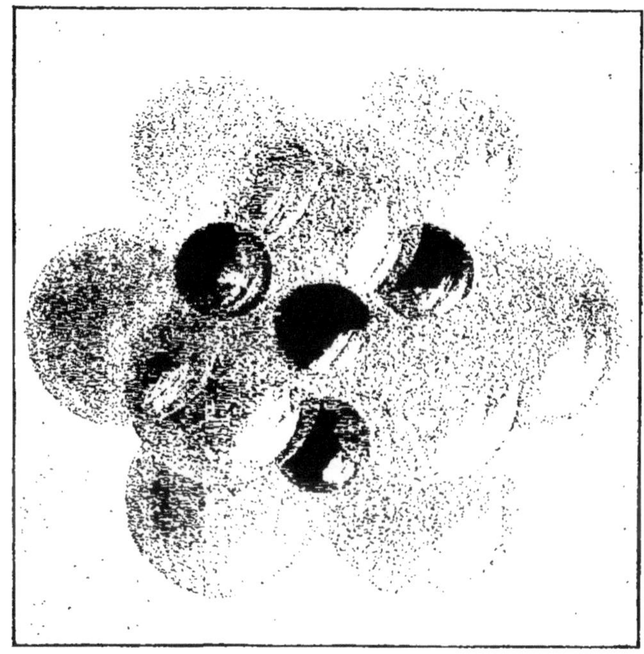

Figure 78. — Molécule d'hydrogène (gaz). Vue en plan.

Mais il résulte de la plasticité des atomes qu'il peut se faire une compensation par refoulement, d'autant plus que, sous l'influence de la force centrifuge, développée par la rotation, le rayon équatorial de la molécule augmente, tendant à raccourcir son rayon polaire, en agrandissant les petites vacuoles de ses pôles et faisant glisser vers le centre de la molécule les deux atomes d'hydrogène qui les sursaturent.

La molécule d'hydrogène est ainsi symétriquement équilibrée et lestée, par rapport à un axe de rotation principal, passant par son centre et par ses deux atomes polaires ; en sorte que son plan de rotation équatorial est constant. Il ne peut qu'osciller dans l'espace, par un mouvement conique de son axe, selon les chocs ou les frottements qui le sollicitent, mais en tendant constamment à reprendre une direction parallèle à celle de la pesanteur. Toutefois, sous des chocs puissants, cet axe de rotation peut être renversé complètement, et, en pareil cas, la rotation peut changer de sens. Il peut enfin se produire certains chocs qui transforment momentanément en mouvement de translation le mouvement de rotation de la molécule que d'autres chocs reproduisent par une transformation de sens contraire.

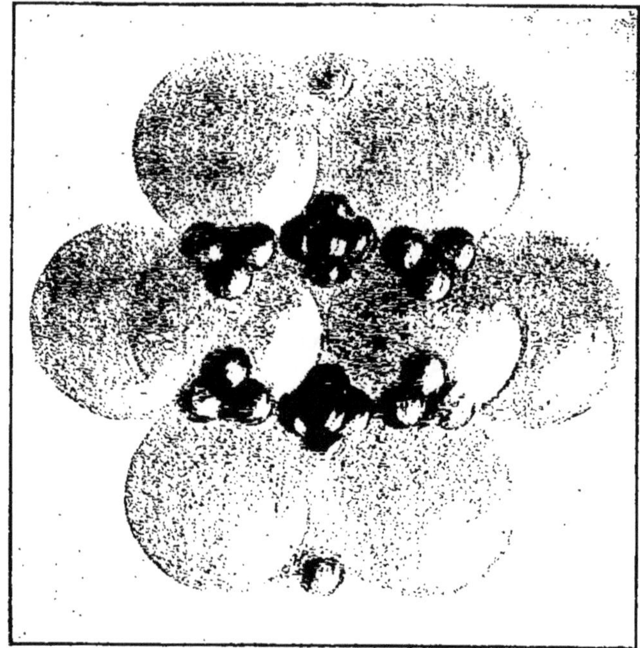

Figure 79. — Molécule d'oxygène. Élévation.

Si l'hydrogène pur n'existe pas dans la nature, à l'état de liberté, cela tient sans doute à sa saturation si incomplète qui laisse vide ses petites vacuoles intramoléculaires et incomplètement remplies les grandes. En présence d'autres gaz, ou même d'autres corps à l'état liquide ou solide, cette saturation tend à se compléter, comme nous le verrons, en étudiant la constitution des gaz hétérogènes.

CONSTITUTION MOLÉCULAIRE DE L'OXYGÈNE GAZEUX (fig. 79 et 80).

Notation usuelle : O^4 = 8 volumes.................... *Notation théorique* : $64^0 = 1^{3/4}$	1 molécule
Masse moléculaire (4 × 4 × 4 × 4)....................	256
Masse atomique $256^{1/4}$....................	4
Nombre des atomes $256^{3/4}$....................	64
Volume virtuel d'un atome O....................	$\frac{4\pi}{3} \cdot \frac{1}{4^3}$
Volume virtuel total des atomes O....................	$\frac{4\pi}{3} \cdot 1$
Variables du volume total $\frac{1}{1} \cdot \frac{1^4}{1^{3/4}}$....................	1
Constantes du volume total $\frac{4\pi}{3} \cdot 3^3 \cdot \frac{11}{13} \cdot \frac{1}{\pi^2} \cdot \frac{2^{12}}{6}$........	1133.3

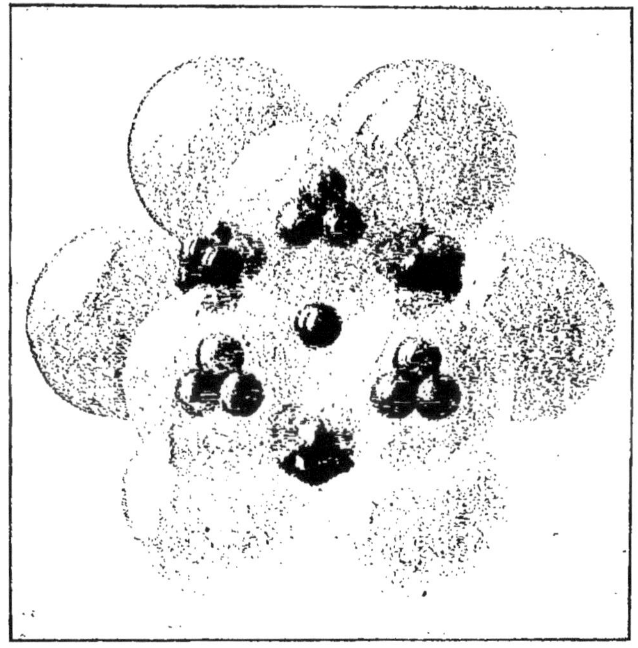

Figure 80. — Molécule d'oxygène. Vue en plan.

La molécule d'oxygène, comme celle de l'hydrogène, est donc incomplètement saturée, puisque le volume virtuel total de ses éléments pesants reste égal à celui d'une sphère de rayon 1, et, par conséquent, inférieur à la capacité de ses vacuoles internes. De ce fait tous ses éléments subissent une certaine dilatation proportionnelle.

Mais, de plus, c'est une molécule mal équilibrée. Ses 64 atomes ne peuvent se loger dans ses 14 vacuoles internes qu'avec une symétrie imparfaite.

Ces 64 atomes représentent un volume virtuel égal à celui des 8 gros atomes de l'hydrogène. Ils pourraient donc trouver place, comme ceux-ci, dans les 6 grandes vacuoles et les deux polaires. Mais 8 atomes ne peuvent prendre la forme d'un cube que sous des pressions symétriques très fortes, réduisant chacun d'eux à la forme cubique, (comp. chap. XXXV, p. 271). Si les petites vacuoles de la molécule restaient vides, ces pressions feraient défaut.

Le volume virtuel de quatre atomes représentant seulement un total de 0,2617, ils trouveraient place dans chacune des 8 petites vacuoles; mais il ne resterait que 32 atomes également pour les 6 grandes vacuoles et les deux polaires qui seraient très insuffisamment saturées.

La disposition la plus symétrique donnerait huit atomes à chacune des grandes vacuoles. Des 16 atomes restant, chaque petite vacuole en prendrait 1; il en resterait 4 pour chaque polaire.

En tous cas, la molécule d'oxygène, sous ces diverses formes, reste mal équilibrée, quant à la distribution de ses pressions intérieures. Il est supposable que toutes les molécules n'affectent pas toutes et toujours la même constitution qui peut se modifier selon les conditions locales et temporaires.

Si l'oxygène, comme l'hydrogène, n'existe pas dans la nature à l'état de pureté, c'est sans doute aussi à cause de sa saturation incomplète, qu'il tend à compléter en présence d'autres corps. Nous verrons comment, dans la formation de la vapeur d'eau, ce sont les éléments pesants d'une molécule d'oxygène qui se divisent par moitié pour compléter la saturation de deux molécules d'hydrogène.

Mais l'oxygène peut compléter sa saturation moléculaire par lui-même en fournissant de l'ozone.

DEUXIÈME SECTION. — Les oxygénides, type rhomboïdal.

Trois molécules d'oxygène gazeux peuvent constituer

2 molécules d'ozone, avec mise en liberté de 13 atomes d'éther.

1° CONSTITUTION MOLÉCULAIRE DE L'OZONE GAZEUX

Notation usuelle : $O^6 = 8$ volumes........................ *Notation théorique* : $96^o + 13^E$........................	=	1 molécule
Masse moléculaire 6 (4 × 4........................	=	384
Masse atomique........................	=	4
Nombre des atomes O = 6 × 16........................	=	96
Volume virtuel d'un atome........................	=	$\frac{4\,\pi}{4^3}\,\frac{1}{4^3}$
Volume virtuel des 96 atomes........................	=	$\frac{4\,\pi}{3}\,\frac{96}{4^3}$
Variables du volume total $\frac{96}{4^3}\,\frac{4^4}{96 \times 4}$........................	=	1
Constantes du volume total $\frac{4\,\pi}{3}\,3^3\,\frac{14}{13}\,\frac{4\,\pi^2\,2^{1/2}}{6}$....	=	1133,3

Dans la molécule d'ozone, toutes les meilleures conditions de l'équilibre sont réalisées. 64 atomes, 8 par 8, se distribuent dans les 6 grandes vacuoles, et les deux polaires; il en reste 32 qui se partagent, 4 par 4, dans les 8 petites vacuoles. La molécule se trouve symétriquement équilibrée; quant au volume, il reste constant, ses facteurs variables donnant $\frac{96}{4^3}\,\frac{4^4}{96.4} = 1$ et ses constantes = 1133,3.

Il en est de même du soufre, qui se trouve avoir une constitution identique à celle de l'ozone, quant au nombre des atomes et à leur distribution dans la molécule.

2° CONSTITUTION MOLÉCULAIRE DU SOUFRE GAZEUX

Notation usuelle : $S^4 = 8$ volumes,........................ *Notation théorique* : $96^s + 13^E$........................	=	1 molécule
Masse moléculaire 4 (4 × 32)........................	=	512
Masse atomique........................	=	5.333
Nombre des atomes S = 4 × 24........................	=	96
Volume virtuel d'un atome S........................	=	$\frac{4\,\pi}{3}\,\frac{1}{5.333^3}$
Volume virtuel total des atomes S........................	=	$\frac{4\,\pi}{3}\,\frac{96}{5.333^3}$
Variables du volume total $\frac{96}{5.333^3}\,\frac{5.333^4}{96.\ 5.333}$.......	=	1
Constantes du volume total $\frac{4\,\pi}{3}\,3^3\,\frac{14}{13}\,\frac{4\,\pi^2\,2^{1/2}}{6}$....	=	1133,3

Il faut observer, toutefois, que le volume virtuel des atomes de soufre étant beaucoup plus petit que celui des atomes d'oxygène, dans le rapport $\frac{4^3}{5.333^3}$, la molécule gazeuse du soufre est moins complètement saturée, non seulement que celle de l'ozone, mais que celle de l'oxygène et de l'hydrogène. Le volume virtuel de ses 96 atomes n'atteint que $\frac{6}{10}$ de sphère de rayon 1.

Mais il faut tenir compte du fait que les moléculines enfermées dans les vacuoles de la molécule gazeuse suivent la loi de variation des volumes moléculaires à l'état solide (formule 24, troisième partie, p. 276). Quand le nombre de leurs atomes est plus petit que le carré de leur masse, la molécule se dilate et, en cas contraire, elle se contracte.

Dans la molécule gazeuse de soufre, le volume de ses moléculines de quatre atomes, qui saturent ses petites vacuoles, se dilaterait donc un peu plus que ses moléculines de 8 atomes, qui saturent ses grandes vacuoles. Mais comme en pareil cas les atomes, sous leur compression mutuelle, cessent d'être sphériques et redeviennent des dodécaèdres inscrits, le volume des molécules se trouve en réalité diminué.

Le volume des moléculines de 4 atomes, qui saturent les petites vacuoles, se trouverait ainsi réduit à 0,1014 et celui des moléculines de 8 atomes qui saturent les grandes vacuoles, se trouverait de 0,1610. Pour les 16 moléculines ce serait un volume total de $0{,}8113 + 1{,}288 = 2{,}0992$. C'est à peu près le volume des éléments pesants de l'hydrogène et de l'oxygène en dodécaèdres inscrits.

La saturation du soufre serait donc faible ; mais il faut tenir compte du fait que si les atomes pesants des moléculines se réduisent par leur pression mutuelle à la forme et au volume de dodécaèdres inscrits plus ou moins réguliers, du côté où chacun de leurs atomes est tangent aux sphères virtuelles des atomes éthérés, il reprend une part de son volume sphérique en prenant de ce même côté les proportions du dodécaèdre circonscrit, qui est au dédocaèdre inscrit dans le rapport de $2^{3/2}$.

L'augmentation de volume des moléculines provenant de ce fait est très difficile à calculer ; mais elle est assez considérable et d'autant plus grande que les moléculines contiennent un moindre nombre d'atomes. Du reste, ces variations de volume ne sont en réalité que des variations de pression, puisque, quelle que soit la pression, les atomes pesants restent en contact immédiat et sans vide avec les atomes éthérés qui les enveloppent. Mais de ces variations des pressions intérieures résultent autant de variations de formes pour les atomes constituants de la molécule.

3° et 4° *Constitution moléculaire du sélénium et du tellure.*

Si les densités gazeuses attribuées aujourd'hui au sélénium et au tellure sont exactes; si ces corps, avec de telles densités, sont bien des gaz, et non pas seulement des vapeurs vésiculaires, ainsi que j'en ai fait la supposition (chap. LIV, p. 451 et suiv.), leurs molécules doivent avoir une constitution analogue à celle du soufre, mais avec une saturation plus complète. La relation $N = m^3$, qui semble être une loi constitutive de la molécule des gaz parfaits, ne paraît pas applicable à ces deux corps, qui pourtant s'en éloignent assez peu, l'un en moins et l'autre en plus.

Pour le sélénium $(4 \times 4 \times 79{,}2)^{3/4}$ donne le nombre 212, qui, divisé par 4, donnerait 53 atomes pour la molécule solide, au lieu de 52 que nous lui avons attribués dans notre tableau. (Pl. III, 3e partie, chap. XXXIV.)

Mais 53 atomes pour la molécule solide donneraient, avec une masse atomique trop petite, une densité trop faible.

Au contraire, pour le tellure, $(4 \times 4 \times 128)^{3/4}$ donne le nombre 304 qui, divisé par 4, donnerait seulement 76 atomes pour la molécule solide, au lieu de 80 que nous avons adopté. Or, $\frac{4 \times 128}{76}$ donnerait une masse de 6,737, au lieu de 6,4 qui donnerait, à l'état solide, une densité beaucoup trop forte.

Bien que la molécule gazeuse ait une tendance évidente à réaliser cette relation $N = m^3$, certaines circonstances contingentes peuvent s'opposer à ce qu'elle le soit exactement.

C'est d'abord la valeur si capricieusement variable des masses atomiques, exprimées, la plupart du temps, par des nombres fractionnaires à fractions continues ou périodiques dont les troisièmes puissances ne sont pas des nombres entiers.

Mais c'est surtout certaines conditions d'équilibre tout à fait indépendantes de cette loi qui déterminent ou limitent les nombres d'atomes de la molécule solide ou de l'équivalent. Le nombre de molécules ou d'équivalents étant d'autre part déterminé par les conditions mêmes de la formation de la molécule gazeuse, le nombre d'atomes de celle-ci ne peut être qu'un multiple du nombre des molécules solides qui l'ont formée et qu'elle reproduit par sa solidification. Par conséquent, le nombre d'atomes de la molécule gazeuse devant être un multiple de 4, ne peut, qu'en des cas très rares, être exactement égal à la troisième puissance de la masse de ses atomes.

C'est encore un exemple de ces lois qui ne se réalisent jamais exactement, parce qu'elles se limitent ou se contredisent les unes les autres.

Dans ces limites, et avec ces restrictions, si les densités de vapeur indiquées pour le sélénium et pour le tellure sont des densités gazeuses, la constitution moléculaire de ces deux corps est, en tout autre chose, analogue à celle des autres gaz que l'on a placés dans la même famille.

Les atomes pesants des deux molécules sont groupés autour d'un atome éthéré central, entouré de 12 autres mutuellement tangents. Leurs éléments pesants sont :

	MOLÉCULE DU SÉLÉNIUM	MOLÉCULE DU TELLURE
	$Se^4 = 8$ vol. $= 208^{Se} + 13^{E}$ } = 1 mol.	$Te^4 = 8$ vol. $320^{Te} + 43^{E}$ } = 1 m.
M Masse moléculaire	$4 \times 4 \times 79.3$... 1268 8	$4 \times 4 \times 128$... 2048
m Masse atomique	$> M^{1/4}$ 6.1	$< M^{1/4}$ 6.4
N Nombre des atomes	$< M^{3/4}$ 208	$< M^{3/4}$ 320
w Volume virtuel d'un atome	.... $\frac{4\pi}{3} \frac{1}{6.1^3}$	.... $\frac{4\pi}{3} \frac{1}{6.4^3}$
W Volume virtuel des éléments pesants	.... $\frac{4\pi}{3} \frac{208}{6.1^3}$	.... $\frac{4\pi}{3} \frac{320}{6.4^3}$
Variables du volume total	$\frac{208}{6.1^3} \frac{6.1^4}{208\ 6.1} = 1$	$\frac{320}{6.4^3} \frac{6.4^4}{320.6.4^3} = 1$
Constantes $\frac{4\pi}{3}$ 3^3 $\frac{4\ \pi^2\ 2^{12}}{6}$	 1133,3	 1133,3

Dans la molécule du sélénium, les 208 atomes constitueraient, dans 6 de ses petites vacuoles, des tétraèdres de 10 atomes, et dans 6 grandes vacuoles, des hexaèdres tronqués de 22 atomes. Il resterait quatre atomes pour chacune des deux polaires et pour les deux vacuoles axillaires qui se trouvent au-dessous de celles-ci.

Le volume total de ces 16 moléculines, supposées formées de dodécaèdres inscrits à leur sphère virtuelle, serait seulement de 2,29476.

Dans la molécule du tellure, 6 tétraèdres tronqués de 16 atomes prendraient place dans les 6 petites vacuoles et des hexaèdres de 30 atomes dans les 6 grandes. 2 tétraèdres de 10 atomes trouveraient place dans les deux petites vacuoles axillaires et des hexaèdres tronqués de 12 atomes dans les deux polaires.

Le volume total de ces 16 moléculines serait seulement de 3,04528.

TROISIÈME SECTION. — Les azotides, type pentagonal.

1° *Constitution moléculaire de l'azote (Gaz).*

Par analogie avec les gaz parfaits, l'hydrogène et l'oxygène, dont il a toutes les propriétés principales, nous pouvons induire, avec un haut degré de probabilité, quelle est la constitution moléculaire de l'azote.

$(4 \times 4 \times 14)^{3/4} = 58.035$. Ce n'est pas un nombre entier et les deux nombres divisibles par 4 les plus voisins sont 56 et 60. Le quotient $\frac{224}{56} = 4$ donnant la masse de 1 atome d'oxygène, le nombre 56 est exclu. Il faut donc prendre 60 pour le nombre des atomes de la molécule gazeuse d'azote, ce qui donne 15 atomes de masse 3,7333 pour l'équivalent ou poids atomique 4×14.

Ce nombre de 60 atomes, étant divisible par 20, la molécule d'azote doit être construite d'après la symétrie pentagonale, d'autant plus que la moléculine de 3 atomes $= 0,29303$, en les supposant des dodécaèdres circonscrits et que telle est presque exactement la capacité d'une des 20 vacuoles de la molécule du type pentagonal. Le volume total des éléments pesants de la molécule d'azote, serait ainsi de 5,8606. Sans être complètement saturée, elle le serait beaucoup plus que les molécules d'hydrogène et d'oxygène. De là son inertie chimique relative. Parfaitement symétrique et équilibrée en tous sens, elle se suffit à elle-même. De plus l'énergie thermique de son atome n'est en rapport simple ni avec celle de l'hydrogène ni avec celle de l'oxygène, tandis qu'elle est à peu près 6 fois celle du carbone.

Malgré la différence de son type moléculaire, et sa saturation plus complète, la constitution de la molécule gazeuse de l'azote reste, à tous les autres points de vue, analogue à celle des autres gaz parfaits, ainsi que suit :

CONSTITUTION MOLÉCULAIRE DE L'AZOTE

Notation usuelle : $Az^4 = 8$ volumes	$\Big\} =$	1 molécule
Notation théorique : $60^{Az} + 13^{E}$		
Masse moléculaire $4 \times 4 \times 14$	$=$	224
Masse atomique $= \frac{224}{60}$	$=$	3.7333
Nombre des atomes Az	$=$	60
Volume virtuel d'un atome Az	$=$	$\frac{4\pi}{3} \frac{1}{3.7333^3}$
Volume virtuel des éléments pesants	$=$	$\frac{4\pi}{3} \frac{60}{3.7333^3}$
Variable du volume total $\frac{60}{3.7333^3} \frac{3.7333^4}{60.\ 3.7333}$	$=$	1
Constantes du volume $\frac{4\pi}{3} 3^3 \frac{14}{13} \frac{4\ \pi^2\ 2^{1/2}}{6}$	$=$	1133,3

2° et 3° *Constitution moléculaire du phosphore et de l'arsenic.*

A la famille de l'azote, les chimistes rattachent le phosphore et l'arsenic. Si les densités de vapeur attribuées à ces corps ne sont pas des densités de vapeurs vésiculaires, mais bien les densités de molécules gazeuses, participant aux propriétés générales des gaz parfaits, ces molécules renfermeraient un nombre d'équivalents double, c'est-à-dire de 8 au lieu de 4.

Le poids total de la molécule du phosphore serait de $4 \times 31 \times 8 = 992$. Or $992^{3/4}$ donne, en nombres ronds, 176 atomes d'une masse de 5,63838 Mais une telle masse atomique donnerait au phosphore solide une densité beaucoup plus élevée que celle qu'on observe et qui est seulement de 1,77.

Si comme poids total de la molécule nous prenions seulement celui de 4 équivalents $= 4 \times 124 = 496$, nous aurions $496^{3/4} = 104$ en nombres ronds avec une masse atomique de 4,7697, qui n'est qu'un peu plus petite que la masse 4,96, que je lui ai attribuée d'après sa densité solide, d'ailleurs assez incertaine.

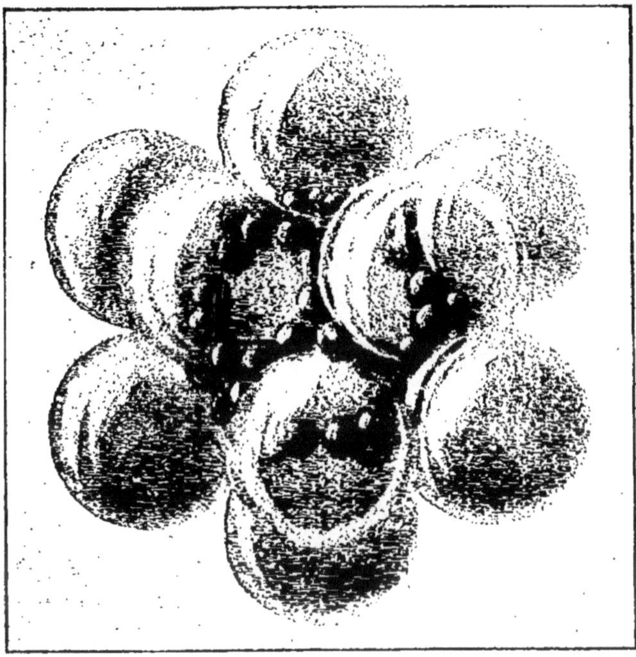

Figure 81. — Molécule d'azote. Elévation.

D'après les analogies, la vraie masse moléculaire du phosphore gazeux semblerait donc être seulement de 4,96 ou de quatre fois son poids atomique, comme pour les autres gaz : ce qui appuierait l'hypothèse que la densité gazeuse adoptée n'est qu'une densité vésiculaire.

De même, le poids atomique de l'arsenic étant $4 \times 75 = 300$; $4 \times 300 = 1200$, et $1200^{3/4} = 204$, en nombres ronds. Ce qui donnerait une masse atomique seulement de 5,88, et pour l'arsenic solide une densité beaucoup trop faible. Mais 8 fois le poids atomique donne une masse moléculaire de 2400, et $2400^{3/4}$ — 340, en nombres ronds pour avoir un nombre divisible par 4. Ce qui donnerait une masse atomique de 70588 et une densité solide beaucoup trop forte.

Le nombre d'atomes 45 × 8 = 360, qui donne une masse atomique de 6.666 et que j'ai adopté pour ce corps à l'état solide (voy. pl. III, troisième partie), est donc une solution intermédiaire plus rapprochée de la seconde que la première, semble-

Figure 82. — Molécule d'azote. Vue en plan.

t-il au premier abord, si on considère les premières puissances de ces nombres ; mais les densités solides élevant au cube les rapports des masses atomiques, c'est en réalité la première solution qui est plus éloignée que la seconde du résultat fourni par notre formule 25 (troisième partie, p. 292).

Il y a donc encore des probabilités que la densité de vapeur attribuée à l'arsenic est une densité vésiculaire.

Si en réalité la molécule gazeuse de ces deux corps contient 8 fois le poids de la molécule solide, sa constitution moléculaire n'en serait pas moins analogue à celles des autres gaz, avec un degré de saturation plus élevé.

P étant le poids atomique, cette constitution serait la suivante :

	MOLÉCULE DU PHOSPHORE $P^8 = 8$ vol. $= 200^P + 13^E$ } = 1 mol.	MOLÉCULE DE L'ARSENIC $As^8 = 8$ vol. $= 360^{As} + 13^E$ } = 1 mol.
Masse molécul. $8M \times 4$	.... $8 \times 31 = 992$ ..	$8 \times 75 \times 4 = 2.400$
Masse atomique........	.... 4.96	.... 6.666
Nombre des atomes.....	 200	 360
Volume virtuel d'un atome	.... $\frac{4\pi}{3}\ \frac{1}{4.96^3}$	.... $\frac{4\pi}{3}\ \frac{1}{6.666^3}$
Volume virt. des éléments pesants...............	.... $\frac{4\pi}{3}\ \frac{200}{4.96^3}$	.... $\frac{4\pi}{3}\ \frac{360}{6.666^3}$
Variables du volume total	$\frac{200}{4.96^3}\ \frac{4.96^4}{200.\ 4.96} = 1$ ..	$\frac{360}{6.666^3}\ \frac{6.666^3}{360.\ 6.666} = 1$ ...
Constantes du volume = $\frac{4\pi}{3}\ 3^3\ \frac{14}{13}\ \frac{4\ \pi^2\ 2^{1/2}}{6}$	= 1133,3	= 1133,3

Le nombre des atomes de ces deux molécules étant, comme pour la molécule d'azote, des multiples de 20, leur symétrie serait également du type pentagonal. Il en serait de même, d'ailleurs, si le nombre des atomes était moitié moindre, puisque 100 et 180 sont encore des multiples de 20.

Le nombre des atomes dans chaque molécule des deux corps serait dans le premier cas de 18 pour l'arsenic et de 10 pour le phosphore ; dans le second de 9 et de 5.

Exprimé en dodécaèdres inscrits, le volume des éléments pesants de la molécule à 4 équivalents du phosphore serait de 2.7877 ; et pour l'arsenic de 2.069. Avec 8 équivalents, le volume des éléments pesants du phosphore serait de 5.574 et pour l'arsenic de 3,204.

Les deux hypothèses sont donc possibles, mais avec 8 équivalents la saturation est près du double, surtout pour le phosphore.

Ces deux hypothèses auraient des conséquences différentes, quant à la formation des composés de ces deux corps, comme nous le verrons en étudiant la constitution moléculaire des composés hydrogénés.

QUATRIÈME SECTION

Les Fluorides (type rhomboïdal ou pentagonal).

1° Constitution moléculaire du Fluor.

Les analogies nous permettent d'induire de même de la relation $N = M^{3/4}$ la constitution moléculaire du fluor.

$(4 \times 4 \times 19)^{3/4} = 304^{3/4} = 76$ en nombre rond, mais comme $\frac{304}{76} = 4$, qui est la masse de l'oxygène, nous devons opter entre les deux chiffres divisibles par 4, 72 et 80. Diverses considérations rendent la seconde solution plus probable. On aura donc $\frac{304}{80} = 3,8$ pour la masse atomique. Comme tous les autres gaz homogènes, le fluor sera constitué ainsi que suit :

$$\left.\begin{array}{l} Fl^4 = 8 \text{ vol.} \\ = 80^{Fl} + 13^{E} \end{array}\right\} = 1 \text{ molécule}$$

Masse moléculaire $4 \times 4 \times 19$	=	304
Masse atomique		3,8
Nombre des atomes Fl		80
Volume virtuel d'un atome Fl		$\frac{4\pi}{3} \frac{1}{3,8^3}$
Volume virtuel des éléments pesants		$\frac{4\pi}{3} \frac{80}{3,8^3}$
Variables du volume total $\frac{80}{3.8^3} \frac{3.8^4}{80.\ 3.8}$	=	1
Constantes du volume $\frac{4\pi}{3} 3^3 \frac{14}{13} \frac{4\pi^2 2^{1/2}}{6}$	=	1133, 3

Ce nombre de 80 atomes se prête tout spécialement à la symétrie pentagonale, puisqu'il donne pour chacune des 20 vacuoles une moléculine tétraèdre de 4 atomes. Exprimé en dodécaèdres inscrits, le volume total de ces 20 moléculines serait de 4,4731 et de 9,364 volumes sphériques.

C'est donc une molécule relativement très saturée :

Le carré de sa masse atomique est au carré de la masse atomique de l'hydrogène dans la relation 11/3 presque exacte, ce qui explique ses affinités pour ce corps.

2° Constitution moléculaire du Chlore.

$(4 + 4 \times 35.5)^{3/4} = 116$ en nombre rond. Mais $\frac{116}{4} = 29$ et chez les métalloïdes le nombre des atomes n'est jamais un nombre premier. Il fallait choisir entre 28 ou 30, mais $\frac{142}{28} = 5{,}071$, masse qui donnait une densité solide ou liquide trop forte. Non sans hésitation, j'ai choisi le nombre de 30, à cause de ses nombreux facteurs qui donnent à l'équivalent une grande plasticité de composition.

La molécule se trouve ainsi constituée :

$$\left.\begin{array}{l} Cl^4 = 8 \text{ vol.} \\ = 120^{Cl} + 13^{E} \end{array}\right\} = 1 \text{ molécule}$$

Masse moléculaire $4 \times 4 = 35.5$	=	568
Masse atomique		4.733 [3]
Nombre des atomes		120
Volume virtuel d'un atome		$\frac{4\,\pi}{3}\,\frac{1}{4.733^3}$
Volume virtuel des éléments pesants		$\frac{4\,\pi}{3}\,\frac{120}{4.733^3}$
Variables du volume total $\frac{120}{4.733^3}\,\frac{4.733^4}{120\ 4.733}$	=	1
Constante du volume	=	1133,3

120 atomes se prêtent particulièrement à la symétrie pentagonale, donnant 6 atomes à chaque vacuole et un volume total de 3,511 sous la forme de dodécaèdres inscrits, ou 7,354 volumes sphériques.

De même que pour le phosphore et l'arsenic, le sélénium et le tellure, si les densités de vapeur attribuées au brome et à l'iode, ne sont pas des densités vésiculaires, mais de véritables densités gazeuses, on peut induire leur constitution moléculaire par analogie avec les autres gaz.

Pour le brome la masse moléculaire $(4 \times 4 \times 80)^{3/4} = 214$. Le plus prochain nombre divisible par 4 est 216, qui donnerait une masse atomique $= 5{,}9259$ d'où résulterait une densité beaucoup trop forte ; la densité du brome liquide étant de 2,99, celle du brome solide ne peut être beaucoup supérieure à 3. D'après cette densité la masse atomique du brome serait $\frac{320}{56} = 5{,}714285$ et le nombre des atomes dans la molécule gazeuse serait de $4 \times 56 = 224$.

Pour l'iode la masse moléculaire $(4 \times 4 \times 125)^{3/4} = 304$, en nombre rond, ce qui donnerait 75 atomes à la molécule solide, et une masse atomique de 6,68421, d'où résulterait une densité beaucoup plus forte que la densité observée 4,95. J'ai dû prendre le nombre d'atomes 80 pour la molécule solide, ce qui donne 320 pour la molécule gazeuse avec une masse atomique de 6,35.

D'après ces données, ces deux corps gazeux auraient la constitution moléculaire suivante :

	MOLÉCULES DU BROME $Br^4 = 8$ vol. $= 224^{Br} + 13^E$ } = 1 mol.	MOLÉCULE DE L'IODE $I^4 = 8$ vol. $320^I + 13^E$ } = 1 m.
Masse moléculaire.....	$4 \times 4 \times 80 = 1280$	$1 \times 4 \times 127 = 2032$
Masse atomique.......	.... 5.714285	 6,35
Nombre des atomes....	 224	 320
Vol. virtuel d'un atome	..... $\frac{4\pi}{3} \frac{1}{5.714285^3}$	...... $\frac{4\pi}{3} \frac{1}{6.35^3}$
Volume virtuel des éléments pesants......	.... $\frac{4\pi}{3} \frac{224}{5.714285^3}$	...... $\frac{4\pi}{3} \frac{320}{6.35^3}$
Variables du vol. total.	$\frac{224}{5.714285^3}$ $\frac{5.714285^4}{224.\ 5.714285} = 1$	$\frac{320}{6.35^3}$ $\frac{6.35^4}{320.\ 6.35} = 1$
Constantes du volume.	 1133,3	 1133,3

Les 224 atomes du brome ne se prêtent qu'à la symétrie rhomboïdale ; chaque petite vacuole recevrait 6 atomes ; les 6 grandes et les deux polaires un hexaèdre tronqué de $30 - 2 \times 4 = 22$ atomes. Le volume total de ces 16 moléculines, supposées constituées de dodécaèdres inscrits à la sphère de $r \frac{1}{5,714285}$, serait de 3,14046. Le volume de leurs sphères virtuelles serait de 5,4644.

La molécule est donc possible et d'une saturation moyenne.

Les 320 atomes de l'iode supposent au contraire une symétrie pentagonale comme celle du chlore, du fluor, de l'azote et des deux azotides. Chacune des 20 vacuoles recevant une moléculine de 16 atomes en forme de tétraèdre tronqué, la molécule serait très symétriquement équilibrée. Le volume total de ces moléculines, supposées constituées de dodécaèdres inscrits à la sphère R $\frac{1}{6,35^3}$, serait de 3,4023, c'est-à-dire un peu plus grand que le volume des moléculines du brome.

La constitution gazeuse de ces deux corps, avec les densités de vapeur qui leur sont attribuées, reste donc possible et probable, en dépit de la masse de leurs molécules, qui devrait demander à une vitesse de rotation considérable la force ascensionnelle qui lui est nécessaire. Il en est de même pour la molécule de l'arsenic et du tellure, dont les masses sont sensiblement équivalentes. Cependant les températures d'ébullition de ces corps ne sont pas très élevées.

Voici la série des températures de fusion et d'ébullition de ces corps.

Dans chaque colonne la première série de valeurs donne la température thermométrique, la seconde sa traduction en températures absolues. La dernière colonne donne les températures auxquelles les volumes moléculaires semblent devenir constants. Toutes ces températures sont exprimées en degrés centigrades.

TABLEAU N

Noms des corps	Masses moléculaires	Températures de fusion	Températures d'ébullition	Température cent. où le vol. devient constant
Oxygène ..	256	− ?	− 181 = 91	
Azote	224	− ?	− 196 = 76	
Chlore	568	− 75 = 197	− 50 = 222	
Soufre	512	+ 113 = 385	+ 448 = 720	1040°
Phosphore.	992	+ 44 = 316	+ 287 = 559	313° ($d = 68.68$) 1040° ($d = 65.1$)
Sélénium..	1269	+ 217 = 480	+ 700 = 972	1040°
Brome	1280	− 7 = 265	+ 60 = 332	temp. ord. + 15°
Iode	2032	+ 113 = 385	+ 175 = 447	à 300° ($d = 125.9$) à 1500° ($d.$ 82.31)
Tellure....	2048	+ 500 = 772	rouge cerise	1390°
Arsenic . .	2400	+ 210 = 482	rouge sombre	
Mercure...	1600	− 40 = 232	+ 357 = 629	

Il est évident que les températures d'ébullition ne sont nullement en rapport avec les masses. Leurs différences avec les températures de fusion ne sont pas plus instructives ; mais la dernière colonne montre que le phosphore, l'iode, le tellure et probablement l'arsenic n'arrivent à la constance du volume qui manifeste l'état gazeux qu'à des températures très élevées au-dessus de leur température d'ébullition.

Il est à remarquer qu'à 1500° la densité de vapeur de l'iode descend à 82,31 (celle de l'hydrogène étant 1). Cela suppose une masse moléculaire gazeuse de 1316,96 (au lieu de 2048) qui n'est pas un multiple de l'équivalent 508. C'est seulement un peu plus de $\frac{5}{2}$ équivalents. A une température encore plus élevée, la densité de la molécule serait sans doute réduite à 2 équivalents ; le dédoublement serait complet.

Il faut admettre du reste une certaine variation des densités observées, relativement aux densités théoriques, provenant des variations d'énergie thermique qui résultent des variations de forme et de pression des atomes pesants enfermés dans les vacuoles de la molécule, des rapports des rayons, du degré de tension aux centres des plans de contact, et des variations de la densité dynamique. Ces variations presque indéfinies, en plus ou moins, peuvent tendre à se compenser dans des moyennes très constantes ; mais ces compensations ne sauraient être exactes en aucun cas; en sorte que l'échelle des densités gazeuses observées doit présenter toutes sortes de petites oscillations, relativement à celle des densités théoriques.

Quant aux vapeurs métalliques, les quelques faits observés tendent à faire admettre qu'au-dessus d'une certaine valeur des masses moléculaires, la vésicule elle-même se constitue avec les éléments de deux molécules, au lieu de 4, à des températures relativement peu élevées, comme on le constate pour le mercure à 357° et pour le cadmium à 1040°.

Il est curieux de constater que pour ces deux corps les produits de leur masse moléculaire multipliée par leurs températures de constitution gazeuse, comptée à partir du 0 absolu, sont égaux.

Nous manquons des données nécessaires pour poursuivre cette relation dans la série des métaux.

Quelle que soit d'ailleurs le degré de saturation dont leurs molécules gazeuses sont susceptibles, la loi de la constance du volume se réaliserait toujours pour elles. Comme pour les autres molécules gazeuses homogènes, le volume serait 1133,3; toutes choses égales d'ailleurs, et sauf les petites variations d'énergie thermique interne.

CHAPITRE LXI

VOLUME DE LA MOLÉCULE GAZEUSE HÉTÉROGÈNE ET SA CONSTITUTION

Le volume de la molécule gazeuse hétérogène est très généralement constant comme celui de la molécule gazeuse homogène. Voilà le fait qui résulte de l'observation.

Quelles modifications doit subir notre formule du volume moléculaire (ch. LVIII, p. 476), pour s'accorder avec ce fait, c'est ce qu'il nous faut chercher.

Le problème est résolu par l'hypothèse que dans la molécule gazeuse les forces expansives de ses éléments pesants agissent proportionnellement au nombre des atomes de ses corps constituants.

Nous aurons ainsi pour les variables de la molécule hétérogène

$$(20)\quad \text{Var.} = \frac{N}{m^3}\frac{m^4}{N\,m}\frac{N}{N+N_0} + \frac{N_0}{m_0^3}\frac{m_0^4}{N_0\,m_0}\frac{N_0}{N_0+N} = 1$$

Et, quel que soit le nombre des corps constituants, la formule contiendra un facteur

$$(21)\quad \frac{N}{m^3}\frac{m^4}{N\,m}\frac{N}{N+N_0+N_1} + \frac{N_0}{m_0^3}\frac{m_0^4}{N_0\,m_0}\frac{N_0}{N_0+N+N_1} + \frac{N_1}{m_1^3}\frac{m_1^4}{N_1\,m_1}\frac{N_1}{N_1+N_0+N} \;\ldots\ldots,\ \text{etc.}$$

Les molécules des gaz hétérogènes sont de types divers. Parmi les composés hydrogénés :

1° La constitution des molécules gazeuses se fait avec une condensation du volume de ses éléments constituants, dans la proportion de 3 à 2; exemple : eau, acide sulfhydrique, acide sélenhydrique, acide tellurhydrique.

2° La condensation s'opère dans la proportion de 4 volumes à 2 (ammoniaque) ou de 7 volumes à 4 (hydrogène phosphoré, hydrogène arsénié).

3° La molécule se constitue sans condensation de volume,

tels sont les acides chlorhydriques, fluorhydrique, bromhydrique et iodhydrique.

Dans chacun de ces trois cas, la constitution intérieure de la molécule est différente.

De même parmi les composés oxygénés on trouve des exemples des trois cas précités.

CHAPITRE LXII

COMPOSÉS GAZEUX HYDROGÉNÉS

Nous diviserons les composés hydrogènes en trois groupes d'après la loi de leur condensation.

PREMIÈRE SECTION. — Composés gazeux hydrogènes.

Premier groupe. — Condensation de 3 à 2 volumes.

CONSTITUTION MOLÉCULAIRE DE LA VAPEUR D'EAU OU EAU GAZEUSE.

$$2\,H^4 + O^4 + 3 \times 13 \text{ atomes d'éther} = 3 \text{ molécules}$$
$$= 2\,(H^4\,O^2) + 2 \times 13 \text{ atomes d'éther} = 2 \text{ molécules}$$
$$+ 13 \text{ atomes d'éther mis en liberté.}$$

2 mol. hydrogène = 16 vol. + 1 mol. oxygène = 8 vol. = 24 vol.
= 2 mol. vapeur d'eau = 16 volumes.
Réduction de 8 volumes.

CONSTITUTION D'UNE MOLÉCULE DU COMPOSÉ

	Hydrogène		Oxygène		Totaux
Masses moléculair.	$4\,(4 \times 1) = 16$	+	$2\,(4 \times 16) = 128$	=	144
Masses atomiques..	2		4		
Nombre des atomes	8	+	32	=	40
Volumes virt. d'un atome	$\frac{4\,\pi}{3}\,\frac{1}{2^3}$		$\frac{4\,\pi}{3}\,\frac{1}{4^3}$		
Volumes virt. des éléments pesants	$\frac{4\,\pi}{3}\,\frac{8}{2^3}$		$\frac{4\,\pi}{3}\,\frac{32}{4^3}$	=	$\frac{4\,\pi}{3}$ 1,50
Variables du volume total	$\frac{8}{2^3}\,\frac{2^4}{8.2}\,\frac{8}{8+32} = \frac{8}{40}$	+	$\frac{32}{4^3}\,\frac{4^4}{32.4}\,\frac{32}{32+8} = \frac{32}{40}$	=	1
Constantes du vol.	$\frac{4\,\pi}{3}\,3^3\,\frac{14}{13}\,\frac{4\,\pi^2\,2^{1/2}}{6}$			=	1133,3

CONSTITUTION MOLÉCULAIRE DE L'ACIDE SULFHYDRIQUE.

3×13 atomes d'éther $+ 2 (H^4 + S^4)$
$= 2 (H^4 S^2) + 26$ atomes d'éther.
13 atomes d'éther mis en liberté.
2 mol. hydrogène = 16 vol. + 1 mol. soufre = 8 vol. = 24 vol.
2 mol. acide sulfhydrique = 16 vol.
Réduction de 8 volumes.

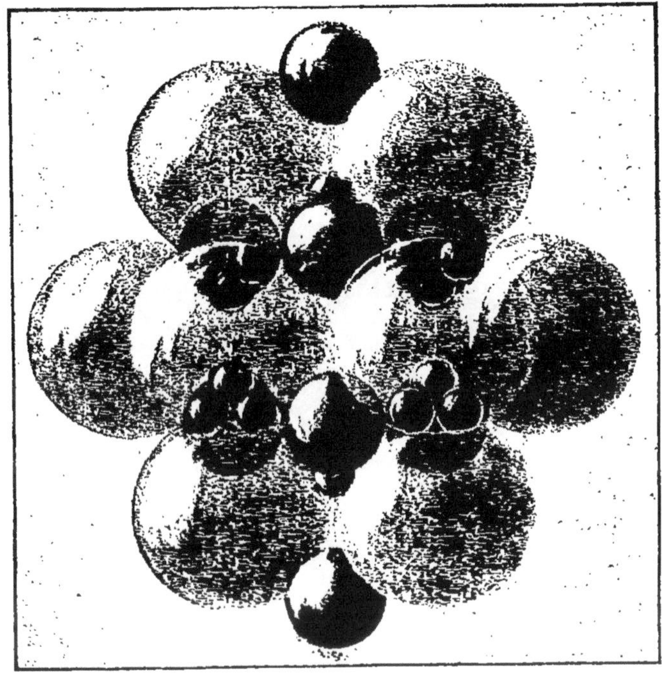

Figure 83. — Molecule de vapeur d'eau. Élévation.

CONSTITUTION D'UNE MOLÉCULE DU COMPOSÉ

13 atomes d'éther	Hydrogène	Soufre	Totaux
Masses moléculair.	... 16 (1 × 1) = 16	= 2 (1 × 32) = 256	= 272
Masses atomiques.	 2	 5,333	
Nombre des atomes	 8	= 2 × 24 = 48	56
Volumes virt. d'un atome..........	.... $\frac{4}{3}\pi\frac{1}{2^3}$	.... $\frac{4}{3}\pi\frac{1}{5{,}333^3}$	
Volumes des éléments pesants...	.... $\frac{4}{3}\pi\frac{8}{2^3}$	.... $\frac{4}{3}\pi\frac{48}{5{,}333^3}$	$\frac{4}{3}\pi\,1{,}3161$
Variables du volume total..........	$\frac{8}{2^3}$ $\frac{2^3}{8.2^3}$ $\frac{8}{8+48}$	$\frac{48}{5{,}333^3}$ $\frac{5{,}333^3}{48.5{,}333^3}$ $\frac{48}{48+8}$	1
Constantes du vol.	$\frac{4}{3}\pi\,3^3\,\frac{14}{13}$ $\frac{4\pi\,2^{4}}{6}$	....	1133,3

CONSTITUTION MOLÉCULAIRE DE L'ACIDE SÉLÉNHYDRIQUE.

3×13 atomes d'éther $+ 2\ (H^4 + Se^4$
$= 2\ (H^4\ Se^2) + 26$ atomes d'éther.
13 atomes d'éther mis en liberté.
2 mol. hydrogène $= 16 +$ 1 mol. sélénium $= 8$ vol. $= 24$ vol.
$= 2$ mol. acide sélénhydrique $= 16$ volumes.
Réduction de 8 vol.

Figure 84. — Molécule de vapeur d'eau. Vue en plan.

CONSTITUTION D'UNE MOLÉCULE DU COMPOSÉ

13 atomes d'éther	Hydrogène	Sélénium	Totaux
Masses moléculair.	$4\ (4 \times 1) = 16$	$4\ (2 \times 1 \times 79.2) = 633.6$	$= 649.6$
Masses atomiques.	 2	.... 6.1	
Nombre des atomes	 8	 104	[illegible] 112
Volumes virt. d'un atome..........	.... $\frac{4\pi}{3}\ \frac{1}{2^3}$	.... $\frac{4\pi}{3}\ \frac{1}{6.1^3}$	
Volumes virt. des éléments pesants	.... $\frac{4\pi}{3}\ \frac{8}{2^3}$	.... $\frac{4\pi}{3}\ \frac{104}{6.1^3}$	$\frac{4\pi}{3}\ 1.45819$
Variables du volume total........	$\frac{8}{2^3}\ \frac{2^3}{8.2}\ \frac{8}{8+104}$	$\frac{104}{6.1^3}\ \frac{6.1^3}{104.6.1}\ \frac{104}{104+8}$	1
Constantes........	$\frac{4\pi}{3}\ 3^3\ \frac{14}{13}\ \frac{4\pi^2\ 2^{12}}{6}$	....	$= 1133.3$

CONSTITUTION MOLÉCULAIRE DE L'ACIDE TELLURHYDRIQUE.

$$3 \times 13 \text{ atomes d'éther} + 2\,(H^4) + Te^4$$
$$= 2\,(H^4 Te^2) + 3 \times 13 \text{ atomes d'éther.}$$

13 atomes d'éther mis en liberté.

2 mol. hydrogène = 16 vol. + 1 mol. tellure = 8 vol. = 24 vol.

2 molécules d'acide tellurhydrique = 16 volumes.

Réduction de 8 volumes.

CONSTITUTION D'UNE MOLÉCULE DU COMPOSÉ

13 atomes d'éther	Hydrogène	Tellure	Totaux
Masses moléculair.	$4\ (4 \times 1) = 16$	$2\ (4 \times 128) = 1024$	$= 1040$
Masses atomiques.	 2	.... 6.4	
Nombre des atomes	 8	+ 160	$= 168$
Volumes virt. d'un atome..........	.... $\frac{4\pi}{3}\ \frac{1}{2^3}$	.... $\frac{4\pi}{3}\ \frac{1}{6.4^3}$	
Volumes virt. des éléments pesants	.... $\frac{4\pi}{3}\ \frac{8}{2^3}$	+ .... $\frac{4\pi}{3}\ \frac{160}{6.4^3}$	$= \frac{4\pi}{3}\ 1{,}61035$
Variables du volume total	$\frac{8}{2^3}\ \frac{2^4}{8.2}\ \frac{8}{8+160}$	$+ \frac{168}{6.4^3}\ \frac{6.4^4}{160.\ 6.4}\ \frac{160}{160+8}$	$= 1$
Constantes du vol.	$\frac{4\pi}{3}\ 3^3\ \frac{14}{13}\ \frac{4\pi^2\ 2^{1/2}}{6}$	....	$= 1133{,}3$

Si les densités de vapeur du sélénium ou du tellure étaient moitié moins fortes, leurs acides se constitueraient avec des condensations de 32 à 16 volumes ou de 4 à 2, comme pour l'ammoniaque.

Deuxième groupe. — Gaz hydrogénés avec condensation de 4 volumes à 2 volumes ou de 7 volumes à 4 volumes.

Le type de ces gaz est l'ammoniaque.

CONSTITUTION MOLÉCULAIRE DE L'AMMONIAQUE.

$$4 \times 13 \text{ atomes d'éther} + 3\,(H^4) + Az^4$$
$$= 2(H^6 Az^2) + 2 \times 13 \text{ atomes d'éther.}$$

2 × 13 atomes d'éther sont mis en liberté.

3 mol. d'hydrogène = 24 vol. + 1 mol. azote = 8 vol. = 32 v.

= 2 molécules ammoniaque = 16 volumes.

Réduction de 16 volumes.

CONSTITUTION D'UNE MOLÉCULE DU COMPOSÉ

13 atomes d'éther	Hydrogène	Azote	Totaux
Masses moléculair.	6 (4 × 1) = 24	+ 2 (4 × 14) = 112	= 136
Masses atomiques.	 2	.... 3.733	
Nombre des atomes	 12	+ 30	= 42
Volumes virt. d'un atome..........	.... $\frac{4\pi}{3}\ \frac{1}{2^3}$	.... $\frac{4\pi}{3}\ \frac{1}{3.733^3}$	
Volumes virt. des éléments pesants	.... $\frac{4\pi}{3}\ \frac{12}{2^3}$	+ .... $\frac{4\pi}{3}\ \frac{30}{3.733^3}$	$= \frac{4\pi}{3}$ 2,07655
Variables du volume total........	$\frac{12}{2^3}\ \frac{2^4}{12.2}\ \frac{12}{12+30}$	$+ \frac{30}{3.733^3}\ \frac{3.733^4}{30.\ 3.733}\ \frac{30}{30+12}$	= 1
Constantes du vol.	$\frac{4\pi}{3}\ 3^3\ \frac{14}{13}\ \frac{4\pi^2\ 2^{1/2}}{6}$	....	= 1133,3

CONSTITUTION MOLÉCULAIRE DE L'HYDROGÈNE PHOSPHORÉ.

7×13 atomes d'éther $+ 6\ (H^4) + P^8$
$= 4\ (H^6P^2) + 4 \times 13$ atomes d'éther.
3×13 atomes éthérés mis en liberté.
6 mol. d'hydrogène = 48 vol. + 1 mol. phosphore = 8 vol.
= 56 vol.
= 4 molécules hydrogène phosphoré = 4 × 8 volumes.
Réduction de 24 volumes.

CONSTITUTION D'UNE MOLÉCULE DU COMPOSÉ

13 atomes d'éther	Hydrogène	Phosphore	Totaux
Masses moléculair.	6 (4 × 1) = 24	+ 2 (4 × 31) = 248	= 262
Masses atomiques.	 2	.... 4.96	
Nombre des atomes	 12	+ 50	= 62
Volumes virt. d'un atome	.... $\frac{4\pi}{3}\ \frac{1}{2^3}$	.... $\frac{4\pi}{3}\ \frac{1}{4.96^3}$	
Volumes virt. des éléments pesants	.... $\frac{4\pi}{3}\ \frac{12}{2^3}$	+ .... $\frac{4\pi}{3}\ \frac{50}{4.96}$	$= \frac{4\pi}{3}$ 1,9097
Variables du volume total	$\frac{12}{2^3}\ \frac{2^4}{12.2}\ \frac{12}{12+50}$	$+ \frac{50}{4.96^3}\ \frac{4.96^4}{50.4.96}\ \frac{50}{50+12}$	= 1
Constantes du vol.	$\frac{4\pi}{3}\ 3^3\ \frac{14}{13}\ \frac{4\pi^2\ 2^{1/2}}{6}$	....	= 1133,3

CONSTITUTION MOLÉCULAIRE DE L'HYDROGÈNE ARSÉNIÉ.

7×13 atomes d'éther $+ 6 (H^4) + As^8$
$= 4 (H^6 Az^2) + 4 \times 13$ atomes d'éther.
3×13 atomes d'éther sont mis en liberté.
6 mol. d'hydrogène = 48 vol. + 1 mol. arsenic = 8 vol. = 56 vol.
= 4 molécules hydrogène arsénié = 32 volumes.
Réduction de 24 volumes.

CONSTITUTION D'UNE MOLÉCULE DU COMPOSÉ

13 atomes d'éther	Hydrogène	Arsenic	Totaux
Masses moléculair.	$6\ (4 \times 1) = 24$	$+\ 2\ (4 \times 75) = 600$	$= 624$
Masses atomiques.	 2	.... 6.666	
Nombre des atomes	 12	+ 90	$= 98$
Volumes virt. d'un atome...........	.... $\frac{4\pi}{3}\ \frac{1}{2^3}$	.... $\frac{4\pi}{3}\ \frac{1}{6.666^3}$	
Volumes virt. des éléments pesants	.... $\frac{4\pi}{3}\ \frac{12}{2^3}$	.... $\frac{4\pi}{3}\ \frac{90}{6.666^3}$	$= \frac{4\pi}{3}$ 1,80375
Variables du volume total........	$\frac{12}{2^3}\ \frac{2^4}{12.2}\ \frac{12}{12+90}$	$+\ \frac{90}{6.666^3}\ \frac{6.666^4}{90.\ 6.666}\ \frac{90}{90+12}$	$= 1$
Constantes.......	$\frac{4\pi}{3}\ 3^3\ \frac{14}{13}\ \frac{4\pi^2\ 2^{1/2}}{6}$	....	$= 1133,3$

Rappelons ici que si les densités de vapeur du phosphore et de l'arsenic étaient diminuées de moitié, la formation des deux acides se ferait, comme celle de l'ammoniaque, avec une condensation de 32 à 16 volumes ou de 4 à 2.

Avec 4 équivalents dans leur molécule ou des densités moitié moins fortes, on aurait :

$$H^{12} + P^4 = 2 (P^2 H^6).$$

3 molécules hydrogène = 24 volumes + 1 molécule phosphore = 8 volumes = 32 volumes = 2 molécules hydrogène phosphoré = 16 volumes.

Avec condensation de 16 volumes.

Ou de 4 molécules en 2 molécules.

$$H^{12} + As^4 = (As^2 H^6)$$

3 molécules hydrogène = 24 volumes + 1 volume arsenic = 8 volumes = 32 volumes = 2 molécules hydrogène arsénié = 16 volumes.

Avec condensation de 16 volumes.

Ou de 4 molécules en 2 molécules.

Les deux dernières hypothèses ont en leur faveur les analogies.

Troisième groupe. — Composés gazeux hydrogénés constitués sans condensation de volume.

CONSTITUTION MOLÉCULAIRE DE L'ACIDE CHLORHYDRIQUE.

2×13 atomes d'éther $+ H^4 Cl^4$
$= 2 (H^2 Cl^2) + 2 \times 13$ atomes d'éther.
Sans atomes d'éther mis en liberté.
1 mol. d'hydrogène $= 8$ vol. $+ 1$ mol. chlore $= 8$ vol. $= 16$ vol.
$= 2$ molécules d'acide chlorhydrique $= 16$ volumes.
Sans réduction de volume.

CONSTITUTION D'UNE MOLÉCULE DU COMPOSÉ

13 atomes d'éther	Hydrogène	Chlore	Totaux
Masses moléculair.	$2 (4 \times 1) = 8$	$+ 2 (4 \times 35.5) = 284$	$= 292$
Masses atomiques.	 2	.... 4.733	
Nombre des atomes	 4	+ 60	$= 64$
Volumes virt. d'un atome..........	.... $\frac{4\pi}{3} \frac{1}{2^3}$	.... $\frac{4\pi}{3} \frac{1}{4.733^3}$	
Volumes virt. des éléments pesants	.... $\frac{4\pi}{3} \frac{4}{2^3}$	.... $\frac{4\pi}{3} \frac{60}{4.733^3}$	$= \frac{4\pi}{3} 1{,}006579$
Variables du volume total........	$\frac{4}{2^3} \frac{4.2}{2^4} \frac{4}{4+60}$	$+ \frac{60}{4.733^3} \frac{4.733^4}{60.\ 4.733} \frac{60}{60+4}$	$= 1$
Constantes	$\frac{4\pi}{3} 3^3 \frac{14}{13} \frac{4\pi^2 2^{1/2}}{6}$	....	$= 1133{,}3$

CONSTITUTION MOLÉCULAIRE DE L'ACIDE FLUORHYDRIQUE.

2×13 atomes d'éther $+ H^4 Fl^4$
$= 2 (H^2 Fl^2) + 2 \times 13$ atomes d'éther.
Sans éther mis en liberté.
1 mol. hydrogène $= 8$ vol. $+ 1$ mol. fluor $= 8$ vol. $= 16$ vol.
2 mol. d'acide fluorhydrique $= 16$ volumes.
Sans réduction de volume.

CONSTITUTION D'UNE MOLÉCULE DU COMPOSÉ

13 atomes d'éther	Hydrogène	Fluor	Totaux
Masses moléculair.	$2\ (4 \times 1) = 8$	$2\ (4 \times 19) = 152$	$= 160$
Masses atomiques.	 2	 38	
Nombre des atomes	 4	+ 40	$= 44$
Volumes virt. d'un atome........	.... $\frac{4\pi}{3}\ \frac{1}{2^3}$	.... $\frac{4\pi}{3}\ \frac{1}{3.8^3}$	
Volumes virt. des éléments pesants	.... $\frac{4\pi}{3}\ \frac{4}{2^3}$	+ .... $\frac{4\pi}{3}\ \frac{40}{3.8^3}$	$= 1,22697$
Variables du volume total........	$\frac{4}{2^3}\ \frac{2^4}{4\ 2}\ \frac{4}{4+40}$	$+\ \frac{40}{3.8^3}\ \frac{3.8}{40.\ 3.8}\ \frac{40}{40+4}$	$= 1$
Constantes	$\frac{4\pi}{3}\ 3^3\ \frac{14}{13}\ \frac{4\ \pi^2\ 2^{1/2}}{6}$	....	$= 1133,3$

CONSTITUTION MOLÉCULAIRE DE L'ACIDE BROMHYDRIQUE.

2×13 atomes d'éther $+ H^4Br^4$
$= 2\ (H^4Br^2) + 2 \times 13$ atomes d'éther.
Sans éther mis en liberté.
1 mol. hydrogène = 8 vol. + 1 mol. brome = 8 vol. = 16 v.
= 2 molécules d'acide bromhydrique = 16 volumes.
Sans réduction de volume.

CONSTITUTION D'UNE MOLÉCULE DU COMPOSÉ

13 atomes d'éther	Hydrogène	Brome	Totaux
Masses moléculair.	$2\ (4 \times 1) = 8$	$+\ 2\ (4 \times 80) = 640$	$= 648$
Masses atomiques.	 2	.... 5.71428	
Nombre des atomes	 4	+ 112	$= 116$
Volumes virt. d'un atome........	.... $\frac{4\pi}{3}\ \frac{1}{2^3}$	$=$ ..... $\frac{4\pi}{3}\ \frac{1}{5.71428^3}$	
Volumes virt. des éléments pesants	.... $\frac{4\pi}{3}\ \frac{4}{2^3}$	+ ...... $\frac{4\pi}{3}\ \frac{112}{5.71428^3}$	$= \frac{4\pi}{3} 1,10025$
Variables du volume total........	$\frac{4}{2^3}\ \frac{2^4}{4.2} = \frac{4}{4+112}$	+ .... 1. $\frac{112}{112+4}$	$= 1$
Constantes........	$\frac{4\pi}{3}\ 3^3\ \frac{14}{13}\ \frac{4\ \pi^2\ 2^{1/2}}{6}$	....	$= 1,1333$

CONSTITUTION MOLÉCULAIRE DE L'ACIDE IODHYDRIQUE.

2×13 atomes d'éther $+ H^4 I^4$
$= 2 (H^2 I^2) + 2 \times 16$ atomes d'éther.
Sans éther mis en liberté.
1 mol. hydrogène $= 8$ vol. $+ 1$ mol. iode $= 8$ vol. $= 16$ vol.
$= 2$ molécules d'acide iodhydrique $= 16$ volumes.
Sans réduction de volume.

CONSTITUTION D'UNE MOLÉCULE DU COMPOSÉ

13 atomes d'éther	Hydrogène	Iode	Totaux
Masses moléculair.	$2\ (4 \times 1) = 8$	$2\ (4 \times 127) = 1016$	$= 1024$
Masses atomiques.	 2	.... 6 35	
Nombre des atomes	 4	 160	$= 164$
Volumes virt. d'un atome	.... $\frac{4\pi}{3}\ \frac{1}{23}$	.... $\frac{4\pi}{3}\ \frac{1}{6.35^3}$	
Volumes virt. des éléments pesants	.... $\frac{4\pi}{3}\ \frac{4}{2^3}$	.... $\frac{4\pi}{3}\ \frac{160}{6.35^3}$	$= \frac{4\pi}{3}\ 1,12488$
Variables du volume total	$\frac{4}{2^3}\ \frac{2^4}{4.2}\ \frac{4}{4+160}$	$\frac{160}{6.35^3}\ \frac{6.35^4}{160.\ 6.35}\ \frac{160}{160+4}$	$= 1$
Constantes.......	$\frac{4\pi}{3}\ 3^3\ \frac{14}{13}\ \frac{4\pi^2\ 2^{1/2}}{6}$	....	$= 1133,3$

Si les densités de vapeur du brome et de l'iode étaient diminuées de moitié, il en résulterait une condensation de 24 à 16 ou de 3 à 2, comme dans le premier groupe ; mais elle serait d'ordre inverse, puisque ce serait la molécule d'hydrogène qui se diviserait en deux moitiés pour saturer 2 molécules de brome ou d'iode.

Il semble d'ailleurs que la combinaison se produise par de tout autres processus et aux dépens des corps solides plutôt que des corps déjà gazeux.

CHAPITRE LXIV

VARIATION DE STRUCTURE MOLÉCULAIRE DANS LES TROIS CLASSES DE GAZ HYDROGÉNÉ

La grosseur toute particulière des atomes de l'hydrogène entraîne certaines variations dans la constitution moléculaire des gaz où il entre comme élément composant.

En effet, les atomes de l'hydrogène ne peuvent se loger que dans les grandes vacuoles de la molécule de type rhomboïdal ; ils ne peuvent être contenus soit dans les petites vacuoles de ce type, soit dans les 20 vacuoles de la molécule du type pentagonal. Selon le nombre de ses atomes qui entrent comme éléments saturants de la molécule, ils en modifient la constitution.

Dans les gaz hydrogénés du premier type, où 3 molécules sont condensées en 2 molécules, c'est la molécule du métalloïde électro-négatif qui se dissocie.

Ses 13 atomes d'éther sont mis en liberté et ses éléments pesants se divisent entre les deux molécules d'hydrogène, dont ils complètent la saturation et qui restent inaltérées dans leur constitution.

Ainsi en présence d'un courant ou d'une décharge électrique, à travers un mélange d'hydrogène et d'oxygène dans la proportion de 2 à 1 en volume, les molécules d'oxygène sont dissociées, leurs atmosphères d'éther sont remises en liberté, et chaque molécule d'hydrogène, contenant 8 atomes dans ses 6 grandes vacuoles et ses deux polaires, s'empare de 32 atomes d'oxygène, qui, par groupes tétraédriques, de 4 vont saturer ses 8 petites vacuoles.

Si la proportion des gaz en présence n'est pas exactement de 2 à 1 en volume, la combinaison s'arrête dès qu'un des deux éléments fait défaut ; l'autre reste en excès.

Il en est exactement de même pour l'hydrogène sulfuré, seulement la combinaison peut se produire entre l'hydrogène gazeux et le soufre encore à l'état vésiculaire. En ce cas il n'y a pas d'éther mis en liberté, sauf l'atome central des vésicules. Mais cette condensation de 1/13, sur 2 molécules peut passer inaperçue, d'autant plus que la vésicule subit des pressions extérieures qui réduisent considérablement son volume.

Quant à l'acide sélénhydrique et à l'acide tellurhydrique, ils s'obtiennent à de certaines températures de l'hydrogène gazeux et de composés solubles de ces corps. Par conséquent la condensation moléculaire est en pareil cas induite des rapports de densité des deux corps à l'état gazeux, plutôt que directement observée.

En ce qui concerne les gaz hydrogénés de la seconde catégorie, dont l'ammoniaque est le type, leur structure moléculaire subit une autre modification. Leurs 12 atomes d'hydrogène ne trouvent pas place dans les vacuoles moléculaires. 6 de ces atomes peuvent se loger dans les 6 grandes, mais les 6 autres doivent se rassembler au centre et y remplacer l'atome d'éther central. Les atomes de l'élément électro-négatif se dispersent dans les 8 petites vacuoles et les deux polaires.

Ainsi dans la molécule de l'ammoniaque les 30 atomes d'azote occupent, 3 par 3, les 8 petites vacuoles et les 2 polaires, les 6 grandes étant saturées par 6 grands atomes d'hydrogène.

Dans l'hydrogène phosphoré les 50 atomes du phosphore se distribuent, 6 par 6, dans les 8 petites vacuoles; il en reste 2 pour les 2 polaires.

Dans l'hydrogène arsénié les atomes d'arsenic étant au nombre de 90, chacune des petites vacuoles internes reçoit un tétraèdre de 10 atomes; il en reste 5 pour chacune des deux vacuoles polaires.

La constitution des molécules de ces gaz ne peut résulter directement d'une double décomposition des molécules d'hydrogène et des molécules d'azote, de phosphore ou d'arsenic, déjà gazeuses. Car une fois ces molécules constituées, elles sont stables, et une simple action de contact ne saurait déterminer leur dissociation, à moins d'une cause d'ébranlement profond de leur équilibre.

En réalité le gaz ammoniaque s'obtient par la double décomposition d'une combinaison ammoniacale solide et d'autres composés également solides et pulvérisés ensemble. La combinaison directe des éléments gazeux de l'ammoniaque à l'état de pureté ne paraît pas pouvoir fournir occasion de constater directement la réduction de 4 volumes à 2 qui s'induit des densités gazeuses de ces deux éléments constitutifs.

Il en est de même de l'hydrogène phosphoré et de l'hydrogène arsénié.

Dans les composés hydrogènes du troisième type où la combinaison se produit sans condensation de volume, il y a partage égal et réciproque des éléments des deux molécules homogènes constituantes ; la molécule d'hydrogène se divise en deux, comme celle du chlore, du fluor, du brome et de l'iode ; et les deux moitiés de chaque molécule s'associent aux deux moitiés de l'autre. Il y aurait donc une dissolution totale des éléments des deux molécules homogènes, suivie d'une reconstitution totale des deux molécules hétérogènes.

Si les deux éléments étaient tous deux à l'état gazeux, cela entraînerait un travail intérieur considérable, mais il est rare qu'il en soit ainsi. Le plus souvent, l'iode, le brome et même le fluore et le chlore sont à l'état soluble ou liquide ou engagés dans des combinaisons solides ou d'autres combinaisons gazeuses. En sorte que l'hydrogène (souvent lui-même engagé dans d'autres combinaisons) peut recevoir directement son associé, sans dissociation préalable.

Supposons, par exemple, que les 4 atomes d'hydrogène d'une molécule d'eau soient mis en liberté par l'absorption de son oxygène par un autre corps, en présence de vapeur de chlore ou autres, encore à l'état vésiculaire, ces 4 atomes s'allieront directement avec la moitié des éléments vésiculaires pour constituer une molécule d'acide.

Mais cette constitution ne se fait pas sans obstacle. En effet, ces 4 atomes d'hydrogène ne pouvant se loger que dans les grandes vacuoles ou les deux polaires de la molécule, il n'existe pour eux de distribution symétrique possible que s'ils se rassemblent au centre de la molécule, en y remplaçant son atome éthéré central. On conçoit ainsi comment le noyau tétraédrique d'une molécule d'eau, se trouvant dépouillé de son oxygène, s'entoure directement des éléments de deux molécules solides d'iode ou de brome ou de deux éléments de fluor ou de chlore mis en liberté et à la recherche d'une situation équilibrée. De façon qu'une fois ce noyau acide $H^2 M^2$ constitué, il s'entoure d'une atmosphère d'éther de 12 atomes entre lesquels le tétraèdre d'hydrogène joue le rôle d'atome central.

Quant à la combinaison directe de l'hydrogène avec l'un des corps ci-dessus, tous préalablement à l'état gazeux, elle paraît difficile, et c'est uniquement par induction qu'on a admis le fait de la combinaison, plutôt qu'en vertu d'observations.

Si cette double décomposition des éléments moléculaires se produisait, il y aurait en réalité une mise en liberté d'un atome d'éther par molécule, c'est-à dire une condensation de 1/13 du volume moléculaire. Cependant, le tétraèdre d'hydrogène étant supposé au centre de la molécule, un seul de ses quatre atomes peut se trouver sur l'axe de rotation. La force centrifuge, développée par cette rotation, en doit écarter plus ou moins les trois autres et, par là, dilater le tétraèdre central de façon à doubler son volume virtuel qui deviendrait ainsi égal à celui de l'atome d'éther qu'il remplace. Il suffit d'ailleurs que ses quatre atomes deviennent mutuellement tangents, pour acquérir un volume de $4 \frac{4\ 2^{1/2}}{8} = 2.8284$, plus grand qu'une demi-sphère de rayon 1.

CHAPITRE LXIV

COMPOSÉS GAZEUX OXYGÉNÉS

Les trois types de constitution gazeuse que nous venons de constater parmi les composés hydrogénés, se retrouvent parmi les composés oxygénés, toujours sous volume constant V = 1133,3.

Premier groupe. — Condensation de 3 volumes à 2 volumes.

CONSTITUTION MOLÉCULAIRE DE L'ACIDE CARBONIQUE.

3×13 atomes d'éther $+ 2\,(O^4) + C^4$
$= 2\,(O^4\,C^2) + 2 \times 13$ atomes d'éther.
13 atomes d'éther sont mis en liberté (1).
= 2 mol. d'oxygène de vol. 16 + 1 mol. de carbone = 8 vol.
= 24 volumes.
= 2 molécules d'acide carbonique = 16 volumes.
Réduction de 8 volumes.

(1) Dans la supposition, peut-être erronée, que la molécule gazeuse du carbone renfermerait 4 équivalents.

CONSTITUTION D'UNE MOLÉCULE DU COMPOSÉ

13 atomes d'éther	Oxygène	Carbone	Totaux
Masses moléculair.	4 (4 × 16) = 256	+ 2 (4 × 12) = 96	= 352
Masses atomiques.	 4	 3	
Nombre des atomes	 64	+ 32	= 96
Volumes virt. d'un atome..........	.... $\frac{4\pi}{3}\,\frac{1}{4^3}$	.... $\frac{4\pi}{3}\,\frac{1}{3^3}$	
Volumes virt. des éléments pesants	.... $\frac{4\pi}{3}\,\frac{64}{4^3}$	.... $\frac{4\pi}{3}\,\frac{32}{3^3}$	$= \frac{4\pi}{3}\,2{,}1852$
Variables du volume total	$\frac{64}{4^3}\;\frac{4^4}{64.4}\;\frac{64}{64+32}$	$+\;\frac{32}{3^3}\;\frac{3^3}{32.3}\;\frac{32}{32+64}$	= 1
Constantes........	$\frac{4\pi}{3}\,3^3\,\frac{14}{13}\;\frac{6}{4\pi^2\,2^{1/2}}$	....	= 1133,3

CONSTITUTION MOLÉCULAIRE DE L'ACIDE SULFUREUX.

3 × 13 atomes d'éther + O^4 + S^4
= 2 (O^4 S^2) + 2 × 16 atomes d'éther.
13 atomes d'éther sont mis en liberté.
2 mol. d'oxygène = 16 vol. + 1 mol. soufre = 8 vol. = 24 vol.
= 2 molécules d'acide sulfureux = 16 volumes.
Réduction de 8 volumes.

CONSTITUTION D'UNE MOLÉCULE DU COMPOSÉ

13 atomes d'éther	Oxygène	Soufre	Totaux
Masses molécul...	4 (4 × 16) = 296	+ 2 (4 × 32) 256	= 512
Masses atomiques.	 4	.... 5.333	
Nombre des atomes	 64	+ 48	= 112
Volumes virt. d'un atome..........	.... $\frac{4\pi}{3}\,\frac{1}{4^3}$	.... $\frac{4\pi}{4}\,\frac{1}{5.333^3}$	
Volumes virt. des éléments pesants	.... $\frac{4\pi}{3}\,\frac{64}{4^3}$	+ .... $\frac{4\pi}{3}\,\frac{5.333^3}{48}$	$= \frac{4\pi}{3}\,1{,}3164$
Variables du volume total.... ...	$\frac{64}{4^3}\;\frac{4^4}{64.4}\;\frac{64}{64+48}$	$+\;\frac{48}{5.334^3}\;\frac{5.333^4}{48.\,5.333}\;\frac{48}{48+64}$	= 1
Constantes..	$\frac{4\pi}{3}\,3^3\,\frac{14}{13}\;\frac{4\pi^3\,2^{1/2}}{6}$	....	= 1133,3

CONSTITUTION MOLÉCULAIRE DU PROTOXYDE D'AZOTE.

3×13 atomes d'éther $+ O^4 + 2 Az^4$
$= 2 (O^2 Az^4) + 2 \times 13$ atomes d'éther
13 atomes d'éther sont mis en liberté.
1 mol. d'oxygène = 8 vol. + 2 mol. d'azote = 16 vol. = 24 v.
= 2 molécules protoxyde d'azote = 16 volumes.
Réduction de 8 volumes.

CONSTITUTION D'UNE MOLÉCULE DU COMPOSÉ

13 atomes d'éther	Oxygène	Azote	Totaux
Masses moléculair.	2 (4 × 16) = 128	+ 4 (4 × 14) = 224	= 368
Masses atomiques.	 4	.... 3.733	
Nombre des atomes	 32	+ 60	= 92
Volumes virt. d'un atome..........	.... $\frac{4\pi}{3}\ \frac{1}{4^3}$	.... $\frac{4\pi}{3}\ \frac{1}{3.733^3}$	
Volumes virt. des éléments pesants	.... $\frac{4\pi}{3}\ \frac{32}{4^3}$	+ .... $\frac{4\pi}{3}\ \frac{60}{3.733^3}$	$= \frac{4\pi}{3}$ 1,653
Variables du volume total.......	$\frac{32}{4^3}\ \frac{4^4}{64.4}\ \frac{32}{32+60}$	$+ \frac{30}{3.733}\ \frac{3.733^4}{30.3.733}\ \frac{60}{60+32}$	= 1
Constantes........	$\frac{4\pi}{3}\ 3^2\ \frac{14}{13}\ \frac{4\pi^2\ 2^{1/2}}{6}$	....	= 1133,3

Deuxième groupe.

Gaz oxygénés avec condensation de 5 à 2 volumes.

CONSTITUTION MOLÉCULAIRE DE L'ACIDE AZOTEUX.

5×13 atomes d'éther $+ 3 O^4 + 2 Az^4$
$= 2 (O^6 Az^4) + 2 \times 13$ atomes d'éther.
3×13 atomes d'éther sont mis en liberté.
3 mol. oxygène = 24 vol. + 2 mol. azote = 16 vol. = 40 vol.
= 2 mol. acide azoteux = 16 vol.
Réduction de 24 volumes.

CONSTITUTION D'UNE MOLÉCULE DU COMPOSÉ

13 atomes d'éther	Oxygène	Azote	Totaux
Masses moléculair.	6 (4 × 16) = 384	+ 4 (4 × 14) = 224	= 608
Masses atomiques.	 4	.... 3.733	
Nombre des atomes	 96	+ 60	= 156
Volumes virt. d'un atome..........	.... $\frac{4\pi}{3}\,\frac{1}{4^3}$	.... $\frac{4\pi}{3}\,\frac{1}{3.733^3}$	
Volumes virt. des éléments pesants	.... $\frac{4\pi}{3}\,\frac{96}{4^3}$	+ .... $\frac{4\pi}{3}\,\frac{1}{3.733^3}$	$= \frac{4\pi}{3}$ 2,8530?
Variables du volume total........	$\frac{96}{4^3}\,3^3\,\frac{4^4}{96.4}\,\frac{96}{96+60}$	$+\frac{60}{3.733^3}\,\frac{3.733^4}{60.3.733}\,\frac{60}{60+96}$	= 1
Constantes........	$\frac{4\pi}{3}\,3^3\,\frac{14}{13}\,\frac{6}{4\pi^2\,2^{1/2}}$	....	=1133,3

Ce composé, très instable, se liquéfie à la température moyenne ambiante, et une faible élévation de température le décompose.

C'est en effet un gaz sursaturé dont l'équilibre doit être instable et ne peut se maintenir que sous des pressions relativement fortes. Aussi l'observe-t-on surtout à l'état de dissolution. Il est alors réduit à l'état vésiculaire, et c'est peut-être sa densité vésiculaire qu'on prend pour sa densité gazeuse. Celle-ci serait moitié moindre ou de la formule $(O^3 Az^2) = 8$ volumes qui donnerait $\frac{4\pi}{3}$ 1,4265 pour le volume de ses éléments pesants.

Troisième groupe. — Gaz oxygénés sans condensation.

CONSTITUTION MOLÉCULAIRE DU BIOXYDE D'AZOTE.

$$2 \times 13 \text{ atomes d'éther} + O^4 Az^4$$
$$= 2\,(O^2 Az^2) + 2 \times 13 \text{ atomes d'éther.}$$

Sans atome d'éther en liberté.

2 mol. oxygène = 8 vol. + 1 mol. azote = 8 vol. = 16 vol.
= 2 molécules de bioxyde d'azote = 16 volumes.

Sans condensation.

CONSTITUTION D'UNE MOLÉCULE DU COMPOSÉ

13 atomes d'éther	Oxygène	Azote	Totaux
Masses molécul....	2 (4 × 16) = 128	+ 2 (4 × 14) = 112	= 240
Masses atomiques.	 4	+ 3.7339	
Nombre des atomes	 32	+ 30	= 62
Volumes virt. d'un atome..........	.... $\frac{4\pi}{3}\,\frac{1}{4^3}$	.... $\frac{4\pi}{3}\,\frac{3.733^3}{1}$	
Volumes virt. des éléments pesants	.... $\frac{4\pi}{3}\,\frac{32}{4^3}$	+ .... $\frac{4\pi}{3}\,\frac{30}{3.733^3}$	$= \frac{4\pi}{3}$ 1,0765
Variables du volume total........	$\frac{32}{4^3}\;\frac{4^4}{32.4}\;\frac{32}{32+30}$	$+\frac{30}{3.733^3}\;\frac{3.733^4}{30.3.733}\;\frac{30}{30+32}$	= 1
Constantes........	$\frac{4\pi}{3}\,3^3\,\frac{14}{13}\,\frac{4\pi^2\,2^{1/2}}{6}$	....	= 1133,3

CONSTITUTION MOLÉCULAIRE DE L'OXYDE DE CARBONE.

2×13 atomes d'éther $+ O^4 + C^4$

$= 2\,(O^2 C^2) + 2 \times 13$ atomes d'éther.

Pas d'atomes d'éther mis en liberté.

1 mol. oxygène = 8 vol. + 1 mol. carbone = 8 vol. = 16 v.

= 2 molécules de carbone.

Sans réduction de volume.

CONSTITUTION D'UNE MOLÉCULE DU COMPOSÉ

13 atomes d'éther	Oxygène	Carbone	Totaux
Masses moléculair.	2 (4 × 16) = 128	+ 2 (4 × 12) = 96	= 224
Masses atomiques.	.... = 4	 3	
Nombre des atomes	.... = 32	+ 32	= 64
Volumes virt. d'un atome..........	.... $\frac{4\pi}{3}\,\frac{1}{4^3}$	.... $\frac{4\pi}{3}\,\frac{1}{3^3}$	
Volumes virt. des éléments pesants	.... $\frac{4\pi}{3}\,\frac{32}{4^3}$	+ .... $\frac{4\pi}{3}\,\frac{32}{3^3}$	$= \frac{4\pi}{3}$ 1,6852
Variables du volume total........	$\frac{32}{4^3}\;\frac{4^4}{32.4}\;\frac{32}{32+32}$	$+\frac{32}{4^3}\;\frac{3^4}{37.3}\;\frac{32}{32+32}$	= 1
Constantes........	$\frac{4\pi}{3}\,3^3\,\frac{14}{13}\,\frac{4\pi^2\,2^{1/2}}{6}$	....	= 1133,3

Aucun composé oxygéné du carbone n'a été obtenu jusqu'ici directement du carbone gazeux. Ce n'est donc que par une déduction analogique qu'on peut appuyer l'hypothèse d'une combinaison régulière. M. Moissan a réussi à produire le gaz carbonique, mais sa densité n'est pas bien établie. Il semble peu probable que sa molécule renferme 4×16 atomes ou 4 équivalents, qui donneraient un volume virtuel de $\frac{4\pi}{3} \cdot \frac{64}{27} >$ que 2 sphères. Il serait alors du type rhomboïdal, avec 7 atomes dans les grandes vacuoles et un seul dans les petites. Mais 48 atomes ou 3 équivalents seraient plus probables, avec 6 atomes dans les 6 grandes vacuoles, un seul dans les petites, 3 atomes dans les 2 polaires et un volume virtuel total de $\frac{4\pi}{3} \frac{48}{27} = \frac{4\pi}{3}$ 1.777. Sa densité serait $\frac{144}{16} = 9$ (Hyd $= 1$).

On peut lui supposer aussi une constitution pentagonale analogue à celle de l'azote, avec 60 atomes qui ne donneraient pas un nombre entier d'équivalents, avec un volume virtuel de $\frac{4\pi}{3} \cdot \frac{60}{27}$ ou de plus de 2 sphères de rayon 1, et une densité de $\frac{180}{16} = 11,25$ (Hyd $= 1$)) au lieu de 12.

CHAPITRE LXV

CONSTITUTION MOLÉCULAIRE DES COMPOSÉS ORGANIQUES

Il est encore un autre type de molécule gazeuse d'une importance considérable par le nombre de ses variétés. C'est celui des composés organiques binaires, ternaires et quaternaires.

Son caractère général semble être qu'en outre de ses vacuoles internes, ses vacuoles externes sont occupées et plus ou moins saturées d'éléments pesants qui ne sauraient trouver place dans les vacuoles internes seulement, mais dont le volume paraît dépasser rarement la différence du volume de 13 dodécaèdres au volume de leurs 13 sphères inscrites, et ne dépassent jamais la différence totale du volume de la sphère-enveloppe de rayon $= 3$, au volume de ses 13 sphères enveloppées, qui est de 58,6432 unités de volume.

Constitution Moléculaire des Carbures

	HYDROGÈNE		CARBONE		TOTAUX	
Acétylène = 2 ($C^2 H^2$)						
Masses moléculaires.....	16	+	192	=	208	= d
Nombre des atomes......	8	+	64	=	72	
Volumes virtuels......	1	+	2.37	=	3.37	$\times \frac{4\pi}{3}$
Méthyle = 2 ($C^2 H^6$)						
Masses moléculaires.....	48	+	192	=	240	= d
Nombre des atomes......	24	+	64	=	88	
Volumes virtuels........	3	+	2.37	=	5.37	$\times \frac{4\pi}{3}$
Avec 16^H au centre......	1 + 1.26	+	2.37	=	4.63	$\times \frac{4\pi}{3}$
Formène = 2 ($C H^4$)						
Masses moléculaires.....	32	+	96	=	128	= d
Nombre des atomes......	16	+	32	=	48	
Volumes virtuels........	2	+	1.185	=	3.185	$\times \frac{4\pi}{3}$
Avec 16^H au centre......	1.26	+	1.185	=	2.445	$\times \frac{4\pi}{3}$
Allylène = 2 ($C^3 H^4$)						
Masses moléculaires.....	32	+	288	=	320	= d
Nombre des atomes.....	16	+	96	=	112	
Volumes virtuels........	2	+	3.53	=	5.53	$\times \frac{4\pi}{3}$
Propylène = 2 ($C^3 H^6$)						
Masses moléculaires.....	48	+	288	=	336	= d
Nombre des atomes.....	24	+	96	=	120	
Volumes virtuels........	3	+	3.50	=	6.53	$\times \frac{4\pi}{3}$
Avec 16^H au centre......	1 + 1.26	+	3.50	=	5.76	$\times \frac{4\pi}{3}$
Diacétylène = 2 ($C^4 H^4$)						
Masses moléculaires.....	32	+	384	=	416	= d
Nombre des atomes......	16	+	128	=	144	
Volumes virtuels........	2	+	4.74	=	6.74	$\times \frac{4\pi}{3}$
Avec 16^H au centre......	1.26	+	4.74	=	6.00	$\times \frac{4\pi}{3}$
Crotonylène = 2 ($C^4 H^6$)						
Masses moléculaires.....	48	+	384	=	432	= d
Nombre des atomes.....	24	+	128	=	152	
Volumes virtuels........	3	+	4.74	=	7.74	$\times \frac{4\pi}{3}$
Avec 16^H au centre......	1 + 1.26	+	4.76	=	7.02	$\times \frac{4\pi}{3}$
Butylène = 2 ($C^4 H^8$)						
Masses moléculaires.....	64	+	384	=	448	= d
Nombre des atomes.....	32	+	128	=	160	
Volumes virtuels........	4	+	4.74	=	8.74	$\times \frac{4\pi}{3}$
Avec 16^H au centre.....	2 + 1.26	+	4.74	=	8.00	$\times \frac{4\pi}{3}$
Ethyle = 2 ($C^4 H^{10}$)						
Masses moléculaires.....	80	+	384	=	464	= d
Nombre des atomes.....	40	+	128	=	168	
Volumes virtuels........	10	+	9.98	=	19.98	$\times \frac{4\pi}{3}$
Avec 16^H au centre......	8 + 1.26	+	9.98	=	19.24	$\times \frac{4\pi}{3}$

Dans les molécules l'atome éthéré central paraît parfois remplacé par une molécule d'hydrogène ou de carbone de 16 ou 20 atomes dont le volume moléculaire est plus grand que celui d'un atome d'éther.

Ces corps, souvent, sinon toujours gazeux, à la température moyenne ambiante, sont exclusivement constitués par les quatre corps dits « organiques », l'hydrogène, le carbone, l'oxygène et, bien que moins fréquemment, l'azote.

Nous n'étudierons ici qu'une série de carbures d'hydrogène, les plus simples d'entre ces composés ; les gaz ternaires et quaternaires nous entraîneraient trop loin.

Malgré cette sursaturation excessive des molécules des carbures d'hydrogène, la formule constante du volume moléculaire leur reste applicable.

D'abord parce que le remplacement de l'atome éthéré central augmente leur capacité de saturation d'une unité, et, de plus, parce que lors même que les éléments saturants restent à l'intérieur de l'atmosphère éthérée, ils refoulent celle-ci vers la circonférence de la sphère en rotation et la forcent à devenir plus parfaitement sphérique, en sorte que la capacité des vacuoles externes devient interne.

La constitution de ces molécules est plus ou moins modifiée, du reste, par la forme de la molécule d'hydrogène, de carbone ou parfois d'azote, qui remplace l'atome éthéré central. Si la forme de cette molécule est un tétraèdre, les 12 atomes éthérés extérieurs s'ordonnent, 3 par 3, symétriquement avec ses 4 faces. Si cette forme est celle d'un hexaèdre, elle se trouve compatible avec la constitution de la molécule d'après la symétrie rhomboïdale. Mais il résulte toujours de l'opposition symétrique des pressions internes et externes, que la forme générale de la molécule est inscriptible dans une sphère, et s'en rapproche d'autant plus que les pressions intérieures sont plus fortes et plus symétriquement distribuées par rapport à son centre.

Il est un autre type moléculaire qui doit souvent se réaliser dans les composés gazeux organiques quaternaires où domine l'azote comme élément central : c'est le type pentagonal dont les 20 vacuoles, parfaitement symétriques, peuvent recevoir des multiples de la molécule d'azote et de ses 60 atomes, et qui possède également 20 vacuoles externes, qui peuvent contenir, soit des atomes de carbone, soit même des atomes d'hydrogène, qui ne trouvent pas place en équilibre stable, dans les 14 vacuoles internes de la molécule de type rhomboïdal.

C'est pourquoi peut-être l'azote est le corps organique par excellence et paraît être l'élément constitutif essentiel de la cellule vivante, comme nous le verrons plus loin (V^e partie).

CHAPITRE LXVI

CONSTITUTION MOLÉCULAIRE DE L'AIR

Un gaz auquel son rôle cosmique donne une importance spéciale, c'est l'air atmosphérique.

Composé de deux éléments en des proportions qui s'éloignent des proportions chimiques ordinaires, on affirme que c'est un simple mélange.

Cependant, l'air possède toutes les propriétés des gaz parfaits. Il suit la loi de Mariotte, plus exactement que tous les gaz, et, le dernier, il a résisté aux efforts pour le liquéfier ; tandis que tous les autres mélanges de gaz simples sont réduits à leurs éléments, soit par la chaleur, soit par le froid, combiné avec la pression, l'air à toutes les pressions et à toutes les températures conserve ses proportions élémentaires qui ne peuvent être troublées que par des affinités chimiques.

La densité de l'air, d'après le rapport du poids du litre, est de 14,43601 (l'hydrogène étant 1), ce qui donne 231,07776 pour le poids de sa molécule supposée de volume constant.

La proportion en poids de ses deux éléments est de 77 à 23 (1), ou de 76,87 à 23,19 (2).

On peut accepter la valeur 77 à 23, car il est démontré que la proportion d'oxygène varie un peu selon les lieux.

Si on suppose la molécule d'air de type rhomboïdal, on arrive à la constitution moléculaire suivante :

(1) Troost, *Chimie*.
(2) Würtz, *Chimie*

Poids moléculaire : Oxygène =	52	atomes	= 13
» Azote...	179,2	»	= 48
Totaux moléculaires en poids =	231,2	»	= 61

+ 13 atomes d'éther.

Le volume virtuel des éléments saturants de la molécule serait de :

Oxygène =	0,2031
Azote...	0,92247
$\frac{4}{3}\pi$	1,12557

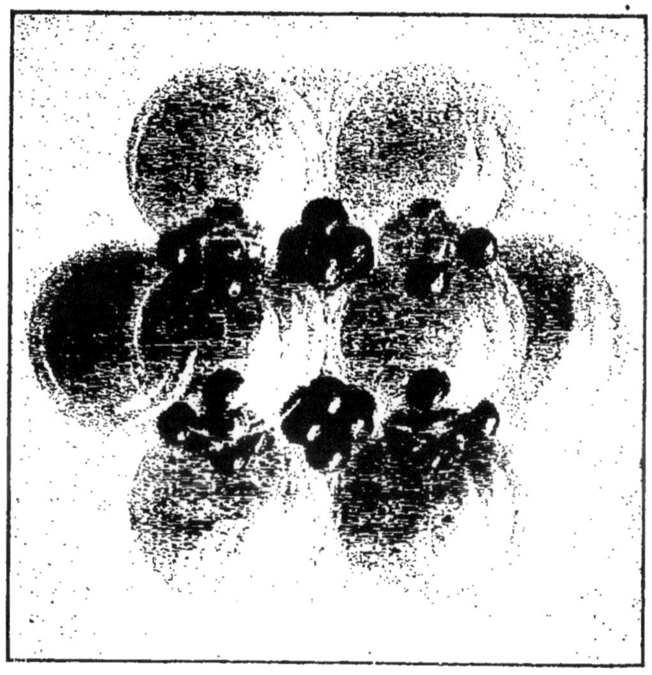

Figure 85. — Molécule d'air. Élévation.

et son volume moléculaire 1133.3 selon la formule constante. Enfin, la proportion du composé serait $Az^{4/5} O^{1/5}$, où 1/5 du poids atomique de la molécule d'azote serait remplacé par 1/5 du poids atomique de la molécule d'oxygène + 0.8.

Il en résulterait la proportion centésimale :

Oxygène	22,5
Azote...	77,5
	100,0

La molécule d'air serait donc constituée par 48 atomes d'azote, dont 8 satureraient les 8 petites vacuoles et 5 × 8 = 40, les 8 grandes. Quant aux 13 atomes d'oxygène, 12 occuperaient les 12 vacuoles équatoriales externes, et le treizième occuperait la polaire supérieure.

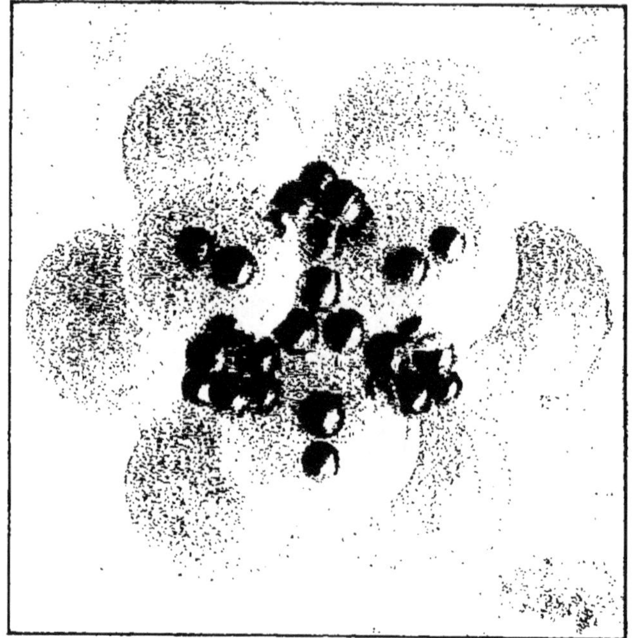

Figure 86. — Molécule d'air. Vue en plan.

La constitution normale de la molécule renfermerait une polaire de plus, et serait alors dans la proportion de 179,2 azote pour 14 × 4 = 56 d'oxygène ; ce qui donnerait le rapport centésimal :

Oxygène	23,81
Azote...	76,19
	100,00

Mais, sous l'influence de la pesanteur, la polaire inférieure se perdrait 1 fois sur 2. En sorte que le rapport centésimal moyen serait :

Oxygène =	23,156
Azote...	76,844
	100,000

L'observation moyenne donne :

Oxygène =	23,13	
Azote...	76,87	
	100,00	(Wurtz, *Chimie.*)

Il en résulterait la proportion moyenne de 53,916 d'oxygène par molécule, ou d'environ 13,5 atomes. La perte serait d'une polaire sur deux molécules.

Si, au contraire, on cherche à justifier l'hypothèse d'un simple mélange, la proportion en poids des molécules d'oxygène et d'azote étant de 256 à 224, il faudrait, pour 1 molécule d'oxygène, 3,79 molécules d'azote.

Il ne pourrait exister de symétrie possible dans la distribution des molécules des deux corps dans l'espace et l'homogénéité si remarquable de l'atmosphère ne se comprendrait plus. La densité de l'oxygène étant à celle de l'azote dans le rapport de 16 à 14, l'oxygène devrait être plus abondant aux faibles altitudes, et c'est plutôt le contraire qu'on observe.

L'hypothèse d'un simple mélange semble donc de toute improbabilité.

Si, au contraire, l'air est une combinaison d'azote et d'oxygène de nature organique, *sui generis*, où les atomes d'oxygène, occupant les vacuoles externes de la molécule, sont facilement assimilables par les animaux qui le respirent, ses propriétés vitales s'expliquent par cette constitution même.

Enfin sa faible saturation que nous avons vue être de 1,1256, un peu plus faible que celle de l'azote, expliquerait l'analogie de ses propriétés avec celles des gaz parfaits.

Du reste, la constitution de la molécule d'air pourrait être le résultat d'une combinaison de 4 molécules d'azote avec 1 molécule d'oxygène.

On aurait en poids :

Azote...... = 4 × 224 =	896	Atomes = 4 × 60 =	240
+ Oxygène =	256	+	64
	1152		304

+ 5 × 13 = 65 atomes d'éther

Constituant 5 molécules sans condensation. On aurait :

$$\text{Oxygène, en poids, } \frac{256}{5} = 51{,}2 \quad \text{Atomes } \frac{64}{5} = 12{,}8$$

$$\text{Azote} \quad \text{»} \quad \frac{896}{5} = 179{,}2 \quad \text{»} \quad \frac{240}{5} = 48$$

$$230{,}4 \qquad\qquad 60{,}8$$

avec 13 atomes d'éther par molécule.

Il faudrait admettre que sur les cinq molécules, l'une d'elles n'aurait que 12 atomes d'oxygène.

En ce cas, la proportion centésimale des deux corps serait de :

Oxygène =	22,222
Azote...	77,778
	100,000

Cette proportion serait exactement celle de 4 molécules d'azote à 1 molécule d'oxygène. Mais entre quatre sphère d'une sorte et une seule de l'autre, aucune symétrie régulière n'est possible.

L'objection qu'on a faite à l'hypothèse d'une véritable combinaison chimique réalisée par la molécule d'air, c'est que sa formation ne dégage pas de chaleur. Mais les combinaisons sans condensation en dégagent très peu, et la combinaison de l'azote et de l'oxygène dans l'air ne donne pas lieu à condensation.

Le rapport centésimal en volume, qui est bien à peu près de :

20 ou de	20,93
80	79,07
100	100,00

vient à l'appui de la transformation possible de 4 molécules d'azote + 1 molécule d'oxygène en 5 molécules d'air. Mais ce rapport est établi d'après l'azote pur reconstitué et provenant d'air désoxygéné.

Il suffit pour justifier la proportion 20,93 à 79,07, que les molécules d'azote soient un peu plus petites, ce qui doit résulter de leur symétrie pentagonale, puisque 13 dodécaèdres pentagonaux sont plus petits que 13 dodécaèdres rhomboïdaux circonscrits à la même sphère et laissent de moindres vides internes entre leurs sphères inscrites.

Il y aurait donc lieu de croire que lorsque l'air a servi à la respiration et qu'il a été dépouillé de son oxygène, l'azote expiré reprend sa constitution moléculaire propre et sa densité de 14.

CHAPITRE LXVII

CONSTITUTION MOLÉCULAIRE DE L'ARGON

Les principes théoriques que nous venons d'exposer nous permettent de présenter une hypothèse sur la constitution moléculaire de l'argon, ce nouvel élément composant de l'atmosphère découvert par lord Rayleigh et le prof. Ramsay.

L'argon ne serait-il pas un renforcement de la molécule d'azote dont la saturation serait augmentée et qui serait à l'azote ordinaire à peu près dans les mêmes relations que l'ozone à l'oxygène ?

Ne serait-ce pas une molécule de type pentagonal, qui, au lieu des 60 atomes de l'azote ordinaire, en renfermerait 80, en sorte que chacune de ses vacuoles tétraèdres serait saturée par un tétraèdre de 4 atomes?

Dans cette hypothèse la masse moléculaire serait :

$$\frac{4}{3} 224 = 298,66$$

ce qui donnerait une densité de 18,66. C'est à peu près la moyenne des déterminations de la densité de l'argon auxquelles sont arrivés les divers observateurs. En ce cas, le poids moléculaire de l'argon ne serait pas un multiple exact du poids atomique de l'azote : $14 \times 4 = 56$. Il équivaudrait aux 16/3 de ce poids.

Si nous sommes arrivé à admettre que la molécule d'air n'est pas non plus un multiple exact de ce poids, mais qu'elle en contient les 16/5, il devient plus aisé d'admettre également que l'argon, produit dans l'air et sans doute aux dépens de ses éléments, peut aussi être constitué par de l'azote en une proportion *sui generis*.

Le volume virtuel des éléments saturants de la molécule serait alors de $\frac{80}{3,7333}^3 = 1,5378$. C'est à peu près le degré de saturation de la molécule d'eau gazeuse. Cette saturation élevée, en même temps que l'équilibre symétrique des pressions dans les 20 vacuoles de la molécule, rendraient compte de la grande stabilité et de l'inertie chimique de ce corps que nulle affinité ne semble pouvoir troubler.

Cette molécule de l'argon remplit peut-être un rôle de haute importance cosmique en devenant le noyau, le germe de la cellule organique, son point de départ et la condition première de sa formation.

Elle se formerait dans l'air même ou dans les eaux, soit aux dépens des molécules d'air, privées par la respiration animale de leur oxygène, soit par suite de la désagrégation des éléments organisés en putréfaction.

5 molécules d'air, privées de leur oxygène, donneraient les éléments de 3 molécules d'argon ou de 4 molécules d'azote.

Nous reviendrons sur ce sujet quand nous étudierons le processus de la transformation des atomes d'éther, soit en atomes pesants, soit en atomes vitalifères (Ve partie).

Toutefois, une seconde hypothèse se présente pour expliquer la constitution de l'argon.

La molécule d'azote, au lieu de recevoir 20 atomes de plus, dans ses 20 vacuoles internes, comme nous venons de le supposer, pourrait capter, dans ses 20 vacuoles externes 20 atomes d'oxygène (soit $O^{5/4}$). Le poids de ces 20 atomes étant $20 \times 4 = 80$, le poids total de la molécule serait élevé à $80 + 224 = 304$, ce qui lui donnerait une densité de $\frac{304}{16} = 19$. C'est encore là une des valeurs supposées à la densité de l'argon par ses inventeurs.

En ce cas, le volume virtuel des éléments saturants de la molécule serait de :

$$\begin{aligned} Az &= 1,1531 \\ O &= \underline{0,8125} \\ &\ 1,4656 \end{aligned}$$

Dans cette hypothèse, la saturation de la molécule serait moindre que dans l'hypothèse qui précède; mais l'inertie chimique du corps serait également expliquée par le fait que ses affinités étant satisfaites, dans un équilibre très stable de toutes les pressions convergentes, cet équilibre serait difficile à troubler.

Cette supposition se prêterait moins bien que la précédente à considérer l'argon comme le point de départ des germes organiques.

Nous verrons, en effet, que la première condition de la formation de la cellule vivante est identique à la condition de la formation de la vésicule de vapeur.

Il faut un nombre d'atomes pesants suffisant pour entourer complètement la surface sphérique d'un atome d'éther, nombre qui croît à peu près en raison inverse des carrés de leurs rayons.

Pour entourer une sphère de rayon 1, il faut plus de 90 à 108 atomes d'azote de rayon $\frac{1}{3,7333}$

Par conséquent, 80 atomes de ce corps ne peuvent entourer cette même sphère que sous pression; mais leur pression serait plus que suffisante pour produire cette diminution de volume de leur atome d'éther central.

60 atomes d'azote de rayon $\frac{1}{3,733}$ + 20 atomes d'oxygène de rayon 1/4 constitueraient une enveloppe encore plus petite, mais exerçant aussi une pression plus forte par unité de surface, parce que son poids sur la surface totale serait de 304, au lieu de 298,66.

Quoi qu'il en soit, il serait intéressant que la découverte de l'argon nous eût amenée à résoudre le problème le plus mystérieux de la nature.

CHAPITRE LXVIII

LIQUÉFACTION DES VAPEURS ET DES GAZ

Nous avons étudié précédemment les phénomènes de la fusion des solides et de la vaporisation des liquides; il nous faut étudier ici les conditions des phénomènes contraires de la liquéfaction des vapeurs et des gaz.

Quand une vapeur saturante, encore à l'état vésiculaire, en présence de son liquide saturant, est refroidie à une température inférieure à celle de sa vaporisation, par ébullition, les vésicules perdent, avec une partie de leur vitesse de rotation, une part corrélative de leur force ascensionnelle. Elles se contractent, perdent leur atome éthéré central et se réunissent en gouttelettes sur les parois du récipient, d'où elles roulent ou retombent dans leur liquide saturant.

Autres sont les conditions du phénomène quand il s'agit de corps à l'état gazeux parfait. En ce cas, les molécules gazeuses peuvent être refroidies, plus ou moins, au-dessous de leur point d'ébullition, sans revenir à l'état liquide.

S'il s'agit d'un gaz pur dans un récipient clos, la température à laquelle il pourra descendre, sans revenir à l'état liquide, dépend de la pression qu'il supporte. Quand cette pression augmente, la température de liquéfaction tend, en général, à se relever. Mais le rapport entre cette pression et cette température paraît être modifié spécifiquement par la structure moléculaire du corps et surtout par la saturation plus ou moins grande de la molécule par ses éléments pesants.

Si deux ou plusieurs gaz sont mélangés dans le même récipient clos, la température et la pression sous lesquelles se produit la liquéfaction sont encore modifiées.

Des deux gaz, l'un sature l'autre, et leur pouvoir de saturation réciproque n'est jamais égal. Celui qui se trouve sursaturant, par rapport à l'autre, se liquéfiant le premier, la pression commune sur le corps resté gazeux diminue d'autant, et l'on conçoit que la liquéfaction des deux corps dépende de conditions très complexes.

Aussi les expériences de liquéfaction en récipients fermés se font-elles, en général, sur des gaz parfaitement purs, dont les conditions de liquéfaction, plus simples, peuvent être mieux déterminées.

A l'air libre, les conditions de la liquéfaction changent encore. Chaque gaz possède, relativement à l'air, une puissance de saturation spéciale. Tant que cette puissance de saturation n'est pas dépassée, et à l'air libre elle l'est difficilement, le mélange aérien peut être refroidi, sinon à toute température, du moins généralement bien au-dessous du point de liquéfaction du gaz en suspension, sans qu'il soit reliquéfié ou même repasse à l'état vésiculaire.

Il faut faire exception pour la vapeur d'eau, produite en quantité assez considérable à la surface de la terre pour que toute l'atmosphère en soit plus ou moins imprégnée.

On sait ce qui se produit quand la vapeur d'eau y devient trop abondante. Tendant toujours à s'élever, en vertu de sa légèreté spécifique, à mesure qu'elle s'élève, la température de l'air diminuant sa capacité de saturation diminue également. La vapeur d'eau, arrivant à son point de saturation local, retourne à l'état vésiculaire, et devient visible sous la forme de halos, de brouillards, de nuages de plus en plus condensés, jusqu'au moment où, atteignant leur température de liquéfaction, ces vapeurs vésiculaires retombent sur la terre en pluie, en neige ou en grêle.

En ce cas, la vapeur d'eau dans l'atmosphère se conduit comme une vapeur en présence de son liquide saturant, dans un récipient clos; les parois de ce récipient étant formées par cette région de l'atmosphère dont la densité est trop faible et la température trop froide pour que la vapeur d'eau, même à l'état gazeux parfait, puisse y rester en suspension en quantité appréciable.

La terre occupe donc le centre d'un immense ballon rempli par son atmosphère, où les variations locales de pression et de température sont incessantes et compliquées de tensions électriques, également variables, de leurs décharges fulgurantes, de leurs courants d'induction ou de leurs courants continus.

Au mélange d'air et de vapeur d'eau qui remplit ce matras chimique se joignent encore plusieurs autres gaz. L'acide carbonique y existe en proportion moyenne presque constante. On y trouve de l'ammoniaque, provenant de la décomposition des tissus organiques, si même il ne s'y produit aux dépens de l hydrogène de l'eau et de l'azote de l'air (1). Les volcans y envoient des vapeurs chlorurées ou hydrogénées. La combustion y dégage de l'oxyde de carbone; les marécages y envoient du formène. On n'a jamais constaté la liquéfaction

(1) 6 molécules d'eau + 10 molécules d'air peuvent reformer 4 molécules

d'aucun de ces gaz, même par les froids les plus rigoureux ou aux plus hautes altitudes.

Mais, par contre, ils existent en dissolution dans l'eau des pluies qui lavent l'air de toutes ses impuretés gazeuses et les ramènent dans le sol où elles agissent comme agents fécondants de la végétation.

Le refroidissement ne suffit donc pas à liquéfier les gaz homogènes, enveloppés de leur atmosphère d'éther, sans le concours d'une certaine pression.

Réciproquement, tous les gaz peuvent être comprimés, dans une certaine mesure, sans changer d'état. On peut dire qu'ils le sont toujours, puisque la machine cosmique, tout entière, est sous une pression moyenne considérable. L'absence absolue de pression n'existe donc nulle part, sous aucune condition, pas plus dans l'éther intercosmique qu'à la surface

d'ammoniaque, 3 molécules d'ozone et 6 molécules d'azote avec un reste de 2 équivalents (+ 2 atomes) d'oxygène.

En effet :

$$\left.\begin{array}{l} 6 \text{ molécules d'eau} = H^{24} + O^{12} \\ + 10 \text{ moléc. d'air} = Az^{32} + O^{8} \\ + 2 \text{ atomes O.} \\ \hline = 16 \text{ molécules.} \end{array}\right. = \left\{\begin{array}{l} 4 \text{ mol. ammoniaque} = H^{24} + Az^{8} \\ + 6 \text{ molécules d'azote} = Az^{24} \\ + 3 \text{ molécules d'ozone} = O^{18} \\ \hline = 13 \text{ molécules} + O^{2} + 2 \text{ at. O.} \end{array}\right.$$

Ce reste de 34 atomes d'oxygène libre est disponible pour la respiration animale et végétale ou pour les combustions diverses.

Dans cette reconstitution, 16 mol. se sont condensées en 13 mol., ou 128 vol. en 104 vol. avec perte de 24 vol., et 3 × 13 atomes d'éther sont mis en liberté.

Il peut suffire de la formation de l'ozone aux dépens de la vapeur d'eau pour provoquer celle de l'ammoniaque aux dépens de son hydrogène et de l'azote de l'air, désoxygéné par la formation de l'ozone ou la combustion.

De même, 5 mol. d'air désoxygéné + 12 mol. de vapeur d'eau donneraient exactement et sans reste, 8 mol. d'ammoniaque et 4 mol. d'ozone.

17 mol. seraient condensées en 12 mol. ou 136 vol. en 96 vol. avec perte de 40 vol.

5 × 13 atomes d'éther seraient mis en liberté.

Une décharge électrique, enlevant ces atomes d'éther aux atmosphères des molécules, suffirait à provoquer leur dissociation et la réassociation de leurs éléments ; réciproquement, si, par une autre cause quelconque, ces 17 molécules sont dissociées, leurs atomes d'éther, mis en liberté, doivent déterminer un courant.

Si les 5 molécules d'air étaient complètes et pourvues de leurs 13 atomes d'oxygène, ces 5 × 13 + 65 atomes pourraient reconstruire 1 molécule d'oxygène libre. La condensation n'étant plus que de 17 à 13, il y aurait seulement 4 + 13 atomes d'éther mis en liberté.

des corps sidéraux. Seulement ces pressions sont constamment variables dans de larges limites.

Mais pour chaque corps, il y a une limite de pression où, à aucune température, il ne peut rester gazeux.

Cette limite est, pour tous, celle de leur dilatation mécanique, c'est-à-dire de l'augmentation de volume qu'ils doivent aux forces centrifuges développées par la rotation de leurs molécules, et qui, naturellement, varient comme les carrés de leur vitesse angulaire. Or celle-ci varie comme les vitesses vibratoires spécifiques de leurs atomes, pour les mêmes températures ambiantes qu'elles multiplient.

Naturellement, quand la température ambiante s'abaisse, le produit diminue.

La limite des températures auxquelles les corps peuvent rester gazeux dépend donc de cette vitesse vibratoire spécifique de leurs éléments pesants, liée elle-même à la valeur de leur masse et du rapport de cette vitesse au poids total de la molécule.

Ce ne sont donc pas les molécules dont la masse totale, et par conséquent la densité gazeuse, est le plus considérable, qui ont les points de liquéfaction les plus bas ; ce sont, au contraire, les corps dont les atomes, peu nombreux, ont les plus faibles masses, avec de petites vitesses vibratoires.

Car si l'énergie motrice augmente comme la vitesse vibratoire et, par conséquent, comme le carré de la masse des atomes et comme leur nombre, compensant ainsi l'accroissement de la somme d'inertie de la molécule, il y a une quantité que cette énergie motrice ne compense pas : c'est le poids total de la molécule.

Il faut donc que la température ambiante soit assez élevée pour multiplier la force de dilatation des molécules et, par là, leur tension mutuelle, de manière à équilibrer, par la poussée verticale du fluide, la force verticale et de sens contraire de la pesanteur, de façon que celle-ci soit égale à la force ascensionnelle des molécules.

Les molécules, très lourdes, contenant de nombreux atomes de grandes masses, comme ceux des métaux, ne garderont donc l'état gazeux que jusqu'à des températures relativement élevées, et repasseront à l'état liquide par leur simple refroidissement sous des pressions faibles. Une dépression subite, en abaissant leur vitesse vibratoire spécifique, ne pourra que hâter leur liquéfaction.

Si le poids total de la molécule tend à la ramener à l'état liquide, c'est que, si le poids n'est pas équilibré par une force ascensionnelle équivalente, la molécule tombe, et, à mesure qu'elle tombe, sa vitesse de chute s'accélérant multiplie son inertie. La force vive acquise dans la chute est ainsi dirigée perpendiculairement à la direction des forces centrifuges développées par sa rotation. Elle tend, par conséquent, à agir comme le ferait une augmentation de pression, en augmentant la pression verticale exercées par les molécules les unes sur les autres.

Un gaz de faible densité de masse, comme la vapeur d'eau, peut donc conserver l'état gazeux dans l'air, à des températures qui suffiraient à le liquéfier à l'état vésiculaire.

A bien plus forte raison, l'hydrogène restera en suspension dans l'atmosphère à toute température et toute pression sans s'y liquéfier, jusqu'à ce qu'il complète sa saturation en s'unissant à quelque autre corps. L'azote même, un peu plus léger que l'air, y restera inaltéré, jusqu'à ce qu'il s'y unisse à l'hydrogène libre, sous l'influence des orages.

Mais le chlore, le brome, l'iode, qui peuvent s'y trouver aussi en petites quantités, ne dépasseront pas les couches inférieures de l'atmosphère. Si les deux derniers de ces corps ne s'y liquéfient pas directement, à des températures bien plus basses que leurs points d'ébullition, du moins, à l'état vésiculaire, ils se dissoudront dans l'eau des pluies.

Si chacun de ces corps, à l'état pur, est contenu dans des récipients fermés, ils se liquéfieront chacun juste à la même température qui eût suffi pour les volatiliser.

CHAPITRE LXIX

RÉSISTANCE DES GAZ A LA LIQUÉFACTION

Les températures d'ébullition des gaz dits parfaits sont extrêmement basses et toutes bien au-dessous du zéro thermométrique, mais au-dessus de ce qu'on est convenu d'appeler le zéro absolu, et qui ne serait autre que la température spécifique de l'éther pur, qui résulte de l'énergie thermique propre de ce corps et qui serait mieux dénommée l'*unité de température*, puisque toutes les autres en sont des multiples.

On admet aujourd'hui que les températures d'ébullition des gaz dits parfaits sont :

Pour l'hydrogène	—	220
Pour l'azote	—	194,4 à 195
Pour l'oxygène	—	181,5 à 181,4
Pour l'oxyde de carbone	—	190
Pour le formène	—	157,5
Pour le bioxyde d'azote	—	153
Pour l'éthylène	—	103 à 102
Pour l'acide carbonique	—	78

La plupart de ces températures n'ont jamais pu être réalisées par les procédés frigorifiques les plus énergiques et restent fort incertaines.

Pour liquéfier tous ces gaz, si longtemps réfractaires à toutes les expériences, il a fallu joindre aux effets de l'abaissement de température les effets de l'accroissement de pression, et surtout ceux de la détente brusque. Le premier d'entre eux qu'on soit parvenu à liquéfier et même à solidifier est l'acide carbonique à une température de + 6° sous une pression de 36 atmosphères.

Maintenant on a triomphé des résistances de tous les autres, non seulement grâce à l'accroissement des pressions, mais en joignant aux effets de l'abaissement direct des températures ceux de la détente brusque du gaz comprimé, qui produit les plus basses températures qu'on soit parvenu à réaliser.

Jusqu'en 1877, l'hydrogène, l'azote, l'oxygène, le bioxyde d'azote, le formène avaient résisté à des températures de — 100° et aux pressions de 50 atmosphères auxquelles Faraday les avait soumis, et qui avaient réussi à liquéfier l'éthylène (bicarbure d'hydrogène) et l'hydrogène phosphoré (1).

Ces gaz avaient résisté aux pressions de 800 atmosphères de M. Berthelot et même à celles de 3000 obtenues par Natterer.

M. Cailletet, reprenant pour point de départ les expériences de Cagnard de Latour et de M. Andrews sur la vaporisation totale et les points critiques de pression et de température,

(1) 2 (C^2H^2) et 2 (PH^3).

constata d'abord qu'on peut liquéfier l'acétylène par un accroissement successif de la pression jusqu'à la température de + 31°.

Opérant ensuite sur le bioxyde d'azote, il reconnut qu'à la température de + 8 une pression de 270 atmosphères est impuissante à produire la liquéfaction, tandis qu'à la température de — 11°, elle se produit sous une pression de 100 atmosphères seulement.

M. Cailletet constata, en outre, que, le gaz étant à + 8° et comprimé à 250 atmosphères, une brusque détente amène la formation d'un brouillard, indiquant au moins un commencement de liquéfaction.

C'est en employant ce procédé de la détente subite que, vers la fin de 1877, il parvint à réduire à une apparence fugitive d'état liquide les gaz réputés permanents, qui jusque-là avaient résisté à toutes les expériences : l'hydrogène, l'azote, l'oxygène et le formène.

Vers le même temps, M. Pictet, de Genève, obtenait des résultats analogues en combinant l'action des fortes pressions à l'abaissement de température produit par l'évaporation soudaine de l'acide carbonique préalablement liquéfié.

Mais c'est seulement au moment même où on laisse s'échapper l'oxygène soumis à cette pression et à ce refroidissement, qu'on aperçoit dans le jet, éclairé à la lumière électrique, une partie centrale dont la blancheur accuse la présence de particules liquides ou même solides. Ce phénomène instantané ne fait que mieux prouver encore la résistance du gaz à changer d'état.

Par les mêmes procédés l'hydrogène se serait liquéfié et même solidifié à la température de — 240°, sous la pression de 650 atmosphères.

MM. Wrobleski et Olzewski, utilisant, comme M. Cailletet, le refroidissement produit par la liquéfaction de l'éthylène, ont obtenu des résultats plus complets. En laissant bouillir l'éthylène dans le vide, ils ont obtenu une température de — 136°. Ils en essayèrent les effets sur l'alcool et le sulfure de carbone. Celui-ci se congèle vers — 116° et fond vers — 110°. A — 129° l'alcool devient visqueux comme de l'huile et se solidifie à — 130° sous l'apparence d'un corps blanc. A l'aide de ces basses températures jointes à des pressions de plusieurs centaines d'atmosphères, ils ont liquéfié l'oxygène sans détente, l'azote et l'oxyde de carbone avec détente.

L'oxygène liquide est incolore et transparent comme l'acide carbonique. Il est très mobile et son ménisque, c'est-à-dire la ligne de séparation du liquide et du gaz, est très net. Sa température critique se montre plus basse que la température d'ébullition de l'éthylène, sous la pression atmosphérique. C'est pourquoi M. Cailletet ne l'avait pas atteinte. Cette température serait de — 113°, sous une pression de 50 atmosphères. La température d'ébullition normale est de — 181,5.

L'azote, refroidi à — 150° et comprimé à 150 atmosphères, ne s'est pas liquéfié. Une détente brusque a produit une ébullition tumultueuse, mais une détente jusqu'à 50 atmosphères seulement a réalisé une liquéfaction totale.

L'azote liquide est incolore et transparent comme l'oxygène. Il présente d'abord un ménisque de séparation bien distinct, entre la partie liquide et le gaz, mais il s'évapore si rapidement qu'il n'existe que pendant quelques secondes à l'état statique des liquides. Pour le maintenir à l'état de liquéfaction il faudrait une température constante inférieure à — 136°.

Aujourd'hui la liquéfaction de presque tous les gaz, et surtout de l'oxygène, est entrée dans la pratique industrielle. Enfin on a réalisé la liquéfaction industrielle de l'air qui a résisté le dernier à tous les procédés de l'expérience, mais a fini par être vaincu.

D'où provient donc cette résistance, presque invincible, de ces divers gaz à modifier leur état ?

Nous avons vu que deux d'entre eux sont très incomplètement saturés par leurs atomes pesants ; mais l'azote, qui oppose les mêmes résistances, a une saturation plus complète, de 1,1531, il est vrai dans une molécule construite sur un autre type où les pressions extérieures sont plus symétriquement équilibrées et plus exactement concentriques.

La saturation de la molécule d'air qui = 1,1255 est intermédiaire entre celles de l'hydrogène et de l'oxygène = 1 et celle de l'azote. Celle du bioxyde d'azote = 1,07655.

Par contre, celle de l'oxyde de carbone = 1.6852; celle de l'acétylène 3,37 — 1 = 2,37 ; celle du formène = 3,185 — 1 = 2,185 et celle de l'éthylène = 4,37 — 1 = 3,37.

Chez ces deux derniers carbures, le nombre des atomes

d'hydrogène étant trop grand pour se loger dans les grandes vacuoles intersphériques des atomes d'éther, leur excédant doit former un noyau moléculaire qui remplace l'atome éthéré central, ce qui diminue la saturation d'une unité.

Il est naturel d'admettre que la saturation plus ou moins grande de la molécule augmente ou diminue sa résistance à la compression.

Quand un gaz est soumis à des pressions croissantes, en vertu de la loi de Mariotte, son volume diminue en raison inverse de la pression. Sous une pression de deux atmosphères, son volume est réduit de moitié ; sous quatre atmosphères il n'est plus que de 1/4.

Mais à mesure que son volume diminue, sa température s'élève. Théoriquement elle devrait s'élever de 1/272 pour une diminution égale de volume. Quand ce volume est réduit à moitié, sa température devrait donc s'élever de 136°, et quand il est réduit à 1/4, cette température devrait augmenter de 204°.

Sa tension, qui augmente avec sa température, se trouverait ainsi équilibrer toujours la pression. Car si on laissait ainsi s'exalter l'énergie thermique des molécules, la vitesse de rotation, qui tend à augmenter avec elle, s'opposerait à la liquéfaction. Le gaz comprimé resterait gazeux.

Il faut donc qu'on le maintienne dans un milieu réfrigérant qui, en absorbant l'accroissement de son énergie thermique, lui conserve une température constante. En ce cas, il suffit de l'accroissement des frottements sur les plans de contact intermoléculaires pour retarder la vitesse de rotation. Quand celle-ci s'arrête, les molécules sont réduites à leur sphère-enveloppe, de rayon 3, qui, augmentée de leur vacuole intermoléculaire, réduit le volume moyen d'une molécule à $113 \frac{14}{13} = 121,7$.

Le volume gazeux se trouve ainsi réduit environ à 1/10 de son volume primitif, sous une pression de 10 atmosphères.

Si la saturation des molécules est incomplète, si ses vacuoles internes ou externes sont relativement vides, le gaz peut continuer à se comprimer suivant la même loi jusqu'à ce que tous ses éléments atomiques soient ramenés à leur volume virtuel.

Alors seulement la loi de Mariotte cesse d'être exacte ; le gaz résiste à la compression, et s'échaufferait toujours davantage, s'il n'était maintenu dans un milieu de plus en plus froid jusqu'au moment où, la tension interne du gaz l'emportant sur la résistance des parois du récipient qui le contient, ses atomes éthérés s'échappent. C'est l'état critique qui commence. Pendant toute sa durée, le volume du gaz diminue et la pression reste constante, jusqu'à ce que toute la masse gazeuse ait passé, non pas d'abord à l'état liquide, mais à l'état vésiculaire. En cet état toute la masse du corps est homogène et on n'y distingue plus une partie liquide et une autre partie gazeuse. C'est en réalité à cet état que sont amenés les gaz parfaits par l'action combinée de la pression et du froid.

Alors si l'on y ajoute la détente brusque, une partie de la masse totalement vaporisée à l'état vésiculaire devient liquide en cédant ses atomes éthérés à l'autre partie qui, à leur aide, redevient gazeuse.

Mais si la détente est totale et que toute la masse, devenue liquide, se trouve en contact avec l'éther ambiant, elle repasse elle-même totalement à l'état gazeux.

On conçoit donc pourquoi le défaut de saturation d'un gaz peut abaisser son point de liquéfaction par la pression, en permettant à la loi de Mariotte de rester exacte sous des pressions plus fortes, et comment aussi l'énergie thermique des atomes, en neutralisant l'effet des réfrigérants en contact avec eux, contribue, de son côté, à s'opposer à la liquéfaction des molécules gazeuses.

Il en résulte ainsi que les gaz qui résistent le plus à la liquéfaction sont ceux dont les molécules sont incomplètement saturées par des atomes trop peu nombreux, relativement à leur volume virtuel, et ceux, d'un autre côté, dont les masses atomiques sont faibles et les atomes pesants relativement très gros.

Ainsi s'expliquent que tous les gaz, dits parfaits, qui suivent la loi de Mariotte sous des pressions très élevées et à des températures très basses, sont tous, sans exception, constitués d'atomes dont les masses atomiques ne s'élèvent pas au-dessus de 4, c'est-à-dire exclusivement de quatre corps : l'hydrogène, le carbone, l'azote et l'oxygène dont les masses atomiques sont respectivement 2, 3, 3,733 et 4.

Toutefois, cette limite comprenant aussi les métaux alcalins, il y aurait lieu d'en conclure que ces corps, à l'état gazeux, doivent participer des mêmes propriétés, à condition toutefois de n'être pas sursaturés par un trop grand nombre d'atomes. Il en ressortirait, par exemple, que la molécule gazeuse du lithium, supposée constituée par 4 fois son poids moléculaire, ne comptant que 32 atomes d'un volume virtuel $\frac{32}{3{,}5^3}$, devrait avoir un point de liquéfaction très bas. Au contraire, celui de la molécule gazeuse du potassium, supposée également constituée de 4 fois son poids moléculaire, renfermant $\frac{44 \times 4}{3{,}5454^3}$, devrait être beaucoup plus élevé.

De même, le phosphore, l'arsenic, le sélénium, le tellure, le brome, l'iode doivent avoir des températures de liquéfaction élevées. S'il en est de même du soufre, malgré sa faible saturation moléculaire, c'est que sa masse atomique $= 5{,}333$ possède une énergie thermique trop forte, qui multiplie cette faible saturation.

La saturation des molécules gazeuses joue donc un rôle assez important dans leur équilibre, en ce qu'elle mesure leur densité dynamique relative; les volumes virtuels de leurs atomes pesants, étant proportionnels aux forces expansives de ces atomes, sont un facteur de leur énergie thermique.

Non seulement parmi les corps simples, mais aussi parmi les composés, les produits des volumes virtuels $= \frac{N}{m^3}$ et des masses atomiques m, multipliant les rapports $\frac{t}{N}$ des températures absolues d'ébullition aux nombre des atomes de la molécule, semblent tendre vers l'unité aux basses températures et la dépasser aux températures élevées.

C'est ce que montre le tableau ci-contre.

Il y a identité entre les trois formules

$$t\frac{w\ m}{N} = t\frac{N}{m^3}\frac{m^2}{N\ m} = \frac{t}{m^2} \lessgtr 1.$$

Étant donnée la masse m, d'un atome dont la vitesse vibratoire spécifique $= m^2$, sa température d'ébullition est déterminée dans une certaine mesure par l'égalité $m^2 = t$, que modifie sans doute un coefficient spécifique ignoré.

La température d'ébullition, ou de vaporisation vésiculaire, sinon de volatilisation gazeuse, tendraient ainsi vers une certaine proportionnalité, au moins approchée, avec les carrés des masses atomiques, chez les corps simples et avec les carrés de leurs moyennes chez les corps composés.

Toutefois cette loi simple paraît s'effacer chez certains corps composés, tels que l'ammoniaque et l'eau, qui donnent les rapports $\frac{t}{m^2}$ de 2 et 3.

Le rapport 3 que donne la vapeur d'eau, s'éloigne de l'unité dans la même mesure, bien qu'en sens contraire, que les rapports 1/3 que donnent l'azote et l'oxygène.

Entre ces limites extrêmes on trouve donc une variation de 9 à 1.

Dans cette grande variabilité du rapport $\frac{t}{m^2}$ il faut faire la part de l'incertitude où nous sommes des véritables températures d'ébullition de la plupart des corps, et des rapports de ces températures avec celles de volatilisation gazeuse complète.

Pour les principaux corps qui maintiennent leur état gazeux aux températures très basses, il y a jusqu'ici une confusion complète à cet égard, et il est extrêmement difficile de déterminer la part du refroidissement et celle de la pression dans la production de leur état critique.

Ainsi sous une pression de 35 atmosphères l'azote arrive à cet état à $\frac{272^{\circ} - 146^{\circ}}{16} = 7^{\circ}\,875$, température bien plus élevée que sa température d'ébullition normale 4,81 et qui donnerait le rapport 0,565 au lieu de 0,3451.

De même, la température critique de l'oxygène étant de $\frac{272 - 118}{16} = 9{,}625$ sous une pression de 50 atmosphères, de cette température de vaporisation totale se déduirait un rapport $\frac{t}{m^2}$ de 0,6 au lieu de 0,3360.

Peut-être y aurait-il lieu de faire intervenir la dilatation ou la contraction du volume moléculaire à la température où se produit la vaporisation : c'est une question posée pour l'avenir.

TABLEAU R

Noms des corps	I Températures absolues d'ébullition	II Volumes virtuels $w = \frac{N}{m^3}$	III Masses atomiques m	IV Nombre d'atomes N	V $\frac{t}{m^2} = \frac{t\,w\,m}{N} = 1 \frac{N}{m^3} \frac{m^2}{N\,m}$
	I. — *Corps simples*				
Hydrogène $= H^4$	$\frac{272 - 220}{16}$	$\times 1$	$\times 2$	: 8	= 0,8125
Azote $= Az^4$	$\frac{272 - 195}{16}$	$\times 1.1531$	$\times 3.733$	: 60	= 0.3451
Oxygène $= O^4$	$\frac{272 - 181}{16}$	$\times 1$	$\times 4$	: 64	= 0.3556
Chlore $= Cl^4$	$\frac{272 - 50}{16}$	$\times 1.1316$	$\times 4.733$	: 120	= 0.6193
Brome $= Br^4$	$\frac{272 + 60}{16}$	$\times 1.3756$	$\times 5.715$	: 224	= 0.3509
Iode $= I^4$	$\frac{272 + 176}{16}$	$\times 1.2584$	$\times 6.35$	: 320	= 0,6992
Phosphore $= P^4$	$\frac{272 + 287}{16}$	$\times 1.639$	$\times 4.96$	: 200	= 1.4237
Mercure $= Hg^2$	$\frac{272 + 357}{16}$	$\times 0.2563$	$\times 8.888$	: 190	= 0.4975
Soufre $= S^4$	$\frac{272 + 448}{16}$	$\times 0.6329$	$\times 5.333$	: 96	= 1.582
Sélénium $= Se^4$	$\frac{272 + 760}{16}$	$\times 0.9177$	$\times 6.1$	: 208	= 1.654
Tellure $= Te^4$	$\frac{272 + 772}{16}$	$\times 1.2221$	$\times 6.4$	: 320	= 1.5997
	II. — *Corps composés* (1)				
Oxyde de carb. = 2 (Co)	$\frac{272 - 190}{16}$	$\times 1.6852$	$\times 3.5$	: 64	= 0.47223
Oxyde d'azote = 2 (Azo)	$\frac{372 - 153}{16}$	$\times 1.07654$	$\times 3.871$	: 62	= 0.50000
Formène $= 2 (CH^4)$	$\frac{272 - 157}{16}$	$\times 2.1852$	$\times 2.66$	: 48	= 0.8707
Acétylène $= 2 (C^2H^2)$	$\frac{272 - 123}{16}$	$\times 3.37$	$\times 2.88$	: 72	= 1.255
Éthylène $= 2 (C^2H^4)$	$\frac{272 - 105}{16}$	$\times 3.37$	$\times 2.8$	: 80	= 1.231
Ammoniaque $= 2 (Az H^3)$	$\frac{272 - 38}{16}$	$\times 2.0765$	$\times 3.2381$	: 42	= 2.3414
Eau $= 2 (H^2 O)$	$\frac{272 + 100}{16}$	$\times 1.5$	$\times 3.6$	: 10	= 3.0215

(1) Pour les corps composés j'ai pris la masse moyenne $\frac{M + M_o}{N + N^o} = m$.

CHAPITRE LXX

DILATATION DES GAZ. — LA GAMME THERMIQUE

Selon l'hypothèse d'Ampère et d'Avogadro, maintenant adoptée par tous les chimistes, toutes les molécules gazeuses ont le même volume aux mêmes températures.

D'après les recherches de Gay-Lussac, confirmées depuis par les plus savants expérimentateurs, le coefficient de dilatation des gaz est d'environ 1/273 de leur volume par degré centigrade de température.

1/273 = 0,0036747. Cette valeur est légèrement variable. Pour les coefficients de dilatation de divers gaz on trouve :

Pour l'hydrogène....	0,003661
Pour l'air.............. ..	0,003670
Pour l'oxyde de carbone....	0,003699
Moyenne.......=	0,003677 : 3 = 0,003677 = 1/272

La valeur 1/272 semble donc plus exacte et il y a quelques avantages pratiques à l'adopter.

D'après les théories actuellement proposées, dans la dilatation des gaz ce serait l'espace vide entre les molécules qui augmenterait ; d'après la théorie que j'expose, ce sont les molécules elles-mêmes qui se dilatent, en vertu de l'accroissement de leur vitesse de rotation et de la vitesse vibratoire de leurs atomes. Nous avons vu que la première est dépendante de la seconde. (Ch. LVIII, p. 475.)

On sait, d'un autre côté, que le volume d'une molécule de vapeur d'eau, réduit au zéro du thermomètre centigrade et à la pression d'une atmosphère, est 1240 fois son volume liquide, sous la même pression et à la même température, soit :

$$\frac{1 \times 773,28 \times 14,44}{9}$$

D'après le coefficient de dilatation 1/272, son volume à 100° est de 1696.

Ce volume ne serait doublé qu'à 372°. Si la même loi se continuait, il ne serait quadruplé qu'à 272 × 3 + 100 = 916°.

De même, si au-dessous de zéro la molécule perd, pour chaque degré centigrade 1/272 de son volume, à — 272° ce volume serait-il donc anéanti ?

Nos mécanistes n'ont pas reculé devant cette conséquence extrême de leur théorie qui conduit ainsi à l'anéantissement total, ou presque total du volume des corps.

Nous venons de voir, au contraire, que la molécule a un volume initial qui ne peut être réduit par simple refroidissement et qui est constant pour tous les gaz. (Ch. LVIII, p. 474.)

Sous leur volume virtuel, les matériaux pesants de la molécule gazeuse représentent seulement de 1 à 3 unités de volume sphérique, rarement jusqu'à 3, sauf dans les composés organiques. Mais ces éléments pesants s'entourent de 13 atomes d'éther, du volume total de 13 unités sphériques virtuelles de rayon 1.

Par le fait de la constitution en molécule gazeuse de ces éléments hétérogènes, c'est-à-dire du mélange intime des atomes éthérés et des petits atomes pesants, qui se logent dans les interstices des 13 sphères virtuelles de leurs grands voisins, ceux-ci deviennent mutuellement tangents et leur volume total atteint la valeur constante de

$$13 \times 4 \times 2^{1/2} = 73,5384.$$

C'est le volume de 13 dodécaèdres circonscrits à la sphère de rayon 1.

Ce volume est irréductible par simple refroidissement.

Par conséquent, si, à l'état gazeux, à la température 0° cent. et sous la pression d'une atmosphère, la molécule de vapeur d'eau a augmenté de 1240 fois son volume à l'état liquide, il faut retrancher de cette dilatation l'augmentation de volume qu'elle doit à sa constitution moléculaire nouvelle et à l'intime union de ses éléments pesants avec 13 atomes d'éther, dont les sphères virtuelles sont réciproquement tangentes.

Si son volume est 1240 à 0° centigrade, et qu'elle perde 1/272 de son volume pour chaque degré d'abaissement de la température, à — 136° son volume sera réduit à 620 ; il ne sera plus que 310 à — 204°, puis 155 à — 238° et enfin 77,5 à — 255°.

A cette température la molécule sera presque revenue à son volume initial constant 73,54.

La température — 272°, prise pour 0 absolu, n'a en réalité jamais été atteinte. Expérimentalement on n'a jamais dépassé

TABLEAU S. — *Gamme thermique*

I Dilatation du volume moléculaire suivant les puissances de 2	II Dilatation de l'unité de volume	III Echelle thermique théorique	IV Vitesses vibratoires	V Échelle thermométrique absolue		VI Echelle thermométrique centigrade
$1250 \frac{16}{272}$ — 73.54	1	1	1	16°	=	— 256°
$1250 \frac{32}{272}$ — 147.08	2	2	4	32°	=	— 240°
$1250 \frac{64}{272}$ — 294.16	4	4	16	64°	=	— 208°
$1250 \frac{128}{272}$ — 588.32	8	8	64	128°	=	— 144°
$1250 \frac{256}{272}$ — 1176.64	16	16	256	256°	=	— 16°
$1250 \frac{272}{272}$ — 1250.00	17	17	17^2	272°	=	= 0°
$1250 \frac{372}{272}$ — 1709.56	23.25	23.25	23.25^2	372°	=	+ 100°
$1250 \frac{512}{272}$ — 2353.28	32	32	32^2	512°	=	+ 240°
$1250 \frac{544}{272}$ — 2500.00	34	34	34^2	544°	=	+ 272°
$1250 \frac{1024}{272}$ — 4706.56	64	64	64^2	1024°	=	+ 752°
$1250 \frac{1088}{272}$ — 5000.00	68	68	68^2	1088°	=	+ 816°
$1250 \frac{2048}{272}$ — 9413.12	128	128	128^2	2048°	=	+ 1776°
$1250 \frac{2176}{276}$ — 10000.00	136	136	136^2	2176°	=	+ 1904°
$1250 \frac{4096}{272}$ — 18826.24	256	256	256^2	4096°	=	+ 3824°
$1250 \frac{4352}{272}$ — 20000.00	272	272	276^2	4352°	=	+ 3980°

— 220°. Si on prend pour unité de température celle de l'éther, supposée de — 256°, et qu'on divise ce chiffre par 16, on obtient, au-dessous du zéro thermométrique, 16 degrés d'une échelle thermique, représentant des accroissements successifs de vitesse vibratoire proportionnels aux carrés des nombres de 1 à 16, dans une unité de temps d'une durée à déterminer, et des dilatations croissant comme les racines carrées de ces vitesses vibratoires, ou en raison directe simple des degrés de cette échelle.

Supposant de 1250 le volume de la molécule gazeuse au zéro thermométrique, ce volume, au premier degré de cette échelle, serait réduit à 73,54 unités, après avoir été diminué 16 fois de $\frac{16}{272}$ ou de $\frac{16}{17}$. Le volume virtuel primitif de 73,54 au premier degré de l'échelle, se trouverait ainsi, au zéro thermométrique, avoir doublé quatre fois et une fraction.

C'est ce que montre le tableau ci-contre.

La première colonne à gauche montre la dilatation du volume initial de la molécule gazeuse, 73,54, à des températures qui s'élèvent successivement comme les puissances de 2.

La seconde colonne donne les dilatations de l'unité de volume, jusqu'à la dixième puissance de 2.

Les valeurs en sont identiques à celles de la troisième, qui est l'échelle théorique dont les degrés sont proportionnels aux dilatations de l'unité de volume. Ce sont les degrés absolus de température. Chacun de ces degrés répond à 16° de l'échelle centigrade.

La quatrième colonne, qui est la série des carrés des puissances de 2, représente les vitesses vibratoires, ou les nombres croissants de vibrations dans l'unité de temps, qui correspondent aux accroissements des températures et des volumes selon les puissances de 2.

Dans la cinquième colonne sont les accroissements des températures thermométriques, exprimés à partir du zéro absolu et réduits, dans la sixième, à l'échelle centigrade.

On voit que les termes de l'échelle absolue des températures (colonne V) sont égaux aux accroissements de l'unité de volume (colonne II), et aux termes de l'échelle thermique (colonne III) multipliés par 16.

Entre les deux premières lignes et dans les colonnes correspondantes, se trouvent le volume de la molécule gazeuse à 0° cent., et son volume à 100°.

Les vitesses vibratoires (colonne IV) correspondant aux deux températures de la glace fondante et de l'ébullition de l'eau, sont les carrés des dilatations aux mêmes températures (colonne II). On voit que la vitesse vibratoire ne double pas tout à fait entre les 100 degrés qui constituent l'échelle usuelle du thermomètre. Ces 100 degrés ne représentent pas une octave thermique.

Dans la dernière moitié du tableau se continuent, entre les couples des lignes suivantes, les termes d'une double série de valeurs qui s'entre-croisent.

La série progressive des dilatations et températures, selon les puissances de 2, alterne avec les doublements successifs des volumes et des températures à partir du zéro centigrade, qui suivent toujours les premières à des distances proportionnelles, sans jamais chevaucher les uns sur les autres.

On suit ainsi dans ce tableau la gamme thermique depuis l'unité, ou zéro absolu, jusqu'à 4096 absolus, c'est-à-dire du minimum des températures à une température suffisante pour fondre tous les métaux.

On voit que les dilatations de la molécule gazeuse doublent seulement quatre fois son volume au-dessous de zéro et que ce volume ne double également que quatre fois de ce même zéro thermométrique jusqu'à 4096° absolus, ou 3824° cent.

Les vitesses vibratoires augmentent comme les carrés des dilatations et des températures. Elles doublent huit fois, de l'unité thermique, ou zéro absolu, ou plutôt de — 256 au zéro centigrade, et huit fois au-dessus de ce zéro jusqu'à 3824° cent., qui représente ainsi la dix-septième tonique de la gamme des vibrations thermiques.

Celle-ci compterait donc, à partir de la vitesse vibratoire initiale de l'éther, représentant une vibration dans l'unité de temps, huit octaves au-dessous de zéro, et une série indéfinie d'octaves au-dessus.

La série des vibrations calorifiques serait ainsi tout à fait comparable à la série des vibrations sonores ; mais sans aucun doute, ces vibrations sont beaucoup plus rapides absolument. Car si nous pouvons mesurer expérimentalement le nombre des vibrations sonores dans notre unité de temps, la seconde, nous pouvons seulement déterminer *a priori* les nombres relatifs des vibrations thermiques dans une unité de temps indéterminée, dont nous ignorons la durée, relativement à notre unité de temps usuelle, mais qui en est sans doute une petite fraction.

Des recherches futures en ce sens pourront peut-être nous révéler un jour cette inconnue et nous livrer le rapport des deux unités de temps différentes d'où partent les gammes sonores et thermiques.

Nous avons vu (chapitre XXXI, IIe partie, p. 224) que les deux modes vibratoires diffèrent essentiellement. Les vibrations thermiques sont des vibrations simples et interatomiques, tandis que les vibrations sonores sont, comme celles de l'eau, auxquelles on les compare avec raison, des vibrations ou ondes complexes, intermoléculaires, impliquant un déplacement des centres matériels, et un véritable mouvement d'aller et de retour. C'est pourquoi les vibrations sonores ne peuvent se produire que dans un milieu pesant, moléculairement constitué, résistant au mouvement par son inertie, de façon à pouvoir donner lieu à des compositions de forces et à des résultantes motrices. La vibration thermique, au contraire, qui traverse tous les milieux, reste toujours élémentaire et individuelle. Mais il faut admettre que ce sont des vibrations interatomiques qui fournissent les composantes dont les vibrations sonores, intermoléculaires, sont les résultantes complexes.

Il est à croire que la progression des dilatations, proportionnelles aux racines carrées des vitesses vibratoires, n'a pas, dans toute la série des températures, la régularité mathématique que leur accorde notre tableau. Cette série souffre d'ailleurs des variations spécifiques dans tous les corps, comme on le voit par la variation du coefficient de dilatation des gaz.

Gay-Lussac, pour établir la valeur de ces coefficients, ainsi que tous ses savants successeurs, Régnault et autres, pour la vérifier, n'ont pas mesuré directement l'accroissement des volumes gazeux pour chaque degré du thermomètre. Il leur eût été impossible de le tenter, sans s'exposer à de plus grandes erreurs que celles auxquelles peut donner lieu l'établissement de moyennes entre certaines limites de température.

En général, tous les coefficients de dilatation sont mesurés entre 0° et 100° cent. La dilatation obtenue pour cet accroissement de chaleur de 100°, divisée par 100, donne le coefficient moyen dans cette limite.

Or, les températures de 0° à 100° représentent le médium de l'échelle thermique expérimentale. Il se peut que, justement vers ce point de la gamme thermique, les coefficients de dilatation soient remarquablement constants.

On sait que, pour les solides, ces coefficients croissent avec la température et croissent très inégalement pour les divers corps. Les mêmes constatations n'ont pas encore été faites pour les gaz.

Il est à croire qu'au-dessous de 0° cent., les coefficients, loin d'être égaux, diminuent; que pour des abaissements égaux du thermomètre, les pertes de volume sont de plus en plus petites, en sorte qu'il faudrait un abaissement du thermomètre de plus de 256° au-dessous de 0 pour réduire la molécule gazeuse à son volume initial 73,52.

En effet, à mesure que les corps se contractent, l'énergie thermique des atomes augmente et réagit contre l'abaissement de la température du milieu ambiant et contre toutes les causes extérieures de refroidissement par conductibilité ou rayonnement. C'est-à-dire que le corps se refroidit moins que son milieu et moins, par conséquent, que ne l'indique le thermomètre.

Quand les corps s'échauffent, les phénomènes sont d'un ordre tout contraire. Pour chaque dilatation du corps son énergie thermique diminue. Il s'échauffe moins vite que son milieu et son coefficient de dilatation, au lieu d'augmenter, devrait encore diminuer absolument.

Il y aurait ainsi vers le médium de la gamme thermique un coefficient de dilatation maximum; mais comme tous nos thermomètres sont gradués en supposant des dilatations égales pour chaque degré, entre 0° et 100°, le coefficient moyen qui s'en déduit se trouverait ainsi diminué pour les températures extrêmes.

En sorte que, si le maximum de dilatation ne se trouve pas pour tous les corps au même degré de l'échelle thermométrique; si, par exemple, il s'élève plus rapidement chez les corps très denses, ou selon toute autre loi, le coefficient moyen établi entre 0° et 100° cent. se trouve être trop petit pour ces mêmes corps, dont le coefficient de dilatation doit ainsi paraître grandir rapidement, bien qu'il ne grandisse que relativement au coefficient moyen établi d'après le médium de la gamme thermométrique.

CHAPITRE LXXI

TENSIONS THERMIQUES SOUS VOLUME CONSTANT ET SOUS VOLUME VARIABLE

Quand les gaz, qui s'échauffent, se dilatent librement, suivant une certaine proportion avec les températures, leur tension, c'est-à-dire la pression extérieure à laquelle ils peuvent faire équilibre, reste constante.

Il en est autrement lorsque, confinés dans des récipients clos et inextensibles, ils s'échauffent sous volume constant. En ce cas c'est leur pression qui varie, et qui varie plus rapidement que ne varie leur volume à pression constante, pour les mêmes variations de température thermométrique.

Lorsqu'un corps est constitué d'atomes hétérogènes (et tels sont tous les gaz), ce sont les plus petits qui imposent leur vitesse vibratoire spécifique aux plus grands sur leurs plans de contact communs, quand ils restent sécants ; seulement, quand ils deviennent tangents, la vitesse vibratoire diminue, ainsi que la tension au centre des plans et la densité dynamique ; par conséquent, en ce cas, l'énergie vibratoire diminue.

Quand un gaz s'échauffe sous pression constante et à volume variable, ses atomes doivent devenir tangents. Au contraire, s'il s'échauffe sous volume constant et pression croissante, ses atomes doivent rester sécants ; et il faudra leur fournir moins d'énergie calorifique pour les amener à une même température et à une même tension.

On en peut conclure que le rythme vibratoire des diverses molécules gazeuses est toujours celui du corps pesant qu'elles contiennent entre leurs atomes d'éther, et non le rythme minimum de l'éther ; que de même dans les molécules, comme celle de la vapeur d'eau, qui contiennent des atomes jouissant de propriétés thermiques différentes, c'est le rythme le plus rapide qui s'impose à la molécule. Ce serait donc le rythme vibratoire de l'hydrogène et de l'oxygène qui s'imposerait aux molécules gazeuses de ces corps, et non celui de l'éther ; et de même ce serait le rythme vibratoire de l'oxygène qui s'imposerait à la molécule d'eau.

De la série des dilatations des gaz proportionnelle, aux accroissements de température, sous pression constante, il est curieux de rapprocher la progression, si rapide, des tensions de la vapeur d'eau, sous les mêmes variations thermiques, mais sous volume constant, qu'en donne le tableau suivant T.

La première colonne, à gauche, donne la série des puissances de 2. La seconde donne, en millimètres de mercure, les tensions manométriques, pour chacune de ces puissances successives. La troisième donne les valeurs les plus voisines des tables.

La quatrième colonne donne les températures correspondantes dans l'échelle centigrade, que la cinquième traduit en températures absolues.

La sixième colonne donne les différences absolues de température pour des tensions successivement doublées. On voit que ces différences augmentent irrégulièrement et très vite de — 32° à 0°, où elles se relèvent subitement, pour croître ensuite, lentement et progressivement, jusqu'à la fin de la série (1).

La septième colonne donne les rapports de ces mêmes températures pour des tensions successivement doublées.

Cette table atteint la tension de 27,6 atmosphères correspondant à la seizième puissance de 2; la tension de 0mm,32, répondant à la température — 32°, étant prise pour l'unité de tension.

On voit qu'à toutes les températures leurs rapports croissent moins vite que ceux des tensions.

Il en ressort qu'à des accroissement de chaleur presque égaux ou très lentement croissants, répondent des tensions successivement doubles.

Au-dessous de 0° l'eau, à l'état solide, n'émet que de rares vapeurs. Une partie de la chaleur qu'elle reçoit est em-

(1) Les expériences au-dessous de 0° sont assez délicates pour rendre possibles de larges erreurs. Si à la tension 0mm ; 64 correspondait une température de — 24, au lieu de — 25,66, on aurait jusqu'à 0° des accroissements égaux de température pour des tensions successivement doubles.

TABLEAU T

Tensions de la vapeur d'eau saturante.

I Puissance de 2	II Tensions selon les puissances de 2 en millimètres	III Tensions les plus voisines prises dans les tables	IV Températures centigrades	V Températures absolues	VI Différences des températures absolues pour des tensions doubles	VII Rapports des températures absolues pour des tensions doubles
1	0,32	0,32	— 32°	240°	6°34	1,026
2	0,64	0,64	— 25°66	246°34		
4	1,28	1,28	— 16°	256°	9°66	1,039
8	2,56	2,56	— 8°	264°	8°	1,031
16	5,12	5,22	+ 1°5	273°5	9°5	1,0360
32	10,25	10,46	+ 12°	284°	10°5	1,0383
64	20,48	20,89	+ 23°	295°	11°	1,0387
128	40,96	41,83	+ 35°	307°	12°	1,041
256	81,92	83,20	+ 48°	320°	13°	1,042
512	163,84	163,17	+ 62°	334°	14°	1,044
1.024	327,68	326,81	+ 78°	350°	16°	1,048
2.048	655,36	657,84	+ 96°	368°	18°	1,051
4.096	1310,72	1311,47	+ 116°	388°	20°	1,054
8.192	2621,44	2641,40	+ 139°	411°	23°	1,059
16.384	5242,88	4651,60 5960,71	+ 164°5	436°5	25°5	1,062
32.786	10485,76	9442,70 11674,10	+ 194°	466°	29°5	1,068
65.536	20971,52	20971,50	+ 230°	502°	36°	1,077

ployée à la fusion préalable des molécules qui tendent à se vaporiser, c'est-à-dire, comme nous l'avons vu, à leur mise en rotation. La tension ne peut donc être que très faible et doit croître moins vite, relativement, que la température.

De 0° à 100°, l'eau commence à s'évaporer lentement. La plus grande partie de la chaleur est encore employée au travail interne de la constitution des vésicules gazeuses. Cette production de vapeur est encore faible et sa tension est proportionnelle à sa quantité.

A mesure que la vaporisation devient plus active et que le point de saturation s'élève avec la température, la tension de la vapeur augmente relativement à celle-ci, puisque à volume constant elle ne peut s'épandre. A la tension de la vapeur produite s'ajoute celle de la tension du liquide qui tend à se vaporiser. Mais tandis que l'accroissement de température précipite sa vaporisation, la tension de la vapeur déjà produite la retarde.

En sorte que l'accroissement de la tension totale doit augmenter constamment plus vite que la température, d'abord proportionnellement aux vitesses vibratoires des atomes, ou au carré des températures, puis aux températures supérieures à 100°, jusqu'au carré des vitesses vibratoires.

A 100°, la vaporisation atteint sa pression normale d'ébullition rapide. Dans un espace déjà saturé, la tension croissante de la vapeur produite tend à retarder le point d'ébullition du liquide encore subsistant et s'ajoute à sa tension interne, qui tend à le vaporiser. Les deux tensions, ajoutant leur effet, arrivent ainsi à dépasser le carré des vitesses vibratoires.

Ces rapports apparaissent clairement si on compare aux valeurs croissantes des températures au-dessus de 100°, la série croissante des tensions en atmosphères, que donne le tableau suivant U, où l'accroissement des tensions, proportionnellement au double carré des températures ou au carré des vitesses vibratoires, se montre avec évidence.

TABLEAU U

Tensions en atmosphères	Températures centigrades	Différences des températures	Rapports des températures	Carrés de ces rapports
1	100°	21	$\frac{121}{100} = 1,21$	$\frac{121^2}{100} = 1,161 = 2\,1/2$
2	121°	13	$\frac{131}{100} = 1,31$	$\frac{134^2}{100} = 1,7956 = 3\,1/2$
3	131°	10	$\frac{111}{100} = 1.11$	$\frac{111^2}{100} = 2,0736 = 4\,1/2$
4	151°	8	$\frac{152}{100} = 1.52$	$\frac{152^2}{100} = 2,3101 = 5\,1/2$
5	152°	7	$\frac{159}{100} = 15.9$	$\frac{159^2}{100} = 2.5281 = 6\,1/2$
6	159°	6	$\frac{165}{100} = 1.65$	$\frac{165^2}{100} = 2,91556 = 7\,1/2$
7	165°	5.75	$\frac{170.75}{100} = 1,7075$	$\frac{170.75^2}{100} = 2,91556 = 8\,1/2$
8	170°75	5.25	$\frac{176}{100} = 1,76$	$\frac{176^2}{100} = 3,09761 = 9\,1/2$
9	176°	15	$\frac{181}{100} = 1.81$	$\frac{181^2}{100} = 3.2761 = 10\,1/2$
10	181°			

Les carrés des rapports des températures sont proportionnels aux racines carrées des tensions, donc les tensions sont proportionnelles aux quatrièmes puissances des températures, la température d'ébullition étant prise pour unité.

On voit, en effet, que pour les tensions de 1 à 10 atmosphères, les carrés des rapports des températures correspondantes à la température d'ébullition sont sensiblement égaux aux racines carrées des tensions, bien qu'un peu plus rapidement croissants.

Il en ressort avec évidence que les températures croissent comme les racines quatrièmes des tensions, ou que les tensions croissent comme les quatrièmes puissances des températures, celle d'ébullition qui correspond à l'unité de tension étant prises pour unité.

Par quelque nombre que l'on divise ou multiplie nos degrés centigrades, la relation reste la même. Ainsi lorsque l'on divise par 16 les deux termes du rapport $\left(\frac{121}{100}\right)^2$ on obtient toujours pour quotient le même nombre voisin de la racine de 2.

Au-dessous de la température d'ébullition et pour les tensions moindres qu'une atmosphère, la loi paraît s'effacer. La température diminue plus vite que la racine quatrième des tensions. Ainsi qu'on le voit ici :

TENSIONS en fractions d'atmosphère	TENSIONS en millimètres de mercure pour les mêmes fractions d'atmosphère	TENSIONS les plus voisines dans les tables	Rapport des températures centigrades à la température d'ébullition	Racines quatrièmes des tensions en fractions d'atmosphère	Rapports des racines des tensions aux températures
0,5	390mm00	383mm00	0,82	0,849	1,035
0,25	195mm00	145mm50	0,66	0,707	1,071
0,125	95mm50	96mm68	0.51	0,591	1.189
0,0625	18mm75	19mm33	0,38	0,5	1.32

A des tensions de plus en plus faibles, la décroissance de température s'accentue.

Ainsi pour la tension de 8mm de mercure ou de 1/95 d'atmosphère, le rapport 0,08 de la température à celle d'ébullition devient quatre fois plus petit que la racine quatrième de la tension.

Soit : $\frac{0,3203}{0,08} = 4.$

Si au lieu d'une vapeur saturée, il s'agit d'un gaz chauffé sous volume constant, sa tension gazeuse ne sera plus compliquée de la tension du liquide, sollicité à se vaporiser par l'élévation de température. Sa tension sera en proportion simple de la vitesse vibratoire, c'est-à-dire proportionnelle à la racine carrée de la tension de la vapeur saturée.

Nous pourrons ainsi formuler les lois des accroissements de température et de tension des gaz sous volume constant, et de leurs accroissements de volume sous pression constante, aux mêmes températures.

L'énergie thermique totale d'une molécule gazeuse ayant pour mesure le produit de l'accroissement de sa densité dynamique $\frac{\Delta_0}{\Delta}$, de sa tension θ aux centres de ses plans de contact, de la vitesse et de l'amplitude vibratoires de ses atomes $W\alpha$, soit :

$$(89) \qquad \varepsilon = \frac{\Delta_0}{\Delta}\,\theta\,w\,\alpha = \frac{2\pi}{3}\cdot\frac{2}{(\cos.45)^2}\,\frac{\text{Cte}\; r}{r^2\sin.45}$$

Si la vitesse vibratoire reçoit un accroissement a, qui multiplie le volume V, cette augmentation du volume réagit sur l'énergie thermique pour la diminuer ; puisque, en vertu de l'accroissement de volume des atomes, le produit de leur densité dynamique, de la tension aux centres de leurs plans de contact et de la vitesse vibratoire de ces plans est diminué proportionnellement à la septième puissance du rayon, tandis que l'amplitude des vibrations n'augmente qu'en raison simple.

Elle devient :

$$(90) \qquad \varepsilon_1 = \frac{\frac{2\pi}{3}}{a}\cdot\frac{1}{(\cos.45)^2\,a^{2/3}}\cdot\frac{a}{\sin.45.\,r^2\,a^{2/3}}\cdot \text{Cte}\;\alpha\,r\,a^{1/3}.$$

$$= \frac{\Delta_0}{\Delta}\,\frac{\theta\,w\,\alpha\,a}{a^2} = \frac{1}{r\,a}$$

Comme l'énergie thermique est réciproquement facteur du volume moléculaire (comme nous l'avons vu (chap. LVIII, IVe partie, p. 475), l'accroissement de volume dû à l'accroissement de température se détruirait ainsi lui-même par sa réaction frigorifique, s'il était proportionnel à l'accroissement total de la vitesse vibratoire. En sorte que le volume, au lieu d'augmenter, finalement se trouverait diminué et, par conséquent, reproduirait de la chaleur, ce qui serait contradictoire.

Mais si le volume s'est seulement dilaté de $a^{1/2}$, c'est-à-dire de la racine carrée de l'accroissement a de la vitesse vibratoire, il vient pour l'énergie thermique

$$(91) \qquad \varepsilon_2 = \frac{\frac{2\pi}{3}}{a^{1/2}}\cdot\frac{1}{(\cos.45)^2\,a^{2/6}}\cdot\frac{a}{\sin.45.\,r^2\,a^{2/6}}\cdot \text{Cte}\;\alpha\,r\,a^{1/6}.$$

$$= \frac{\Delta_0}{\Delta}\,\theta\,w\,\alpha = \frac{1}{r}$$

On voit que le volume ayant augmenté dans la proportion $a^{1/2}$, la densité dynamique a varié en sens inverse $\frac{1}{a^{1/2}}$. La tension a également diminué, mais seulement dans la proportion $\frac{1}{a^{1/3}}$. L'amplitude a augmenté de $a^{1/6}$.

Ce serait, en résultante, une augmentation d'énergie de $a^{1/3}$; mais comme la vitesse vibratoire, multipliée par a, par l'action d'une force extérieure, a perdu $a^{1/3}$ par l'accroissement du volume, l'énergie thermique, ou tension intérieure, se trouve être restée constante, ainsi que les faits l'établissent.

La dilatation moléculaire serait donc proportionnelle à la racine carrée de l'accroissement de vitesse vibratoire, c'est-à-dire à la température thermométrique, mesurée par la dilatation d'un corps spécial.

Mais si, en vertu même de cette dilatation, proportionnelle à la racine carrée de la vitesse vibratoire, l'énergie thermique 2, qui multiplie le volume moléculaire, reste constante, quel que soit l'accroissement de vitesse vibratoire, le volume lui-même devrait rester constant; et l'on ne voit plus d'où peut provenir cette dilatation qui équilibre l'accroissement a de vitesse vibratoire, et ramène l'énergie thermique à sa valeur constante $\frac{1}{r} = m$.

C'est que la dilatation de la molécule gazeuse provient d'un autre facteur qui est la force centrifuge ρ, développée par sa rotation.

(92) $$\rho = \frac{m\ 4\ \pi_2\ R}{6\ t^2}$$

Nous avons déjà vu (chap. LVIII, p. 475) que t varie en raison inverse de cette même énergie thermique, $\frac{1}{r} = m$, qui précipite la vitesse de rotation des molécules, proportionnellement à la température spécifique m, ou au produit des variables, $m^2 \frac{1}{m} = m$, de la vitesse vibratoire W et de l'amplitude des vibrations α; les constantes étant écartées comme égales à l'unité. (Voy. ch. XXI, p. 150.)

Si donc un accroissement a de vitesse vibratoire intervient, multipliant ce produit m, il devient $a\,m$. t devient $\frac{t}{a\,m}$, et $t_0^2 = \frac{t_0^2}{a^2 m^2}$. Par conséquent :

$$(93) \qquad \rho = \frac{1}{6} \frac{m\,4\,\pi^2\,R}{\left(\frac{t_0^2}{a^2 . m^2}\right)}$$

Le volume de la molécule gazeuse se trouve ainsi multiplié par le carré de l'accroissement de vitesse vibratoire qui, en augmentant la vitesse de rotation des molécules, augmente proportionnellement leurs frottements.

Dans un espace illimité, sous pression constante, ces frottements des molécules les font se repousser mutuellement sur tous leurs plans de contact.

Non seulement l'écartement croissant des molécules dilate le volume de leurs vacuoles intermoléculaires, mais tend aussi à dilater leurs atomes constituants, dont les tensions aux plans de contact sont diminuées en raison inverse des carrés des distances aux centres atomiques.

En sorte que sur ces plans de contact élargis, dont les tensions sont affaiblies, les frottements deviennent d'autant plus doux que le gaz est plus dilaté par son accroissement de température ; l'énergie thermique interne des molécules reste constante en raison même de leur dilatation, puisqu'elles gagnent exactement en vitesse vibratoire ce qu'elles ont perdu comme tension aux centres de leurs plans de contact et comme densité dynamique.

L'accroissement de volume dû à la force centrifuge se manifeste exclusivement sur les deux diamètres perpendiculaires du plan de rotation des molécules. Chacun de ces deux diamètres est multiplié par l'énergie thermique $\frac{1}{r} = m$ et par l'accroissement a de vitesse vibratoire. Sa dilatation totale devenant ainsi $a^2 m^2$ et tous les éléments de la molécule y participant, son énergie thermique n'en reste pas moins constante. Car elle devient :

$$(94) \qquad \varepsilon_0 = \frac{\frac{2\pi}{3}}{a} \frac{1}{\cos. 45^2\, a^{2/3}} \cdot \frac{a^2}{\sin. 45\, r^2\, a^{2/3}} \cdot \text{Cte} \propto r.\, a^{1/3} = \frac{a^2}{r\, a^2} = m.$$

Mais nous savons maintenant d'où vient cette dilatation a qui fait équilibre à l'accroissement a^2 de vitesse vibratoire, et comment celui-ci tend à persister malgré la dilatation qu'il détermine.

Toutefois, celle-ci ne peut se produire en toute liberté que sous pression constante dans un espace illimité.

Si nous supposons des limites à l'espace dans lequel les molécules sont libres de se répandre, c'est-à-dire si leur dilatation est entravée par des forces supérieures, telles que la cohésion des récipients, l'énergie thermique, au lieu de rester constante, s'accroît de toute la valeur de a^2, proportionnellement à la force centrifuge ou au carré de l'accroissement a de la vitesse vibratoire.

En ces conditions l'énergie thermique devient :

(95) $$\varepsilon = \frac{4\pi}{3} \cdot \frac{1}{\cos. 45^2} \cdot \frac{a^2}{\sin. 45\, r^2} \cdot \text{Cte } \alpha\, r = \frac{a^2}{r} = m\, a^2.$$

Comme cette énergie thermique ma^2 est toujours multipliée par la force centrifuge

(96) $$\rho = \frac{1}{6} \frac{m\ 4\, \pi\, \text{R.}}{\left(\dfrac{t^2}{m^2\, a^2}\right)}$$

la tension résultante du gaz contre les limites qui l'empêchent de se dilater et de s'épandre sera :

(97) $$\Theta = \varepsilon\, \rho = m\, a^2 \cdot \frac{1}{6} \frac{m\ 4\, \pi^2\, \text{R.}}{\dfrac{t^2}{m^2\, a^2}} = \frac{1}{6} \frac{m^4\, a^4\ 4\, \pi^2\, \text{R.}}{t^2}$$

où t est le temps d'une vibration normale de l'éther, à l'unité absolue de température — 256°.

On a donc pour un accroissement a de température, supposant l'accroissement a^2 de vitesse vibratoire, un accroissement de tension totale $= a^4$ des gaz maintenus sous volume constant.

C'est ce qu'établit expérimentalement le tableau U.

Tandis que sous volume variable le même accroissement a de température et a^2 de vitesse vibratoire produit une dilatation a, sous tension constante $m \dfrac{a^2}{a^2} = m$.

Il faut donc que a sous volume variable soit plus grand que a sous volume constant.

C'est-à-dire qu'il faut des dépenses de force extérieures plus considérables pour faire varier le volume d'un gaz sous pression constante, que pour faire varier dans la même mesure sa tension sous volume constant. Que cette force extérieure lui soit communiquée directement, sous forme de chaleur, par le milieu ambiant, ou par une dépense équivalente de travail mécanique, sa quantité garde dans les deux cas le même rapport et, dans les deux cas, elle varie spécifiquement pour chaque corps et pour chaque température.

Bien différente est la loi qui régit la dilatation des corps solides.

Nous avons vu (chap. XXXVI, IIIe part., p. 276) que la même formule constante de l'énergie thermique = *m* multiplie également le volume de leurs molécules. Mais il est de toute évidence que ces corps se conduisent tout autrement vis-à-vis des variations de température que leur milieu peut leur communiquer. Leur dilatation est certainement beaucoup moindre pour les mêmes accroissements de volume vibratoire.

C'est que dans les corps solides la dilatation moléculaire est combattue par leur cohésion, de valeur spécifiquement variable (Voy. ch. XLIII, IIIe part., p. 320) mais toujours très forte.

Leur accroissement de vitesse vibratoire étant a, la dilatation $a^{1/2}$ que devraient subir leurs molécules a pour correctif cette cohésion qui la divise, mais qui est affectée d'un coefficient sans doute assez petit, constant pour tous les corps ou spécifiquement variable.

La formule de leur énergie thermique est donc modifiée ainsi :

(98)
$$s < = \frac{\frac{2\pi}{3}}{\left(\frac{a^{1/2}}{\chi\,Co}\right)} \cdot \frac{1}{\cos.\,45^2\,\frac{a^{1/3}}{(\chi\,Co)^{2/3}}} \cdot \frac{a}{\sin.\,45\,r^2\,\frac{a^{1/3}}{(\chi\,Co)^{2/3}}} \cdot Cte\ \alpha \frac{r.\ a^{1/6}}{(\chi\,Co)^{1/3}}$$
$$= \frac{\chi\,Co^2}{r}$$

Ce qui, pour un accroissement a de vitesse vibratoire, ne leur permet qu'une dilatation limitée au rapport $\frac{a}{(\chi\,Co)^2}$.

C'est donc leur énergie thermique exaltée qui bénéficie de la limitation de leur dilatation par leur cohésion. Il en est d'eux comme des gaz chauffés à volume constant, sous la pression de leurs limites inextensibles. Leur tension intérieure grandit comme le double carré de leur accroissement de température. Chez les corps solides la cohésion intermoléculaire jouant le même rôle que ces limites externes, multiplie, non pas leur tension externe, mais leur température thermométrique par le carré de leur cohésion.

On aurait par là une explication du fait inexpliqué présenté par certains corps, tel que le caoutchouc, qui se contracte par la chaleur au lieu de se dilater.

Si, en effet, dans le rapport $\frac{a}{(\chi\, Co)^2}$ le dénominateur $\frac{a}{(\chi\, Co)^2}$ est plus grand que le numérateur a, l'énergie thermique qu'il divise sera diminuée. Par suite il y aura une diminution du volume moléculaire qu'elle multiplie.

Tel serait le cas si la cohésion affectée de son coefficient spécifique étant plus petite que l'unité, donnait le rapport

$$\frac{a}{\frac{a}{(\chi\, Co)^2}} < 1 \qquad (99)$$

CHAPITRE LXXII

CHALEURS SPÉCIFIQUES DES GAZ

On a constaté, depuis longtemps, que les gaz, comme les solides, n'ont ni la même conductibilité, ni les mêmes pouvoirs de rayonnement et d'absorption pour la chaleur; mais que pour leur communiquer les mêmes degrés de température, il faut des quantités sensiblement égales de chaleur.

Pour les gaz, comme pour les solides, la théorie de l'unité des forces physiques, et de leurs transformations par quantités équivalentes, selon des rapports quantitatifs constants, permet d'évaluer en énergie mécanique les quantités d'énergie thermique qui produisent sur les divers corps des effets équivalents.

Les coefficients thermiques ou chaleurs spécifiques des gaz

s'expriment ainsi en *calories* dont on connaît l'équivalent mécanique en kilogrammètres.

Ces coefficients thermiques des gaz, comme ceux des solides, ont été établis par unités de poids. Or les poids, en calorimétrie, sont moins importants que les volumes. Mais la balance est un instrument si commode, que les expérimentateurs sont toujours disposés à en user et en abuser. Les variations de volum e sont bien plus délicates à observer directement et donnent lieu à toutes sortes de réductions qui sont autant d'occasions d'erreurs, parce que leurs formules générales ne sont jamais qu'approximatives.

Du reste, par le calcul, on peut presque toujours passer des chaleurs spécifiques par unités de poids aux coefficients par unités de volumes et aux chaleurs spécifiques moléculaires, surtout pour les gaz où ces volumes, sous les mêmes conditions de température et de pression, sont constants théoriquement ou ne subissent que des variations négligeables en thèse générale.

Mais quel est le volume de la molécule gazeuse?

On accepte pour tel un volume complexe d'un certain nombre de litres, dont les poids, pour les divers gaz, sont les poids relatifs de leurs équivalents chimiques.

Un volume de gaz hydrogène, d'un poids quelconque, étant pris pour unité de poids et de volume, le même volume d'oxygène, pesant seize fois plus, est considéré comme le poids et le volume moléculaire de ce corps. Et ainsi des autres, sans qu'on ait réussi encore à se mettre bien d'accord, même sur ce point de départ.

Nous avons vu, à l'occasion de la constitution moléculaire des corps gazeux (ch. LIV, p. 449-458), que le volume théorique de la molécule gazeuse est plus complexe qu'on ne le suppose; qu'il répond à huit volumes des chimistes classiques et, par conséquent, que ses poids moléculaires relatifs sont souvent deux fois, le plus généralement quatre fois et par exception huit fois, les poids des équivalents, c'est-à-dire les poids moléculaires généralement adoptés aujourd'hui par les chimistes.

Ainsi les poids moléculaires des trois gaz parfaits simples sont : pour l'hydrogène, 4×4; pour l'oxygène, $4 \times 4 \times 16$; pour l'azote, $4 \times 4 \times 14$. De même, pour les gaz composés, la molécule de l'acide carbonique contient, en poids, les éléments de quatre molécules des chimistes, soit $4 \times 4 \times 22$, et de même $4 \times 4 \times 14$ pour l'oxyde de carbone, mais seulement $2 \times 4 \times 17$ pour la molécule d'ammoniaque.

En résumé, les poids de ces molécules gazeuses répondraient à seize fois ce que l'on considère comme leur densité, en partant de l'hydrogène comme unité.

C'est d'après ce point de départ que nous pouvons dresser le tableau des chaleurs spécifiques moléculaires des principaux corps gazeux.

Ces coefficients sont les produits des chaleurs spécifiques, par unités de poids, et des poids moléculaires qui répondent à huit volumes gazeux.

On en trouvera la série dans le tableau V.

Ce tableau V montre d'assez grandes différences dans les chaleurs moléculaires des divers gaz et les classe en deux catégories.

C'est d'abord, avec des valeurs presque égales de 13, sept corps, dont trois corps simples, l'hydrogène, l'azote et l'oxygène, entremêlés avec quatre corps composés, dont un hydrogéné et trois oxygénés.

La seconde catégorie, avec des valeurs plus élevées, et plus variables, de 16 à 19, comprend deux corps simples, de fortes densités : le chlore et le brome, puis quatre corps composés, dont deux hydrogénés et deux oxygénés.

A la fin de la série, l'acide sulfureux et le protoxyde d'azote montrent un maximum inexpliqué.

En somme, la chaleur spécifique moléculaire s'élève, d'une façon générale, avec le nombre des atomes dans la molécule, que donne la colonne VII du tableau, et avec leur hétérogénéité, plutôt qu'avec leur poids total.

Mais ce qui se montre avec évidence, c'est le lent accroissement du rapport $\frac{C}{w}$ de la chaleur moléculaire à la somme des volumes virtuels des éléments moléculaires qui dépasse l'unité seulement chez les deux corps simples les plus denses, le chlore et le brome, et chez les gaz complexes qui se forment avec condensation de leurs éléments.

Chez les gaz simples parfaits, peu saturés, et chez les gaz composés qui se forment sans condensation, la chaleur molé-

TABLEAU V. — *Chaleurs spécifiques moléculaires des gaz.*

I Noms des corps	II Poids de la molécule pour 8 volumes M (1)	III Chaleur spécifique par unité de poids C	IV Chaleur moléculaire pour 8 volumes C	V Volumes virtuels des éléments moléculaires (2) $w = 13 + \frac{N}{m^3} + \frac{N_1}{m_1^3}$	VI Rapports $\frac{C}{w} = \frac{C}{13 + \frac{N}{m^3} + \frac{N_1}{m_1^3}}$	VII Nombre total des atomes
Acide chlorhydrique..	36.5 × 2 = 73 ×	0.18520 =	13.51940 :	13 + 1.0657 =	0,961	60 + 4 = 64
Hydrogène..........	1 × 4 = 4 ×	3.40900 =	13.63600 :	13 + 1 =	0,974	» = 8
Azote..............	14 × 4 = 56 ×	0 24380 =	13.65280 :	13 + 1,1531 =	0,9646	» = 60
Oxyde de carbone....	28 × 2 = 56 ×	0.24500 =	13.72000 :	13 + 1.6852 =	0,9467	32 + 32 = 64
Air................	$\frac{179.2 + 52}{4}$ = 57.8 ×	0.23770 =	13.79906 :	13 + 1.12557 =	0,9727	48 + 13 = 61
Bioxyde d'azote......	30 × 2 = 60 ×	0.23173 =	13.90380 :	13 + 1.07655 =	0,9877	32 + 30 = 62
Oxygène...........	16 × 4 = 64 ×	0.21751 =	13.92064 :	13 + 1 =	0,99433	» = 64
Acide sulfhydrique ..	34 × 2 = 68 ×	0.24318 =	16.53624 :	13 + 1.3164 =	0,155	48 + 8 = 56
Chlore............	35.5 × 4 = 142 ×	0.12099 =	17.18058 :	13 + 1.13155 =	1,215	» = 120
Ammoniaque........	17 × 2 = 34 ×	0.50836 =	17.28424 :	13 + 2 07655 =	1,1465	30 + 12 = 42
Brome.............	80 × 4 = 320 ×	0.05552 =	17.76640 :	13 + 1.02006 =	1,2511	» = 224
Acide carbonique.....	44 × 2 = 88 ×	0.20216 =	17.79008 :	13 + 2.4852 =	1,1715	64 + 32 = 96
Acide sulfureux......	64 × 2 = 128 ×	0.15531 =	19.87868 :	13 + 1.3164 =	1,3886	64 + 48 = 112
Protoxyde d'azote....	44 × 2 = 88 ×	0.22616 =	19.90208 :	13 + 1.5765 =	1,3654	32 + 60 = 92

(1) Les poids ou masses relatives de cette colonne II devraient être multipliés par 4, mais comme il aurait fallu diviser par 4 la valeur de la colonne III, les produits de la colonne IV eussent été les mêmes.

(2) Les volumes virtuels doivent être multipliés par $4{,}2^{1/2}$. L'unité de volume dans cette colonne V est donc le volume d'un dodécaèdre circonscrit à la sphère de rayon 1. Les valeurs exprimées en unités de volume absolues eussent donné dans la colonne VI des valeurs beaucoup plus petites. On divisera par $4{,}2^{1/2}$.

culaire, étant à peu près constante, donne naturellement aussi un rapport presque constant.

Ces chaleurs moléculaires sont celles des gaz dilatés sous pression constante. Nous sommes moins bien renseignés quant aux chaleurs spécifiques des gaz sous volumes constants

On sait, toutefois, que celles-ci sont environ d'un tiers moins grandes que celles des gaz sous pression constante et volumes variables.

Pour l'air ce rapport est de $\frac{0,23770}{0,1688} = 1,41 < 2^{1/2}$. Ce qui donnerait pour la chaleur spécifique moléculaire de l'air à volume constant, la valeur 0,59374.

Dans la chaleur spécifique des gaz, il faut faire deux parts : l'une qui est employée à accélérer la vitesse vibratoire de leurs atomes, c'est-à-dire à faire varier leur température sensible ; l'autre, qui est absorbée en travail mécanique et employée à faire varier la vitesse de rotation de leurs molécules, devient et reste latente, par suite de cette transformation de l'énergie vibratoire en énergie motrice.

Cette part de chaleur, transformée en énergie motrice, sous forme de vitesse de rotation des molécules, varie naturellement avec le poids ou la masse de ces molécules. Elle augmente avec cette masse pour les mêmes vitesses de rotation qui correspondent à des dilatations égales.

Dans la production de la chaleur sensible, au contraire, la masse ne joue aucun rôle. Elle favorise même l'élévation de température, puisque l'énergie thermique des atomes augmente en raison inverse de leur rayon qui lui-même varie en raison inverse de la masse. (Voy. ch. XXXI, Ire partie : *Des relations métriques des atomes pesants.*)

Le nombre des atomes de la molécule, en multipliant celui des plans de contact, est également favorable à l'accroissement de chaleur sensible. Leur petitesse en diminuant l'aire des plans de contact accélère leur vibration. Toutes ces conditions tendent à équilibrer la dépense d'énergie due à la mise en rotation de la masse.

Si, en effet, on range les corps gazeux précédents en trois séries (tableau X), l'une d'après les variations de leurs masses moléculaires, la seconde d'après le nombre de leurs atomes, et la troisième d'après la masse moyenne de ces atomes, les trois

TABLEAU X

I Série des gaz d'après leur masse moléculaire pour 8 volumes $N m_1 + N m_1$		II Série des gaz d'après le nombre de leurs atomes pour 8 volumes $N + N_1$		III Série des gaz d'après la masse moyenne de leurs atomes $\frac{N m + N_1 m_1}{N + N_1}$	
1 Hydrogène........	4 × 4 = 16	1 Hydrogène.........	8	1 Hydrogène..........	$\frac{16}{8} = 2$
2 Ammoniaque........	34 × 4 = 136	2 Ammoniaque........	30 + 12 = 42	2 Ammoniaque........	$\frac{136}{42} = 3.238$
3 Azote..............	56 × 4 = 224	3 Acide sulfhydrique..	48 + 8 = 56	3 Oxyde de carbone...	$\frac{224}{64} = 3.5$
4 Oxyde de carbone..	56 × 4 = 224	4 Azote..............	= 60	4 Acide carbonique....	$\frac{352}{96} = 3.666$
5 Air................	57.8 × 4 = 231.2	5 Air................	48 + 13 = 61	5 Azote..............	= 3.733
6 Bioxyde d'azote....	60 × 4 = 240	6 Bioxyde d'azote.....	30 + 32 = 62	6 Air................	$\frac{231.2}{61} = 3.79$
7 Oxygène..........	64 × 4 = 256	7 Oxygène..........	= 64	7 Protoxyde d'azote...	$\frac{352}{92} = 3.826$
8 Acide sulfhydrique.	68 × 4 = 272	8 Acide chlorhydrique.	60 + 4 = 64	8 Bioxyde d'azote....	$\frac{240}{62} = 3.871$
9 Acide chlorhydrique	73 × 4 = 292	9 Oxyde de carbone...	32 + 32 = 64	9 Oxygène...........	= 4
10 Protoxyde d'azote..	88 × 4 = 352	10 Protoxyde d'azote...	60 + 32 = 92	10 Acide chlorhydrique.	$\frac{292}{64} = 4.5615$
11 Acide carbonique...	88 × 4 = 352	11 Acide carbonique....	64 + 32 = 96	11 Acide sulfureux.....	$\frac{512}{112} = 4.5723$
12 Acide sulfureux....	128 × 4 = 512	12 Acide sulfureux.....	64 + 48 = 112	12 Chlore.............	= 4.733
13 Chlore............	142 × 4 = 568	13 Chlore.............	= 120	13 Acide sulfhydrique..	$\frac{272}{56} = 4.857$
14 Brome............	320 × 4 = 1280	14 Brome.............	= 224	14 Brome.............	= 5.714

séries sont presque parallèles entre elles et, sauf quelques transpositions, sensiblement parallèles en général à celle des chaleurs moléculaires (tableau V).

CHAPITRE LXXIII

LES RAIES SPÉCIFIQUES DU SPECTRE

Maintenant que nous connaissons la constitution moléculaire des gaz, il nous est permis de donner une explication de leur action sur la lumière et des raies obscures ou lumineuses que présentent leurs spectres.

Cette explication est si simple qu'elle ne comporte pas le nom de théorie ; ce n'est qu'une déduction des lois les plus générales de la transmission de la lumière à travers les corps.

En effet, nous avons vu (ch. XXVII, IIe partie, p. 192 : *De la vibration lumineuse*) que la lumière naît de la compression asymétrique des atomes et que sur leurs plans de contact, élargis ou rétrécis par la compression, se produisent les deux gammes de rayons colorés : la gamme chaude, du jaune clair, par le rouge, au noir ; la gamme froide, du bleu clair, au noir par l'indigo ; tout rayon violet ou vert étant un mélange des gammes.

Ces rayons, émanés des corps lumineux, sont reçus par les atomes en contact immédiat avec eux, sous la forme de faisceaux coniques, lesquels, après s'être condensés en un foyer géométrique au sommet du cône, au centre des atomes, divergent de nouveau et vont se transmettre à leurs plans de contact diamétralement opposés, qui les transmettent à leur tour aux atomes suivants.

Tous les rayons des deux gammes traversent ainsi les milieux éthérés, non pas précisément en lignes droites, mais par une série de lignes brisées alternativement dans les deux sens, de façon que le faisceau total se meut en ligne droite, s'il n'est pas dévié par certaines conditions, qui le polarisent en le divisant à la sortie d'un atome unique, entre les deux, trois ou même quatre atomes voisins.

Si ce même rayon rencontre des atomes pesants, de plus petit diamètre, qui, le plus généralement, amènent sa division en plusieurs faisceaux polarisés, chacun de ces faisceaux est dévié de la ligne droite. Par suite de cette déviation, une partie du faisceau total est absorbée, une autre partie est généralement réfléchie ; le reste continue sa route sous un certain angle avec sa direction primitive, qui sera encore déviée à la rencontre d'autres atomes pesants, de diamètres différents.

Il devient dès lors aisé de concevoir qu'un rayon de lumière complet, émanant d'un corps lumineux par lui-même, et formé, en certaines proportions toujours variables, de rayons des deux gammes colorées, rencontrant une molécule gazeuse, se divise en rayons réfractés et polarisés, dont les faisceaux colorés composants sont en partie absorbés et en partie réfléchis, mais toujours plus ou moins déviés.

Plus ces atomes qui saturent la molécule gazeuse sont de petit diamètre, moins est grande la portion de lumière qui les traverse, et cette portion du rayon lumineux n'est jamais blanche, mais appartient toujours à une nuance déterminée de l'une des deux gammes colorées.

Lors donc qu'un prisme dispersif projette sur un écran ou dans notre œil le spectre d'un rayon solaire à travers une atmosphère gazeuse, toute la partie de ce rayon qui traverse, sans être arrêtée, les atomes éthérés des molécules est lumineuse et colorée de la série presque complète des couleurs spectrales ; mais chaque atome pesant arrêtant en route certains rayons du faisceau total, ces rayons, véritables ombres portées, se détachent sur le spectre comme des lignes d'ombre, plus ou moins fines et nettes, plus ou moins sombres et estompées. Plus les atomes saturants du gaz sont grands, plus ils se laissent traverser par la lumière, et moins leurs ombres sont intenses ; mais plus aussi elles sont larges et d'aspect flou. Au contraire, plus ces atomes sont petits et denses, plus leur ombre est noire, nette et fine.

Mais comme, en ce cas, chaque vacuole de la molécule gazeuse contient, en général, un nombre plus grand d'atomes, qui se projettent les uns derrière les autres sur le trajet du faisceau lumineux, leurs ombres, s'ajoutant ou se juxtaposant, arrêtent une plus grande partie du rayon ; de sorte qu'il peut en résulter des raies très larges et très obscures.

Pour toutes les molécules du même gaz, ces raies occupent la même région du spectre total. Elles se projettent toujours sur les mêmes couleurs. Elles sont ainsi spécifiquement distinctes, et peuvent servir à reconnaître la nature du gaz interposé.

Les faits constatés par l'observation s'expliquent ainsi d'eux-mêmes par la loi la plus générale de la transmission de la lumière et de la formation des ombres derrière les corps, plus ou moins opaques, situés sur son trajet.

Tout autres, et en quelque sorte contraires et réciproques, sont les faits, quand les gaz, chauffés à de fortes températures, deviennent eux-mêmes lumineux.

Que se passe-t-il alors?

On sait, par l'observation, que des corps solides ou liquides chauffés jusqu'à devenir lumineux, donnent tous des spectres continus, c'est-à-dire lumineux dans toute leur étendue et comprenant, sinon toutes les nuances du spectre, indéfiniment dégradées les unes dans les autres, du moins toutes ses principales couleurs, en proportion très variable. Il ne paraît pas exister pour notre expérience de spectre absolument complet.

Mais lorsque c'est un gaz qu'on chauffe jusqu'à le rendre lumineux, le spectre qu'il donne par dispersion est obscur, d'un noir intense, et seulement rayé de quelques lignes colorées, plus ou moins lumineuses, et très irrégulièrement distantes entre elles.

Ces spectres obscurs, à raies lumineuses et colorées, se superposent exactement aux spectres rayés de lignes ou bandes noires, obtenus avec des prismes de pouvoir dispersif égal, et donnés par les mêmes gaz interposés par transparence; ils montrent ainsi clairement que les lignes et bandes noires de ces derniers se produisent exactement dans les mêmes régions du spectre que les raies lumineuses et colorées données par les spectres obscurs des gaz lumineux par eux-mêmes.

Il appert de cela même que les uns sont justement l'envers des autres. Dans les points où se produit de l'ombre par transparence, il se produit de la lumière par rayonnement direct du corps éclairant.

En effet, voici ce qui doit se passer.

Dans les gaz chauffés, les atmosphères éthérées des molécules sont très dilatées; car si, à 0°, leurs atomes subissent une dilatation d'environ dix fois leur volume virtuel, à de hautes températures, capables de les rendre lumineux, leur dilatation est encore bien plus considérable. La tension sur leurs plans de mutuel contact est donc très faible et, quelle que soit leur température, ils ne peuvent, dans ces conditions, devenir lumineux, puisque la condition de l'état lumineux initial des atomes est leur compression asymétrique.

Cette compression asymétrique n'existant pas, étant même remplacée par une dilatation symétrique de tous leurs axes, les atomes éthérés des gaz chauffés ne peuvent devenir lumineux. N'étant pas lumineux, ils ne peuvent rayonner de la lumière.

C'est pourquoi les gaz les moins denses, les moins saturés d'éléments pesants ont un pouvoir éclairant si faible, et que la flamme de l'hydrogène, le moins dense des gaz, n'a qu'une flamme invisible.

Il en est autrement, en effet, des atomes pesants qui saturent les vacuoles moléculaires. Ceux-là, toujours plus ou moins comprimés et déformés asymétriquement entre eux et entre les 13 atomes éthérés de la molécule, vibrent énergiquement et rapidement, sur tous leurs plans de contact qui se colorent de nuances diverses, plus ou moins vives, selon leur état de compression et de déformation asymétrique. S'ils présentent leurs faces élargies, elles paraissent colorées dans la gamme chaude ; s'ils présentent leurs faces rétrécies, ils ne rayonnent que les couleurs froides. Si certains de leurs plans émettent des rayons rouges ou jaunes, tandis que les plans voisins donnent des rayons bleus, il se fait une composition des couleurs et leur spectre se trouve rayé de lignes vertes ou violettes. On peut même dire que toujours les couleurs de ces raies spectrales sont des résultantes d'un certain nombre de rayons diversement colorés, en proportions variables. Elles n'en sont que plus brillantes, parce que, s'il se fait une résultante de leurs couleurs, il se fait une addition de leur lumière. C'est pourquoi les lignes vertes qui sont une résultante des deux couleurs les plus claires des deux gammes, le jaune et le bleu clair, sont généralement les plus brillantes.

C'est donc ainsi que dans la même région du spectre où l'hydrogène donne par transparence de larges raies estompées dans le violet, et une raie plus étroite et plus nette dans le rouge, son spectre direct montre les mêmes raies colorées en rouge vif et en violet sombre.

L'oxygène montre une raie jaune, plus fine que la raie

rouge de l'hydrogène, et ses atomes plus petits et plus nombreux tracent des faisceaux de raies fines et nettes, vertes et bleues.

L'azote a des raies très analogues, comme finesse et couleur, mais autrement distribuées et plus massées dans le vert.

Le chlore donne encore un spectre assez analogue à celui de l'oxygène, mais avec des raies plus nombreuses. Or les masses atomiques de ces trois corps sont 3,7333, 4 et 4,7333, et les nombres de leurs atomes sont 60, 64 et 120.

Le brome, avec ses 320 atomes de masse 5,7 et une saturation considérable, montre des lignes nombreuses, nettes, brillantes, écartées, allant du rouge au bleu.

Avec ses 360 petits atomes, l'iode montre aussi de nombreuses lignes, du jaune au bleu, très nettes et plus serrées.

Les spectres des métaux alcalins, dont les atomes sont beaucoup plus gros, se distinguent, au contraire, par des lignes larges et brillantes, mais en petit nombre.

Le lithium, avec ses 8 atomes, se caractérise par une belle raie rouge et une jaune; le potassium, au lieu de deux raies simples, en montre deux d'un rouge intense, une jaune isolée, trois jaune clair et un autre groupe de trois vertes.

Le sodium, qui n'a que 24 atomes, n'a que trois groupes de deux raies dans le jaune et un autre dans le bleu; tandis que le potassium, avec 44 atomes, à peu près de même grandeur, montre deux belles raies d'un rouge intense, une dans l'orangé, un groupe de trois raies dans le jaune, et un autre dans le vert.

Le calcium, dont les atomes sont un peu plus petits que ceux de l'oxygène, a trois raies d'un jaune vif, une jaune plus clair, et un groupe de raies fines et nettes dans le vert.

Le strontium, dont les atomes sont si nombreux, montre, de l'orangé au jaune, cinq faisceaux inégaux de raies très nombreuses et très déliées; et le barium, dont les atomes sont plus nombreux encore, montre des faisceaux analogues, dans le vert et le bleu.

Tout se passe donc bien comme l'exige la théorie.

Le spectre de chaque corps est ainsi assez nettement caractérisé par ses raies, dont certaines sont spécifiques, c'est-à-dire ne se retrouvent sur aucun autre.

C'est grâce à cette intéressante propriété optique des gaz

que nous sommes aujourd'hui en mesure de connaître la composition chimique du soleil et des étoiles.

Il ne faut pas s'abuser pourtant sur la netteté des inductions que nous pouvons tirer de ces observations et sur le degré de leur certitude. Car on peut concevoir des nombres et des groupements d'atomes différents, dans les vacuoles des molécules, donnant des résultantes optiques très analogues. De même que des nombres différents d'atomes de masses différentes peuvent arriver à produire des poids moléculaires égaux, comme ceux du nickel et du cobalt, par exemple ; de même il peut se faire que des molécules différemment constituées donnent des spectres presque identiques. Il pourrait donc exister dans les corps sidéraux des métaux donnant des spectres identiques à ceux de nos métaux et cependant de constitution chimique différente.

La constitution moléculaire de chaque corps n'est peut-être pas si fatalement déterminée, qu'elle ne puisse donner lieu à certaines variations, surtout s'il s'agit de nombreux atomes. Il peut y avoir un polymorphisme gazeux, comme un polymorphisme solide. L'iode, le brome et d'autres encore peuvent prendre également la symétrie pentagonale et la symétrie rhomboïdale. D'autres corps peuvent être dans le même cas. Sous ces deux formes, ils donneraient des spectres différents, et si l'on s'en tenait, comme on le fait aujourd'hui, à cette seule observation, on conclurait à tort à l'existence de corps différents. N'est-ce point ce qui nous vaut cette multiplication si rapide des éléments chimiques à laquelle nous assistons aujourd'hui? En somme, et du moins pour la plupart, nul n'a constaté l'existence de ces nouveaux corps autrement que par l'analyse spectrale. Qui sait si les modifications des conditions de l'expérience ne peuvent modifier un spectre ? S'il s'agit seulement d'ombres portées, ne suffit-il pas que la molécule se présente sous un angle différent au rayon qui la traverse pour que ces ombres soient modifiées ?

De même des corps complexes peuvent mimer les spectres de certains corps simples, ou réciproquement. Ces réserves prudentes faites, l'analyse spectrale n'en réalise pas moins un moyen fécond d'investigation scientifique, surtout pour la connaissance des corps éloignés que nous ne pouvons autrement atteindre.

CINQUIÈME PARTIE

LE PROCESSUS VITAL

CHAPITRE LXXIV

LA CRÉATION DE LA MATIÈRE OU LE PROCESSUS DE TRANSFORMATION DE L'ATOME ÉTHÉRÉ EN ATOME VITALIFÈRE ET EN ATOME PESANT.

Le moment est venu d'émettre une dernière hypothèse sur le processus de la nature pour transformer l'atome éthéré primordial, d'un côté en atome suréthéré ou vitalifère, de l'autre en atome pesant, et de montrer comment l'une de ces transformations est la conséquence de l'autre.

C'est le problème de la création de la matière pesante que nous abordons.

Supposons une molécule, du système pentagonal, de la constitution que nous avons supposée à l'argon, dont les 20 vacuoles tétraèdres sont saturées chacune par 4 atomes d'azote.

Son atome éthéré central (E, fig. 87) se trouve enveloppé de 80 atomes de rayon $\frac{1}{3,7333} = 0,26786$ (fig. 87 aaa).

Supposons, en outre, que dans chacune de ses 20 vacuoles externes viennent se fixer des tétraèdres de 4 atomes d'oxygène (fig. 87 o,o,o).

La molécule subira de leur part une pression concentrique totale, de $80 \times 4 = 320$ unités, qui se répartira entre ces 20 vacuoles et sera sur chaque vacuole de $\frac{320}{20} = 16$ unités.

Les atomes qui forment les sommets de ces petites molécules tétraèdres, pénétreront entre les 12 atomes éthérés de son enveloppe et prendront la place de l'atome qui forme le sommet de la molécule tétraèdre d'azote dont chaque vacuole interne est saturée, repoussant ainsi ses quatre atomes qui s'appliqueront tous les quatre sur la surface de l'atome éthéré central. Celui-ci sera donc complètement enveloppé par les 80 atomes d'azote de la molécule.

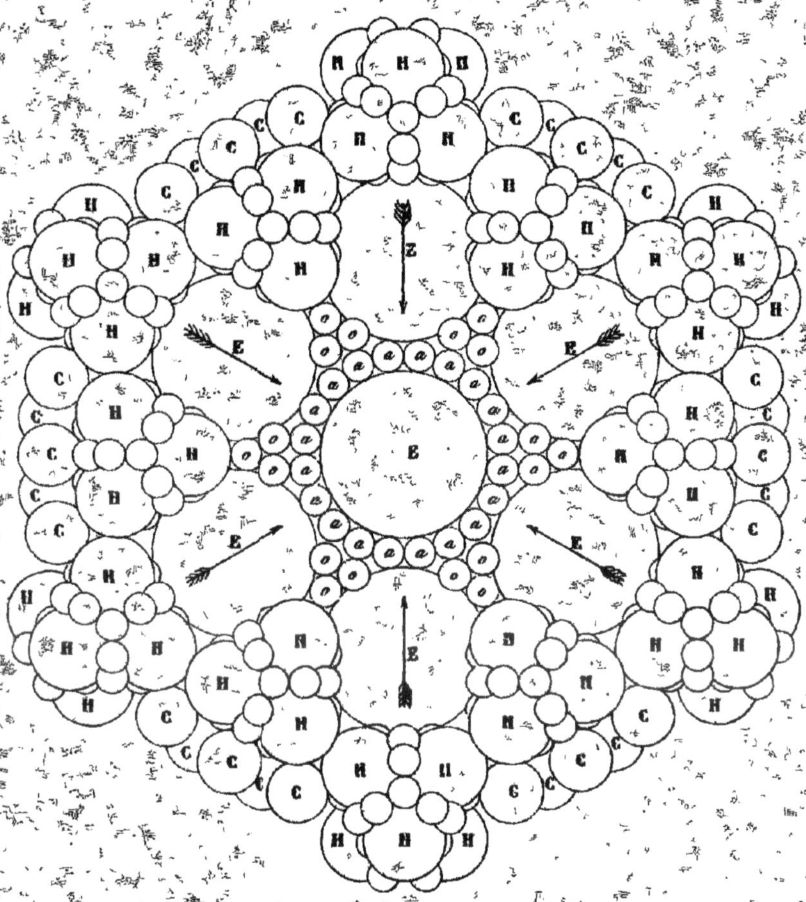

Figure 87.

Car si on suppose ces atomes mutuellement tangents, la somme de leurs plans équatériaux, inscrits dans un hexagone, sera justement égale à la surface d'une sphère de rayon $1 + \frac{1}{3,6333}$. Car on aura

(1)
$$S = \frac{4\pi\left(1+\frac{1}{3,733}\right)^2}{6\ \text{tg.}\ 30^\circ\left(\frac{1}{3,733}\right)^2} = 80$$

La surface virtuelle de l'atome éthéré central sera donc complètement enveloppée de ses 80 atomes d'azote ; et ceux-ci supporteront, 4 par 4, la pression d'un tétraèdre d'oxygène, de masse $4 \times 4 = 16$, qui, de plus, comprime latéralement les 12 atomes de l'atmosphère éthérée de la molécule.

Supposons maintenant qu'autour de cette molécule s'agglomèrent en grand nombre d'autres atomes pesants ; par exemple 20 molécules d'eau, et entre ces molécules d'eau (fig. 87), 12 molécules d'ammoniaque, et enfin des atomes d'oxygène ou de carbone, en nombre déterminé.

La formule très compliquée de cette cellule naissante sera, en outre de ses 13 atomes d'éther :

$$Az^{16/3} + O^5 + 20\,(H^2O) + 12\,(Az\,H^3).$$

Si l'on y joint $H^{36} + C^{72} + S$ sous forme de sulfures ou de carbures, on aura à peu près la formule de l'albumine.

Le poids total de la cellule sera :

$$\begin{aligned} Az &= 17,33 & \times\ 56 &= 971 \\ O &= 25 & \times\ 64 &= 1600 \\ H &= 76+36 & \times\ 4 &= 448 \\ C &= 72 & \times\ 48 &= 3456 \\ S &= 1 & \times 128 &= 128 \\ & & & \overline{6603} \end{aligned}$$

Ce poids de 6603 pressera concentriquement sur le centre de la molécule en se répartissant sur la surface de ses 12 atomes d'éther qui formaient primitivement son enveloppe gazeuse.

Ces 12 atomes d'éther seront donc prisonniers sous cette pression, entre les éléments pesants extérieurs qui les enveloppent, et les 80 atomes d'azote qui les séparent de l'atome éthéré central.

Ceux-ci subiront aussi la pression totale des éléments pesants de l'enveloppe. Cette pression sera pour chacun d'eux de $\frac{6603}{80} = 82,5375$. Mais autour de l'atome éthéré central qu'ils enveloppent, ils feront voûte et le protégeront contre la pression qu'ils supportent.

Ils céderont toutefois à cette pression dans une certaine mesure et, sous leur compression latérale mutuelle, ils prendront la forme de pavés hexagonaux. Mais, comme la tension sur leurs plans de contact mutuels augmente en raison inverse du carré des distances de ces plans au centre des atomes, cette distance ne pourra diminuer qu'en raison inverse de la racine carrée des pressions qu'ils supportent.

Protégé par cette voûte, dont les voussoirs ne peuvent céder que dans une mesure restreinte, l'atome éthéré central, bien qu'un peu comprimé, sera, néanmoins, en état de décompression, relativement aux autres atomes de son enveloppe et, surtout, relativement à la pression supportée par les 12 autres atomes d'éther qui formaient son atmosphère gazeuse primitive.

Par conséquent, il y aura appel au centre de la substance atomique, comprimée avec excès, de ces atomes, qui fusera par les arêtes mutuelles de trois voussoirs hexagonaux de la voûte d'azote, dans le sens des flèches de la figure 87, et ira se réunir à celle de l'atome central E, en état de décompression relative.

Ce transport de substance se continuera tant que l'équilibre des pressions ne sera pas rétabli, au-dessus et au-dessous de la voûte d'azote, sans que pour cela l'atome éthéré central grandisse en volume.

Mais les 12 atomes d'éther qui se seront peu à peu vidés d'une partie de leur substance, cédant à la pression qui les sollicite, diminueront de volume proportionnellement à la perte qu'ils auront subie.

Si, par exemple, cette perte est des 7/8 de leur substance, ils se trouveront réduits au volume et à la nature des atomes d'hydrogène, et l'atome central se trouvera avoir gagné $12 \frac{7}{8}$ d'unité de substance ou de force expansive, c'est-à-dire 10,5 fois la quantité de cette substance et de cette force qu'il possédait primitivement, et qui se trouvera portée à 11,5 unités.

Pour atteindre à ce résultat, il a dû suffire que la pression extérieure, par unité de surface, sur les atomes éthérés de l'enveloppe soit huit fois plus forte que celle que supportait l'atome central, protégé par sa voûte d'azote.

Si ces pressions étaient comme de 27 à 1, les atomes éthérés comprimés eussent été réduits à 1/27 de leur volume. Ils fussent devenus des atomes de carbone. Avec des pressions de 64 à 1, ils ne seraient plus que des atomes d'oxygène, réduits au volume virtuel de 1/64 de leur volume primitif.

Dans le premier cas, l'atome central eût bénéficié de $12\frac{26}{27} = 11,55$ unités de substance ; dans le second, le bénéfice serait de $12\frac{63}{64} = 11,81$.

Plus la pression serait forte, plus la somme de substance dont bénéficierait l'atome central approcherait de 12 unités, sans pouvoir dépasser cette limite ; parce qu'en aucun cas l'individualité de l'atome ne peut être réduite à zéro.

13 unités de substance est donc un maximum que l'atome d'éther central ne peut réaliser par ce processus, dans ces mêmes conditions.

Mais on peut concevoir l'atome central enveloppé d'une voûte plus large, formée d'un plus grand nombre d'atomes, ou d'atomes de plus grand rayon, et enveloppée elle-même d'atomes d'éther plus nombreux, que recouvriraient des éléments pesants eux-mêmes en plus grand nombre ; de façon à réaliser sur la voûte centrale des pressions égales par unité de surface, ou même supérieures.

De sorte qu'il n'existe peut-être pas de limites définies à la somme de substance dont un atome central peut ainsi bénéficier.

Tant qu'un éthéroïde vital, ou âme cellulaire, ainsi constituée, reste sous la pression de son enveloppe, sans augmenter de volume, il possède une force élastique considérable. Mais on peut admettre que, par le fait de l'écroulement des éléments pesants de son enveloppe, qui retombent les uns sur les autres et se tassent dans les vides formés par la diminution de volume des atomes éthérés, privés de leur substance et devenus pesants, la voûte azotée elle-même, sollicitée par une force élastique intérieure, devenue égale à la pression extérieure qu'elle supporte, se relâche, se fissure et se déchire. Alors l'éthéroïde vital, mis en liberté, doit reprendre, au moins en partie, un volume proportionnel à la quantité de substance acquise. Aux dépens des débris de son ancienne enveloppe ou des éléments moléculaires voisins, il doit se faire, sous une voûte protectrice de plus grand rayon, une enveloppe plus large, sous laquelle il pourra recevoir de nouveaux apports de substance empruntés aux atomes d'éther de nouvelles molécules gazeuses, agrégées et incorporées à sa nouvelle enveloppe.

On peut aussi concevoir le cas où d'autres molécules d'argon existeraient latéralement, autour d'une cellule déjà constituée, et, sous la pression d'une vaste enveloppe commune, se constitueraient elles-mêmes en cellules, par la transsudation à travers les plans de contact de leur voûte azotée, de la substance de leurs 12 atomes éthérés dans leur atome éthéré central.

On s'expliquerait ainsi cette prolifération apparente de la cellule par la cellule qui paraît constituer le processus de développement de tous les tissus végétaux et animaux, c'est-à-dire la végétation proprement dite.

On peut aussi concevoir le cas où deux cellules étant déjà constituées, sous une enveloppe commune, il résulterait de l'équilibre des pressions que l'une se vide au profit de l'autre en doublant sa substance et en retournant elle-même à l'état éthéré.

C'est peut-être ce qui se passe dans la fécondation, quand on voit, ou croit voir, se confondre deux cellules en une cellule unique.

Il peut se faire, réciproquement, que deux éthéroïdes déjà constitués et égaux en force, sous une enveloppe commune, par un étranglement de cette enveloppe unique, se divisent en deux cellules distinctes qui, proliférant à leur tour chacune une autre cellule, donneraient ainsi naissance à quatre cellules. Celles-ci, de même, en produiraient huit et de ces huit en naîtraient seize, doublant ainsi toujours leur nombre. Elles réaliseraient ainsi ce second stade du développement du germe vivant appelé par Haeckel la *Morula*.

Il peut se faire que par la continuité de cette prolifération selon les puissances de deux, les cellules centrales, rompant leurs enveloppes, dont la pression est devenue insuffisante pour équilibrer leur force élastique, augmentent de volume proportionnellement à cette force, refoulant ainsi les unes contre les autres les cellules périphériques. Celles-ci constitueraient ainsi une membrane formée de trois rangs de cel lules destinés à constituer les trois feuillets germinatifs. Les cellules constituantes de ces trois feuillets continuant à proliférer d'autres cellules, celles-ci donneraient naissance aux divers organes de la vie végétative et de la vie animale, destinés à se perfectionner, à se différencier et à se localiser de plus en plus, dans la suite des générations. L'espèce de sac fermé, constitué par cette membrane, sous la tension expansive des éthéroïdes restés libres à l'intérieur, se gonflant de plus en plus, finirait par se rompre en un point, formant ainsi une bouche-anus par laquelle des éléments nutritifs extérieurs, pénétrant dans sa cavité intérieure, apporteraient aux éthéroïdes qu'il contient les éléments éthérés ou pesants de nouvelles enveloppes et de nouvelles cellules, destinées à constituer les organes centraux. Ainsi se trouverait réalisé le stade de la *Gastrula* de Haeckel.

Ainsi chaque phase évolutive de chaque individu vivant serait contenue, comme devenir, dans la phase immédiatement précédente ; elle en serait la conséquence par une suite de nécessités géométriques et mécaniques.

La forme finale de l'individu peut dépendre ainsi du nombre des cellules de la *Morula*, selon les puissances successives de 2, et de leurs juxtapositions relatives. Elle peut résulter des proportions variables des éléments pesants de leurs enveloppes cellulaires, des pressions que ces enveloppes ont exercées, du nombre des atomes de leur voûte d'azote et surtout de la quantité de substance emmagasinée par chaque éthéroïde.

Le processus de prolifération des cellules par les cellules ou dans leur enveloppe, ne serait que la forme primitive la plus simple de la reproduction scissipare; comme le processus de la reproduction sexuelle ne serait qu'une forme plus complexe de celle-ci.

Ainsi, toute la suite des générations d'un individu vivant serait prédéterminée par la constitution de la première cellule qui lui a servi de point de départ.

Il y a lieu de supposer que, par ce processus vital, l'éther ne peut se transformer directement qu'en atomes de petites masses et de rayons relativement grands, tels que les quatre corps dits organiques. On y pourrait joindre, peut-être, le Potassium, le Sodium, le Silicium, le Phosphore, le Soufre et le Calcium, qui se retrouvent parmi les éléments constituants des êtres vivants et qui peuvent aussi être les produits de leur activité vitale, comme résultat de la génération des cellules.

Mais il ne semble pas que ce processus de transformation ou de transmutation doive être exclusivement spécial aux atomes éthérés. Il semble seulement que dans une cellule en voie d'organisation, aux dépens d'une molécule pentagonale d'argon et au profit de son atome éthéré central, ne peuvent se constituer, aux dépens de ses douze autres atomes éthérés, des atomes pesants de plus petits rayons que les éléments pesants de son enveloppe.

Des cellules uniquement constituées des quatre corps dits organiques : Hydrogène, Carbone, Azote et Oxygène, ne pourraient ainsi donner naissance à des atomes métalliques de plus fortes densités, ses atomes éthérés ne pouvant être réduits à des dimensions plus petites que ceux des atomes qui les enveloppent et qui exercent sur eux leurs pressions.

Mais ces atomes de hautes densités peuvent peut-être prendre naissance d'atomes déjà pesants, mais de petites masses, sous les pressions d'atomes plus petits et plus lourds, dans les conflits incessants qui naissent de leurs réactions mutuelles, sous la condition que celles-ci soient assez violentes ou assez durables.

On n'a jamais expliqué comment ont pu se former les cristaux contenus dans certaines géodes, les rognons de silex, les pépites d'or dans des roches quartzeuses, presque toutes les pierres précieuses, et comment le diamant, dans sa gangue, présente du carbone pur aggloméré sous de hautes pressions.

Le sol terrestre, et probablement l'enveloppe solidifiée de tous les autres mondes obscurs, est un laboratoire où, perpétuellement, se font et se détruisent des combinaisons complexes d'éléments chimiques et peut-être se produisent et se transforment ces éléments eux-mêmes.

Des processus analogues à celui que nous venons de décrire sont possibles, non seulement entre les atomes éthérés des molécules gazeuzes, mais entre les atomes pesants, de divers rayons, des molécules liquides ou vésiculaires.

La molécule d'eau peut devenir un centre de transmutation sous la protection d'une voûte continue d'atomes de Soufre, d'Arsenic ou de Fer, entourée d'autres molécules d'eau, sous la pression générale d'éléments plus denses en nombre considérable.

Dans ces agrégats, les atomes d'hydrogène jouant un rôle analogue à celui des atomes éthérés, l'un d'eux deviendrait un centre de pression et absorberait, en partie, la substance des autres. L'atome central pourrait ainsi repasser à l'état d'éther, tandis que les autres, ayant cédé une partie de leur substance, deviendraient des métalloïdes ou des métaux plus denses.

Ainsi, aux dépens des huit atomes d'hydrogène de deux molécules d'eau, un neuvième pourrait récupérer les 7/8 d'unité de substance qui lui manquent et qu'il aurait perdus antérieurement par le processus cellulaire vital, tandis que chacun des sept autres serait réduit à 1/64 d'unité de force et se trouverait ainsi transmuté en oxygène.

De même, dans un conflit de forces et de pressions où un atome d'oxygène perdrait les 7/8 de sa substance, il se trouverait transmuté en atome d'argent, dont le volume virtuel est 1/512, le rayon 1/8 et la masse 8.

Toutes ces transmutations ayant toujours lieu par proportions définies, on comprendrait aussi pourquoi les relations de masse et de volume des atomes ont une tendance à présenter des rapports définis, au moins par groupes. Ainsi la masse de l'hydrogène est à celle de l'oxygène dans le rapport de 1/2, à celle du carbone dans le rapport de 2/3 ; mais elle est à celle du soufre dans le rapport de 2/5,333 et celle-ci se trouve avec celle de l'oxygène dans le rapport 5,333/4. La masse de l'hydrogène est à celle du phosphore dans un rapport voisin de 2/5 et à celle de l'arsenic dans le rapport 1/3,333.

Il est remarquable qu'autour des corps les plus répandus dans la nature, et dont les masses et les rayons sont généralement en rapports mutuels assez simples, se groupent presque toujours des corps beaucoup plus rares, de masses très voisines, qui présentent entre elles des rapports compliqués. Tout se passe à cet égard comme si, une loi générale tendant à la production des corps les plus communs, quelque défectuosité dans les conditions de leur production les avait modifiés.

En effet, nous venons de voir comment de 9 atomes d'hydrogène peuvent provenir 1 atome d'éther et 8 atomes d'oxygène et de chaque atome d'oxygène un atome d'argent; mais il suffit que les rapports de nombre soient altérés entre les atomes en conflit pour que tous les rapports simples soient changés en rapports infiniment compliqués, variables avec chaque variation de nombre des éléments en présence, produite elle-même par des contingences variables qui ont toutes chances de se renouveler rarement. De sorte que ces corps irréguliers et rares qui se groupent autour de certains corps très abondants ne seraient que des variétés de ceux-ci, provenant d'un processus irrégulier de leur production et, en somme, des produits ratés du laboratoire de la nature.

C'est surtout dans les fournaises cosmiques des soleils en fusion complète, sous les pressions formidables que leurs masses exercent sur elles-mêmes, et à l'intérieur des masses planétaires, sous la pression de leur écorce solide ou les frottements de ses plissements et de ses glissements, que toutes les combinaisons de forces sont possibles et toutes les transmutations vraisemblables. Dans ces conditions, qu'il nous est impossible de reproduire, tous les éléments chimiques peuvent se transformer, tous les corps peuvent naître les uns des autres sous l'action de résultantes locales se produisant entre des quantités qui dépassent nos moyens d'expression numérique, soit comme nombre, soit comme grandeur.

Il en résulterait que la transmutation des corps pesants ne serait pas théoriquement impossible, qu'elle continuerait indéfiniment de s'opérer dans la nature, bien qu'elle reste impossible pour nous et pour les moyens limités dont nous disposons; soit qu'elle exige des laps de temps considérables, soit qu'elle ne puisse résulter que d'un ensemble de conditions qu'il nous est impossible de réaliser, soit comme pression, soit comme température.

Toutefois, les progrès déjà accomplis à cet égard par nos procédés scientifiques et notre outillage industriel ne nous interdisent pas toute espérance. Le jour où nous connaîtrions les conditions mathématiques du problème, peut-être nous serait-il donné de le soumettre à l'expérience et de reproduire, au moins dans certaines limites, dans nos usines et nos laboratoires, les procédés de la nature.

D'avance, nous pouvons en toute certitude prévoir que ces procédés sont soumis à des lois constantes, à des conditions invariables, faisant procéder les mêmes effets des mêmes causes; que même ces effets, quelques variations qu'ils présentent, ne peuvent donner lieu qu'à des séries finies de combinaisons possibles ; que par conséquent le nombre des éléments chimiques possibles sera toujours limité, au moins dans chaque monde ; que, dans tous les mondes, les mêmes conditions reproduiront toujours les mêmes séries de corps, en proportions variables, et avec plus ou moins de lacunes; qu'enfin partout et toujours la nature se montrera ordonnée selon des rapports logiques de nombre et de mesure.

SIXIÈME PARTIE

LA PESANTEUR

CHAPITRE LXXV

LES CORPS NE S'ATTIRENT PAS

Nous avons déjà vu (Introduction, p. 19 et suiv.), comment Newton a été amené par les critiques de Leibnitz et des Bernouilli à protester lui-même qu'il n'a jamais employé le terme d'*attraction* que comme une métaphore pour désigner la force inconnue qui cause la pesanteur. Il a reconnu, avec ses adversaires, qu'une action à distance des masses sur elles-mêmes était une hypothèse en dehors de toute analogie et contraire à tous les principes de la mécanique.

Depuis, le silence s'était fait sur cette querelle et l'hypothèse de l'attraction était restée populaire. Pour la grande majorité des gens, même cultivés, des dernières générations, il a été tenu pour démontré que les masses s'attiraient à travers l'espace, plein ou vide, en raison inverse des carrés de leurs distances.

Cependant, les savants sérieux continuaient de n'en rien croire. S'ils acceptaient l'hypothèse de l'attraction, c'était provisoirement, à défaut d'une explication meilleure, que certains d'entre eux continuaient à chercher. Tout ce qui restait démontré n'était en somme que les lois de Képler ; c'est-à-dire le fait même des mouvements sidéraux, suivant certains rapports fixes de temps et de distance. Mais la nature de la force qui détermine ces mouvements restait aussi inconnue depuis Newton qu'elle l'était pour Képler.

L'Italien Secchi, l'un des plus savants physiciens du siècle, a essayé de revenir à l'hypothèse des tourbillons cartésiens ; d'autres ont supposé que la pesanteur pourrait bien être un phénomène vibratoire, comme la chaleur et la lumière ; d'aucuns ont conçu l'idée vague que c'était un phénomène de nature thermique. Nous verrons que ceux-là étaient dans la direction de la vérité. En somme, pour Secchi et tant d'autres, comme, plus récemment, pour l'Américain Stallo, et comme l'a dit, avec verve, le Français Moigno, « ce qui est certain, c'est que les corps ne s'attirent pas ».

En effet, si les masses s'attiraient en raison inverse des carrés de leurs distances, quand cette distance devient nulle, leur attraction devrait être absolue, infinie ; aucune force ne devrait être capable de les séparer. La cohésion des corps serait invincible, non seulement à tous nos moyens mécaniques, mais à tous nos procédés chimiques. Quand un boulet a touché le sol, il devrait être impossible de l'en détacher ; et tout aussi impossible de séparer les boulets rangés côte à côte dans une pile, en contact mutuel par leurs points tangents.

Il en faut bien conclure que les corps ne s'attirent à aucune distance, puisqu'ils ne s'attirent pas au contact ; et il faut trouver une autre explication de la force qui fait graviter les corps les uns vers les autres, *comme s'ils s'attiraient en raison réciproque de leurs masses et inverse des carrés de leurs distances.*

C'est ce que nous allons chercher.

Ce que nous trouverons n'aura peut-être pas la séduisante simplicité de la formule de Newton, mais cette simplicité même doit nous être suspecte. La nature ne s'est pas engagée envers nous à être simpliste dans ses procédés. Tous les phénomènes qu'elle présente à notre étude sont infiniment complexes ; toutes les forces qui les produisent sont des résultantes de petites forces infiniment multiples ; et toutes les lois qui les gouvernent s'enchevêtrent inextricablement dans leurs communs effets.

L'hypothèse de Newton est née de sa croyance au vide interatomique et intercosmique. Bien qu'il ait lui-même rempli ce vide par son hypothèse de l'émission d'une substance productrice de la lumière, pour lui les particules, infiniment ténues, de cette substance, laissaient encore entre elles des vides considérables. Si ces particules si ténues ne résistaient pas au mouvement des astres, c'était uniquement en vertu de la petitesse de leur masse ; car il ne concevait pas une matière qui en fût totalement dépourvue. Il avait pris la peine de calculer quelle densité devait avoir un milieu qui ne retarderait pas, dans une mesure appréciable, le mouvement de Jupiter en 10.000 ans.

Mais avec la durée que la géologie suppose à notre système, si les astres se mouvaient dans un milieu résistant, il n'en résulterait pas moins que la terre, depuis qu'elle existe, aurait dû se rapprocher du soleil et, par conséquent, se réchauffer ; tandis que toute la géologie proteste qu'elle s'est plutôt refroidie, bien que fort peu.

Aujourd'hui, on s'accorde généralement à admettre qu'un fluide impondérable, qu'on nomme l'éther, remplit les espaces intercosmiques, sans retarder en aucune façon les mouvements sidéraux. Seulement, on suppose encore, à tort, cet éther formé de particules, sans pesanteur, mais solides, très ténues, immensément écartées les unes des autres, semblables en cela aux particules lumineuses de Newton.

A cet éther discontinu et laissant l'espace en grande partie vide, substituons un éther discontinu, formé d'éléments individualisés réciproquement mobiles, mais tous en mutuel contact, indéfiniment expansibles, se limitant, se comprimant les uns les autres, et, sous leurs pressions mutuelles, remplissant absolument l'espace. Qu'en résultera-t-il pour les mouvements cosmiques ?

CHAPITRE LXXVI

IL N'EXISTE PAS DE FORCES CONSTANTES. PRESSION DE L'ÉTHER SUR L'UNITÉ DE SURFACE. ACCROISSEMENT DE LA PESANTEUR DANS UNE SPHÈRE.

Posons d'abord ce principe :

Dans un monde constitué d'atomes fluides et expansifs qui se repoussent mutuellement par des vibrations élastiques, il ne peut exister de forces constantes, agissant avec continuité, sans intermittence.

Toutes les forces motrices, de nature vibratoire, procèdent par une série de petites impulsions successives. Une force constante est celle dont les impulsions successives égales se succèdent à des intervalles de temps égaux, très petits, et additionnent leurs effets proportionnellement au temps.

La moitié de la force d'une première vibration motrice se

dépense à vaincre l'inertie du corps, à le faire passer de l'état de repos à l'état de mouvement et lui donne l'unité de vitesse qui lui fait parcourir l'unité d'espace dans l'unité de temps.

Dès la seconde vibration, toute la force, étant motrice, ajoute au mouvement du corps deux unités de vitesse, en sorte que durant la seconde unité de temps il parcourt une unité d'espace en vertu de la vitesse, acquise par la première vibration et deux autres unités d'espace en vertu de la vitesse acquise par la seconde.

Ainsi, chaque vibration nouvelle ajoutant deux unités de vitesse au mouvement, il devient régulièrement accéléré; et, dans chaque unité de temps successive, il parcourt des nombres d'unités d'espace croissant comme la série des nombres impairs. Il s'ensuit ces lois constatées par l'observation : 1° les espaces parcourus croissent comme les carrés des temps employés à les parcourir; 2° les vitesses croissent comme les temps; 3° l'accélération par unité de temps est le double de l'espace parcouru pendant la première unité du temps.

Ces lois sont toujours vraies de tout mouvement accéléré de nature vibratoire. Les seules variables sont l'unité de temps, l'unité d'espace et, par conséquent, leur rapport dépendant de la force motrice résultante qui agit sur le corps.

La pesanteur, étant une force accélératrice, est de toute nécessité une force vibratoire.

Quel est son mécanisme?

Quand un corps est enveloppé de tous côtés par l'éther, sous pression 1 et à l'unité de température, cet éther presse sur sa surface proportionnellement à son énergie thermique.

$$(1) \qquad \varepsilon = \frac{\Delta_0}{\Delta}\,\theta\,\mathrm{w}\,\alpha = \frac{2\pi}{3}\,\frac{1}{\cos.45^2}\,\frac{1}{\sin.45}\,\mathrm{Cte} = 1$$

Il exerce donc l'unité de pression sur l'unité de surface; c'est-à-dire sur une surface carrée ayant pour côté le rayon 1 de l'atome d'éther qui est le côté du cube fondamental du dodécaèdre. (Voy. 1re partie, ch. X, p. 101.)

Cette unité de pression est la constante de la pesanteur que multiplient, en certains cas, diverses variables.

Sur une unité de surface d'ordre quelconque, la pression est proportionnelle au nombre d'atomes d'éther qui pressent sur elle.

Si la longueur du rayon de l'atome d'éther est égale à celle de l'onde rouge extrême = 0,000002, en nombre rond, la pression sur un mètre carré de surface est :

$$P = \frac{1}{0{,}000\,000\,000\,004} = 25{,}000\,000\,0000$$

exprimée en unités théoriques.

Cette pression n'est pas statique, mais dynamique. Elle n'est pas continue, mais intermittente, s'exerçant par une série de pulsations vibratoires accomplies dans l'unité de temps, comme une succession de coups de tampon ou de détentes de ressorts élastiques dont les effets s'ajoutent proportionnellement au temps.

La somme d'énergie motrice de ces impulsions vibratoires reste constante sur le même corps, en se propageant normalement de sa surface à son centre, et en se divisant sur des surfaces concentriques de plus en plus réduites.

Sur chaque surface concentrique d'une sphère la pression croissante est par unité de surface :

$$(2) \qquad P = \frac{4\,\pi\,r^2}{4\,\pi\,d^2} = P\,\frac{r^2}{d^2} = g$$

Cette pression multiplie les énergies thermiques des atomes qui la subissent.

Le poids mg des corps qui est à la surface mp, devient successivement $mp\,\frac{r^2}{d^2}$, $mp\,\frac{r^2}{d_1^2}$, exerçant sur l'unité de surface sous-jacente des pressions croissantes en raison inverse du carré de la distance au centre de figure, qui, dans le cas d'une sphère homogène, est identique à son centre de gravité.

A ce centre même, P est donc égal à la somme des pressions exercées sur la surface extérieure, $4\pi r^2$, et le poids mg de l'atome central devient $4\pi r^2 m$.

Que le corps considéré soit une simple molécule, un groupe de molécules ou un agrégat matériel de volume considérable, la loi reste la même.

Il résulte de cette pression exercée concentriquement que tous les corps d'une certaine étendue et possédant quelque plasticité, tendent à prendre la forme sphérique ou au moins celle d'un polyèdre inscriptible à une sphère.

Cette pression concentrique exercée par l'éther autour des

corps est le facteur principal de la cohésion qui unit les atomes dans les molécules et les molécules entre elles. (Ch. XLIII, p. 319.)

C'est elle qui établit la surface de niveau des corps liquides, perpendiculairement à sa direction, et qui fait graviter les corps dans les milieux gazeux ou liquides, proportionnellement à leurs densités.

Cette pression ayant pour limite maximum l'étendue de la surface des corps, bien que plus petite, relativement à leur volume, pour des corps très gros, reste absolument petite pour les petits corps soumis à nos expériences mécaniques.

Supposant que cette pression soit 1 par kilomètre carré à la surface de la terre, à un kilomètre au-dessous de cette surface elle serait :

$$P = \left(\frac{6371}{6370}\right)^2$$

par unité de surface kilométrique.

Dans une sphère de fer de 1 mètre de rayon, à la moitié de ce rayon la pression serait quatre fois plus grande qu'à la surface ; mais l'unité de pression pour un mètre carré de surface serait un million de fois moins grande que sur un kilomètre carré de la surface terrestre.

Encore faudrait-il qu'aucun courant d'éther, circulant à travers les molécules, ne diminuât l'intensité de la pression locale en répartissant la pression totale exercée à la surface externe du corps, sur une somme de surfaces internes plus étendues.

C'est de même que la pression atmosphérique de $10^{K},33$ par décimètre carré de la surface d'une grève sablonneuse n'empêche pas le mouvement relatif des grains de sable entre lesquels s'établit une pression égale.

Mais si entre deux surfaces polies, comme seraient celles de deux glaces, qui glissent l'une sur l'autre, sous une pression suffisante, la pression atmosphérique est supprimée, leur adhérence ne peut être rompue que par une force égale à la pression extérieure.

Tant qu'autour d'un corps, atome, molécule, ou agrégat moléculaire quelconque, l'éther est homogène, sous la même pression et à la même température, et, par conséquent, à la même densité dynamique, sa pression s'exerçant également en tous sens, sur chaque point de cette surface donne des résultantes concentriques qui, s'annulant par couples égaux de directions opposées, ne peuvent communiquer aucun mouvement à sa masse.

Le seul résultat de ces pressions concentriques, qui multiplient l'énergie thermique de ses éléments moléculaires, est d'élever la température du corps, de sa surface à son centre, proportionnellement à la valeur croissante de leur poids.

C'est une transformation de l'énergie motrice, annulée et devenue latente, en énergie thermique sensible.

Nous verrons comment cet accroissement de chaleur des corps soumis aux pressions concentriques de l'éther, bien qu'absolument insensible sur les agrégats de petite dimension et de petite masse, qui subissent d'ailleurs, par rayonnement ou conduction, la température du milieu, devient considérable dans les masses sidérales dont il explique les températures intérieures si élevées.

Si, au contraire, autour d'un corps, l'éther n'est pas homogène, que sous des pressions ou à des températures différentes sa densité dynamique varie, donnant une différence de pression aux deux points extrêmes de l'un de ses diamètres, l'équilibre statique du corps qu'il enveloppe se trouvant rompu, ce corps se meut proportionnellement à la résultante motrice des pressions qu'il subit, dans la direction de la moindre résistance.

En pareil cas le corps ne continuera de s'échauffer que dans la mesure des forces motrices restées latentes par leur opposition.

Supposant une pression de $= 10$ à l'extrémité d'un diamètre et de l'autre une pression de $= 10 - 2$, le corps prendra une vitesse 2, et continuera de s'échauffer proportionnellement à la moitié des forces restées latentes.

$$\frac{(10 - 2 + 10) - 2}{2} = 8$$

CHAPITRE LXXVII

MÉCANISME DES PULSATIONS MOTRICES

A la pression extérieure et concentrique de l'éther ambiant sur les corps qu'il enveloppe, ceux-ci opposent les réactions centrifuges de leurs forces expansives, proportionnellement à l'énergie thermique de leurs atomes. $\varepsilon = m = \frac{1}{r}$.

Ces réactions ont donc une puissance variable, inversement proportionnelle aux rayons de leurs atomes et par conséquent directement proportionnelle à leur masse m.

Nous avons déjà vu (ch. XXII, p. 161) qu'entre deux atomes de rayons inégaux, dont le plan sécant sous-tend un angle de 45° du centre du plus petit atome, les forces répulsives au centre de ce plan sont inégales.

Les rayons des deux atomes étant $\frac{1}{m}$ et $\frac{1}{m_0}$ les tensions θ et θ_0, au centre du plan sécant sont dans la relation :

$$(3) \qquad \frac{\theta}{\theta_0} = \frac{2}{\left(\dfrac{\dfrac{1}{m^2}}{\dfrac{1}{m^2} - \dfrac{\sin. 45^2}{m_0{}^2}}\right)}$$

Si le grand atome est un atome d'éther, de rayon 1, et le petit un atome d'hydrogène, de rayon $\frac{1}{2}$, la relation devient :

$$(4) \qquad \frac{\theta_H}{\theta_E} = \frac{2}{\left(\dfrac{1}{1 - \dfrac{0,5}{2^2}}\right)} = \frac{2}{1,142857}$$

En général cette relation est constante entre deux atomes dont les rayons sont dans le rapport $\frac{1}{2}$, car on a toujours :

$$(5) \qquad \frac{\theta_1}{\theta_2} = \frac{2}{\left(\dfrac{0,25}{0,25 - \dfrac{0,5}{4^2}}\right)} = \frac{2}{1,142857}$$

Mais entre un atome d'éther de rayon 1 et un atome d'oxygène de rayon $\frac{1}{4}$ on a le rapport

$$(6) \qquad \frac{\theta_O}{\theta_E} = \frac{2}{\left(\frac{1}{1 - \frac{0,5}{8^2}}\right)} = \frac{2}{1,032258}$$

Cette relation reste constante quand les rayons des deux atomes sont dans le rapport de 1/4 à 1, ou $\frac{1}{4}$.

Entre l'atome d'éther et l'atome d'argent, de rayon $\frac{1}{8}$, les tensions sont entre elles :

$$(7) \qquad \frac{\theta_{Ag}}{\theta_E} = \frac{2}{\left(\frac{1}{1 - \frac{0,5}{8^2}}\right)} = \frac{2}{1,007874}$$

Elles seraient les mêmes entre deux atomes quelconques dont les rayons seraient dans le rapport $\frac{1}{8}$.

Mais entre l'atome d'argent et l'atome d'oxygène les tensions seraient, comme entre l'hydrogène et l'éther, dans le rapport $\frac{2}{1,032258}$.

La tension du petit atome au centre du plan sécant reste constante et égale à 2, dès que l'angle sous-tendu de son centre par ce plan est de deux fois 45°. Mais celle du grand atome est variable et tend vers l'unité à mesure que le rayon du petit atome diminue relativement au plus grand.

Au plan sécant, *le petit atome repousse donc toujours plus énergiquement le plus grand que le plus grand ne repousse le plus petit.* C'est pourquoi ils tendent à devenir tangents, parce qu'à cette condition les forces au plan de contact, devenu mutuellement tangent, sont des deux côtés égales à l'unité.

Des deux côtés du plan de contact les tensions θ_E et θ_M sont réciproquement multipliées par la vitesse vibratoire W, et par les amplitudes α_E et α_M des vibrations.

Si l'on supposait le plan de contact circulaire, comme il le serait toujours entre deux atomes isolés, l'aire de ces cercles serait :

$$(8)\qquad s = \pi \left(\frac{\sin.\ 45^o}{m}\right)^2$$

Ce qui donnerait une vitesse vibratoire inversement proportionnelle de

$$(9)\qquad W = \frac{1}{\pi}\left(\frac{m}{\sin. 45^o}\right)^2$$

On aurait, entre l'hydrogène et l'éther, $W = \frac{8}{\pi}$, et entre l'éther et l'oxygène, $W = \frac{32}{\pi}$.

Mais deux atomes quelconques n'étant jamais isolés, leur plan de contact ne peut jamais être circulaire. Entre des atomes inégaux, ce plan peut être carré, hexagone, pentagone, trapézoïdal, ou de toute autre figure irrégulière ; quelle que soit sa figure, toujours son demi-diamètre maximum a pour mesure le sinus de l'angle qu'il sous-tend du centre du petit atome, multiplié par son rayon, soit : $\frac{1}{m}$ sin. 45°.

Si le plan de contact est hexagone, sa surface est :

$$(10)\qquad s = 6\left(\frac{\sin.\ 45^o}{m}\right)^2 \text{Sin. } 30^o \text{ Cos. } 30^o = \frac{3^{3/2}}{4\,m^2} = \frac{51}{40\,m^2}$$

La vitesse vibratoire est alors $W = \frac{40\,m^2}{51}$.

Si ce plan est carré, sa demi-diagonale, $\frac{\sin.\ 45^o}{m}$, donne pour côté le rayon $\frac{1}{m}$, pour surface $\frac{1}{m^2}$ et pour la vitesse vibratoire m^2.

C'est le cas le plus fréquent entre atomes de rayons différents, et l'énergie thermique devient :

$$(11)\qquad s = \frac{2\pi}{3}\frac{1}{\cos.\ 45^{o\,2}}\,m^2\,\frac{1 - \cos.\ 45^o}{m} = 1{,}84035\,m$$

Elle est donc en ce cas plus grande que l'unité.

Cependant la surface du carré $\frac{1}{m^2}$ étant plus grande que celle du rhombe $\frac{\sin.\ 45^o}{m^2}$, la vitesse vibratoire serait diminuée :

mais comme les deux diagonales d'un carré sont égales, l'amplitude vibratoire atteint son maximum $\frac{1 - \cos. 45^\circ}{m} = \frac{0,292}{m}$, au lieu de la moyenne $\frac{0,16885}{m}$ (Voy. ch. XXI, p. 159), ce qui relève l'énergie thermique.

L'énergie thermique d'un plan de contact hexagone serait un peu plus petite dans le rapport 1 à 5/7.

Quelle que soit la figure du plan de contact entre deux atomes inégaux, son grand diamètre est toujours 2 sin. 45°, et l'amplitude maximum de la vibration est $\frac{1 - \cos. 45^\circ}{m}$ du côté où le petit atome projette son ménisque dans le plus grand; mais ce maximum n'est réalisé que si tous les côtés du plan sont égaux.

L'amplitude de la vibration du grand atome, ou la hauteur du ménisque qu'il projette dans le plus petit, est toujours beaucoup moindre.

Sa mesure générale est :

$$\alpha = 1 - \left(1 - \frac{\sin. 45^\circ}{m^2}\right)^{1/2} \tag{12}$$

Entre l'éther et l'hydrogène, l'amplitude de la vibration de l'éther :

$$\alpha_E = 1 - \left(\frac{7}{8}\right)^{1/2} = 0,064585 \tag{13}$$

Entre l'éther et l'oxygène on a :

$$\alpha_E = 1 - \left(\frac{31}{32}\right)^{1/2} = 0,01575 \tag{14}$$

entre l'éther et l'argent :

$$\alpha_E = 1 - \left(\frac{127}{128}\right)^{1/2} = 0,00784 \tag{15}$$

entre l'éther et le platine ou l'iridium (supposés de masse 10 en nombres ronds) :

$$\alpha_E = 1 - \left(\frac{199}{200}\right)^{1/2} = 0,00525 \tag{16}$$

A mesure que diminue le rayon du petit atome en contact avec l'éther, l'amplitude α_E de la vibration de celui-ci tend vers 0, comme sa tension θ_E, au centre du plan de contact, tend vers l'unité (1).

En sorte que le produit $\theta_E \alpha_E$ devient négligeable pour des corps de fortes densités dont les masses sont supérieures à celui de l'oxygène = 4.

Entre deux atomes de rayons inégaux les densités dynamiques Δ_E et Δ_M deviennent aussi inégales.

Celle du petit atome, qui garde inaltérée sa forme de dodécaèdre, conserve sa valeur $\Delta = 2\pi$. Mais le grand atome devenant un polyèdre à faces plus nombreuses, son volume se rapproche de celui de la sphère circonscrite, et sa densité tend vers 3, à mesure que se multiplient ses facettes, avec le nombre des atomes qui sont en contact avec lui.

Tant que les atomes restent sécants, l'atome d'éther ne peut recevoir sur sa surface que 24 atomes d'hydrogène. Son volume perd donc 24 fois le volume de son ménisque vibrant, d'une hauteur de 0,064585. Ses 24 faces sont des triangles équilatéraux qui sont les bases de 24 pyramides de hauteur $h = \left(\frac{7^{1/2}}{8^{1/2}}\right)$, de base $\beta = \frac{3^{1/2}}{m^2}$, donnant chacune un volume $V = \frac{1}{m^2}, \frac{7^{1/2}}{8^{1/2}\,3^{1/2}}$, et pour le polyèdre entier un peu moins de 3,25 (3,2404).

Sa densité dynamique se trouve ainsi réduite à $\frac{4\pi}{3,25}$ au lieu de 2π.

Entre l'oxygène et l'éther la diminution de densité dyna-

(1) L'amplitude vibratoire de l'atome d'éther n'est pas en rapport constant avec celle de l'atome pesant.

Entre l'hydrogène et l'éther, on a $\frac{\alpha}{\alpha_E} = \frac{0,2071}{0,118} = 1,75.$

Entre l'oxygène et l'éther, $\frac{\alpha}{\alpha_E} = \frac{0,1035}{0,0308} = 3,36.$

Entre l'argent et l'éther, $\frac{\alpha}{\alpha_E} = \frac{0,05178}{0,058} = 6,64.$

Le rapport double sensiblement comme le rapport des rayons, l'amplitude vibratoire de l'éther diminue donc bien plus vite que celle de l'atome pesant.

mique de ce dernier serait encore plus sensible, et tendant vers 3 sans pouvoir y atteindre.

Pour éviter de fastidieux calculs, on peut, en moyenne, l'évaluer à π ou à la moitié de la densité dynamique du dodécaèdre normal.

L'atome pesant repousse donc l'atome d'éther avec lequel il est en contact sécant avec une énergie thermique qui varie comme sa masse et devient :

$$(17) \quad \varepsilon = \frac{\Delta_0}{\Delta} \theta \, w \, \alpha = \frac{2\,\pi}{3} 2.\, m^2 \, \frac{0{,}2929}{m} = 1{,}2269 \, m.$$

L'atome d'éther ne lui oppose qu'une résistance affaiblie qui serait entre l'éther et l'hydrogène.

$$(18) \quad \varepsilon_E = \frac{\Delta_E}{\Delta} \theta_E \, w_E \, \alpha_E = \frac{\pi}{3} 1{,}142857 \times 0{,}064585 \, m^2$$ (1)

Tout atome pesant repousse donc l'atome d'éther avec des vitesses proportionnelles à son énergie thermique ou à sa masse m.

Sous cette impulsion, l'atome d'éther se met en mouvement pour parcourir la distance $\alpha_M + \alpha_E$, ou la somme des hauteurs des deux ménisques vibrants des deux côtés du plan sécant, qui se trouve reporté sur la tangente du petit atome, devenue également la tangente du plus grand.

Mais comme pendant que le centre de l'atome d'éther s'éloigne, la force qui le pousse diminue, à mesure que le plan de mutuel contact approche de la tangente commune, le mouvement de recul de l'atome d'éther est progressivement re-

(1) Entre l'hydrogène et l'éther, on a la différence d'énergie thermique :

$$\varepsilon_H - \varepsilon_E \; 4 \frac{\pi}{3} \left(2.2.\, \frac{0{,}2929}{2} - 1{,}142857.\; 0{,}064585 \right) = 2{,}38$$

Entre l'oxygène et l'éther, la différence devient :

$$\varepsilon_O - \varepsilon_E = 16 \frac{\pi}{3} \left(2.2.\, \frac{0{,}2929}{4} - 10{,}32258.\; 0{,}01575 \right) = 4{,}90$$

Entre l'argent et l'éther on a :

$$\varepsilon_{Ag} - \varepsilon_E = 64 \frac{\pi}{3} \left(2.2.\, \frac{0{,}2929}{8} - 10{,}07874.\; 0{,}00784 \right) = 9{,}80$$

Entre le platine ou l'iridium (moins 10) il vient :

$$\varepsilon_{pt} - \varepsilon_E = 100 \frac{\pi}{3} \left(2.2.\, \frac{0{,}2929}{10} - 1{,}0066.\; 0{,}0025 \right) = 12{,}26$$

tardé. Il arrive sans vitesse au terme de sa course, quand les deux atomes sont devenus mutuellement tangents.

A ce moment la force motrice de l'atome pesant contre l'atome d'éther est épuisée.

Quand autour d'un corps pesant ses atomes superficiels sont devenus tangents aux atomes d'éther en contact, la tension aux centres des plans de contact est, des deux côtés égale à l'unité.

L'aire de ce plan, supposée carrée, devenant

$$S = 2\left(\frac{\text{tg } 45^o}{m}\right)^2 = \frac{2}{m^2}$$

La vitesse vibratoire n'est plus que $W = \frac{m^2}{2}$ ou la moitié de celle du plan sécant.

L'amplitude α de la vibration est inégale des deux côtés. Elle a pour hauteur la différence Sec $- r$.

$$\text{Pour l'atome d'éther : Sec} - r_E = \left(1 + \frac{1}{m^2}\right)^{1/2} - 1$$

$$\text{Pour l'atome pesant : Sec} - r_M = \left(\frac{1}{m} + \frac{1}{m^2}\right)^{1/2} - 1 \text{ (1)}$$

Les hauteurs des ménisques vibrants des atomes pesants varient donc toujours en raison inverse de leur masse ; tandis que pour l'atome d'éther en contact avec eux la décroissance

(1) On a ainsi :

Entre l'éther et l'hydrogène.......	$\text{Sec}_E - 1 = \frac{5^{1/2}}{2} - 1 = 0{,}118$
	$\text{Sec}_H - \left(\frac{1}{2}\right) = \left(\frac{1}{2}\right)^{1/2} - \frac{1}{2} = 0{,}2071$
Entre l'éther et l'oxygène........	$\text{Sec}_E - 1 = \frac{17^{1/2}}{16} - 1 = 0{,}0308$
	$\text{Sec}_O - \frac{1}{4} = \left(\frac{2}{4}\right)^{1/2} - \frac{1}{4} = 0{,}1035$
Entre l'éther et l'argent..........	$\text{Sec}_E - 1 = \left(\frac{65}{64}\right)^{1/2} - 1 = 0{,}0078$
	$\text{Sec}_{Ag} - \frac{1}{8} = \left(\frac{2}{8}\right)^{1/2} - \frac{1}{8} = 0{,}05178$
Entre l'éther et le platine.........	$\text{Sec}_E\ 1 = \frac{101^{1/2}}{100} - 1 = 0{,}005$
	$\text{Sec}_{Pt} - \frac{1}{10} = \left(\frac{2}{10}\right)^{1/2} - \frac{1}{10} = 0{,}04141$

d'amplitude est irrégulière, mais en somme plus rapide que l'accroissement des masses de leurs petits voisins.

Ces amplitudes sont toujours très petites; et comme la tension au plan tangent est toujours I, que la densité dynamique est affaiblie, et que la vitesse vibratoire a diminué de moitié, l'énergie thermique totale au plan tangent reste très faible.

Cependant, même lorsque les atomes sont devenus tangents, la force motrice reste toujours plus grande du côté de l'atome pesant et d'autant plus que son rayon virtuel est plus petit.

Il y a cependant un facteur qui diminue davantage chez l'atome pesant, c'est la densité dynamique.

Du côté où les atomes deviennent tangents, la hauteur des pyramides dont leur plan de contact forme la base, est devenue égale à leur rayon virtuel. Elle a pour génératrice la sécante du demi-angle sous-tendu par ce plan. Ces pyramides augmentent donc de volume.

Pour le petit atome, cette augmentation de volume est dans le rapport du dodécaèdre circonscrit au dodécaèdre inscrit, soit : $\frac{4.2^{1/2}}{2} = 8^{1/2}$.

Leur densité dynamique tombe ainsi à $\frac{\pi}{2^{1/2}}$.

Au contraire, le volume de l'atome d'éther se rapproche d'autant plus de sa sphère virtuelle que les atomes pesants en contact avec lui sont de plus petit rayon et qu'un plus grand nombre d'entre eux lui sont tangents. Le polyèdre circonscrit à la sphère ayant alors un plus grand nombre de facettes, sa surface se rapproche de la surface sphérique qui leur est inscrite. A la limite, l'enveloppe polyédrique se confondant avec la sphère, la densité dynamique de l'atome d'éther reviendrait à sa valeur virtuelle de 3. C'est un maximum qu'il ne saurait atteindre; mais il ne peut non plus atteindre au minimum de $\frac{\pi}{2^{1/2}}$ qui devient la loi générale pour les atomes pesants tangents à ceux de l'éther.

Seulement il faut considérer que cette variation de densité dynamique, corrélative des variations de volume, ne concerne que les pyramides constitutives des polyèdres qui sont en contact tangent par leurs bases communes.

Un seul atome pesant ne peut avoir plus de trois ou quatre

contacts avec un même atome d'éther; plus fréquemment il n'en a que deux ou un seul. n étant le nombre de ces contacts, sa densité moyenne

$$\Delta = \frac{n}{12} 2\pi + \frac{12 - n}{12} \frac{\pi}{2^{1/2}}.$$

Quant au nombre des contacts possibles d'un même atome d'éther avec les atomes pesants des surfaces des corps, il croît généralement en raison inverse des carrés de leurs rayons, mais non pas dans tous les cas.

Étant donné, entre l'éther et une couche d'atomes pesants homogènes, un plan parallèle à leurs sections semblables, carrées ou hexagones (Voy. chap. XV, p. 114-117), les nombres de centres atomiques qui se projettent des deux côtés de ce plan sont inversement proportionnels aux carrés des rayons de ces atomes.

Sur des surfaces courbes la loi ne reste sensiblement la même que si leur rayon de courbure est très grand, relativement aux rayons atomiques.

Nous avons vu, en effet, précédemment (ch. LIV, p. 454), qu'autour d'un seul atome d'éther les nombres d'atomes qui peuvent lui être tangents varient suivant une autre loi, plus compliquée, qu'ils soient tangents ou sécants entre eux.

Nous avons vu (fig. 75,76, p. 446,459) qu'un atome d'éther ne peut être entouré que par douze autres et qu'il faut 36 atomes d'hydrogène ou 100 atomes d'oxygène pour envelopper sa surface. Ces nombres ne sont nullement entre eux dans les rapports 1 : 4 : 16. Cela résulte avec évidence de la formule

$$\text{(19)} \qquad N = 4\left(\frac{R + r}{r}\right)^2$$

qui donne pour l'éther entouré d'hydrogène :

$$N = 16\left(\frac{3}{2}\right)^2 = 36, \text{ et } N = 64\left(\frac{5}{4}\right)^2 = 100$$

pour l'éther entouré d'oxygène.

La détermination du nombre d'atomes d'éther qui peuvent entourer un certain nombre d'atomes pesants homogènes est un peu plus compliquée.

Supposons cette enveloppe sphérique de 100 atomes d'oxygène autour d'un seul atome d'éther; son rayon est égal à la somme du rayon de l'atome d'éther et du diamètre de l'atome d'oxygène; soit : $1 + \frac{1}{2}$.

A cette somme il faut ajouter le rayon d'un atome d'éther et l'on a, comme dans la formule précédente :

$$(20) \qquad N = 4 \left(\frac{2 + \frac{1}{2}}{r} \right)^2 = 4 \left(\frac{5}{2} \right)^2 = 25$$

Ces 25 atomes d'éther seraient donc tangents aux 100 atomes d'oxygène sous-jacents, et chacun d'eux aurait 4 plans de contact avec ces derniers.

Il en serait autrement des 36 atomes d'hydrogène enveloppant un atome d'éther central. Dans ce cas, on aurait pour rayon moléculaire $2 + 1$. Il viendrait : $N = 4 \times 3^2 = 36$.

Chaque atome d'éther serait-il en contact avec un seul atome d'hydrogène? Loin de là.

En vertu de la loi du moindre effort, chaque atome d'éther, se mouvant dans le sens de la moindre résistance, glisserait entre trois polyèdres d'hydrogène, sur leur arête commune, et aurait un contact avec chacun d'eux.

Réciproquement, chaque atome d'hydrogène serait en contact avec trois atomes d'éther.

La densité dynamique des atomes d'hydrogène deviendrait donc :

$$(21) \qquad \Delta = \frac{3}{12} \frac{\pi}{2^{1/2}} + \frac{9}{12} 2\pi = 1,9191\, \pi < 2\pi.$$

Du côté des atomes d'éther les plans de contact étant quatre fois plus petits, relativement à leur rayon, représentent seulement les 3/4 d'une pyramide du dodécaèdre circonscrit, ou les 3/4 de 1/12 de son volume.

Il vient donc pour la densité dynamique de l'éther :

$$(22) \qquad \Delta = \frac{3}{4 \times 12} \frac{\pi}{2^{1/2}} + \frac{45}{48} 2\pi = 1,9191\, \pi < 2\pi$$

La diminution de densité dynamique est en ce cas un peu plus forte pour les atomes pesants, et resterait la même, quel que fût leur rayon, tandis que la diminution de ce rayon la rendrait de plus en plus négligeable pour les atomes d'éther.

Jusqu'ici nous avons considéré l'éther autour des corps pesants comme homogène, à l'unité de pression et de température ; mais si cet éther se dilate, soit par l'élévation de la température, soit par la diminution de la pression, le défaut d'équilibre sur ses plans de contact avec les atomes pesants s'accentue davantage.

Si l'on suppose que le volume des atomes d'éther ait doublé, leur densité dynamique aura diminué de moitié. Leur rayon étant devenu $2^{1/3}$, leur tension au plan de contact sécant aura diminué de $2^{2/3}$.

Leur plan de contact avec les atomes pesants sous-tendant de leur centre des angles plus petits, la hauteur de leur ménisque vibrant sera réduite dans la même proportion que si le rayon de l'atome pesant, en contact avec eux, eût diminué dans le même rapport $\frac{1}{2^{1/3}}$.

La résistance de l'éther, ainsi dilaté, à l'énergie thermique, restée constante, des atomes pesants, devient donc de plus en plus faible et négligeable, pour des corps de densité moyenne, tels que les corps solides, en général.

Les atomes d'éther seront repoussés avec d'autant plus de force jusqu'à la tangente et devront reculer plus vite, sur un chemin d'autant plus long que leur rayon aura plus augmenté. Même quand ils sont devenus tangents, l'inégalité de leur énergie dynamique, relativement à celle de l'atome pesant, reste plus considérable.

Dans tous les cas, le plan de contact devenu tangent n'est plus qu'un ressort affaibli, et détendu. Si la hauteur de ses vibrations a augmenté absolument des deux côtés, cette vibration, moitié moins rapide, n'est plus multipliée que par une tension égale à l'unité et une densité dynamique diminuée.

L'effort de l'atome pesant, bien qu'un peu supérieur à celui de l'atome d'éther, ne peut agir sur lui comme force motrice. Il ne peut que communiquer la vitesse vibratoire de son plan de contact, devenue $\frac{m^2}{2}$, aux plans de contact de l'éther ambiant dont la vitesse vibratoire constante est :

$$W = \frac{1}{\sin. 45} = 2^{1/2}$$

Mais cette augmentation de vitesse vibratoire transmise à l'éther par le corps pesant ne fait que multiplier son énergie thermique dont la pression sur le corps qu'il enveloppe est d'une unité sur l'unité de surface. Cette pression de l'éther, multipliée par la masse de l'atome pesant, fait justement équilibre à son énergie thermique spécifique *m*. Elle tend donc à refouler vers le corps pesant l'atome d'éther qui lui est tangent et à le ramener à sa position initiale avec une force égale à celle que recouvre l'atome pesant aussitôt qu'il est redevenu sécant à son voisin éthéré.

Cette réaction de l'éther contre les atomes superficiels des corps se transmettant, de proche en proche, à tous les autres, va communiquer son ébranlement aux atomes diamétralement opposés de la surface du corps pesant et les lance de nouveau contre l'atome éthéré leur voisin, jusqu'à ce que celui-ci leur soit tangent.

Il en est de tous les atomes d'un corps, situés sur la même droite, comme des billes d'ivoire, en contact mutuel, qui se transmettent presque instantanément le choc reçu par la première. C'est la dernière seule qui manifeste le mouvement, puis qui, retombant aussitôt sur sa voisine, renvoie le choc moteur à son origine.

CHAPITRE LXXVIII

PRESSION STATIQUE ET PRESSION CYNÉTIQUE

La surface de contact des corps pesants avec l'éther ambiant est donc le siège de pulsations vibratoires perpétuelles et d'une lutte constante de forces cherchant toujours à rétablir leur équilibre toujours instable, et qui, agissant concentriquement sur eux, les sollicitent à la fois à se mouvoir dans tous les sens.

Mais aussi longtemps que ces forces agissent également ou symétriquement sur toutes les surfaces d'un même corps, il conserve, vis-à-vis de l'éther ambiant, son immobilité relative.

Tout change lorsque cet équilibre est rompu par la dilatation inégale de l'éther sur les deux extrémités diamétrales d'un corps.

En vertu de cette dilatation, l'éther n'exerçant plus qu'une pression moindre sur l'une de ses faces, l'égalité des couples est détruite et le corps est poussé dans le sens de la moindre résistance.

Les atomes d'éther dilaté se conduisent, vis-à-vis des atomes pesants, avec lesquels ils sont en contact, comme les atomes d'éther, sous l'unité de pression et de température, se conduisent vis-à-vis d'atomes pesants plus petits.

Si, par exemple, leur rayon est doublé, leur tension au centre de leurs plans de contact est aux tensions des atomes d'hydrogène dans le même rapport que les tensions des atomes d'éther normal sont aux tensions des atomes d'oxygène (chap. LXXVII, p. 594 et suiv.).

$$\frac{\theta_H}{\theta_E} = \frac{2}{1,032158}$$

L'amplitude de leurs vibrations serait réduite dans les mêmes proportions (p. 597). Mais leur vitesse vibratoire leur serait toujours commune avec l'atome pesant en contact, avec une densité dynamique réduite à 1/8.

Tous les facteurs de leur énergie thermique, sauf un seul, seraient ainsi diminués.

A fortiori, ces atomes dilatés deviennent tangents aux atomes pesants, et leur centre déplacé parcourt avec une plus grande vitesse la somme des amplitudes des deux atomes en contact

$$\alpha_H + \alpha_E$$

comme nous l'avons vu précédemment (chap. LXXVII, p. 594), la diminution de leur énergie les fait fuir plus vite, sur un plus long chemin. Mais, moins pressés par leurs voisins, ils ne retournent pas en arrière.

Supposons que d'un des côtés d'un corps la dilatation de l'éther double le volume de ses atomes dont le rayon devient $2^{1/3}$. Toute leur énergie motrice est affaiblie de ce côté et devient

$$(23) \quad \varepsilon = \frac{\Delta_0}{2\Delta} \frac{1}{\cos.\, 45^{\circ 2}\, 2^{2/3}} \frac{1}{\sin.\, 45^\circ\, 2^{1/3}} \text{cte } 2^{2/3} = \frac{1}{4}$$

Si, à l'autre extrémité du diamètre du corps, les forces motrices ont conservé toute leur valeur, la diminution des résistances antagonistes qui neutralisait leurs effets est équivalente à une force additionnelle.

Le corps sera donc sollicité à se mouvoir par une force égale à la différence $\frac{4}{4} - \frac{1}{4} = \frac{3}{4}$ ou $4 - 1$. Cette force, se multipliant par le nombre des impulsions reçues dans l'unité de temps par chacun des atomes de la surface du corps, est répercutée par tous ses atomes internes qui se les transmettent les uns aux autres.

Du côté où l'éther a conservé sa tension normale, elle est toujours équilibrée par la tension égale des atomes superficiels du corps; mais du côté où la tension de l'éther est affaiblie, celle des atomes pesants, qui suffit à repousser les atomes d'éther sur leurs tangentes, continuant sa pulsion, chasse devant soi, atome par atome, l'éther qui n'y résiste plus suffisamment.

Les atomes pesants de la superficie du corps ne peuvent poursuivre leurs voisins éthérés dans leur fuite sans mouvoir leur propre centre de gravité. Leur inertie résiste à ce mouvement. Ils prendront donc tous une même vitesse $\frac{\varepsilon m}{m} = \varepsilon$, c'est-à-dire égale à la constante de leur énergie thermique.

C'est la constante de la pesanteur par unité de masse.

D'ailleurs, ces atomes étant enchaînés par la cohésion à leurs voisins, également doués d'inertie, c'est-à-dire de ce qu'on nomme leur masse, c'est le corps tout entier qu'ils doivent déplacer avec les seules forces rendues libres sur leur surface.

Mais quelles que soient ces forces elles doivent avoir leur plein effet. Sous leur effort, le corps prendra une accélération inversement proportionnelle à sa masse.

$$V = \frac{F}{M} \qquad (24)$$

Cette force F est la somme de toutes les différences d'énergie motrice qui agissent sur les couples d'atomes diamétralement opposés sur les deux moitiés de la surface du corps, et que multiplient leurs atomes intermédiaires. Chacun de ceux-ci tend, en vertu de sa force expansive propre, à suivre les atomes déplacés de la surface et à se mettre automatiquement en marche du côté de la moindre résistance en s'arc-boutant sur la plus forte pulsion.

La force motrice totale F sera donc finalement proportionnelle à la masse totale du corps M_1, c'est-à-dire à l'énergie thermique de chaque atome multipliée par leur nombre; soit:

$$(25) \quad 55 = n\,m + n_1\,m_1 + n_2\,m_2\text{, etc.} = N\,m_0$$

m_0 étant la masse moyenne

$$\frac{n\,m + n_1\,m_1 + n_2\,m_2}{n + n_1 + n_2} = m_0$$

On aura finalement pour le corps une vitesse

$$(26) \quad V = \frac{F\,M}{M} = F$$

L'accélération sera donc la même pour tous les corps sous l'impulsion de la même force motrice proportionnelle à la différence de densité de l'éther des deux côtés diamétralement opposés des corps, quels qu'ils soient.

En somme, chaque atome possédant, sous la forme de son énergie thermique $= m$, une force égale à son inertie, dès que cette force est rendue libre par un facteur quelconque qui la multiplie, chaque atome d'un corps participe à sa mise en marche avec une vitesse proportionnelle à cette force adjuvante; car on a pour chaque atome en particulier $v = \frac{f\,m}{m} = f$.

Si l'énergie thermique de tous les atomes intérieurs d'un corps, que leur pression mutuelle réduit au volume du dodécaèdre inscrit, a pour mesure exacte leur masse m, les atomes superficiels en contact avec l'éther ambiant, dont les plans de contact sont carrés ou hexagones, ont, de ce fait, des énergies thermiques un peu plus fortes qui peuvent faire varier légèrement de valeur la vitesse initiale des corps. (Comp. ch. LXXVII, p. 596-600 et notes.)

Dans ces conditions, l'énergie thermique atteint la valeur de $0{,}2929\,\frac{4\,\pi}{3}\,m = 1{,}2269\ m$, mais ces faibles différences des impulsions superficielles se perdent dans les moyennes.

CHAPITRE LXXIX

INERTIE DES MASSES ET COMMUNICATION DU MOUVEMENT

Pour vaincre l'inertie des corps et leur communiquer une même accélération, pourquoi faut-il des forces proportionnelles à leur masse ?

La masse d'un corps est égale au nombre de ses atomes multipliant leur masse moyenne.

$$(27) \qquad m_0 = \frac{n\,m + n_1\,m_1 + n_2\,m_2 + n_3\,m_3 + \ldots\ldots}{n + n_1 + n_2 + n_3 + \ldots\ldots}$$

Son volume est égal au volume moyen de ses atomes, multiplié par leur nombre.

Le nombre de ses atomes est proportionnel au cube de leur masse moyenne m, puisque leur volume moyen est en rayon inverse du cube de leur rayon. D'où il suit que la densité d'un corps est proportionnelle à la quatrième puissance de la masse moyenne de ses atomes.

$$(28) \qquad \delta = m^4$$

Ainsi un corps dont la masse moyenne $m = 4$ a une densité moyenne $m = 4^4 = 256$.

Comme nos unités théoriques de volume sont 40 fois plus grandes que leur expression numérique en unités métriques de même ordre et que nos masses théoriques sont 4 fois plus petites que les unités métriques de masse, une densité de 256 aurait pour expression, en unités métriques :

$$d = \frac{256}{40 \times 4} = 1{,}6.$$

Ainsi la densité de la terre, étant supposée de 5,5, aurait pour expression théorique $5{,}5 \times 160 = 880$.

L'expression numérique de son volume $V = \frac{4\,\pi}{3} R^3$ serait 40 fois plus petite et celle de sa masse 4 fois plus grande.

$$\text{Soit } \delta = \frac{M}{V} = \frac{\frac{4\pi}{3} R^3 . 4 \times 5.5}{\frac{4\pi}{3} . \frac{R^3}{40}} = 880$$

Sous l'unité de volume, le nombre des atomes est en raison inverse du cube de leur rayon ou directe du cube de leur masse.

Il s'ensuit que sous un même volume une sphère pesante contient un même nombre d'atomes m^3 fois plus grand qu'une sphère d'éther de même rayon.

L'hypothèse de l'attraction suppose dans chaque masse l'existence d'une force interne *sui generis* qui lui serait proportionnelle et en vertu de laquelle son mouvement de chute vers la terre serait autonome et indépendant de tout contact externe.

Cette hypothèse est en contradiction avec les principes de la mécanique, selon lesquels toute force motrice agit extérieurement au contact.

Pour qu'une sphère pesante se mette en mouvement sous l'impulsion d'une force externe, il faut que ce mouvement se communique également à tous ses atomes, sur ses trois diamètres perpendiculaires qui en contiennent chacun un nombre proportionnel à leur masse moyenne m_0, ou m_0 fois plus que les diamètres égaux d'une sphère d'éther.

De plus, une sphère pesante, quelle que soit sa masse, ne peut se mouvoir dans un milieu plein sans mettre en mouvement un volume égal du fluide, éthéré ou pesant, dans lequel elle se meut, dans le temps qu'elle met à franchir une distance égale à son diamètre.

Ce volume équivalent du fluide ambiant ne peut lui-même être mis en mouvement que par des impulsions extérieures.

Or, un volume quelconque d'un fluide incohérent ne peut lui-même être déplacé directement que s'il est contenu dans des parois elles-mêmes cohérentes ; autrement il ne peut l'être que par le mouvement d'un corps qui le déplace.

L'éther incoercible ne peut être mis en mouvement que par le déplacement des corps qui s'y meuvent et qui créent derrière eux des vides relatifs où il se précipite, d'après la loi du moindre effort ou de la moindre résistance.

Nous avons vu (ch. XVIII, p. 131) le mécanisme du déplacement de l'éther en avant des corps pesants animés de vitesse.

Les atomes superficiels du mobile chassent devant eux, tour à tour, les atomes de l'éther en contact avec eux, en leur communiquant leur propre vitesse.

Cette communication est d'autant plus rapide que l'amplitude vibratoire des atomes pesants est plus grande.

Cette amplitude variant en raison directe de leur rayon ou inverse de leur masse m, est $\alpha = \frac{1 - \cos. 45^\circ}{m}$.

Des atomes de masse moyenne $= 4$ ou de rayon $= \frac{1}{4}$ ne donnent donc aux atomes de l'éther en contact que des impulsions moyennes deux fois plus petites que des atomes de masse moyenne $= 2$.

La force qui déplace un corps pesant et lui communique une vitesse v doit donc croître proportionnellement à son volume V, égal au volume d'éther qu'il déplace, multiplié par le double carré de la masse moyenne de ses atomes $= Vm_0$, ou par le nombre de ses atomes m_0^3 divisé par leur rayon moyen, ce qui revient au même : $\frac{V\, m_0^3}{\left(\frac{1}{m_0}\right)} = V\, m_0^4$.

Nous avons vu précédemment que cette force doit, en effet, croître comme la résistance à la communication du mouvement entre ses atomes, proportionnelle à leur nombre qui, sous un même volume, varie comme le cube de leur masse m_0^3.

La mesure de cette force est donc égale au produit du volume du corps multiplié par la quatrième puissance de la masse moyenne de ses atomes, égale à sa densité $V\, m_0^4 = V\, \delta$.

Or, le produit du volume par la densité, c'est la mesure de la masse :

$$(30) \qquad M = V\, \delta = V\, m_0^4$$

La communication du mouvement se faisant sous la loi du temps, proportionnellement au nombre des atomes à mouvoir, pour donner à une sphère dont les atomes ont un rayon moyen $\frac{1}{m_0}$, une vitesse constante V qui lui fasse franchir un espace e dans l'unité de temps, il faut une force instantanée

(31) $$F = e V m_0^4$$

ou l'application d'une force constante λ pendant un temps t.

On a les égalités

(32) $$F = e V m_0^4 = t \gamma V \delta = v V \delta.$$

Étant donné un corps de volume V, de densité m_0^4, renfermant un nombre d'atomes $V m_0^3$ de masse moyenne m_0; si une force

(33) $$F = \gamma V m_0^4 = 2 e V m_0^4$$

lui est appliquée pendant une première unité de temps, une moitié de cette force $\frac{\gamma V m_0^4}{2} = e V m_0^4$ disparaît à vaincre la résistance de ses atomes au mouvement, c'est-à-dire à communiquer un premier ébranlement $\frac{\gamma}{2}$ à leur nombre $V m_0^3$, sous la forme de vibrations alternatives d'une amplitude croissante dont les effets, s'ajoutant, font osciller le corps sur place.

Quand ces oscillations isochrones, d'amplitude croissante, atteignent la valeur d'un rayon éthéré, une première rangée d'atomes d'éther, devenus tangents à ceux du corps (Voy. ch. précéd., p. 606), sont mis en fuite devant celui-ci, dont le mouvement oscillatoire se transforme alors en mouvement rectiligne continu qui, dans la première unité de temps, lui fait franchir un diamètre d'atome éthéré $= e$.

Ce mouvement direct épuise a seconde moitié de la force

(34) $$\gamma \frac{V m_0^4}{2} = e V m_0^4$$

dont la somme initiale était : $F = \gamma V m_0^4 = 2e V_0 m_0^4$.

Pour donner à une sphère de volume V, de densité $m_0^4 = 4^4$, une vitesse qui lui fasse franchir un espace e dans la première unité de temps, et lui communique une accélération $2e$ dans chaque unité de temps successive, il faut une force égale à 256 fois son volume, multiplié par l'accélération $\gamma = 2e$.

Sous la première impulsion vibratoire de cette force, le mobile ne franchit dans la première unité de temps qu'un espace.

Une seconde impulsion vibratoire, égale à la première, sur une masse déjà animée d'une vitesse e qui lui a fait franchir un diamètre éthéré dans l'unité de temps, y ajoute une nouvelle vitesse $2e$ qui, dans la seconde unité de temps, lui fait parcourir un espace $3e$ ou trois diamètres de l'éther.

Trois rangées d'atomes éthérés sont ainsi mis en fuite en avant du corps et sont remplacées derrière lui par trois rangées d'atomes semblables, animés de la même vitesse, et qui, toujours selon la loi de la moindre résistance, suivent le corps qui se dérobe à leurs pressions restées sans réactions.

Ainsi chaque impulsion vibratoire ajoutant à la vitesse déjà acquise du mobile une nouvelle unité de vitesse qui lui fait parcourir deux diamètres atomiques de plus, dans l'unité de temps suivante, les unités d'espace parcourues dans chaque unité de temps successive croissent comme la série des nombres impairs ; c'est-à-dire comme les différences des carrés de la série des nombres entiers

$$1 + 3 = 4 + 5 = 9 + 7 = 16 + 9 = 25, \text{ etc.}$$

Au bout d'un temps t ou d'un nombre égal d'impulsions successives, égales et isochrones, la somme des espaces parcourus par le mobile est proportionnelle au carré du temps t, ou au carré du nombre d'impulsions vibratoires qui ont été transformées en mouvement direct accéléré.

A chaque diamètre franchi par le mobile, une rangée d'atomes d'éther a été déplacée en avant et une a été refoulée en arrière. Quand le corps a franchi un espace égal à son diamètre, un volume d'éther, égal au sien, a été déplacé, exigeant une dépense de force v V égale au produit de ce volume par sa vitesse.

Cette force a été empruntée, à chaque impulsion vibratoire, à la force motrice initiale, qui, pour chaque déplacement d'un diamètre e, devient :

$$(35) \qquad 2e\,V\,m_0^4 - 2e\,V = 2e\,V\,(m_0^4 - 1)$$

Mais comme cette partie de la force employée à donner à un volume d'éther une accélération de vitesse $2e$ est restituée au corps en arrière, au fur et à mesure de sa dépense en avant, la valeur initiale de la force motrice reste constante, comme la résultante :

$$(36) \qquad F = 2e\,V\,m_0^4 - 2e\,V + 2e\,V = 2e\,V\,m_0^4$$

En vertu de cette force intégralement restituée par l'éther à chaque impulsion, le corps a donc franchi un espace égal à son propre diamètre, mesuré en diamètres éthérés e, dans un temps $T = d^{1/2}$.

Dans des durées de temps successives, égales à $d^{1/2}$, prises pour unités de temps, le corps continuera à franchir des nombres d'espaces, égaux à son diamètre d, croissant comme la série des nombres impairs ou comme le carré des temps employés à les parcourir.

Après un nombre quelconque de ces nouvelles unités de temps, $(n\,d)^{1/2}$, le corps aura franchi $n\,d$ fois son propre diamètre.

Quant à la valeur de l'unité de temps initiale, dans laquelle le corps a fait fuir devant lui un premier atome d'éther et a franchi un premier diamètre éthéré, elle varie en raison inverse de l'intensité de la force, c'est-à-dire des variables locales qui multiplient la constante de la pression éthérée, identique à la constante de la pesanteur.

On voit par là qu'en réalité dans les variations locales d'intensité de la pesanteur, c'est l'unité de temps initiale qui varie et non l'unité d'espace, toujours égale au diamètre de l'atome d'éther dont les autres unités de longueur ne peuvent être que des multiples.

Si le mètre contient 250.000 de ces diamètres, un corps qui, à Paris, tombe en une seconde de 4 m 9, franchit ainsi 1.225.000 fois cette unité fondamentale d'espace, en un nombre d'unités de temps $= 1.225.000^{1/2} = 1107$.

La durée d'une vibration de l'éther à Paris serait ainsi de $\frac{1}{1107}$ de seconde.

Ainsi se trouverait démontrée, avec la loi de Galilée sur la chute des corps, celle de Newton sur leur gravitation en raison directe de leurs masses, d'où se déduit la vitesse constante de leur accélération, quelles que soient ces masses.

Newton en avait déduit l'hypothèse de l'attraction mutuelle de ces masses, mais sans insister sur sa réalité, contestée par les mathématiciens, ses contemporains, au nom des principes de la mécanique qui ne sauraient admettre d'action motrice à distance.

Il est vrai que si les corps ne s'attirent pas, tout se passe néanmoins comme s'ils s'attiraient, selon la dernière expression de la pensée de Newton.

A son hypothèse de l'attraction nous substituons seulement celle d'une répulsion mutuelle de tous les corps, pouvant donner lieu à des différences motrices proportionnelles aux masses.

Nous verrons plus loin comment cette même hypothèse permet d'expliquer la gravitation des masses sidérales en raison inverse des carrés de leurs distances.

CHAPITRE LXXX

LA PESANTEUR COMME PRESSION STATIQUE

Il résulterait de cette nouvelle théorie de la pesanteur que tous les corps ne gravitent pas nécessairement les uns vers les autres; qu'un corps n'est en aucune façon attiré ou poussé vers un autre corps par le seul fait de sa présence et de sa plus grande proximité; que les molécules gazeuses, par exemple, n'exercent entre elles aucune attraction, et qu'on peut concevoir des corps pesants sans mouvement relatif réciproque.

Lorsqu'un atome pesant isolé, ou un groupe d'atomes homogènes est enveloppé d'éther, lui-même homogène, et équilibré sous la même pression et à la même température, cet atome ou groupe d'atomes, sollicité de tous côtés par des forces égales qui s'annulent par couples de sens contraires, demeure immobile. Ce sont les atomes d'éther qui l'entourent qui reculent autour de lui dans des directions divergentes, jusqu'à ce qu'ils deviennent tangents.

Dans ces conditions le corps pesant, ne pouvant *graviter* en aucune direction, reste équilibré dans son lieu, relativement à l'éther qui l'entoure et ne peut se déplacer qu'avec lui.

Tel est, en réalité, l'état d'équilibre des atomes pesants dans la moléćule gazeuse. Ils ne tombent d'aucun côté; c'est la molécule seule qui gravite dans la mesure de sa densité, relativement à son milieu, et en raison inverse de la force ascensionnelle qu'elle doit à sa vitesse de rotation et à la dilatation de son volume qui en est la conséquence.

Plus généralement, chaque fois qu'un groupe d'atomes pesants représente un volume égal ou inférieur à celui des grandes ou petites vacuoles que laissent entre eux les atomes d'éther, devenus mutuellement tangents autour de lui, ce corps échappe à la gravitation. Il ne tombe pas, relativement à l'éther qui l'entoure.

S'il était libre de se mouvoir, il prendrait une certaine vitesse dans l'unité de temps. Mais s'il reste immobile, la force qui devait vaincre son inertie, étant sans emploi comme énergie motrice, se manifeste sur lui comme pression.

Cette pression est égale à son poids mg.

Les atomes de l'éther, en contact avec un corps pesant équilibré, ne pouvant reculer autour de lui sans comprimer à leur tour tous les autres atomes de l'éther ambiant, en contact avec eux, et, par ceux-ci, tous ceux qui les suivent, *ad infinitum*, tous, réagissant contre la compression, renvoient au corps pesant, resté immobile, les pressions exercées sur eux par une série de pulsations vibratoires.

A chacune de ces pulsations, l'éther, devenu tangent, tend à redevenir sécant ; mais toujours repoussé par le même mécanisme, chacune de ses pulsations agit sur le corps pesant immobilisé comme un coup de bélier pour le comprimer, ne pouvant le mouvoir.

Ces pulsations, reçues par les atomes superficiels du corps pesant, se transmettent de proche en proche à ses atomes internes, en multipliant leurs énergies thermiques propres.

Il en est ainsi de toute molécule ou groupe de molécules, enveloppé de tous côtés d'éther homogène, à des températures et sous des pressions égales, qui, sollicitant le corps à se mouvoir également en tous sens, s'annulent par couples, donnant une résultante motrice nulle.

Les pressions de l'éther, convergentes autour d'une masse sidérale, s'exercent sur tout son contenu, par unité de surface, multipliant la masse des corps pesants, quelles que soient leurs variations de densité.

Elles s'exercent également sur les atomes de l'éther qui circulent entre les corps pesants et qui les transmettent en tous sens, d'après la loi commune à tous les fluides, mais donnant, comme ceux-ci, une résultante verticale sur tous les corps solides qui s'y trouvent plongés, proportionnelle au rapport des densités. Or, le rapport des densités entre un corps pesant quelconque et l'éther étant $\frac{\delta}{0}$, la résultante verticale qui sollicite le corps à tomber est égale à son poids *mg*.

En effet, la pression centripète de l'éther s'exerçant sur une masse 0 ne peut la multiplier. En sorte que l'éther ne gravite pas sous sa propre pression, qu'elle soit exercée directement ou médiatement transmise par des corps pesants.

On ne peut même dire que sous sa propre pression, l'éther se comprime, puisque, en vertu de son expansibilité incoercible, quand il est comprimé, il peut toujours s'échapper pour rétablir l'équilibre de ses pressions.

Lorsqu'un certain volume d'éther est entouré de tous côtés par des corps pesants, ses atomes devenant tangents à la surface des leurs et recevant d'eux des pulsions égales en tous sens, ne peut obéir à aucune d'elles. Il est entre les corps pesants en équilibre statique, comme l'est un corps pesant entouré d'éther en équilibre, et, comme lui, immobile relativement à eux.

Mais la pression verticale extérieure qui lui est transmise par eux, il la transmet à son tour aux corps pesants qu'il enveloppe et dont elle multiplie les masses.

Ces corps, gravitant ainsi librement dans leur éther ambiant, y tombent verticalement vers le centre avec des accélérations croissantes en raison inverse du carré de leur distance au centre du corps sidéral dont ils font partie et dont ils subissent leur part de pression superficielle.

Quand un corps tombe ainsi librement dans l'éther, sous l'action de ses pressions concentriques, il ne se meut pas en vertu de la tension des atomes d'éther en contact avec lui. Cette tension qui, même au plan sécant, ne s'élève jamais beaucoup au-dessus de l'unité, est toujours inférieure à la sienne qui est 2. C'est l'atome pesant qui se pousse lui-même en s'arc-boutant sur la plus forte pression pour se mouvoir dans le sens de la moindre résistance.

La pression totale de l'éther autour d'un corps pesant est égale au nombre des plans de contact des atomes de sa surface avec les atomes de l'éther ambiant.

Le nombre des atomes pesants avec lesquels chaque atome d'éther peut être en contact est inversement proportionnel au carré de leur rayon ou directement au carré de leur masse. Il augmente donc avec la densité des corps.

N étant le nombre des atomes du corps qui affleurent sur l'unité de surface, les pressions supportées par ces atomes $= p\,N\,m$.

L'unité de surface théorique étant le carré du rayon de l'atome d'éther, si l'on suppose que ce rayon soit égal à l'onde rouge la plus longue $= 0^{m},000002$, en nombres ronds, on aurait pour l'unité de surface théorique $0^{m},000000000004$.

Ce serait environ 250 billions d'atomes d'éther par mètre carré de surface, chacun d'eux ayant avec les atomes pesants du corps un nombre moyen de contact $= m^2$.

La pression par unité de surface serait donc

$$P = 250.000.000{,}000\ m^2 \text{ d'unités théoriques.}$$

Lorsque dans une masse sidérale une molécule ou un groupe de molécules, enveloppé d'éther, s'appuie d'un côté contre un corps de trop grande masse pour lui communiquer son mouvement, la résultante motrice des pressions qui agissent sur lui, le presse contre l'obstacle qui l'équilibre et l'empêche de se mouvoir. La direction de la force passe par le centre de gravité du corps et par son point d'appui, où se transmet, en totalité, la pression exercée sur lui par l'éther.

Cette pression du corps immobilisé, transmise au corps sous-jacent qui lui fait obstacle, ne pouvant se manifester comme énergie motrice, se transforme en énergie thermique.

Pour qu'un corps gravite, sous la pression de l'éther, il faut donc qu'il soit entouré de tous côtés par un milieu fluide, dont les éléments mobiles peuvent être déplacés par lui, et que les forces motrices qui agissent sur lui soient asymétriquement distribuées, de façon à donner une résultante positive dans un sens déterminé.

Quand un obstacle s'oppose au déplacement du corps, l'énergie motrice qui le sollicite se transforme ainsi en énergie thermique; mais dès que le corps est libre de se mouvoir, chaque impulsion successive lui imprimant une vibration de masse, ces impulsions s'additionnent, jusqu'à ce qu'enfin, leur somme devenant équivalente à la somme d'inertie à vaincre, le corps se met en mouvement avec une vitesse régulièrement accélérée par chaque impulsion nouvelle.

Mais tant que cette impulsion motrice est impuissante à

mouvoir un corps équilibré, son énergie, ne pouvant se manifester comme mouvement, se manifeste comme chaleur sensible.

Dans tous les cas où les pressions de l'éther qui sollicitent un corps à se mouvoir se détruisent par couples de sens contraires, donnant une résultante nulle, ces forces, ne pouvant manifester leur énergie comme mouvement, la manifestent comme chaleur à l'intérieur des corps qu'elles sollicitent.

La pression de l'éther tangent et les impulsions répétées de ses vibrations, agissant également en tous sens sur les corps libres qu'il entoure, ne peuvent suffire à leur imprimer un mouvement, puisque tout mouvement suppose, non seulement une vitesse, mais une direction.

Pour devenir motrice, la pression de l'éther doit être affectée, dans une direction déterminée, d'un certain coefficient variable qui, déséquilibrant son action concentrique, égale en tous sens, imprime aux corps une accélération définie, suivant une résultante déterminée.

Nous étudierons plus loin la nature de cette variable qui agit, non pas par une addition de force, mais par une diminution de résistance. Nous verrons comment c'est à cette variable de nature thermique que s'applique la loi de gravitation en raison inverse du carré des distances.

Les conditions de cette asymétrie des forces sont diverses. Les principales sont les différences de température de l'éther autour du corps.

Un corps qui tombe d'une vitesse accélérée sous la pression verticale de l'éther, autour d'une masse sidérale, additionne et emmagasine en lui toutes les forces motrices des pulsations vibratoires qui accélèrent son mouvement proportionnellement à la durée de sa chute.

Il acquiert une vitesse $v = gt$, proportionnelle à cette durée t, multipliée par une certaine variable locale g. Il acquiert, de plus, une certaine force vive

$$= \frac{1}{2} m.\ v^2 = \frac{1}{2} m\ (gt)^2 = mgh,\ ph$$

proportionnelle au demi-produit de sa masse par le carré de sa vitesse acquise, $v = gt$, au moment de l'arrêt du mobile.

Cette somme de force vive est égale au poids du corps, $p =$

mg, multiplié par la hauteur totale de sa chute h. Donc $ph = mgh$.

A Paris, un corps de masse m qui tombe en 10 secondes d'une hauteur de $100 \times 4{,}9$ mètres, a acquis une force vive mgh de $9{,}8 \times 490 \times m = 490\ mg$ kilogrammètres.

Si le rayon de l'atome d'éther = 0,000002, ce corps, en 10 secondes, a parcouru la longueur de cent vingt-deux millions cinq cent mille diamètres éthérés; en vertu de $122.500.000^{1/2} = 11068$ pulsations vibratoires, se succédant à des intervalles de $\frac{1}{1106{,}8}$ secondes.

Le corps, après cette série de pulsations motrices, emmagasinées pendant sa chute, possède une énergie motrice $mgh = m\ 9{,}8 \times 490 = 4802$ unités de force vive, exprimées en unités métriques et qui, en rayons d'atomes éthérés, = 2.401.000.000 unités théoriques.

Nos rapports de poids établis par la balance ne sont en réalité que des rapports de masse.

C'est l'unité de masse, et non de poids, qu'on appelle *le gramme*, dont le poids $mg = 9{,}8$ unités.

C'est l'unité de masse qui correspond à 1 centimètre cube d'eau distillée à + 4°.

Le kilogramme = 1000 unités de masse et correspond à un poids de $1000 \times 9{,}8 = 9800$ unités.

La confusion établie entre le poids, l'accélération et la masse jette une grande obscurité sur des problèmes très simples.

Quand nos savants ont établi les unités du système métrique, ils auraient été mieux inspirés de prendre pour étalon du mètre la valeur de l'accélération à l'équateur, ou à la latitude 45°, plutôt que la longueur du méridien, que nul ne peut vérifier et qui, très probablement, n'est pas la même pour tous les méridiens.

La valeur de l'accélération, à Paris, étant de 9,8088 et à l'équateur de 9,78 seulement, notre kilogramme, qui vaut à Paris 9,8188, ne vaut à l'équateur que 9,780. A la latitude de 80° il vaudrait 9,8603, assure-t-on; et il y a lieu de croire qu'au pôle il dépasserait 10.

Ce qui diminue la pesanteur des pôles à l'équateur, c'est bien moins, comme on le dit, l'augmentation du rayon de la terre, que la force centrifuge développée par la rotation, et qui, nulle aux pôles, augmente rapidement et irrégulièrement avec le cosinus de la latitude. Son accroissement est donc beaucoup plus rapide que celui du rayon terrestre qui, à l'équateur, est moins de $\frac{1}{300}$ ou d'environ 22 kilomètres.

Ces différences dans l'intensité de la pesanteur aux diverses latitudes ne sont pas sensibles à la balance dont elles influencent également les deux plateaux et qui ne donnent que des relations de masse ; mais elles deviennent sensibles en mécanique, en balistique surtout, et ce serait une simplification si l'étalon métrique était en rapport simple avec la valeur de cette intensité dans un lieu donné.

Si l'on eût pris pour étalon du mètre la valeur de l'accélération à l'équateur, 9,78, divisée en dix parties, elle eût donné un mètre un peu plus court de 97°8, et l'unité de poids à l'équateur eût été justement décuple de l'unité de masse.

Ce sont les rapports de masse et non de poids qui intéressent le commerce, l'industrie et même beaucoup de sciences techniques, telle, par exemple, la chimie.

Mais la mécanique a besoin sans cesse de faire intervenir le poids. Si dans le poids, *mg*, le facteur *g* est le nombre fractionnaire 9,8088, la masse $\frac{1}{9,8088}$ devient la fraction irréductible 0,1019492700.

D'après cette petite correction de la valeur de l'étalon métrique, la longueur du rayon terrestre équatorial atteindrait la valeur de 6.521.772^{m}80, au lieu d'être exprimée par le nombre 6.378.393^{m}79. De même, la valeur du rayon polaire s'élèverait à 6.499.539^{m}111, au lieu de 6.356.549^{m}109 ; et le rayon d'une sphère de même volume que la terre aurait 6.514.420 mètres au lieu de 6.371.103 mètres.

La circonférence équatoriale serait de 40.977.602 mètres, dont le quart serait 10.244.400 mètres.

Le quart du méridien elliptique, qui a servi à établir l'étalon métrique, est, en réalité, non pas de 10 millions de mètres, mais de 10.002.008 mètres. Son expression numérique avec le nouvel étalon deviendrait 10.227.002.

Enfin la longueur du pendule à seconde à l'équateur, qui est de 0^{m}99103, serait exprimée par le nombre 1^{m}013322. A 45°, cette longueur serait de 1^{m}0185071 au lieu de 0^{m}99610.

Comme ce sont là des relations qui n'intéressent que les sa-

ou moins vite en équilibre avec les corps sous-jacents, n'en garde que sa part, d'autant plus grande que ceux qui subissent sa pression sont moins conducteurs ou mieux isolés et plus incompressibles. Le facteur *g* représente donc, en pareil cas, une vitesse vibratoire constante et nullement l'accélération croissante de vitesse d'un mouvement.

Nous avons calculé déjà (ch. LXXIX, p. 614) que cette vitesse vibratoire est à Paris de $\frac{1}{1107}$ de seconde, c'est-à-dire qu'en une seconde un corps équilibré subit 1107 pulsations motrices égales, qui lui donneraient un mouvement accéléré, s'il pouvait y obéir, mais qui ne peuvent que faire vibrer ses atomes s'il les subit passivement.

Ce serait donc en fonction du temps et non de l'espace que la pesanteur statique *g* devrait être exprimée.

CHAPITRE LXXXI

ÉQUIVALENT THERMIQUE DE LA PESANTEUR STATIQUE

Toute la force vive produite par la chute accélérée d'un corps, sous l'influence de la pesanteur, peut toujours se transformer en une quantité équivalente de calories, selon le rapport constant, 423,5 kg. (1) pour une calorie.

Cette énergie motrice *ph*, accumulée par les corps dans leur chute, proportionnellement à sa hauteur ou au carré de sa durée, est la somme, élevée au carré, des impulsions vibratoires de l'éther sur ces corps, dont les effets, emmagasinés en eux, se dépensent dans leur choc contre l'obstacle qui arrête leur mouvement.

Si c'est un fait aujourd'hui constaté que cette transformation d'un mouvement de masse en vibration calorifique, il est encore contesté que la simple pression des corps pesants soit également une source de chaleur, et que l'énergie, dite potentielle, des corps pesants ait un équivalent thermique, comme leur énergie dite cinétique.

(1) C'est la dernière valeur officielle de l'équivalent de la chaleur d'abord évalué à 425 kilogrammètres. (Voir *Annuaire du Bur. des Long.*, 1898.)

C'est qu'en effet, en pareil cas, il n'y a pas de transformation de mouvement de masse en mouvement vibratoire, il y a production directe de mouvement vibratoire, proportionnellement au poids des corps.

D'ailleurs, toute pression qui s'exerce sur un corps tendant à comprimer son volume, par là même surexcite son énergie thermique dans la mesure de sa racine carrée ; car l'on a :

$$\varepsilon = \frac{\Delta_0 \, p^{1/2}}{\Delta} \, \frac{p^{2/6}}{\cos. 45^2} \, \frac{m^2 \, p^{2/6}}{\sin. 45} \, \frac{\text{Cte}}{m \, p^{1/6}} = m \, p. \tag{37}$$

Il n'en résulte pas que le corps subisse réellement une diminution de volume $\frac{1}{p^{1/2}}$, car l'énergie thermique développée, augmentant comme la pression, suffit à réagir contre elle et à détruire ses effets. De sorte que, sous la pression, le corps, sans être comprimé, en réalité, réagit comme s'il l'était et par sa réaction détruit et contre-balance l'accroissement de pression.

Tout corps pesant en équilibre statique entre les pressions verticales de l'éther, qui le sollicitent à se mouvoir, et les masses sous-jacentes, elles-mêmes équilibrées, qui s'opposent à sa chute, développe dans sa propre masse et dans les masses qui le supportent une quantité de calories proportionnelle à son poids.

Mais la valeur de ce poids p, comme pression statique, n'est pas le produit de la masse par l'accélération mg, c'est une valeur numériquement plus petite et de nature très différente. C'est le produit de la masse par la racine carrée de la demi-accélération.

$$p = m \left(\frac{g}{2} \right)^{1/2} = m \, (4,9)^{1/2} \tag{38}$$

C'est en réalité une valeur proportionnelle au nombre des pulsations vibratoires subies par chacun des atomes du corps dans l'unité de temps.

Il est tout naturel que ces pulsations motrices, ne pouvant se manifester comme mouvement, se manifestent comme énergie thermique.

Si le rayon de l'atome d'éther = 0,000002 (Voy. ch. LXXX, p. 618), son diamètre = 0,000004. Un corps qui tombe de

1 mètre en une seconde franchit donc une distance de $\frac{1}{0,000004} = 250.000$ diamètres éthérés, en $250.000^{1/2} = 500$ unités de temps, égales chacune à $\frac{1}{500}$ de seconde ou à la durée d'une vibration motrice de l'éther.

L'accélération de ce corps serait de 2 diamètres pour $\frac{1}{500}$ de seconde, et au bout d'une seconde le corps aurait parcouru $500^2 = 250.000$ diamètres éthérés, ou 1 mètre, avec une accélération que nous noterions $g = 2$, mais dont la vraie valeur, après une seconde de chute, serait, par seconde, de 500.000 diamètres éthérés ou de 2 mètres, et qui ferait parcourir au corps, dans la deuxième seconde, 3×250.000 diamètres éthérés ou 3 mètres. Dans la troisième seconde il parcourrait $5 \times 250.000\ d$ ou 5 mètres et ainsi de suite, selon la série des nombres impairs, dans les unités de temps successives.

Tandis que la force vive du mobile croîtrait avec le carré des temps de la chute ou le carré des vitesses acquises, l'énergie statique déployée par le mobile, dans le même temps, contre l'obstacle qui s'oppose à sa chute serait, à chaque unité de temps, de $250.000^{1/2} = 500$, c'est-à-dire proportionnelle au nombre des pulsations motrices qu'il a reçues pendant une seconde. Si ce même corps se trouve en des conditions telles qu'il tombe dans une première seconde d'une hauteur de 4,9, il parcourt dans ce même temps un chemin égal à $4,9 \times 250.000$ diamètres éthérés; en vertu de $4,9^{1/2} \times 250.000^{1/2} = 2,2186 \times 500$ pulsations motrices d'une durée de $\frac{1}{2,2186 \times 500}$ secondes.

C'est donc la vitesse vibratoire de l'éther qui a augmenté, et la durée de ses pulsations qui a diminué, leur intensité restant égale.

L'accélération du mobile serait alors de 9,8 diamètres éthérés, par fraction de seconde $= \frac{1}{4,9^{1/2} \times 250\,000^{1/2}}$. Au bout d'une seconde elle deviendrait de $9,8 \times 250.000$ diamètres éthérés par seconde. De sorte que dans les secondes successives le mobile parcourrait 3, 5, 7, 9 fois $4,9 \times 250.000$ diamètres, répondant à un nombre de mètres 3, 5, 7, 9, ... fois 4,9 mètres.

Notre expression $g = 9{,}8$ devrait donc s'écrire :

(39) $$g = 9,8 \times 250.000 = 2.450.000$$

Ou 2.450.000 diamètres éthérés parcourus en vertu de $4\text{-}9^{1/2} \times 250.000^{1/2}$ pulsations de l'éther.

Mais l'énergie développée par la pression statique du même mobile pendant le même temps serait, par seconde,

(40) $$\left(\frac{g}{2}\right)^{1/2} = 4{,}9^{1/2} \times 250.000^{1/2} = 2{,}2136 \times 500 = 1106{,}8$$

Dans cette équation $250.000^{1/2} = 500$ exprime le nombre normal des pulsations de l'éther en une seconde ou 500 unités de temps égale à la durée d'une de ces pulsations. $4\text{-}9^{1/2}$ exprime l'accroissement local de cette vitesse vibratoire normale de l'éther, ou du nombre des pulsations dans l'unité de temps.

C'est cette énergie statique $\left(\frac{g}{2}\right)^{1/2}$ qui se transforme en chaleur proportionnellement au temps.

S'il faut 423,5 kilogrammètres d'énergie cinétique pour développer une calorie, à plus forte raison faut-il une masse d'un poids considérable pour développer une énergie thermique équivalente, se dérobant à nos observations par la nature même de sa production.

Pour produire 423,5 kilogrammètres d'énergie cinétique, l'unité de poids devrait tomber de 423,5 mètres de hauteur ; ou bien 423,5 kilogrammes devraient tomber d'un mètre de hauteur.

Prenant la masse, au lieu du poids, pour unité, pour éviter les confusions, on aurait pour l'énergie cinétique d'une masse de 423,5 unités tombant d'un mètre (en 0,451754 secondes).

(41) $$mgh = 423{,}5 \times 9{,}8 \times 250.000 = 1.037.575.000$$

Pour produire la même quantité de force vive dans le même temps, sous forme de pression statique, il faudrait

(42)
$$mgt^2 = \left(423{,}5 \times 2.\left(\frac{g}{2}\right)^{1/2} \times 250.000^{1/2}\right) \times \left(\frac{g}{2}\right)^{1/2} 250.000^{1/2}$$

Car on a l'équation :

(43)
$$\left(2\,m\left(\frac{g}{2}\right)^{1/2} 250.000^{1/2}\right) \times \left(\frac{g}{2}\right)^{1/2} \times 2.500.000^{1/2}\right) = m.\,9.8 \times 250.000$$

Il faudrait donc une masse

(44) $$m = 423{,}5 \times 2 \times 4{,}9^{1/2} \times 500 = 937.460,$$

subissant en une seconde $(4{,}9^{1/2} \times 500) = 1.106{,}8$ vibrations motrices ; ou dans le même temps qu'une masse m met à tomber de $(4{,}9 \times 250.000)$ diamètres atomiques (soit $4^{m}9$ à Paris).

Car on a l'égalité

(45) $$(2 \times 423{,}5 \times 4{,}9^{1/2} \times 500) \times (4{,}9^{1/2} \times 500) = 1.037.575.000$$

On aurait le même résultat par la pression d'une masse $= 2 \times 423{,}5$ pendant le carré du temps $t^2 \times 4{,}9 = 250.000 \times 4{,}9$.

Car on aurait encore l'équation $(2 \times 423{,}5) \times (4{,}9 \times 250.000) = 423{,}5 \times 9{,}8 \times 250.000 = 1.037.575.000$.

(46) Soit : $mgh = mgt^2$

Comme cette énergie thermique, née de la pression sur les corps sous-jacents, tend, au fur et à mesure de sa production, à se répandre et à se diluer en eux et dans toute la masse qui les équilibre eux-mêmes, l'élévation de température des petites masses soumises à nos expériences, et qui sont équilibrées par la résistance d'une masse sidérale infiniment grande relativement à eux, doit rester inappréciable par nos mesures calorimétriques.

A plus forte raison serait-il impossible de constater la production de cette calorie unique par la pression de l'unité de masse pendant $423{,}5 \times (9{,}8) \times 250.000$ unités de temps, qui laisseraient à la chaleur produite le loisir de se diluer dans tout le milieu ambiant.

Tandis que dans la chute des corps l'énergie thermique est soudainement dégagée entre les surfaces choquées, dans la production lente de chaleur par la pression statique cette chaleur, s'écoulant et se dispersant par quantités infinitésimales, dans tout le milieu ambiant au fur et à mesure de sa production, échappe forcément à l'observation.

Mais ses effets accumulés doivent se retrouver additionnés à ceux de la pression exercée sur les corps sidéraux par leur propre masse. Ces pressions concentriques, rapidement croissantes de la surface au centre, y accumulent la chaleur qu'elles produisent perpétuellement, sans qu'il en puisse rayonner au dehors qu'une minime partie par leur surface.

Tout corps qui pèse de son poids, $m\left(\frac{g}{2}\right)^{1/2}$, sur un corps sidéral contribue donc à son échauffement d'une façon constante; tandis que les corps qui tombent à sa surface, en libre chute, ne lui communiquent instantanément et tout à la fois qu'une quantité de chaleur limitée par l'équivalent de leur énergie mécanique.

CHAPITRE LXXXII

ACCROISSEMENT DE LA PESANTEUR DANS LES CORPS

La pression ou pesanteur statique exercée sur la surface d'un corps est le résultat du conflit de l'énergie de l'éther ambiant, $\varepsilon = 1$ (voy. ch. LXXVII, p. 593), et de l'énergie thermique, $\varepsilon = m$, des atomes pesants avec lesquels il est en contact.

Ce conflit de forces se renouvelant à chacune des vibrations de l'éther, la pression qui en résulte dans l'unité de temps est proportionnelle à la vitesse vibratoire W, facteur commun de l'énergie thermique de l'éther et des atomes pesants avec lesquels il est en contact, ou au nombre des pulsations reçues par chaque unité de surface pendant cette même unité de temps.

Sur l'unité de surface, soit sur le carré dont le rayon de l'atome d'éther est le côté, cette pression est égale au produit des deux énergies $\varepsilon = 1 \times \varepsilon = 1\, m$. On a :

$$1 \times 1\, m = 1\, m = \varepsilon \times m = \gamma\, m. \tag{47}$$

Elle est donc égale au produit de l'énergie thermique de l'éther et de celle de l'atome pesant, elle-même égale à la masse; et la constante du poids de tout atome est $\gamma = 1$.

Pour chaque élément atomique à la surface d'un corps la pesanteur statique est donc égale à sa masse multipliée par l'unité, si l'on fait abstraction des variables sur lesquelles nous reviendrons.

Par conséquent, sur un mètre carré cette pression représente 250 billions d'unités que multiplie la masse moyenne des atomes superficiels des corps m_θ.

Pour la surface entière d'une sphère, dont les rayons sont exprimés en mètres, la somme des pressions serait de 250.000.000.000. $4\pi r^2 m_\theta$.

L'unité de pression γ sur l'unité de surface se transmet, intégralement et concentriquement, de la surface des corps à leur centre. Sa valeur sur l'unité de toutes les surfaces concentriques, successivement emboîtées, augmente donc en raison inverse des carrés des distances au centre des corps, c'est-à-dire qu'une même somme de pressions, égale à celle que supporte la surface extérieure, se divisant sur des surfaces concentriques de plus en plus petites, la part supportée par l'unité de surface augmente de valeur dans la relation.

(48) $$\gamma \frac{r^2}{d^2}$$

Ce rapport multipliant la vitesse vibratoire W ou le nombre de vibrations dans l'unité de temps, la durée t de chaque vibration se trouve multipliée par le rapport inverse :

(49) $$t \frac{d^2}{r^2}$$

C'est le nombre des impulsions motrices, dans une unité de temps déterminée, qui augmente en raison inverse des carrés des distances au centre.

Le poids des corps, effet des pressions de l'éther, augmente donc, de la surface des corps sidéraux à leur centre, en raison inverse des carrés des distances à ces centres, multipliant les masses qu'elle sollicite à se mouvoir dans le sens de la force et suivant concentriquement sa direction normale aux surfaces-enveloppes.

En vertu de cette pression statique constante exercée sur les surfaces, tous les atomes d'un corps entouré d'éther homogène et équilibré, étant sollicités à se mouvoir concentriquement par des couples de forces égales de sens contraires, leur mouvement, qui ne peut s'effectuer, se manifeste comme un accroissement d'énergie thermique proportionnel au temps.

Dans une unité de temps conventionnelle t, l'énergie thermique produite sur un point d du rayon r du corps devient

$$C = m\gamma t \frac{r^2}{d^2} = m\left(\frac{g}{2}\right)^{1/2} \tag{50}$$

Si, au contraire, les atomes sont libres d'obéir aux pulsations concentriques qui les sollicitent à se mouvoir, ils prennent une accélération

$$m\frac{(1+1)}{m} t^2 \frac{r^2}{d^2} = 2\gamma t^2 \frac{r^2}{d^2} = g. \tag{51}$$

Ces atomes étant ainsi sollicités à se mouvoir proportionnellement à leur masse et résistant par leur inertie, leur vitesse initiale, quand ils se mettent en mouvement, est la même pour tous les corps.

De même, tous les corps, après une première unité de temps, reçoivent la même accélération dans le même lieu.

La pesanteur statique, au contraire, ne mettant en mouvement aucune masse, garde sa valeur variable proportionnelle aux masses. (Formule 50.)

C'est donc cette impulsion initiale de la chute verticale des corps, manifestée comme pression statique, lorsqu'elle ne peut produire son effet moteur, qui augmente de la circonférence au centre des corps par l'augmentation successive du nombre des pulsations dans la même unité de temps. En sorte que, sur chaque point du rayon d'une sphère, l'unité de masse se trouve multipliée par des facteurs croissants et que le poids d'une masse m, faisant partie d'une sphère de masse M de rayon r, et située en d, devient

$$p = m\gamma \frac{r^2}{d^2} \tag{52}$$

L'accélération cinétique initiale augmente naturellement dans le même rapport et devient

$$g = 2\gamma\left(\frac{r^2}{d^2}\right) \tag{53}$$

A chaque pulsation motrice, l'accélération est toujours de deux diamètres éthérés, mais le nombre des pulsations dans l'unité de temps a augmenté dans le rapport $\frac{r^2}{d^2}$.

L'unité de force initiale, c'est la pulsion d'une vibration de l'éther, sous l'unité de pression et à l'unité de température. (Voy. ch. LXX : *De la gamme thermique*, p. 544, 545, 546.)

La valeur de g, exprimée en unités métriques de longueur et en secondes de temps, doit donc être multipliée par le rapport de la longueur du mètre à celle du diamètre des atomes d'éther, supposé de $\frac{1}{0,000004}$ (1) $= 250.000$.

De cette relation on peut déduire que la durée d'une vibration de l'éther, à l'unité de pression et de température $= \frac{1}{500}$ de seconde.

Dans ces conditions, l'accélération g, à la surface des corps, et abstraction faite de toute variable locale, serait de 2 mètres par seconde, au lieu de 9,8, ou de 2×250.000 diamètres éthérés. Ce serait l'unité d'accélération exprimée en secondes.

La valeur de l'accélération deviendrait à l'intérieur des corps

(54) $$g\,X = 2\,\gamma \times 250.000\,\frac{r^2}{d^2}$$

diamètres éthérés par seconde.

On aurait pour notre accélération $g = 9,8$ à la surface solide

(55) $$g\,X = 2\,\gamma \times 4,9 \times 250000$$

diamètres éthérés par seconde.

Ou

(56) $$\frac{g}{X} = \frac{9,8}{250000} \text{ mètres, dans } \frac{1}{500} \text{ de seconde.}$$

Cette accélération rapide à la surface solide du sphéroïde terrestre supposerait l'intervention d'une variable. (Voy. ch. LXXXIV, p. 637.)

A la surface des masses sidérales, la pression statique ou le poids des corps deviendrait de même

(57) $$m\left(\frac{g}{2}\right)^{1/2} X = \gamma\,500 \text{ pulsations à la seconde.}$$

(1) Cette valeur du diamètre de l'atome d'éther = 0 m. 000004, en nombres ronds, est toute provisoire, et devra être rectifiée ultérieurement par l'observation.

Et à l'intérieur d'une sphère on aurait

$$(58)\quad m\left(\frac{g}{2}\right)^{1/2} X = \gamma\, 500\, \frac{r^2}{d^2} \text{ pulsations à la seconde.}$$

A la surface du sphéroïde terrestre, nous avons

$$(59)\quad m\left(\frac{g}{2}\right)^{1/2} X = 4{,}9^{\,1/2} \times 500 \text{ pulsations à la seconde}$$

La valeur X, étant une constante, tombe dans les rapports. Elle n'a qu'une valeur théorique et peut être négligée dans la pratique.

Sur chaque surface concentrique d'une sphère la pression statique est donc toujours proportionnelle à la racine carrée des espaces parcourus en chute libre dans la première unité de temps, ou encore à la racine carrée de la demi-accélération g, celle-ci étant toujours égale à deux fois l'espace parcouru pendant la première unité de temps.

En toutes circonstance la pression statique et l'accélération multiplient les masses qu'elles sollicitent.

En sorte que la pression statique variant en raison directe des masses, l'accélération est au contraire constante pour tous les corps dans un même lieu, sous les mêmes conditions, et variables en des lieux et sous des conditions différentes.

La pesanteur, soit comme pression statique, soit comme énergie motrice, augmente donc de la circonférence des corps sidéraux à leur centre en raison inverse du carré des distances à ces centres, au lieu de diminuer en raison directe de ces distances, selon l'hypothèse de l'attraction.

En effet, une conséquence paradoxale de l'hypothèse de l'attraction des masses par les masses en raison inverse des carrés des distances, c'est que, dans les corps sidéraux, la pesanteur devrait diminuer de leur surface à leur centre, en raison directe et simple de la distance à ce centre.

Étant supposée une sphère de rayon 10 et de densité δ, la pesanteur à la surface serait :

$$(60)\quad \frac{\frac{4\pi}{3}\,\delta\, 10^3}{4\pi\, 10^2} = \frac{10\,\delta}{3}$$

Aux 9/10 du rayon, elle ne serait plus que $\frac{9\delta}{3}$; et ainsi de suite, jusqu'au centre, où elle serait $\frac{0\delta}{3}$ (1).

Un théorème de Newton démontre, en effet, que dans l'hypothèse d'une attraction des masses pour les masses, en raison inverse des carrés de leurs distances, les éléments matériels d'un anneau ne peuvent exercer aucune action les uns sur les autres et ne tendent pas vers leur centre de gravité commun.

Ce qui serait vrai d'un anneau, le serait également des éléments matériels d'une sphère creuse, supposée d'épaisseur nulle ou égale à l'unité de masse.

Il s'ensuit que, dans une sphère pleine, homogène, chacune de ses sphères creuses concentriques n'exercerait d'autre pression sur toutes les sphères concentriques sous-jacentes que celle que la présence de celles-ci détermine, c'est-à-dire que, pour chacun de ses points matériels, la tendance au centre serait proportionnelle à la masse des sphères sous-jacentes, l'effet des masses de toutes les sphères sus-jacentes étant nul.

La thèse de Newton aboutit donc à cette contradiction qu'un point matériel, en s'approchant du centre d'une sphère, devient de moins en moins pesant par lui-même et cependant subit de la part des masses enveloppantes des pressions de plus en plus fortes.

Tandis que sa pesanteur propre ou sa tendance spontanée au centre diminue, en raison directe simple de la distance à ce centre, la pression P qu'il supporte de la part des masses situées plus près de la surface, augmente d'après cette loi de progression très rapide.

(61) $$p = \frac{4\pi}{3}\,\delta\,\frac{(r^3 - d^3)}{4\pi d^2} = \frac{\delta\,(r^3 - d^3)}{3\,d^2}$$

De sorte que, de la circonférence au centre d'une sphère, les

(1) Cette conséquence de la doctrine de Newton, restée d'une valeur toute théorique, n'ayant jamais été vérifiée par l'observation, était presque oubliée du monde savant ou, du moins, en était négligée, quand j'appelai l'attention sur elle, il y a une vingtaine d'années. C'est peu après que Jules Verne en fit le sujet d'un de ses romans de science fantaisiste, le *Voyage au centre de la terre*, qui vulgarisait cette déduction difficilement croyable de l'hypothèse de l'attraction, selon laquelle le poids du corps serait nul au centre de la terre.

éléments matériels seraient de moins en moins attirés et de plus en plus poussés par toutes les masses superposées. Au centre même, où cette pression serait égale à la masse totale, la pesanteur serait nulle.

Aucune observation n'est venue contrôler cette déduction, pourtant mathématiquement évidente, de l'hypothèse de l'attraction. Nulle part, dans les mines les plus profondes, on n'a constaté un point où la variation de la pesanteur change de sens et décroisse, au lieu d'augmenter, avec la profondeur. De la surface théorique du sphéroïde solide, jusqu'aux plus grandes altitudes dans l'atmosphère où il ait été possible d'expérimenter, la pesanteur diminue en raison des carrés des distances au centre. Cependant la sphère atmosphérique n'est pas une sphère creuse. Elle renferme de la matière pesante, et son poids, par mètre carré de surface, est de dix tonnes. Si la loi d'attraction était vraie, d'après le théorème de Newton, la décroissance de la pesanteur, inverse de l'augmentation d'altitude, devrait être moins rapide que ne l'exige la loi des carrés de distances. Au lieu de cela, ce sont des variations de sens inverse qu'on a, depuis peu, constatées. Les variations de la pesanteur seraient, en certains lieux, plus rapides que ne l'exige la loi, au lieu de l'être moins.

Si, au contraire, la pesanteur est causée par la pression centripète de l'éther, non pas seulement sur la surface du sphéroïde solide, mais aussi sur son enveloppe atmosphérique, qui la transmet au sol en la multipliant par sa masse, au-dessus comme au-dessous de la croûte solide du sphéroïde théorique, à l'altitude 0, la variation de l'accélération doit suivre la même loi et augmenter régulièrement de la surface de l'atmosphère au centre du globe, quelles que soient les variations de densité de ses diverses sphères successivement emboîtées.

Seule, la pression exercée par les masses superposées dans la même verticale peut varier avec leur densité moyenne, ou plutôt, avec leur poids produit de ces masses et de leur pesanteur moyenne $= m_0 \gamma \frac{r^2}{d^2}$.

D'après notre hypothèse, à la surface de l'enveloppe atmosphérique, ou plus généralement de toute sphère, la valeur de la pesanteur statique serait donc, abstraction faite de tous autres facteurs variables : $m \gamma = 1\ m$.

C'est l'unité de pression par unité de surface dans l'unité de temps par unité de masse (1).

CHAPITRE LXXXIII

ACCROISSEMENT DE LA PESANTEUR DANS LES SPHÈRES SIDÉRALES

L'action motrice des vibrations de l'éther nous explique la pesanteur à la surface des masses cosmiques et à l'intérieur de leurs limites.

L'éther intercosmique, sous la compression mutuelle de ses atomes, à sa température minimum et à sa densité maximum, exerce sur tous les corps des pressions concentriques, normales à leurs surfaces-enveloppes.

Ces pressions entretiennent la cohésion des atomes dans les molécules solides et liquides, et celle des molécules entre elles dans les corps pesants. Ce sont elles qui limitent la dilatation des molécules gazeuses sous l'action expansive de leurs vibrations thermiques et de leurs mouvements de rotation. Ce sont elles, de même, qui, s'exerçant concentriquement sur les masses sidérales, leur imposent leur forme de sphéroïdes et donnent à leurs atmosphères gazeuses des limites bien définies.

Sur tous les corps *en repos*, nous considérerons la pression moyenne exercée par l'éther sur l'unité de surface comme l'unité de pression.

Il résulte de l'accroissement de la pesanteur de la surface au centre d'une sphère, en raison inverse des carrés des distances à ce centre, que, dans une sphère incompressible et de densité homogène, toutes les sphères concentriques ont le même poids, sous l'unité d'épaisseur.

(1) D'après ces relations il serait plus simple de faire $g = 4{,}9$, c'est-à-dire le chemin parcouru dans la première seconde, et de faire l'accélération par seconde $9{,}8 = 2\,g$.

Cela simplifierait beaucoup de formules, mais pour le moment je dois suivre l'usage. C'est pourquoi j'ai substitué γ à g pour exprimer la constante générale du poids $= 1$.

En effet, la pesanteur statique pour un point d quelconque du rayon R étant

(62) $$m\frac{g}{2}^{1/2} = \gamma\frac{R^2}{d^2}$$

le poids de chaque sphère creuse de rayon d, sous l'unité d'épaisseur, est

(63) $$P = \frac{4\,\pi}{3}\,\delta\,[d^3 - (d-1)^3]\left(\frac{R^2.\ R^3}{d^2\,(d-1)^2}\right)^{1/2}\gamma = 4\,\pi\,\delta\,R^2.\gamma\ (1)$$

Le poids total de toutes ces sphères concentriques de même poids, en nombre égal au rayon R, donne

(64) $$P = 4\,\pi\,\delta\,R^2 R.\ (\gamma = 1) = 3\,M$$

C'est trois fois la masse, car $\frac{4\,\pi}{3}\ \delta\,R^3 \times 3 = 3\,M.$

Il s'ensuit que sur chaque point d du rayon, la pression, par unité de surface, est

(65) $$p = \delta\,\frac{R^2}{d^2} \times R - d$$

Au centre même où d devient nul, cette pression est naturellement égale à la totalité du poids, ou à 3 fois la masse.

(66) $$p = 4\,\pi\,\delta\,R^3$$

Cet accroissement rapide de la pesanteur de la surface au centre des corps sidéraux donne à leur équilibre des conditions de stabilité beaucoup plus grandes et un moment d'inertie qui réduit au minimum la force centrifuge développée par leur rotation. Sans cette condition, leur faible aplatissement serait inexplicable, surtout pour le soleil, presque exactement

(1) Car on a toujours $\frac{d^3 - (d-1)^3}{d^2\,(d-1)^2} = 3$, la différence de deux cubes consécutifs étant trois fois le produit de leurs racines, plus un reste d'une unité. Ainsi, pour un rayon = 10, on a $\left(\frac{1000 - 729}{90} + \frac{729 - 512}{72} + \frac{512 - 343}{56} + \frac{343 - 216}{42} + \frac{216 - 125}{30} + \frac{125 - 64}{20} + \frac{64 - 27}{12} + \frac{27 - 8}{6} + \frac{8 - 1}{2}\right) = 3\left(R. - 1\right) + 2{,}8956.$

Ce résultat tend vers 3 R. à mesure que le rayon grandit.

sphérique, malgré la vitesse de rotation considérable de sa région équatoriale.

Sous ces pressions, si rapidement croissantes de la surface au centre, les masses centrales devraient subir des compressions corrélatives, qui feraient supposer aux sphères sidérales des densités beaucoup plus considérables que celles qu'on leur attribue. Mais la température, croissant de la surface au centre avec la pression, doit donner lieu à des dilatations qui diminuent, avec le poids des parties centrales, la densité moyenne de chaque sphère, et l'accroissement rapide de cette densité de la surface au centre sous l'influence des pressions croissantes.

Si la chaleur développée sur les divers points du rayon est exactement proportionnelle aux pressions, celles-ci doivent être équilibrées par des dilatations également proportionnelles suivant une certaine loi, sur laquelle nous reviendrons (ch. LXXXVII).

CHAPITRE LXXXIV

VARIATION DE LA PESANTEUR SUR LES SURFACES DES CORPS SIDÉRAUX. — ATMOSPHÈRE D'ÉTHER MOBILE

Il semble jusqu'ici que sur toutes les surfaces extérieures des corps, quels que soient leurs masses ou leurs volumes, la pesanteur soit égale à une certaine constante par unité de masse sur l'unité de surface, pour croître ensuite régulièrement de cette surface au centre en raison inverse des carrés des distances à ce centre.

Nous allons voir qu'il en est autrement, que sur l'unité de surface extérieure d'autres facteurs peuvent faire varier la pression de l'éther, et que l'un de ces facteurs est en relation, sinon avec la masse des corps, du moins avec leur volume et avec leur vitesse de déplacement dans l'espace, relativement à l'éther, supposé immobile.

Les relations que nous avons précédemment établies ne seraient vraies que pour les corps en repos, relativement au milieu éthéré ambiant, et à ceux dont les mouvements relatifs n'ont que de petites vitesses.

Sur les corps en mouvement, relativement à l'éther ambiant, les pressions que celui-ci exerce sur l'unité de surface augmentent avec le volume d'éther qu'ils déplacent et avec leur vitesse de déplacement.

En effet, si un corps est en repos, relativement à l'éther ambiant, le volume d'éther dont il occupe la place a eu le temps de se diluer dans toutes les directions, de façon à rétablir partout l'équilibre de ses pressions avec sa densité moyenne. Il ne peut ainsi exercer sur la surface des corps qu'il entoure que l'unité de pression sur l'unité de surface.

Mais si un corps est en mouvement relatif dans l'éther et d'autant que ce mouvement est plus rapide, il déplace à chaque instant un nouveau volume de fluide ambiant, avant que le volume déplacé l'instant précédent ait repris son équilibre, avec sa densité normale et sa vitesse vibratoire minimum. De sorte que cet éther plus ou moins comprimé, en mouvement, et en vibration plus ou moins rapide, exerce à la surface des corps des pressions proportionnelles à sa compression et à sa vitesse de translation.

Sous l'unité de pression et dans le temps qu'une sphère sidérale met à franchir une distance égale à son diamètre, le volume d'éther qu'elle déplace est égal au sien : soit $V = \frac{4\pi}{3} R^3$.

Le volume d'éther ainsi successivement déplacé en avant de la sphère mobile, tend à refouler autour de l'espace qu'il occupe les couches d'éther circonvoisines et à les repousser de proche en proche, dans le sens de la moindre résistance, dans l'espace laissé vide par son déplacement.

Il se forme ainsi autour de cette sphère mobile une atmosphère d'éther en mouvement qui l'enveloppe de ses courants continus, parallèlement à tous ses grands cercles, qui se croisent au pôle positif ou *apex* de son mouvement, et à son pôle positif, diamétralement opposé.

La hauteur de cette atmosphère aurait pour mesure le rayon d'une sphère ayant deux fois le volume de la sphère mobile diminué de son rayon, et multiplié par le rapport de son méridien à son diamètre et par le rapport de sa vitesse sur son orbite à la vitesse de rétablissement des pressions de l'éther. On aurait ainsi :

$$h = (2^{1/3}\,R - R)\,\frac{\pi R}{2R}\,\frac{v}{V} = R\,(2^{1/3} - 1)\,\frac{\pi v}{2V} \tag{67}$$

On aurait donc pour les hauteurs de cette atmosphère d'éther en mouvement autour des masses sidérales la relation

$$\frac{h}{h_1} = \frac{R}{R_1}\,\frac{v}{v_1}. \tag{68}$$

Elle serait en raison directe des rayons des planètes, et de la vitesse v de leur translation dans leur orbite, relativement *à la vitesse d'écoulement de l'éther* V, *qu'on peut supposer égale à celle de la lumière.*

La compression et surtout la vitesse d'écoulement de cette enveloppe d'éther en mouvement autour des corps sidéraux doit augmenter la pression qu'ils supportent par unité de surface et, par conséquent, la pesanteur qui, entre deux sphères de différents rayons, deviendrait aux surfaces

$$\frac{g}{g_0} = \frac{h}{h_0} \text{ et à l'intérieur } \frac{g}{g_0} = \frac{\dfrac{r^2}{d^2}}{\dfrac{r_0^2}{d_0^2}}\,\frac{h}{h_0} \tag{69}$$

D'après ces formules, la hauteur de l'atmosphère d'éther en mouvement autour de la terre serait seulement de 256 mètres. Autour de Jupiter, elle s'élèverait à 1.304 mètres.

Si la vitesse de translation du soleil dans son orbite est de 7 lieues, comme l'a supposé Arago, l'atmosphère d'éther en mouvement autour de lui aurait une hauteur de 8.426 mètres, ou un peu moins de 8 kilomètres et demi.

Sa hauteur représenterait $\frac{122}{10.000.000}$ du rayon du soleil. C'est elle qui constituerait l'auréole solaire. Ce serait elle qui rabattrait et forcerait à se recourber les puissants jets d'hydrogène qui s'élancent de sa surface et forment les protubérances roses, si remarquées depuis longtemps dans les éclipses.

Cette atmosphère dont tous les atomes doivent être déformés et aplatis par leur pression et leur mouvement, selon la normale à la surface de l'astre qu'elle enveloppe, doit être puissamment réfléchissante, et, à une température élevée, elle doit devenir lumineuse. Ce serait elle qui donnerait aux planètes leur grand pouvoir réfléchissant, qu'on n'a pu encore s'expliquer.

CHAPITRE LXXXV

MAGNÉTISME DES CORPS SIDÉRAUX

Nous avons vu précédemment (ch. XVIII, p. 134 et suiv.) que c'est l'atmosphère d'éther en mouvement autour des corps mobiles qui entretient leur vitesse acquise, faussement attribuée à l'inertie des masses. Si la hauteur de cette enveloppe éthérée est absolument négligeable sur nos mobiles mécaniques terrestres, de dimensions réduites et animés de faibles vitesses, ces deux facteurs du volume et du mouvement acquièrent sur les corps sidéraux des valeurs considérables qui multiplient leurs effets (ch. LXXXIV).

Ainsi sur toute la surface des corps sidéraux circulent des courants permanents d'éther condensé qui, suivant tous leurs cercles méridiens, vont de leur *apex* ou pôle positif de leur mouvement à leur pôle négatif.

Il n'est pas douteux que l'aimantation de ces corps ne soit, au moins en partie, le résultat de ces courants continus, d'une puissance considérable, qui les enveloppent de leur réseau.

Ils entrent certainement, au moins comme composantes, dans les effets magnétiques attribués jusqu'ici aux variations thermiques de leurs surfaces.

L'axe de rotation des sphères sidérales restant parallèle à lui-même dans leur mouvement de translation, l'*apex* de leur mouvement dans leur orbite est constamment dans le plan de cette orbite. Si leur axe est incliné sur son plan, leur *apex* se trouve dans le plan de la ligne des nœuds aux solstices et dans le plan des points solsticiaux aux équinoxes.

Il dévie donc de 90° à chaque saison et fait chaque année un tour entier dans le plan de l'orbite.

De plus il décrit quotidiennement sur le ciel la projection de cette orbite, en vertu du mouvement de rotation.

Si chaque astre n'avait d'autre mouvement que sa rotation sur lui-même et sa translation autour du soleil, la position de son apex serait donc à tout moment aisément déterminable;

mais il en est tout autrement si tous les corps du système solaire sont entraînés à la remorque du soleil dans une direction encore mal connue dont la vitesse est ignorée. Car il résulte de la combinaison de ces divers mouvements que la véritable direction de chaque astre est à chaque instant différente, aussi bien que sa vitesse. Car, à certains moments, les vitesses de ces divers mouvements s'ajoutent, et à d'autres moments elles se retranchent, donnant lieu aux résultantes les plus variables en direction, si ces divers mouvements ne sont pas dans le même plan.

La détermination du point du ciel vers lequel se dirige notre système a été l'objet des travaux d'un grand nombre d'astronomes depuis Herschell jusqu'à nos jours. Cependant les résultats sont si peu concordants qu'ils diffèrent en déclinaison de + 31° à + 40, et en ascension droite de 266° à 280°. C'est une vaste région du ciel au nord de l'équateur, occupée par la constellation d'Hercule, non loin de la voie lactée, mais, par conséquent, élevée d'environ 40° à 45° au nord de l'écliptique. Cela supposerait que l'orbite du soleil fait un angle assez grand avec celui de notre globe et avec son propre équateur de rotation qui n'est incliné sur l'écliptique que de 6° à 7°.

Si le magnétisme terrestre dépend, au moins en partie, des courants éthérés qui circulent ainsi à la surface de la terre, dans des directions toujours variables, on trouvera peut-être dans cette variabilité l'explication des variations quotidiennes, annuelles et séculaires de l'aiguille aimantée, tant en inclinaison qu'en déclinaison, qui sont jusqu'ici restées mystérieuses dans leurs causes.

Les variations diurnes de l'aiguille aimantée peuvent, à la rigueur, s'expliquer par les variations de température de la surface terrestre qui résultent du mouvement de rotation. Même les variations annuelles peuvent être en relations avec les variations alternatives de la quantité de chaleur reçue par les deux hémisphères, mais nulle part n'apparaît une cause analogue pour justifier l'existence des variations séculaires tant en inclinaison qu'en déclinaison et qui établissent que les pôles magnétiques de l'aimant terrestre se déplacent constamment.

Nous savons que, depuis la découverte de la boussole, au moyen âge, s'est produit d'abord un déplacement vers l'ouest du pôle magnétique boréal; et qu'après avoir atteint dans cette direction une situation extrême, au commencement de ce siècle, il revient maintenant vers l'est.

En 1580 la déclinaison à Paris était de 11° 30, à l'est. Elle est devenue nulle en 1663. A cette date le pôle magnétique boréal était situé dans le plan du grand méridien de Paris. A quelle distance du pôle de rotation? c'est ce que nous ignorons. A partir de ce moment, la déclinaison est devenue orientale; elle a atteint, en 1814, 22° 34, à l'ouest; puis, à partir de ce moment, jusqu'aujourd'hui, elle s'est de plus en plus, bien que lentement, rapprochée du méridien de Paris avec lequel elle fait actuellement un angle de 17° 15, à l'ouest. Dans sa première excursion de l'est à l'ouest, l'inclinaison a donc varié d'un degré en moyenne en six ou sept ans; depuis qu'elle revient vers l'est, sa variation semble moins rapide; elle n'a varié que d'un degré en onze ans.

Nous ignorons encore si cette variation est périodique. Tout paraît jusqu'ici se passer comme si l'excursion des pôles magnétiques était la projection sur notre globe d'une courbe fermée dont le plan serait plus ou moins incliné par rapport au plan de l'écliptique et au plan de l'équateur.

Nous savons que lorsque les aimants sont libres de s'orienter dans l'espace, l'axe de leurs pôles se place à angle droit avec le plan des courants qui circulent autour d'eux. Mais si le magnétisme terrestre a pour cause un système de courants qui enveloppent la terre, allant du point vers lequel elle se dirige au point diamétralement opposé, son axe magnétique, au contraire, se rapproche plus ou moins des pôles de l'écliptique.

Nous avons vu que la situation des pôles magnétiques doit aussi dépendre de courants thermiques circulant surtout dans la région intertropicale, parallèlement à l'équateur. L'effet de ces courants devrait être d'orienter l'axe magnétique parallèlement à l'axe de rotation. Par conséquent, la résultante de ces deux systèmes de forces devrait être d'orienter l'axe magnétique dans une direction moyenne faisant avec l'axe de rotation un certain angle variable, toujours moindre que les 23° d'inclinaison de l'axe de rotation sur celui de l'écliptique.

C'est justement ce qui se produit.

Il résulte aussi de la rotation et de la translation de la terre que, selon les heures du jour ou les saisons, les courants thermiques prédominent plus ou moins sur les courants éthérés, amenant de perpétuelles variations dans la déclinaison ou l'inclinaison de l'aiguille aimantée, par suite du changement de situation des pôles magnétiques et des variations d'intensité, selon que la résultante des deux systèmes de forces augmente ou diminue.

Il est à croire, du reste, que les pôles magnétiques, loin d'être situés à la surface du globe, y sont enfoncés profondément et même qu'ils varient de profondeur sur leur axe, toujours mobile lui-même.

Comme le disait avec raison un des géodésiens réunis au Congrès de géographie de Paris, en 1875 : « Il n'y a pas sur la terre un seul point de repère fixe ni un seul phénomène invariable. »

C'est aussi dans cette enveloppe d'éther circulant autour de la terre que se formeraient les aurores polaires dont la couronne centrale est toujours dans le méridien magnétique du lieu.

Cette couche d'éther condensé et en mouvement, enveloppant la terre de ses courants continus, donnerait à notre atmosphère aérienne des limites plus nettement déterminées que celles qui pourraient résulter de la décroissance de la pesanteur.

C'est peut-être en traversant ou en frôlant cette enveloppe de courants éthérés, circulant d'un pôle du mouvement à l'autre, que s'embrasent les météorites, dites étoiles filantes, soit qu'elles la traversent, soit qu'elles ricochent contre elle.

CHAPITRE LXXXVI

VARIATIONS DE LA PESANTEUR AVEC L'ALTITUDE ET LA LATITUDE. — LE VERTIGE

Nous avons vu déjà que les pressions de l'éther, comme celles de tous les fluides élastiques, sont toujours normales aux surfaces.

Sur un cube elles seraient normales à ses six côtés. Sur une sphère seulement ces pressions convergent vers le centre de figure.

Sur un ellipsoïde de révolution, comme la terre (fig. 88), elles sont plus divergentes à l'équateur, où le rayon de courbure est plus petit, qu'aux pôles où il est plus grand et où, conséquemment, les pressions normales à la surface sont un peu plus parallèles.

Ainsi s'expliquerait le fait, nouvellement constaté, d'une diminution de la pesanteur au centre des continents, sur leurs plateaux les plus élevés et dans les grandes chaînes orographiques, plus considérable que celle que comporte

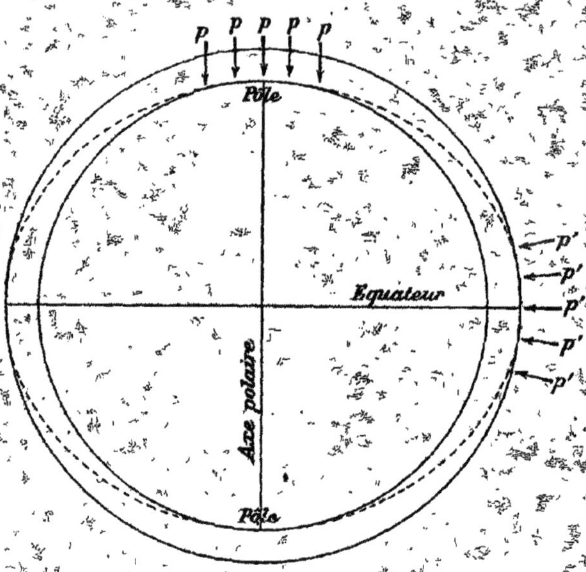

Figure 88.

l'augmentation d'altitude ; tandis qu'elle présente, au contraire, autour des îles océaniques, et sur les grandes surfaces marines, ou même sur les grandes plaines basses, des augmentations que la diminution d'altitude ne justifie pas.

Si, en effet, les pressions éthérées sont normales aux surfaces, sur les vastes étendues marines le parallélisme de ces pressions est aussi parfait que possible sur une surface sphérique ; tandis que sur l'étendue accidentée des continents, non seulement l'aire des surfaces augmente, divisant ainsi par un facteur plus grand une même somme de pressions, mais de plus ces pressions deviennent plus divergentes sur des continents régulièrement bombés, encore plus divergentes sur les versants des montagnes, et convergentes, au contraire, dans les vallées, donnant ainsi, dans tous ces cas divers, des résultantes différentes de leur somme.

On sait que des forces parallèles s'ajoutent, agissant proportionnellement à leur somme et dans leur direction ; tandis que l'effet des forces divergentes est seulement proportionnel à la diagonale de leur parallélogramme et dans sa direction.

Sur une surface accidentée, comme celle des pays de montagne, à la grande composante verticale normale à la surface moyenne, doivent se joindre de petites composantes obliques en divers sens, de valeur très variable, qui modifient la résultante locale comme direction et comme intensité.

Si les pressions divergent, leur point de croisement se trouve entre la surface de la sphère et son centre de figure ; et si elles convergent, leur point de croisement se trouve dans l'espace au delà de la surface. Dans les deux cas, la grande diagonale du parallélogramme des forces est d'autant plus courte que ses côtés font des angles plus grands. On doit donc trouver sur les continents, non seulement des variations dans l'intensité de la pesanteur, mais dans sa direction, qui ne peut plus être normale à la surface théorique du niveau marin, et ne converge plus au centre de figure du sphéroïde théorique, mais à quelque distance du centre, et sur son grand axe.

On pourrait trouver dans ce fait une explication de la sensation du vertige qu'on éprouve dans les montagnes et beaucoup moins sur leurs sommets que sur leurs flancs.

En effet, si la direction résultante de toutes les pressions éthérées, par unité de surface, tend à être toujours normale à ces surfaces, sur la pente d'une montagne cette résultante doit faire un certain angle avec la normale au sphéroïde théorique, dirigée vers le zénith céleste.

Par conséquent, le corps humain, accoutumé à se tenir équilibré selon la verticale, se sentant sollicité à prendre une attitude normale aux flancs de la montagne qu'il gravit, attitude qui tend à incliner son axe vers le précipice, est, en effet, comme sollicité vers le vide.

Sur la crête même du mont, la sensation de malaise cesse ou plutôt est différente. Car entre les deux pentes opposées où les pressions, normales au sol, sont inclinées sur la verticale, il existe toujours un point où la direction de la pesanteur est réellement normale à la surface théorique du sphéroïde. Mais aussi il résulte de la direction convergente vers la montagne, et divergente vers le zénith, de toutes les forces composantes qui constituent la pression locale, que l'intensité résultante de la pesanteur verticale est réellement diminuée et fait éprouver une certaine gêne au corps qui se sent moins lourd et moins solidement équilibré sur son axe vertical.

C'est cette même impression qu'on éprouve à marcher sur le faîte d'un toit, à franchir un ruisseau sur une planche étroite, et même un ravin très creux.

Car au fond des vallées l'impression est encore différente. La résultante de la pesanteur y est encore diminuée par l'inclinaison des composantes locales; mais l'axe du corps, sollicité suivant deux angles égaux avec la verticale, par des faisceaux de forces convergentes vers le zénith, se sent en quelque sorte appuyé latéralement par eux et s'équilibre suivant leur résultante sans éprouver de vertige, mais au contraire une sorte d'augmentation de poids.

L'impression qu'on éprouve sur un édifice élevé est de même nature que le vertige des montagnes, puisque ce n'est en réalité qu'une petite montagne aux parois plus verticales. Le vertige naît seulement quand l'axe du corps se penche pour regarder dans le vide, au pied du monument. Le corps est alors penché sur l'arête d'un polyèdre où les pressions normales à chaque côté donnent une résultante minimum, plus ou moins inclinée avec la verticale du lieu et qui sollicite en réalité le corps à tomber dans cette direction.

C'est si bien d'une habitude physiologique qu'il s'agit, que les hommes accoutumés de bonne heure aux exercices gymnastiques arrivent tous, sans exception, à en triompher, de même que tous les marins s'accoutument à marcher, sans trébucher, sur le pont oscillant de leur navire.

Il est de même à peu près certain que le mal de mer ne provient que des effets anormaux de la pesanteur sur l'équilibre interne des viscères, troublé par les oscillations du navire et les changements perpétuels d'attitude qui en résultent pour le corps, mais aussi peut-être par les effets de l'accélération dans les instants de descente où l'on éprouve la sensation de chute, comme dans la balançoire. Dans les moments où le corps monte la sensation est toute différente et n'est jamais douloureuse.

En ballon on constate que ni le mal de mer, ni la sensation de vertige n'existent. Les aéronautes font partie du système flottant en équilibre dans l'atmosphère suivant la résultante des pressions éthérées, toutes régulièrement normales à la surface théorique du sphéroïde sous-jacent, trop éloigné pour que les inégalités de sa surface influencent la distribution et la direction symétrique des composantes de la pesanteur.

L'axe de leur corps tend seulement à s'orienter parallèlement à leur résultante. Tout ce qu'ils peuvent éprouver, c'est une certaine diminution de poids résultant de l'augmentation d'altitude.

CHAPITRE LXXXVII

CHALEUR CENTRALE DES ASTRES

Toute pression exercée sur un corps le sollicite au mouvement. Toute pression est donc une source d'énergie cinétique en puissance. Si le corps sollicité à se mouvoir est équilibré par d'autres forces égales de sens contraire, l'énergie cinétique en puissance, ou *énergie potentielle*, se manifeste comme vibration thermique ou lumineuse.

Lorsque l'énergie potentielle de la pesanteur $\left(\frac{g}{2}\right)^{1/2}$ sollicite un corps qui peut lui obéir, il se met en mouvement avec une vitesse accélérée qui croît comme le temps t de la chute ou comme la racine carrée de sa hauteur h divisée par la demi-accélération.

Au moment de l'arrêt de ce corps contre un obstacle, son énergie cinétique devient $mgh = \frac{1}{2} m (g\,t)^2$. C'est l'équivalent de la force vive $\frac{1}{2} mv^2$.

Cette force vive ou énergie cinétique est donc proportionnelle au produit de la masse du corps multipliée par l'accélération et par la hauteur de la chute ; ce qui revient à dire qu'elle est proportionnelle au demi-produit de la masse multiplié par le carré de sa vitesse acquise, au moment de l'arrêt du mobile.

Mais si le corps, sollicité par la pesanteur, est équilibré et ne peut se mouvoir, la force qui annule son mouvement étant égale à celle qui tend à le mouvoir, les deux corps sont également pressés l'un contre l'autre et l'un par l'autre, par deux forces égales à celle qui sollicite le corps à tomber.

Chacune de ces forces est proportionnelle à la vitesse initiale que prendrait le corps, s'il était libre de se mouvoir; c'est-à-dire à la racine carrée de l'espace qu'il parcourrait dans la première unité de temps en chute libre, multipliée par sa masse m.

Elle a donc pour mesure $m\left(\frac{g}{2}\right)^{1/2}$.

La somme de ces deux forces, ou la somme de l'action et de sa réaction, est donc égale à deux fois cette vitesse ou deux fois son poids.

Le plan de contact mutuel entre le corps qui tend à se mouvoir et celui qui lui fait obstacle est ainsi soumis à une pression égale à deux fois le poids du premier. Si un autre corps était interposé entre eux, il serait soumis à la même pression, sur ses deux plans de contact avec eux, en augmentant de son propre poids la pression sur le corps sous-jacent, et, ainsi de suite, dans la direction de la pesanteur.

Si le corps tombait en chute libre, la force vive $mgh = \frac{1}{2}m(gt)^2 = \frac{1}{2}mv^3$, ou énergie cinétique qu'il développerait, croissant comme les carrés de temps de la chute, serait, après 10, 100, 1.000 unités de temps, 100, 10.000 et 1.000.000 $\times\, mg$.

L'énergie potentielle du corps qui tend à se mouvoir, mais qui est équilibré, croît seulement comme son poids, $m\left(\frac{g}{2}\right)^{1/2}$ multiplié par le temps de la pression. Celle-ci reste donc proportionnelle à la racine carrée de l'énergie cinétique ou de la force vive $\frac{g}{2}^{1/2} h^{1/2}$.

La quantité de chaleur développée par la pression, dans le temps t, par la pression d'une masse pesante sur les masses sous-jacentes, ne sera donc qu'une fraction assez petite de la quantité de chaleur que développerait cette même masse après une chute de la même durée, sur les corps qui arrêteraient son mouvement.

La masse qui tombe en chute libre emmagasine l'énergie potentielle de la pesanteur pour la dépenser toute à la fois sur l'obstacle qui l'arrête ; la masse sollicitée par la pesanteur, mais équilibrée par un obstacle, dépense sur cet obstacle son énergie potentielle au fur et à mesure qu'elle se produit.

Comme tous les corps tendent à l'équilibre de température, et que la chaleur s'écoule sans cesse des corps chauds aux plus froids, proportionnellement au temps et aux différences des températures, et selon le rapport inverse des masses ; que la masse des corps libres, qui tendent à tomber, est très généralement une fraction infinitésimale de celles qui font obstacle à leur chute ou qui l'arrêtent, la chaleur développée par la pression des corps pesants s'écoule, au fur et à mesure de sa production, dans les masses sous-jacentes, qui les équilibrent, sans pouvoir devenir sensible. Au contraire la chaleur subitement développée par la chute d'un corps contre l'obstacle qui l'arrête, ne peut s'y écouler subitement. Elle devient ainsi manifeste et aisément mesurable. Les pressions concentriques exercées par l'éther sur les surfaces des corps sidéraux, ne pouvant mouvoir leurs masses extérieures, équilibrées par les résistances des masses sous-jacentes, développent dans celles-ci des énergies thermiques proportionnelles aux pressions qu'elles supportent.

La pression énorme exercée par les masses sidérales sur elles-mêmes doit donc élever d'autant plus leur température intérieure que ces masses sont plus considérables.

Nous trouvons ici une explication de ce qu'on appelle, si improprement, *le feu central*. En réalité, il n'y a point de feu à l'intérieur des astres, si par le terme de feu on entend parler d'une combustion, c'est-à-dire d'une combinaison chimique, parce qu'aux températures élevées qu'il faut supposer dans le soleil et même à l'intérieur de la terre, toutes les combinaisons chimiques sont détruites, bien loin de pouvoir se former.

Il y a donc une chaleur intense à l'intérieur des corps sidéraux, mais il n'y a point de feu ; les soleils ne sont point des corps en train de brûler. On ne peut trouver d'autre source à cette chaleur que la pression.

En étudiant précédemment la mesure des coefficients de

compression et de dilatation, nous avons été conduits à constater que si la pression sur un corps produisait son plein effet, c'est-à-dire si, pour tous les corps, comme pour les gaz, la compression était proportionnelle à la pression, il en résulterait une élévation de température telle que la dilatation qui s'ensuivrait augmenterait le volume primitif du corps, conclusion évidemment contradictoire.

Il faut en induire que la compression d'un corps solide ne peut dépasser la proportion de la racine cubique, ou même de la racine quatrième de la pression et que, dans ces conditions, l'élévation de température est elle-même proportionnelle au moins à la puissance $p^{1/2}$ de la pression.

Mais tous les corps ne se compriment pas, même dans cette mesure. Les liquides semblent réfractaires à toute diminution de volume par la pression. Il faut admettre, en pareil cas, que toute l'énergie mécanique de la pression exercée sur eux se transforme soit en chaleur, soit en vitesse de rotation des molécules.

Or, il est à croire que le noyau intérieur de toutes les masses sidérales un peu considérables, c'est-à-dire non seulement des soleils, mais des grosses planètes, est à l'état liquide. C'est le seul état qui soit compatible avec leur forme de sphéroïde de révolution, en même temps qu'avec un équilibre stable de leur enveloppe solide et de leur moment d'inertie.

L'observation a constaté sur la terre qu'au-dessous d'une mince couche de 10 à 20 mètres d'épaisseur selon les latitudes, on ne signale plus les traces des variations de la température extérieure ; et qu'à partir de ce niveau la température s'élève en moyenne d'environ 3° par 100 mètres de profondeur.

Si la progression de la température continuait ainsi jusqu'au centre de la terre, il y régnerait une température de 191130°. Elle serait de 3000° à 100 kilomètres de profondeur, c'est-à-dire à environ 1/64 du rayon seulement. A cette profondeur tous les métaux connus seraient en fusion et formeraient des alliages divers, sans doute superposés par ordre de densité, les plus denses descendant vers le centre, sous des pressions de plus en plus fortes.

Sur ce globe de matière en fusion surnageraient les corps les moins denses, et les oxydes les plus réfractaires, formant les voussoirs de la croûte solide, d'un rayon beaucoup trop grand, relativement à sa faible épaisseur, pour pouvoir maintenir sa courbure régulière sans être appuyée en tous ses points sur le noyau en fusion.

On sait que les voûtes en plein cintre construites en pierre par nos ingénieurs ont une épaisseur moyenne d'au moins 1/10 de leur rayon de courbure; et qu'à cette condition seulement leur rigidité est assurée. Encore prennent-ils la précaution de les charger pour prévenir la poussée verticale de bas en haut des voussoirs.

Si, en effet, à environ 33 kilomètres de la surface règne une température de 1000°, suffisante pour fondre ou ramollir tous les métaux à l'exception du fer, du platine, de l'iridium et de quelques autres corps rares, l'épaisseur de la croûte solide ne saurait descendre à ce niveau, qui ne représente pourtant que 1/193e du rayon terrestre. C'est bien moins que l'épaisseur relative d'une peau d'orange.

Si des gaz étaient enfermés sous une telle enveloppe, elle volerait journellement en éclats. Il faut donc admettre que la croûte solide de la terre flotte, en vertu de sa moindre densité, sur un noyau en fusion, tout entier à l'état liquide, et, par conséquent, toujours en équilibre, sous sa forme de sphéroïde de révolution qu'entretient la constance de sa vitesse de rotation.

Les densités de la plupart des matériaux qui constituent les assises profondes de la croûte solide du globe varient entre 2 et 3. Aucun d'eux n'atteint cette limite. Il suffirait donc que les couches supérieures du noyau liquide aient une densité moyenne de 3 (qui est celle du brome) pour que les voussoirs granitiques y flottent comme des morceaux de glace sur nos fleuves, ou comme les *icebergs* sur la mer.

Si le noyau terrestre est liquide, il est à peu près incompressible ; et toute l'énergie mécanique développée par les divers points de son rayon, sous forme de pression concentrique, doit se transformer en chaleur.

C'est-à-dire que l'accroissement de la température à l'intérieur de la terre serait parallèle à celui des pressions.

D'une façon générale, la température au centre des corps sidéraux serait proportionnelle à leur masse (voy. chap. LXXXIII, p. 636), autant, du moins, que cette température est assez élevée pour maintenir leur noyau central à l'état liquide, sous une enveloppe solide assez souple et assez élastique pour rester appliquée sur le noyau, sans interposition de couches gazeuses.

Car aussitôt que la croûte solide d'un astre est devenue assez épaisse et assez résistante pour maintenir sa courbure, sans rester appliquée sur le noyau; en outre de la difficulté de concevoir son équilibre autour d'une sphère liquide sur laquelle elle ne s'appuie pas, il en résulterait qu'elle n'exercerait plus de pression sur le noyau et, par conséquent, cesserait de contribuer à élever sa température.

Une masse trop petite pour développer assez de chaleur pour se maintenir presque tout entière à l'état de fusion, par cela même devient encore plus impuissante à maintenir cette fusion. Comme en se refroidissant elle se contracte, et que sa croûte solide ne peut participer au retrait du noyau, un tel astre se creuse et son noyau liquide, passant à l'état gazeux, faute de pression constante, par moment soumet sa croûte solide à des poussées éruptives locales qui la gonflent, la soulèvent, la fendillent, et, par endroits, la percent de cheminées volcaniques livrant passage aux fluides intérieurs.

Telle semble avoir été l'histoire de notre satellite la Lune, qui est évidemment un astre creux.

Peut-être en est-il de même des planètes télescopiques et sans doute de la plupart des satellites de notre système.

Il est encore à l'inégal refroidissement des masses sidérales une autre cause : c'est que ces masses, se refroidissant par rayonnement dans l'espace, se refroidissent d'autant plus vite que leur surface rayonnante est plus grande relativement à leur masse. Leurs surfaces variant comme les carrés de leurs rayons, tandis que leurs volumes varient comme leurs cubes, et leur température centrale variant comme leur masse, les petites masses, qui produisent beaucoup moins de chaleur, en perdent proportionnellement davantage.

Ainsi une sphère de rayon 2 dont la température centrale serait 8 en perdrait 4/8 la moitié par sa surface ; tandis qu'une sphère de rayon 3 dont la température centrale serait 27 n'en perdrait que 9/27 ou le tiers.

Le rayonnement dans l'espace dépend non seulement de l'étendue de la surface rayonnante, mais aussi du rapport de la température à celle du milieu ambiant qui pour tous les corps cosmiques serait le froid absolu, s'ils n'y rayonnaient pas de la chaleur.

Mais les astres, à leur surface, ne produisent tous qu'une chaleur à peu près nulle, ou du moins qui reste proportionnelle, par unité de surface, à la hauteur de leur enveloppe d'éther mobile. (Voy. ch. LXXXIV.) Les soleils eux-mêmes ne reçoivent la chaleur de leur surface que de leurs masses intérieures.

Au niveau supérieur de la croûte solide des corps obscurs, cette pression, par unité de surface, est proportionnelle à la pression de leur atmosphère, qui dépend de sa hauteur et de sa densité.

On sait que la pression atmosphérique sur la surface de l'enveloppe solide et liquide de la terre est de 10.333 kilogrammes par mètre carré ou de plus de 10 tonnes.

Il est certain que cette pression énorme participe à l'élévation de la température moyenne de la surface terrestre qui est loin d'être due tout entière au soleil.

La preuve, c'est que cette température diminue très vite avec l'altitude et que plus on s'élève dans l'atmosphère, plus le froid y devient intense. Pourtant ses hautes couches reçoivent plus directement que les couches inférieures les rayons solaires qui y subissent une moindre absorption.

La température relativement élevée de l'air près de la surface de la terre doit donc être attribuée principalement à la pression qu'il exerce sur lui-même et qui diminue avec l'altitude.

Cependant, comme l'atmosphère rayonne constamment dans l'espace plus de chaleur qu'elle n'en produit dans le même temps, elle doit recevoir constamment un appoint de la terre elle-même et de son grand foyer central.

Nous avons vu (ch. LXXXIII, p. 636) que la pression à son centre est égale à son poids total, ou à 3 fois sa masse.

$$p = 4\pi R^3 \delta \tag{70}$$

Elle doit y développer une température proportionnelle.

Mais tous les corps ayant une tendance à se mettre en équilibre de température, la chaleur centrale doit constamment se propager du centre à la circonférence par conduction, tendant à établir dans toute la masse une température moyenne entre les températures du centre et de la surface.

Cet équilibre ne peut jamais être atteint, puisqu'il est toujours troublé, non seulement par la production de nouvelle chaleur au centre, proportionnellement au temps, mais aussi par le rayonnement de la surface dans l'espace, également proportionnelle au temps et à la moitié de la différence des températures de cette surface et de l'éther ambiant.

Or, si la température de l'éther ambiant est l'unité de température, chaque unité de surface terrestre rayonne dans l'espace la moitié de sa chaleur.

L'évaluation de la température moyenne du globe présente des difficultés qui exigeraient le secours de l'analyse. Plusieurs sont insurmontables.

Le problème contient de nombreuses inconnues qui sont d'abord les divers coefficients de conductibilité, les chaleurs spécifiques et autres propriétés variables des éléments constituants de chaque corps et de ses proportions dans la masse totale. Il est donc insoluble exactement. Il n'est susceptible que d'approximations.

Pour déterminer la vraie température moyenne, il faudrait connaître la somme de calories produites par toute la masse.

Cette somme est plus grande que le volume multiplié par le rayon et par le carré de la densité.

(71) $$\varepsilon = \frac{4}{3}\pi R^4 \delta^2 \text{ (1)}$$

Cette approximation donnerait une moyenne, par unité de masse de

(72) $$T = \frac{\frac{4\pi}{3}\delta^2 R^4}{\frac{4\pi}{3}\delta R^3} = \delta R.$$

(1) Pour la somme de chaleur produite dans une sphère homogène par la pression de son propre poids ; la pesanteur étant 1 à sa surface, et étant supposée y varier en raison inverse des carrés des distances au centre, le résultat du calcul donne l'approximation suivante :

$$\frac{4\pi}{3} R^4 \delta^2 \left(\frac{9}{100}+\frac{56}{400}+\frac{133}{900}+\frac{222}{1.600}+\frac{305}{2.500}+\frac{364}{3.600}+\frac{381}{4.900}+\frac{338}{6.400}+\frac{211}{8.100}+\frac{271}{10.000}\right)$$
$$= \frac{4\pi}{3} R^4 \delta^2 \, 1.16954.$$

Supposant la densité constante, à la moitié du volume et de la masse, qui ne serait pas la moitié du poids, c'est-à-dire aux 4/5 du rayon, la température résultant de la pression, en tenant compte de l'accroissement de la pesanteur, ne serait encore que 5/16 δ R.

Mais les hautes températures du centre se propageant par conductibilité vers la surface, on peut supposer qu'aux 4/5 du rayon la température serait supérieure à la moyenne R δ, qui serait celle des couches supérieures, puisque celles-ci représentent une proportion considérable de la masse totale.

De cette détermination de la température superficielle des astres et de leur puissance de rayonnement dans l'espace dépend la solution définitive du problème de la gravitation universelle, ainsi que nous allons le voir.

CHAPITRE LXXXVIII

DILATATIONS INÉGALES DE L'ÉTHER AUTOUR DES MASSES SIDÉRALES

Si les pressions de l'éther intercosmique s'exerçaient également sur les masses sidérales qu'il enveloppe, dans toutes les directions convergentes, ces masses équilibrées entre des forces égales et opposées par couples, ne pourraient se mouvoir dans aucun sens.

Toutes ces pressions égales, normales à leur surface, et convergeant vers leur centre, sans avoir recours à l'hypothèse d'une attraction de leurs masses élémentaires, suffisent à expliquer leur forme sphérique, que la force centrifuge, développée par leur mouvement de rotation, change en ellipsoïde de révolution en vertu de lois mécaniques bien connues. Mais si tout autour de ces masses l'éther était homogène, physiquement comme chimiquement ; si non seulement les pressions, mais les résistances étaient égales et opposées par couples de tous les côtés, les masses sidérales, ainsi également sollicitées et retenues dans toutes les directions par des forces égales et contraires, resteraient immobiles.

Tel serait, en effet, le résultat nul de toutes ces forces en lutte, si tous les corps sidéraux étaient en équilibre de température avec l'éther.

Si les corps sidéraux sont enveloppés d'une mince atmosphère d'éther en mouvement qui presse sur eux normalement à leur surface, multipliant la pression moyenne de l'éther intercosmique illimité, cette couche d'éther en mouvement et celles qui lui sont superposées, sont, en même temps, dilatées par la chaleur qui rayonne de la surface de ces corps.

On sait que lorsqu'un gaz est échauffé, à volume variable, sa tension reste constante malgré sa dilatation.

De même, on peut admettre que, tout en s'échauffant et se dilatant inégalement autour des corps sidéraux, proportionnellement à la température qu'ils lui communiquent par rayonnement ou contact, l'éther conserve la tension qui résulte de ses pressions locales.

Sa densité dynamique est donc diminuée par la chaleur, non sa tension moyenne, puisque son énergie thermique totale reste constante.

C'est, de même, en vertu de sa densité que, dans un gaz qui s'échauffe et se dilate, sous pression constante, le mouvement des corps éprouve moins de résistance que dans le même gaz, sous la même pression, mais plus froid et moins dilaté.

Ce résultat paradoxal s'explique, dans notre théorie, par ce fait que les dilatations d'un fluide gazeux dépendent de l'accélération de la vitesse de rotation de ses molécules, s'il s'agit d'un gaz pesant, et seulement de l'accélération de la vitesse vibratoire de ses atomes, s'il s'agit d'éther pur ; tandis que la résistance au mouvement des corps pesants qui y sont plongés dépend du nombre des atomes ou des molécules pondérables que ces corps déplacent pour se mouvoir et qui, naturellement, augmente avec la densité du milieu.

De même l'éther intercosmique, en se dilatant autour des corps sidéraux par la chaleur qu'ils rayonnent sous des pressions locales constantes, en vertu de l'accroissement de son énergie thermique, continue de presser également sur les surfaces de tous les corps qu'il enveloppe. Mais la dilatation de ses atomes ayant accru leur rayon, leur tension aux centres de leurs plans de contact diminue en raison inverse du carré de ce rayon et oppose moins de résistance aux mouvements des corps pesants.

Si la force répulsive totale reste constante, c'est parce que la tension aux plans de contact diminue justement dans la même mesure que la vitesse vibratoire augmente ; deux des facteurs de l'énergie thermique variant ainsi en sens inverse, leur produit reste constant.

Déjà, autre part, nous avons vu comment les grands atomes en contact avec des atomes plus petits, ne pouvant être en équilibre que lorsqu'ils sont réciproquement tangents, reculent devant ces derniers. En sorte que les petits atomes pesants poussent et meuvent plus aisément les atomes plus grands qu'ils n'en sont mus et poussés. Les atomes éthérés, étant les plus grands de tous, fuient donc et reculent devant tous les corps pesants, et leur ouvrent d'autant plus aisément passage entre eux qu'ils sont plus dilatés par la chaleur, puisque, par suite de l'agrandissement de leur rayon, leur résistance aux centres de leurs plans de contact diminue en raison inverse du carré de ce rayon. En sorte que, devenus par là plus plastiques, ils se déforment, s'aplatissent et reculent plus facilement devant eux.

Nous arrivons à cette conséquence que les corps sidéraux, en mouvement dans l'éther, étant des corps plus ou moins chauds, tandis que, d'un côté, ces corps s'enveloppent d'une mince atmosphère d'éther en mouvement, fraction variable de leur propre rayon, qui augmente la vitesse vibratoire des atomes de leur surface ; de l'autre, la chaleur qu'ils rayonnent, en dilatant cette atmosphère, diminue sa densité et sa résistance à leur mouvement.

Les corps sidéraux sont donc pressés par l'éther ambiant chauffé, comme si celui-ci n'était pas dilaté, et peuvent se mouvoir dans ce milieu dilaté, comme s'il n'était pas chauffé.

A la surface des masses sidérales, l'éther est donc d'autant plus dilaté que cette surface rayonne plus de chaleur. Il exerce néanmoins sur elle une pression concentrique constante, tout en opposant aux mouvements de ces corps une moindre résistance, parce que ces atomes se déplacent eux-mêmes plus aisément.

Si la température des corps sidéraux est, comme nous l'avons vu (ch. LXXXVII, p. 653), fonction de leur masse, et si la chaleur rayonnée par leur surface est toujours proportionnelle au produit $R\delta$ de leur rayon et de leur densité, l'éther est d'autant plus dilaté autour d'eux que les masses de ces corps sont plus considérables.

Si le mouvement des corps dans l'éther éprouve d'autant moins de résistance qu'il est plus dilaté, tous les corps qu'il enveloppe en libre suspension seront poussés par ces pressions concentriques du côté des corps les plus chauds, parce qu'ils sont les plus pesants.

Tous les corps graviteront donc les uns vers les autres proportionnellement à leur pouvoir rayonnant et à la dilatation de l'éther qui en résulte autour d'eux.

Si ce pouvoir rayonnant est une fonction de leur masse, ainsi s'explique que la gravitation des corps soit proportionnelle aux masses.

Nous allons démontrer qu'en effet les choses se passent ainsi.

Tous les corps doués d'inertie, en mouvement dans l'éther dilaté autour d'une masse sidérale chaude, sont sollicités à tomber sur elle d'une vitesse accélérée à travers les couches d'éther de plus en plus chaudes qui l'entourent. La valeur de cette accélération varie, comme l'intensité de son rayonnement, en raison inverse du carré des distances à son centre.

Nous revenons ainsi à la formule de Newton, sans avoir besoin de doter les corps d'une attraction imaginaire.

Tous les corps pesants qui se trouvent amenés dans la sphère de rayonnement d'une masse sidérale tendent à tomber sur elle avec une accélération qui varie en raison inverse des carrés des distances à son centre, parce que telle est la loi de décroissance de la chaleur rayonnante.

Aucun corps ne graviterait vers un autre absolument froid, au zéro absolu des températures, qui ne dilaterait pas l'éther autour de lui. Mais ce corps ne peut exister, si la température de tous les agrégats matériels croît proportionnellement à la pression de leur masse sur elle-même.

Tous les corps en mouvement dans l'espace intercosmique sont des corps plus ou moins chauds. La chaleur rayonnée dans l'espace par les étoiles est énorme ; et même les corps obscurs, tels que la terre et les autres planètes, rayonnent non seulement la chaleur qu'ils reçoivent du soleil, mais une chaleur qui leur est propre.

Pour la terre nous savons qu'à environ 20 mètres de profondeur au-dessous de la surface solide, règne une température constante d'environ 15° en moyenne, c'est-à-dire de 272° + 15° = 287° au-dessus de ce que l'on considère comme le zéro absolu des températures. Cette chaleur, qui ne doit rien au soleil, répandue par conduction vers la surface, d'où elle est rayonnée dans l'espace, se reproduit sans cesse, sans diminution appréciable. Il est donc certain que le centre de la terre est une source de chaleur, et nous avons vu comment cette chaleur, produite par la pression des masses sur elles-mêmes en vertu d'une transformation de leur énergie potentielle, ne peut subir de diminution dans sa quantité, tant que l'intégrité de la masse est conservée.

Il n'est donc plus besoin d'emprunter cette chaleur propre des corps sidéraux à une nébuleuse hypothétique dont ils seraient les débris.

CHAPITRE LXXXIX

LA GRAVITATION SIDÉRALE

Si les masses ne s'attirent pas, il est cependant vrai que tout se passe comme si elles s'attiraient, selon l'expression de Newton.

D'après sa formule fondamentale, les accélérations de deux corps pesants l'un vers l'autre sont en raison inverse de leurs masses.

(73) Soit : $$\frac{\gamma \frac{m M}{m d^2}}{\gamma \frac{M m}{M d^2}} = \frac{M}{m}$$

C'est dire que les deux corps gravitent l'un vers l'autre avec des accroissements de vitesse en raison réciproque de leurs masses (1).

D'où l'on tire que leurs masses sont réciproquement proportionnelles à leurs accélérations.

Mais c'est supposer ce qui est en question

(1) C'est l'expression même de Newton.

Cela résulte de la formule, parce qu'on l'y a introduit par l'hypothèse elle-même. Partant des mouvements, qui seuls sont connus par l'observation de leurs rapports, deux à deux, nous tirons deux valeurs que nous baptisons du nom de masses $\frac{M}{m}$, sans contradiction possible, puisque nous n'avons aucun moyen de mesurer directement ces masses, et que c'est par un article de foi que nous acceptons, comme un dogme, l'hypothèse de leur attraction mutuelle.

En réalité, ce rapport $\frac{M}{m}$, inverse des accélérations, peut signifier tout autre chose. Il peut être le produit complexe de plusieurs facteurs inconnus, parmi lesquels les masses peuvent jouer un rôle, mais n'être pas seules à agir.

Il y a là une illusion logique, un cercle vicieux évident.

Voyons si ce rapport, que nous concluons des accélérations, n'est pas susceptible d'autre interprétation, plus conforme aux lois de la mécanique, qu'une attraction à distance, tout hypothétique, des masses pour les masses.

Si les masses sidérales rayonnent inégalement de la chaleur, la température de l'éther n'est pas partout égale. En vertu des lois du rayonnement, cette température plus élevée autour des corps sidéraux, décroît autour d'eux en raison inverse des carrés des distances. Il en résulte que l'éther intercosmique n'est pas physiquement homogène.

Si la densité des gaz pesants diminue de $\frac{1}{272}$ pour chaque degré d'accroissement de leur température, nous avons le droit de supposer à l'éther un coefficient de dilatation au moins égal, et peut-être supérieur.

L'éther, à tension égale, sous pression égale, serait plus chaud et plus dilaté autour des corps sidéraux que dans les vastes espaces intercosmiques et sa dilatation serait proportionnelle à la température de leur surface ou, plus exactement, au nombre de calories envoyées dans l'espace par l'unité de surface dans l'unité de temps. Deux corps, A et B, (fig. 88), inégaux en volume et en température, rayonnent leur chaleur dans toutes les directions de l'espace, où elle dilate plus ou moins l'éther intercosmique, sous pression constante.

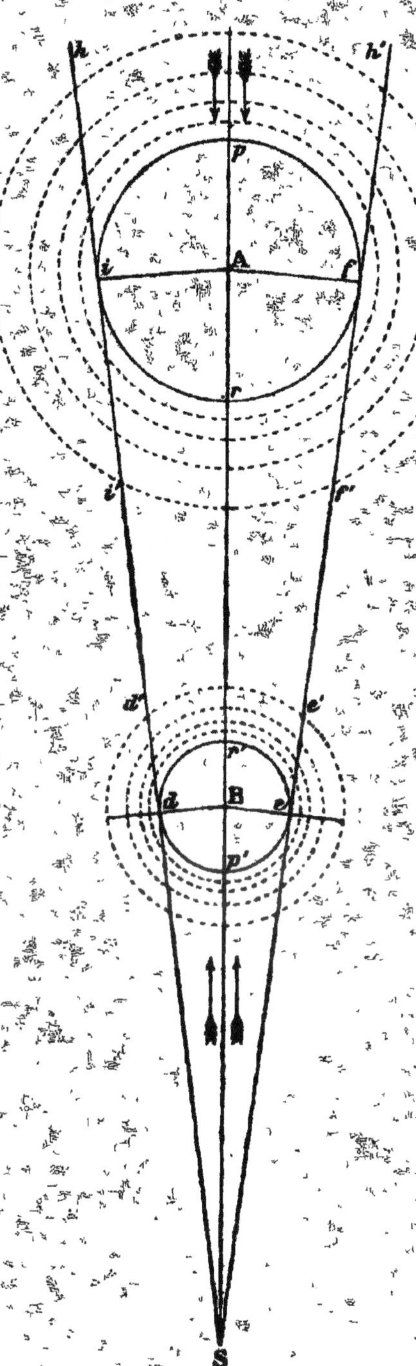

Figure 89.

Sur chaque point de l'espace la chaleur rayonnée par chacun des deux corps décroît en raison inverse des carrés des distances à son centre; et, sur chaque point de l'espace, les quantités de chaleur rayonnées par chacun d'eux s'ajoutent aux quantités de chaleur rayonnées par tous les autres corps plus ou moins lointains.

Mais, pour le moment, nous considérerons seulement les effets de la chaleur rayonnée par les corps A et B.

Si, entre les deux sphères, on tire leurs tangentes communes externes, *ef* et *di*, ces tangentes sont les génératrices d'un tronc de cône de révolution, ayant pour base les grands cercles, *if* et *de*, du corps A et du corps B.

Dans cet espace conique l'éther est inégalement dilaté par la chaleur qui rayonne de chacun des corps vers l'autre.

Ces deux quantités de chaleur que les deux corps A et B rayonnent dans le tronc de cône *i d*, *e f*, y dilatent inégalement l'éther. La chaleur émanée de A, comme celle qui émane de B, diminuent en raison inverse des carrés des distances aux centres de A et de B. Sur la droite AB existe un point, plus rapproché de B que de A, où les intensités de ces deux rayonnements sont égales.

C'est ce qu'on nomme le point mort.

A partir de ce point la température et la dilatation de l'éther augmentent des deux côtés, mais inégalement.

En ce point non seulement la chaleur rayonnée par les deux corps est égale, mais la somme en est minimum, comme la dilatation de l'éther.

Les distances d et d_0 des deux corps au point mort sont proportionnelles à leurs rayons r et r_0 multipliés par les racines carrées des intensités de leur rayonnement par unité de surface c et c_0

74 $$\frac{d}{d_0} = \frac{r \; c^{1/2}}{r_0 \; c_0^{\;1/2}}$$

Sous la condition que la chaleur rayonnée par chaque corps, par unité de surface, soit proportionnelle à son rayon, le point neutre se trouve placé à des distances des deux corps proportionnelles à la puissance de leurs rayons $r^{3/2}$.

Si ces rayons sont dans le rapport de 2 à 1, comme sur la figure, les distances du point mort aux centres des corps sont entre elles comme $2^{3/2}:1$. Ce point se trouve donc situé à 0,2612 de la distance totale du côté du plus petit corps.

Si le rayonnement par unité de surface est proportionnel au produit $r\delta$ du rayon et de la densité, les distances des deux corps au point mort sont dans le rapport

$$\frac{d}{d_0} = \frac{r^{3/2}}{r_0^{3/2}} \frac{\delta^{1/2}}{\delta_0^{1/2}} \tag{75}$$

Si la distance entre deux corps dont les rayons sont comme 1.000 et 10, est de 100 fois le rayon du grand corps, le point mort se trouve à 1.000.000 d'unités du centre du grand corps, et à 1.000 unités du petit si la chaleur rayonnée par leur surface est proportionnelle à leur rayon et si leurs densités sont égales.

Les deux quantités de chaleur que les deux corps rayonnent l'un vers l'autre sont ensuite réfléchies de l'un vers l'autre et se multiplient réciproquement.

Au contraire, derrière le corps B, qui fait écran, relativement à la chaleur rayonnée par le corps A, se prolonge, en S, le sommet du cône, *e* S *d*, où l'éther reçoit la chaleur de B, mais ne reçoit pas celle de A.

De même, entre les tangentes mutuelles des deux corps, prolongées au delà de *i f*, existe, derrière le corps A, un espace illimité, chauffé par le corps A, mais qui ne reçoit aucun rayon de B.

L'équilibre des pressions et des résistances sera donc détruit autour des deux corps en présence. Car si chacun d'eux est symétriquement pressé par l'atmosphère d'éther qui lui est propre, et si cette atmosphère est symétriquement dilatée par sa propre chaleur, cette symétrie est détruite pour l'un par la chaleur de l'autre, et réciproquement.

En *e* S *d*, le corps B sera poussé dans la direction de A, comme si A était absent ; mais en *e d i f*, la résistance de l'éther à son mouvement, au lieu d'être égale à la pression de sens contraire, sera diminuée proportionnellement à la diminution de densité de l'éther qui résulte de son échauffement par le rayonnement du corps A multipliant celui du corps B.

Le corps B se mettra en mouvement vers A, et, comme la force qui le sollicite à se mouvoir augmente en raison inverse du carré des distances du corps A, la chute de B vers A sera progressivement accélérée.

Les choses se passeront de même pour le corps A poussé en *fi* par la pression de l'éther qui agit sur lui dans le tronc de cône illimité *i*, *f*, *h*, *k*, et que déséquilibre dans le tronc de cône *f*, *e*, *d*, *i*, la chaleur rayonnée par B, multipliée par la chaleur rayonnée par A.

Sans cette condition de rupture de l'équilibre des forces, les deux corps resteraient immobiles.

En effet, comme nous l'avons vu (ch. LXXVI, p. 590) la constante de la pesanteur = 1, résultant des pressions concentriques de l'éther autour de tous les corps, sollicite également en tous sens les deux corps A et B. Chacun d'eux est poussé de *p* en *r*, sur l'un de ses hémisphères, par une force égale à son grand cercle πR^2 et sur l'hémisphère opposé par une force égale, mais de sens opposé ou de *r* en *p*.

La dilatation de l'éther autour de chacun des deux corps, proportionnelle à la chaleur rayonnée par sa surface, ne rompt pas cet équilibre, si elle est égale de tous côtés. Sur chacun des hémisphères des deux corps, tournés vers l'espace, la pression normale s'ajoute à la diminution de la résistance sur les deux hémisphères opposés, qui se regardent, et l'on a pour chaque corps cette équation des forces :

$$(76) \quad 2\pi R^2 - (2\pi R^2 - c) = (2\pi R^2 + c) - 2\pi R^2 = c.$$

Pour qu'un corps se meuve dans l'éther intercosmique, il faut que l'éther autour de lui soit dilaté, non seulement par sa propre chaleur, mais par la chaleur rayonnée par d'autres corps plus ou moins éloignés.

Les corps exercent donc bien réellement les uns sur les autres une sorte d'action de présence qui fait que tout se passe comme s'ils s'attiraient, bien qu'ils ne s'attirent pas, et qu'au lieu de s'attirer ils soient poussés les uns contre les autres par les forces du milieu ambiant.

Les corps sidéraux sont ainsi poussés les uns vers les autres, non par un accroissement des pressions, mais par une diminution des résistances. Il est donc légitime de dire qu'ils *tombent*, qu'ils gravitent les uns vers les autres.

Au contraire, la pesanteur à l'intérieur de ces corps provient réellement d'un accroissement de pression, d'une condensation progressive des pressions concentriques de l'éther extérieur sur des surfaces de plus en plus petites.

Les deux phénomènes ne sont donc pas identiques, mais seulement analogues et, en somme, de sens inverse.

Mais si dans la variation de la pesanteur à l'intérieur des sphères sidérales nous avons dû retourner les formules de Newton et montrer que la pesanteur, au-dessous des surfaces comme au-dessus, continue de croître en raison inverse des distances aux centres, nous allons voir au contraire comment se confirme sa formule de la gravitation universelle, entre les masses sidérales.

R et r étant les rayons des deux corps A et B (fig. 88), d leur distance, δ_A et δ_B leurs densités, R δ_A et $r\,\delta_B$ la chaleur qu'ils rayonnent par unité de surface, le corps A, sur toute sa surface, rayonne une somme de calories :

$$C_A = 4\pi R^2 R\,\delta_A \tag{77}$$

et le corps B rayonne de son côté :

$$C_B = 4\pi r^2 r\,\delta_B \tag{78}$$

Cette somme de chaleur rayonnée est donc, pour chaque corps, égale à trois fois sa masse; c'est-à-dire exactement égale à son poids. (Comp. ch. LXXXVII, p. 653.)

La somme de chaleur que les deux corps enverront sur la surface d'une sphère ayant pour rayon leur distance d, sera respectivement, par unité de surface, pour A :

$$C_A = \frac{4\pi R^3 \delta_A}{4\pi d^2} = \frac{R^3 \delta_A}{d^2} \tag{79}$$

et pour le corps B :

$$C_B = \frac{4\pi r^3 \delta_B}{4\pi d^2} = \frac{r^3 \delta_B}{d^2} \tag{80}$$

Chacun des deux corps recevra donc de l'autre, sur l'unité de surface de son grand cercle, des quantités de chaleur :

$$\frac{C_B}{C_A} = \frac{\dfrac{4\pi R^3 \delta_A \pi r^2}{4\pi d^2}}{\dfrac{4\pi r^3 \delta_B \pi R^2}{4\pi d^2}} = \frac{R\,\delta_A}{r\,\delta_B} \tag{81}$$

Cette quantité de chaleur que chaque corps reçoit de l'autre, par unité de surface, multipliant celle qu'il rayonne lui-même, on a pour les accélérations des deux corps l'un vers l'autre, M et m étant leurs masses :

$$\frac{\gamma_B}{\gamma_A} = \frac{\dfrac{4\pi R^2 \delta_A \pi r^2 r \delta_B}{4\pi d^2 m}}{\dfrac{4\pi r^3 \delta_B \pi R^2 R \delta_A}{4\pi d^2 M}} = \frac{M}{m} \tag{82}$$

Les deux sommes de forces qui sollicitent les deux corps sont donc proportionnelles au produit de leurs masses et égales entre elles ; les accélérations qui en résultent pour chacun d'eux sont en raison inverse de leurs masses.

Cette formule est identique à celle de Newton, ou du moins elle n'en diffère que par des constantes qui disparaissent dans les rapports. Car

$$\frac{\dfrac{4\pi R^3 \delta_A \pi r^2 r \delta_B}{4\pi d^2 \dfrac{4\pi}{3} r^3 \delta_B}}{\dfrac{4\pi r^3 \delta_B \pi R^2 R \delta_A}{4\pi d^2 \dfrac{4\pi}{3} R^3 \delta_A}} = \frac{\dfrac{\dfrac{9}{16\pi} M m}{d^2 m}}{\dfrac{\dfrac{9}{16\pi} m M}{M}} = \frac{M}{m} \tag{83}$$

D'après la formule que je propose, la valeur absolue de chaque accélération serait moins de $\frac{1}{5}$ ou environ plus de deux fois plus petite que celle qui résulte de la formule newtonienne.

De même, entre les planètes différentes gravitant autour d'un même soleil, telles que la Terre et Jupiter, la formule de Newton et celle que je propose donnent un rapport identique.

M et R étant la masse et le rayon du soleil, δ_s sa densité, m_t, r_t, δ_t, la masse, le rayon et la densité de la Terre, m_j, r_j, δ_j, la masse, le rayon et la densité de Jupiter, d_t et d_j leurs distances au soleil, on a les égalités

$$\frac{\gamma_T}{\gamma_J} = \frac{\dfrac{M m_T}{d_T{}^2 m_T}}{\dfrac{M m_J}{d_J{}^2 m_J}} = \frac{\dfrac{4\pi R^3 \delta_S \pi r_T{}^3 \delta_T}{4\pi d_T{}^2 \dfrac{4\pi}{3} r_T{}^3 \delta_T}}{\dfrac{4\pi R^3 \delta_S \pi r_J{}^3 \delta_J}{4\pi d_J{}^2 \dfrac{4\pi}{3} r_J{}^3 \delta_J}} = \frac{d_J{}^2}{d_T{}^2} \tag{84}$$

D'après l'une ou l'autre formule, les accélérations sont en raison inverse des carrés des distances, quelles que soient les masses :

Mais la valeur absolue de chaque accélération, isolément considérée, est de $\frac{4}{5}$ $\left(\text{exactement } \frac{821}{1000}\right)$ plus petite, puisque $R^3 \delta_s = \frac{3}{4\pi}$ de la masse solaire et que $\pi r^3 \delta_t$ égale $\frac{3}{4}$ de la masse de la Terre m_t ou de la masse de Jupiter m_j.

On objectera peut-être à cette nouvelle formule de la gravitation que deux quantités de chaleur s'ajoutent, mais ne se multiplient pas ; que la chaleur reçue du soleil par un hémisphère de la Terre s'ajoute à celle que cet hémisphère possède lui-même, mais ne peut pas la multiplier.

Cette multiplication est non seulement possible, mais elle paraît nécessaire.

Si, sur la surface d'un des deux corps, un même plan de contact atomique reçoit du corps A 3 vibrations dans l'unité de temps et n'en reçoit que 2 du corps B, ces cinq vibrations, qui ne sont pas synchroniques, ne produiront que des interférences, jusqu'au moment où se sera établi un rythme harmonique régulier. Ce rythme ne pourra s'établir que si les trois vibrations de A multiplient chacune des vibrations de B et si, réciproquement, les deux vibrations de B multiplient chacune des trois vibrations de A ; de sorte que le plan de contact qu'elles sollicitent en commun, vibre, non pas $2 + 3 = 5$ fois, mais $2 \times 3 = 6$ fois dans l'unité de temps.

Il en serait de même, quel que fût le rapport du nombre des vibrations. Si ce rapport est l'égalité, le nombre n des vibrations dans l'unité de temps sera élevé au carré, parce que chaque vibration s'accomplira en un temps

$$t = \frac{1}{n^2} \tag{85}$$

Le produit de deux vitesses vibratoires est donc toujours leur harmonique commune, tandis que leur somme ne peut l'être que si l'une est multiple de l'autre.

Les dilatations sont proportionnelles aux températures et celles-ci aux racines carrées des vitesses vibratoires ; or il est à remarquer que la somme des racines carrées de deux vitesses vibratoires, diffère moins de la racine carrée de leur produit que de la racine carrée de leur somme.

Ce sont ces considérations qui m'ont conduite à admettre que la température du milieu ambiant multiplie l'énergie thermique spécifique des corps, en multipliant le nombre de leurs vibrations.

Du reste, cette critique tombe également sur la formule de Newton; car il est plus difficile de comprendre la multiplication réciproque de deux masses que celle de deux vitesses vibratoires.

Si le soleil attire la Terre et que la Terre attire le soleil, on devrait avoir pour les deux accélérations

$$(86) \qquad \frac{\gamma_T}{\gamma_S} = \frac{\dfrac{M}{m}}{\dfrac{m}{M}} = \frac{M^2}{m^2}$$

Les accélérations ne seraient pas en raison inverse des masses, mais de leurs carrés.

Si l'on suppose que, pendant que le soleil attire la Terre, la Terre se pousse elle-même vers le soleil, et réciproquement, la formule légitime devient :

$$(87) \qquad \frac{\gamma_T}{\gamma_S} = \frac{\dfrac{M+m}{m}}{\dfrac{m+M}{M}} = \frac{M^2}{m^2}$$

Comme les deux forces $M + m$ seraient égales, les accélérations seraient, encore, en raison inverse simple des masses.

Seulement la valeur absolue des accélérations pour chaque masse serait très différente et beaucoup plus petite.

De plus, cette formule, appliquée à deux planètes gravitant autour du même soleil, donnerait des résultats inconciliables avec les faits observés.

On aurait en effet, entre la Terre et Jupiter :

$$(88) \qquad \frac{\gamma_T}{\gamma_J} = \frac{\dfrac{M+m_T}{d_T{}^2\, m_T}}{\dfrac{M+m_J}{d_J{}^2\, m_J}} = \frac{\dfrac{1}{d_T{}^2\, m_T} M + m_T}{\dfrac{1}{d_J{}^2\, m_J} M + m_J} = \frac{d_J{}^2\, m_J\,(M + m_T)}{d_T{}^2\, m_T\,(M + m_J)}$$

D'où il suivrait que les accélérations des deux corps seraient en raison directe de la somme de leur masse et de celle du soleil, et inverse du produit de leur masse et du carré de leur distance.

Il en faudrait conclure pour ces trois corps des rapports de masse très différents de ceux qu'on a induits de la formule newtonienne.

La formule de Newton :

$$(89) \qquad \frac{\gamma_R}{\gamma_F} = \frac{\frac{Mm}{m}}{\frac{Mm}{M}} = \frac{M}{m}$$

ne peut se justifier que par la traduction que j'en donne et qui au produit des masses substitue le produit de leur rayonnement calorifique, et explique par une impulsion centripète le mouvement que Newton expliquait par une attraction vers les centres.

La formule de la gravitation réciproque des corps sidéraux que je viens de proposer, comme identique à celle de Newton, peut aussi se mettre sous une forme analogue à la formule 75, mais donnant lieu aux mêmes objections.

CHAPITRE XC

MASSES ET DENSITÉS DES ASTRES

Les seuls faits que nous livrent directement les observations astronomiques sont les rapports angulaires des diamètres des astres et les rapports de leurs accélérations qui se déduisent de leurs mouvements.

Des rapports de leurs accélérations se déduisent ceux de leurs masses, par la formule de Newton. De la comparaison des rapports, ainsi établis déductivement, de leurs masses et de leurs diamètres observés, on tire leurs densités relatives.

Il y a dans cette chaîne de déductions une ample place pour le cercle vicieux.

Si la formule de Newton est inexacte, les masses qui s'en déduisent sont erronées, ainsi que les densités, et, de plus, celles-ci peuvent être affectées par des erreurs systématiques d'observation sur les diamètres de ces corps qui, vus de notre globe, sous-tendent tous des angles très petits. Le soleil, Jupiter et Saturne sont les seuls dont les diamètres sous-tendent des angles qui dépassent la minute.

On voit que nos évaluations des masses et des densités des astres comportent un très haut degré d'incertitude.

De la formule (n° 82) que j'ai proposée précédemment (chap. LXXXIX, p. 666) comme la traduction théorique de celle de Newton, on tirerait d'ailleurs des déductions identiques.

La formule n° 87, qui substitue la somme des masses à leur produit, donnerait des résultats relatifs différents.

D'ailleurs, ces rapports que nous déduisons des accélérations peuvent comporter des constantes qui modifient, dans une large mesure, les valeurs absolues des masses et des densités qui nous échappent jusqu'à présent.

A la seule inspection des valeurs relatives que le calcul attribue aux densités des divers corps du système solaire, on est frappé de l'espèce de désordre qui règne dans leur série et ne permet de saisir aucune loi, aucun rapport constant, même approché, inverse ou direct, avec leur grosseur ou leur distance du soleil.

Ces énormes différences de densité des astres ne sauraient s'expliquer par des différences de constitution chimique ; elles doivent résulter de profondes différences d'état physique.

Quelle que soit l'hypothèse qu'on adopte sur les variations de la pesanteur à l'intérieur des astres, il reste certain que la pression doit y augmenter de la surface au centre et atteindre un maximum d'autant plus élevé que les masses sont plus considérables.

Même si la pesanteur y décroissait de la surface au centre, selon l'hypothèse de l'attraction (comp. ch. LXXXII, p. 633), au lieu d'y augmenter en raison inverse du carré des distances à ce centre, la pression des couches supérieures sur les couches centrales n'en serait que plus considérable, relativement.

Le fait certain, c'est que ces pressions des couches supérieures sur les masses sous-jacentes existent et que si l'effet de ces pressions n'est pas détruit par une cause énergique de dilatation, il devrait en résulter des densités croissant très régulièrement dans le sens des masses.

Or c'est une loi toute contraire que révèle la série des densités déduites de la formule de Newton et qui se déduirait identiquement de celle que je propose (n° 82, p. 666).

Ce qui diminue la densité des plus gros corps, relativement aux petits, c'est évidemment leur température centrale plus élevée.

La théorie que j'ai formulée (chap. LXXXI, p. 624 et suiv.) sur la transformation de la pesanteur statique en chaleur, d'après des rapports constants, offre de la production de la chaleur centrale une explication qui fait défaut à nos théories actuelles, réduites à supputer pour combien de temps encore chaque astre possède une provision de chaleur que, d'après nos mécanistes, il ne saurait renouveler.

Si la température des corps sidéraux est constamment entretenue proportionnellement à la pression de leurs masses sur elles-mêmes, cette température, croissant comme ces masses, combat et limite d'une certaine façon, et suivant une certaine loi, leur accroissement de densité. (V. chap. LXXXVII, p. 653.)

Le premier coup d'œil jeté sur la série des volumes et densités des corps du système solaire, publié par l'*Annuaire du Bureau des longitudes*, révèle que les plus denses sont les plus petits.

Par conséquent, l'accroissement de chaleur dans ces corps doit l'emporter sur l'accroissement des pressions.

On saisit la trace d'une loi générale, un peu effacée sans doute par des différences de constitution chimique, selon laquelle les densités de ces corps varieraient en raison inverse de la racine de leur rayon.

C'est ce qu'on peut constater dans le tableau suivant :

TABLEAU Y.

Noms des astres par ordre de masses	Masses M. (la Terre = 1)	Densités théoriques relatives $\frac{1}{r^{1/2}}$	Densités déduites de l'observation d (la Terre = 1)		Dilatation $r^{1/2}$		Densité probable avec O absolu $d \times r^{1/2} = \delta$
—	—	—	—		—		—
Soleil.....	324.439.000	0.096202	0.253	×	10.419	=	2.6360
Jupiter....	309.814	0.30068	0.242	×	3.3258	=	0.80485
Saturne....	91.919	0.32793	0.128	×	3.0494	=	0.39033
Uranus	13.518	0.48599	0.195	×	2.0675	=	0.40316
Neptune ..	16.469	0.51314	0.300	×	1.94885	=	0.58465
Terre......	1.000	1	1	×	1	=	1
Vénus	0.787	1.0005	0.807	×	0.9995	=	0.8066
Mars......	0.105	1.3762	0.711	×	0.72664	=	0.51664
Mercure...	0.061	1.6387	1.173	×	0.61024	=	0.71581
Lune......	0.013	1.70585	0.615	×	0.58625	=	0.3605

La comparaison des valeurs de la première colonne, qui donne les masses des astres principaux du système solaire, et de la troisième, qui donne les densités déduites de leurs accélérations, montre que ces densités, très approximatives, sans doute, varient évidemment en sens inverse des masses, mais beaucoup plus lentement et très irrégulièrement.

La seconde colonne donne les densités théoriques variant en raison inverse de la racine carrée des rayons, ou plutôt les valeurs des dilatations qu'ont dû subir les corps sidéraux sous l'influence de leur chaleur centrale. Le parallélisme de ces dilatations avec les densités observées est frappant, malgré ses irrégularités.

Si l'on suppose que chez tous les astres leur densité spécifique moyenne, résultant de la nature et de la proportion des divers corps qui les composent, subit ainsi une dilatation proportionnelle à la racine carrée de leur rayon (4e colonne) et qu'on multiplie les densités (3e colonne) par les valeurs de la 4e, on trouve (5e colonne) les densités probables de ces corps au zéro de la température, et telles qu'elles devraient résulter de la nature des corps qui les composent et des pressions qu'ils subissent.

Les valeurs de cette 5e colonne varient en effet sensiblement comme celles des masses de la première, mais plus lentement.

Ces séries toutefois laissent subsister certaines irrégularités qui demandent des explications particulières.

C'est d'abord l'improbabilité d'une si forte densité de la Terre, relativement à celle de Vénus, sa plus proche voisine, et à celles d'Uranus et de Neptune, au contraire, si éloignés d'elle et du soleil. (Voy. ch. suivant, p. 681.)

La formule de Newton (*Annuaire du Bureau des longitudes, système solaire*) donne pour le rapport des accélérations entre le soleil et la Terre la valeur 324.439, qui suppose la masse du soleil 324.439 fois plus grande que celle de la Terre. Il en résulte que la densité du soleil serait à celle de la Terre seulement dans le rapport 0,253.

Il y a une cause d'erreur évidente qui tend à diminuer ce rapport. Le rayon de la Terre, supposée sphérique, de 6.371.103 mètres, est donné par les opérations géodésiques pour le niveau de la mer, sans tenir compte de la hauteur de l'atmosphère, évaluée aujourd'hui à 100 kilomètres au moins. Les astronomes, au contraire, mesurent les diamètres des astres par les angles apparents qu'ils sous-tendent et qui comprennent évidemment la hauteur de leur atmosphère réfléchissante, surtout en ce qui concerne les corps obscurs, tels que les planètes. Par là, la densité de la terre est augmentée de tout le volume de son atmosphère, relativement à celles des autres planètes et probablement aussi du soleil.

Si l'on ajoute au rayon terrestre la hauteur supposée de l'atmosphère, le rapport de la densité du soleil à celle de la Terre devient 0,26162. C'est une augmentation d'environ 1 p. 100.

Cette densité supposée de notre monde, si exceptionnellement forte, peut avoir encore pour cause quelque erreur systématique d'observation sur les diamètres angulaires des autres astres. En effet, si ces corps sont enveloppés d'atmosphères épaisses et très inégalement réfringentes, leur effet est de dévier les rayons venus du bord lumineux de ces astres et d'élargir leur diamètre apparent pour l'observateur placé sur la terre.

En général tous les diamètres des astres auraient été ainsi systématiquement grandis par rapport à celui de la Terre et peut-être très inégalement.

Cette augmentation erronée des volumes se ferait surtout sentir sur les planètes les plus éloignées de la Terre.

On peut bien admettre que Vénus, plus près du soleil, et en recevant plus de chaleur, soit un peu plus dilatée que la Terre; mais l'explication se retournerait pour Uranus et Neptune, si loin du soleil et dont les densités sont si faibles, mais qui sont, il est vrai, 13 et 16 fois plus lourds que la Terre Sous ce rapport ils sont une confirmation de la loi de proportionnalité inverse des densités et des masses.

Mais on peut objecter les faibles densités de Mars et de la Lune qui, beaucoup plus petits et de faibles masses, devraient être très denses. C'est qu'il faut supposer que ces deux petits corps sont creux. Nous aurons à revenir sur ce sujet.

Quant à Mercure qui, au contraire, bien que noyé dans les rayons solaires, a une densité plus forte que celle de tous les autres corps du système, il fournit une confirmation éclatante de la loi que nous venons d'énoncer.

Il doit d'ailleurs exister pour chaque astre une certaine densité variable, dépendante de la nature des corps dont il est constitué. Il est à croire que ces différences ne sauraient dépasser certaines limites et doivent peu s'écarter d'une certaine moyenne générale. A cet égard, il y a des probabilités pour que les corps les plus denses, chimiquement, existent en majorité dans les astres les plus gros, sous les pressions les plus fortes. Ces différences spécifiques de densité auraient pour effet de dissimuler la loi de proportionnalité inverse des densités et de la racine carrée des rayons.

CHAPITRE XCI

LE RAYONNEMENT DES ASTRES ET LA TEMPÉRATURE DE LEUR SURFACE

Les astres même obscurs ne reçoivent donc pas toute leur chaleur du soleil; chacun d'eux est un foyer de rayonnement plus ou moins intense. Chacun d'eux possède une température qui lui est propre.

Pouvons-nous évaluer ces températures?

D'après les observations, dans le Sahara, de M. Mouchez

(citées par M. Faye dans un mémoire inséré dans l'*Annuaire du Bureau des longitudes* de 1880), le soleil rayonne sur la Terre 0,4 calories par mètre carré et par seconde (1).

Sur la surface, $4\pi\ d^2$, d'une sphère ayant pour rayon la distance d de la Terre au soleil,

soit 148.490 millions de mètres,

le soleil envoie par seconde

110.838 quintillions de calories,

qui sont rayonnées par la totalité de sa surface

$4\pi\ R^2$.

Chaque mètre carré de cette surface envoie donc dans l'espace

18.438 calories par seconde.

La Terre, sur l'hémisphère qu'elle tourne vers le soleil, ou plutôt sur sa section de grand cercle, en reçoit, par seconde,

51.008 billions.

Si le rayonnement des corps célestes est proportionnel au produit $r\delta$ de leur rayon et de leur densité, le rayonnement de la surface terrestre serait donné par la proportion :

$R\delta_s$: 18.438 calories : : $r\delta_T$: 670 calories.

Chaque mètre carré de la surface terrestre enverrait donc seulement dans l'espace 670 calories (exactement 669,72), et la surface entière de la Terre en rayonnerait

341.610 trillions,

ou 6.697 fois plus qu'elle n'en reçoit du soleil dans le même temps.

La surface d'une sphère ayant pour rayon la distance d de la Terre au soleil ne reçoit donc de la Terre, par mètre carré de surface et par seconde, que :

0,0000012329 calories ;

(1) Des travaux plus récents, et entre autres un mémoire de M. Duclaux, publié par la *Smithsonian institution of Philadelphie*, ont donné d'autres résultats d'observations comparées faites à des latitudes et altitudes très diverses ; il y aurait lieu d'élever la valeur de la constante solaire à 3 colories. Comme les deux solutions s'excluent dans ces termes, il y a lieu de supposer que les divers observateurs n'ont pas employé les mêmes procédés d'observations et peut-être se sont servis d'unités de mesure différentes. Cette question de la constante solaire est donc loin d'être résolue, mais quelle que soit sa valeur, elle ne change pas les déductions relatives qu'on en peut tirer.

et l'hémisphère du soleil tourné vers elle en reçoit pour sa part

1.852 billions,

environ vingt-sept fois moins que la Terre n'en reçoit de lui.

Ce résultat, qui peut surprendre tout d'abord, s'explique par la grande différence de volume de la Terre et du soleil dont la section de grand cercle est à celle de la Terre dans le rapport du carré de leurs rayons. Sur la même sphère de rayon *d* la projection du disque solaire occupe donc une place bien plus grande que la projection du disque de la Terre. De sorte que, bien que ne recevant d'elle que 0,0000012329 calories par mètre carré, son disque entier en recueille une somme totale considérable.

Peut-on, d'après cela, déduire quelles seront les températures à la surface des deux astres?

Nous ignorons complètement quel nombre de calories rayonne une portion de sol à une température donnée. Cela dépend d'abord de la différence de température du corps rayonnant et de son milieu ambiant, et de plusieurs autres conditions locales ou spécifiques. Mais nous pouvons déterminer approximativement quelle est la température propre de la Terre.

Les températures les plus basses qui aient été enregistrées dans les régions polaires les plus froides, ou à ce qu'on nomme les pôles du froid, n'ont jamais dépassé — 78. Les dernières expériences aérostatiques n'ont constaté que des froids de — 40 à — 50, à des altitudes de 8.000 à 12.000 mètres. Mais dans les régions polaires, même pendant l'hiver, l'air est toujours plus chaud que le sol, parce que, toujours mis en mouvement par les vents, les courants du sud lui apportent l'air échauffé dans les régions intertropicales. Il y a lieu de supposer *à priori*, même avant toute observation, que dans les régions polaires les hautes couches de l'atmosphère sont relativement plus chaudes que les inférieures; tandis que c'est un fait contraire que l'on observe aux basses latitudes. Mais les grands froids observés à la surface du sol pendant les hivers polaires et ceux des hautes couches de l'atmosphère s'expliquent par le rayonnement perpétuel de leur chaleur dans l'espace, qui tend à les mettre en équilibre de température avec l'éther, plus ou moins voisin du zéro absolu.

Ce n'est donc ni dans l'atmosphère ni même à la surface du sol qu'il faut chercher la valeur du rayonnement propre de la Terre : c'est environ à 10 mètres de profondeur au-dessous de cette surface où règne une température à peu près constante de + 15°, quelles que soient les saisons et les latitudes.

La température propre de la Terre, celle qui produit et rayonne dans l'espace 670 calories par mètre carré et par seconde, est donc une température absolue de 272 + 15 = 287° centigrades, ou de 18° théoriques. (Voy. ch. LXX, *De la gamme thermique*, p. 546.)

Si les températures sont proportionnelles aux calories rayonnées, la température à la surface solaire serait de 7.901° absolus, ou de 7.901° — 272 = + 7.629° centigrades, équivalant à 494° théoriques qui supposent une vitesse vibratoire de 494^2, dans l'unité de temps fondamentale.

On s'étonnera peut-être que la Terre puisse rayonner une quantité de chaleur égale à 670 calories par mètre carré et par seconde. Mais ce rayonnement intense s'explique très naturellement, si l'on songe qu'il doit suffire à entretenir aux pôles, durant leurs hivers, une température absolue de près de 200°, à conserver la plus grande partie des eaux polaires à l'état liquide et à maintenir toute l'atmosphère à l'état gazeux malgré son rayonnement permanent dans l'espace éthéré, à l'unité de température, qui lui dérobe perpétuellement la moitié de sa chaleur.

Si la production interne de chaleur n'était pas constante pour compenser cette perte, à jet continu, la Terre se refroidirait très vite, en dépit de l'appoint que le soleil lui envoie si inégalement aux diverses saisons et qu'il répand surtout sur les régions intertropicales.

La plus grande partie de la chaleur solaire est absorbée par la végétation et par l'évaporation constante des eaux, des océans, des lacs, des fleuves, ou du sol mouillé par les pluies. Elle participe pour peu de chose au maintien de la température générale du globe terrestre.

On pourrait s'étonner aussi que la température à la surface du soleil ne soit, en somme, que 27,5 fois environ plus élevée qu'à la surface de la Terre, car tel est le rapport des produits du rayon et de la densité de ces corps.

$$\frac{\delta_S R}{\delta_T \cdot r} = 27{,}53$$

Tel était justement le rapport que l'on supposait entre les intensités de la pesanteur à la surface du soleil et de la Terre. Cette relation serait encore exacte d'après notre théorie; mais seulement pour les corps situés en dehors des limites de l'atmosphère, car elle mesure exactement l'accélération vers le soleil ou vers la Terre des corps situés entre eux ou tout autour d'eux, et qui sont réellement comme attirés vers eux, en raison directe de leur rayonnement thermique, qui dilate l'éther autour d'eux en raison inverse du carré de la distance à leur surface rayonnante, parce que telle est la loi du rayonnement de la chaleur.

On avait donc jusqu'ici déduit des rapports vrais d'une hypothèse fausse.

Nous trouvons même là une confirmation éclatante du rapport des températures et des calories rayonnées par les surfaces des corps sidéraux en raison directe du produit de leur rayon et de leur densité.

Nous sommes pourtant prédisposés à nous étonner que la surface solaire, si éclatante, dont nous supportons si difficilement la brûlure directe en plein été, ne soit en réalité que 27,53 fois plus chaude que la surface de la Terre. C'est que nous sommes accoutumés à n'expérimenter que les petites différences de chaleur entre 0° et 100°. Nous avons pris l'habitude de considérer la différence de 10° à 20° du thermomètre comme des quantités doublés l'une de l'autre, Rien n'est plus inexact, puisque c'est en réalité une différence de 282 à 292 ou seulement de $\frac{1}{29}$. Une différence de température de 32° à 48° nous paraît considérable, parce que nous les jugeons par rapport à la température de notre corps, et que la seconde nous brûle, tandis que la première nous cause une impression agréable. Or ces deux températures ne représentent qu'une différence de 1° dans la gamme thermique naturelle, une petite fraction d'octave, quelque chose comme l'intervalle de *mi* à *fa* dans la gamme sonore.

Nous n'avons pas plus l'idée nette des froids de — 100 et — 200 que des chaleurs de 2.000° à 3.000°. Nous avons de la peine à comprendre que lorsque le soleil d'été élève l'air à + 30°, il ne fait franchir à la température normale du globe que 50° environ de l'échelle thermométrique qui représente seulement 3° de l'échelle naturelle.

C'est de même que nous n'avons qu'une idée confuse des 7.900° de la température solaire et que nous sommes surpris quand on nous démontre par le raisonnement que cette température n'est que 27,53 fois celle des caves de l'Observatoire.

Ces mêmes relations vont nous permettre de déterminer approximativement les températures à la surface de tous les corps principaux du système solaire. Parmi les satellites, nous ne pouvons nous occuper que de la Lune ; les notions astronomiques ne sont pas assez précises pour les autres. Il est déjà constaté que ces corps n'obéissent pas toujours aux lois de Képler, et présentent dans leurs mouvements des cas tout particuliers sur lesquels notre nouvelle théorie jettera sans doute quelque lumière.

Dans le tableau suivant, je donne (première colonne) les rayons des astres du système solaire, relativement à celui de la Terre ; la seconde colonne donne le rapport de leurs densités à celle de la Terre. La troisième donne le produit des deux premières multiplié par la chaleur propre de la Terre, = 287° absolus, donnée par l'observation, pour la température constante à 10 mètres au-dessous de la surface.

La colonne suivante traduit les températures absolues en températures centigrades.

La cinquième colonne donne les nombres proportionnels de calories rayonnées par les astres. On sera peut-être surpris de voir qu'une différence de 1° dans la température correspond à une différence de 2,335 calories dans le rayonnement. Il y a là une équivalence intéressante à étudier.

Enfin la sixième colonne donne le rayonnement solaire.

Il est curieux d'observer que ce rayonnement est considérable surtout sur les petits corps, si rapprochés du soleil, tels que Mercure et Vénus, qui n'ont qu'une chaleur propre inférieure au 0° centigrade ; et que les gros corps, tels que Jupiter, Saturne, et surtout Neptune, où la chaleur solaire devient si faible, ont, en compensation, une chaleur propre plus ou moins élevée, dans des limites suffisantes au développement de la vie organique.

TABLEAU Z. — *Températures propres des corps du système solaire.*

NOMS des corps	I Rayons r (La Terre étant 1)	II Densités $\times \delta$ (La Terre étant 1)	III Températures absolues à la surface $= r\delta \times 287$		IV Températures centigrades $r\delta \times 287 - 272$	V Calories par mètre carré et par seconde	VI Rayonnement solaire en calories (La distance de la Terre étant 1)
Soleil. . . .	108.558	0.253	7901	— 272 =	+ 7629	18438	»
Jupiter. . .	11.061	0.242	768	— 272 =	+ 495	1793	$\frac{0.4}{27.5}$
Saturne. . .	9.299	0.128	342	— 272 =	+ 70	797	$\frac{0.4}{90}$
Neptune. . .	3.798	0.300	327	— 272 =	+ 55	763	$\frac{0.4}{900}$
Uranus. . .	4.234	0.195	236	— 272 =	— 36	551	$\frac{0.4}{369}$
Terre. . . .	1	1	287	— 272 =	+ 15	670	0.4
Vénus. . . .	0.999	0.807	231	— 272 =	— 41	540	$\frac{0.4}{0.522719}$
Mars	0.528	0.711	108	— 272 =	— 164	251	$\frac{0.4}{2.322536}$
Mercure. . .	0.373	1.173	126	— 272 =	— 146	293	$\frac{0.4}{0.149769}$
Lune	0.273	0.615	48	— 272 =	— 224	112	Variable

Si Uranus fait exception, cela doit tenir à l'une de ces erreurs d'optique que j'ai déjà signalées. Ce corps est probablement enveloppé d'une atmosphère très épaisse qui grandit son rayon pour nos observateurs et lui donne ainsi une densité relative beaucoup trop petite.

D'après la loi de proportion inverse des densités et des rayons, Uranus devrait être plus dense que Neptune, au lieu de l'être moins. Si on lui supposait, comme à ce dernier corps, une densité de 0,300 (celle de la Terre étant = 1), son rayon se réduirait à 3.558 fois celui de la Terre, au lieu de 4.234. La température propre de sa surface surpasserait celle de la Terre, au lieu d'être plus faible. Elle atteindrait à la valeur de 306°39 de température absolue, ou de 306°39 — 272° = 34°39 centigrades. Ce serait plus du double de la température constante de la terre à 10 mètres de profondeur. Avec cette densité de 0,300 (celle de la Terre étant 1) son diamètre réel serait de 63″85, au lieu de 75″02 qu'on lui attribue. Or, cette différence de 12″ peut fort bien provenir d'une différence de réfraction de l'atmosphère d'une planète située à une si énorme distance de la terre et qu'entourent ses huit satellites dont quelques-uns se projettent presque toujours sur son disque.

Quant à Jupiter, qui reçoit 27 fois moins de chaleur du soleil que la Terre, il possède en propre une température de + 496° centigrades, d'où il résulterait que toute l'eau que peut renfermer ce monde y serait à l'état de vapeur surchauffée, et que la plupart des corps qui sont solides sur la Terre y seraient naturellement à l'état liquide ou même à l'état gazeux.

Mais ce monde serait l'exception dans notre système.

Saturne aurait une température normale de + 70°; Neptune de + 55°; Vénus n'aurait qu'une température de — 40°,57; mais, si près du soleil, elle reçoit de lui 2 fois plus de chaleur que la Terre. Le petit Mercure reçoit du soleil près de 10 fois plus de chaleur que la Terre pour compenser une température propre de — 146°.

Il semble donc tout à fait improbable qu'Uranus seul n'ait qu'une chaleur propre de — 35°6, à peine plus forte que celle de Vénus, et cela avec une densité très faible qui suppose, au contraire, un très haut degré de dilatation.

Si l'accélération des astres vers le soleil dépend de la température de leur surface, c'est seulement la valeur relative de cette température qui nous est donnée par l'observation de leurs mouvements.

Si la température de leur surface est en relation avec le produit δR de leur rayon et de leur densité, c'est-à-dire avec leur masse, il en résulte pourtant de grandes incertitudes sur la valeur de ces masses elles-mêmes.

Car il est évident que les relations de la masse de ces corps à leur température centrale et de celle de leur surface à leur rayon doivent être affectées de divers coefficients spécifiques très variables, dépendant de la nature de leurs éléments chimiques, tels que leur conductibilité et leurs chaleurs spécifiques.

La valeur, même moyenne, de ces divers coefficients, impossible à calculer *à priori*, peut altérer dans des proportions considérables la valeur de leur densité déduite de leur accélération, seule quantité qui soit donnée directement par l'observation.

Les valeurs relatives des masses sidérales, déduites de la formule de Newton, et qui peuvent également se déduire de la nôtre, ne peuvent donc être considérées que comme des moyennes probables entre les valeurs très diverses qu'il serait également possible de leur supposer.

Encore tout cela ne nous donne-t-il que des rapports. Quant aux valeurs absolues des densités et, par conséquent, des masses sidérales, il est impossible, quant à présent, d'affirmer rien de précis à cet égard.

Toutes les expériences tentées pour établir approximativement la densité de la terre ayant été faites et interprétées d'après la formule de Newton et l'hypothèse de l'attraction des masses, sont infirmées quant à leurs résultats, si les masses ne s'attirent pas.

Ainsi, il est bien évident que les grosses boules de plomb de Cavendish n'attiraient nullement au passage les petites boules de liège qu'il soumettait à leur action. Leurs déplacements doivent avoir eu de tout autres causes. N'était-ce point seulement une simple déviation de la verticale, due à la direction normale des pressions de l'éther sur toutes les surfaces les plus voisines. Était-ce une différence de rayonnement calorifique? N'était-ce point, tout simplement, un résultat de la mise en mouvement de l'éther ambiant, ou même de la petite portion d'air qui se trouve toujours dans le vide le plus parfait?

Il n'est personne qui n'ait eu occasion de remarquer la force d'entraînement du courant d'air déterminé par le passage d'un train à grande vitesse, quand il rase le quai sur lequel on se trouve, et qui fait qu'on se recule instinctivement.

Il y a, à cet égard, toutes sortes d'études à faire.

En somme, il semble improbable que la densité moyenne de la terre soit seulement 5 fois et demie celle de l'eau, comme on le prétend. Si son noyau est à l'état liquide, jusqu'à une centaine de kilomètres seulement de profondeur, il doit constituer un magma de corps divers disposés par ordre de densités de la surface au centre. Les fortes densités des métaux qui se sont introduits en filons dans sa croûte solide, ou se trouvent à l'état natif dans les conglomérats et détritus formés de la décomposition de roches anciennes, ne laissent pas croire qu'il n'en existe pas encore de plus denses vers son centre.

On peut objecter que la force centrifuge a dû combattre l'effet de la pression et de la pesanteur, rapidement croissantes vers le centre, et tendre à ramener vers la surface les corps les plus denses. Il y a là les éléments d'un intéressant calcul à entreprendre. Mais le faible aplatissement du globe démontre que, même à l'équateur, la force centrifuge n'est qu'une fraction bien petite de la pesanteur; et que, par conséquent, la densité supposée de la terre est trop faible.

SEPTIÈME PARTIE

THÉORIE DES MARÉES

CHAPITRE XCII

NOUVELLE THÉORIE DES MARÉES

Une théorie de la gravitation doit pouvoir rendre compte du phénomène des marées, attribué, dans la théorie newtonienne, à une attraction de la masse des eaux par les masses du soleil et de la lune. Car si les masses ne s'attirent pas, toute l'explication s'écroule.

Il résultait de cette théorie qu'aux époques des syzygies, deux grandes vagues, situées sous les méridiens diamétralement opposés, devraient, chacune en un jour, faire le tour entier de la terre, en suivant le mouvement apparent du soleil et de la lune, en sens contraire du mouvement de rotation de la planète et, par conséquent, en sens contraire de la vitesse acquise de toute la masse océanique.

Aux époques des quadratures ces vagues seraient au nombre de quatre, mais inégales deux à deux et se poursuivant alternativement sur les quatre méridiens situés à 90°.

Les barrières continentales s'opposent à ce que ce phénomène se déploie dans toute sa simplicité, dit-on, pour expliquer que les faits observés ne répondent que très vaguement à l'hypothèse.

Il y a en effet de grandes difficultés à accorder cette théorie avec les heures d'établissement des ports les mieux ouverts sur les grands bassins maritimes, tels, par exemple, que nos ports situés sur la côte atlantique, à l'ouest, et bien plus encore sur la côte américaine, où la marée devrait arriver tranquillement, régulièrement, sans obstacle, à mesure que les astres

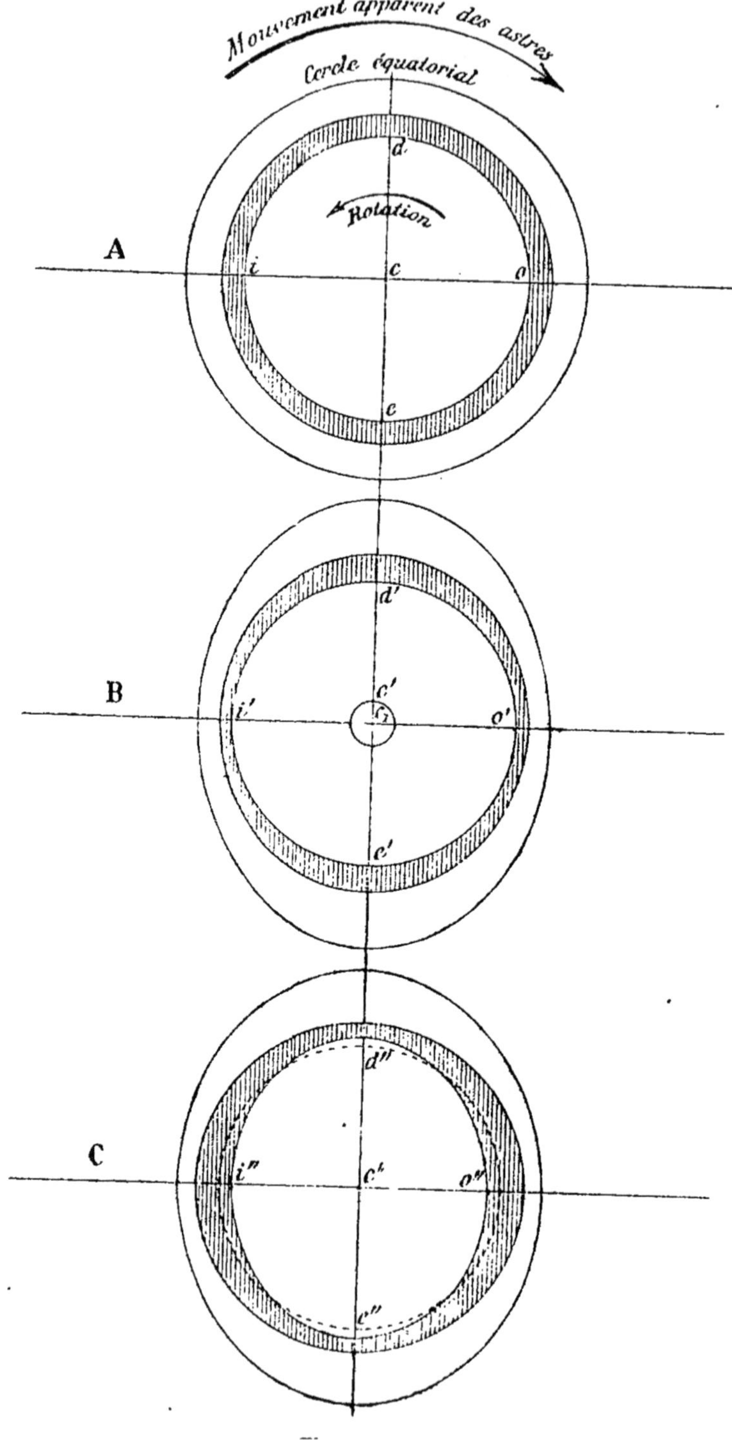
Mouvement apparent des astres
Cercle équatorial
Rotation
A
B
C
d
i
c
o
e
d'
c'
i'
o'
e'
d''
i''
c''
o''
e''

montent sur l'horizon où en descendent. Sous les tropiques surtout, à l'embouchure de l'Amazone, à Rio-de-Janeiro, la pleine mer devrait toujours avoir lieu à midi et à minuit; la basse mer au lever et au coucher du soleil; pourquoi en est-il tout autrement?

Comment surtout expliquer le retard de 36 heures, constaté partout également, des grandes marées de syzygies sur les conjonctions et les oppositions des astres ?

Nos principes théoriques permettent-ils d'offrir des faits une explication meilleure ?

De quelque façon qu'on explique le phénomène des marées, il en résulte toujours que la forme de la terre est celle d'un ellipsoïde à trois axes, dont le troisième est constamment mobile par rapport aux deux autres.

Le plus petit de ces derniers est l'axe polaire ou axe de rotation diurne; le plus grand est le diamètre équatorial.

La différence de ces deux axes est le résultat du conflit de deux forces opposées : la pesanteur et la force centrifuge, développées par la rotation diurne. Celle-ci, nulle aux pôles, a son maximum à l'équateur. C'est elle qui produit, presque en totalité, l'augmentation du rayon équatorial, qui, pour la terre, est d'environ 22 kilomètres.

Rayon équatorial	6.378.303	mètres.
Rayon polaire.	6.356.549	—
Différence	21.844	—

Il résulte de cette différence de rayon que la pesanteur diminue des pôles à l'équateur, et cette diminution de la pesanteur, consécutive à l'accroissement de la force centrifuge, ajoute ses effets à celle-ci pour augmenter l'excentricité du sphéroïde. Mais elle n'y contribue que pour une fraction très petite de l'effet total.

Si la pesanteur diminuait à l'équateur, surtout par suite de l'augmentation du rayon de la terre, et non surtout en vertu de la force centrifuge, c'est aux pôles que tendraient à s'agglomérer les océans; tandis que ce sont au contraire les mers équatoriales qui sont les plus profondes et les plus étendues, parce qu'à toutes les latitudes, même les plus élevées, la force centrifuge a cet effet d'agrandir le cercle de rotation de tous leurs éléments liquides et par conséquent de les rapprocher de l'équateur.

C'est donc la force centrifuge qui produit le renflement équatorial en diminuant la pesanteur des eaux des océans équatoriaux, et qui diminue encore indirectement cette pesanteur en accroissant d'environ 1/300 le rayon équatorial du globe, dont la courbure se trouve ainsi augmentée par rapport aux arcs polaires.

Sur l'ellipsoïde de révolution à deux axes ainsi produit par la force centrifuge, le phénomène des marées superpose son action, enveloppant sa surface d'autant d'ellipsoïdes à trois axes qu'il existe d'astres circulant autour de lui. Chacun de ces ellipsoïdes décrit chaque jour une révolution autour de la terre en vertu de sa rotation. De sorte que deux fois par jour, pour chaque astre, chaque point du cercle équatorial est alternativement renflé ou déprimé et très inégalement chaque jour, selon que les actions des astres troublants s'ajoutent ou, au contraire, se retranchent, dans des résultantes presque indéfiniment variables.

Il faut considérer la terre comme formée d'un noyau central en fusion, entouré de trois enveloppes ellipsoïdales concentriques à trois axes : l'enveloppe solide, l'enveloppe aqueuse et l'enveloppe aérienne.

L'action des astres troublants est différente sur ces trois couches concentriques et sur leur noyau liquide. Elle est directe et immédiate sur l'atmosphère ; elle est indirecte et complexe sur l'enveloppe aqueuse et sur l'enveloppe solide.

Faisant pour le moment abstraction des différences d'heures et d'intensité de la marée solaire et de la marée lunaire, nous supposerons l'action d'un seul astre, équivalente aux marées de nouvelle lune équinoxiale, quand la lune et le soleil sont près de la ligne des nœuds, à la fois dans le plan de l'écliptique et dans le plan de l'équateur, au zéro de la déclinaison.

Jusqu'ici on a considéré ces renflements et ces dépressions alternatives du ménisque équatorial comme intéressant exclusivement l'enveloppe aqueuse du globe, sans se manifester également sur son enveloppe solide.

Il est cependant de toute évidence que si le noyau terrestre est en fusion jusqu'à une petite distance de sa surface solide, les mêmes causes qu'on invoque pour expliquer les marées océaniques doivent aussi déterminer une marée du liquide intérieur et une marée atmosphérique.

L'une et l'autre ont été niées pour des raisons diverses, mais surtout parce que leurs effets échappent à l'observation, soit par l'impossibilité de les constater, soit parce qu'ils disparaissent voilés par les résultats complexes d'autres phénomènes.

CHAPITRE XCIII

LES MARÉES INTÉRIEURES

Dans l'hypothèse actuelle de la rigidité absolue de la croûte terrestre, pour expliquer la contre-marée qui se produit sur le méridien nocturne, au même moment que la marée diurne sur le méridien opposé, on est obligé de considérer la terre comme un corps concentrique avec ses trois enveloppes indéformables (fig. 90, A).

Il faut alors supposer que son centre c' (fig. 90, B) se déplace constamment et décrit, une fois par jour, un petit cercle d'environ 20 mètres de rayon, au plus, autour de sa situation normale c_x, cependant déjà déterminée par cette même pesanteur qui devrait ainsi se corriger elle-même. De sorte que la même résultante des forces qui trace l'orbite annuelle de la terre devrait l'altérer journellement, sans avoir subi de modifications ni en intensité ni en direction.

C'est là une supposition bien téméraire.

Il est pourtant évident aussi que si le centre de la terre, supposée rigide et indéformable, ne se déplaçait pas, il n'y aurait de marée qu'en d' sur le méridien diurne où passent les astres troublants. La contre-marée nocturne ne pourrait se produire en e', puisque rien n'attirerait les eaux de ce côté.

La théorie actuelle suppose que les eaux, étant plus attirées en d', par le passage de l'astre sur ce méridien, qu'en e', sur le méridien opposé, elles s'accumulent également sur l'un et sur l'autre, ce qu'il est difficile d'admettre. Car si l'on comprend très bien que les eaux s'accumulent sur le point où elles sont le plus *attirées*, on ne comprend pas du tout qu'une moindre attraction ait exactement le même effet sur le point diamétralement opposé.

Dans notre hypothèse, les pressions centripètes de l'éther, qui pressent également la terre de tous côtés, étant diminuées par sa dilatation, du côté du soleil, le centre de la terre reste constamment sur son orbite au point qu'il doit y occuper en vertu des lois de Képler. C'est seulement sa figure qui se déforme et devient celle d'un ellipsoïde à trois axes, son équateur devenant lui-même une ellipse (fig. 90, C).

Aux deux extrémités du diamètre équatorial, $d'' e''$ (fig. 90. C), situé dans le plan du méridien de passage, la voûte solide du globe se gonfle. Elle se creuse relativement aux deux extrémités du diamètre équatorial $i'' o''$, perpendiculaire au premier. La flèche du ménisque ainsi renflé est égale à celle du ménisque creusé (fig. 90, C), le périmètre de l'équateur reste constant, ainsi que la capacité totale de l'enveloppe solide du globe.

De la périodicité de cette déformation il suit que, relativement, soit au soleil, soit à la lune, chacune des ellipses composantes reste constante et orientée de la même façon. Chacune d'elles se meut constamment, relativement à l'autre, sans que jamais le centre de figure du système se déplace, tout déplacement de ce centre impliquant une dépense énorme de force dont on ne voit nulle part la source.

Dans notre hypothèse, la marée intérieure n'exige aucun transport de matériaux des extrémités de l'axe raccourci aux extrémités de l'axe allongé. Le changement de forme s'opère par des pressions, de proche en proche, entre les éléments matériels les plus voisins, dans le sens de la moindre résistance, comme dans un ballon de caoutchouc qui se déforme sous une pression, toutes ses molécules conservent leurs juxtapositions.

Étant donné que des pressions éthérées égales enveloppent la terre, qui réagit constamment contre elles, il résulte de la rupture d'équilibre de ces pressions, par la dilatation de l'éther du côté du soleil, que la terre rencontre moins de résistance à sa dilatation du côté de cet astre en d'' (fig. 90, C), tandis qu'en e'', sur l'hémisphère opposé, dans le cône d'ombre $d\ S\ e$ (fig. 89, ch. LXXXIX) soustrait à la chaleur solaire, la densité de l'éther augmentant, il résiste davantage à l'effort constant du globe terrestre pour se dilater lui-même. Sur le diamètre $d''\ e''$ de la terre, dirigé vers le soleil, les pressions en d'' et en e'' seront donc inégales. Leur somme $p + p - x$ sera moins forte que la somme $p+p$ des pressions égales exercées sur le diamètre $i'' o''$, où l'éther est à sa densité moyenne.

Le diamètre $d'' e''$, relativement moins comprimé que le diamètre $i\,o$, s'allongera donc en raison inverse du rapport de la somme des pressions sur chaque diamètre.

$$\frac{p+p-x}{p+p}$$

En vertu de la gravitation, le centre de la terre se déplaçant à chaque instant vers le soleil d'une certaine distance, la partie de sa surface située en d″ (fig. C), dans l'hémisphère éclairé, avance un peu sur le mouvement de son centre, tandis que la partie symétrique de cette surface situé en e″, sur l'hémisphère nocturne, retarde d'une quantité égale. Le diamètre d″ e″, aura donc augmenté, relativement au diamètre o″ i″.

Comme le volume du globe est constant, sous les pressions constantes de l'éther, les deux parties de surface terrestre situées en i″ et en o″ se seront affaissées et aplaties proportionnellement. De sorte que l'équateur terrestre sera devenu une ellipse dont le grand diamètre, constamment tourné vers le soleil, décrira chaque jour une révolution totale dans le plan de l'écliptique pour le soleil et dans le plan de l'orbite lunaire pour la lune.

On peut considérer comme immédiate l'action du soleil sur le noyau liquide, dont la déformation elliptique doit être synchronique avec sa cause. Son grand axe équatorial doit suivre exactement et sans retard le mouvement diurne apparent du soleil, vers lequel il s'allonge, en vertu des pressions supérieures qui compriment perpendiculairement son petit axe.

Dans ce noyau en fusion, d'une fluidité parfaite sous des pressions énormes, la transmission des pressions doit être immédiate et sans obstacle.

Cette fluidité parfaite des métaux en fusion est démontrée tous les jours par les travaux si délicats de nos fondeurs ; et celle de certains métaux légers, tels que l'aluminium, qui probablement constituent les couches superficielles du noyau liquide, a été récemment constatée supérieure à celle de l'eau. On sait aussi la parfaite fluidité du mercure.

S'il se produisait un peu de retard dans la déformation périodique du noyau liquide, ce ne pourrait être que par suite des résistances de la voûte solide, d'une flexibilité sans doute imparfaite. Mais son rayon est si vaste, relativement à son épaisseur, et la pression intérieure est si énorme que cette croûte solide doit y céder d'autant plus facilement que la déformation elliptique totale se limite à une différence des deux axes de 20 mètres au maximum.

On peut donc considérer comme certain que la déformation elliptique du noyau liquide et de son enveloppe solide se produit instantanément et complètement, et, au moins en moyenne, symétriquement sur tous les méridiens terrestres, à mesure que la rotation diurne les amène devant le soleil.

On peut toutefois admettre sur certains points, tels que les massifs orographiques très accidentés, et surtout sur ceux où la série des terrains sédimentaires s'est superposée avec des épaisseurs énormes, des variations locales de résistance tendant à diminuer ou à exagérer les mouvements de soulèvement des voussoirs, sans en altérer la périodicité. Ces variations de résistance doivent tendre à se reproduire chaque jour, aux mêmes lieux, puisqu'elles doivent être l'effet de différences dans la constitution géologique locale de la voûte solide. Selon cette constitution du sol, sur certains points cette voûte se plisse pour s'abaisser, et sur d'autres elle se contracte. Pour s'élever elle se distend plus ou moins, selon l'élasticité de ses matériaux constituants.

Ces variations locales dans la déformation du sous-sol marin expliquent mieux les variations si considérables de hauteur de la marée dans les différents ports que leur orientation ou la direction des courants, car elles peuvent être considérables à de très petites distances, et parfois de la rive droite à la rive gauche de l'embouchure d'un même fleuve.

Mais, en moyenne générale, on peut considérer l'oscillation en altitude de la voûte terrestre comme s'effectuant régulièrement et successivement, mais inégalement, sur tous les méridiens, dans la zone comprise entre 60° de latitude, de chaque côté de l'équateur, selon que les déclinaisons du soleil et de la lune sont boréales ou australes.

Depuis bien longtemps, on s'est demandé pourquoi, en effet, si le noyau du globe est à l'état liquide, il n'est pas assujetti à une marée intérieure. C'est même la seule objection que l'on ait pu opposer à l'hypothèse de sa fusion. C'est qu'on a eu le tort de considérer cette fusion comme incomplète, d'imaginer une sorte d'état pâteux, trop résistant pour se prêter à des déformations quotidiennes. On ne se rendait pas compte de la fluidité si parfaite des métaux liquides, à des températures si élevées. On supposait la terre en voie de refroidissement. On ne voulait pas admettre qu'elle fût elle-même la source de sa chaleur intérieure. On ne soupçonnait pas le lien qui existe entre la température des astres et leur masse. On s'exagérait l'épaisseur de l'écorce solide et sa force de résistance à toute déformation. On ne pouvait se l'imaginer flottante sur le noyau, comme une mince croûte de glace flotte sur la mer. On prétendait qu'une marée intérieure ferait journellement voler en éclat cette croûte solide, que des tremblements de terre seraient périodiques sur chaque méridien, comme les marées océaniques. Toutes ces craintes sont vaines ; toutes ces objections sans fondement.

Nous ne pouvons pas plus nous apercevoir de la déformation périodique de la terre que de sa rotation. Nous ne pouvons en avoir la sensation, plus que nous n'avons celle de monter, lorsque, en mer, le bateau qui nous porte arrive dans une rade où la marée monte.

Mais, dira-t-on, cette oscillation bi-quotidienne du sol aurait du moins été observée par les géodésiens, par les astronomes. J'ai déjà montré que les géodésiens manquent justement d'une base fixe pour l'observation des altitudes, puisque le niveau de la mer varie, non pas relativement au sol seulement, mais absolument. Cette variation elliptique du niveau des mers n'est-elle pas d'ailleurs la base de la théorie actuelle des marées?

Les astronomes, pas plus que les géodésiens, ne peuvent constater directement cette oscillation quotidienne du sol. Une variation de 20 mètres sur le diamètre de la terre et de 10 mètres sur son rayon, soulevant périodiquement leurs observatoires dans la verticale, sans changer leur orientation, sans mouvoir les repères de leurs niveaux, sans faire frémir même la surface si mobile de leurs cuves à mercure, doit fatalement leur échapper, puisqu'elle ne peut, en quelque façon que ce soit, affecter les angles de leurs instruments astronomiques.

Le seul effet de cette variation du rayon terrestre qui puisse être sensible, c'est une très petite variation dans l'étendue de l'horizon visible de chaque lieu. L'étendue de cet horizon est très limitée, même en plaine, même en mer. Pour chaque lieu élevé, il s'étend à quatre mille fois la racine carrée de l'altitude, la terre étant supposée sphérique. Sur un ellipsoïde, l'horizon visible diminue sur les points renflés, où la courbure diminue de rayon ; il s'étend sur les parties aplaties où le rayon de courbure augmente. Une variation de ce rayon qui, pour la terre, serait de $\frac{10}{6.371.000}$, doit être insensible.

Quelles seraient les circonstances les plus favorables pour l'observer? Du sommet d'une montagne, telle que le Mont Blanc, on pourrait prendre des photographies de l'horizon à midi, à 6 heures du matin et à 6 heures du soir. Peut-être le matin et le soir apercevrait-on quelques pics lointains qui, à midi, resteraient cachés derrière d'autres sommets, plus rapprochés. Mais les brumes de l'horizon en rendent les contours si flous dans les photographies, qu'il y aurait bien des chances d'erreurs et d'illusions, rendues inévitables d'ailleurs par les variations de la réfraction. On aurait des résultats plus nets, en mesurant les variations de hauteur relative apparente des pics plus rapprochés, dont les silhouettes se projettent les unes sur les autres, et dont les distances sont connues.

Ainsi de Lyon on aperçoit, à l'est, le sommet du Mont Blanc, se projetant au-dessus des dentelures des Alpes, dans une direction qui est presque exactement celle du parallèle des latitudes. Si le sol de Lyon s'élève, avec celui de toute la région, quand le soleil passe au méridien, la hauteur du sommet du Mont Blanc au-dessus des chaînons plus rapprochés doit un peu diminuer. Il y a des chances pour que les effets dus aux variations locales de la réfraction sur les hauteurs relatives des deux montagnes soient proportionnels. Au contraire, à six heures du matin et à six heures du soir, surtout aux équinoxes, si le sol de Lyon s'abaisse, le sommet du Mont Blanc doit paraître relativement plus élevé. Le rayon visuel doit plonger un peu plus vers sa base et atteindre des détails de structures qui sont cachés à midi. Au coucher du soleil surtout, quand ses reflets colorent la montagne de pourpre, les observations pourraient, avec de fortes lunettes, avoir une grande précision.

Du reste, il existe déjà un certain nombre de faits, dus à l'observation populaire et surtout aux marins, ces grands observateurs du ciel, qui tendraient à établir que la variation de hauteur du sol existe et peut être constatée dans certaines circonstances favorables.

Ainsi, c'est une tradition parmi les marins de Marseille que, certains jours d'équinoxe, au coucher du soleil, on aperçoit du port le pic du Canigou, dans les Pyrénées, qui reste caché les autres jours. Sur la ligne horizontale de la mer, le pic pyrénéen apparaîtrait comme un petit cône d'un bleu sombre, nettement dessiné sur le fond pourpre du ciel occidental. Si l'on attribuait son apparition à un phénomène de réfraction, il faudrait expliquer pourquoi la réfraction opère ce jour-là plutôt que les autres.

Il ne serait peut-être pas impossible de recueillir parmi les marins et les habitants des hautes montagnes, d'autres observations analogues établissant la réalité d'un mouvement oscillatoire périodique de la croûte terrestre, qui démontrerait l'état de complète fusion du noyau terrestre.

On pourrait trouver un autre indice du mouvement oscillatoire de la croûte solide de la terre dans la variation bi-quotidienne du courant des fleuves qui devrait en résulter.

Un gonflement de la voûte terrestre de 10 mètres de flèche sur un quart de circonférence augmenterait ou diminuerait la pente du sol des continents d'environ $\frac{1}{1.000.000}$ deux fois par jour. Sur l'équateur la dénivellation serait exactement de $\frac{1}{1.001.918}$.

Comme sur les méridiens, le gonflement devient insensible vers les latitudes de 60° : la dénivellation maximum sur 60°, ou environ 60×100 kil. $= 6.000.000$ mètres, serait de $\frac{1}{600.000}$.

Par conséquent lorsque les astres à leurs syzygies culminent sur la source des fleuves dont le cours général est parallèle à l'équateur, leur débit doit augmenter. Il doit diminuer, au contraire, quand les astres culminent sur leur embouchure et doivent éprouver une légère crue bi-quotidienne.

Ainsi l'Amazone, dont le cours, sensiblement parallèle à

l'équateur, se déploie presque sous l'équateur même, devrait avoir des marées sensibles. Son cours devrait se ralentir quand les astres culminent sur l'Atlantique.

Il devrait se précipiter quand ils culminent sur la Cordillère. Et quand ils passent sur les divers méridiens de l'Amérique du sud, le cours du fleuve devrait se précipiter en aval et se ralentir en amont, donnant lieu à une crue de tous ses affluents supérieurs.

Il en serait de même, mais en de moindres proportions, pour tous les grands fleuves de Chine et plus encore pour le Gange.

De même, pour les fleuves dont le cours est perpendiculaire à l'équateur, leur cours doit se précipiter au passage des astres sur le méridien de leur source, s'ils coulent de l'équateur vers les pôles; et s'ils coulent dans la direction contraire, comme l'Indus, leur cours doit se ralentir quand les astres culminent sur leur embouchure.

La Méditerranée n'a que de très faibles marées, d'environ 1/2 mètre au plus. Ce bassin fermé reçoit surtout ses eaux des fleuves qui se déversent dans la mer Noire et qui ne suffisent pas à son évaporation pendant l'été. Il existe donc un courant permanent d'apport dans les Dardanelles et le Bosphore. A Gibraltar, il existe un courant inférieur déversant dans l'Atlantique les eaux sursalées de la Méditerranée, et un contre-courant supérieur, d'eau plus douce, venant de l'Atlantique.

Quand les astres aux syzygies culminent sur l'est de la mer Noire, tout le bassin s'incline à l'ouest. Le courant des Dardanelles devrait se précipiter; mais comme en ce même moment le cours des fleuves russes, dont les embouchures sont relevées, est un peu ralenti, il se peut que les deux effets se compensent. A Gibraltar, au contraire, le courant inférieur d'émission doit se précipiter et le courant supérieur doit se ralentir. Il doit y avoir basses-eaux dans tout le bassin qui doit se remplir quand les astres culminent à 90°. Car alors le débit des fleuves russes augmente; le courant des Dardanelles devient plus rapide. Le courant inférieur de Gibraltar diminue et le courant supérieur augmente.

La mer Rouge ne suffit pas à son évaporation. Il existe un courant permanent d'apport dans le détroit de Bab-el-Mandeb.

Ce courant doit s'accentuer quand les astres passent sur la mer des Indes ; il doit se ralentir quand ils culminent sur les méridiens à 90°.

Il est évident que ces variations ne peuvent être que très petites ; qu'elles doivent être masquées par d'autres causes de variation du débit des fleuves ; mais leur régularité devrait permettre de les constater dans les moyennes de chaque saison, surtout dans les climats réguliers à pluies périodiques, et en tenant compte de la variation des vents, qui peut également masquer le phénomène du flux causé par la déformation biquotidienne du globe.

Aux latitudes élevées ou même moyennes de nos grandes capitales scientifiques, ces variations doivent être assez petites pour échapper à l'observation. Il est probable qu'on en chercherait vainement la trace dans les bassins de la Seine et de la Loire ; à plus forte raison dans la Tamise, où la marée se fait sentir jusqu'à Londres, en refoulant les eaux douces par des eaux saumâtres. Le cours tourmenté du Rhin, qui reçoit des affluents dans toutes les directions, ne peut donner des résultats appréciables. Le Rhône et le Danube pourraient peut-être fournir quelques indications. Mais c'est le Nil et l'Amazone surtout qui peuvent donner des résultats probants, que l'avenir leur demandera sans doute.

Quant à l'objection que la marée intérieure devrait se manifester par des éruptions volcaniques périodiques, elle aurait quelque poids dans l'hypothèse d'une attraction centrifuge du soleil et de la lune ; elle porte à faux contre notre hypothèse d'une diminution de la pression centripète. Au contraire, dans les moments où le sol se gonfle, par suite d'une diminution de pression, l'effort intérieur contre la croûte solide est diminué.

Si la fréquence des mouvements séismiques doit augmenter, c'est plutôt sur les méridiens de quadrature, à 90° des méridiens de passage, où réellement la poussée intérieure augmente, mais dans une bien faible proportion.

Il faut d'ailleurs distinguer entre les phénomènes éruptifs ou volcaniques, et les déplacements ou affaissements des voussoirs de la voûte solide, soit dans la verticale, soit sous des angles divers, et qui sont surtout des glissements dans le sens d'un accroissement de pesanteur.

Les phénomènes éruptifs devraient surtout se produire aux

moments où le sol se creuse sous un maximum de pression, et peut ainsi faire l'office du piston d'une pompe foulante sur les liquides intérieurs. Comme, en pareil cas, les voussoirs sont distendus intérieurement, il peut se produire des failles qui, les déplaçant et les faisant glisser les uns contre les autres, peuvent déterminer des éruptions.

C'est, au contraire, sur les points de l'enveloppe solide restés immobiles, entre les arcs d'affaissement, que des changements rapides d'inclinaison peuvent déterminer des glissements obliques, et des secousses locales de l'écorce se manifestant parfois sur des aires très étendues.

On a fait des recherches sur le plus ou moins de fréquence de ces mouvements du sol coïncidant avec les passages des astres au méridien. Si on n'a rien trouvé, c'est qu'on cherchait en sens contraire des relations réelles que les phénomènes séismiques peuvent avoir avec l'existence des marées intérieures.

On a cherché leur coïncidence avec les mouvements de la lune. On n'a rien trouvé relativement à son mouvement quotidien; mais on a constaté une certaine influence de sa variation en déclinaison. C'est, en effet, ce qu'on doit attendre du phénomène des marées intérieures. Si elles accroissent périodiquement la fréquence des mouvements telluriques, les points du globe où ces mouvements doivent surtout se manifester ne peuvent être situés sur le méridien où les astres culminent au moment même de leur passage, mais plus tard ou plus tôt, et surtout quand ils sont à l'horizon.

En tout cas l'augmentation de fréquence doit être très petite, elle doit être plus grande toutefois aux époques où les astres s'élèvent en déclinaison sur les divers méridiens; mais ce n'est pas aux heures des passages qu'elle doit se manifester. Ce serait plutôt aux heures intermédiaires.

CHAPITRE XCIV

MARÉES ATMOSPHÉRIQUES

Si la croûte solide de la terre est assez flexible pour flotter librement sur le noyau liquide intérieur, la déformation de ce noyau reste identique, quelle que soit la théorie de la pesanteur qu'on adopte ; et il en résulte également les mêmes conséquences quant aux marées atmosphériques.

Dans les deux hypothèses, l'enveloppe aérienne du globe doit être rigoureusement concentrique à l'ellipsoïde intérieur et à peu près de même forme, avec une excentricité un peu plus considérable.

La variation de force qui produit la déformation de l'atmosphère n'ayant à triompher d'aucune force contraire, doit être en effet plus complète et aussi instantanée. Mais la constatation du phénomène est rendue difficile par ses conditions mêmes.

La hauteur de l'atmosphère doit augmenter à la fois et symétriquement sur les deux moitiés, diurne et nocturne, du cercle où culmine le soleil. Mais comme cette augmentation de hauteur de la couche atmosphérique est le résultat d'une diminution de pression et lui est proportionnelle, c'est la densité de l'air qui diminue, en vertu de la loi de Mariotte, et son poids reste constant. La variation de sa hauteur ne peut donc être indiquée par une augmentation de la colonne barométrique.

C'est tout au plus si de légères brises concentriques aux deux extrémités du grand axe de l'ellipsoïde poussent sur ces points, où la densité de l'air est minimum, des courants d'air plus dense qui, dans cette mesure seulement, produiraient un accroissement périodique très faible de la pression locale, résultant d'une petite augmentation de la masse verticale de l'air.

Si les observations enregistrées depuis environ un siècle n'ont pas démontré l'existence bien évidente des marées atmosphérique, c'est qu'elles ont été peut-être mal interprétées.

En effet, en tous les lieux et à toutes les latitudes, à midi et à minuit, c'est-à-dire au moment de la culmination du soleil, la moyenne des pressions barométriques est seulement un peu plus élevée que la moyenne générale.

Cette moyenne générale, qui est pour Paris de 755mm, donne lieu dans l'année à des oscillations dont l'amplitude atteint, certains jours, jusqu'à 50 et 60mm.

D'après l'Annuaire de Montsouris, pour 1887, la moyenne barométrique est assez constante.

Pour la période 1875-1885, cette moyenne, pour les divers mois de l'année, donne les valeurs suivantes :

	mm.
Décembre	754,72
Janvier	758,65
Février	755,54
Mars	754,61
Avril	751,48
Mai	754,89
Juin	754,61
Juillet	755,65
Août	754,68
Septembre	755,19
Octobre	755,22
Novembre	754,46

On observe donc un maximum de pression en janvier et un minimum en avril. Les autres mois oscillent entre 754,5 et 755,6.

En somme, la moyenne est dépassée pendant les mois de janvier et février, puis de juillet, septembre et octobre. Pendant les sept autres mois elle n'est pas atteinte (1).

S'il existe une marée atmosphérique diurne directe, elle est donc à peine sensible au baromètre.

Malheureusement, nous n'avons pas les hauteurs barométriques comparatives pour l'heure de minuit.

Cependant des variations quotidiennes régulières se produisent. On a constaté un premier maximum, à dix heures du matin, deux heures avant la culmination du soleil, et un second, de moindre amplitude, à 10 heures du soir. Un minimum

(1) Quand il s'agit de variations très petites, les moyennes peuvent faire illusion, quant à leur signification, si l'on n'a pas le soin d'écarter les variations extrêmes produites par d'autres causes que celles dont on étudie les effets.

Ainsi, supposant 30 jours durant lesquels la pression barométrique serait constante, à la moyenne de Paris, 755^{mm}, il suffirait d'une tempête faisant descendre le baromètre à 700^{mm} le 31e jour pour abaisser la moyenne du mois à 753^{mm}2.

De même, il suffirait que durant cinq jours sur trente règnent de fortes pressions de 778^{mm} pour faire monter la moyenne du mois à 758^{mm}8. Si l'on suppose un jour de pression à 770, 5 jours à 778, et 25 à la moyenne, on obtient une moyenne de 756,93, assez voisine de la moyenne générale.

Les moyennes sont donc d'un emploi dangereux, si on ne les dispose par moyennes de fréquence.

est constaté à 4 heures du soir et un second, moins extrême, à 4 heures du matin.

La plus grande variation se produit donc entre 10 heures du matin et 4 heures du soir; et la variation de petite période se produit entre 10 heures du soir, et 4 heures du matin.

Pour les douze mois de l'année, dans une période de 10 ans, (1875-1885), l'amplitude des deux variations a atteint les moyennes mensuelles suivantes :

La moyenne générale étant 755 *mm.*

	Petite période.	Grande période.
	—	—
Décembre . . .	+ 13,8 — 18,9 = 32,7	+ 20 — 29 = 49
Janvier	+ 16,1 — 17,2 = 33,3	+ 24 — 32 = 56
Février	+ 14,5 — 14.7 = 29,2	+ 22 — 24 = 46
Mars.	+ 11,6 — 18,5 = 30,1	+ 17 — 29 = 46
Avril.	+ 8,2 — 17,8 = 26,0	+ 13 — 24 = 37
Mai.	+ 10,1 = 11,3 = 21,4	+ 15 — 14 = 29
Juin	+ 8,2 — 9,8 = 18,0	+ 12 — 15 = 27
Juillet	+ 8,5 — 9,8 = 18,3	+ 13 — 17 = 30
Août.	+ 7,4 — 9,6 = 17,0	+ 11 — 15 = 26
Septembre . .	+ 9,1 — 12,3 = 21,4	+ 11 — 19 = 30
Octobre . . .	+ 11,7 — 17,2 = 28,9	+ 16 — 26 = 42
Novembre. . .	+ 11,8 — 18,8 = 30,6	+ 16 — 30 = 46
	Moyenne. . . . 25,6	Moyenne . . 39,5

Un coup d'œil sur ces séries montre que les deux variations quotidiennes du baromètre sont plus amples d'octobre à mars que de mars à octobre. Elles atteignent leur maximum pendant l'hiver. On aurait pu présumer le contraire, pensant que les variations de la chaleur solaire doivent y coopérer.

Mais de ce fait que les variations de la chaleur solaire sont irrégulières et tendent à se compenser dans les moyennes mensuelles, celles-ci n'indiquent, en résultante, que des variations plus régulières dues aux influences périodiques des mouvements astronomiques.

Les moyennes mensuelles si constantes de la hauteur du baromètre à midi, pour la même période, que nous avons données précédemment, montrent que l'action solaire tend à effacer la trace des variations bi-quotidiennes. Il est impossible que les hauteurs barométriques soient si constantes à midi et si variables à 10 heures du matin et 4 heures du soir, et cela justement dans un long jour d'été, quand l'action solaire se fait sentir bien longtemps le matin et le soir après les heures du maximum et minimum. Il est évident que, durant les mois d'été, l'action calorifique du soleil diminue la différence des variations diurne et nocturne, en diminuant la variation diurne. Tandis que celle-ci tombe de 56 à 26 du mois de janvier au mois d'août, celle-là, dans les mêmes mois, varie seulement de 33 à 17. Si le rapport de ces nombres est à peu près proportionnel, leurs différences sont très inégales. Les deux variations bi-quotidiennes du baromètre sont en rapport constant avec la situation du soleil au méridien; si elles ont une relation avec la marée solaire atmosphérique, elles n'en peuvent avoir avec la marée atmosphérique lunaire, et la coïncidence des deux marées au moment des syzygies, qui se produisent environ deux fois par mois, se perdrait dans les moyennes mensuelles.

Mais la différence de ces deux marées, qui, pour les marées océaniques, est d'environ 3 : 1, nous offre peut-être une explication de l'accroissement des variations bi-quotidiennes du baromètre pendant l'hiver.

En effet, tandis que, dans nos latitudes boréales, le soleil se rapproche de nous et que les marées qu'il peut produire sur l'atmosphère augmentent, les marées lunaires de syzygies diminuent, la lune ayant alors une déclinaison australe. L'hiver, au contraire, c'est la lune dont la déclinaison devient boréale, tandis que le soleil descend dans l'autre hémisphère. Ce serait donc à l'accroissement durant l'hiver de l'influence de la lune qu'il faudrait attribuer le maximum de variation que les moyennes constatent.

Comment expliquer que le maximum de pression se produise, non pas au moment des passages ou, au contraire, à 90°, mais à 10 heures, deux heures avant la culmination des astres, sur le méridien local?

Sous le méridien de 10 heures les astres, superposés en syzygie, sont encore à 30° à l'est. La croûte solide de la terre commence seulement à se soulever, soulevant le poids de l'atmosphère. La diminution des pressions éthérées ne s'est encore fait sentir que très obliquement. Au contraire, l'accroissement de ces pressions est à son maximum sur les méridiens où il n'est encore que 6 heures du matin et 6 heures du soir. Le méridien où il est 6 heures du matin est situé à 4 heures à l'ouest du méridien où il est déjà 10 heures. Une brise d'ouest doit donc se faire sentir entre le méridien où il est 6 heures du matin, et où la densité de l'air est à son maximum, vers le méridien où il est déjà 10 heures, et doit apporter sur celui-ci de l'air plus dense attiré, dans le sens de la moindre résistance, du côté du soleil où se produit un maximum de dilatation. Cet apport d'air plus dense, naturellement, augmente le poids total de la masse verticale de l'atmosphère sur les points où il se mêle à l'air plus ou moins dilaté. Mais, à 10 heures, la dilatation de l'air est encore incomplète, et si un apport d'air dense vient ajouter son volume à celui d'une masse d'air encore incomplètement dilaté, un maximum de pression atmosphérique doit se produire.

Dans l'hémisphère nocturne les mêmes faits doivent se répéter entre les méridiens de 6 heures et de 10 heures du soir. La même brise d'ouest doit transporter de l'un à l'autre de l'air plus dense. Mais, tandis que sur le méridien de 10 heures du matin l'air est déjà dilaté par la chaleur solaire, sur le méridien de 10 heures du soir il est déjà refroidi. Corrélativement, sur le méridien de 6 heures du soir, l'air est encore échauffé par le soleil. La différence des densités sur ces deux méridiens étant moins grande, l'appel vers le méridien de 10 heures du soir sera beaucoup moins énergique que vers le méridien de 10 heures du matin.

L'air étant également comprimé sur les méridiens de 6 heures du matin et de 6 heures du soir, et étant à égale distance des deux côtés des méridiens de culmination où l'air est à son maximum de dilatation, pourquoi, des deux côtés, prendrait-il la route de l'ouest à l'est plutôt que la route contraire? Il y a à cela une raison fort simple. C'est que sur les deux méridiens de 6 heures du matin à 6 heures du soir, l'air, en vertu du mouvement de rotation de la terre, a une vitesse acquise de l'ouest à l'est, et va plus vite en obéissant à cette vitesse qu'en luttant contre elle. Par conséquent, le chemin de la moindre résistance est, sur les deux méridiens, de l'ouest à l'est et non en sens contraire. Or, c'est sur cette route de l'ouest à l'est que se rencontrent les deux méridiens de 10 heures où se produisent les pressions maxima.

Déjà, par là, nous voyons pourquoi des pressions minima doivent se manifester sur les deux points, diamétralement opposés, qui sont situés à 90° des méridiens de 10 heures; c'est-à-dire sur les méridiens de 4 heures du soir et du matin.

Sur le méridien de 4 heures du soir, la densité de l'air qui a été chauffé par le soleil depuis le matin, est au-dessous de la moyenne. Mais, étant plus près du maximum de pression sur les méridiens de 6 heures que du maximum de dilatation sur les méridiens de midi et de minuit, c'est vers ces derniers qu'il est appelé par la loi d'équilibre des pressions gazeuses. Il se met donc en route pour obéir à cette différence de pression; mais lentement, parce qu'il lui faut se mouvoir de l'est à l'ouest, en sens contraire de la rotation et de sa vitesse acquise. Il vient ainsi apporter à l'air dilaté sur les méridiens de midi et de minuit un appoint de masse plus dense qui diminue sa dilatation et qui, augmentant son poids total, élève sa pression barométrique un peu au-dessus de la moyenne.

Si, finalement, il se produit sur les méridiens de 4 heures une diminution de pression, elle doit être plus forte sur le méridien de 4 heures du soir; parce que l'appel d'air dense vers le méridien de midi, échauffé par le soleil, est plus énergique que vers le méridien de minuit où l'air s'est refroidi et relativement condensé depuis plusieurs heures.

Naturellement, les deux marées atmosphériques, solaire et lunaire, se composent en des résultantes chaque jour variables comme les marées océaniques. Mais la lune, n'exerçant aucune action calorifique appréciable, ne prend qu'une part presque nulle à la variation barométrique bi-quotidienne dans laquelle le soleil joue un rôle prépondérant comme agent de dilatation. La lune participe pourtant, comme le soleil, à diminuer relativement la densité de l'air sur les méridiens où elle culmine, et, durant nos étés, elle agit surtout dans notre hémisphère en troublant la régularité de la marée solaire. En hiver, au contraire, son influence paraît devenir prépondérante sur celle du soleil qui n'exerce plus qu'une action calorifique réduite. Mais le défaut de coïncidence des influences de la lune et du soleil, la régularité horaire de l'action solaire et la périodicité irrégulière de celle de la lune semblent se traduire dans les moyennes mensuelles par des variations désordonnées qui donnent en décembre des différences de 49mm, de 56mm en janvier, puis encore seulement de 46mm en février, pour la période diurne. La période nocturne est plus régulière et oscille autour de 30mm dans les mois d'hiver.

CHAPITRE XCV

MARÉES OCÉANIQUES

Entre le noyau de la planète, déformé par l'asymétrie des pressions centripètes de l'éther, et l'enveloppe aérienne dont le poids et, par conséquent, la pression, par unité de surface, reste à peu près constant, quel peut être l'équilibre de l'enveloppe liquide?

L'eau est à peu près incompressible, et, en vertu de cette incompressibilité, elle transmet intégralement et en tous sens les pressions qu'elle reçoit.

Sous la pression constante de l'atmosphère qui l'enveloppe, la masse des océans subit la différence des pressions de l'éther sur les différents diamètres de la sphère terrestre; mais, ces pressions, elle les transmet intégralement à la croûte solide du noyau liquide et parfaitement plastique qui se déforme instantanément en ellipsoïde à trois axes mobiles. Si la plasticité de la sphère intérieure en fusion n'était pas complète; si son enveloppe solide était assez épaisse, assez rigide pour résister à la déformation, les pressions extérieures, transmises à l'enveloppe liquide par l'atmosphère, agiraient sur les océans, comme le piston d'une pompe foulante, pour les refouler des points où la pression est maximum vers les points où elle est minimum. Mais si la croûte solide cède, si le noyau se déforme sous son enveloppe océanique, celle-ci ne peut plus obéir qu'à la pression constante de l'enveloppe aérienne, elliptiquement déformée elle-même.

La force résultant de la diminution des résistances sur un des diamètres de la sphère étant épuisée par la déformation du noyau liquide et plastique, et par celle de son enveloppe aérienne compressible, n'agit plus sur les masses liquides mobiles, plastiques mais incompressibles, que comme un système de pressions concentriques toutes égales qui tendent à rétablir la sphéricité du globe. La seule force qui agisse sur les eaux est donc celle de la pesanteur normale aux surfaces.

Sous l'action de cette force unique, la masse des eaux doit tendre à rouler dans les deux vallées que forment les régions aplaties de l'ellipsoïde aux extrémités de son petit axe, ainsi qu'on le voit sur la figure 90, C. L'enveloppe océanique redevient ainsi presque exactement sphérique, avec un maximum de profondeur vers les extrémités du petit axe de l'ellipse équatoriale, et une profondeur minimum aux deux extrémités de son grand axe, sur les crêtes renflées de l'ellipsoïde intérieur.

Selon la théorie actuelle des marées, la diminution de la pesanteur sous les méridiens de midi et de minuit suffit à expliquer l'accumulation des eaux sous ces méridiens et au contraire leur fuite des méridiens situés en quadrature... Si l'on a admis une pareille supposition, c'est évidemment faute d'y avoir réfléchi, ou plutôt faute d'une explication meilleure. Car, dans l'hypothèse de l'attraction des masses par les masses, comme dans la nôtre, il est pourtant bien évident qu'en vertu de la loi des distances, la gravitation des eaux vers le centre de la terre, avec laquelle elles sont en contact, restant toujours bien supérieure à leur gravitation vers le soleil et la lune, au lieu de s'accumuler sur les parties renflées du globe, les océans, cherchant toujours, comme de simples rivières, le plus court rayon terrestre pour s'y précipiter, doivent tendre à rouler sur les flancs aplatis de l'ellipsoïde pour en établir la sphéricité.

Que la pesanteur soit une conséquence d'une attraction supposée des masses pour les masses, comme on le suppose, ou des pressions centripètes de l'éther, comme je le pense, les effets produits sur l'enveloppe liquide du globe seraient identiques. Dans l'une ou l'autre hypothèse, la haute mer doit coïncider, non pas avec le passage des astres au méridien, mais avec les heures intermédiaires, quand les astres sont en quadrature.

Car si, dans l'hypothèse de l'attraction des masses pour les masses, comme dans celle de la pression centripète de l'éther, la pesanteur doit un peu diminuer pour les eaux des océans au moment où les astres culminent au méridien du lieu, il n'en est pas moins vrai que la pesanteur, normale à la surface du sphéroïde, subsiste toujours et l'emporte considérablement en intensité sur l'influence lointaine des astres qui peut la diminuer, dans une très faible mesure, mais ne l'anéantit pas et n'en change pas la direction, puisque la petite force qui la combat est de sens opposé, mais exactement parallèle.

Si donc la marée intérieure se produit, elle a pour effet de détruire l'égalité des axes équatoriaux du noyau solide, et de créer, sur deux méridiens opposés, deux ménisques de gonflement qui se superposent et s'ajoutent au ménisque de renflement équatorial et sur les deux méridiens, situés à 90° des premiers, de creuser deux dépressions elliptiques qui diminuent dans la même mesure la hauteur du ménisque équatorial.

En vertu de ce principe d'hydrostatique que tout liquide, pour s'écouler, cherche le plus court rayon terrestre, c'est dans ces dépressions relatives de l'ellipse équatoriale, déterminées par la marée intérieure, que les eaux doivent affluer, en quadrature avec les heures de passage des astres au méridien.

Par conséquent, dans l'une et l'autre hypothèse pour expliquer la pesanteur, il y a lieu de considérer que la théorie actuelle des marées est fausse, quant au moment où elle doit se produire dans chaque lieu.

Lorsque dans une mer libre, comme l'océan Pacifique, le sol sous-marin se soulève au passage des astres en syzygie, la plus grande partie de la nappe liquide, soulevée avec lui, tend à s'écouler, tant au nord qu'au sud, sur les deux pentes du ménisque équatorial ; puis, emportée par sa vitesse acquise de l'ouest à l'est, elle doit franchir sa crête pour se répandre sur sa pente orientale et s'y déployer en un immense éventail dont la courbe est à l'est et dont la crête du ménisque soulevé forme la corde, parallèlement au méridien.

Il doit en résulter que, dans tous les ports bien ouverts sur la courbe de ce courant, l'heure de la marée doit être en retard sur celle des passages des astres, mais en avance sur l'heure où ces ports subissent leur affaissement maximum, 6 heures après les passages.

Quand, au contraire, un continent se soulève successivement sur ses divers méridiens, toutes ses côtes doivent se vider en thèse générale, mais beaucoup moins sur ses côtes occidentales que les eaux, en vertu de leur vitesse acquise, tendent à escalader, que sur ses côtes orientales, où elles s'écoulent paisiblement.

Réciproquement, quand ce continent s'affaisse, la mer devrait monter sur toutes ses côtes. Mais s'il n'est séparé d'autres continents que par des mers étroites ou étranglées en détroits, il peut se produire des reflux de l'un à l'autre qui troublent toute la régularité des phénomènes.

Ce n'est donc point avec le moment du passage des astres au méridien que doivent coïncider les hautes mers; c'est au contraire sur les méridiens de 6 heures du soir et du matin que les marées de syzygies devraient se produire, quand les deux astres sont en quadrature à l horizon.

L'effet direct sur les eaux de la diminution locale de la pesanteur, quelle qu'en soit la cause, ne peut que diminuer l'intensité du phénomène des marées, au lieu de pouvoir le produire.

Ce qui rend ce problème très complexe, c'est la distribution asymétrique et, en apparence, si capricieuse des terres et des mers sur le globe; et surtout l'existence de ces deux grandes barrières continentales, étendues presque d'un pôle à l'autre suivant deux méridiens, qui coupent en deux parties inégales l'enveloppe aqueuse du globe terrestre.

Dans notre théorie, beaucoup mieux que dans la théorie actuellement enseignée, les variations si extraordinaires des établissements des ports s'expliquent, soit par la configuration des côtes, soit par leur orientation ou la pente du sol sous-marin, surtout si l'on tient compte, dans le mouvement général de transport et de chute des eaux sur les flancs aplatis de l'ellipsoïde, de leur vitesse acquise dans le sens de la rotation, qui tantôt retarde et tantôt précipite leur écoulement. En sorte que, dans bien des ports, la marée, au lieu d'être en retard sur les heures des passages, est réellement en avance.

Une fois qu'un port est rempli à certaine hauteur, et que le niveau sphérique y est rétabli, il ne peut se remplir davantage. La mer y reste étale et va remplir d'autres ports très éloignés, vers le nord ou le sud, ou plus enfoncés dans des détroits ou des mers intérieures.

Le mouvement vertical d'oscillation du noyau solide suivant le mouvement apparent des astres, en sens contraire de la rotation réelle de la terre, tend à pousser de l'est à l'ouest les eaux que leur vitesse acquise entraîne de l'ouest à l'est. Il y a donc une lutte constante entre les deux mouvements.

Mais la flèche de 10 mètres des deux ménisques renflés ne peut déplacer vers l'ouest qu'une colonne d'eau d'égale hauteur ; tandis que toute la nappe liquide supérieure, entraînée par sa vitesse acquise vers l'est, escalade la crête du renflement sous-marin, pour rouler ensuite sur sa pente orientale, en vertu d'une dénivellation moyenne d'environ $\frac{1}{1.000.000}$.

Le mouvement de la petite vague de fond est donc opposé à celui de la grande vague superficielle. Tandis que la moindre crête sous-marine arrête la première et la fait dévier, suivant des angles de réflexion égaux aux angles d'incidence, le mouvement de la seconde ne peut être dévié partiellement que par des crêtes sous-marines plus élevées et des chaînes d'îles, ou totalement par les côtes des continents contre lesquels les courants se réfléchissent suivant la même loi.

Lorsque, par exemple, les méridiens de l'Afrique se soulèvent, la marée basse se produit plus tôt et plus complètement sur sa côte orientale ; et les eaux atlantiques sont moins refoulées vers l'Amérique que celles de la mer des Indes vers l'Australie. Quand le golfe de Guinée se soulève, la petite vague de fond est projetée vers l'Amérique, mais la grande nappe des eaux supérieures venant heurter le fond du golfe, ricoche vers le sud-ouest ou s'écoule vers le sud le long de la côte africaine.

Quand, à son tour, le fond de l'Atlantique se soulève entre la côte du Sénégal et la pointe de la Guyane, la petite vague de fond est refoulée vers les Antilles ; la nappe supérieure, projetée contre l'Afrique, ricoche à l'ouest dans le sens du courant équatorial, au sud-ouest contre le Brésil, et au nord-ouest contre l'Amérique du nord.

A mesure que la crête de soulèvement traverse le grand bassin de l'Atlantique équatorial, les eaux soulevées se déversent librement au sud et au nord.

Quand la crête soulevée atteint le méridien de 60° de longitude ouest, qui traverse toute l'Amérique du sud et vient couper la pointe extrême de l'Amérique du nord, derrière Terre-Neuve, toute l'Amérique du sud est soulevée dans la verticale et toute l'Amérique du nord incline à l'ouest.

En ce moment la mer est pleine au golfe de Bénin, au fond du golfe de Guinée, environ quatre heures après le passage des astres au méridien.

Quand les astres culminent sur les hauts plateaux de l'Amérique du sud, juste sur les Andes du Pérou, toute l'Amérique du sud et en grande partie celle du nord sont inclinées à l'est, ainsi que le fond de l'Atlantique. Il est donc tout naturel que les eaux affluent dans le golfe de Guinée, où les pousse d'ailleurs leur vitesse de rotation. La marée y est donc en avance sur la dépressien de l'ellipsoïde qui se produit au delà, sur l'Afrique même, où les eaux ne peuvent aller la combler.

Du reste, la marée arrive à la même heure au cap Palmas, (Canaries), par 20° de longitude ouest, et aussi à la même heure à Port-Natal, à la pointe sud-est de l'Afrique.

De l'autre côté de l'Atlantique, la mer n'est pleine à Rio-de-Janeiro, vers 45° de longitude ouest, que trois heures après le passage des astres qui culminent en ce même moment sur le méridien de 90° ouest, à l'ouest de l'Amérique du sud, qui est tout entière inclinée à l'est.

Le maximum de la dépression est alors dans le golfe de Guinée, sous le méridien de Paris, et la côte d'Afrique commence à se relever et à s'incliner à l'ouest, rejetant vers l'Amérique du sud ses eaux qui, après s'être heurtées contre la côte africaine, déjà remplie, refluent, en contournant le golfe de Guinée, et s'étendent sur le grand courant équatorial, qui les ramène en Amérique en sens contraire de la rotation.

Dans l'Atlantique du nord, nos ports ont la pleine mer de deux à six heures après le passage des astres, à mesure que le soulèvement traverse l'Atlantique et gagne les méridiens d'Amérique. Il est de notoriété parmi nos marins que le flot de marée nous arrive de l'Amérique du sud, quand ce continent se soulève. C'est la côte de Vénézuéla qui refoule directement vers nous les eaux de l'Atlantique équatorial gonflé.

A Brest, la marée retarde de 1 h. 45 m. sur les passages, et de 2 à 3 trois heures dans les ports du golfe de Gascogne. Elle retarde de 6 heures à Saint-Malo, de 6 h. 30 m. au Mont-Saint-Michel, de 8 heures à Cherbourg, de 8 h. 58 m. à Honfleur, de 9 h. 18 m. au Havre et successivement de 10 à 12 heures à Dieppe, à Boulogne, à Calais, à Dunkerque.

Quand le flot arrive sur notre côte atlantique, entre 2 et

6 heures après les passages, les deux Amériques sont soulevées depuis plusieurs heures et inclinent à l'est avec les Antilles, le plateau sous-marin de la mer des Sargasses et le golfe du Mexique, dont les eaux sont ainsi rejetées le long de la côte de l'Amérique du nord, sous le nom de Gulf-Stream. La vitesse acquise de rotation fait dévier ce courant vers l'Irlande et vers la mer de France.

Le flot de marée arrive ainsi à l'entrée de la Manche de 1 à 2 heures après le moment des passages. Mais la Manche est un bras de mer peu profond dont le seuil est relativement élevé. La marée, pour y pénétrer, doit attendre que la dénivellation du sol sous-marin s'accentue. Quand les astres culminent à 90° à l'ouest, la Manche se trouve occuper le centre de la dépression. Le flot s'y précipite alors avec cette vitesse d'un cheval au galop tant de fois constatée dans la vaste baie sableuse du Mont-Saint-Michel, où elle arrive à 6 h. 1/2, une demi-heure seulement après avoir atteint à Saint-Malo une hauteur de près de 6 mètres, l'une des plus considérables du monde.

Une fois ce flot enfermé dans le bassin rétréci de la Manche, où il se heurte au cap de la Hogue, il n'y peut continuer son chemin qu'en vertu de sa vitesse acquise. Ayant dépassé, au Mont-Saint-Michel, le centre de la dépression et le sol se relevant en s'inclinant à l'est, la marée remonte lentement la côte normande, arrive à 8 heures à Cherbourg, peu de temps après au Havre, et ne s'étale sur les plages basses de Boulogne, Calais et Dunkerque qu'avec 6 heures de retard sur le moment de la dépression, quand déjà se produit le gonflement du passage nocturne.

Presque en face de Brest, où la marée retarde de 1 h. 1/2 sur le passage, sur la côte américaine, à New-York, la marée avance au contraire de 1 h. 1/2 sur le même passage, avec un retard de 4 h. 1/2 sur la dépression maximum. A ce moment la crête de soulèvement est au milieu de l'Atlantique. New-York a donc la haute mer presque en même temps que Brest, avec une différence de 3 heures en longitude.

Le soulèvement se produisant ainsi à égales distances des deux côtes, inclinées en sens contraires, n'explique pas complètement cette coïncidence; car aux latitudes de 40° à 45° sa crête est très peu élevée.

Ce sont, en réalité, les eaux chassées de l'Atlantique équatorial par le soulèvement maximum qui font refluer les eaux des latitudes tempérées d'un côté vers l'Amérique du nord et de l'autre vers l'Europe.

C'est donc à tort que l'on enregistre la marée de New-York comme en retard de 10 h. 1/2 sur les passages ; elle y est, au contraire, en avance de 1 h. 1/2, mais en retard de 4 h. 1/2 sur le maximum de dépression qui s'y est manifesté quand les astres culminaient environ à 1 h. 1/2 à l'est du méridien de Paris.

De même la marée à Terre-Neuve passe pour avoir un retard de 10 h. 30 m. Elle devrait normalement retarder de 6 heures sur les astres. En réalité elle avance de 1 h. 30 m. sur le passage suivant et retarde de 4 h. 30 m. sur l'affaissement maximum du fond. La haute mer s'y produit quand la crête du soulèvement, après avoir passé au méridien de Paris, s'avance sur l'Atlantique en refoulant les eaux vers la côte américaine qui les arrête et qui, les enfermant entre deux obstacles, les empêche de s'écouler.

Sur toute cette côte, de Terre-Neuve à la presqu'île de la Floride, les retards sur les passages des astres sont considérés comme de 10 à 12 heures ; c'est-à-dire de 4 à 6 sur l'affaissement maximum. La haute mer s'y produit donc, en réalité, presque au moment du passage suivant des astres et au moment du soulèvement.

Dans les mers de Chine, sur une côte également exposée à l'est et presque aux mêmes latitudes, on constate des faits analogues. Les marées s'y produisent de 1 à 3 heures avant les passages et de 3 à 5 heures après les dépressions. Elles sont également produites par le refoulement vers le nord des eaux équatoriales, soulevées au moment des passages, sur des méridiens plus orientaux. On commet la même erreur en les considérant comme en retard de 9 à 11 heures sur les passages.

De tous les établissements de port donnés dans les traités nautiques, il faut donc retrancher six heures pour avoir le retard véritable sur l'affaissement sous-marin maximum. Par conséquent la marée arrive à l'heure théorique exacte à Saint-Malo, à l'entrée de la baie du Mont-Saint-Michel.

Comme il est impossible de distinguer les effets de la marée diurne de ceux de la marée nocturne, notre erreur théorique fait qu'on s'est trompé presque partout de douze heures, c'est-à-dire d'une marée entière dans le calcul des établissements des ports. L'on a pris pour des retards de 12 heures sur les passages des astres des retards de 6 heures sur le moment de l'affaissement sous-marin maximum, et des avances réelles sur ce moment pour des retards de quelques heures sur les passages.

Il faut, en tout cas, renoncer à la supposition d'une véritable translation des eaux d'un méridien à l'autre qui serait d'ailleurs rendue impossible par les barrières continentales. Ce sont seulement des pressions qui se transmettent à travers la nappe liquide. Celle-ci joue le rôle d'une immense presse hydraulique, où la pression exercée sur un point fait monter le niveau sur tous les autres points sans qu'il y ait un transport de masse équivalent.

Tout se passe comme entre des vases communiquants entre lesquels un niveau général tend à s'établir mais qui, toujours détruit, reste toujours instable.

C'est surtout sous l'équateur où son intensité est plus grande, et sur les côtes largement ouvertes des mers libres du Pacifique, qu'il faut étudier le phénomène des marées, parce que là seulement il peut présenter quelque simplicité relative, et une périodicité régulière.

Dans le large fossé atlantique, aux côtes parallèles, mais sinueuses, cette périodicité est plus ou moins troublée.

La haute mer, qui devrait arriver à Rio-de-Janeiro trois heures après s'être produite au golfe de Benin, y arrive seulement une heure et demie après. Elle ne met qu'une heure et demie pour traverser tout l'Atlantique. Elle est donc encore plus en avance au Brésil que dans le golfe de Guinée. La pleine mer devrait s'y produire six heures, au lieu de trois, après le passage des astres si la couche océanique s'étendait sur la voûte solide sans aucune aspérité continentale. C'est que, pendant ces trois heures, le bassin de l'Atlantique étant plein, il faut bien que ses eaux aillent quelque part. Une partie de ce trop-plein s'écoule par le golfe du Mexique, et le Gulf-Stream l'emporte dans l'Atlantique du nord. Le reste s'écoule au sud, le long de la côte du Brésil vers le cap Horn. Ainsi les eaux, par une sorte de mouvement pendulaire, sont périodiquement balancées entre l'Afrique et l'Amérique du sud et, comme celles qu'on porte dans un bassin, elles s'élèvent alternativement sur ses bords opposés.

Observons ici que l'amplitude des oscillations de la marée dans un port n'est point une quantité absolue, mais essentiellement relative, la hauteur de la marée peut paraître petite sur une côte qui s'élève en même temps que le niveau de la mer et qui descend en même temps. C'est ce qui peut avoir lieu, si la marée retarde juste de six heures sur l'oscillation du sous-sol. La mer paraît monter très vite, au contraire, si, à mesure que la mer monte, le sous-sol descend, et, réciproquement, elle paraît descendre très vite si elle descend réellement pendant que le sol monte. Il doit exister des ports où le plus bas niveau des eaux reste plus élevé que le niveau moyen en d'autres ports. C'est-à-dire que ce niveau moyen, qui n'est que la demi-somme de l'oscillation totale, n'est certainement pas le même partout; partout il ne représente pas la même altitude absolue, c'est-à-dire la même distance du centre de la terre.

Comme nous n'avons d'autres moyens de mesurer cette variation d'altitude que le baromètre et l'intensité de la pesanteur, ces variations périodiques de quelques mètres, en altitude, sont bien surpassées par leurs variations locales ou temporaires produites par d'autres causes. D'ailleurs leurs valeurs étalons étant également rapportées à ce niveau moyen de la mer, si celui-ci varie, on ne voit plus quel procédé il reste pour mesurer ses variations.

Il est certain que ce niveau est très variable, surtout dans l'Atlantique où la circulation des eaux est si entravée. Aussi est-ce sur les côtes de l'Atlantique, et surtout sur ses côtes occidentales, que les différences de hauteur des marées sont les plus considérables, et parfois dans des ports assez voisins. La hauteur de la marée à Granville, dans la baie du Mont-Saint-Michel, s'élève à 6 m. 11 ; elle n'est à Saint-Malo que de 5 m. 67; à Cherbourg elle n'est que de 2 m. 82 et à Brest de 3 m. 21. Au Havre, à l'embouchure de la Seine, elle est de 3 m. 50; à Saint-Nazaire, à l'embouchure de la Loire, elle descend à 2m. 46.

Au contraire, dans toute l'étendue de l'océan Pacifique, les marées qui dépassent deux mètres sont l'exception. Plus, en général, la mer est ouverte et libre de barrières, moins les marées sont hautes.

Si les marées successives sont toujours séparées par des intervalles de temps égaux, on sait qu'en général la basse mer ne se produit pas au milieu de la période. Sur nos côtes, la mer met moins de temps à monter qu'à descendre. Au Havre, la différence est de 2 h. 8 m. La même chose a lieu à Boulogne; à Brest la différence n'est que de 16 minutes (*Annuaire du Bureau des longitudes*, 1892, p. 214). On conçoit que lorsque la crête du soulèvement sous-marin traverse l'Atlantique, dans le sens du mouvement apparent des astres, refoulant vers nos côtes occidentales les eaux qu'elle soulève, ces eaux, animées d'une certaine énergie potentielle, qui dans leur chute se transforme en force vive, doivent arriver dans nos ports avec une vitesse accélérée. Quand elles en sortent, au contraire, la crête de soulèvement s'est éloignée; elles peuvent donc s'étendre sur un plus grand espace. Par conséquent, le changement de niveau est moins rapide. Il n'y a plus de chute, car le sous-sol marin reste incliné vers l'est. De plus ces eaux sont refoulées dans leur écoulement à l'ouest par celles que la crête de soulèvement rejette à l'est, derrière elles, et qui arrivent à leur rencontre animées d'une certaine vitesse.

Après chaque marée, la mer dans nos ports doit donc rester étale, un certain temps, avant de commencer à descendre, et elle doit mettre plus de temps à descendre à son niveau le plus bas qu'à monter à son maximum de hauteur.

Il y a lieu de présumer qu'il doit en être de même sur toutes les côtes ouvertes à l'ouest.

Sur les côtes ouvertes à l'est en est-il de même?

En montant, les eaux qui viennent du large ont à lutter contre la vitesse de rotation, qui s'oppose à leur arrivée en sens contraire; la crête de soulèvement sous-marin vient à leur aide en les poussant à l'ouest; mais, par contre, elle s'oppose à leur écoulement quand elles descendent; jusqu'au moment où cette crête, passant à l'ouest du port, contribue dès lors à le vider. Il semble donc que sur toutes les côtes la période de descente de la marée doive être plus longue que la période de la montée, et que les deux périodes n'ont quelques chances d'être égales que sur les côtes ouvertes soit au nord, soit au sud, ou bien encore dans ces vastes solitudes marines de l'océan Pacifique où le phénomène des marées, pouvant se déployer plus librement sur de vastes étendues, doit aussi subir moins de variations locales.

Voyons donc ce qui se passe dans le Pacifique.

Dans la rade de Panama la mer est pleine 3 h. 23 m. après les passages des astres, qui culminent alors par 130° de long. ouest sur les premières îles de la Polynésie (île Sainte-Élisabeth, de l'archipel Pomotoux, à l'ouest du méridien de San-Francisco, en Californie). Toute la partie du Pacifique qui s'étend entre ce méridien et la côte américaine est donc inclinée vers celle-ci et rejette avec violence contre elle ses eaux animées de leur vitesse de rotation dans le même sens. On conçoit que la marée soit, à Panama, en avance de deux heures et demie pour monter ; mais elle doit monter d'autant plus rapidement, que pour commencer son mouvement d'ascension elle doit attendre que la crête de soulèvement ait dépassé le méridien de l'isthme américain vers 90° de long. ouest. Car, aussi longtemps que la côte de l'isthme reste inclinée à l'ouest au-dessus de son niveau moyen, la mer doit y descendre.

En ce même moment où la marée bat son plein à l'isthme de Panama, le méridien de 140° de long. est, qui passe en Australie, vers Melbourne, subit l'affaissement maximum. La mer devrait y être pleine. Cependant elle a encore à monter pendant trois heures, puisqu'elle n'est pleine sur la côte est d'Australie que neuf heures et demie environ après les passages des astres, ou, ce qui revient au même, deux heures et demie avant les passages suivants.

Elle sera donc pleine lorsque les astres culmineront vers le méridien de la Nouvelle-Zélande ; parce que, durant ces trois heures et demie, la crête de soulèvement sous-marin a repoussé vers l'ouest les eaux du Pacifique, entraînées vers l'est par leur vitesse de rotation. Il n'y aura donc pleine mer sur les côtes d'Australie que lorsque le maximum de dépression aura passé à l'ouest, dans la mer des Indes, par 90° de long. est. En ce même moment le maximum de soulèvement nocturne se produit, sur le méridien de Paris, dans le golfe de Guinée.

Nous avons déjà vu que, plus au nord, vers la côte orientale d'Asie, l'heure des marées subit des variations considérables, analogues à celles qu'on observe sur les côtes orientales de l'Amérique du nord.

Dans la mer du Japon et sur la côte est de la Chine, le retard de la marée sur l'heure des passages étant de 5 h. 1/2, elle est en avance seulement d'une demi-heure sur la dépression maximum.

Sur ces côtes, profondément découpées, obstruées d'îles et de presqu'îles formant de véritables mers intérieures, les retards sont probables. Il doit se produire là ce qui se produit en Europe, dans la Manche. Ce retard serait de 16 h. 44 m. — 6 = 10 h. 44 m.; et de 10 h. — 6 = 4 h. à l'entrée de la rivière de Canton; de 8 h. 30 m. — 6 = 2 h. 30 m. à Nankin.

De même, dans le golfe du Bengale, sur la côte ouest, le retard sur l'heure théorique de la dépression serait de 8 h. 15 m. — 6 = 2 h. 15 m.; de 9 h. 15 m. — 6 = 3 h. 15 m. aux îles Nicobar; mais de 11 h. — 6 = 5 h. sur la côte occidentale de l'Hindoustan; et de 9 h. 6 m. — 6 = 3 h. 6 m. sur la côte d'Arabie; enfin de 7 h. — 6 = 1 h. dans l'île de Socotora; et de 7 h. 15 m. — 6 = 1 h. 15 m. sur la côte des Somalis.

Dans cette mer, bien ouverte à l'ouest, la marée coïncide donc avec le maximum d'affaissement, sauf des retards de 1 à 2 heures.

Plus au sud, sur la côte d'Afrique, il y aurait plutôt avance; car on trouve pour le canal de Mozambique un retard de 4 h. 15 m. sur l'heure des passages, ce qui ferait 1 h. 45 m. d'avance sur l'heure de l'affaissement. Il en serait de même sur la côte ouest de Madagascar où l'avance serait de 1 h. 15 m. et de 1 h. 30., avec des hauteurs moyennes du flux de 3 m. 60 à 4 m. 50; ce qui est considérable et exceptionnel pour l'océan Pacifique.

Après avoir fait le tour du monde, nous nous retrouvons à Port-Natal, où nous constatons, comme à Madagascar et dans le canal de Mozambique, une avance de 1 h. 30 m. sur la dépression maximum.

C'est qu'alors les astres culminent plus à l'ouest, sur le méridien du Cap Vert, et toute l'Afrique est inclinée à l'est, jusqu'au delà des Mascareignes; mais tout le reste du Pacifique, jusqu'à la Nouvelle-Zélande, incline à l'ouest, refoulant les eaux de toute la mer des Indes vers l'Afrique, en dépit de leur vitesse de rotation vers l'est.

Quant au retard de trois marées, ou de 36 heures, observé

dans les grandes marées des syzygies, il doit aussi avoir une autre explication que celle qu'on lui donne.

D'abord ce retard est diminué de 12 heures ou d'une marée entière par notre thèse et n'est plus que de 24 heures, c'est-à-dire de deux marées. Il doit s'expliquer par les lois de l'inertie ou de la vitesse acquise. Les océans enfermés dans trois bassins qui ne communiquent entre eux que par des détroits, tous situés, sauf pour l'Océanie, sous des latitudes élevées où le phénomène des marées est affaibli, sont balancés par les marées d'un mouvement pendulaire, analogue à celui qu'on observe dans un bassin plein d'eau qu'on transporte à la main. Toute oscillation qui s'y produit dans un sens, a pour effet corrélatif une oscillation en sens contraire, mais de même durée et de même amplitude. Si l'amplitude des oscillations a augmenté progressivement, par suite des mouvements plus rapides du vase, elle ne diminue pas subitement, quand les mouvements du vase diminuent. Au contraire, les plus grandes oscillations se produisent au moment où le vase devient immobile.

Il en est de même des marées. Pendant 8 jours, après les syzygies, elles diminuent de hauteur, jusqu'aux prochaines quadratures; mais les plus petites marées ne peuvent coïncider avec celles-ci, parce que les eaux ont une vitesse acquise, une certaine provision de force vive en excès, qui doit s'user dans les frottements, pendant les deux marées suivantes qui continueront de diminuer progressivement. Puis elles augmenteront de nouveau jusqu'à la prochaine syzygie, et le jour où elle se produira les eaux recevront encore une réserve d'énergie motrice qu'elles n'épuiseront que progressivement dans les marées suivantes. De sorte que la plus forte marée se produira le lendemain du jour où, théoriquement, elle devrait avoir lieu.

Ce désaccord apparent entre les faits et la théorie est rendu plus sensible parce qu'il se produit exclusivement dans la marée océanique, sans affecter ni la marée atmosphérique, ni la déformation périodique du noyau. De sorte que les eaux doivent sembler d'autant plus hautes qu'elles affluent dans des dépressions moins profondes. Dans les grandes marées du lendemain des syzygies, l'eau monte d'autant plus haut sur les falaises, que les grèves sont moins affaissées. De même, à la basse mer, la grève se découvrira plus loin par le départ d'une même quantité d'eau, si la pente est moins rapide.

Les variations diurnes de la pression barométrique doivent aussi jouer un rôle, sinon dans l'accélération ou le retard de l'heure locale des marées, du moins dans leurs variations de hauteur. Il est évident que, sous les méridiens où il est 10 heures du matin et 10 heures du soir, quand la pression est maximum, les eaux doivent être refoulées et l'arrivée du flot retardée ; qu'au contraire, sous les méridiens de 4 heures du soir et de 4 heures du matin, la diminution de pression doit favoriser l'arrivée du flot et retarder son écoulement. L'établissement d'un port peut être modifié par ce fait d'une façon plus ou moins périodique.

D'ailleurs, toutes les causes de variations qu'on invoque aujourd'hui pour expliquer les variations si considérables de la hauteur des marées et de leur retard sur l'heure des passages des astres au méridien, subsistent dans notre nouvelle hypothèse qui, en général, diminue les écarts entre les faits et la théorie et leur fournit, en outre, des explications plus rationnelles, dérivant du principe même de la loi. Cette nouvelle théorie a donc sur l'ancienne l'incontestable avantage de mieux rendre compte de tous les faits observés et de les relier logiquement entre eux.

HUITIÈME PARTIE

L'ÉVOLUTION DU MONDE

CHAPITRE XCVI

LES CINQ CATÉGORIES D'ASTRES

Si la chaleur centrale des astres est liée à leur poids et à leur volume, elle est invariable, tant que leur masse et leur surface restent constantes. Il n'y a plus à craindre que notre soleil se refroidisse, comme les théoriciens mécanistes nous en menacent. Au contraire, il est à craindre qu'il ne s'échauffe davantage. Car, sa température dépendant de sa masse, et celle-ci grossissant sans cesse de la pluie d'aérolithes qu'il reçoit et des débris de comètes qu'il parait happer à leur passage, sa température ne peut que s'élever d'autant, de siècle en siècle.

A plus forte raison n'est-il plus à redouter que le monde finisse par le froid, dans une congélation universelle. Il n'y a plus à craindre que tous les corps pesants de l'univers s'agglomèrent sur un seul point de l'espace, ce qui serait évidemment réalisé déjà, si, depuis une éternité, tous les corps s'attiraient entre eux, selon l'hypothèse de l'attraction.

Si les rapports que nous venons de formuler sont exacts, et sontles mêmes pour toutes les masses sidérales, ils nous expliquent les différences de leur constitution; pourquoi les uns sont obscurs, tandis que les autres sont lumineux par eux-mêmes, et pourquoi ce sont les astres obscurs qui gravitent autour de ceux qui sont lumineux.

Car, dans l'hypothèse de l'attraction, qui n'établit aucun lien entre leur température et leur masse, il n'y aurait aucune raison pour que les astres obscurs et froids soient plus petits que les astres lumineux, qui rayonnent beaucoup de chaleur. Si tous tendent à se refroidir, leur passage de l'état d'étoiles à celui de planètes ne serait qu'une question de temps. Il devrait y avoir autant d'étoiles éteintes que lumineuses et des planètes encore incandescentes.

D'après notre théorie, au contraire, la différence entre les soleils et les corps obscurs tient exclusivement à celle de leur masse. Si elle est assez considérable pour que la chaleur développée par sa pression sur elle-même soit suffisante pour la liquéfier tout entière, ils restent lumineux, à l'état de soleils rayonnants, et, comme tels, peuvent devenir les centres de gravitation de corps plus petits et plus froids.

Ceux-ci, n'ayant qu'une masse et une chaleur insuffisantes pour les liquéfier entièrement, restent enveloppés d'une croûte solide et obscure, dont l'épaisseur varie en raison inverse de leur température interne et du rapport de leur masse à leur surface. Il résulte de ces relations cinq catégories d'astres bien distinctes dont le rôle cosmique est différent.

La première de ces classes est celle des grosses masses qui produisent assez de chaleur pour se liquéfier tout entières, jusqu'à leur surface, et former ainsi des globes incandescents, qui rayonnent à la fois de la lumière et de la chaleur; ce sont les soleils ou étoiles.

D'après tout ce qui précède, nous pouvons fixer approximativement les limites que doit avoir la masse d'un astre pour être lumineux par lui-même.

Il faut que la température de sa surface soit suffisante pour maintenir à l'état de fusion les corps qui constituent son enveloppe.

Rappelons donc ici les températures de fusion des corps les plus abondants dans la nature.

Le mercure fond à	—	39°.	Il bout à	357°
Le brome	—	7°.	....	59°,3
Le phosphore	+	44°.	....	287°
Le potassium	+	62°5	....	790°
Le sodium	+	95°,5	....	900°
L'iode	+	113°.	....	176°
Le soufre	+	113°.	....	448°

Le magnésium...	+ 120°.	....	1.000°
L'étain..........	+ 233°.	....	?
Le plomb........	+ 325°.	....	?
Le zinc..........	+ 433°.	....	?
L'aluminium......	+ 625°.	....	?
L'argent	+ 954°.	....	?
L'or	+ 1045°.	....	?
Le cuivre........	+ 1054°.	....	
Le fer.....	de + 1.200 à + 1.500..		?
Le platine. / L'iridium..	de + 1.500 à + 2.000..		?

Une température superficielle absolue de 1.000° + 272° = 1.272° suffirait donc à entretenir à l'état de fusion tous les métalloïdes, avec les métaux alcalins, et à faire arriver au moins au rouge les autres métaux tels que l'or, le cuivre et même le fer.

Cette température volatiliserait le mercure, le brome, le phosphore, le potassium, le sodium, l'iode, le soufre et le magnésium.

De plus elle donnerait lieu entre ces divers corps et les gaz permanents à des combustions dégageant beaucoup de chaleur et parfois une vive lumière.

Un tel corps serait donc lumineux par lui-même; ce serait un soleil.

Quel en serait le rayon ?

La proportion suivante nous donne

$$287 : \delta_T R_T : : 1272 : \delta_S R_S = 155.303,887,$$

le rayon moyen de la terre étant de 6.371,103 et sa densité étant supposée de 5,5.

Supposant une densité égale à l'unité (ou à celle de l'eau) à l'astre dont la chaleur moyenne serait 1.272° absolus, son rayon = 15.303 kil. 887, serait ainsi 24 fois celui de la terre et plus de 2 fois celui de Jupiter. Mais il serait environ 4,5 fois plus petit que celui du soleil.

Un tel astre serait donc un soleil, mais 20 fois plus petit que le nôtre comme surface éclairante, et 90 fois plus petit comme volume.

Si l'on supposait à notre soleil hypothétique une densité de 2, son rayon serait réduit de moitié. Son volume ne serait plus que $\frac{1}{729}$ de celui du soleil. Cependant, d'après nos calculs il devrait avoir le même éclat, ayant la même température qu'avec un rayon double et une densité de moitié plus faible.

Mais cette supposition se heurte à la loi que nous avons établie et d'après laquelle les densités tendent à diminuer en raison inverse de la racine carrée des rayons. Il en résulterait qu'un astre dont le rayon serait plus grand que celui de Jupiter devrait avoir une densité plus faible. Or, d'après les conséquences qu'on peut tirer du rapport des accélérations, la densité de Jupiter est seulement 1,33; celle de la terre étant 5,5. La densité d'un astre plus grand que Jupiter ne pourrait donc dépasser beaucoup l'unité (ou celle de l'eau).

Or, avec une densité égale à l'unité, la masse d'un tel astre serait 13.824 fois celle de la terre et plus de 8 fois celle de Jupiter; mais elle ne serait encore qu'environ 1/90 de celle du soleil.

Les astres obscurs se subdivisent en deux classes.

Si la chaleur produite par leurs pressions internes est assez forte pour ne laisser à leur surface qu'une mince pellicule solide, trop souple, trop élastique et de trop grand rayon pour former autour d'eux une voûte rigide, capable de résister aux pressions extérieures de l'éther sans s'appuyer sur le noyau liquide, les voussoirs, fendillés ou gondolés, de cette voûte, mince, souple ou fragile, s'écroulent, se plissent, chevauchant les uns sur les autres ou s'arc-boutant les uns contre les autres, pour rester toujours en contact avec le noyau liquide sous-jacent, sur lequel ils flottent, comme des glaçons sur la mer. En ce cas le poids de ces éléments solides continue à concourir à la production de la chaleur intérieure, et l'astre arrive, comme les soleils, à une température constante, déterminée par le rapport de sa production interne de chaleur à sa perte par rayonnement.

Une fois cet équilibre établi, il n'y a plus de raison pour qu'il soit troublé, tant que la masse reste constante. Mais si cette masse augmente, par la chute de matériaux cosmiques, sa température augmente d'autant.

Tel paraît être l'état d'équilibre thermique de la terre et des autres grosses planètes de notre système.

Naturellement, les grosses planètes, telles que Jupiter et Saturne, doivent avoir des températures centrales et superficielles bien plus élevées que celles de notre petit globe.

Sur Jupiter, où nous avons vu (ch. XCI, p. 680, tableau X) que la chaleur moyenne est de 496°, les métalloïdes, du brome au soufre, sont vaporisés, et les métaux alcalins doivent être en fusion, ainsi que le plomb, l'étain et même le zinc. Cette température de + 496° ne suffit donc pas pour rendre ce corps lumineux; mais elle peut expliquer ses propriétés réfléchissantes, sous l'atmosphère épaisse de vapeurs qui l'enveloppe.

Il se pourrait donc que Jupiter fût assez près de la limite supérieure où une masse sidérale, ne pouvant fournir assez de chaleur pour se liquéfier jusqu'à sa surface, passe à l'état de corps obscur. De même, notre terre, avec Vénus, semble sur la limite inférieure des planètes obscures qui produisent néanmoins assez de chaleur pour ne s'entourer que d'une pellicule solide, mais flexible, toujours flottante sur le noyau liquide, et qui, grâce à cet équilibre de leurs pressions internes, sont arrivées à l'équilibre stable de température.

La seconde catégorie des astres obscurs comprend les petits corps où cet équilibre ne peut s'établir. Leur faible masse n développant qu'une chaleur insuffisante pour opérer la fusion de leurs éléments, jusqu'à une petite profondeur au-dessous de leur surface, leur enveloppe solide, trop épaisse, relativement à son petit rayon, forme une voûte absolument rigide qui ne presse plus sur le petit noyau liquide intérieur. Celui-ci, sous des pressions moins fortes, produit encore moins de chaleur. A mesure qu'il se refroidit, il se contracte, diminuant encore plus les pressions qu'il supportait.

Comme un équilibre stable est impossible entre un noyau liquide et une voûte solide, à l'intérieur de laquelle il devrait rester isolé, l'adhérence entre la voûte et le noyau doit naturellement se faire par un de leurs points tangents. Dès que le contact s'est établi sur un point, tout le noyau liquide se porte vers ce point. Il en résulte une sorte de matras de chimiste incomplètement rempli par le liquide en fusion.

En cet état le corps n'est plus symétrique, quant à son homogénéité physique. C'est un corps lesté, dont un hémisphère est plus pesant que l'autre. S'il gravite autour d'une autre masse sidérale il lui présentera toujours son hémisphère le plus lourd. Comme tous les satellites, il présentera donc toujours la même face au corps autour duquel il tourne ; et la durée de sa translation autour de lui sera égale à celle de sa révolution sur lui-même.

Du côté opposé à celui qu'il présente à son astre central, il y aura un vide intérieur. Des gaz s'y accumuleront d'autant plus abondamment que, la pression intérieure étant diminuée, la température d'ébullition se trouvera abaissée pour tous les corps qui constituent sa masse intérieure encore liquide. Il se produira donc des phénomènes volcaniques d'une grande fréquence et d'une puissance énorme, surtout sur l'hémisphère opposé à celui qui reste constamment tourné vers l'astre central. Du côté invisible pour celui-ci toute la voûte solide ne sera qu'une succession de crevasses et de cratères de dimensions disproportionnées avec la petitesse du corps ainsi ravagé. Il se pourrait que cet hémisphère, sur certains de ses points, fût percé à jour, comme une écumoire, jusqu'au fond de sa croûte solide, à l'intérieur de laquelle le noyau liquide doit achever très vite de se refroidir et de se solidifier, laissant à l'intérieur du sphéroïde un vide, elliptique à sa base, ayant pour sommet la voûte solide, peut-être percée à jour, en tout cas ravagée par les forces éruptives et, sans doute, légèrement surbaissée par des effondrements successifs.

Le centre de gravité du système ne coïncidera donc plus avec son centre de figure. A la surface du corps, les pressions éthérées n'en resteront pas moins normales.

A l'intérieur, dans le vide qui s'est produit, c'est encore normalement aux surfaces qu'elles se manifesteront. Un tel corps aurait ainsi des antipodes internes.

De pareils corps pourraient être habités intérieurement par des êtres vivants, analogues aux nôtres, qui pourraient y peupler des océans intérieurs et sur leurs bords trouver des terrains de sédiment formés sous leurs eaux à des époques où, en vertu d'un autre équilibre, celles-ci occupaient d'autres positions.

Le vide intérieur de ces corps serait analogue à ce que les métallurgistes nomment des *chambres de refroidissement*, désignant sous ce nom le vide qui s'observe au centre des boulets, quand ils sont refroidis, et qui résulte de ce que le refroidissement de ses sphéroïdes commence par la surface, justement, comme celui des corps sidéraux.

Pouvons-nous déterminer approximativement sous quelles conditions un astre obscur reste à l'état de planète vivante, à température constante, ou, au contraire, passe à l'état d'astre mort, de coque vide et refroidie, habitable intérieurement par des êtres vivants, à condition de recevoir assez de chaleur d'un soleil voisin ?

Une voûte en plein cintre ne peut avoir une rigidité assurée que si son épaisseur est au moins du dixième de son rayon de courbure. Il faut donc qu'à une profondeur d'un dixième du rayon la température intérieure puisse maintenir ses éléments à l'état de fusion.

1/10 du rayon de la terre donne 637 kil. 110.

On a constaté que l'accroissement de la température à l'intérieur de la terre est au minimum d'environ 3° cent. par 100 mètres de profondeur. Ce serait une augmentation de 30° par kilomètre en moyenne. Car cet accroissement diffère beaucoup selon les localités et paraît dépendre surtout de la constitution géologique du sol.

Si cet accroissement moyen se continuait jusqu'à 1/10 du rayon, la température y serait de 19.113°. Elle serait donc suffisante non seulement pour fondre tous les corps connus, mais pour les volatiliser, si la pression énorme exercée par les masses superposées ne retardait leur point d'ébullition, et ne les maintenait à l'état de fusion.

Il est à croire néanmoins que cet accroissement de chaleur se ralentit à petite distance de la surface que refroidit le rayonnement dans l'espace. Comme nos observations directes n'ont jamais dépassé le deuxième kilomètre en profondeur, nous ne pouvons faire à ce sujet que des inductions plus ou moins probables.

L'accroissement de la chaleur dans une masse sidérale pour chaque point du rayon est une quantité complexe. C'est la somme de deux valeurs qui varient en même sens, mais inégalement.

Une portion de la chaleur y est due aux effets directs des pressions locales, proportionnelles au produit du rayon et de la densité et qui augmentent très vite de la surface au centre. Une seconde portion de chaleur, également proportionnelle au produit du rayon et de la densité, mais ayant sa source dans l'excès de la chaleur centrale, vient s'y ajouter par conductibilité du centre vers la surface.

Si nous appliquons à la somme de ces deux températures, qui ont également leur source dans des pressions statiques, notre formule de l'équivalent thermique de ces pressions (ch. LXXXI, p. 623), nous arriverons à déterminer la valeur, au moins relative, de la température d'un corps en un point d de son rayon par la formule suivante :

$$\text{(1)} \quad C = \frac{R\delta(R-d.)}{2.4.9^{1/2}\ 423.5\ d^2} + \frac{R\,\delta.}{2.4.9^{1/2}\ 423.5\ d^2} = \frac{R\delta\,(R\,\delta\,R-d)+1}{2.4.9^{1/2}\ 423.5\ d^2}$$

ce qui donne pour la terre, à 1/10 de son rayon, par mètre carré de surface :

$$\frac{R\,\delta}{1874{,}9}\ \frac{110}{81} = 25.000 \text{ cal.}$$

Si nous généralisons le rapport 2.335 que nous avons trouvé (tableau Z, ch. XCI, p. 680), entre le rayonnement des calories et la température à la surface, nous trouvons à 1/10 du rayon une température absolue de 10.000° en nombres ronds. Ce serait seulement un accroissement moyen de 15°,7 par kilomètre, au lieu de 30.

Aux 4/5 du rayon de la terre, c'est-à-dire à la moitié de son volume, la température deviendrait de 14.017° absolus, avec un accroissement moyen depuis la surface de 11° seulement par kilomètre.

Ce résultat modifierait donc considérablement celui que l'on peut déduire de l'accroissement si rapide constaté près de la surface, jusqu'à la profondeur de 2 kilomètres au plus.

L'accroissement moyen de 15,7 par kilomètre donnerait pour la profondeur de 100 kilomètres une température de 1.570° absolus, suffisants pour fondre presque tous les corps connus. D'après cette évaluation, il paraît certain que l'épaisseur de la croûte solide de la terre ne peut dépasser 1/50 de son rayon, ou 125 kilomètres de profondeur, où devrait régner une température de 2.000°, en nombres ronds, suffisante pour tenir liquéfiés tous les corps.

Cette voûte, épaisse seulement du cinquantième de son

rayon, doit être parfaitement souple et flexible et tous ses voussoirs, plus ou moins craquelés, doivent rester en contact avec le noyau liquide sur lequel ils surnagent.

La densité moyenne des roches qui constituent les assises les plus fortes de cette voûte est au plus de 2,5. Il suffit donc que les couches supérieures du noyau liquide aient une densité de 3 pour que son équilibre comme corps flottant soit parfaitement stable. C'est la densité du brome.

A fortiori tous les corps du système solaire, plus gros que la terre, devraient réaliser les mêmes conditions d'équilibre, avec une croûte solide d'une épaisseur relative, d'autant moindre que leur masse plus considérable produit plus de chaleur.

Quant à Vénus, les différences de ses proportions avec celles de la terre sont assez petites pour faire supposer que son équilibre se réalise dans des conditions très analogues et que la chaleur qu'elle reçoit en plus du soleil est suffisante pour compenser celle qu'elle produit de moins.

Pour Mars, il en est tout autrement. Les mêmes calculs, pour cette planète, lui donnent au dixième de son rayon une température de 3.756° avec un accroissement moyen de 11° par kilomètre. Ce serait une température de 2.000° à la profondeur de 180 kilomètres, sur un rayon de 3.364k. Ce serait à peu près 1/18 du rayon.

Dans ces conditions l'enveloppe solide de Mars, sans être complètement rigide, le serait pourtant assez pour ne pas se mouler exactement sur la surface liquide du noyau intérieur sans se briser ou s'effondrer par place. Nous constatons peut-être les traces de ces dislocations sous les apparences de ces canaux qui ont si fort excité la curiosité du monde savant, et qui ne seraient que de grandes et profondes failles rectilignes, ramifiées sous divers angles, et formant ainsi de vastes vallées que la fonte des neiges change, en effet, en vastes fleuves de faible pente.

Mars serait ainsi sur la limite extrême entre les astres qui peuvent atteindre à l'équilibre constant de température et ceux qui sont condamnés à se refroidir constamment, jusqu'à solidification totale, et creusement partiel.

Mercure, au contraire, grâce à sa forte densité, bien que plus petit, aurait au dixième de son rayon une température de 4.100°, supposant un accroissement moyen de 17,5 par kilomètre.

Il aurait donc une température de 2.000° à une profondeur de 115 kilomètres sur un rayon de 2.776 kilomètres ou de 1/24.

Sa croûte solide serait proportionnellement plus mince que celle de Mars. On conçoit que ce petit corps, constamment baigné dans les rayons du soleil, en reçoive assez de chaleur pour compenser son propre rayonnement et empêcher le refroidissement et la solidification de sa croûte, qui, probablement, chauffée au rouge et parfaitement flexible, reste flottante sur son noyau incandescent, mais cependant maintenu à des températures centrales bien moins extrêmes et, conséquemment, moins dilaté que celui des autres astres. On s'expliquerait ainsi tout naturellement que ce petit monde, bien que si près du soleil, soit cependant le plus dense de tous les corps du système.

Mars pourrait donc un jour se creuser, s'il ne l'est déjà. Mercure, au contraire, ne l'est pas et n'a pas de chances de se refroidir tant qu'il restera aussi près du soleil, et enveloppé de ses rayons.

Quant à la lune, c'est certainement un corps partiellement creux. Au dixième de son rayon, sa température serait seulement de 2.353°. Avec un accroissement moyen de 6°,5 par kilomètre. Sa voûte solide, épaisse au dixième de son rayon, doit être parfaitement rigide, et depuis longtemps c'est un corps complètement solidifié.

Si toute sa masse était condensée dans une sphère creuse épaisse d'un cinquième de son rayon, la densité de cette coque sphérique serait seulement de $2 \times 3,38$. Ce serait à peu près la densité de l'antimoine.

Mais il y a lieu de supposer qu'une fois sa croûte solidifiée, le reste de sa masse s'est rapidement figé, en forme de culot métallique, au fond de celui de ses hémisphères qu'elle tourne vers nous. La caverne lunaire, peut-être éclairée dans l'hémisphère opposé par les cheminées de ses volcans, pourrait avoir une capacité égale à la moitié du volume apparent du sphéroïde extérieur. Elle serait maintenue à une température presque constante par le soleil qui éclaire perpétuellement une moitié de sa surface externe. Si son enveloppe sphérique est assez mince et suffisamment conductrice, la température, dans l'intérieur, doit être celle d'une serre toujours également chauffée, bien que recevant alternativement sa chaleur de différents côtés. Les eaux, qui paraissent avoir disparu de la surface de notre satellite, peuvent s'être écoulées à l'intérieur, par ses cheminées volcaniques refroidies, et, sur le bord de mers intérieures, doucement balancées par la marée de libration, vit peut-être une végétation de serre chaude et une faune tropicale d'animaux aveugles, mais possédant, au plus parfait degré de développement, le sens de l'ouïe.

D'ailleurs cette caverne peut être éclairée par des feux électriques, par des aurores boréales entretenues par les puissants courants thermiques qui doivent se produire entre l'hémisphère extérieur, chauffé par le soleil, et l'hémisphère opposé resté dans l'ombre et, durant une période de 15 jours, exposé à un rayonnement intense. Cette caverne sidérale peut donc avoir sa beauté. La vie peut s'y déployer dans des conditions assez douces, qu'on serait tenté d'appeler factices, bien qu'elles soient pourtant aussi naturelles que celles sous lesquelles nous vivons nous-mêmes.

L'analogie d'ailleurs nous conduit à supposer que telles sont les conditions de l'existence dans tous les satellites de notre système. Puisque tous sont plus petits que notre lune unique, ils sont aussi plus refroidis, plus complètement solidifiés, et, par conséquent, plus ou moins creusés.

Telles seraient encore les conditions de la vie dans les centaines de planètes télescopiques qui gravitent, entre Jupiter et Mars, dans des orbites si étrangement entre-croisées. Toutes aussi doivent être lestées et tourner toujours le même hémisphère du côté du soleil, comme le fait la lune en tournant autour de nous.

Mais il est de ces petits corps dont la forme irrégulière exclut l'idée qu'ils aient traversé un état de liquéfaction antérieur. Ils donnent l'idée de fragments épars de la croûte solide d'un ancien monde brisé. Quelques-uns semblent enveloppés d'une atmosphère épaisse, comme si leur noyau solide irrégulier avait emporté avec soi dans l'espace des lambeaux de l'atmosphère de la planète dont ils paraissent être les éclats.

Cette hypothèse, née dans l'esprit des astronomes qui, les premiers, ont découvert ces granulations sidérales, reste encore aujourd'hui la seule possible. Elle n'a jamais été sérieusement réfutée.

Il est, dès à présent, établi que la somme des masses des 425 planètes télescopiques déjà connues en 1898, et auxquelles on a renoncé à donner des noms pour les désigner par de simples numéros, n'égale pas la masse de la terre. Il est probable qu'on pourrait encore y ajouter celle de tous les satellites de notre système sans atteindre à cette limite.

Nous verrons bientôt comment le même cataclysme cosmique a pu semer, à la fois, dans notre système solaire, tous ces mondes minuscules, aussi bien ceux qui gravitent dans des orbites indépendantes que ceux qui circulent autour des planètes principales.

Naturellement, tous ces petits corps ne peuvent produire que très peu de chaleur. Leur rayonnement doit être très faible. La température de leur surface n'est probablement pas de beaucoup supérieure à celle de l'éther. Elle ne peut descendre au-dessous, puisque au bout d'un certain temps elle se mettrait en équilibre de température avec le milieu. D'ailleurs chacun de ces corps reçoit de la chaleur de soleils plus ou moins éloignés et même des gros mondes obscurs les plus voisins.

Les corps creux surtout ne peuvent produire qu'une somme de chaleur inférieure à celle qui résulterait de la pression de leur masse totale sur elle-même, si leur enveloppe, au lieu d'être devenue rigide, restait appliquée sur leur noyau.

Dans cette enveloppe elle-même, les pressions sont centripètes du dehors au dedans, mais centrifuges du dedans au dehors. La chaleur produite par leur masse résulte surtout du poids de leur noyau, encore liquide ou déjà solidifié en forme de lentille, qui pèse sur celui de leurs hémisphères qui est constamment tourné vers leur astre central.

Si leur accélération reste proportionnelle à leur puissance de rayonnement, elle cesse d'être proportionnelle à leur masse totale ; et si ces corps subissent l'influence des grosses masses voisines, ils n'en exercent plus qu'une très faible sur elles.

La température de leur surface ne peut donc plus être proportionnelle au produit $r\,\delta$ de leur rayon et de leur densité, mais à une fraction $\frac{r\,\delta}{n}$ de ce produit.

m étant leur masse, r leur rayon et δ_A leur densité, M, R, et δ_G étant la masse, le rayon et la densité du corps vers lequel elles gravitent, et d leur distance à ce corps, la formule de leur accélération est modifiée ainsi que suit :

$$(2) \qquad \gamma = \frac{4\pi R^3 \delta_c \pi r^2 \frac{r\delta_a}{n}}{4\pi d^2 \frac{4\pi}{3} r^3 \delta_a} = \frac{3}{4} . \frac{R^3 \delta_c}{nd^2}$$

Le rapport de leurs accélérations vers leur astre central à l'accélération de celui-ci vers eux reste

$$(3) \qquad \frac{\gamma_a}{\gamma_c} = \frac{\frac{R^3 \delta_c . r^2 . \frac{r\delta_a}{n}}{m}}{\frac{r^2 \frac{r\delta_a}{n} R^2 R\delta_c}{M}} = \frac{M}{m}.$$

Ce rapport est donc toujours en raison inverse des masses, mais les accélérations des deux corps l'un vers l'autre sont diminuées d'une quantité n.

Entre deux satellites creux gravitant vers le même astre central on a le rapport suivant :

$$(4) \qquad \frac{\gamma_1}{\gamma} = \frac{\frac{R^3 \delta_c r^2 \frac{r \delta_a}{n}}{d^2 m}}{\frac{R^3 \delta_c r_1^2 \frac{r_1 \delta_{a1}}{n_1}}{d_1^2 m_1}} = \frac{d_1^2 n_1}{d^2 n}$$

C'est-à-dire que les accélérations ne sont plus seulement en raison inverse des carrés des distances des deux satellites à leur corps central, mais aussi en raison inverse des diviseurs n et n_1 de la chaleur de leur surface, ou de la racine cubique du diviseur n^3 de la pression de leur masse sur elle-même.

Si l'on suppose ces corps complètement refroidis et en équilibre de température avec l'éther ambiant, leur influence sur leur corps central sera nulle.

Leur accélération vers ce corps aura pour formule :

$$(5) \qquad \gamma = \frac{4\pi R^3 \delta_c \pi r^2}{4\pi d^2 m.} = \frac{3}{4} . \frac{R^3 \delta_c}{d^2 . r\delta_a}.$$

Ils tomberont vers lui en vertu d'une force directement proportionnelle aux 3/4 de sa masse, et en raison inverse du produit $d^2 r\, \delta a$ de leur propre rayon r, de leur densité δa et du carré de leur distance d^2.

Quant au rapport de leur propre accélération à l'accélération vers eux de leur corps central, il sera nul, celle-ci étant égale à 0, car on aurait :

$$(6) \qquad \frac{\gamma_a}{\gamma_c} = \frac{\left(\dfrac{R^3 \delta_c \quad r^2}{m \; d^2}\right)}{\left(\dfrac{r^2 \times 0 \, R^2 R \delta_c}{M \, d^2}\right)} = \frac{\left(\dfrac{R^3 \; \delta_c}{r \, \delta_a \, d^2}\right)}{0}$$

entre deux satellites entièrement froids, gravitant autour du même astre, on aurait le rapport :

$$(7) \qquad \frac{\gamma}{\gamma_1} = \frac{\dfrac{R^3 \delta_c r^2}{d^2 m}}{\dfrac{R^3 \delta_c r_T{}^2}{d_1 \; m_1}} = \frac{d_1^2 \; r_1 \; \delta^1}{d^2 \, r \, \delta}$$

Les deux satellites ne graviteraient plus seulement vers leur même astre central avec des forces inversement proportionnelles aux carrés de leurs distances, mais aussi inversement proportionnelles aux produits de leurs rayons et de leurs densités.

On a constaté qu'en effet les satellites ne suivent pas régulièrement les lois de Képler. Ces formules montrent la cause de ces irrégularités. C'est que les satellites, creux pour la plupart, et par conséquent très refroidis, n'émettant qu'un rayonnement faible, ou même nul, la force qui les fait graviter n'est plus égale au produit de leur masse et de la masse de leur astre central. Leur accélération vers ce dernier ne peut donc plus être proportionnelle à sa masse, mais seulement à une fraction de cette masse.

La diminution de leur rayonnement agit, soit comme une diminution de leur masse centrale, soit comme une augmentation de leur distance qui se traduit par une augmentation du temps de leur révolution.

Il en résulte que le rapport $\frac{t^2}{d^3}$, du carré du temps de leur révolution au cube de leur grand axe, est plus ou moins augmenté. Comme l'un et l'autre de ces facteurs sont donnés par l'observation, on peut constater avec évidence que la troisième loi de Képler est violée par les satellites, sans qu'on ait pu encore découvrir pourquoi.

Si tous les satellites d'une même planète subissaient le même degré de refroidissement, la durée de leurs révolutions s'allongeant également, le rapport

$$\frac{t^2}{t'^2} = \frac{d^3}{d'^3}$$

n'en resterait pas moins constant. On en conclurait seulement une masse centrale plus petite. Mais si la valeur de celle-ci est déterminée par une accélération relative vers le soleil, l'irrégularité apparaît avec évidence, sans qu'on ait pu l'expliquer jusqu'aujourd'hui.

Les satellites creux et les planètes télescopiques, fragments probables de mondes brisés, confinent à une quatrième catégorie de corps sidéraux dont l'origine paraît analogue et qui ne sont plus désignés, en général, que sous le nom de météores. Ce sont les étoiles filantes, bolides et aérolithes, et enfin les comètes qu'on n'en peut plus séparer.

Le souvenir légendaire de chutes et pluies de pierres s'est conservé dans presque tous les pays depuis la plus haute antiquité. Longtemps les savants ont contesté leur possibilité. C'est Laplace qui, je crois, consulté par Bonaparte sur ce qu'il en fallait penser, répondit : « Il ne peut tomber des pluies de pierres, parce qu'il n'y a pas de pierres dans le ciel. » Rien aujourd'hui n'est plus certain que ces chutes de matériaux cosmiques à l'état solide, d'une très forte densité, en général. Tous se sont trouvés constitués d'éléments chimiques qui nous sont connus, comme plus ou moins répandus dans la croûte solide de la terre, et dont les spectres se retrouvent dans le soleil.

Les comètes ne seraient autre chose que des agglomérations de ces météorites, ayant, dans l'espace, des trajectoires à peu près parallèles, d'où résulte leur trajectoire moyenne.

Tous ces corps ne seraient que des granulations de matière cosmique, de masses très diverses, mais peu considérables; des débris de monde disloqués ou décortiqués, soit par leurs rencontres mutuelles, soit par le passage violent de leur noyau de l'état liquide à l'état gazeux, ou des produits volcaniques projetés dans l'espace par les puissantes éruptions des corps creux. Ces granulations cosmiques vont, errantes dans l'espace, dans des routes, plus ou moins capricieuses, déterminées par les résultantes, sans cesse variables, de la gravitation sidérale, et qui se modifient chaque fois qu'elles passent dans la sphère de rayonnement de quelque corps plus considérable. Elles finissent par se réunir et s'agréger par groupes en vertu de leur gravitation mutuelle, et prennent alors des routes définies à travers les systèmes : ce sont alors des comètes.

Tant que ces granulations sont isolées, elles gravitent plus ou moins régulièrement vers les masses les plus considérables et surtout les plus voisines, dont le rayonnement calorifique les enveloppe d'éther inégalement dilaté, et leur communique des vitesses dans une direction déterminée. Les rapports de ces vitesses et de leurs directions aux forces centripètes qui les sollicitent, déterminent leurs trajectoires. Elles tombent ainsi sur les masses les plus voisines ou circulent autour d'elles dans des orbites régulières, que le voisinage d'autres corps chauds peut constamment modifier.

Leurs masses étant toujours infiniment petites, relativement à celle des corps vers lesquels elles sont poussées, ou plutôt aspirées, dans le sens de la moindre résistance, et, par conséquent, la chaleur propre qu'elles peuvent produire pouvant être considérée comme nulle, l'accélération vers elles du corps vers lequel elles gravitent, est également nulle.

La formule de leur accélération serait donc celle des corps froids (n° 5, 6 et 7, même chap., p. 733) ; mais comme leurs volumes sont très petits, bien que leurs densités soient grandes, le produit $r\,\delta$ de leur rayon et de leur densité, diviseur de leur accélération, devient négligeable.

Les variations de leur masse ne peuvent influencer l'accélération vers elles de leur astre central qui reste nulle, tant que sa masse, par rapport à la leur, est infiniment grande. Leur propre accélération vers lui varie donc exactement en raison inverse des carrés de leurs distances.

Cependant, tout corps matériel, même entièrement solide, ayant toujours une température propre supérieure à celle de l'éther intercosmique, son accélération vers les corps à proximité, a pour mesure générale les formules 3 et 4 (même chap., p. 733).

Telles sont les conditions dans lesquelles se meuvent tous les corps pesants qui, à des distances quelconques d'une masse sidérale, beaucoup plus forte et plus chaude, gravitent vers elle. Leur chute, plus ou moins imminente, à sa surface dépend uniquement de la direction de leur vitesse acquise dans l'espace et de cette vitesse.

Si l'astre central se trouve situé sur leur trajectoire parabolique, elles doivent inévitablement tomber sur lui. En tous les autres cas, elles gravitent autour de lui.

Tout se passe donc bien, en somme, comme si les corps s'attiraient, bien qu'ils ne s'attirent pas.

Il est une cinquième catégorie d'astres : ce sont les nébuleuses. Mais on a désigné sous ce nom des corps bien différents d'apparence et probablement de nature.

La plupart des premières nébuleuses, observées avec des instruments insuffisants, ont été réduites en systèmes d'étoiles par des observateurs munis des puissantes lunettes dont ils disposent aujourd'hui. Nos astronomes se sont même demandé si toutes les nébuleuses ne seraient pas également réductibles en étoiles avec des moyens optiques encore plus perfectionnés, ou pour des observateurs placés dans des mondes moins éloignés.

Cette question reste ouverte.

Toutefois, il semble aujourd'hui probable que certains de ces nuages cosmiques, mal limités, ne sont réellement constitués que de gaz lumineux très dilués. Ce seraient les vraies nébuleuses.

D'autres, au contraire, de contours sphériques réguliers et mieux définis, d'un diamètre sous-tendant quelques secondes d'arc, ou même quelques minutes, ce qui exclut l'hypothèse d'un éloignement infini, ne brillent cependant que d'une lumière pâle, égale et comme diffusée, bien différente de la lumière vive et scintillante des étoiles.

Ce sont les nébuleuses planétaires.

Si l'on suppose leur masse assez considérable pour que la chaleur qu'elle développe, au lieu de la liquéfier seulement, la fasse passer presque entièrement, ou pour une grand part, à l'état gazeux, on pourra se représenter un corps ayant l'aspect des nébuleuses planétaires, dont l'analyse spectrale a révélé la constitution gazeuse. L'éclat de leur noyau, encore en fusion, serait partiellement voilé par une atmosphère très profonde de vapeurs métalliques très épaisses, très lourdes et seulement translucides. De là cet aspect de lumière diffuse et uniforme, analogue à celle de lampes voilées de leur globe dépoli.

Les nébuleuses planétaires ne seraient alors que de plus grands soleils que leur grandeur même rendrait moins lumineux pour nous, mais dont la température serait, en réalité, beaucoup plus élevée et le rayonnement calorifique plus intense et plus étendu.

Sous la pression considérable de cette atmosphère épaisse et lourde qui les enveloppe et les voile, leur noyau liquide serait à un état de surfusion constant. Comme il résulterait de leur immense surface des pressions centrales énormes, développant une température excessive, il pourrait arriver un moment où, l'équilibre entre les pressions centrifuges et les pressions centripètes étant rompu, tout leur noyau liquide, à la fois, passerait à l'état gazeux, dans une conflagration subite, qui, déchirant leur atmosphère en lambeaux, et la semant pour ainsi dire dans toutes les directions de l'espace, les ferait passer à l'état de nébuleuses vraies.

Arrivées à cet état, ces immenses nuées gazeuses ne pourraient plus que se refroidir lentement et, par leur condensation successive autour de certains centres, donner naissance à de nouveaux systèmes d'étoiles plus petites, destinées à se refroidir et à se contracter, jusqu'à ce qu'elles aient atteint la température que leur masse peut entretenir à l'état constant.

Ces grands corps ne peuvent s'être formés que de l'agglomération de corps divers, successivement réunis par leur gravitation mutuelle. Leurs mouvements de rotation et de translation, déterminés par la résultante des mouvements, différents en vitesse et en direction, de tous les corps qui les ont constitués, sont probablement peu rapides. Il suffit de l'augmentation de leur volume, par leur passage à l'état gazeux, pour que leur rotation, tout au moins, devienne extrêmement lente, en vertu du principe de conservation des forces vives.

Si, par le concours des circonstances, cette vitesse de rotation est restée rapide par une transformation des mouvements de translation de leurs masses constituantes, c'est alors leur vitesse de translation qui aurait diminué.

Dans le premier cas, leur forme sphérique peut être facilement altérée ; dans le second, ils doivent devenir des ellipsoïdes très aplatis ou même des anneaux, mais on ne saurait comprendre comment chacun de ces anneaux se condenserait en une sphère unique, comme l'a supposé Laplace.

Comme les gaz qui les constituent doivent se stratifier, de leur circonférence à leur centre, par ordre de densité, leurs couches superficielles doivent être d'une grande légèreté. Multipliant par de petits facteurs l'unité de pression de l'éther par unité de surface, elles n'exercent sur les gaz sous-jacents que de faibles pressions, et par conséquent développent peu de chaleur dans les couches superficielles. C'est seulement vers le centre que l'accroissement des pressions devient rapide et la température développée considérable. Comme on ne peut concevoir en ces conditions un retour de leurs éléments gazeux à l'état liquide, leur centre doit être dans l'état de *vaporisation totale*. Ainsi s'expliquerait par le refroidissement de leurs couches superficielles, le peu d'éclat de leur surface, leurs volumes immenses, leurs formes qui sont, tantôt des ellipsoïdes à grandes excentricités, tantôt irrégulières et capricieusement déchiquetées, analogues à celles des nuages dits cumuli. Ces nuées cosmiques semblent obéir à des centres de condensations multiples, destinés à devenir d'autres astres distincts, formant de nouveaux systèmes d'étoiles.

Ceux-ci constitueraient les nébuleuses réductibles.

CHAPITRE XCVII

SYSTÈMES SIDÉRAUX NON CENTRÉS

Les systèmes d'étoiles qui constituent les nébuleuses réductibles, ont généralement des formes nettement limitées, globulaires ou elliptiques ou même annulaires, impliquant l'idée que chacun des corps qui les constituent est en mouvement relativement aux autres, mais que tous circulent autour d'un centre commun et que tout le système est emporté dans l'espace d'un mouvement général de translation dans une orbite d'une immense étendue.

Le plus généralement, on n'observe au centre de ces corps aucune étoile dont la grandeur soit analogue à celle de notre soleil, relativement aux planètes qui lui font cortège. Beaucoup de ces agglomérations stellaires globuleuses semblent constituées d'astres sensiblement égaux. Le centre des nébuleuses annulaires réductibles paraît vide. Si quelque grosse étoile se projette sur ce vide, il est presque sensible qu'elle n'appartient pas au système et qu'elle est beaucoup plus rapprochée de nous. On en eut parfois la preuve en constatant son déplacement relativement au système lointain situé derrière elle.

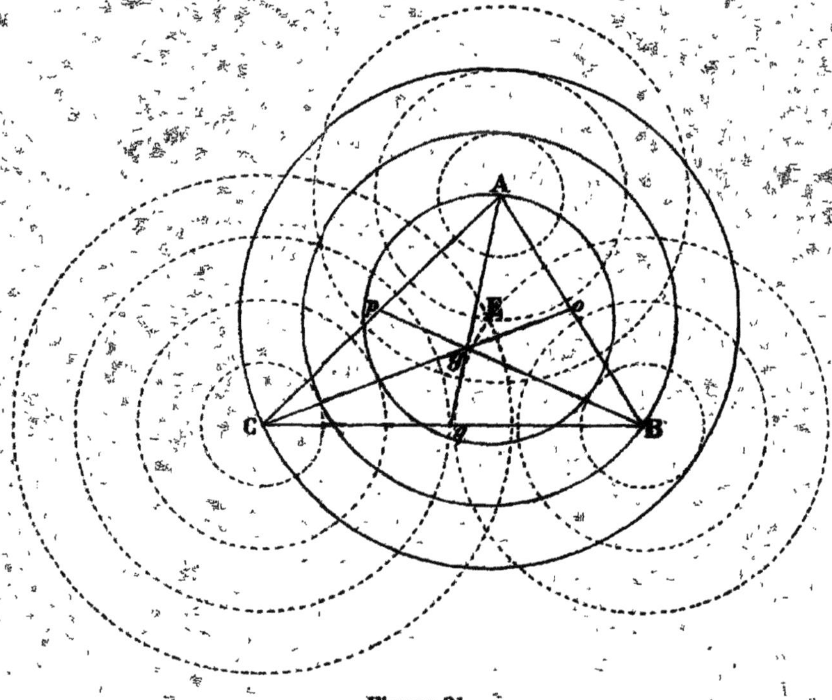

Figure 91.

Quelles peuvent être les conditions d'équilibre de ces systèmes non centrés?

Considérons trois corps A, B, C (fig. 90), que, pour simplifier le problème, nous supposerons égaux en masse et en température; si ces trois corps décrivent autour d'un foyer commun, E, des orbites dont les demi-grands axes soient entre eux comme les nombres 2, 3 et 4, chacun d'eux rayonnant sa chaleur en tous sens, sera sollicité à graviter vers ses deux voisins les plus proches, avec des accélérations variant en raison inverse des carrés de leurs distances, et suivant les droites AB, BC, CA. Ils seront donc comme aspirés dans le sens de la moindre résistance, vers les points *o*, *p*, *q*, dans le cône de dilatation qui les unit deux à deux, en même temps que poussés l'un vers l'autre par les pressions de l'éther, agissant sur leur hémisphère opposé.

Si les trois astres sont de masse égale, sur la droite AB il y aura un point *o* où la température de l'éther sera

$$t_0 = \frac{r_a\,\delta_a}{d_a{}^2} + \frac{r_b\,\delta_b}{d_b{}^2} \tag{8}$$

De même il y aura en *q* un point où elle sera

$$t_q = \frac{r_b\,\delta_b}{d_b{}^2} + \frac{r_c\,\delta_c}{d_c{}^2} \tag{9}$$

et en *p* elle sera

$$t_p = \frac{r_c\,\delta_c}{d_c{}^2} + \frac{r_a\,\delta_a}{d_a{}^2} \tag{10}$$

Chacun de ces trois corps sera donc sollicité à graviter vers le centre de figure du triangle A B C, suivant la résultante de deux forces.

Cette résultante, *r*, pour A, sera donnée par la proportion

$$r_a : t_o = sin.\ \mathrm{A} : sin.\ g\mathrm{A}_p. \tag{11}$$

Elle sera pour B

$$r_b : t_q = sin.\ \mathrm{B} : sin.\ g\mathrm{B}_o. \tag{12}$$

Pour C, on aura

$$r_c : t_p = sin.\ \mathrm{C} : sin.\ g\mathrm{C}_q. \tag{13}$$

Ces trois résultantes convergeront au point *g*, centre de figure du triangle A B C : donnant la somme

$$s = ra + rb + rc.$$

Mais vers ce même point g convergent les rayonnements directs des trois corps A, B, C, dont les valeurs s'y ajoutent et donnent la somme :

$$(14) \quad S\theta = \frac{r_a \delta_a}{g_a^2} + \frac{r_b \delta_b}{g_b^2} + \frac{r_c \delta_c}{g_c^2} + r_a + r_b + r_c$$

où g_a, g_b, g_c, sont les distances de g aux trois corps A, B, C.

Cette somme de chaleur rayonnée au centre du triangle par les trois corps qui en occupent les sommets, s'ajoute pour chacun d'eux à la résultante qui les sollicite déjà à graviter vers g où, fatalement, ils finiraient par se réunir, s'ils étaient immobiles, comme si ce point g était occupé par une masse de rayonnement égal.

Mais si les trois corps sont en mouvement dans leurs orbites, et que nous leur supposions des temps de révolution égaux, leur équilibre sera constant. Le centre de gravité du système g décrira seulement dans le même temps un petit cercle autour du foyer commun E des trois orbites.

Il résulterait de cette hypothèse une violation de la troisième loi de Képler, d'après laquelle les carrés des temps des révolutions doivent être proportionnels au cube des grands axes des orbites.

D'un autre côté, si la loi de Képler est observée, que les temps des révolutions soient différents et d'autant plus longs que les orbites sont plus vastes, les trois corps se déplaçant les uns par rapport aux autres, la résultante qui les sollicite à tomber en g varierait constamment en valeur et en direction pour chacun d'eux. L'équilibre du système serait instable. Chaque fois que, périodiquement, les corps dont l'orbite est la plus petite et la révolution plus courte, passeraient devant les autres, cet équilibre serait troublé. Il y aurait des perturbations rapprochant du centre les corps les plus éloignés. Finalement tous tendraient à se rapprocher du centre g.

Pour que la loi de Képler soit observée, sans compromettre la stabilité du système, il semble donc que les trois corps devraient circuler dans la même orbite et s'y poursuivre d'une vitesse égale, en gardant leurs distances sans se rencontrer jamais.

Cependant, si au lieu de trois corps on en suppose un grand nombre, circulant dans des orbites peu différentes, en suivant la loi de Képler, chacun d'eux, sollicité à la fois par tous ceux qui l'entourent, ne subirait plus de la part des corps les plus intérieurs que des perturbations passagères, impuissantes à le faire dévier de sa route, et l'équilibre total du système pourrait se maintenir en moyenne.

Toutefois, faudrait-il qu'aucune masse trop grosse et trop chaude n'exerçât sur les corps voisins une influence trop prépondérante, qui, dans un temps plus ou moins long, forcerait les autres corps à graviter autour d'elle en formant un système centré.

S'il existe des systèmes stellaires formés seulement de quelques étoiles, gravitant autour d'un centre commun vide, ce doit donc être sous deux conditions :

1° Que les masses de ces astres soient sensiblement égales ;

2° Qu'elles circulent d'une même vitesse dans la même orbite, d'un mouvement angulaire commun.

Il en peut être autrement des grandes nébuleuses réductibles, formées d'agglomérations considérables d'étoiles, d'éclat sensiblement égal, et probablement de masses peu différentes.

Si leurs masses sont inégales, ce doit être une condition d'équilibre du système que les plus grosses circulent à la périphérie, plutôt qu'au centre, empêchant ainsi leur condensation vers un centre de gravitation commun.

Leurs orbites devraient être dans des plans différents, lentement croissantes, ainsi que les temps de leurs révolutions, de sorte que leurs mouvements diffèrent aussi peu que possible d'un mouvement angulaire commun.

Telles paraissent être les conditions remplies par les nébuleuses réductibles globulaires ou elliptiques.

On peut concevoir également, en des conditions analogues, l'équilibre des nébuleuses annulaires qui présentent moins de chances de condensation vers le centre.

Seulement dans les nébuleuses annulaires, surtout si les masses des corps qui les constituent sont très inégales, il peut se produire des systèmes secondaires, circulant d'une même vitesse autour d'un centre vide, ou, au contraire, des systèmes centrés, gravitant suivant les lois de Képler.

Ces systèmes secondaires circuleraient eux-mêmes dans une

orbite commune et pourraient être entraînés dans un même mouvement angulaire en conservant leurs distances.

On peut concevoir sous ces conditions l'équilibre de notre grande nébuleuse annulaire, la voie lactée, qui n'est certainement pas un système centré, et dans laquelle circulent probablement les groupements d'astres les plus différents sous des conditions d'équilibre variées.

Notre soleil, d'après Secchi et la plupart des astronomes contemporains, ferait partie d'un de ces systèmes, probablement globulaire, mais qui ne semble pas pouvoir être centré. Toutes les étoiles des six premières grandeurs, tout au moins celles visibles à l'œil nu, dans notre ciel, feraient partie de ce groupe. Si les plus brillantes, qui sont évidemment les plus voisines, ont, en général, les vitesses de déplacement propre les moins grandes, c'est qu'elles circulent dans des routes plus ou moins parallèles à celle du soleil, avec des vitesses angulaires peu différentes.

Si, au contraire, les mouvements propres les plus rapides sont très généralement observés sur de petites étoiles, plus lointaines, c'est que celles-ci circulent du même côté du centre que notre soleil, mais aux limites extrêmes du système dans des orbites immensément vastes, où elles n'avancent que lentement. Dans ce cas, leur mouvement apparent n'est qu'une différence de vitesse angulaire. Ou bien ce sont des étoiles, situées au delà du centre commun du système, vers les points diamétralement opposés à celui occupé par notre soleil; et alors leur mouvement apparent est la somme angulaire de leur déplacement et de celui du soleil. Ce mouvement apparent devrait donc être beaucoup plus rapide, mais comme elles sont beaucoup plus éloignées, il ne peut sous-tendre que des angles très petits.

Enfin, toutes les étoiles qui se meuvent dans le même sens que le soleil, devant ou derrière lui, doivent sembler presque immobiles, leur déplacement ayant lieu en profondeur, dans la direction du rayon visuel. Si elles ont de petits mouvements propres apparents, ils ne peuvent résulter que des inclinaisons différentes du plan de leurs orbites sur l'orbite du soleil.

CHAPITRE XCVIII

L'ÉVOLUTION DES ASTRES

De ces principes pouvons-nous induire le processus de formation et de dissolution des systèmes sidéraux, de leur commencement et de leur fin ?

Il est de toute évidence, d'après notre théorie, comme d'après celle de Newton, que les petits corps ont une tendance générale à graviter vers les plus gros et à tomber sur eux.

Toutes les granulations de matière cosmique, errantes dans l'espace à l'état solide, qui constituent les aérolithes, tendent à s'agglomérer entre elles, quand elles se rencontrent à petites distances, avant d'aller tomber dans quelque soleil ou sur quelque planète.

Ces agglomérations cosmiques, qui sont évidemment des débris de vieux mondes déjà détruits, voyagent dans des orbites plus ou moins capricieuses, paraboliques ou hyperboliques, soit autour d'un seul soleil, soit autour de plusieurs, qu'elles visitent périodiquement, jusqu'à ce qu'elles tombent sur l'un d'eux.

Par leur agglomération, elles constituent certainement les comètes, formées d'éléments solides discontinus, comme l'a constaté l'astronome M. Schiaparelli. Les comètes jouent ainsi le rôle de balais de l'espace, pour en entraîner et en rassembler les poussières et rendre à l'éther sa pureté et sa transparence.

Les comètes, ainsi formées de granules indépendants, et sans cohésion, n'en obéissent pas moins à la même loi de gravitation. Elles sont poussées par les pressions de l'éther froid vers les corps chauds et passent ainsi successivement par les températures les plus extrêmes. A leur aphélie, elles restent constituées par de petits fragments de corps solides, très denses, simplement juxtaposés, et voyageant de conserve dans l'éther, en vertu de leur vitesse acquise, jusqu'au point extrême de leur orbite, où, rebroussant chemin, elles reviennent, d'une chute accélérée, se liquéfier et même se volatiser, à leur périhélie, en répandant une vive lumière en partie propre et en partie réfléchie.

Généralement globuleuses, quand elles disparaissent obscures dans les lointains espaces, à mesure qu'elles approchent du soleil, leur forme se modifie. Elles deviennent elliptiques, s'allongent de plus en plus, se montrent généralement formées d'un noyau lumineux, excentrique, enveloppé comme d'un voile, par une atmosphère d'éléments plus ténus, probablement gazeux, en grande partie, et qui semble d'abord traîner derrière elles.

A mesure qu'elles approchent du soleil, ce voile ou cette queue traînante prend une direction de plus en plus nettement opposée au soleil et normale à sa surface. Lors de leur passage au périhélie, cette queue se recourbe et parfois se partage, se déchire en plusieurs lambeaux.

Il est aisé d'expliquer ces changements d'apparence par les lois de la physique, sans avoir besoin de supposer des états particuliers de la matière.

Les éléments solides d'une comète suivent chacun une trajectoire indépendante. Ce sont des astres infiniment petits voyageant d'une même vitesse, dans des orbites enchevêtrées, qui les exposent à de nombreuses rencontres. De ces chocs périodiques résulte, avec des cassures qui réduisent leur volume moyen, une trajectoire moyenne et un volume croissant, avec une moindre densité moyenne.

A mesure que l'agglomération s'approche du soleil, sa température s'élève, ses éléments solides s'échauffent. Les plus volatiles passent à l'état gazeux, constituant autour des granulations solides, de plus en plus divisées et dispersées, une atmosphère très transparente, se laissant traverser par la lumière des étoiles, mais cependant résistante.

C'est ainsi que dans une membrane insuffisamment remplie de gaz et contenant aussi des éléments solides à l'état pulvérulent, ceux-ci, dans la chute parabolique de l'ensemble, tombent du côté où la pesanteur les sollicite, tandis que les gaz remontent du côté opposé.

De même, les éléments solides les plus denses d'une comète qui approche du soleil, tombant vers lui d'une chute accélérée, les moins denses, bien que sollicités par les mêmes forces à prendre la même vitesse, ayant à vaincre une résistance relativement plus grande du milieu gazeux qui les enveloppe, retardent sur les premiers, et tendent ainsi à décrire une trajectoire de plus grand rayon, qu'ils doivent néanmoins parcourir dans le même temps.

C'est pourquoi, à son passage au périhélie, toute comète un peu considérable traverse une phase critique où elle tend, plus ou moins, à se dissocier en fragments. On en connaît qui se sont divisées alors en deux comètes distinctes ayant conservé depuis des orbites et des périodes différentes.

En effet, tandis que leurs éléments les plus denses sont moins retardés par la résistance de leurs éléments gazeux, sous l'action de la force centrifuge, elles acquièrent, au moment de leur passage au périhélie, une force vive qui leur permet de doubler le cap redoutable. Après avoir atteint le sommet de leur parabole, elles doivent retomber, d'un mouvement retardé, de l'autre côté du soleil, en dépassant le mouvement du noyau cométaire, de façon à continuer de lui constituer une queue, toujours normale à la surface du soleil, et par conséquent formant une courbe de sens contraire à celle qu'elle dessinait avant d'avoir franchi ce point critique.

Pendant ce même temps, les éléments les moins denses de la queue, et surtout ses éléments gazeux, ainsi séparés des éléments les plus denses, ont dû continuer leur course, avec leur vitesse acquise, et tendre, par conséquent, à fuir par leurs tangentes, formant ainsi d'abord une seconde queue ou même plusieurs. On en a ainsi constaté jusqu'à sept, qui rayonnaient de la même comète, selon des angles différents avec la normale de la surface solaire, mais généralement de longueur et de constitution différentes. Difficilement ces queues multiples peuvent reconstituer leur unité et rejoindre l'agglomération cométaire sur laquelle elles sont en retard.

Une partie de leurs éléments, au moins, doit aller se perdre dans l'espace, formant de petites comètes indépendantes. Le reste doit retomber plus ou moins verticalement sur le soleil, quand le noyau cométaire est déjà passé, s'ils ne rejoignent ce noyau obliquement.

On conçoit, du reste, que les phénomènes soient très différents selon qu'il s'agit de comètes entraînées dans le mouvement commun du système solaire, ou de comètes rencontrées par ce système dans sa trajectoire propre à travers l'espace. Dans ce dernier cas, les faits doivent différer selon que la trajectoire de la comète est dans le plan de celle du soleil ou dans un plan très différent, ou selon que le point périhélie se trouve en avant ou en arrière du soleil, par rapport à son mouvement propre. Car s'il se trouvait que le soleil courût directement sur une comète au moment même où elle atteint le sommet de sa course avant de rétrograder, il est fort à parier qu'il l'absorberait tout entière.

Il n'en résulterait probablement pour nous, sur la terre, qu'une saison exceptionnellement chaude. Il pourrait bien s'être passé quelque chose d'analogue dans cette année 1811 dont le bon vin est resté légendaire. Mais les masses des plus grandes comètes sont si petites, relativement à celle du soleil, qu'il en faudrait beaucoup pour altérer sensiblement l'équilibre de notre système et modifier les périodes des mouvements planétaires d'une façon définitive.

Toutefois, tous les éléments cosmiques agglomérés en masses cométaires étant destinés à tomber plus ou moins vite sur quelque soleil ou planète, ces additions successives de corps pesants doivent finir, dans la suite des temps, par augmenter sensiblement la masse des corps sidéraux, et par conséquent leur température.

Or, d'après nos principes, les corps dont la température s'élève gravitent plus vite les uns vers les autres, par conséquent s'approchent les uns des autres. A mesure que le grand axe de leur orbite diminue, le temps de leur révolution diminue, en vertu de la troisième loi de Képler.

Dans la succession des temps, il doit en résulter que tout satellite doit tomber un jour sur sa planète et toute planète sur son soleil.

Finalement, celui-ci doit grossir sans cesse et devenir une étoile d'autant plus brillante et plus chaude, dont le rayonnement, s'étendant plus loin, exerce son action sur des corps plus lointains. Elle doit ainsi s'agréger de nouvelles planètes, restées indépendantes dans l'espace, dans des orbites qui leur sont propres, ou dérober au passage les planètes les plus lointaines qui suivent d'autres soleils plus petits et même entraîner ceux-ci à sa remorque.

Cette captation de planètes par un soleil aux dépens des autres est surtout possible entre systèmes voisins, animés de vitesse de même ordre et de même sens, bien que dans des plans un peu différents.

Il s'ensuit que les corps sidéraux grossissent d'autant plus et d'autant plus vite qu'ils sont déjà plus gros, et que plus ils ont dévoré de planètes avec leurs satellites, plus ils peuvent en dévorer.

Il y a un terme fatal à cette évolution. Il est dans l'excès même de la chaleur développée par ces énormes masses. Dès que cette chaleur est assez intense pour ne plus permettre à l'astre qui la produit de conserver l'état liquide, le cataclysme est inévitable. La masse du noyau, que l'énormité de la pression qu'il supporte maintient seule à l'état liquide, est justement dans un état analogue à celui des gaz liquéfiés par la pression. Si la pression devient insuffisante, le liquide fait explosion tout à la fois en se volatilisant.

Or la pression extérieure croissant sur un astre comme son rayon, avec la hauteur de l'atmosphère d'éther mobile qui l'enveloppe de ses courants (Voy. ch. LXXXIV, p. 637), la température moyenne de sa masse augmente comme le carré de ce rayon et sa température au centre comme trois fois sa masse (Voy. ch. LXXXVII, p. 653). La limite de la température où l'état liquide n'est plus possible doit donc inévitablement être atteinte par le grossissement progressif d'un corps sidéral.

Se figure-t-on cette aventure arrivant au soleil; l'immense déflagration qui se produirait et l'augmentation de volume de toute cette masse volatilisée, arrivant ainsi, tout à coup, à l'état de nébuleuse?

Tel doit être le sort des soleils devenus trop gros, qui, par excès de leur chaleur même, passant à l'état gazeux, perdent leur pouvoir thermogénique et ne peuvent plus que se condenser lentement de nouveau, en se refroidissant, et recommencer ainsi un nouveau cycle évolutif.

Du reste, qu'on se rassure quant à notre soleil, qui n'est pas près d'atteindre cette limite. Toutes les planètes de notre système ne grossiraient sa masse que de moins de 1/700e. Si cette masse devenait 8 fois plus grande, en supposant que sa densité reste constante, son rayon deviendrait double, comme la pression à sa surface, et sa température moyenne deviendrait 4 fois plus élevée, avec une pression et une température centrales 8 fois plus fortes. Mais comme, évidemment, sa densité diminuerait, son rayon étant plus que doublé, ces rapports seraient altérés.

Si toute la masse du soleil passait à l'état gazeux, à la densité de l'hydrogène à 0°, son volume serait multiplié par environ 22.000. Si la pression à laquelle sa masse est soumise était anéantie, à sa température moyenne actuelle, le volume de sa masse gazeuse serait environ trois millions de quatrillons de fois son volume actuel.

Mais dans cette dilatation énorme il perdrait toute sa chaleur. Ce ne serait plus qu'une de ces nébuleuses qui peuvent sous-tendre des angles sensibles pour nos instruments, mais d'une lumière diffuse insensible à l'œil nu.

Dans l'énorme conflagration d'un soleil faisant ainsi explosion, sa forme sphérique peut être modifiée. Une telle masse ne peut passer soudain de l'état liquide à l'état gazeux, sans éparpiller dans l'espace des éclaboussures, des étincelles, des gouttes de métaux en fusion, qui, lancées dans toutes les directions avec des vitesses de projection énormes, doivent s'écarter de leur source en lignes droites, en vertu de leur vitesse acquise, jusqu'à ce que les variations thermiques locales de l'éther leur tracent des routes fixes, autour d'autres mondes.

Ces éclaboussures de soleils détruits vont tomber sur d'autres soleils ou sur leurs planètes, ou bien elles sont, en attendant, recueillies par les comètes errantes qui les porteront à d'autres soleils, établissant ainsi à travers l'infini des cieux et des mondes le circulus perpétuel de la matière.

Quant aux matériaux de ces soleils que leur explosion a dispersés dans l'espace, sous forme de nébuleuses, toutes leurs conditions de mouvement se trouvent modifiées. Ils n'ont passé à l'état gazeux que par leur mélange intime avec l'éther ambiant qui enveloppe leurs molécules ; et la force centrifuge de ces molécules en rotation tend à les disséminer dans l'espace à une densité d'autant plus faible que leur température est plus élevée.

Il résulte de l'augmentation de volume de ces corps que leur vitesse angulaire de rotation est considérablement ralentie. La somme de leurs forces vives devant rester constante, la durée de leur rotation augmente comme le carré de leur rayon.

Plus leur température est élevée, plus elle fait équilibre aux pressions extérieures de l'éther et diminue les pressions centripètes de leurs éléments matériels. Cette diminution des pressions centripètes, jointe à la lenteur de leur rotation, diminue l'ensemble des forces qui tendent à maintenir leur forme de sphéroïde, mettant en liberté les réactions mutuelles de leurs éléments qui tendent à l'altérer.

Sous forme de nuées flottantes, irrégulières et à peine lumineuses, ces nébuleuses doivent occuper de vastes espaces; et leurs mouvements de translation ayant été altérés, aussi bien que leur mouvement de rotation, par les réactions mutuelles de leurs éléments dissociés et dispersés, elles peuvent se trouver sur la route d'autres systèmes.

Ce sont les écueils de l'espace.

Se figure-t-on un soleil entraînant son cortège de planètes à travers une de ces nuées de gaz cosmiques encore incandescents ?

Naturellement toute vie serait détruite à leur surface plus ou moins calcinée. Leurs enveloppes solides y seraient de nouveau fondues. Ce serait une rétrogradation dans l'évolution naturelle du système qui sortirait de cette fournaise, sous des conditions de mouvement et d'équilibre toutes nouvelles.

Ce serait tout le processus vital qui devrait recommencer sous des conditions d'adaptations toutes nouvelles.

Si, au contraire, un système planétaire se mouvait tout à coup au milieu d'une nébuleuse éteinte, en voie d'une nouvelle condensation, tous ses êtres vivants périraient étouffés dans cette atmosphère contraire à leurs conditions vitales, et qui se mélangerait avec celle à laquelle leurs organismes sont adaptés.

Combien de fois notre système a-t-il subi de ces révolutions et de ces anéantissements de la vie sur les petits globes qui le constituent ? C'est probablement ce que nous ne saurons jamais. Car chaque fois, il a dû en sortir sous des températures qui non seulement ont détruit les traces de la vie, mais aussi ont plus ou moins reliquéfié les croûtes solides de ses mondes.

Un système planétaire traversant ainsi une nébuleuse, y ferait comme une déchirure. Chacune de ses planètes en entraînerait des lambeaux qui, se mêlant d'abord à leurs atmosphères, s'y condenseraient et s'uniraient à ses éléments solides ou liquides par des combustions et des associations chimiques diverses.

Au sein de la nébuleuse déchirée, sous un équilibre dynamique nouveau, se produiraient sans doute des points multiples de condensation, noyaux de corps distincts futurs et de nouveaux sphéroïdes planétaires destinés à reconstituer un système.

Mais il semble difficile et hautement improbable que de telles nébuleuses se subdivisent en anneaux concentriques, selon l'hypothèse de Laplace.

Cette hypothèse suppose, comme première condition, une vitesse angulaire de rotation assez grande pour que la force centrifuge développée l'emporte sur la force centripète, et nous venons de voir, au contraire, que leur vitesse angulaire doit être très petite.

Dans une sphère gazeuse en rotation la trajectoire de chaque molécule doit être considérée comme indépendante. Supposons à l'équateur une molécule de masse *m*. Elle est soumise à deux forces : la pesanteur et la force centrifuge. Pour que cette molécule s'écarte définitivement du centre par la tangente à son mouvement, il faut que la force centrifuge l'emporte sur la pesanteur.

Il faut $\frac{4\,\pi^2\,r}{t^2} > g$.

Si la vitesse de rotation est très lente, cette condition ne peut être remplie. Par conséquent, des anneaux de matière ne peuvent se détacher d'une telle sphère, comme le suppose l'hypothèse de Laplace.

Dans l'hypothèse de l'attraction où se plaçait Laplace, la pesanteur diminuant à la surface d'une sphère en raison inverse du carré de son rayon : elle eût été, en effet, très faible à la surface de la nébuleuse, supposée étendue jusqu'à l'orbite de Neptune ; mais si le temps de sa rotation eût été égal à celui de la translation actuelle de cette planète, la pesanteur y eût encore prédominé sur la force centrifuge, puisque Neptune reste attaché au système solaire.

Il résulte du principe de la conservation des forces vives que si le rayon d'une sphère augmente, la vitesse de sa rotation diminue. La valeur de la force centrifuge étant $\frac{4\,\pi^2\,r}{t^2}$, et celle de la force vive étant $\frac{4\,\pi^2\,r^2}{t^2}$, si le rayon augmente de *a*, la force centrifuge devient seulement $\frac{4\,\pi^2\,ra}{t^2}$, tandis que la force vive $= \frac{4\,\pi^2\,r^2\,a^2}{t^2}$.

Pour que celle-ci reste constante, le temps de la révolution doit augmenter de a^2; ce qui réduit la force centrifuge à la valeur $\frac{4\,\pi^2\,ra}{t^2\,a^2}$. Elle a donc diminué de a, en raison inverse de l'accroissement du rayon, et la force vive se retrouve, après l'accroissement a du rayon et l'accroissement a^2 du temps de la révolution, ce qu'elle était auparavant :

$$F = \frac{4\,\pi^2\,r^2}{t^2} = \frac{4\,\pi^2\,r^2\,a^2}{t^2\,a^2}$$

Cette loi détruit toute l'hypothèse de la nébuleuse que Laplace a proposée à la fin de son *Système du monde*, mais sans y insister et sans la soumettre au calcul.

Si les matériaux pesants de tout le système solaire avaient occupé primitivement un volume ellipsoïde dont l'orbite de Neptune aurait été l'équateur, et que le temps de la révolution de ce sphéroïde eût été égal à celui de la révolution actuelle de cette planète ; comme les mêmes matériaux pesants, moins 1/700, sont aujourd'hui condensés sous le volume du soleil, en vertu du principe de la conservation des forces vives, le soleil actuel, au lieu de tourner en 25 jours, devrait accomplir sa rotation en *deux minutes* (ou 125 secondes).

Or, bien loin d'avoir augmenté de vitesse sur la vitesse de Neptune, tandis que cette planète dans sa translation parcourt 5 kil. 387 par seconde, la vitesse de rotation du soleil à son équateur n'est que de 2 kilomètres par seconde. Cette vitesse se serait donc ralentie, au lieu de se précipiter, depuis sa condensation, ce qui est contraire au principe de conservation des forces vives sur lequel s'appuyait Laplace.

A l'époque où il émettait cette hypothèse longtemps négligée par les astronomes, mais qui depuis a fait si grande fortune et est devenue populaire, surtout grâce au philosophe anglais Herber Spencer, qui en a fait la pierre angulaire de tout un système, plus analogique que logique, notre dernière planète Neptune n'était pas découverte, et celle d'Uranus venait de l'être. Pour Laplace la nébuleuse ne s'étendait donc, au principe, que jusqu'à l'orbite de Saturne. Elle devait accomplir sa révolution en moins de trente ans.

Il se trouve que, dans ces limites, l'hypothèse est plus impossible encore. Le soleil, il est vrai, devrait employer 226 secondes, au lieu de 125, pour accomplir actuellement sa rotation; mais il se trouverait que sa vitesse sur son équateur se serait encore ralentie, puisque, au lieu des 2 kilomètres qu'il parcourt par seconde, la vitesse de translation de Saturne est de 0 kil. 364 par seconde, ou un peu moins du double de celle de Neptune.

Si, de même, la masse de la terre avait constitué autrefois une sphère ayant pour équateur l'orbite de la lune, aujourd'hui, la terre, sous son volume actuel, devrait tourner, non pas en 24 heures, mais en 10 minutes (648″), et sa vitesse de rotation à son équateur qui est de 643 mètres aurait diminué sur celle de la lune dans son orbite qui est de 1 kilomètre (1 k. 028).

Si tous les éléments matériels du soleil avaient constitué autrefois une sphère ayant pour équateur l'orbite de Neptune, la densité de cette nébuleuse eût été seulement de 0,000000000005 ou de cinq trillionièmes, en supposant la densité actuelle de la terre cinq fois et demie celle de l'eau et la masse du soleil de 5.785.300 sextillions de tonnes.

Les différences des plans des orbites des corps du système solaire et de leurs excentricités soulèvent d'ailleurs bien d'autres objections, ainsi que la translation si évidemment rétrograde des satellites d'Uranus et de Neptune.

L'absence de toute sériation dans les masses et les densités des planètes et de tout rapport entre leurs masses et leurs distances au soleil n'est pas moins inconciliable avec l'hypothèse de la nébuleuse qui doit être abandonnée, comme contraire aux faits mêmes qu'elle avait pour but d'expliquer. Car si tout s'était passé comme l'avait supposé Laplace, on devrait constater entre les masses planétaires et les grands axes de leurs orbites des relations constantes de proportionnalité qui n'existent pas. Chacune de ces masses devant, en effet, provenir de sphères creuses, dont les épaisseurs auraient été proportionnelles aux différences de leurs distances actuelles du soleil, les plus grosses planètes devraient être les plus éloignées, et cet ordre n'existe pas.

L'on accorderait l'hypothèse de la formation successive d'anneaux, par suite de la condensation progressive de la nébuleuse, qu'il resterait à démontrer cette supposition bien plus impossible de la condensation de chaque anneau en une sphère unique, se subdivisant à son tour en anneaux qui se fussent tous condensés en une seule sphère pour former les satellites... Il semble de toute évidence que de tels anneaux, en se condensant, donneraient plutôt naissance à des corps multiples, gravitant dans des orbites un peu différentes et non pas chacun à un seul corps.

La même objection est valable contre la formation d'un seul satellite par anneau autour des planètes.

Toute cette hypothèse est empreinte de l'esprit centralisateur du temps qui l'a vue naître. Laplace a conçu la création de son système du monde comme l'Empire organisait la France, en départements, arrondissements, cantons et communes.

Sans son désir d'expliquer l'anomalie de l'anneau de Saturne, Laplace eût tout simplement supposé dans la nébuleuse des centres de condensation multiples et très inégaux, qui eussent donné naissance chacun à une sphère. Naturellement, toutes ces sphères, entraînées d'un mouvement de translation commun, se fussent mises à graviter les unes autour des autres, les plus petites autour des plus grosses. Par ce fait leurs orbites eussent pu avoir, avec des inclinaisons et des excentricités différentes, des translations et des rotations de même sens autour du corps central, en permettant des exceptions en ce qui concernait les satellites; puisque le mouvement de ces derniers devait avoir été déterminé par la position initiale de leur planète.

Dans ces conditions et ainsi simplifiée, l'hypothèse de la nébuleuse peut être vraie. Elle est peut-être le processus selon lequel de nouveaux systèmes proviennent des anciens, lorsque, par suite de leur passage à l'état gazeux, leurs éléments se sont dispersés dans l'espace.

L'état de nébuleuse, au lieu d'être le point de départ des systèmes de planètes groupées autour d'un soleil, serait au contraire la phase finale de leur évolution.

Une fois arrivées à l'état gazeux final, les nébuleuses, au lieu de se subdiviser en anneaux concentriques, donneraient lieu à des centres de condensation multiples qui, par leur contraction successive, reproduiraient directement des sphéroïdes de masses diverses, destinés à s'agréger eux-mêmes en systèmes, plus ou moins complexes, suivant leurs distances réciproques, leurs vitesses acquises et leurs directions initiales dans l'espace.

Une nébuleuse à l'état entièrement gazeux peut se refroidir à des températures très basses, sans que ses éléments repassent à l'état solide ou même liquide, et, si son mouvement de rotation est très lent, comme il doit l'être s'il provient de la volatilisation d'une très grosse masse liquide, sa forme peut n'être pas celle d'un sphéroïde de révolution régulier.

Comme c'est par sa surface qu'une nébuleuse se refroidit, c'est par sa surface que commence sa condensation. Ses couches superficielles doivent d'abord se résoudre en vapeurs vésiculaires qui s'agglomèrent en nuages et, se résolvant en gouttes, constituent ainsi des centres de condensation multiples qui tendent à s'unir entre eux pour former des corps sphériques indépendants, animés de mouvements relatifs très divers. Il doit ainsi se produire, corrélativement, des centres de dépression, par conséquent des courants, des vents véritables, un équilibre toujours instable des couches gazeuses superposées. Il semble donc probable que, dans la longue suite des temps, il devrait sortir de là, non des anneaux, régulièrement concentriques, qui n'auraient aucune raison de se former dans un corps sphérique en rotation très lente, mais des corps sphériques indépendants, entraînés dans la rotation générale et en rotation sur eux-mêmes, formant des centres de tourbillons particuliers dans le tourbillon général, et emportant chacun autour d'eux une atmosphère gazeuse.

De là peut résulter un système parfaitement équilibré, analogue à notre système solaire et aux autres systèmes d'étoiles dont la présence est constatée dans l'espace.

La transformation d'une sphère sidérale en étoile nébuleuse, celle d'une nébuleuse sphérique en nébuleuse annulaire, au lieu de pouvoir résulter de son lent refroidissement, comme l'a supposé Laplace, ne peut donc être que l'effet de son réchauffement successif, qui, en augmentant, avec la force vive de ses éléments constituants, leur force répulsive mutuelle, ferait équilibre aux pressions de sa masse sur elle-même en diminuant sa densité.

Quant à notre système solaire, en particulier, il est absolument impossible qu'il provienne de la condensation progressive d'une nébuleuse sphérique en anneaux qui se seraient eux-mêmes condensés en corps sphériques.

Cependant, on observe des nébuleuses annulaires, généralement réductibles, constituées, comme la Voie Lactée, d'un anneau simple, formé d'étoiles distinctes, parmi lesquelles il est aussi des nébuleuses vraies. Il y a même des nébuleuses qui semblent formées de plusieurs anneaux concentriques, et qui jusqu'ici sont restées irréductibles.

Comment expliquer leur formation et leur constitution?

Il n'est pas démontré qu'un soleil dont la température intérieure l'emporte sur les pressions extérieures, passe tout à coup et tout entier à l'état gazeux.

Le point de volatilisation des corps s'élève généralement avec leur densité. Par conséquent, les substances les moins denses qui constituent les couches supérieures d'une sphère sidérale, se volatilisent les premières et constituent sa première atmosphère. A mesure que sa masse augmente et que la température moyenne de son noyau en fusion s'élève, d'autres substances, plus denses, se volatilisent et lui constituent une atmosphère plus profonde et plus lourde, dont la pression retarde d'autant plus la volatilisation des autres substances restées liquides à la surface de son noyau.

C'est ainsi que notre soleil est probablement constitué d'un noyau liquide très dense, enveloppé d'une atmosphère gazeuse dont la profondeur représente une fraction notable de son rayon.

Si la moitié de la masse qui lui est attribuée, et qui est vraisemblablement trop faible, en supposant à la terre une densité de 5,5, était condensée, sous forme de noyau liquide, dans une sphère de rayon moitié plus petit, qui représenterait par conséquent 1/8 de son volume actuel, la densité moyenne de ce noyau liquide serait de 5,56, c'est-à-dire à peine plus élevée que celle de la terre. La densité moyenne de son atmosphère, représentant la moitié de sa masse et les 7/8 de son volume total, et dont la profondeur serait de la moitié de son rayon, serait inférieure à celle de l'eau à zéro, ou 0,8656. C'est une densité que, sous des pressions considérables, bien des vapeurs métalliques peuvent atteindre à de très hautes températures.

Notre soleil serait ainsi réellement une étoile nébuleuse.

On peut donc concevoir qu'un tel soleil, tout à coup augmenté de la masse d'une de ses planètes, reçoive du choc un tel accroissement de chaleur et un tel accroissement de sa vitesse de rotation qu'une forte portion de son noyau liquide, passant soudainement à l'état de vapeur et lancé dans l'espace par la force centrifuge, soudainement accrue, forme autour de son équateur un anneau, d'abord nébuleux et bientôt après condensé à l'état liquide ou solide par un rapide refroidissement.

Mais une planète ne peut tomber sur son soleil d'une chute verticale normale à sa surface. En vertu de sa vitesse tangentielle acquise, elle ne peut y tomber que d'un mouvement héliçoïdal, en rasant de plus en plus près sa surface équatoriale.

Tant qu'en passant à son périhélie, la planète n'entrera en contact qu'avec les couches les plus élevées et les moins denses de l'atmosphère solaire, il n'y aura qu'un puissant dégagement de chaleur et de lumière. La planète s'embrasera comme le font nos étoiles filantes. En même temps son mouvement sera un peu retardé par la résistance des gaz pesants qu'elle a déplacés.

Cette diminution de sa vitesse tangentielle entraînera celle du grand axe de son orbite, et à son prochain retour à son périhélie, elle s'approchera encore plus près de son soleil et traversera une couche plus profonde de son atmosphère, en répandant plus de lumière et dégageant plus de chaleur.

Elle-même, liquéfiée jusqu'à son centre par cette haute température et volatilisée en partie, quand son noyau en fusion viendra en contact avec le noyau liquide du soleil, ou même de ses couches gazeuses les plus denses, il y aura choc et rebondissement élastique entre les deux corps. Le mouvement de recul de la grosse masse solaire sera peu sensible; mais celui de la planète le sera d'autant plus. Elle s'éloignera du point de contact dans une direction faisant avec la normale à ce point un angle égal à l'angle d'incidence et, par conséquent, très ouvert. Mais toutes ses parties ne recevront pas du choc les mêmes vitesses, et comme elle aura été complètement liquéfiée et volatilisée par la chaleur dégagée dans le choc, ceux de ses matériaux qui auront les vitesses les plus considérables prendront de l'avance sur les autres, et c'est sous la forme d'une longue traînée de matière enflammée qu'elle parcourra son orbite nouvelle dont le lieu du choc sera le périhélie. Mais comme, par suite du choc, le soleil s'est un peu éloigné de ce point, les matériaux dissociés de sa planète pourront former autour de lui un anneau fermé plus ou moins elliptique.

Quant au corps central, sa vitesse de rotation aura été plus ou moins précipitée par chacun des contacts de sa planète, d'abord avec son atmosphère et ensuite surtout avec son noyau. Le plan de sa rotation lui-même aura probablement été un peu changé. Il sera devenu plus parallèle au plan de l'orbite de sa planète ou de l'anneau dans lequel elle s'est transformée.

Ce soleil serait ainsi transformé en étoile entourée d'une nébuleuse annulaire. Mais il semble difficile que la même succession de faits se renouvelle et donne naissance à des anneaux successifs, autour d'une même étoile ; la formation d'un second anneau devant avoir pour effet d'anéantir le premier ou le premier devant mettre obstacle à la formation du second.

Toutefois, la chute successive de plusieurs planètes dans un même soleil, auquel elles se seraient incorporées, pourrait avoir donné à celui-ci une vitesse de rotation telle qu'il se serait aplati en un ellipsoïde presque discoïdal, ou même converti en un anneau qui, par des contractions et des condensations successives, se partagerait ultérieurement en plusieurs anneaux concentriques, par une transformation dans le partage de leurs forces vives, nécessairement égales à la somme des forces vives du corps central et des masses qui s'y sont réunies.

Ces faits nous offriraient une explication simple du phénomène encore mystérieux des étoiles variables à longue ou courte période. Le nombre de ces astres, qui passent successivement par des phases d'éclat et d'obscurcissement et varient ainsi des premières aux dernières grandeurs, est considérable. On en connaît déjà plusieurs centaines. Il en est au moins 200 dont la période est connue. La longueur de cette période varie de quelques heures à un grand nombre d'années. L'étoile R du Grand Chien passe 27 fois par mois, c'est-à-dire presque tous les jours, par son minimum et son maximum d'éclat qui la font varier de la sixième à la septième grandeur. Sa période est d'environ 27 heures. La belle étoile Algol varie de dix à onze fois en un mois de la deuxième à la troisième grandeur. U d'Ophiuchus varie en 20 heures de la sixième à la septième. En 13 à 14 jours β de la Lyre passe de la troisième à la quatrième grandeur. Parmi les étoiles variables de premières grandeurs, on cite α d'Orion, α de Cassiopée, δ de Pégase. La carte photographique du ciel, qu'on est en train de dresser, en révélera un bien plus grand nombre, surtout parmi les plus petites, qui varient souvent dans de si larges limites. Elles sont nombreuses les étoiles de sixième et de septième grandeur qui passent à la douzième ou à la treizième.

Il est impossible d'attribuer les variations d'éclat de toutes ces étoiles à de simples occultations, comme la pensée peut en venir; car il faudrait supposer qu'entre chacun de ces astres et la terre, sur toutes les droites qui joignent leurs centres à celui de notre globe, il existe de gros corps obscurs qui s'en éloignent périodiquement, mais très peu. C'est une hypothèse d'une improbabilité équivalente à une impossibilité, si l'on tient compte des vitesses de déplacement des astres, de leurs énormes distances et de l'angle ouvert par le moindre déplacement de l'un de ces corps par rapport aux deux autres. Des occultations certainement se produisent; elles sont fréquentes mais momentanées. Le cas d'une occultation périodique serait presque merveilleux. D'ailleurs, pour occulter une étoile, il faudrait un corps très gros ou placé très près de la terre. Dans cette dernière hypothèse, la lumière du soleil qu'il réfléchirait nous révélerait sa présence; quant à la première, j'ai montré qu'il ne peut exister de très gros corps obscurs.

Si, au contraire, autour de certaines étoiles, leurs planètes s'embrasent à chacun de leurs passages au périhélie, cette seule supposition rend compte à la fois, et de la variation d'éclat de ces corps et de sa périodicité, si variable, qu'explique la différence de durée de leurs révolutions. Il suffit même, pour expliquer les longues périodes, de supposer des variations de distance des périhélies s'opposant à ce que le contact se produise à chaque révolution.

Mais, de plus, la même supposition peut nous expliquer le phénomène si étonnant des étoiles temporaires, qui paraissent subitement s'allumer dans le ciel, y brillent quelque temps d'un vif éclat, puis s'éteignent.

Telle a été cette brillante étoile qui s'alluma soudain en 1572, et dont l'apparition terrifia les populations. Pendant quelques mois elle parut flamber dans le ciel; puis, peu à peu, elle pâlit, et enfin disparut; mais pour se rallumer, semble-t-il, 32 ans après, en 1604. C'est la seule des étoiles temporaires qui ait atteint la première grandeur. En 1600 et 1670 en apparurent deux autres, de quatrième et de troisième grandeur; puis on n'en observa plus, jusqu'en 1848. Celle-là fut seulement de cinquième grandeur. L'année 1860 en vit deux, de septième et de neuvième grandeur, comme celle de 1863. En 1866 en apparut une de deuxième grandeur et celle de 1876 dépassa la troisième.

Il est à croire que de tous temps les apparitions d'étoiles temporaires ont été fréquentes; seulement elles échappaient aux moyens d'observations qu'on possédait alors, quand les catalogues d'étoiles étaient encore si incomplets et que les meilleures lunettes ne dépassaient guère les cinq ou six premières grandeurs. C'est l'apparition d'une nouvelle étoile qui décida Hipparque à les cataloguer.

Il est du reste curieux de constater que, jusqu'ici, les étoiles temporaires observées l'ont été, presque exclusivement, dans une région du ciel très pauvre en étoiles, celle de la Baleine; et toutes sont restées comprises entre 14° et 21° d'ascension droite, avec des déclinaisons variant entre 42° et 37° Nord et 22° Sud. Cela peut être un pur hasard ou tenir justement à la pauvreté de cette région du ciel qui permet mieux d'en remarquer les changements.

Cette région est voisine de l'un des pôles de la Voie Lactée. S'il est vrai que toutes les étoiles visibles pour nous sont comprises dans l'agglomération ellipsoïde dont la Voie Lactée trace le grand cercle équatorial, les astres situés vers ses pôles seraient les plus rapprochés de nous.

Quelle serait donc la différence entre les étoiles variables et les étoiles temporaires? Uniquement celle-ci : Les étoiles variables seraient des soleils auxquels le contact momentané et l'embrasement de l'une de leurs planètes ajoute périodiquement un nouvel éclat, jusqu'à ce qu'elle se confonde définitivement dans leur masse. Les étoiles temporaires seraient des planètes absorbant définitivement, soit le plus rapproché de leurs satellites, soit quelque autre corps rencontré dans l'espace.

Comme un choc entre deux corps à l'état solide doit avoir pour effet de les faire rebondir l'un contre l'autre, ce phénomène ne peut se renouveler périodiquement comme le simple frôlement d'une planète avec l'atmosphère de son soleil. Pourtant, en de certaines conditions, le phénomène de l'embrasement d'une planète par le contact de son premier satellite pourrait se renouveler périodiquement, au moins pendant un certain temps.

Si l'on songe à la vitesse de translation de certains satellites, tels que le plus rapproché de Mars qui tourne autour de cette planète en 7 heures 1/2 à une distance de 2,77 fois son rayon, on conçoit comment la période de variabilité d'une étoile peut être très courte. Seulement, en pareil cas, ces étoiles variables sont réellement des étoiles temporaires, formées de petits corps obscurs qui, s'allumant au contact périodique d'un de leurs satellites, n'ont pas le temps de s'éteindre entre chaque contact; jusqu'à l'époque où, l'ayant absorbé définitivement, elles pâliront peu à peu et finiront par s'éteindre.

Puisqu'il est certain que dans les cieux éternels les mondes commencent et finissent, et que toute fin ou tout commencement d'un monde tend à modifier l'équilibre de tous les autres ; que, dans les solitudes de l'espace, errent des débris de vieux soleils détruits, des fragments de croûtes solides provenant de la décortication de vieilles planètes brisées dont les aérolithes nous apportent les éclats, c'est que des rencontres d'astres, quoique très rares, sont possibles.

Si la proportion du vide matériel au plein dans l'espace est telle que la probabilité de ces rencontres entre deux corps est infinitésimale, toutefois cette probabilité existe, dans la série infinie des temps et le nombre indéfini des mondes. Cela s'est certainement produit souvent dans le passé ; il se reproduira dans le futur. Ne peuvent d'ailleurs exister que les systèmes stellaires dont l'équilibre est tel que leur route ne croise en aucun point la route des autres systèmes ; car tous ceux dont les orbites s'entre-croisaient, à une époque quelconque, ont été détruits ou leurs routes ont été modifiées jusqu'à devenir possibles pour un temps très long, sinon à perpétuité; car rien n'est perpétuel dans l'univers, sinon l'univers lui même dans son perpétuel changement.

Il suffit d'ailleurs du grossissement démesuré d'une étoile pour troubler l'équilibre des systèmes voisins qui suivent des routes plus ou moins parallèles dans un système commun plus vaste, et pour dérober à ceux-ci leurs plus lointaines planètes.

Il doit exister d'ailleurs des corps obscurs nombreux, mais relativement petits, naviguant seuls dans l'espace, entre les routes des gros corps lumineux. A chacun de leurs passages auprès de ceux-ci, ces planètes isolées subissent ce qu'en effet on peut appeler, par métaphore, leur *attraction*, qui serait mieux nommée *une aspiration*, puisqu'il s'agit d'une diminution de résistance et non d'une augmentation de pression ou de puissance positive.

Si, comme l'a pensé Secchi, notre soleil fait partie lui-même d'un amas globulaire d'astres, comprenant toutes les étoiles des premières grandeurs, qui sont telles pour nous seulement parce qu'elles sont plus voisines; et si ce système, en tournant sur lui-même, circule dans une orbite inclinée sur le plan de la voie lactée; toutes les étoiles de ce système doivent suivre des routes concentriques, dans des plans presque parallèles. Ces orbites qui ont toutes un foyer commun, ont aussi deux de leurs points dans un même plan.

Lorsque deux astres, dont les routes sont voisines, s'approchent de ces points nodaux, ils suivent quelque temps des routes presque parallèles, avec des vitesses de même ordre, puisque leurs vitesses ont des relations nécessaires avec les grands axes de leurs orbites. Chaque fois que ces deux astres se trouvent en conjonction vers ces points nodaux, leur distance devient aussi petite que possible. Si ces deux soleils sont très inégaux en grosseur, à chacune de ces conjonctions, les planètes les plus éloignées du plus petit soleil sont sollicitées à le quitter pour suivre l'autre.

Après un grand nombre de ces conjonctions, il peut advenir que les carrés des distances de ces planètes aux deux soleils rivaux soient réciproquement proportionnels aux températures moyennes des deux astres. En pareilles conditions, il peut suffire d'une très petite différence de rapport pour que cette planète, placée entre deux soleils, comme l'âne de Buridan entre ses deux bottes de foin, quitte l'un pour graviter vers l'autre, d'une chute d'abord insensible, mais rapidement accélérée.

Du reste, l'arrivée de cette nouvelle recrue dans le système du plus gros soleil ne changerait pas son équilibre général. La distance de son centre à laquelle elle s'arrêtera dépendant de sa vitesse tangentielle acquise, cette distance peut être assez grande pour qu'elle reste aussi ignorée des habitants des autres planètes, dépourvus de moyens suffisants d'observation, que le fut des astronomes terrestres d'autrefois l'existence d'Uranus et de Neptune. Nous sommes condamnés, sans doute, à ne jamais savoir depuis combien de temps ces deux corps appartiennent à notre petit monde. Peut-être en possède-t-il d'autres que nous ne soupçonnons pas, tant est faible la lumière que notre soleil leur envoie.

Mais l'arrivée dans notre système d'une planète restée indépendante pourrait avoir des conséquences plus tragiques, ainsi que nous allons le voir.

CHAPITRE XCIX

LA CATASTROPHE DE SATURNE

Il n'est pas impossible que le singulier anneau dont Saturne est entouré, et dont l'hypothèse de Laplace a eu surtout pour but d'expliquer l'existence et la formation, ait été le résultat du choc tangentiel d'une de ces planètes errantes, rencontrée fortuitement par notre système dans sa course, à travers l'espace.

Supposons cette planète entrant dans le système solaire en P (figure 92), presque parallèlement à la course du soleil dans son orbite, et animée d'une vitesse de même ordre, bien qu'un peu plus rapide. En décrivant sa parabole autour du soleil, comme foyer, elle rencontre Saturne et l'effleure tangentiellement dans le plan moyen du système. Son premier effet est d'accélérer la vitesse de rotation de ce corps. De la brusque accélération de sa rotation, il résultera que tout le ménisque équatorial des océans de Saturne sera projeté tangentiellement dans l'espace, avec des fragments de sa croûte solide et, sans doute, avec les couches superficielles de son noyau liquide. Tous ces matériaux, lancés avec la même vitesse, dans le même plan et suivant des routes parallèles, auront formé son anneau, qui depuis se sera segmenté, par suite de son refroidissement et de l'inégale contraction de ses matériaux, en plusieurs anneaux concentriques, que leur blancheur fait supposer formés de glace, ou peut-être d'un métal léger comme l'aluminium.

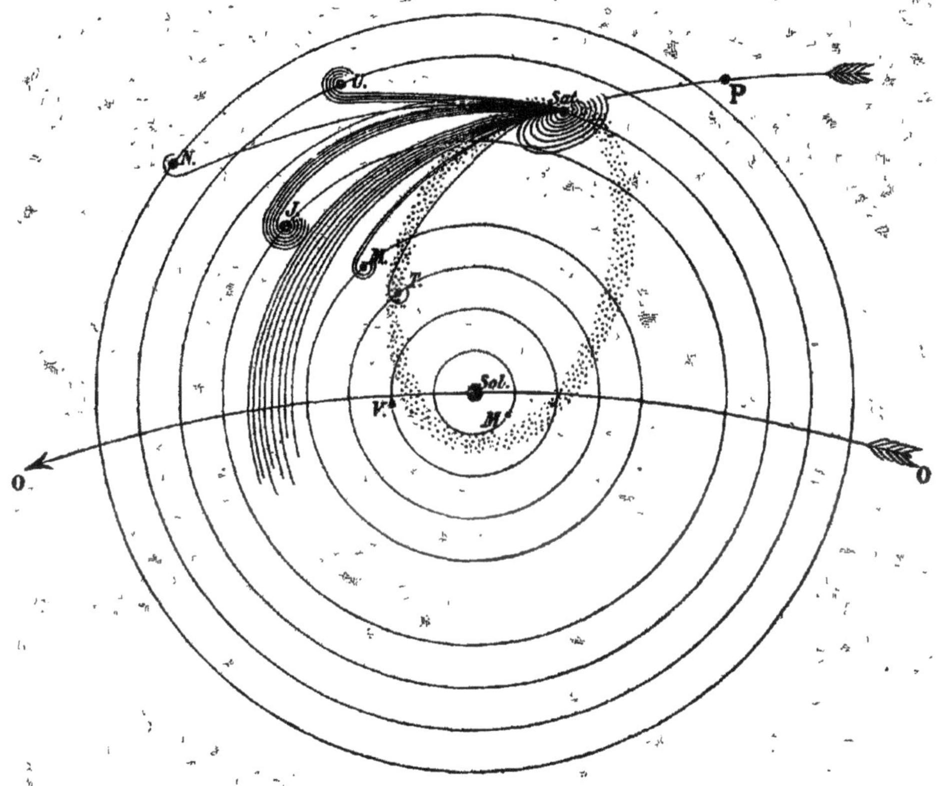

Figure 92.

Mais, de son côté, la planète choquante a dû se briser dans le choc, et, par les fractures de son écorce solide, le flot incandescent de son noyau a été projeté dans l'espace. Des parties considérables de ces matières en fusion auront constitué les huit satellites que Saturne a retenus dans son voisinage et qui ont continué de circuler autour de lui. Quatre autres gouttes, de masses plus petites, auront été projetées plus loin sur Jupiter. Deux petits fragments auront rejoint Mars, et un autre, atteignant la Terre, l'a peut-être dotée de sa lune unique.

Des portions du torrent liquide, lancées dans une autre direction plus excentrique, auront atteint Uranus, presque perpendiculairement à son orbite, et lui ont fourni ses 4 satellites. Enfin la goutte la plus extrême de ce jet en éventail, qu'on peut comparer à celui que projette la lance de nos arroseurs publics, abordant Neptune, de dessous en dessus, lui aura donné son satellite à mouvement rétrograde.

Tout le reste du flot, entraînant la plupart des fragments brisés de la croûte solide, a pu continuer son mouvement parabolique entre Jupiter et Mars, et fournir ainsi les planètes microscopiques, si diverses comme masses et comme formes, dont les unes ont seulement quelques kilomètres de diamètre tandis que d'autres équivalent aux plus gros satellites. La forme sphérique de ces dernières montre qu'elles se sont refroidies à l'état liquide; les figures irrégulières de quelques autres font supposer qu'elles sont des fragments d'un corps solide beaucoup plus gros qui, depuis sa fracture, n'ont pas été fondus.

Pour que cette distribution de satellites ait pu se produire, il faut que Jupiter et Mars, Uranus et Neptune se soient trouvés massés du même côté du soleil que Saturne et en avant de lui. La Terre, sans doute plus éloignée, n'a pu recueillir qu'un fragment lointain de l'astre brisé. Si Vénus et Mercure n'ont point eu de part à cette distribution, c'est sans doute qu'ils se trouvaient de l'autre côté du soleil. Mais il ne serait pas impossible que Mercure eût aussi reçu son épave dans ce naufrage d'un monde dont la masse totale, en somme, n'aurait pas été égale à celle de la Terre.

Ce qui fortifie cette hypothèse, c'est la rapidité des mouvements des satellites de Saturne, de Jupiter et d'Uranus, qui les auraient reçus quand, au premier moment de l'éjection, les matériaux qui les ont formés possédaient toute leur vitesse initiale.

Le premier satellite de Mars tourne autour de sa petite planète en 7 heures 40 minutes; cependant sa vitesse sur son orbite est environ sept fois plus petite que celle du premier satellite de Saturne et 8 fois plus petite que celle du premier satellite de Jupiter. La vitesse de son second satellite est un peu plus grande que celle du premier et, par une exception remarquable, il ne suit pas les lois de Kepler par rapport à lui.

Quant à la lune, la lenteur de sa révolution appuie la supposition qu'elle a été recueillie par notre monde très loin du lieu où s'est produit le cataclysme, quand cette goutte de matière cosmique avait perdu la plus grande partie de sa vitesse dans les chocs successifs qui l'ont fait dériver vers le centre du système.

L'anneau de météorites qui paraît couper en deux points l'orbite de la terre, et nous donne les essaims d'étoiles filantes d'août et de novembre, pourrait être également un des effets de cette révolution cosmique. Il serait formé de nombreux éclats, très petits, de la croûte solide de la planète brisée qui, suivant la même route que la lune, ont continué de circuler autour du soleil dans des orbites indépendantes, très excentriques, à peu près dans le plan de l'écliptique, ainsi que l'indique la figure 92.

Plusieurs des comètes périodiques qui font partie de notre système pourraient avoir la même origine.

Je sais quelles objections les mécanistes peuvent opposer à cette hypothèse. Ils ont le tort de raisonner toujours sur des mobiles théoriques, sur des solides absolus, homogènes, incompressibles, incassables, ne participant en aucune façon aux propriétés si diverses des corps connus, sans tenir compte des réactions intenses de leurs éléments moléculaires, de leurs différences d'états physiques et de leurs degrés d'élasticité. Prenez un traité de mécanique, vous y verrez tous les corps classés en deux catégories absolues : ceux qui sont élastiques et ceux qui ne le sont pas. La vérité c'est que dans la nature ni l'une ni l'autre de ces catégories n'existe. Il n'y a ni corps absolument durs, ni corps absolument élastiques. Toutes les formules des mécanistes ne peuvent rien nous dire du choc des corps mous, des corps liquides, des mélanges ou du frottement des masses gazeuses qui se rencontrent, suivies ou mélangées de gouttes liquides ou de fragments solides.

Toutes ces contingences physiques et chimiques mettent en déroute les calculs sur les courbes paraboliques ou hyperboliques de corps que le choc d'un autre corps, également hétérogène, lance dans l'espace, ou du retour nécessaire des fragments d'un astre brisé au point du ciel où s'est produite leur séparation, de nature nécessairement explosive, qui a dû les disperser dans toutes les directions, avec les vitesses les plus différentes, encore différemment modifiées par leurs mutuelles rencontres et par les cassures nouvelles qui en ont dû résulter.

Tout cela échappe, par la complexité des problèmes, aux calculs mêmes de l'analyse, forcée de partir, pour ces corps lointains, dont la nature nous est inconnue, de données fatalement hypothétiques. En pareil cas, nul ne peut être autorisé à nier *a priori* que telle ou telle combinaison de forces soit possible. Les astres ne sont pas des billes d'ivoire dont on peut prévoir mathématiquement les carambolages.

Aucune objection valable ne s'oppose donc à ce qu'un seul cataclysme ait suffi à doter notre monde solaire de tous les satellites de ses planètes, sans altérer beaucoup leur équilibre général et même la périodicité de leurs mouvements, mais en modifiant, avec leur plan et leur vitesse de rotation, les conditions de la vie organique à leur surface.

En effet, si nos planètes sont si différemment inclinées sur leurs orbites, c'est qu'il y a une relation évidente entre le plan et la durée de leur rotation, et le plan moyen des orbites de leurs satellites et la durée de leurs révolutions. Si la rotation de Jupiter et celle de Saturne sont si rapides, et si elles s'accomplissent presque dans le même temps que la révolution de leurs premiers satellites, c'est apparemment que tous ces phénomènes sont liés entre eux par des rapports nécessaires, qu'ils procèdent de causes communes, et sont les résultats des mêmes forces. C'est la vitesse et le plan de la translation de leurs satellites qui ont décidé du plan et de la vitesse de rotation de Saturne et de Jupiter. Il en est probablement de même pour Uranus et pour Jupiter. S'étonner que tous les mouvements du système aient lieu dans un même sens, presque dans un même plan, c'est s'étonner de voir les roues d'une voiture tourner ensemble. C'est pourtant pour expliquer ce parallélisme que l'hypothèse de Laplace a été inventée.

Il y a lieu de croire qu'avant d'acquérir leurs satellites, Mars et la Terre tournaient sur eux-mêmes, comme Vénus et Mercure, dans le même temps qu'autour du soleil. La durée de leur rotation était celle de leur révolution. Ce sont leurs satellites qui ont précipité leur mouvement de rotation et en ont modifié le plan.

Avec une rotation si lente, la force centrifuge était nulle à l'équateur terrestre. Notre globe n'était pas alors un ellipsoïde de révolution. Son diamètre polaire devait être égal à son diamètre équatorial.

La terre, légèrement lestée vers le soleil, comme la lune l'est vers la terre, lui présentait perpétuellement le même hémisphère. L'autre demeurait dans une perpétuelle obscurité.

Il y a peut-être lieu de croire qu'elle était légèrement ovoïde, plus allongée selon celui de ses diamètres qui était dirigé vers le soleil, auquel elle présentait son hémisphère le plus arrondi, le plus distendu, le plus lourd, celui dont la voûte solide était la moins épaisse, et sur lequel pesait tout le poids de son noyau liquide intérieur. C'est donc aussi de ce côté, où les pressions étaient les plus fortes, que devait se produire la plus haute température intérieure.

Le centre de gravité du globe terrestre, comme son point de température maximum, ne pouvait donc coïncider avec son centre de figure. Il devait être placé un peu au delà, du côté du soleil. Toutes les eaux du globe devaient ainsi converger vers cet hémisphère éclairé, cherchant le plus court chemin vers leur centre de gravité.

La terre présentait perpétuellement au soleil son hémisphère maritime, plus régulièrement sphérique, moins plissé par le refroidissement, étant, non seulement chauffé par le soleil, mais aussi plus près du maximum de sa chaleur intérieure.

L'hémisphère opposé, dans une obscurité perpétuelle, devait se refroidir davantage. Sa croûte, plus épaisse et plus rigide, devait subir des brisures, des failles, des plissements, des affaissements.

Les liquides les plus denses du noyau se portant du côté du soleil, du côté opposé se rassemblaient les métaux les plus légers, les plus vaporisables sous les moindres pressions et dont les vapeurs, rassemblées dans les poches formées par les replis des voussoirs écroulés de la croûte solide, devaient déterminer des éruptions volcaniques fréquentes et formidables.

Peut-être de cette époque datent ces épanchements granitiques qui, en beaucoup d'endroits, se sont étalés sur des granits feuilletés qui semblent s'être formés sous l'eau.

Des témoins de cette période primitive resteraient encore dans la constitution géologique si tourmentée de l'Europe qui dut être alors le centre de l'hémisphère obscur et, qui, en grande partie émergée, eût été située au pôle du froid et de la nuit perpétuelle.

Cette époque serait donc certainement antérieure à la période carbonifère dont on ne peut concevoir la puissante végétation sans l'influence de la lumière. Mais cette époque peut avoir été celle où se constituaient les terrains cambriens les plus anciens et durant laquelle la vie animale seulement commençait à se développer au fond des mers, sous ses formes les plus rudimentaires.

Le pôle de chaleur et de lumière perpétuelles se trouvait au contraire situé vers la Nouvelle-Zélande, au centre de l'hémisphère océanique. Au pôle de chaleur et au pôle de froid devaient aboutir les deux points extrêmes du diamètre maximum du globe, à 90° de ses pôles de rotation, alors situés l'un vers les Aléoutiennes, par 45° de latitude nord, et l'autre au sud de l'Afrique, par 45° de latitude sud.

Les deux hémisphères, diurne et nocturne, avaient ainsi pour limites mutuelles le grand cercle où se sont élevées depuis, en Amérique, les Cordillères des Andes et du Pérou, continuées par les chaînes volcaniques de l'Amérique centrale, par les Montagnes Rocheuses et la chaîne des Aléoutiennes, par les îles du Japon, les chaînons parallèles de l'Indo-Chine et la presqu'île de Malacca. Traversant l'équateur actuel aux îles de la Sonde, ce grand cercle rejoignait Madagascar et la côte d'Afrique qu'il contournait, au sud, à la latitude de 45°, pour rejoindre, à travers l'Atlantique méridional, le massif du Brésil et les Andes dans l'Amérique du Sud.

Notre globe avait alors une sorte de marée perpétuelle immobile sur son hémisphère éclairé, dont toutes les eaux tendaient à tomber vers le soleil. Tout le poids de son noyau liquide pressait également de ce même côté. Entre les pressions opposées de ces deux couches liquides, son enveloppe solide, distendue et encore mince, ne pouvait se plisser. Elle ga[illegible]it de la chaleur et n'en perdait pas par le rayonnement. L'[illegible]aisphère nocturne, au contraire, rayonnait dans l'espace toute celle qu'il recevait du noyau en fusion qui se contractait. Retombant sur le noyau liquide, la voûte solide s'écrasait sur le grand cercle qui limitait les deux hémisphères, diurne et nocturne.

Ce cercle primitif est resté dessiné par une série continue de cônes d'éruption et de cratères, qu'on suit tout le long des Andes, à travers l'isthme américain, au Mexique, dans les Montagnes Rocheuses, jusque dans l'Alaska et à travers les îles Aléoutiennes ; puis se retrouve dans les îles du Japon, aux Philippines, à Bornéo, à Java, à Sumatra, et, à travers l'océan Indien, aux Mascareignes. Les îles Amsterdam, Saint-Paul, Kerguelen, Marion, du prince Edouard, Bouvet, Lindsay, perdues dans les solitudes de l'océan Austral, ne sont que d'anciens pics volcaniques continuant le cercle de ces cheminées primitives du creuset terrestre, qui se poursuit jusqu'à travers les glaces du pôle antarctique. On en retrouve les traces, dans l'Atlantique du sud, aux îles Tristan d'Acunha, Sainte-Hélène et de l'Ascension qui ne s'en écartent pas beaucoup.

L'équateur était alors dessiné par un grand cercle perpendiculaire au précédent, qu'il coupait à angle droit vers les Andes du Pérou et vers les îles de la Sonde. De ce dernier point il traversait les hauts plateaux de l'Asie, du Thibet au Caucase, allait joindre les Alpes, passait en Europe par le pôle du froid, puis, inclinant au sud, par les Açores et les Bermudes, le plateau sous-marin de la mer des Sargasses et les Antilles, il rejoignait les hautes terres de l'équateur et, traversant l'océan Pacifique entre l'île de Pâques et la Polynésie, descendait au sud, jusqu'au pôle de chaleur à la Nouvelle-Zélande, et remontait par l'Australie aux îles de la Sonde qui, avec l'isthme américain et les Andes de l'Équateur, constituent les deux grands nœuds de l'orographie terrestre.

Quand la lune, tombant de Saturne, commença de circuler autour de la terre, dans un plan incliné de 5° sur l'écliptique, elle a dû tendre d'abord à faire varier le plan de la rotation de notre planète jusqu'alors parallèle à celui de son orbite. En frôlant obliquement la terre dans sa chute, elle peut avoir donné à son équateur son inclinaison actuelle de 23°.

La force de conservation du plan de rotation d'un corps varie en raison directe de sa force vive, ou du carré de sa vitesse.

La rotation de la terre, en une année, était alors si lente qu'une très petite force tangentielle a pu suffire pour dévier ce plan et pour accélérer sa vitesse dans un plan nouveau, en retardant un peu celle de la lune.

De ce frôlement ne serait résulté qu'un embrasement local et momentané qui ne pouvait briser la lune, encore liquide et plastique, et tout au plus en faire jaillir quelques éclaboussures. A ce moment la terre peut être devenue une étoile temporaire.

Le plan de rotation des planètes est évidemment dans la dépendance du plan moyen des orbites de leurs satellites, toujours peu inclinées sur leur équateur. De même les orbites de toutes les planètes de notre système sont très peu inclinées sur l'équateur solaire. L'inclinaison de l'écliptique sur ce véritable plan central de notre système est seulement de 7°, et c'est une des plus fortes. L'orbite de Jupiter est inclinée de moins de 1°; celles de Saturne, d'Uranus, de Neptune le sont un peu davantage, mais sans dépasser 2° à 3°.

Au contraire, l'inclinaison réciproque de l'écliptique et des orbites des satellites est souvent considérable et détermine une inclinaison presque égale de l'équateur de la planète qui, sauf pour Jupiter, est généralement très incliné sur son orbite. Cette inclinaison atteint sur Uranus presque un angle droit et le dépasse sur Neptune. Elle est de 27° à 28° pour Saturne. Elle semble donc augmenter avec la distance du soleil.

Il doit en être ainsi, en effet, si la rotation des planètes est dans la dépendance de la vitesse de translation de leurs satellites et du plan de cette translation.

Il serait difficile d'expliquer la relation contraire qui ferait dépendre le plan des orbites des satellites ou des planètes du plan de rotation de leur corps central.

Si l'équateur solaire est presque rigoureusement parallèle au plan moyen des orbites planétaires, c'est ce plan moyen qui doit avoir déterminé le plan de rotation du soleil, ainsi que sa vitesse de rotation.

Par exception, l'inclinaison de l'orbite lunaire sur l'équateur terrestre varie de 18° à 23° par suite de la variation rapide de la ligne de ses nœuds.

Comment l'orbite de la lune, qui n'est inclinée que de 5° sur l'écliptique, peut-elle avoir déterminé une inclinaison de 23° de l'équateur terrestre sur ce plan, si précédemment elle lui était parallèle ?

Si la lune, tombant de Saturne avec une vitesse considérable, eût choqué la terre normalement à sa surface, suivant une droite passant par son centre de gravité, sa petite masse n'eût pas fait varier beaucoup son orbite, ni même sa vitesse de translation. C'est la lune qui eût rebondi contre elle et se fût probablement tracé une orbite de sens rétrograde autour du soleil.

Mais si elle a légèrement frôlé la terre, presque tangentiellement, entre son pôle boréal et son équateur de rotation, suivant une courbe très tendue, le plan de cette courbe a dû déterminer celui du nouvel équateur qui s'est trouvé incliné de 23° sur son orbite.

Si l'orbite lunaire n'a pas pris la même inclinaison, c'est peut-être que, rebondissant sur quelque continent terrestre émergé, la lune a été déviée de sa route, qui s'est trouvée rapprochée de l'écliptique à 5° seulement d'inclinaison sur ce plan.

Une fois la lune fixée, en vertu de la troisième loi de Kepler, dans une orbite, qui peut s'être modifiée depuis par son refroidissement rapide, ou dans laquelle elle a seulement circulé de moins en moins vite, sa présence dut agir pour précipiter la rotation de la terre, jusque-là d'une durée égale à celle de sa révolution annuelle.

Avant de devenir 365 fois plus rapide, cette rotation dut traverser trois phases successives.

Dès que la lune eut commencé de graviter régulièrement autour de la terre dans une période, qui est aujourd'hui de 27 jours 7 heures 43 minutes 11,5 secondes, mais qui fut peut-être d'abord plus courte, elle developpa à la surface de la planète, dans le plan et dans le sens de son propre mouvement, une double marée de période égale, circulant autour d'elle d'occident en orient.

Cette marée lunaire primitive, si lente dans son déplacement, se superposait périodiquement à la marée solaire toujours immobile sur l'hémisphère éclairé et jusqu'alors sans contre-marée, sur l'hémisphère opposé.

La marée lunaire troubla progressivement cet équilibre en agissant comme une force accélératrice constante sur la rotation de la terre, jusqu'à ce que cette rotation fût devenue de même durée que la translation de la lune.

La présence de la lune, alors encore très chaude, déterminait sur la surface du noyau terrestre la formation de deux ménisques symétriquement gonflés, diamétralement opposés (voy. VIIe partie), et circulant, comme la lune, d'occident en orient. Ces renflements ellipsoïdaux chassaient devant eux les eaux océaniques dans les deux dépressions intermédiaires en quadrature. Leur vitesse de translation devait naturellement se communiquer au noyau dont la rotation devait ainsi progressivement se précipiter.

Il s'ensuivit que la marée solaire, jusque-là perpétuelle sur le même hémisphère, fut elle-même déplacée et circula plus lentement, en sens inverse, c'est-à-dire dans le sens des marées actuelles, d'orient en occident.

Quand le moment vint où la rotation de la terre et la translation de la lune furent de même période, ce fut au tour de la marée lunaire de devenir perpétuelle sur le même hémisphère terrestre. Durant cette phase, peut-être longue, la terre présenta toujours la même face à son satellite. La marée solaire, au contraire, se déplaçait, tournant autour d'elle une fois par lunaison, dans le plan de l'écliptique.

On peut se demander pourquoi cet équilibre ne s'est pas maintenu, et comment la vitesse de rotation de la terre a pu devenir plus rapide que la translation de la lune autour d'elle.

Comme nous l'avons dit plus haut, il y a des raisons de croire que le mouvement de la lune s'est ralenti à mesure qu'elle s'est refroidie. Mais, sans recourir à cette hypothèse, on peut expliquer que l'accélération de la vitesse de rotation ait pu continuer, même quand elle eut dépassé celle de la translation de la lune.

En effet, à mesure que cette rotation devenait plus rapide, les eaux des océans acquéraient plus de vitesse d'occident en orient et une force vive qui croissait comme le carré de cette vitesse.

Tant que le mouvement de rotation restait moins rapide que celui de la lune, cette vitesse, en poussant les eaux contre les ménisques du noyau, soulevés au passage de la lune et du soleil, contribuèrent à précipiter la rotation. Même quand les deux mouvements furent de même période, la vitesse acquise des eaux d'occident en orient continua d'agir pour précipiter la rotation et la faire avancer sur la vitesse de translation.

La marée solaire qui à chaque lunaison faisait le tour de la terre d'orient en occident, n'agissait toujours que comme un frein pour modérer l'accélération du mouvement de rotation; car, si les ménisques solides, soulevés au passage rétrograde du soleil, chassaient, de l'est à l'ouest, la petite vague de fond, égale à leur hauteur de quelques mètres, la grande vague de surface, soulevée par eux à leur passage, déferlait sur leur crête, pour s'écouler vers l'orient, poussant les côtes continentales avec toute la puissance de sa force vive. Chaque marée lunaire agissait aussi en même sens avec la même vitesse acquise, augmentée d'une hauteur de chute encore supérieure.

L'accélération de la rotation devait donc continuer comme sous l'action d'une puissante machine hydraulique, en se ralentissant toutefois, à mesure qu'elle dépassait davantage en vitesse la translation de la lune, dont les marées devenaient de sens rétrograde, comme celles du soleil.

Dès lors, chaque marée lunaire retardant sur la rotation, agit à son tour comme frein par sa vague de fond avec une puissance croissante, tout en continuant d'agir comme force propulsive par sa vague de surface. Un équilibre devait finalement s'étabir et paraît exister aujourd'hui, entre toutes ces forces de sens contraire.

La lune, tournant en 27 jours 1/3, d'occident en orient, continue toujours d'accélérer la rotation de la terre par son retard quotidien de 49 minutes sur l'heure de la marée de la veille, dont la somme la fait décrire, en 29 jours, un cercle entier autour de la terre, d'occident en orient, dans le sens de son mouvement vrai.

A chaque marée lunaire ou solaire, les petites vagues de fond, poussées dans le sens rétrograde apparent des deux astres, agissent comme freins pour enrayer la rotation; tandis que la grande vague de surface, déferlant sur les crêtes des ménisques soulevés, roule sur leur pente orientale pour aller frapper de ses coups de bélier les côtes occidentales des continents, continuant ainsi de précipiter la vitesse acquise du noyau solide, avec toute la force vive acquise dans la chute de ses eaux.

A ce faisceau de forces qui tendent à précipiter, ou tout au moins maintenir la vitesse de rotation du noyau solide, d'occident en orient, chaque marée solaire et lunaire oppose le frein de sa vague de fond, poussée en sens opposé par le soulèvement des ménisques elliptiques du noyau, au passage des deux astres au méridien de chaque lieu, en vertu de leur mouvement apparent d'orient en occident.

Il faut croire que les deux forces s'équilibrent exactement aujourd'hui en deux résultantes égales de sens contraires, puisque depuis 2.000 ans la durée du jour solaire n'a pas varié.

Mais si la résultante des forces qui entretiennent la vitesse de rotation de la terre est aujourd'hui constante en puissance, l'est-elle également en direction? L'a-t-elle toujours été? L'équateur de rotation a-t-il toujours conservé la même inclinaison sur l'écliptique? L'axe polaire a-t-il toujours percé le globe terrestre aux deux mêmes points?

Il y a là deux questions différentes.

Avec la vitesse de rotation actuelle de la terre, la force qui assure la constance de son plan de rotation est énorme. Il faudrait le choc d'une masse considérable, animée d'une grande vitesse, pour l'altérer.

Mais on peut considérer la conservation du plan de rotation d'un corps à deux points de vue. C'est, d'un côté, la conservation du plan de rotation par rapport au corps lui-même, ayant pour condition que ses deux pôles de rotation restent fixes à sa surface; c'est, d'un autre côté, que cet axe reste toujours parallèle à lui-même dans l'espace. Ainsi le plan de rotation d'une toupie reste constant par rapport à sa forme, mais il se déplace relativement à l'espace.

L'axe de la terre reste parallèle à lui-même dans l'espace, dans ses révolutions annuelles, sauf un petit balancement de toupie qui fait rétrograder annuellement de 50″ environ la ligne de ses nœuds et lui fait parcourir le cercle écliptique entier dans une période de 25.800 à 26.000 ans.

Il en résulte un balancement conique de son axe dont les deux projections sur le ciel y dessinent deux cercles sous-tendant 46° de diamètre. De sorte que ses pôles correspondent successivement à des étoiles différentes. Dans 13.000 ans environ notre étoile polaire boréale sera la belle étoile Véga, et, un peu avant cette époque, l'étoile polaire australe sera une des plus belles étoiles du navire Argo.

Ce mouvement de l'axe terrestre est lié à la pesanteur. Il résulte de la petite chute annuelle du ménisque équatorial de la terre, qui tend à se rapprocher du centre du cône de dilatation dont les génératrices sont les deux tangentes externes menées entre le soleil et la terre. (Voy. fig. 89, ch. LXXXIX, p. 661.)

L'on a cru jusqu'ici que l'axe de rotation de la terre, en décrivant son mouvement conique dans l'espace, restait constant par rapport à la terre elle-même, et continuait d'aboutir aux mêmes points géographiques, quelles que fussent ses variations par rapport aux étoiles.

C'est une erreur aujourd'hui reconnue.

L'axe géographique de la terre se meut constamment. Il exécute ainsi annuellement un petit mouvement conique qui fait décrire à ses deux points extrêmes un cercle de 15 mètres de diamètre, d'où suit une variation corrélative des latitudes et même des longitudes de chaque lieu.

Or, il paraît impossible que ce petit mouvement annuel soit si régulier, et si parfaitement compensateur, qu'il n'en résulte pas un déplacement séculaire, sans doute très lent, mais dont on ne peut limiter l'ampleur par aucun calcul *à priori*.

On a d'ailleurs déjà colligé un certain nombre de faits tendant à établir les preuves de ce déplacement séculaire des pôles géographiques. Le plus connu est celui de la grande pyramide d'Égypte, qu'on sait avoir été orientée sur les quatre points cardinaux, et qui aujourd'hui dévie environ d'un demi-degré.

La géologie fournissant presque sur chaque point du globe les preuves des changements de climats les plus extrêmes, permet d'affirmer que l'ampleur du déplacement polaire est considérable et que les courbes décrites par les deux pôles peuvent avoir atteint un diamètre de 45° d'arc de grand cercle. C'est à peu près deux fois l'inclinaison actuelle de l'équateur sur l'écliptique. C'est aussi le diamètre du cercle de précession.

Quelle serait la cause de ce déplacement périodique de l'axe de la terre et de son plan de rotation? Il implique l'action d'une force mécanique d'une énorme puissance et d'une action incessante. Cette force c'est évidemment celle des marées qui n'accélèrent plus le mouvement de la terre, mais la font dévier lentement sur son axe.

Le poids d'une couche d'eau de quatre mètres d'épaisseur, qui représente la hauteur moyenne des marées sur les deux tiers de la surface terrestre, est, en nombre rond, de 1.300 trillions de tonnes. Cette masse, mise en mouvement, partout à la fois et dans le même sens, sur la surface des océans, peut avoir suffi d'abord à imprimer au globe une vitesse environ 28 fois plus rapide que la rotation de la lune, et peut continuer à modifier, perpétuellement mais lentement, le plan de cette rotation.

Nous avons vu précédemment comment la grande vague de surface des marées, entraînée par la vitesse de rotation et déferlant à l'est sur les crêtes des ménisques sous-marins soulevés au passage des astres, va battre toutes les côtes occidentales des coups de bélier de ses vagues.

Si la distribution des terres émergées était symétrique à la surface du globe ; si toutes les terres étaient également réparties des deux côtés de l'équateur ; ou si les barrières continentales se déployaient exactement dans la direction des méridiens, cette action des vagues contre les côtes occidentales n'aurait d'autre effet que de faire dévier le noyau solide sous son enveloppe océanique, parallèlement à l'équateur, et, par suite, de précipiter encore sa rotation. Mais un coup d'œil sur la mappemonde montre que les trois continents ont au contraire une direction oblique d'où ne peut résulter qu'un déplacement oblique relativement à l'équateur.

Selon que la déclinaison du soleil, et surtout de la lune, est boréale ou australe, l'action mécanique de leurs marées agit différemment sur les trois grandes barrières continentales, toutes trois inclinées en même sens. Quand la déclinaison de la Lune est australe, les marées qu'elle produit poussent également les trois pointes, de l'Amérique du sud, de l'Afrique et de l'Australie, dans une direction oblique à l'équateur et du sud-ouest au nord-est. Quand la Lune passe au nord de l'équateur, ses marées agissent encore obliquement par rapport à l'équateur, mais en poussant dans cette même direction, sud-ouest-nord-est, l'Amérique du Nord et l'Europe. La grande barrière continue de l'Amérique surtout, et, à un moindre degré, l'Australie relativement à l'Asie, doivent donc exécuter chaque année un petit mouvement oblique, relativement à l'équateur, dont l'isthme américain et l'isthme de Malacca sont les pivots.

Il doit en résulter un petit déplacement angulaire de l'équateur lui-même et de l'axe de rotation dont les deux points extrêmes décrivent deux petits cercles d'environ 7 à 8 mètres de rayon. Tel est le mouvement annuel qui a été constaté récemment.

Mais de la constance même de ce mouvement annuel, doit provenir un mouvement périodique d'une grande lenteur, mais d'une grande amplitude. En effet, les deux mouvements de sens contraires ne peuvent être parfaitement égaux, parce que la distribution des forces n'est pas symétrique.

A la longue, la barrière continentale américaine, contre laquelle s'exerce l'action la plus puissante, doit dévier de façon à croiser l'équateur sous un angle de moins en moins grand, et finalement à lui devenir parallèle. Ce serait alors la barrière asiatique et australienne qui deviendrait perpendiculaire à cet équateur nouveau. Toute l'Afrique se trouverait remontée dans l'hémisphère boréal, tandis que des terres nouvelles émergeraient sur les points du globe abandonnés par les mers intertropicales. On verrait sans doute reparaître de nouveau la Lémurie, dans la mer des Indes, et les archipels polynésiens devenir un continent, sous un climat tempéré ou même froid; car les deux pôles se retrouveraient placés sur la Nouvelle-Zélande et et sur l'Europe, qui aurait une nouvelle période glaciaire.

Les mêmes causes continuant toujours d'agir, avec une autre distribution des forces, il est probable que la barrière méridienne de l'Asie serait déplacée obliquement, à son tour, et qu'à son tour, après le retour à un équateur moyen, identique à l'équateur actuel, elle se coucherait sur un nouvel équateur, qui donnerait à la muraille américaine une direction méridienne. La lutte des eaux recommencerait contre celle-ci, jusqu'à ce que les deux grands cercles orographiques reprissent leur direction actuelle oblique à 45° sur l'équateur, et le cycle recommencerait.

Il s'exécuterait ainsi sur la terre, en vertu de la puissante poussée du flot contre les côtes occidentales, un balancement oscillatoire du plan de rotation, entre deux équateurs extrêmes. L'un d'eux serait l'équateur primitif de la planète, quand elle n'avait pas encore conquis de satellite et que satellite elle-même du soleil, elle lui présentait toujours la même face. Le second cercle équatorial extrême serait le grand cercle qui, primitivement, séparait l'hémisphère éclairé de la terre de son hémisphère obscur.

En vertu de cette oscillation les deux points polaires décriraient chacun une courbe fermée, à deux boucles, nommée lemniscate, dont le nœud serait très voisin de leurs situations actuelles qui sont des situations moyennes. Chaque boucle ayant un diamètre de 45° d'arc de grand cercle, l'une d'elles descendrait sur l'Atlantique et l'Europe au delà de la latitude de Paris; l'autre, sur le Pacifique, au delà des îles Aléoutiennes.

La période de cette oscillation, qui doit renouveler tous les continents et promener les grandes mers équatoriales sur toute une zone de 90° en latitude, en soumettant les diverses contrées aux climats les plus extrêmes, serait d'une très longue durée.

Si depuis 6.000 ans l'orientation en longitude de la grande pyramide d'Egypte a subi une déviation de 1/2 degré, qui représente un déplacement d'environ 60.000 mètres, on en pourrait conclure qu'il faut au pôle boréal 1.500.000 années pour décrire une des boucles de la lemniscate, soit un cercle d'environ 5 millions de mètres de diamètre.

Pour les deux boucles de la courbe il faudrait 3 millions d'années.

Telle serait probablement la durée de chaque grande période géologique, pendant laquelle toutes les flores et les faunes seraient successivement chassées de toutes les contrées du globe par les modifications extrêmes des climats sur ces mêmes points. Il se serait écoulé 15 à 20 de ces périodes depuis l'apparition sur la terre des premiers êtres organisés.

Il peut sembler également probable que cette période est dans un certain rapport fini avec celle de la précession des équinoxes, d'une durée de 25.000 ans. Le grand cycle polaire serait égal à 120 fois le cycle de précession, au bout duquel les pôles reviendraient à peu près aux mêmes points, ramenant sur chaque contrée les mêmes climats.

Il s'ensuivrait que, dans la durée de chaque cycle de précession, les pôles dévieraient seulement d'un arc de 6°. L'équateur ne varierait lui-même de 45° entre sa position moyenne actuelle et l'une de ses positions extrêmes qu'en 750.000 ans.

Certains faits géologiques viennent à l'appui de ces supputations, fatalement hypothétiques.

Telles sont les observations de M. Forel, sur le déplacement successif du delta du Rhône, dans le lac Léman, au débouché du Valais, qui ont amené ce géologue à supposer une période de 100.000 ans depuis l'époque où le glacier du Rhône descendait jusqu'au lac.

Mais depuis la grande époque glaciaire où le glacier du Rhône s'étendait jusqu'à Lyon, quand le pôle passait sur l'Europe, il se serait écoulé seulement un quart environ de la période qui doit l'y ramener.

Cette révolution géologique ne saurait d'ailleurs avoir la régularité des périodes astronomiques. La vitesse de déplacement des deux pôles serait loin d'être constante. Certaines distributions des terres et des mers la rendraient plus rapide, et d'autres devraient la ralentir. Il y aurait alternance entre de courtes phases de rapides changements et de longues phases de repos et d'équilibre.

Il se pourrait même que la courbe parcourue par les pôles ne fût pas constante et qu'ils ne revinssent jamais exactement aux mêmes points.

Cette courbe générale serait composée de petites courbes composantes de rayons différents, et infléchies en divers sens. La petite courbe annuelle en ferait d'ailleurs une hélice aux petits anneaux très serrés. Il y a même lieu de supposer que cette courbe annuelle n'est pas une boucle héliçoïde simple mais une lemniscate, à double boucle. La courbe séculaire serait la résultante d'anneaux alternativement fermés en sens contraire, représentant la vibration annuelle qui tantôt augmente et tantôt diminue les latitudes locales.

La mutabilité perpétuelle de cet axe de rotation, qu'on supposait si absolument fixe, nous expliquerait pourquoi toutes les déterminations des latitudes et des longitudes, faites à quelques années de distance pour les mêmes lieux et par les mêmes méthodes, sont toujours restées si flottantes, qu'on n'a jamais pu se mettre d'accord sur les secondes qu'en prenant les moyennes de nombreuses observations. C'est qu'en réalité, il existe une vibration quotidienne de l'axe terrestre, qui doit varier, comme temps et comme grandeur, avec les heures et l'importance de la marée en chaque lieu.

Cette variation des pôles a-t-elle toujours existé ? Existera-t-elle toujours ?

On pourrait concevoir une distribution symétrique des terres émergées qui réduirait à son minimum l'action mécanique des marées. Mais cette distribution semble ne s'être jamais réalisée. Il est même à croire que la variation des pôles s'est accentuée, d'âge en âge, à mesure que les terres émergées, autrefois éparses en archipels, se sont groupées en continents de plus en plus étendus, autour des grandes chaînes orographiques, qui sont géologiquement les plus récentes et dont l'altitude semble avoir constamment augmenté, en moyenne. Entre ces continents, de plus en plus étendus et de plus en plus élevés, se sont creusées des mers d'autant plus profondes. Il est donc probable que le mouvement séculaire des pôles se continuera indéfiniment, mais non sans variations.

La distribution symétrique des terres et des mers sur la surface terrestre est d'ailleurs rendue impossible par ce fait que la terre est restée lestée du côté de son hémisphère austral, vers lequel se portent la plus grande partie de ses eaux.

Quelle que soit donc la position de son équateur, la terre aura toujours un hémisphère plus maritime que l'autre et jamais, par conséquent, l'action des marées ne sera symétrique par rapport à ses pôles qui ne deviendront jamais absolument fixes aux mêmes points.

CHAPITRE C

L'AVENIR DE LA TERRE ET LA FIN DU MONDE SOLAIRE

Quel avenir pouvons-nous prévoir pour la terre ? Nous sommes maintenant rassurés contre les menaces des mécanistes. Le soleil ne s'éteindra pas. Les habitants de notre globe ne périront jamais par le froid, dans l'obscurité d'une perpétuelle nuit. Si la terre doit, en effet, périr un jour, ce sera par une catastrophe toute contraire.

Mais avant de finir brûlée dans sa chute sur le soleil, elle peut être menacée d'autres fléaux : c'est la diminution graduelle de la quantité d'eau, d'oxygène et de carbone.

En effet, continuellement l'oxygène est absorbé, non seulement par la respiration animale, qui le restitue d'ailleurs, mais par une foule de combustions et d'oxydations qui en fixent des quantités considérables dans les couches terreuses du sol.

De même, la terre est loin de rendre aux océans toute la quantité d'eau que l'évaporation en enlève. Il y a des hydratations continuelles dont les éléments aqueux ne semblent pouvoir être remis en liberté par aucun procédé naturel, dans l'état actuel de notre monde.

Si, par un mouvement séculaire d'une lenteur extrême, la terre doit à son tour tomber dans le soleil, à mesure qu'elle s'en approchera, sa température moyenne augmentant, augmentera la vitesse d'évaporation à sa surface et rendra possibles des combustions qui, pour le moment, ne se produisent pas spontanément.

Il devra en résulter un dessèchement progressif du globe, une augmentation relative des surfaces émergées et, par conséquent, un accroissement d'évaporation, une diminution plus rapide de la quantité d'eau et une diminution plus importante de la proportion d'oxygène dans l'air.

La quantité de carbone à l'état d'acide carbonique dans l'atmosphère, où le puise la végétation, doit également diminuer par sa fixation, à l'état de carbonates, surtout dans de nouvelles roches calcaires.

C'est la diminution totale de la quantité de vie possible sur la terre, un jour peut-être enveloppée d'une atmosphère d'azote pur.

Tout au moins les êtres organisés qui vivront alors devront-ils s'adapter à des conditions de vie nouvelles.

Ils sont d'ailleurs appelés, dans un lointain avenir, à être les témoins d'une catastrophe qui précédera certainement de longtemps la chute de la terre dans le soleil ; c'est la chute de la lune sur la terre.

Les avertissements, du reste, ne leur manqueront pas. Car d'ici à ce moment, encore si éloigné, la lune se rapprochera doucement, lentement, de notre monde ; si lentement qu'il faudra comparer les tables de très anciens astronomes pour constater que son diamètre dans le ciel sous-tend des angles croissants et que le temps de sa révolution a diminué.

Mais enfin ce moment viendra où son orbe devenu immense, à chacune de ses révolutions, de plus en plus rapides, lors de ses conjonctions cachera non seulement le soleil, mais une large zone du ciel, qu'elle couvrira de son grand disque noir ; tandis qu'à ses oppositions elle promènera sur cette même zone son énorme disque blanc, tout percé de cratères.

Les marées alors auront la puissance des plus fortes tempêtes. Le noyau terrestre tremblera perpétuellement. Sa déformation elliptique, au lieu d'être de quelques mètres, aura la hauteur des montagnes. Si la lune circulait autour de la terre à la distance d'un seul rayon terrestre, au lieu de soixante, ses ménisques renflés s'élèveraient à $\frac{2}{3}\ 60^2 \times 10 = 24.000$ mètres de hauteur.

Il ne fera pas bon alors dans notre monde qui, au premier contact de son satellite, se rallumera comme une nouvelle étoile. Toute vie périra à sa surface dans cet embrasement, peut-être suivi d'une courte période de repos, si la lune, rebondissant sur lui, s'en éloigne de nouveau. Mais ce sera pour revenir encore l'effleurer périodiquement, jusqu'au jour où enfin, s'unissant d'une éternelle étreinte, les deux corps, reliquéfiés, se confondront dans un seul astre qui ne sera pourtant qu'une étoile temporaire, destinée à s'éteindre dans un temps plus ou moins long. L'acquisition de la masse de la lune par la terre serait loin de suffire pour l'élever au rôle cosmique de soleil perpétuel.

Elle ne restera donc à l'état d'astre lumineux et d'étoile variable que pour un temps relativement court. Puis, se refroidissant de nouveau, elle recommencera une évolution nouvelle dans des conditions sans doute bien différentes.

A sa surface de nouveaux êtres vivants se produiront, qui n'auront plus rien de commun avec ceux qui l'habitent aujourd'hui. Ils seront peut-être construits sur des plans tout opposés, adaptés à de tout autres conditions de vie. Pourtant leurs organismes, quelles qu'en soient les formes, resteront assujettis aux lois générales qui gouvernent actuellement la vie sur la terre.

Leurs modes de végétation et de multiplication pourront

être tout différents, mais ils subiront la même nécessité de se nourrir pour se développer, et passeront, comme nous, bien que dans des périodes bien différentes, par les phases de la naissance, de l'accroissement et de la mort.

Si, dans le cours des temps, une nouvelle planète errante fait irruption dans notre système, et dote encore la terre d'un satellite; ou si deux planètes télescopiques, à force d'entre-croiser leurs routes, finissent par se rencontrer et par envoyer à la terre quelques-uns de leurs débris, des phénomènes analogues à ceux qu'a produits la lune, se renouvelleront, avec des variantes. La terre finira également par absorber ces nouveaux satellites dans sa masse, bien avant d'être menacée à son tour de tomber dans le soleil.

Car, bien avant d'embraser la terre, le soleil doit dévorer le petit Mercure. La Terre, qui assistera de loin à la catastrophe, n'en recevra que plus de chaleur et de lumière. Cette année-là, ses habitants pourront peut-être souffrir de la disette, bien que l'évaporation, activée sur les mers, doive leur amener des pluies torrentielles. Pendant quelque temps peut-être, ils verront une petite étoile accrochée aux flancs du soleil, qui finira par l'absorber en lui.

Des siècles de siècles passeront; puis ce sera le tour de Vénus à grossir de sa masse l'astre central qui doit la brûler, après l'avoir de plus en plus réchauffée.

Et quand Vénus aura disparu, que la Terre aura pris sa place dans son orbite, celle-ci aura encore le temps de recevoir et de dévorer plusieurs lunes avant d'avoir à redouter la fin commune de toute planète, qui est de s'absorber dans son soleil.

Pendant ce laps de temps, dont nos nombres ne sauraient exprimer la longueur, Mars, Jupiter, Saturne, Uranus, Neptune auront aussi dévoré la plupart de leurs satellites. Ils en auront peut-être acquis de nouveaux. Ils auront tour à tour passé par les phases d'étoiles temporaires, puis d'étoiles variables. A plusieurs reprises, notre système solaire aura été un système d'étoiles doubles.

Puis ce sera au tour de Mars de tomber dans le Soleil qui, successivement, absorbera les centaines de petites planètes télescopiques qui enchevêtrent leurs orbites entre Mars et Jupiter.

Celui-ci, d'une lente chute hélicoïdale, se sera rapproché du centre du système, avec une vitesse accélérée à mesure que la masse du soleil aura grossi. A son tour, il en effleurera la surface dans un embrasement immense qui multipliera, pendant de longs siècles, la chaleur et l'éclat de cette étoile que des mondes lointains verront tout à coup flamber dans leur ciel. Pourtant cet éclat sera passager. Il s'atténuera. Le soleil passera aussi à l'état d'étoile variable.

Puis le même cycle de variations recommencera pour lui, quand ce sera au tour de Saturne de se joindre à lui.

Période après période, Uranus, Neptune, se rapprochant toujours du centre, et occupant successivement les orbites de Jupiter, de Mars, de la Terre, de Vénus, de Mercure qui ne seront plus, finiront à leur tour dans la tombe enflammée commune, pendant que, sans doute, d'autres planètes, errant dans l'espace ou tournant lentement autour de petites étoiles, auront été captées par notre soleil agrandi qui les aura entraînées à sa remorque.

Ainsi, toujours se grossissant de nouveaux astres et répandant plus loin sa chaleur et sa lumière, dépassant la grandeur de Sirius, et atteignant l'état de ces nébuleuses planétaires dont une atmosphère d'épaisses vapeurs métalliques nous voile l'éclat, l'astre immense que sera devenu notre petit soleil, dévoré par sa propre fournaise intérieure, éclatera et crèvera dans une explosion finale qui le fera passer à l'état de vaste nébulosité amorphe, destinée à se refroidir lentement avant de donner naissance à de nouveaux germes de mondes.

CONCLUSION

Pendant cette série perpétuelle d'évolutions et de révolutions cosmiques, pendant que des astres meurent pour nourrir des astres plus gros, dans l'infiniment petit comme dans l'infiniment grand, les mêmes lois éternelles régissent les atomes.

Jamais ces lois ne seront troublées par la volonté de l'être imaginaire, nommé Dieu, qui n'a pas de place dans un univers autonome dans sa pérennité, dont l'ordre nécessaire se révèle, par les vibrations de ses monades élémentaires, aux éthéroïdes qui naissent et meurent sur ses granulations sidérales.

L'Univers est une république d'êtres incréés et indestructibles, virtuellement égaux mais aptes à jouer tour à tour tous les rôles dans le devenir perpétuel de la nature.

Les atomes, individus primaires, s'agrègent en collectivités élémentaires qui sont les cellules organiques. Celles-ci, par leur prolifération, constituent des collectivités hiérarchisées supérieures dont une membrane cellulaire constitue la frontière, leur donnant, avec la sensation du monde extérieur et la conscience de leur individualité, l'instinct de la conserver, de la défendre.

Centres optiques du monde, qui par eux prend conscience de lui-même, les êtres vivants, tour à tour conviés au spectacle de la nature, sont les miroirs plus ou moins troubles où se reflètent, avec l'image toujours confuse de la réalité, ces rapports logiques des choses qui constituent la vérité, conquête suprême de la raison, dont le but final est de connaître la loi qui régit l'évolution de l'univers pour coopérer à son accomplissement.

ERRATA

INTRODUCTION.

P. 63, ligne antépénultième : *au lieu de* : la plus ancienne est la plus générale, *lire* : la plus ancienne et la plus générale.

PREMIÈRE PARTIE.

P. 84, *au lieu de* :

$$V = \frac{4\pi}{3}\left(\frac{\theta}{2}\right) = \frac{\pi}{6}\theta$$

dont le rayon $R = \frac{(\theta)}{2}$ serait seulement un peu plus de la moitié de l'infini cubique, *lisez* :

$$V = \frac{\pi}{3}\left(\frac{\theta}{2}\right)^3 = \frac{\pi}{6}\theta^3$$

serait seulement un peu plus de la moitié de l'infini cubique $= (\theta)^3$.

DEUXIÈME PARTIE.

P. 157, *au lieu de* : $\frac{1}{\cos 45^o} = 2$, *lisez* : $\frac{1}{(\cos 45^o)^2} = 2$.

TROISIÈME PARTIE.

P. 285, *au lieu de* : Ch. XXXVI, p. 232, *lisez* : Ch. XXXVI, p. 276.

P. 289, formule 34, *au lieu de* : 0,35056, *lisez* : 0,35046 ; et deux lignes plus loin : *au lieu de* : 1,3503, *lisez* : 1,35046.

P. 289, *au lieu de* : Ch. LXIV, *lisez* : Ch. XLIV, p. 330.

P. 289, *au lieu de* : Ch. LXII, *lisez* : Ch. XLII, p. 311.

P. 302, *au lieu de* : Einrich, *lisez* : Heinrichs.

P. 322, après IIIe partie, *ajoutez* : p. 277.

P. 342, *au lieu de* : Fig. 56, I, *lisez* : Fig. 55, I.

P. 361, *au lieu de* : poids atomique moyen, *lisez* : poids moléculaire.

P. 371, *au lieu de* : Fig. 56, I, *lisez* : Fig. 55, I.

P. 371, *au lieu de* : Fig. 49, III, *lisez* : Fig. 48, III.

P. 373, *au lieu de* : Fig. 50, II, *lisez* : Fig. 49, II.

P. 373, *au lieu de* : Fig. 52, III, *lisez* : Fig. 51, III.

P. 373, *au lieu de* : Fig. 56, I, *lisez* : Fig. 55, I.

P. 374, *au lieu de* : Ch. XLVI, *lisez* : Ch. XLIV.

P. 375, *au lieu de* : 3,96 à 1,99, *lisez* : 1,96 à 1,99.

P. 382, *au lieu de* : toutes des conditions, *lisez* : toutes les conditions.

P. 389, *au lieu de* : Ch. XXXVI, p. 243, *lisez* : p. 282.

QUATRIÈME PARTIE

P. 457, *au lieu de* : nous le verrons à propos des oxydes alcalins, Ch. XVIII, *lisez* : nous l'avons vu, etc., Ch. XLIX

P. 475, *au lieu de* : sphère-enveloppe entraînent, *lisez* : entraînant.

P. 475, *au lieu de* : Ire partie, *lisez* : IIe partie.

P. 484, *au lieu de* : Ch. XVII, *lisez* : Ch. XXI, IIe partie.

P. 486, *au lieu de* : masse moléculaire : 4 (4×4), *lisez* : 4 (4×16).

P. 488, *au lieu de* : masse moléculaire : 6 (4×4), *lisez* : 6 (4×16).

P. 489, *au lieu de* : formule 24, IIIe partie, p. 276, *lisez* : formule 4, etc.

P. 490, *au lieu de* : Ch. XXXIV, *lisez* : Ch. XXXIX, p. 292.

P. 495, *au lieu de* : 70588, *lisez* : 7,0588.

P. 496, *au lieu de* : masse moléculaire : $\times 4 \ldots 8 \times 31 = 992$, *lisez* : $4 \times 8 \times 31 = 992$.

P. 506, *au lieu de* : 3×13 atomes d'éther, *lisez* : 2×13, etc.

P. 507, *au lieu de* : $24 + 248 = 262$, *lisez* : $24 + 248 = 272$.

P. 508, *au lieu de* : 4 $(H^6 Az^2)$, *lisez* : 4 $(H^6 As^2)$; et, au nombre des atomes, *au lieu de* : $12 + 90 = 98$, *lisez* : $12 + 90 = 102$.

P. 510, *au lieu de* : 38, *lisez* : 3,8.

P. 516, *au lieu de* : $4 (4 \times 16) = 206$, *lisez* : $4 (4 \times 16) = 256$.

P. 516, *au lieu de* : $\frac{3,7333^3}{148}$, *lisez* : $\frac{48}{3,7333^3}$.

P. 517, *au lieu de* : $128 + 224 = 368$, *lisez* : $128 + 224 = 352$.

P. 518, *au lieu de* : 2 molécules oxygène, *lisez* : 1 molécule.

P. 519, *au lieu de* : 3,7339, *lisez* : 3,7333.

P. 521, propylène, *au lieu de* : $3 + 3{,}50 = 6{,}50$, *lisez* : $3 + 3{,}53 = 6{,}53$.

P. 521, *au lieu de* : $1 + 1{,}26 + 3{,}50 = 5{,}76$, *lisez* : $1 + 1{,}26 + 3{,}53 = 5{,}79$.

P. 521, crotonylène, *au lieu de* : $1 + 1{,}26 + 4{,}76 = 7{,}02$, *lisez* : $1 + 1{,}26 + 4{,}74 = 7{,}00$.

P. 521, éthyle, *au lieu de* : $10 + 9{,}98 = 19{,}98$, *lisez* : $5 + 4{,}74 = 9{,}74$; et *au lieu de* : $8 + 1{,}26 + 9{,}98 = 19{,}24$, *lisez* : $3 + 1{,}26 + 4{,}74 = 9$.

P. 530, *au lieu de* : 90 à 108, *lisez* : 108 à 125.

P. 558, *à supprimer* : 2 (fin de la 15e ligne).

P. 561, ligne antépénultième, *au lieu de* : $\left(\frac{a}{\chi\ Co^2}\right)$, *lisez* : $\left(\frac{a}{\chi\ Co^2}\right)^{1/2}$.

P. 561, ligne antépénultième, *au lieu de* : $\frac{\chi\ Co^2}{r}$, *lisez* $\left(\frac{\chi\ Co^2}{r}\right)$.

P. 562, 11e ligne, *au lieu de* : dénominateur $\frac{a}{\chi\ Co^2}$, etc., *lisez* : dénominateur $\chi\ Co^2$ est plus grand que le numérateur a, l'énergie thermique que ce rapport divise sera augmentée, mais il y aura une diminution du volume moléculaire qu'il multiplie.

Tel serait le cas si la cohésion, affectée de son coefficient spécifique, étant plus grande que l'unité, donnait le rapport :

$$\frac{a}{\left(\frac{a}{\times\ Co^2}\right)^{1/2}} > 1$$

P. 577, formule 1, *au lieu de* : S, *lisez* : N.

P. 591, formule 2, effacez le second P.

P. 609, 14e ligne, *au lieu de* : $m = 4^4$, *lisez* : $\delta = 4^4$.

P. 611, 17e ligne, *au lieu de* : Vm_n, *lisez* : $Vm_0{}^4$.

P. 625, 25e ligne, *au lieu de* : $\frac{1}{22186 \times 500}$ secondes, *lisez* : $\frac{1}{2{,}186 \times 500}$.

P. 638, 32e ligne, *au lieu de* : pôle positif, *lisez* : pôle négatif.

P. 667, dernière ligne, *au lieu de* : la somme des racines carrées de deux vitesses, etc..., *lisez ainsi que suit la fin de l'alinéa*, p. 668 :

La racine carrée du produit de deux nombres est moins différente de la somme de leurs racines carrées que de la racine carrée de leur somme.

P. 672, tableau Y, *au lieu de* : Densité probable avec 0 absolu, *lisez* : au 0 absolu.

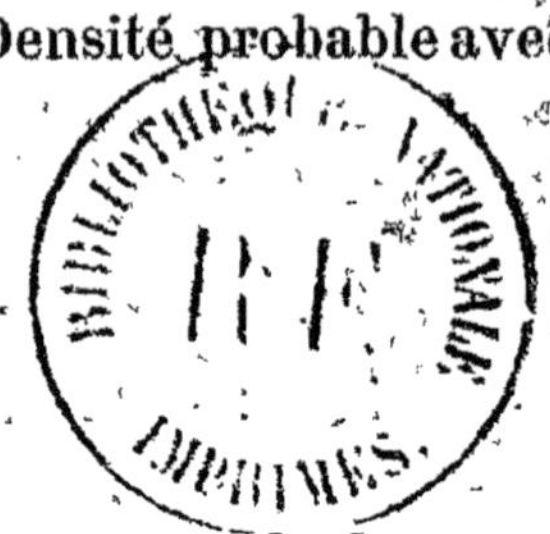

TABLE DES MATIÈRES

DEUXIÈME PARTIE. — Les phénomènes vibratoires.

Première section. — Chaleur.

Deuxième section. — Lumière.

Troisième section. — Les vibrations sonores, olfactives et gustatives.

TROISIÈME PARTIE. — Les corps solides.

QUATRIÈME PARTIE. — Les corps liquides et gazeux.

CINQUIÈME PARTIE. — Le processus vital.

SIXIÈME PARTIE. — La pesanteur.

SEPTIÈME PARTIE. — Théorie des marées.

HUITIÈME PARTIE. — L'évolution des mondes.

TABLE DES PLANCHES ET DES FIGURES

Planches hors texte.

Figures dans le texte.

PREMIÈRE PARTIE

DEUXIÈME PARTIE

Lumière et son.

TROISIÈME PARTIE

QUATRIÈME PARTIE

CINQUIÈME PARTIE

SIXIÈME PARTIE

SEPTIÈME PARTIE

HUITIÈME PARTIE

TABLE DES TABLEAUX

Paris. — Typ. A. DAVY, 52, rue Madame. — *Téléphone*. 704-19

LE RAYONNEMENT DE LA CHALEUR

Planche II. Chapitre XXIII

SCHLEICHER FRÈRES, ÉD^{T}., PARIS

TYP. A. DAVY

CLASSIFICATION

Noms des corps	Densités d	Masses atomiques m ×	Nombre d'atomes n =	Masses moléculaires M :4	= Poids atomiques P
Hydrogène	0,05	2 ×	2 =	4 :4	= 1
Hélium	0,1185	2,666 ×	3 =	8 :4	= 2
Bore { amorphe / cristallin	2,45 / 2,69	2,75 ×	16 =	44 :4	= 11
Carbone { Anthracite / Graphite / Diamant	1,34 à 1,46 / 2,09 à 2,22 / 3,50 à 3,53	3 ×	16 =	48 :4	= 12
Silicium { amorphe / cristallin	2,49 / 2,65	3,2 ×	35 =	112 :4	= 28
Lithium	0,59	3,5 ×	8 =	28 :4	= 7
Potassium	0.86	3,5454 ×	44 =	156 :4	= 39
Azote	0,6221	3,7333 ×	15 =	56 :4	= 14
Fluor	0,7263	3,8 ×	20 =	76 :4	= 19
Sodium	0,97	3,8333 ×	24 =	92 :4	= 23
Oxigène	0,8	4 ×	16 =	64 :4	= 16
Rubidium	1,52	4,25 ×	80 =	340 :4	= 85
Calcium	1,58	4,4444 ×	36 =	160 :4	= 40
Chlore	1,729	4,7333 ×	30 =	142 :4	= 35,5
Carbone bis	variables (1)	4,8 (?) ×	10 =	48 :4	= 12
Magnésium	1,74	4,8 ×	20 =	96 :4	= 24
Strontium	2,54	4,8666 ×	72 =	350,4 :4	= 87,6
Phosphore	1,77	4,96 ×	25 =	124 :4	= 31
Soufre { Prismatique / Octaédrique	1,96 à 1,99 / 2,07	5,3333 ×	{ 24 / 30 =	128 / 160 :4	= 32 / = 40
Bore bis { amorphe / cristallin	1,45 / 2,69	5,5 (?) ×	8 =	44 :4	= 11
Silicium bis { amorphe / cristallin	2,49 / 2,65	5,6 (?) ×	20 =	112 :4	= 28
Brome	3 (?)	5,7143 ×	56 =	320 :4	= 80
Zirconium	4,14	6	60 =	360 :4	= 90
Glucinium	2,10	[illegible] ×	6 =	36,4 :4	= 9,1
Aluminium { fondu / forgé	.56 / 2,67	6,0888 ×	18 =	109,6 :4	= 27,4
Sélénium	4,30	6,11 ×	52 =	317,72 :4	= 79,43
Iode	4,95	6,35 ×	80 =	508 :4	= 127
Titane	5,30	6,5333 ×	30 =	196 :4	= 49
Cerium	5,50	6,5744 ×	56 =	368 :4	= 92
[illegible]	5,69	6,6666 ×	45 =	300 :4	= 75
[illegible]	6,24	6,7368 ×	76 =	512 :4	= 128
Antimoine	6,72	6,7777 ×	72 =	488 :4	= 122
Indium	7,40	6,8727 ×	66 =	453,6 :4	= 113,4
Etain	7,29	6,9412 ×	68 =	472 :4	= 118
Chrome	5,99	6,9467 ×	30 =	208,4 :4	= 52,1
Gallium	5,95	6,99 ×	40 =	279,6 :4	= 69,9
Zinc	7,119	7,4280 ×	35 =	260 :4	= 65
[illegible] { fondu	7,2	7,4666 ×	30 =	224 :4	= 56

CLASSIFICATION DES CORPS SIMPLES

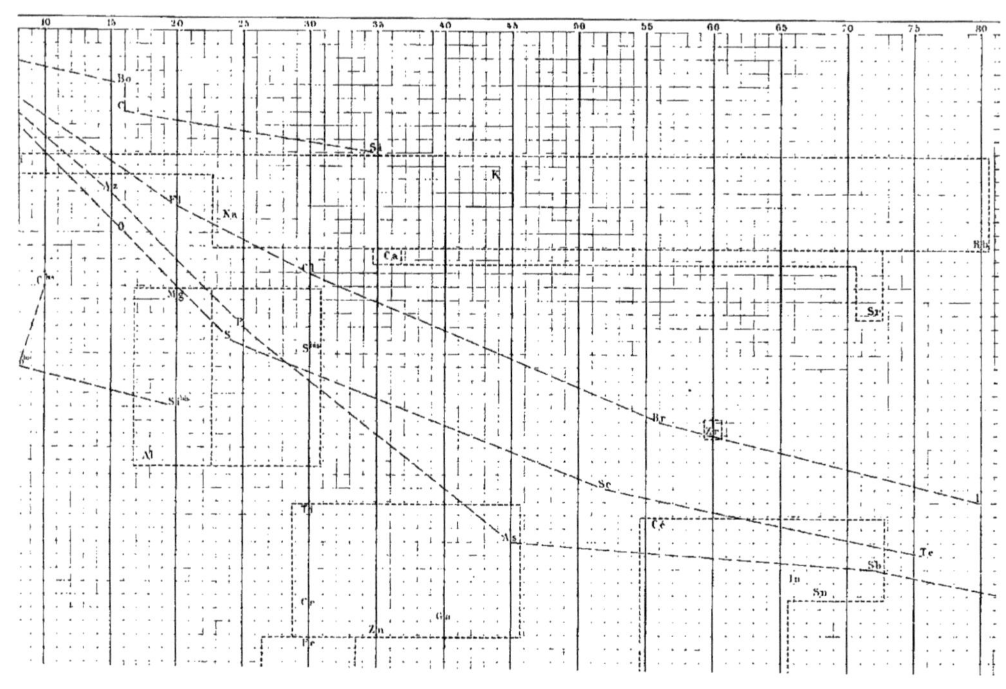

CORPS SIMPLES

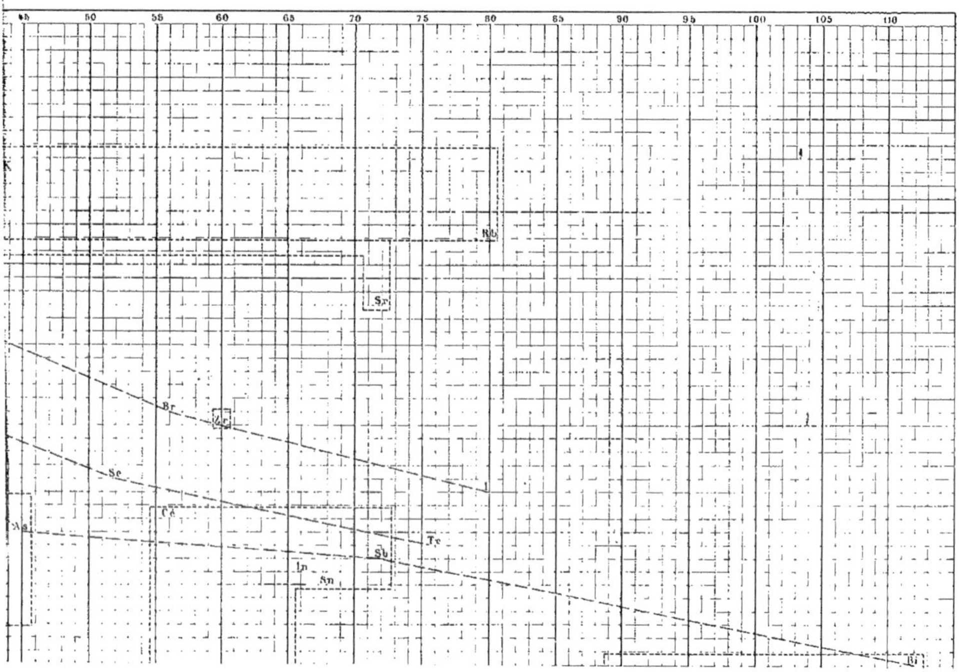

Corps	Densité					
…phore	1,77	4.96	× 25	= 124	:4	= 31
Soufre prismatique	1,96 à 1,99	5.3333	× 24	= 128	:4	= 32
Soufre octaédrique	2,07		30	= 160	:4	= 40
Bore amorphe	1,45	5.5 (?)	× 8	= 44	:4	= 11
Bore cristallisé	2,69					
Silicium amorphe	2,49	5.6 (?)	× 20	= 112	:4	= 28
Silicium cristallisé	2,65					
Brome	3 (?)	5.7143	× 56	= 320	:4	= 80
Zirconium	4,14	6	60	= 360	:4	= 90
Glucinium	2,10	[illegible].06	× 6	= 36,4	:4	= 9.1
Aluminium fondu	[illegible],56	6,0888	× 18	= 109,6	:4	= 27,4
Aluminium forgé	2,67					
Sélénium	4.30	6,11	× 52	= 317.72	:4	= 79.43
Iode	4.95	6.35	× 80	= 508	:4	= 127
Titane	5.30	6,5333	× 30	= 196	:4	= 49
Cerium	5.50	6,5744	× 56	= 368	:4	= 92
Arsenic	5.69	6.6666	× 45	= 300	:4	= 75
Tellure	6,24	6.7368	× 76	= 512	:4	= 128
Antimoine	6,72	6.7777	× 72	= 488	:4	= 122
Indium	7.40	6.8727	× 66	= 453,6	:4	= 113,4
Étain	7.29	6,9412	× 68	= 472	:4	= 118
Chrome	5,99	6,9467	× 30	= 208.4	:4	= 52,1
Gallium	5,95	6,99	× 40	= 279.6	:4	= 69,9
Zinc	7,119	7,4286	× 35	= 260	:4	= 65
Fer fondu	7,2	7,4666	× 30	= 224	:4	= 56
Fer forgé	7.79					
Bismuth	9.82	7.5	× 112	= 840	:4	= 210
Cadmium	8.69	7.5932	× 59	= 448	:4	= 112
Cobalt	7.81	7.613	× 31	236	:4	= 59
Plomb	11,35	7.6666	× 108	= 828	:4	= 207
Molybdène	8.6	7.68	× 50	= 384	:4	= 96
Thallium	11,86	7.8077	× 104	= 812	:4	= 203
Manganèse	8,01	7.8571	× 28	= 220	:4	= 55
Nickel fondu	8,28	7.8666	× 30	= 236	:4	= 59
Nickel forgé	8,67					
Cuivre fondu	8,85	7.9125	× 32	= 253,2	:4	= 63,3
Cuivre martelé	8,95					
Argent	10,512	8	× 54	= 432	:4	= 108
Ruthénium	11,3	8.352	× 50	= 417.6	:4	= 104,4
Palladium	12,05	8.512	× 50	= 425,6	:4	= 106,4
Rhodium	12.41	8,5223	× 49	= 417.6	:4	= 104,4
Mercure	14.39	8,8888	× 90	= 800	:4	= 200
Tungstène	18,7	9.0864	× 81	= 736	:4	= 184
Uranium	18,30 à 18,40	9.23	× 104	= 960	:4	= 240
Or fondu	19.24	9.2517	× 85	= 786,4	:4	= 196.65
Or laminé	19.30					
Platine	21,45	9.381	× 84	= 788	:4	= 197
Iridium	22,40	9.2286	× 84	= 792	:4	= 198
Osmium	22,47	9.95	× 80	= 796	:4	= 199

(?) voir plus haut.

SCHLEICHER FRÈRES, EDIT., PARIS

PLANCHE I

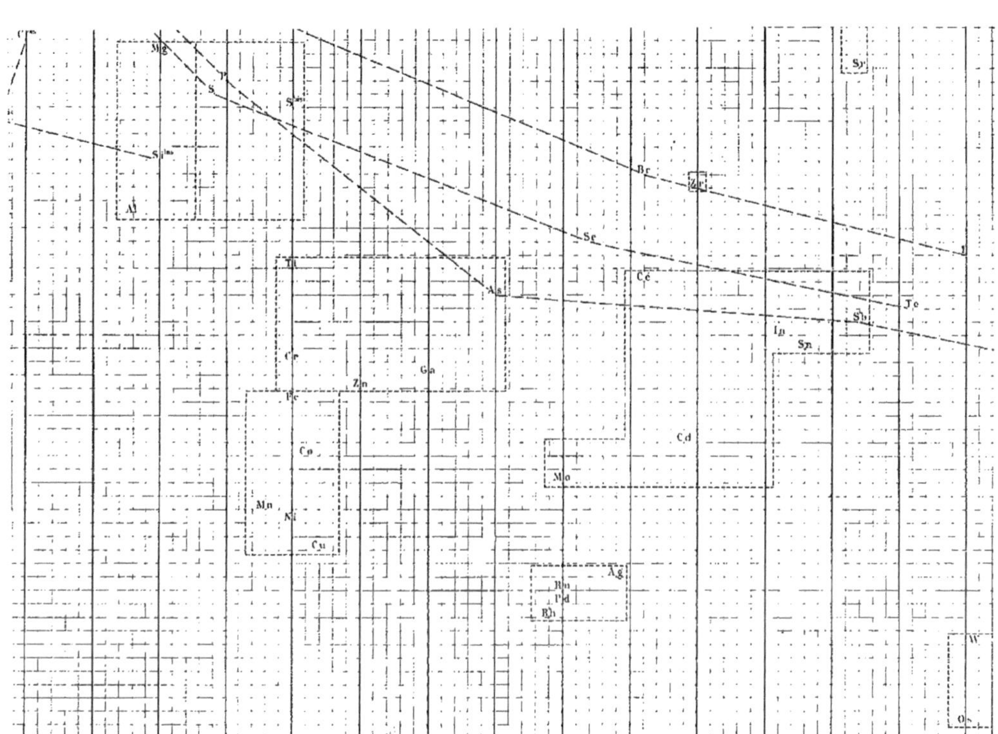

PLANCHE IV. CHAPITRE XXXIX.

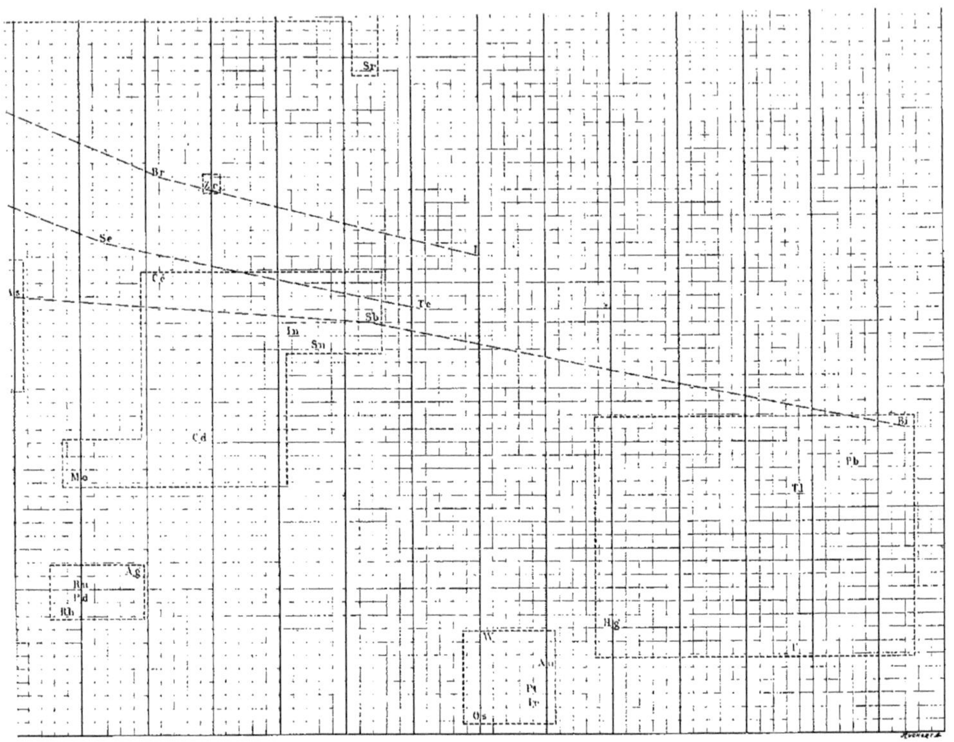

XXIX.

TYP. A. DAVY

www.ingramcontent.com/pod-product-compliance
Ingram Content Group UK Ltd.
Pitfield, Milton Keynes, MK11 3LW, UK
UKHW021938200726
13856UKWH00005B/28